中文版

Illustrator CC 一本通

优图视觉　组编
李 际 等　编著

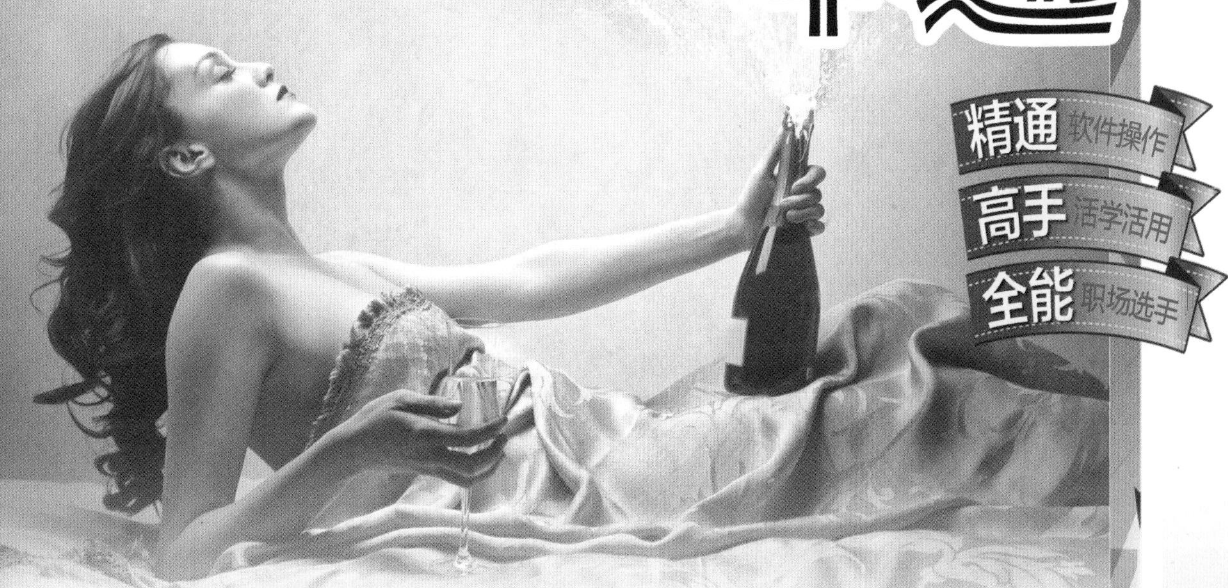

精通 软件操作
高手 活学活用
全能 职场选手

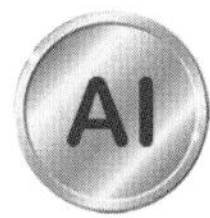

专门为零基础渴望自学成才在职场出人头地的你设计的书

机械工业出版社
CHINA MACHINE PRESS

本书是一本全面介绍使用 Illustrator CC 进行平面设计的自学类图书。本书针对初学者，循序渐进，从易到难，使读者掌握所学知识，逐步达到学会和精通使用 Illustrator CC 的目的。

本书共分为 20 章，第 1~3 章为 Illustrator CC 最基础的操作方法。第 4~19 章全面而系统地介绍了 Illustrator CC 的绘图、填色、画笔、符号、透明度、混合模式、效果、外观和图表等核心功能的使用方法，并合理地搭配了实用有趣的案例进行学习。第 20 章为综合案例练习，通过 6 个大型的项目案例，让读者了解设计实战的基本流程以及制作技巧。通过反复地练习，使读者可以达到掌握技术更全面、水平提升速度更快的目的。

本书附带一张 DVD 教学光盘，内容包括本书所有实例的源文件以及素材文件，并包含本书所有实例的视频教学录像，供读者使用。

图书在版编目（CIP）数据

Illustrator CC 一本通 / 优图视觉组编．-- 北京：机械工业出版社，2014.8
ISBN 978-7-111-47720-4

Ⅰ．①Ⅰ… Ⅱ．①优… Ⅲ．①图形软件 Ⅳ．391.41

中国版本图书馆 CIP 数据核字（2014）第 191800 号

机械工业出版社（北京市百万庄大街 22 号 邮政编码 100037）
策划编辑：刘志刚　　责任编辑：刘志刚　时颂
封面设计：张　静　　责任校对：王洪强　　责任印制：乔宇
保定市中画美凯印刷有限公司印刷
2015 年 5 月第 1 版 · 第 1 次印刷
210mm × 285mm · 27.25 印张 · 890 千字
标准书号：ISBN 978-7-111-47720-4
　　　　　ISBN 978-7-89405-768-6(光盘)
定价：98.80 元（含 DVD）

凡购本书，如有缺页、倒页、脱页，由本社发行部调换
电话服务
服务咨询热线：（010）88361066
读者购书热线：（010）68326294
（010）88379203
网络服务
机工官网：www.cmpbook.com
机工官博：weibo.com/cmp1952
教育服务网：www.cmpedu.com
金书网：www.golden-book.com
封面无防伪标均为盗版

前　言

Adobe Illustrator 作为目前最热门的矢量制图软件之一，被广泛地应用在平面设计、插画创作、网站设计、卡通设计和影视包装等诸多领域。

本书各章内容如下：

第 1 章　走进 Illustrator CC 的世界。主要讲解 Illustrator CC 的安装与启动方法，并介绍了一些图形图像的基础知识。

第 2 章　人性化的工作界面。主要讲解 Illustrator CC 的工作界面的使用方法。

第 3 章　文件的基础操作。主要讲解文件的新建、打开、置入、导出和关闭等操作。

第 4 章　基本图形的绘制与操作。主要讲解 Illustrator 中基本图形的绘制与选择方法。

第 5 章　对象的变换与变形。主要讲解对象的移动、缩放和旋转等基本变形的操作方法。

第 6 章　对象管理。主要讲解对象的编组、锁定、隐藏以及对齐、分布、排列顺序的调整方法。

第 7 章　填充与描边。主要讲解为图形设置填充以及描边的方法。

第 8 章　复杂路径的绘制与编辑。主要讲解使用钢笔、铅笔等工具绘制复杂而精确的形状的方法，以及路径查找器的使用方法。

第 9 章　对象的高级操作。主要讲解液化、混合、封套、扭曲和透视图的使用方法。

第 10 章　画笔与符号。主要讲解画笔的使用方法以及符号的绘制与编辑。

第 11 章　文字。主要讲解文字的创建以及编辑方法。

第 12 章　透明度和混合模式。主要讲解使用透明度面板为图形设置透明度以及混合模式的方法。

第 13 章　图层、剪切蒙版与链接。主要讲解图层面板的使用以及蒙版、链接的使用。

第 14 章　效果。主要讲解效果菜单中各种效果的特性以及使用方法。

第 15 章　外观的使用。主要讲解如何为图形添加和编辑外观属性。

第 16 章　图形样式的使用。主要讲解图形样式的添加、编辑与使用的方法。

第 17 章　图表。主要讲解通过图表工具的使用创建以及编辑多种形式图表的方法。

第 18 章　网页图形对象。主要讲解网页的切片以及输出功能。

第 19 章　自动化处理。主要讲解如何使用 Illustrator 进行文件的自动化处理。

第 20 章　综合练习。以 6 个大型的综合案例，让读者了解设计实战的基本流程以及制作技巧。

本书技术实用、讲解清晰，不仅可供 Illustrator 初级、中级读者学习使用，也可作为大中专院校相关专业及 Illustrator 培训机构的教材，更适合于平面设计等行业的从业人员使用。

本书附带一张 DVD 教学光盘，内容包括本书所有实例的源文件以及素材文件，并包含本书所有实例的视频教学录像，供读者使用。书中案例使用 Illustrator CC 版本进行制作和编写，建议读者使用 Illustrator CC 版本进行学习和操作。如果使用低版本软件可能会在打开源文件时产生部分错误，而且书中介绍到的部分知识点可能与低版本中的功能并不相同。

本书由优图视觉策划，由李际、曹茂鹏和瞿颖健共同编写，参与本书编写和整理的还有艾飞、曹爱德、曹明、曹诗雅、曹玮、曹元钢、曹子龙、崔英迪、丁仁雯、董辅川、高歌、韩雷、鞠闯、李化、李进、李路、马啸、马扬、瞿吉业、瞿学严、瞿玉珍、孙丹、孙芳、孙雅娜、王萍、王铁成、杨建超、杨力、杨宗香、于燕香、张建霞、张玉华等。

由于时间仓促，加之编者水平有限，书中难免存在错误和不妥之处，敬请广大读者批评和指正。

编　者

目　录

第 1 章

走进 Illustrator CC 的世界

关键词

安装、启动、矢量图、位图、分辨率、色彩模式、文件格式

要点导航

安装与启动 Illustrator CC

图像的基础知识

学习目标

熟练掌握 Illustrator CC 的启动与退出方法

了解矢量图与位图的差别

能够选择合适的图像文件格式

佳作鉴赏

1.1 Illustrator CC 的概述

Adobe Illustrator CC 是一款可以应用于设计、出版、多媒体等领域的矢量制图软件，常被简称为“AI”。“Adobe”是其所属软件公司的名称，“CC”是 Illustrator 软件的版本号，在此之前还有 Illustrator CS6、Illustrator CS5 等版本，如图 1-1 和图 1-2 所示。

图 1-1

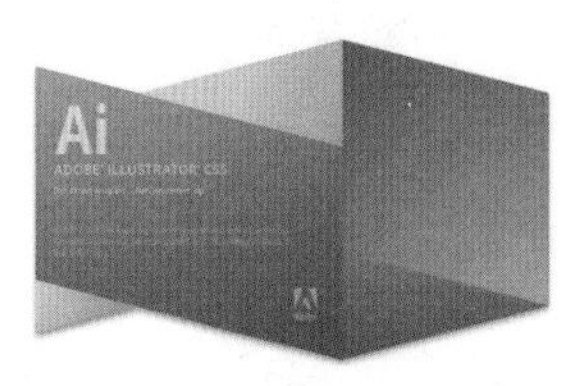

图 1-2

Adobe Illustrator 以其便捷实用的功能以及友好的操作界面深受广大设计师的欢迎，在实际的设计过程中 Adobe Illustrator 也常与著名图像处理软件 Adobe Photoshop 搭配使用。图 1-3 和图 1-4 所示为 Illustrator CC 启动界面和窗口。

图 1-3

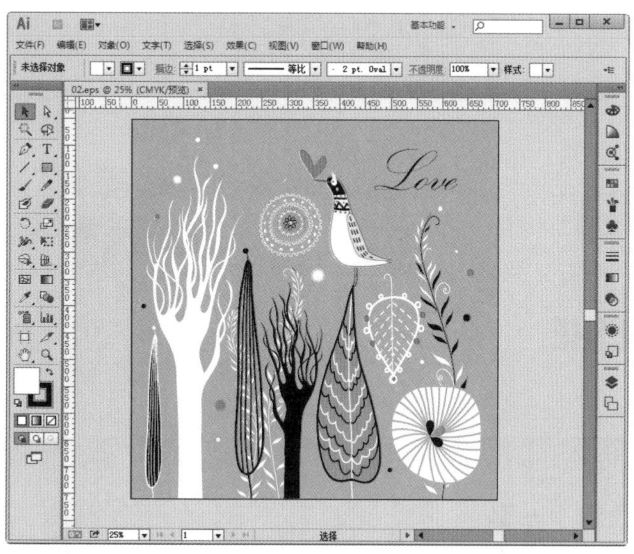

图 1-4

Illustrator CC 作为一款优秀的矢量制图软件，它的应用非常广泛。在平面设计、插画设计、网页设计等领域都能够看到它的身影，如图 1-5 ~图 1-7 所示。

图 1-5

图 1-6

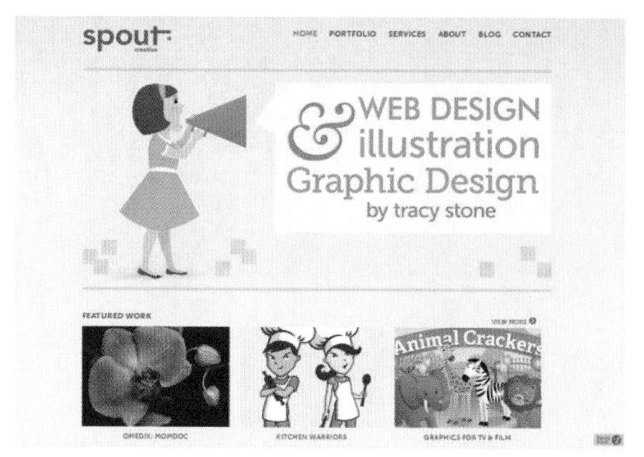

图 1-7

1.2 安装与启动 Illustrator CC

Illustrator CC 的全名为 Illustrator Creative Cloud，是 2013 年 7 月，Adobe 公司推出的最新版本。升级后的 Illustrator 已经进入了云时代，安装方式与以往的版本不同，是采用一种“云端”付费方式。在安装使用 Illustrator CC 前，用户可以按月或按年付费订阅，也可以订阅全套产品。图 1-8 所示为 Adobe Creative Cloud 图标和界面，图 1-9 所示为 Creative Cloud。

图 1-8

图 1-9

1.2.1 安装 Illustrator

Adobe Creative Cloud 是一种基于订阅的服务，用户需要通过 Adobe Creative Cloud 将 Illustrator CC 下载下来。在 Adobe Creative Cloud 中还包括其他多个软件，方便用户的下载使用。

（1）打开 Adobe 的官方网站“www.adobe.com”，单击导航栏的“Products”（产品）按钮，然后选择“Adobe Creative Cloud”选项，如图 1-10 所示。在打开的页面中选择产品的使用方式，单击“Join”为进行购买，单击“Try”为免费试用，试用期为 30 天。单击“Try”的效果如图 1-11 所示。

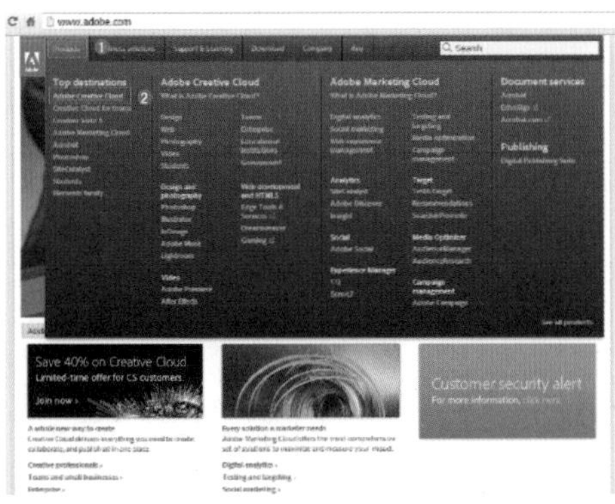

图 1-10

图 1-11

（2）在打开的页面中单击 Creative Cloud 右侧的“下载”按钮，如图 1-12 所示。在接下来打开的窗口中继续单击“下载”按钮，如图 1-13 所示。

图 1-12

图 1-13

（3）下面会弹出一个登录界面，在这里需要用户登录 Adobe ID，如果没有 Adobe ID 也可以免费注册一个。登录 Adobe ID 后就可以开始下载并安装 Creative Cloud，启动 Creative Cloud 即可看见 Adobe 的各类软件，可以直接安装或试用软件，也可以更新已有软件。单击相应的按钮后即可自动完成软件的安装，如图 1-14 和图 1-15 所示。

图 1-14

图 1-15

1.2.2　启动 Illustrator

Illustrator CC 的启动是很简单的，双击 Illustrator CC 图标即可打开 Illustrator CC，如图 1-16 所示。也可在 Illustrator CC 图标上单击鼠标右键，在弹出的菜单中菜单中执行“打开”命令，即可启动 Illustrator CC，如图 1-17 所示。

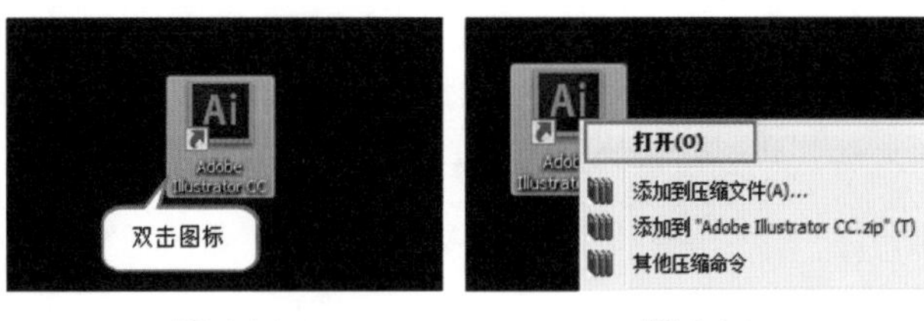

图 1-16　　图 1-17

若要退出Illustrator CC，可以单击界面右上角的“关闭”按钮 ✕ ，可以关闭软件，如图 1-18 所示。

图 1-18

1.3 Illustrator CC 中文版的新增功能

随着版本的更新，Illustrator CC 与之前的 Illustrator CS6 相比增加了一些新的功能，同时也对一些原有功能进行了强化和改进。

1.3.1 Creative Cloud 的云同步设置

新增的“云同步”功能可以将 Illustrator CC 的工作区、首选项、预设、画笔和库等设置同步到 Creative Cloud，以便这些设置可以跟随用户到任何地方。例如，在用户使用其他计算机时，只需要登录 Adobe ID，并将设置同步到新位置 / 计算机，即可享受始终在相同工作环境中工作的无缝体验，如图 1-19 所示。

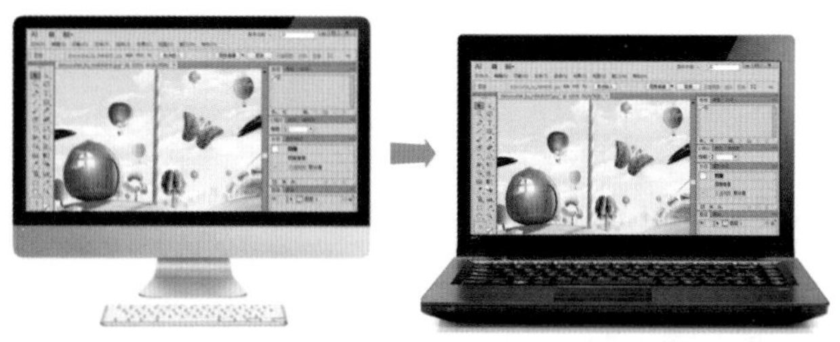

图 1-19

1.3.2 自动边角生成

在新版本中，为画笔描边创建新图案可以非常简单地自动完成，不再需要烦琐地调整来使画笔的各个细节满足需要（例如，边角拼贴），如图 1-20 所示。

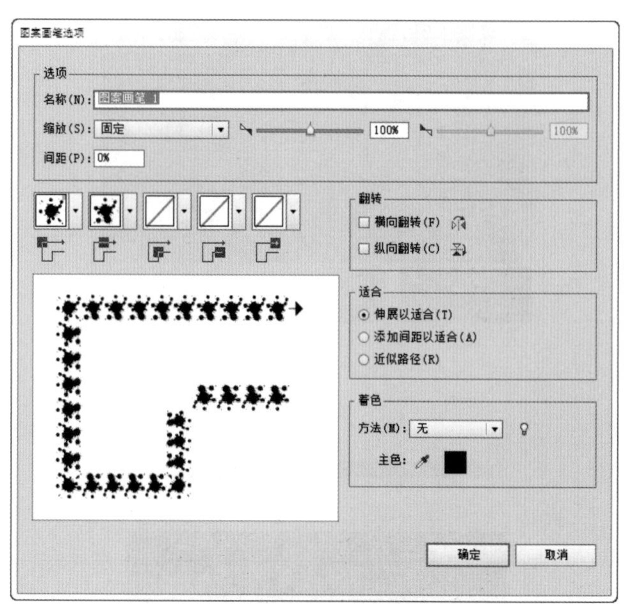

图 1-20

1.3.3 画笔图形功能

在升级后的版本中，用户可以根据自身不同的要求自定义画笔图形。在定义画笔图形时，不仅可以将位图定义为画笔，还可以将其定义为艺术、图案和散点类型的画笔。例如将置入的操作位图素材定义为画笔，如图 1-21 所示。然后使用工具箱中的“画笔工具”绘制合适的路径，效果如图 1-22 所示。

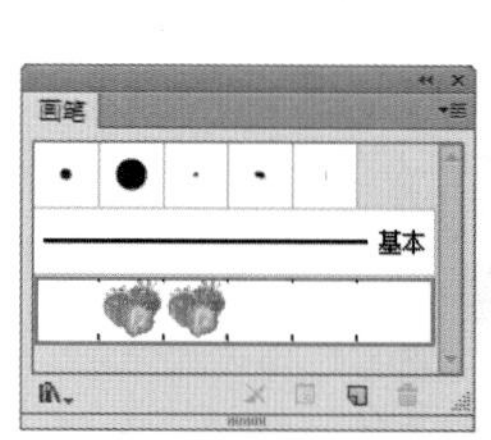

图 1-21

图 1-22

然后绘制一个底图，如图 1-23 和图 1-24 所示。最后键入文字，一个简单的海报就制作完成了。

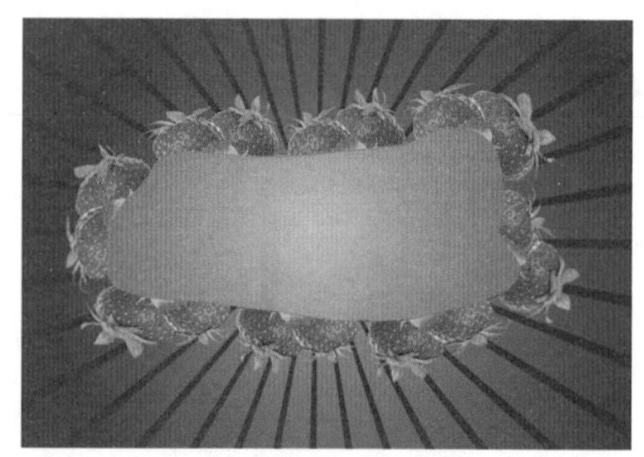

图 1-23

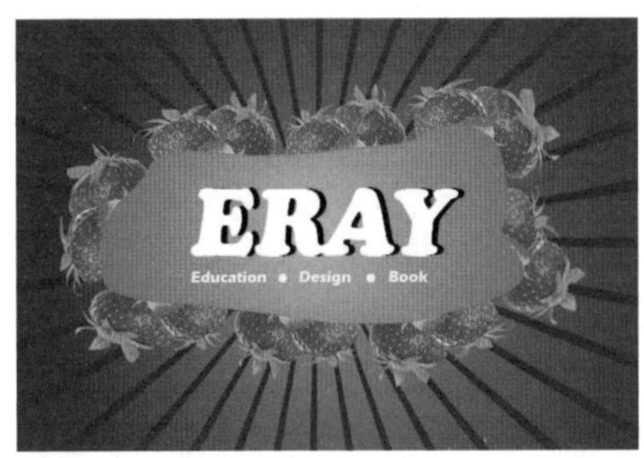

图 1-24

1.3.4 修饰文字工具

“修饰文字工具”位于文字工具组中，如图 1-25 所示。使用该工具可以针对每个字符进行编辑，就像每一个字符都是一个独立的对象。

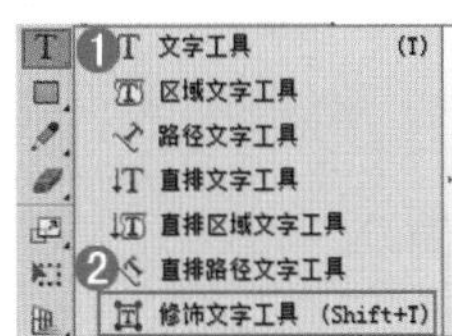

图 1-25

首先键入一段文字，如图 1-26 所示。单击工具箱中的“修饰文字工具”按钮，在需要更改的字母上单击即可显示定界框，拖拽角点即可更改文字的大小和旋转文字，如图 1-27 所示。

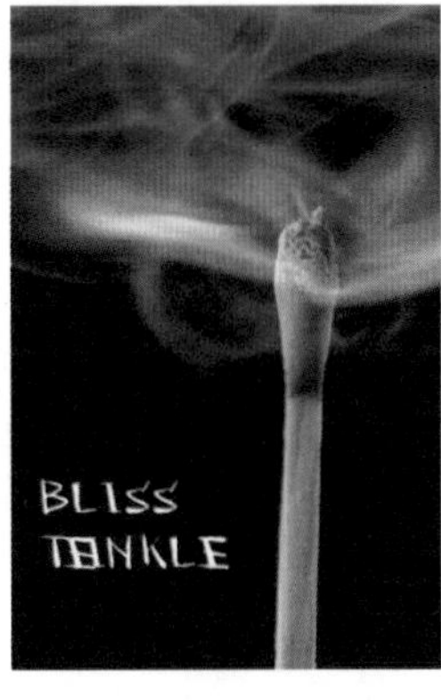

图 1-26

图 1-27

1.3.5 白色叠印

这一功能可以避免 Illustrator 图稿中包含意外应用了叠印的白色对象。在“文档设置”或“打印”对话框中勾选“放弃输出中的白色叠印”即可。

1.3.6 搜索颜色

在 Illustrator CC 中，“拾色器”和“颜色色板”对话框中都有一个搜索框。在此搜索框中键入颜色名称或 CMYK 颜色值时，颜色面板会有相应的显示，如图 1-28 和图 1-29 所示。默认情况下，该搜索构件为启用状态。

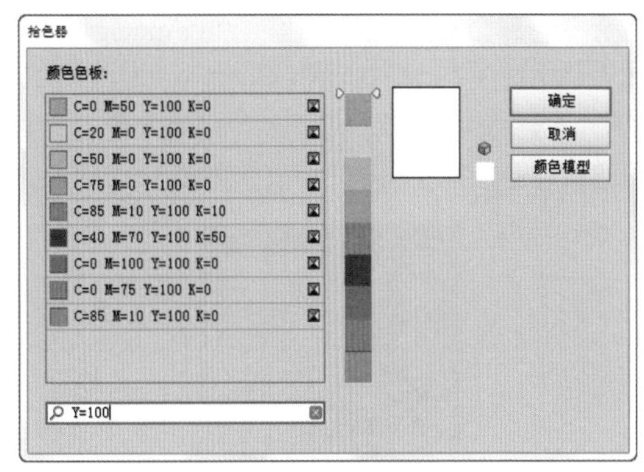

图 1-28

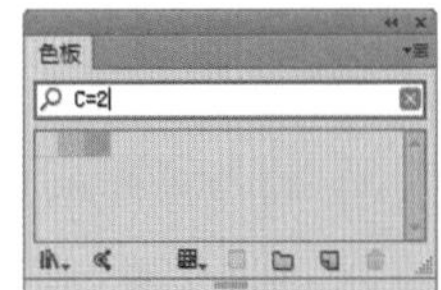

图 1-29

1.3.7 搜索字体

选中文字对象，如图 1-30 所示。打开“字符”面板，搜索框中会自动显示文字对象的字体，如图 1-31 所示。

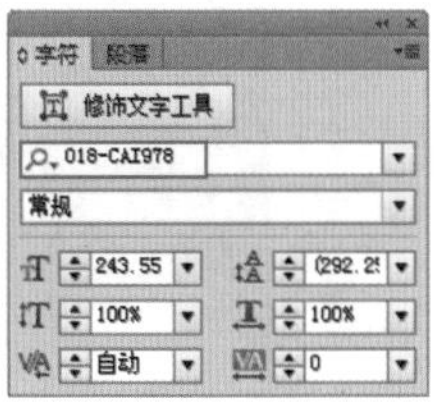

图 1-30

图 1-31

在搜索框中键入字体名称时，将显示字体的相关列表，并且在继续输入时自动刷新。此功能已添加到字符面板、控制面板及从控制面板调用的字符面板的下拉列，如图 1-32 所示。

图 1-32

1.3.8 “分色预览”面板

在“分色预览”面板中显示印刷色和专色。色板中可用的所有专色都会显示在列表中。在 Illustrator CC 中，已经添加了一个选项，用于显示图稿中使用的专色。选择“分色预览”面板中的新增项“仅显示使用的专色”，图稿中未使用的所有专色都会被移出列表，如图 1-33 所示。

图 1-33

1.3.9 参考线

在 Illustrator CC 中，对参考线的功能进行了增强。在标尺上双击可在标尺的特定位置创建一个参考线，如图 1-34 所示。如果按住 <Shift> 键并双击标尺上的特定位置，则在该处创建的参考线会自动与标尺上最接近的刻度（刻度线）对齐。

图 1-34

1.3.10 使用透视网格

在新版本中关闭“透视网格”工具更加容易。选择“透视网格”工具或“透视选区”工具，当显示透视网格时按 <Esc> 键即可。

1.3.11 打包文件

将所有使用过的文件（包括链接图形和字体）收集到单个文件夹中，以实现快速传递。执行“文件 > 打包”命令可以将文件打包。

1.3.12 取消嵌入图像

选择要取消嵌入的图像并从“链接”面板菜单中选取“取消嵌入”，或在控制面板中单击“取消嵌入”即可取消嵌入图像，如图 1-35 所示。

图 1-35

1.3.13 多文件置入

在 Illustrator CC 中，通过新增的多文件置入功能，可以同时导入多个文件，并且能够精确导入对象的位置，在导入的过程中还可以查看导入对象的缩览图。图 1-36 所示为在“打开”窗口中多选图片。图 1-37 所示为在软件中打开多个文件。

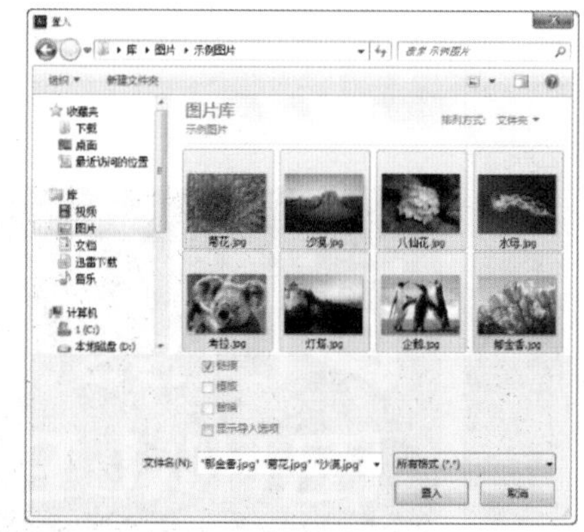

图 1-36

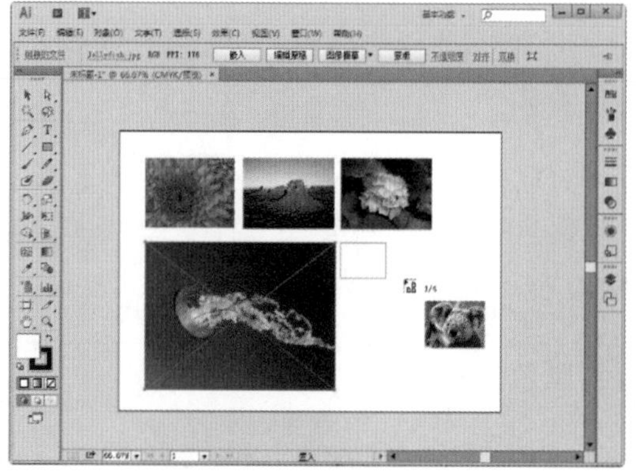

图 1-37

1.3.14　生成和提取 CSS 代码

在 Illustrator CC 中可以创建 HTML 页面设计版面。这一过程中所绘制的对象可以生成和导出为基础 CSS 代码，用于决定页面中组件和对象的外观。这一设计过程中可以选择导出单个对象的 CSS 代码，也可以在 Illustrator CC 中设计整个版式。图 1-38 和图 1-39 所示为文字及文字所生成的网页代码。

图 1-38

图 1-39

1.3.15　导出 CSS 和 SVG 图形样式

在 Illustrator CC 中"存储为 SVG"功能能够导出未使用的样式和图形样式名称。

在导出 SVG 格式的图稿时，现在可以选择导出已创建但是尚未在此特定图稿中使用的样式。这允许其他设计人员或开发人员在导入这些样式后，可以在其他图稿中使用此前未使用过的图形样式。

在导出的 CSS 代码中，图形样式具有与其关联的名称，这样便于轻松识别正确的图形样式。

1.4　图像的基础知识

在学习 Illustrator CC 的使用方法之前，需要了解并熟悉图形图像相关的专业术语及概念，如像素分辨率、色彩模式和文件格式等，以便在对图形进行处理及后期应用中更加快捷地进行操作，并优化图形图像效果。

1.4.1　矢量图和位图

在 Adobe 公司的产品中，还有一个元老级的软件——Photoshop，这两个软件可以称之为兄弟软件。Illustrator 是主要用于矢量图绘制的软件，而 Photoshop 主要是用于位图图形的处理。图 1-40 所示为矢量图像，图 1-41 所示为位图图像。

图 1-40

图 1-41

1. 位图图像

位图图像在技术上被称为栅格图像，也就是通常所说的"点阵图像"或"绘制图像"。位图图像由像素组成，每个像素都会被分配一个特定位置和颜色值。相对于矢量图像，在处理位图图像时所编辑的对象是像素而不是对象或形状。将一张位图图像放大到原图的几倍，此时可以发现图像会发虚。而放大到几十倍时，就可以清晰地观察到图像中有很多小方块，这些小方块就是构成图像的像素，这就是位图最显著的特征，如图 1-42 所示。

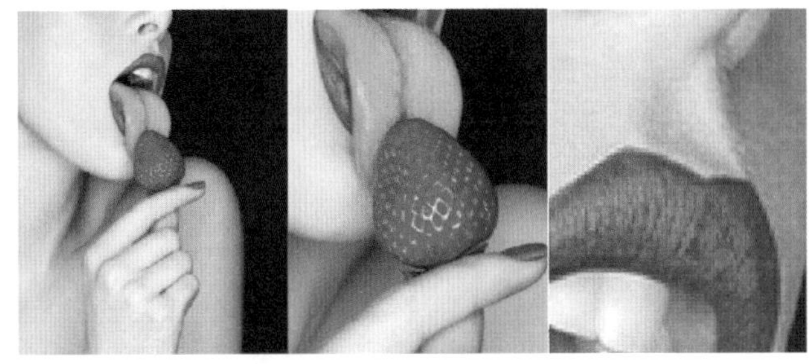

图 1-42

> 小技巧：位图图像与分辨率的关系
>
> 位图图像与分辨率有关，也就是说，位图包含了固定数量的像素。缩小位图尺寸会使原图变形，因为这是通过减少像素来使整个图像变小或变大的。因此，如果在屏幕上以高缩放比率对位图进行缩放或以低于创建时的分辨率来打印位图，则会丢失其中的细节，并且会出现锯齿现象。

2. 矢量图像

矢量图像又称矢量形状或矢量对象，在数学上定义为一系列由线连接的点。每个矢量对象都是一个自成一体的实体，它具有颜色、形状、轮廓、大小和屏幕位置等属性，所以矢量图像与分辨率无关，任意移动或修改矢量图像都不会丢失细节或影响其清晰度。比较有代表性的矢量软件有 Adobe Illustrator、CorelDRAW、CAD 等。图 1-43 ~ 图 1-45 所示为矢量作品。

图 1-43

图 1-44

图 1-45

当调整矢量图像的大小、将矢量图像打印到任何尺寸的介质上、在 PDF 文件中保存矢量图像或将矢量图像导入到基于矢量的图像应用程序中时，矢量图像都将保持清晰的边缘。图 1-46 和图 1-47 所示是将矢量图像放大 5 倍以后的效果，可以发现图像仍然保持清晰的颜色和锐利的边缘。

图 1-46

图 1-47

你问我答：矢量图像主要应用在哪些领域？

矢量图像在设计中应用得比较广泛。例如常见的室外大型喷绘，为了保证放大数倍后的喷绘质量，又需要在设备能够承受的尺寸内进行制作，所以使用矢量软件进行制作非常合适。另一种是网络中比较常见的 Flash 动画，因其独特的视觉效果以及较小的空间占用量而广受欢迎。矢量图像的每一点都有自己的属性，因此放大后不会失真，而位图由于受到像素的限制，因此放大后会失真模糊。

1.4.2 分辨率

分辨率与位图图像有关，是决定图像品质的重要因素。测量单位是像素 / 英寸（ppi）。每英寸的像素越多，分辨率越高。分辨率越高代表图像品质越好，越能表现出更多的细节；因为记录的信息越多，文件也就会越大。在另一方面，假如图像分辨率较低，图像就会显得相当粗糙，特别是把图像放大观看的时候。所以在图片创建期间，必须根据图像最终的用途决定正确的分辨率。

图 1-48 所示分辨率为 300ppi，图 1-49 所示分辨率为 72ppi，可以观察到这两张图像的清晰度有着明显的差异，即左图的清晰度明显要高于右图。

300ppi

图 1-48

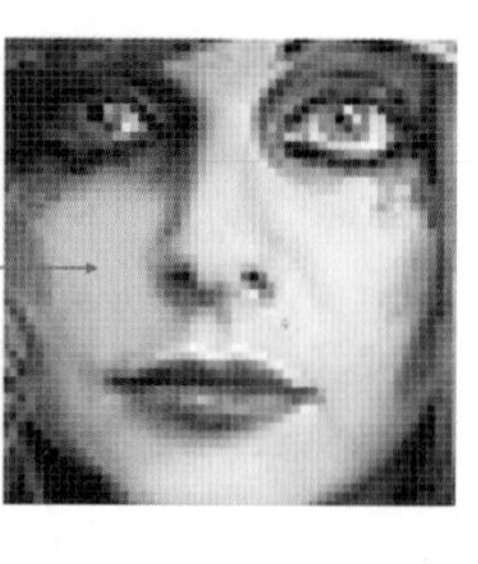

72ppi

图 1-49

1.4.3　图像的色彩模式

在图形图像的数字世界中经常会涉及“颜色模式”这一概念。图像的颜色模式是指将某种颜色表现为数字形式的模型，或者说是一种记录图像颜色的方式。使用 Illustrator 进行设计时主要使用到的颜色模式为 RGB 颜色模式和 CMYK 颜色模式。

1. RGB 颜色模式

RGB 颜色模式是最常使用到的一种模式，RGB 模式是一种发光模式（又称“加光”模式）。RGB 分别代表 Red（红色）、Green（绿色）、Blue（蓝），在“通道”调板中可以查看到 3 种颜色通道的状态信息。RGB 颜色模式下的图像只有在发光体上才能显示出来，例如显示器、电视等，该模式所包括的颜色信息（色域）有 1670 多万种，是一种真色彩颜色模式，如图 1-50 所示。

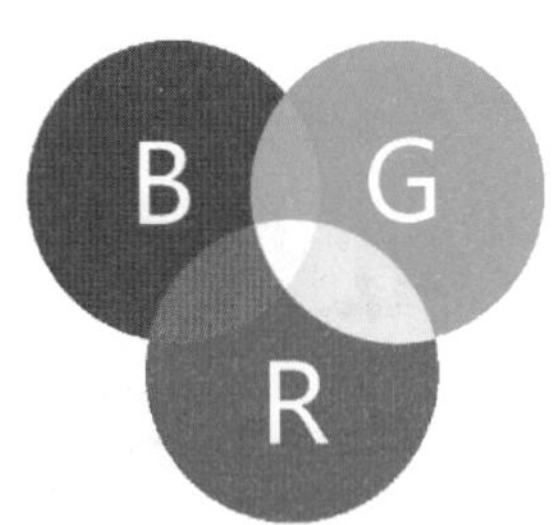

图 1-50

2. CMYK 颜色模式

CMYK 颜色模式是一种印刷模式，CMY 是 3 种印刷油墨名称的首字母，C 代表 Cyan（青色）、M 代表 Magenta（洋红）、Y 代表 Yellow（黄色），而 K 代表 Black（黑色）。CMYK 模式又称“减光”模式，该模式下的图像只有在印刷体上才可以观察到，例如纸张。CMYK 颜色模式包含的颜色总数比 RGB 模式少很多，所以在显示器上观察到的图像要比印刷出来的图像亮丽一些，如图 1-51 所示。

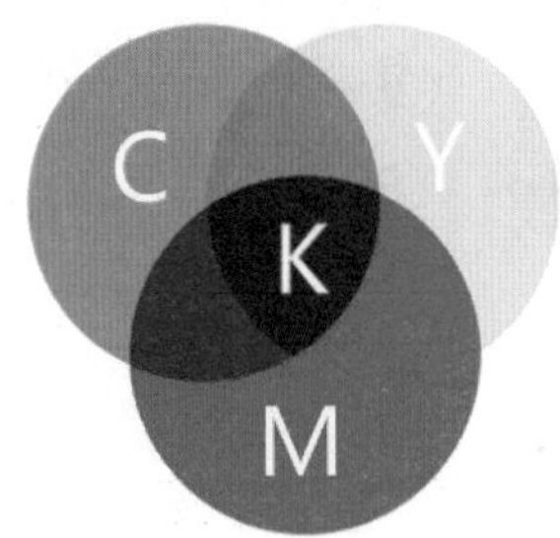

图 1-51

1.4.4　图像常用的文件格式

文件格式是指文件的存储形式，运用不同的存储格式，将根据图像或输出需要进行图像信息的品质取舍，如 CAD、BMP、JPEG 等。在 Illustrator CC 中支持多种文件格式，下面介绍几种常见的图像文件格式。

AI 格式：AI 格式为 Illustrator 自身的文件格式，应用于图像基本属性的存储和编辑。

EPS 格式：该文件格式为印刷和输出的格式，可用于优化 Illustrator 图像文件。

PDF 格式：该格式是用于 Adobe Acrobat 电子文档图像的文件格式。

AutoCAD 绘图和 AutoCAD 交换文件（DWG 和 DXF）：AutoCAD 绘图是用于存储 AutoCAD 中创建的矢量图形的标准文件格式。

BMP：标准 Windows 图像格式。可以指定颜色模型、分辨率和消除锯齿设置用于栅格化图稿，以及格式（Windows 或 OS/2）和位深度用于确定图像可包含的颜色总数（或灰色阴影数）。

Flash：基于矢量的图形格式，用于交互动画 Web 图形。可以将图稿导出为 Flash(SWF) 格式以便在 Web 设计中使用，并在任何配置了 Flash Player 增效工具的浏览器中查看图稿。

JPEG：常用于存储照片。JPEG 格式保留图像中的所有颜色信息，但通过有选择地扔掉数据来压缩文件大小。JPEG 是在 Web 上显示图像的标准格式。

Macintosh PICT：与 Mac OS 图形和页面布局应用程序结合使用，以便在应用程序间传输图像。PICT 在压缩包含大面积纯色区域的图像时特别有效。

Photoshop：标准 Photoshop 格式。如果您的图稿包含不能导出到 Photoshop 格式的数据，Illustrator 可通过合并文档中的图层或栅格化图稿，保留图稿的外观。

PNG：用于无损压缩和 Web 上的图像显示。与 GIF 不同，PNG 支持 24 位图像并产生无锯齿状边缘的背景透明度；但是，某些 Web 浏览器不支持 PNG 图像。PNG 保留灰度和 RGB 图像中的透明度。

Targa：可以指定颜色模型、分辨率和消除锯齿设置用于栅格化图稿，以及位深度用于确定图像可包含的颜色总数（或灰色阴影数）。

TIFF：用于在应用程序和计算机平台间交换文件。TIFF 是一种灵活的位图图像格式，绝大多数绘图、图像编辑和页面排版应用程序都支持这种格式。

Windows 图元文件：16 位 Windows 应用程序的中间交换格式。几乎所有 Windows 绘图和排版程序都支持 WMF 格式。但是，它支持有限的矢量图形，在可行的情况下应以 EMF 代替 WMF 格式。

文本格式：用于将插图中的文本导出到文本文件。

增强型图元文件：Windows 应用程序广泛用作导出矢量图形数据的交换格式。Illustrator 将图稿导出为 EMF 格式时可栅格化一些矢量数据。

第 2 章
人性化的工作界面

关键词

工作区、操作界面、菜单、工具箱、面板、面板堆栈、窗口、浏览图像、快捷键

要点导航

认识 Illustrator CC 的工作区

快捷键的使用方法

认识工具箱

浏览图像

学习目标

熟悉 Illustrator CC 工作区的各个部分

熟练操作菜单栏、工具箱以及面板

熟练使用缩放工具和抓手工具查看画面的各个部分

佳作鉴赏

2.1 Illustrator CC 的工作区

默认情况下，Illustrator CC 工作区中主要包含图像文件窗口、菜单、工具箱和浮动面板等功能分区。除此之外，用户也可自定义功能分区中的显示板块，或者调用其他预设的工作区以便于操作。

2.1.1 认识 Illustrator CC 的工作区

学习 Illustrator 首先要熟悉其界面。Adobe 公司保持其产品界面的统一使用户使用它的所有程序都会很轻松。使用 Illustrator、Photoshop、InDesign 的时候，会发现它们的工具、调板和菜单都非常相似。随着版本的不断升级，Illustrator CC 的工作界面布局也更加合理、更具有人性化。启动 Illustrator CC，可看到 Illustrator CC 的工作界面由“菜单栏”“控制栏”“工具箱”以及面板等多个部分组成，如图 2-1 所示。

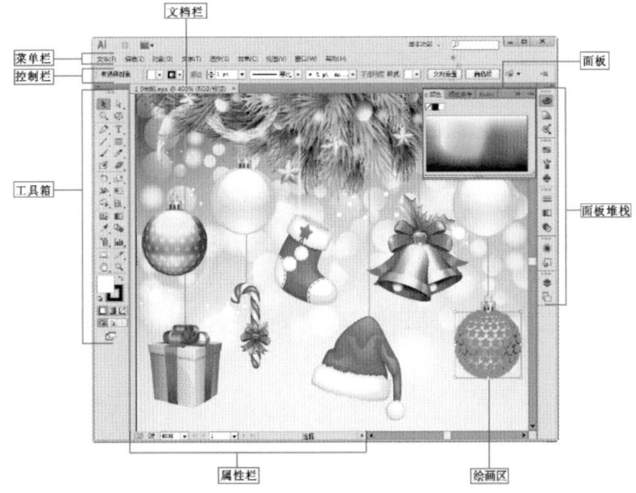

图 2-1

- 菜单栏：菜单栏中包含 9 组主菜单，分别是文件、编辑、对象、文字、选择、效果、视图、窗口和帮助。单击相应的主菜单，即可打开该菜单下的命令。
- 文档栏：打开文件后，Illustrator 的文档栏中会自动生成相应文档并显示这个文件的名称、格式、窗口缩放比例以及颜色模式等信息。
- 工具箱：工具箱中集合了 Illustrator CC 的大部分工具。
- 控制栏：控制栏主要用来设置工具的参数选项，不同工具的控制栏也不同。
- 属性栏：在该栏中提供了当前文档的缩放比例和显示的页面，并且可以通过调整相应的选项，调整 version cue 状态、当前工具、日期和时间、还原次数和文档颜色配置文件的状态。
- 绘画区：所有图形的绘制操作都将在该区区域中进行，可以通过缩放操作对绘制区域的尺寸进行调整。
- 面板堆栈：该区域主要用于放置收缩起来的面板。通过单击该区域中面板按钮，可以将该面板完整地显示出来，从而实现面板使用和操作空间的平衡。

2.1.2 选择预设工作区

在软件界面最顶端的程序栏中单击“基本功能”按钮，系统会弹出一个菜单，在该菜单中可以选择系统预设的工作区，如图 2-2 所示。也可以通过执行“窗口 > 工作区”菜单下的子命令来选择合适的工作区，如图 2-3 所示。

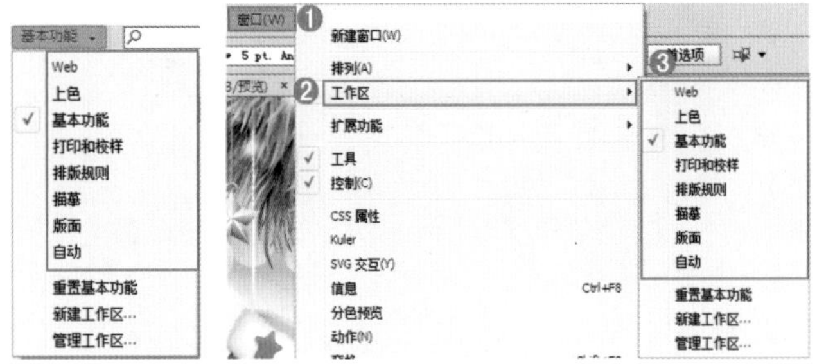

图 2-2　　图 2-3

图 2-4 和图 2-5 所示为不同的工作区效果。

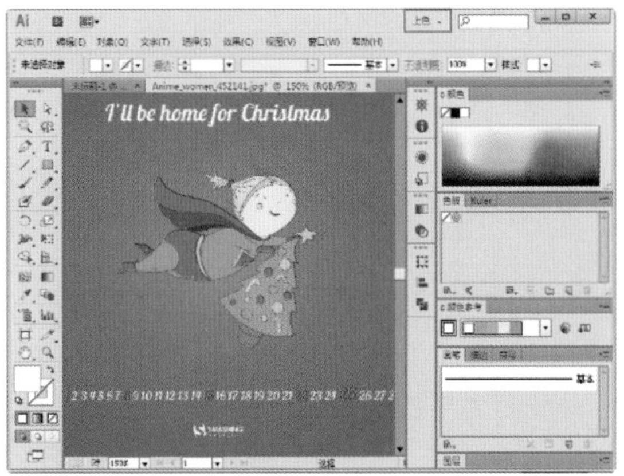

图 2-4

图 2-5

2.1.3 设置自定义工作区

Illustrator 很贴心地提供了自定义工作布局功能。利用该功能可以根据个人的工作习惯，定义一个属于自己的工作区。执行“窗口 > 工作区 > 新建工作区”菜单命令，然后在弹出的对话框中为工作区设置一个名称，接着单击“确定”按钮，即可将当前工作区存储为预设工作区，如图 2-6 和图 2-7 所示。

在界面顶部单击切换预设工作区按钮即可选择刚刚储存的工作区，如图 2-8 所示。

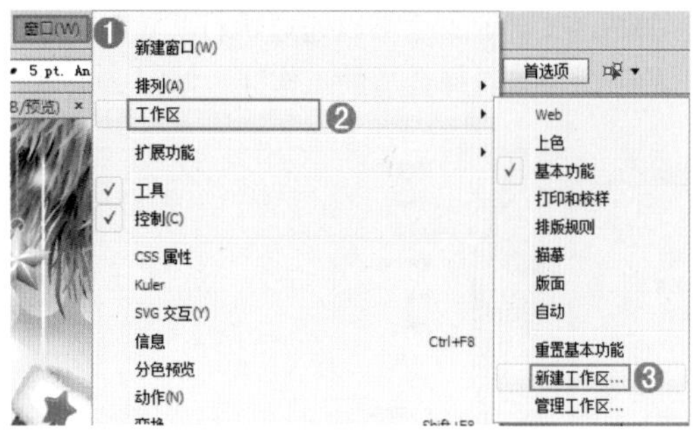

图 2-6

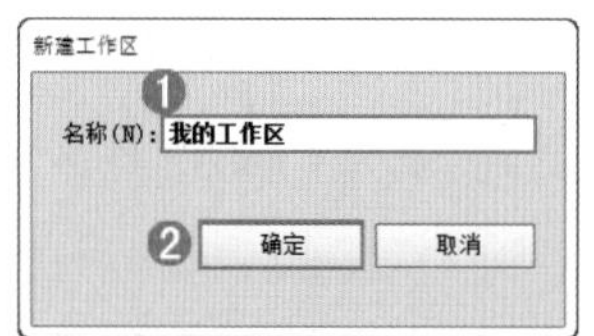

图 2-7

图 2-8

2.2 菜单与面板

菜单与面板是组成界面的重要部分。菜单栏为软件的大多数功能提供功能入口。单击以后，即可显示出菜单项，如图 2-9 所示。面板也是图形处理软件 Illustrator 中经常使用到的一项工具，如图 2-10 所示。

图 2-9

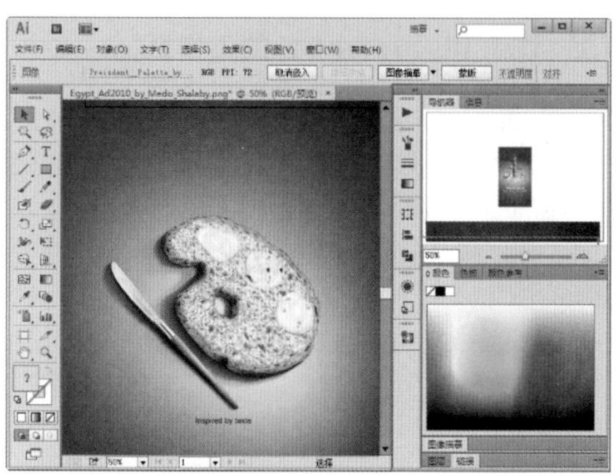

图 2-10

2.2.1 熟悉菜单栏

尽管 Adobe 系列软件的面板和工具箱被赋予了重要的地位，但是在 Illustrator 的菜单中也可以找到许多很有用的功能。Illustrator CC 中的菜单栏中包含 9 个菜单按钮，单击某个菜单按钮即可打开相应的下拉菜单，通过选择菜单中的各项命令，可以使图像在编辑过程中操作更加方便，如图 2-11 所示。

图 2-11

2.2.2 菜单栏的使用原则

菜单栏的使用方法很简单，在使用时要基于菜单栏的使用原则。

（1）要选择一个菜单项，可以单击菜单栏按钮，在下拉菜单中可以看到相应的菜单命令。在该下拉菜单中，不是每一项命令都可以执行的，通过观察可以区别出可以执行的命令和不可执行的命令。例如在图 2-12 中，“编辑”菜单命令下的“还原”与“重做”命令的字体颜色是灰色的，这就说明这项命令是不能执行的；而下方的“剪切”“复制”等命令的字体都是黑色的，这些命令就是可以执行的。

（2）在某些命令后会出现省略号，这就代表执行该命令会激活窗口。执行“文件 > 打开”命令，如图 2-13 所示。会打开“打开”窗口，如图 2-14 所示。

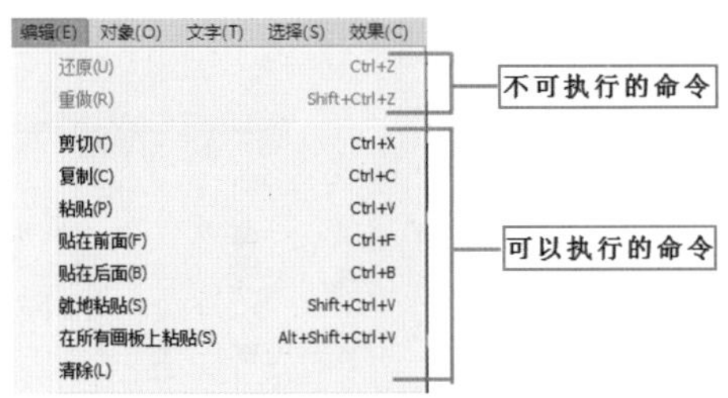

图 2-12

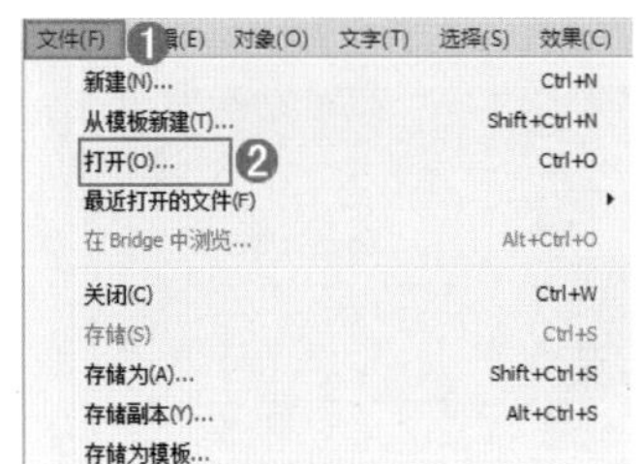

图 2-13

图 2-14

（3）在菜单栏右侧有一个三角形按钮 ▸，这就表示该命令还有子菜单。例如执行“文字 > 大小”命令，即可看到子菜单的相应选项，如图 2-15 所示。通常子菜单会出现在菜单的右边，但是由于显示器空间的限制，一些菜单的子菜单会出现在左侧。

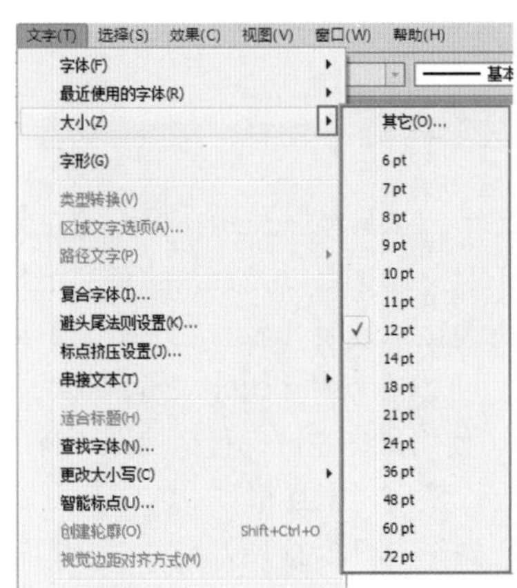

图 2-15

2.2.3　熟悉面板的使用方法

Adobe Illustrator CC 中包含很多个面板，这些面板主要用来配合工具箱中的工具以及菜单栏中的命令，对图形进行修改、编辑、参数设置以及对操作进行控制等。单击“窗口”菜单按钮，在窗口菜单中单击即可打开相应面板，如图 2-16 所示。

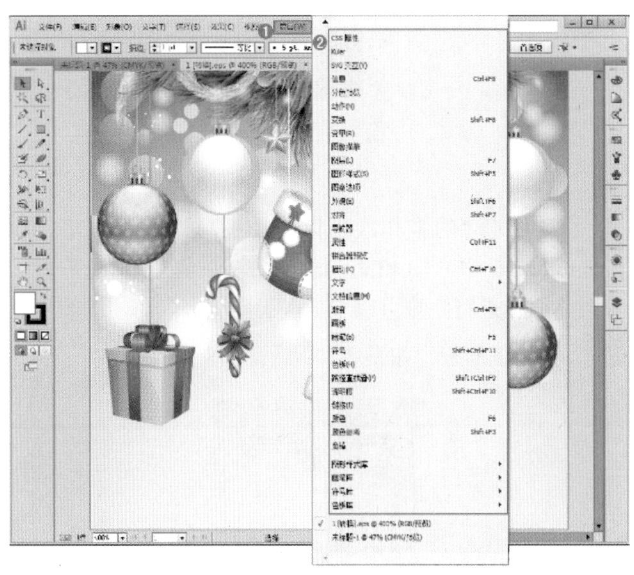

图 2-16

（1）在默认的情况下，Illustrator CC 中的面板将以图标的方式停放在右侧的面板堆栈中，通过单击相应的面板按钮可以临时显示出该面板，使用完毕后面板将自动收回到面板堆栈中，如图 2-17 所示。

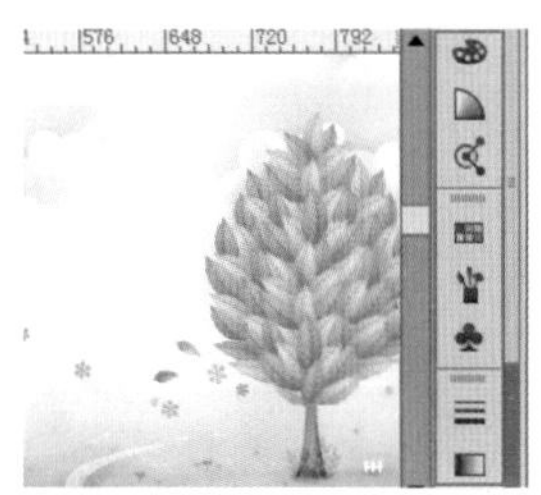

图 2-17

（2）如果对 Adobe Illustrator 软件的面板图标非常熟悉，则可以比较准确地找到相应的图标，但如果不太熟悉，则会出现一定的障碍。此时，可以通过拖拽面板堆栈左侧的边缘将该区域扩大，让相应图标的画板名称显示出来，以便找到所需的面板，如图 2-18 所示。

图 2-18

（3）若要将面板全部显示出来，可以单击面板堆栈右上角的◀◀按钮；若要将展开的面板收回可以单击▶▶按钮，如图 2-19 所示。

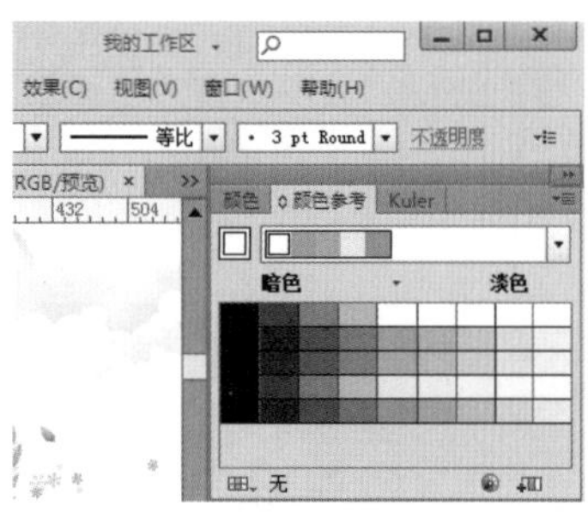

图 2-19

（4）灵活的工作区可以提高图形的工作效率，在 Illustrator CC 中，按 <Tab> 键可以隐藏或显示所有面板。若要将面板进行隐藏可以单击位于面板右上角的关闭按钮 ✕，关闭该面板，如图 2-20 所示。

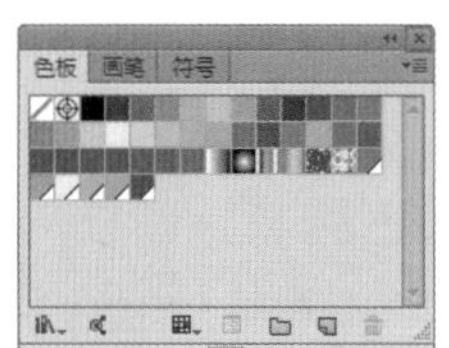

图 2-20

2.2.4　轻松练：拆分组合面板

Illustrator 的面板组合是非常灵活的，不但可以堆叠放置还可将其拆分后单独放置。自由拆分后的面板组合更便于绘制过程中的灵活操作。

（1）在默认情况，面板是以面板组的方式显示在工作界面中的，比如“颜色”面板和“颜色参考”面板就是组合在一起的，如图 2-21 所示。

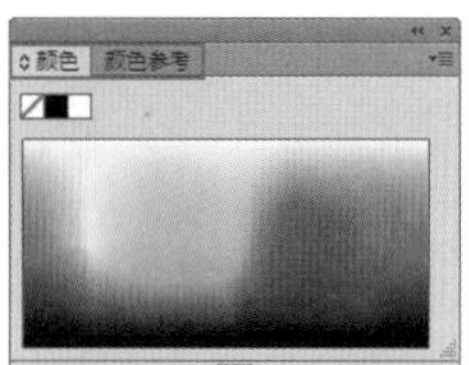

图 2-21

（2）如果要将其中某个面板拖拽出来形成一个单独的面板，可以将光标放置在面板名称上，然后使用鼠标左键拖拽面板，将其拖拽出面板组，如图 2-22 和图 2-23 所示。

（3）如果要将一个单独的面板与其他面板组合在一起，可以将光标放置在该面板的名称上，然后使用鼠标左键将其拖拽到要组合的面板名称上，当面板边缘出现蓝色的边框时，松开鼠标即可将面板组合在一起，如图 2-24 所示。

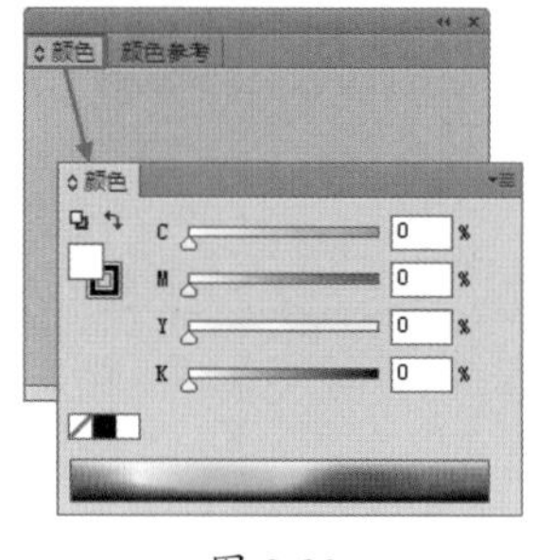

图 2-22

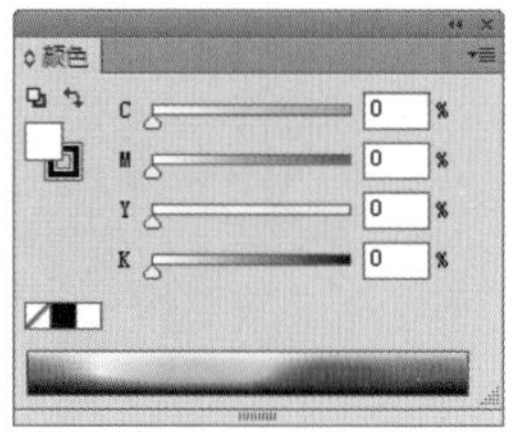

图 2-23

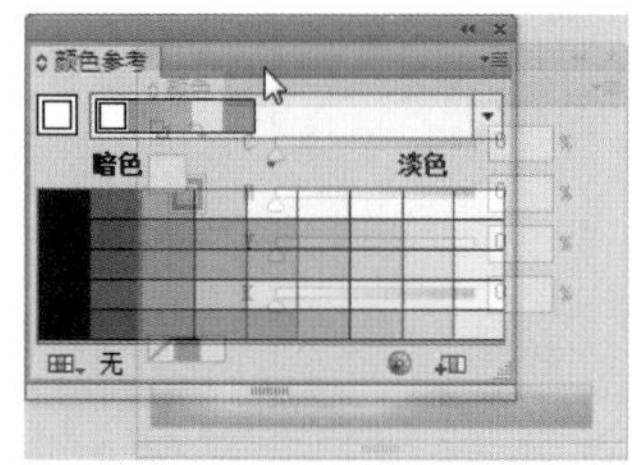

图 2-24

2.3　工具箱与控制栏

工具箱中的工具与控制栏是配合使用的，默认情况下，工具箱位于界面的左侧，在使用某个工具会在控制栏中显示相关的选项，如图 2-25 所示。

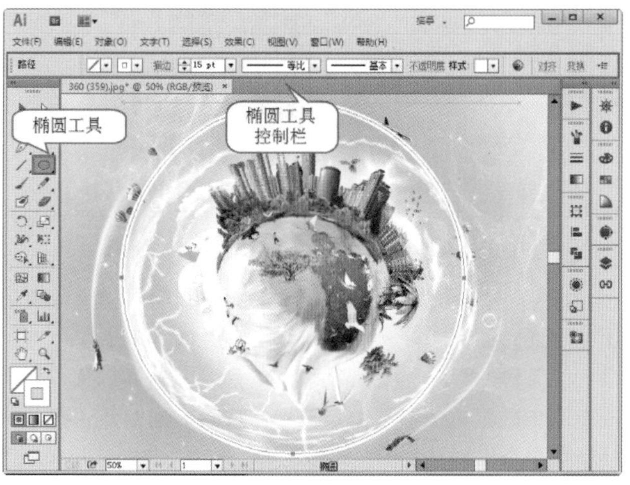

图 2-25

2.3.1　认识工具箱

默认状态下“工具箱”显示在界面的左侧边缘处。执行“窗口 > 工具”命令可以显示或隐藏“工具箱”。“工具箱”可以折叠显示或展开显示。单击“工具箱”顶部的◀◀ / ▶▶图标，可以在双栏和单栏之间切换，如图 2-26 和图 2-27 所示。使用鼠标左键进行拖拽即可将“工具箱”设置为浮动状态。使用“工具箱”中的工具可以对 Illustrator 中的对象进行操作。图 2-28 所示是“工具箱”中的所有隐藏的工具。

图 2-26　　图 2-27

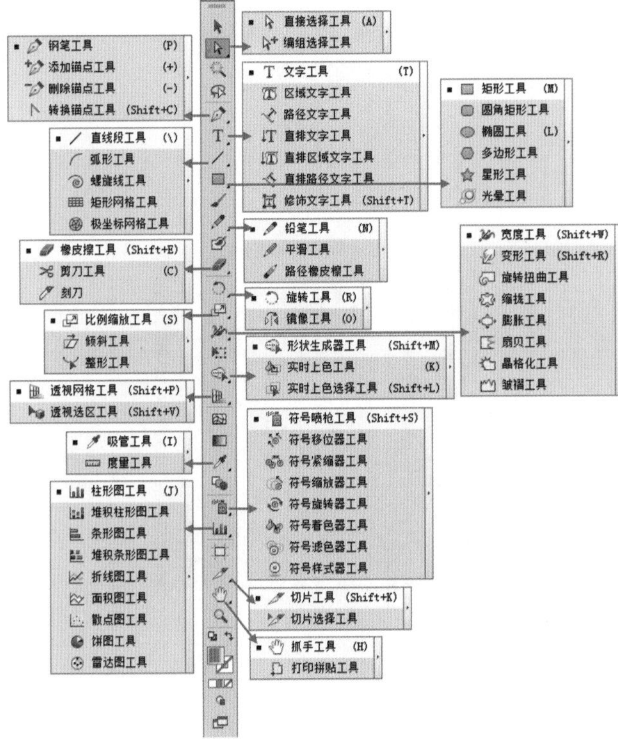

图 2-28

2.3.2　显示隐藏工具

为了节约界面的使用空间，Illustrator 设计了灵活多变的工具箱。如果工具图标的右下角带有三角形图标，表示这是一个工具组。

（1）将鼠标指针移动至某一工具组上，按住鼠标左键即可显示隐藏的工具，如图 2-29 所示。将光标移动到相应的工具上即可选择该工具。

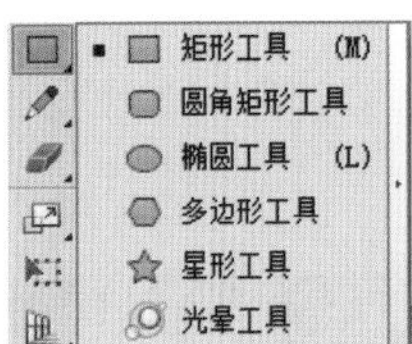

图 2-29

（2）在隐藏的工具组面板的右侧有一个三角形的标记，单击该按钮可以将隐藏的工具以浮动状态显示，如图 2-30 所示。单击按钮可以关闭浮动状态。

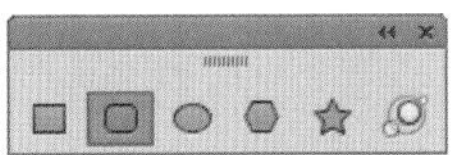

图 2-30

2.3.3　控制栏

控制栏位于标题栏的上方，当使用某一工具时，在选项栏中就会显示相应的控制选项。例如，在这里单击工具箱中的“直接选择工具”按钮，在画布中单击选择某个对象，即可显示相关的控制选项，如图 2-31 所示。

图 2-31

2.4　浏览图像

在 Illustrator 中可以通过工具或命令方便地通过更改图像的缩放级别、调整图像的排列形式、更换多种屏幕模式、通过导航器查看图像、使用“抓手工具”查看图像等方式浏览图像。

2.4.1 使用命令浏览图像

（1）执行“视图 > 放大”命令，或使用快捷键 <Ctrl++> 即可放大图像显示比例到下一个预设百分比；如果执行“视图 > 缩小”命令，或使用快捷键 <Ctrl+-> 可以缩小图像显示比例到下一个预设百分比，如图 2-32 和图 2-33 所示。

图 2-32

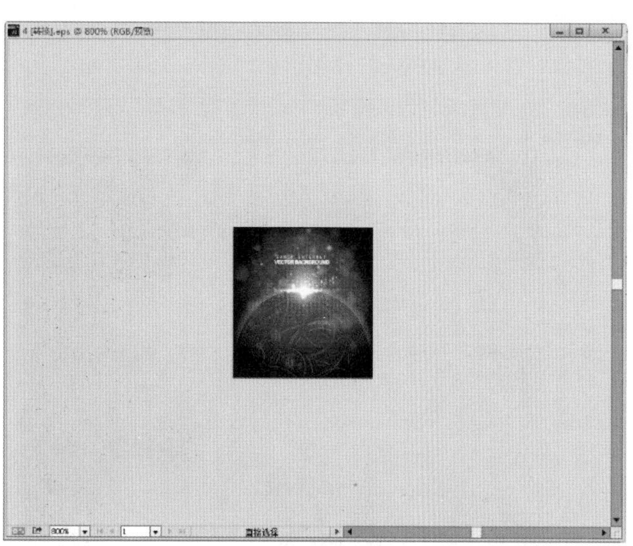

图 2-33

（2）执行“视图 > 画板合适窗口大小”命令，将当前的画板按照屏幕尺寸进行缩放，如图 2-34 所示。执行“视图 > 全部适合窗口大小”命令，要查看窗口中的所有内容，如图 2-35 所示。

（3）要以 100% 比例显示文件，可以执行“视图 > 实际大小”命令，如图 2-36 所示。

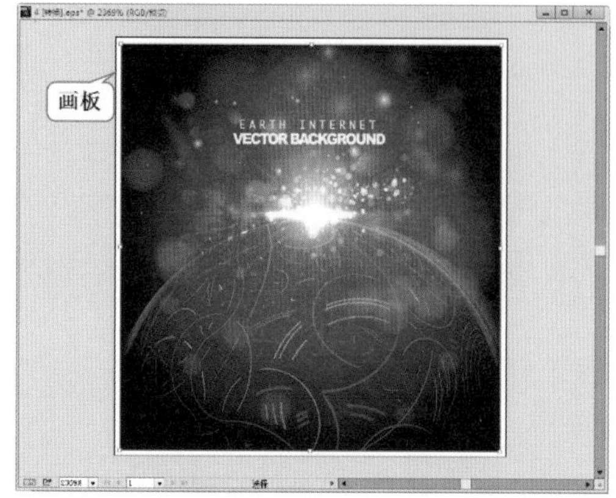

图 2-34

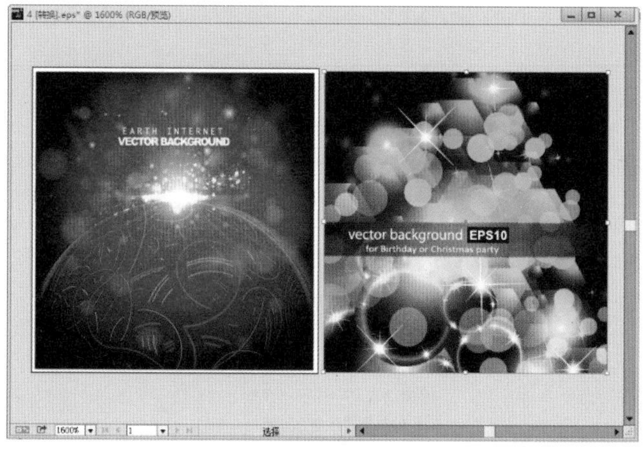

图 2-35

图 2-36

2.4.2 使用工具浏览图像

与大部分绘图软件相同，Illustrator 中也提供了两个非常便利的视图浏览工具：用于图像缩放的“缩放工具”，和用于平移图像的“抓手工具”。

（1）图 2-37 所示的缩放比例为“画板适合窗口大小”。单击工具箱中的“缩放工具”按钮，然后将光标移动至画面中，可以观察此时光标为一个中心带有加号的放大镜，如图 2-38 所示。

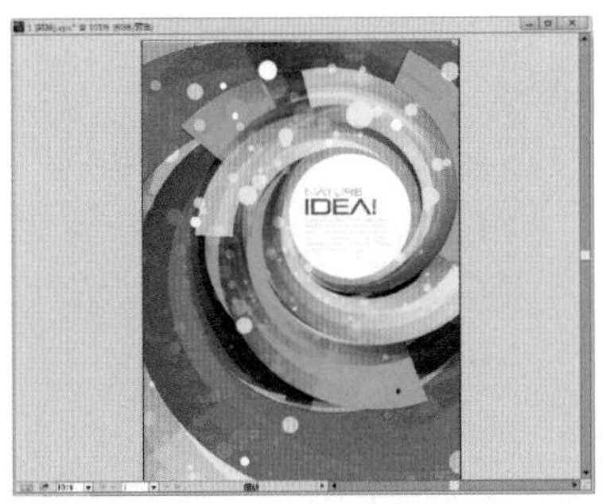

图 2-37

图 2-38

（2）在画面中单击即可将画面放大显示，如图 2-39 所示。按住 <Alt> 键，光标会变为中心带有减号的“缩小镜”，单击要缩小的区域的中心。每单击一次，视图便放大或缩小到上一个预设百分比，如图 2-40 所示。

图 2-39

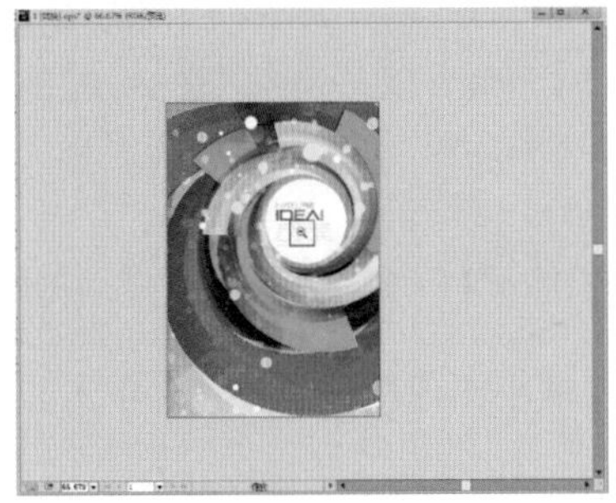

图 2-40

（3）使用缩放工具在需要放大的区域单击并拖拽出虚线方框。释放鼠标后，窗口将显示框选的图像部分，如图 2-41 和图 2-42 所示。

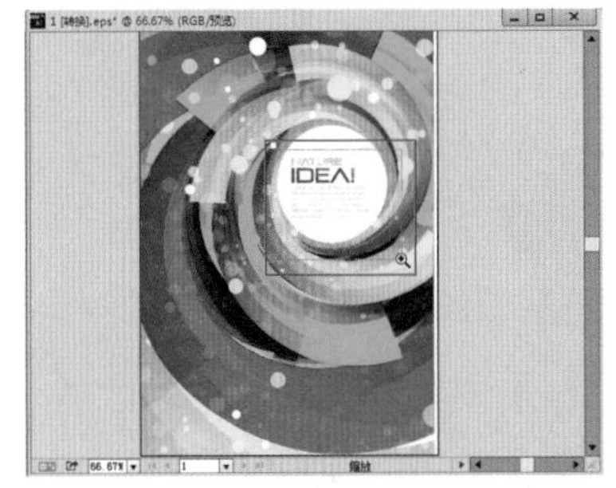

图 2-41

图 2-42

小技巧：调整缩放倍数

打开的图像文件窗口的左下角位置上，有一个“缩放”文本框，在该文本框中输入相应的缩放倍数，按 <Enter> 键，即可直接调整到相应的缩放倍数，如图 2-43 所示。

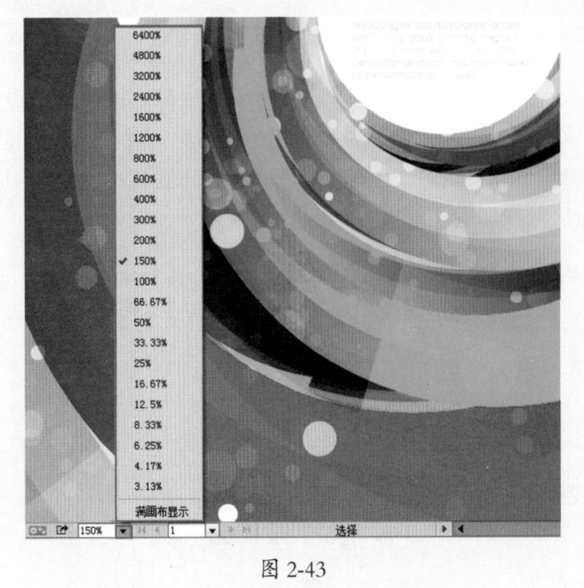

图 2-43

（4）当图像放大到屏幕不能完整显示时，可以使用“抓手工具”在不同的可视区域中进行拖拽以便于浏览。单击工具箱中的“抓手工具”按钮，在画面中单击并向所需观察的图像区域移动即可，如图 2-44 和图 2-45 所示。

图 2-44

图 2-45

2.4.3 使用导航器面板浏览图像

在“导航器”面板中，通过滑动鼠标可以查看图像的某个区域。执行“窗口 > 导航器”命令，调出“导航器”面板。“导航器”中的红色边框内的区域与画布窗口中当前显示的区域相对应，如图 2-46 所示。

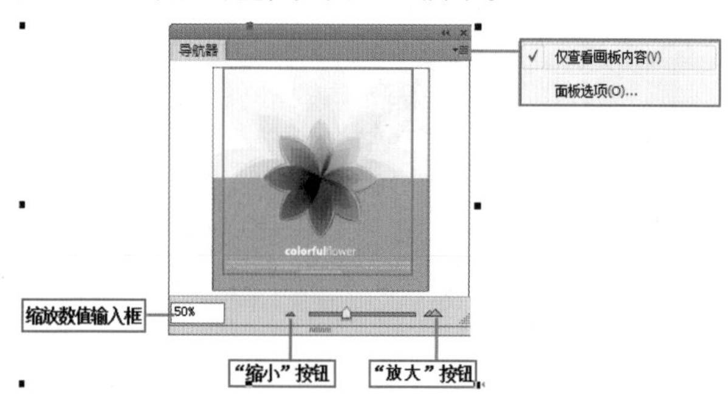

图 2-46

重点参数提醒：

- 缩放数值输入框：在这里可以输入缩放数值，然后按 <Enter> 键可以确认操作。图 2-47 和图 2-48 所示分别是以当前窗口 100% 显示和 20% 显示。

图 2-47

图 2-48

- “缩小”按钮 / “放大”按钮：单击“缩小”按钮可以缩小图像的显示比例；单击“放大”按钮可以放大图像的显示比例，如图 2-49 和图 2-50 所示。

图 2-49

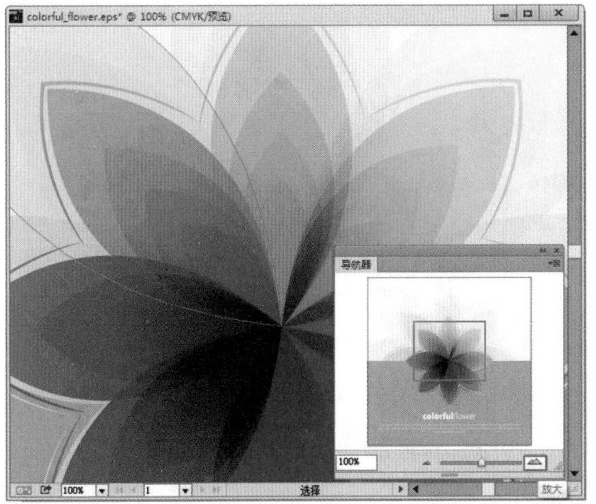
图 2-50

2.4.4 创建参考窗口

首先选中要进行创建新的参考窗口的图像，然后执行“窗口 > 新建窗口”命令，此时将创建一个新的窗口，在其中一个窗口进行编辑，另一个窗口中都会出现相同的效果，如图 2-51 所示。这个操作大大地方便了在进行一些细微的局部操作时，需要同时查看这一局部在整个图像效果的情况。

图 2-51

2.5 在多个窗口中查看图像

同时打开多个文件时，选择合理的方式查看图像窗口可以更好地对图像进行浏览或编辑。

2.5.1 窗口的排列形式

在 Illustrator 中打开多个文档时，用户可以选择文档的排列方式。在“窗口 > 排列”菜单下可以选择一个合适的排列方式，如图 2-52 所示。

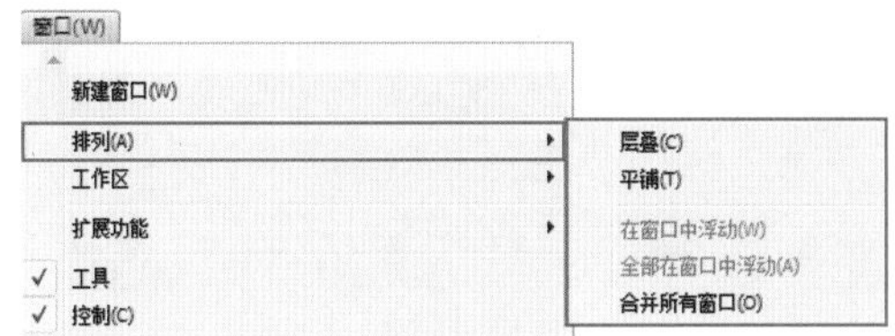

图 2-52

- 层叠：以“层叠”方式排列是所有打开文档从屏幕的左上角到右下角以堆叠和层叠的方式显示，如图 2-53 所示。

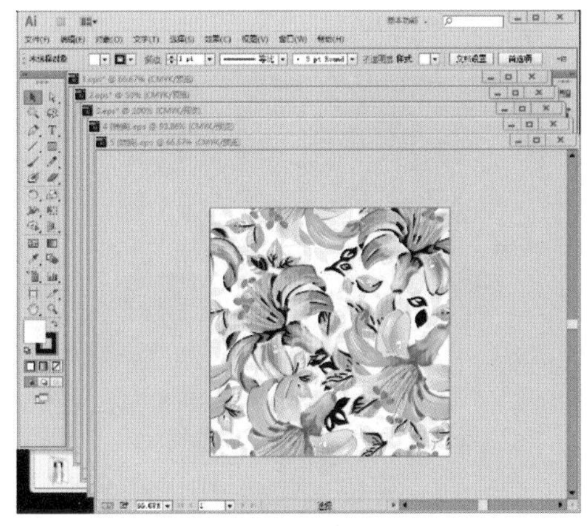
图 2-53

- 平铺：当选择“平铺”方式进行排列时，窗口会自动调整大小，并以平铺的方式填满可用的空间，如图 2-54 所示。

图 2-54

- 在窗口中浮动：当选择“在窗口中浮动”方式排列时，图像可以自由浮动，并且可以任意拖拽标题栏来移动窗口，如图 2-55 所示。

图 2-55

- 全部在窗口中浮动：当选择“使所有内容在窗口中浮动”方式排列时，所有文档窗口都将变成浮动窗口，如图 2-56 所示。

图 2-56

- 合并所有窗口：当选择“使所有内容在窗口中浮动”方式排列时，所有文档窗口都将合并到一个页面中，如图 2-57 所示。

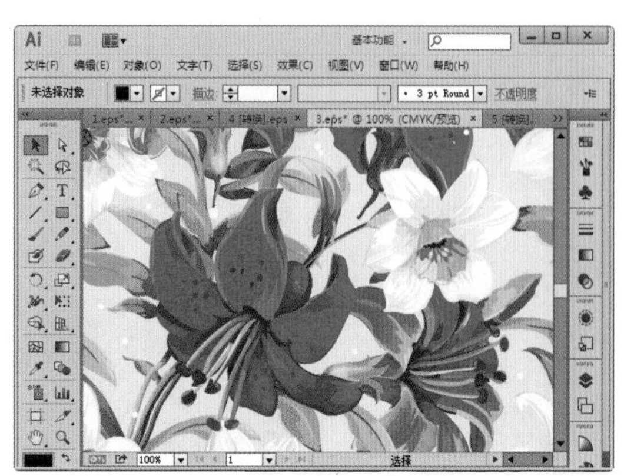

图 2-57

2.5.2 打开多个文件的排列方式

Illustrator CC 提供了多种合并拼贴方式便于多个文件的重新排列，使用直观的“排列文档”窗口可快速地以不同的配置方式排列已打开的文档。在应用程序栏中“排列文档”按钮的下拉列表中有“全部合并”“全部按网格拼贴”“全部垂直拼贴”等多个排列方式。在这里单击“三联”按钮，如图 2-58 所示，此时文档排列效果如图 2-59 所示。

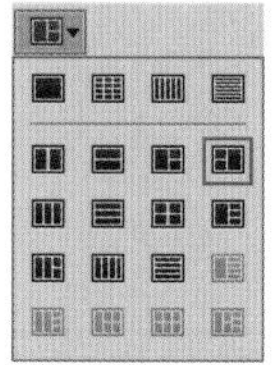

图 2-58

图 2-59

2.6 切换屏幕模式

“切换屏幕模式”按钮位于工具箱的最底部，可以根据用户需要单击工具箱底部的“切换屏幕模式”按钮，可以更改插图窗口和菜单栏的可视性。如果在全屏模式下可以将光标放在屏幕的左边缘或右边缘，此时工具箱将被弹出，如图 2-60 所示。

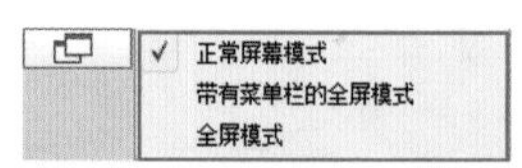

图 2-60

- “正常屏幕模式”：在标准窗口中显示图稿，菜单栏位于窗口顶部，滚动条位于两侧，如图 2-61 所示。
- “带菜单栏的全屏模式”：在全屏窗口中显示图稿，在顶部显示菜单栏，带滚动条，如图 2-62 所示。
- “全屏模式”：在全屏窗口中显示图稿，不带标题栏或菜单栏，如图 2-63 所示。

图 2-61

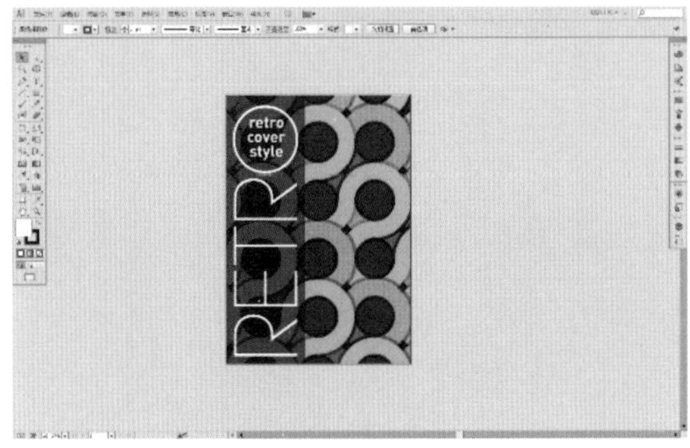

图 2-62

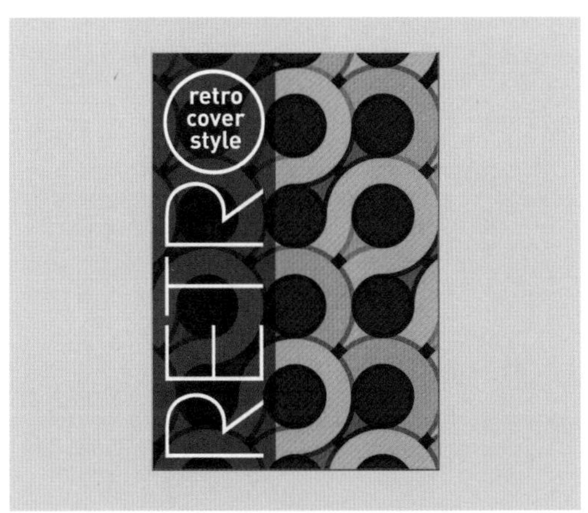

图 2-63

2.7　巧用快捷键

为了提高 Illustrator 绘图效率，快捷键的使用是必不可少的。快捷键通常只需要一个或几个简单的字母来代替常用的命令，使用户不用去记忆众多长长的命令，也不必为了执行一个命令，在菜单和工具栏上寻寻觅觅。

2.7.1　快捷键的使用方法

快捷键，又称热键，指通过某些特定的按键、按键顺序或按键组合来完成一个操作。利用快捷键可以代替鼠标做一些工作来提高用户的工作效率。

（1）单个字母快捷键

默认情况，一般以单个字母为快捷键都是以该工具的首字母进行命名，例如画笔的英文拼写为 Brush，“画笔”工具的快捷键为 <B>。按一下 <B> 键，即可选择该工具。

（2）组合快捷键

组合快捷键是同时按两个或两个以上的按键才能启用。例如“符号喷枪工具”的快捷键为 <Shift+S>。为了方便快捷的命令操作，部分菜单命令也有属于自己的组合快捷键，例如菜单列表中名称的后半部分即是菜单快捷键，如图 2-64 所示。

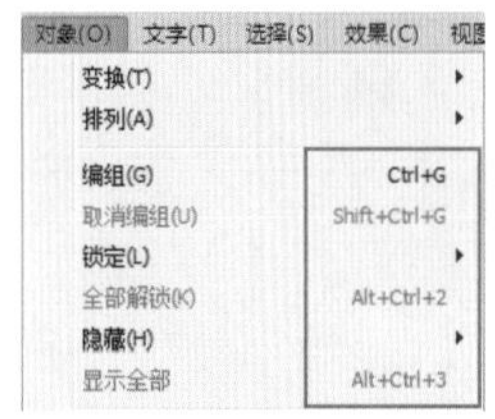

图 2-64

（3）菜单快捷键的使用

除了菜单组合快捷键外，每一个菜单都有属于自己的快捷键。例如执行“对象 > 安排 > 移动”命令，可以看到在每一个命令后面都有一个字母，如图 2-65 所示。在使用菜单快捷键时需按住 <Alt> 键，然后按相应的字母，即可执行该命令，例如“对象 > 变换 > 旋转移动”的快捷键为 <Alt+O+T+R>。

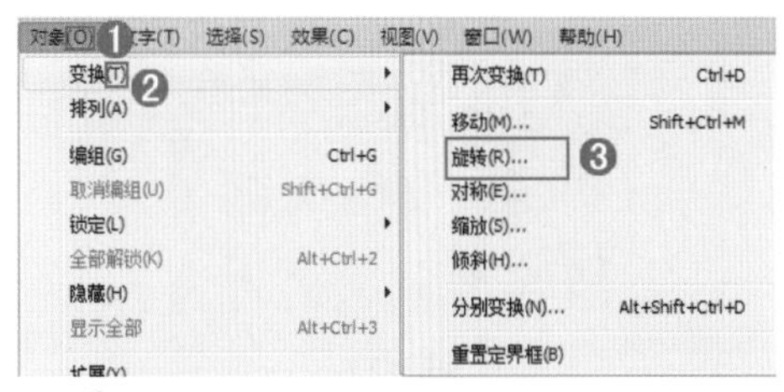

图 2-65

你问我答：快捷键需要死记硬背吗？

快捷键可以提高工作效率，很多初学者都选择死记硬背快捷键。但并不是所有快捷键都需要背下来，其实只要经常练习常用的几个快捷键，自然而然地便可以记住。

2.7.2　自定义快捷键

在 Illustrator 软件中为命令和工具提供了一组默认的键盘快捷键。用户也可以根据自己的喜好自定键盘快捷键。执行“编辑 > 键盘快捷键”命令，在弹出的“键盘快捷键”窗口中可以自定义快捷键。

（1）执行“编辑 > 键盘快捷键”命令，一般来说键集都只有系统默认值而已，要更改快捷键需要新建一个键集。单击“存储键集文件按钮”，然后，在弹出的“存储键集文件”窗口中，输入一个合适的文件名称，最后单击“确定”按钮，如图 2-66 所示。

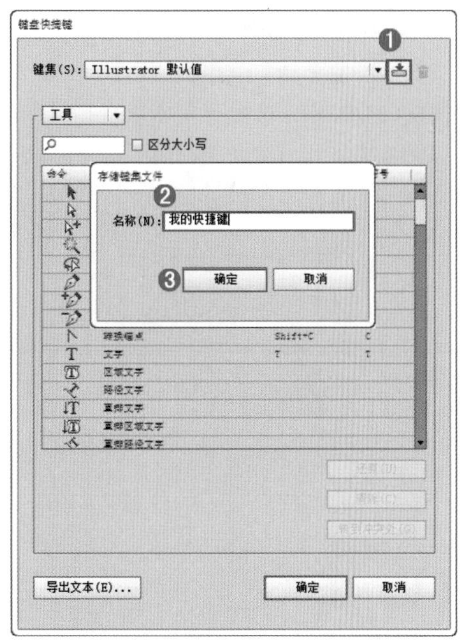

图 2-66

（2）接下来为工具自定义快捷键。在这里选择“直接选择”工具，单击快捷键后的“×”标记，将预设的快捷键移去，如图 2-67 所示。

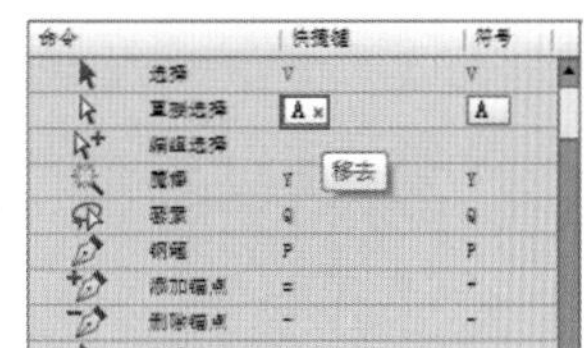

图 2-67

（3）在相应的位置输入快捷键，若自定义的快捷键与预设的快捷键有冲突，在该窗口的左下方会显示冲突提示。例如输入字母“V”，因为“选择工具”的预设快捷为“V”。所以会弹出提示，如图 2-68 所示。在这里将该快捷键设定为“1”，然后单击“确定”按钮，如图 2-69 所示。

（4）此时可以观察到“直接选择工具”的快捷键已经定义为“1”，然后单击“确定”按钮，完成自定义快捷键的操作，如图 2-70 所示。回到 Illustrator 界面，按键盘上的 <1> 键，即可快速选择“直接选择工具”，此时可以将光标移动到“直接选择工具”上，可以显示该工具的快捷键，如图 2-71 所示。

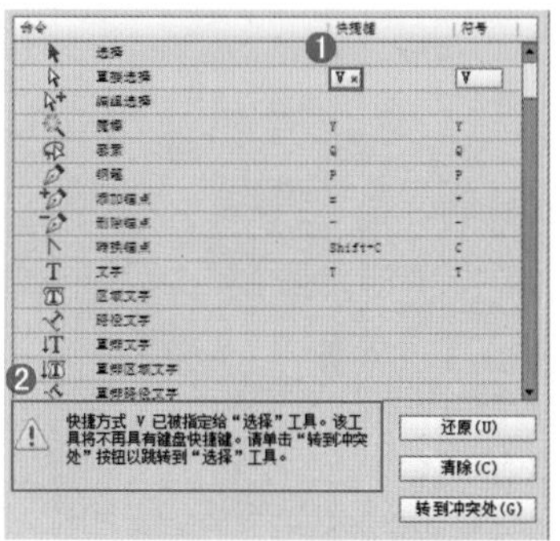

图 2-68

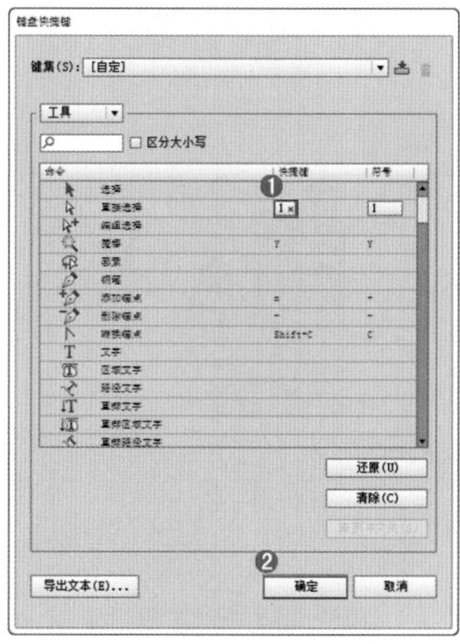

图 2-69

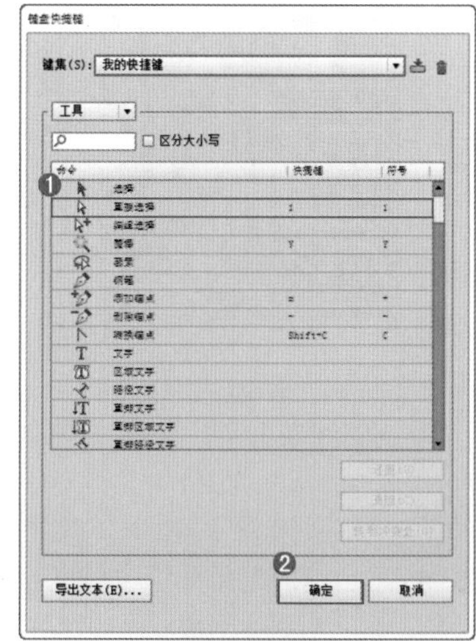

图 2-70

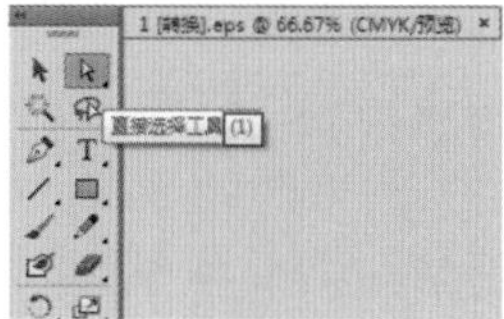

图 2-71

第 3 章 文件的基础操作

关键词

新建、打开、储存、置入、导出、关闭、打印、恢复、画板、参考线、标尺

要点导航

新建文件
储存文件
置入与导出文件
画板工具
辅助工具

学习目标

能够熟练地创建新文件，并对文件进行置入素材等操作

能够将文件存储并导出为合适的格式

能够灵活地使用辅助工具进行制图操作

熟练使用快捷键进行还原和重做

佳作鉴赏

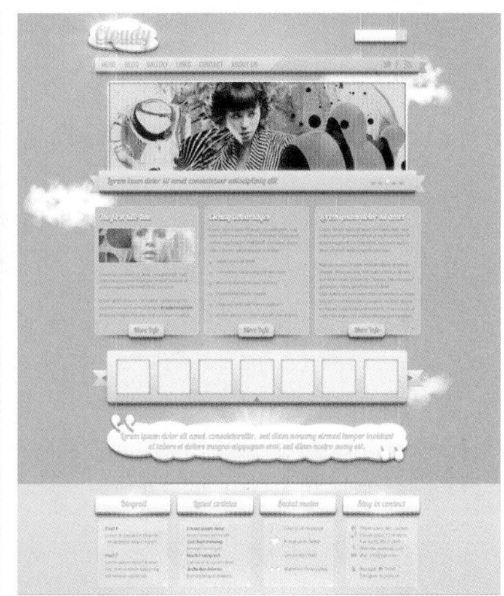

3.1 新建文件

新建文件是在 Illustrator CC 中进行制图的第一步。在“新建文档”对话框中可以对新建文件的相关参数进行预设，以保证所创建文件的大小、格式等符合实际操作的需要。如图 3-1 ~ 图 3-4 所示为优秀矢量作品欣赏。

图 3-1

图 3-2

图 3-3

图 3-4

3.1.1 新建文件

（1）执行“文件 > 新建”命令或使用快捷键 <Ctrl+N>，此时会弹出“新建文档”对话框，在此对话框中可以对新建文件的相关参数进行设置，如图 3-5 所示。

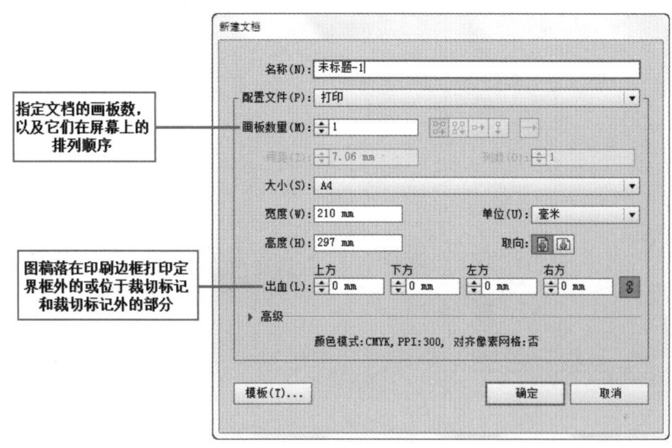

图 3-5

重点参数提醒：

- 配置文件：在该下拉列表中提供了打印、Web（网页）和基本 RGB 选项。直接选中相应的选项，文档的参数将自动按照不同的方向进行调整。如果这些选项都不是要使用的，可以选中“浏览”选项，在弹出的对话框中进行选取。
- 按行设置网格：在指定数目的行中排列多个画板。从“行”菜单中选择行数。如果采用默认值，则会使用指定数目的画板创建尽可能方正的外观。
- 按列设置网格：在指定数目的列中排列多个画板。从“列”菜单中选择列数。如果采用默认值，则会使用指定数目的画板创建尽可能方正的外观。
- 按行排列：将画板排列成一个直行。
- 按列排列：将画板排列成一个直列。
- 更改为从右到左布局：按指定的行或列格式排列多个画板，但按从右到左的顺序显示它们。
- 间距：指定画板之间的默认间距。此设置同时应用于水平间距和垂直间距。
- 列数：在该选项设置相应的数值，可以定义排列画板的列数。
- 大小：在该选项下拉列表中选择不同的选项，可以定义一个画板的尺寸。
- 取向：当设置画板为矩形状态时，需要定义画板的取向，在该选项中单击不同的按钮，可以定义不同的方向，此时画板高度和宽度中的数值进行交换。
- 出血：指定画板每一侧的出血位置。要对不同的侧面使用不同的值，单击“锁定”图标，将保持四个尺寸相同。

（2）通过单击“高级”按钮，可以进行颜色模式、栅格效果、预览模式等参数的设置，如图 3-6 所示为隐藏的高级选项。

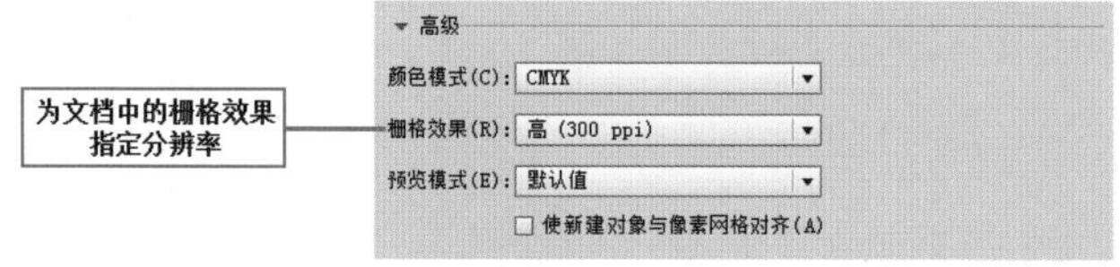

图 3-6

重点参数提醒：

- 颜色模式：指定新文档的颜色模式。通过更改颜色模式，可以将选定的新建文档配置文件的默认内容（色板、画笔、符号、图形样式）转换为新的颜色模式，从而导致颜色发生变化。在进行更改时，请注意警告图标。
- 栅格效果：准备以较高分辨率输出到高端打印机时，将此选项设置为“高”尤为重要。默认情况下，“打印”配置文件将此选项设置为“高”。
- 预览模式：为文档设置默认预览模式。
- 使新建对象与像素网格对齐：如果选择此选项，则会使所有新对象与像素网格对齐。因为此选项对于用来显示 Web 设备的设计非常重要。

3.1.2　从模板新建

如果要创建一系列具有相同外观属性的对象可以通过“从模板新建”来新建文档。比如要设计一组同系列的 T 恤衫（具有相同的格式和版面）就可以通过模板新建文档，然后分别进行修改和添加。执行“文件 > 从模板新建”命令或使用快捷键 <Ctrl+Shift+N>，此时弹出“从模板新建”对话框，如图 3-7 所示。选择使用用于新建文档的模板，单击“确定”按钮，即可实现从模板新建。图 3-8 所示为通过执行“文件 > 从模板新建”命令创建的新文档。

图 3-7

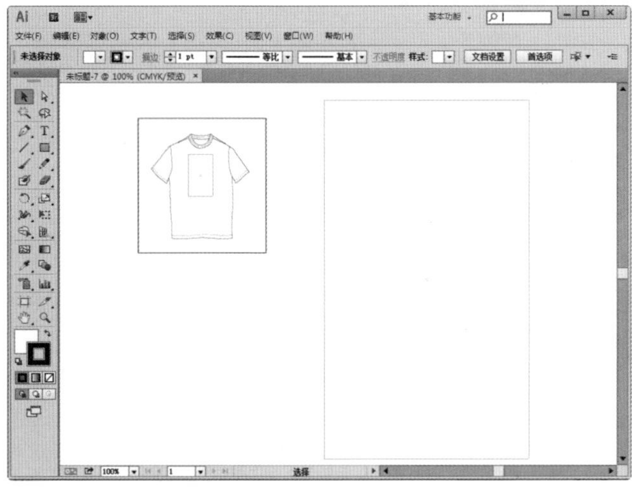

图 3-8

3.2　打开文件

要在 Illustrator CC 中对已经存在的文档进行修改和处理，首先要在 Illustrator CC 中打开文档。Illustrator CC 既可以打开使用 Illustrator 创建的矢量文件，也可以打开其他应用程序中创建的兼容文件，例如 AutoCAD 制作的“.dwg”格式文件、Photoshop 创建的“.psd”格式文件，等等。图 3-9 所示为在 Illustrator 中打开的文件效果。

图 3-9

要打开已经存在的文件，可以执行“文件 > 打开”命令或使用快捷键 <Ctrl+O>。此时弹出“打开”对话框中，选中要打开的文件，然后单击“打开”按钮，文件在 llustrator CC 中被打开如图 3-10 和图 3-11 所示。

图 3-10

图 3-11

> 小技巧：快速打开最近打开过的文件
>
> 在 Illustrator CC 中还可以打开最近存储的文件，执行“文件 > 最近打开的文件”命令，此时子菜单中会显示最近存储的文件，单击要查看的文件名称即可在 Illustrator CC 打开该文件。

3.3 存储文件

在 Illustrator CC 中完成平面设计后需要将文件进行存储，以便对文件进行移动、预览、修改或调用。在 Illustrator CC 中可将图稿存储为 AI、PDF、EPS、SVG 等格式，这些格式能够保留所有 Illustrator 数据，包括多个画板，如图 3-12 ~ 图 3-15 所示。

图 3-12

图 3-13

图 3-14

图 3-15

3.3.1 存储命令

文件的存储对于整个文件操作流程是至关重要的一个步骤，如果做好的文件没有进行存储而直接关闭，那就无异于前功尽弃。执行“文件 > 存储”命令可以将文件进行存储，在首次对文件进行存储时会弹出“存储为”对话框，在该对话框中在“文件名”选项中设置一个合适的名称，然后在“保存类型”下拉列表中选择一个文件格式。在“保存类型”下拉列表中有五种基本文件格式，分别是 AI、PDF、EPS、FXG 和 SVG。这些格式称为本机格式，因为它们可保留所有 Illustrator 数据，包括多个画板中的内容，如图 3-16 所示。

图 3-16

> 小技巧：养成及时保存的好习惯
>
> 在文件的制作过程中需要进行不定时的存储操作，以避免由于计算机死机、断电或软件无响应等问题造成文件丢失或破损等不可修复的情况。

路径、名称、格式选择完成后，单击“保存”按钮。此时会弹出“Illustrator 选项”对话框，在此对话框中可以对文件存储的版本、选项、透明度等参数进行设置，设置完毕后单击“确定”按钮即可完成文件存储操作，如图 3-17 所示。

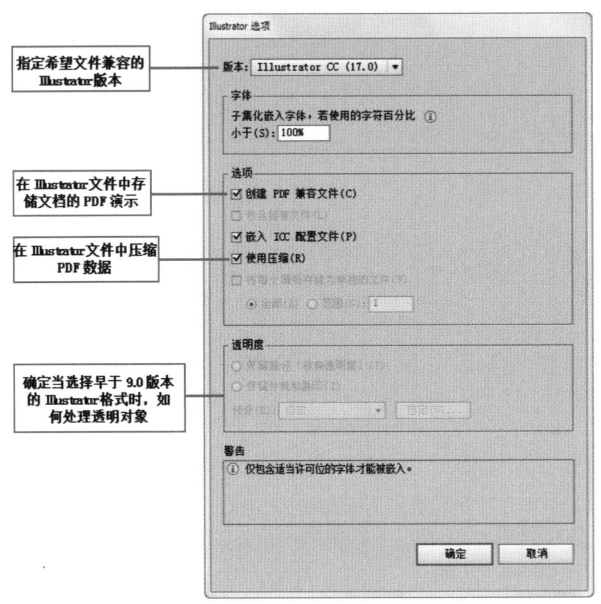

图 3-17

重点参数提醒：

- 版本：在选择版本时，旧版格式不支持当前版本 Illustrator 中的所有功能。因此，当选择当前版本以外的版本时，某些存储选项不可用，并且一些数据将更改。务必阅读对话框底部的警告，这样可以知道数据将如何更改。
- 子集化嵌入的字体，若被使用的字符百分比低于：指定何时根据文档中使用的字体的字符数量嵌入完整字体。
- 创建 PDF 兼容文件：如果希望 Illustrator 文件与其他 Adobe 应用程序兼容，选择此选项。
- 包括链接文件：嵌入与图稿链接的文件。
- 嵌入 ICC 配置文件：创建色彩受管理的文档。
- 使用压缩：在 Illustrator 文件中压缩 PDF 数据。使用压缩将增加存储文档的时间，因此如果现在的存储时间很长（8 ~ 15min），则可取消选择此选项。
- 透明度：确定当选择早于 9.0 版本的 Illustrator 格式时，如何处理透明对象。选择“保留路径”可放弃透明度效果并将透明图稿重置为 100% 不透明度和“正常”混合模式。选择“保留外观和叠印”可保留与透明对象不相互影响的叠印。与透明对象相互影响的叠印将拼合。

3.3.2　存储为命令

执行“文件 > 存储为”命令，或使用快捷键 <Ctrl+Shift+S>，在弹出的“存储为”对话框中可以重新对存储的位置、文件的名称、存储的类型等进行设置，单击“保存”按钮即可另存文件，如图 3-18 所示。

图 3-18

你问我答：在什么情况下可以弹出“存储为”对话框

只在第一次创建文件时，执行存储命令会弹出“存储为”对话框，再次存储将不弹出“存储为”对话框。执行“存储为”命令，也会弹出“存储为”对话框。

3.3.3　存储副本命令

“存储副本”命令与“存储为”命令相同，都是不在原始文件上保存当前操作，而是将当前操作另外存储。执行“文件 > 存储副本”命令或使用快捷键 <Ctrl+Alt+S> 在弹出的“存储副本”对话框中，可以看到当前文件名被自动命名为“原名称 +_ 复制”的格式，使用该对话框存储了当前状态下文档的一个副本，而不影响原文档及其名称，如图 3-19 所示。对文件的存储位置、名称、存储的类型等进行设置，单击“保存”按钮即可存储文件。

图 3-19

3.3.4 存储为模板

在创建文件时可以"从模板进行新建"，那么固有的这些模板无法满足需要怎么办？很简单，创建新的模板文件即可。

（1）方法很简单，首先创建一个文档作为模板，为其设置所需的画板大小、视图设置（如参考线）和打印选项。图 3-20 和图 3-21 所示为模板。

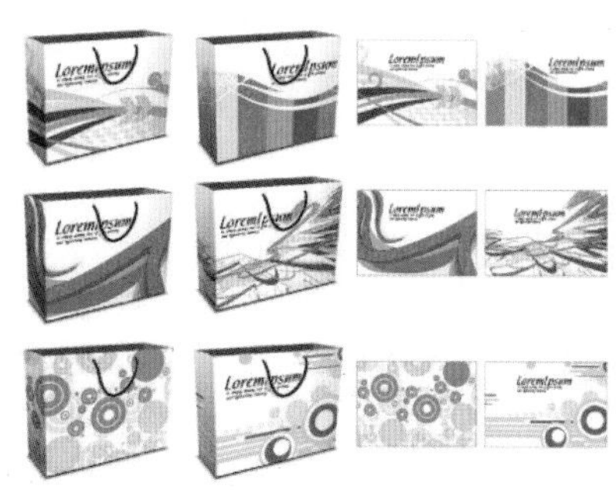

图 3-20

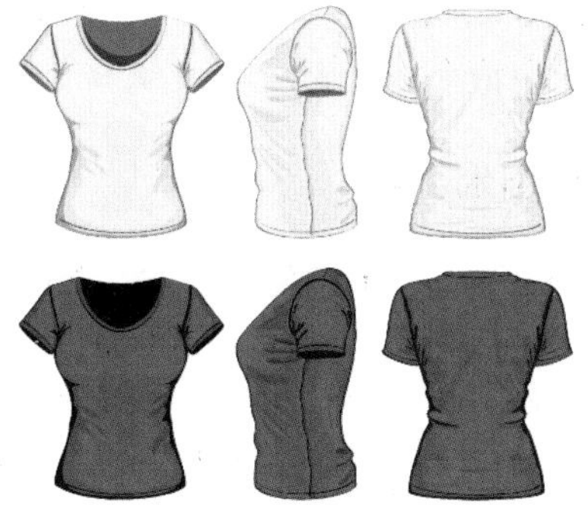

图 3-21

（2）接着执行"文件 > 存储为模板"命令，此时弹出"存储为"对话框中，可以发现文件的格式被预设为".ait"，选择适当的存储位置，设置文件的存储名称，然后单击"保存"按钮即可将当前文件存储为模板。将文件存储为模板，通过"从模板新建"命令选择模板时，Illustrator 将使用与模板相同的内容和文档设置创建一个新文档，但不会改变原始模板文件，如图 3-22 和图 3-23 所示。

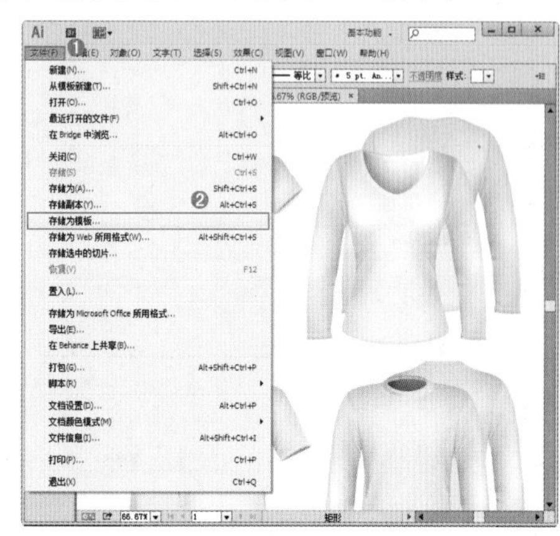

图 3-22

图 3-23

3.3.5 存储为 Microsoft Office 所用格式

执行"存储为 Microsoft Office 所用格式"命令可以将图稿存储为便于在 Microsoft Office 中使用的 PNG 文件。执行"文件 > 存储为 Microsoft Office 所用格式"命令，如图 3-24 所示。此时弹出"存储为 Microsoft Office 所用格式"对话框，在该对话框中对文件存储的位置和名称进行设置，单击"保存"按钮即可将文件存储为 Microsoft Office 所用格式，如图 3-25 所示。

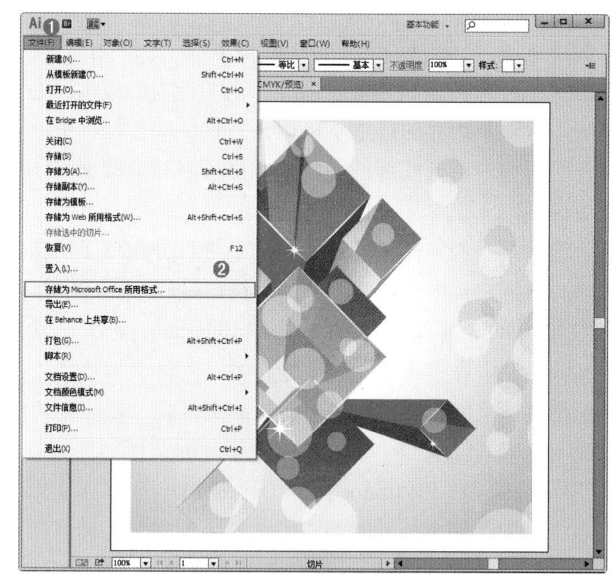

图 3-24

图 3-25

3.4　置入与导出文件

在使用 Illustrator 进行平面设计的过程中常常需要置入外部的位图素材，这时就需要执行“置入”命令，将位图素材置入到 Illustrator 软件中进行编辑。而“导出”命令是用于将原有的文件生成为其他非本机格式的图像。Illustrator 在导出命令中有多种文件格式，这些文件格式被称为非本机格式。比较常用的格式有“jpg”“png”“tiff”等，还有在 Illustrator CC 新增的用于生成网页代码的“css”格式。图 3-26 和图 3-27 所示为使用到外部素材制作的作品。

图 3-26

图 3-27

3.4.1　置入文件

想要置入其他素材文件，可以执行“文件 > 置入”命令，此时弹出“置入”对话框，单击该对话框右下方的“所有格式”按钮可以设置要置入文件的格式类型，选择要置入的对象。若勾选“链接”选项则对象以链接的方式置入文档，否则将以嵌入的方式置入到 Illustrator 文档中，然后单击“置入”按钮即可将所选对象置入到当前的 Illustrator 文档中，如图 3-28 和图 3-29 所示。

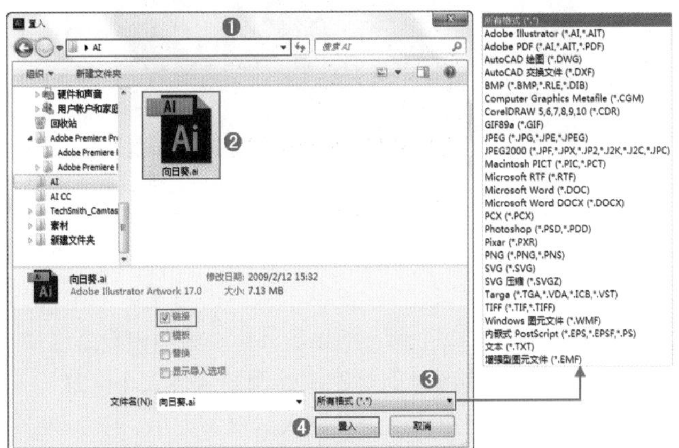

图 3-28

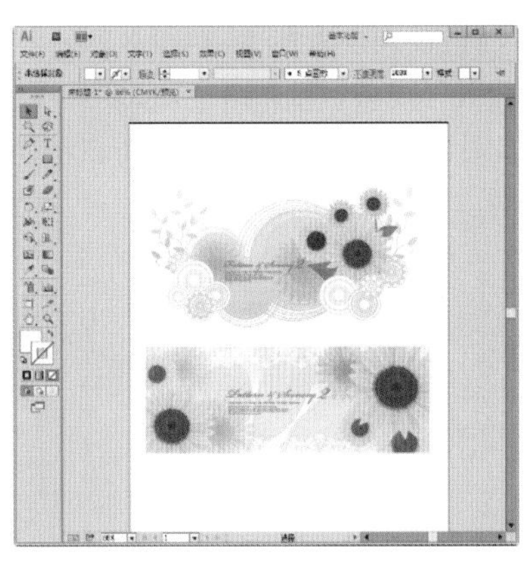

图 3-29

小技巧：“链接”和“嵌入”两种方式置入文件

在 Illustrator CC 中能够以“链接”和“嵌入”两种方式置入文件。若以“链接”的方式置入文件后，可以使用“链接”面板来识别、选择、监控和更新文件。执行“置入”命令不仅仅可以导入矢量素材，还可以导入位图素材以及文本文件。

3.4.2　进阶案例：置入文件制作混合插画

案例文件	置入文件制作混合插画 .ai
视频教学	置入文件制作混合插画 .flv
难易指数	★★☆☆☆
技术掌握	掌握文件的置入

（1）执行“文件 > 新建”命令，在弹出的“新建文档”对话框中，设置“大小”为 A4，“取向”为“纵向”，设置完成后单击“确定”按钮，如图 3-30 所示。即可新建文档，如图 3-31 所示。

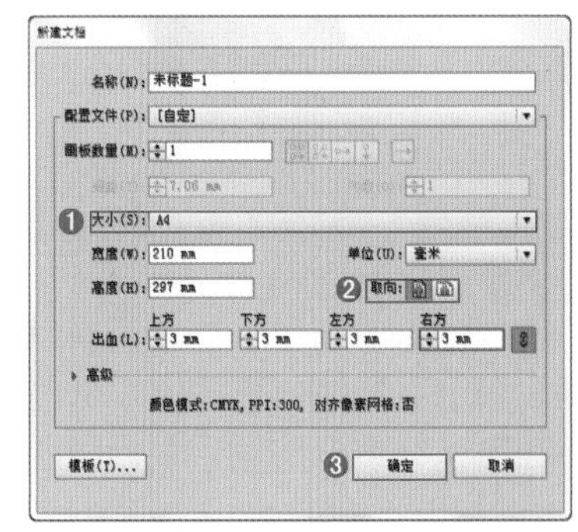

图 3-30

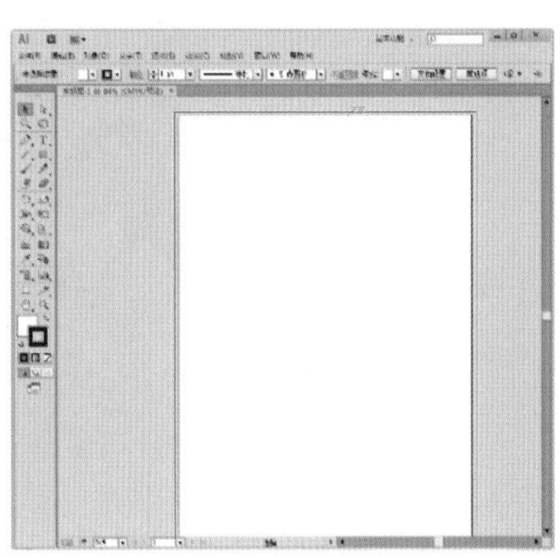

图 3-31

（2）下面将置入人物素材。执行“文件 > 置入”命令，在弹出的“置入”窗口中选择图“1.png”，继续单击“置入”按钮，如图 3-32 所示。将素材“1.png”置入到文件中，如图 3-33 所示。

图 3-32

图 3-33

（3）单击控制栏的“嵌入”按钮，将置入的素材嵌入到文档中，如图 3-34 所示。使用同样的方法将装饰素材“2.png”置入到文件中并放置在合适位置，如图 3-35 所示，混合插画就制作完成了。

图 3-34

图 3-35

3.4.3 轻松练：快速置入多个文件

在 Illustrator CC 中可以将选中的多个外部文件置入到软件中。

（1）执行“文件 > 置入”命令，此时弹出“置入”对话框。按住 <Ctrl> 键单击选择要置入的对象，在“文件名”中可以看到选中对象的名称，对象选择完成后单击“置入”按钮，如图 3-36 所示。此时可以发现光标如图 3-37 所示。

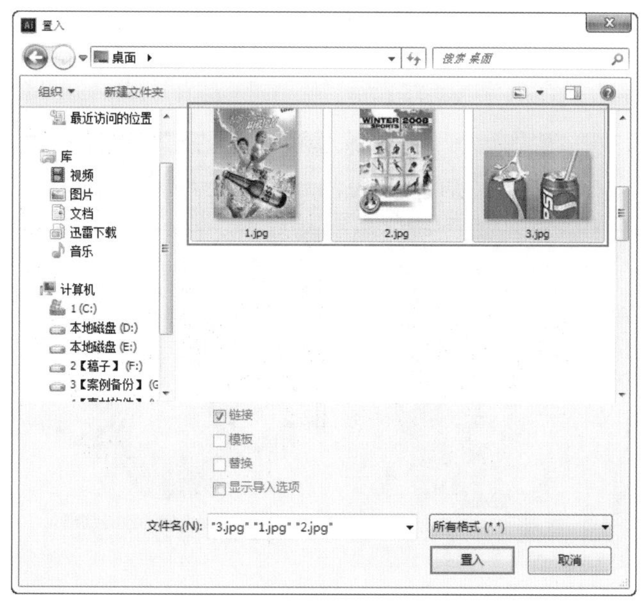

图 3-36

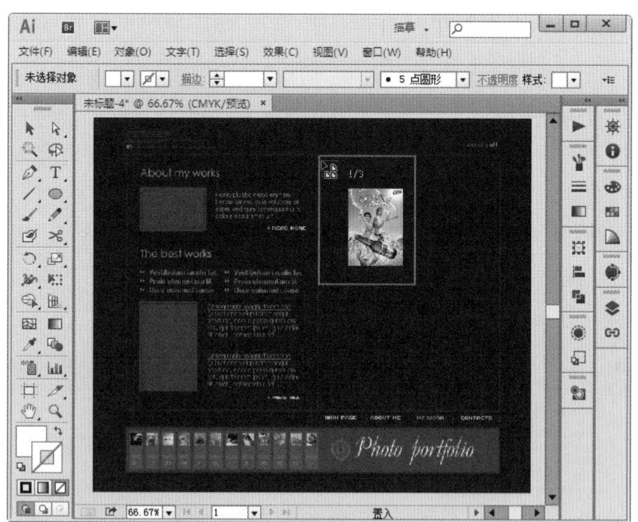

图 3-37

（2）在画板的适当位置单击鼠标即可置入对象，如图 3-38 所示。也可以在画布中单击并拖动绘制出合适区域，松开鼠标后置入的图像即是刚刚绘制的区域大小。这样人性化的设计方便用户快速定义置入的对象大小。图 3-39 所示为置入三张图片的效果。

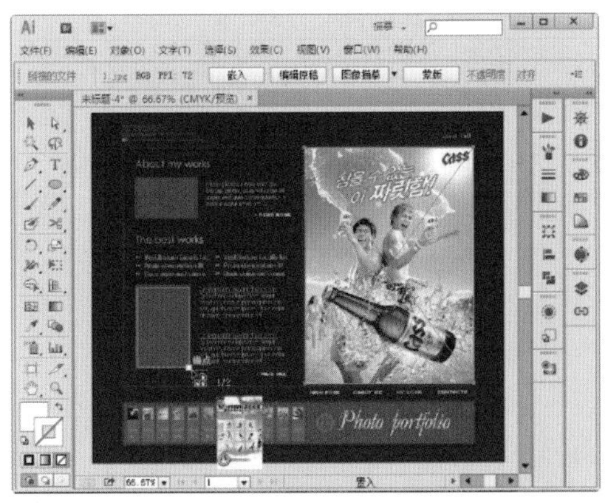

图 3-38

图 3-39

3.4.4　导出文件

在 Illustrator 中完成图稿的制作后，执行“存储为”命令可以将图稿进行存储，但是执行“存储为”命令只能将图稿存储为少数几种格式，不能充分满足需要，此时可以执行“导出”命令，将图稿存储为多种格式便于满足图稿的交互需要。执行“文件 > 导出”命令，此时弹出“导出”对话框。在该对话框中对导出文件的位置、名称、格式类型等参数进行设置（选择不同的导出格式，弹出所选格式参数设置对话框也各不相同），然后单击“导出”按钮即可，如图 3-40 所示。

图 3-40

> 小技巧：导出文件的格式
>
> 可导出的格式包括 AutoCAD 和 AutoCAD、BMP、Flash、JPEG、Macintosh、Photoshop(PSD)、PNG、Targa、TIFF、Windows 等。在实际操作中为方便以后的修改，可以先存储为“.ai”格式图稿，然后再将图稿导出为所需要的格式。

3.5　嵌入与取消嵌入

在置入“PSD”“EPS”或“JPEG”等格式文件后，需要将该文件嵌入到 Illustrator 中。若不将置入的文件嵌入到 Illustrator 中，当再次打开文件时将会找不到置入的文件，造成不必要的麻烦。

3.5.1　嵌入文件

嵌入文件的方法非常简单，执行“文件 > 置入”命令，置入一张“JPEG”格式图片，然后单击控制栏中的“嵌入”按钮 嵌入 ，如图 3-41 所示。单击后即可将图片嵌入到文件中了，如图 3-42 所示。

图 3-41

图 3-42

第 3 章

3.5.2 取消嵌入

“取消嵌入”是 Illustrator CC 的新功能，该功能只能针对“JPEG”格式文件。

（1）当“JPEG”格式文件嵌入后，在控制栏中会显示“取消嵌入”按钮 取消嵌入 ，如图 3-43 所示。

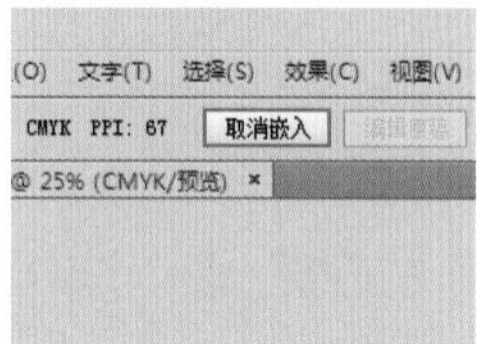

图 3-43

（2）单击该按钮，在弹出的“取消嵌入”窗口中选择一个合适的位置，并设置相应的文件模式。Illustrator 提供了两种文件模式，分别为“PSD”和“TIF”两种文件格式，如图 3-44 所示。存储完成后，该文件为非“嵌入”状态，如图 3-45 所示。

图 3-44

图 3-45

你问我答：“嵌入”和“链接”有何区别？

在 Illustrator 中，置入图片有两种方式，分别是“嵌入”和“链接”。这样两种方式是有分别的。

“嵌入”是将图片包含在 AI 文件中，就是和这个文件连在一起，作为一个完整的文件。当文件存储位置改变时，不用担心图片没有一起移动。在 AI 中对图片直接修改没有限制。但是如果置入的图片比较多，文件体积会增加，并且会给计算机运行增加压力。另外，原素材图片在其他软件中进行修改后，嵌入的图片不会提示更新变化。

“链接”是指图片不在 AI 文件中，仅仅是通过链接在 AI 中显示。链接的优势在于再多图片也不会使文件体积增大很多，并且不会给软件运行增加过多负担。而且链接的图片经过修改后，在 AI 中会自动提示更新图片。但是链接的文件移动时要注意链接的素材图像也需要一起移动，不然丢失链接图会使的图片质量大打折扣。

3.6 关闭文件

当一个文件编辑处理完成后，可以通过关闭文件空余出一些计算机的内存空间。执行“文件 > 关闭”命令或使用快捷键 <Ctrl+W> 可以关闭当前文件。也可以直接单击文档栏中的按钮 ☒ 来关闭文件，如图 3-46 所示。

图 3-46

如果文件已经进行了保存，文件将自动关闭。如果对文件执行了关闭操作但是该文件还没有被存储，将弹出“Illustrator”对话框，单击“是”按钮，将文件保存后关闭文件。单击“否”按钮，将不对文件进行保存，直接关闭文件。如图 3-47 所示。

图 3-47

小技巧：如何退出 Illustrator CC

执行"文件 > 退出"命令或使用快捷键 <Ctrl+Q> 可以退出 Illustrator CC。

3.7 文档打印设置

在 Illustrator 中文件编辑完成后可能需要进行打印输出，而文件在打印之前需要对其印刷参数进行设置。执行"文件 > 打印"菜单命令打开"打印"窗口，在该窗口中可以预览打印作业的效果，并且可以对打印机、打印份数、输出选项和色彩管理等进行设置。

3.7.1 认识"打印"窗口

执行"文件 > 打印"命令，即可打开"打印"窗口，在该窗口中可以对打印机、打印位置等进行设置，如图 3-48 所示。

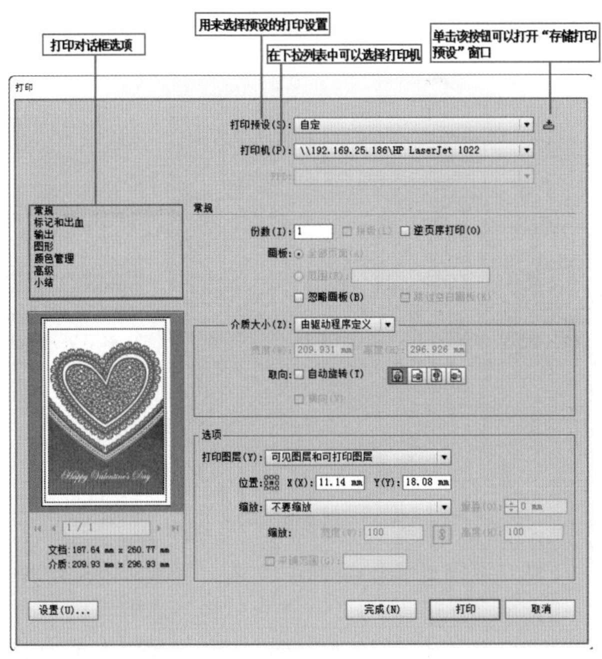

图 3-48

重点参数提醒：

- 打印机：从"打印机"菜单中选择一种打印机。若要打印到文件而不是打印机，选择"Adobe PostScript® 文件"，如图 3-49 所示。

图 3-49

- 存储打印预设：若将当前设置存储为打印预设，可以单击该按钮，在弹出的"存储打印预设"的窗口中设置一个合适的名称，如图 3-50 所示。单击"确定"按钮，即可完成存储。接着在"打印预设"下拉列表中就可以看见刚刚存储的选项，如图 3-51 所示。

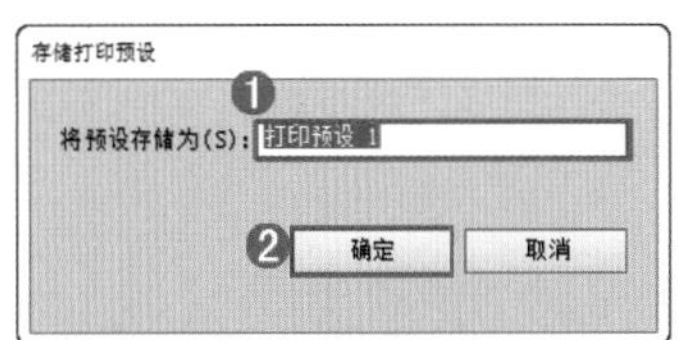

图 3-50

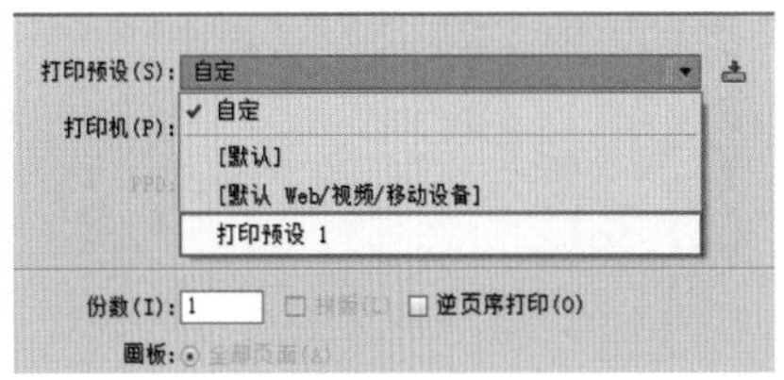

图 3-51

3.7.2 打印窗口选项

打印窗口选项在"打印"窗口的左侧，从"常规"选项到"小结"选项都是为了指导完成文档的打印过程而设计的。要显示一组选项，在窗口左侧选择该组的名称。其中的很多选项是由启动文档时选择的启动配置文件预设的，如图 3-52 所示。

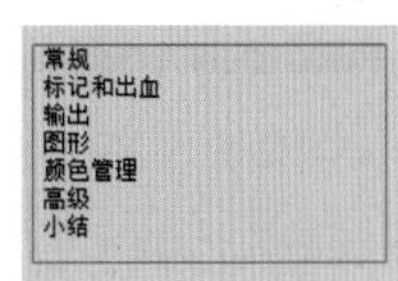

图 3-52

重点参数提醒：

- 常规："常规"选项用于设置要打印的页面、打印的份数、打印的介质和打印图层的类型等选项，如图 3-53 所示。

  画板：若选择"全部页面"时，那么在其上具有图稿的所有页面将打印。若选择"范围"选项，并在文本字段中输入数值，那么只有这些数值所指的页面将打印。

- 标记和出血："标记和出血"选项用于设置打印页面的标记和出血应用的相关参数，如图 3-54 所示。

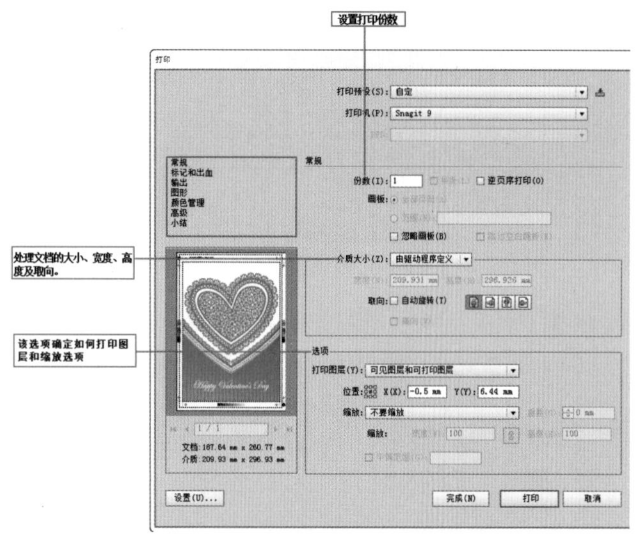

图 3-53

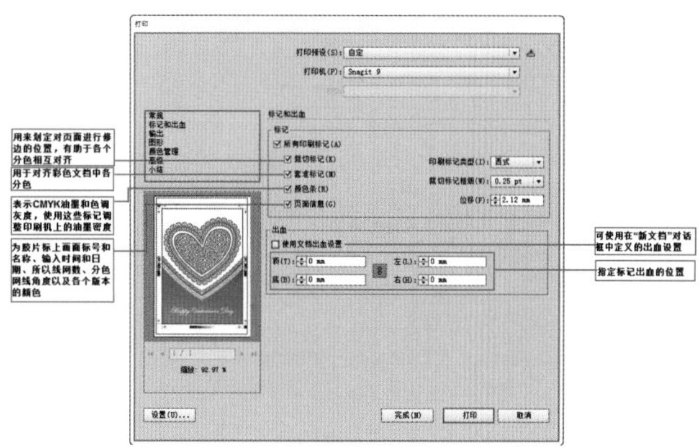

图 3-54

标记：在打印准备图稿时，打印设备需要几种标记来精准图稿元素并校验正确的颜色。

出血：出血是图稿落在印刷边框外的或位于裁切标记和裁切标记外的部分。可以把出血作为允差范围包括到图稿中，以保证在页面切边后仍可把油墨打印到页边缘，或保证把图像放入文档中的准线内。只要创建了拓展入出血边的图稿，即可用 Illustrator 指定出血程度。如果增加出血量，Illustrator 会打印更多位于裁切标记之外的图稿。不过，裁切标记仍会定义同样大小的打印边框。

小技巧：避免印刷标记画到出血边上的方法

为避免把印刷标记画到出血边上，输入的“位移”值一定要大于“出血”值。

- 输出：“输出”选项用于设置图稿的输出方式、打印机分辨率、油墨属性等选项参数，如图 3-55 所示。

文档油墨选项：颜色的列表中包含在该特定插画中使用到的颜色。在分色列表的顶部是 4 种印刷色，如果它们（或者包含这些印刷色的专色）用在插图中的话，印刷色下面是文档中所有专色的列表。

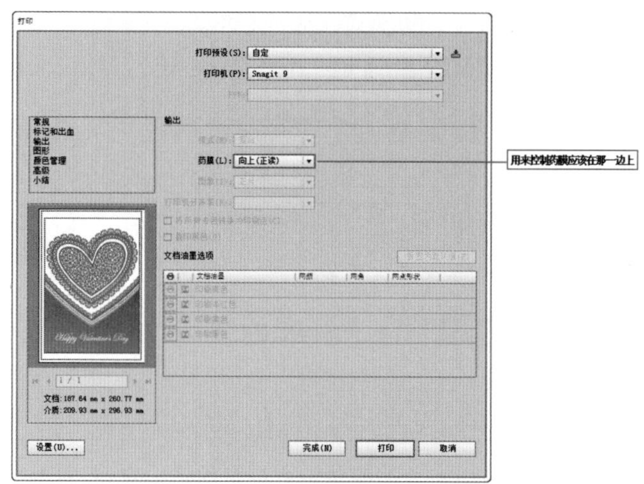

图 3-55

你问我答：在文档中若存在参考线怎么办？

如果插图当中有任何参考线，它们的颜色就会反映在“文档油墨选项”列表中。从查看“打印”窗口的“输出”选项的插图预览中，可以很容易地确定这些空白分色将进行打印。要做的最佳事情是释放所有参考线并删除它们。

- 图形：“图形”选项用于设置路径的平滑度、文字字体选项、渐变、渐变网格打印的兼容性等选项，如图 3-56 所示。

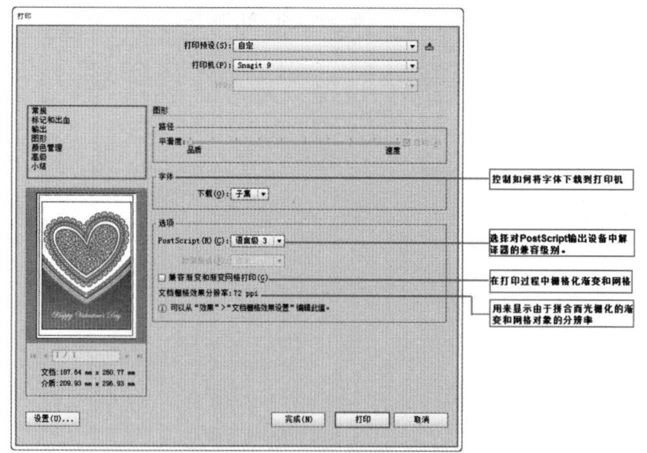

图 3-56

下载：设置文字下载的方式。在“下载”下拉列表中有三个选项。分别是“无”“子集”和“完整”。

“兼容渐变和渐变网格打印”选项：勾选该选项可以在打印过程中栅格化渐变和渐变网格。因为“兼容渐变和渐变网格打印”选项会降低无渐变问题的打印机的打印速度，所以当遇到打印问题时再选择该选项。

文档栅格效果分辨率：文档栅格效果分辨率 72 ~ 2400ppi。拼合时分辨率会影响到重叠部分的精细程度。通常，应将渐变和网格分辨率设置为 150 ~ 300ppi，这是由于较高的分辨率并不会提高渐变、投影和羽化的品质，但是会增加打印时间和打印文件的大小。

- 颜色管理：“颜色管理”选项用于设置打印时图像的颜色应用方法，包括颜色处理、打印机配置文件、渲染方法等设置，如图 3-57 所示。

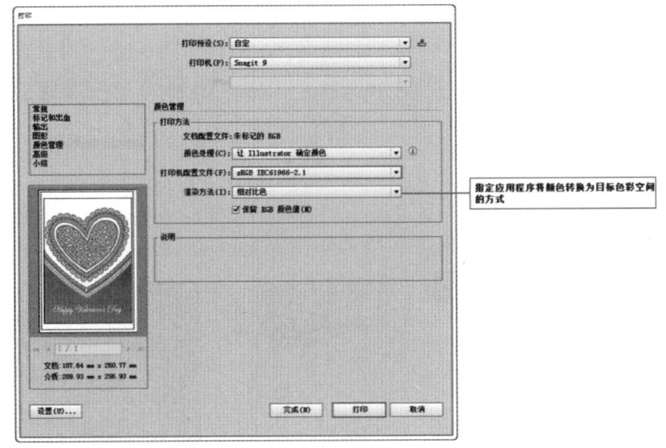

图 3-57

保留 RGB 颜色值：确定 Illustrator 如何处理那些不具有相关联颜色配置文件的颜色（例如，没有嵌入配置文件中的导入图像）。当选中此选项时，Illustrator 直接向输入设备发送颜色值，当遵循安全的 CMYK 工作流程时，建议用户保留这些颜色值。对于 RGB 文档打印，不建议保留颜色值。

- 高级：“高级”选项用于控制打印图像为位图、图形叠印的方式、分辨率设置等选项，如图 3-58 所示。

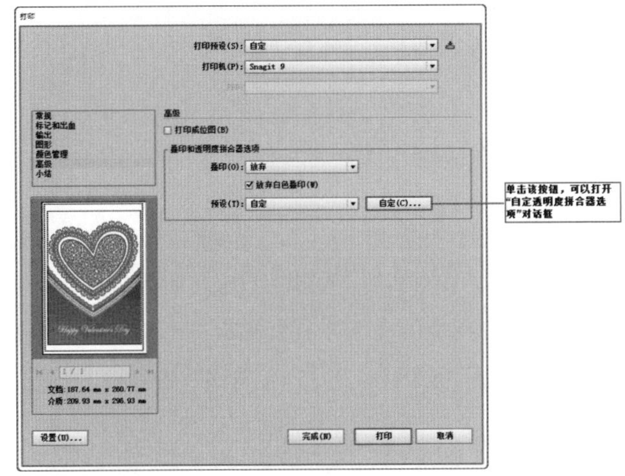

图 3-58

预设：用来设置透明度拼合。当“预设”为“自定”时，单击“自定”按钮可以打开“自定透明度拼合器选项”窗口。在“自定透明度拼合器选项”窗口中可以进行自定义操作，如图 3-59 所示。

在预设中还有“高分辨率”“中分辨率”和“低分辨率”三个选项。

高分辨率：用于最终印刷输出和高品质校样，例如基于分色和色彩校样。

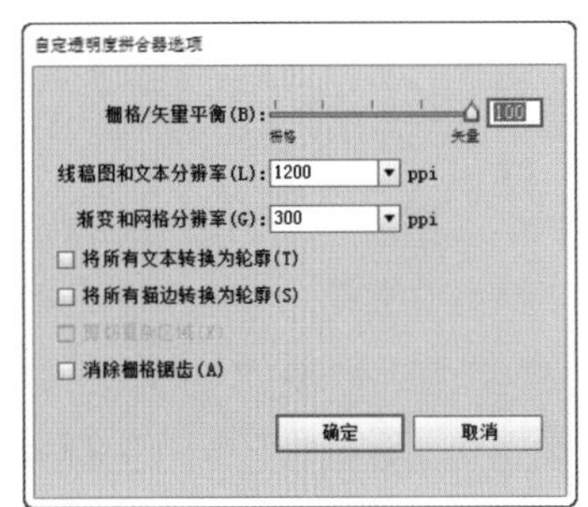

图 3-59

中分辨率：用于桌面校样，以及要在 PostScript 彩色打印机上打印的打印文档。

低分辨率：用于要在黑白桌面打印机上打印的快速校样，以及要在网页上发布文档或要导出为 SVG 的文档。

- 小结：“小结”选项用于显示打印设置后的文件相关打印信息和打印图像中包括的警告信息，如图 3-60 所示。

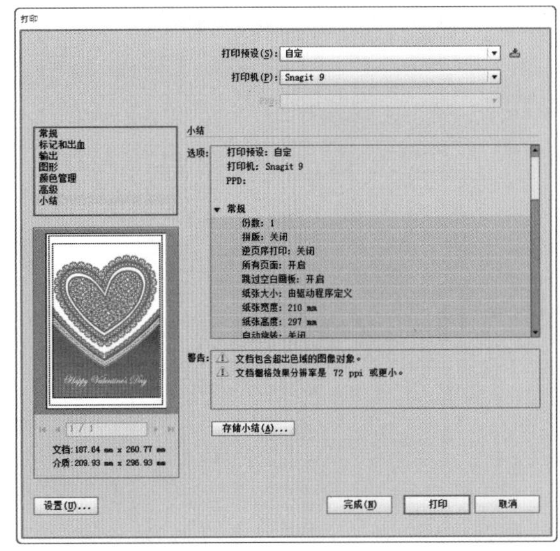

图 3-60

3.8　恢复图像

如果想要将文件恢复到上次存储的版本可以执行“文件 > 恢复”命令或使用快捷键 <F12>，如图 3-61 所示。

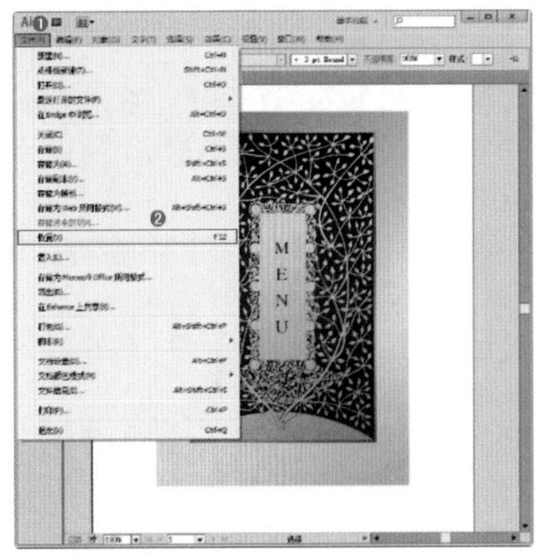

图 3-61

3.9 文档设置

在新建文档后，还可以根据用户的不同要求来重新进行文档的设置。执行“文件 > 文档设置”命令或单击“控制栏”中的“文档设置”按钮 文档设置 ，如图 3-62 所示。在弹出的“画板选项”对话框中可以对文档的相关参数进行设置和更改，如图 3-63 所示。

图 3-62

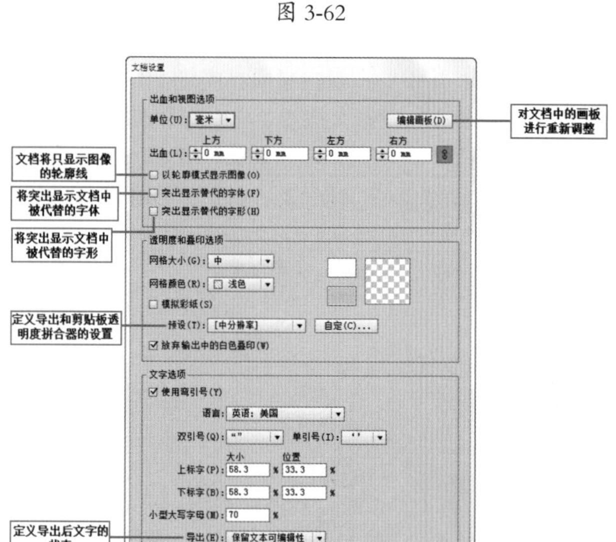

图 3-63

重点参数提醒：

- 出血：设置上方、下方、左方和右方文本框中的参数，重新调整“出血线”的位置。通过单击“连接”按钮，统一所有方向的“出血线”的位置。
- 以轮廓模式显示图像：勾选该选项时文档将只显示图像的轮廓线，从而节省计算的时间。
- 模式彩纸：计划在彩纸上打印文档时则勾选该选项。
- 使用弯引号：当勾选该选项时，文档将采用中文中的引号效果，而不使用英文中的直引号，反之则效果相反。
- 语言：在下拉列表中选中不同的选项，可以定义文档的文字检查中的检查语言规则。
- 双引号 \ 单引号：下拉列表中选中不同的选项，可以定义相应引号的样式。
- 上标字 \ 下标字：调整“大小”和“位置”中的参数，从而定义相应角标的尺寸和位置。
- 小型大写字母：在文本框中输入相应的数值，可以定义小型大写字母占原始大写字母尺寸的百分比。
- 导出：在下拉列表中选中不同的选项，可以定义导出后文字的状态。

3.10 画板工具与画板面板

在新建文档后，界面中白色区域为画板，在画板中可包含可打印图稿的区域。在每个文档可以有 1 ~ 100 个画板。可以在最初创建文档时指定文档的画板数，在处理文档的过程中可以随时添加和删除画板。图 3-64 所示为包含三个画板的文档。

图 3-64

3.10.1 认识画板工具

“画板工具” 是在用户新建文档后所要更改画板的大小或位置时使用的。使用画板工具”不仅可以调整画板大小和位置，还可以让它们彼此重叠，并能够创建任意大小的画板。

3.10.2 设置画板工具

双击工具箱中的“画板工具”按钮 ，弹出“画板选项”对话框，在对话框进行相应设置，如图 3-65 所示。在工具箱中选择“画板工具” ，单击“控制栏”中的“画板选项”按钮 也能够打开“画板选项”对话框。

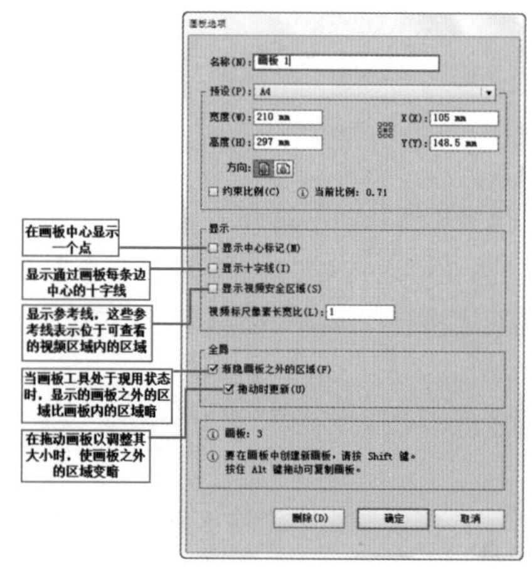

图 3-65

重点参数提醒：

- 预设：指定画板尺寸。这些预设为指定输出设置了相应的视频标尺像素长宽比。
- 宽度和高度：指定画板大小。
- 方向：指定横向或纵向页面方向。
- 约束比例：如果手动调整画板大小，保持画板长宽比不变。
- X 和 Y 位置：根据 Illustrator 工作区标尺来指定画板位置。要查看这些标尺，选择“视图 > 显示标尺”。
- 显示视频安全区域：显示参考线，这些参考线表示位于可查看的视频区域内的区域。需要将用户必须能够查看的所有文本和图稿都放在视频安全区域内。
- 视频标尺像素长宽比：指定用于视频标尺的像素长宽比。
- 拖动时更新：如果未选择此选项，则在调整画板大小时，画板外部区域与内部区域显示的颜色相同。
- 画板：指示存在的画板数。

3.10.3　更改画板大小

使用“画板工具”按钮，可以快速调整画板大小。单击“画板工具”按钮，将显示画板边框，如图 3-66 所示。拖动角点即可更改画板大小，如图 3-67 所示。

图 3-66

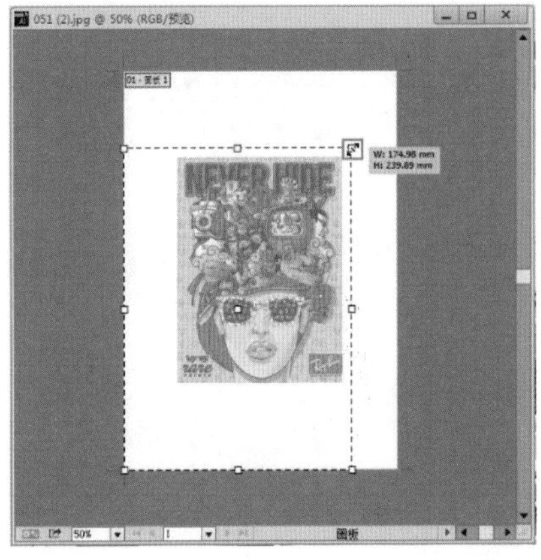

图 3-67

3.10.4　创建新画板

创建画板的方法有很多，接下来将一一进行讲解。

方法 1：使用“画板工具”按钮在界面中单击并拖拽，即可绘制出画板，如图 3-68 所示。

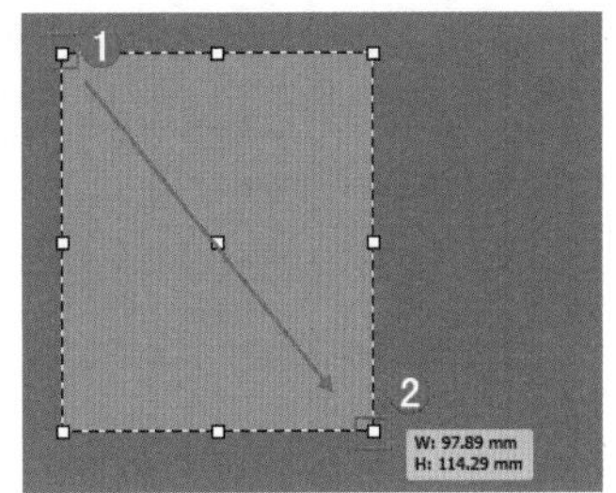

图 3-68

方法 2：单击控制栏中的“新建画板”按钮，然后将光标移动到相应的位置进行单击即可创建画板，该画板大小与当前画板大小相同，如图 3-69 所示。

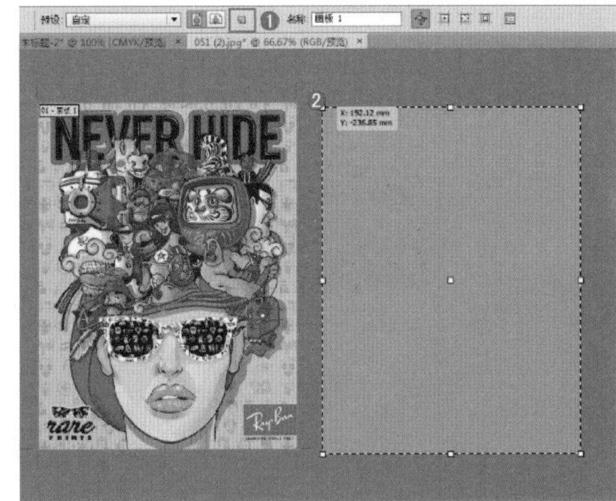

图 3-69

3.10.5　复制画板

画板可以进行复制，还可以将画板与内容同时复制。

选择“画板工具”按钮，单击控制栏中的“移动 / 复制带画板的图稿”按钮，然后按住 <Alt> 键单击拖动在适当位置释放鼠标，可以发现画板和内容被同时复制，如图 3-70 和图 3-71 所示。

图 3-70

图 3-71

3.10.6 删除画板

要删除画板，在使用“画板工具”状态下单击选中画板，按 <Delete> 键或单击控制栏中的“删除”按钮，或单击画板右上角的“删除”图标，如图 3-72 所示。

图 3-72

3.10.7 使用“画板”面板

在“画板”面板中可以实现新建画板、删除画板、改变画板排列顺序等操作。执行“窗口 > 画板”命令打开“画板”面板，如图 3-73 所示。

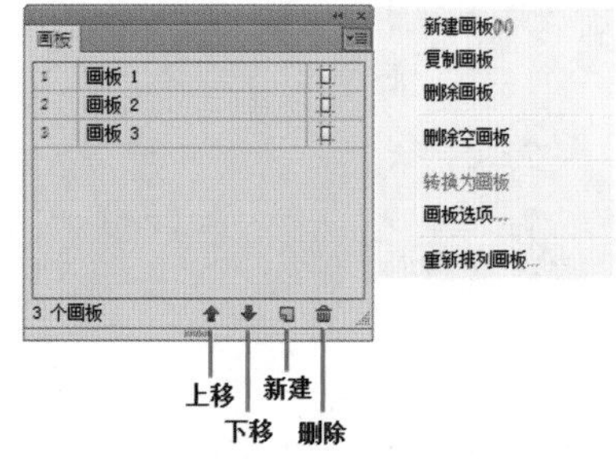

图 3-73

1. 使用“画板”面板新建画板

单击“画板”面板底部的“新建画板”按钮，或者在“画板”面板菜单中执行“新建画板”命令来新建画板，如图 3-74 所示。

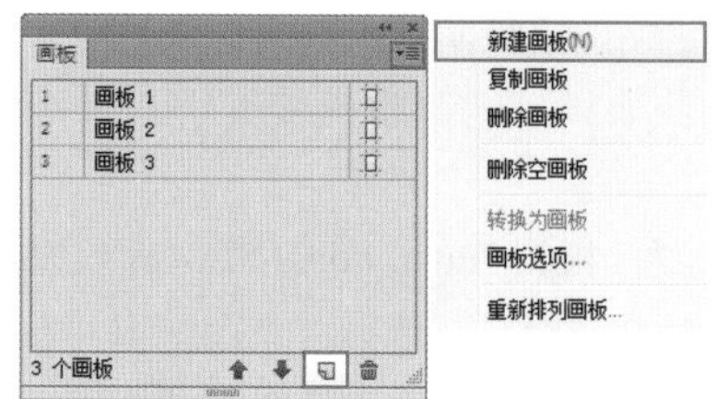

图 3-74

2. 删除一个或多个画板

选择要删除的画板（若要删除多个连续画板，按住 < Shift >键单击第一个画板和最后一个画板即可将连续的画板同时选中，若要删除多个不连续画板，按住 < Ctrl >键并在“画板”面板上单击选择要删除的画板），单击“画板”面板底部的“删除画板”按钮，即可删除所选画板，如图 3-75 和图 3-76 所示。

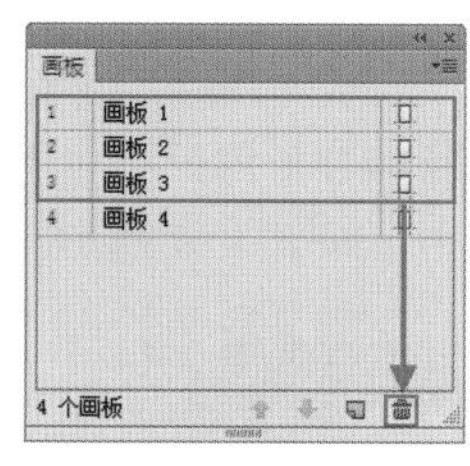

图 3-75

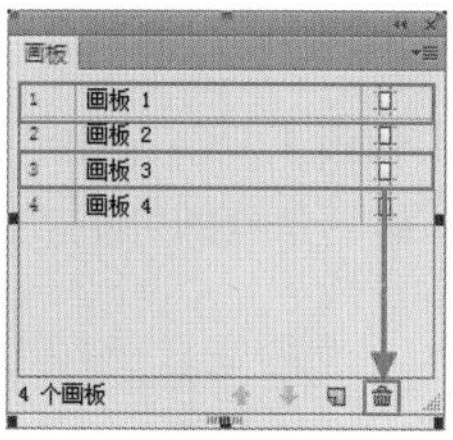

图 3-76

3. 使用画板面板复制画板

选择要复制的一个或多个画板，将其拖动到“画板”面板的“新建画板”按钮上，即可快速复制一个或多个画板，也可以在“画板”面板菜单中执行“复制画板”命令，如图 3-77 和图 3-78 所示。

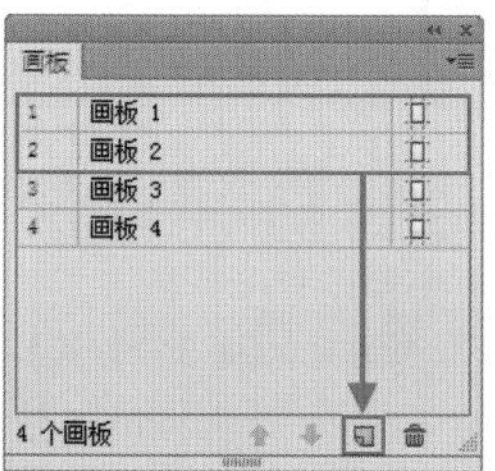

图 3-77

图 3-78

4. 重新排列画板

若要重新排列“画板”面板中的画板，可以执行“画板”面板菜单中的“重新排列画板”命令，如图 3-79 所示。在弹出的对话中进行相应的设置，如图 3-80 所示。

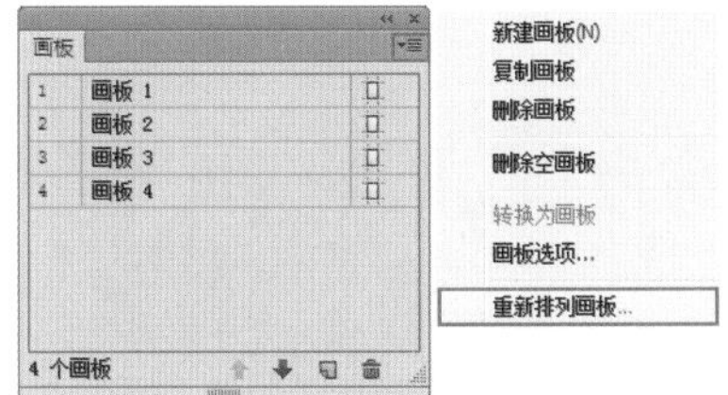

图 3-79

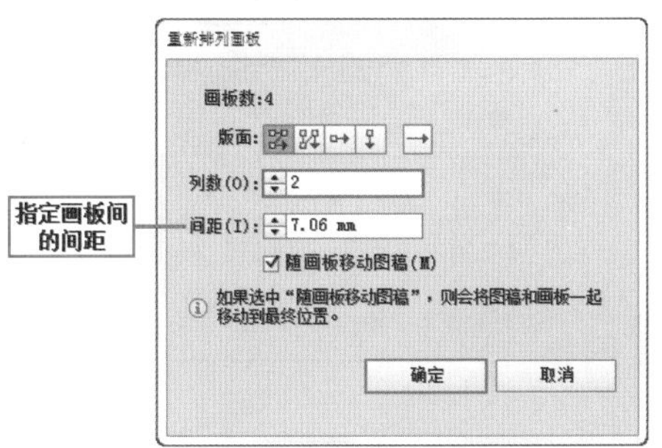

图 3-80

重点参数提醒：

- 间距：此设置同时应用于水平间距和垂直间距。无论何时画板位置发生更改，均可选择“随画板移动的图稿”选项来移动图稿。

3.11 辅助工具

在 Illustrator 中提供了包括标尺、网格、参考线等多种辅助工具。用户可以借助这些辅助工具在图形绘制和编辑过程中，增加图像的精准度。图 3-81 和图 3-82 所示为可以使用到辅助工具制作的作品。

图 3-81

图 3-82

3.11.1 标尺

标尺可以用于度量和定位插图窗口或画板中的对象，借助标尺可以让图稿的绘制更加精准。

1. 使用标尺

（1）想要启用标尺可以执行“视图 > 标尺 > 显示标尺”命令或使用快捷键 <Ctrl+R>，标尺出现在窗口的顶部和左侧。如果需要隐藏标尺，可以执行“视图 > 标尺 > 隐藏标尺”命令或使用快捷键 <Ctrl+R> 隐藏标尺，如图 3-83 所示。

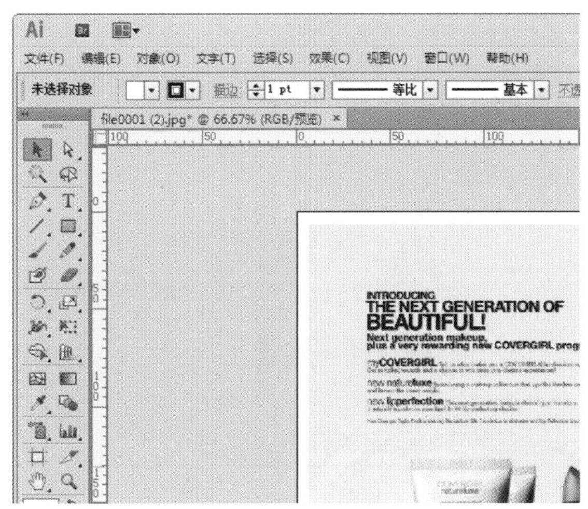

图 3-83

（2）默认情况下，Illustrator 显示画板标尺，但实际上 Illustrator 中还包含另一种标尺：全局标尺。执行“视图 > 标尺 > 更改为全局标尺”命令或执行“视图 > 标尺 > 更改为画板标尺”命令可以进行切换。全局标尺显示在插图窗口的顶部和左侧，默认标尺原点位于插图窗口的左上角。而画板标尺的原点则位于画板的左上角，如图 3-84 和图 3-85 所示，并且在选中不同画板时，画板标尺也会发生变化。

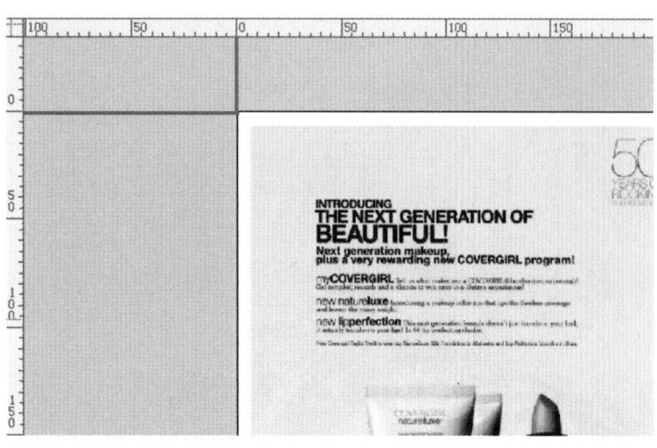
图 3-84

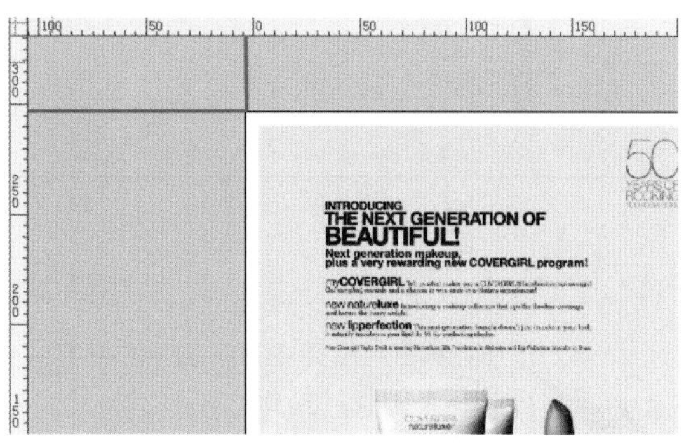
图 3-85

2. 调整标尺属性

每个标尺上显示“0”的位置称为标尺原点。若要调整标尺原点，将鼠标指针移到左上角，然后将鼠标指针拖到所需的新标尺原点处。当进行拖动时，窗口和标尺中的十字线会指示不断变化的全局标尺原点，如图 3-86 所示。要恢复默认标尺原点，双击左上角标尺相交处即可，如图 3-87 所示。

图 3-86

图 3-87

在标尺中只显示数值，没有相应的单位，但是单位还是存在的。如果要调整标尺的单位，可以在任意标尺上单击鼠标右键，在弹出的菜单中选中要使用的单位选项，此时标尺中的数值随之发生变化，如图 3-88 所示。

图 3-88

3.11.2 网格

“网格”对象是一种虚拟对象，只显示在文档窗口中的图稿后面，用于辅助用户对齐对象的工具，网格对象在输出或印刷时是不可见的。默认情况下网格对象是不可见的，执行“视图 > 显示网格”命令或使用快捷键 <Ctrl+’>，可以将网格显示出来。如果要隐藏网格，执行“视图 > 隐藏网格”命令或使用快捷键 <Ctrl+’>。显示网格后，执行“视图 > 对齐网格”命令，在移动对象时，对象会自动对齐网格，如图 3-89 所示。

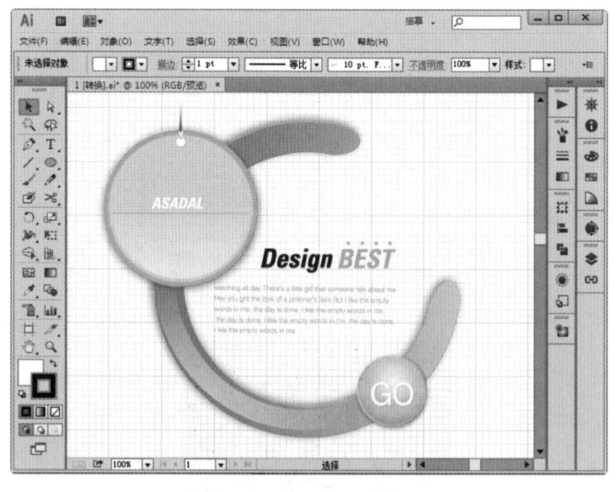
图 3-89

3.11.3 参考线

“参考线”对象在日常设计中非常常用，它可以帮助用户对齐文本和图形对象。而且 Illustrator 中的参考线不仅可以是垂直或水平的，也可以将矢量图形转换为参考线对象。

1. 创建参考线

（1）参考线的创建依附于标尺。执行“视图 > 显示标尺”命令显示标尺。将光标放置在标尺上方，按住鼠标左键向下进行拖拽，此时会拖拽一条虚线，如图 3-90 所示。拖拽至相应位置后松开鼠标即可建立一条水平方向的参考线，如图 3-91 所示。

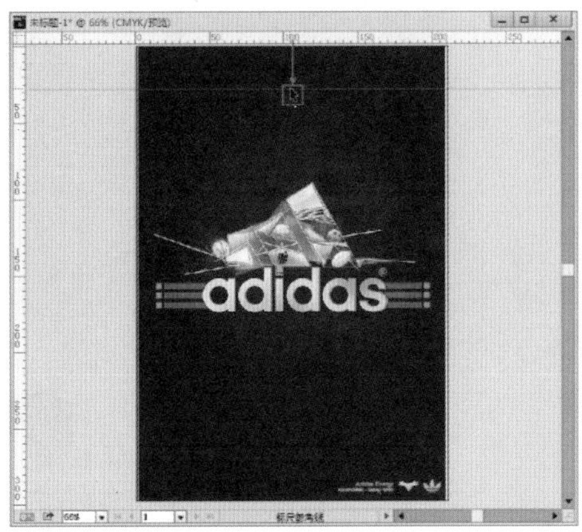

图 3-90

图 3-91

> 小技巧：不可打印的参考线
>
> 与网格一样，参考线也是虚拟的辅助对象，输出打印时是不可见的。

（2）还可以将选中的矢量对象转换为参考线，首先选择一个矢量图形，执行“视图 > 参考线 > 建立参考线”命令或使用快捷键 <Ctrl+5>，将矢量对象转换为参考线，如图 3-92 和图 3-93 所示。

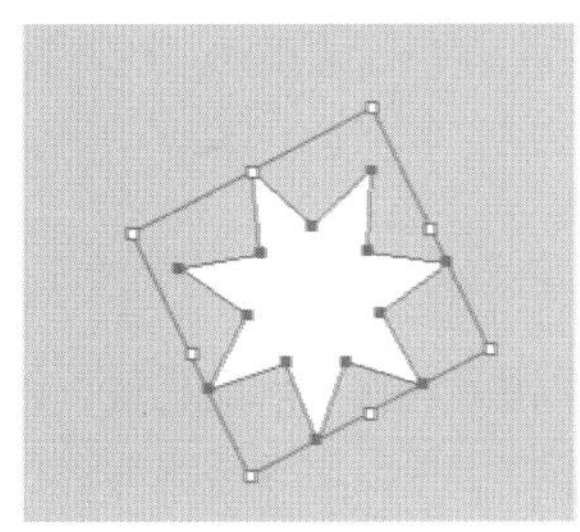

图 3-92

图 3-93

2. 在指定位置添加参考线

在 Illustrator CC 中，参考线的功能也有所提升，主要表现在可以在指定位置添加参考线，这样就可以节约移动参考线所浪费的时间。在指定位置添加参考线的方法如下：

（1）调出“标尺”后，将光标放置在需要添加参考线的位置上双击，如图 3-94 所示，双击后即可添加参考线，如图 3-95 所示。

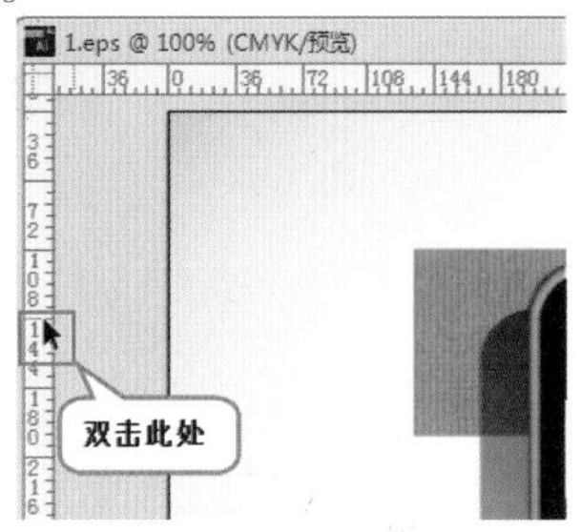

图 3-94

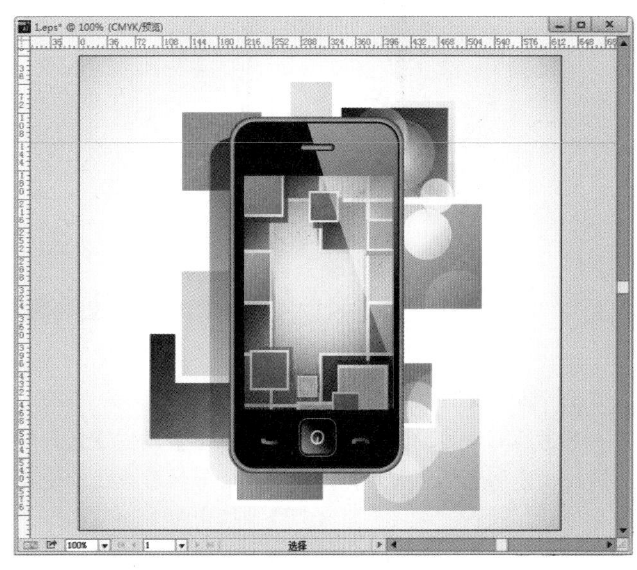

图 3-95

（2）按住 <Shift> 键，双击鼠标的非刻度线位置，如图 3-96 所示。则在此处创建的参考线会自动与标尺上距离最为接近的刻度线对齐，如图 3-97 所示。

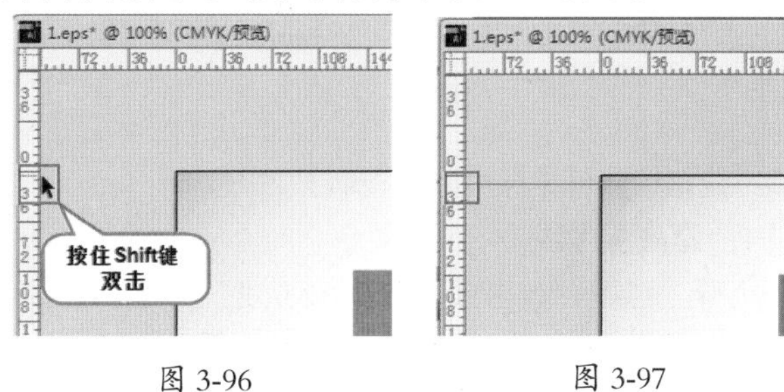

图 3-96　　图 3-97

（3）想要创建水平和垂直参考线。可以将光标放置在标尺圆点处，按住 <Ctrl> 键将其进行拖拽，如图 3-98 所示。拖拽至合适位置松开鼠标即可创建水平和垂直参考线，如图 3-99 所示。

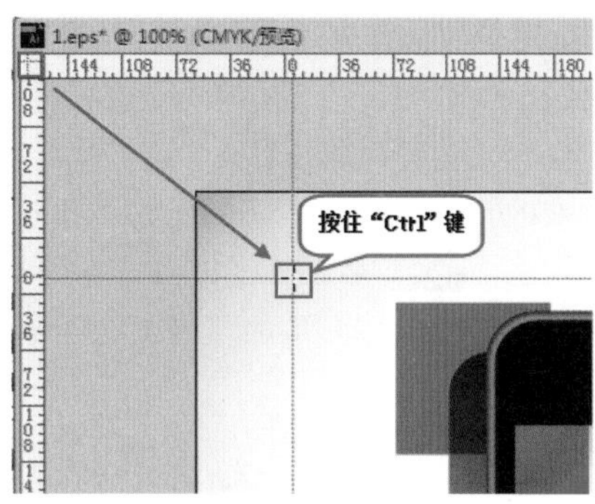

图 3-98

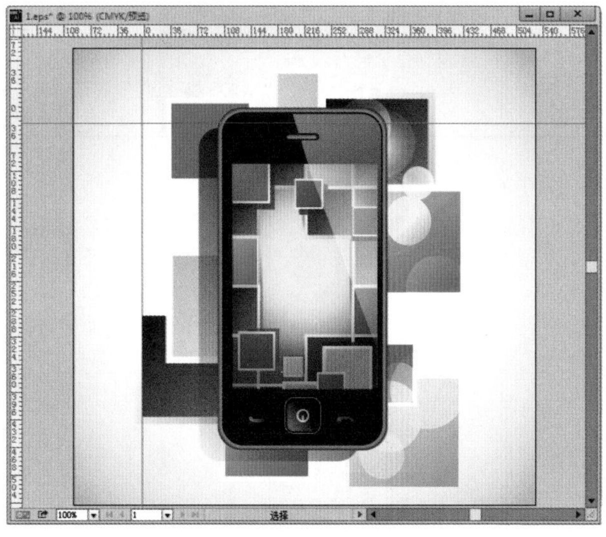

图 3-99

3．参考线的锁定与解锁

参考线非常容易因为错误操作导致位置发生变化，可以通过锁定参考线来避免因操作失误而导致参考线的位置发生变化。执行“视图”>参考线>锁定参考线”命令，即可将当前的参考线锁定。如图 3-100 所示。此时可以创建新的参考线，但是不能移动和删除相应的参考线。若要

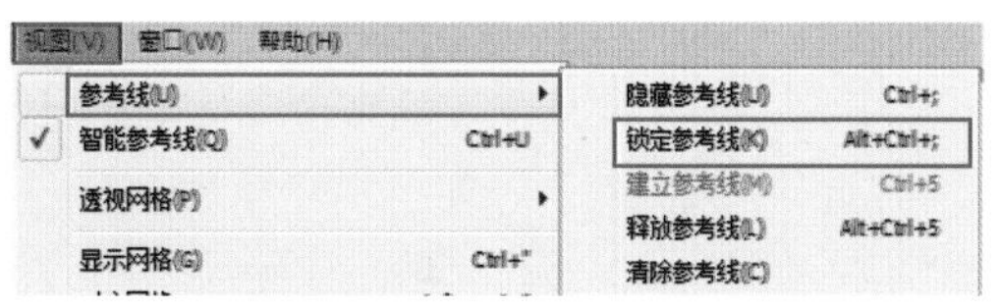

图 3-100

将参考线解锁，可以再次执行该命令。

4．隐藏参考线

执行“视图>参考线>隐藏参考线”命令，可以将参考线暂时隐藏，再次执行该命令可以将参考线重新显示出来。

5．删除参考线

执行“视图>参考线>清除参考线”命令可以删除所有参考线。当要将某一条参考线删除，使用“选择工具”选择该参考线按 <Delete> 键即可，如图 3-101 所示。

图 3-101

> 小技巧：参考线在锁定状态下无法删除
>
> 要删除参考线时，必须在没有锁定参考线的情况下，否则无法删除。

3.11.4 智能参考线

智能参考线可以帮助用户精确地创建形状、对齐对象、轻松地移动和变换对象。

1．设置智能参考线

在“首选项”面板中可以对智能参考线进行设置。执行“编辑>首选项”>智能参考线”命令，可以在弹出的对话框中对智能参考线的参数进行进行设置，如图 3-102 所示。

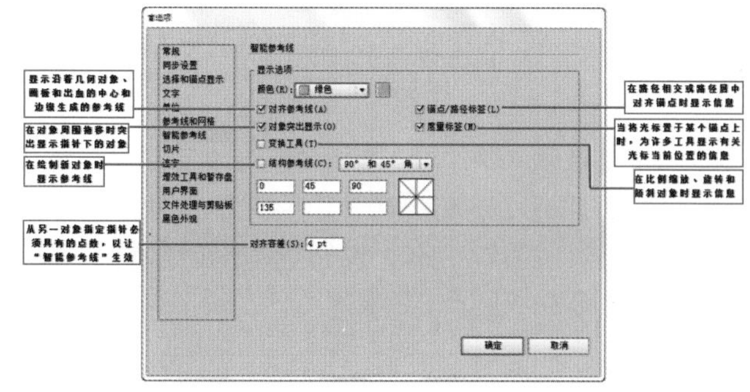

图 3-102

重点参数提醒：

- 颜色：指定参考线的颜色。单击颜色选项后的色块，即可弹出“颜色”窗口，在该窗口中可以对参考线的颜色进行设置，如图 3-103 所示。

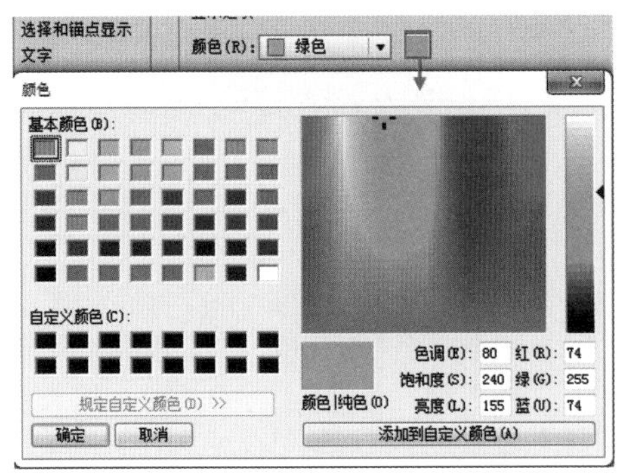

图 3-103

- 对齐参考线：显示沿着几何对象、画板和出血的中心和边缘生成的参考线。当移动对象、绘制基本形状、使用钢笔工具以及变换对象等时，会生成这些参考线。
- 度量标签：创建、选择、移动或变换对象时，显示相对于对象原始位置的 x 轴和 y 轴偏移量。如果在使用绘图工具时按 <Shift> 键，将显示起始位置。
- 对象突出显示：在对象周围拖移时突出显示指针下的对象。突出显示颜色与对象的图层颜色匹配。
- 变换工具：在比例缩放、旋转和倾斜对象时显示信息。
- 结构参考线：在绘制新对象时显示参考线。指定从附近对象的锚点绘制参考线的角度。最多可以设置六个角度。在选中的“角度”框中键入一个角度，从“角度”弹出菜单中选择一组角度，或者从弹出菜单中选择一组角度并更改框中的一个值以自定一组角度。

2. 使用智能参考线

默认情况下，智能参考线是打开的，如图 3-104 所示。执行“视图 > 智能参考线”命令，可以打开或关闭智能参考线。

图 3-104

> **你问我答：在什么情况下不能使用智能参考线？**
>
> “对齐网格”或“像素预览”选项打开时，无法使用“智能参考线”。

3.12 还原与重做

在实际操作中难免会出现操作失误的情况，这时可以执行 Illustrator 中两个非常实用的操作“还原”和“重做”来修正失误的操作。

3.12.1 还原

在出现操作失误的情况时，执行“编辑 > 还原”命令能够修正错误，也可以使用快捷键 <Ctrl+Z>。图 3-105 所示为原图，图 3-106 为出现失误操作，图 3-107 为执行“还原”操作修正失误操作后的效果。

图 3-105

图 3-106

图 3-107

3.12.2 重做

还原之后，还可以执行“编辑 > 重做”命令或使用快捷键 <Shift+Ctrl+Z>。撤销还原，恢复到还原操作之前的状态。图 3-108 所示为出现错误操作，图 3-109 为执行“还原”命令后的效果，图 3-110 为执行“重做”命令后的效果，此时恢复到执行“还原”命令前的状态。

图 3-108

图 3-109

图 3-110

3.13 综合案例：根据所学内容完成一个完整的案例

案例文件	根据所学内容完成一个完整的案例 .ai
视频教学	根据所学内容完成一个完整的案例 .flv
难易指数	★★☆☆☆
技术掌握	新建、置入、存储为、关闭

（1）执行“文件 > 新建”命令，此时弹出“新建文档”对话框设置“大小”为“A4”，“取向”为“纵向”，单击“确定”按钮，如图 3-111 所示。新建一个空白文档，如图 3-112 所示。

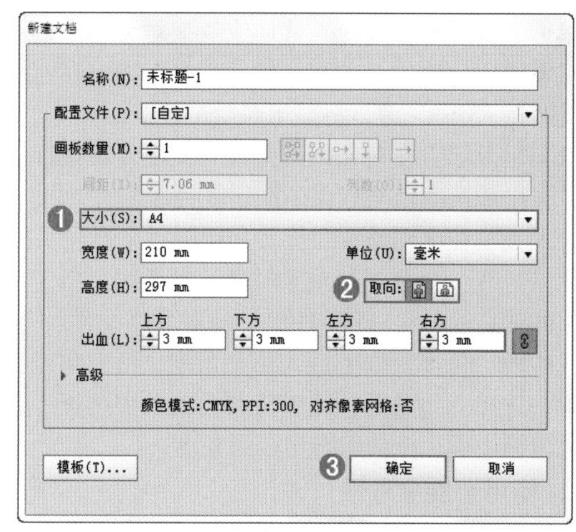

图 3-111

图 3-112

（2）执行“文件 > 置入”命令，弹出“置入”窗口中选择素材“1.png”，继续单击“置入”按钮，置入素材 1.png，如图 3-113 所示。单击控制栏的“嵌入”按钮，将置入的素材嵌入到文档中，如图 3-114 所示。

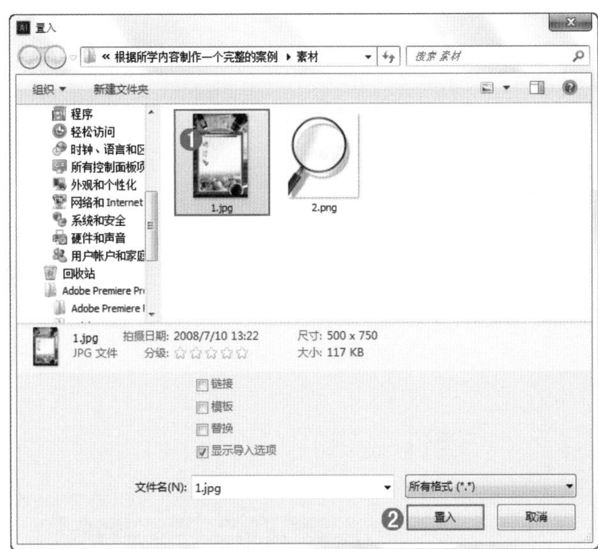
图 3-113

图 3-114

（3）选择工具箱中的“文字工具” T，在文档中输入文字，如图 3-115 所示。再次执行“文件 > 置入”命令，置入素材“2.png”并摆放在相应位置，如图 3-116 所示。

图 3-115

图 3-116

（4）执行“文件 > 存储为”命令，此时弹出“存储为”窗口，选择一个合适的存储位置，设置文件名和格式类型，然后单击“保存”按钮，即可将图稿存储，如图 3-117 和图 3-118 所示。

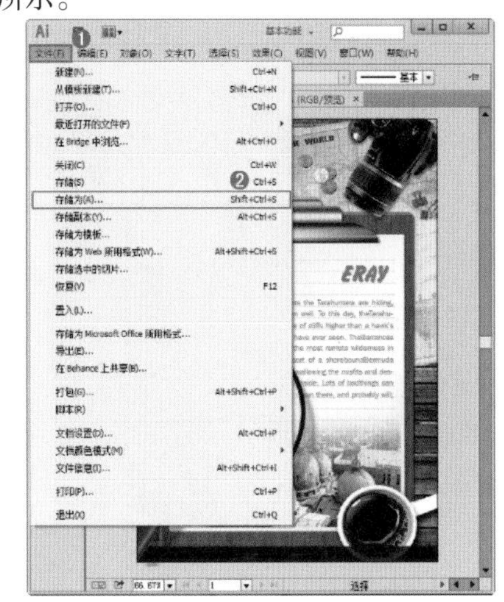
图 3-117

图 3-118

（5）单击文档窗口的 关闭文档，完成本案例的制作，如图 3-119 所示。

图 3-119

第 4 章 基本图形的绘制与操作

关键词

矩形、圆角矩形、椭圆、多边形、星形、直线、弧线、螺旋线、选择

要点导航

图形工具
线型工具
选择工具的使用

学习目标

熟练绘制随意或精准的常见几何图形

能够利用线型工具绘制基本的线条对象

能够快速选择所需的一个或多个对象

佳作鉴赏

4.1 图形工具

在 Adobe Illustrator CC 中包括六种图形绘图工具：“矩形工具”、“圆角矩形工具”、“椭圆工具”、“多边形工具”、“星形工具”和“光晕工具”。图 4-1~ 图 4-4 所示为使用到这些工具绘制的作品。

图 4-1

图 4-2

图 4-3

图 4-4

在工具箱中按住“矩形工具”按钮右下角的三角号，即可弹出隐藏的其他图形工具，如图 4-5 所示。

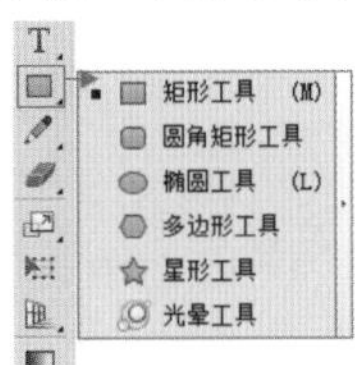

图 4-5

4.1.1 矩形工具

“矩形工具”是一个非常常用的图形绘制工具，用于绘制矩形对象和正方形对象，图 4-6~ 图 4-9 所示为使用矩形工具绘制的作品。

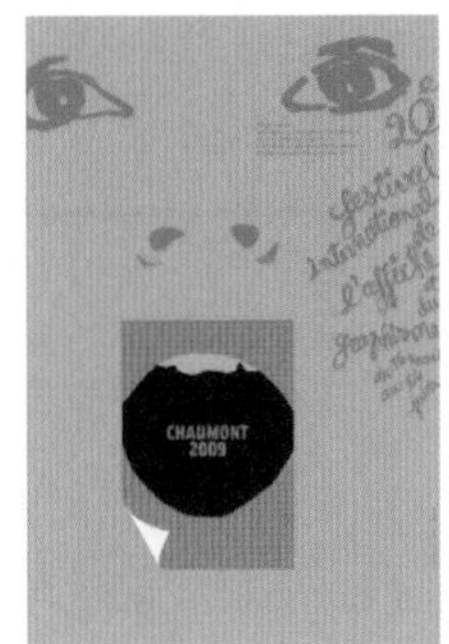

图 4-6

图 4-7

图 4-8

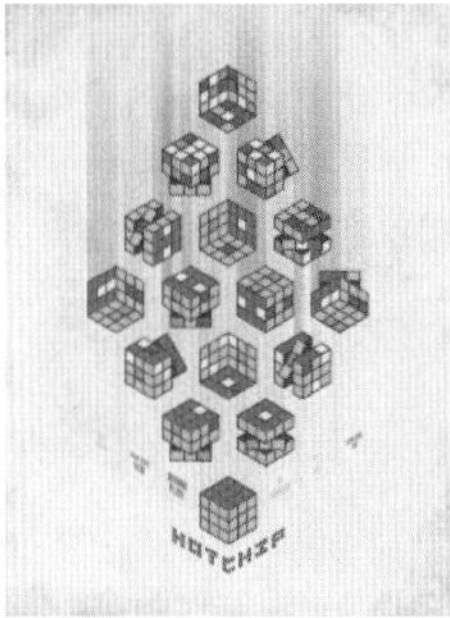

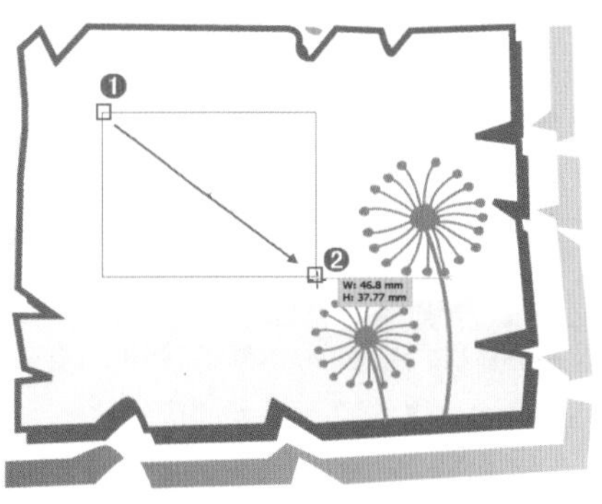

图 4-9

（1）单击工具箱中的“矩形工具”按钮，选择“矩形工具”，在选定的矩形角点位置上单击拖拽，释放鼠标后矩形绘制完成，如图 4-10 和图 4-11 所示。

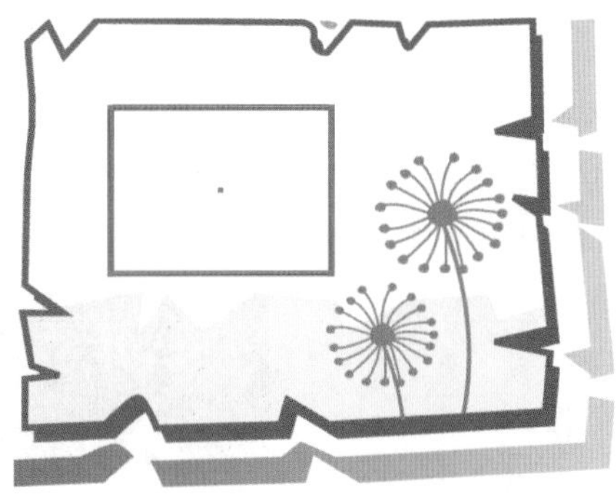

图 4-10

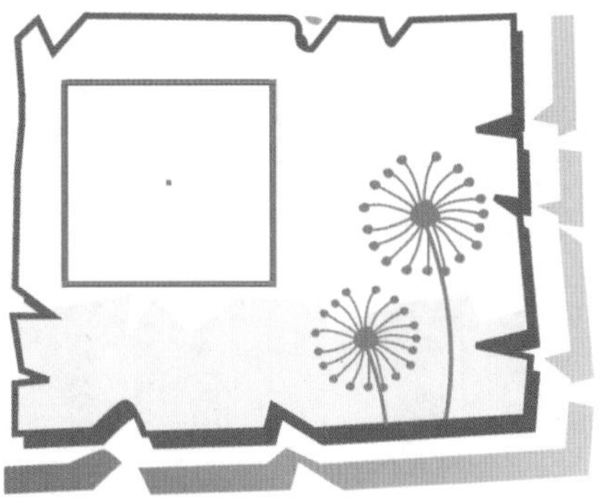

图 4-11

（2）在绘制时按住 <Shift> 键拖拽鼠标，可以绘制圆角正方形，如图 4-12 所示。按住 <Alt> 键拖拽鼠标可以绘制由鼠标落点为中心点向四周延伸的圆角矩形。

图 4-12

小技巧：图形工具组中的绘制方法基本相同

该方法在使用圆角矩形工具、椭圆工具、多边形工具、星形工具进行图形的绘制时一样通用。

（3）单击选择工具箱中的“矩形工具”按钮，在画面中单击鼠标，在弹出的“矩形”对话框中设置矩形的高度和宽度，单击“确定”按钮可绘制出精确的矩形对象，如图 4-13 所示。

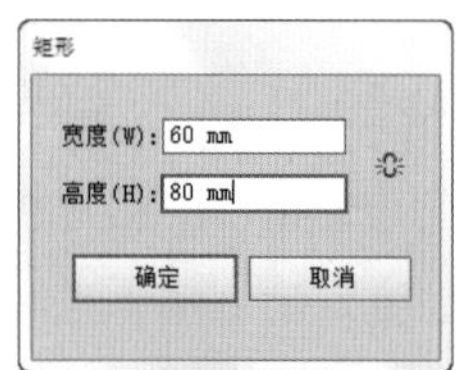

图 4-13

宽度：在文本框输入相应的数值，可以定义绘制矩形对象的宽度。

高度：在文本框输入相应的数值，可以定义绘制矩形对象的高度。

约束宽度和高度比例：单击按钮，该按钮变为状态，该状态表示可以约束高度和高度的比例，在更改“宽度”或“高度”参数时，另一个参数也会随之改变。

4.1.2 圆角矩形工具

“圆角矩形工具”从名称上就能够知道这一工具是用于绘制圆角矩形对象和圆角正方形对象。图 4-14~图 4-17 所示为使用该工具绘制的作品。

图 4-14

图 4-15

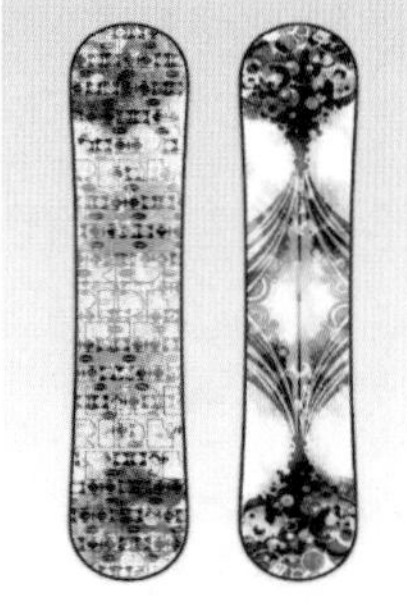

图 4-16

图 4-17

单击工具箱中的“圆角矩形工具”按钮，在选定的圆角矩形角点位置上单击鼠标左键并向外拖拽，释放鼠标后圆角矩形绘制完成，如图 4-18 和图 4-19 所示。

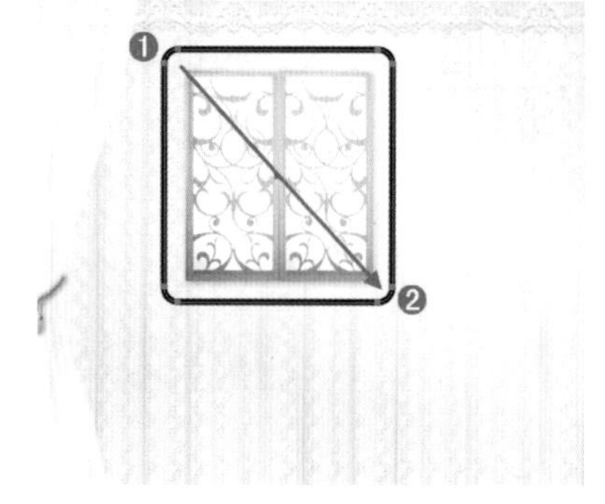

图 4-18

图 4-19

小技巧：快速增加或减小圆角矩形的圆角半径

在绘制过程中，拖拽鼠标的同时按 <向左> 键可以切换为绘制矩形，按 <向右> 键可以绘制圆角矩形；按 <向上> 键可以增加圆角半径；按 <向下> 键可以减小圆角半径。这种方法在使用其他绘图工具时也可以用到。

单击工具箱中的“圆角矩形工具”按钮，在将要作为圆角矩形角点的位置单击鼠标，此时弹出“圆角矩形”对话框，在该对话框中对将要绘制的圆角矩形的高度和宽度以及圆角半径的大小进行设置，单击“确定”按钮可绘制出精确的圆角矩形对象，如图 4-20 和图 4-21 所示。

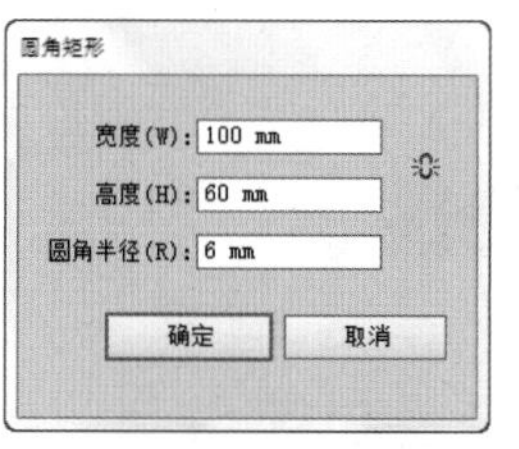

图 4-20

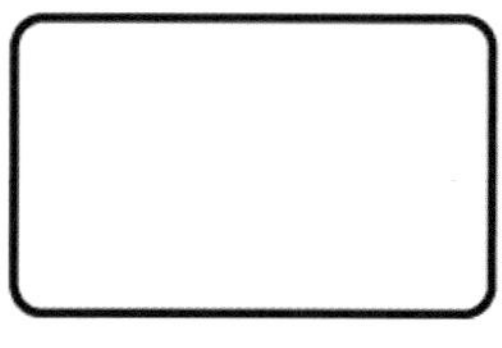

图 4-21

重点参数提醒：

- 圆角半径：数值框输入的半径数值越大，得到的圆角矩形弧度越大；反之输入的半径数值越小，得到的圆角矩形弧度越小；输入的数值为 0 时，得到的是矩形，如图 4-22 所示。

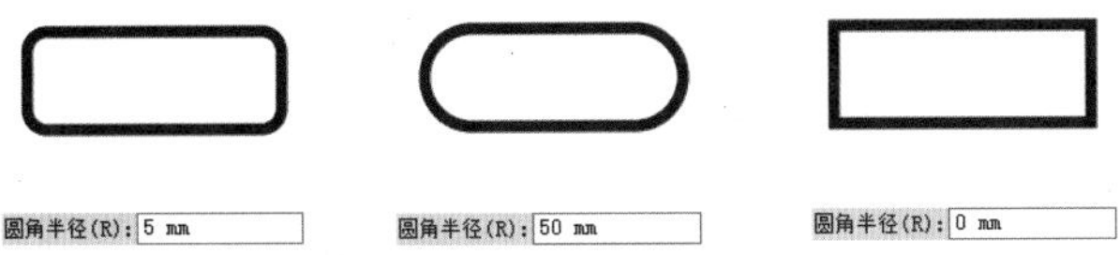

图 4-22

4.1.3　进阶案例：制作圆角形按钮

案例文件	制作圆角形按钮 .ai
视频教学	制作圆角形按钮 .flv
难易指数	★★☆☆☆
技术掌握	掌握圆角矩形工具的运用

（1）新建文档，执行“文件 > 置入”命令置入素材 1.jpg。对素材的大小和位置进行调整，如图 4-23 所示。

图 4-23

（2）在工具箱中选择“圆角矩形工具”按钮，然后在画面中单击，在弹出的“圆角矩形”对话框中设置“宽度”为 300mm，“高度”为 100mm，“圆角半径”为 6mm，参数设置如图 4-24 所示。参数设置完成后单击“确定”按钮，即可完成圆角矩形的绘制，如图 4-25 所示。

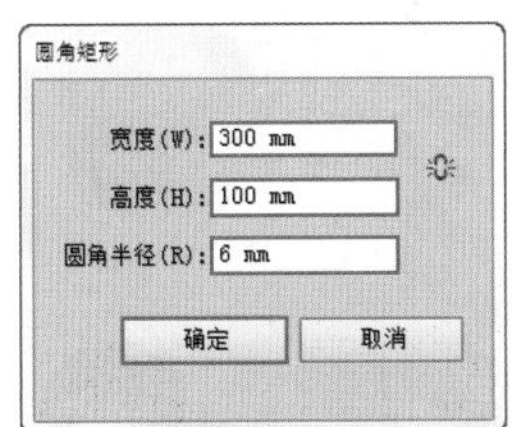

图 4-24

图 4-25

（3）选择绘制的圆角矩形，为其添加红色系渐变效果，如图 4-26 所示。

图 4-26

（4）接下来制作虚线部分。选择“圆角矩形”工具，在控制栏中设置“填充”为“无”，描边为“褐色”，继续单击“描边”选项，在下拉面板中设置“粗细”为 3pt，勾选“虚线”，设置“虚线”为 12pt，“间隙”为 8pt，参数设置如图 4-27 和图 4-28 所示。设置完成后，绘制一个宽度为 285mm，高度为 55mm 的圆角矩形，绘制完成后将其放置在合适位置。

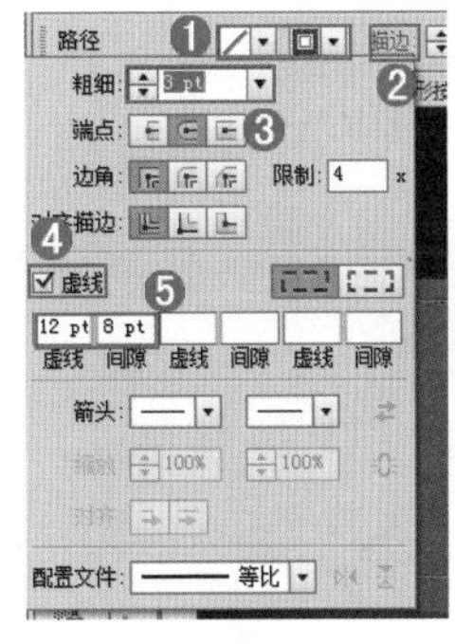

图 4-27

图 4-28

（5）使用同样的方法继续绘制一个颜色稍亮的虚线描边，效果如图 4-29 所示。这样一个带有高光效果的虚线描边就制作完成了。

图 4-29

（6）执行“文件 > 置入”命令将素材“2.png”置入到文件中，并放置在合适位置，完成本案例的制作，最终效果如图 4-30 所示。

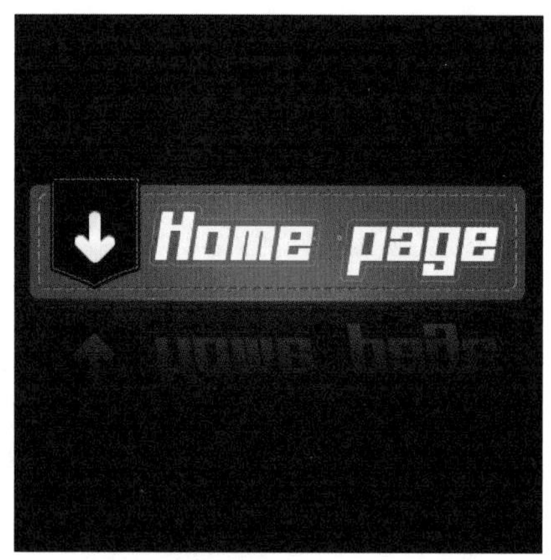

图 4-30

4.1.4 椭圆工具

“椭圆工具”也是非常常用的图形工具，既可用于绘制椭圆也可以轻松绘制正圆。图 4-31~ 图 4-34 所示为可以使用该工具绘制的作品。

图 4-31

图 4-32

图 4-33

图 4-34

（1）单击工具箱中的“椭圆工具”按钮选择“椭圆工具”，在选定绘制椭圆的位置上单击拖拽鼠标，当绘制的椭圆大小、形态适宜时释放鼠标即可，如图 4-35 和图 4-36 所示。

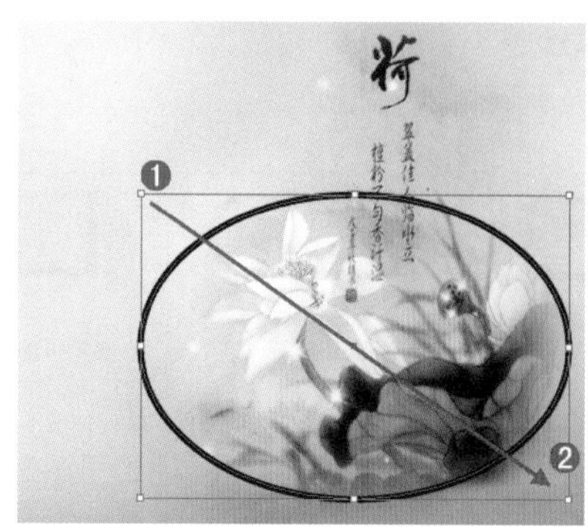

图 4-35

图 4-36

（2）单击工具箱中的“椭圆工具”按钮，在将要绘制椭圆的位置单击鼠标，此时弹出“椭圆”对话框，在该对话框中对将要绘制的椭圆的高度和宽度大小进行设置，单击“确定”按钮可绘制出精确的椭圆对象，如图 4-37 所示。

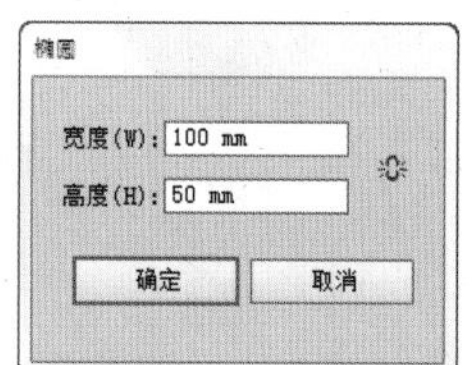

图 4-37

4.1.5 进阶案例：使用椭圆工具绘制海报

案例文件	使用椭圆工具绘制海报 .ai
视频教学	使用椭圆工具绘制海报 .flv
难易指数	★★☆☆☆
技术掌握	掌握椭圆工具的运用

（1）新建一个 A4 大小的新文件。执行“文件 > 置入”命令置入素材“1.jpg”，如图 4-38 所示。选择工具箱中的“椭圆工具”按钮，按住键盘上的 <Shift> 键在素材的适当位置绘制正圆，将所绘制的正圆填充为粉红色，如图 4-39 所示。

图 4-38

图 4-39

（2）继续绘制正圆并为其填充不同的颜色，如图 4-40 所示。选择工具箱中的“文字工具”按钮，在适当位置键入文字，整体制作完成效果如图 4-41 所示。

图 4-40

图 4-41

4.1.6　多边形工具

“多边形工具”能够绘制任意边数的多边形，是一种常用的图形绘制工具。图 4-42~ 图 4-45 所示为佳作欣赏。

图 4-42

图 4-43

图 4-44

图 4-45

（1）单击选择工具箱中的“多边形工具”按钮，在将要绘制多边形的中心位置单击鼠标向外侧拖拽，拖拽到适当尺寸时释放鼠标即可，如图 4-46 和图 4-47 所示。

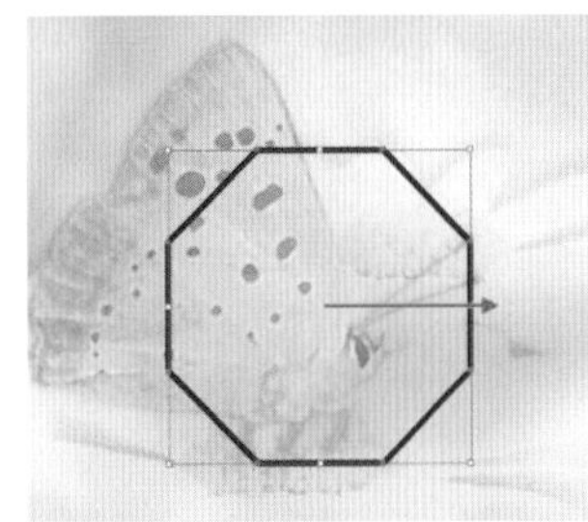

图 4-46

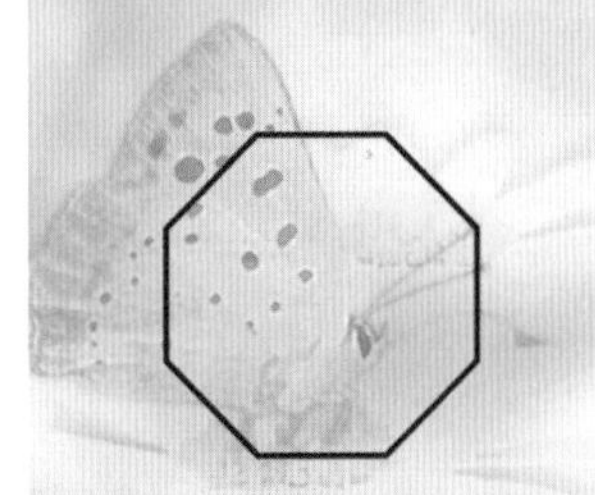

图 4-47

（2）使用多边形工具绘制多边形未释放鼠标时，按 <向上> 或 <向下> 键可以添加或删除边。按住 <Shift> 键，可以锁定多边形为 45° 倍值，如图 4-48 所示。

图 4-48

（3）选择工具箱中的“多边形工具”按钮，在将要绘制多边形的中心位置单击鼠标左键，即可弹出“多边形”对话框，在该对话框中对多边形的半径和边数进行设置，单击“确定”按钮即可创建精确的多边形对象，如图 4-49 和图 4-50 所示。

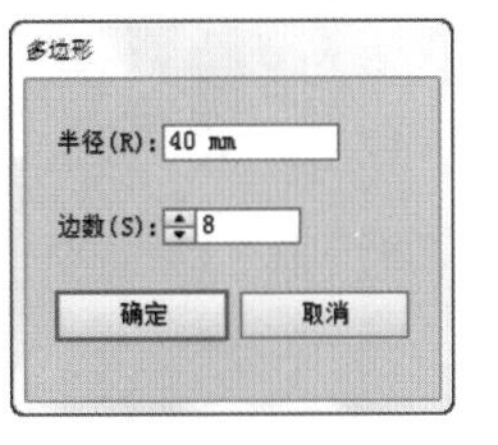

图 4-49

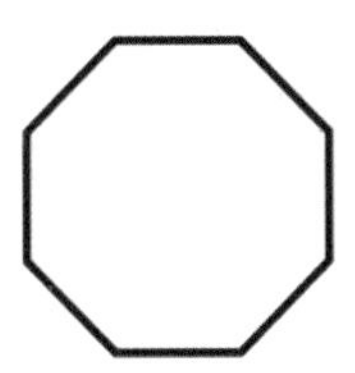

图 4-50

重点参数提醒：

- 半径：在文本框输入相应的数值，可以定义绘制多边形半径的尺寸。
- 边数：在文本框输入相应的数值，可以设置绘制多边形的边数。边数越多，生成的多边形越接近圆形。

技术延伸：多边形工具制作螺旋效果

单击选择工具箱中的“多边形工具”按钮，同时按住 <~> 键，单击拖动鼠标即可绘制出螺旋效果，如图 4-51 ~ 图 4-53 所示。

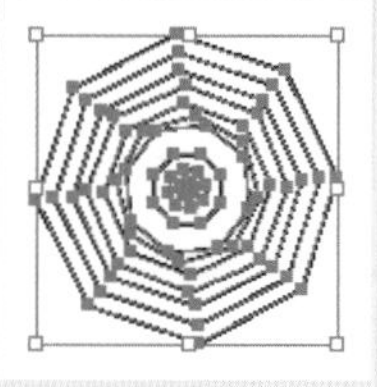

图 4-51

图 4-52

图 4-53

4.1.7 星形工具

“星形工具” 可以绘制任意角数的星形，使用星形工具能够极大地丰富画面效果，如图 4-54~ 图 4-57 所示为采用“星形工具”绘制的作品。

图 4-54

图 4-55

图 4-56

图 4-57

（1）单击工具箱中的“星形工具”按钮，在将要绘制星形的中心位置单击鼠标左键向外拖拽，拖拽到适当尺寸后释放鼠标即可完成星形的绘制，如图 4-58 所示。

图 4-58

（2）在拖动鼠标调整星形大小时，按 < 向上 > 键可以向星形添加点；< 向下 > 键可以从中删除点，但是点的数量不会少于三个，如图 4-59 和图 4-60 所示。

图 4-59

图 4-60

（3）在绘制星形时，按住 <Ctrl> 键向外拖拽可以发现星形的内部半径变大了，如图 4-61 所示。若按向内拖动，可以减少内部半径的大小，如图 4-62 所示。

图 4-61

图 4-62

（4）按住 <Shift> 键可控制旋转角度为 45° 的倍值；按住 < 空格 > 键可随鼠标移动直线位置。

（5）若要绘制一个正五角星，先要设置“角点数”为 5，然后在绘制时按住 <Shift+Alt> 键，如图 4-63 所示。

图 4-63

（6）选择工具箱中的“星形工具”按钮 ，在将要绘制星形的中心位置单击鼠标左键，弹出“星形”对话框，在该对话框中对星形的半径和角点数进行设置，单击“确定”按钮即可创建精确的星形对象，如图 4-64 和图 4-65 所示。

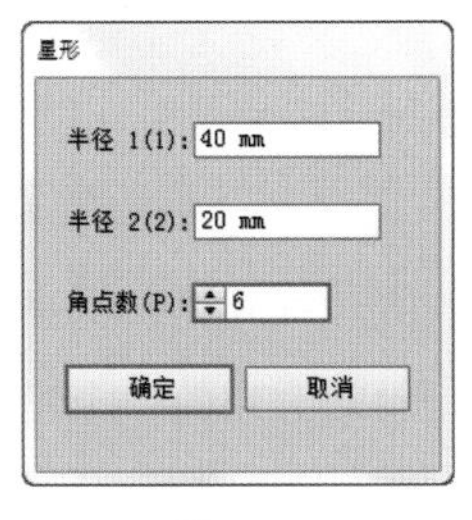

图 4-64

图 4-65

重点参数提醒：

- 半径 1：指定从星形中心到星形最内侧点（凹处）的距离。
- 半径 2：指定从星形中心到星形最外侧点（顶端）的距离。
- 角点数：可以定义所绘制星形图形的角点数。

4.1.8　进阶案例：使用星形工具绘制海报

案例文件	使用星形工具绘制海报 .ai
视频教学	使用星形工具绘制海报 .flv
难易指数	★★☆☆☆
技术掌握	掌握星形工具的运用

（1）新建文档，执行“文件 > 置入”命令置入素材 1.jpg。对素材的大小和位置进行调整。如图 4-66 所示。

图 4-66

（2）选择工具箱中的“星形工具”按钮 ，在画面中单击鼠标左键弹出“星形”对话框，设置“半径 1”为 100mm，“半径 2”为 40mm，“角点数”为 5，参数设置如图 4-67 所示。单击“确定”按钮，即可绘制出星形，将填充设置为褐色，如图 4-68 所示。

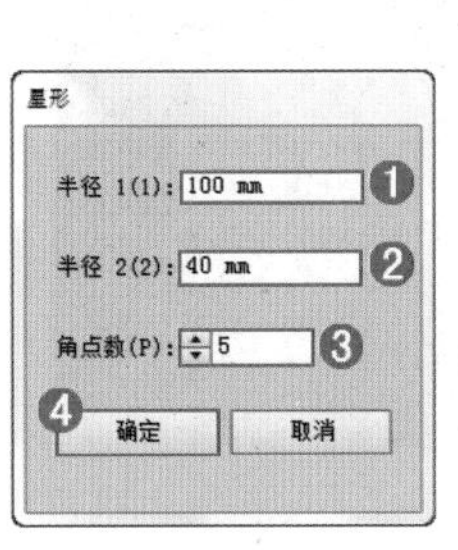

图 4-67

图 4-68

（3）选择刚刚绘制的星形，使用复制快捷键 <Ctrl+C> 将该星形进行复制，再使用快捷键 <Ctrl+F> 将所复制的内容原地粘贴在前面，然后将复制的星形填充为绿色，如图 4-69 所示。单击选择绿色的星形，按住 <Alt+Shift> 键进行缩放，效果如图 4-70 所示。

（4）使用同样的方法再制作两个不同颜色的同心星形，效果如图 4-71 所示。最后将素材“2.ai”中的素材复制到本文件中并放置在合适的位置，本案例制作完成，效果如图 4-72 所示。

图 4-69

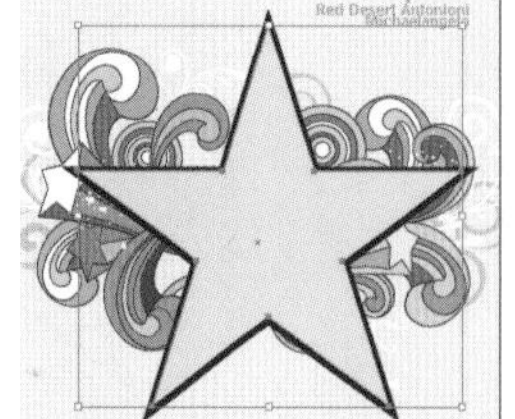

图 4-70

图 4-71

图 4-72

4.1.9 光晕工具

光晕工具创建具有明亮的中心、光晕和射线及光环的光晕对象。使用此工具可创建类似照片中镜头光晕的效果。图 4-73 和图 4-74 所示为使用到“光晕工具”的作品。

图 4-73

图 4-74

（1）单击工具箱中的“光晕”按钮，在要创建光晕的大光圈部分的中心位置单击，拖拽的长度就是放射光的半径，如图 4-75 所示。然后松开鼠标，再次单击鼠标，以确定闪光的长度和方向，如图 4-76 所示。光晕效果如图 4-77 所示。

图 4-75

图 4-76

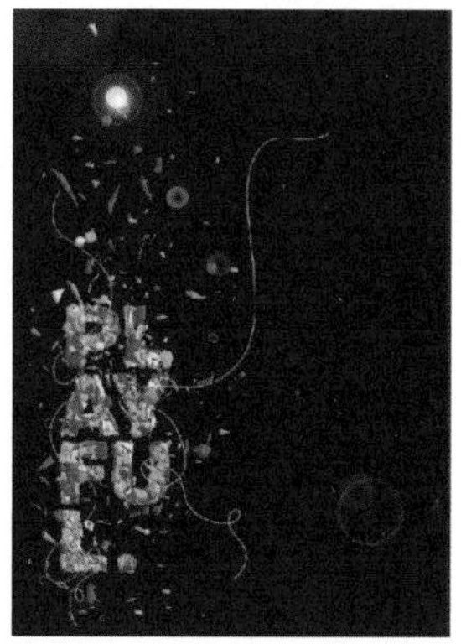

图 4-77

小技巧：快速增加、减少或随机释放光环

在未松开鼠标时，按住 <向上> 或 <向下> 键可增加或减少光环数量，按住键盘 <~> 键可以随机释放光环。

（2）想要精确控制光晕的数值，可以单击工具箱中的“光晕”按钮。在要绘制光晕的对象的一个角点位置单击，此时会弹出“光晕工具选项”对话框。在对话框对所要创建的光晕的参数进行设置，然后单击“确定”按钮即可创建精确的光晕对象。图 4-78 和图 4-79 所示为“光晕工具选项”对话框及效果图。

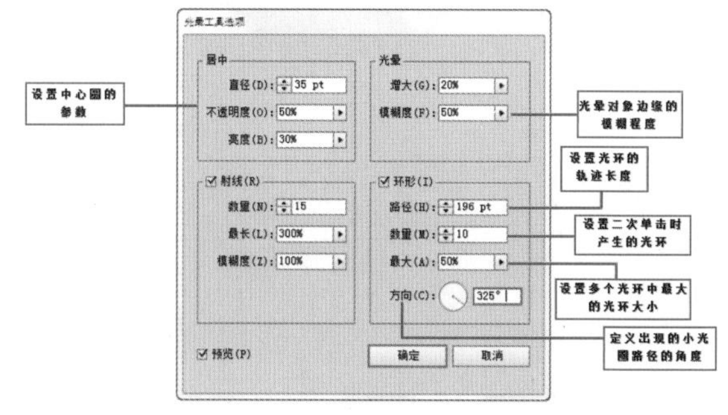

图 4-78

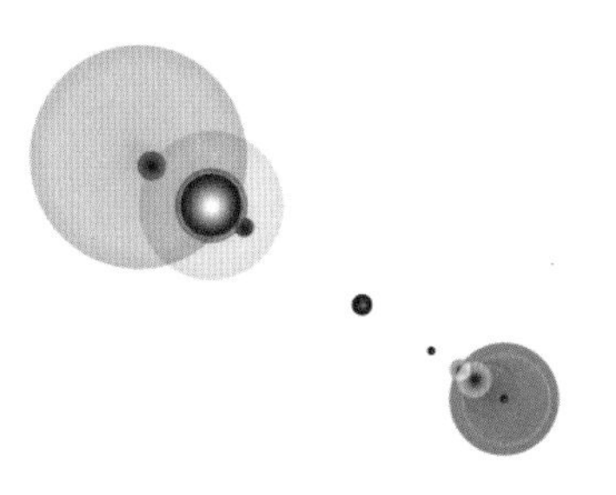

图 4-79

重点参数提醒：

- “居中”组参数设置：

直径：在文本框输入相应的数值，可以定义发光中心圆的半径。

不透明度：用来设置中心圆的不透明度的程度。

亮度：设置中心圆的亮度。

- “光晕”组参数设置：

增大：表示光晕散发的程度。

模糊度：可以单独定义光晕对象边缘的模糊程度。

- “射线”组参数设置：

数量：可以定义射线的数量。

最长：可以定义光晕效果中最长的一个射线的长度。

4.2　线型工具

在 Adobe Illustrator CC 中包括五种线型绘图工具：“直线段工具”、“弧线工具”、“螺旋线工具”、“矩形网格工具”和“极坐标网格工具”。图 4-80~图 4-83 所示为佳作欣赏。

图 4-80

图 4-81

图 4-82

图 4-83

在工具箱中按住“直线段工具”按钮右下角的三角号，即可弹出隐藏的其他线型工具，如图 4-84 所示。图 4-85 所示为五个线型工具所绘制的对象。

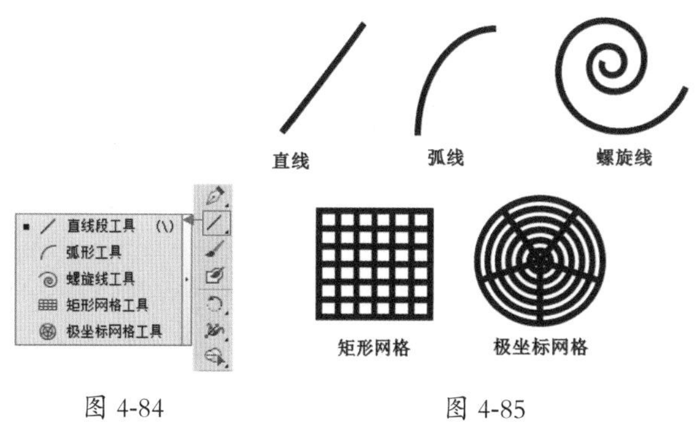

图 4-84　　图 4-85

4.2.1　直线段工具

“直线段工具”用于绘制直线段，可以绘制任意直线段，也可以绘制精确的直线段对象，如图 4-86~图 4-89 所示为佳作欣赏。

图 4-86

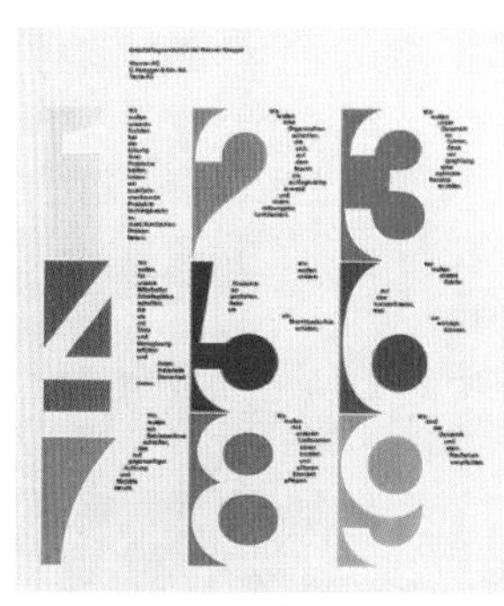

图 4-87

图 4-88

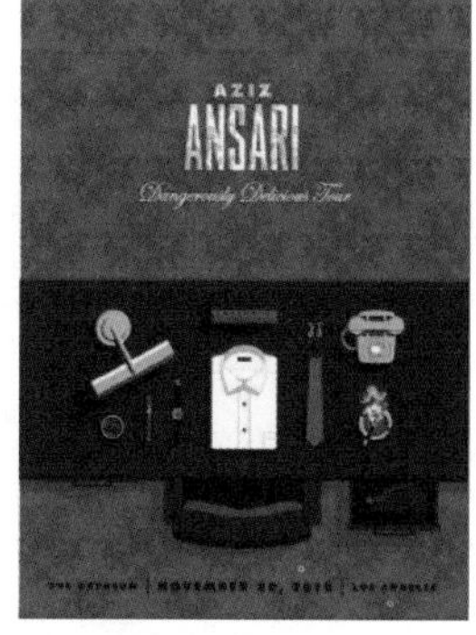

图 4-89

（1）单击工具箱中的“直线段工具”按钮，将光标定位在将要绘制的直线段的一个端点处，拖拽鼠标到直线段的另一个端点处释放鼠标，此时直线段绘制完成，如图 4-90 和图 4-91 所示。

（2）想要绘制精确的直线对象可以单击选择工具箱中的“直线段工具”按钮，在将要绘制直线的一个端点处单击鼠标左键，弹出“直线段工具选项”对话框，在该对话框中对直线段的长度和角度进行设置，单击“确定”按钮即可创建精确的直线段对象，如图 4-92 和图 4-93 所示。

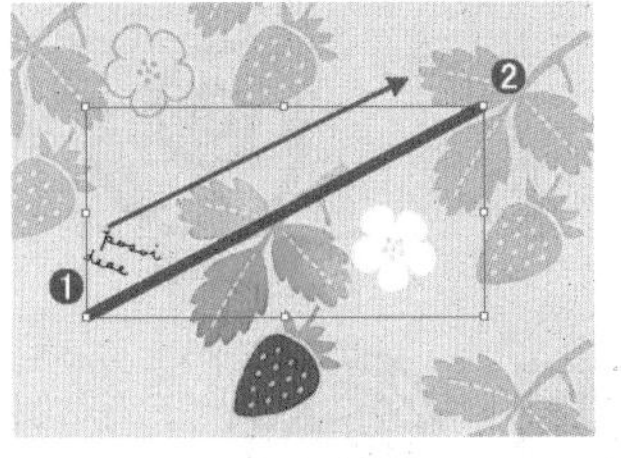

图 4-90

图 4-91

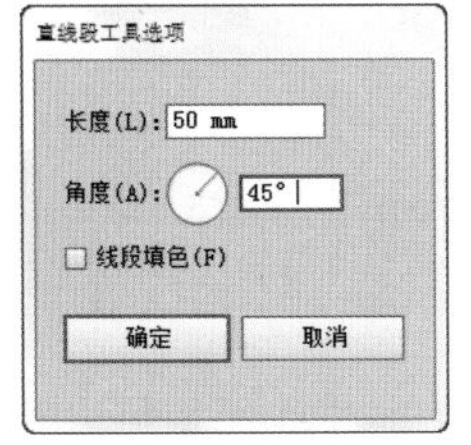

图 4-92

图 4-93

重点参数提醒：

- 角度：在文本框中输入相应的数值来设定直线和水平轴的夹角，也可以在控制栏中调整软件的句柄。
- 线段填色：勾选该选项时，将以当前的填充颜色对线段填色。

小技巧：绘制角度为 45° 的直线

按住 <Shift> 键，拖动鼠标进行直线段绘制时可以锁定直线对象的角度为 45° 的倍值。

4.2.2 进阶案例：使用直线工具制作背景装饰

案例文件	使用直线工具制作背景 .ai
视频教学	使用直线工具制作背景 .flv
难易指数	★★★☆☆
技术掌握	掌握直线工具的运用

（1）新建文档，置入素材 1.jpg，如图 4-94 所示。选择工具箱中的“直线段工具”按钮，按住 <Shift> 键绘制一条垂直的线段，如图 4-95 所示。

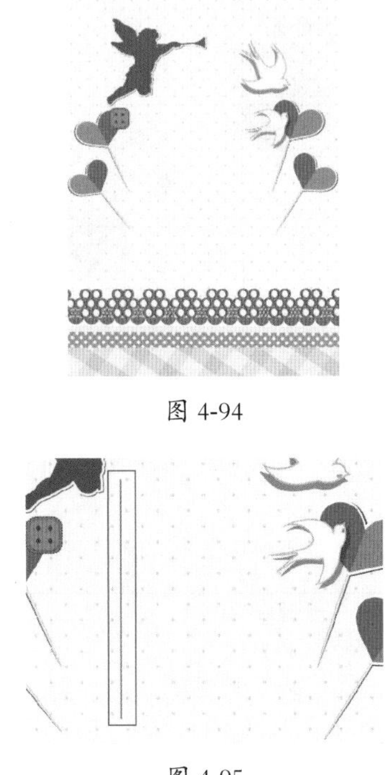

图 4-94

图 4-95

（2）接下来复制直线段。选择该直线，按住 <Alt+Shift> 键将直线向右复制并平行移动，移动并复制时要控制好两条线段的间距，如图 4-96 所示。此时可以使用重复上一步操作快捷键 <Ctrl+D> 不断复制直线段，将绘制的直线段全选后使用编组快捷键 <Ctrl+G> 将其径向编组，如图 4-97 所示。

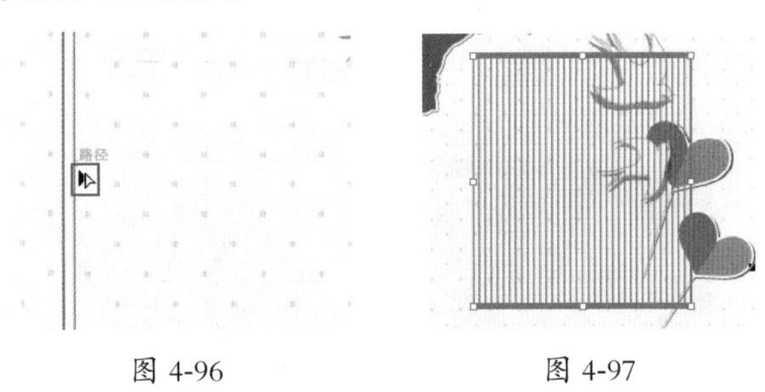

图 4-96　　图 4-97

（3）接着使用“椭圆工具”按钮，按住 <Shift> 键在线段组上绘制一个正圆，如图 4-98 所示。将二者同时选中执行“对象 > 剪切蒙版 > 建立”命令建立剪切蒙版，效果如图 4-99 所示，一个线段装饰就制作完成了。

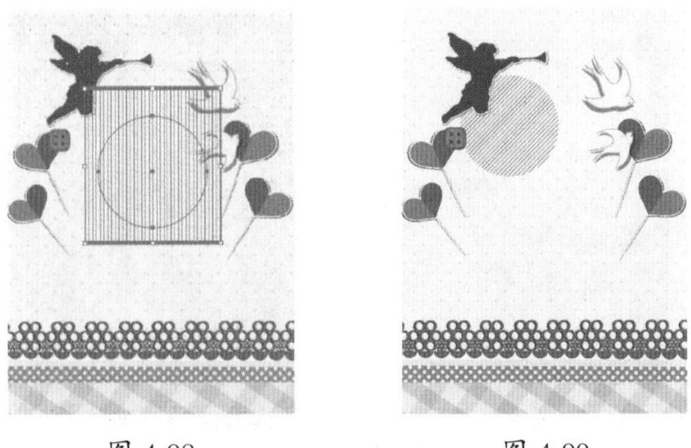

图 4-98　　图 4-99

（4）选择该线段装饰，使用快捷键 <Ctrl+C> 将其复制，继续使用快捷键 <Ctrl+V> 将其粘贴并移动到合适位置，然后适当放大，效果如图 4-100 所示。置入文字素材，将其摆放在图稿的适当位置，本案例制作完成，如图 4-101 所示。

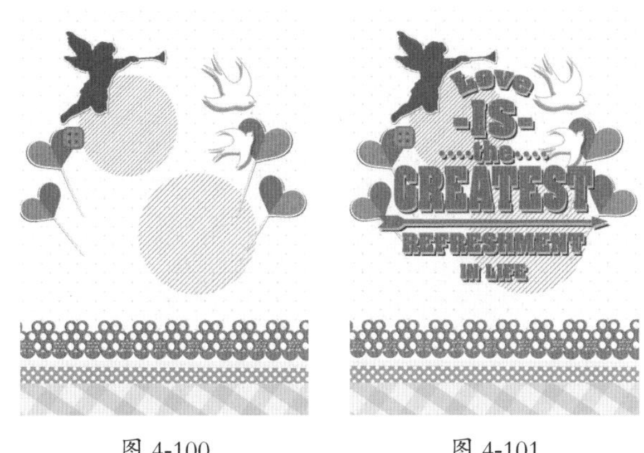

图 4-100　　图 4-101

4.2.3　弧形工具

“弧形工具” 用于绘制任意弧度的弧形也可以绘制精确弧度的弧形对象，如图 4-102~ 图 4-105 所示为使用弧形工具绘制的作品。

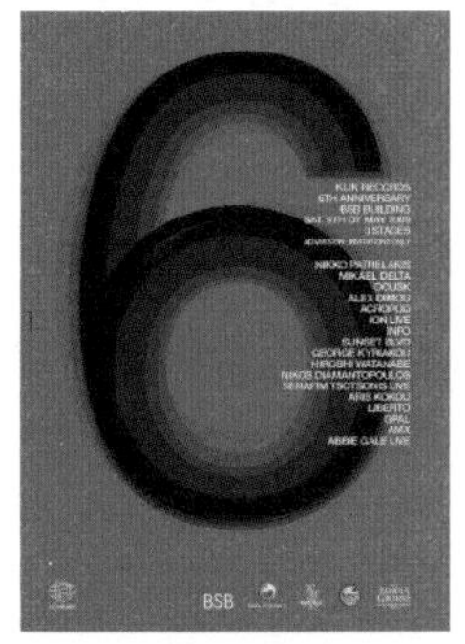

图 4-102

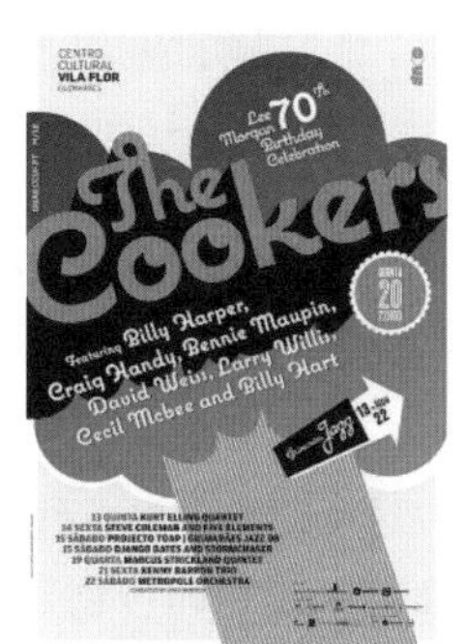

图 4-103

图 4-104

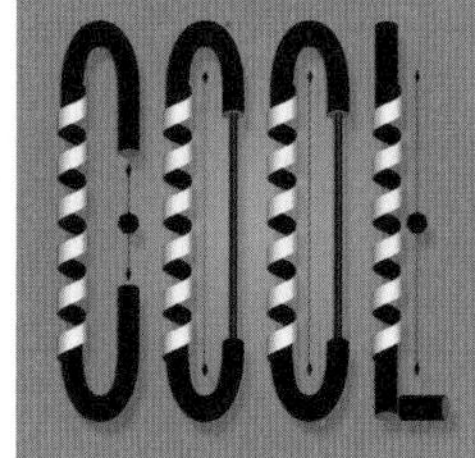

图 4-105

（1）单击选择工具箱中的“弧形工具”按钮，将光标定位在将要绘制的弧形对象的端点处，单击拖拽鼠标至弧形的另一个端点，此时不要立即释放鼠标，通过键盘上的 < 向上 > 和 < 向下 > 方向键调整弧形的弧度，调整完成后释放鼠标，如图 4-106 和图 4-107 所示。

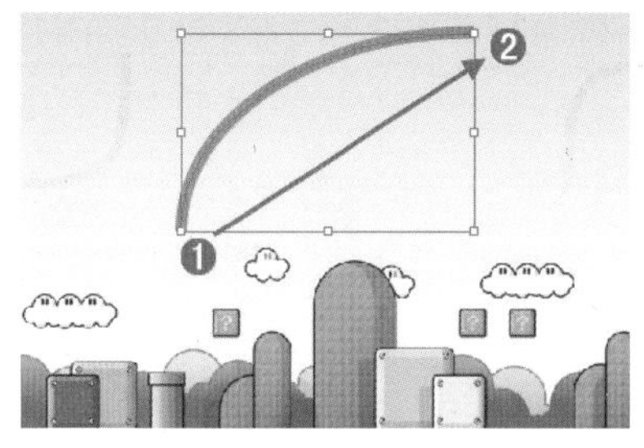

图 4-106

图 4-107

（2）想要绘制精确的弧形对象时，单击选择工具箱中的“弧形工具”，在将要绘制弧形的一个端点处单击鼠标左键，弹出“弧形工具选项”对话框，在该对话框中对所要绘制弧形的参数进行设置，单击“确定”按钮即可创建精确的弧形对象，如图 4-108 和图 4-109 所示。

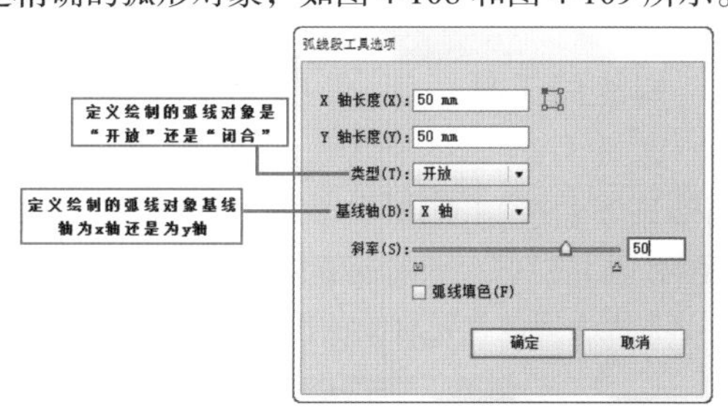

图 4-108

图 4-109

重点参数提醒：

- x 轴长度：在文本框输入的数值，可以定义另一个端点在 x 轴方向的距离。
- y 轴长度：在文本框输入的数值，可以定义另一个端点在 y 轴方向的距离。
- 定位：在“x 轴长度”选项右侧的定位器中单击不同的按钮，可以定义在弧线中首先设置端点的位置。
- 斜率：通过调整选项中参数，可以定义绘制的弧线对象的弧度，绝对值越大弧度越大，正值凸起负值凹陷，如图 4-110 所示。

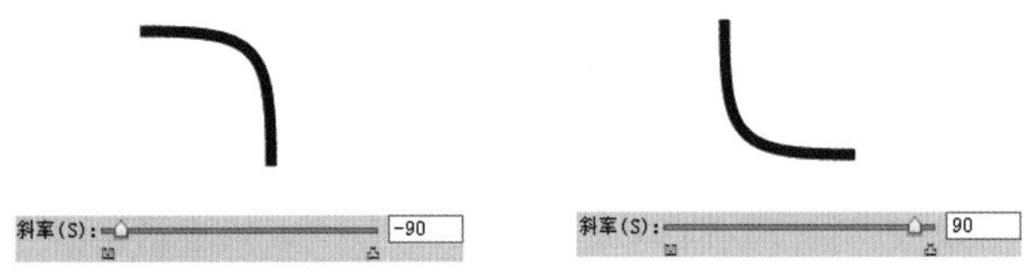

图 4-110

- 弧线填色：当勾选该选项时，将使用当前的填充颜色填充绘制的弧形。

> 小技巧：更改弧线的弧度和方向
>
> 拖拽鼠标绘制的同时，按住 <Shift> 键，可得到 x 轴和 y 轴长度相等的弧线。
>
> 拖拽鼠标绘制的同时，按 <C> 键可改变弧线类型，即开放路径和闭合路径间的切换。按 <F> 键可以改变弧线的方向。按 <X> 键可以令弧线在“凹”和“凸”曲线之间切换。
>
> 拖拽鼠标绘制的同时，按 < 向上 > 或 < 向下 > 键可增加或减少弧线的曲率半径。
>
> 拖拽鼠标绘制的同时，按住空格键，可以随着鼠标移动弧线的位置。

4.2.4 螺旋线工具

“螺旋线工具” 用于作品中螺旋线的绘制，该工具既能够绘制任意螺旋线也能够绘制精确螺旋线。图 4-111 和图 4-112 所示为包含螺旋线的作品。

图 4-111

图 4-112

（1）想要绘制螺旋线对象，可以单击选择工具箱中的“螺旋线工具”按钮，在将要绘制的螺旋线的中心单击鼠标左键拖动到螺旋线的外沿位置，将螺旋线调整到一个合适的大小，此时释放鼠标即可，如图 4-113 和图 4-114 所示。

图 4-113

图 4-114

（2）想要绘制精确的螺旋线对象，可以单击选择工具箱中的“螺旋线工具”按钮，在将要绘制螺旋线的中心点处单击鼠标左键，弹出“螺旋线”对话框，在该对话框中对所要绘制螺旋线半径、衰减等参数进行设置，单击“确定”按钮即可创建精确的螺旋线对象，如图 4-115 和图 4-116 所示。

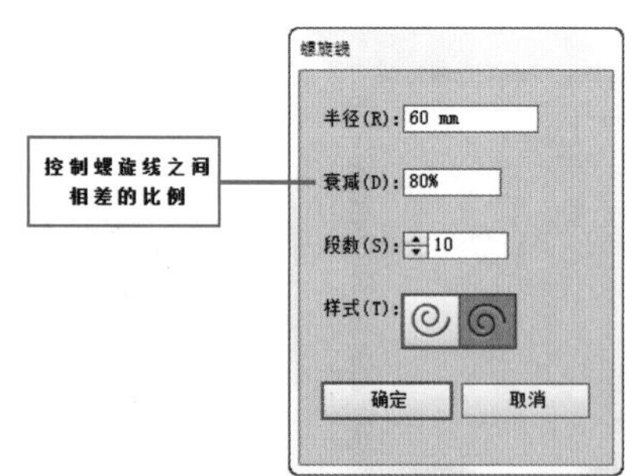

图 4-115

图 4-116

重点参数提醒：

- 半径：在选项的文本框中输入相应的数值，可以定义螺旋线的半径尺寸。
- 衰减：当百分比越小，螺旋线之间的差距就越小。
- 段数：通过调整选项中参数，可以定义螺旋线对象的段数，数值越大螺旋线越长，数值越小螺旋线越短。
- 样式：可以选择顺时针或逆时针定义螺旋线的方向，如图 4-117 所示。

图 4-117

小技巧：如何控制螺旋线

拖拽鼠标未释放的同时，按住空格键，直线可随鼠标的拖拽移动位置。

拖拽鼠标未释放的同时，按住 <Shift> 键锁定螺旋线的角度为 45° 的倍值。按住 <Ctrl> 键可保持涡形的衰减比例。

拖拽鼠标未释放的同时，按 < 向上 > 或 < 向下 > 键可增加或减少涡形路径片段的数量。

4.2.5　矩形网格工具

（1）单击选择工具箱中的“矩形网格工具”按钮，在将要绘制的矩形网格的角点位置单击鼠标左键，沿对角线方向拖拽，释放鼠标后矩形网格即绘制完成，如图 4-118 和图 4-119 所示。

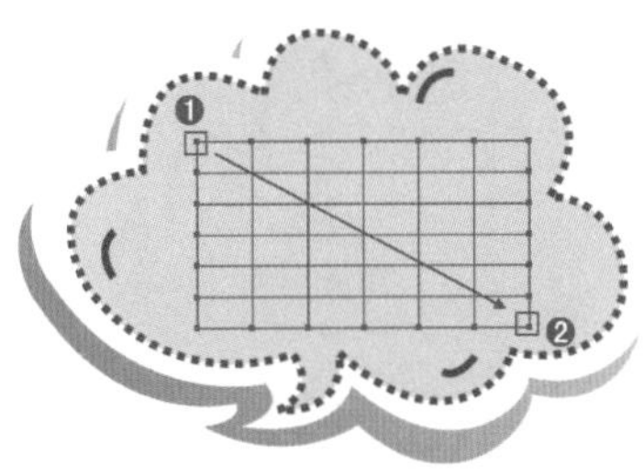

图 4-118

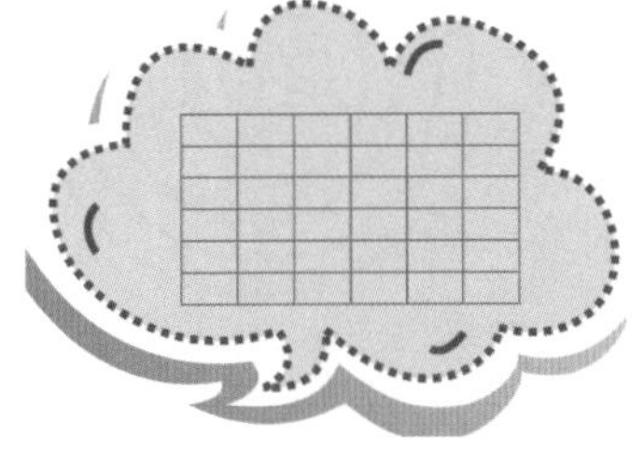

图 4-119

（2）拖拽鼠标的同时，按住 <C> 键，纵向的网格间距逐渐向右变窄，如图 4-120 所示。按住 <V> 键，横向的网格间距逐渐向上变窄，如图 4-121 所示。

图 4-120

图 4-121

（3）按住 <X> 键，纵向的网格间距逐渐向左变窄，如图 4-122 所示。按住 <F> 键，横向的网格间距逐渐向下变窄，如图 4-123 所示。

图 4-122

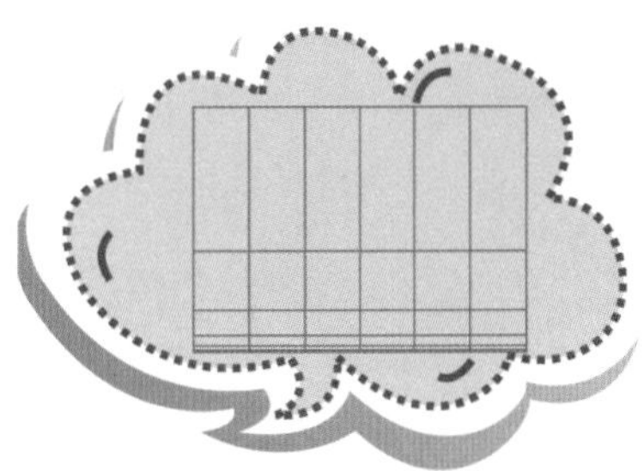

图 4-123

（4）单击选择工具箱中的“矩形网格工具”按钮，在将要绘制矩形网格的一个角点位置单击鼠标左键，弹出“矩形网格工具选项”对话框，在该对话框中对矩形网格的各项参数进行设置，单击“确定”按钮即可创建精确的矩形网格对象，如图 4-124 和图 4-125 所示。

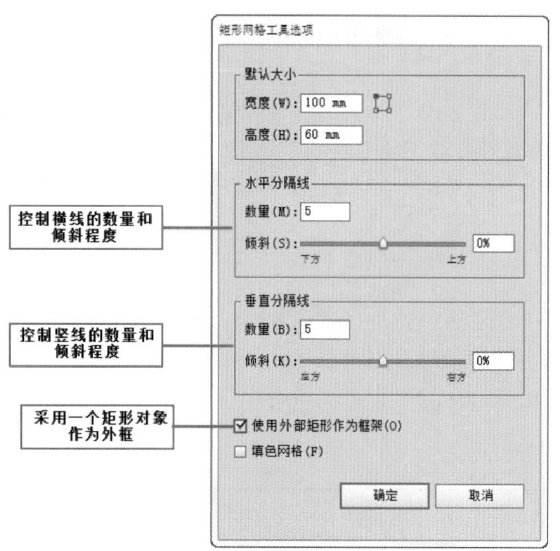

图 4-124

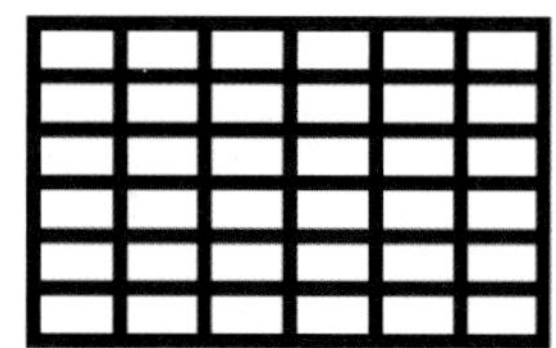

图 4-125

重点参数提醒：

- 定位：在“宽度”选项右侧的定位器中单击不同的按钮 ，可以定义在矩形网格中首先设置角点位置。
- 水平分割线：“数量”表示矩形网格内横线的数量，即行数。“斜切”表示行的位置，数值为 0% 时，线与线距离是均等；数值大于 0% 时，网格向上的列间距逐渐变窄；数值小于 0% 时，网格向下的列间距逐渐变窄。
- 垂直分割线：“数量”表示矩形网格内竖线的数量，即列数。“斜切”表示列的位置，数值为 0% 时，线与线距离是均等；数值大于 0% 时，网格向右的列间距逐渐变窄；数值小于 0% 时，网格向左的列间距逐渐变窄。
- 使用外部矩形作为框架：默认的情况下该选项被选中时，将采用一个矩形对象作为外框，反之将没有矩形框架，造成角落的缺损。
- 填充网格：当勾选该选项时，将使用当前的填充颜色填充绘制线型。

4.2.6 极坐标网格工具

极坐标是指由多个同心圆组成的极坐标网格，通过使用“极坐标网格工具” 可以轻松地进行绘制，图 4-126 和图 4-127 所示为使用极坐标网格工具绘制的作品。

图 4-126

图 4-127

1. 绘制极坐标网格对象

单击选择工具箱中的“极坐标网格工具”按钮 ，在将要绘制极坐标网格的一个边界点处单击并向右下角方向拖拽鼠标，释放鼠标后极坐标网格即绘制完成，如图 4-128 和图 4-129 所示。

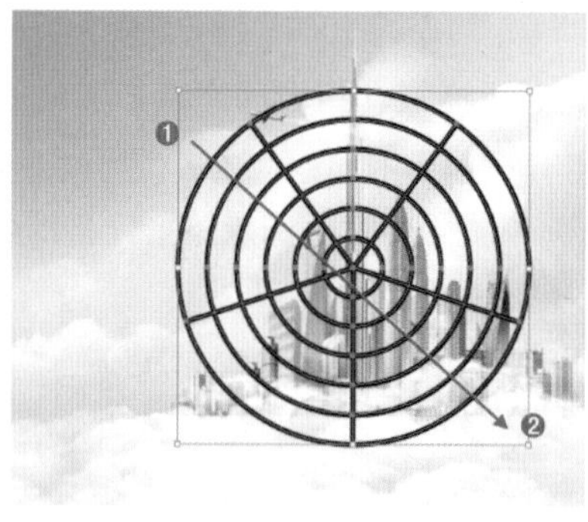

图 4-128

图 4-129

2. 绘制精确的极坐标网格对象

单击选择工具箱中的“极坐标网格工具”按钮，在将要绘制极坐标网格的一个边界点处单击鼠标左键，弹出“极坐标网格工具选项”对话框，在该对话框中对所要绘制的极坐标网格的相关参数进行设置，单击“确定”按钮即可绘制精确的极坐标网格对象，如图 4-130 和图 4-131 所示。

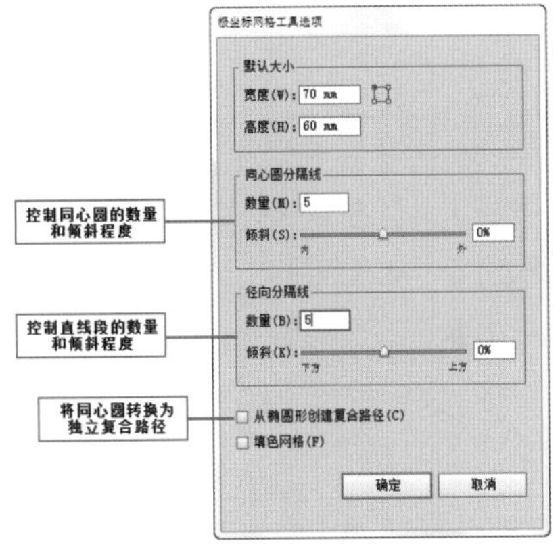

图 4-130

图 4-131

重点参数提醒：

- 宽度：在文本框输入相应的数值，可以定义绘制极坐标网格对象的宽度。
- 高度：在文本框输入相应的数值，可以定义绘制极坐标网格对象的高度。
- 定位：在“宽度”选项右侧的定位器中单击不同的按钮，可以定义在极坐标网格中首先设置的角点位置。
- 同心圆分隔线：“数量”指定希望出现在网格中的圆形同心圆分隔线数量。“倾斜”值决定同心圆分隔线倾向于网格内侧或外侧的方式。
- 径向分隔线：“数量”指定希望在网格中心和外围之间出现的径向分隔线数量。“倾斜”值决定径向分隔线倾向于网格逆时针或顺时针的方式，如图 4-132 所示。
- 填色网格：当勾选该选项时，将使用当前的填充颜色填充绘制的线型。

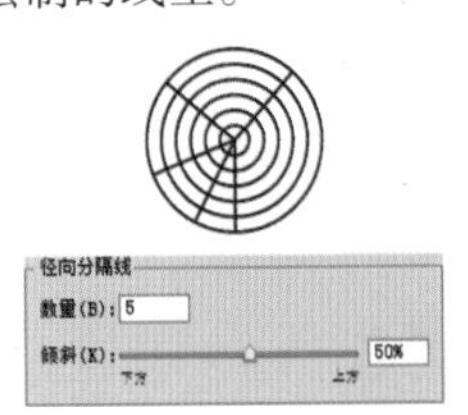

图 4-132

4.3　选择工具的使用

在使用 Illustrator 进行图稿处理的过程中，无论是处理从空白开始创建的图稿还是处理已有图形的图稿，都离不开对“选择工具”的使用。可以说“选择工具”是使用 Illustrator 软件进行图形处理的基础，如图 4-133~图 4-136 所示。

图 4-133

图 4-134

图 4-135

图 4-136

选择工具组中包含多个用于选择的工具：“选择工具”，可以用来选择整个对象；“直接选择工具”，用来选择对象内的点或路径段；“编组选择工具”，用于选择组内的对象或组内的组；“魔棒工具”，用来选择具有相似属性的对象；“套索工具”，用于选择对象内的点或路径段。图 4-137 和图 4-138 所示为被选中的矢量图形。

图 4-137

图 4-138

4.3.1 选择工具

“选择工具”[icon]是用来选择整个对象的工具。只有被选中的图形或图形组才可以执行移动、复制、缩放、旋转、镜像、倾斜等操作。Illustrator 工具箱的其他工具都需要通过使用“选择工具”才能被选取和使用。

1. 选择一个对象

要整体选取某个对象时，选择工具箱中的“选择工具”按钮[icon]，或按快捷键 <V>，在要进行选取的对象上单击鼠标左键，即可选取整个对象，如图 4-139 和图 4-140 所示。

图 4-139

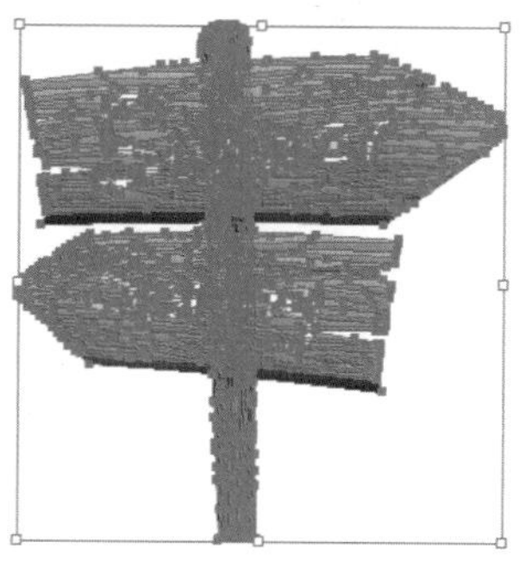

图 4-140

2. 选择多个对象

若要同时选取多个对象，选择工具箱中的“选择工具”按钮[icon]，单击鼠标左键选取一个对象后，按住 <Shift> 键单击选取其他对象，此时可以实现同时选取多个对象，如图 4-141 和图 4-142 所示。

图 4-141

图 4-142

> **小技巧：在多选状态下取消某个对象的选择**
>
> 当要在多个对象选中的状态中，将其中一些对象的选中状态取消时，可按住 <Shift> 键，在要取消的对象上单击即可。

3. 选择多个相邻对象

若要同时选中多个相邻对象，可以拖拽鼠标框选要选取的对象，释放鼠标后对象即被全部选中，如图 4-143 和图 4-144 所示。

图 4-143

图 4-144

> **小技巧：“选择工具”光标所代表的含义**
>
> 当“选择工具”移到未选中的对象或组上时，其形状将变为[icon]。当“选择工具”移到选中的对象或组上时，其形状将变为[icon]。当“选择工具”移到未选中的对象的锚点上时，箭头的旁边将出现一个空心方框[icon]。

4.3.2 直接选择工具

“直接选择工具”[icon]顾名思义相对于“选择工具”它的突出特点就是“直接”。使用“选择工具”进行选取所选取的往往是对象整体或编组，而使用“直接选择工具”[icon]单击所选择的是锚点或路径段。“直接选择工具”[icon]用于选择对象内的锚点或路径段。通过拖拽所选择的锚点和路径段能够改变对象的形态。

1. 选择、移动与删除锚点

选择工具箱中的“直接选择工具”按钮[icon]，或按快捷键 <A>。将光标移动到锚点上单击鼠标左键即可选中锚点，如图 4-145 所示。此时拖拽鼠标可以移动锚点改变路径形态，如图 4-146 所示。按 <Delete> 键可以删除锚点，如图 4-147 所示。

图 4-145

图 4-146

图 4-147

2. 选择与移动路径线段

单击选中工具箱中的“直接选择工具”按钮，将光标移动到路径段上，单击鼠标即可选中该路径段，此时可以拖动改变路径段的形态，如图 4-148 和图 4-149 所示。

图 4-148　　　　图 4-149

4.3.3 进阶案例：使用“直接选择工具”更改形状制作咖啡招贴

案例文件	使用“直接选择工具”更改形状制作咖啡招贴 .ai
视频教学	使用“直接选择工具”更改形状制作咖啡招贴 .flv
难易指数	★★☆☆☆
技术掌握	掌握“直接选择工具”的运用

（1）执行“文件 > 新建 > 文档”命令，在弹出的“新建文档”对话框中新建“大小”为 A4，“取向”为纵向的文档，如图 4-150 所示。执行“文件 > 置入”命令，将素材“1.jpg”置入到文件中，如图 4-151 所示。

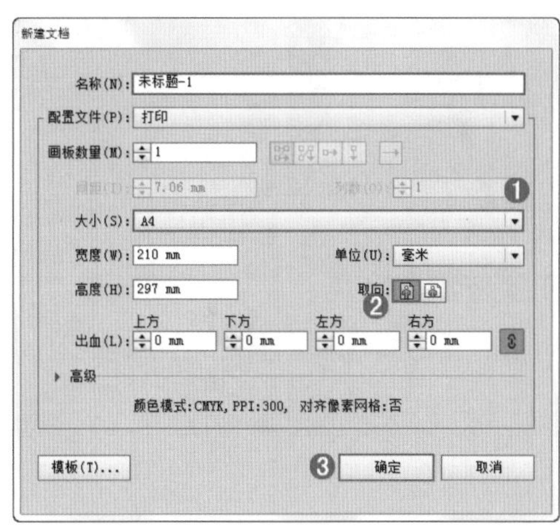

图 4-150

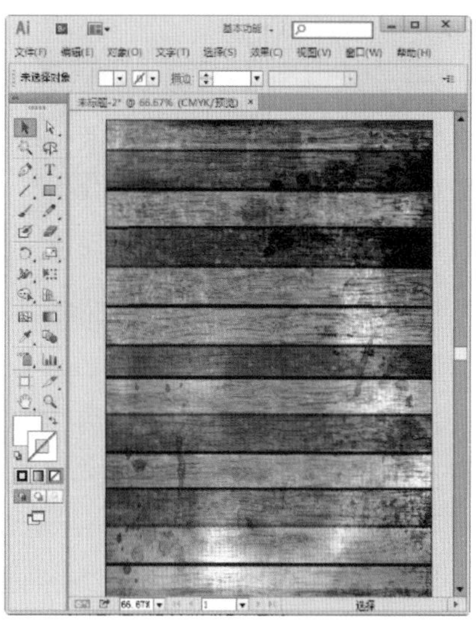

图 4-151

（2）选择工具箱中的“矩形工具”按钮，设置“填充”为棕色，“不透明度”为 50%，在文档中绘制矩形，如图 4-152 所示。

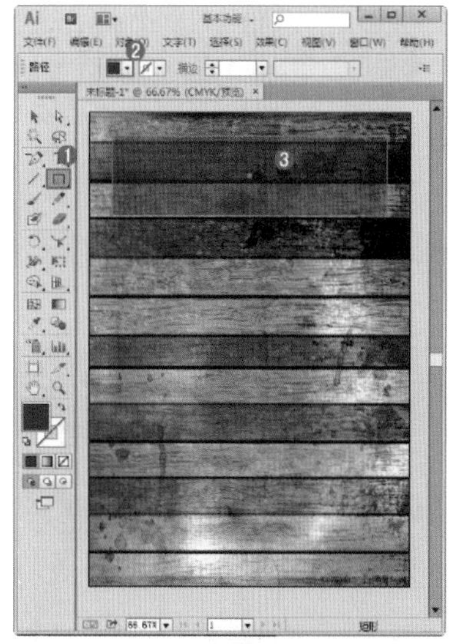

图 4-152

（3）选择工具箱中的“直接选择工具”按钮，选择所绘制矩形的锚点，如图 4-153 所示。拖拽选中锚点改变矩形的形态，如图 4-154 所示。

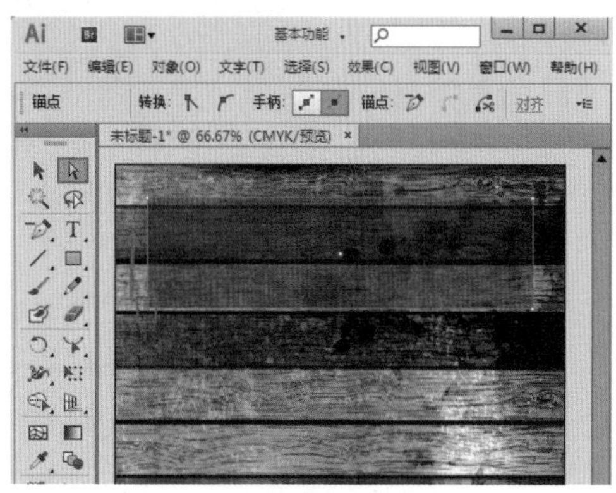

图 4-153

第 4 章

图 4-154

（4）选择工具箱中的“矩形工具”按钮，设置“填充”为浅灰，“描边”为棕色“描边粗细”为 4pt，在文档中绘制矩形，如图 4-155 所示。选择工具箱中的“直接选择工具”按钮，选择所绘制矩形的锚点，拖拽选中锚点改变矩形的形态，如图 4-156 所示。

图 4-155

图 4-156

（5）重复上述步骤，绘制矩形并使用“直接选择工具”选择所绘制矩形的锚点改变矩形的形态，如图 4-157 所示。

图 4-157

（6）使用“选择工具”按住 <Shift> 键，将灰色形状选中，如图 4-158 所示。然后在控制栏中将这些矩形的“不透明度”调整为 80%，如图 4-159 所示。

图 4-158

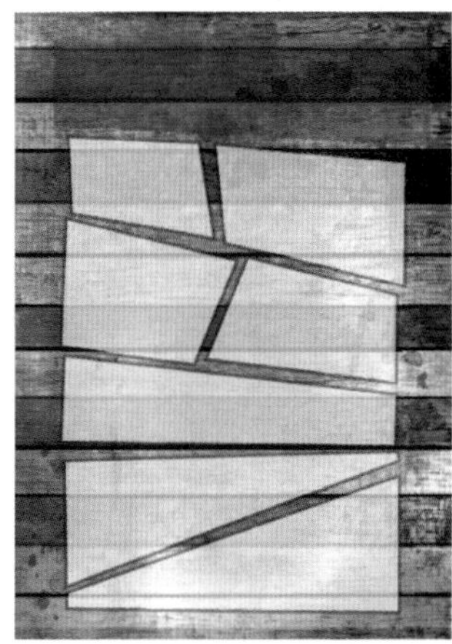

图 4-159

（7）执行“文件 > 置入”命令置入素材“2.ai”，如图 4-160 所示。选择“文字工具”在文档中键入文字，并对文字进行适当变形，如图 4-161 所示。整体制作完成。

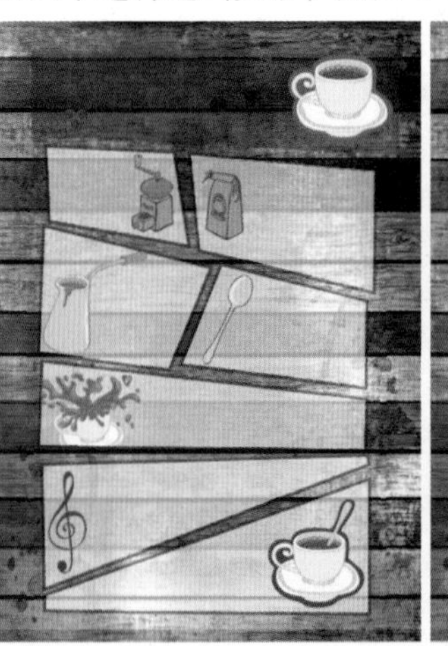

图 4-160

图 4-161

4.3.4 编组选择工具

“编组选择工具” 可以在不解除编组的情况下选择组内的对象或组内的组。相对于“选择工具”“编组选择工具”更为直接，相对于“直接选择工具”“编组选择工具”的整体性更强。使用“编组选择工具” 单击要选择的组内对象，选择的是组内的一个对象；再次单击，选择的是对象所在的组，如图 4-162、图 4-163 所示。第三次单击则添加第二个组，如图 4-164 所示。

图 4-162

图 4-163

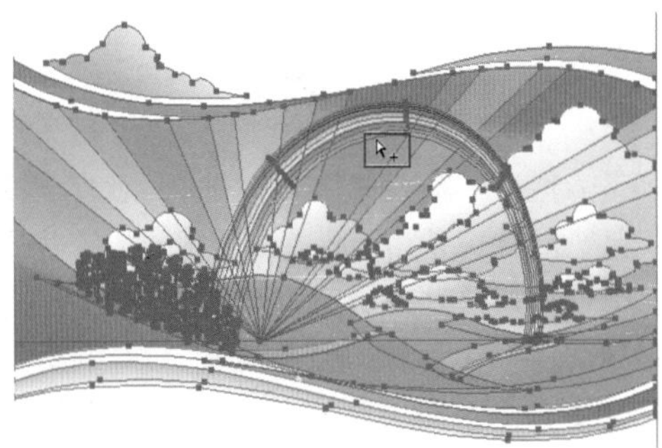

图 4-164

4.3.5 魔棒工具

Illustrator 中的“魔棒工具”与 Photoshop 中的“魔棒工具”功能类似，用于快速选择整个文档中属性相近的对象。单击选择工具箱中的“魔棒工具”按钮，在要选取的对象上单击即可将文档中与所选对象属性相近的对象同时选中，如图 4-165 和图 4-166 所示。

图 4-165

图 4-166

双击工具箱中的“魔棒工具”按钮，弹出“魔棒”面板。在该面板中可以对“魔棒工具”的参数进行设置，如图 4-167 所示。

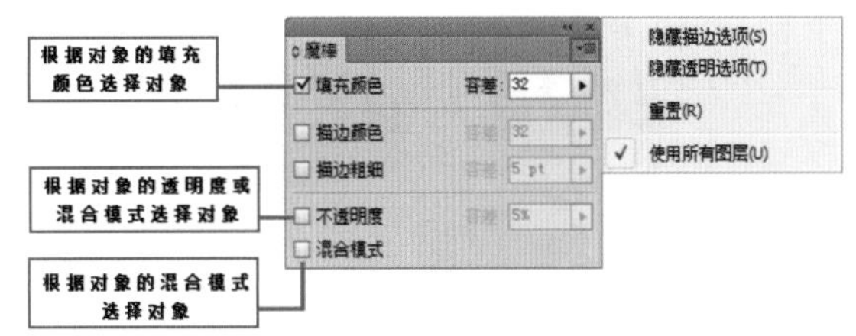

图 4-167

重点参数提醒：

- 容差：容差代表一个范围，容差的数值越小，代表符合条件的对象就越少，容差的数值越大，代表符合条件的对象就越多。
- 填充颜色：若要根据对象的填充颜色选择对象，勾选“填充颜色”，然后输入“容差”值，对于 RGB 模式，该值应介于 0~255 像素之间，对于 CMYK 模式，该值应介于 0~100 像素之间。容差值越低，所选的对象与单击的对象就越相似；容差值越高，所选的对象所具有的属性范围就越广。
- 描边颜色：若要根据对象的描边颜色选择对象，勾选“描边颜色”，然后输入“容差”值，对于 RGB 模式，该值应介于 0~255 像素之间，对于 CMYK 模式，该值应介于 0~100 像素之间。

- 描边粗细：若要根据对象的描边粗细选择对象，勾选“描边粗细”，然后输入“容差”值，该值应介于 0~1000 点。
- 不透明度：若要根据对象的透明度或混合模式选择对象，勾选“透明度”，然后输入“容差”值，该值应介于 0~100%。

4.3.6 套索工具

“套索工具”采用绘制选区的方式来选取对象，套索工具所绘制的选区内的对象都会被直接选中。单击选择工具箱中的“套索工具”按钮，或按快捷键 <Q>，在要进行选取的区域拖拽鼠标将要选取的对象套中，释放鼠标即可选中区域内的锚点和路径段，如图 4-168、图 4-169 所示。

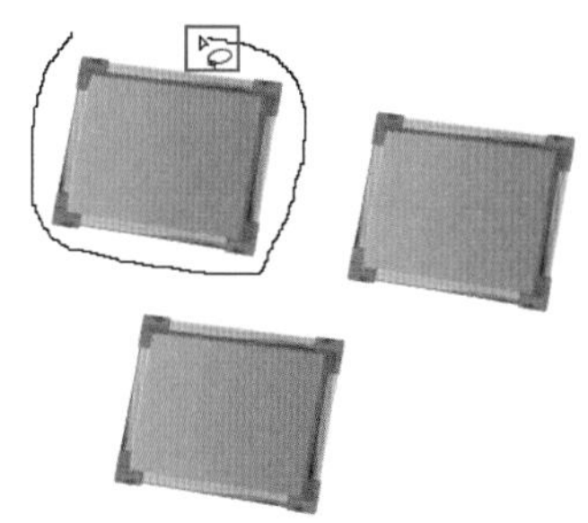

图 4-168

图 4-169

> 小技巧：使用“套索工具”进行多选
>
> 使用套索工具按住 <Shift> 拖动的同时，可以再继续选中其他锚点。如果在路径线段周围拖动，可以选中路径线段。按住 <Shift> 键的同时拖动，可以继续选中其他的路径线段。

4.4 常用的“选择”命令

Adobe Illustrator CC 选择对象非常方便，不仅工具箱中有多个可用于选择的工具，还可以通过一些辅助命令进行选择。选择工具和辅助命令相配合，可以更为快速、准确地选取对象。单击菜单栏中的“选择”按钮，在下拉菜单中可以看到相应的选择命令，利用这些命令可以有针对性地进行选择。并且软件还为大多数的命令提供了快捷键，以此来提高工作效率，如图 4-170 所示。

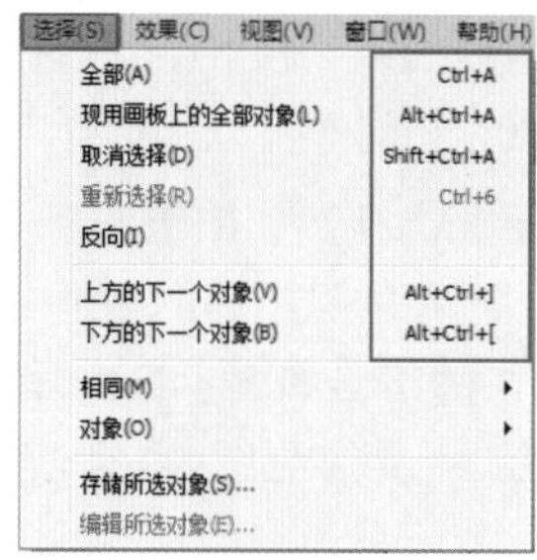

图 4-170

4.4.1 使用“全部”命令

执行“选择 > 全部”命令或使用快捷键 <Ctrl+A>，可以选中文档中的全部对象，如图 4-171、图 4-172 所示。

图 4-171

图 4-172

> 小技巧：锁定的对象不能被全选中
>
> 使用“全部”命令时，锁定的对象不会被选中。

4.4.2 使用“取消选择”命令

当所选对象不需要进行操作时，就需要取消选择。执行“选择 > 取消选择”命令或使用快捷键 <Shift+Ctrl+A>，可以将所有选中的对象取消选择，如图 4-173 和图 4-174 所示。但是通常“取消选择”命令并不常用，因为有一种方法更加方便，那就是在没有对象的空白区域单击或拖动鼠标，即可取消选择所选对象。

图 4-173

图 4-174

4.4.3　使用“重新选择”命令

执行“选择”命令，在下拉菜单中有一个命令为“重新选择”，该命令通常在选择状态被取消或者是选择了其他对象，要将前面选择的对象重新进行选中时使用，该命令的快捷键为 <Ctrl+6>。

4.4.4　使用“反向”命令

反向功能非常适合用于选择所有未选中的路径，使用该功能可以快速选择隐藏的路径、参考线和其他难于选择的未锁定对象，如图 4-175、图 4-176 所示。

图 4-175

图 4-176

4.4.5　使用“选择层叠对象”命令

想要直接选中堆叠对象中的一个对象，可以使用“选择”菜单中的“选择层叠对象”命令。如图 4-177 所示为选择堆叠对象中的一个对象，图 4-178 所示为执行“选择 > 上方的下一个对象”命令，图 4-179 所示为执行“选择 > 下方的下一个对象”命令绘制的作品。

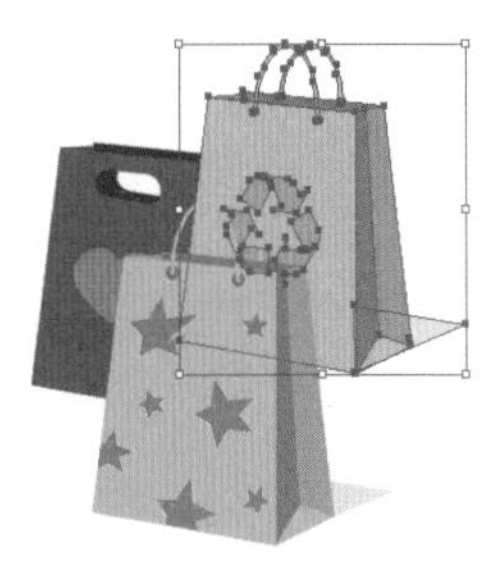

图 4-177

图 4-178

图 4-179

4.4.6　使用“相同”命令

前面学习了使用“魔棒工具”选择相似的对象，其实还有一种方法可以更加精准地选择相应的对象。执行“选择 > 相同”命令，在子菜单中有混合模式、填色和描边、填充颜色、不透明度、描边颜色、描边粗细、样式、符号实例和链接块系列 11 个不同的命令，执行不同的命令可以选择相应的属性，如图 4-180 所示。

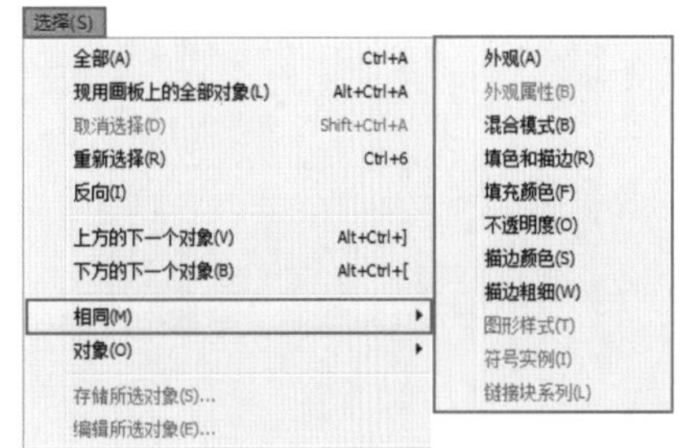

图 4-180

4.4.7　使用“对象”命令

执行“选择 > 对象”命令，然后选取一种对象类型（画笔描边、剪切蒙版、游离点或文本对象等），即可选择文件中所有该类型的对象，如图 4-181 所示。

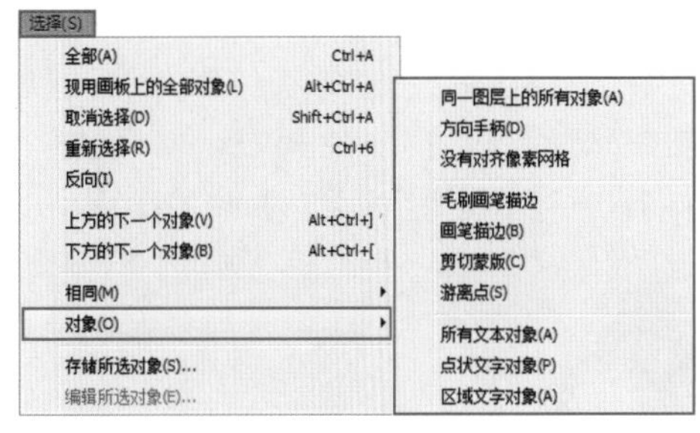

图 4-181

4.4.8　使用“存储所选对象”命令

使用该选项保存特定的对象。首先选择一个或多个对象，执行“选择 > 存储所选对象”命令，如图 4-182 所示。此时弹出“存储所选对象”对话框，在“名称”框中键入相应名称，并单击“确定”按钮即可存储所选对象，如图 4-183 所示。

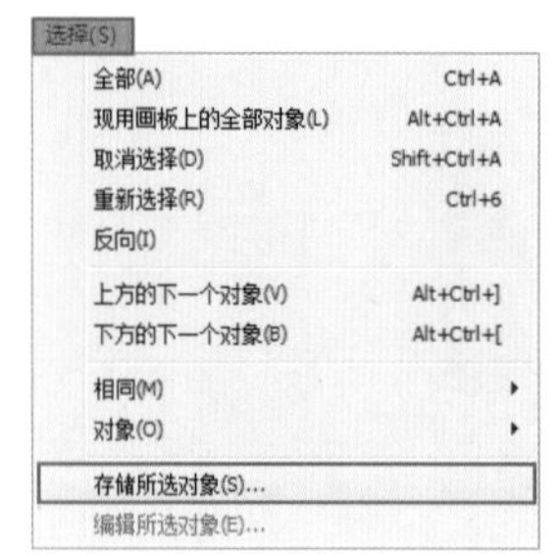

图 4-182

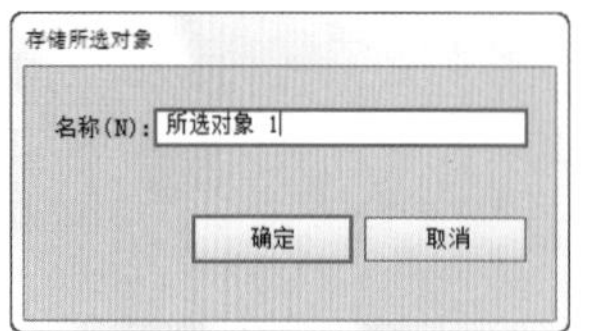

图 4-183

此时，在“选择”菜单的底部，即可查看到保存的选择状态选项，选中相应的选项即可快速地选中相应的对象。

4.4.9 使用“编辑所选对象”命令

执行“选择 > 编辑所选对象”命令。在弹出的“编辑所选对象”对话框中选中要进行编辑的选择状态选项，即可编辑已保存的对象，如图 4-184 所示。

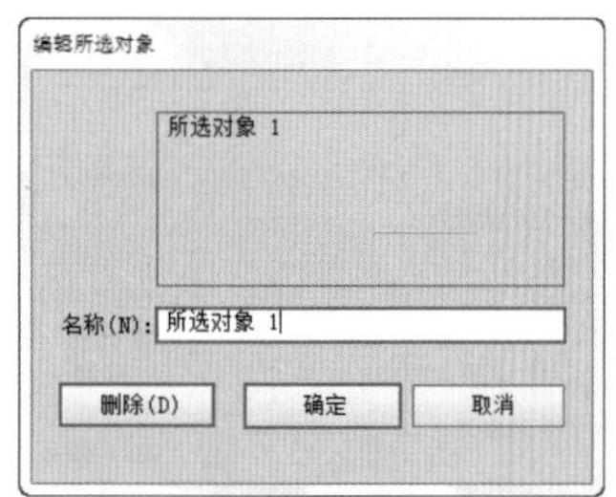

图 4-184

重点参数提醒：

- 名称：在文本框中修改相应的字符，对名称进行修改。
- 删除：可以将相应的选择状态选项删除。

4.5 复制、剪切与粘贴

复制、剪切、粘贴是使用 Illustrator 进行平面设计的过程中经常用到的操作。这三个操作的执行能够在一定程度上提高工作效率、增强画面的协调性。图 4-185~ 图 4-188 所示为在制作过程中需要执行这些操作的作品。

图 4-185

图 4-186

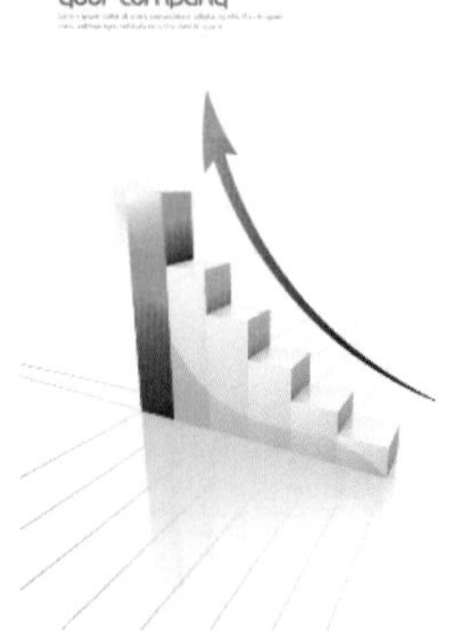

图 4-187

图 4-188

4.5.1 复制

在实践操作中经常会出现需要重复绘制相同对象的情况，在 Illustrator 中无须重复创建对象，选中对象进行复制、粘贴即可，这也是数字设计平台的便利之一。首先使用“选择”工具选择一个对象，执行“编辑 > 复制”命令或使用快捷键 <Ctrl+C>，此时所选对象被复制，如图 4-189、图 4-190 所示。

图 4-189

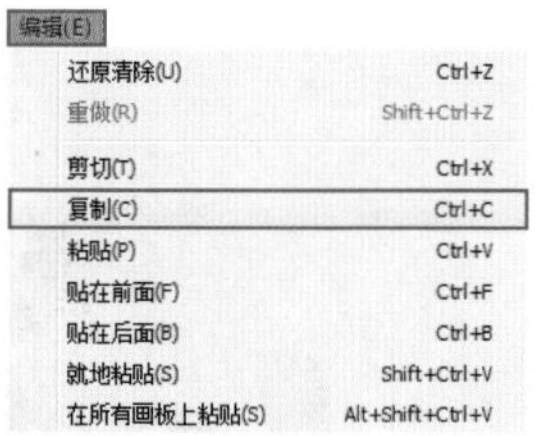

图 4-190

4.5.2 剪切

剪切是把当前选中的信息移入到剪切板中，原位置的对象消失，接着可以通过粘贴命令调用剪切板中的该对象。也就是说剪切命令经常与粘贴命令配合使用，在 Illustrator 中剪切和粘贴对象可以在同一文件或者不同文件中进行。

选择一个对象，执行“编辑 > 剪切”命令或使用快捷键 <Ctrl+X>。将所选对象剪切到剪切板中，被剪切的对象从画面中消失，如图 4-191、图 4-192 所示。

图 4-191

图 4-192

4.5.3 粘贴

在执行复制或剪切操作后，就需要继续执行粘贴操作。

在 Illustrator 中有多种粘贴方式，可以将复制或剪切的对象贴在前面或后面，也可以进行就地粘贴，还可以在所有画板上粘贴该对象，如图 4-193 所示。

编辑(E)	
粘贴(P)	Ctrl+V
贴在前面(F)	Ctrl+F
贴在后面(B)	Ctrl+B
就地粘贴(S)	Shift+Ctrl+V
在所有画板上粘贴(S)	Alt+Shift+Ctrl+V

图 4-193

1. 粘贴

将图像复制或剪切到剪切板以后，执行“编辑 > 粘贴”命令或使用快捷键 <Ctrl+V>。可以将剪切板中的图像粘贴到当前文档中，如图 4-194、图 4-195 所示。

图 4-194

图 4-195

2. 贴在前面

执行“编辑 > 贴在前面”命令或使用快捷键 <Ctrl+F>。对象将粘贴到文档中原始对象所在的位置，并将其置于当前层上对象堆叠的顶层。但是，如果在选择此功能前就选择了一个对象，则剪贴板中的内容将堆放到该对象的最前面。图 4-196、图 4-197 所示为将所选对象剪切后，执行“编辑 > 贴在前面”命令的效果。

图 4-196

图 4-197

3. 贴在后面

执行“编辑 > 贴在后面”命令或使用快捷键 <Ctrl+B>。图形将被粘贴到对象堆叠的底层或紧跟在选定对象之后。图 4-198、图 4-199 所示为将所选对象剪切后，执行“编辑 > 贴在后面”命令的效果。

图 4-198

图 4-199

4. 就地粘贴

执行“编辑 > 就地粘贴”命令或使用快捷键 <Ctrl+Shift+V>。可以将图稿粘贴到现用的画板中，如图 4-200 所示。

图 4-200

5. 在所有画板上粘贴

“在所有画板上粘贴”命令会将所选的图稿粘贴到所有画板上。在剪切或复制图稿后，执行“编辑 > 在所有画板上粘贴”命令或使用快捷键 <Alt+Ctrl+Shift+V>。图 4-201、图 4-202 所示为执行“编辑 > 在所有画板上粘贴”命令的效果。

图 4-201

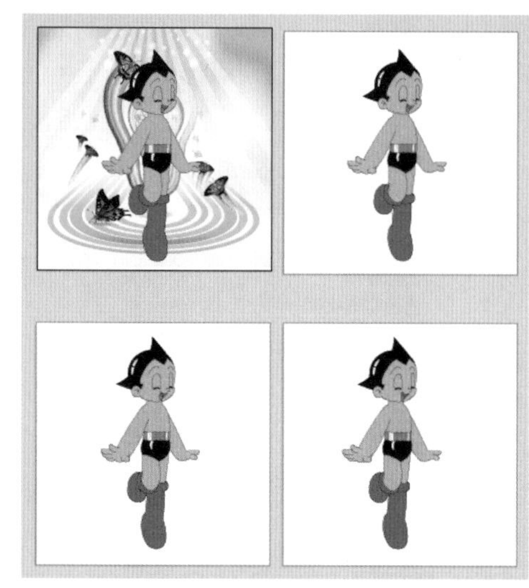

图 4-202

> 小技巧：使用“在所有画板上粘贴”的知识
>
> 如果是复制图稿后使用“在所有画板上粘贴”，则在该图稿所在的画板上，会再将其粘贴一次。

4.6 综合案例：利用形状工具制作徽章

案例文件	利用形状工具制作徽章 .ai
视频教学	利用形状工具制作徽章 .flv
难易指数	★★★☆☆
技术掌握	“椭圆工具”“星形工具”“网格工具”“矩形工具”

在本案例中使用到了多种形状工具，例如“椭圆工具”“星形工具”“网格工具”“矩形工具”等，案例完成效果如图 4-203 所示。

图 4-203

1. 制作背景部分

（1）执行“文件 > 新建”命令，在弹出的“新建文档”对话框中设置“宽度”为 210mm，“高度”为 210mm，如图 4-204 所示。单击“确定”按钮，新建文档，如图 4-205 所示。

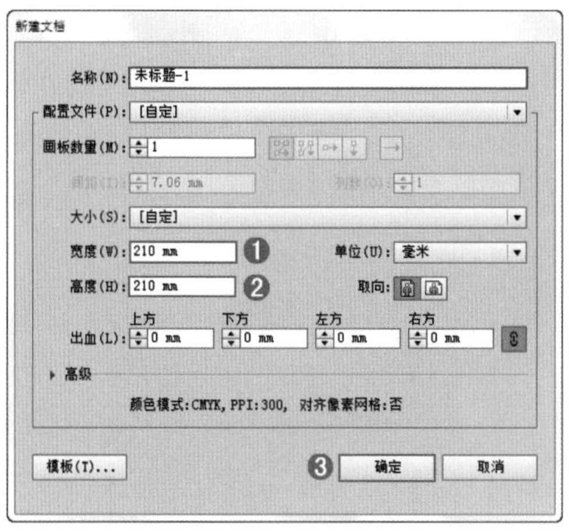

图 4-204

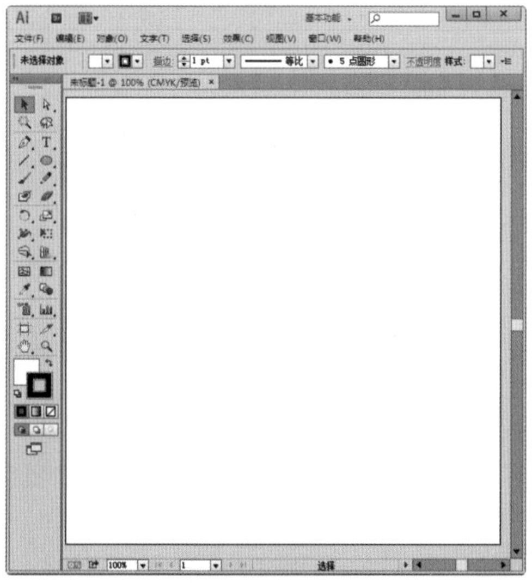

图 4-205

（2）选择工具箱中的“矩形工具”按钮，绘制一个和画板大小相当的矩形，“描边”设置为无，“填充颜色”设置为灰色，如图 4-206 所示。执行“文件 > 置入”命令置入素材“1.png”，如图 4-207 所示。

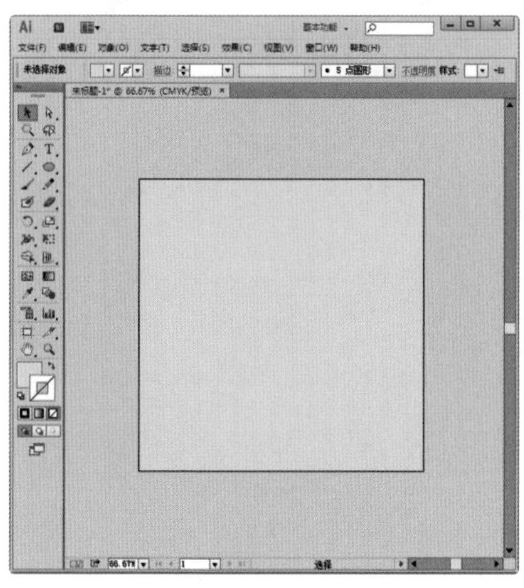

图 4-206

图 4-207

（3）选择工具箱中的“矩形工具”按钮，用该工具绘制一个橙红色的矩形，如图 4-208 所示。

图 4-208

（4）选择工具箱“矩形网格工具”按钮，设置“填充”为无，“描边”橙红色，在文档内单击弹出“矩形网格工具选项”对话框，在该对话框中设置“水平分割线”为 23，“垂直分割线”为 19，单击“确定”按钮在文档中绘制矩形网格，如图 4-209 所示。调整矩形网格的大小使其大小与所绘制的红色矩形相适应，如图 4-210 所示。

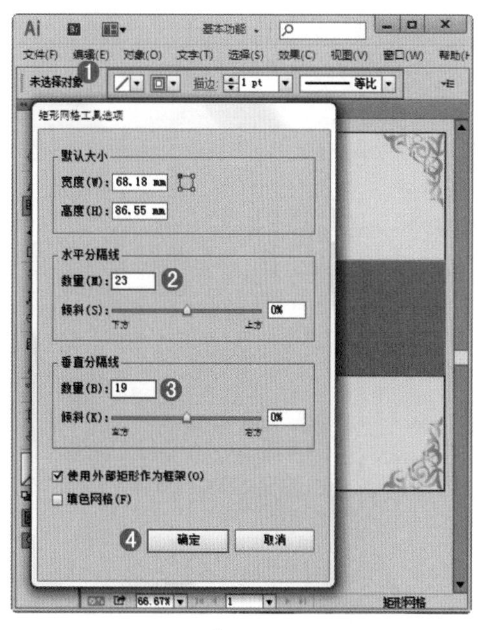

图 4-209

图 4-210

2. 制作徽章部分

（1）选择工具箱中的“星形工具”按钮，在文档内单击弹出“星形”对话框，设置“半径 1”为 9mm，“半径 2”为 12mm，“角点数”为 40，如图 4-211 所示。单击“确定”按钮，绘制星形，并将其填充为金色系渐变，如图 4-212 所示。

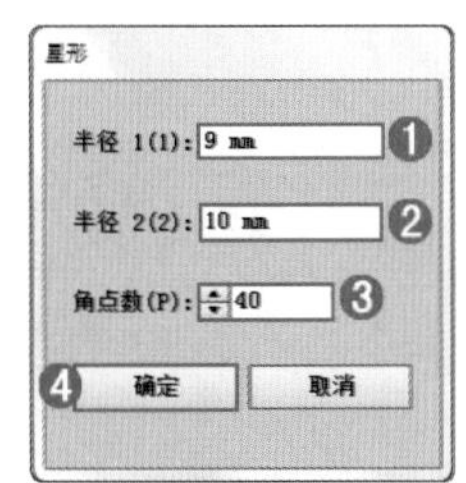

图 4-211

图 4-212

（2）选择绘制的星形，按 <Ctrl+C> 键复制图形，按 <Crtl+F> 键粘贴在前面。选择复制的星形略微缩小，填充为黄色系渐变，如图 4-213 所示。

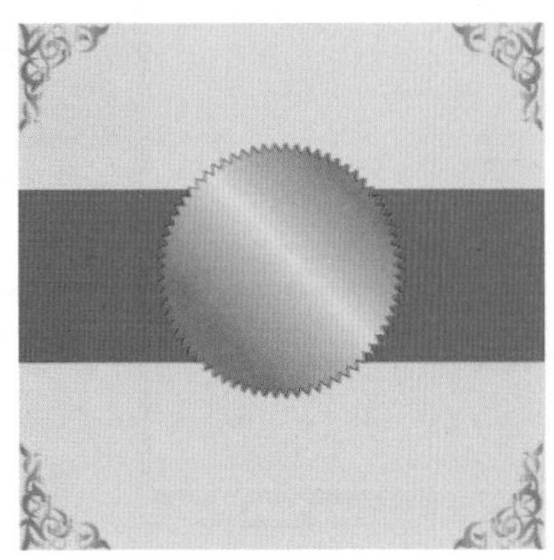

图 4-213

（3）选择工具箱中的“椭圆工具”，按住 <Shift> 键在文档中绘制一个正圆，选择绘制的正圆按 <Ctrl+C> 键复制图形，按 <Crtl+F> 键粘贴在前面，选择复制的正圆略微缩小，如图 4-214、图 4-215 所示。

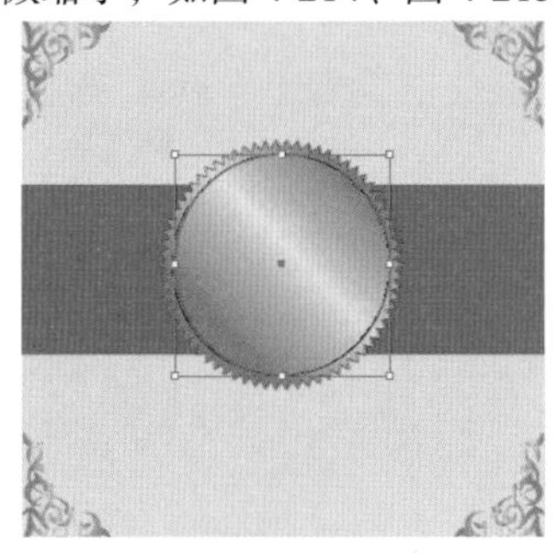

图 4-214

图 4-215

（4）将这两个正圆设置的“填充”设置为黄黑系渐变，描边设置为“无”，如图 4-216 所示。按住 <Shift> 键将两个圆同时选中，执行“窗口 > 路径查找器”命令，在弹出的“路径查找器”面板中单击“差集”按钮，创建复合形状，如图 4-217 所示。

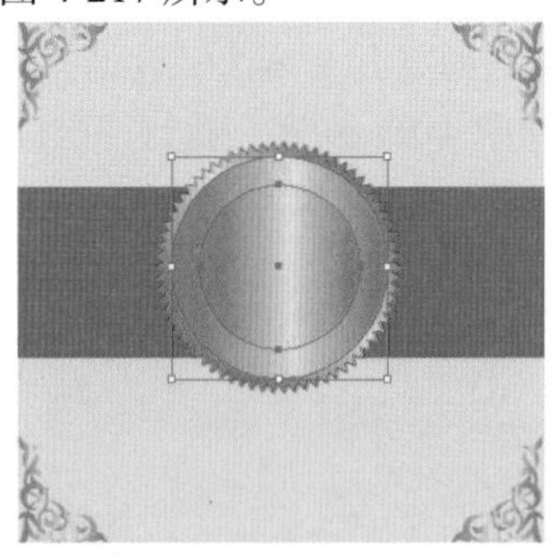

图 4-216

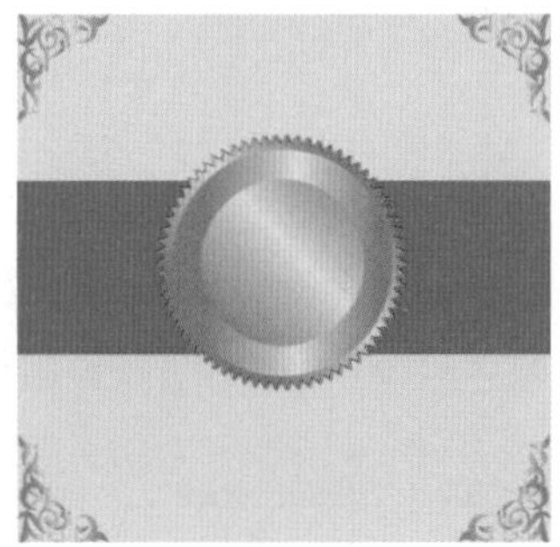

图 4-217

（5）选择工具箱中的“文字工具”按钮 T 键入文字，选中键入的文字执行“对象 > 封套扭曲 > 用变形建立”命令，在弹出的“变形选项”对话框内设置“样式”为“弧形”，“弯曲”为 50%，如图 4-218 所示，单击“确定”按钮创建封套扭曲变形，如图 4-219 所示。

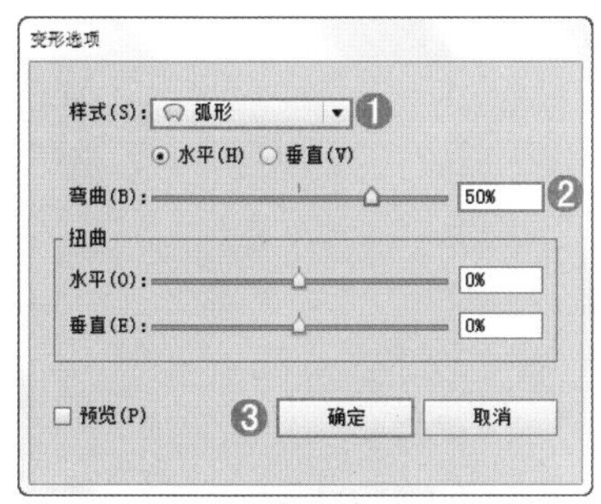

图 4-218

图 4-219

（6）使用同样方法制作其他文字部分，效果如图 4-220 所示。

图 4-220

（7）使用“星形工具”☆在相应位置绘制一个星形，如图 4-221 所示。选择该星形，使用“复制”快捷键 <Ctrl+C> 将该星形进行复制，使用“粘贴”快捷键 <Ctrl+V> 将其进行粘贴，并将其移动到合适位置，完成本案例的制作，效果如图 4-222 所示。

图 4-221

图 4-222

4.7　综合案例：使用形状工具制作动感招贴

案例文件	使用形状工具制作动感招贴 .ai
视频教学	使用形状工具制作动感招贴 .flv
难易指数	★★★☆☆
技术掌握	“椭圆工具”“线段工具”“半透明”面板

本案例中主要使用到了“椭圆工具”“线段工具”“半透明”面板等，案例完成效果如图 4-223 所示。

图 4-223

1. 制作背景

（1）新建文档，置入素材 1.jpg，如图 4-224 所示。

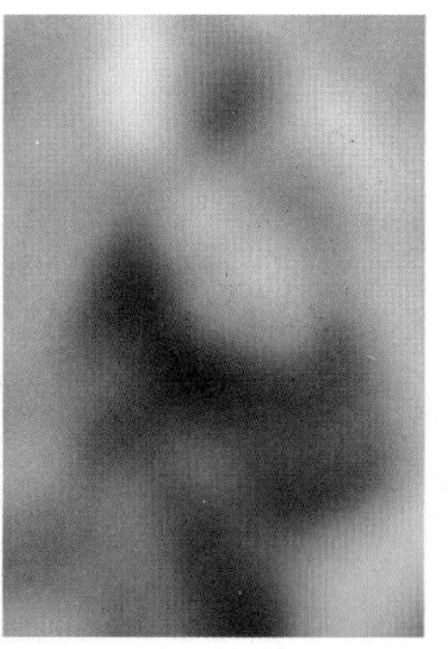

图 4-224

（2）选择工具箱中的“直线段工具”按钮，在控制栏中设置描边为灰色，“描边”宽度为1pt，“不透明度”为30%，参数设置完成后在画布中按住 <Shift> 键绘制一条直线，如图4-225所示。接下来将线段进行复制，选择线段，按住 <Shift+Alt> 键将其移动并复制，如图4-226所示。

图 4-225

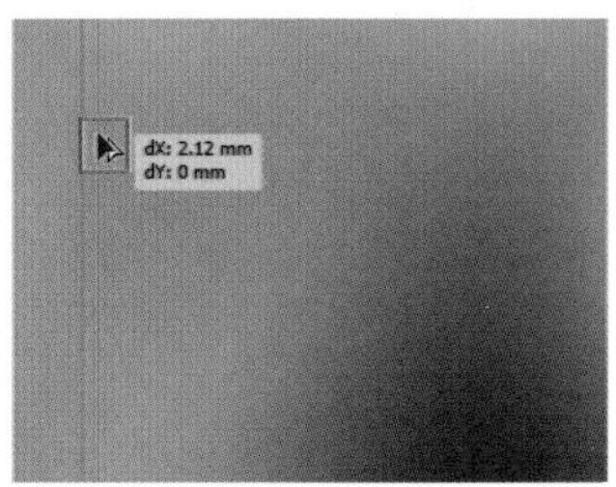

图 4-226

（3）接下来，利用重复上一步操作来制作线段背景。使用重复上一步操作快捷键 <Ctrl+D> 重复上一步操作，大面积进行复制线段，如图4-227所示。复制完成后，将线段进行全选，使用编组快捷键 <Ctrl+G> 将其进行编组。

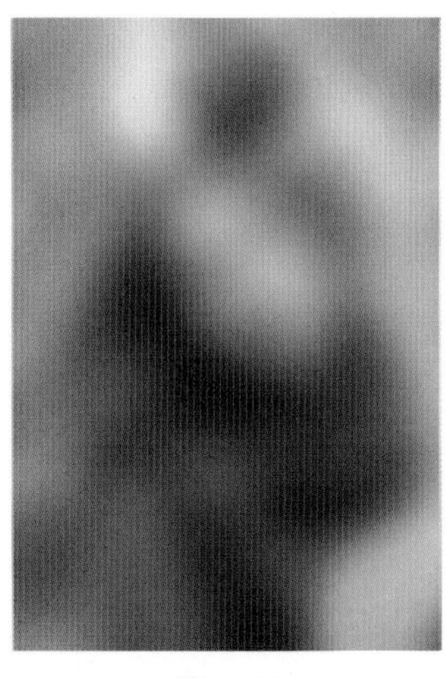

图 4-227

（4）选择直线段组，将其旋转约45°，如图4-228所示。选择工具箱中的“矩形工具”按钮，在文档中绘制一个与画板大小相当的矩形，将绘制的矩形和直线段组同时选中，执行“对象 > 剪切蒙版 > 建立”命令创建剪切蒙版，如图4-229所示。

图 4-228

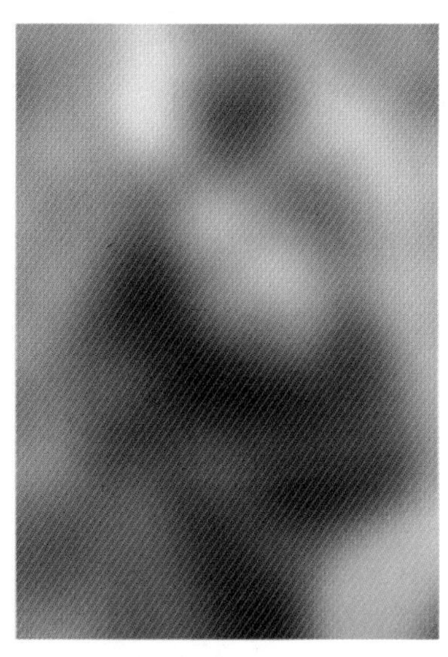

图 4-229

2. 制作圆形图案

（1）下面绘制前景中圆形装饰。选择工具箱中的“椭圆工具”按钮，设置填充为白色，在画布中按住 <Shift> 键在文档中绘制一个正圆，如图4-230所示。

图 4-230

（2）接下来制作同心圆效果。选择画面中的白色圆形，使用快捷键 <Ctrl+C> 将其复制，使用 <Ctrl+F> 键粘贴在前面，然后将该圆形适当放大，设置该圆形的“填充”为“无”，“描边”为白色，“描边宽度”为 8pt，参数设置和画面效果如图 4-231 所示。使用同样的方法制作其他 3 个圆形，效果如图 4-232 所示。

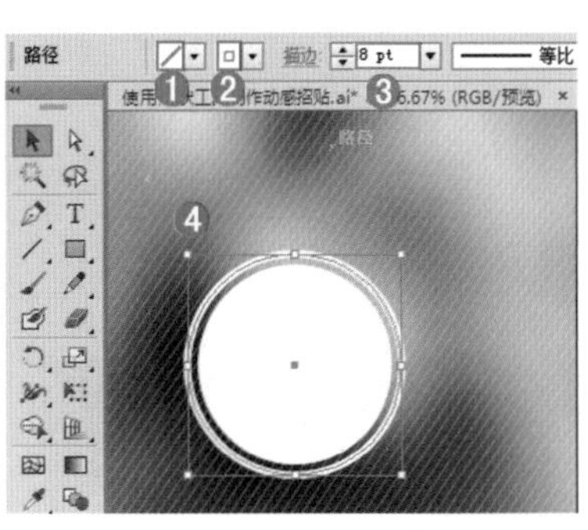

图 4-231

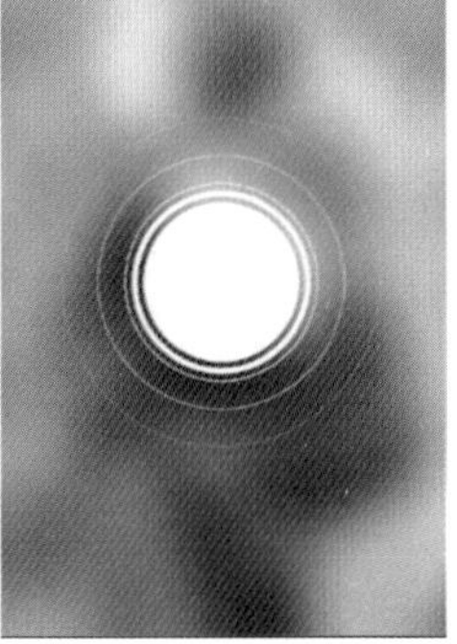

图 4-232

（3）继续在画面绘制正圆形状，效果如图 4-233 所示。选择工具箱中的“钢笔工具”按钮，设置“填充”为“图”，“描边”为白色，“描边宽度”为 1pt，在画面中绘制两条线段，如图 4-234 所示。

图 4-233

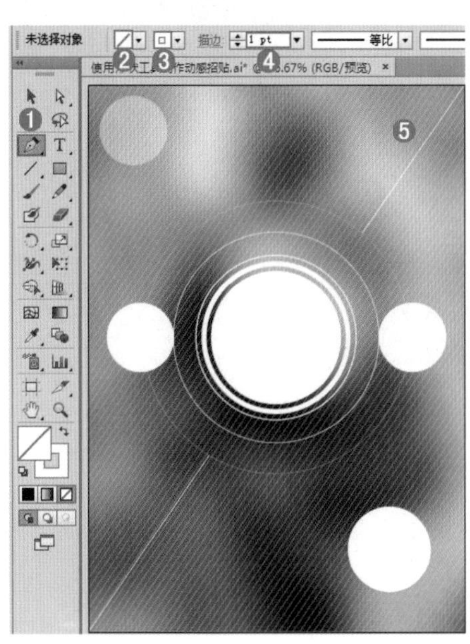

图 4-234

3. 文字部分

（1）选择“矩形工具”按钮，在绘制的直线段旁绘制白色矩形，如图 4-235 所示。使用“直接选择工具”调整矩形的锚点，使矩形靠近直线段的边与直线段重合，如图 4-236 所示。

图 4-235

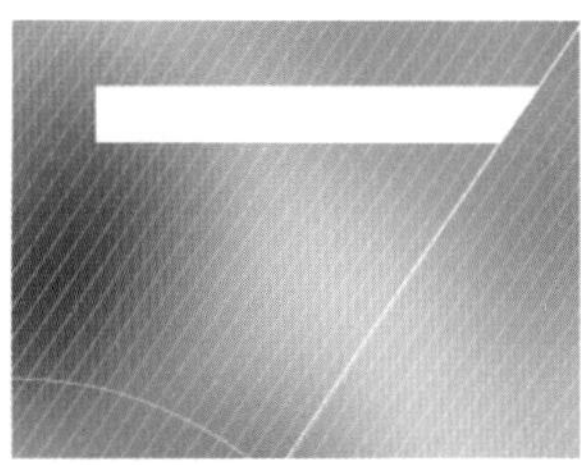

图 4-236

（2）使用同样的方法制作其他四边形，如图 4-237 所示。最后使用“文字工具”在画面中键入相应文字，完成本案的制作，效果如图 4-238 所示。

图 4-237

图 4-238

第 5 章 对象的变换与变形

关键词

移动、复制、剪切、粘贴、变换、旋转、镜像、缩放、斜切

要点导航

通过定界框进行图像的基础变换

移动对象

对象的变换

学习目标

能够将对象移动到合适的位置

能够利用合适工具快速准确地对对象进行变形

佳作鉴赏

5.1 通过定界框进行图形的基础变换

定界框在图像的绘制和编辑中是再常见不过了，定界框不仅有指定对象边界的作用，还可以通过使用定界框来进行对象的基础变换。图 5-1 和图 5-2 所示为可以使用到该工具制作的作品。

图 5-1

图 5-2

5.1.1 认识定界框

（1）使用“选择工具”单击需要编辑的对象，在该对象四周出现的边框即为定界框，在定界框的四个边角和中间都有一个空心的方块，这个空心的方块被称为“角点”，如图 5-3 所示。通过拖拽这些角点，可以进行缩放、旋转、移动、对称变换等基础变换操作。

图 5-3

（2）定界框也是可以隐藏的，执行“视图 > 隐藏定界框”命令，即可将定界框隐藏，如图 5-4 所示。“视图 > 显示定界框”命令即可将隐藏的定界框显示出来。

图 5-4

5.1.2 图形的基础变换

使用定界框可以对对象进行缩放、等比缩放、旋转、翻转等操作。

1. 缩放对象

选择工具箱中的“选择工具”，单击选中图形，如图 5-5 所示。将光标移动到定界框边缘的小方框上，此时光标呈↕状，单击向下拖拽即可缩小图形，如图 5-6 所示。将光标移动到定界框右上角，向外侧拖拽鼠标即可放大图形，如图 5-7 所示。

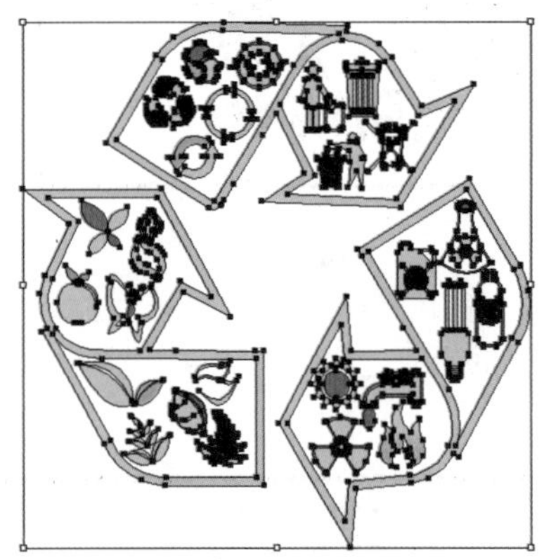

图 5-5

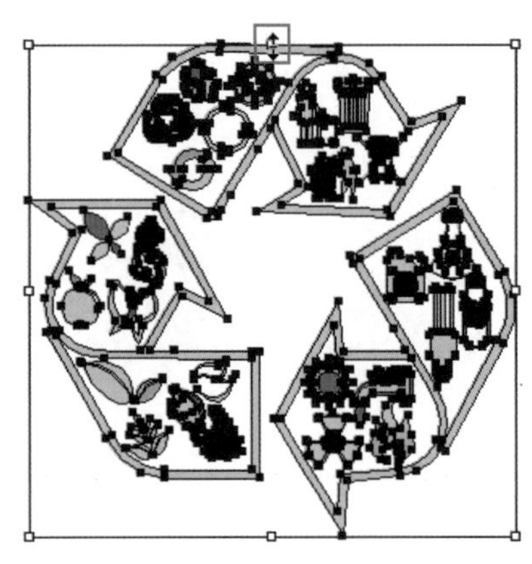

图 5-6

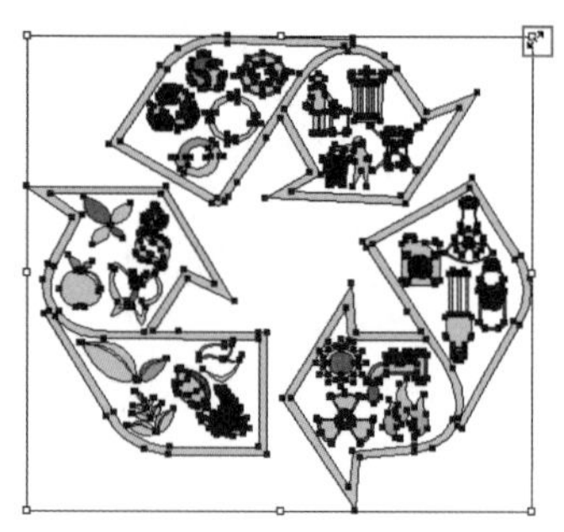

图 5-7

2. 等比例缩放图形

在对象进行缩放的过程中，通过拖拽角点经常会发现图像发生了变形的现象。为了避免这些现象，可以进行等比例缩放操作。

（1）将鼠标指针放置到定界框右上角的小方框上，按住 <Shift> 键单击拖拽鼠标，即可等比例缩放图形，如图 5-8 所示。

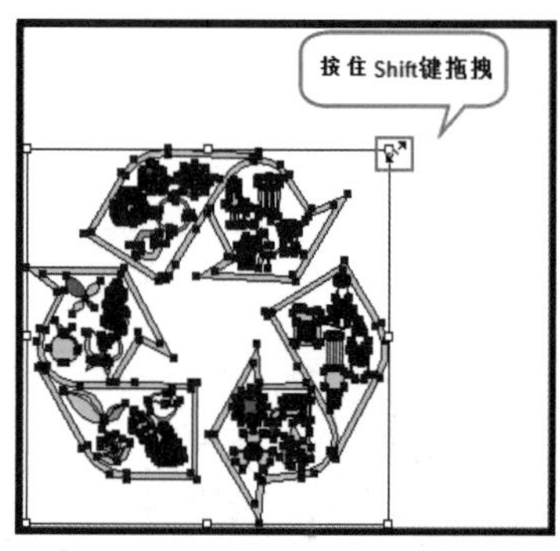

图 5-8

（2）同时按住 <Alt> 键和 <Shift> 键单击拖动鼠标，可以使图形以中心点为中心进行等比例缩放，如图 5-9 所示。

图 5-9

3. 旋转图形

在 Illustrator 中旋转对象的方法有很多，最常用、最基本的方法就是直接使用鼠标来进行旋转。

（1）选择图形，将光标放置在某一角点处，此时光标呈状。按住鼠标左键并拖拽即可进行任意角度旋转，如图 5-10 所示。

图 5-10

（2）在旋转过程中按住 <Shift> 键，图形将以 45° 倍值进行旋转，如图 5-11 所示。

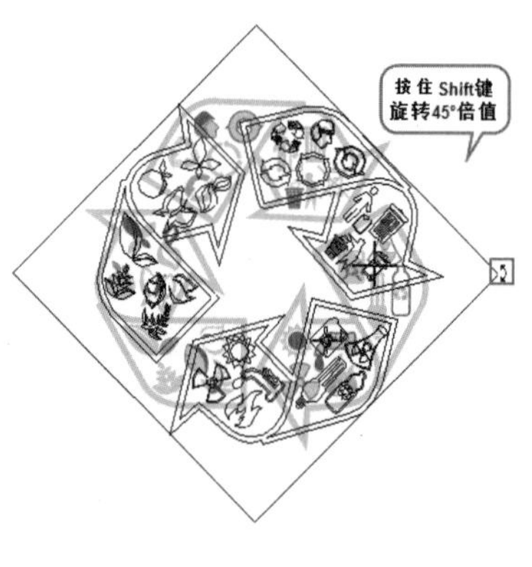

图 5-11

4. 翻转图形

（1）选择将光标置于定界框边缘的小方框上，单击向平行方向拖拽鼠标，如图 5-12 所示，即可翻转图形，如图 5-13 所示。

图 5-12

图 5-13

（2）若按住 <Alt> 键拖拽鼠标，可以将图形围绕中心点进行任意角度翻转，如图 5-14、图 5-15 所示。

图 5-14

图 5-15

5.2　移动与清除对象

移动对象是一个非常简单的操作，使用“选择工具”“直接选择工具”“编组选择工具”即可实现对象的移动，也可以通过执行“移动”命令精准的移动所选对象。如图 5-16、图 5-17 所示为优秀的设计作品。

图 5-16

图 5-17

5.2.1　使用选择工具移动

“选择工具” 是 Illustrator 中最常用的工具之一，该工具不仅可以用来选择对象，也可以用来移动对象。

（1）单击选择工具箱中“选择工具” 或按快捷键 <V>。选中要进行移动的对象，如图 5-18 所示。直接拖拽到要移动的位置上即可，如图 5-19 所示。

图 5-18

图 5-19

（2）若要移动并复制该对象，可以按住 <Alt> 键拖动，此时光标为 状，如图 5-20 所示。移动到相应位置松开鼠标，即可移动并复制该对象了，如图 5-21 所示。

图 5-20

图 5-21

（3）在移动对象的同时按住 <Shift> 键，以 45° 角的倍数移动对象。

5.2.2　使用键盘上的方向键进行移动

使用鼠标进行对象的移动，虽然方便，但是遇到需要微调的对象就很难做到精准。这个使用就可以使用到键盘的上、下、左、右方向键进行调整。

（1）如果要对所选对象的位置进行细微的调整，可以单击选择工具箱中的“选择工具”按钮 ，然后通过键盘中的上、下、左、右方向键进行调整，如图 5-22、图 5-23 所示。

图 5-22

图 5-23

（2）在默认情况下，微调的距离为 1pt，若要增加微调的距离，可以在首选项中进行设置。使用快捷键 <Ctrl+K> 打开“首选项”窗口，在“常规”选项中通过设置“键盘增量”选项来设置移动的距离，设置的数值越大，移动的距离也就越大，如图 5-24 所示。

图 5-24

小技巧：在微调中进行复制

在进行微调时，也可按住<Alt>键进行移动并复制。

5.2.3 使用“移动”命令精确移动

当需要精准地调整对象时，就需要使用“移动”窗口来进行操作。执行“对象 > 变换 > 移动”命令或使用快捷键<Ctrl+Shift+M>，也可以通过双击工具箱中的“选择工具”按钮，此时弹出“移动”对话框。在该对话框中可以精确地设置对象的移动距离和移动角度，如图 5-25 所示。

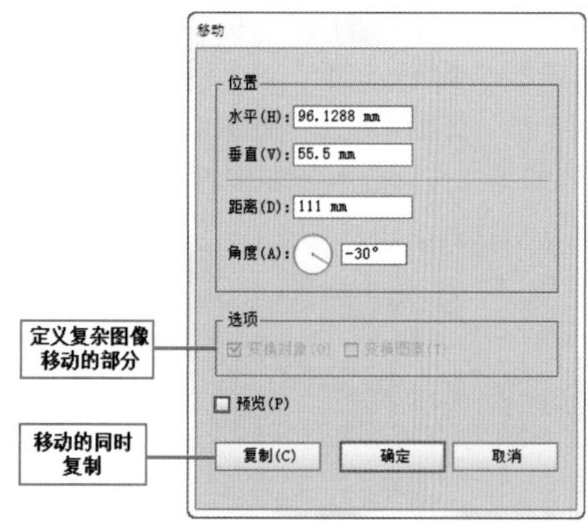

图 5-25

重点参数提醒：

- 水平 / 垂直：在文本框输入相应的数值，定义对象在画板上水平 / 垂直的定位位置。
- 距离：在文本框输入相应的数值，定义对象移动的距离。
- 角度：在文本框输入相应的数值，定义对象移动的角度。
- 选项：当对象中填充了图案时，可以通过勾选“对象”和“图案”选项，定义对象移动的部分。
- 预览：勾选“预览”选项，可以在进行最终的移动操作前查看相应的效果。
- 复制：单击“复制”按钮，在移动的对象进行复制。

5.2.4 清除对象

首先选择一个或多个对象，然后执行“编辑 > 清除”命令或按<Delete>键即可删除所选对象。如图 5-26~图 5-28 所示。

图 5-26

图 5-27

图 5-28

小技巧：删除图层的秘密

如果将图层进行删除，那么图层上的内容也会被删除。如果删除了一个包含子图层、组、路径和剪切组的图层，那么所有这些内容都会随图层一起被删除。

5.2.5 进阶案例：移动对象制作禁烟海报

案例文件	移动对象制作禁烟海报 .ai
视频教学	移动对象制作禁烟海报 .flv
难易指数	★★☆☆☆
技术掌握	掌握移动对象的方法

（1）执行“文件 > 新建 > 文档”命令，新建一个 A4 大小的文件。选择工具箱中的“椭圆工具”，设置“填充”为红色，“描边粗细”为 27pt，按住 <Shift> 键在文档内绘制正圆，如图 5-29 所示。

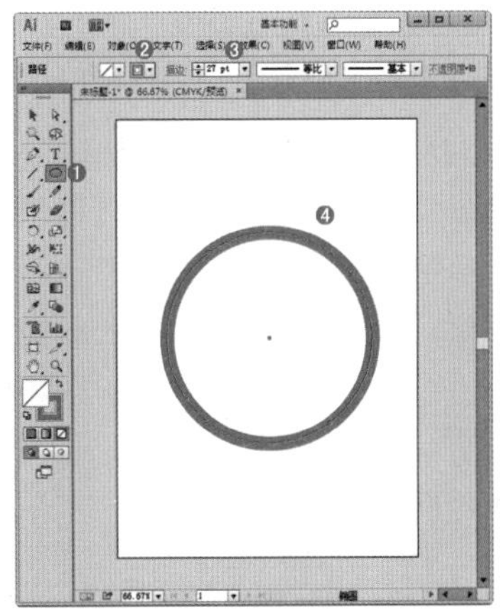

图 5-29

（2）选择工具箱中的“矩形工具”，设置“填充”为红色，在文档中绘制矩形，如图 5-30 所示。

图 5-30

（3）使用“选择工具”单击选择绘制的正圆，按住 <Shift> 键单击选择绘制的矩形，此时将正圆和矩形同时选中，将光标移动到定界框边角的角点处，此时光标呈 ↰，如图 5-31 所示，将图形旋转，如图 5-32 所示。

图 5-31　　图 5-32

（4）执行“文件 > 置入”命令，置入素材 1.ai，如图 5-33、图 5-34 所示。

图 5-33　　图 5-34

（5）选择工具箱中的“文字”工具，在文档中键入文字，如图 5-35 所示。整体制作完成。

图 5-35

5.3 旋转与镜像对象

旋转和镜像是 Illustrator 中常用的两种操作。使用工具箱中的“旋转工具”可以实现对所选对象的旋转操作，使用“镜像工具”可以实现对所选对象的镜像操作。图 5-36 和图 5-37 所示为可以使用到这些工具制作的作品。

图 5-36　　图 5-37

5.3.1　旋转工具

执行旋转操作可以使对象围绕指定点进行任意角度旋转。

（1）选取要进行旋转的对象，单击选择工具箱中的“旋转工具”，或按快捷键 <R>。此时可以发现对象中心出现了中心点标志（默认旋转中心），如图 5-38 所示，在中心点以外的区域单击拖拽鼠标即可使对象围绕当前旋转中心进行旋转，如图 5-39 所示。

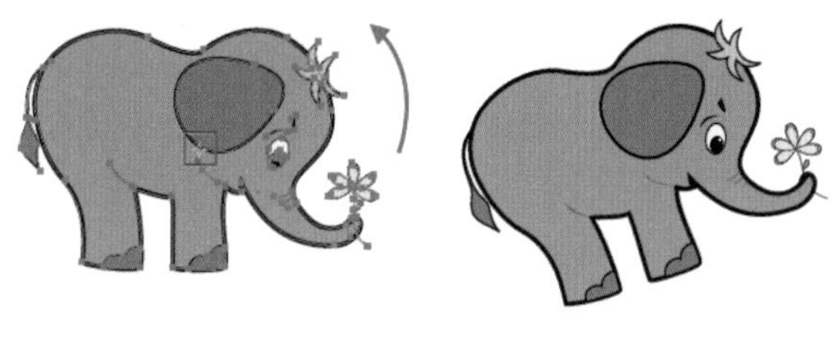

图 5-38　　图 5-39

小技巧：旋转对象的点

默认的旋转中心是对象的中心点。若选取多个对象，这些对象将围绕同一点旋转，默认情况下旋转中心是选区的中心点或定界框的中心点。

（2）按住 <Shift> 键，可以锁定旋转角度为 45° 的倍值，如图 5-40、图 5-41 所示。

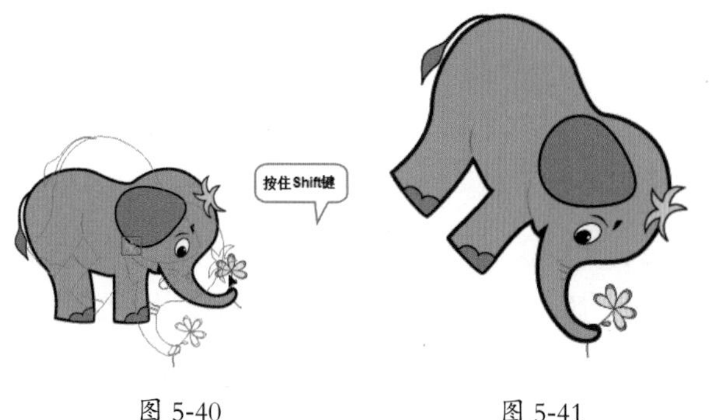

图 5-40　　图 5-41

（3）将鼠标指针放置到旋转中心以外的区域，单击鼠标左键即可改变旋转中心，旋转中心的位置发生改变后拖拽鼠标旋转对象得到的效果也不相同，如图 5-42、图 5-43 所示。

图 5-42

图 5-43

（4）使用“旋转工具”还可以实现精确地旋转。将要进行旋转的对象选中，双击工具箱中的“旋转工具”按钮，也可以执行“对象 > 变换 > 旋转”命令，此时弹出“旋转”对话框，在窗口中可以对旋转角度以及选项进行设置，如图 5-44 所示。

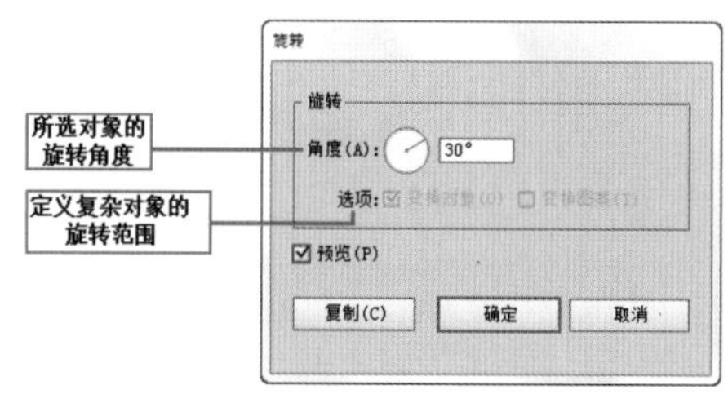

图 5-44

重点参数提醒：

- 角度：在文本框输入相应的数值，文本框中输入旋转角度。输入负角度可顺时针旋转对象，输入正角度可逆时针旋转对象。
- 选项：如果对象包含图案填充，选择“图案”以旋转图案。如果只想旋转图案，而不想旋转对象，取消选择“对象”。
- 复制：单击“复制”以缩放对象的副本。

小技巧：如何以圆形图案的形式围绕一个参考点复制多个对象

若想以圆形图案的形式围绕一个参考点置入对象的多个副本，将参考点从对象的中心移开，并单击“复制”，然后重复执行“对象 > 变换 > 再次变换”命令。

5.3.2　镜像工具

“镜像”工具可以实现对象围绕指定的不可见轴进行翻转的操作。使用“镜像工具”、“自由变换工具”、执行“镜像”命令都可以实现进行操作，如图 5-45~ 图 5-47 所示。

图 5-45　　图 5-46　　图 5-47

1. 使用镜像工具

选取要执行镜像操作的对象，单击选择工具箱中的“镜像工具”或按快捷键 <O>，在对象外部单击拖拽鼠标，拖拽到希望的镜像角度后，释放鼠标即可实现镜像操作，如图 5-48 所示。在拖拽鼠标的同时若按住 <Shift> 键，可以锁定镜像的角度为 45° 的倍值，按住 <Alt> 键，可以复制镜像对象，如图 5-49 所示。

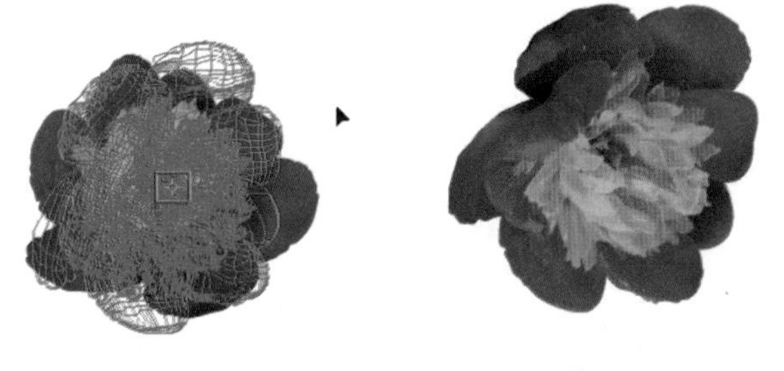

图 5-48　　图 5-49

2. 精确镜像对象

使用旋转工具还可以实现数值精确的镜像变换。将要进行镜像的对象选中，双击工具箱中的“镜像工具”按钮，也可以执行“对象 > 变换 > 对称”命令，此时弹出“镜像”对话框，在窗口中可以对镜像轴和镜像角度等选项进行设置，如图 5-50 所示。

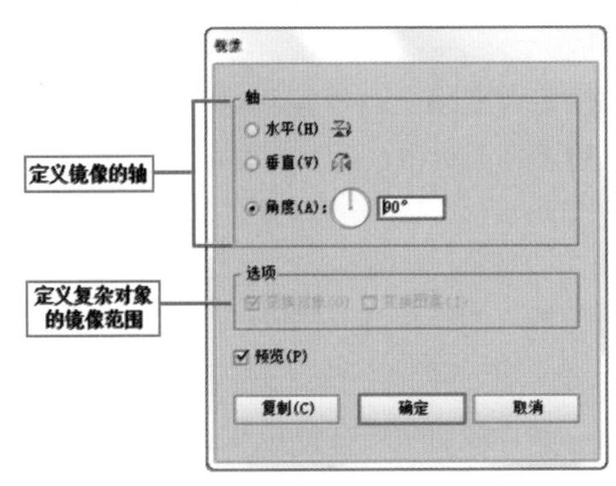

图 5-50

重点参数提醒：

- 轴：用于定义镜像的轴，可以设置为水平或垂直，也可以选中角度选项自定义轴的角度。
- 选项：如果对象包含图案填充，选择“图案”以旋转图案。如果只想旋转图案，而不想旋转对象，取消选择“对象”。

5.4　使用工具缩放对象

这一工具组包括“比例缩放工具”、“倾斜工具”、“整形工具”，是 Illustrator 中比较常用的一组变换工具，通过这些工具的使用可以将所选对象的形态进行变换，从而使作品整体带给人的视觉冲击更加强烈。图 5-51 和图 5-52 所示为可以使用到这些工具制作的作品。

图 5-51　　图 5-52

5.4.1　比例缩放工具令

（1）“比例缩放”工具可以对所选对象进行任意缩放。使用“选择工具”选取要进行缩放的对象，单击选择工具箱中的“比例缩放工具”或按快捷键 <S>，拖拽鼠标即可对所选对象进行缩放操作，如图 5-53 所示。若拖拽缩放的同时按住 <Shift> 键，可以使对象保持原始的横纵比例进行缩放，如图 5-54 所示。

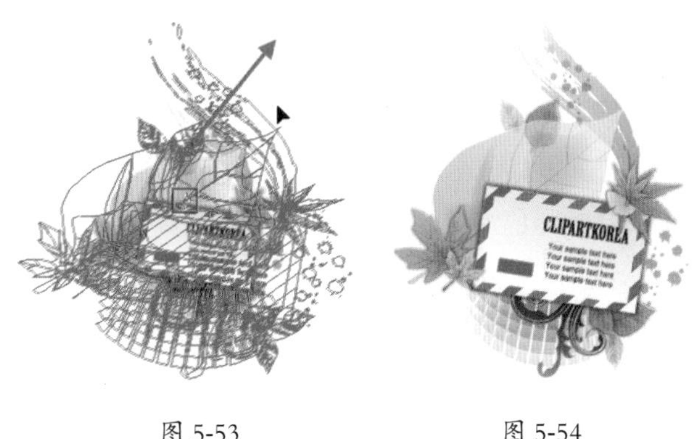

图 5-53　　图 5-54

（2）选中将要进行缩放的对象，双击工具箱中的“比例缩放工具”按钮或执行“对象 > 变换 > 缩放”命令，此时弹出“比例缩放”对话框。在此对话框内可以设置所选对象的缩放比例、缩放方式、缩放范围等，如图 5-55 所示。

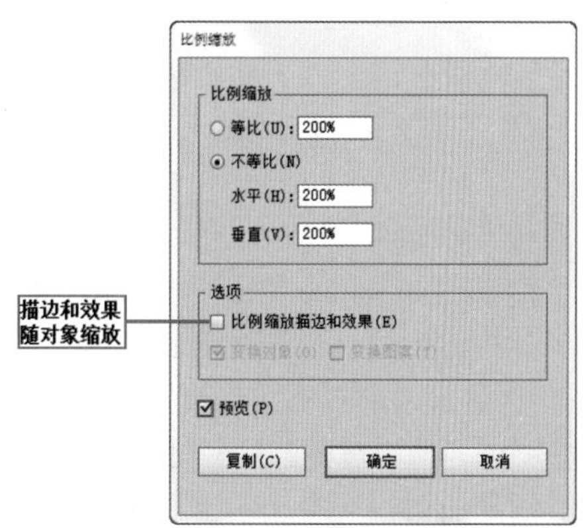

图 5-55

重点参数提醒：

- 等比：若要在对象缩放时保持对象比例，在“比例缩放”文本框中输入百分比。
- 不等比：若要分别缩放高度和宽度，在“水平”和“垂直”文本对话框中输入百分比。缩放因子相对于参考点，可以为负数，也可以为正数。
- 比例缩放描边和效果：勾选该选项即可随对象一起对描边路径以及任何与大小相关的效果缩放进行缩放。
- 选项：如果对象包含图案填充，选择“图案”以缩放图案。如果只就图案进行缩放，而不就对象进行缩放，取消选择“对象”。

小技巧：如何保证描边效果在缩放中保持比例

当我们对一个具有描边或效果属性的图形进行缩放时，描边和效果是不能随对象一起缩放的。执行“编辑 > 首选项 > 常规”命令，然后选择“缩放描边和效果”，此后在缩放任何对象时，描边和效果都会发生相应的改变。

5.4.2 倾斜工具

在 Illustrator 中提供了“倾斜工具”用来倾斜对象。使用“倾斜工具”不仅可以将对象倾斜任意角度，还可以根据实际情况进行精准的倾斜。

1. 使用“倾斜工具”

“倾斜工具”可将对象沿水平或垂直轴向倾斜，也可以相对于特定轴的特定角度，来倾斜或偏移对象。选中要进行倾斜的对象。单击工具箱中的“倾斜工具”按钮。直接拖拽鼠标，即可对对象进行斜切处理。拖拽的同时按住 <Shift> 键，即可锁定斜切的角度为 45° 的倍值，如图 5-56、图 5-57 所示。

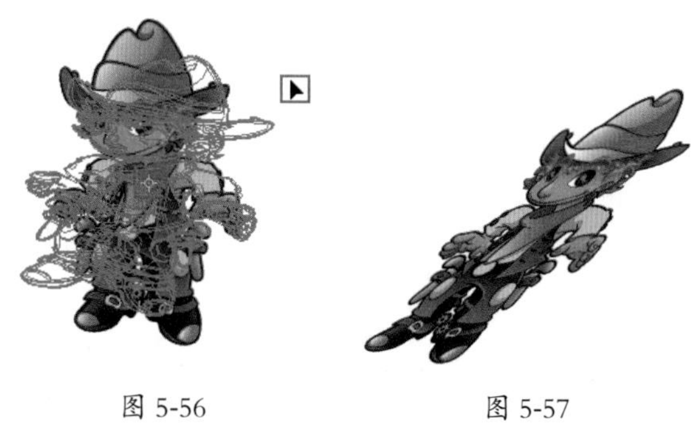

图 5-56　　图 5-57

2. 精确倾斜对象

选取将要进行倾斜的对象，双击工具箱中的“倾斜工具”按钮或执行“对象 > 变换 > 倾斜”命令，此时弹出“倾斜”对话框。在该对话框可以对倾斜的角度、倾斜轴、倾斜的范围等进行设置，如图 5-58 所示。

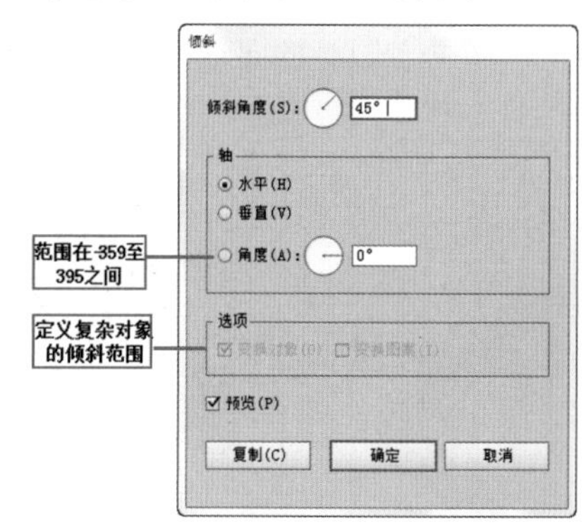

图 5-58

重点参数提醒：

- 斜切角度：倾斜角是沿顺时针方向应用于对象的相对于倾斜轴一条垂线的倾斜量。可以输入一个介于 – 359~359 之间的倾斜角度值。
- 轴：选择要沿哪条轴倾斜对象。如果选择某个有角度的轴，可以输入一个介于 – 359~359 之间的角度值。
- 选项：如果对象包含图案填充，选择“图案”以移动图案。如果只想移动图案，而不想移动对象的话，取消选择“对象”。

3. 使用“变换”面板倾斜对象

在“变换”面板中也可以实现对所选对象的倾斜操作。执行“窗口 > 变换”命令，打开“变换”面板。选择要执行倾斜变换的对象，如图 5-59 所示，在“变换”面板的“倾斜”一栏中输入倾斜角度的数值，如图 5-60 所示，对象即可实现倾斜变换，如图 5-61 所示。如果要更改倾斜的参考点，需要在输入倾斜角度数值前单击参考点定位器进行设置。

图 5-59

◇变换
X: 33.556 mm 宽: 106.058
Y: 136.314 高: 72.457 mm
⊿: 0° ▱: 30°
☑ 缩放描边和效果
☐ 对齐像素网格

图 5-60

图 5-61

> 小技巧：如何定位参考点
>
> 仅当通过更改“变换”面板中的值来变换对象时，该面板中的参考点定位器才会指定该对象的参考点。要从不同参考点进行倾斜，需要使用“倾斜工具”按住 <Alt> 键并在画布中单击作为参考点的位置。

5.4.3 改变形状工具

“整形工具” 通过在路径上添加锚点并改变锚点位置的方式来改变路径形态，改变图形整体的形态。图 5-62 和图 5-63 所示为在制作过程中应用“整形工具” 的作品。

图 5-62

图 5-63

（1）单击选择需要整形的对象，单击选择工具箱中的“整形工具” ，将光标定位在路径上并单击鼠标左键，此时该位置被添加了一个锚点。单击该锚点移动鼠标即可改变路径形状，如图 5-64 所示。

（2）按住 <Shift> 键单击可以添加多个锚点用于改变路径形状，如图 5-65、图 5-66 所示。

图 5-64

图 5-65

图 5-66

5.5 对象的变换

“变换”是在进行平面设计的过程中经常用到的操作。通过对所选对象执行“变换”操作可以使对象的整体形态发生改变，传递出不一样的视觉感受。在 Illustrator 中要实现所选对象的变换有多种途径，通过使用“自由变换工具” ，执行“变换”命令、通过“变换”面板都可以实现对象的变换。图 5-67 和图 5-68 所示为可以使用到这些工具制作的作品。

图 5-67

图 5-68

5.5.1 使用自由变换工具

与 IllustratorCS6 相比 Illustrator CC 的“自由变换工具”功能得到增强。在 Illustrator CC 中可以使用鼠标或基于触摸的设备（例如：触摸屏设备）移动、缩放、旋转、倾斜或扭曲对象。此外，在 Illustrator CC 中“自由变换工具”将变换、透视、扭曲功能集成在一起，功能强大。

选择要进行变换的对象，单击选择工具箱中的“自由变换工具”，此时弹出“自由变换”工具的工具按钮，如图 5-69 所示。可以发现，“自由变换工具”包括限制、自由变换、透视扭曲、自由扭曲四个功能分区。

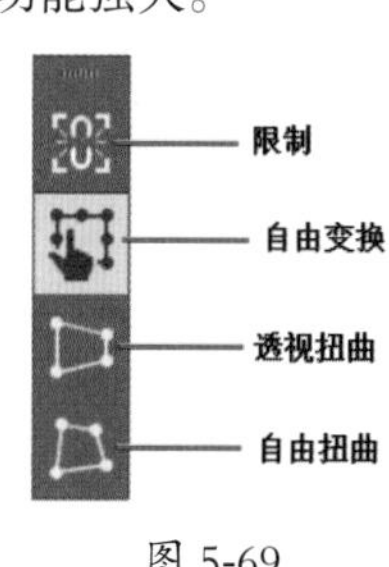

图 5-69

自由变换工具的使用

（1）限制

限制功能与自由变换和自由扭曲功能配合使用，不能独自使用，如图 5-70、图 5-71 所示。当限制功能与自由变换功能配合使用进行自由变换时，变换对象只能进行等比例变换。当限制功能与自由扭曲功能配合使用进行自由扭曲变换时，对象只能在同一平面进行自由扭曲变换。

图 5-70

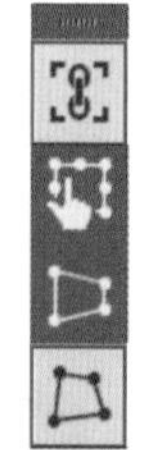

图 5-71

（2）自由变换

“自由变换”是一个综合编辑工具，使用该工具可以执行移动、缩放、旋转等操作，如图 5-72 所示。

图 5-72

① 单击选择“自由变换”，此时所选对象周围会出现一个定界框，将光标移动到定界框内，光标呈 ▶ 状态，此时拖拽鼠标可以移动对象，如图 5-73、图 5-74 所示。

图 5-73 图 5-74

② 将鼠标指针放置到定界框的角点上，鼠标指针变成状态，此时拖拽鼠标可以缩放对象。拖拽的同时按住 <Shift> 键，可以等比例缩放对象；若拖拽的同时按住 <Alt> 键，缩放将围绕图形的中心进行，如图 5-75、图 5-76 所示。

图 5-75 图 5-76

③ 将鼠标指针放置到定界框的外侧，鼠标指针变为 ↷ 状，拖拽鼠标可以对对象进行旋转操作。若拖拽的同时按住 <Shift> 键，可以锁定对象的旋转角度为 45° 的倍值，如图 5-77 所示。

图 5-77

④ 将鼠标指针放置在定界框中部的控制点上，光标会变为✣状，如图 5-78 所示。按住鼠标左键进行拖拽，如图 5-79 所示。

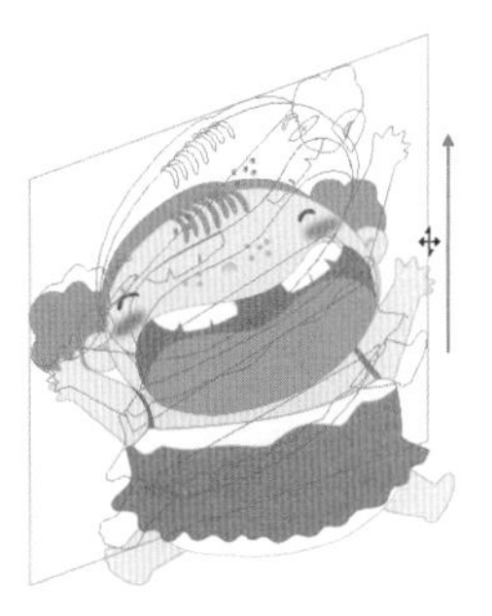
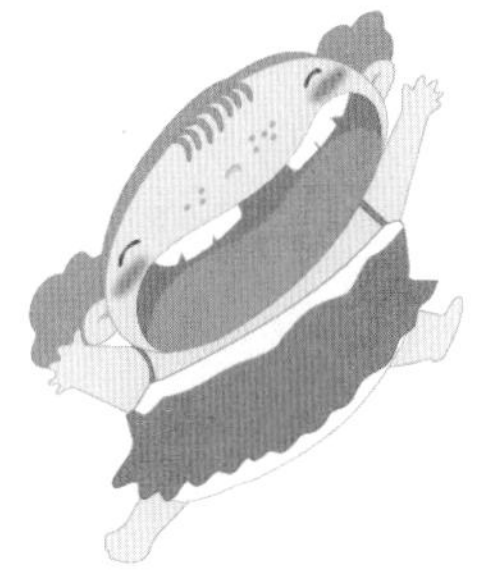

图 5-78　　　　图 5-79

（3）透视扭曲

选择要进行变换的对象，如图 5-80 所示。单击选择工具箱中的“自由变换工具”，选择“透视扭曲”功能，如图 5-81 所示。在对所选对象进行透视扭曲变换时，光标呈状，如图 5-82 所示。此时可拖动鼠标对所选对象进行透视扭曲变换，如图 5-83 所示。

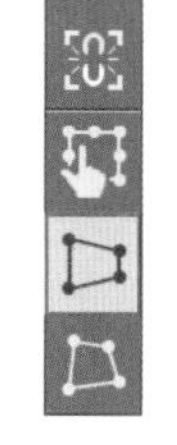

图 5-80　　　　图 5-81

图 5-82　　　　图 5-83

（4）自由扭曲

选择要进行变换的对象，如图 5-84 所示。单击选择工具箱中的“自由变换工具”，选择“自由扭曲”功能，如图 5-85 所示。在对所选对象进行自由扭曲变换时，光标呈状，如图 5-86 所示。此时可拖动鼠标对所选对象进行自由扭曲变换，如图 5-87 所示。

小技巧：不使用“自由变换”如何进行变形

在不使用“自由变换”工具的前提下，若要将对象进行变形处理，可以将鼠标指针放置到定界框的角点上，按住 <Ctrl> 键，实现对象的畸变处理。按住 <Ctrl+Alt> 键，可以实现对象倾斜处理，按住 <Ctrl+Shift+Alt>” 键，可以使图形产生透视效果。

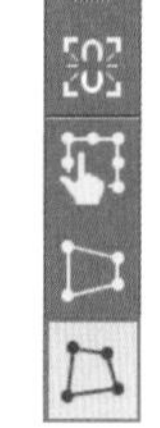

图 5-84　　　　图 5-85

图 5-86　　　　图 5-87

5.5.2　进阶案例：使用“自由变换”工具为书籍添加彩页

案例文件	使用“自由变换”工具为书籍添加彩页 .ai
视频教学	使用“自由变换”工具为书籍添加彩页 .flv
难易指数	★★★☆☆
技术掌握	掌握“自由变换”工具的使用

（1）执行“文件 > 新建”命令，在弹出的“新建文档”对话框中设置“大小”为 A4，“方向”为横向，单击“确定”按钮新建文档，如图 5-88 所示。

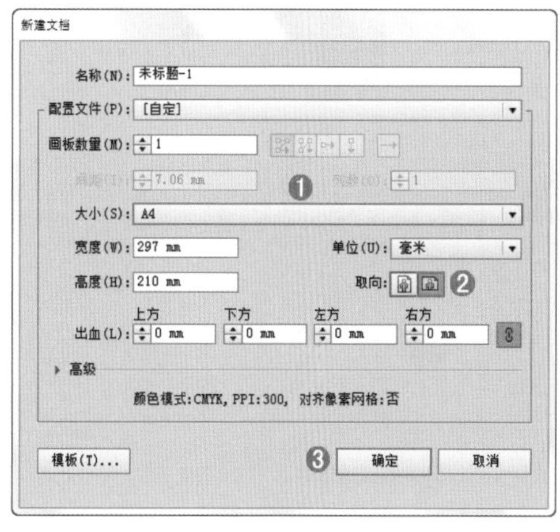

图 5-88

（2）执行“文件 > 置入”命令，在弹出的“置入”对话框置入素材 1.jpg，单击“置入”按钮，如图 5-89 所示。即可置入素材，如图 5-90 所示。

（3）继续执行“文件 > 置入”命令，在弹出的“置入”对话框中置入素材 1.ai，单击“置入”按钮，如图 5-91 所示。即可置入素材，如图 5-92 所示。

图 5-89

图 5-90

图 5-91

图 5-92

（4）单击工具箱中的“自由变换工具”，选择其中的“透视扭曲”按钮，对置入的素材 1.ai 进行变换调整，如图 5-93 所示。继续调整其他角点，完成透视效果的制作，如图 5-94 所示。

图 5-93

图 5-94

5.5.3 使用变换命令

选取对象，单击鼠标右键可以执行“变换”命令，在弹出的子菜单中可以从“再次变换”“移动”“旋转”“对称”“缩放”“斜切”等命令中选择需要执行的操作，如图 5-95、图 5-96 所示。

图 5-95

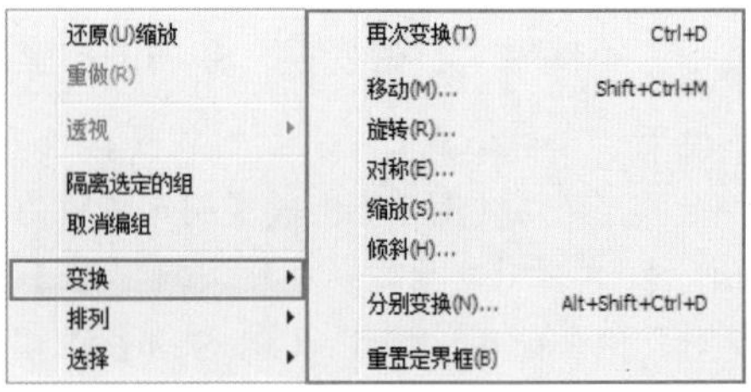

还原(U)缩放
重做(R)
透视
隔离选定的组
取消编组
变换
排列
选择

再次变换(T) Ctrl+D
移动(M)... Shift+Ctrl+M
旋转(R)...
对称(E)...
缩放(S)...
倾斜(H)...
分别变换(N)... Alt+Shift+Ctrl+D
重置定界框(B)

图 5-96

5.5.4　再次变换

在 Illustrator 中可以通过执行“对象 > 变换 > 再次变换”命令，对所选对象重复执行上一次的变形操作，直到选取新的对象或执行新的变换命令为止。

（1）所选对象如图 5-97 所示。选取要执行变换的对象，对其执行逆时针旋转 30° 的操作，如图 5-98 所示。

图 5-97

图 5-98

（2）重复执行“对象 > 变换 > 再次变换”命令，或使用快捷键“Ctrl+D”，可以发现每次执行该命令所选对象都会再次顺时针旋转 30° ，如图 5-99、图 5-100 所示。

图 5-99

图 5-100

5.5.5　分别变换

选取多个对象时，如图 5-101 所示。如果直接执行变换操作，是将其看做一个整体进行变换，如图 5-102 所示。若执行“分别变换”命令，则是将每一个单独的对象看做一个整体进行变换，如图 5-103 所示。

图 5-101

图 5-102

图 5-103

选取将要进行变换的多个对象，执行“对象 > 变换 > 分别变换”命令或使用快捷键 <Ctrl+Shift+Alt+D>，此时弹出“分别变换”对话框，在该对话框中可以设置变换的具体参数，如图 5-104 所示。

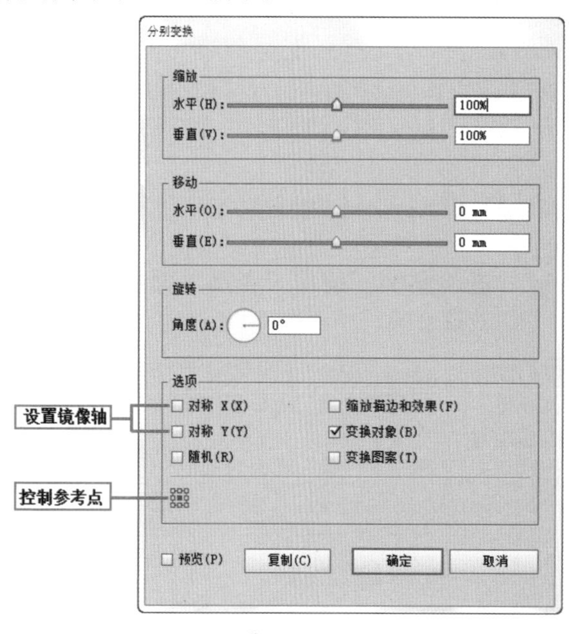

图 5-104

重点参数提醒：

- 对称 X 和对称 Y：勾选相应选项，可以对对象进行镜像处理。
- 参考点：要更改参考点，单击参考点定位器上定位点。
- 随机：勾选该选项时，将对调整的参数进行随机的变换，而且每一个对象随机的数值并不相同。

小技巧：“分别变换”面板不能变换过多对象

缩放多个对象时，无法输入特定的宽度。在 Illustrator 中只能够以百分比度量缩放对象。

5.5.6　使用“变换”面板精确控制对象

执行“窗口 > 变换”命令或使用快捷键 <Shift+F8>，打开“变换”面板，如图 5-105 所示。在该面板中可以查看所选对象的位置、大小、旋转和倾斜角度等信息，并且可以重新设定所选对象的变换的控制点、变换范围等参数。

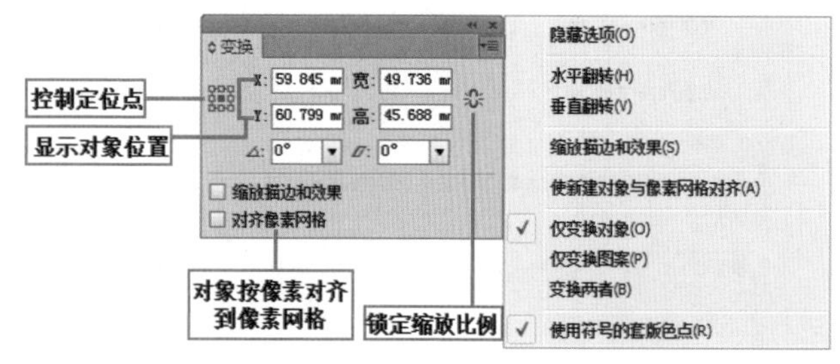

图 5-105

重点参数提醒：

- 控制点：对定位点进行控制，在“变换”面板的左侧单击控制器上的按钮，可以定义定位点在对象上的位置。
- X/Y：这两个选项显示页面上对象的位置，从左下角开始测量。
- 宽 / 高：这两个选项可以输入对象的精确尺寸。
- 旋转：可以使用该选项旋转一个对象，负值为顺时针旋转，正值为逆时针旋转。
- 倾斜：可以输入一个值使对象沿一条水平或垂直轴倾斜。

5.5.7 进阶案例：使用“变换”面板制作放射状背景

案例文件	使用“变换”面板制作放射状背景 .ai
视频教学	使用“变换”面板制作放射状背景 .flv
难易指数	★★★☆☆
技术掌握	掌握“变换”面板的运用

（1）执行“文件 > 新建 > 文档”命令，在弹出的“新建文档”对话框中新建“大小”为 A4，“取向”为纵向的文档，如图 5-106 所示。

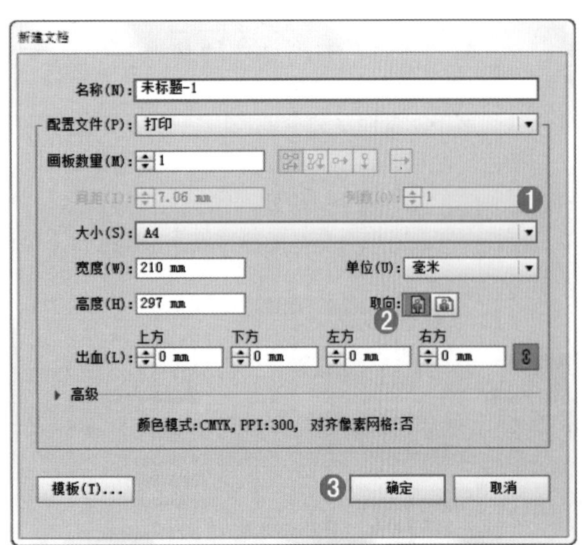

图 5-106

（2）选择工具箱中的“矩形工具”，设置“填充”为浅黄色，在文档内绘制大小与画板相当的矩形，如图 5-107 所示。使用“钢笔工具”绘制一个白色的三角形，如图 5-108 所示。

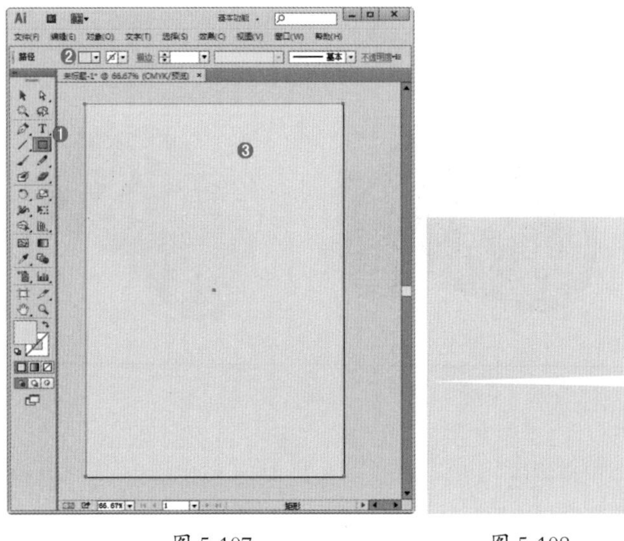

图 5-107　图 5-108

（3）选择变换得到的三角形，使用快捷键 <Ctrl+C> 复制对象，继续使用快捷键 <Ctrl+F> 将刚刚复制的对象贴在前面。使用“镜像工具”将复制的对象翻转，然后使用“选择工具”将复制得到的对象移动到适当的位置，使两个三角形成一线分布，如图 5-109 所示。将两个三角形选中，执行“对象 > 编组”命令，将其编组，如图 5-110 所示。

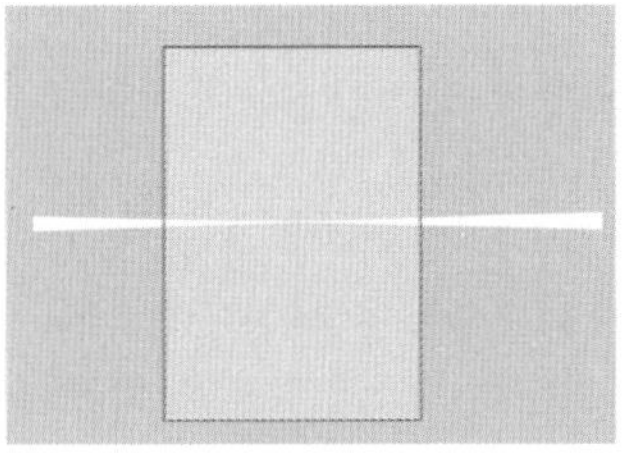

图 5-109

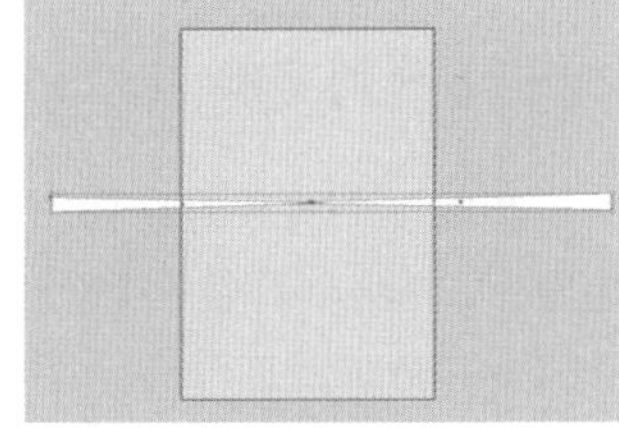

图 5-110

（4）选择编组对象，执行“对象 > 变换 > 旋转”命令，设置旋转“角度”为 10°，单击“复制”按钮，如图 5-111 所示。效果如图 5-112 所示。

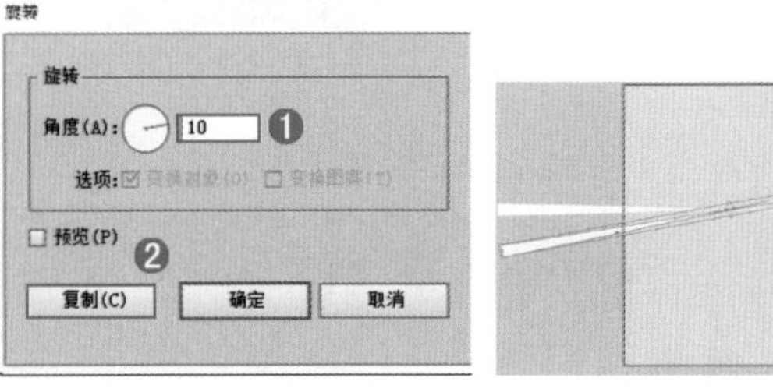

图 5-111　图 5-112

（5）使用快捷键 <Ctrl+D> 重复变换，得到如图 5-113 所示的效果。然后将除背景之外的白色三角形选中并编组。将白色三角形组选中，在控制栏中将其“不透明度”调整为 50%，如图 5-114 所示。

图 5-113

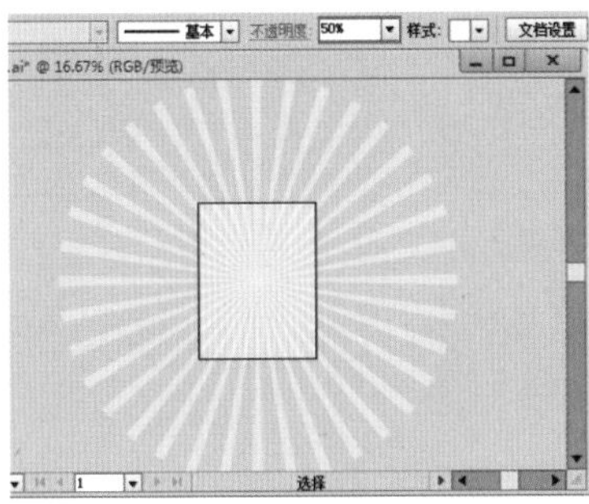

图 5-114

（6）接下来将多余的部分在剪切蒙版中隐藏。使用“矩形工具”绘制一个与页面等大的矩形，如图 5-115 所示。选择该矩形和白色三角形组，执行“对象 > 剪切蒙版 > 建立”命令，即可建立剪切蒙版，画面效果如图 5-116 所示。

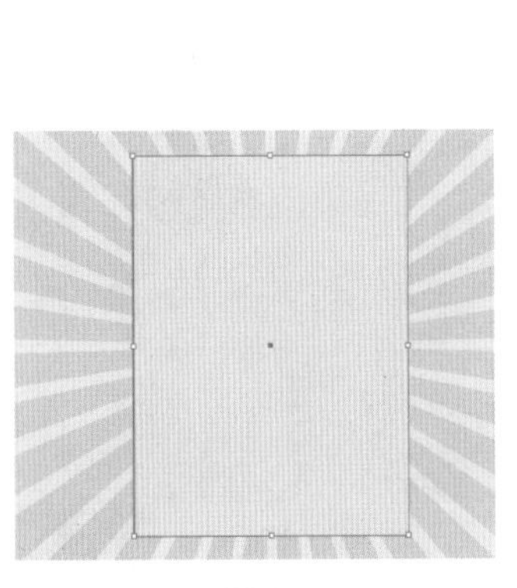

图 5-115

图 5-116

（7）执行“文件 > 置入”命令，置入素材 1.jpg，如图 5-117、图 5-118 所示。

图 5-117

图 5-118

（8）选择工具箱中的“文字工具” T，在文档中键入文字，如图 5-119 所示，本案例制作完成。

图 5-119

5.6　综合案例：制作抽象风格海报

案例文件	制作抽象风格海报 .ai
视频教学	制作抽象风格海报 .flv
难易指数	★★★☆☆
技术掌握	矩形工具、选择工具、文字工具、移动、复制

本案例的重点在于背景部分的制作，背景部分虽然看起来复杂，但是制作起来并不困难。本案例主要使用到了“矩形工具”“选择工具”“文字工具”“移动”“复制”等操作，完成效果如图 5-120 所示。

图 5-120

1. 制作背景部分

（1）新建一个 A4 大小的文件。首先制作构成背景的直角等腰三角形。单击工具箱中的“矩形工具”按钮。按住 <Shift> 键在文档中绘制一个正方形，如图 5-121 所示。单击工具箱中的“直接选择工具”按钮，将左上角的锚点向矩形内拖拽，如图 5-122 所示。拖拽到相应位置松开鼠标，等边三角制作完成，如图 5-123 所示。

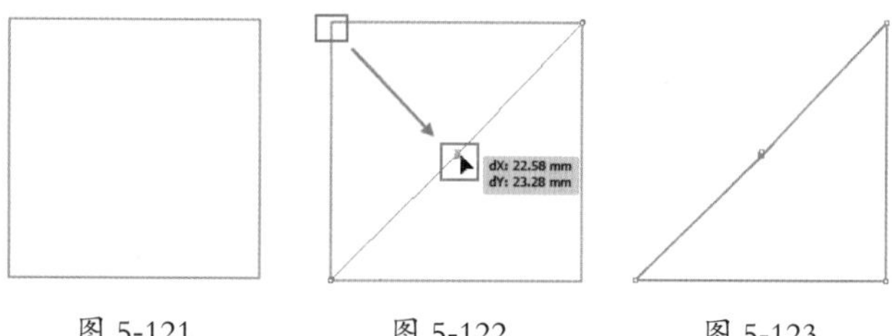

图 5-121　图 5-122　图 5-123

（2）选择该三角形，使用快捷键 <Ctrl+C> 将其复制，使用快捷键 <Ctrl+F> 将其贴在前面。然后按住 <Shift> 键将其进行旋转操作，如图 5-124 所示。

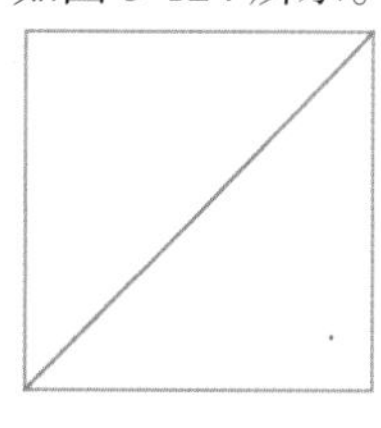

图 5-124

（3）将刚刚绘制的两个三角形选中，按住 <Alt+Shift> 键将其向右复制并平移，如图 5-125 所示。选择复制得到的两个三角形，执行“对象 > 变换 > 对称”命令，在弹出的“镜像”窗口中设置，“轴”为“垂直”，“角度”为 90°，单击“确定”按钮，如图 5-126 所示。效果如图 5-127 所示。

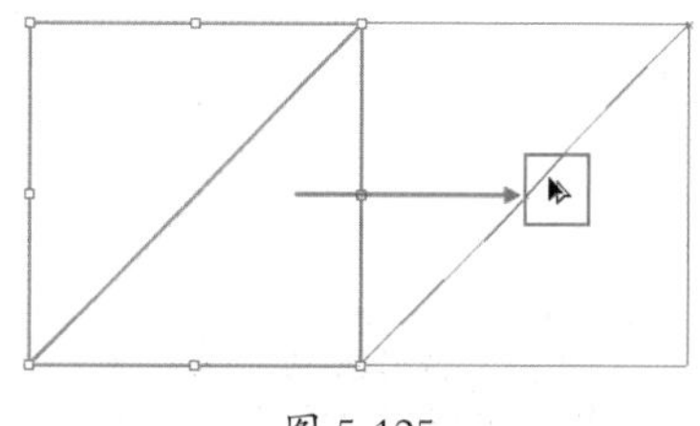

图 5-125

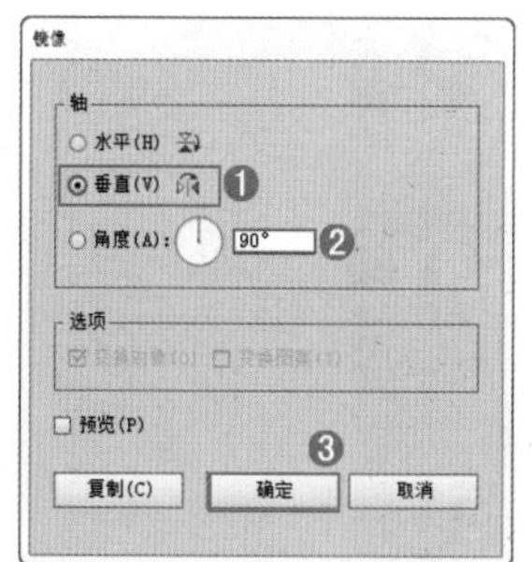

图 5-126

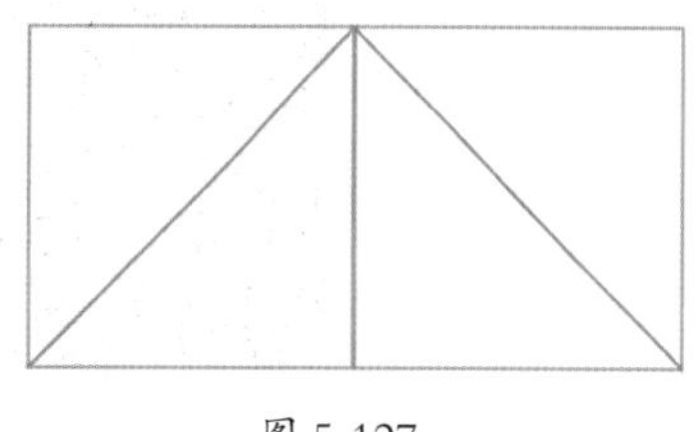

图 5-127

（4）将现在四个三角形选中，并进行“水平”镜像操作，得到形状如图 5-128 所示。使用同样的方法将该图像复制三份，如图 5-129 所示。

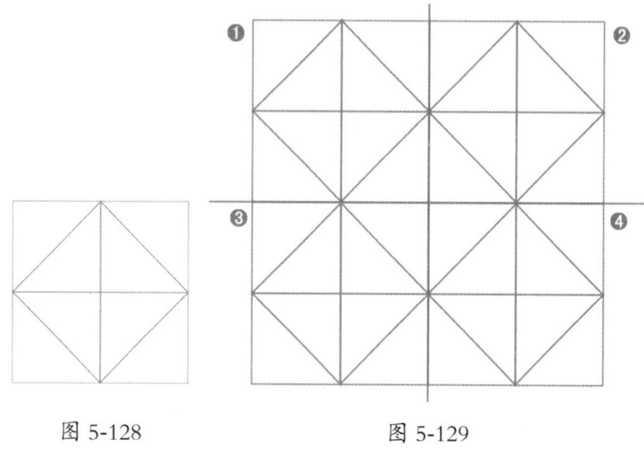

图 5-128　图 5-129

（5）接下来为三角形填色。选择一个三角形，然后将其“填充”设置为红色，“描边”为“无”，如图 5-130 所示。使用同样的方法将其他三角形进行填色，如图 5-131 所示。将这些三角形选中，然后执行“对象 > 编组”命令，将其进行编组。

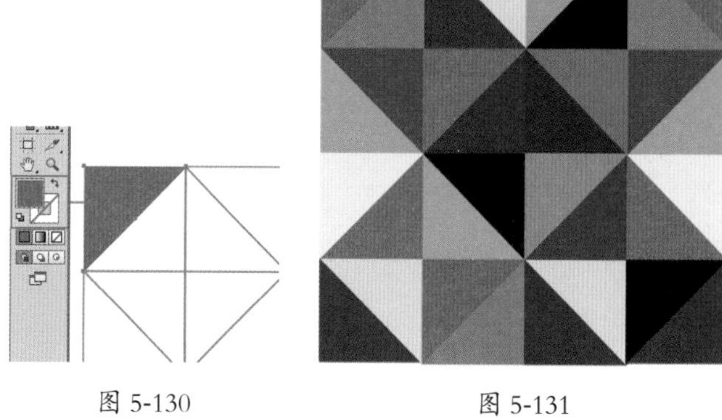

图 5-130　图 5-131

（6）使用“选择工具”将色块组移动至画板的左上角并调整合适大小，如图 5-132 所示。按住 <Alt+Shift> 键向左移动并复制，如图 5-133 所示。

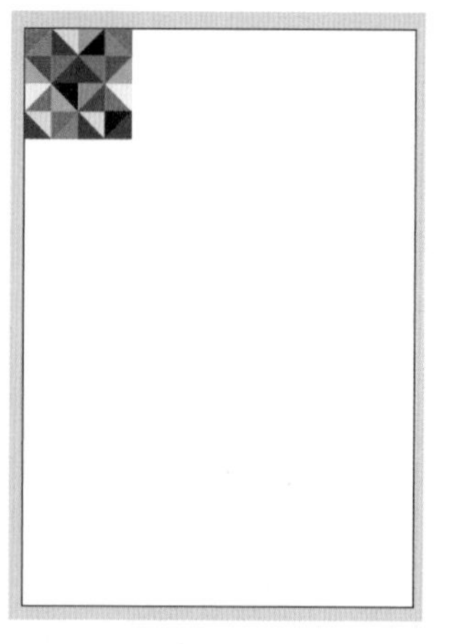

图 5-132

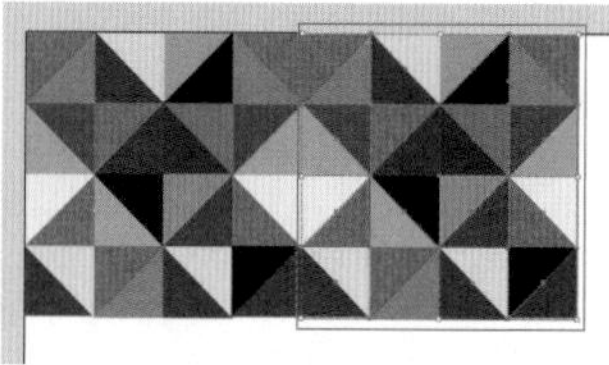

图 5-133

（7）为了避免颜色重复，将刚刚复制的对象进行旋转，效果如图 5-134 所示。使用同样的方法复制出大面积的色块，效果如图 5-135 所示。

图 5-134

图 5-135

2. 制作前景部分

（1）单击工具箱中的“矩形工具”，在控制栏中设置“填充”为“无”，“描边”为浅灰色，“描边宽度”为 16pt，设置完成后绘制一个与版面等大的矩形，效果如图 5-136 所示。

图 5-136

（2）继续使用“矩形工具”绘制一个紫色的矩形，如图 5-137 所示。选择该矩形，执行“效果 > 风格化 > 投影”命令，在弹出的“投影”窗口中设置“模式”为“正片叠底”，“不透明度”为 75%，“X”位移为 3mm，“Y”位移为 3mm，“模糊”为 1.7mm，“颜色”为黑色，参数设置如图 5-138 所示。设置完成后单击“确定”按钮，效果如图 5-139 所示。

图 5-137

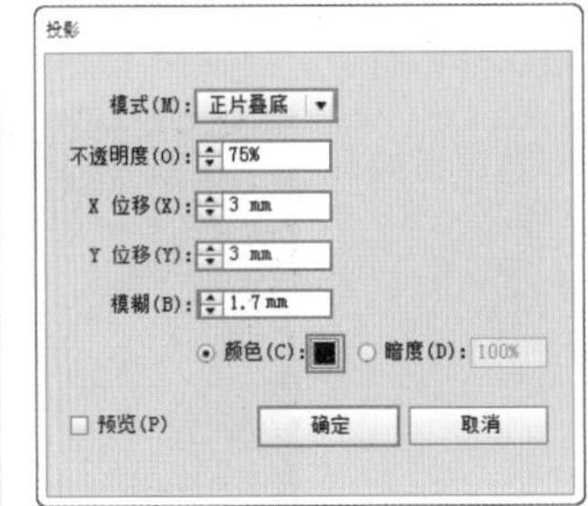

图 5-138

图 5-139

（3）将该矩形进行复制，移动到相应位置后放大，如图 5-140 所示。最后使用“文字工具” T 在文档内键入文字，本案例制作完成，效果如图 5-141 所示。

图 5-140

图 5-141

5.7 综合案例：制作欧美风格音乐海报

案例文件	制作欧美风格音乐海报 .ai
视频教学	制作欧美风格音乐海报 .flv
难易指数	★★★☆☆
技术掌握	再次变换、对称命令

本案例主要通过“再次变换”制作网纹效果，通过使用“对称命令”来制作本案例。完成效果如图 5-142 所示。

图 5-142

1. 制作背景部分

（1）新建 A4 大小的文档，执行“文件 > 置入”命令置入素材 1.jpg，如图 5-143 所示。

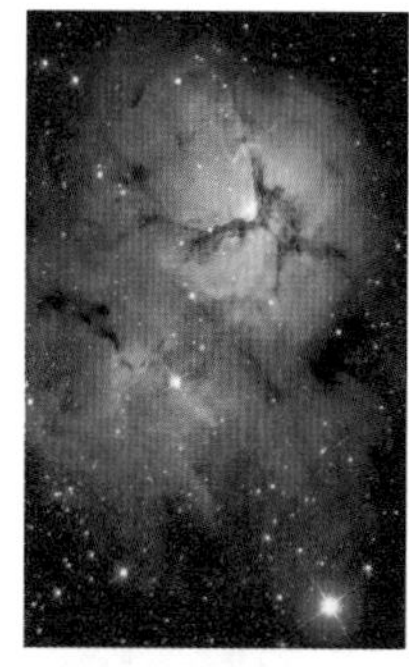

图 5-143

（2）选择工具箱中的“钢笔工具”，在文档中绘制一条曲线，如图 5-144 所示。按住 <Alt> 移动复制曲线，如图 5-145 所示。

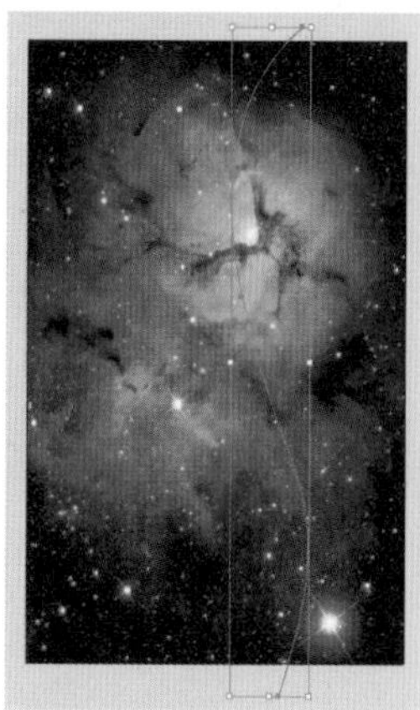

图 5-144

图 5-145

（3）使用快捷键 <Ctrl+D> 重复上一步操作，连续复制所绘制的曲线，如图 5-146 所示。选择工具箱中的“自由变换”工具，变换曲线的形态如图 5-147 所示。

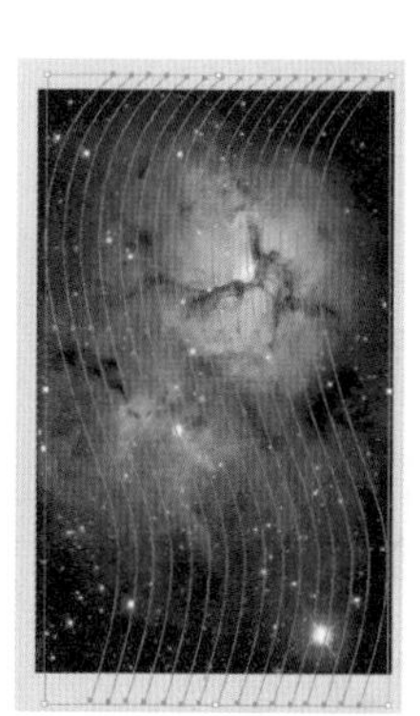

图 5-146

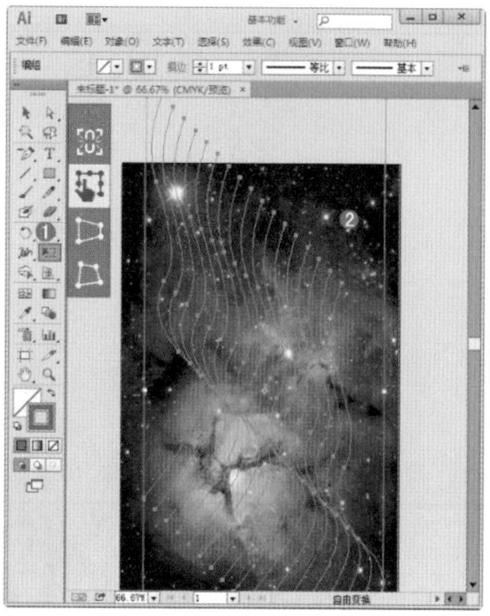

图 5-147

（4）重复前面步骤，继续制作两组曲线变换对象，如图 5-148、图 5-149 所示。

图 5-148

图 5-149

（5）将三组曲线调整大小，置于文档的适当位置，如图 5-150 所示。

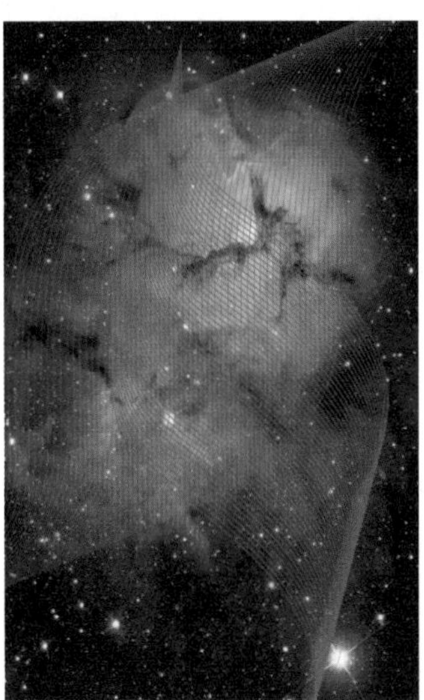

图 5-150

2. 制作前景部分

（1）执行“文件 > 置入”命令置入素材 2.jpg，如图 5-151、图 5-152 所示。

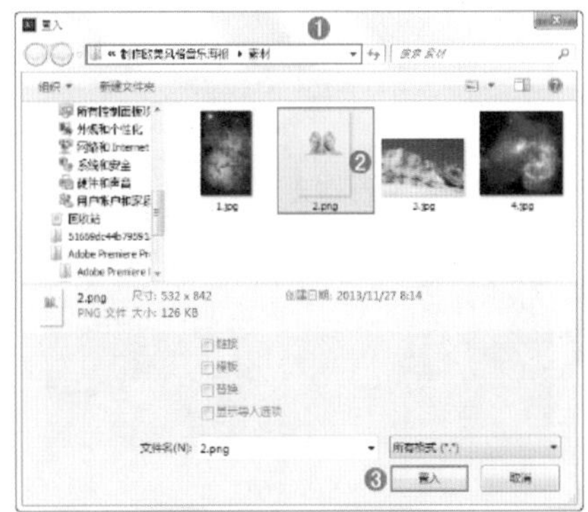

图 5-151

图 5-152

（2）选择置入的素材 2.jpg，执行“对象 > 变换 > 对称”命令，在弹出的“镜像”对话框中设置“轴”为水平，单击“复制”按钮，如图 5-153 所示。选择得到的变换对象，将其移动到相应的位置，在控制栏中设置其“不透明度”为 40%，如图 5-154 所示。

图 5-153

图 5-154

（3）置入素材 3.jpg，使用工具箱中的“钢笔工具”在置入的素材 3.jpg 上绘制一个三角形，将素材 3.jpg 和所绘制的三角形同时选中，如图 5-155 所示。执行“对象 > 剪切蒙版 > 建立”命令，建立剪切蒙版，如图 5-156 所示。

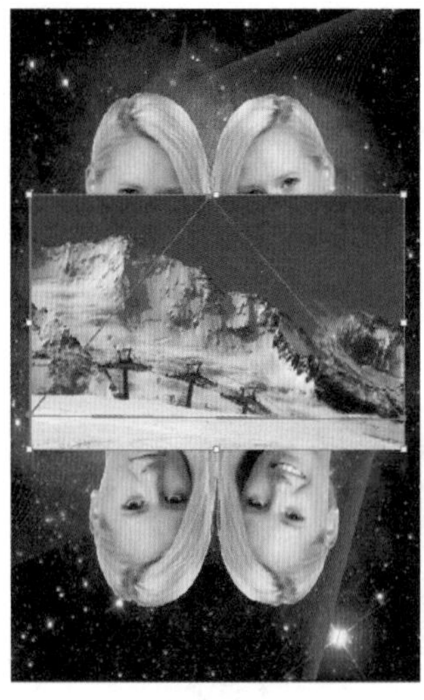

图 5-155

图 5-156

（4）将得到的剪切对象选中，执行“对象 > 变换 > 对称”命令，设置“轴”为水平，单击“复制”按钮，如图 5-157 所示。变换效果如图 5-158 所示。

图 5-157

图 5-158

（5）选择变换对象，在控制栏中设置其“不透明度”为 50%，如图 5-159 所示。选择工具箱中的“钢笔工具” 设置“描边”为浅灰色，在素材 3.jpg 边缘绘制三角形，如图 5-160 所示。

图 5-159

图 5-160

（6）将素材 4.jpg 置入到文件中，然后建立剪切蒙版，如图 5-161 所示。选择工具箱中的“文字工具” 在文档中键入文字。本案例制作完成，效果如图 5-162 所示。

图 5-161

图 5-162

第 6 章

对象管理

关键词

堆叠顺序、对齐、分布、编组、锁定、隐藏、位图描摹

要点导航

对象的排列

对齐与分布

对象的成组与借组

对位图进行图像描摹

学习目标

熟练调整对象的排列顺序

能够将多个对象进行均匀的排布

熟练运用成组、锁定、隐藏等功能处理包含大量对象的文档

佳作鉴赏

6.1　对象的排列

在 Illustrator 中，一幅完整的设计作品一定是由很多图形对象通过一定的摆放和排列顺序构成的。所以图稿中图形对象的堆叠顺序决定着图稿的最终显示效果。若要调整图稿中图形对象的堆叠顺序可以通过“排列”命令来实现。图 6-1、图 6-2 所示为同一图形对象在不同堆叠顺序下图稿的显示效果。

图 6-1

图 6-2

6.1.1 轻松练：调整对象的排列顺序

改变对象之间的排列顺序是一项很常见的操作，在 Illustrator 中提供过了多种方法来更改堆叠顺序。

1. 打开素材“1.ai”，选择要改变堆叠顺序的对象，执行“对象 > 排列”命令，在子菜单中可以选择相应的移动方法，如图 6-3 所示。也可以在选取要改变堆叠顺序的对象后单击鼠标右键执行“排列”命令，来更改对象的堆叠顺序，如图 6-4 所示。

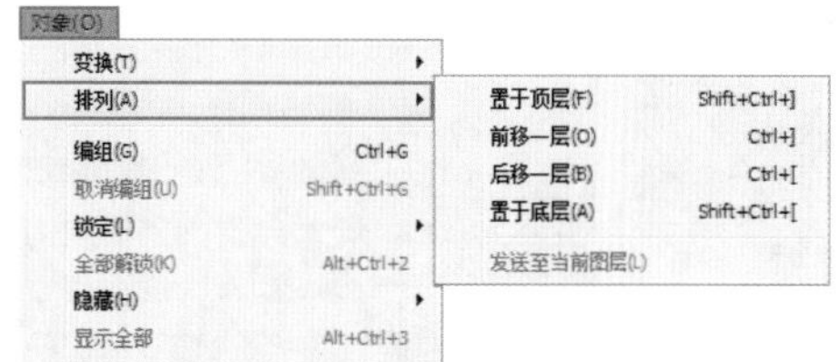

图 6-3

图 6-4

2. 选择需要调整顺序的对象，在这里选择画面中黄色的心形，然后执行“对象 > 排列 > 置于顶层”命令，可以将所选对象移动到其组或图层中的顶层位置，如图 6-5、图 6-6 所示。

图 6-5

图 6-6

3. 如果执行“对象 > 排列 > 置于底层”命令，可以将所选对象移动到其组或图层的底层位置，如图 6-7 所示。其他命令的使用方法也是如此。

图 6-7

6.1.2 使用图层面板更改堆叠顺序

在“图层”面板中也可以改变对象的堆叠顺序。执行“窗口 > 图层”命令打开“图层”面板。位于“图层”面板上部的对象在图稿的堆叠中排列在上层，位于“图层”面板下部的对象在图稿的堆叠中排列在下层。在“图层”面板中单击选取要改变堆叠位置的对象，将其拖动到希望移动到的位置，当该位置出现黑色标记时，如图 6-8 所示，释放鼠标，此时选取对象的堆叠位置发生了改变，如图 6-9 所示。

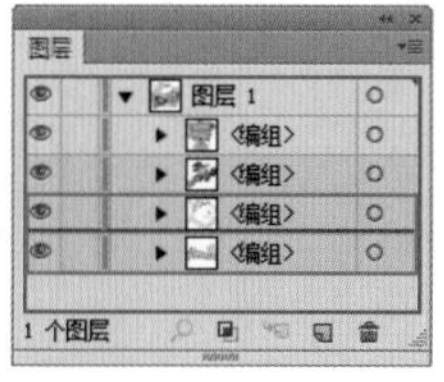

图 6-8

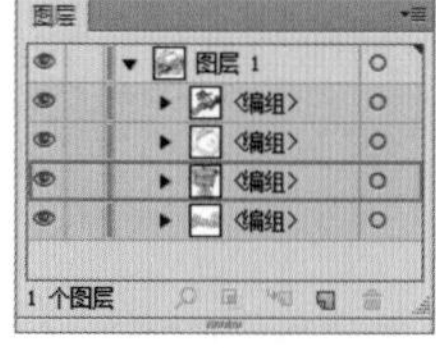

图 6-9

小技巧：使用图层面板更改堆叠顺序后的表现

在项目选择列中单击，将选择颜色框拖至其他项目的选择颜色框，并释放鼠标按钮。如果项目选择颜色框被拖至对象之上，项目便会被移动到对象上方；如果项目选择颜色框被拖至图层或组之上，项目便会被移动到图层或组中所有其他对象的上方。

6.2　对齐与分布

当画面中的多个对象需要整齐排布时，手动的移动调整肯定很难满足要求。这时就可以通过“对齐”面板精确地对所选对象进行对齐和分布处理。图 6-10 和图 6-11 所示为可以使用到该命令的作品。

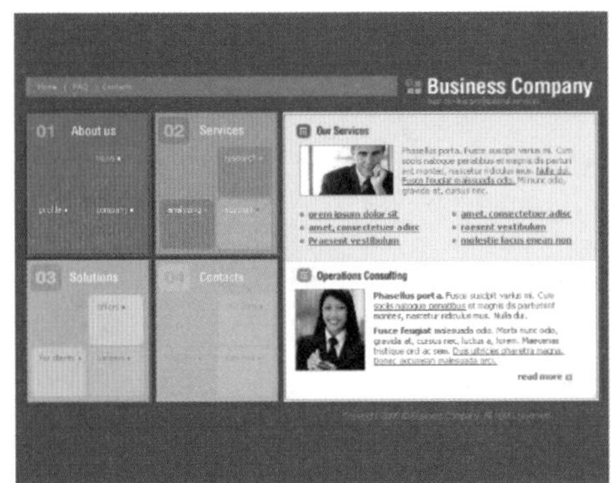

图 6-10

图 6-11

6.2.1　对齐对象

若要调整所选对象的对齐方式，可以使用“对齐”面板或单击控制栏中的对齐选项按钮来实现。执行“窗口 > 对齐”命令，打开“对齐”面板，如图 6-12 所示。将要进行对齐的对象选中，在控制栏中也可以看到相应的对齐控制按钮，如图 6-13 所示。

图 6-12

图 6-13

“左对齐”按钮：单击该按钮时，选中的对象将以最左侧的对象为基准，将所有对象的左边界调整到一条基线上，图 6-14 和图 6-15 所示为对比效果。

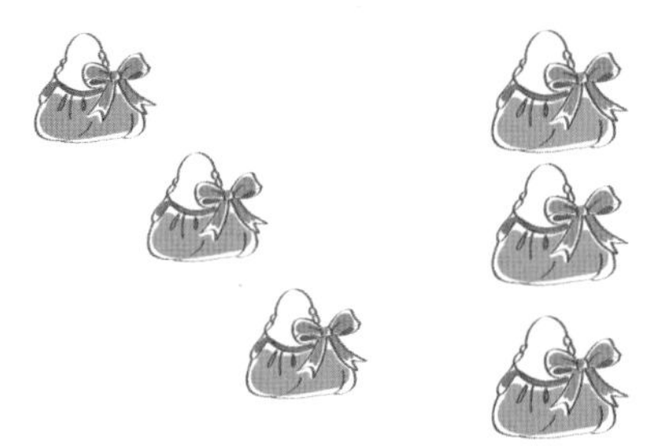

图 6-14　　图 6-15

“垂直居中”对齐按钮：单击该按钮时，选中的对象将以中心的对象为基准，将所有对象的垂直中心线调整到一条基线上，图 6-16 和图 6-17 所示为对比效果。

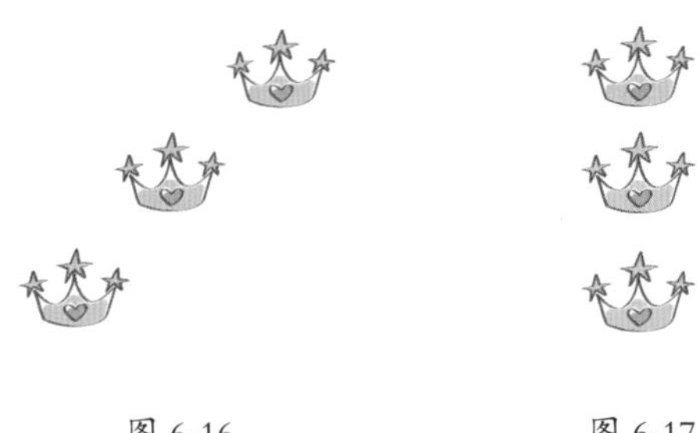

图 6-16　　图 6-17

“右对齐”按钮：单击该按钮时，选中的对象将以最右侧的对象为基准，将所有对象的右边界调整到一条基线上，图 6-18 和图 6-19 所示为对比效果。

图 6-18　　图 6-19

“顶部对齐”按钮：单击该按钮时，选中的对象将以顶部的对象为基准，将所有对象的上边界调整到一条基线上，图 6-20 和图 6-21 所示为对比效果。

图 6-20　　图 6-21

第 6 章

“水平居中对齐”按钮：单击该按钮时，选中的对象将以水平的对象为基准，将所有对象的水平中心线调整到一条基线上，图 6-22 和图 6-23 所示为对比效果。

图 6-22　　　　图 6-23

“底部对齐”按钮：单击该按钮时，选中的对象将以底部的对象为基准，将所有对象的下边界调整到一条基线上，图 6-24 和图 6-25 所示为对比效果。

图 6-24　　　　图 6-25

小技巧：如何将多个对象进行中心对齐

当要对选中的对象进行中心对齐时，可以单击“垂直居中对齐”按钮和“水平居中对齐”按钮，如图 6-26、图 6-27 所示。

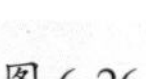

图 6-26　　　　图 6-27

6.2.2　分布对象

通过“对齐”面板还可以实现多个对象等距离分布。图 6-28 所示为“对齐”面板中的分布对象按钮，通过这些分布按钮可以使所选对象依据设定的分布方式等距离分布。

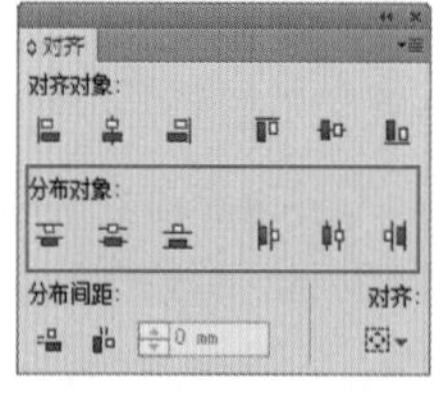

图 6-28

小技巧：如何显示控制栏中的分布控制按钮

将要进行分布的对象选中，在控制栏中也可以看到相应的分布控制按钮，如图 6-29 所示。

图 6-29

“垂直顶部分布”按钮：单击该按钮时，将平均每一个对象顶部基线之间的距离，调整对象的位置，图 6-30 和图 6-31 所示为对比效果。

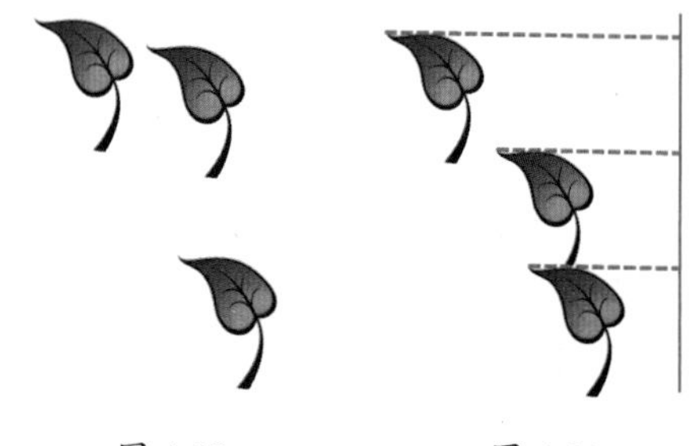

图 6-30　　　　图 6-31

“垂直居中分布”按钮：单击该按钮时，将平均每一个对象水平中心基线之间的距离，调整对象的位置，图 6-32 和图 6-33 所示为对比效果。

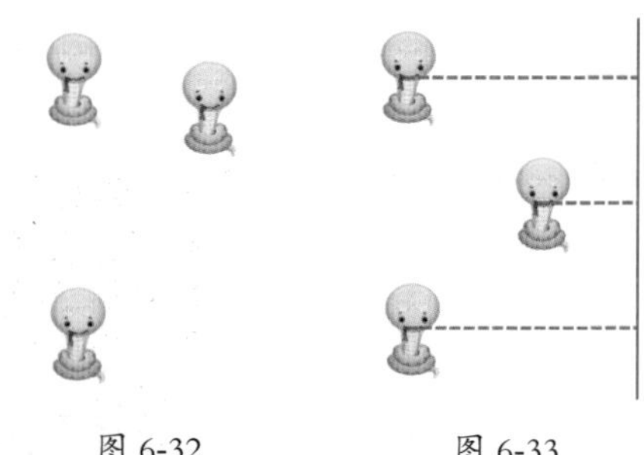

图 6-32　　　　图 6-33

“底部分布”按钮：单击该按钮时，将平均每一个对象底部基线之间的距离，调整对象的位置，图 6-34 和图 6-35 所示为对比效果。

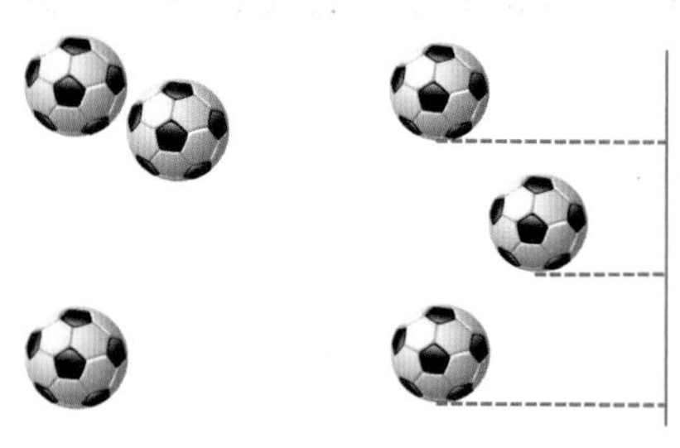

图 6-34　　　　图 6-35

“左分布”按钮：单击该按钮时，将平均每一个对象左侧基线之间的距离，调整对象的位置，图 6-36 和图 6-37 所示为对比效果。

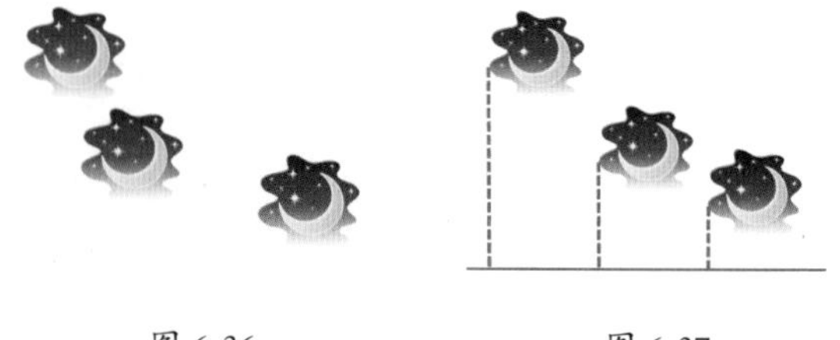

图 6-36　　　　图 6-37

"水平居中分布"按钮：单击该按钮时，将平均每一个对象垂直中心基线之间的距离，调整对象的位置，图 6-38 和图 6-39 所示为对比效果。

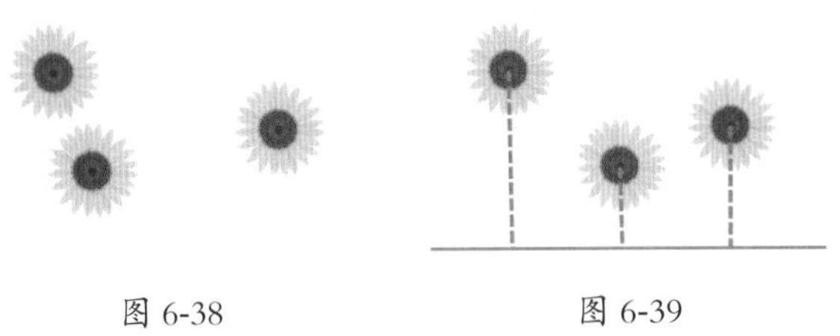

图 6-38　　图 6-39

"右分布"按钮：单击该按钮时，将平均每一个对象右侧基线之间的距离，调整对象的位置，图 6-40 和图 6-41 所示为对比效果。

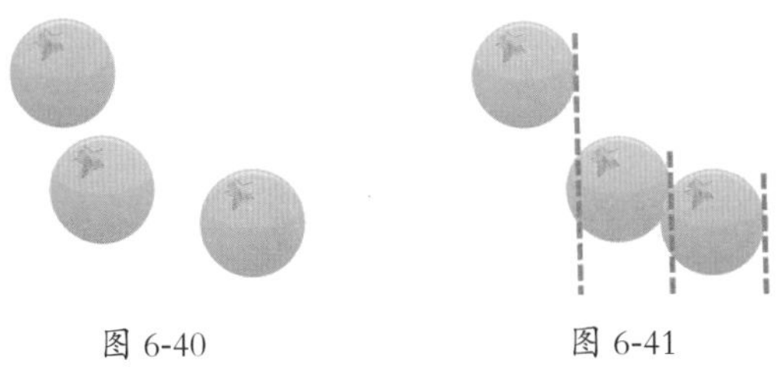

图 6-40　　图 6-41

6.2.3　轻松练：使用对齐与分布调整网页按钮位置

（1）打开素材"1.ai"，如图 6-42 所示。

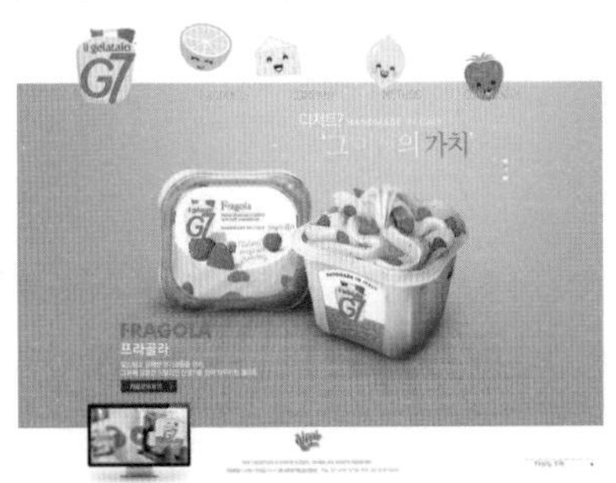

图 6-42

（2）选择网页顶部的导航按钮部分，执行"窗口 > 对齐"命令，打开对齐面板，单击"垂直居中对齐"按钮，如图 6-43 所示。效果如图 6-44 所示。

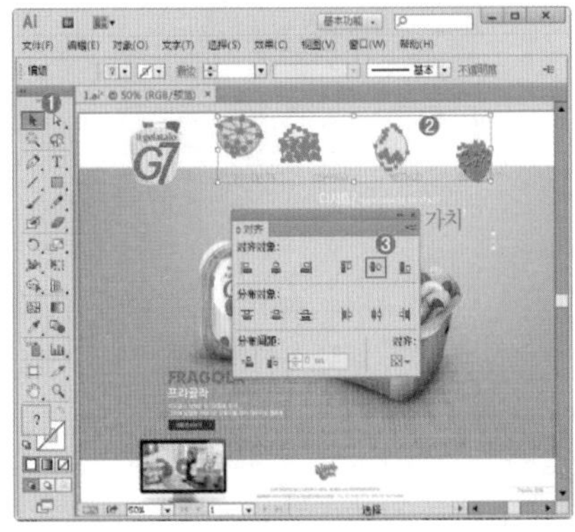

图 6-43

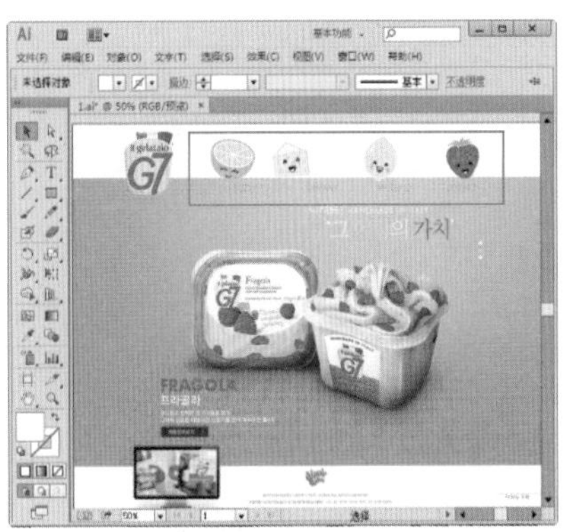

图 6-44

(3) 再次选取按钮素材，在"对齐"面板中单击"水平右分布"按钮，如图 6-45 所示。效果如图 6-46 所示。

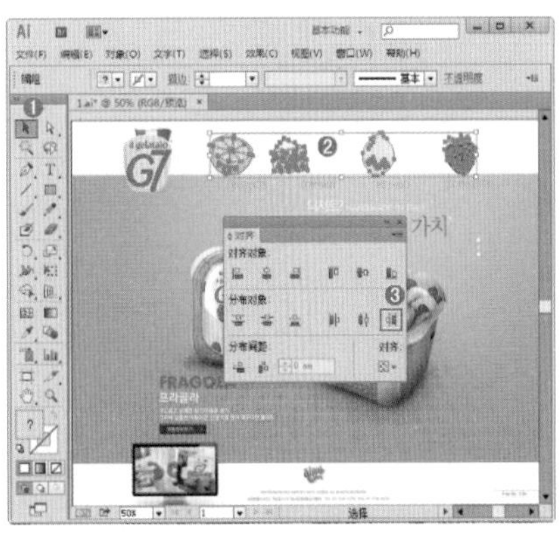

图 6-45

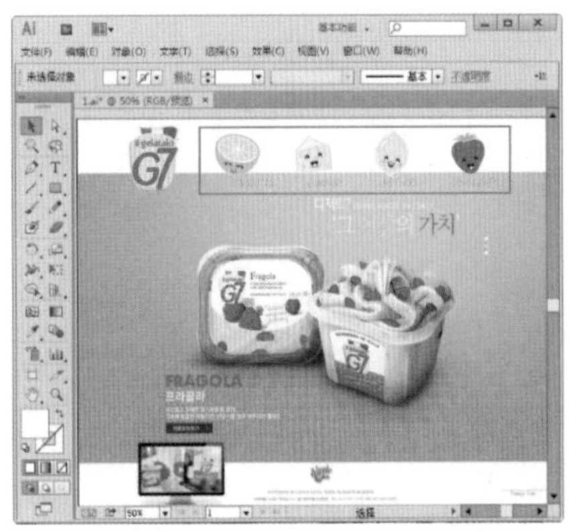

图 6-46

6.2.4　进阶案例：使用"对齐"命令制作笔记本封面

案例文件	使用"对齐"命令制作笔记本封面 .ai
视频教学	使用"对齐"命令制作笔记本封面 .flv
难易指数	★★☆☆☆
技术掌握	移动、复制、使用"对齐"面板

本案例针对本节所学内容，通过移动、复制、使用"对齐"面板来制作本案例，完成效果如图 6-47 所示。

（1）执行"文件 > 新建"命令，新建大小为 A4 的纵向文档，执行"文件 > 置入"命令，置入素材 1.jpg，如图 6-48 所示。

图 6-47

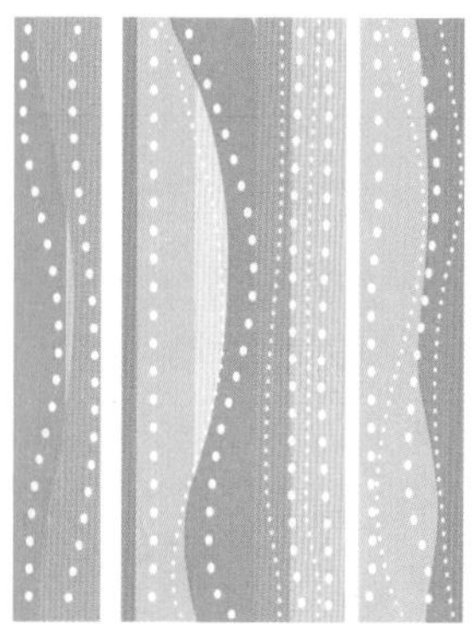

图 6-48

（2）选择工具箱中的“圆角矩形工具”，设置“填充”为蓝色，“描边”为“无”，在文档中绘制圆角矩形，如图 6-49 所示。

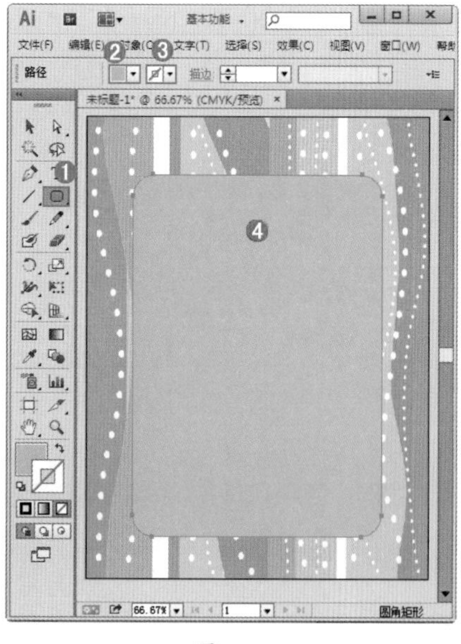

图 6-49

（3）接下来制作日记本左侧部分。选择工具箱中的“椭圆工具”，设置“填充”为黑色，“描边”为“无”，在文档中绘制椭圆，如图 6-50 所示。选择该椭圆，按住 <Alt> 键向下移动，如图 6-51 所示。

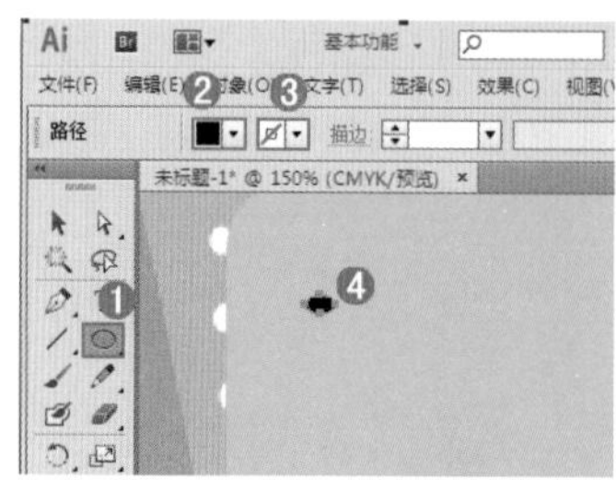

图 6-50

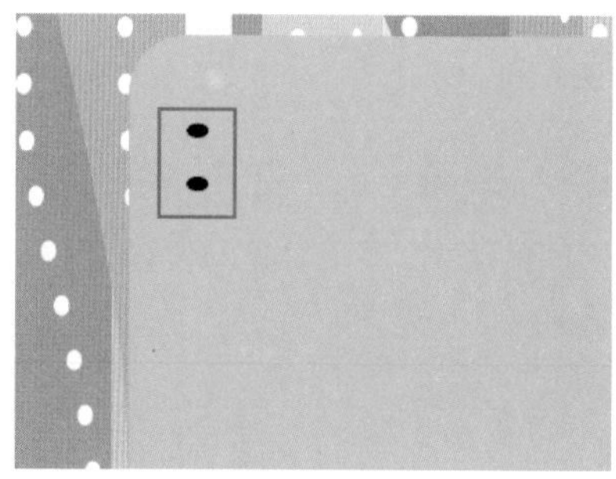

图 6-51

（4）使用同样的方法继续复制并移动该椭圆，如图 6-52 所示。可以发现这些椭圆形的分布并不在一条直线上。先将这些椭圆选中，执行“窗口 > 对齐”命令，单击“水平居中对齐”按钮和“垂直居中分布”按钮，如图 6-53 所示。此时椭圆将在一条直线上，如图 6-54 所示。

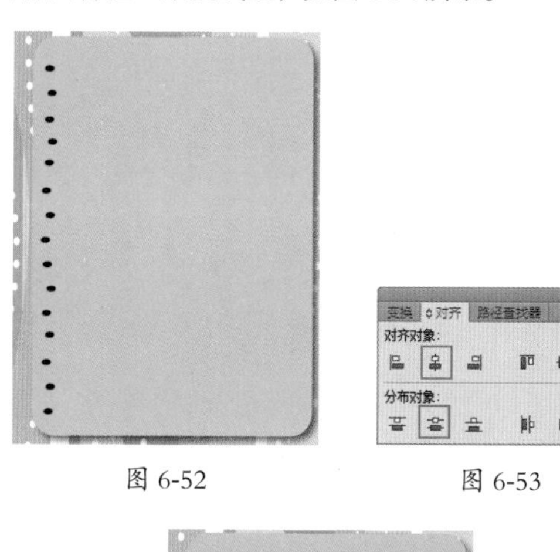

图 6-52　　图 6-53

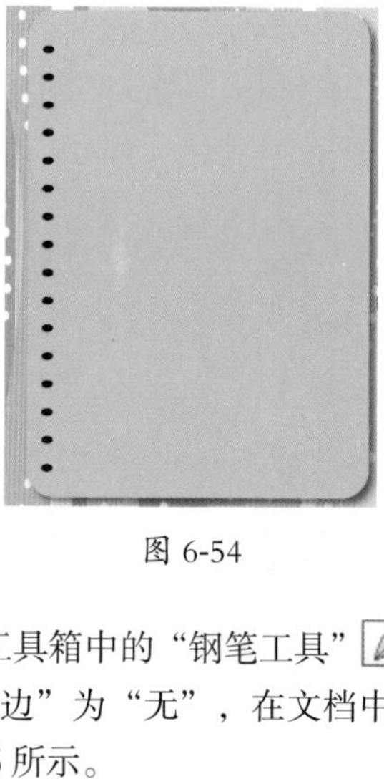

图 6-54

（5）选择工具箱中的“钢笔工具”，设置“填充”为浅绿色，“描边”为“无”，在文档中绘制环状物，如图 6-55、图 6-56 所示。

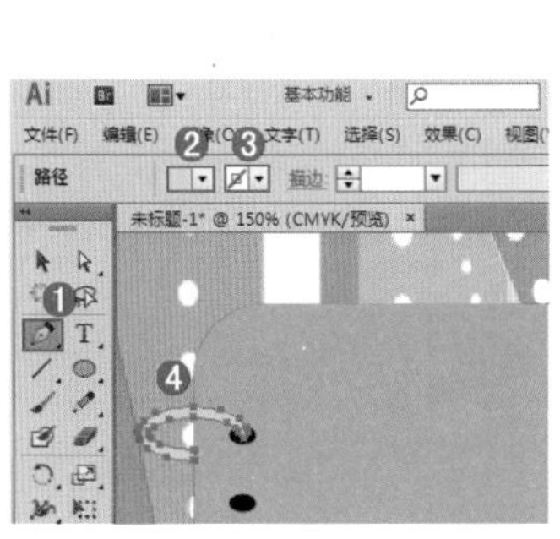

图 6-55

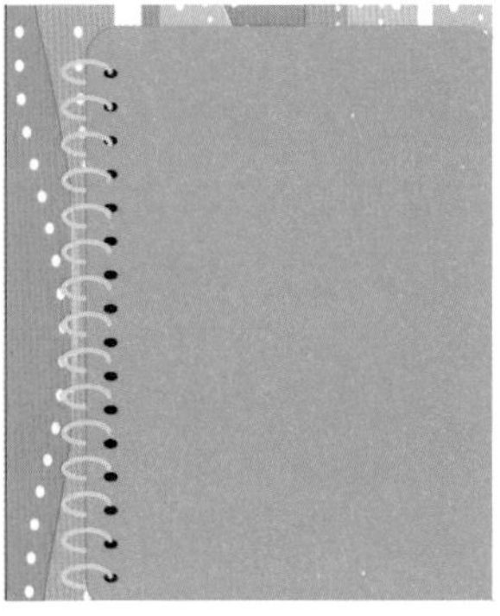

图 6-56

（6）将素材“2.png”导入到文件中，完成本案例的制作。效果如图 6-57 所示。

图 6-57

6.2.5　调整对齐依据

在“对齐”中可以对对齐依据进行设置，这里提供了三种对齐依据“对齐所选对象”“对齐关键对象”“对齐画板”，设置的对齐依据不同得到的效果也各不相同，如图 6-58 所示。在默认情况下，只能对两个或两个以上的对象进行对齐操作，但是通过调整对齐的依据，可以对一个对象进行对齐操作。

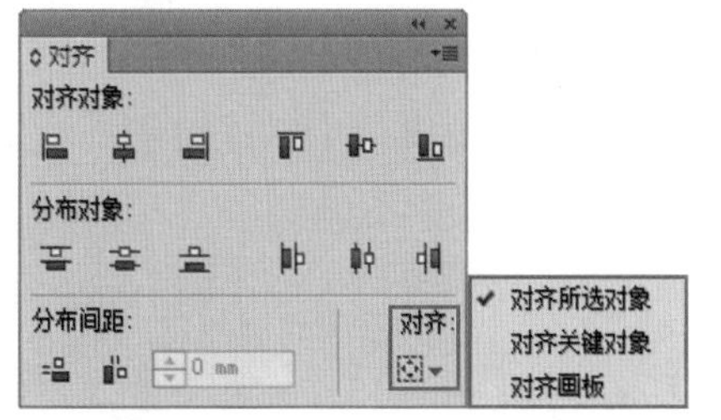

图 6-58

重点参数提醒：

- 对齐所选对象：该选项可以相对于所有选定对象的定界框对齐或分布，是默认的对齐依据，如图 6-59、图 6-60 所示。

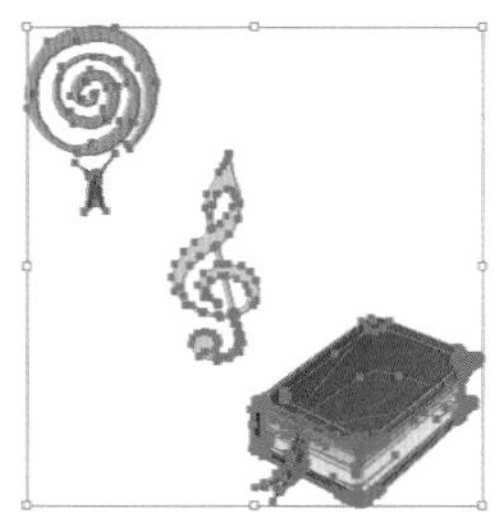

图 6-59

图 6-60

- 对齐关键对象：该选项可以相对于一个锚点对齐或分布。在对齐之前首先需要使用“选择工具”，单击要用作关键对象的对象，关键对象周围出现一个轮廓。单击与所需的对齐或分布类型对应的按钮即可，如图 6-61、图 6-62 所示。

图 6-61

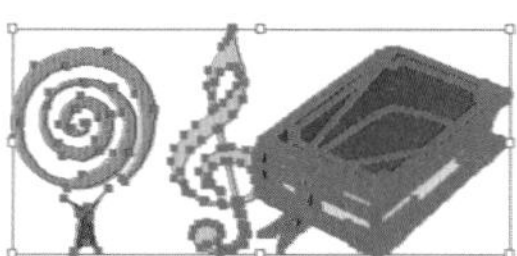

图 6-62

- 对齐画板：选择要对齐或分布的对象，在“对齐依据”中选择该选项，然后单击与所需的对齐或分布类型对应的按钮，即可将所选对象按照当前的画板进行对齐或分布，如图 6-63、图 6-64 所示。

图 6-63

图 6-64

小技巧：使用“使用预览边界”来控制对象的对齐和分布情况

默认情况下 Illustrator CC 会根据对象路径计算对象的对齐和分布情况。当处理具有不同描边粗细的对象时，可以改为使用描边边缘来计算对象的对齐和分布情况。若要执行此操作，从“对齐”面板菜单中选择“使用预览边界”，如图 6-65 所示。

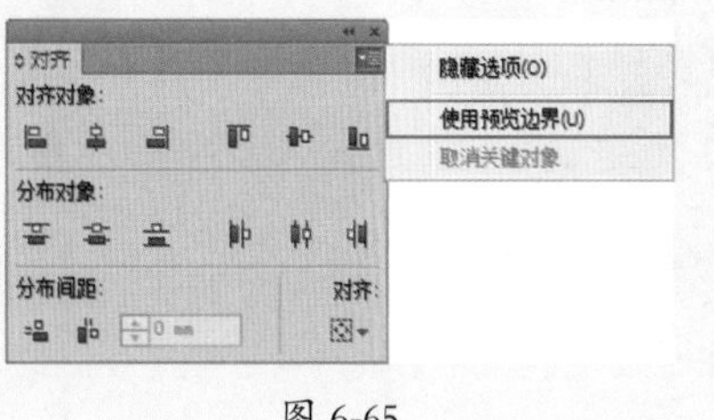

图 6-65

6.2.6 按照特定间距分布对象

在默认情况下，对象进行分布时，将第一个到最后一个对象之间的距离，平均分成相应的份数，作为中间其他对象的分布距离。当要使用一个相应的距离作为对象的分布距离时，可以单击“水平分布间距”按钮或“垂直分布间距”按钮，并在右侧的文本框中输入要使用的距离数值。

（1）在“对齐”面板中可以设置分布对象的间距。首先选择分布对象，如图 6-66 所示。

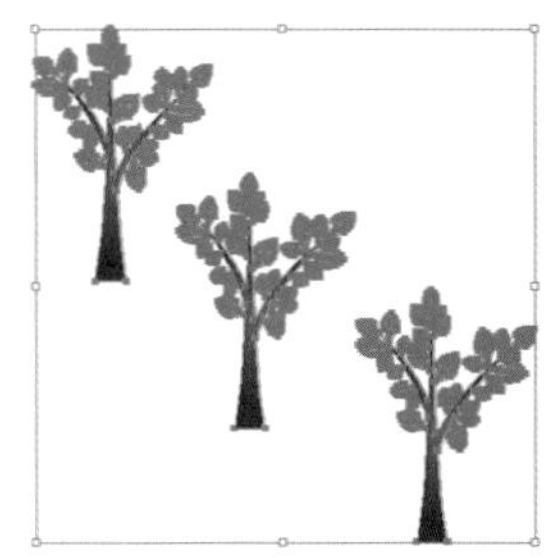

图 6-66

（2）单击选择要作为“关键对象”的图形对象，此时该对象的轮廓加深，如图 6-67 所示。

图 6-67

（3）在“分布间距”栏中输入分布间距的数值，如图 6-68 所示。

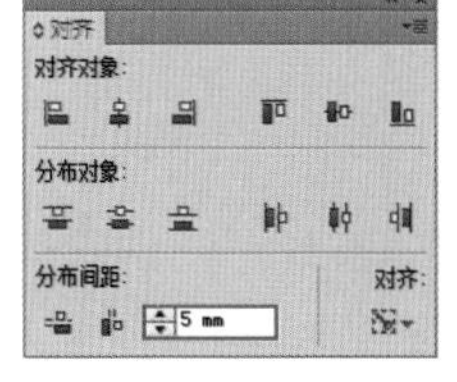

图 6-68

（4）设置间距分布的类型，垂直分布单击“垂直分布间距”按钮，水平分布单击“水平分布间距”按钮。可以发现，“关键对象”的位置没有发生改变，其他对象则按照当前设置的分布类型和间距分布，如图 6-69、图 6-70 所示。

图 6-69

图 6-70

> **小技巧：如何显示未显示的“分布间距”选项**
>
> 如果未显示“分布间距”选项，从面板菜单中单击“显示选项”命令即可，如图 6-71 所示。
>
> 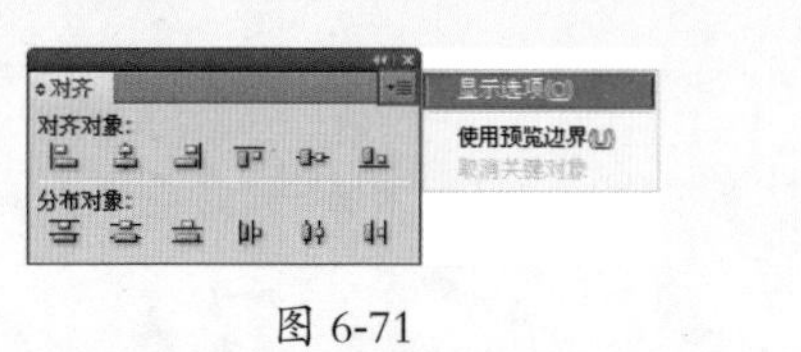
>
>
> 图 6-71

6.3 对象的编组与解组

对象编组是管理对象的一种形式，可编组多个独立对象，也可以对编组后的组进行再次编组。需要注意的是编组对象有一个前提，同一组的对象必须位于同一图层。编组后的对象将被视为一个整体，可以同时被选取和移动又不会影响其属性和相对位置。图 6-72 和图 6-73 所示为优秀的设计作品。

图 6-72

图 6-73

6.3.1 编组

选取将要编组的对象，执行“对象 > 编组”命令或使用快捷键 <Ctrl+G> 即可将所选对象编组。也可以在选取对象后单击鼠标右键执行“编组”命令。编组后，使用“选择工具”选择组内的任意对象都会将整个组选中，若要单独选择组内对象，需要使用“编组选择工具”，如图 6-74、图 6-75 所示。

图 6-74

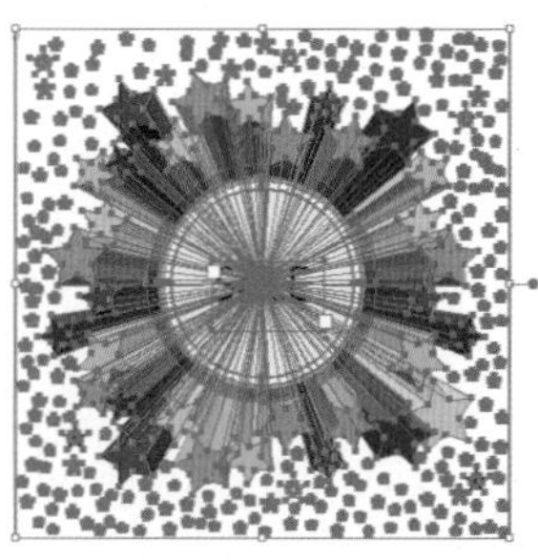

图 6-75

> 小技巧：可以嵌套的“组”
>
> 组还可以是嵌套结构，也就是说，组可以被编组到其他对象或组之中，形成更大的组。组在“图层”面板中显示为“编组”项目。可以使用“图层”面板在组中移入或移出项目。

6.3.2　取消编组

如果要解除已经存在的组，可以使用“选择工具”选择该组，执行“对象 > 取消编组”命令或单击右键执行“取消编组”命令，如图 6-76 所示。也可以直接使用快捷键 <Shift+Ctrl+G>，此时组内对象被解组为独立对象，如图 6-77 所示。

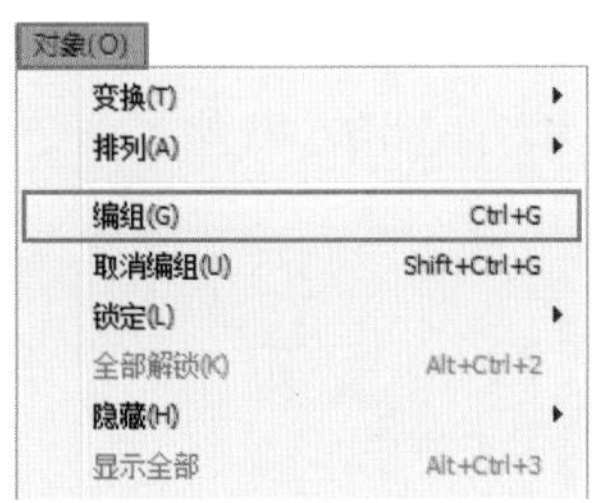

图 6-76

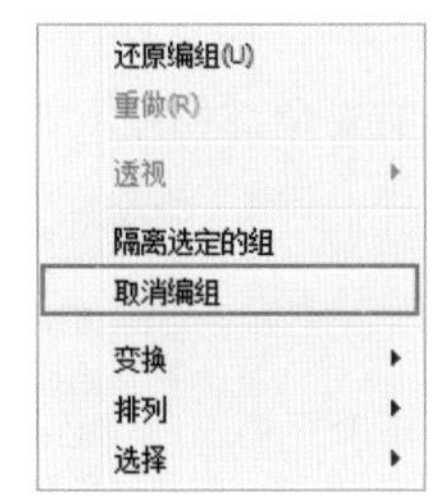

图 6-77

6.4　锁定与解锁

在使用 Illustrator 进行平面设计的过程中，为方便操作，可以将暂时不需要进行任何操作的对象锁定，以免耽误编辑。锁定后的对象将不能执行任何操作，解锁后能够恢复其可编辑性。图 6-78 和图 6-79 所示为优秀的设计作品。

图 6-78

图 6-79

6.4.1　锁定对象

选取要执行“锁定”的对象，如图 6-80 所示。执行“对象 > 锁定 > 所选对象”命令或使用快捷键 <Ctrl+2>，如图 6-81 所示，即可将该对象锁定。

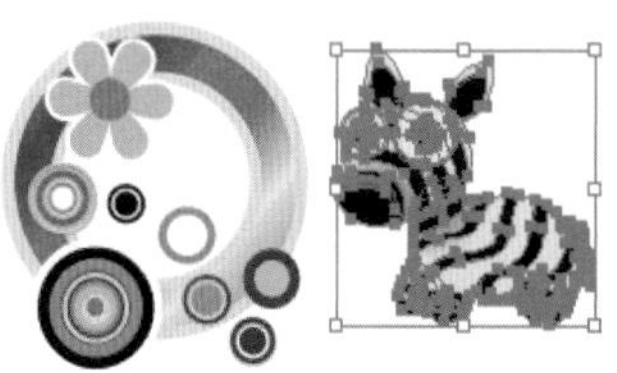

图 6-80

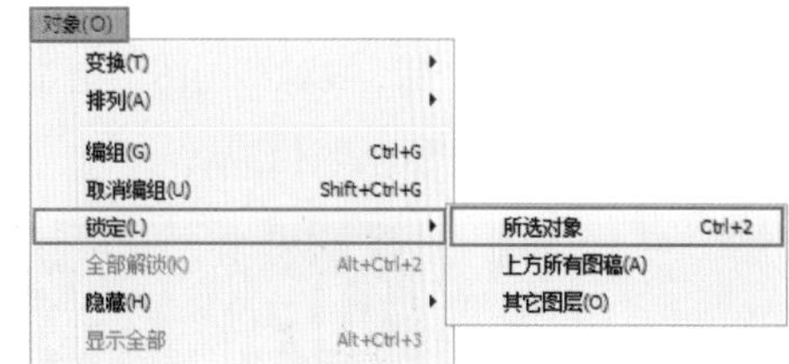

图 6-81

如果图稿中包含堆叠对象，要对底层的对象执行编辑操作时，需要将上方的对象锁定，以免造成无意的错误。选择底层对象，如图 6-82 所示。执行“对象 > 锁定 > 上方所有图稿”命令，如图 6-83 所示，即可将上方图稿锁定。

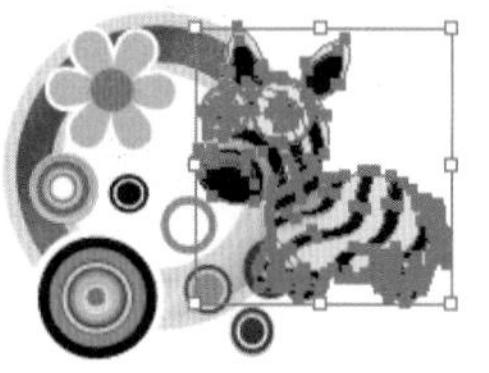

图 6-82

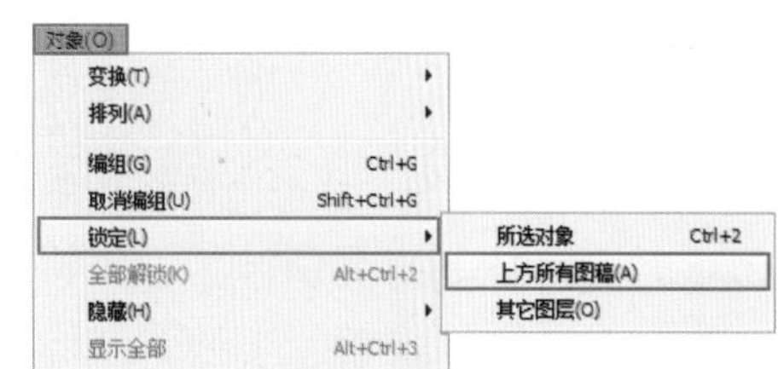

图 6-83

6.4.2　解锁对象

如果想要解锁众多锁定对象中的单个对象，在“图层”面板中选择要解锁的对象对应的锁定图标即可，如图 6-84 所示。执行“对象 > 全部解锁”命令，或使用快捷键 <Ctrl+Alt+2> 即可解锁文档中的所有锁定的对象。

图 6-84

6.5 隐藏与显示

当图稿中包含的图形对象较多时，往往影响到对堆叠顺序靠后的图形对象的细节观察。这时可以通过执行“隐藏”命令将暂时不需要进行编辑和参照的图形隐藏起来。将图形隐藏后，图形是不可见、不可选的，并且无法进行打印输出。执行“显示”命令后，被隐藏的图形会重新显示。图 6-85 和图 6-86 所示为优秀的设计作品。

图 6-85

图 6-86

6.5.1 隐藏对象

隐藏对象是将暂时不需要的对象在画面中暂停显示，隐藏的对象依然存在文件中。

(1) 选择要被隐藏的对象，执行“对象 > 隐藏 > 所选对象”命令也可以使用快捷键 <Ctrl+3>，此时所选对象就会被隐藏，如图 6-87、图 6-88 所示。

图 6-87

图 6-88

(2) 选择图稿中任意一个处于非顶层的对象，如图 6-89 所示。执行“对象 > 隐藏 > 上方所有图稿”命令，可以将该对象上方的全部对象隐藏，如图 6-90 所示。

(3) 若要隐藏除所选对象或组所在图层外的所有其他图层，可以执行“对象 > 隐藏 > 其他图层”命令。

图 6-89

图 6-90

6.5.2 显示对象

(1) 当需要将隐藏的对象显示时，可以执行“对象 > 显示全部”命令或使用快捷键 <Ctrl+Alt+3>。之前被隐藏的所有对象都将被重新显示出来，如图 6-91 所示。

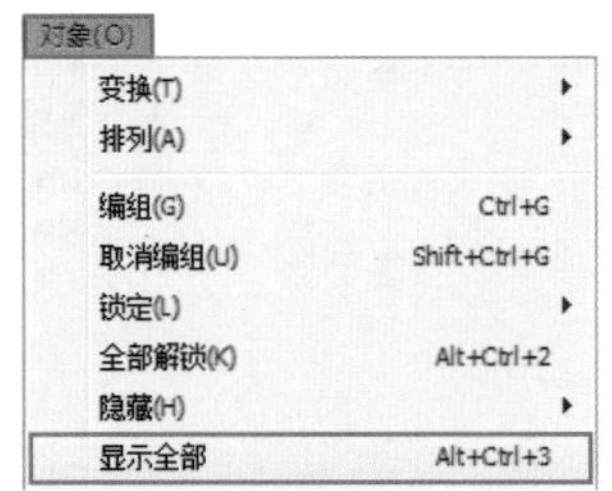

图 6-91

(2) 若要将众多的隐藏对象中的某个显示出来，可以在“图层”面板中进行操作。在“图层”面板中找到隐藏的对象，单击显示“图层显示”按钮，可以将隐藏的对象显示出来，如图 6-92、图 6-93 所示。

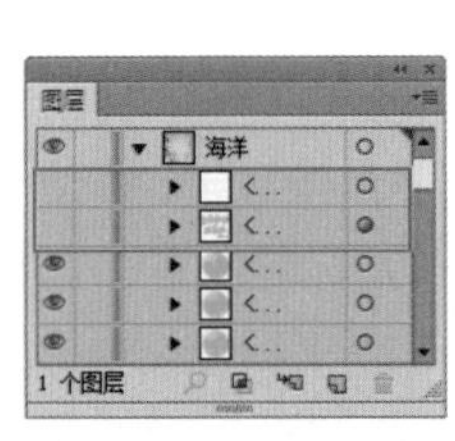

图 6-92

图 6-93

6.6 对位图进行图像描摹

在 Illustrator 中可以通过执行“图像描摹”命令将位图图像转换为矢量图稿。这一项操作非常有趣，经常用在想要快速的将位图转换为矢量效果的作品中。图 6-94 和图 6-95 所示为制作过程中执行“图像描摹”命令的作品。

图 6-94

图 6-95

6.6.1　轻松练：描摹图稿

在 Illustrator 中快速描摹图稿是指将图稿以默认设置进行描摹。这一操作可以通过单击控制栏中的“图像描摹”按钮来实现，也可以通过执行“对象 > 图像描摹 > 建立”命令来实现。

（1）打开或置入用作描摹的文件，将置入的图像调整到适当的大小，如图 6-96 所示。

图 6-96

（2）单击控制栏中的“图像描摹”按钮，或执行“对象 > 图像描摹 > 建立”命令。此时即可使用默认描摹设置来描摹图像，如图 6-97、图 6-98 所示。

图 6-97

图 6-98

6.6.2　调整图稿描摹选项

创建描摹对象后，可以随时调整描摹结果。选择描摹对象，在控制栏中可以更改部分参数设置。也可以单击控制栏中的“图像描摹面板”按钮打开“图像描摹面板”以查看全部描摹参数，如图 6-99 所示。

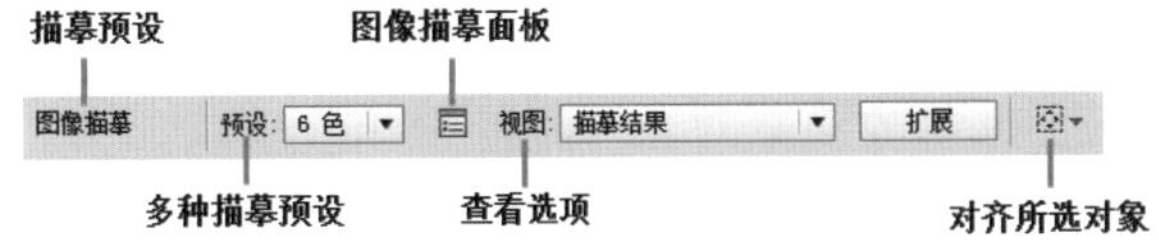

图 6-99

（1）如果使用其他描摹预设来描摹图像，可以直接在控制栏中的“预设”下拉列表中选择一个预设即可，如图 6-100 所示。

图 6-100

（2）切换为其他描摹预设，效果如图 6-101 所示。

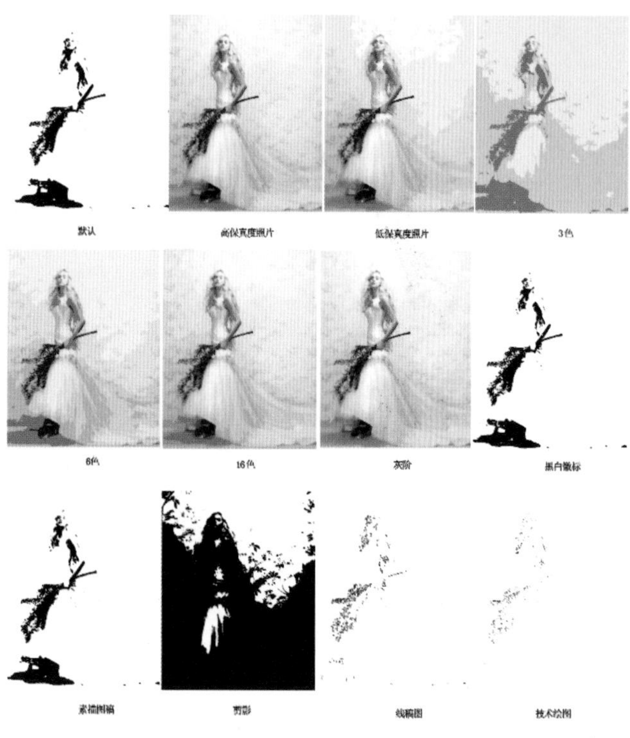

图 6-101

6.6.3 释放描摹对象

如果要放弃描摹回到图像的原始状态，可以选取图像描摹结果执行“对象 > 图像描摹 > 释放”命令，如图 6-102 所示。

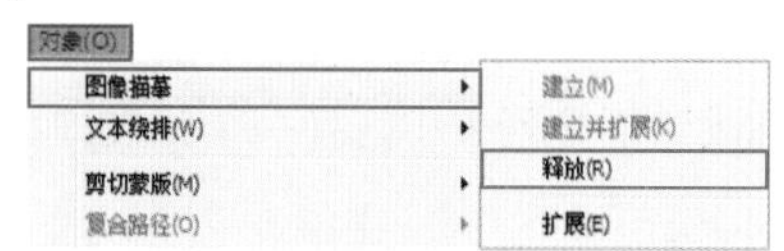

图 6-102

6.6.4 扩展描摹效果

描摹后的位图虽然变为了矢量图，但是却不能直接进行锚点、填色等矢量属性的编辑。如果需要对描摹后的对象进行进一步的编辑，则需要将描摹对象进行“扩展”。扩展后的对象将转换为矢量对象，不再具有描摹对象的属性，但是可以像普通矢量图形一样进行编辑，例如调整路径形状，删除或添加锚点等。

（1）打开一张图片，如图 6-103 所示。单击控制栏中的“图像描摹”按钮，使用默认的预设描摹对象，如图 6-104 所示。

（2）保持描摹对象的选中状态，单击控制栏中的“扩展”，或执行“对象 > 实时描摹 > 扩展”命令，将描摹转换为路径。此时描摹对象中出现锚点和路径，可以使用直接选择工具选取这些锚点和路径进行进一步编辑。如图 6-105 所示。

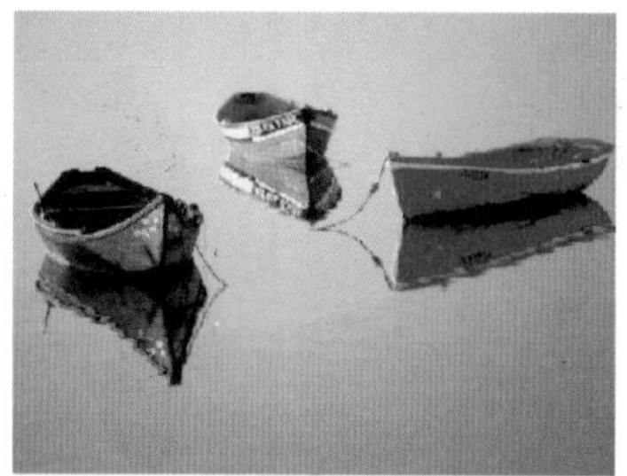

图 6-103

图 6-104

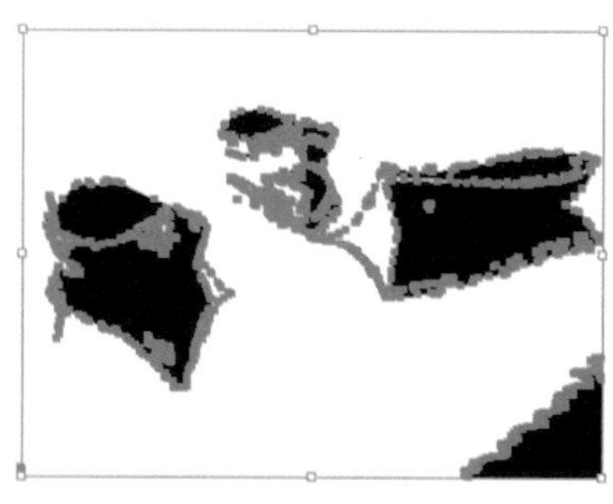

图 6-105

小技巧：扩展后的对象需要“解组”

扩展后的对象通常都为编组对象，选中该对象单击右键执行“解除编组”命令即可。

6.6.5 进阶案例：使用图像描摹制作欧美风格插画

案例文件	使用图像描摹制作欧美风格插画 .ai
视频教学	使用图像描摹制作欧美风格插画 .flv
难易指数	★★★☆☆
技术掌握	掌握图像描摹运用

（1）执行“文件 > 新建 > 文档”命令，在弹出的“新建文档”对话框中新建“大小”为 A4，“取向”为纵向的文档，如图 6-106 所示。

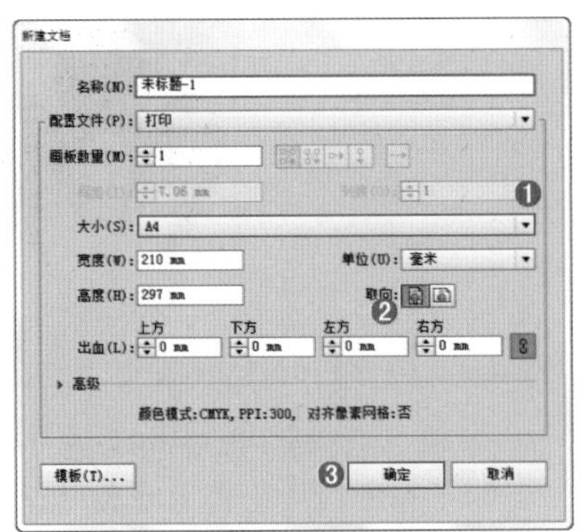

图 6-106

（2）选择工具箱中的“矩形工具”，设置“填充”为浅黄色，绘制大小与画板大小相当的矩形，如图 6-107 所示。

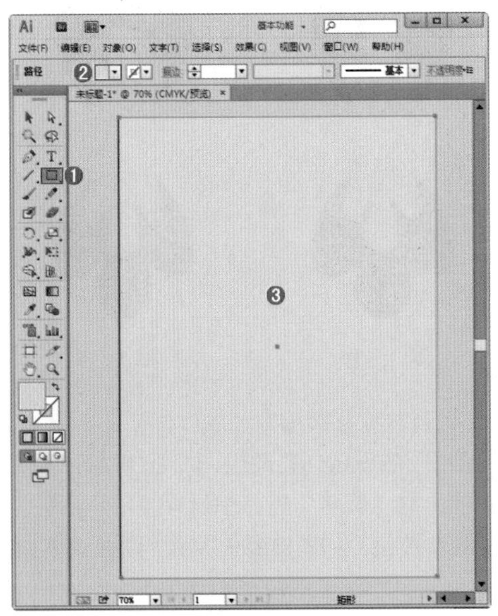

图 6-107

（3）执行“文件 > 置入”命令，置入素材 1.png，如图 6-108、图 6-109 所示。

图 6-108

图 6-109

（4）选择置入的图像，单击控制栏中的“描摹预设”按钮，在“描摹预设”下拉菜单中选择“16 色”，然后单击“图像描摹”按钮 图像描摹 ，如图 6-110 所示。

图 6-110

（5）可以发现执行“图像描摹”后，图像中出现了多余的白色背景。单击控制栏中的“扩展”按钮 扩展 ，此时图像中出现很多锚点和路径，如图 6-111 所示。使用工具箱中的“直接选择工具”选取白色背景，按 <Delete> 键将其删除，如图 6-112 所示。

图 6-111

图 6-112

（6）执行“文件 > 置入”命令，置入素材 2.png，如图 6-113 所示。调整素材位置，整体制作完整，如图 6-114 所示。

图 6-113

图 6-114

6.7 综合案例：制作欧式风格封面

案例文件	制作欧式风格封面 .ai
视频教学	制作欧式风格封面 .flv
难易指数	★★★☆☆
技术掌握	移动、复制、对齐与分布、编组

本案例主要是背景部分的制作。使用到了移动、复制，对齐与分布，编组等操作，完成效果如图 6-115 所示。

图 6-115

（1）新建一个 A4 大小的文件。接下来制作背景的花纹。单击工具箱中的“钢笔工具”，在画板中绘制形状，如图 6-116 所示。绘制完成后填充红色，如图 6-117 所示。

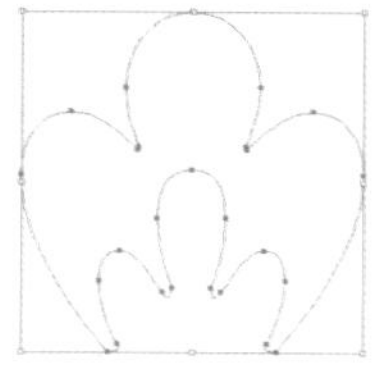

图 6-116　　图 6-117

（2）选择该形状，按住 <Alt+Shift> 键将其向下移动并复制，然后将复制的花瓣按住 <Shift> 键进行旋转，如图 6-118 所示。为了保证两片花瓣为垂直对齐，可以将这两片花瓣选中，单击控制栏中的“水平居中对齐”按钮，如图 6-119 所示。

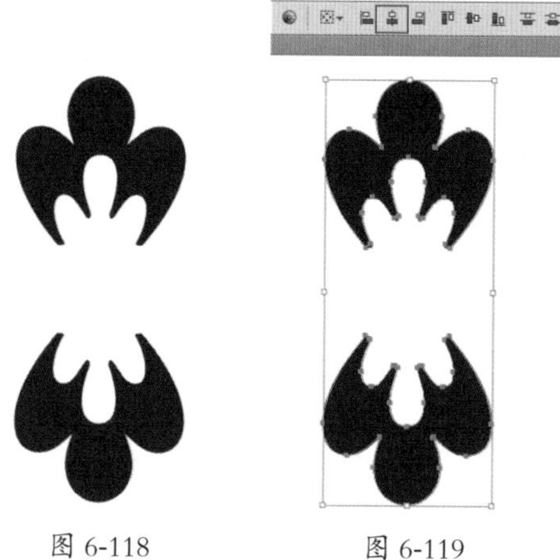

图 6-118　　图 6-119

（3）将这两片花瓣选中，执行“对象 > 编组”命令，将其进行编组。然后选择花瓣组，执行“对象 > 变换 > 旋转”命令，在弹出的“旋转”窗口中设置，“角度”为 90°，单击“复制”按钮，如图 6-120 所示。画面效果如图 6-121 所示。

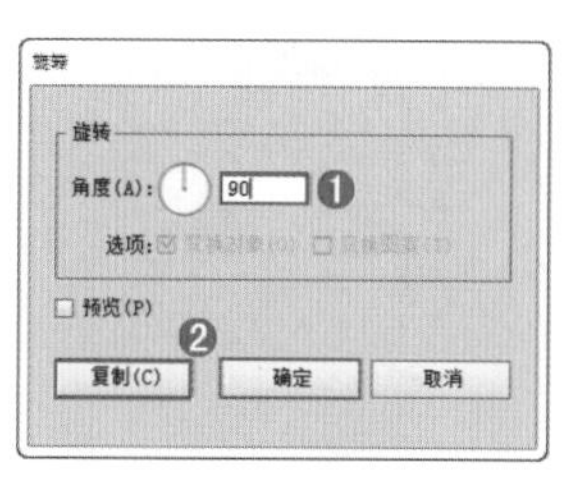

图 6-120

图 6-121

（4）单击工具箱中的“椭圆工具”，在花瓣中心位置绘制一个正圆，为了保证正圆在花心位置，可以同时选中竖向的花瓣组和圆形，然后将花瓣作为对齐对象单击“水平居中对齐”按钮，如图 6-122 所示。使用同样的方法对齐横向的花瓣，效果如图 6-123 所示。一个花朵就制作完成了。

图 6-122　　图 6-123

（5）将刚刚制作完成的花朵选中，执行“对象 > 编组”命令，将其进行编组。将花朵移动至画板的合适位置。选中该花朵，执行“窗口 > 变换”命令，在该面板中设置“宽”和“高”为 20mm，如图 6-124 所示。

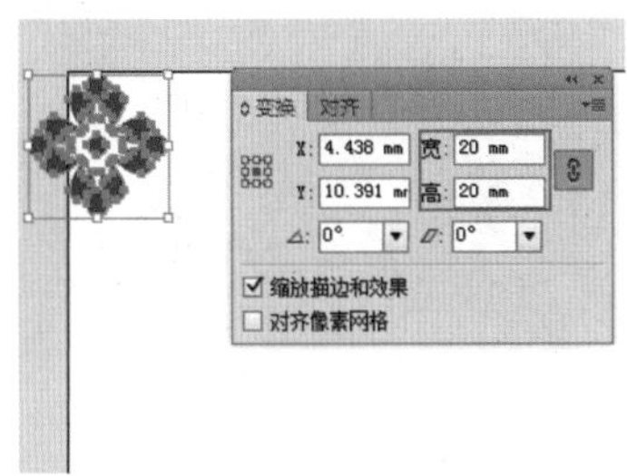

图 6-124

（6）使用“直接选择工具”选择该花朵，按住 <Alt+Shift> 键将要向左复制并平移，如图 6-125 所示。多次使用“再次变换”快捷键 <Ctrl+D> 重复上一步操作，如图 6-126 所示。

图 6-125

图 6-126

（7）将“花朵”全部选取，执行“窗口 > 对齐”命令，打开“对齐”面板，单击“对齐”面板中的“垂直居中对齐”按钮，如图 6-127 所示。选择这一排的花朵，按住 <Alt> 键向下复制并移动，如图 6-128 所示。

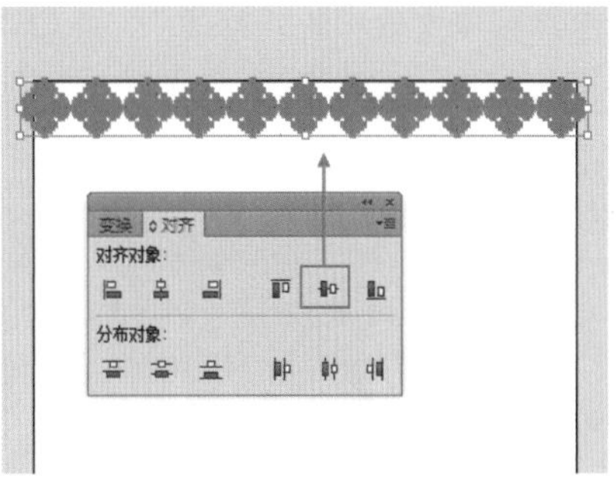

图 6-127

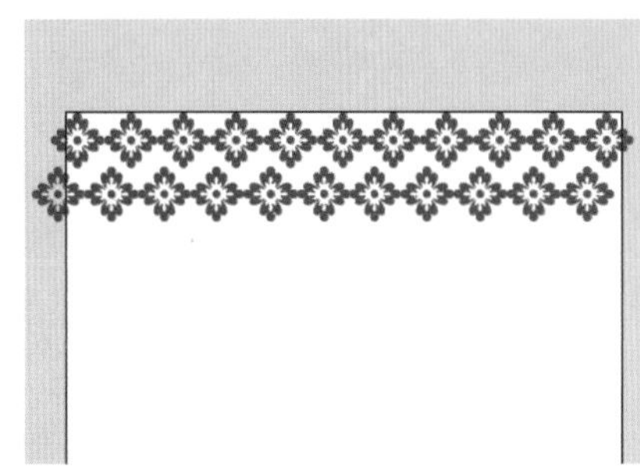

图 6-128

（8）将这两排花朵同时选中，然后进行编组。将编组后的花朵选中。按住 <Alt+Shift> 键向下进行移动，如图 6-129 所示。多次使用“再次变换”快捷键 <Ctrl+D> 重复上一步操作，得到大面积的花朵，如图 6-130 所示。

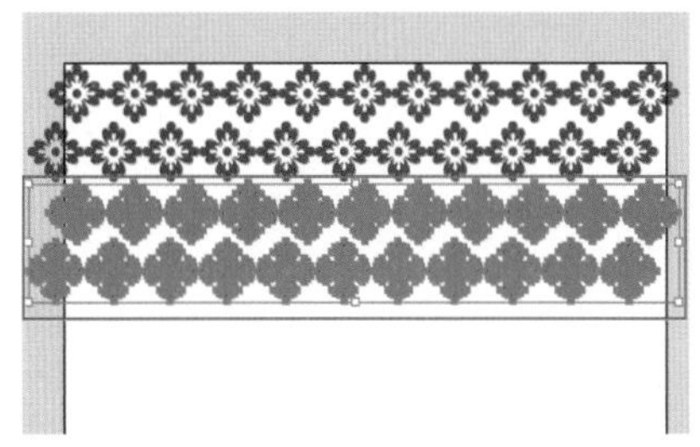

图 6-129

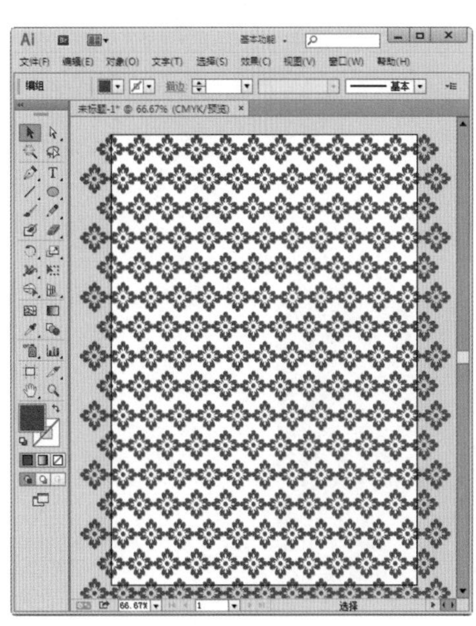

图 6-130

（9）全部选取文档中的“花朵”，然后在控制栏中单击“垂直居中对齐”按钮，如图 6-131 所示。

图 6-131

（10）执行“窗口 > 透明度”命令，在“透明度”窗口中设置不透明度为 30%，如图 6-132 所示。画面效果，如图 6-133 所示。

图 6-132

图 6-133

（11）接下来使用“剪切蒙版”将多余的花纹隐藏。绘制一个与画面等大的矩形，如图 6-134 所示。将花纹和矩形同时选中，执行“对象 > 剪切蒙版 > 建立”命令，建立剪切蒙版，画面效果如图 6-135 所示。

图 6-134

图 6-135

（12）使用“矩形工具”绘制一个大小和画板大小相当的矩形，并填充为红黑系渐变的矩形，如图 6-136 所示。执行“对象 > 排列 > 置于底层”命令，将渐变移动至最底层，如图 6-137 所示。

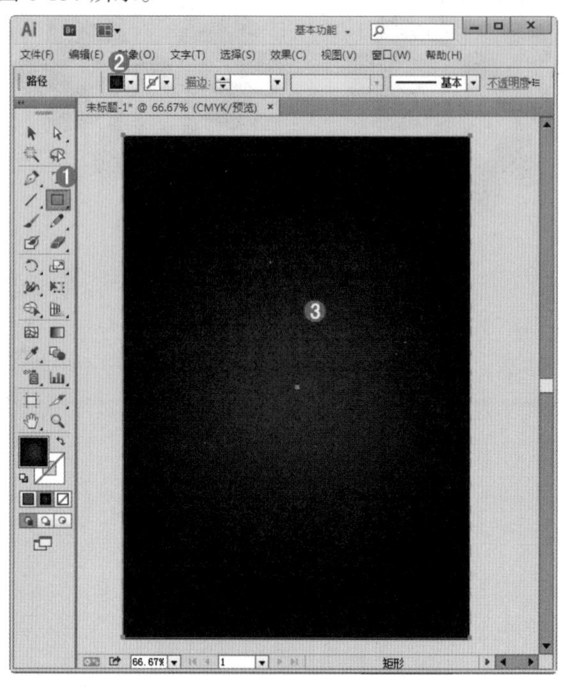

图 6-136

图 6-137

（13）执行“文件 > 置入”命令置入素材 1.png，如图 6-138 所示。本案例制作完成。

图 6-138

第 7 章 填充与描边

关键词

填充、描边、色板、单色、渐变、图案、渐变网格

要点导航

单色填充
渐变填充
图案填充
描边
网格工具

学习目标

能够熟练的为图形设置合适的填充色和轮廓色

能够设置合适的渐变和图案

掌握运用渐变网格制作多色填充效果的方法

佳作鉴赏

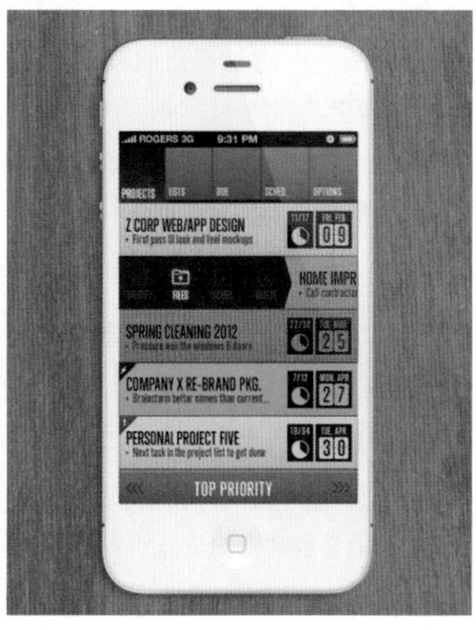

7.1 填充、描边与颜色

填充是指设置对象内部的颜色、图案或渐变。填充可以应用于开放和封闭的对象，以及“实时上色组”的表面。Illustrator 中的填充包括三种类型：单色填充、渐变填充和图案填充。而描边是指为对象的轮廓路径进行颜色的设置。图 7-1 和图 7-2 所示为制作过程中应用“填充”和“描边”操作的矢量作品。

图 7-1

图 7-2

7.1.1 通过颜色控制组件设置填充和描边

在工具箱底部可以看到“标准的 Adobe 颜色控制组件”，在这里可以对所选对象进行“填充”“描边”的设置，也可以设置即将创建的对象的描边和填充属性，如图 7-3 所示。

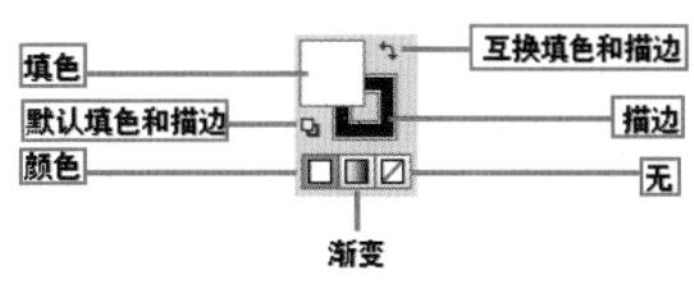

图 7-3

重点参数提醒：

- 填充按钮□：通过双击此按钮，可以使用拾色器来选择填充颜色。
- 描边按钮■：通过双击此按钮，可以使用拾色器来选择描边颜色。
- 互换填色和描边按钮↰：通过单击此按钮，可以在填充和描边之间互换颜色。
- 默认填色和描边按钮◲：通过单击此按钮，可以恢复默认颜色设置（白色填充和黑色描边）。
- 颜色按钮□：通过单击此按钮，可以将上次选择的纯色应用于具有渐变填充或者没有描边或填充的对象。
- 渐变按钮■：通过单击此按钮，可以将当前选择的填充更改为上次选择的渐变。
- 透明按钮☒：通过单击此按钮，可以删除选定对象的填充或描边。

7.1.2 使用“拾色器”设置颜色

可以通过“拾色器”窗口对“填充”和“描边”的颜色进行设置。双击工具箱底部的“填充”或“描边”按钮即可弹出“拾色器”面板，如图 7-4 所示。

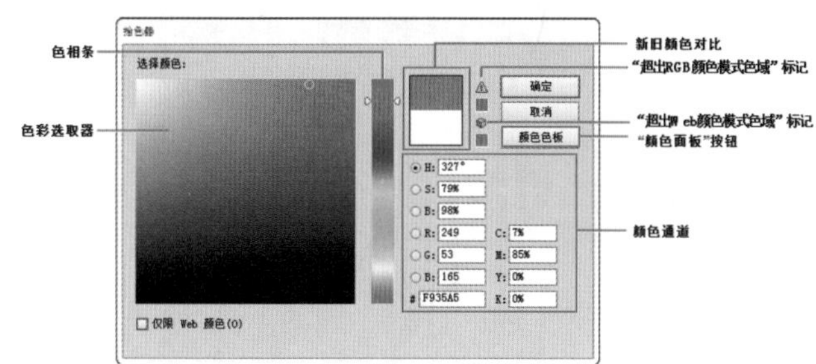

图 7-4

重点参数提醒：

- 色相条和色彩选取器：通过在色相条中单击或拖拽滑块，可以选择指定的色相。在色彩选取器中单击或拖动，可以选择指定色相中的不同色调。
- 新旧颜色对比：用来预览当前所选择的颜色与之前选择的颜色的对比状态。位于上端缩览图为当前选择的颜色，位于下端的缩览图为之前选择的颜色。
- “颜色面板”按钮：单击该按钮可以切换到“颜色色板”对话框，单击该对话框中的色板选项，可以选择颜色，拖动色相条滑块可以切换颜色。
- 仅限 Web 颜色：当勾选“拾色器”面板中“仅限 Web 颜色”选项时，“拾色器”面板中只显示 Web 颜色（Web 颜色是指可以直接以英文名称形式在网页脚本中使用的一组 RGB 颜色。）其他的颜色将被隐藏，如图 7-5 所示。

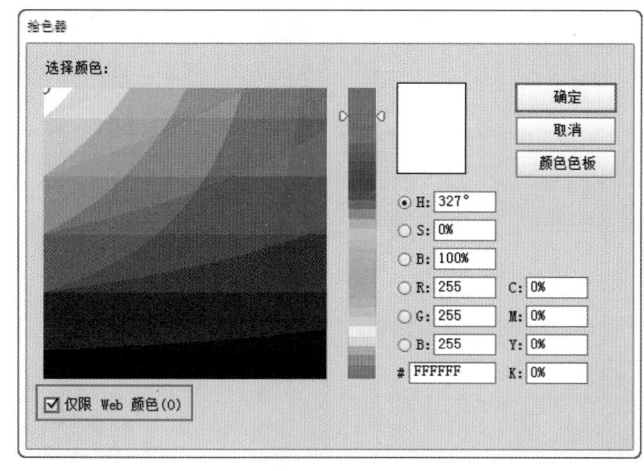

图 7-5

- “超出 RGB 颜色模式色域”标记⚠：表示选中的颜色超出了 CMYK 颜色模式的色域，无法应用到印刷中。
- “超出 Web 颜色模式色域”标记◈：表示选中的颜色超出了 Web 颜色模式的色域，不能使用 Web 颜色进行表示，并且无法应用到 HTML 语言中。可以通过单击标记下面的颜色框，选择和该颜色最相近的 Web 颜色。
- 颜色通道：可在对应的颜色通道文本框中输入数值设定当前颜色。在颜色通道中有三种颜色模式，分别是“RGB”“CMYK”和“HSB”。

7.2　单色填充

单色填充是最常见也是最基本的一种填充类型。单色填充只有用于填充的颜色，且填充颜色没有深浅和渐进变化，图 7-6~ 图 7-9 所示为采用单色填充的作品。

图 7-6

图 7-7

图 7-8

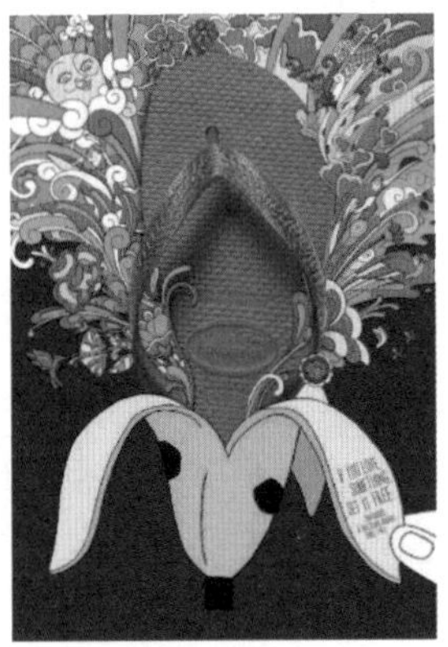

图 7-9

7.2.1　轻松练：认识和使用颜色面板

“颜色”面板的具体功能和“拾色器”面板类似，通过“颜色”面板可以对图形对象的“填充”“描边”等进行设置。但该面板会按照图像的颜色模式进行变换，而“拾色器”面板不具有这一特性。执行“窗口 > 颜色”命令或使用快捷键 <F6> 可以打开“颜色”面板，如图 7-10 所示。

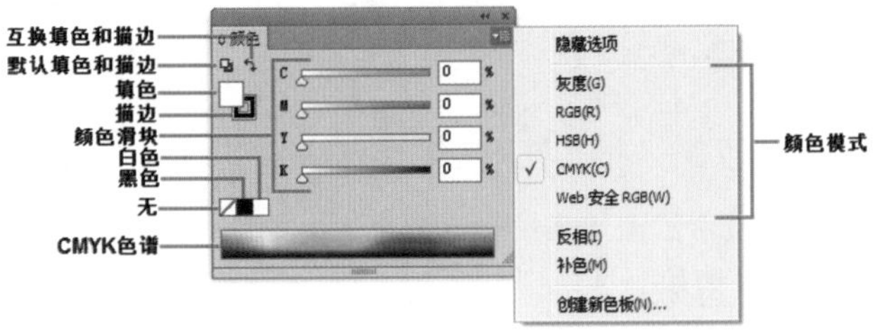

图 7-10

（1）选择需要填充颜色的对象，如图 7-11 所示。执行“窗口 > 颜色”命令，打开“颜色”面板。在设置颜色之前需要在“颜色”面板底部的“CMYK 色谱”中选择大概的颜色，如图 7-12 所示。

图 7-11

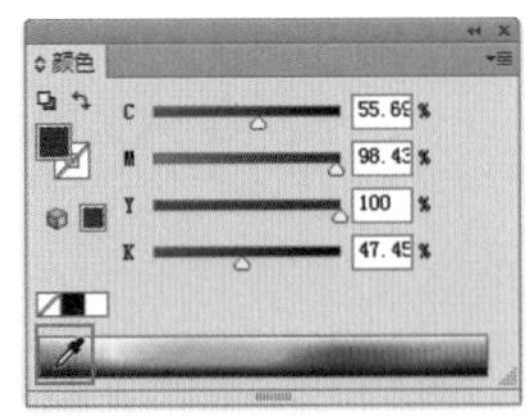

图 7-12

（2）在“颜色”面板中单击“填色”按钮，然后拖拽颜色滑块或输入颜色数值，即可更改对象的颜色，如图 7-13 所示。

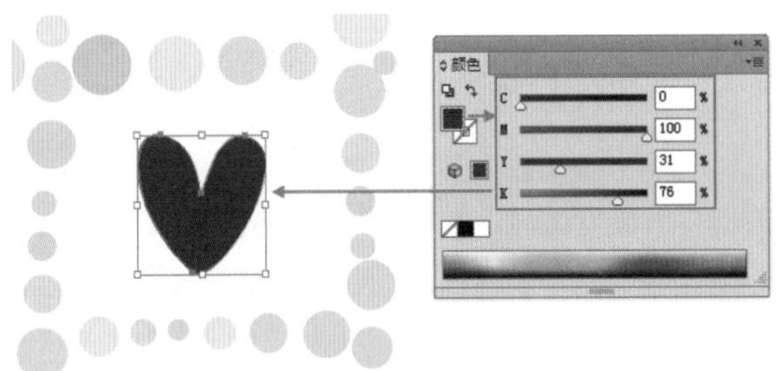

图 7-13

（3）若要设置描边颜色，可以单击“描边”按钮，然后进行颜色的设置，如图 7-14 所示。

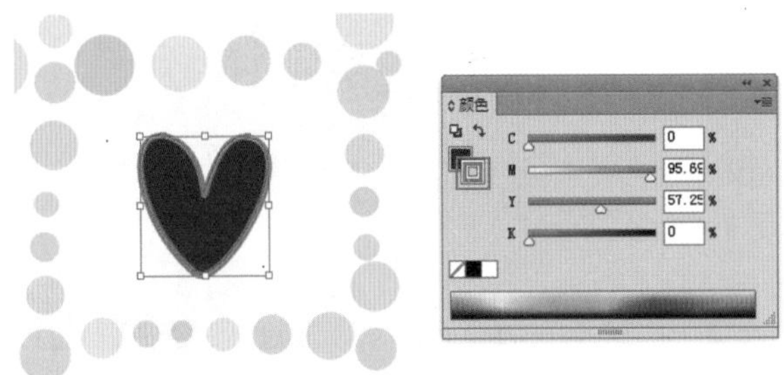

图 7-14

小技巧：“颜色”面板中“无”“黑”和“白”三个按钮的作用

在“CMYK 色谱”上方置有三个按钮分别是“无”、“黑色”、“白色”。若对所选不设置任何颜色，可以单击“无”按钮；若要将所选对象的颜色设置为黑色，可以单击“黑色”按钮；若要将所选对象的颜色设置为白色，可以单击“白色”按钮。

（4）通过单击面板中的“菜单”按钮，在菜单中选择“灰度”“RGB”“HSB”“CMYK”或“Web 安全 RGB”即可定义不同的颜色状态。选择的模式仅影响“颜色”面板的显示，并不更改文档的颜色模式，如图 7-15 所示。

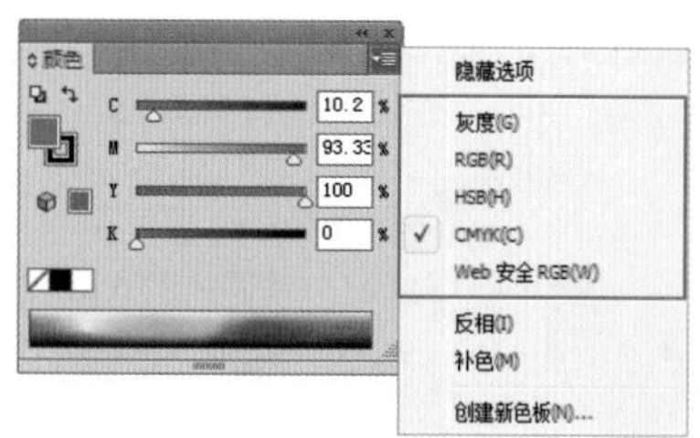

图 7-15

小技巧：如何设置颜色的“反色”和“补色”

选取一个填充颜色为非白色的对象，在面板菜单中选择“反色”选项，可以快速找到当前选中颜色的“反色”。在面板菜单中选择“补色”选项，可以快速找到当前选中颜色的“补色”。

7.2.2 使用“色板”面板

“色板”面板的重要功能是对色板进行控制和管理。“色板”面板可以显示和控制颜色面板、渐变面板和图案面板。在该面板中可以执行新建、存储、删除、置入、载入色板的操作。

1. 调整面板显示状态

（1）执行“窗口 > 色板”命令打开“色板”面板，此时的“色板”面板的显示模式为其默认显示模式“小缩览图视图”，如图 7-16 所示。

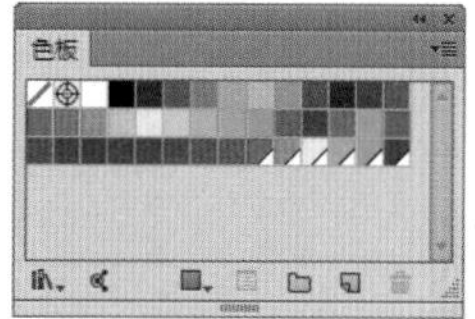

图 7-16

（2）按照不同的显示尺寸，可以对“色板”面板的显示状态进行调整。单击“色板”的面板菜单，可以设置面板的视图模式为“小缩览图视图”（默认选项）“中缩览图视图”(图 7-17)“大缩览图视图”(图 7-18)“小列表视图”（图 7-19）或“大列表视图”（图 7-20）。

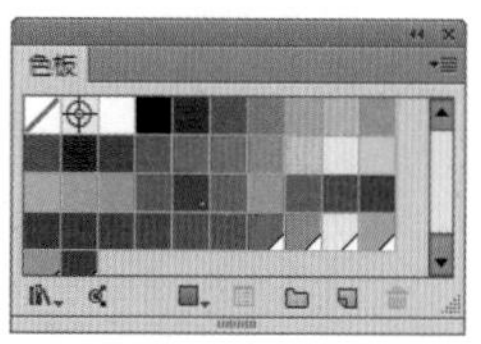

图 7-17

图 7-18

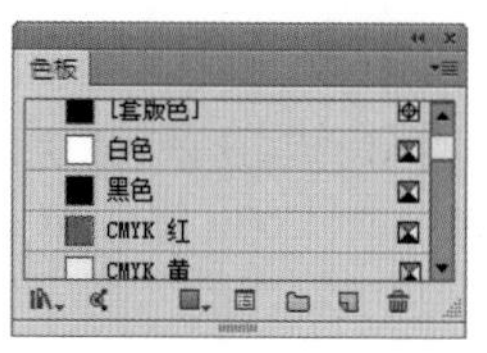

图 7-19

图 7-20

（3）在面板菜单中可以将“色板”面板的排列方式设计为“按名称排序”或“按类型排序”两种，如图 7-21 所示。也可以单击选择要改变位置的色板，将其拖拽到希望的位置释放鼠标，此时色板被移动到该位置。

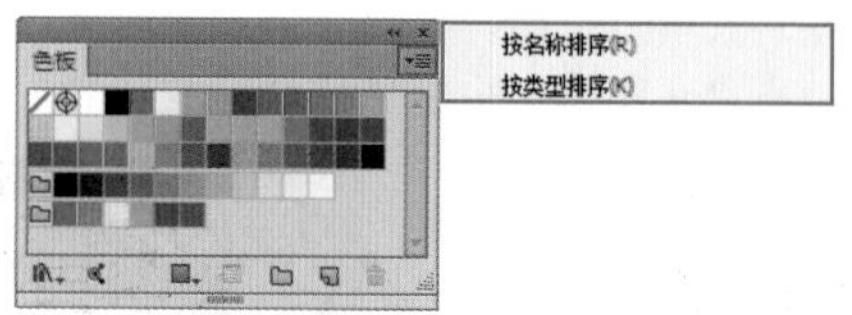

图 7-21

技术延伸：详解色板类型

印刷色：印刷色使用四种标准印刷色油墨的组合打印：青色、洋红色、黄色和黑色。默认情况下，Illustrator 将新色板定义为印刷色。

全局印刷色：当编辑全局色时，图稿中的全局色自动更新。所有专色都是全局色；但是印刷色可以是全局色或局部色。可以根据全局色图标（当面板为列表视图时）或下角的三角形（当面板为缩略图视图时）标识全局色色板。

专色：专色是预先混合的用于代替或补充 CMYK 四色油墨的油墨。可以根据专色图标（当面板为列表视图时）或下角的点（当面板为缩略图视图时）标识专色色板。

渐变：渐变是两个或多个颜色或者同一颜色或不同颜色的两个或多个色调之间的渐变混合。渐变色可以指定为 CMYK 印刷色、RGB 颜色或专色。将渐变存储为渐变色板时，会保留应用于渐变色标的透明度。对于椭圆渐变（通过调整径向渐变的长宽比或角度而创建），不存储其长宽比和角度值。

图案：图案是带有实色填充或不带填充的重复(拼贴)路径、复合路径和文本。

无：使用“无”色板可以从对象中删除描边或填色。用户不能编辑或删除此色板。

套版色：套版色色板是内置的色板，可使利用它填充或描边的对象从 PostScript 打印机进行分色打印。

颜色组：颜色组可以包含印刷色、专色和全局印刷色，而不能包含图案、渐变、无或套版色色板。可以使用“颜色参考”面板或“编辑颜色 > 重新着色图稿”对话框来创建基于颜色协调的颜色组。若要将现有色板放入到某个颜色组中，在“色板”面板中选择色板并单击“新建颜色组”图标。

2. 显示特定类型色板

“色板”面板不仅可以显示颜色色板，还能够显示渐变色板、图案色板。单击“色板”面板下方的“显示色板类型菜单”按钮，弹出显示色板类型菜单，在这一菜单中可以选择面板中显示的色板类型，如图 7-22 所示。

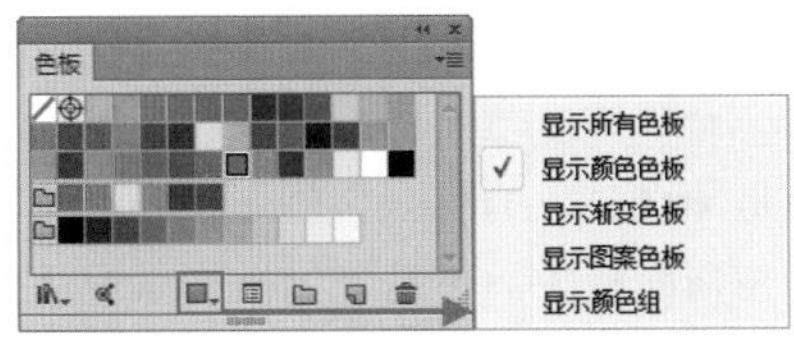

图 7-22

单击“显示渐变色板”选项，“色板”菜单中就会显示渐变色板，如图 7-23 所示。单击“显示图案色板”选项，色板菜单中就会显示图案色板，如图 7-24 所示。

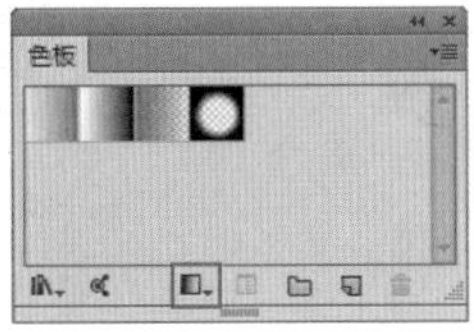

图 7-23

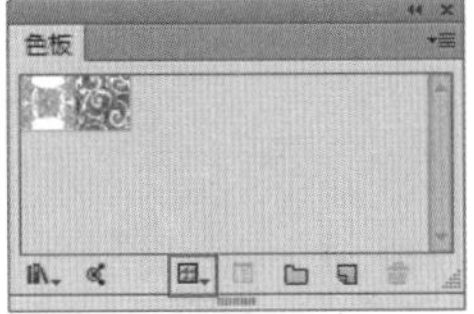

图 7-24

3. 调整色板选项

当一个色板出现在“色板”菜单中后，还可以在“色板”菜单中对该色板的相关参数进行设置。在“色板”菜单中选取一个色板，单击面板底部的“色板选项”按钮，此时弹出“色板选项”菜单，在该菜单中可以对“色板名称”“颜色类型”“颜色模式”等参数进行设置和修改，如图 7-25 所示。

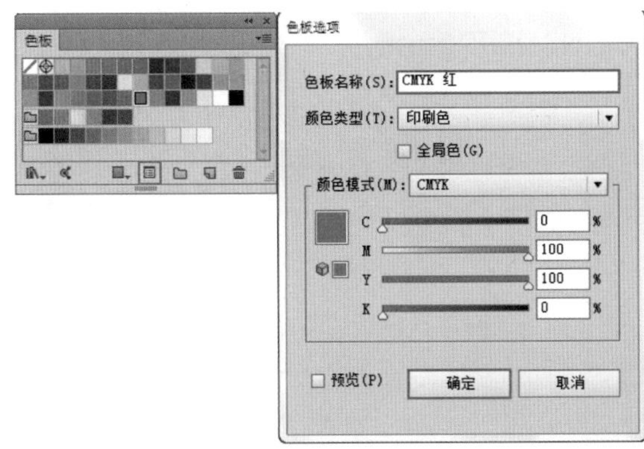

图 7-25

重点参数提醒：

- 色板名称：指定“色板”面板中色板的名称。
- 颜色类型：指定色板是印刷色还是专色。
- 全局色：创建全局印刷色色板。
- 颜色模式：指定色板的颜色模式。选择所需颜色模式后，可以使用颜色滑块调整颜色。如果选择的颜色不是 Web 安全颜色，将显示警告方块。单击方块可转换到最接近的 Web 安全颜色（显示在方块右侧）。如果选择超出色域的颜色，将显示警告三角形。单击三角形可转换为最接近的 CMYK 对等色（显示在三角形右侧）。
- 预览：显示任何应用了色板的对象上的颜色调整。

4. 新建色板

在“拾色器”面板或“颜色”面板中编辑要新建为色板的颜色，单击“色板”面板底部的“新建色板”按钮，也可以在面板菜单中执行“新建色板”命令，如图 7-26 所示。此时会弹出“新建面板”对话框，在该对话框中对所要创建色板的相关参数进行设置，单击“确定”按钮，即可完成新建色板，如图 7-27 所示。

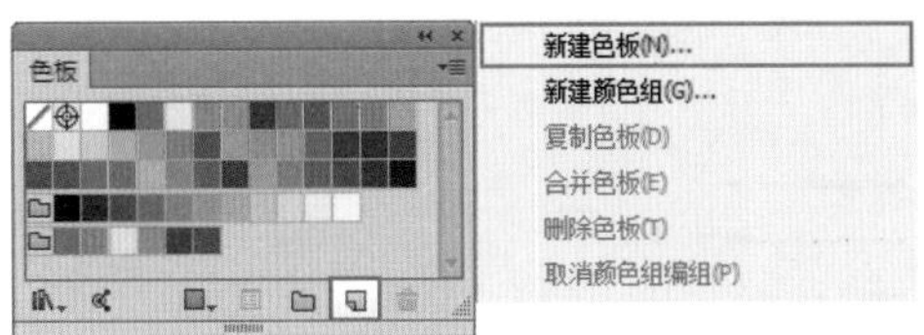

图 7-26

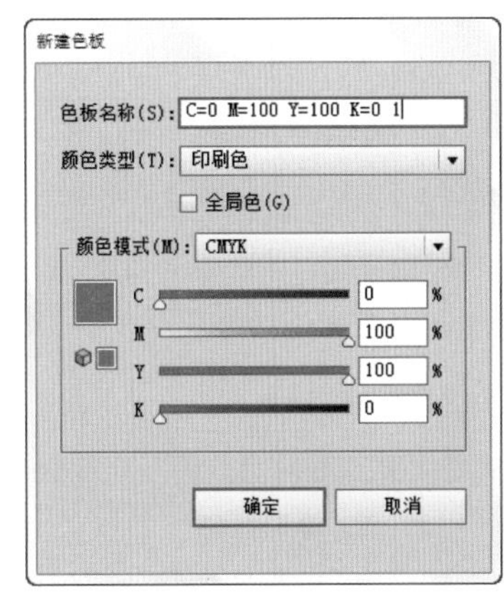

图 7-27

5. 选择与编辑颜色组

在 Illustrator 中色板可以通过颜色组进行管理。在“色板”菜单中单击颜色组图标，即可将整个颜色组选取，如图 7-28 所示。

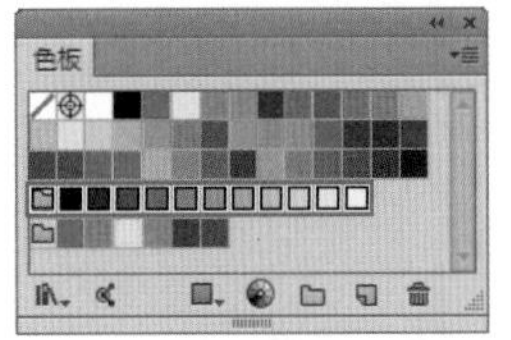

图 7-28

选定颜色组后，单击“色板”菜单底部的“编辑颜色组”按钮，弹出“编辑颜色”对话框，此时可以在该对话框中对选定的颜色组进行编辑，如图 7-29、图 7-30 所示。

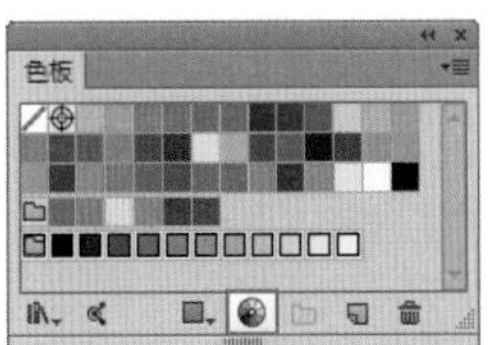

图 7-29

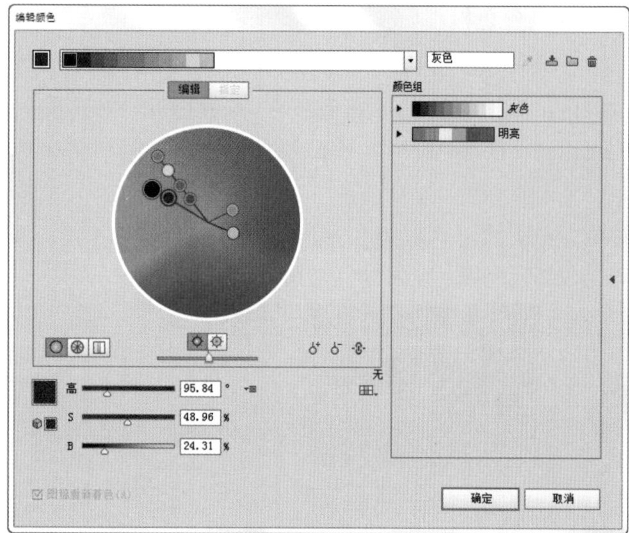

图 7-30

> 小技巧：“编辑颜色组”按钮和“色板选项”按钮的显示方法
>
> 只有选中色板组时，该按钮才显示为“编辑颜色组”按钮，选中单个色板时该按钮显示为“色板选项”按钮。

若要新建颜色组，单击“色板”底部的“新建颜色组”按钮，在弹出的“新建颜色组”对话框中对颜色组的名称进行设置，单击“确定”按钮即可新建颜色组。如图 7-31 所示。若要将色板放置到颜色组中，只要将色板拖拽到颜色组中即可，如图 7-32 所示。

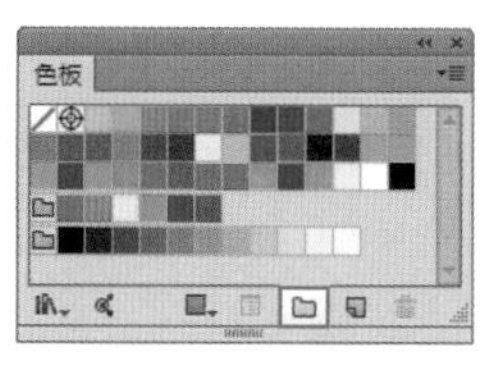

图 7-31

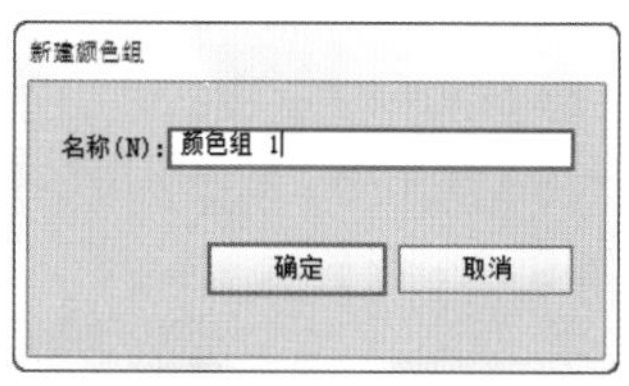

图 7-32

6、删除色板

若要删除“色板”面板中多余的色板，可以单击选取色板将其拖拽到“色板”面板底部的“删除色板”按钮，或直接单击“删除色板”按钮删除色板，如图 7-33 所示。也可以选取要删除的色板，在面板菜单中执行“删除色板”命令，如图 7-34 所示。

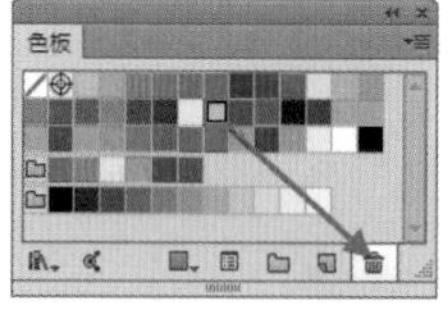

图 7-33

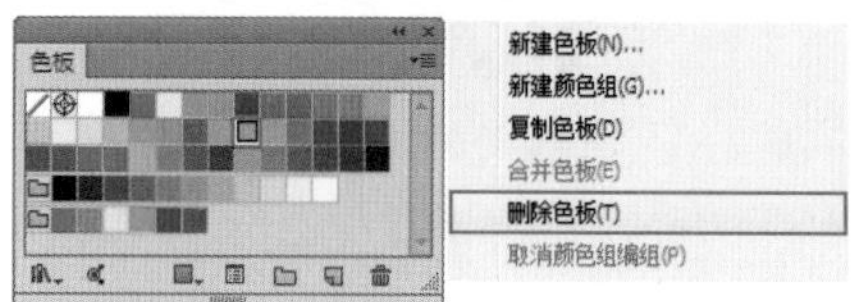

图 7-34

7.2.3 使用“色板库”

色板库是预设颜色的集合。打开一个色板库时，该色板库将显示在新面板中而不是“色板”面板。在色板库中选择、排序和查看色板的方式与在“色板”面板中的操作一样。如图 7-35~ 图 7-38 所示为佳作欣赏。

图 7-35

图 7-36

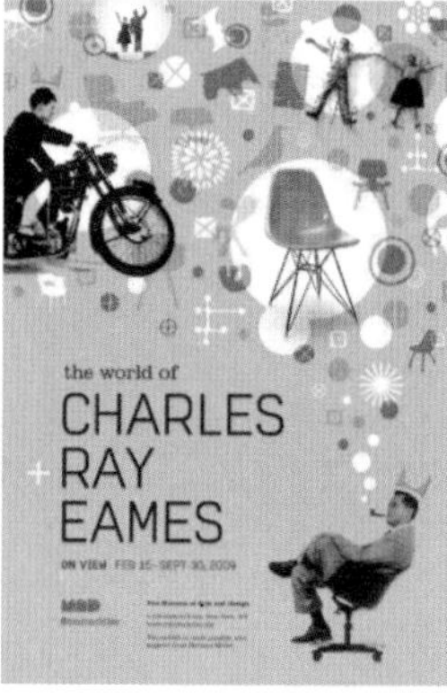

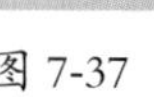

图 7-37

图 7-38

（1）执行“窗口 > 色板库”命令可以查看色板库列表，如图 7-39 所示。单击“色板”面板底部的“色板库菜单”按钮也可以打开色板库列表，如图 7-40 所示。

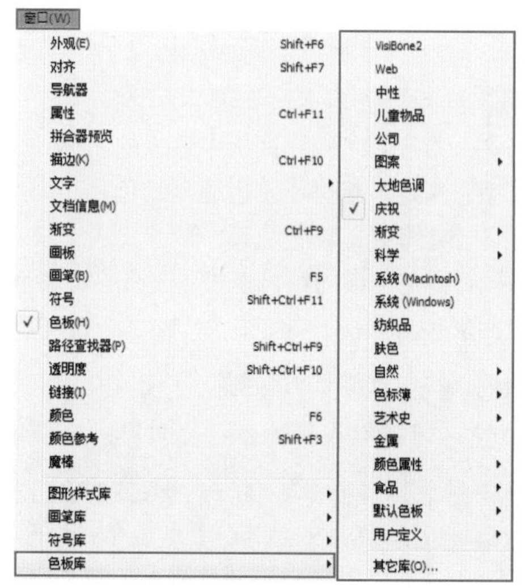

图 7-39

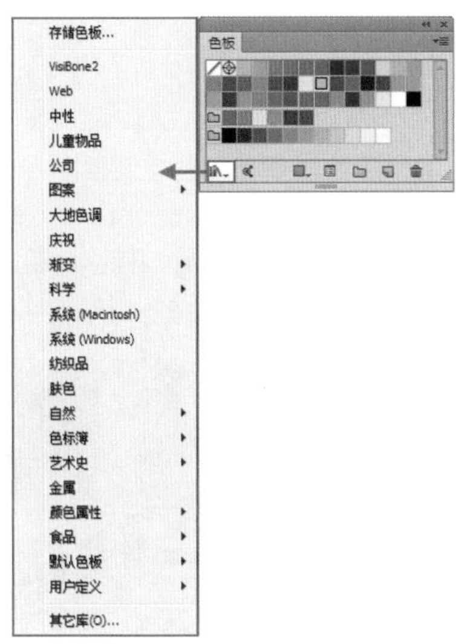

图 7-40

（2）在 Illustrator 中可以将“色板库”中的色板添加到“色板”面板中，以便在进行绘图时快速调用。在库面板中选择要添加到“色板”面板中的色板，在库面板菜单中执行“添加到色板”命令，即可将所选取的面板添加到“色板”菜单中，如图 7-41 和图 7-42 所示。若要将颜色组添加到“色板”面板中，只需单击颜色组标志即可，如图 7-43 和图 7-44 所示。

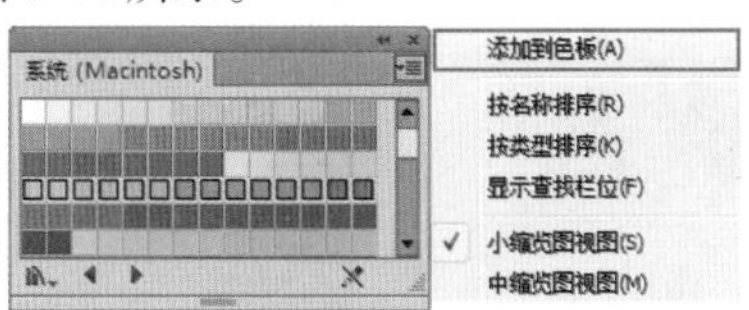

图 7-41

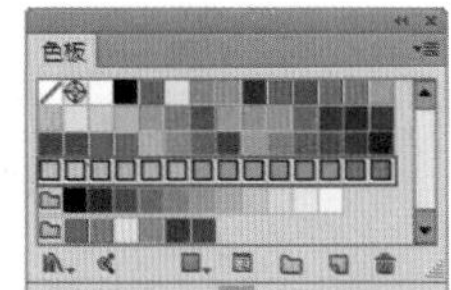

图 7-42

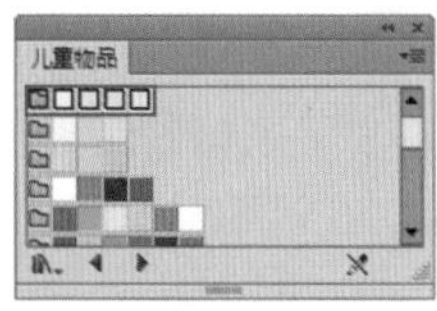

图 7-43

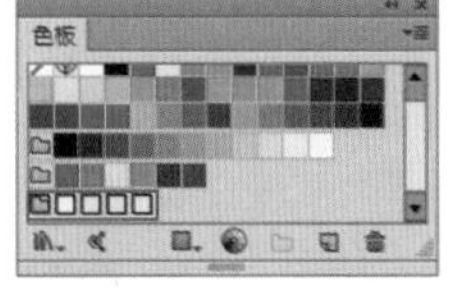

图 7-44

7.2.4 进阶案例：利用填充制作杂志背景

案例文件	利用填充制作杂志背景 .ai
视频教学	利用填充制作杂志背景 .flv
难易指数	★★☆☆☆
技术掌握	掌握填充的运用

（1）执行“文件 > 新建”命令新建大小为 A4 的纵向文档。单击选择工具箱中的“矩形工具”，设置“填充”为粉色，“描边”为“无”，在画板相应位置绘制一个矩形，如图 7-45 所示。

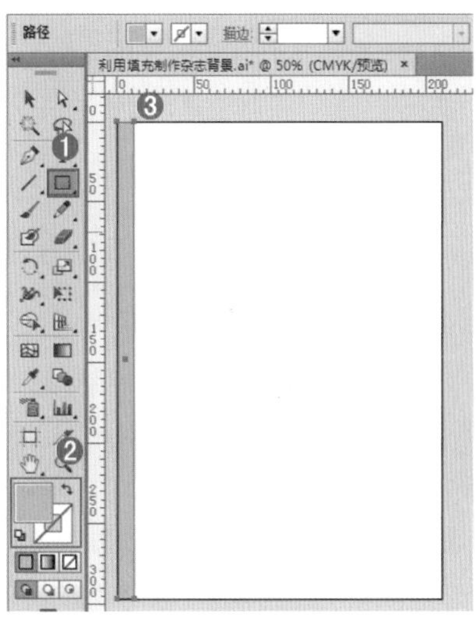

图 7-45

（2）单击工具箱中的“选择工具”，按住 <Shift+Alt> 键向右复制并平移，如图 7-46 所示。选择复制得到矩形将其填充为淡蓝色，如图 7-47 所示。使用同样的方法继续制作一个黄色的矩形，如图 7-48 所示。

图 7-46　　图 7-47

图 7-48

（3）将这三个颜色的矩形选中。使用“选择工具”按住 <Shift+Alt> 键向右复制并平移，如图 7-49 所示。使用“再次变换”快捷键 <Ctrl+D> 重复上一步操作，将彩色矩形大面积复制，如图 7-50 所示。

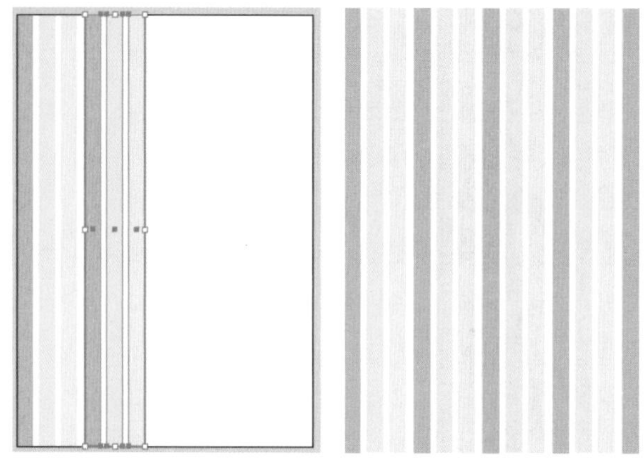

图 7-49　　图 7-50

（4）执行“文件 > 置入”命令，置入素材 1.png 如图 7-51 所示。将素材置于适当位置，绘制一个与文档大小相当的矩形，将矩形和素材同时选取，执行“对象 > 剪切蒙版 > 建立”命令，建立剪切蒙版如图 7-52 所示。

图 7-51　　图 7-52

（5）选择工具箱中的“文字工具”[T]，在文档内键入文字，如图 7-53 所示。整体制作完成。

图 7-53

7.3　渐变填充

渐变色是指两种或多种颜色之间逐渐混合，形成的一个过渡的颜色现象。在 Illustrator 软件中，渐变色只提供了两种类型，一种为线性渐变，另一种是径向渐变。图 7-54~图 7-57 所示为制作过程中应用渐变的作品。

图 7-54

图 7-55

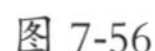

图 7-56

图 7-57

7.3.1　认识渐变面板

执行“窗口 > 渐变”命令或使用快捷键 <Ctrl+F9> 打开“渐变”面板，如图 7-58 所示。在该面板中可以对渐变的类型、角度、颜色、位置等进行设置。

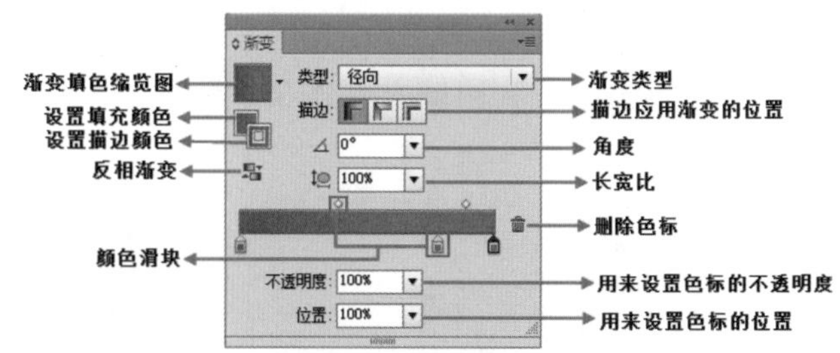

图 7-58

重点参数提醒：

- 设置填充颜色 \ 设置描边颜色：用来选择填充颜色或描边颜色，与“色板”面板中的使用方法一样。
- 反相渐变：单击该按钮可翻转当前渐变颜色的方向。
- 颜色滑块：颜色滑块又称“色标”。上方的渐变滑块，拖动该滑块可以调整渐变的过渡效果，如图 7-59 所示。下方的颜色滑块是用来设置颜色和调整颜色位置，若要对渐变的颜色进行设置，需要双击渐变色标，在弹出的面板中指定颜色，如图 7-60 所示。

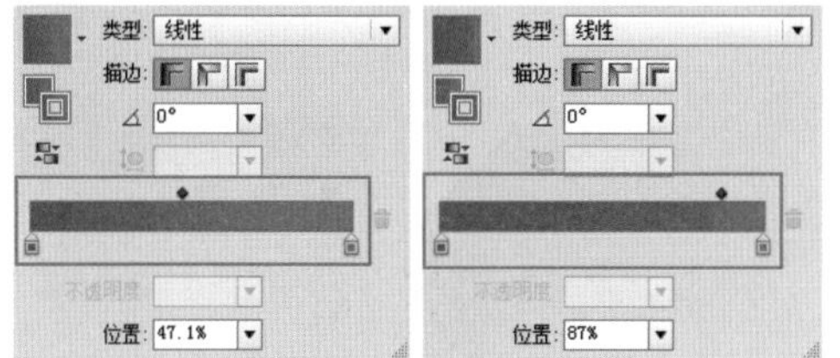

图 7-59

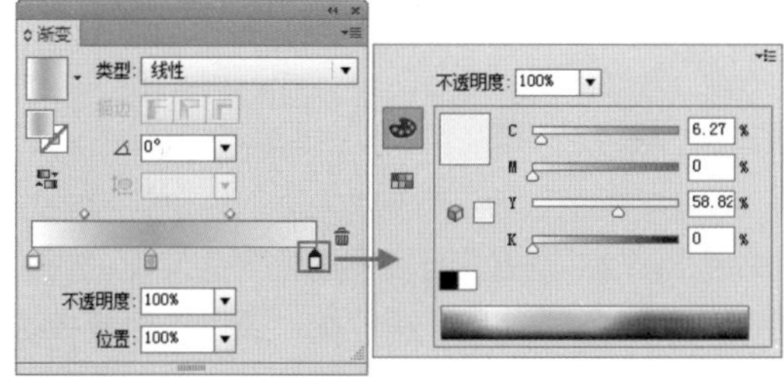

图 7-60

- 渐变类型：用来设置渐变的类型，在 Illustrator 中提供了两种渐变类型，分别是“线性渐变”和“径向”渐变，如图 7-61、图 7-62 所示。

图 7-61

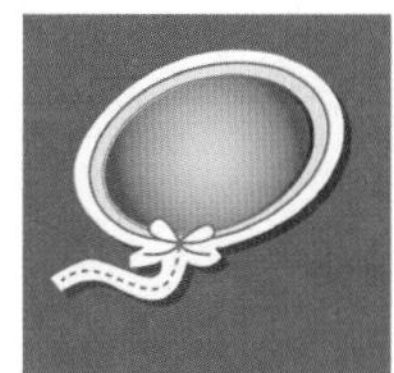

图 7-62

- 描边应用渐变的位置：用来设置描边应用渐变的位置，分别是“在描边中应用渐变”，描边效果如图 7-63 所示；“沿描边应用渐变”，描边效果如图 7-64 所示；“跨描边应用渐变”，描边效果如图 7-65 所示。

图 7-63

图 7-64

图 7-65

- 角度：用来设置渐变的角度，如图 7-66、图 7-67 所示分别为“角度”为 0° 和 90° 的渐变效果。

图 7-66

图 7-67

- 长宽比：用来设置径向渐变的长宽比。当渐变类型为“径向”时，更改径向渐变的长宽比可以调整椭圆的形态，如图 7-68 所示。在调整渐变长宽比的基础上调整角度数值可以改变椭圆的形态和角度，如图 7-69 所示。

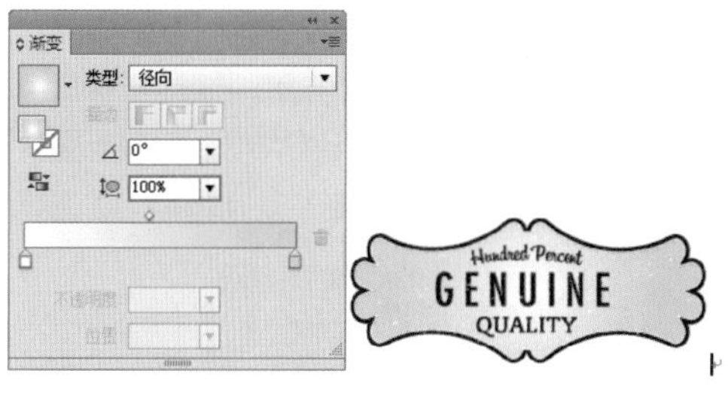

图 7-68

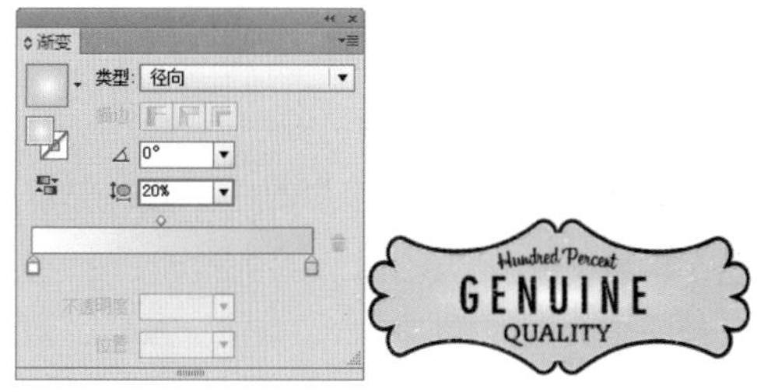

图 7-69

- 删除色标按钮：当颜色滑块多于两个后，该按钮将被激活。选择颜色滑块，单击该按钮就可以将该颜色滑块删除。
- 预设渐变按钮：单击“渐变”框右侧的按钮会弹出“预设渐变菜单”，该菜单中所列出的是默认渐变和已存储的渐变，如图 7-70 所示。单击该菜单底部的“添加到色板”按钮，即可将当前渐变存储。

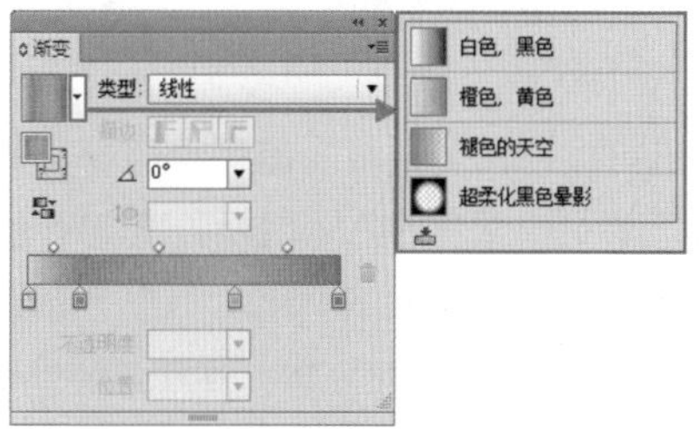

图 7-70

• 不透明度：当要调整渐变中某一色标的不透明度时，单击选择该色标，在“不透明度”一栏设置不透明度值即可，如图 7-71 所示。

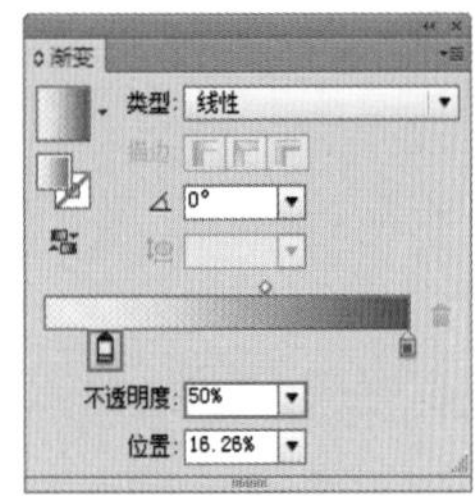

图 7-71

7.3.2 轻松练：调整渐变效果

在编辑渐变颜色时，设置色标颜色是最重要的一个部分。在 Illustrator 中，提供了多种设置色标颜色的方法，用户可以根据自己的工作习惯来进行颜色选择。

（1）选择需要填充渐变的对象，执行“窗口 > 渐变”命令，打开“渐变”面板。默认情况下，“渐变”面板中的渐变颜色为由黑色到白色的渐变，如图 7-72 所示。

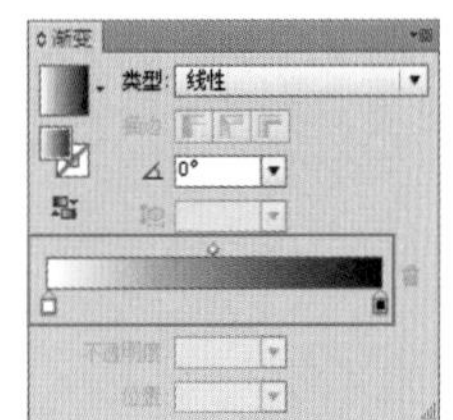

图 7-72

（2）选择一个色标（被选中的色标上的三角形会变为黑色），继续单击工具箱中的填充按钮，在“拾色器”窗口中选择一个合适颜色，单击“确定”按钮，即可设置色标的颜色，如图 7-73 所示。

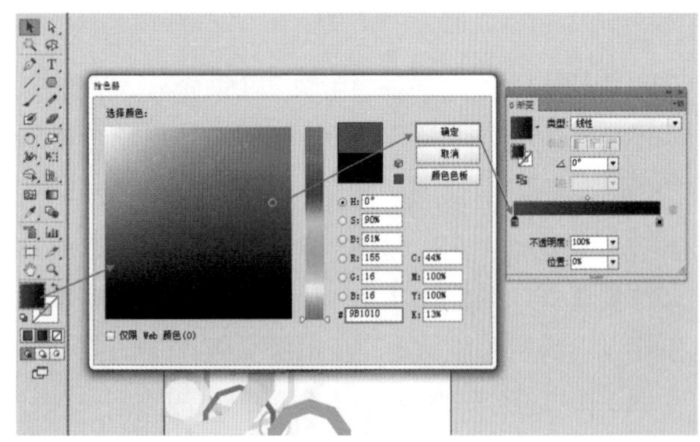

图 7-73

（3）也可以使用“色板”面板中的颜色进行色标的颜色。选择需要更改颜色的色标，执行“窗口 > 色板”命令，在“色板”面板中选择相应的颜色，按住鼠标左键将其拖拽至色标处，如图 7-74 所示。松开鼠标，即可更改色标颜色，如图 7-75 所示。

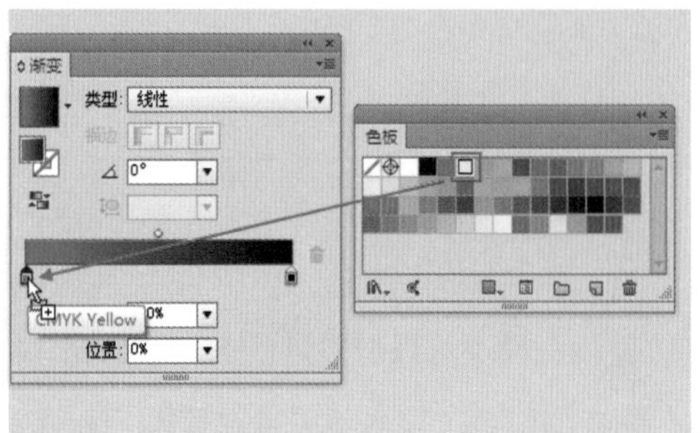

图 7-74

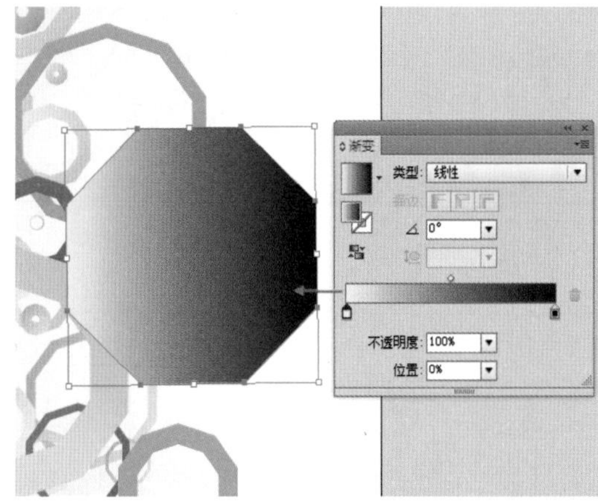

图 7-75

（4）也可以在“颜色”面板中进行颜色设置。选择色标，执行“窗口 > 颜色”命令，然后在“颜色”面板中选择相应的颜色，如图 7-76 所示。

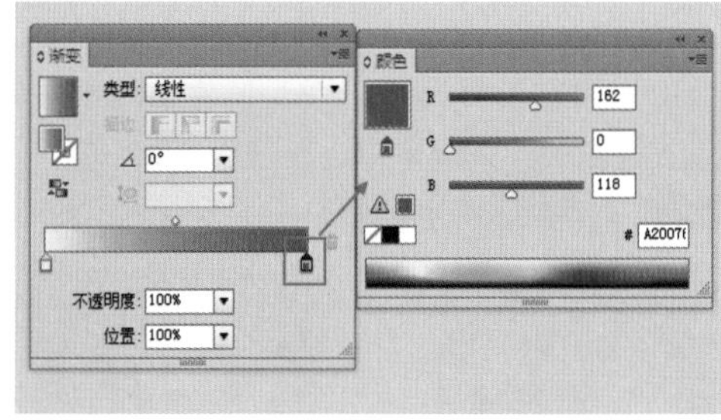

图 7-76

（5）双击色标，在弹出的面板中也可以进行颜色的设置，如图 7-77 所示。

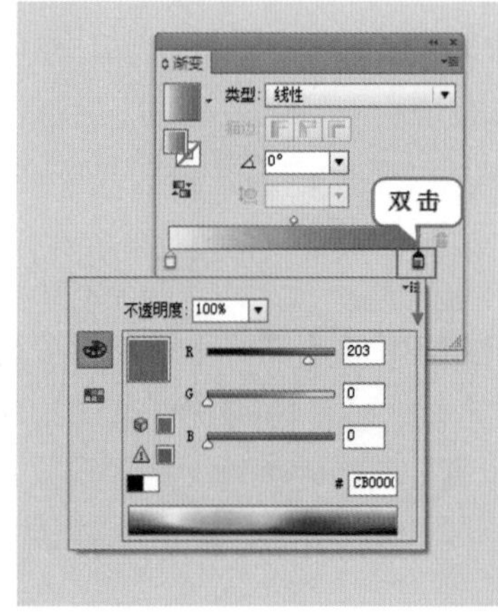

图 7-77

（6）添加色标的方法非常简单。将光标移动到渐变色条的底部，如图 7-78 所示。单击鼠标左键即可添加一个色标，如图 7-79 所示。

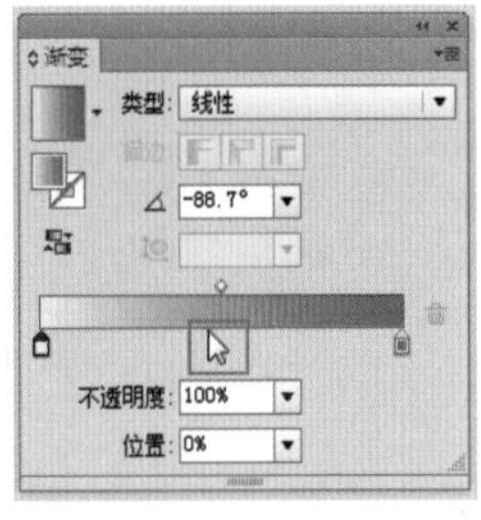

图 7-78

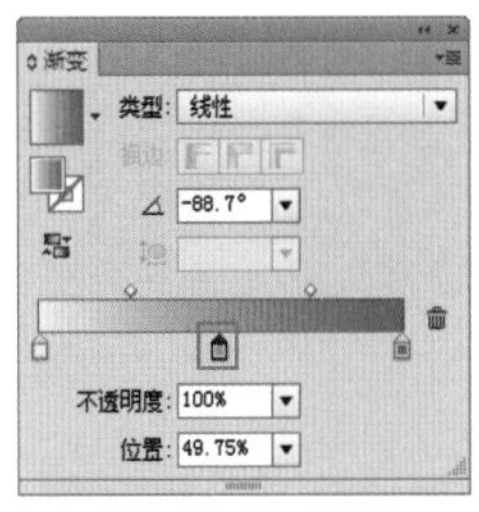

图 7-79

（7）删除色标还有另外一种方法，选择色标，按住鼠标左键向渐变色条外拖拽，即可删除色标，如图 7-80 所示。

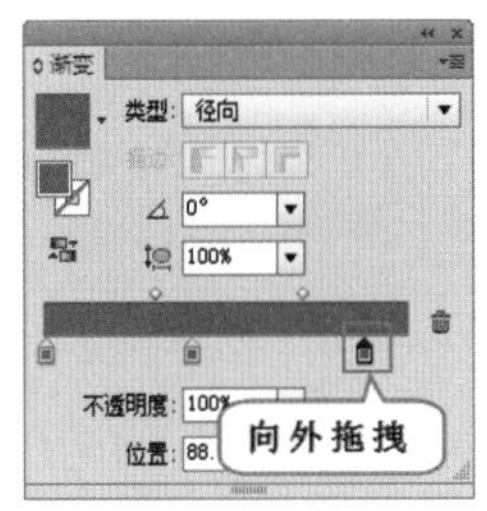

图 7-80

7.3.3　使用渐变工具

通常为对象填充渐变，首先会使用“渐变”面板编辑一个合适的渐变。然后使用“渐变工具”调整渐变角度、位置和范围等。

（1）选择一个对象，然后在“渐变”面板中编辑一个渐变。单击工具箱中的“渐变工具”按钮，按住鼠标左键进行拖拽，如图 7-81 所示。拖拽出的这条类似于线段的对象，叫做“渐变批注者”。

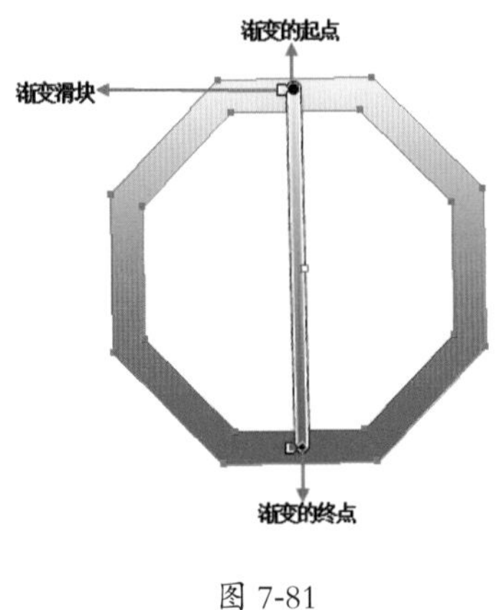

图 7-81

（2）“渐变批注者”的主要用途是用来调整渐变颜色和位置。执行“视图”命令，在下拉菜单中可以执行“隐藏渐变批注者”或“显示渐变批注者”命令，用来显示或隐藏“渐变批注者”。如图 7-82、图 7-83 所示。

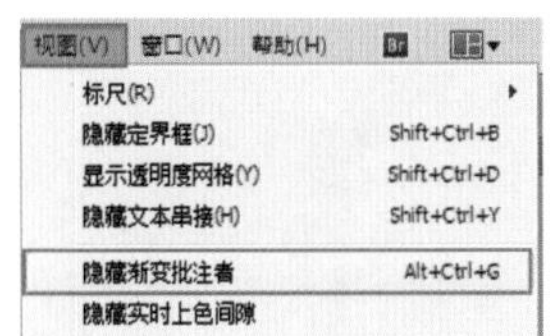

图 7-82

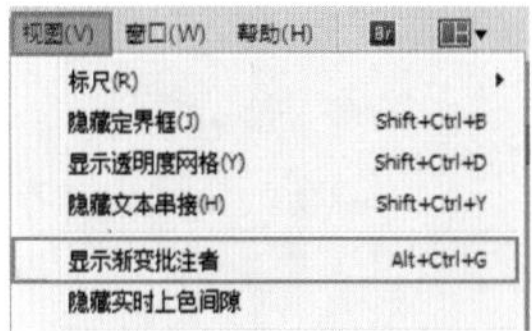

图 7-83

（3）将光标移动至“渐变批准者”处，拖拽滑块可以更改色标位置，如图 7-84 所示。双击颜色滑块可以在弹出的面板中设置颜色，如图 7-85 所示。

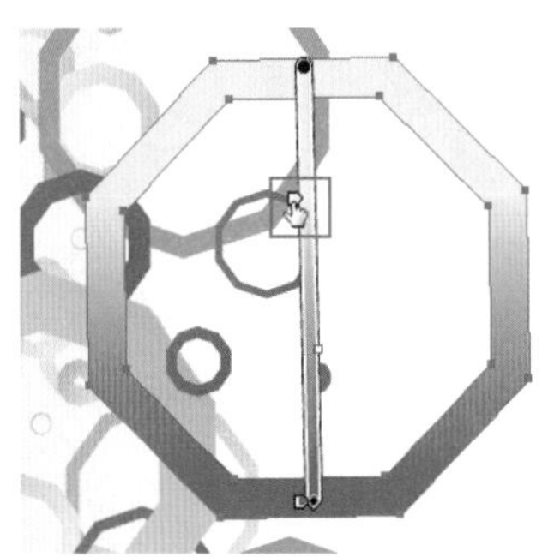

图 7-84

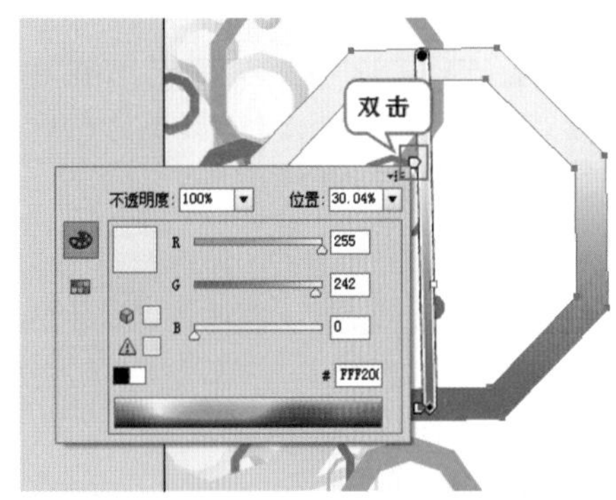

图 7-85

（4）将光标放置在“渐变批准者”上，按住鼠标左键拖动，可以更改渐变的位置，如图 7-86 所示。

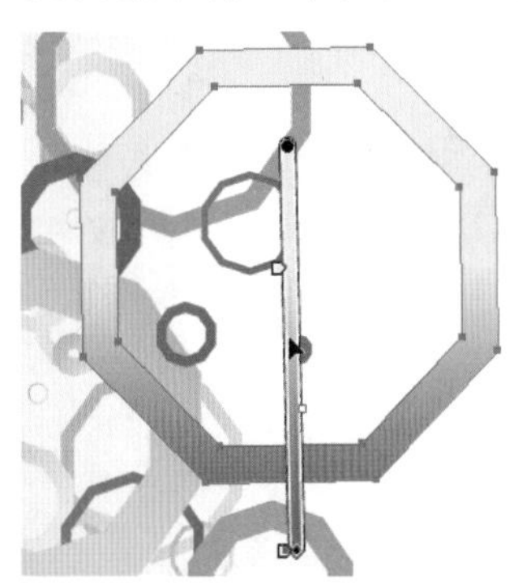

图 7-86

（5）将光标放置在渐变的终点，光标变为时，拖动鼠标可以增大或减少渐变的范围，如图 7-87 所示。当钢

第 7 章

笔变为⤾状时，可以将渐变进行旋转，如图 7-88 所示。

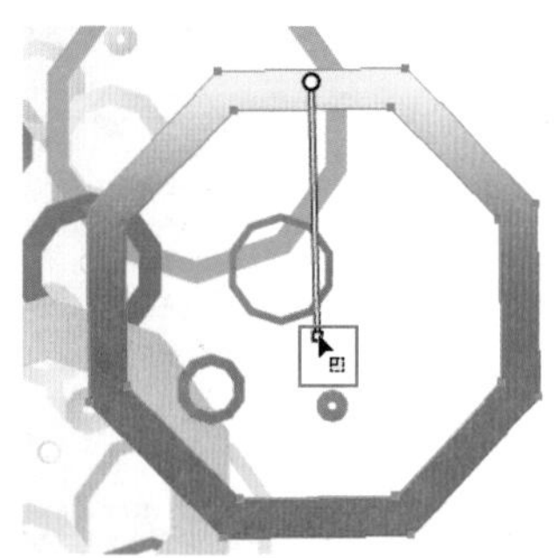

图 7-87

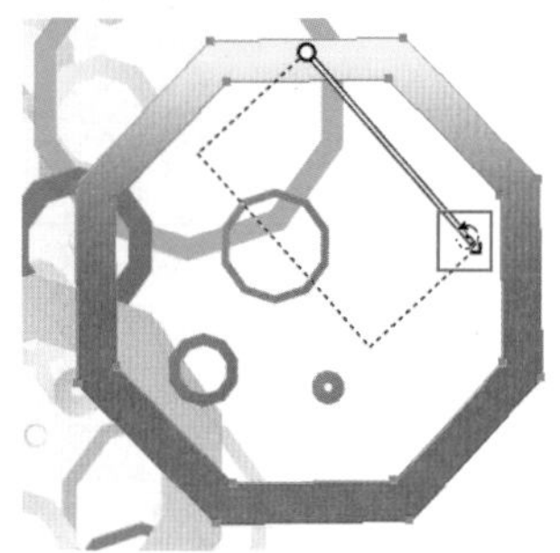

图 7-88

7.3.4 进阶案例：利用渐变工具制作 LOGO

案例文件	利用渐变工具制作 LOGO.ai
视频教学	利用渐变工具制作 LOGO.flv
难易指数	★★☆☆☆
技术掌握	"钢笔工具""渐变工具""文字工具"

本案例通过在"渐变"面板中编辑渐变，并使用"渐变工具"进行渐变位置的调整，制作出立体效果的金字塔效果，主要使用到了"钢笔工具""渐变工具""文字工具"等，案例完成效果如图 7-89 所示。

图 7-89

（1）新建一个 200mm×200mm 的新文件。使用"矩形工具"绘制一个与画板等大的矩形。执行"窗口 > 渐变"命令，在"渐变"面板中编辑一个灰白色系的"径向"渐变，然后使用"渐变工具"调整渐变位置，效果如图 7-90 所示。

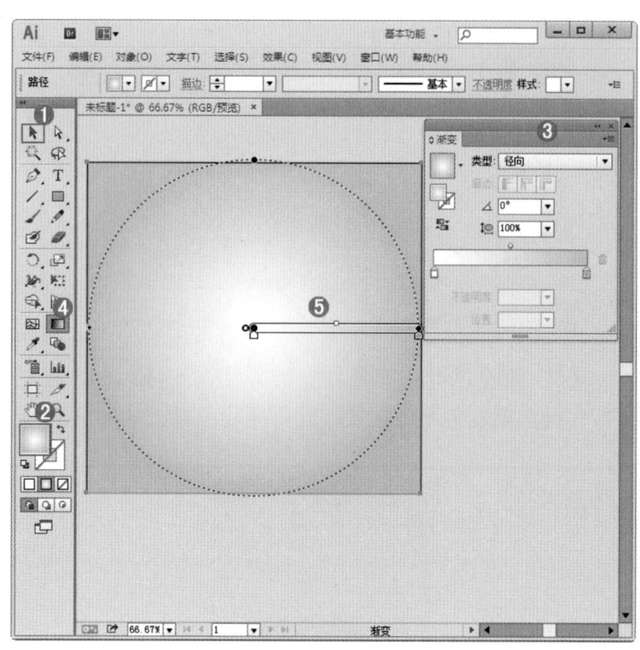

图 7-90

（2）选择工具箱中的"钢笔工具"，在文档内绘制三角形路径，如图 7-91 所示。

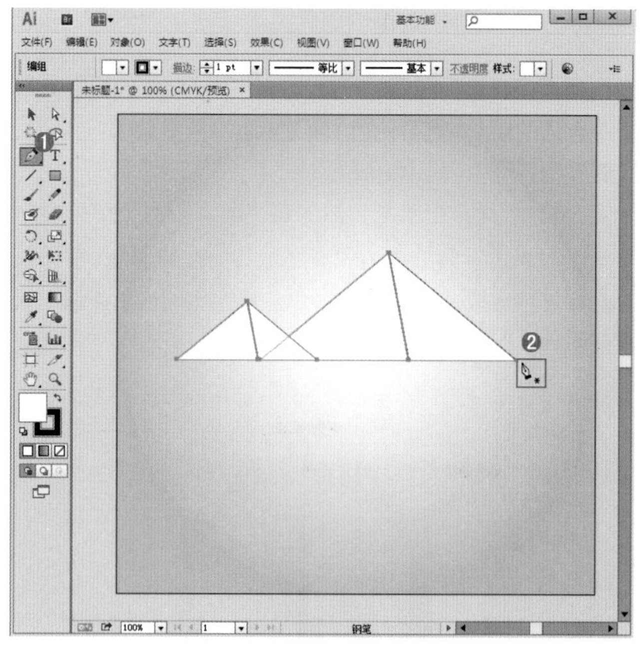

图 7-91

（3）选择所绘制的三角形路径，单击工具箱底部的"填充"按钮，执行"窗口 > 渐变"命令，打开"渐变"面板，在"渐变"面板中定义渐变色为黄色系渐变，单击选择工具箱中的"渐变工具"，在应用渐变的位置单击拖拽鼠标建立渐变，如图 7-92 所示。重复以上步骤建立渐变，如图 7-93 所示。

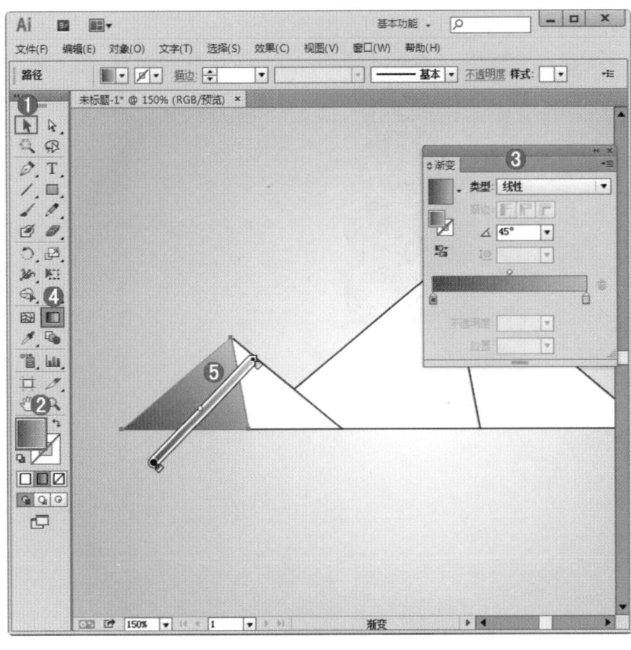

图 7-92

图 7-93

（4）接下来制作倒影部分。将渐变填充的三角形全部选取并将其编组，选择该组，执行“对象 > 变换 > 对称”命令，设置“轴”为“水平”，单击“复制”按钮，如图 7-94 所示。将变换复制对象移动到适当位置，如图 7-95 所示。

图 7-94

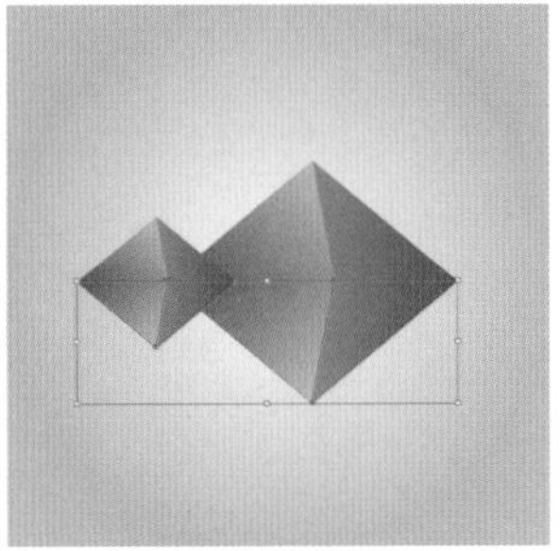

图 7-95

（5）使用矩形工具绘制一个矩形并填充一个由浅灰到黑色线性渐变，如图 7-96 所示。将该矩形与投影部分选中。执行“窗口 > 不透明度”命令，在打开的“不透明度”面板中单击“制作蒙版”按钮，如图 7-97 所示。

图 7-96　　图 7-97

（6）“不透明度蒙版”制作完成，效果如图 7-98 所示。单击工具箱中的“文字工具” T，在文档内键入文字，本案例制作完成，如图 7-99 所示。

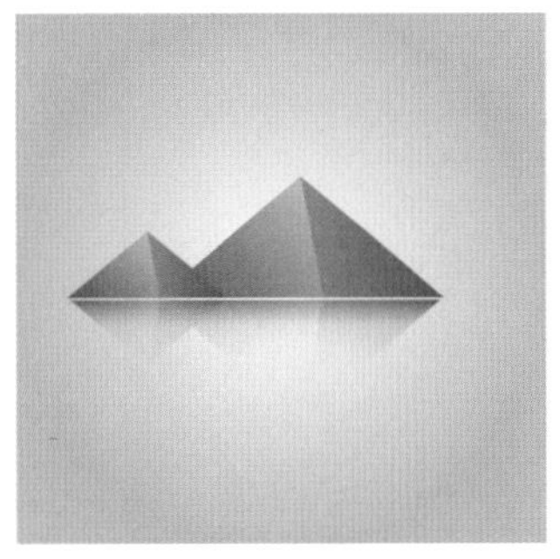

图 7-98

图 7-99

7.3.5 进阶案例：制作渐变背景动物海报

案例文件	制作渐变背景动物海报 .ai
视频教学	制作渐变背景动物海报 .flv
难易指数	★★☆☆☆
技术掌握	“渐变工具”“文字工具”“椭圆工具”“直接选择工具”

本案例主要是背景部分的制作，通过在“渐变”面板编辑青色系渐变，主要使用到了“渐变工具”“文字工具”“椭圆工具”“直接选择工具”等。案例完成效果如图 7-100 所示。

图 7-100

（1）执行“文件 > 新建”命令，新建大小为 A4 的纵向文档，使用“矩形工具”绘制一个与画板大小相当的矩形，如图 7-101 所示。

图 7-101

（2）执行“窗口 > 渐变”命令，在“渐变”面板中设置渐变“类型”为线性，渐变色为蓝色系渐变，如图 7-102 所示。继续单击工具箱中的“渐变工具”按钮，按住 <Shift> 键拖拽填充渐变，如图 7-103 所示。

图 7-102

图 7-103

（3）打开素材“1.ai”，将气泡和小猫素材放置画面的合适位置，如图 7-104 所示。

图 7-104

（4）选择工具箱中的“钢笔工具”，设置“填充”为淡黄色，“描边”为黑色，描边宽度为 2pt，绘制路径，如图 7-105 所示。使用“文字工具”在文档内键入文字，并进行适当变形，如图 7-106 所示。整体制作完成。

图 7-105

图 7-106

7.4 使用“吸管工具”填充

使用“吸管工具”可以复制 Illustrator 文档中任意对象的外观属性，不仅仅是图形对象的填充、描边，甚至包括文字对象的字符属性、段落属性等。双击工具箱中的“吸管工具”，在“吸管选项”对话框中对吸管工具的复制范围进行设置，如图 7-107 所示。

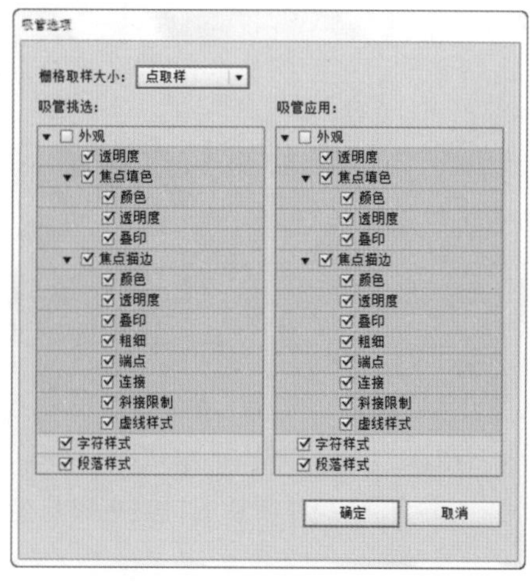

图 7-107

（1）选择要改变外观属性的对象，单击选择工具箱中的“吸管工具”，此时光标呈状，将光标移动到取样对象上单击复制其外观属性，如图 7-108 所示。此时所选对象的外观属性与取样对象相同，如图 7-109 所示。

图 7-108

图 7-109

（2）按住 <Shift> 键单击，可以对取样对象进行部分外观属性的复制，如图 7-110、图 7-111 所示。

图 7-110　　图 7-111

（3）按住 <Shift> 键再按住 <Alt> 键，此时光标呈状，此时取样对象的外观属性将被添加到所选对象的外观属性中。图中所选中的心形对象无描边，执行操作后被添加了描边属性，如图 7-112、图 7-113 所示。

图 7-112

图 7-113

7.5　图案填充

Illustrator 软件中，常用的填充方式除了前面提到的单色填充、渐变填充外，图案填充也是一种常见的填充方式。图案拼贴往往将复杂的图形按一定形态拼贴然后用于填充对象。IllustratorCC 提供了大量图案用于填充，这些图案可以在“色板”面板或“色板库”中查看。如果软件提供的图案无法满足实际设计的需要，还可以根据具体需要创建自定义图案。图 7-114、图 7-115 所示为佳作欣赏。

图 7-114

图 7-115

7.5.1　轻松练：使用默认图案

Adobe Illustrator 软件中提供了很多图案用于所选对象的填充，使用这些图案填充对象的操作非常简单、快捷。

（1）想要为图形填充图案效果，首先需要使用选择工具选中图形，例如在这里使用选择工具选取背景。如图 7-116 所示。

图 7-116

（2）执行“窗口 > 色板”命令打开“色板”面板，单击色板面板底部的“色板库”菜单按钮，在弹出的菜单中执行“图案 > 装饰 >Vonster 图案”命令，打开“Vonster 图案”面板，如图 7-117 所示。

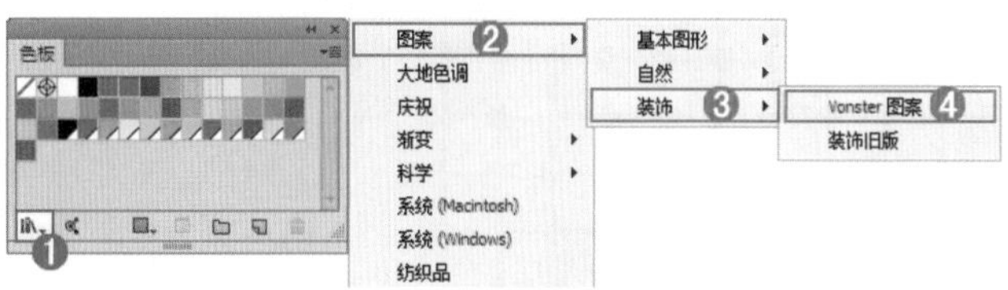

图 7-117

（3）在该面板中选择一个合适的填充图案，单击图案的缩略图即可选择该图案为所选对象的填充图案。此时所选对象原本的单色填充已经被转换为图案填充，如图 7-118、图 7-119 所示。

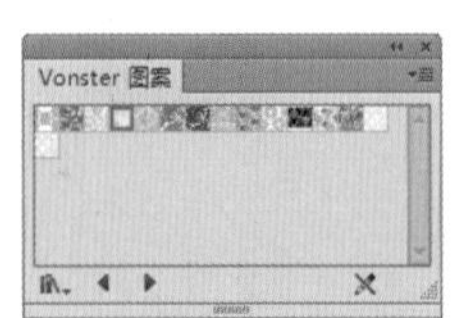

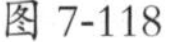

图 7-118　　图 7-119

（4）单击控制栏中的“不透明度”选项，在弹出的面板中可以对填充图案的不透明度进行修改，如图 7-120 所示。此时呈现出半透明效果如图 7-121 所示。

图 7-120　　图 7-121

7.5.2 轻松练：创建图案色板

软件中自带的图案并不能满足所有人的设计要求，Illustrator 还可创建自定义图案。

（1）选择要建立图案的对象，如图 7-122 所示。执行“对象 > 图案 > 建立”命令，进入图案编辑状态。在弹出的“图案选项”菜单中对“图案名称”“拼贴类型”等参数进行设置，如图 7-123 所示。单击窗口右上角的“完成”按钮，即可完成图案的创建并退出图案编辑状态。

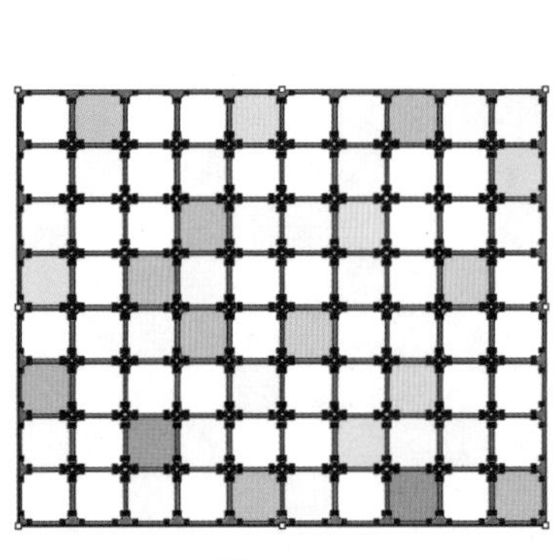

图 7-122　　图 7-123

（2）选择建立图案的对象，单击“色板”面板底部的“新建面板”按钮，弹出“新建色板”对话框，如图 7-124 所示。在此对话框中键入色板名称，单击“确定”按钮，即可创建图案，新创建的图案会出现在“色板”面板中，如图 7-125 所示。

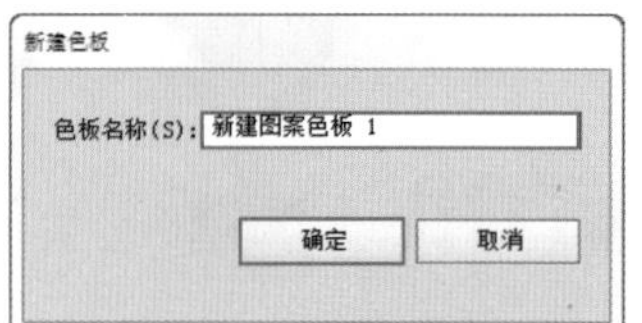

图 7-124　　图 7-125

7.6 描边

对象的描边属性由路径宽度、颜色和画笔样式三部分构成。可通过在工具箱中的颜色设施选项中设置描边颜色，也可结合控制栏中和“外观”面板进行调整，以应用路径轮廓的不同描边效果，如图 7-126~ 图 7-129 所示。

图 7-126　　图 7-127

图 7-128　　图 7-129

7.6.1 快速设置描边

在控制栏中可以对路径描边的“粗细”“端点”“画笔定义”等属性进行快速设置，如图 7-130 所示。

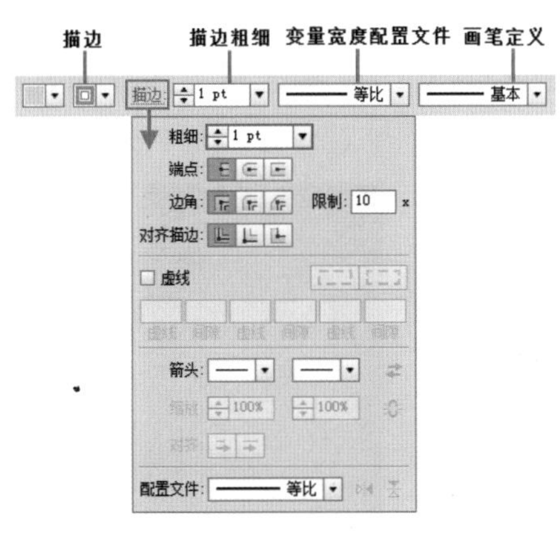

图 7-130

7.6.2　使用描边面板

执行“窗口 > 描边”命令或使用快捷键 <Ctrl+F10>，打开“描边”面板。在该面板中也可以对路径描边的属性进行设置，如图 7-131 所示。

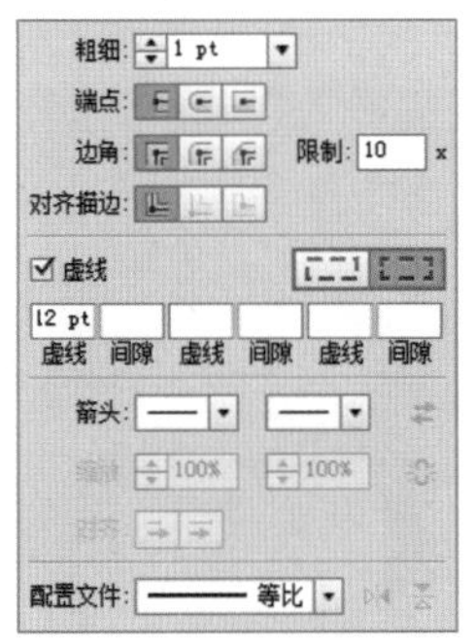

图 7-131

重点参数提醒：

- 粗细：定义描边的粗细程度，如图 7-132、图 7-133 所示。

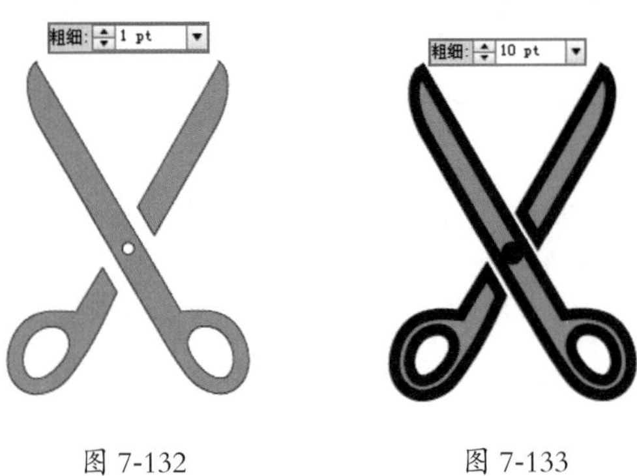

图 7-132　　图 7-133

- 端点：是指一条开放线段两端的端点。平头端点用于创建具有方形端点的描边线；圆头端点用于创建具有半圆形端点的描边线；方头端点用于创建具有方形端点且在线段端点之外延伸出线条宽度的一半的描边线。此选项使线段的粗细沿线段各方向均匀延伸出去，如图 7-134~ 图 7-136 所示。

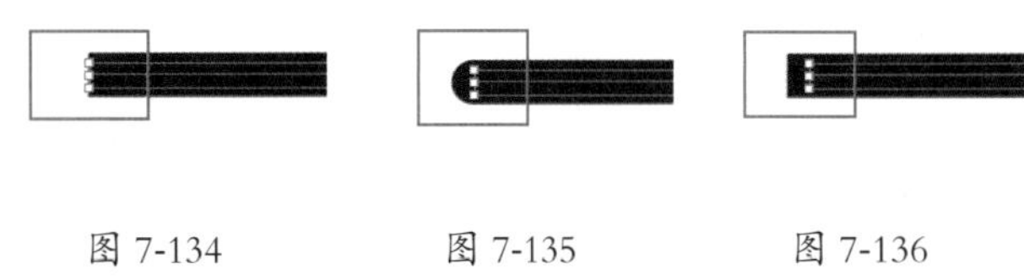

图 7-134　　图 7-135　　图 7-136

- 边角：是指直线段改变方向（拐角）的地方。斜接连接创建具有点式拐角的描边线；圆角连接用于创建具有圆角的描边线；斜角连接用于创建具有方形拐角的描边线。如图 7-137~ 图 7-139 所示。

图 7-137　　图 7-138　　图 7-139

- 限制：用于设置超过指定数值时扩展倍数的描边粗细。
- 对齐描边：用于定义描边和细线为中心对齐的方式。“使描边居中对齐”，用于定义描边将在细线中心；“使描边外侧对齐”，用于定义描边将在细线外部；“使描边内侧对齐”，用于定义描边将在细线的内部。如图 7-140~ 图 7-142 所示。

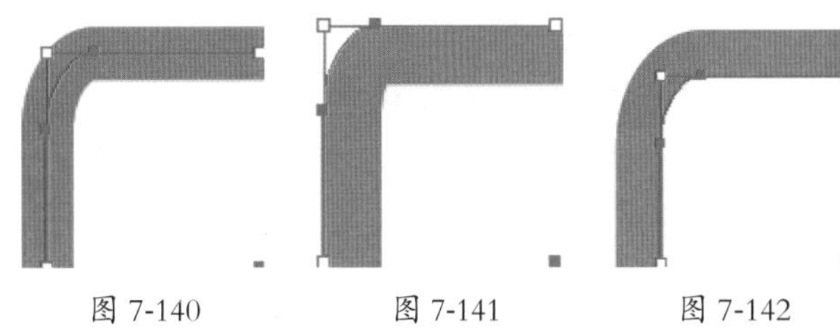

图 7-140　　图 7-141　　图 7-142

- 虚线：勾选“虚线”选项，可以进行虚线和间隙长度的设置，以调整路径不同的虚线描边效果。
- 箭头：用于设置路径两端端点的样式，单击按钮可以互换箭头起始处和结束处。
- 缩放：用于设置路径两端箭头的百分比大小。
- 对齐：用于设置箭头位于路径终点的位置。这些选项包括：扩展箭头笔尖超过路径末端、在路径末端放置箭头笔尖。
- 配置文件：用于设置路径的变量宽度和翻转方向。

7.6.3　制作虚线描边

在“描边”面板中勾选“虚线”选项，在“虚线”和“间隙”文本框中输入数值定义虚线中线段的长度和间隙的长度。此时描边将变成虚线效果，如图 7-143、图 7-144 所示。

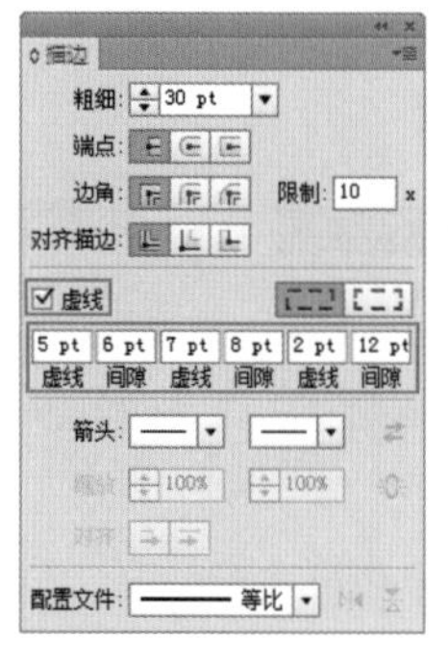

图 7-143

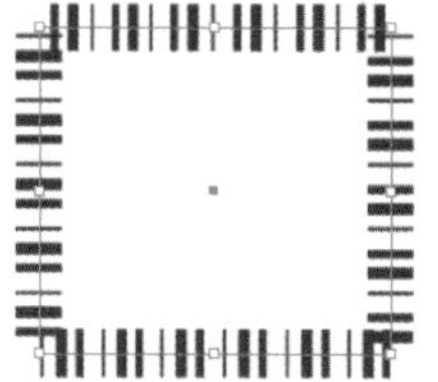

图 7-144

选择“保留虚线和间隙的精确长度”，可以在不对齐的情况下保留虚线外观，如图 7-145 所示。选择“使虚线与边角和路径终端对齐，并调整到适合长度”，可让各角的虚线和路径的尾端保持一致并可预见，如图 7-146 所示。

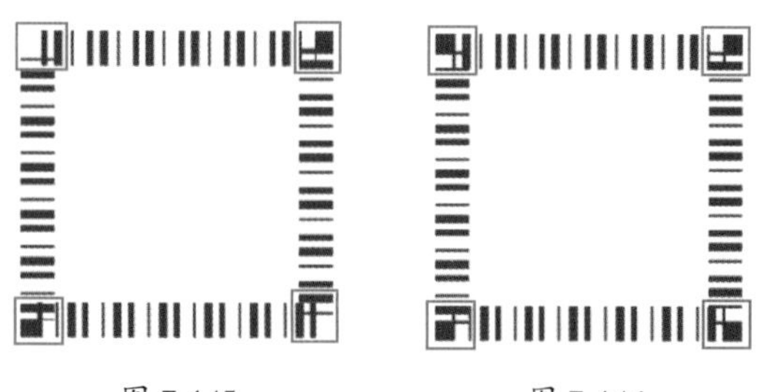

图 7-145　　图 7-146

7.6.4 进阶案例：使用填充与描边制作矢量风格电话海报

案例文件	使用填充与描边制作矢量风格电话海报 .ai
视频教学	使用填充与描边制作矢量风格电话海报 .flv
难易指数	★★☆☆☆
技术掌握	“钢笔工具”“渐变”面板“渐变工具”

本案例主要是花纹部分的制作，花纹部分看似繁琐，其实制作的方法很相似。通过使用“钢笔工具”绘制花纹，然后使用“渐变”面板编辑渐变并使用“渐变工具”进行拖拽填充。案例完成效果如图 7-147 所示。

图 7-147

（1）执行“文件 > 新建”命令，新建大小为 A4 的纵向文档。使用“矩形工具”绘制一个与画板等大的矩形，并填充一个青色系渐变，如图 7-148 所示。

图 7-148

（2）执行“文件 > 置入”命令，置入素材 1.ai，调整素材置于适当位置，如图 7-149 所示。

图 7-149

（3）使用工具箱内的“钢笔工具”，在文档内绘图形。接着在“渐变”面板中编辑一个黄色系的“线性”渐变并填充，如图 7-150 所示。选取绘制的图形，在“渐变”面板中设置其填充为黄黑色系线性渐变，并调整其“长宽比”为 – 68.2°，如图 7-151 所示。

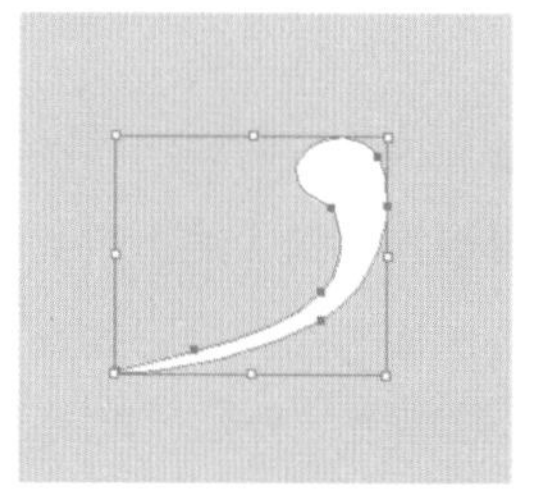

图 7-150

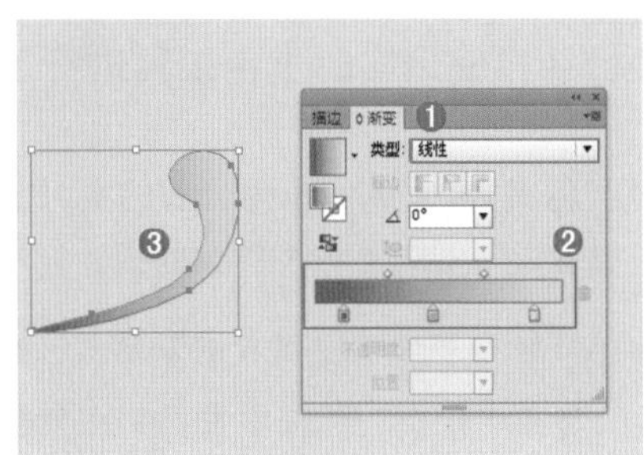

图 7-151

（4）选择绘制完的图形，在控制栏中设置描边颜色为黄色，描边宽度为 4pt，效果如图 7-152 所示。选择该形状，将其复制，进行组合，效果如图 7-153 所示。

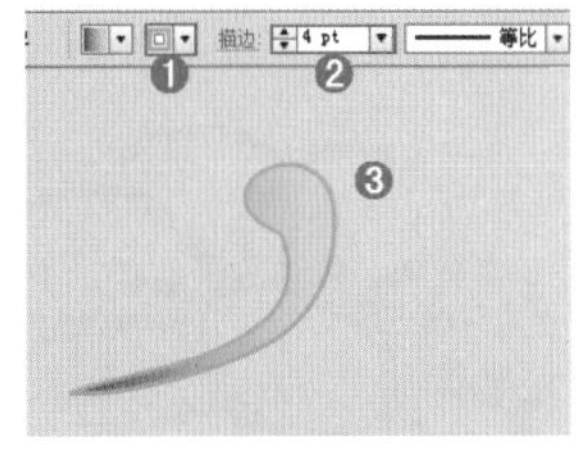

图 7-152

图 7-153

（5）将制作好的形状移动至画面的合适位置，如图 7-154 所示。使用同样的方法绘制其他花纹，并键入文字，完成效果如图 7-155 所示。

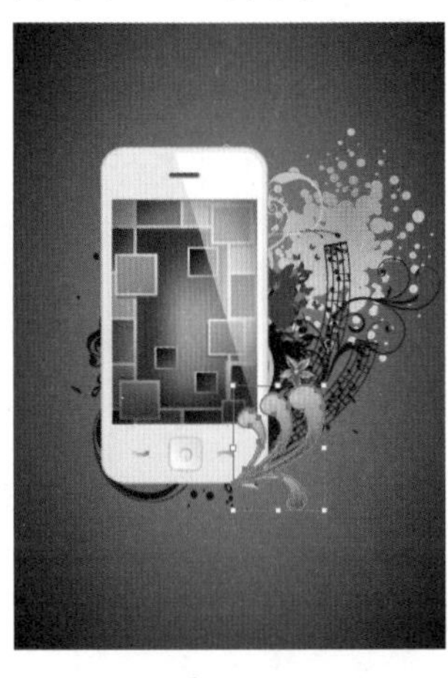

图 7-154

图 7-155

7.7　实时上色

通过“实时上色”工具可以轻松地填充对象中各个区域，而不是将对象作为一个整体进行填充。而且，因为上色实时保存，所以对区域所做的任何更改也反应在上色填充中。建立实时上色组后，图稿中的每一条路径都会保持完全可编辑状态，移动或调整路径时，之前的填充也会随之调整。图 7-156~ 图 7-159 所示为佳作欣赏。

图 7-156

图 7-157

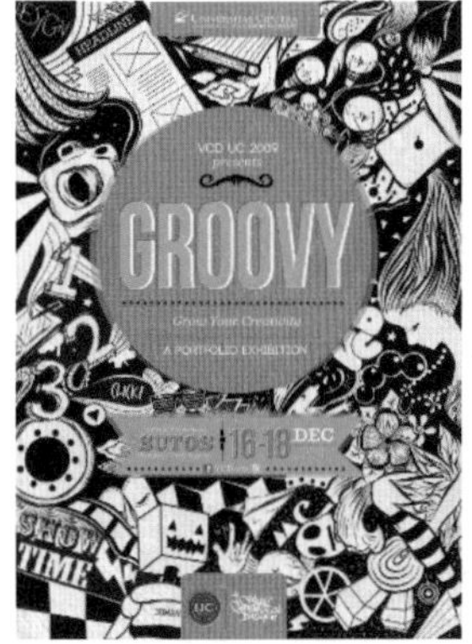

图 7-158

图 7-159

7.7.1　实时上色组的创建与编辑

（1）实时上色工具应用于实时上色组对象，所以在操作之前首先需要将对象转换为实时上色组的对象。首先选中这些对象，如图 7-160 所示。执行“对象 > 实时上色 > 建立”命令，也可以使用快捷键 <Ctrl+Alt+X>，建立实时上色组。此时对象的定界框上出现，也可以在选中对象的情况下，直接将“实时上色工具”移动到对象上，此时光标上出现提示“单击以

图 7-160

建立实时上色组”，单击该对象即可，如同 7-161 所示。

图 7-161

> 小技巧：实时上色提示对话框
>
> 如果在没有选中任何对象时，就使用“实时上色工具”在对象上单击，系统会弹出提示对话框。勾选“不再显示”选项后则不会出现该提示。

（2）使用“选择工具”选择实时上色组，单击控制栏中的“扩展”按钮 扩展 ，或执行“对象 > 实时上色 > 扩展”命令，即可将实时上色组扩展为普通图形，如图 7-162 所示。

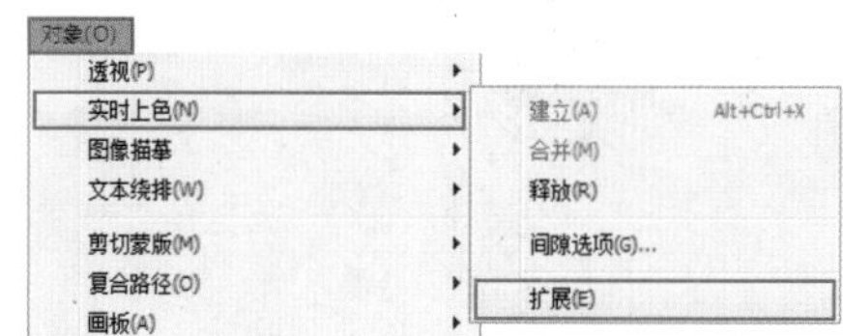

图 7-162

（3）使用“选择工具”选择实时上色组，执行“对象 > 实时上色 / 释放”命令，可以释放实时上色组，使其还原为没有填充只有 0.5 磅宽的黑色描边的路径，如图 7-163、图 7-164 所示。

图 7-163

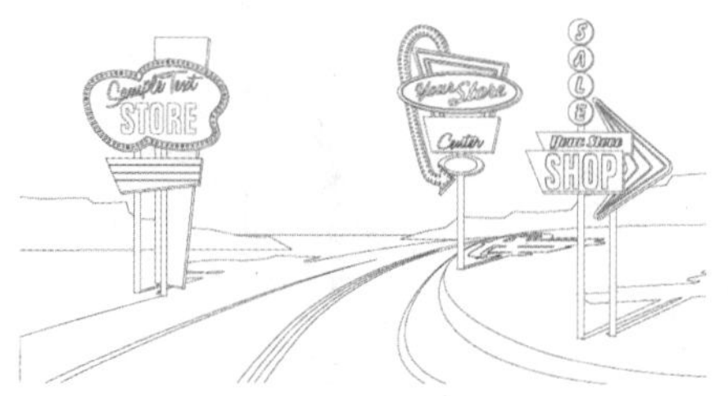

图 7-164

7.7.2 轻松练：使用实时上色工具进行填色

“实时上色工具”用于为当前的实时上色组设置填充或描边属性。“实时上色工具”的指针显示为一种颜色或三种颜色，显示一种颜色时表示填充上色或描边上色的颜色。若在“色板”面板中选择一个颜色，则指针显示该颜色和其左右相邻的两个颜色。

（1）设定颜色后，单击工具箱中的“实时上色工具”移动到选定的实时上色对象上，填充图像内侧周围的线条被凸显，此时单击鼠标左键即可上色，如图 7-165、图 7-166 所示。

图 7-165　　图 7-166

（2）拖动鼠标跨越多个表面可以同时为这些表面上色，如图 7-167、图 7-168 所示。

图 7-167　　图 7-168

（3）双击工具箱中的“实时上色工具”按钮，在弹出的“实时上色工具选项”对话框中勾选“描边上色”选项，如图 7-169 所示。将工具指针移动到选定上色对象的边缘，使工具指针呈现“描边上色”的状态，如图 7-170 所示。此时单击鼠标左键即可进行描边上色，如图 7-171 所示。

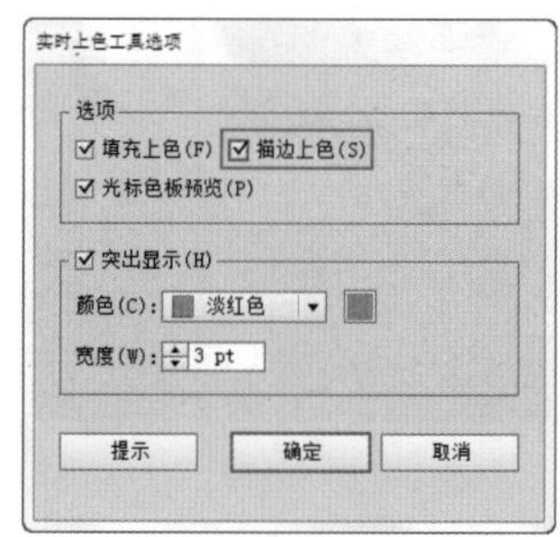

图 7-169

图 7-170

图 7-171

（4）也可以直接按住 <Shift> 键暂时切换到“描边上色”状态下。单击所选上色对象的边缘为其描边。也可以拖动鼠标跨过多条边缘，一次性为多条边缘进行描边，如图 7-172 所示。

图 7-172

小技巧：使用实时上色工具指针上的相邻颜色

如果从“色板”面板中选择一种颜色，指针将变为显示三种颜色。选定颜色位于中间，两个相邻颜色位于两侧。要使用相邻的颜色，可以按下键盘上的向左或向右箭头键。如图 7-173、图 7-174 所示。

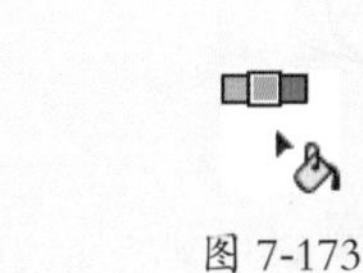

图 7-173

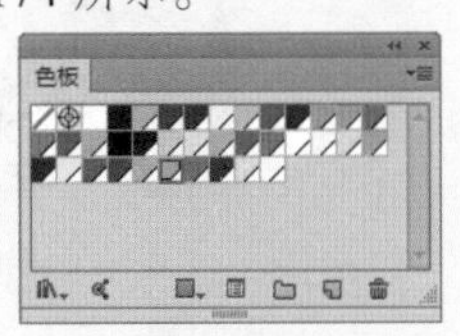

图 7-174

7.7.3　实时上色选择工具

在对图稿进行上色的过程中，使用“实时上色选择工具”可以选择实时上色组内的各个表面和边缘。图 7-175~ 图 7-178 所示为制作过程中使用该工具的作品。

选择工具箱中的“实时上色选择工具”，将“实时上色选择工具”的指针放在选定的上色对象表面时，工具指针呈状；将指针放在选定的上色对象边缘时，工具指针呈状；将指针放在选取的实时上色对象外部时，工具指针呈状，如图 7-179~ 图 7-181 所示。

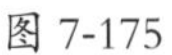

图 7-175

图 7-176

图 7-177

图 7-178

图 7-179

图 7-180

图 7-181

（1）若要选取已选定的实时上色对象的某一表面或边缘时，将工具指针置于该表面或边缘，单击鼠标左键即可将其选定，此时被选定的对象表面呈现半透明半点覆盖效果，如图 7-182、图 7-183 所示。

图 7-182

图 7-183

（2）若要同时选择多个相邻的表面和边缘，单击鼠标左键拖动鼠标框选即可，如图 7-184 所示。

图 7-184

（3）若要选择具有相同填充或描边属性的表面或边缘，可以单击选择对象执行“选择 > 相同”命令，然后在子菜单中选择相应选项即可，如图 7-185~ 图 7-187 所示。

图 7-185

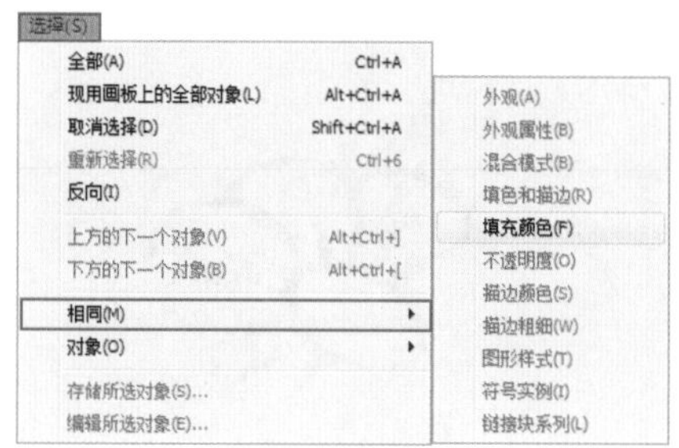

图 7-186

图 7-187

（4）使用“实时上色选择工具” 选取某表面或边缘后，直接在工具箱底部或“颜色”面板、“色板”面板中单击选中颜色即可为当前区域上色，如图 7-188 所示。

图 7-188

7.8　网格工具

“网格工具”既可以用于对象上的颜色设置，也可以基于矢量对象创建网格对象，在图形或图像上形成网格，即创建单个多色对象。“网格对象”是一种多色对象，其上的颜色可以沿不同方向顺畅分布且从一点平滑过渡到另一点。如图 7-189、图 7-190 所示。

图 7-189　　　　图 7-190

在两网格线相交处有一种特殊的锚点，称为网格点。网格点以菱形显示，且具有锚点的所有属性，只是增加了接受颜色的功能。可以添加和删除网格点，编辑网格点，或更改与每个网格点相关联的颜色。创建网格点时出现的交叉穿过对象的线被称为网格线。在网格中也会出现锚点，这些锚点具备 Illustrator 中锚点的所有属性。任意四个网格点之间的区域被称为网格面片。如图 7-191、图 7-192 所示。

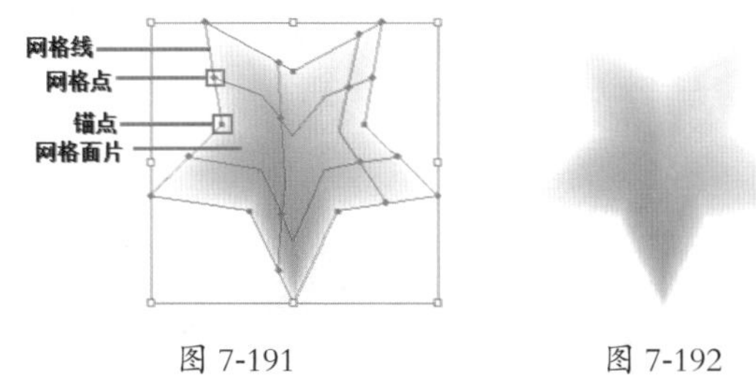

图 7-191　　　　图 7-192

小技巧：网格中的锚点

网格中也同样会出现锚点（区别在于其形状为正方形而非菱形），这些锚点与 Illustrator 中的任何锚点一样，可以添加、删除、编辑和移动。锚点可以放在任何网格线上；可以单击一个锚点，然后拖动其方向控制手柄，来修改该锚点。

7.8.1　创建渐变网格

渐变的网格的创建分为两种，一种是手动创建，一种是自动创建。手动创建的渐变网格可以根据实际情况来添加网格点。自动创建渐变网格可以快速地、有针对性地为整个对象添加渐变网格。

（1）使用“网格工具”进行渐变上色时，首先要对图形进行网格标记。这一标记过程可以自动完成，也可以手动完成。若要自动完成，选取要被标记的图形对象，执行“对象 > 创建渐变网格”命令，在弹出的“创建渐变网格”对话框中对要自动创建网格的“行数”、“列数”等参数进行设置，单击“确定”按钮即可为所选对象创建网格标记，如图 7-193 所示。

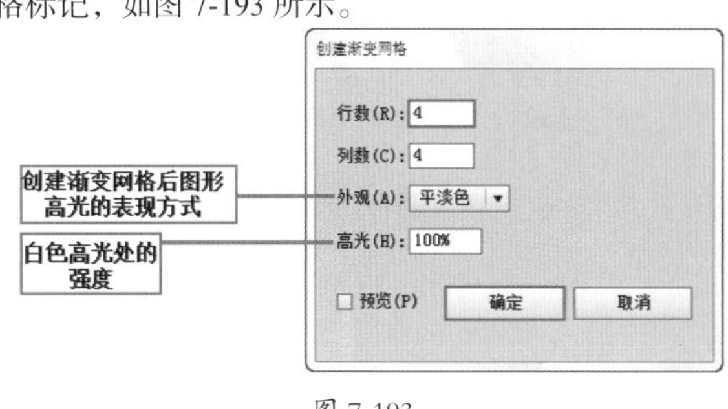

图 7-193

重点参数提醒：

- 行数 / 列数：调整该文本框中的参数，定义渐变网格线的行数 / 列数。
- 外观：表示创建渐变网格后的图形高光的表现方式，包含“平淡色”“至中心”“至边缘”选项。
- ①“平淡色”：当选中该选项时，图像表面的颜色均匀分布（只创建了网格，颜色未发生变化）。会将对象的原色均匀地覆盖在对象表面，不产生高光。
- ②“至中心”：当选中该选项时，在对象的中心创建高光。
- ③“至边缘”：当选中该选项时，图形的高光效果在边缘。至边缘会在对象的边缘处创建高光。
- 高光：该文本框中的参数表示白色高光处的强度。100% 代表将最大的白色高光值应用于对象，0% 则代表不将任何白色高光应用于对象。

小技巧：将渐变填充对象转换为网格对象

将渐变填充对象转换为网格对象，选择该对象，执行“对象 > 扩展”命令。然后选择“渐变网格”，然后单击“确定”。所选对象将被转换为具有渐变形状的网格对象：圆形（径向）或矩形（线性）。

（2）自动创建网格一般用于网格标记对象形态比较规则的情况下，如果对象形态不规则，一般采用手动创建网格的方式创建网格。取要添加网格标记的对象，单击选择工具箱中的“网格工具”，也可以按快捷键 <U>。在要添加网格的位置单击鼠标左键，即可创建一组网格线，如图 7-194 所示。根据实际需要反复在适当位置单击创建网格，如图 7-195 所示。

图 7-194

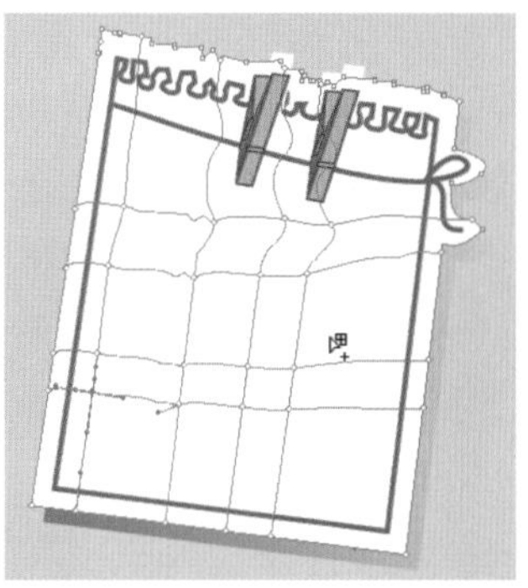

图 7-195

7.8.2 轻松练：编辑渐变网格

为对象添加渐变网格，主要是对对象进行填色。接下来将学习对创建完成的网格进行编辑和修改。

（1）选择要添加网格的对象，单击工具箱中的“网格工具”按钮，在所选对象的适当位置单击添加网格，执行“窗口 > 颜色”命令，在“颜色”面板中单击设置要添加的颜色。此时可以发现对象中添加的网格被定义颜色，如图 7-196 所示。

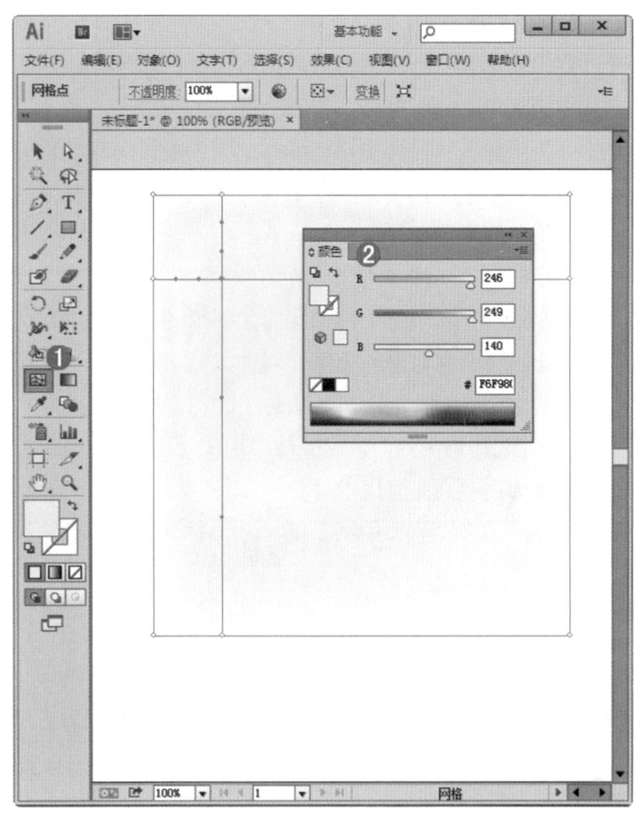

图 7-196

（2）若要删除网格点，选择“网格工具”按住 <Alt> 键，将光标移动至需要删除的网格点处，光标将变为状，单击鼠标左键即可删除该网格点，如图 7-197 所示。

（3）可以使用工具箱中的“网格工具”或“直接选择”来移动网格点，如图 7-198 所示。若要沿着一条弯曲的网格线移动网格点时，需要按住 <Shift> 键以保证网格点在移动的过程中不发生偏移。使用“网格工具”为对象填色，颜色丰富且过渡自然，如图 7-199 所示。

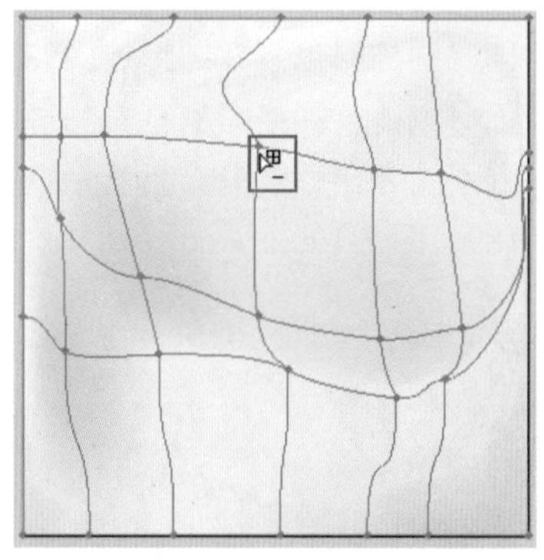

图 7-197

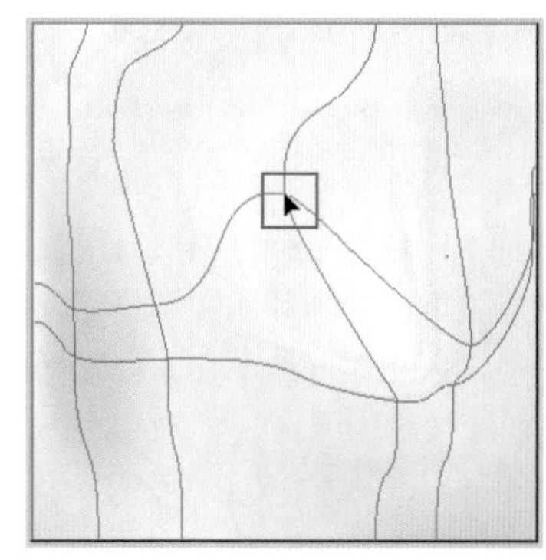

图 7-198

图 7-199

小技巧：设置渐变网格的不透明度

可以设置渐变网格中的透明度和不透明度以及指定单个网格节点的透明度和不透明度值。首先选择一个或多个网格节点或面片。然后通过“透明面板”、“控制板”或“外观面板”中的“不透明”滑块设置不透明度。

7.8.3 进阶案例：制作网页促销广告

案例文件	制作网页促销广告 .ai
视频教学	制作网页促销广告 .flv
难易指数	★★☆☆☆
技术掌握	“钢笔工具”“渐变”面板“渐变工具”

“网格工具”总是可以制作出过渡柔和的颜色效果，本案例中使用“网格工具”制作颜色丰富、且过度柔和的彩色背景。案例完成效果如图 7-200 所示。

图 7-200

（1）执行“文件 > 新建”命令，新建大小为 A4 的纵向文档。单击工具箱中的“矩形工具”，在文档内绘制与画板大小相当的黄色矩形，如图 7-201 所示。

图 7-201

（2）单击工具箱中的“网格工具”，使用该工具在画面相应位置单击添加网格点，如图 7-202 所示。选择该网格点在拾色器中编辑一个浅黄色进行填充，效果如图 7-203 所示。

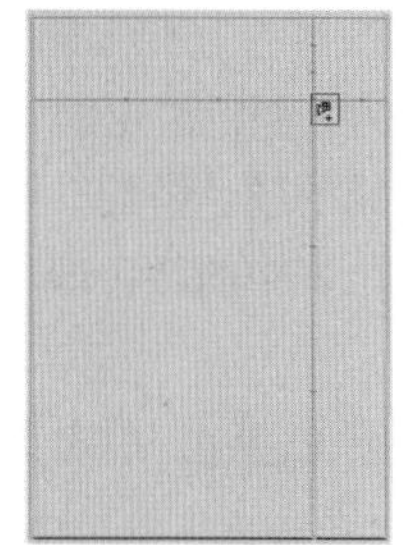

图 7-202

图 7-203

（3）继续添加网格点，并调整网格点的位置，制作出色彩丰富的背景效果，如图 7-204 所示。

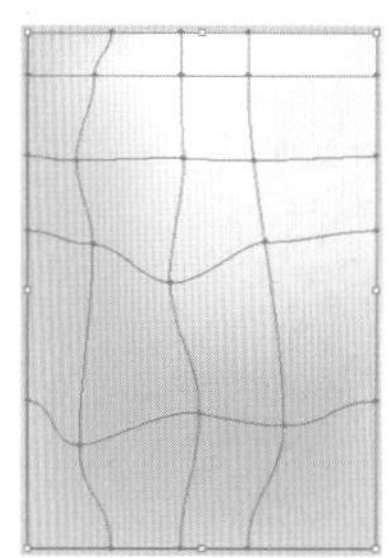

图 7-204

（4）单击工具箱中的“椭圆工具”按钮，在工作区外绘制一个椭圆，如图 7-205 所示。单击工具箱中的“直接选择工具”按钮，选择椭圆形状的右侧锚点，继续单击控制栏中的“将所选锚点转换为尖角”按钮，将该锚点转换为尖角，如图 7-206 所示。

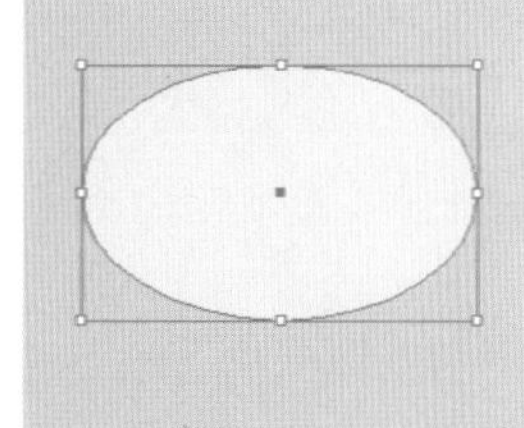

图 7-205

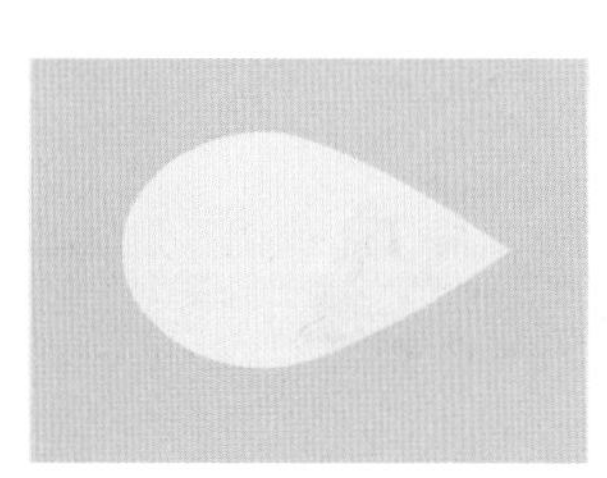

图 7-206

（5）使用“直接选择工具”将该锚点向右拖拽，如图 7-207 所示。一片花瓣就制作完成了。将该花瓣复制并移动到画板的相应位置，如图 7-208 所示。

图 7-207

图 7-208

（6）选择最上面的花瓣，执行“窗口 > 渐变”命令，在“渐变”面板中设置“类型”为“径向”，编辑一个黄色渐变，如图 7-209 所示。渐变编辑完成后，使用“渐变工具”进行拖拽填充，效果如图 7-210 所示。

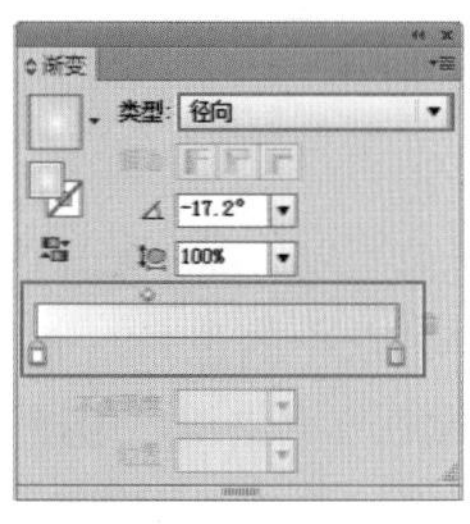

图 7-209

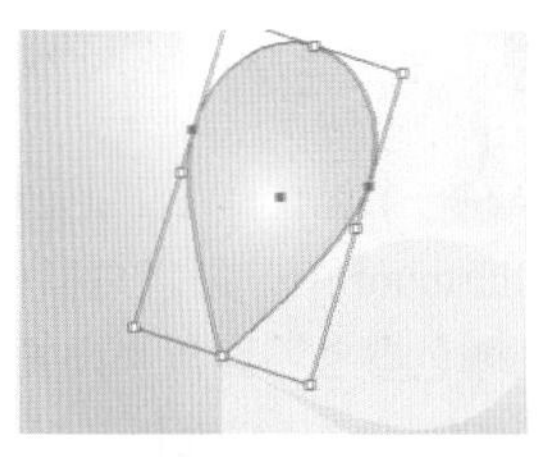

图 7-210

（7）选择绘制的第二片花瓣，执行“窗口 > 色板库 > 图案 > 自然 > 自然 – 叶子”命令，在打开的面板中选择“雏菊颜色”，如图 7-211 所示。此时画面效果如图 7-212 所示。

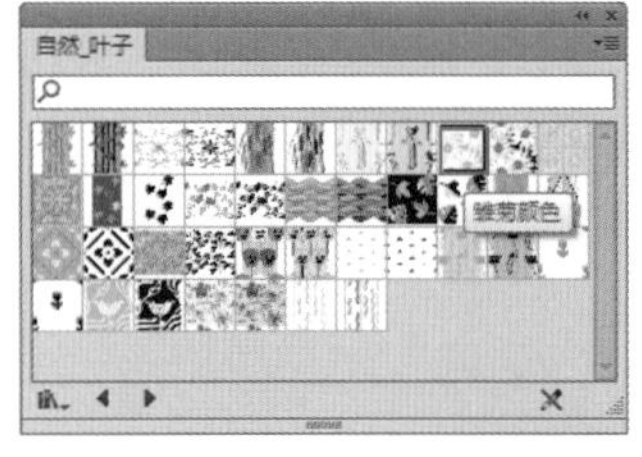

图 7-211

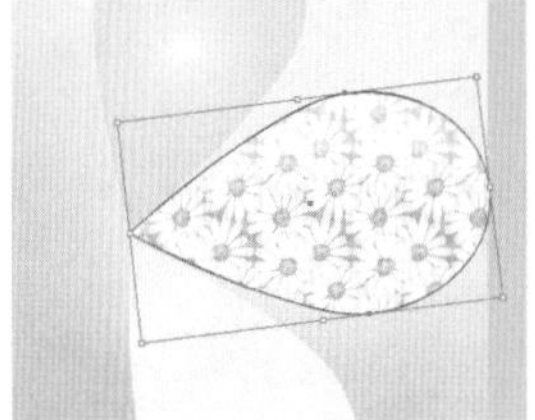

图 7-212

（8）选择该形状，执行“窗口 > 不透明度”命令，在“不透明度”面板中设置“不透明度”为 30%，如图 7-213 所示。使用同样的方法制作另一片花瓣，如图 7-214 所示。

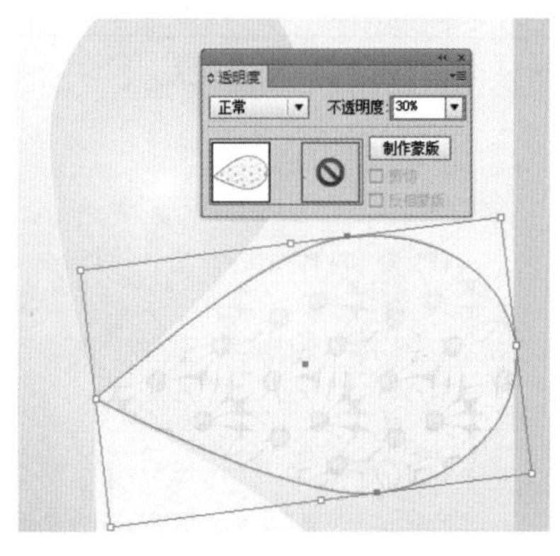

图 7-213

图 7-214

（9）执行“文件 > 导入”命令，将素材“1.png”导入到文件中，完成本案例的制作，如图 7-215 所示。

图 7-215

7.9 智能的色彩推荐

在一个设计作品中，色彩与色彩之间的搭配尤其重要。在 Illustrator 中，用户可以根据当前选中的色彩，通过使用“颜色参考”面板来设置一组配色方案供用户选择。可以说，“颜色参考”面板是用来激发设计者设计灵感的工具。如图 7-216~ 图 7-219 所示。

图 7-216

图 7-217

图 7-218

图 7-219

7.9.1 “颜色参考”面板

执行“窗口 > 颜色参考”命令，或使用快捷键 <Shift+F3>，可以将“颜色参考”面板打开，如图 7-220 所示。

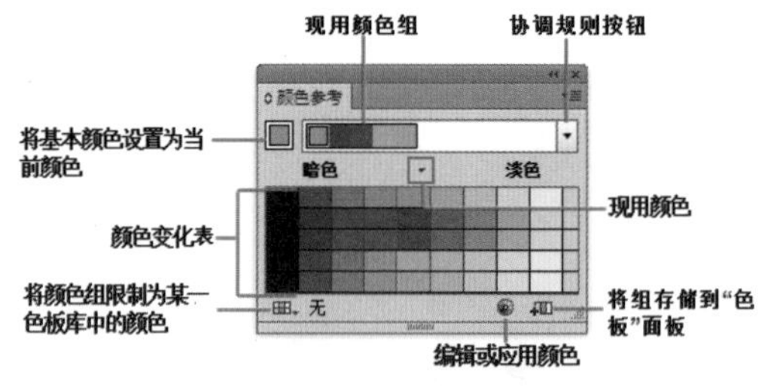

图 7-220

重点参数提醒：

- 将基本颜色设置为当前颜色：该颜色为所选颜色的缩览图，颜色变化表中的颜色都是为该颜色设定的。
- 颜色变化表：用来显示软件生成的颜色搭配。在画面中选择相应的对象，单击颜色变化表中的颜色即可为画面中的对象进行填色。
- 将颜色组限制为某一色板中的颜色：单击该按钮可以打开“色板库”菜单，执行“色板库”菜单中的命令，可以将颜色限定为该色板库中的颜色。

- 协调规则按钮：单击该按钮在下拉菜单中选择预设的配色类型，如图 7-221 所示。

图 7-221

- 编辑或应用颜色：单击该按钮可以弹出“编辑颜色”窗口，如图 7-222 所示。

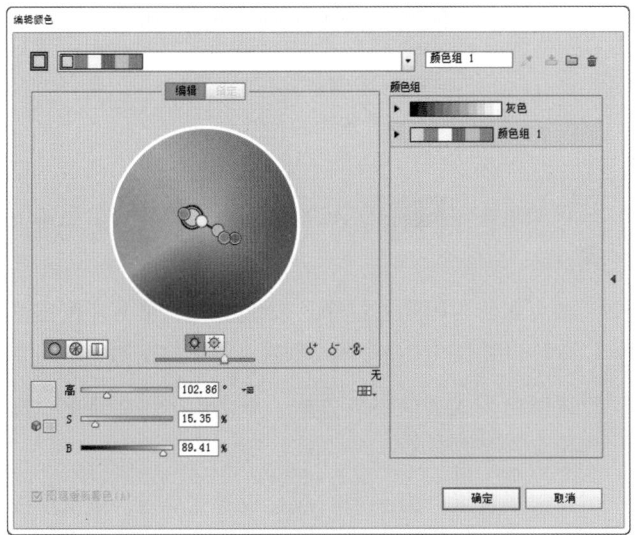

图 7-222

- 将组存储到“色板”面板：单击该按钮可以将当前的现用颜色组添加到“色板”面板中，如图 7-223 所示。

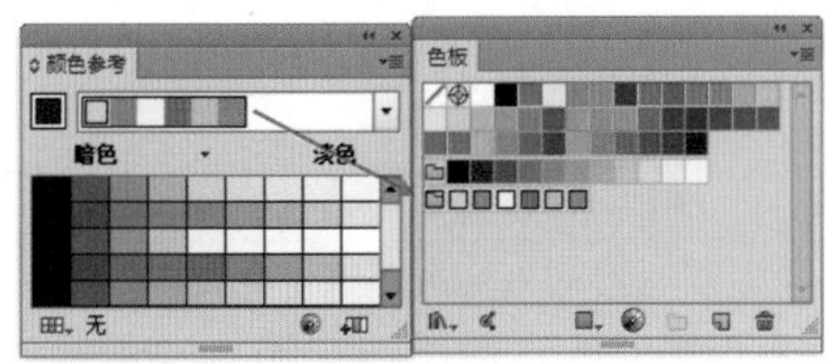

图 7-223

7.9.2　指定颜色变化

在“颜色参考”面板中的颜色变化表的上部，可以看到“暗色”和“亮色”两个词，这是用来指示颜色的相应变化。单击“面板菜单”按钮，再通过执行“显示淡色 / 暗色”“显示冷色 / 暖色”和“显示亮光 / 暗光”命令来控制颜色的变化，如图 7-224 所示。

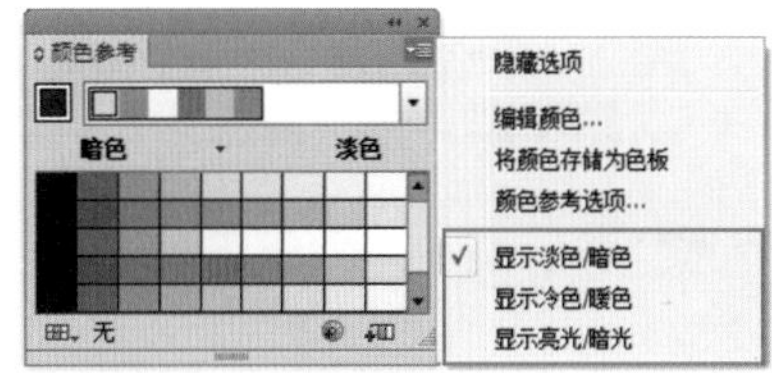

图 7-224

重点参数提醒：

- 显示淡色 / 暗色：当选择该命令时，软件会对颜色变化表左侧的颜色添加黑色，对右侧的颜色添加白色。
- 显示冷色 / 暖色：当选择该命令时，软件会对颜色变化表左侧的颜色添加红色，对右侧的颜色添加蓝色。
- 显示亮光 / 暗光：当选择该命令时，软件会减少颜色变化表左侧颜色中的饱和度，并增加右侧颜色的饱和度。

7.9.3　重新着色图稿

软件智能生成的配色方案也许无法完全满足用户，在 Illustrator 中还可对颜色进行重新着色。在画面中选择一个需要重新着色的对象，如图 7-225 所示。在“颜色参考”面板中选择相应的“协调规则”，然后单击“编辑或应用颜色”按钮，就会弹出“重新着色图稿”窗口，如图 7-226 所示。

图 7-225

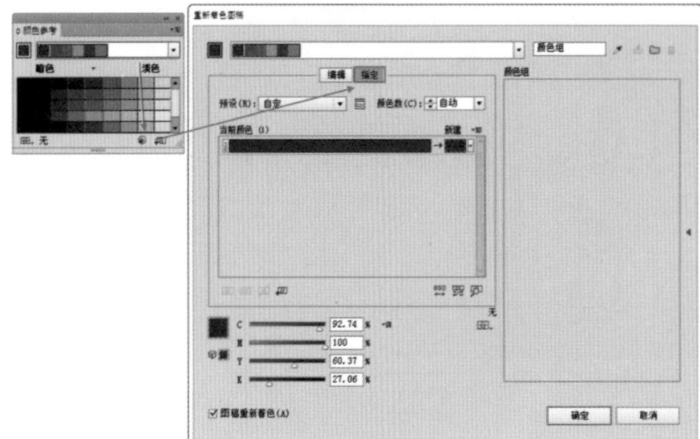

图 7-226

因为在之前选择的相应的对象，所以在打开的“重新着色图稿”窗口中显示的内容为“指定”复选框中的选项，如图 7-227 所示。

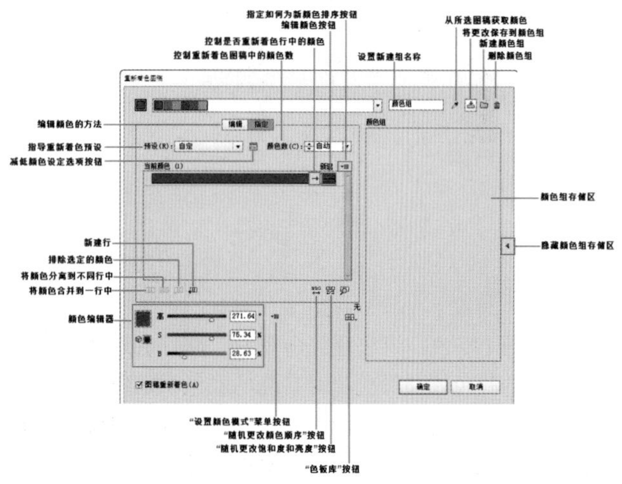

图 7-227

重点参数提醒：

- 编辑颜色的方法：用来编辑重新着色的方法。单击“编辑”按钮，可以切换到“编辑”选项卡，如图 7-228 所示。单击“指定”按钮可以切换到“指定”选项卡，如图 7-229 所示。

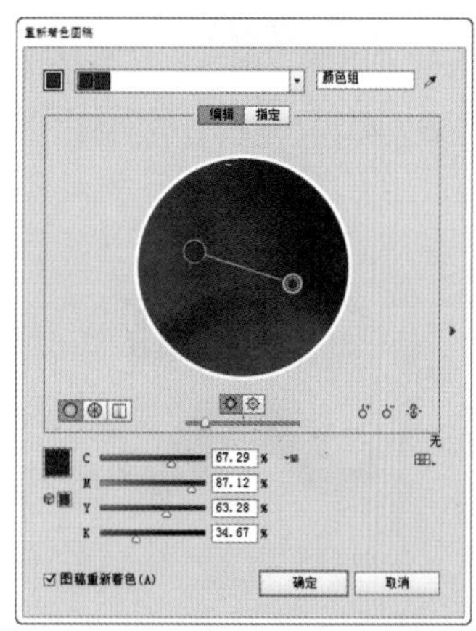

图 7-228

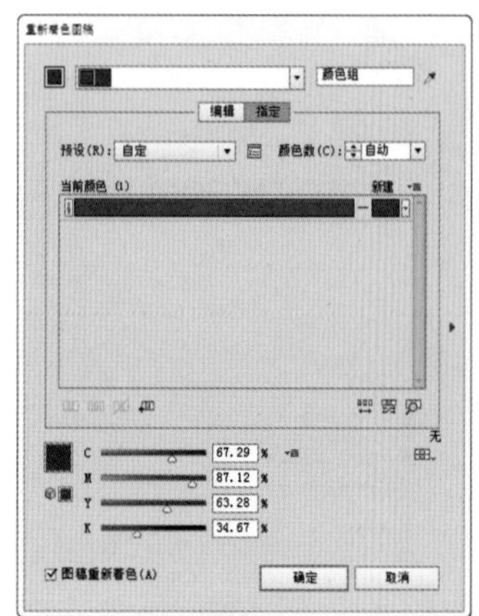

图 7-229

- 预设：单击预设倒三角按钮，在下拉列表中选择相应的预设选项，如图 7-230 所示。

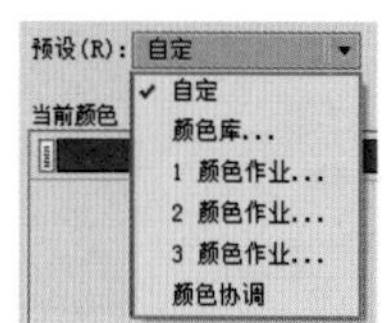

图 7-230

- 减低颜色预设选项按钮：单击该按钮可以弹出“减低颜色预设选项”面板，如图 7-231 所示。

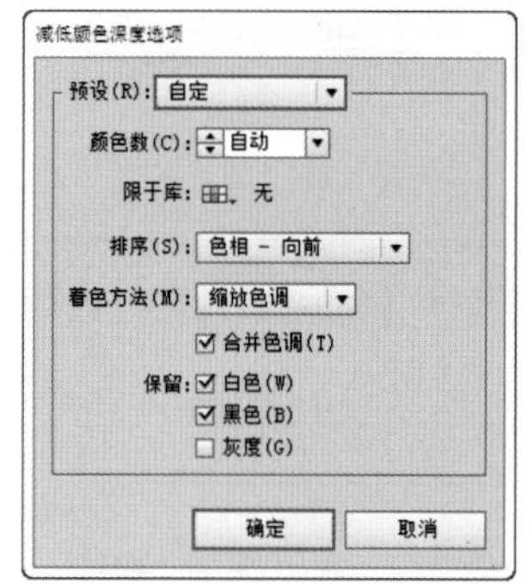

图 7-231

- 编辑颜色按钮：双击该按钮可以打开“拾色器”窗口。
- “指定如何为新颜色排序”按钮：单击该按钮可以选择相应的菜单命令来重新定义颜色的排列顺序。
- 设置颜色模式菜单按钮：单击该按钮在菜单中选择相应的颜色模式。
- “新建颜色组”按钮：颜色设置完成后，单击该按钮可以新建一个颜色组。
- “新建行”按钮：单击该按钮可以新建行。

7.10 综合案例：制作服饰网站

案例文件	制作服饰网站 .ai
视频教学	制作服饰网站 .flv
难易指数	★★★☆☆
技术掌握	填充颜色、填充图案

本案例主要通过对对象填充颜色、填充图案，主要使用到了“圆角矩形工具”“文字工具”等，完成效果如图 7-232 所示。

1. 制作背景

（1）执行“文件 > 新建”命令，新建大小为 A4 的横向文档。单击工具箱中的“矩形工具”按钮，绘制一个与页面等大的黑色矩形，如图 7-233 所示。

图 7-232

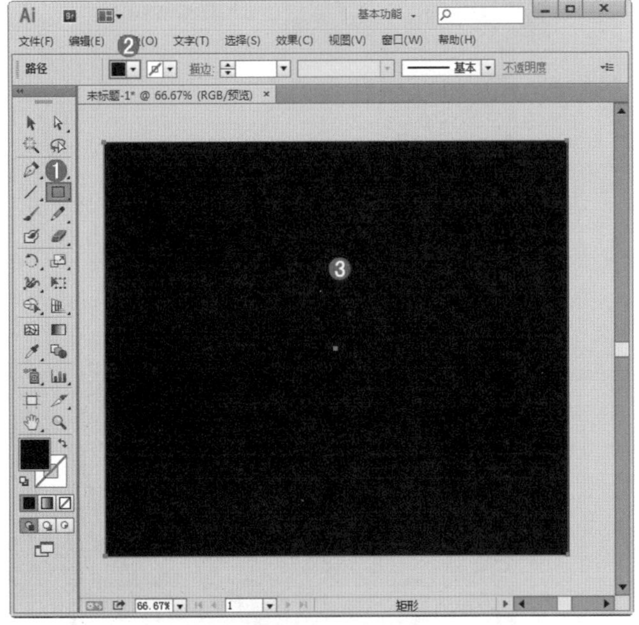

图 7-233

（2）选择工具箱内的“圆角工具” ，在画面中合适的位置绘制一个正方形的圆角矩形，如图 7-234 所示。选择该圆角矩形，按住 <Alt+Shift> 键将其向左平移并复制，如图 7-235 所示。使用同样的方法多次复制该圆角矩形，如图 7-236 所示。

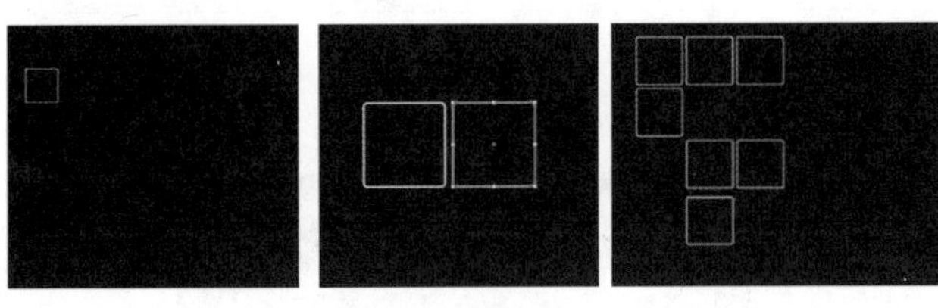

图 7-234　　图 7-235　　图 7-236

（3）选中某个圆角矩形将它填充为白色，如图 7-237 所示。继续将圆角矩形填充为不同的颜色，如图 7-238 所示。

（4）选择一个圆角矩形，执行“窗口 > 图形样式库 >Vonster 图案样式”命令，打开“Vonster 图案样式”面板，在该图案样式面板中选择“皇冠 3”图案样式，如图 7-239 所示。效果如图 7-240 所示。

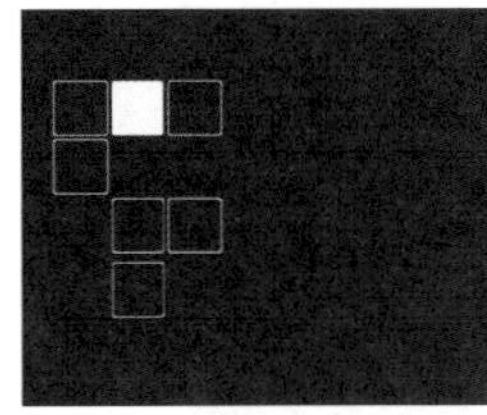

图 7-237

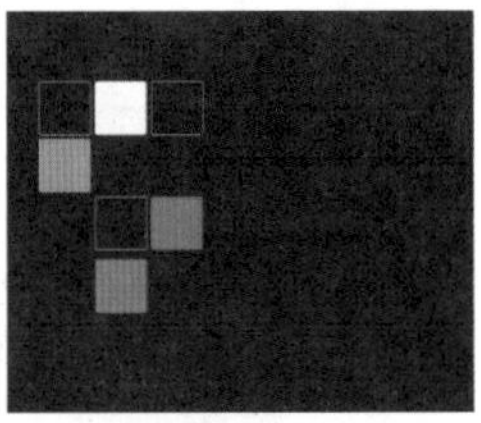

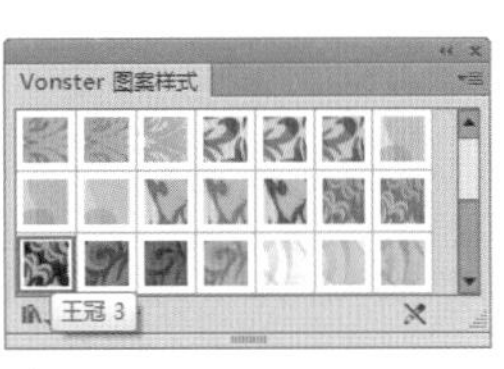

图 7-238

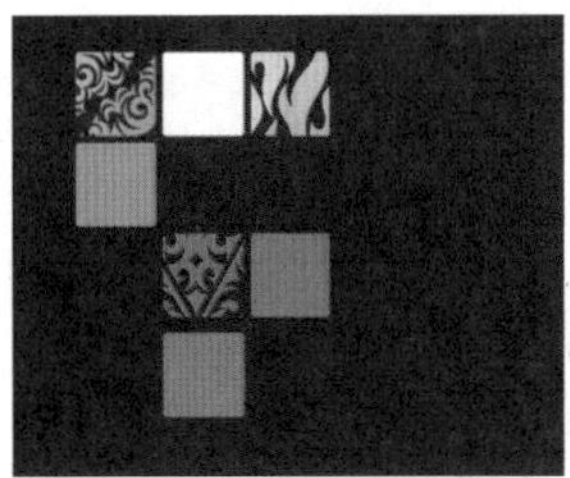

图 7-239

图 7-240

（5）使用同样的方法将其他的圆角矩形填充图案，效果如图 7-241 所示。

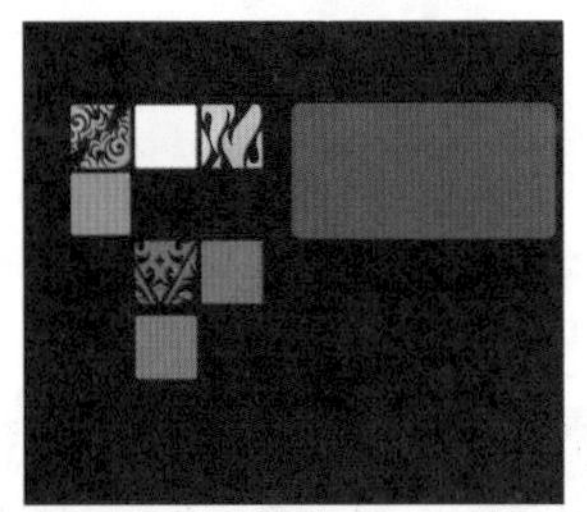

图 7-241

（6）继续使用“圆角矩形工具”绘制一个圆角矩形，如图 7-242 所示。选择该圆角矩形，在控制栏中设置该圆角矩形的“不透明度”为 70%，效果如图 7-243 所示。

图 7-242

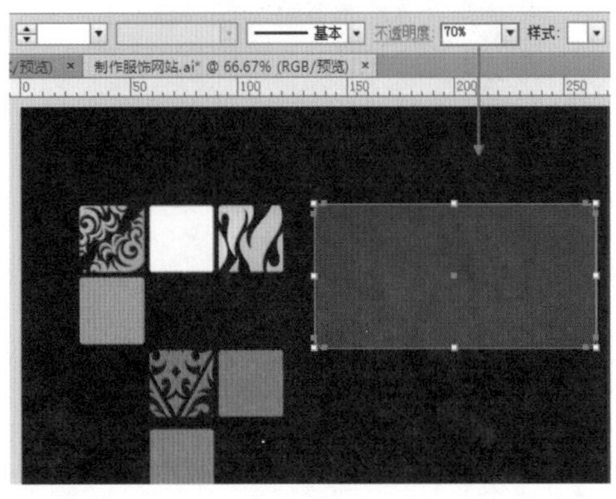

图 7-243

（7）将该圆角矩形复制并摆放在合适位置，如图 7-244 所示。

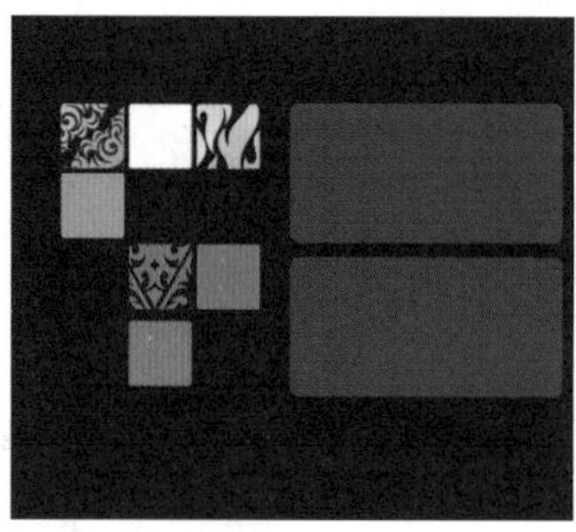

图 7-244

2. 制作前景

（1）执行“文件 > 置入”命令，置入素材 1.png，选择置入素材，执行“对象 > 变换 > 对称”命令，设置“轴”为水平，单击“复制”按钮，如图 7-245 所示。调整复制变换对象的位置，如图 7-246 所示。

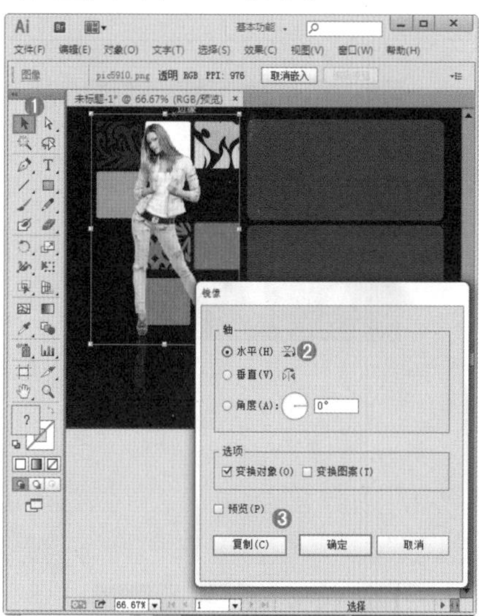

图 7-245

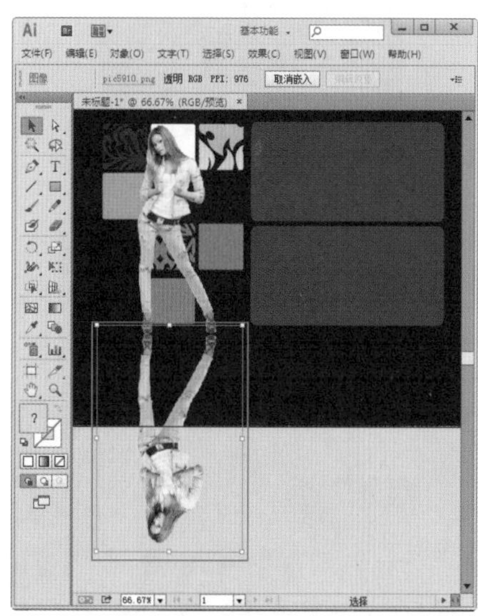

图 7-246

（2）在复制变换对象的位置绘制一个大小相当的矩形，在“渐变”面板中为其填充线性渐变。如图 7-247 所示。单击控制栏中的“不透明度”选项，在弹出的面板中单击“制作蒙版”按钮，如图 7-248 所示。

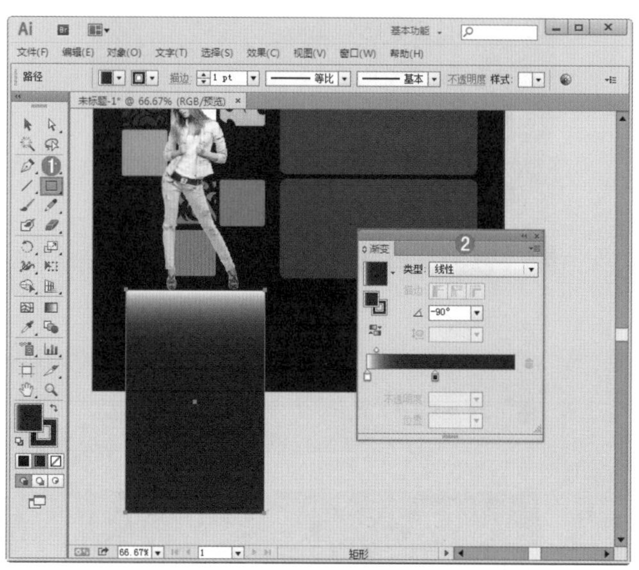

图 7-247

图 7-248

（3）创建蒙版后制作出半透明效果，如图 7-249 所示。

图 7-249

（4）执行“文件 > 置入”命令，置入素材“2.jpg”。在置入的素材上绘制一个无填充矩形，将素材和绘制的矩形同时选取，如图 7-250 所示，执行“对象 > 剪切蒙版 > 建立”命令，建立剪切蒙版。置入素材 3.png，并同前面步骤建立剪切蒙版，效果如图 7-251 所示。

图 7-250

图 7-251

（5）选择工具箱中的“文字工具”T，在文档内键入文字，如图 7-252 所示。整体制作完成。

图 7-252

第 8 章 复杂路径的绘制与编辑

关键词

复杂路径、铅笔、钢笔、橡皮擦、路径查找器

要点导航

铅笔工具组
钢笔工具
橡皮擦工具组
路径查找器
高级路径编辑

学习目标

能够绘制复杂而精确的图形对象

熟练利用路径查找器对多个路径进行计算

佳作鉴赏

8.1 认识路径

路径由一个或多个直线段和曲线段组成，线段的起点和终点由锚点来进行标记。通过编辑锚点、方向点或路径线段本身可以改变路径的形态。在 Illustrator 中包含三种主要的路径类型：开放路径、闭合路径、复合路径。

开放路径：两个不同的端点，它们之间有任意数量的锚点，如图 8-1 所示。

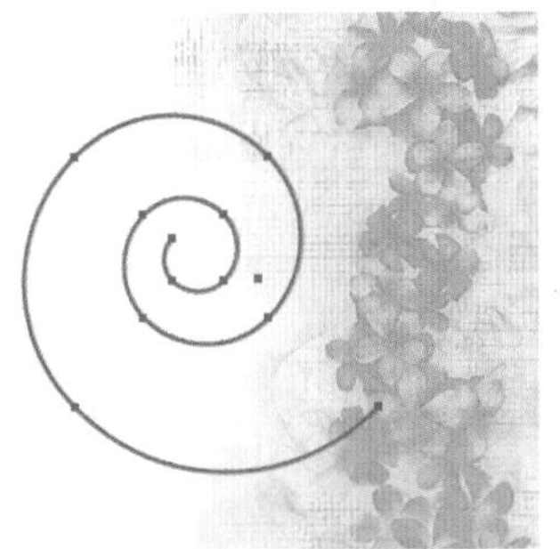

图 8-1

闭合路径：闭合路径是一条首尾相接的没有端点、没有开始或结束的连续的路径，如图 8-2 所示。

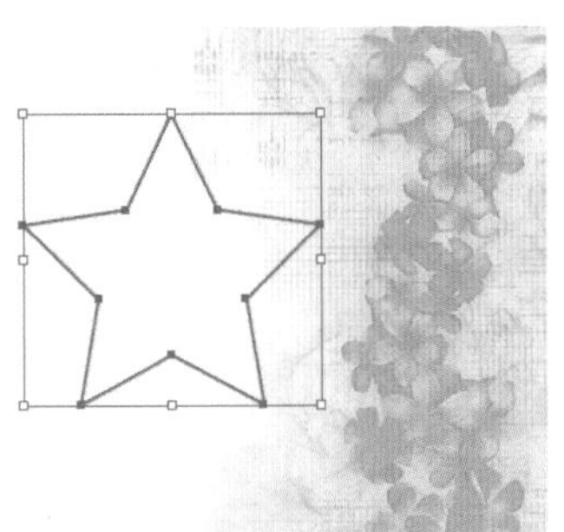

图 8-2

复合路径：两个或两个以上开放或闭合路径，如图 8-3 所示。

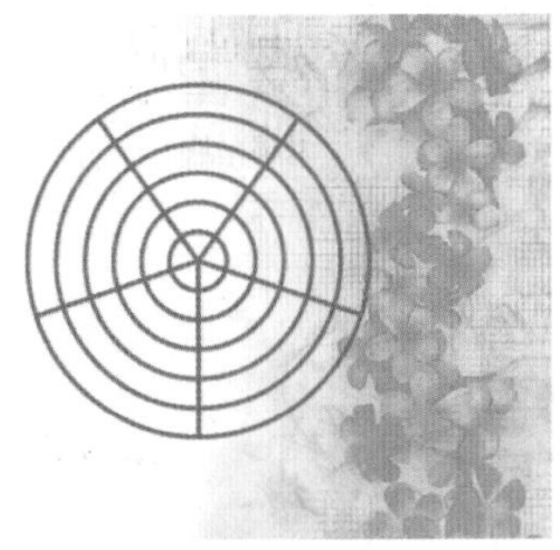

图 8-3

路径最基础的概念是两点连成一线，三个点可以定义一个面。在进行矢量绘图时，通过绘制路径并在路径中添加颜色可以组成各种复杂图形，如图 8-4 所示。

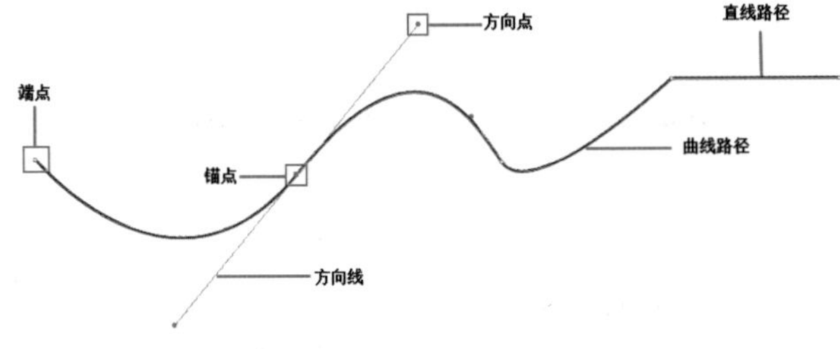

图 8-4

路径上的点被称为锚点，在 Illustrator 中有两类锚点：角点和平滑点。角点可以连接两条直线段或曲线段，平滑点只能连接曲线段。图 8-5 所示为角点，图 8-6 所示为平滑点，图 8-7 所示为角点和平滑点共存的路径。

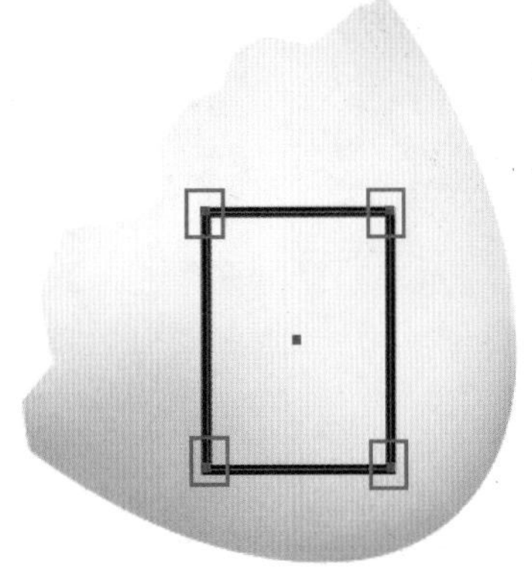

图 8-5

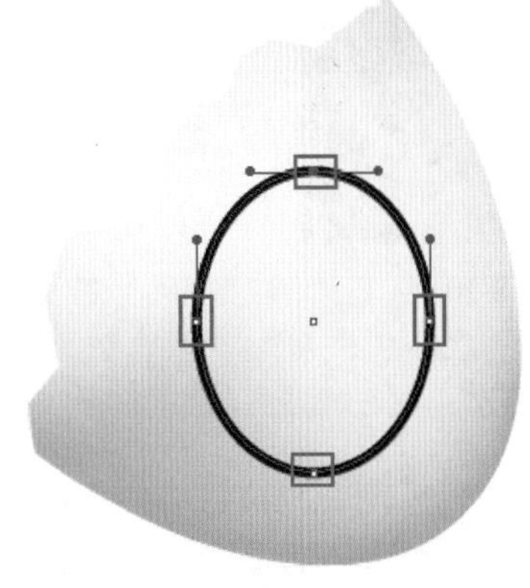

图 8-6

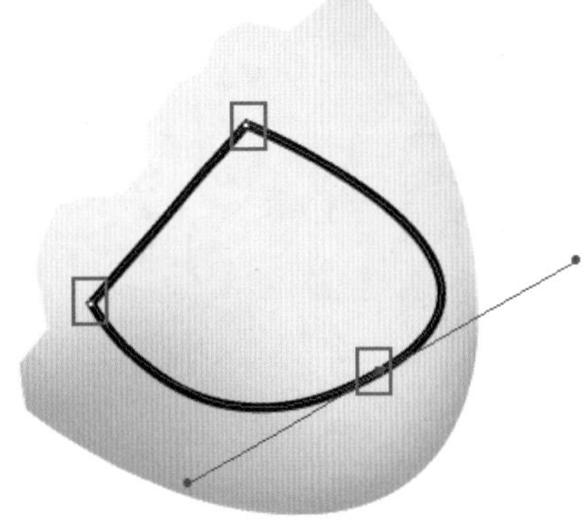

图 8-7

8.2 铅笔工具组

在 Illustrator 的工具箱中有一组用于徒手绘图的工具——“铅笔工具组”。“铅笔工作组”包含三个工具：“铅笔工具”、“平滑工具”和“路径橡皮擦工具”。图 8-8~图 8-11 所示为制作过程中使用这三种工具的作品。

图 8-8

图 8-9

图 8-10

图 8-11

8.2.1 铅笔工具

“铅笔工具”可以模拟铅笔在纸上绘图的方式在 Illustrator 中绘制矢量图形。通常用于绘制手绘风格的插画。图 8-12 和图 8-13 所示为在绘制过程中使用该工具的作品。

图 8-12

图 8-13

（1）单击选择工具箱中的“铅笔工具”或按快捷键 <N>，将光标定位在希望路径开始的地方，光标呈状，如图 8-14 所示。此时单击拖动鼠标即可绘制自由路径，所绘制的路径采用当前的填充和描边属性，并且在默认状态下处于选中状态，如图 8-15 所示。

图 8-14　　图 8-15

（2）在使用“铅笔工具”单击拖拽绘制路径的过程中，若按下 <Alt> 键，光标变为状，此时若释放鼠标将创建返回原点的最短线段来闭合图形，如图 8-16 和图 8-17 所示。

图 8-16

图 8-17

（3）双击工具箱中的“铅笔工具”按钮，在弹出“铅笔工具选项”对话框中勾选“编辑所选路径”选项，此时铅笔工具即可用于改变路径形状。选取要改变形态的路径，在工具箱中选择“铅笔工具”，将光标移动到画面中，此时光标呈状。此时单击拖拽鼠标可绘制自由路径，如图 8-18 所示。将光标移动到需要重新编辑的路径附近，当光标由状变为状时表示此距离可以编辑路径，如图 8-19 所示。

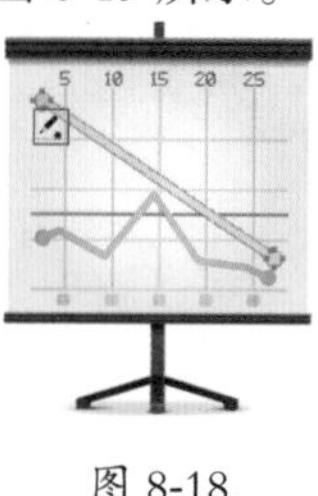

图 8-18

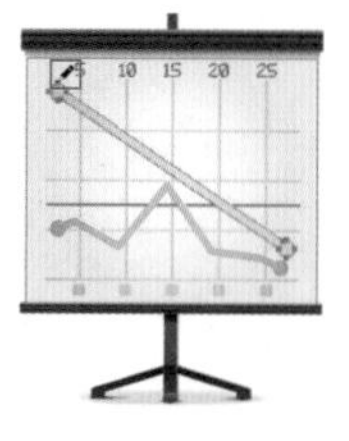

图 8-19

（4）此时在适当位置单击拖拽鼠标即可改变所选路径形态，如图 8-20 和图 8-21 所示。

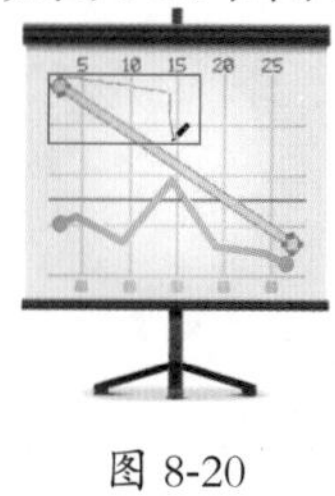

图 8-20

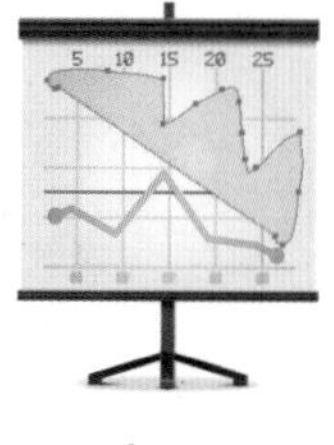

图 8-21

（5）“铅笔工具” 还可以用于路径间的连接。将要连接的路径选取，单击选择工具箱中的“铅笔工具” ，将光标定位于其中一条路径的一端，单击向另一条路径的端点拖动，开始拖动后按住 <Ctrl> 键，此时光标呈 状，拖动到另一条路径的端点上即可将两条路径连接为一条路径，如图 8-22 和图 8-23 所示。

图 8-22

图 8-23

（6）在使用该工具进行绘图前，首先需要双击工具箱中的“铅笔工具”按钮 ，在弹出的“铅笔工具选项”对话框中根据绘图需要对工具的相关参数进行设置。双击工具箱中的“铅笔工具”按钮 。弹出“铅笔工具选项”对话框如图 8-24 所示。

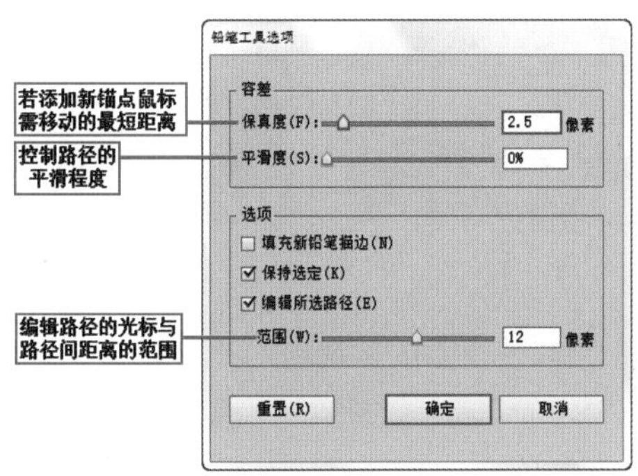

图 8-24

重点参数提醒：

- 保真度：控制必须将鼠标移动多大距离才能向路径中添加新锚点。值越高，路径越平滑。
- 平滑度：控制使用铅笔工具时 Illustrator 应用的平滑量。百分比数值越高，路径越平滑。
- 填充新铅笔描边：将填色应用于路径，该选项在绘制封闭路径时最有用。
- 保持选定：确定在绘制路径之后是否保持路径的选中状态。
- 编辑所选路径：确定是否可以使用“铅笔工具”更改现有路径。
- 范围：用于设置使用“铅笔工具”来编辑路径的光标与路径间距离的范围。此选项仅在选择了“编辑所选路径”选项时可用。
- 重置：通过单击重置按钮，将对话框中的参数调整到软件的默认状态。

8.2.2　进阶案例：使用“铅笔工具”绘制儿童插画

案例文件	使用“铅笔工具”绘制儿童插画 .ai
视频教学	使用“铅笔工具”绘制儿童插画 .flv
难易指数	★★☆☆☆
技术掌握	掌握“铅笔工具”的使用方法

图 8-25

在本案中，主要使用到了“铅笔工具”来绘制画面中的卡通形象。案例完成效果如图 8-25 所示。

（1）执行“文件 > 新建”命令，新建一个“宽度”和“高度”为 500pt 的新文件。单击工具箱中的工具箱中的“矩形工具” ，绘制一个与页面等大的黄色正方形作为背景，如图 8-26 所示。

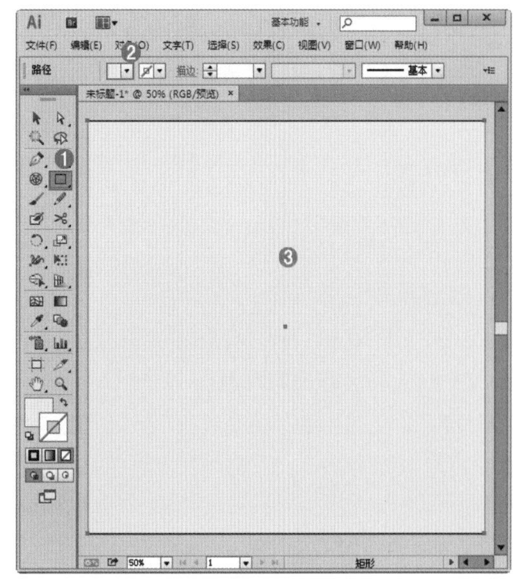

图 8-26

（2）选择工具箱中的“铅笔工具” ，设置其“描边”为浅绿色，描边粗细为 12pt，在上一步绘制的矩形上绘制用于装饰背景的图形，如图 8-27 和图 8-28 所示。

（3）使用“选择工具” 移动复制这些用于装饰的图形，使其布满画板，并且调整其位置，使之合理分布，如图 8-29 所示。

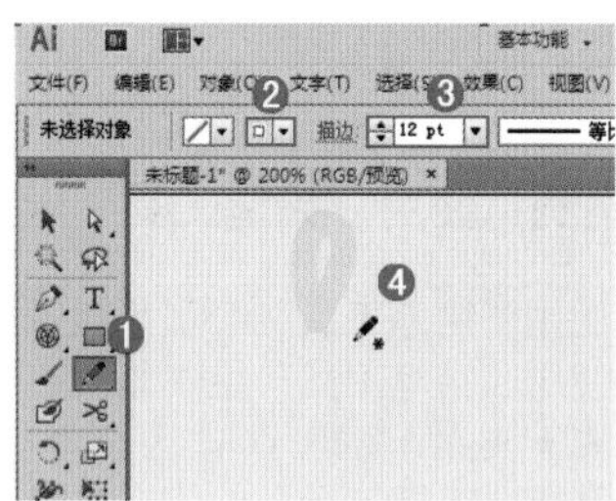

图 8-27

图 8-28

图 8-29

（4）选择工具箱中的“铅笔工具”设置其“描边”为棕色，描边粗细为 2pt，在文档中绘制自由路径作为小羊的头部，如图 8-30 所示。同以上步骤，继续绘制小羊的身体部分，如图 8-31 所示。

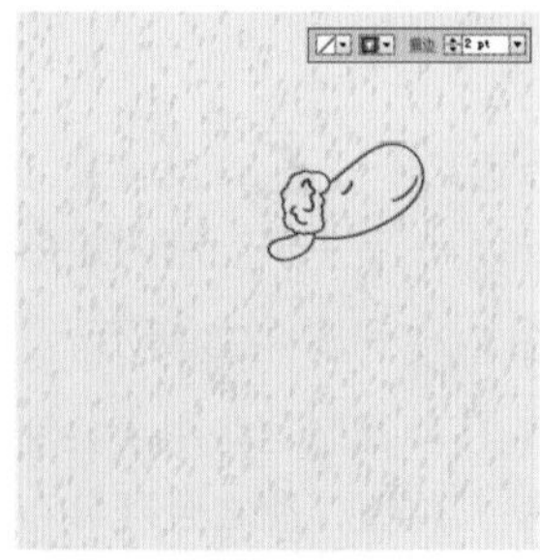

图 8-30

图 8-31

（5）使用工具箱中的“实时上色工具”为绘制的小羊填充颜色，如图 8-32 所示。执行“文件 > 置入”命令，置入素材 1.png，如图 8-33 所示。

图 8-32

图 8-33

（6）使用“铅笔工具”绘制图形用于装饰，如图 8-34 所示。在绘制装饰图形的过程中，可以采用旋转、缩放、改变填充颜色等方式变换图形使画面看起来更为丰富，如图 8-35 所示。

图 8-34

图 8-35

（7）复制所绘制的装饰图形，并且调整复制对象的位置，使之分布合理，如图 8-36 所示。整体制作完成。

图 8-36

8.2.3 平滑工具

“平滑工具”是一个用于调整路径平滑度的辅助工具。选取要进行平滑的路径，使用“平滑工具”沿着要进行平滑的路径按照希望的形态反复拖拽鼠标，直到路径达到所需平滑度，如图 8-37 和图 8-38 所示。

图 8-37

图 8-38

> 小技巧：将“铅笔工具”快速切换为“平滑工具”
>
> 如果当前所选工具为“铅笔工具”，按住 <Alt> 键可以快速切换为“平滑工具”。

双击工具箱中的“平滑工具”按钮，弹出“平滑工具选项”对话框。在对话框进行平滑强度的相应的设置，如图 8-39 所示。

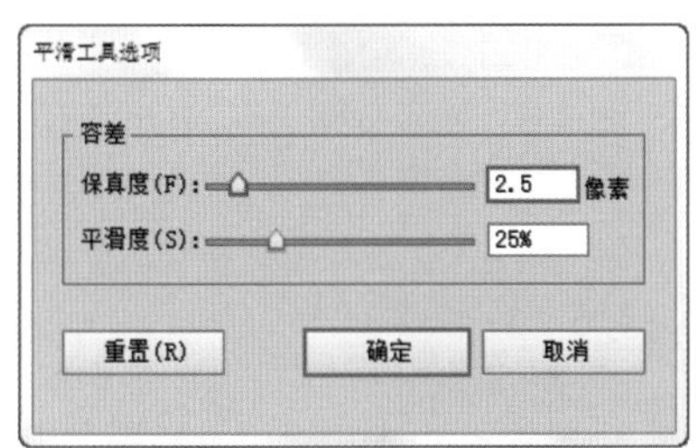

图 8-39

重点参数提醒：

- 保真度：在该选项中调整数值，可以控制在路径进行修改之前可将曲线偏离的距离。当保真度数值较低时，曲线将紧密配合鼠标指针的移动，从而生成更尖锐的角度；当保真度数值较高时，路径将忽略指针的微小移动，从而生成更平滑的曲线。像素值的范围在 0.5~20 像素。
- 平滑度：在该选项中调整数值，可以控制使用“平滑工具”时所应用的平滑值。平滑度范围为 0%~100%，数值越大，路径越平滑。
- 重置：通过单击重置按钮，将该对话框中的参数调整到软件的默认状态。

8.2.4　路径橡皮擦工具

“路径橡皮擦工具”用于擦除所选对象的路径和锚点。该工具只能用于擦除矢量对象，不能擦除位图图像。选取要擦除的路径对象，选择工具箱中的“路径橡皮擦工具”，在要擦除的位置上单击拖拽鼠标即可擦除，如图 8-40~ 图 8-42 所示。

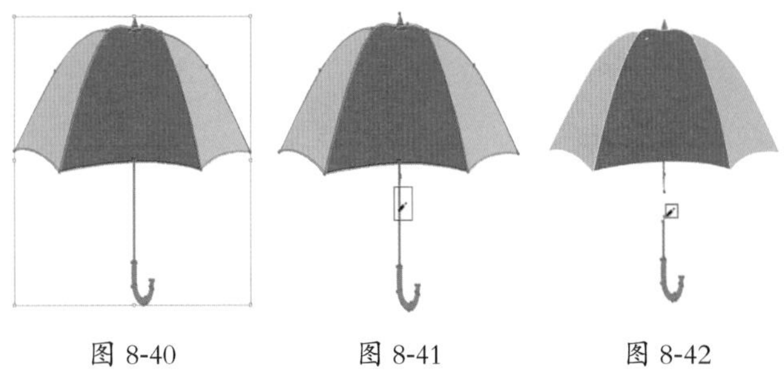

图 8-40　　图 8-41　　图 8-42

> 小技巧：“橡皮擦”工具不能应用的对象
>
> 橡皮擦工具不能用于“文本对象”或者“网格对象”的擦除。

8.2.5　斑点画笔工具

“斑点画笔工具”与“画笔工具”不同，“画笔工具”所绘制的路径为描边效果，而“斑点画笔工具”所绘制的路径呈现描边效果，如图 8-43 所示。“斑点画笔工具”同样也是一个自由的绘图工具，其所绘制的路径可以被编辑，如图 8-44 所示。

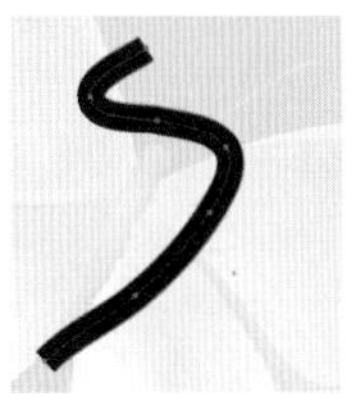

图 8-43

图 8-44

（1）单击选择工具箱中的“斑点画笔工具”，也可以直接使用快捷键 <Shift+B>。在文档中的适当位置单击并拖动鼠标即可绘制，如图 8-45 和图 8-46 所示。

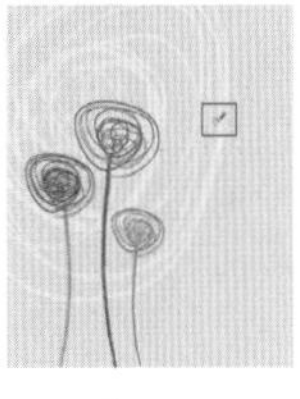

图 8-45

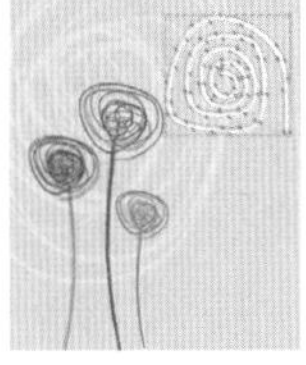

图 8-46

（2）“斑点画笔”还可用于路径的合并。使用“斑点画笔”绘制路径时，新路径将与所遇到的最匹配路径合并。如果新路径在同一组或同一图层中遇到多个匹配的路径，则所有交叉路径都会合并在一起，如图 8-47 和图 8-48 所示。

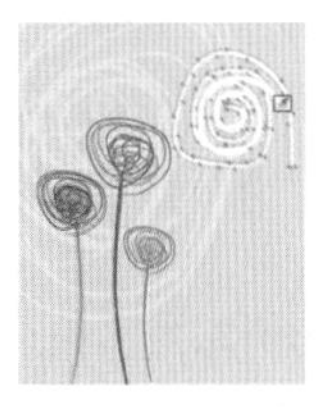

图 8-47

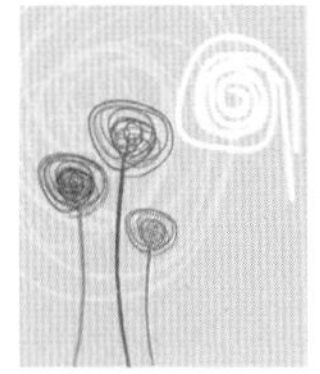

图 8-48

> **小技巧：“斑点画笔工具”技巧延伸**
>
> 使用“斑点画笔工具”可以用来合并由其他工具创建的路径。首先需要确保路径的排列顺序必须相邻，图稿的填充颜色需要相同，并且没有描边。然后将“斑点画笔工具”设置为具有相同的填充颜色，并绘制与所有想要合并在一起的路径交叉的新路径。

（3）要对“斑点画笔工具”设置例如效果或透明度上色属性，需要选择画笔，并在开始绘制之前在“外观”面板中设置各种属性，如图 8-49~ 图 8-51 所示。

图 8-49

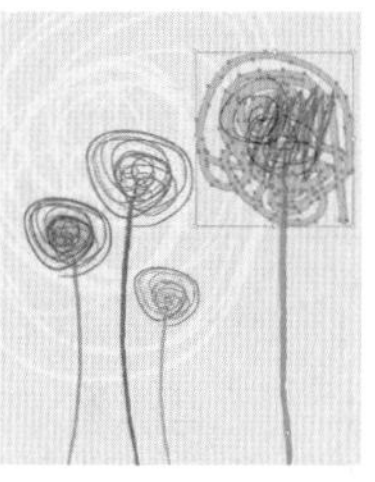

图 8-50

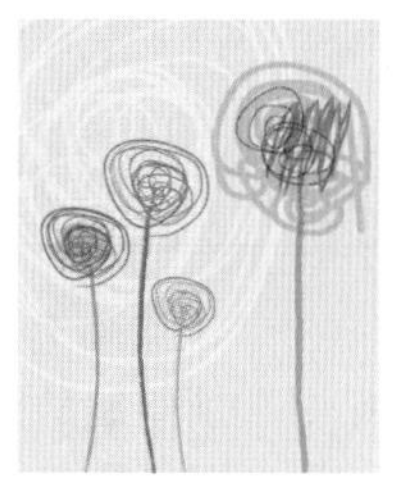

图 8-51

（4）双击工具箱中的“斑点画笔工具”按钮，此时弹出“斑点画笔工具选项”对话框，如图 8-52 所示。在该对话框中可以对“斑点画笔工具”的各项参数进行设置。

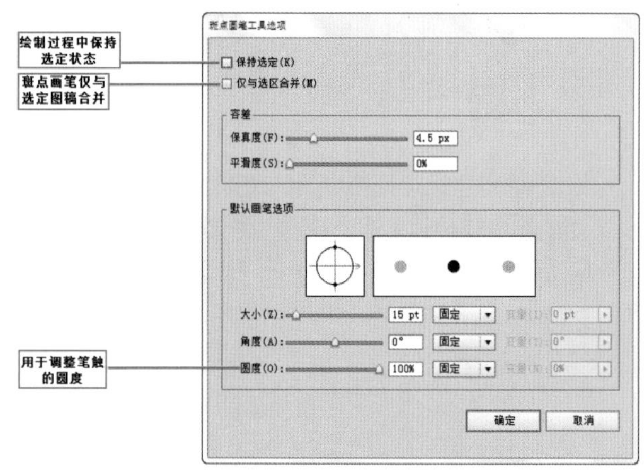

图 8-52

重点参数提醒：

- 保持选定：指定绘制合并路径时，所有路径都将被选中，并且在绘制过程中保持被选中状态。该选项在查看包含在合并路径中的全部路径时非常有用。选择该选项后，“选区限制合并”选项将被停用。
- 选区限制合并：指定如果选择了图稿，则“斑点画笔”只可与选定的图稿合并。如果没有选择图稿，则“斑点画笔”可以与任何匹配的图稿合并。
- 保真度：控制必须将光标移动多大距离，Illustrator 才会向路径添加新锚点。例如，保真度值为 2.5，表示小于 2.5 像素的工具移动将不生成锚点。保真度的范围可介于 0.5~20 像素之间；值越大，路径越平滑，复杂程度越小。
- 平滑度：控制您使用工具时 Illustrator 应用的平滑量。平滑度范围从 0%~100%；百分比越高，路径越平滑。
- 大小：决定画笔的大小。
- 角度：决定画笔旋转的角度。拖移预览区中的箭头，或在“角度”文本框中输入一个值。
- 圆度：决定画笔的圆度。将预览中的黑点沿朝向或背离中心方向拖移，或者在“圆度”文本框中输入一个值。该值越大，圆度就越大。

8.3 使用钢笔工具

“钢笔工具”是图形图像类软件中最为重要的绘图工具之一，使用“钢笔工具”可用于路径和图形的绘制，而且配合钢笔工具组中的其他工具可以准确而精细的控制路径的形态。图 8-53 和图 8-54 所示为可以使用该工具制作的作品。

图 8-53

图 8-54

8.3.1 使用钢笔工具绘制直线

（1）选择工具箱中的“钢笔工具”或按快捷键 <P>，将光标移动到文档内的适当位置，单击鼠标左键即可创建一个锚点，如图 8-55 所示。

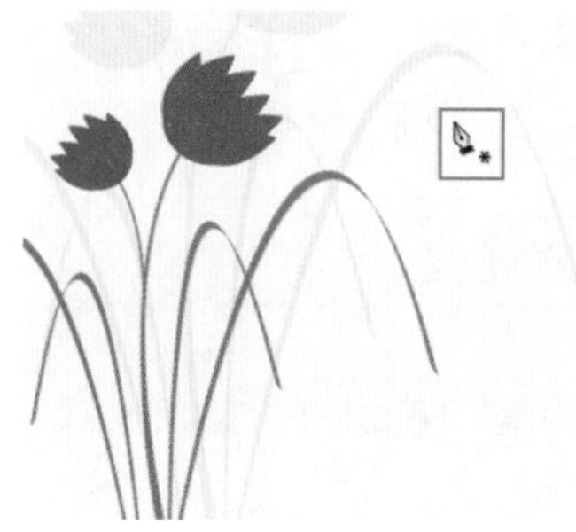

图 8-55

（2）释放鼠标，在下一个位置单击鼠标左键建立第二个锚点，此时两个锚点连接成一个直线段路径，如图 8-56 所示。继续单击创建锚点，再次绘制直线段路径，如图 8-57 所示。

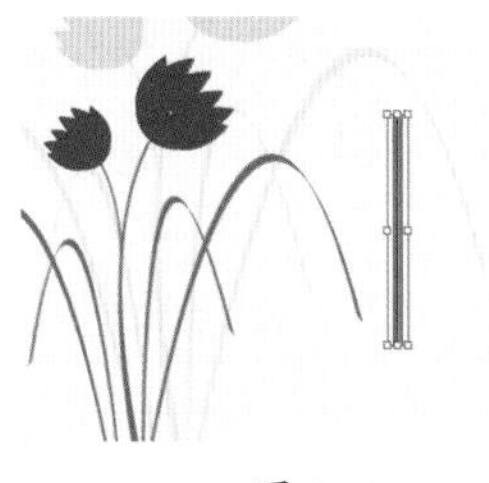

图 8-56

图 8-57

小技巧：绘制水平、垂直或以 45° 角为增量的直线

按住 <Shift> 键可以绘制水平、垂直或以 45° 角为增量的直线。

（3）如果要结束一段开放式路径的绘制，可以按住 <Ctrl> 键并在文档的空白处单击，单击工具箱中的其他工具，或者按下 <Enter> 键也可以结束当前开放路径的绘制，如图 8-58 所示。

图 8-58

（4）下面介绍一下绘制曲线的方法，在画布中单击鼠标左键创建一个锚点，释放鼠标后将光标移动到另一位置单击拖动，释放鼠标后即可创建一个平滑点，如图 8-59 所示。将光标置于在下一个位置，单击拖动创建第二个平滑点，在拖动的过程中要注意把握好曲线的走向，如图 8-60 所示。

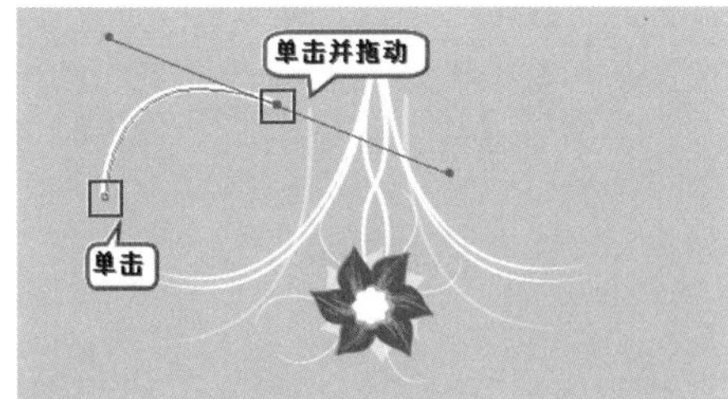

图 8-59

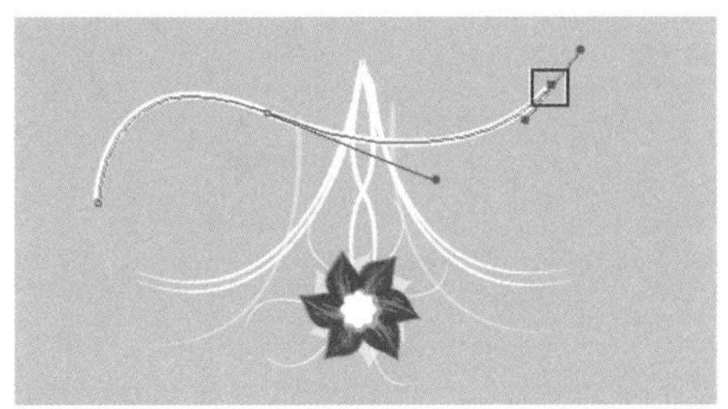

图 8-60

（5）想要绘制闭合路径，可以在创建多个锚点生成多条直线段路径后，将光标置于起点时，光标呈状，如图 8-61 所示。此时单击鼠标左键即可闭合路径，连接生成一个多边形，执行“视图 > 隐藏网格”命令隐藏网格，如图 8-62 所示。

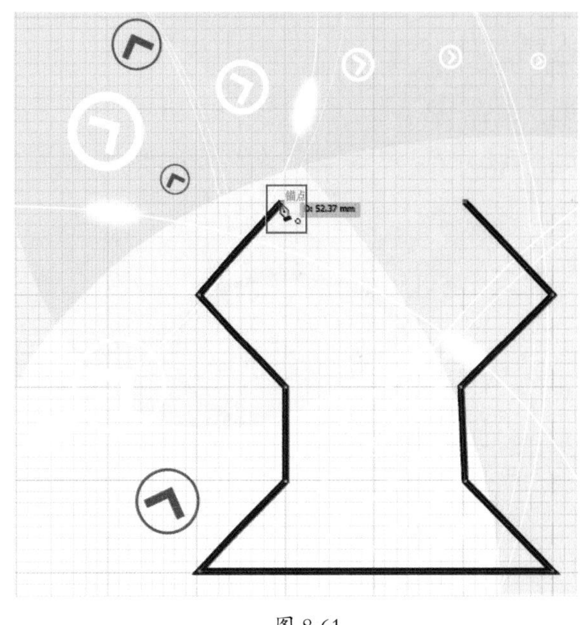

图 8-61

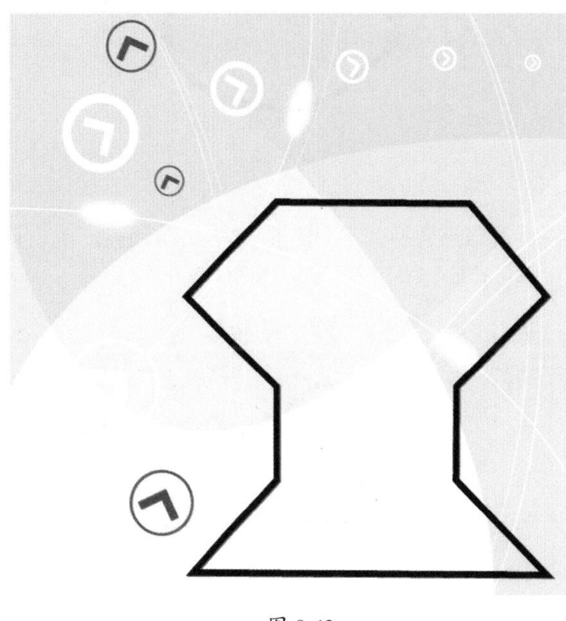

图 8-62

8.3.2　修改锚点

使用“钢笔工具”绘图的过程可以理解为通过控制锚点的位置来绘制直线或曲线路径的过程。所以在绘制完成后可以选中锚点，并在控制栏中对锚点进行编辑，如图 8-63 所示。

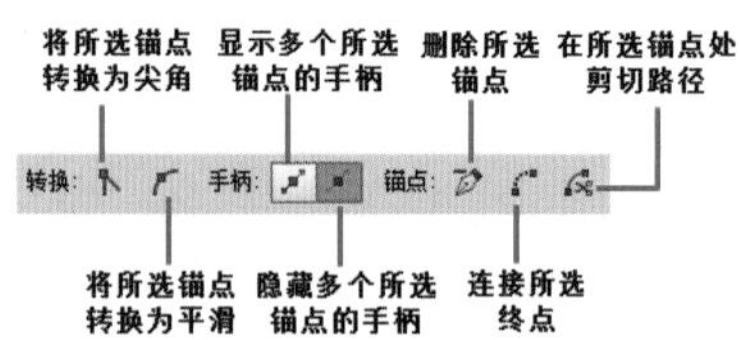

图 8-63

重点参数提醒:

- 将所选锚点转换为尖角：选中平滑锚点，单击该按钮即可转换为尖角点，如图 8-64 和图 8-65 所示。

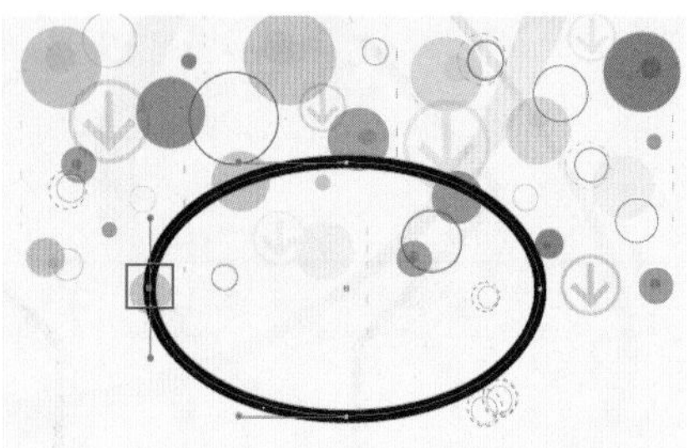

图 8-64

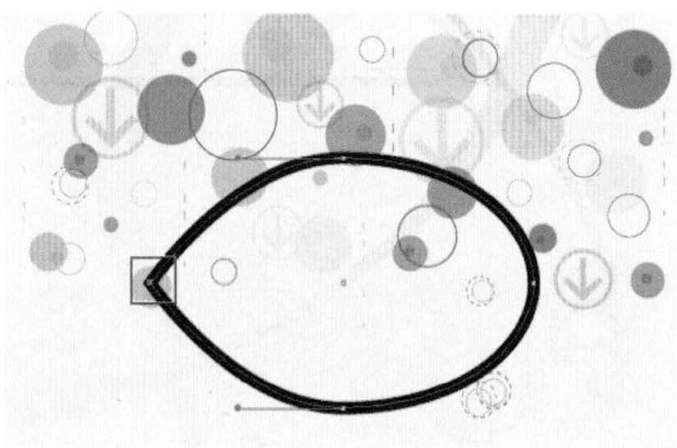

图 8-65

- 将所选锚点转换为平滑：选中尖角锚点，单击该按钮即可转换为平滑点，如图 8-66 和图 8-67 所示。

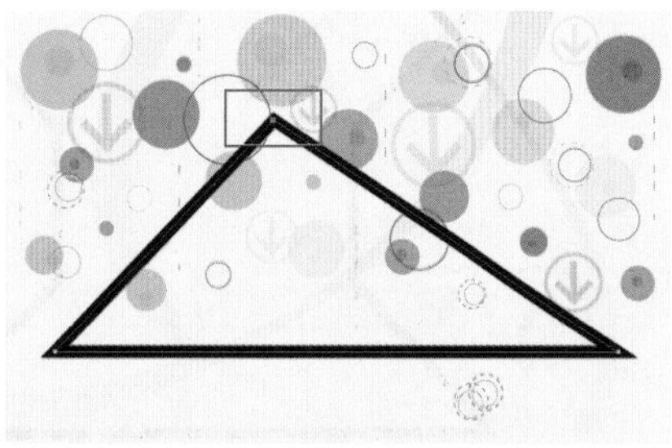

图 8-66

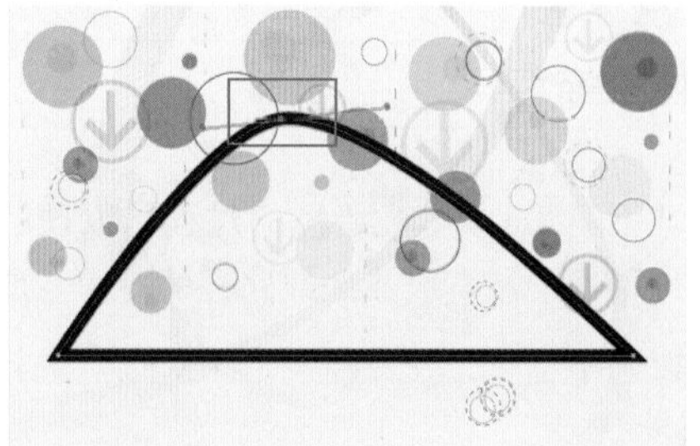

图 8-67

- 显示多个选定锚点的手柄：当该按钮处于选中状态时，被选中的多个锚点的手柄都将处于显示状态，如图 8-68 所示。

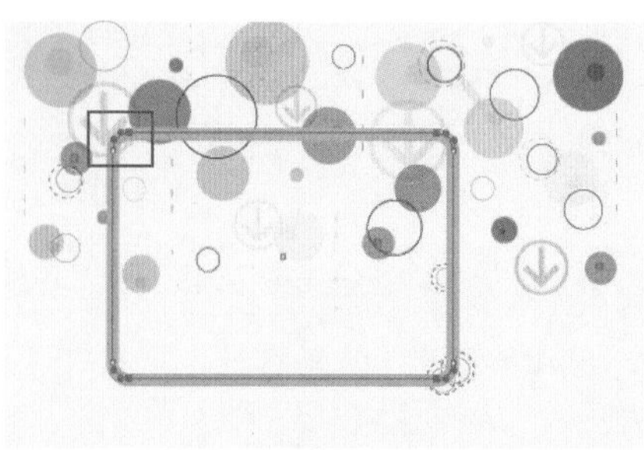

图 8-68

- 隐藏多个选定锚点的手柄：当该按钮处于选中状态时，被选中的多个锚点的手柄都将处于隐藏状态，如图 8-69 所示。

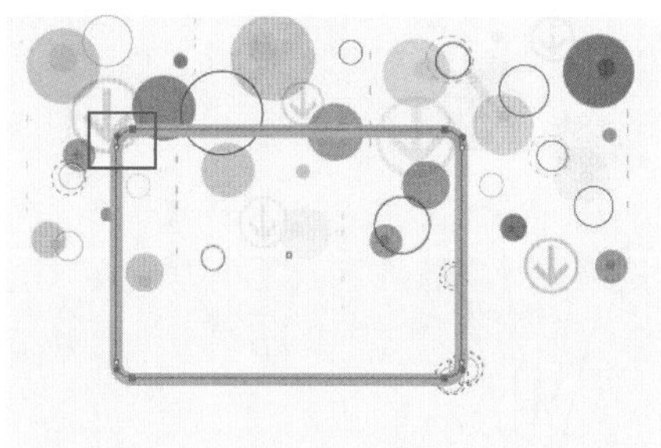

图 8-69

- 删除所选锚点：单击即可删除选中的锚点，如图 8-70 和图 8-71 所示。

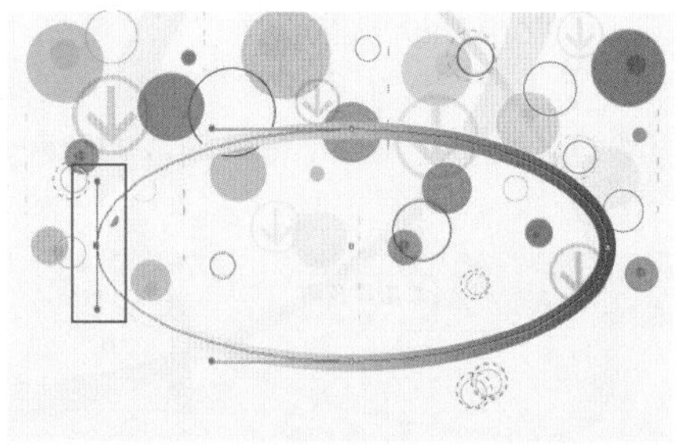

图 8-70

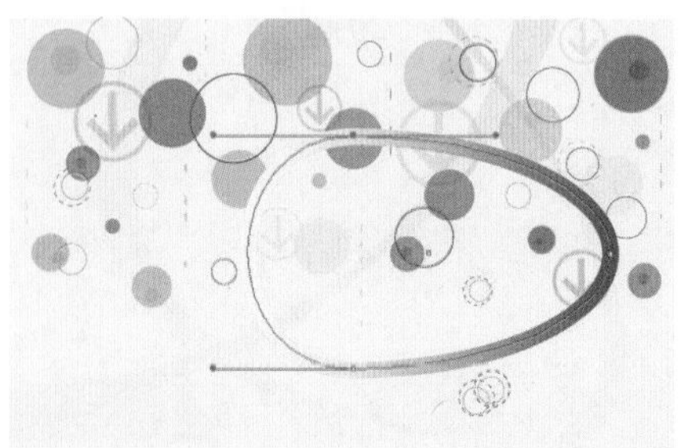

图 8-71

- 连接所选择终点：在开放路径中，选中不相连的两个端点。单击该按钮即可在两点之间建立路径进行连接，如图 8-72 和图 8-73 所示。

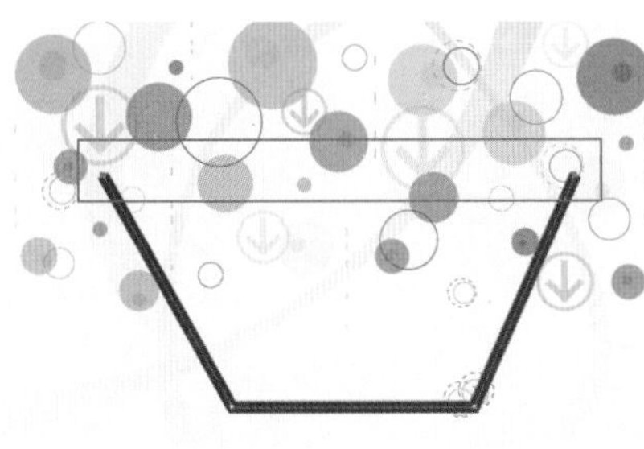

图 8-72

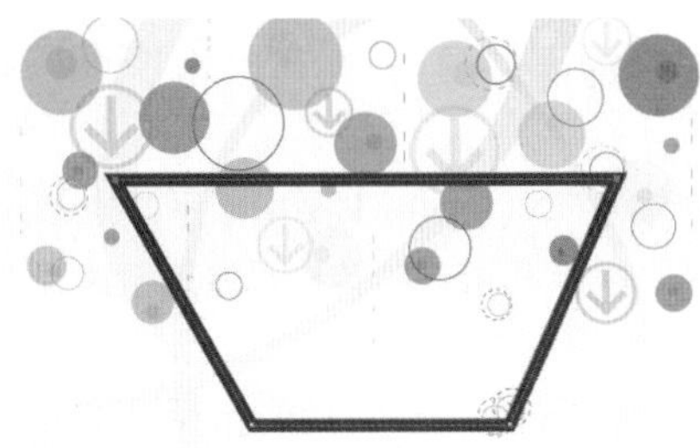

图 8-73

- 在所选锚点处剪切路径：选中锚点，单击该按钮即可将所选的锚点分割为两个锚点，并且两个锚点之间不相连，如图 8-74 和图 8-75 所示。

图 8-74

图 8-75

- 隔离选中对象：在包含选中对象的情况下，单击该按钮即可在隔离模式下编辑对象。

8.3.3　添加锚点工具

使用“添加锚点工具”可以在所选路径上自由添加锚点，从而增强对路径形态的控制。但要注意尽量不要添加多余的锚点，否则会增加图稿的复杂性不利于图稿的输出。

（1）使用“选择工具”将要添加锚点的路径选中，单击选择工具箱中的“添加锚点工具”或直接按快捷键 <+>，将光标置于要添加锚点的位置，单击鼠标左键添加锚点，如图 8-76 和图 8-77 所示。

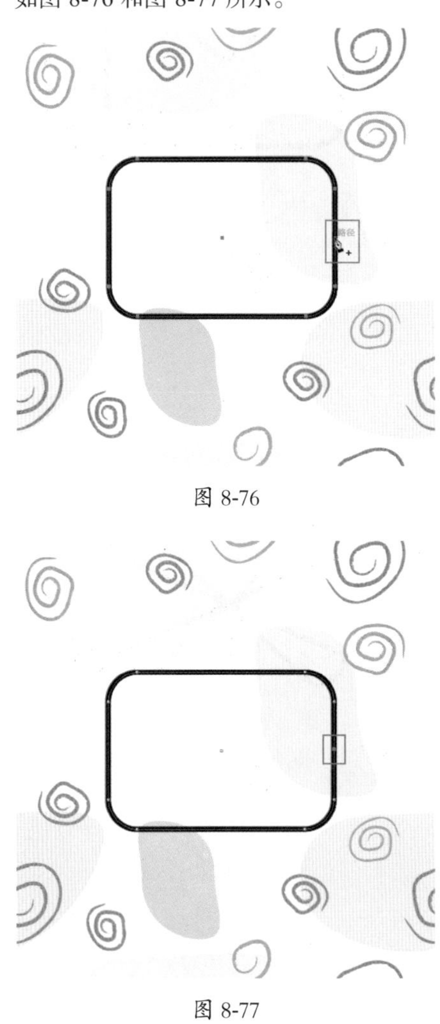

图 8-76

图 8-77

（2）重复上述操作，继续为圆角矩形添加三个锚点。使用“直接选择工具”选取添加的锚点可以调整其位置，如图 8-78~ 图 8-80 所示。

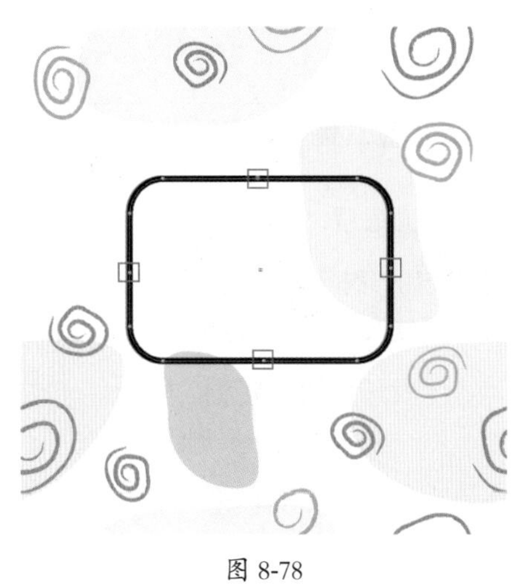

图 8-78

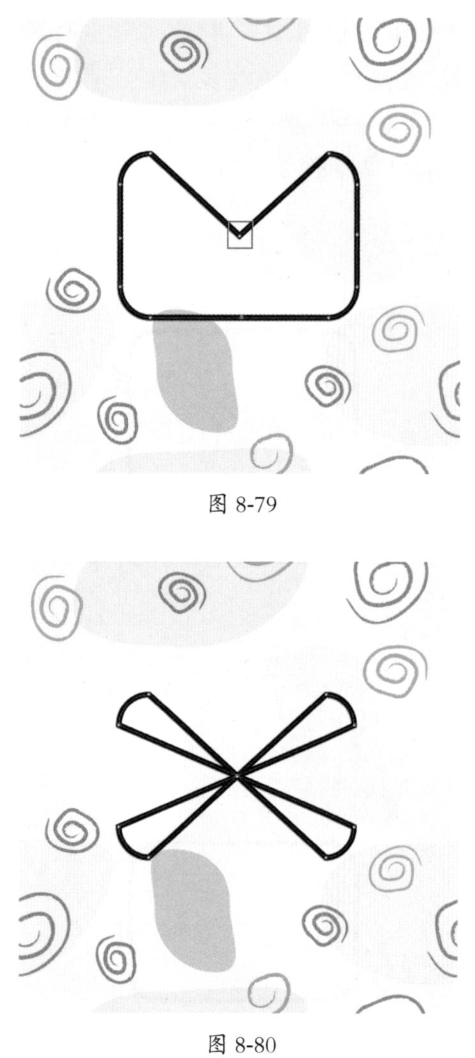

图 8-79

图 8-80

小技巧：在使用“钢笔工具”的状态下快速添加或删除锚点

单击工具箱中的“钢笔工具”，将鼠标放置在路径上，可以看到鼠标指针自动变为时，单击鼠标即可在路径上添加锚点；将鼠标放在锚点上，指针自动变为时，单击鼠标即可删除锚点。

8.3.4 删除锚点工具

在矢量图稿完成后，不可避免的会出现一些不必要存在锚点，可以使用“删除锚点工具”将这些锚点删除，以避免图稿过于复杂从而影响输出和保存。选择锚点所在的路径，单击工具箱中的“删除锚点工具”按钮或直接按快捷键 < - >，将光标置于要删除的锚点上，单击鼠标左键即可将该锚点删除，如图 8-81 和图 8-82 所示。

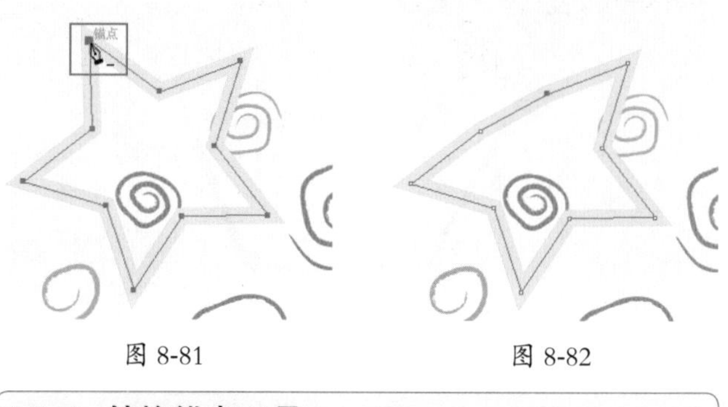

图 8-81　　图 8-82

8.3.5 转换锚点工具

“转换锚点工具”主要用于平滑点和角点的相互转换。通过平滑点和角点的转换可以改变路径的形态和方向。

（1）选择要进行锚点转换的路径，单击选择工具箱中的“转换锚点工具”或直接按快捷键 <Shift+C>”，此时光标呈状，将光标移动到将要转换的锚点上，如图 8-83 所示。单击拖动鼠标将方向点拖出角点，角点被转换为平滑点，如图 8-84 所示。

图 8-83

图 8-84

（2）再次执行上述操作可以将路径中的另一角点转换为平滑点，如图 8-85 所示。

图 8-85

（3）选择路径，使用“转换锚点工具”直接在平滑点上单击，可以将平滑点转换为角点，如图 8-86 和图 8-87 所示。

图 8-86

图 8-87

（4）如果要将平滑点转换成具有独立方向线的角点，需要单击并将方向点拖动到适当位置，如图 8-88 和图 8-89 所示。

图 8-88

图 8-89

8.3.6　轻松练：使用钢笔工具绘制复杂的图形

（1）执行“文件 > 新建”命令，新建一个“宽度”和“高度”为 500pt 的新文件。执行“文件 > 置入”命令置入素材 1.jpg，适当调整素材和画板大小，如图 8-90 所示。

图 8-90

（2）选择工具箱中的“钢笔工具”，设置“描边”为棕色，单击控制栏中的“描边”选项，在弹出的面板中设置“粗细”为 6pt，勾选“虚线”选项，单击“保留虚线和间隙的精确长度”按钮，设置“虚线”为 12pt，如图 8-91 所示。沿置入素材内的图形边缘绘制曲线描边，如果对“钢笔工具”的熟练程度不够不能完成曲线描边，可以先描绘一个大体形状，如图 8-92 所示。

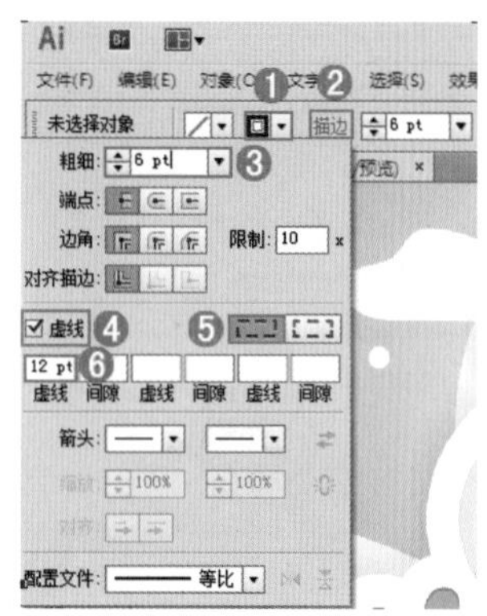

图 8-91

图 8-92

（3）绘制完成后，选择“转换锚点工具”，对锚点进行调整使整个描边沿图形边缘分布，如图 8-93 所示。调整完成后，整体制作完成，如图 8-94 所示。

图 8-93

图 8-94

8.3.7 进阶案例：使用钢笔工具制作海报

案例文件	使用钢笔工具制作海报 .ai
视频教学	使用钢笔工具制作海报 .flv
难易指数	★★☆☆☆
技术掌握	掌握“钢笔工具”的使用

在本案例中，画面主体部分的制作使用到了“钢笔工具”，通过使用“钢笔工具”来进行绘制边缘整齐且转角尖锐的图案。本案例还是用到了“投影”命令制作投影效果，案例完成效果如图 8-95 所示。

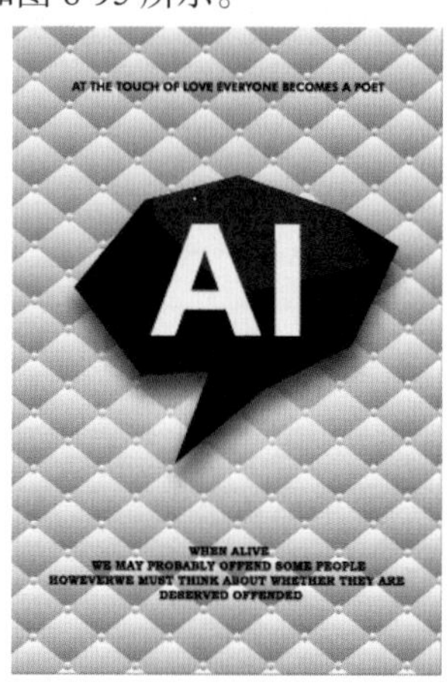

图 8-95

（1）执行“文件 > 新建”命令，新建大小为 A4 的纵向文档。执行“文件 > 置入”命令，置入素材 1.jpg，如图 8-96 所示。

图 8-96

（2）绘制一个和画板大小相当的矩形，执行“窗口 > 渐变”命令，打开渐变面板。在渐变面板中填充黑白色系径向渐变，如图 8-97 和图 8-98 所示。

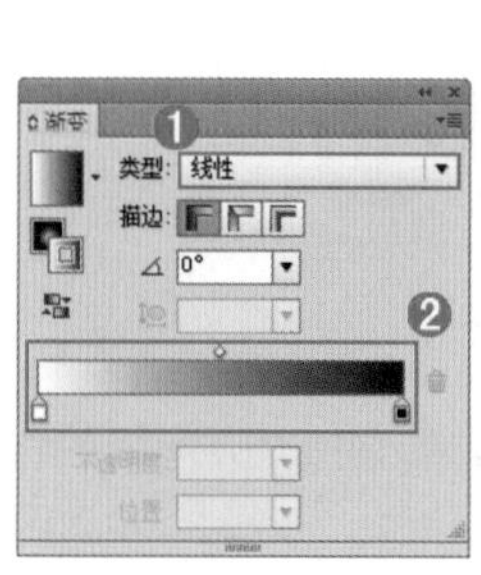

图 8-97

图 8-98

（3）选择该矩形，执行“窗口 > 透明度”命令，打开“不透明度”命令，设置该图像的混合模式为“柔光”，如图 8-99 所示。画面效果如图 8-100 所示。

图 8-99

图 8-100

（4）选择工具箱中的“钢笔工具”，设置“填充”为黑色，在文档内绘制多边形，如图 8-101 所示。

图 8-101

（5）选择该形状，执行“效果 > 风格化 > 投影”命令，在“投影”窗口中设置“模式”为“正片叠底”，“不透明度”为 72%，“X 位移”为 0mm，“Y 位移”为 1mm，“模糊”为 0.5mm，“颜色”为黑色，参数设置如图 8-102 所示。设置完成后单击“确定”按钮，投影效果如图 8-103 所示。

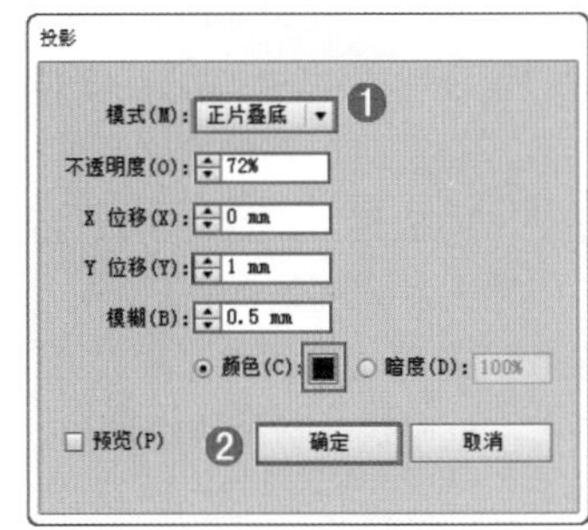

图 8-102

图 8-103

（6）使用“钢笔工具”，设置其“填充”为灰色，在绘制的多边形上继续绘制多边形，如图 8-104 所示。使用“文字工具” T 在文档内键入文字，如图 8-105 所示。整体制作完成。

图 8-104

图 8-105

8.4 橡皮擦工具组

“橡皮擦”工作组包括“橡皮擦工具”、“剪刀工具”和“刻刀工具”三种工具。是 Illustrator 中常用的一个工具组，主要用于矢量图形对象的擦除和分割。图 8-106 和图 8-107 所示为绘制过程中用到该工具组的作品。

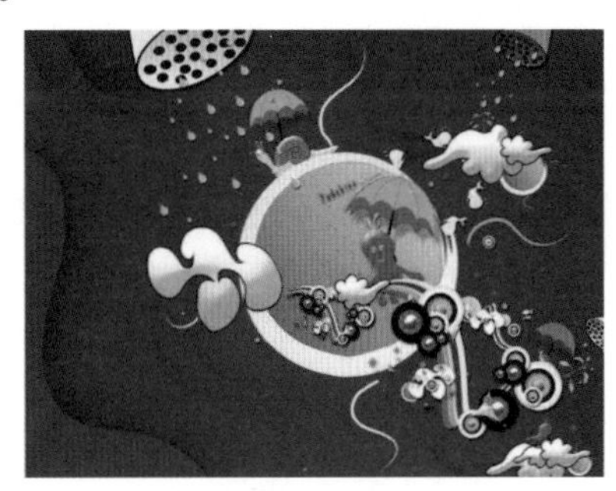

图 8-106

图 8-107

8.4.1 橡皮擦工具

“橡皮擦工具”可以任意擦除对象而不受图稿结构的限制。可以对路径、复合路径、剪贴路径、“实时上色”组内路径使用该工具。被擦除后的对象将转换为新的路径并自动闭合所擦除的边缘。

（1）选择工具箱中的“橡皮擦工具”，在未选择任何对象的文档中单击拖动鼠标即可擦除光标移动范围内的所有路径，如图 8-108 和图 8-109 所示。

图 8-108

图 8-109

（2）若当前文档中部分对象处于被选中状态，则“橡皮擦工具”只能擦除光标移动范围内的被选中对象，如图 8-110 和图 8-111 所示。

图 8-110

图 8-111

（3）选择“橡皮擦工具”同时按住 <Shift> 键，将会沿水平、垂直或者斜 45 度角方向进行擦除，如图 8-112 所示。

图 8-112

（4）选择“橡皮擦工具”同时按住 <Alt> 键，将会以矩形的方式进行擦除，如图 8-113 所示。

图 8-113

（5）选择“橡皮擦工具”同时按住 <Shift> 键和 <Alt> 键将会以正方形的方式进行擦除，如图 8-114 所示。

图 8-114

（6）双击工具箱中的“橡皮擦工具”，弹出“橡皮擦”工具选项对话框，在该对话框中对“橡皮擦工具”的参数进行设置，如图 8-115 所示。

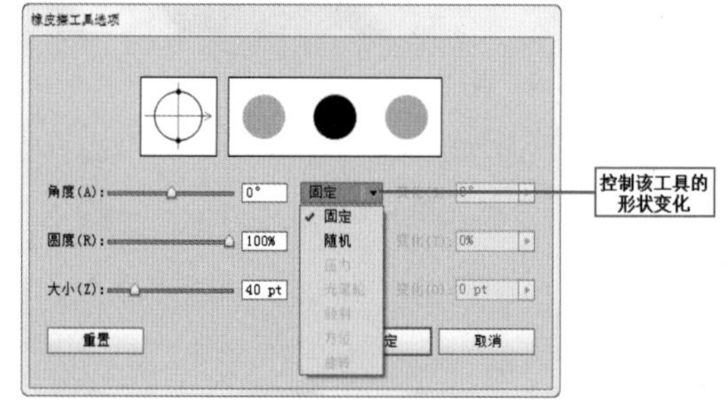

图 8-115

重点参数提醒：

- 角度：调整该选项中的参数，确定此工具旋转的角度。拖移预览区中的箭头，或在“角度”文本框中输入一个值。
- 圆度：调整该选项中的参数，确定此工具的圆度。将预览中的黑点或向背离中心的方向拖移，或者在“圆度”文本框中输入一个值。该值越大，圆度就越大。
- 大小：调整该选项中的参数，确定此工具的大小。可以移动滑块，或在“大小”文本框中输入数值进行调整。

8.4.2 剪刀工具

“剪刀工具”可以对路径进行切割处理。使用“剪刀工具”在路径线段中单击可以切割图形，并将图形切割为具有填色和描边属性的独立对象。

（1）选取将要进行剪切的路径，单击工具箱中的“剪刀工具”按钮选择该工具，将光标移动到要进行剪切的位置单击鼠标左键，即可剪切路径，如图 8-116 和图 8-117 所示。

图 8-116

图 8-117

（2）选择工具箱中的“剪刀工具”，在矩形边缘路径上单击以建立剪切路径，如图 8-118 和图 8-119 所示。

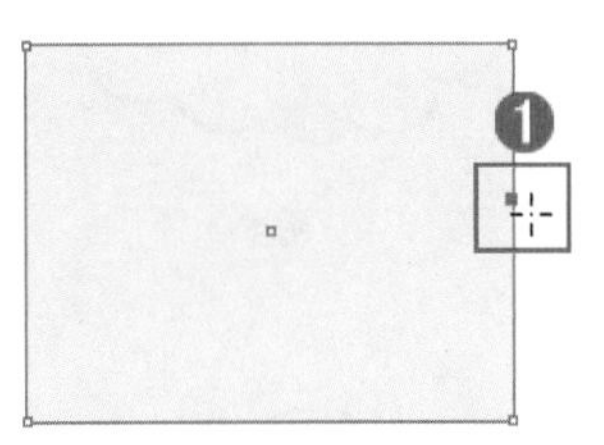

图 8-118

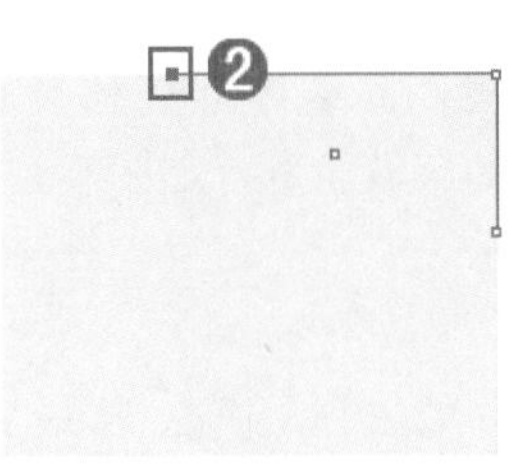

图 8-119

（3）继续在矩形边缘单击以建立剪切图形，如图 8-120 和图 8-121 所示。

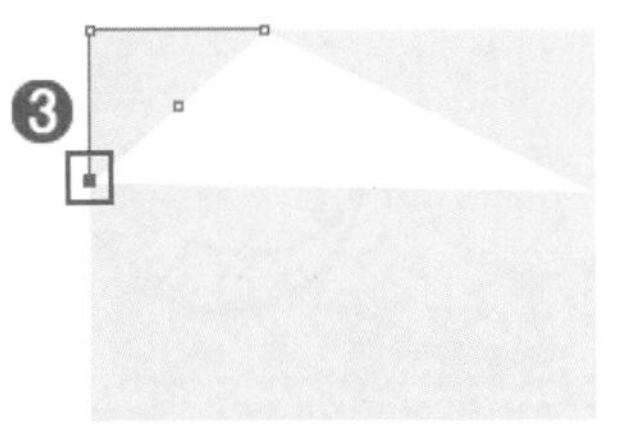

图 8-120

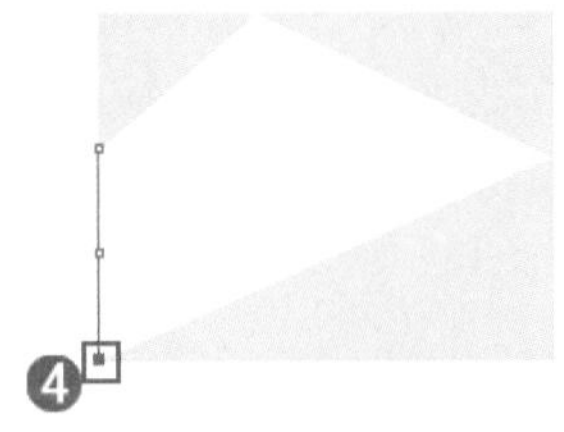

图 8-121

（4）此时矩形被剪切为几个独立的部分，可以对其进行独立编辑，也可以将其编组进行整体编辑，如图 8-122 所示。

图 8-122

8.4.3　刻刀工具

“刻刀工具”可以用于剪切路径和对象。使用该工具可以将图形分割为作为构成成分的填充表面。图 8-123 所示“刻刀工具”与“剪刀工具”最大的区别在于“刻刀工具”通常用于分割独立的图形对象，而“剪刀工具”通常只用于对路径对象进行剪切，如图 8-124 所示。

图 8-123

图 8-124

（1）在没有选择任何对象时，直接使用“刻刀工具”在对象上进行拖动会对光标移动范围以内的所有对象进行分割，如图 8-125 和图 8-126 所示。

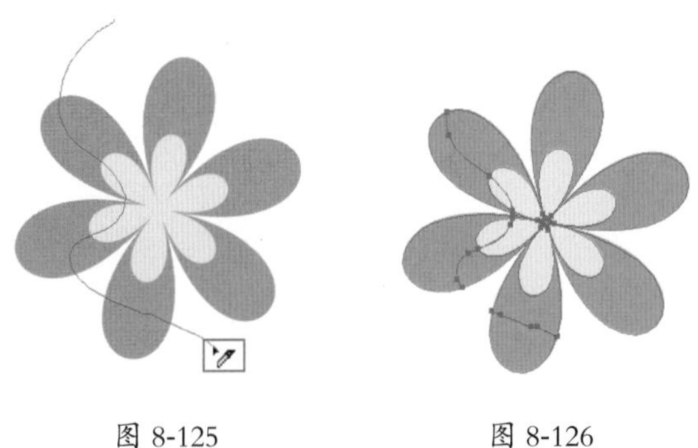

图 8-125　　图 8-126

（2）选择要进行分割的部分，单击工具箱中的“刻刀工具”按钮，此时将只会分割选取的部分，如图 8-127 和图 8-128 所示。

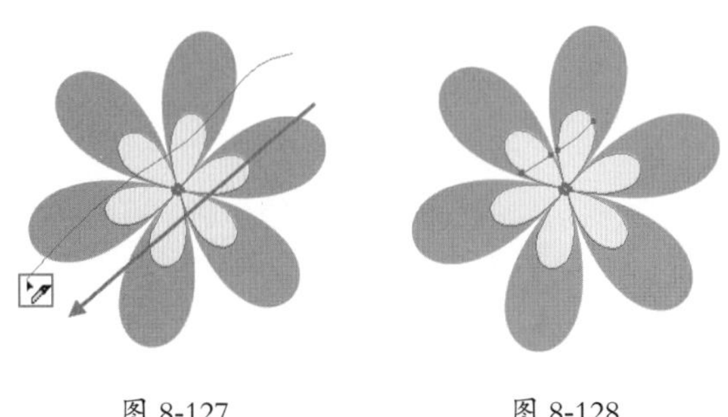

图 8-127　　图 8-128

（3）选择“刻刀工具”按住 <Alt> 键将会以直线分割对象，如图 8-129 和图 8-130 所示。

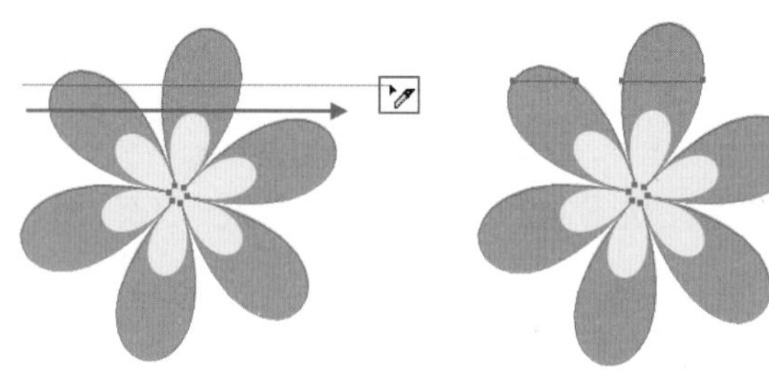

图 8-129　　图 8-130

（4）选择“刻刀工具”的同时按住 <Shift> 键和 <Alt> 键将会以水平直线、垂直直线或斜 45 度的直线分割对象，如图 8-131 和图 8-132 所示。

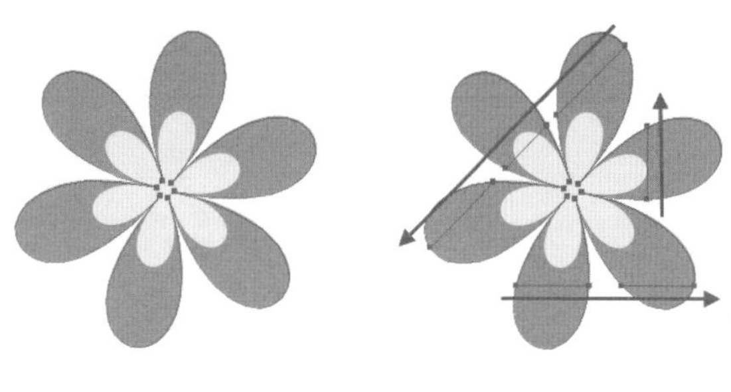

图 8-131　　图 8-132

8.5 路径查找器

“路径查找器”用于调整两个或多个矢量图形间的组合关系。执行“窗口 > 路径查找器”命令或使用快捷键“Shift+Ctrl+F9”可以打开“路径查找器”面板。图 8-133 和图 8-134 所示为绘制过程中用到路径查找器的作品。

图 8-133

图 8-134

8.5.1 详解“路径查找器”

选取图形对象单击“路径查找器”面板中的按钮，即可对所选对象进行相应的编辑，如图 8-135 和图 8-136 所示。

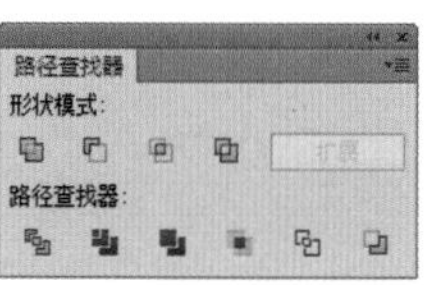

图 8-135　　图 8-136

联集：描摹所有对象的轮廓，就像它们是单独的、已合并的对象一样。此选项产生的结果形状会采用顶层对象的上色属性交集，描摹被所有对象重叠的区域轮廓，如图 8-137 所示。

图 8-137

减去顶层：从最后面的对象中减去最前面的对象。应用此命令，您可以通过调整堆栈顺序来删除插图中的某些区域，如图 8-138 所示。

图 8-138

交集：描摹被所有对象重叠的区域轮廓，如图 8-139 所示。

图 8-139

差集：描摹对象所有未被重叠的区域，并使重叠区域透明。若有偶数个对象重叠，则重叠处会变成透明。而有奇数个对象重叠时，重叠的地方则会填充颜色，如图 8-140 所示。

图 8-140

分割：将一份图稿分割为作为其构成成分的填充表面（表面是未被线段分割的区域），如图 8-141 所示。

图 8-141

修边：删除已填充对象被隐藏的部分。会删除所有描边，且不会合并相同颜色的对象，如图 8-142 所示。

图 8-142

合并：删除已填充对象被隐藏的部分。会删除所有描边，且会合并具有相同颜色的相邻或重叠的对象，如图 8-143 所示。

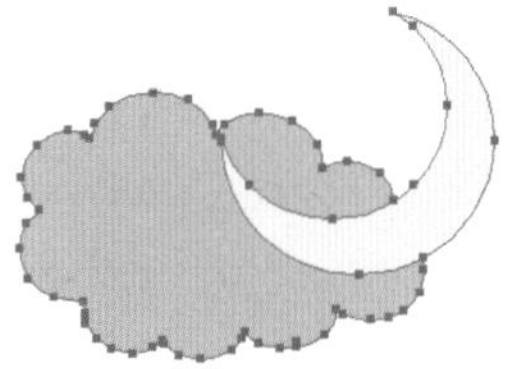

图 8-143

裁剪：将图稿分割为作为其构成成分的填充表面，然后删除图稿中所有落在最上方对象边界之外的部分，还会删除所有描边，如图 8-144 所示。

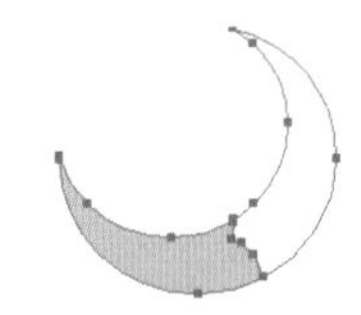

图 8-144

轮廓：将对象分割为其组件线段或边缘。准备需要对叠印对象进行陷印的图稿时，此命令非常有用，如图 8-145 所示。

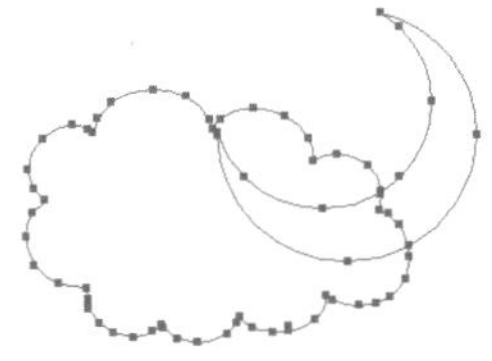

图 8-145

减去后方对象：从最前面的对象中减去后面的对象。应用此命令，可以通过调整堆栈顺序来删除插图中的某些区域，如图 8-146 所示。

图 8-146

8.5.2　创建与编辑复合形状

复合形状是可编辑的图稿，由两个或多个对象组成，每个对象都分配有一种形状模式。复合形状简化了复杂形状的创建过程，可以精确地操作每个所含路径的形状模式、堆栈顺序、形状、位置和外观。

（1）选择创建复合形状需要的矢量图形，如图 8-147 所示，按住 <Alt> 键在“路径查找器”面板中单击相应的按钮，如图 8-148 所示，即可创建复合形状，如图 8-149 所示。

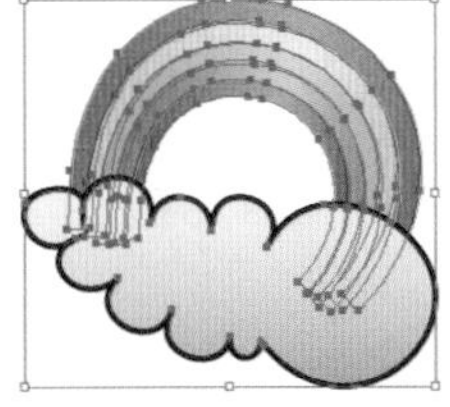

图 8-147

图 8-148

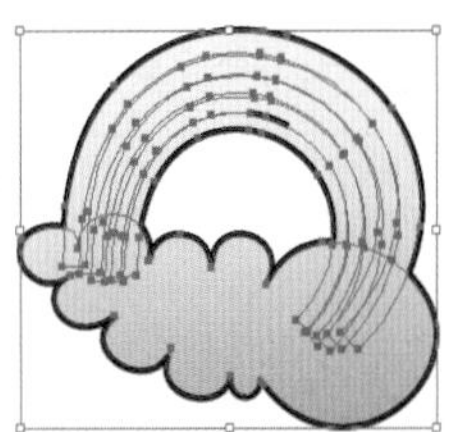

图 8-149

小技巧：路径查找器效果和复合形状

路径查找器效果：路径查找器效果可以用 10 种交互模式中的一种来组合多个对象。与复合形状不同，在使用路径查找器效果时，不能编辑对象之间的交互模式。

复合形状：使用复合形状可以组合多个对象，并可指定每个对象与其他对象的交互方式。复合形状比复合路径更为有用，因为它提供了 4 种类型的交互：相加、相减、交集、差集。此外，它不会更改底层对象，以对其进行编辑或更改交互模式。

（2）“释放复合形状”可将其拆分回单独的对象。从“路径查找器”面板菜单中选择“释放复合形状”命令即可，如图 8-150 所示。

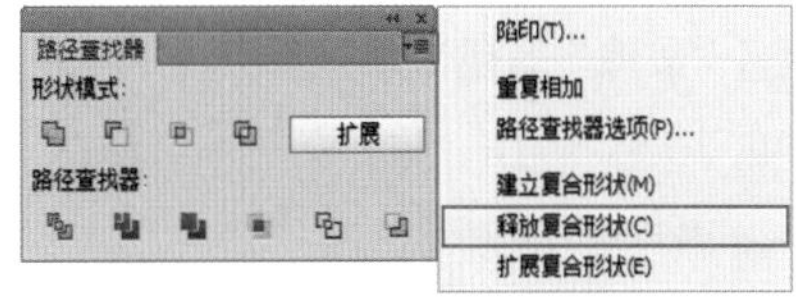

图 8-150

（3）对复合形状执行“扩展”后，对象依然会保持复合形状，但是不能选取其中的单个组件。将复合形状对象选中，如图 8-151 所示。单击“路径查找器”面板中的“扩展”按钮如图 8-152 所示，即可扩展复合形状对象，如图 8-153 所示。

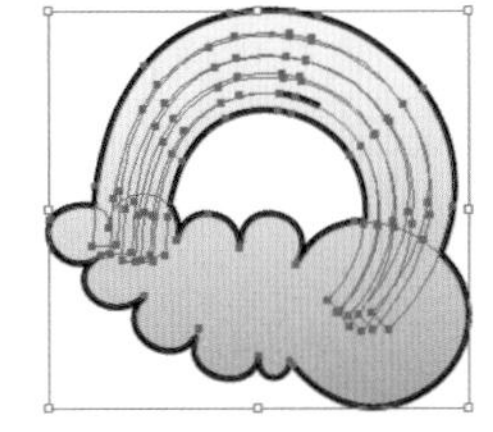

图 8-151

图 8-152

图 8-153

8.5.3 进阶案例：使用“路径查找器”制作渐变按钮

案例文件	使用“路径查找器”制作渐变按钮 .ai
视频教学	使用“路径查找器”制作渐变按钮 .flv
难易指数	★★☆☆☆
技术掌握	掌握“路径查找器”的运用

在使用 Illustrator 进行图形、图案的设计时，有一些图案可以通过“钢笔工具”进行绘制，而有一些图案则通过各种形状的相加相减得到更为简单一些。可以在“路径查找器”中进行加工而得来的。在本案例中，主要使用“路径查找器”面板制作渐变按钮。案例完成效果如图 8-154 所示。

图 8-154

（1）执行“文件 > 新建命令”，新建一个“宽度”和“高度”为 200mm 的新文件。执行“文件 > 置入”命令，置入背景素材“1.jpg”，如图 8-155 所示。

图 8-155

（2）单击工具箱中的“椭圆工具”按钮，执行“窗口 > 渐变”命令，在打开的“渐变”面板中设置“类型”为“线性”，编辑一个黄色系渐变，如图 8-156 所示。渐变完成后绘制一个椭圆形状，如图 8-157 所示。

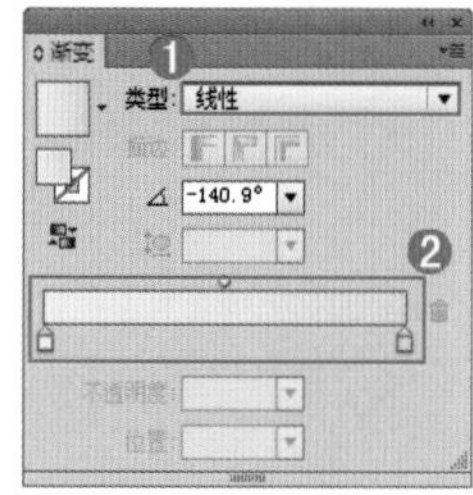

图 8-156

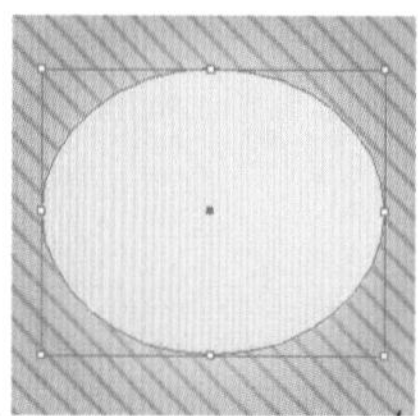

图 8-157

（3）继续使用“椭圆工具”绘制一个椭圆形状，如图 8-158 所示。单击工具箱中的“钢笔工具”，在相应位置绘制一个三角形，如图 8-159 所示。

图 8-158

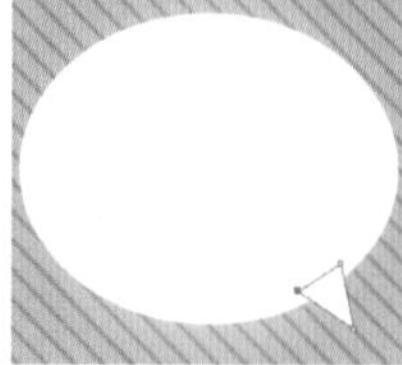

图 8-159

（4）将二者同时选中，执行“窗口 > 路径查找器”命令，单击“路径查找器”面板中的“联集”按钮，如图 8-160 所示。效果如图 8-161 所示。

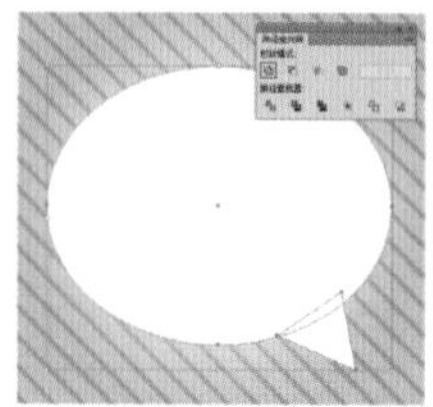

图 8-160

图 8-161

（5）使用“椭圆工具”绘制一个椭圆形状，如图 8-162 所示。将该椭圆和下方的形状同时选中，单击“差集”按钮，效果如图 8-163 所示。

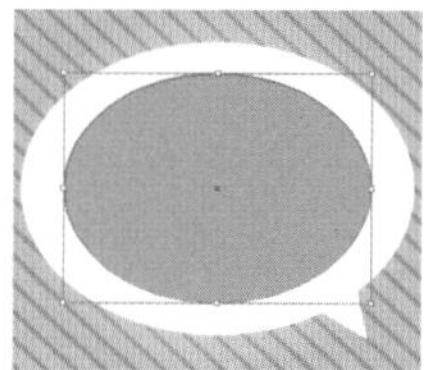

图 8-162

图 8-163

（6）选则得到的复合形状，在“渐变”面板中编辑一个橘黄色的渐变进行填充，效果如图 8-164 所示。选中该形状，执行“效果 > 风格化 > 投影”命令，在“投影”窗口中设置“模式”为“正片叠底”，“不透明度”为 75%，“X 位移”为 3mm，“Y 位移”为 3mm，“模糊”为 1.8mm，“颜色”为黑色，参数设置如图 8-165 所示。设置完成后单击“确定”按钮，投影效果如图 8-166 所示。

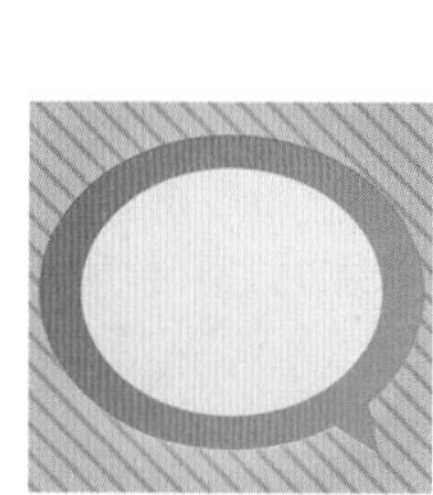

图 8-164

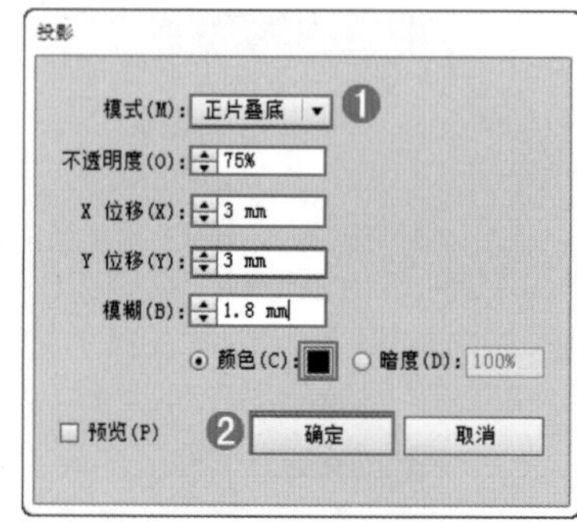

图 8-165

图 8-166

（7）使用“文字工具” T 在复合图形内键入文字，如图 8-167 所示。

图 8-167

8.5.4 进阶案例：使用“路径查找器”制作复古电影海报

案例文件	使用“路径查找器”制作复古电影海报 .ai
视频教学	使用“路径查找器”制作复古电影海报 .flv
难易指数	★★★☆☆
技术掌握	掌握“路径查找器”的运用

在本案例中，画面中特殊的星形形状，是通过使用“星形工具”绘制星形，在相应位置绘制正圆形状，然后通过使用“路径查找器”将星形与圆形进行合并，案例完成效果如图 8-168 所示。

图 8-168

（1）执行“文件 > 新建”命令，新建大小为 A4 的纵向文档。执行“文件 > 置入”命令，置入素材 1.jpg，如图 8-169 所示。

图 8-169

（2）使用工具箱中的“星形工具”在文档中绘制黄色五角星，如图 8-170 所示。使用“椭圆工具”在五角星除顶角外的四个角上绘制黄色填充的正圆，然后将绘制的五角星和正圆同时选取，执行“窗口 > 路径查找器”命令，在“路径查找器”面板中单击“联集”按钮，如图 8-171 所示。

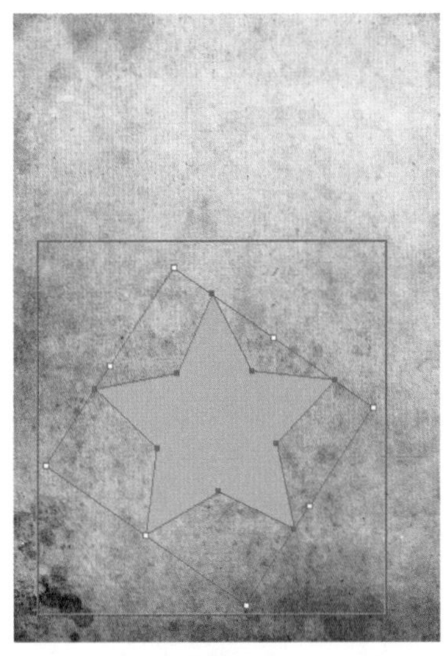

图 8-170

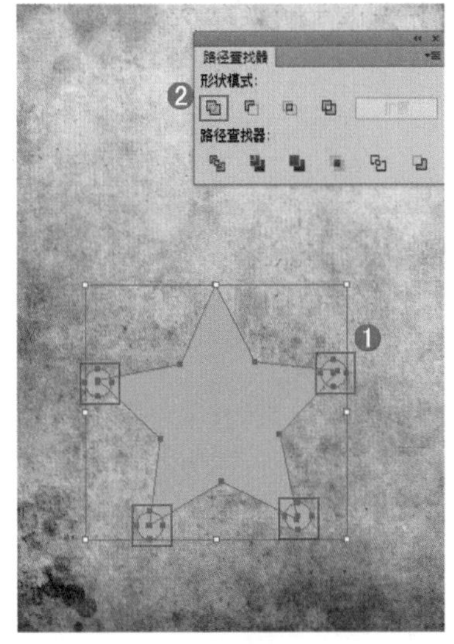

图 8-171

（3）使用“直接选择工具”，选择五角星顶部的锚点。如图 8-172 所示。单击拖拽将五角星拉长，如图 8-173 所示。

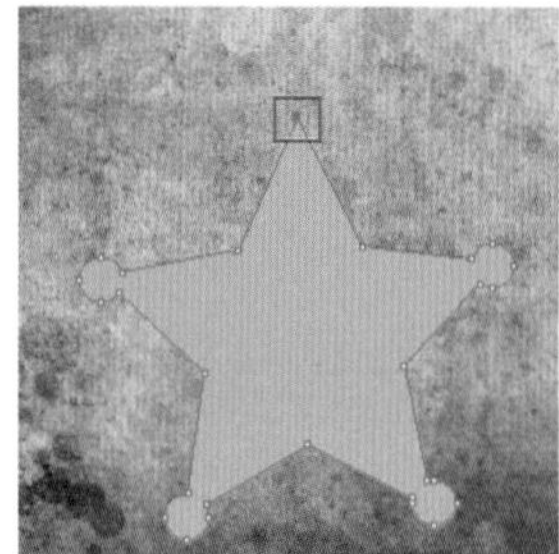

图 8-172

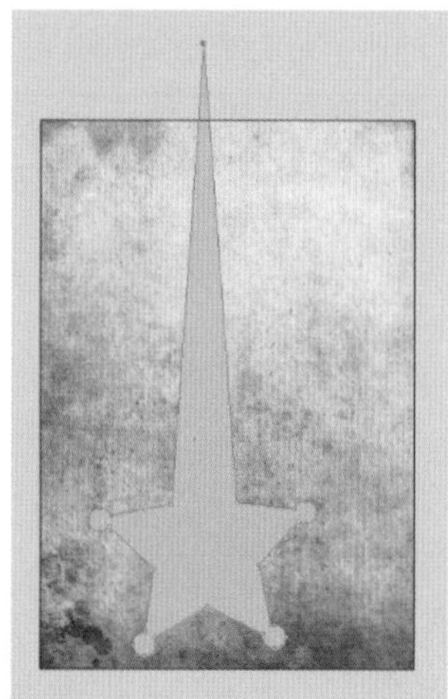

图 8-173

（4）选择工具箱中的“矩形工具”，设置“填充”为蓝色，在文档内绘制矩形，如图 8-174 所示。同时选取绘制的不规则图形和矩形，执行“窗口 > 路径查找器”命令，单击“路径查找器”面板中的“差集”按钮，如图 8-175 所示。

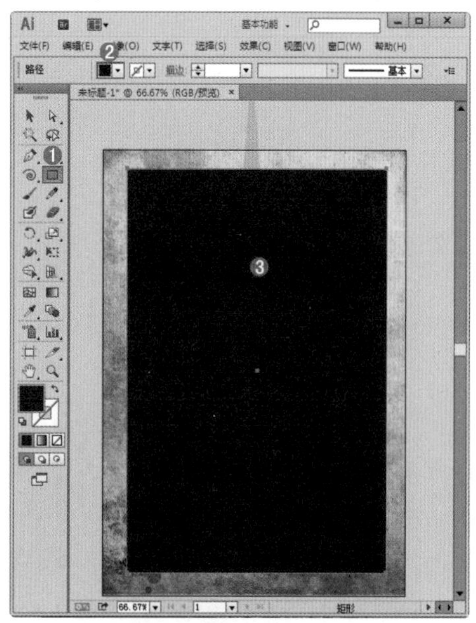

图 8-174

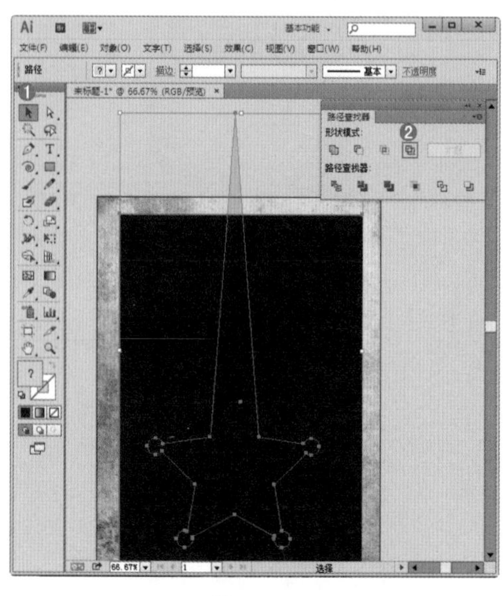

图 8-175

（5）此时得到复合图形，如图 8-176 所示，可以发现得到的符合图形中的一部分在下面的制作中是多余的。使用“直接选择工具”选择这一部分，按 <Delete> 键删除。执行“文件 > 置入”命令，置入素材“1.ai”，如图 8-177 所示。

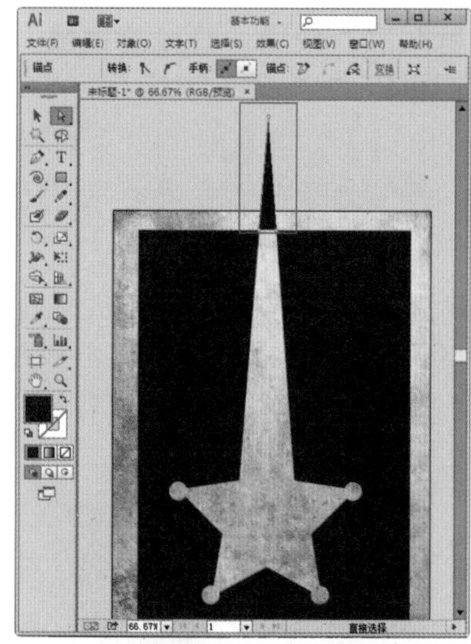

图 8-176

图 8-177

（6）对置入素材的位置进行适当调整，使用“文字工具”T在文档内置入文字，如图 8-178 所示。整体制作完成。

图 8-178

8.6　高级路径编辑

路径是构成矢量图形的基础，通过对路径进行编辑可以改变矢量图形的形态，Illustrator 中提供了一些快速编辑路径的功能。执行“对象”命令，在弹出的菜单中执行相应命令可以实现对路径的编辑。图 8-179~ 图 8-182 所示为在绘制过程中执行路径编辑命令的作品。

图 8-179

图 8-180

图 8-181

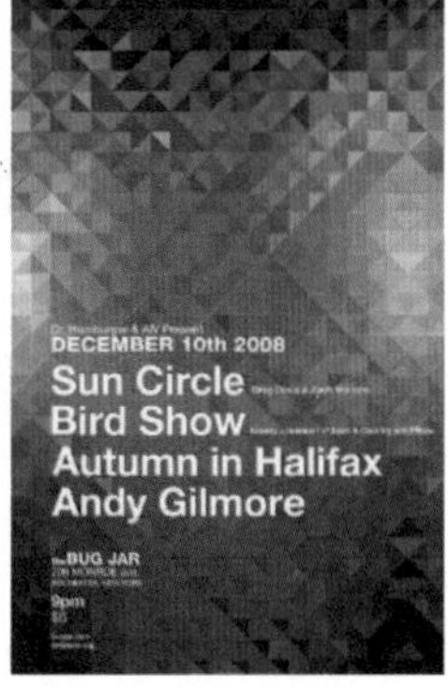

图 8-182

8.6.1　连接

若要连接一个或多个开放路径，可以执行“连接”命令。使用“选择工具”选择开放路径，然后执行“对象 > 路径 > 连接”或直接使用快捷键 <Ctrl+J> 即可连接路径，如图 8-183~ 图 8-185 所示。

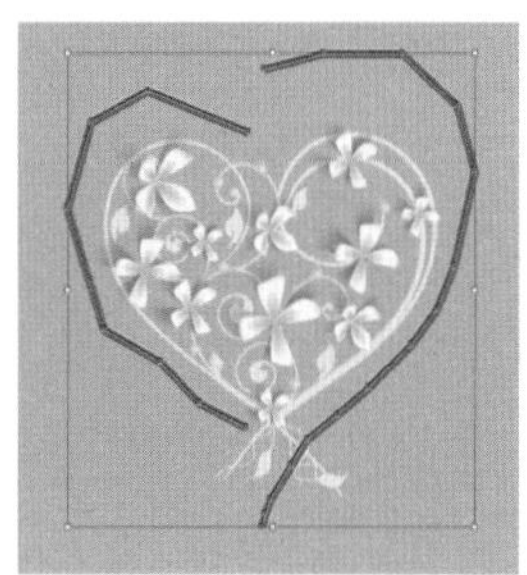

图 8-183

图 8-184

图 8-185

当锚点未重合时，Illustrator 将添加一个直线段来连接要连接的路径。当连接两个以上路径时，Illustrator 首先查找并连接彼此之间端点最近的路径。此过程将重复进行，直至连接完所有路径。如果只选择连接一条路径，将转换成封闭路径。

小技巧：连接的相关技巧

无论选择锚点连接还是整个路径，连接选项都只生成角连接。但是对于重叠锚点，如果选择平滑或角连接选项，则使用快捷键 <Ctrl+Shift+Alt+J>。

8.6.2　平均

（1）使用“平均”命令可以将所选择的两个或多个锚点移动到它们当前位置的中部。将两个或更多锚点选中，执行“对象 > 路径 > 平均”命令或直接使用快捷键 <Ctrl+Alt+J>，如图 8-186 和图 8-187 所示。

图 8-186

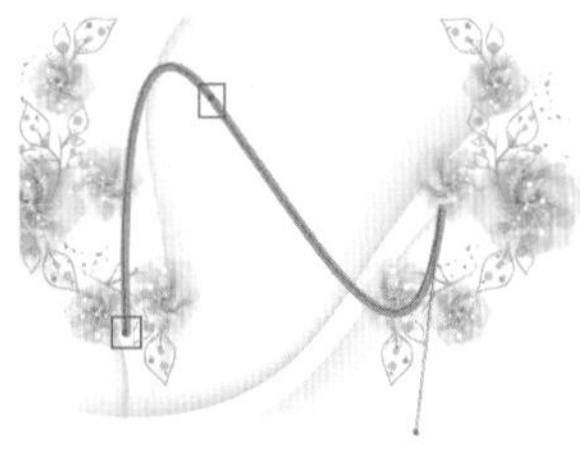

图 8-187

（2）在弹出“平均”对话框中选择“水平”选项，可以看到此时的锚点沿水平方向平均分布，如图 8-188 和图 8-189 所示。

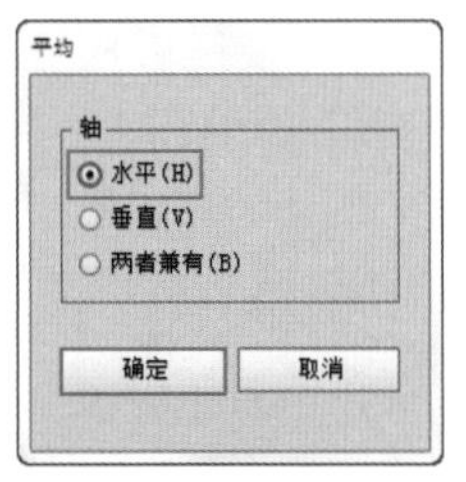

图 8-188

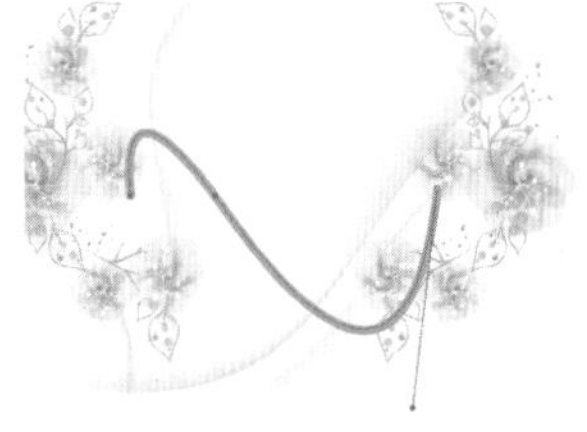

图 8-189

> 小技巧：“平均”锚点的利与弊
>
> 平均锚点的位置是从另一种角度简化路径的一种方法。但是本操作会较大幅度地改变路径形状。

8.6.3 轮廓化描边

执行“轮廓化描边”命令可以将描边转换为复合路径。选择对象，执行“对象 > 路径 > 轮廓化描边”命令即可生成复合路径，如图 8-190~ 图 8-192 所示。

图 8-190

图 8-191

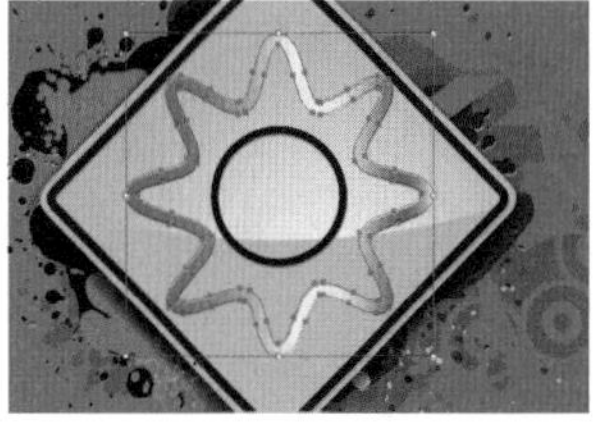

图 8-192

> 小技巧：编辑复合路径
>
> 生成的复合路径会与已填色的对象编组到一起。若要修改复合路径，首先要取消该路径与填色的编组，或使用“编组选择”工具选择该路径。

8.6.4 偏移路径

执行“偏移路径”命令可以沿现有路径的外部或内部轮廓创建新的路径。选择路径对象，执行“对象 > 路径 > 偏移路径”命令，在弹出“偏移路径”对话框可以对偏移路径的距离和偏移连接样式等参数进行设置，如图 8-193~ 图 8-195 所示。

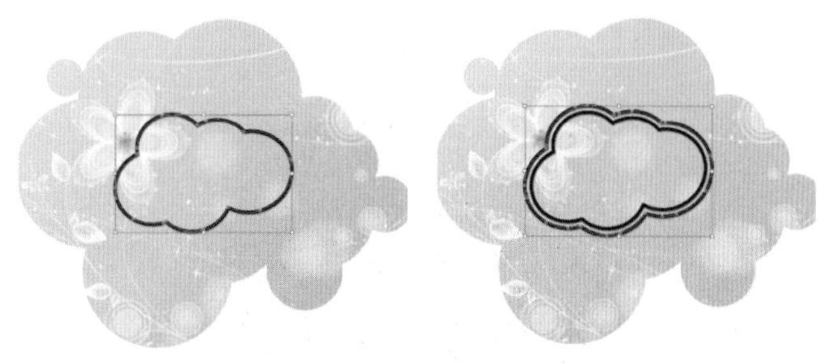

图 8-193　　图 8-194

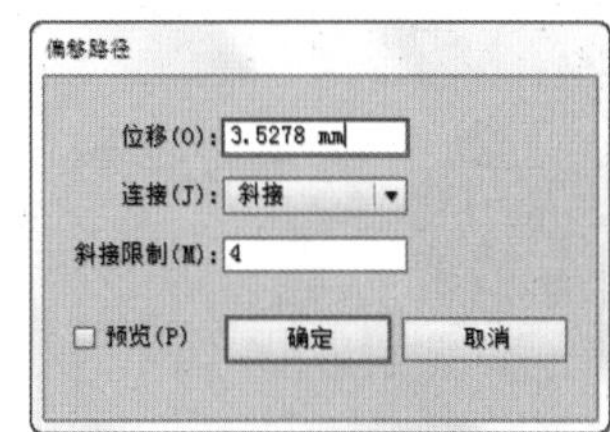

图 8-195

8.6.5 简化

执行“简化”命令可以删除图稿绘制中产生的不必要的锚点，并且不会对路径的形态造成影响。选择要进行简化的路径，执行“对象 > 路径 > 简化”命令，在弹出的“简化”对话框中对相关参数进行设置，单击“确定”按钮即可，如图 8-196 所示。效果如图 8-197 所示。

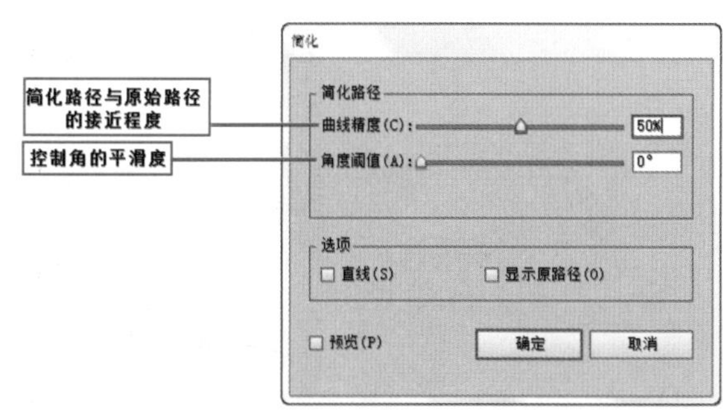

图 8-196

图 8-197

重点参数提醒：

- 曲线精度：输入 0%~100% 之间的值设置简化路径与原始路径的接近程度。越高的百分比将创建越多点并且越接近。除曲线端点和角点外的任何现有锚点将忽略（除非为“角度阈值”输入了值）。

- 角度阈值：输入 0~180° 间的值以控制角的平滑度。如果角点的角度小于角度阈值，将不更改该角点。如果“曲线精度”值低，该选项有助于保持角锐利。
- 直线：在对象的原始锚点间创建直线。如果角点的角度大于“角度阈值”中设置的值，将删除角点。
- 显示原路径：显示简化路径背后的原路径。

8.6.6　添加锚点

若要在已有路径上快速添加命令，可以执行“对象 > 路径 > 添加锚点”命令。这一命令能够实现快速地、成倍地为路径添加锚点，如图 8-198 所示。

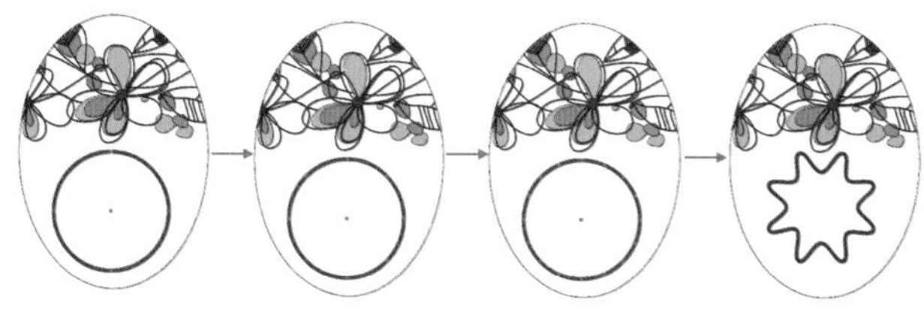

图 8-198

8.6.7　移去锚点

移去某指定锚点，可以选择该锚点并按 <Delete> 键，但执行该操作后锚点所在的路径就会断开。若选择要移去的锚点，然后执行“对象 > 路径 > 移去锚点”命令，删除锚点的同时能够保持路径不被断开，如图 8-199 和图 8-200 所示。

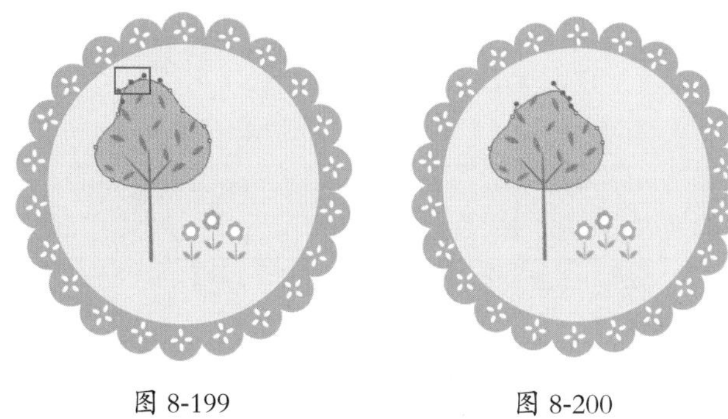

图 8-199　　图 8-200

8.6.8　分割为网格

执行“分割为网格”命令，可以将一个或多个对象分割为多个按行和列排列的矩形对象，并且可以精确地更改行和列之间的高度、宽度和间距大小，如图 8-201 和图 8-202 所示。

选中要分割为网格的对象，执行“对象 > 路径 > 分割为网格”命令，在弹出“分割为网格”对话框中可以对所创建网格的各项具体参数进行设置，如图 8-203 所示。

图 8-201

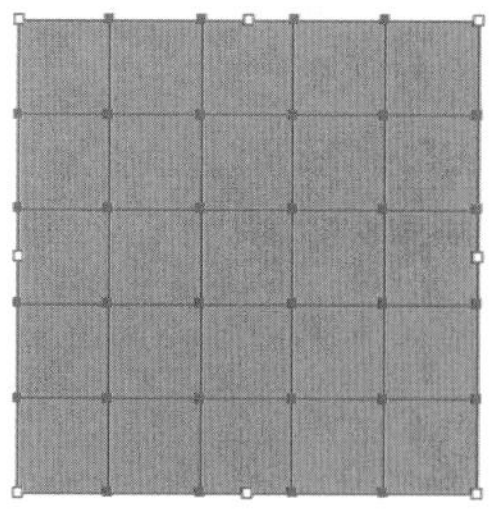

图 8-202

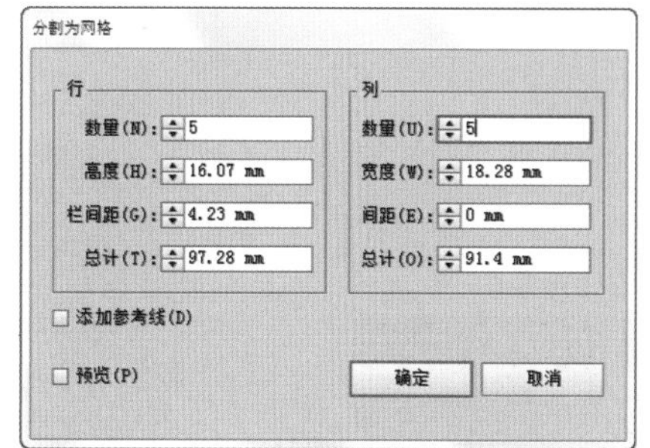

图 8-203

重点参数提醒：

- 数量：输入相应的数值，定义对应的行或列的数量。
- 高度：输入相应的数值，定义每一行的高度。
- 宽度：输入相应的数值，定义每一列的高度。
- 栏间距：输入相应的数值，定义行与行之间的距离。
- 间距：输入相应的数值，定义列与列之间的距离。
- 总结：输入相应的数值，定义行与列间距和数值总和的尺寸。
- 添加参考线：勾选该选项时，将按照相应的表格自动定义出参考线。
- 预览：勾选该选项时，可以在执行该操作前查看到相应的效果。

8.6.9　清理

在绘制完成较为复杂的图稿时，常常会出现一些对图稿整体效果不产生作用的路径和锚点，且这些对象在不被选取的情况下是不可见的。为了保证图稿整体的整洁需要对这些对象进行清理。

执行“对象 > 路径 > 清理”命令。在弹出“清理”对话框中对清理对象的范围进行设定，单击“确定”按钮即可，如图 8-204 所示。

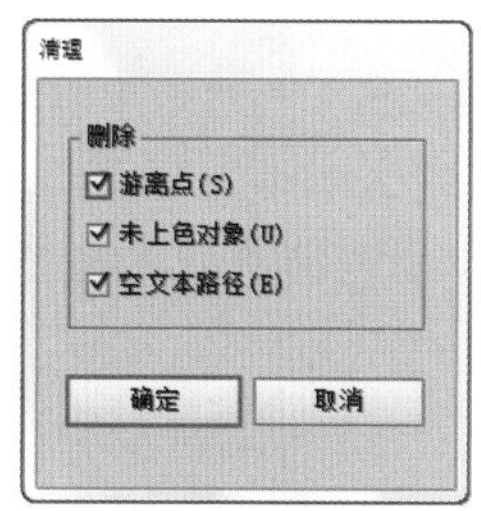

图 8-204

重点参数提醒：

- 游离点：勾选该选项时，将删除没有使用到单独锚点对象。
- 未上色对象：勾选该选项时，将删除没有认定填充和描边颜色的路径对象。
- 空文本路径：勾选该选项时，将删除没有任何文字的文本路径对象。

8.7 形状生成器工具

“形状生成器工具”可以通过合并或擦除简单形状创建复杂形状。图 8-205 和图 8-206 所示为可以使用到该工具制作的作品。

图 8-205

图 8-206

8.7.1 设置形状生成器工具选项

双击工具箱中的“形状生成器工具”按钮，弹出“形状生成器工具选项”对话框，在该对话框中可以对工具的相关参数进行设置，如图 8-207 所示。

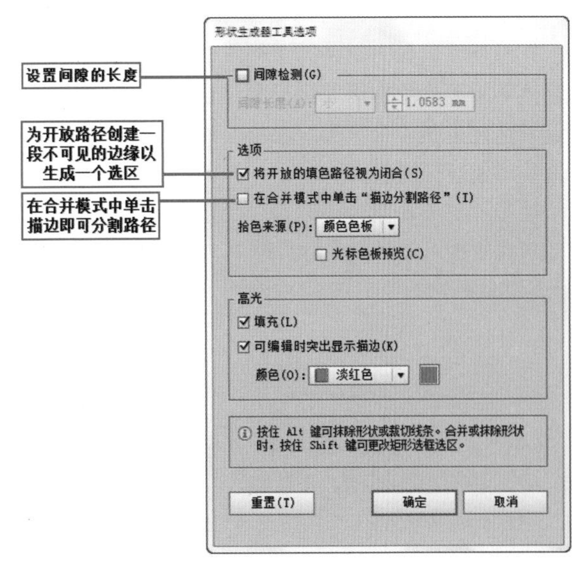

图 8-207

重点参数提醒：

- 间隙检测：使用“间隙长度”下拉列表设置间隙长度，可用值为小、中和大。如果想要提供精确间隙长度，则选中“自定”复选框。选择间隙长度后，Illustrator 将查找仅接近指定间隙长度值的间隙。确保间隙长度值与艺术对象的实际间隙长度接近（大概接近）。可以检查该间隙是否由提供不同间隙长度值检测，直到检测到艺术对象中的间隙。例如，如果设置间隙长度为 12 点，然而需要合并的形状包含了 3 点的间隙，Illustrator 可能就无法检测此间隙。
- 将开放的填色路径视为闭合：如果选择此选项，则会为开放路径创建一段不可见的边缘以生成一个选区。单击选区内部时，会创建一个形状。
- 在合并模式中单击“描边分割路径”：勾选该选项时，在合并模式中单击“描边”按钮即可分割路径。此选项允许将父路径拆分为两个路径。第一个路径将从单击的边缘创建，第二个路径是父路径中除第一个路径外剩余的部分。
- 拾色来源：可以从颜色色板中选择颜色，或从现有图稿所用的颜色中选择，来给对象上色。使用“拾色来源”下拉菜单选择“颜色色板”或“图稿”选项，如果选择“颜色色板”选项，则可使用“光标色板预览”选项。可以选中“光标色板预览”框来预览和选择颜色。选择此选项时，会提供实时上色风格光标色板。允许使用方向键循环选择色板面板中的颜色。
- 填充：“填充”复选框默认为选中。如果选择此选项，当鼠标滑过所选路径时，可以合并的路径或选区将以灰色突出显示。如果没有选择此选项，所选选区或路径的外观将是正常状态。
- 可编辑时突出显示描边：选择此选项，Illustrator 将突出显示可编辑的笔触。可编辑的笔触将以您从“颜色”下拉列表中选择的颜色显示。

> 小技巧：更改笔触颜色
>
> 若要更改笔触颜色，移动指针从对象边缘滑过高亮显示部分并更改笔触颜色。此选项仅在选取“在合并模式中单击描边分割路径”时才可用。可以通过指向文档上任意位置来选择选区的填充色。

8.7.2 使用形状生成器工具创建形状

选择工具箱中的“形状生成器工具”，默认情况下，该工具处于合并模式指针呈▸₊状。选取要合并的对象，然后识别要选取或合并的选区，沿选区拖动然后释放鼠标即可合并为一个新的形状，如图 8-208，图 8-209 和图 8-210 所示。

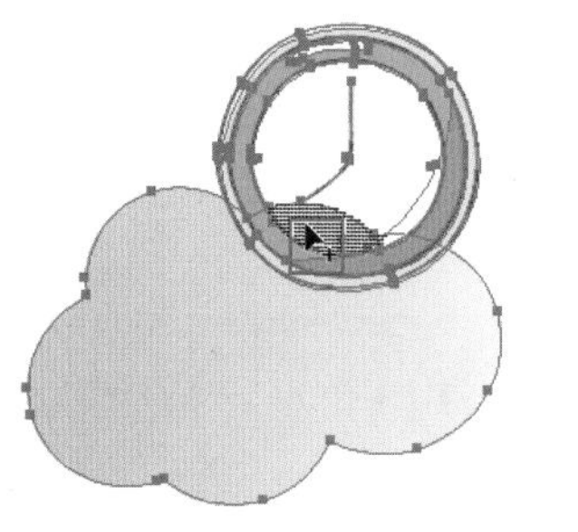

图 8-208

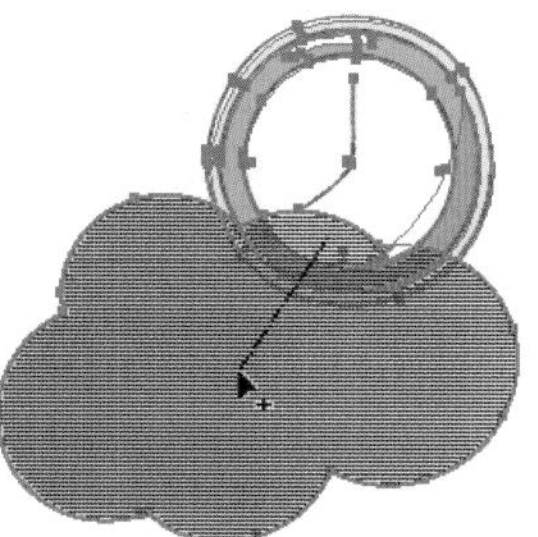

图 8-209

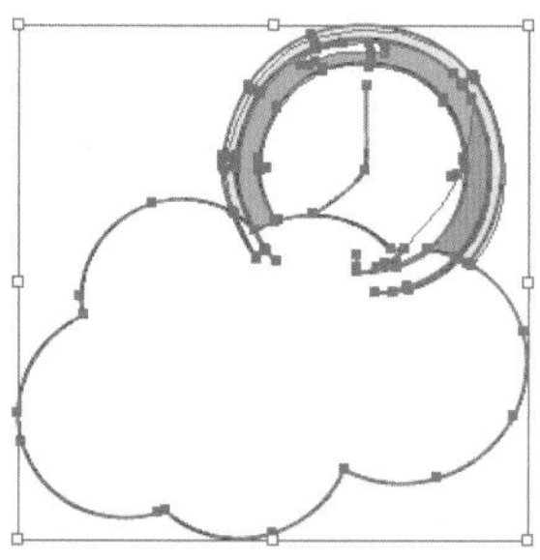

图 8-210

小技巧：轻松合并多个路径

按住 <Shift> 键单击并拖动以显示一个矩形形状，可以轻松合并多个路径。

按住 <Alt> 键则会将“形状生成器工具”切换到抹除模式，此时鼠标指针呈▶_状。在抹除模式下，可以在所选形状中删除选区，如果要删除的某个选区由多个对象共享，则分离形状的方式是将选框所选中的那些选区从各形状中删除。也可以在抹除模式中删除边缘，如图 8-211 和图 8-212 所示。

图 8-211

图 8-212

小技巧：合并新形状和艺术样式

合并得到的新形状的艺术样式取决于以下几点：

（1）将开始拖动时鼠标指针起始位置所在对象的艺术样式应用到合并形状上。

（2）如果在按下鼠标时没有可用的艺术样式，则会对合并形状应用释放鼠标时可用的艺术样式。

（3）如果按下和释放鼠标时都没有可用的艺术样式，则应用“图层”面板中最上层所选对象的艺术样式。

8.8　综合案例：制作四叶草母亲节贺卡

案例文件	制作四叶草母亲节贺卡 .ai
视频教学	制作四叶草母亲节贺卡 .flv
难易指数	★★★☆☆
技术掌握	“椭圆工具”“刻刀工具”“渐变工具”

本案例的制作重点是四叶草的制作，通过使用“椭圆工具”“刻刀工具”“渐变工具”等工具进行制作。完成效果如图 8-213 所示。

图 8-213

1. 背景部分的制作

（1）执行“文件 > 新建”命令，新建大小为 A4 的纵向文档。选择工具箱中的“矩形工具”，设置“填色”为绿色，绘制一个和画板大小相当的矩形，如图 8-214 所示。

图 8-214

（2）继续使用“矩形工具”，设置“填色”为浅绿色，在文档内绘制矩形，如图 8-215 所示。使用“选择工具”，按住 <Alt> 键移动复制一个矩形，然后反复按快捷键 <Ctrl+D> 重复变换，如图 8-216 所示。

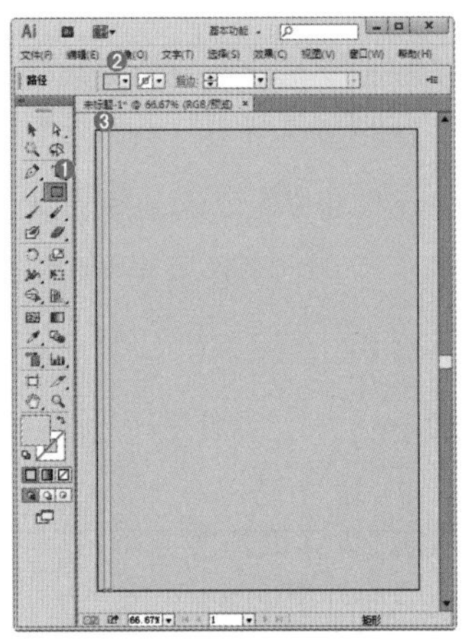

图 8-215

图 8-216

（3）选择工具箱中的“椭圆工具”，设置“填色”为白色，在文档内绘制椭圆，如图 8-217 所示。

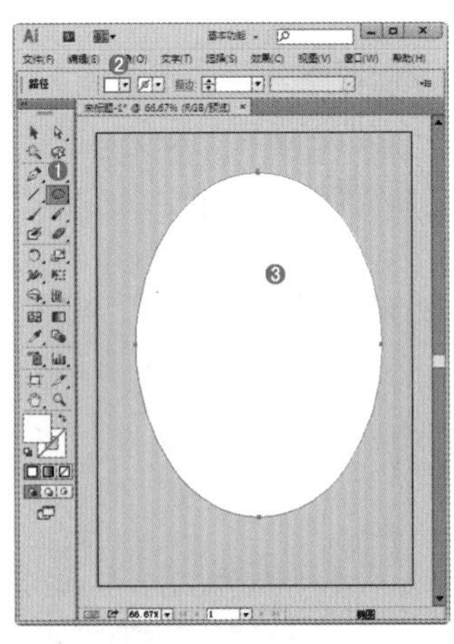

图 8-217

（4）选择工具箱中的“螺旋线工具”，设置“填色”为深绿色，在文档中单击，弹出“螺旋线”对话框，在该对话框中设置“半径”为 17mm，“衰减”为 80%，“段数”为 6，单击按钮，如图 8-218 所示。单击“确定”按钮，完成螺旋线的绘制。将绘制的螺旋线置入适当位置，如图 8-219 所示。

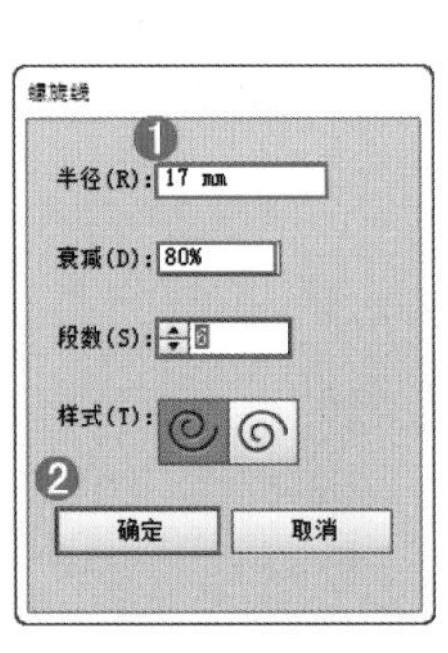

图 8-218

图 8-219

（5）移动复制螺旋线用于装饰，并适当采用缩放、旋转、改变路径形态等方式丰富螺旋线的形态，如图 8-220 所示。选择工具箱中的“钢笔工具”，设置“描边”为深绿色，在文档内绘制用于藤蔓状的曲线路径，如图 8-221 所示。

图 8-220

图 8-221

2. 制作四叶草

（1）在文档中绘制一个正圆，并移动复制如图 8-222 所示。选择该正圆，按住 <Alt+Shift> 键向右复制并移动，如图 8-223 所示。

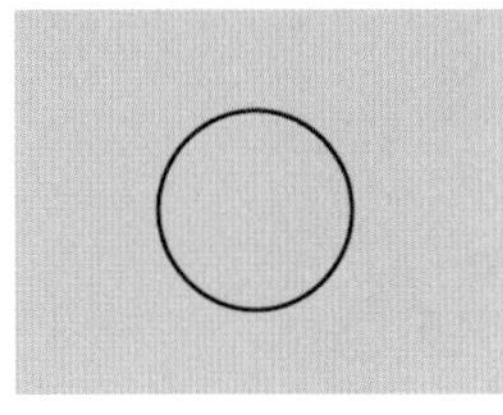
图 8-222

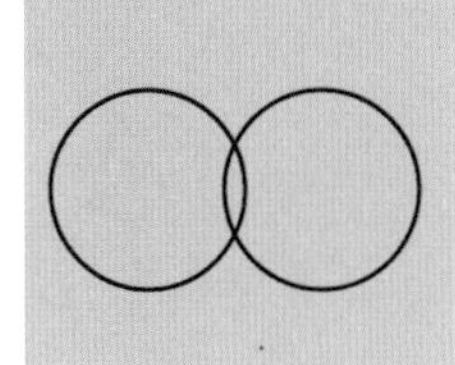
图 8-223

（2）将这两个正圆同时选中。执行“窗口 > 路径查找器”命令单击“路径查找器”面板中的“联集”按钮，如图 8-224 和图 8-225 所示。

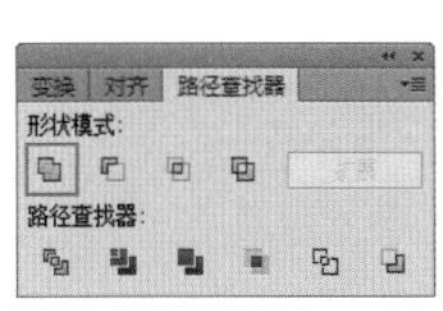

图 8-224

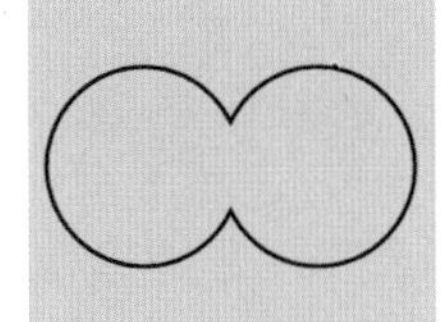
图 8-225

（3）使用“直接选择工具”选择复合图形中的锚点，单击拖拽改变复合图形的形态如图 8-226 所示。继续更改锚点转角处的锚点，如图 8-227 所示。更改另一侧锚点的位置，心形就制作完成了，如图 8-228 所示。

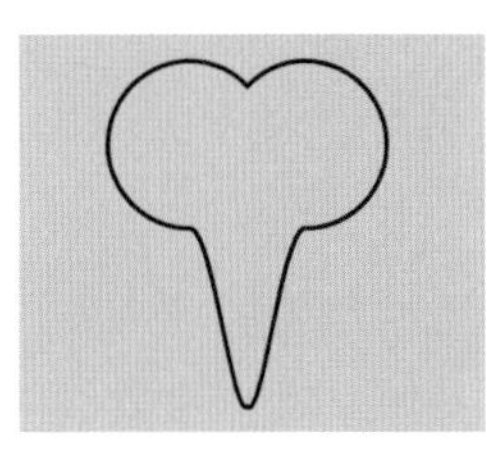
图 8-226

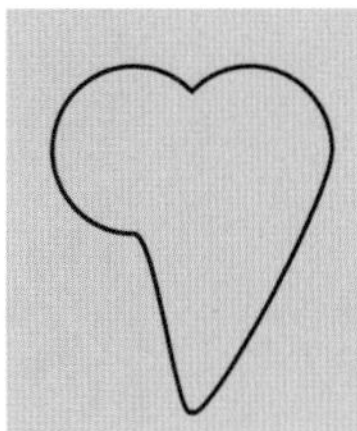
图 8-227

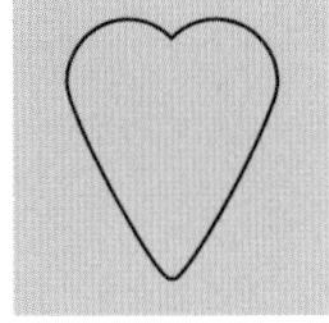
图 8-228

（4）接下来将心形一份为二。选择工具箱中的“刻刀工具”，按住 <Shift+Alt> 键在心形的中间进行绘制（即在虚线的位置进行绘制），如图 8-229 所示。绘制完成后，效果如图 8-230 所示。此时心形分为了左右两个部分。

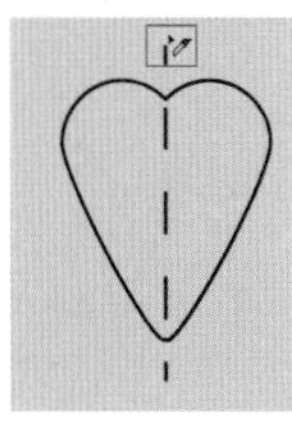
图 8-229

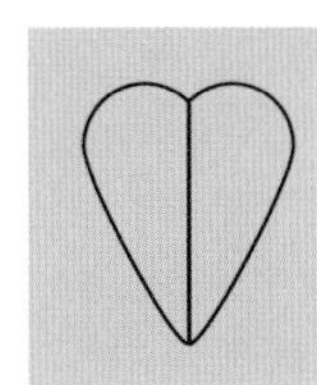
图 8-230

（5）选择其中的一部分，执行“窗口 > 渐变”命令，在“渐变”面板中设置“类型”为“径向”，编辑一个绿色系渐变，如图 8-231 所示。渐变编辑完成后使用“渐变工具”进行拖拽填充，如图 8-232 所示。

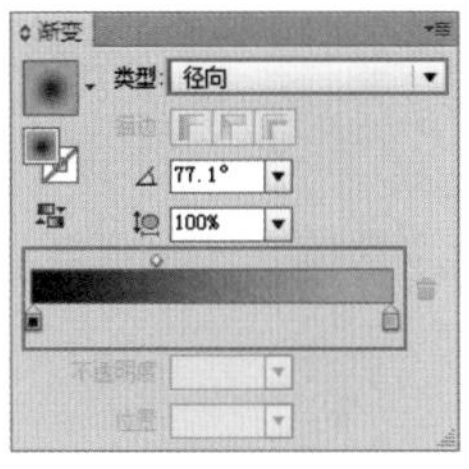

图 8-231

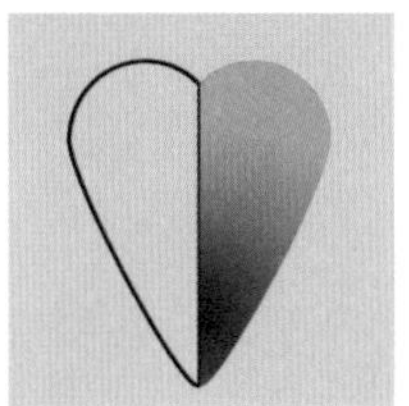
图 8-232

（6）使用同样的方法将另一侧也填充渐变效果，如图 8-233 所示。四叶草中的一片叶子就制作完成了。可以将其选中，执行“对象 > 编组”命令，进行编组。

图 8-233

（7）将另一部分也填充同样的渐变。将两部分拼合在一起，并同时选取，执行“对象 > 变换 > 对称”命令，设置“轴”为水平，单击“复制”按钮，如图 8-234 所示。效果如图 8-235 所示。

图 8-234

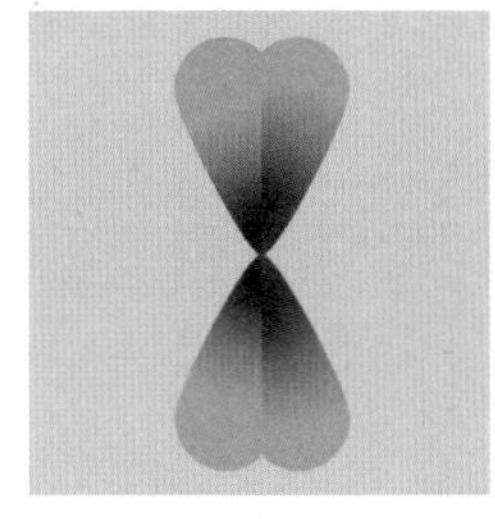
图 8-235

（8）将两者同时选取，执行“对象 > 旋转”命令，设置“角度”为 90°，单击“复制”按钮，如图 8-236 所示。效果如图 8-237 所示。

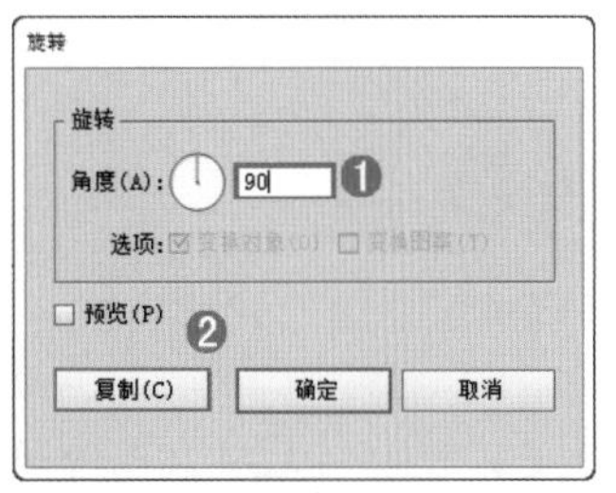

图 8-236

图 8-237

（9）将填充渐变的草叶全部选取，执行“对象 > 编组”命令。反复移动复制组，并对其进行适当的缩放，将复制对象置于适当位置用于装饰文档，如图 8-238 所示。

图 8-238

（10）选择工具箱中的“椭圆工具”，设置“填色”为浅绿色，“描边”为深绿色，按住 <Shift> 键绘制正圆，如图 8-239 所示。反复移动复制正圆，并对其进行适当的缩放，将其置于文档内的合适位置用于装饰，如图 8-240 所示。

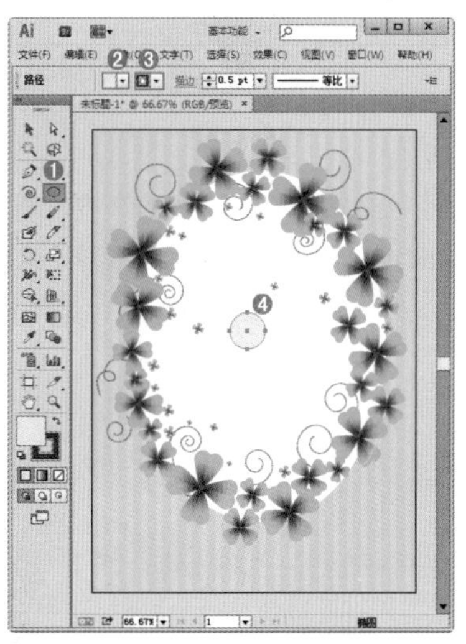

图 8-239

图 8-240

（11）用工具箱中的“文字工具”在文档内键入文字，如图 8-241 所示。整体制作完成。

图 8-241

8.9 综合案例：制作云朵封面

案例文件	制作云朵封面 .ai
视频教学	制作云朵封面 .flv
难易指数	★★★☆☆
技术掌握	“椭圆工具”“路径查找器”

本案例主要是通过“路径查找器”制作云朵形状，主要使用到了“椭圆工具”“路径查找器”等。完成效果如图 8-242 所示。

图 8-242

1. 制作背景

（1）执行“文件 > 新建”命令，建立大小为 A4 的纵向文档。选择工具箱中的“矩形工具”，执行“窗口 > 渐变”命令，在“渐变”面板中设置填充为橙黄色系径向渐变，绘制与画板大小相当的矩形，如图 8-243 所示。

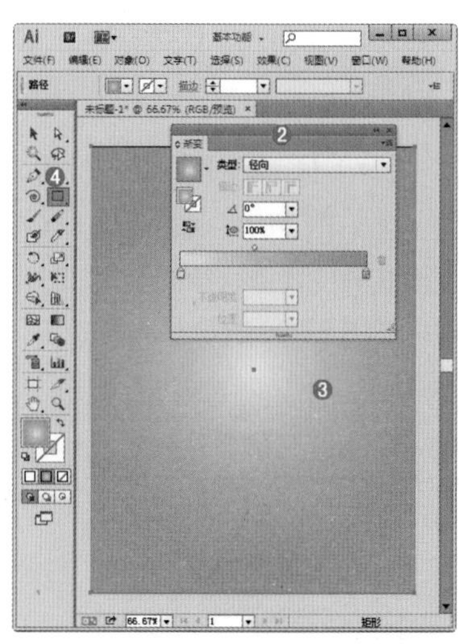

图 8-243

（2）选择工具箱中的“钢笔工具”，设置“填色”为白色，在文档中绘制三角形，如图 8-244 所示。执行“对象 > 变换 > 旋转”命令，设置“角度”为 180°，单击“复制”按钮，如图 8-245 所示。

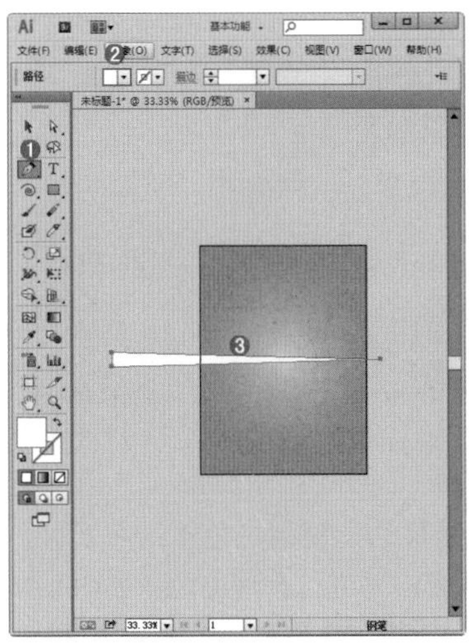

图 8-244

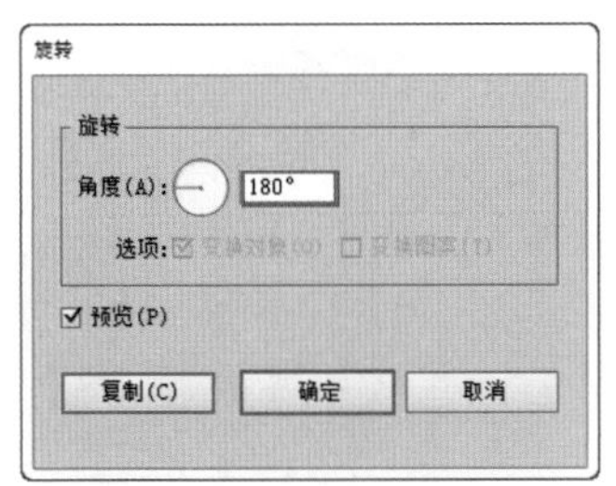

图 8-245

（3）画面效果如图 8-246 所示。选择复制得到的三角形，按住 <Shift> 键将其平行移动到相应位置，如图 8-247 所示。

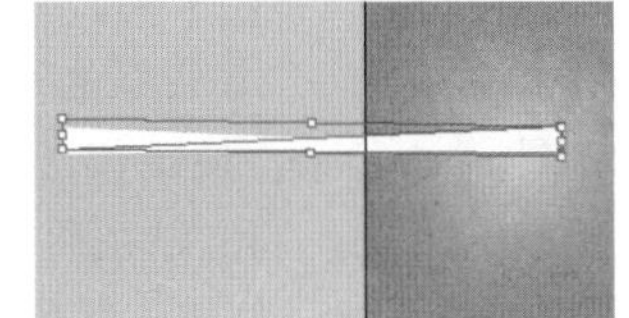

图 8-246

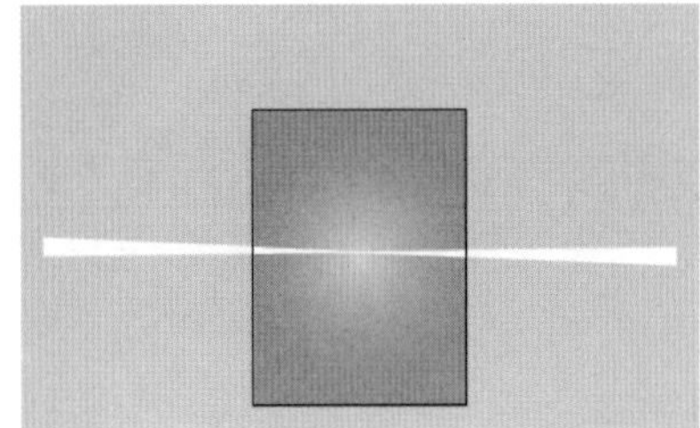

图 8-247

（4）将绘制的对象和复制变换得到的对象同时选取，执行“对象 > 变换 > 旋转”命令，设置“角度”为 15°，单击“复制”按钮，如图 8-248 所示。反复按快捷键 <Ctrl+D> 重复变换，直到复制的对象构成一个圆，将这些对象全部选取，执行“对象 > 编组”命令将其编组，如图 8-249 所示。

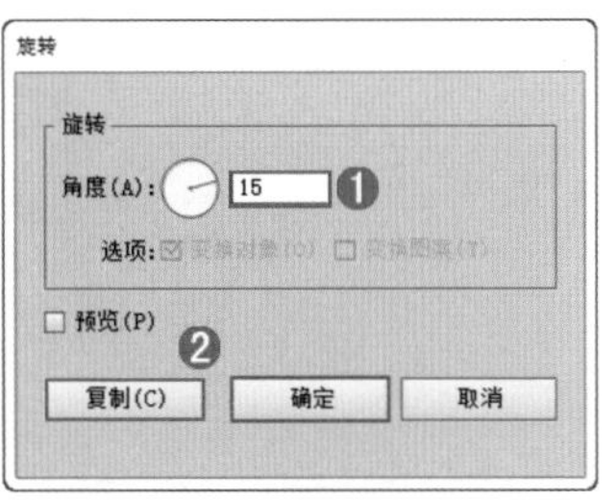

图 8-248

图 8-249

（5）选择该对象，执行“窗口 > 不透明度”命令，在“不透明度”面板中设置“不透明度”为 50%，如图 8-250 所示。效果如图 8-251 所示。

图 8-250

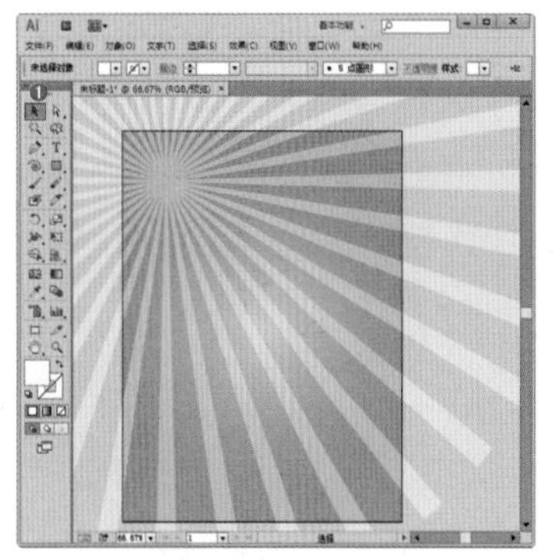

图 8-251

（6）将组移动到画板的左上角，如图 8-252 所示。绘制一个和画板大小相当的无填色无描边矩形，将其和组同时选中，执行“对象 > 剪切蒙版 > 建立”命令，建立剪切蒙版，效果如图 8-253 所示。

图 8-252

图 8-253

2. 制作中景部分

（1）选择工具箱中的“椭圆工具” 绘制“填色”为白色、“不透明度”为 15% 的正圆，如图 8-254 所示。继续绘制一个稍小的正圆并填充一个黄色系渐变，如图 8-255 所示。

图 8-254

图 8-255

（2）接下来制作太阳的投影。选择白色正圆，使用快捷键 <Ctrl+C> 将其复制，使用快捷键 <Ctrl+B> 将其贴在后。然后使用键盘上 <←> 和 <↓> 进行轻移，如图 8-256 所示。将该圆形填充为黑色，设置“混合模式”为“正片叠底”，“不透明度”为 15%，效果如图 8-257 所示。（在后面的制作中，为云朵制作投影的方法与这个的制作方法一样。）

图 8-256

图 8-257

（3）绘制“填色”为白色的矩形和若干椭圆，并全部选取。单击“路径查找器”中的“联集”按钮，如图 8-258 和图 8-259 所示。

图 8-258

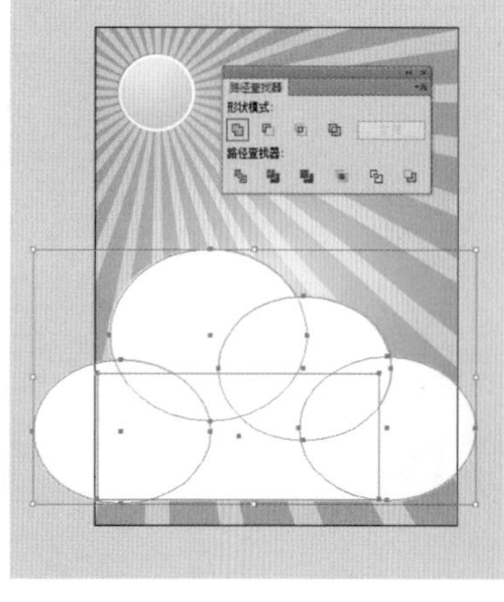

图 8-259

（4）得到复合的云朵图形，如图 8-260 所示。将其移动复制到画板外以便在下面的制作中使用。复制一个云朵并将其缩放并移动到画面的相应位置，将该云朵“填色”设置为白色，在控制栏中设置该云朵的“不透明度”为 40%，如图 8-261 所示。

图 8-260

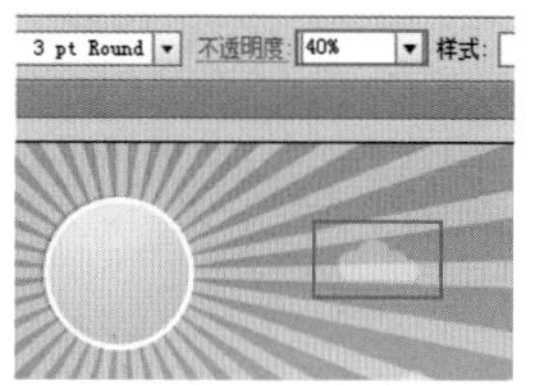

图 8-261

（5）反复移动、复制白色不透明云朵，将其置于文档内的适当位置，并进行合理缩放，如图 8-262 所示。

图 8-262

3. 制作前景

（1）下面制作前景中的彩色云朵。复制一个云朵到画板以外的区域，将其填充一个黄色系的径向渐变，效果如图 8-263 所示。选择该云朵，使用快捷键 <Ctrl+C> 将其复制，使用快捷键 <Ctrl+B> 将其贴在后。执行“对象 > 路径 > 偏移路径”命令，设置“位移”为 0.2cm，“连接”为“圆角”，参数设置如图 8-264 所示。

图 8-263

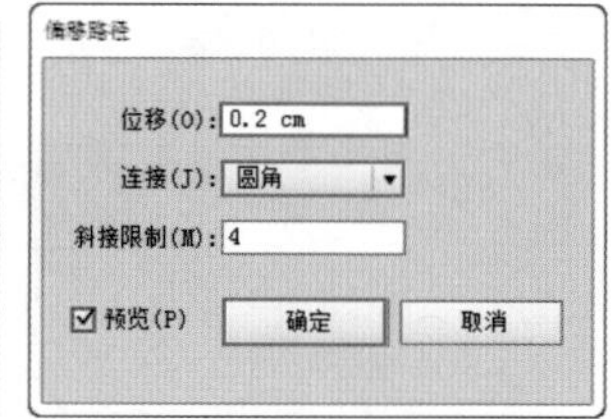

图 8-264

（2）参数设置完成后单击“确定”按钮，此时效果如图 8-265 所示。将位移路径后的云朵填充为白色，效果如图 8-266 所示。

图 8-265

图 8-266

（3）然后为该云朵添加制作投影，效果如图 8-267 所示。这样一个彩色的云朵就制作完成了，可以将其同时选中，使用“编组”快捷键 <Ctrl+G> 将其编组。

图 8-267

（4）将云朵反复移动、复制，将其置于文档内的适当位置并进行缩放，如图 8-268 所示。

图 8-268

（5）将其中的一个云朵复制并放大，如图 8-269 所示。使用“矩形工具”绘制一个与画面等大的矩形，如图 8-270 所示。

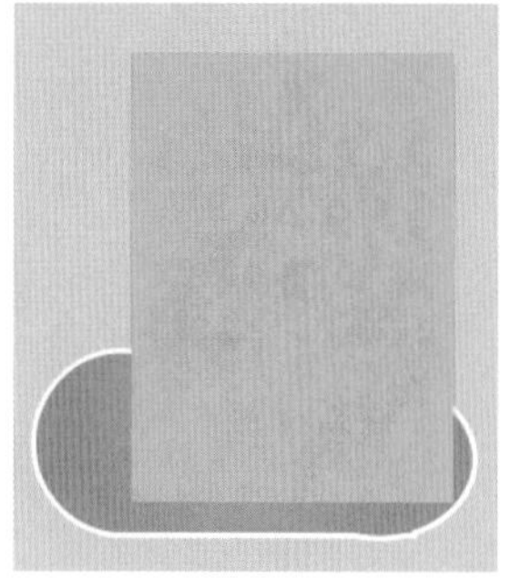

图 8-269

图 8-270

（6）将矩形和大云朵选中，执行“对象 > 剪切蒙版 > 建立”命令，建立剪切蒙版，效果如图 8-271 所示。使用“文字工具” T 在文档内键入文字，整体制作完成，效果如图 8-272 所示。

图 8-271

图 8-272

第 9 章 对象的高级操作

关键词

液化、混合、封套、扭曲、透视图

要点导航

液化工具组
混合工具
封套扭曲

学习目标

能够熟练运用液化、封套等工具改变对象形态

能够制作出形态各异的对象混合效果

能够借助透视图工具制作出准确的透视画面

佳作鉴赏

9.1 液化工具组

“液化工具”组是一个比较特殊的编辑工具组，它不会针对单独对象进行处理，而是将整个的矢量对象看做一幅图像，直接在影响的图形上进行变形扭曲处理。在使用不同的“液化工具”时，可以对相应的图形部分进行各种不同的变形处理。图 9-1 和图 9-2 所示为可以使用到本工具组制作

的作品。“液化工具”也常被称为变形工具组、扭曲工具组等，从这两个名称上能够很容易地联想到这些工具的作用。

图 9-1

图 9-2

“液化变形工具组”包含八种变形工具：“宽度工具”、“变形工具”、“旋转扭曲工具”、“缩拢工具”、“膨胀工具”、“扇贝工具”、“晶格化工具”、“皱褶工具”，如图 9-3 所示。

图 9-3

9.1.1 宽度工具

“宽度工具”用于创建具有不同宽度的描边，可以绘制出非常明确的轮廓。使用“宽度工具”在路径中选择一个指定点向外拖动，可以加宽该区域的路径宽度，并同时使该区域宽度与邻近路径区域自然过渡。图 9-4 和图 9-5 所示为佳作欣赏。

图 9-4

图 9-5

使用“宽度工具”可以更改路径的宽度。不仅可以更改“闭合路径”还可以更改“开放路径”。

（1）选择工具箱中的“宽度工具”，将光标移动至需要更改宽度的位置，光标变为▸+，如图 9-6 所示。按住鼠标左键向左或向右拖拽鼠标，即可更改对象的宽度，如图 9-7 和图 9-8 所示。

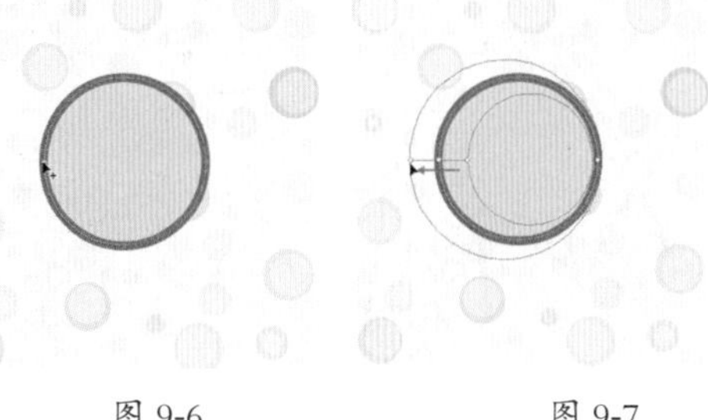
图 9-6　　图 9-7

图 9-8

（2）默认情况下，使用“宽度工具”单击拖动改变描边对象两侧的宽度点数，若要只改变一侧的点数则按住 <Alt> 单击拖动即可，如图 9-9 和图 9-10 所示。

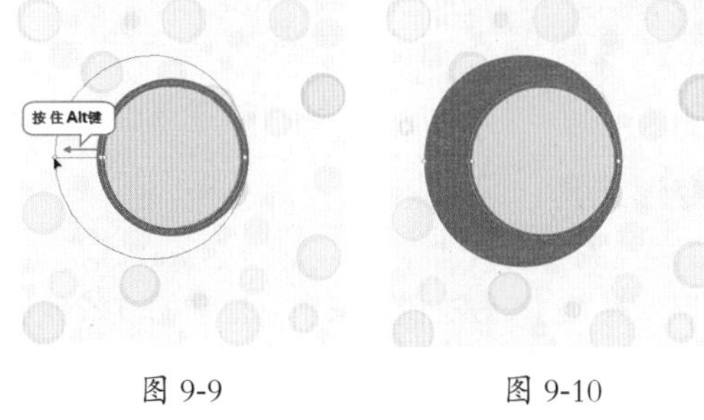

图 9-9　　图 9-10

（3）选择工具箱中的“宽度工具”，在要改变宽度点数的路径位置双击，弹出“宽度点数编辑”对话框，在该对话框中可以对宽度点数的具体数值进行设置，如图 9-11 所示。如果勾选“调整临近宽度点数”选项，对已选宽度点数的更改将同样影响临近的宽度点数。

图 9-11

小技巧：自动勾选“调整临近宽度点数”选项

若按住 <Shift> 键双击该宽度点数，将自动勾选“调整临近宽度点数”选项。

（4）“宽度工具”在调整宽度变量时有连续点和非连续点的区别。若要创建非连续宽度点数首先需要使用不同笔触宽度在一个笔触上创建两个宽度点数，如图 9-12 所示。将一个宽度点数拖动到另一个宽度点数上来为该笔触创建一个非连续宽度点数，如图 9-13 所示。

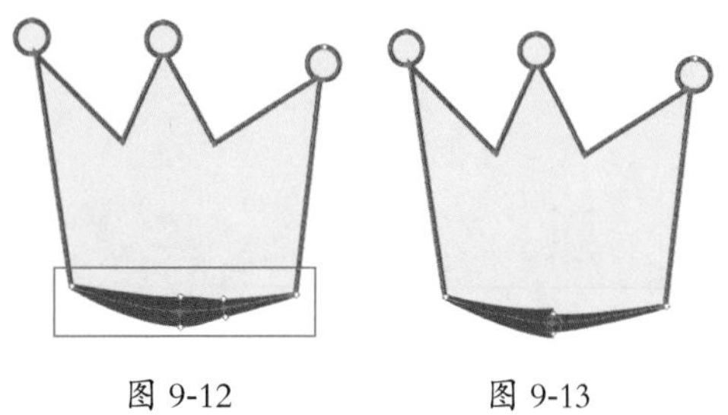

图 9-12　　图 9-13

（5）对于非连续宽度点数，“宽度点数编辑”对话框将显示两种边宽集。勾选“仅单宽”选项后可以使用入口或出口宽度来产生单个连续宽度点数，如图 9-14 所示。

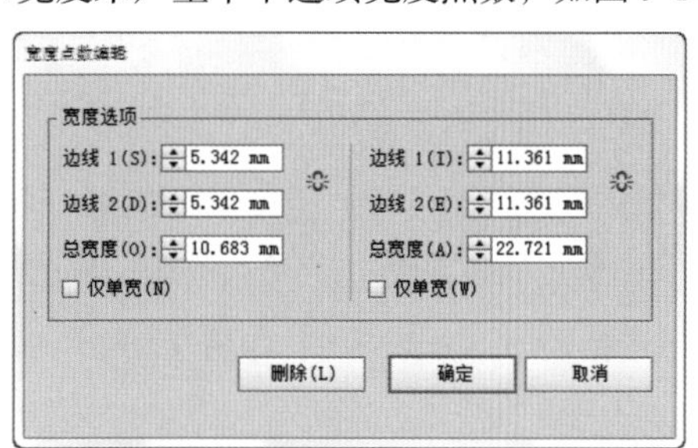

图 9-14

9.1.2　变形工具

“变形工具”通过在对象中以拖动的方式伸展或拉动对象指定区域，实现液化扭曲的效果。使用“变形工具”从对象内部向外拖动，可膨胀变形对象。图 9-15 和图 9-16 所示为在制作过程中使用“变形工具”的作品。

图 9-15　　图 9-16

单击选择工具箱中的“变形工具”，也可以直接使用快捷键 <Shift+R>，将光标移动至要变形对象上单击拖拽即可实现对象的变形，如图 9-17 和图 9-18 所示。

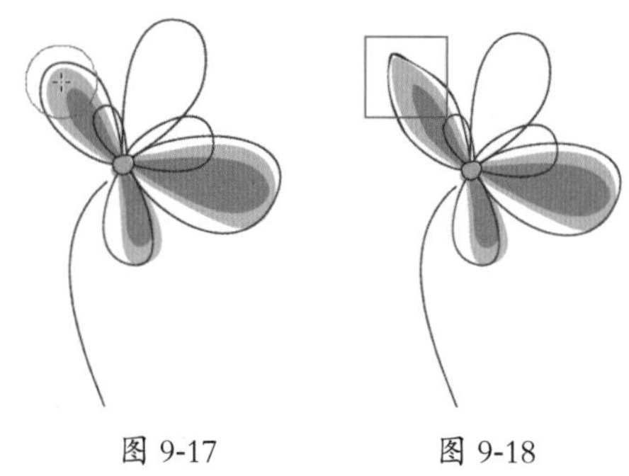

图 9-17　　图 9-18

要对“变形工具”进行处理操作之前，双击工具箱中的“变形工具”按钮，弹出“变形工具选项”对话框。可以按照不同的状态对工具进行相应的设置，如图 9-19 所示。

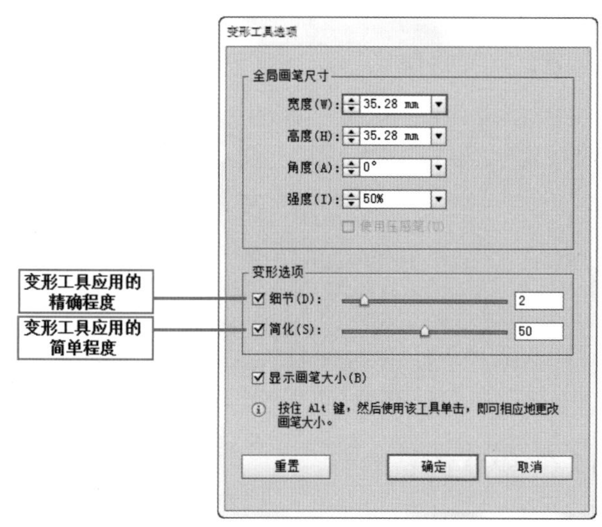

图 9-19

重点参数提醒：

宽度：调整该选项中的参数，可以调整鼠标笔触的宽度。

高度：调整该选项中的参数，可以调整鼠标笔触的高度。

角度：指变形工具画笔的角度。

强度：指变性工具画笔按压的力度。

使用压感笔：当勾选该选项时，将不能使用强度值，而是使用来自写字板或书写笔的输入值。

细节：表示即时变形工具应用的精确程度，数值越高则表现得越细致。

简化：设置即时变形工具应用的简单程度，设置范围是 0.2~100。

显示画笔大小：显示变形工具画笔的尺寸。

9.1.3　旋转扭曲工具

“旋转扭曲工具”用于对图形对象做螺旋旋转的扭曲变形。选择该工具将光标移动到图形对象上，按住鼠标左键即可进行旋转扭曲变形。图 9-20 和图 9-21 所示为制作过程中应用旋转扭曲变形的作品。

图 9-20

图 9-21

选择工具箱中的“旋转扭曲工具”，然后在要进行旋转扭曲的图形上单击并按住鼠标左键，图形即发生旋转扭曲的变化，如图 9-22 和图 9-23 所示。按住鼠标左键的时间越长，旋转扭曲的程度也越强。

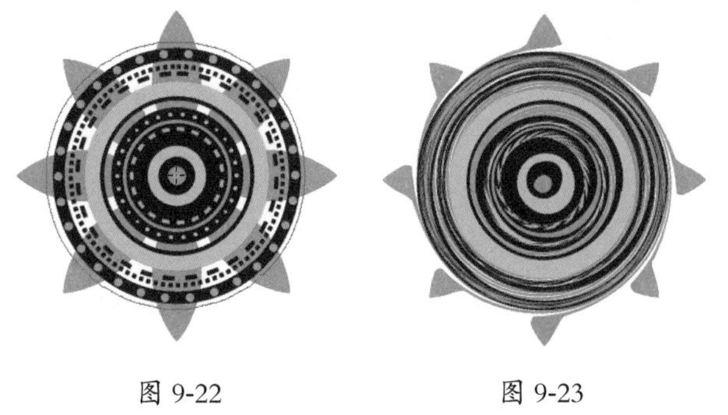

图 9-22　　图 9-23

> 小技巧：“旋转扭曲工具”的使用
>
> 选中图像后该工具将只对选中的图形进行编辑，若不进行选择操作，将对鼠标影响区域的所有对象进行编辑。

双击工具箱中的“旋转扭曲工具”按钮，弹出“旋转扭曲工具选项”对话框。在该对话框中可以对“旋转扭曲工具”的各项参数进行设置，如图 9-24 所示。

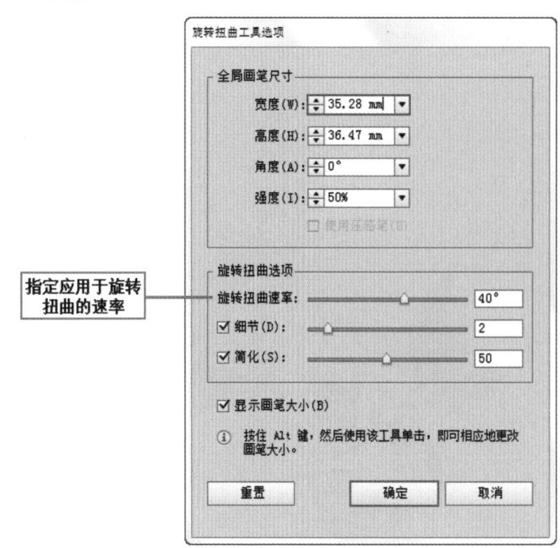

图 9-24

重点参数提醒：

旋转扭曲速率：指定应用于旋转扭曲的速率。可以输入一个介于－180°～180°之间的值。负值会顺时针旋转扭曲对象，而正值则逆时针旋转扭曲对象。输入的值越接近－180°或 180°时，对象旋转扭曲的速度越快。若要慢慢旋转扭曲，可将速率指定为接近于 0°的值。

> 小技巧：更改“旋转扭曲工具”的笔尖大小
>
> 若要设置该工具的笔尖大小，可以按住 <Alt> 拖动鼠标以调整画笔。

9.1.4　缩拢工具

“缩拢工具”用于对图形对象进行收缩变形处理。单击工具箱中的“缩拢工具”，将光标移动到要进行收缩变形的图形对象上，单击鼠标左键即可对其进行收缩变形处理，如图 9-25 和图 9-26 所示。图形收缩变形的程度与按住鼠标的时间成正比。

图 9-25　　图 9-26

9.1.5 膨胀工具

“膨胀工具”可以使对象产生膨胀的效果，与“缩拢工具”产生的效果相反。单击工具箱中的“膨胀工具”按钮，然后在要进行膨胀的图形上单击并按住鼠标左键，相应的图形即发生膨胀的变化，按住的时间越长，膨胀的程度越大，如图 9-27 所示。对象的变形程度与按住鼠标的时间成正比，如图 9-28 所示。

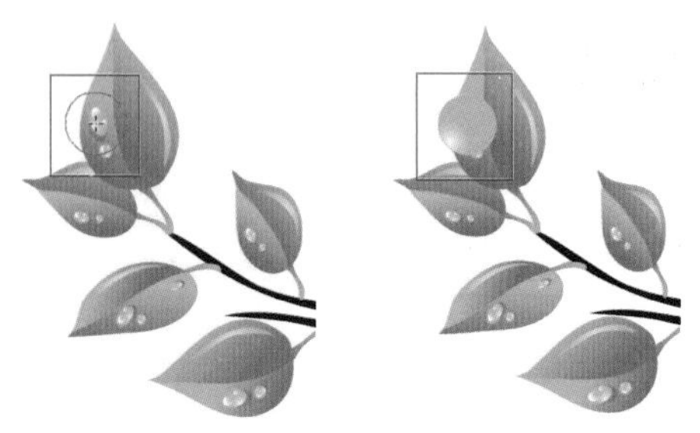

图 9-27　　图 9-28

9.1.6 扇贝工具

“扇贝工具”用于添加对象扇贝状的锯齿效果。图 9-29 和图 9-30 所示为添加这种效果的作品。

图 9-29

图 9-30

单击选择工具箱中的“扇贝工具”，然后在要进行扇贝处理的图形上单击并按住鼠标左键，相应的图形即发生扇贝效果的变化，按住鼠标的时间越长对象的变形程度越强，如图 9-31 和图 9-32 所示。

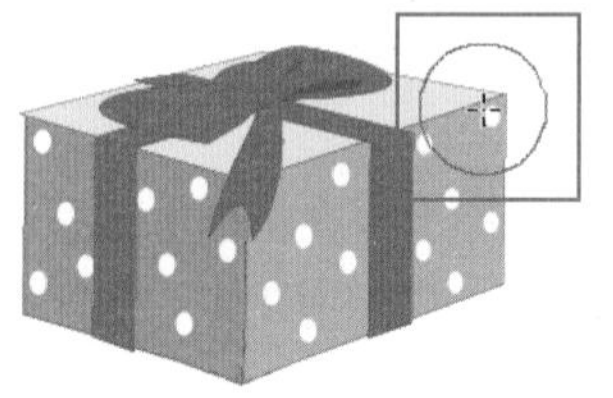

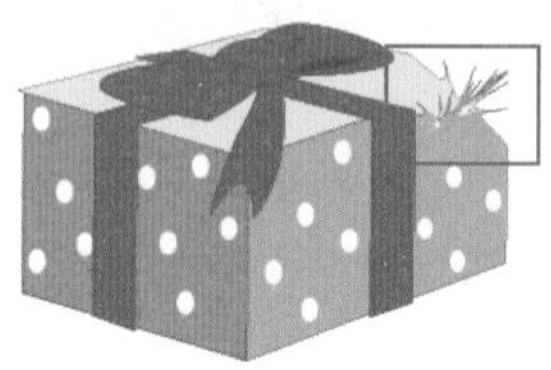

图 9-31　　图 9-32

双击工具箱中的“扇贝工具”按钮，弹出“扇贝工具选项”对话框。在此对话框中可以对“扇贝工具”的各项参数进行设置，如图 9-33 所示。

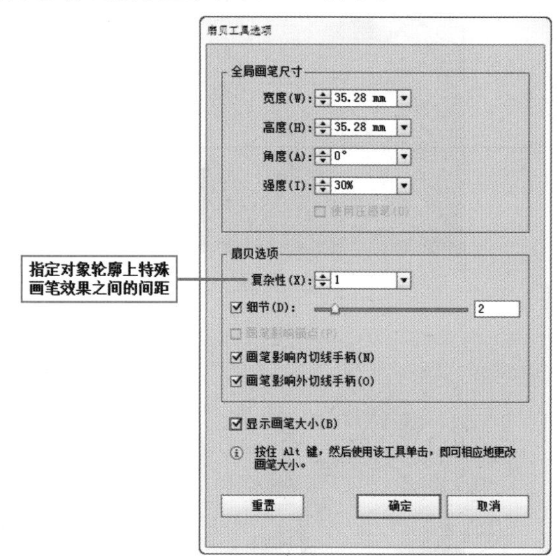

图 9-33

重点参数提醒：

复杂性：调整该选框中的参数，可以指定对象轮廓上特殊画笔效果之间的间距。该值与细节值有密切的关系，细节值用于指定引入对象轮廓的各点间的间距。

画笔影响锚点：当勾选该选项，使用工具进行操作时，将对相应图形的内侧切线手柄进行控制。

画笔影响内切线手柄：当勾选该选项，使用工具进行操作时，将相对应图形的内侧切线手柄进行控制。

画笔影响外切线手柄：当勾选该选项，使用工具进行操作时，将相对应图形的外侧切线手柄进行控制。

显示画笔大小：当勾选该选项，将在绘制时通过鼠标指针查看影响的范围尺寸。

9.1.7 晶格化工具

“晶格化工具”用于为对象添加推拉延伸的扭曲效果，图 9-34 和图 9-35 所示为应用该效果的作品。

单击选择工具箱中的“晶格化工具”，然后在要进行晶格化处理的对象上单击并按住鼠标左键可推动路径，根据画笔中心所偏向的区域向内或向外推动路径，如图 9-36 和图 9-37 所示。

图 9-34

图 9-35

图 9-36

图 9-37

9.1.8　皱褶工具

“褶皱工具”可以使对象边缘呈现波浪起伏状，表现出边缘参差的褶皱效果。图 9-38 和图 9-39 所示为使用该工具制作的作品。

图 9-38

图 9-39

单击工具箱中的“褶皱工具”按钮，将光标移动到要进行褶皱处理的图形对象上，单击并按住鼠标左键即可。按住鼠标的时间越长，褶皱效果越明显，如图 9-40 和图 9-41 所示。

图 9-40

图 9-41

双击工具箱中的“褶皱工具”按钮，弹出“褶皱工具选项”对话框。在该对话框横纵可以对“褶皱工具”的各项参数进行设置，如图 9-42 所示。

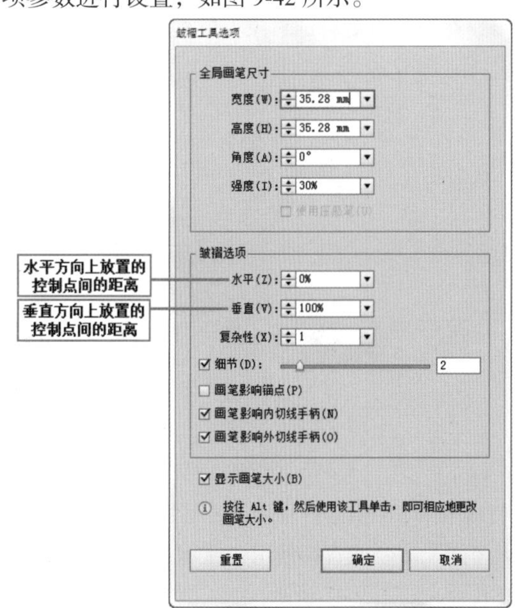

图 9-42

重点参数提醒：

- 水平：通过调整该选项中的参数，可以调整水平方向上放置的控制点之间的距离。
- 垂直：通过调整该选项中的参数，可以调整垂直方向上放置的控制点之间的距离。

9.2 混合工具

“混合工具”可以非常自由地在颜色以及形态方面混合两个或两个以上的对象。使用“混合工具”可以创建混合了多个对象的颜色和形状的一系列对象。除了可以定义混合的对象外，还可以定义混合的顺序。图 9-43 和图 9-44 所示为可以使用到该工具制作的作品。

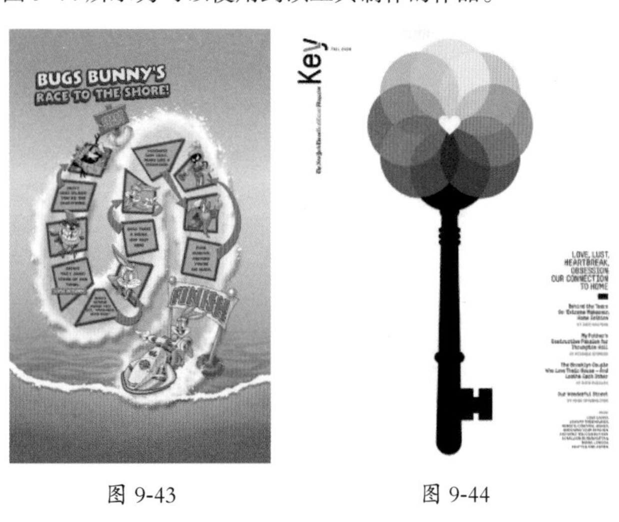

图 9-43　　图 9-44

9.2.1 创建混合

（1）单击工具箱中的“混合工具”按钮或按快捷键 <W>，在要进行混合的对象上依次单击即可创建混合，如图 9-45 和图 9-46 所示。

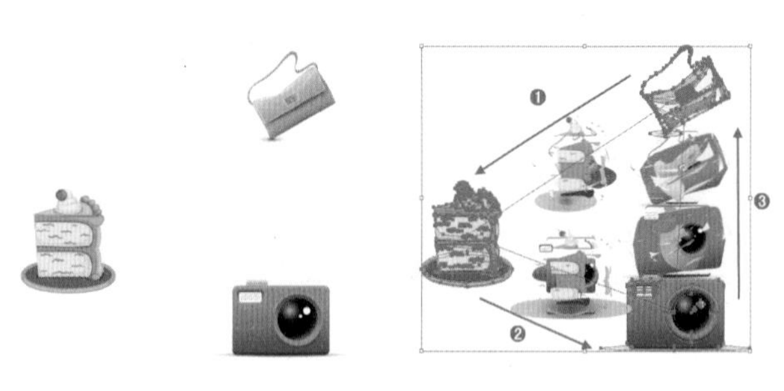

图 9-45　　图 9-46

（2）也可以将要进行混合的对象选中，执行“对象 > 混合 > 建立”命令或直接使用快捷键 <Ctrl+Atl+B> 来创建对象的混合，如图 9-47 所示。

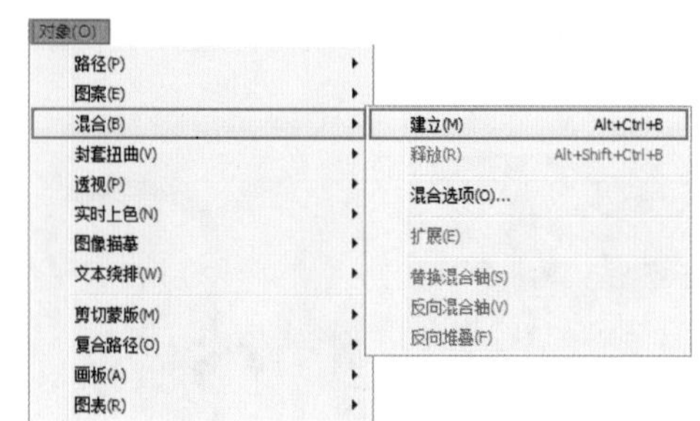

图 9-47

9.2.2 编辑混合图形对象

混合轴是混合对象中各步骤对齐的路径。默认情况下，混合轴会形成一条直线。混合轴是可以被编辑调整的，通过对混合轴的调整可以控制混合对象的排列。

（1）使用“选择工具”选取选择对象，此时将会显示出混合路径，如图 9-48 所示。使用“钢笔工具组”中的工具可以对混合路径进行调整，如图 9-49 所示。调整后混合对象的排列也发生了相应的变换，如图 9-50 所示。

图 9-48

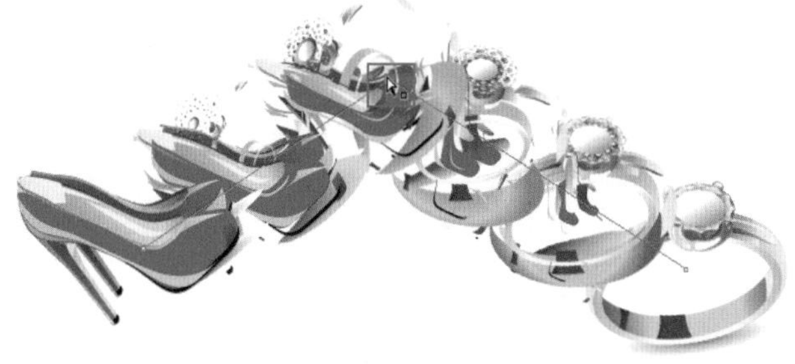

图 9-49

图 9-50

（2）混合轴可以被其他路径替换。使用“选择工具”将混合对象和用于替换混合轴的路径同时选取，如图 9-51 所示。执行“对象 > 混合 > 替换混合轴”命令，此时混合轴被所选路径替换，如图 9-52 所示。

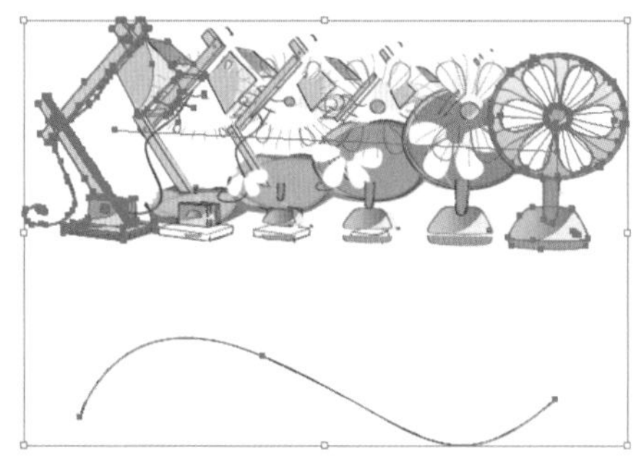

图 9-51

图 9-52

（3）选择混合对象，执行“对象 > 混合 > 反向混合轴”命令，此时可以发现混合轴发生了翻转，混合顺序发生了改变，如图 9-53 和图 9-54 所示。

图 9-53

图 9-54

（4）混合对象具有堆叠顺序，选择混合对象执行“对象 > 混合 > 反向堆叠”命令，可以改变堆叠顺序，如图 9-55 和图 9-56 所示。

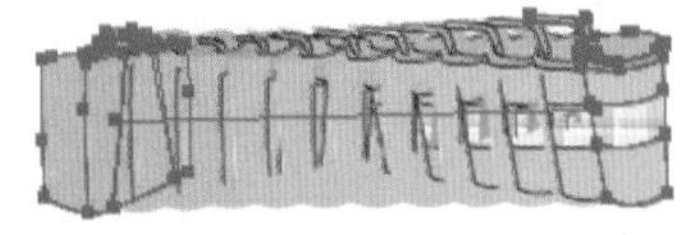

图 9-55

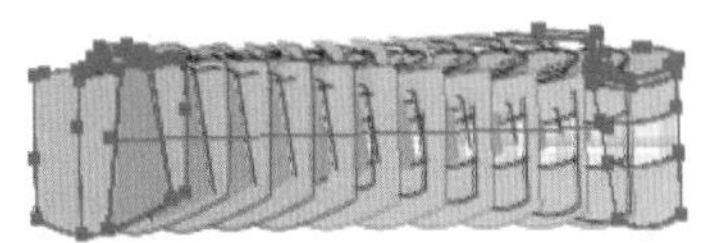

图 9-56

（5）创建混合后，形成的混合对象是一个由图形和路径组成的整体。扩展会将混合对象分割为一系列独立的个体。选取混合对象，执行“对象 > 混合 > 扩展”命令，混合对象被扩展，如图 9-57 和图 9-58 所示。

图 9-57

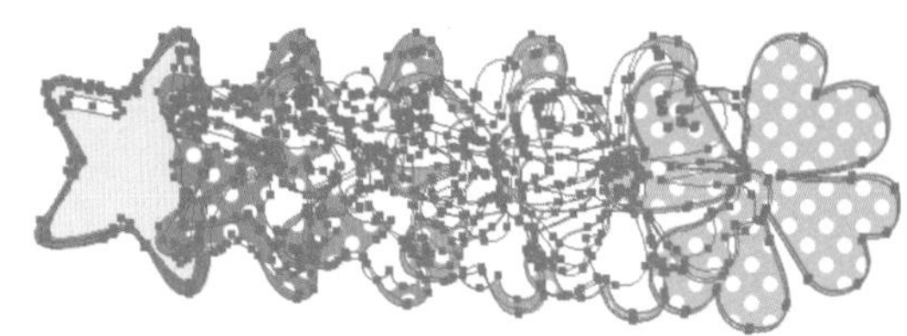

图 9-58

（6）扩展后的混合图形一般会作为编组对象而不能被独立选取和编辑。若要对其中某一图形进行独立地选取和编辑，需要在编组对象上单击鼠标右键，在弹出的菜单中执行“取消编组”命令。此时使用“选择工具”可以独立选取混合图形中的各个图形，如图 9-59 和图 9-60 所示。

图 9-59

图 9-60

（7）释放一个混合对象会删除新对象并恢复原始对象。执行“对象 > 混合 > 释放”命令，即可释放混合对象，如图 9-61 和图 9-62 所示。

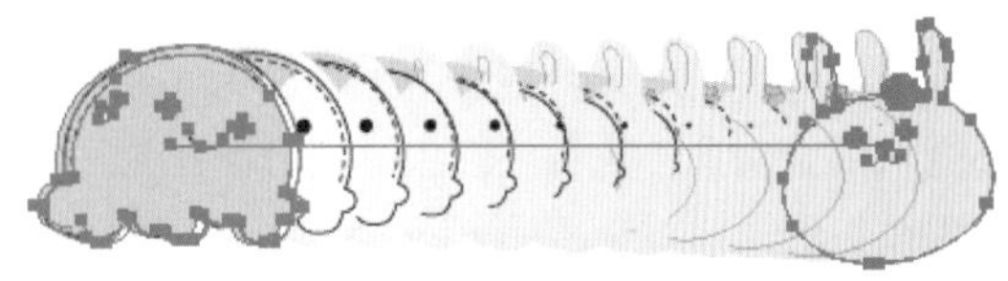

图 9-61

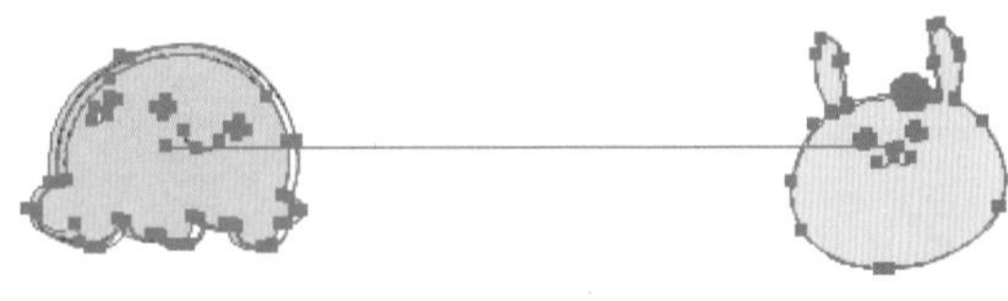

图 9-62

9.2.3 设置混合间距与取向

双击工具箱中的“混合工具”按钮，弹出“混合选项”对话框。在该对话框中可以对混合的“间距”和“取向”进行设置，如图 9-63 所示。

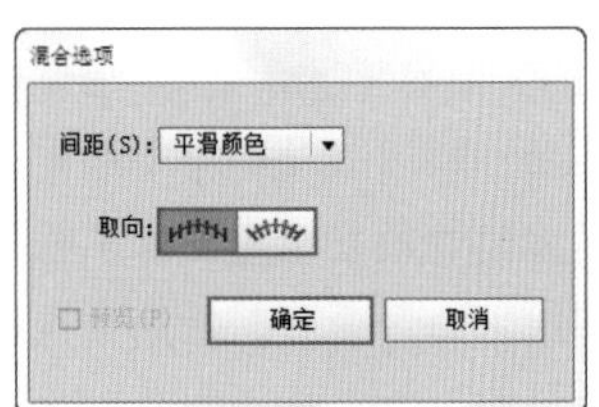

图 9-63

重点参数提醒：

- 间距：定义对象之间的混合方式，提供了三种混合方式，分别是“平滑颜色”“指定的步骤”和“指定的距离”。

①“平滑颜色”：让 Illustrator 自动计算混合的步骤数。如果对象是使用不同的颜色进行填色或描边，则计算出的步骤数将是为实现平滑颜色过渡而取的最佳步骤数。如果对象包含相同的颜色，或包含渐变或图案，则步骤数将根据两对象定界框边缘之间的最长距离计算得出，如图 9-64 和图 9-65 所示。

图 9-64

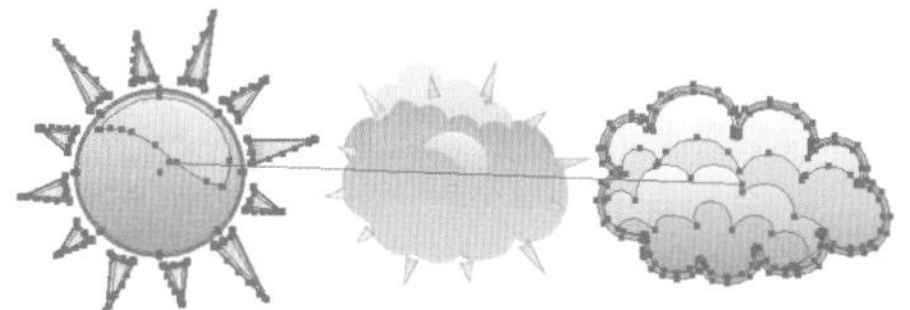

图 9-65

②“指定的步骤”：用来控制在混合开始与混合结束之间的步骤数，如图 9-66 和图 9-67 所示。

图 9-66

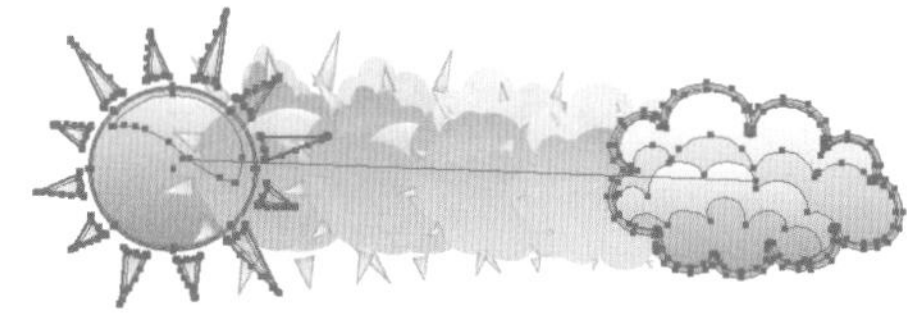

图 9-67

③“指定的距离”：用来控制混合步骤之间的距离。指定的距离是指从一个对象边缘起到下一个对象相对应边缘之间的距离（例如，从一个对象的最右边到下一个对象的最右边），如图 9-68 和图 9-69 所示。

图 9-68

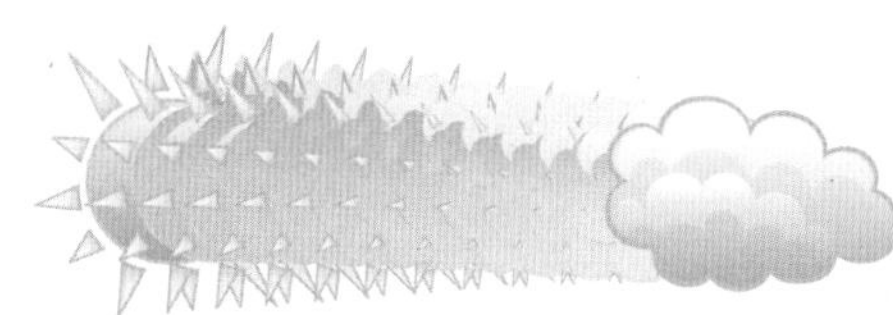

图 9-69

- 取向：在该选项区域中单击不同的按钮，确定混合对象的方向。

①“对齐页面”使混合垂直于页面的 x 轴。

②“对齐路径”使混合垂直于路径。

小技巧：使用鼠标进行混合

制作混合效果时，鼠标只要在图像范围之内单击就可以了，但是落点的不同会导致混合效果的不同。

9.2.4 进阶案例：使用“混合”命令制作长阴影效果

案例文件	使用“混合”命令制作长阴影效果 .ai
视频教学	使用“混合”命令制作长阴影效果 .flv
难易指数	★★☆☆☆
技术掌握	掌握“混合工具”的运用

“长阴影效果”是最近几年才流行起来的，应用在网页设计中的一种效果。这种“长阴影效果”的制作方法，

主要是通过“混合”命令来制作影子拉长的效果。案例完成效果如图 9-70 所示。

图 9-70

（1）执行“文件 > 新建”命令，新建一个“宽度”和“高度”均为 500mm 的新文件。选择“矩形工具”，设置“填色”为橙红色，绘制矩形，并调整画板的大小使之和矩形大小相适应，如图 9-71 所示。使用“文字工具”T键入字母，如图 9-72 所示。

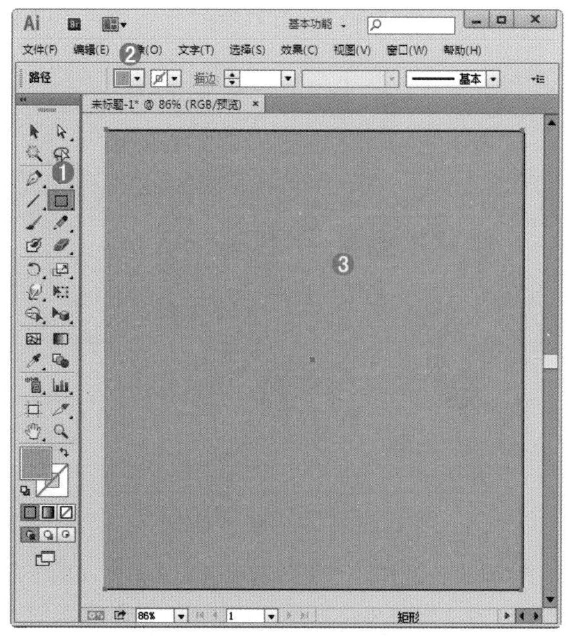

图 9-71

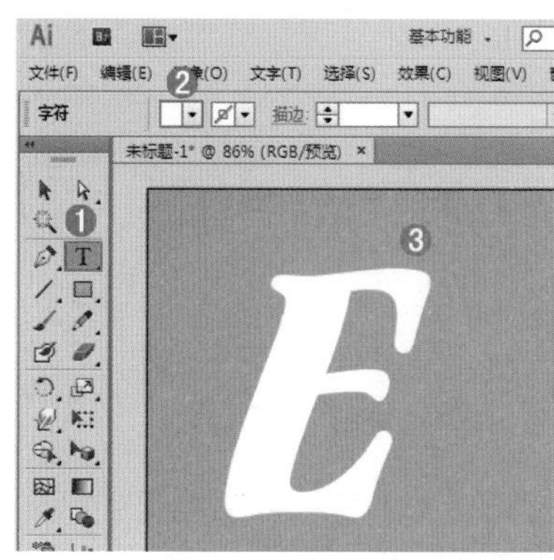

图 9-72

（2）移动复制字母至画板外，以便后续制作，如图 9-73 所示。将画板中的字母填充为深红色，如图 9-74 所示。选取键入的字母，执行“文字 > 创建轮廓”命令创建轮廓。

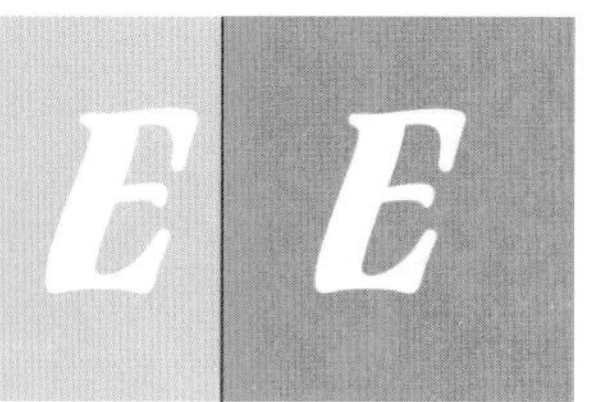

图 9-73

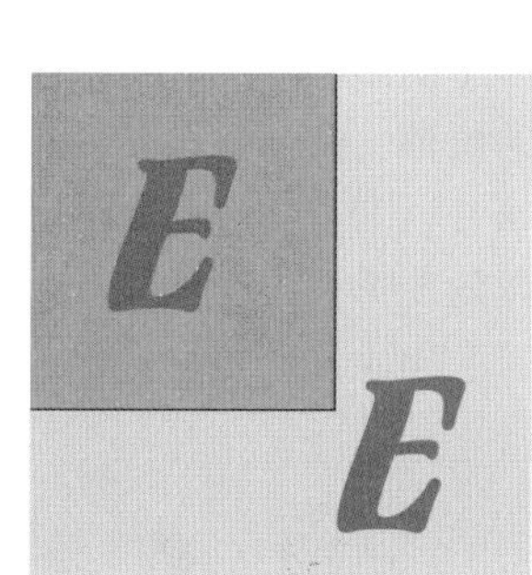

图 9-74

（3）按住 <Alt> 键将该字母复制并移动到右下角，如图 9-75 所示。选择复制得到字母，为其填充灰色调的红色。然后执行“窗口 > 透明度”命令，在“不透明度”面板中设置“不透明度”为 30，效果如图 9-76 所示。

图 9-75

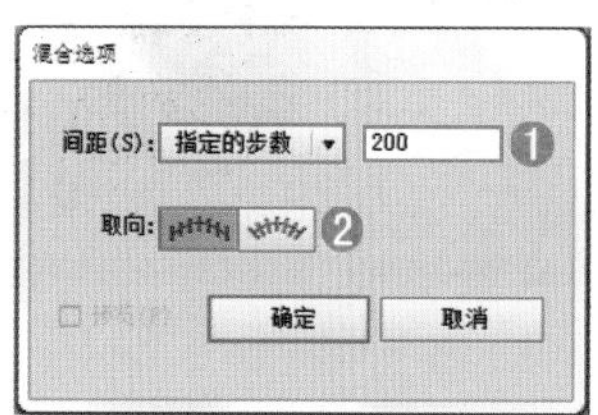

图 9-76

（4）将两个字母同时选中，双击工具箱中的“混合工具”，设置“间距”为“指定的步数 200”，取向为“对齐页面”，如图 9-77 所示。

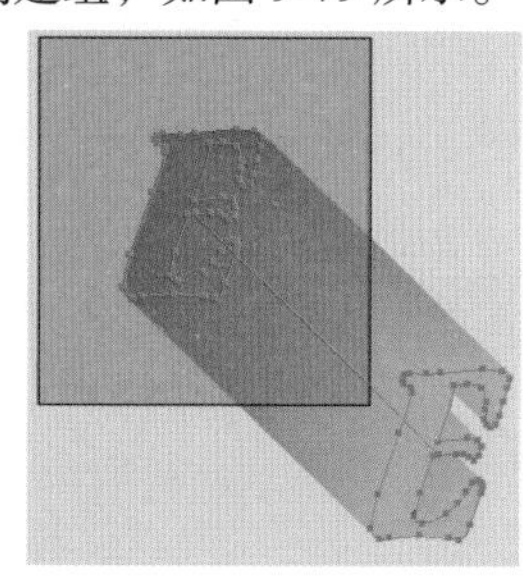

图 9-77

（5）依次单击两个字母创建混合对象，效果如图 9-78 所示。移动复制填充为白色的字母，将其置于混合对象上，将该字母和混合对象同时选取，执行“对象 > 编组”命令创建组，如图 9-79 所示。

图 9-78

图 9-79

（6）复制多个该文字对象。并摆放在合适位置上，如图 9-80 所示。在画面右下角键入文字，最终效果如图 9-81 所示。

图 9-80

图 9-81

9.3 封套扭曲

“封套扭曲”可以理解为将图形对象置于“密封的袋子”内，通过对“袋子”的拉伸、扭拧等操作来实现图形对象的变形。在 Illustrator 中可以利用画板上的对象来制作封套，也可以使用预设的变形形状或网格作为封套。图 9-82 和图 9-83 所示为应用“封套扭曲”的矢量作品。

图 9-82

图 9-83

9.3.1 用变形建立

“封套扭曲”有多种方法，最简单的为“用变形建立”。选择要进行扭曲变形的对象，如图 9-84 所示。执行“对象 > 封套扭曲 > 用变形建立”，此时弹出“变形选项”对话框，在该对话框中可以设置扭曲变形的样式、方向、弯曲程度等，如图 9-85 所示。设置完成后单击“确定”按钮即可按照设置的变形创建扭曲。效果如图 9-86 所示。

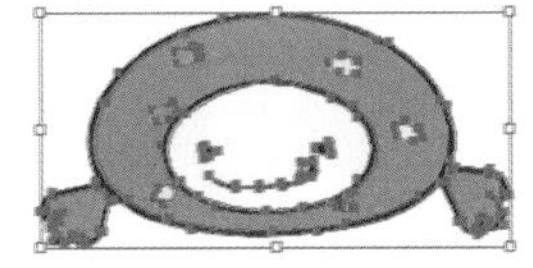

图 9-84

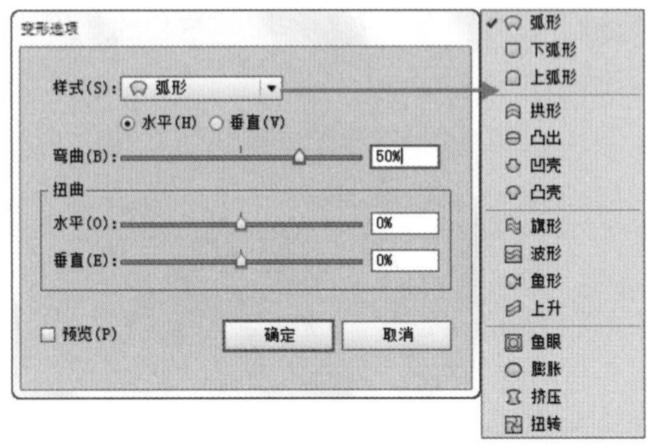

图 9-85

图 9-86

重点参数提醒：

- 样式：在该下拉表中选择不同选项，可以定义不同的变形样式。图 9-87 所示为各种效果。

图 9-87

- 水平 / 垂直：选择“水平”选项时，文本扭曲的方向为水平方向，如图 9-88 所示；选择“垂直”选项时，文本扭曲的方向为垂直方向，如图 9-89 所示。

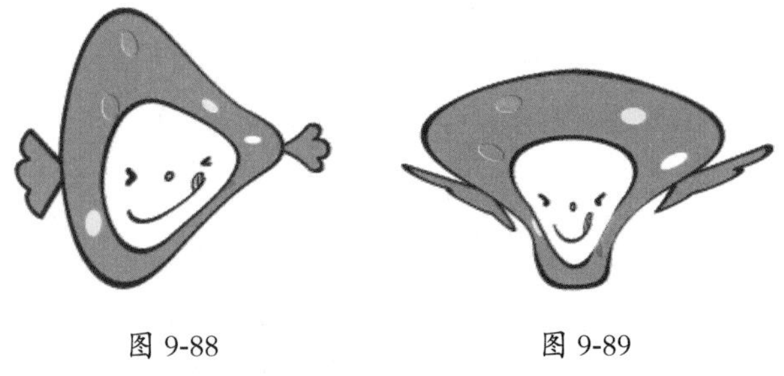

图 9-88　　图 9-89

- 弯曲：用来设置文本的弯曲程度，图 9-90 和图 9-91 所示分别是“弯曲”为 – 50% 和 50% 时的效果。

图 9-90

图 9-91

- 水平扭曲：设置水平方向的透视扭曲变形的程度，图 9-92 和图 9-93 所示分别是“水平扭曲”为 – 100% 和 100% 时的扭曲效果。

图 9-92

图 9-93

- 垂直扭曲：用来设置垂直方向的透视扭曲变形的程度，图 9-94 和图 9-95 所示分别是“垂直扭曲”为 – 100% 和 100% 时的扭曲效果。

图 9-94

图 9-95

9.3.2　用网格建立

执行“对象 > 封套扭曲 > 用网格建立”命令是为对象添加一定数量的网格，然后通过使用“直接选择”工具对网格的轮廓进行自定义调整，从而影响对象的形状，如图 9-96 和图 9-97 所示。

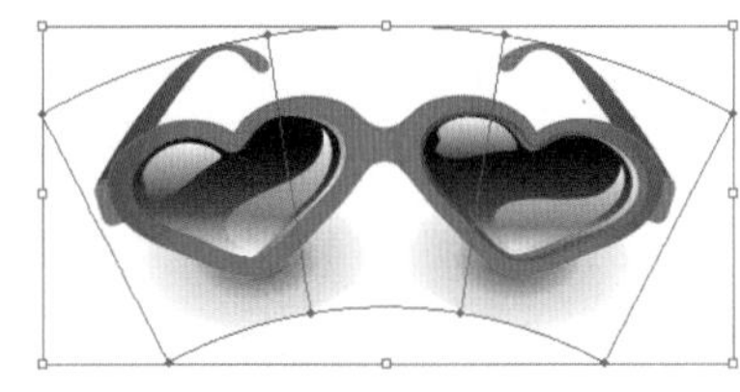

图 9-96

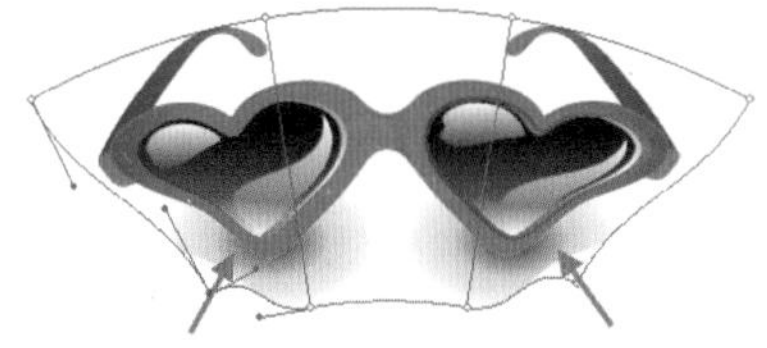

图 9-97

选择要进行变形扭曲的对象，执行“对象 > 封套扭曲 > 用网格建立”命令，也可以直接使用快捷键 <Ctrl+Shift+W>，弹出“封套扭曲”对话框，在该对话框中对要创建的网格的“行数”和“列数”进行设置，如图 9-98 所示。单击“确定”按钮即可创建封套网格，如图 9-99 所示。

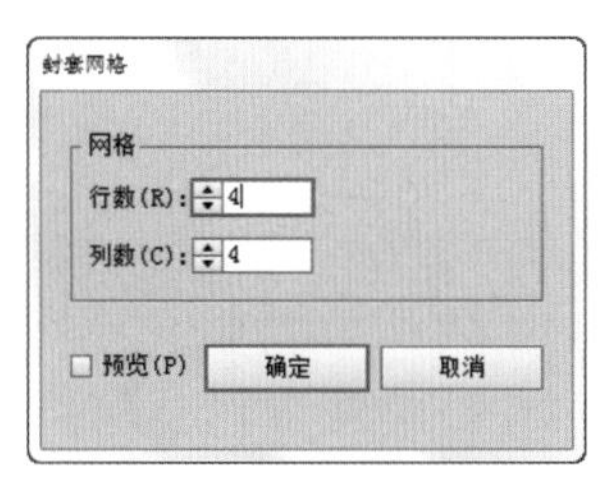

图 9-98

图 9-99

封套网格创建完成后，选择工具箱中的“直接选择工具”，通过该工具可以对网格进行自定义调整，从而实现对图形对象的自定义变形扭曲，如图 9-100 所示。

图 9-100

9.3.3　用顶层对象建立

“用顶层对象建立”命令是以位于顶层的对象为“封套”，并将指定的对象插入到该“封套”中，形成扭曲变形效果。以不同的顶层对象轮廓应用变形效果，将得到不同的扭曲形态。

在要进行扭曲变形的对象上创建一个形状对象，将要进行扭曲变形的图形对象和创建的形状对象同时选取，执行“对象 > 封套扭曲 > 用顶层对象建立”命令或直接使用快捷键 <Ctrl+Alt+C>，如图 9-101 所示。此时，图形对象按照顶层对象的形状发生扭曲变形，如图 9-102 所示。

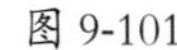

图 9-101

图 9-102

9.3.4 编辑封套对象释放

（1）若要删除封套，可以执行“释放”或“扩展”命令。释放套封对象可创建两个单独的对象，保持原始状态的对象和保持封套形状的对象。将封套对象选中，执行“对象 > 封套扭曲 > 释放”命令，此时扭曲变形得到图形对象将恢复原本形态，封套也将保留并与图形分离，如图 9-103 和图 9-104 所示。

图 9-103

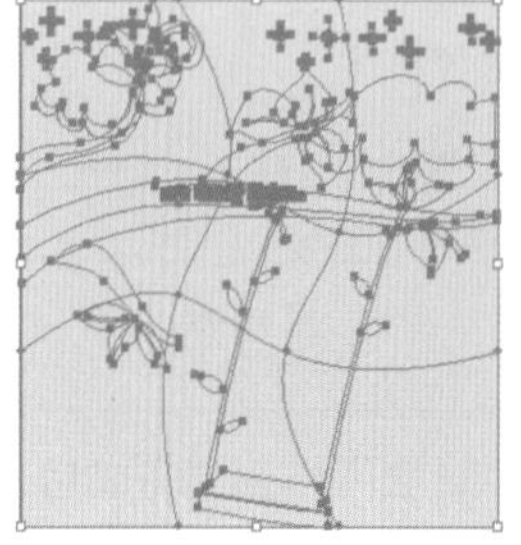

图 9-104

（2）扩展封套对象的方式可以删除封套，但对象仍保持扭曲的形状并且被转换为普通对象。将要转换为普通对象的封套对象选中，然后执行“对象 > 封套扭曲 > 扩展”命令，即可将该封套对象转换为普通的对象，如图 9-105 和图 9-106 所示。

图 9-105

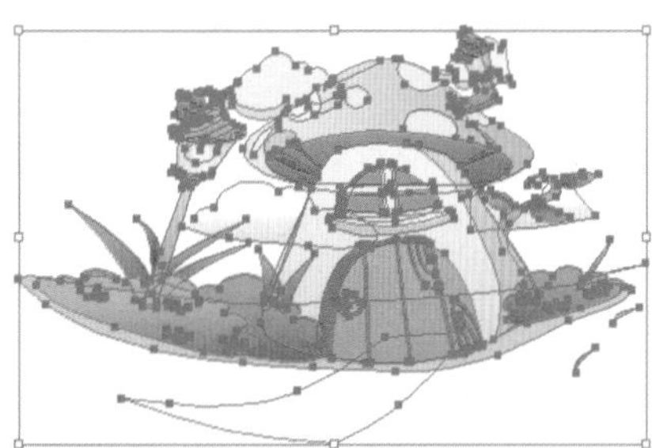

图 9-106

（3）当图形对象被执行封套扭曲变形后，将只能选取和编辑封套部分，若要对图形本身进行编辑和调整，需要选择封套对象执行“对象 > 封套扭曲 > 编辑内容”命令也可以使用快捷键 <Ctrl+Shift+V>。此时图形本身将被选中可以对其进行编辑和调整，如图 9-107 和图 9-108 所示。编辑好的本体将自动进行封套的变形。

图 9-107

图 9-108

（4）除了可以使用“直接选择工具”对封套进行局部自定义调整外，还可以通过执行“封套选项”命令对封套整体进行调整。选择封套对象，执行“对象 > 封套扭曲 > 封套选项”命令，此时弹出“封套选项”对话框，在该对话框中可以对封套进行整体设置，如图 9-109 所示。

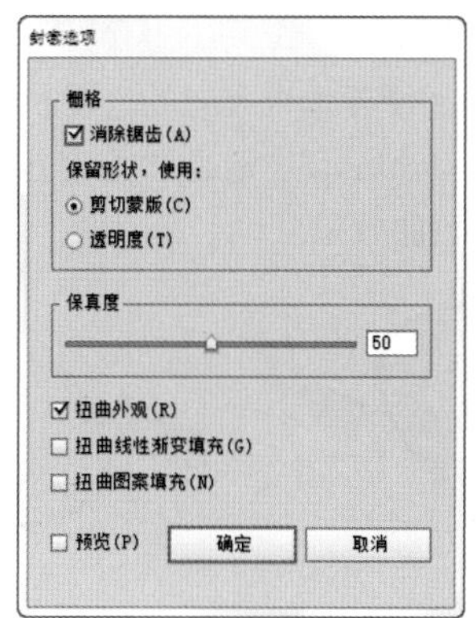

图 9-109

重点参数提醒：

- 消除锯齿：在用封套扭曲对象时，可使用此选项来平滑栅格。取消选择“消除锯齿”可降低扭曲栅格所需的时间。
- 保留形状，使用：当用非矩形封套扭曲对象时，可使用此选项指定栅格应以何种形式保留其形状。选择“剪切蒙版”以在栅格上使用剪切蒙版，或选择“透明度”以对栅格应用 Alpha 通道。
- 保真度：指定要使对象适合封套模型的精确程度。增加“保真度”百分比会向扭曲路径添加更多的点，而扭曲对象所花费的时间也会随之增加。
- 扭曲外观：将对象的形状与其外观属性一起扭曲（例如已应用的效果或图形样式）。
- 扭曲线性渐变填充：将对象的形状与其线性渐变一起扭曲。
- 扭曲图案填充：将对象的形状与其图案属性一起扭曲。

小技巧：将“扭曲”进行拓展的知识

如果使用一种选定的“扭曲”选项来扩展封套，其各自属性会分别扩展。

9.3.5 进阶案例：使用“封套扭曲”制作变形文字

案例文件	使用“封套扭曲”制作变形文字.ai
视频教学	使用“封套扭曲”制作变形文字.flv
难易指数	★★☆☆☆
技术掌握	掌握“封套扭曲”的运用

本案例重点在于中使用“文字工具”键入相应的文字，然后通过“封套扭曲”制作变形文字。案例完成效果如图 9-110 所示。

图 9-110

（1）执行“文件 > 新建”命令，新建大小为 A4 的纵向文档，使用“矩形工具”绘制一个和画板大小相当的矩形，并在“渐变”面板中为其填充红色系径向渐变，如图 9-111 所示。

图 9-111

（2）执行“文件 > 置入”命令，置入素材 1.png，如图 9-112 所示。使用“文字工具”在文档内键入文字，如图 9-113 所示。

图 9-112

图 9-113

（3）选取键入的文字，执行“对象 > 封套扭曲 > 用变形建立”命令，在弹出的“变形选项”对话框中设置“样式”为弧形，方向为“水平”，“弯曲”为 30%，单击“确定”按钮，如图 9-114 和图 9-115 所示。

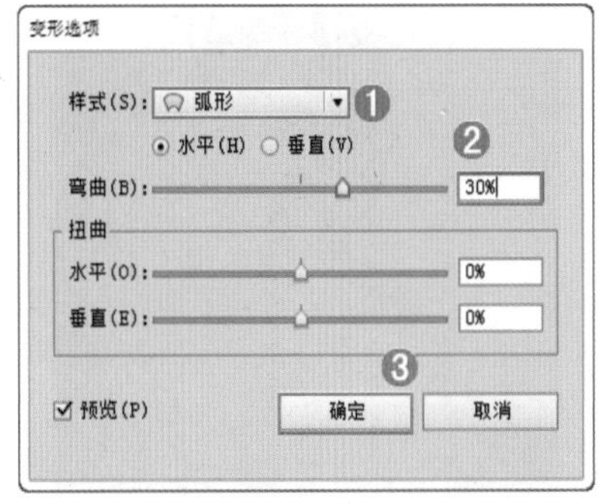

图 9-114

图 9-115

（4）选择工具箱中的“星形工具”，在文档内绘制白色五角星，如图 9-116 所示。

图 9-116

（5）使用“文字工具”在文档内键入文字，如图 9-117 所示。导入素材“2.ai”，整体制作完成。效果如图 9-118 所示。

图 9-117

图 9-118

9.4 透视图工具

“透视图工具”能够在透视模式下轻松绘制或渲染图稿，在平面上呈现场景，就像肉眼所见的那样自然。“透视图工具”包括“透视网格工具”和“透视选区工具”两种。图 9-119 和图 9-120 所示为使用“透视图工具”制作的作品。

图 9-119

图 9-120

9.4.1 透视网格工具

“透视网格工具”是一种用于绘制具有透视效果图形的辅助工具，约束对象的状态以绘制正确的透视图形。单击工具箱中的“透视网格工具”按钮可以建立透视网格，如图 9-121 所示。

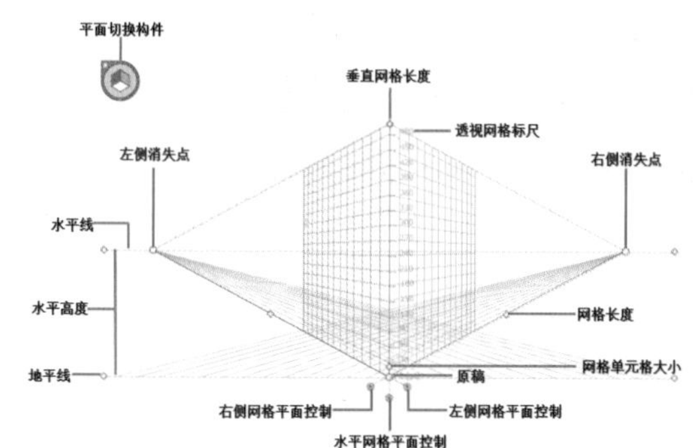

图 9-121

> 小技巧：隐藏透视网络
>
> 单击“平面切换控件”中的叉号或按 <Esc> 键可以隐藏透视网格。

“平面切换构件”用于切换活动网格平面。在透视网格中，活动网格的平面指当前绘制对象的平面。图 9-122 所示为“平面切换构件”。双击工具箱中的“透视网格工具”按钮，此时弹出“透视网格选项”对话框，在该对话框中可以设置是否显示平面构件以及平面构建所处的位置等，如图 9-123 所示。

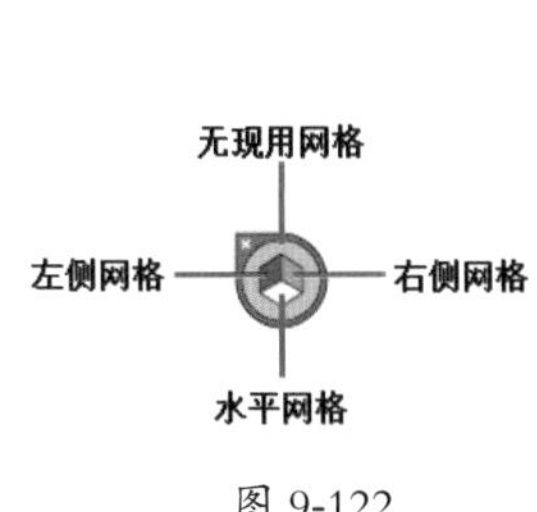

图 9-122

图 9-123

重点参数提醒：

- 显示现用平面构件：选中该选项，如果要取消选中此复选框，则构件将不会与“透视网格”一起显示出来。
- 构件位置：可以选择在文档窗口的左上方、右上方、左下方或右下方显示构件。

9.4.2 在透视网格中创建对象

在使用透视网格进行辅助绘图时，所绘制的图形将自动沿网格透视方向创建相应透视角度的图形效果。

（1）首先在“平面切换构件”上单击选择当前绘图的网格平面，然后单击选择工具箱中的“矩形工具”，将光标置于右侧网格平面上，此时光标呈状，如图 9-124 所示。

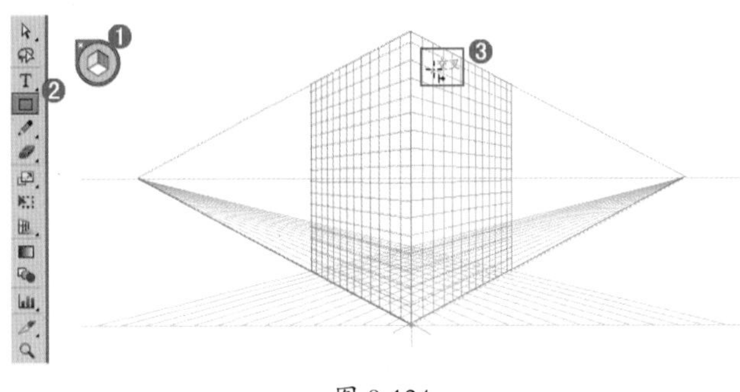

图 9-124

> 小技巧：平面切换构件中光标的含义
>
> 在平面切换构件中选择不同的平面时光标也会呈现不同形状：为右侧网格，为左侧网格，为平面网格。

（2）单击并向右下拖拽光标，绘制出了带有透视效果的矩形，如图 9-125 所示。

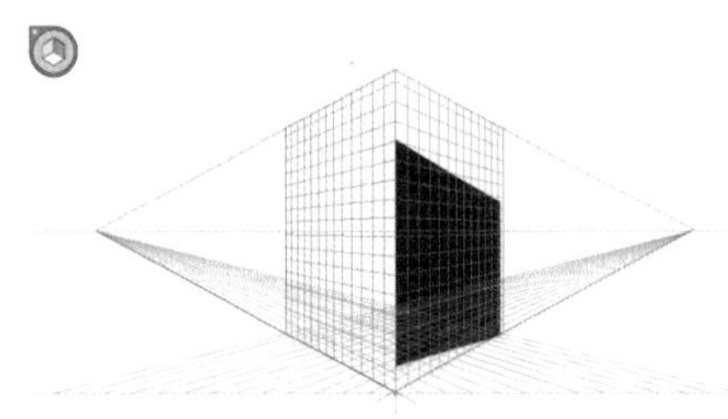

图 9-125

（3）在“平面切换构件”上单击“左侧网格平面”，在左侧网格平面继续绘制矩形，如图 9-126 所示。

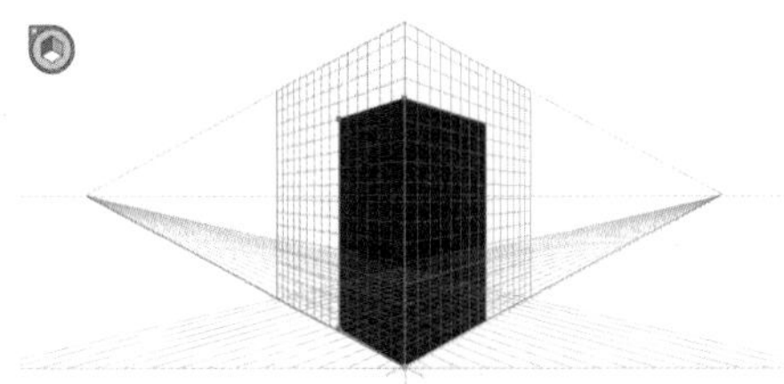

图 9-126

（4）若要移动透视网格中对象，需要选择工具箱中的“透视选区工具”，单击需要移动的对象，然后拖动鼠标或使用方向键即可按当前透视规则改变对象位置，如图 9-127 和图 9-128 所示。

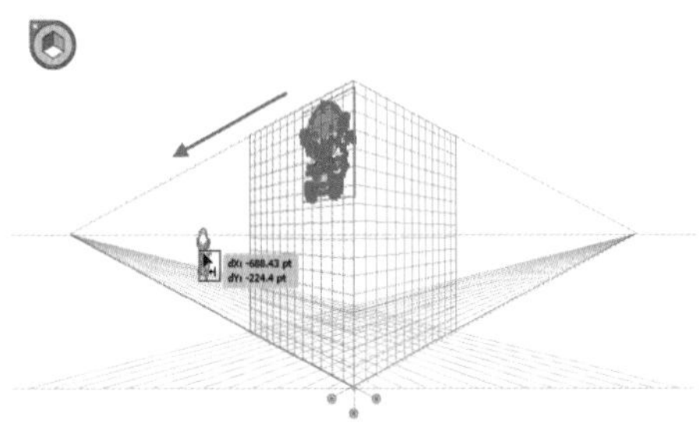

图 9-127

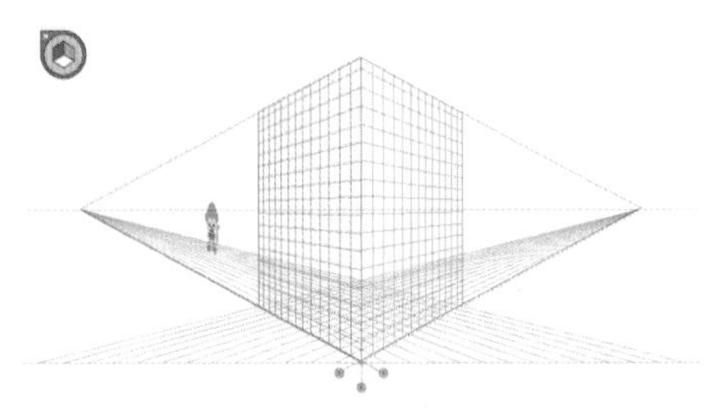

图 9-128

（5）使用“透视选区”工具选择对象，然后按住<5>键不放，将对象拖动到所需位置。此时对象将沿当前位置平行移动，如图 9-129 所示。

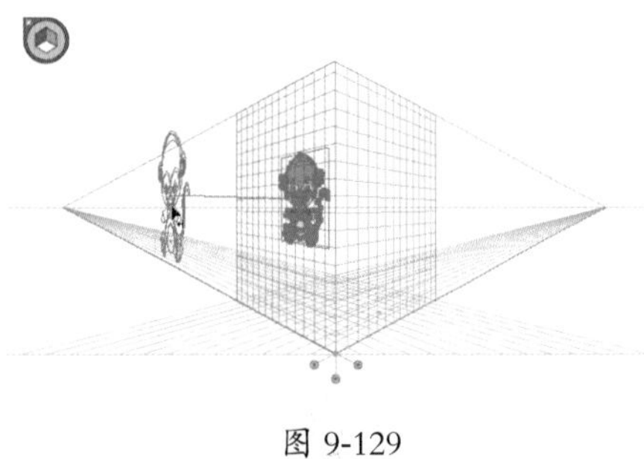

图 9-129

小技巧：在透视网格中复制对象

在移动时使用 <Alt> 以及数字键 <5>，则会将对象复制到新位置，而不会改变原始对象。在“背面绘图”模式下，此操作可在原对象背面创建对象。

9.4.3 使用透视选区工具将对象加入透视网格

“透视选区工具”用于在透视网格中加入对象、文本和符号，以及在透视空间中移动、缩放和复制对象。向透视中加入现有对象或图稿时，所选对象的外观和大小将发生更改，如图 9-130 所示。使用“透视选区工具”在透视平面中移动和复制对象时，指针显示为表示为左侧网格平面，指针显示为表示为水平网格平面，指针显示为表示为右侧网格平面，如图 9-131 所示。

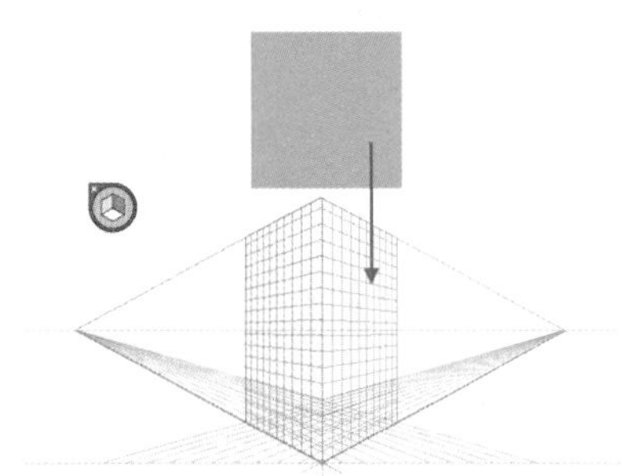

图 9-130

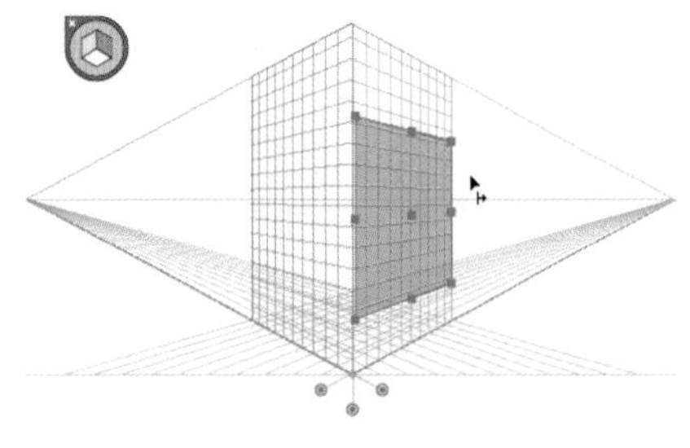

图 9-131

（1）单击工具箱中的“透视网格工具”，画板中显示透视网格。执行“文件 > 置入”命令，导入需要置入透视网格的矢量对象，如图 9-132 和图 9-133 所示。

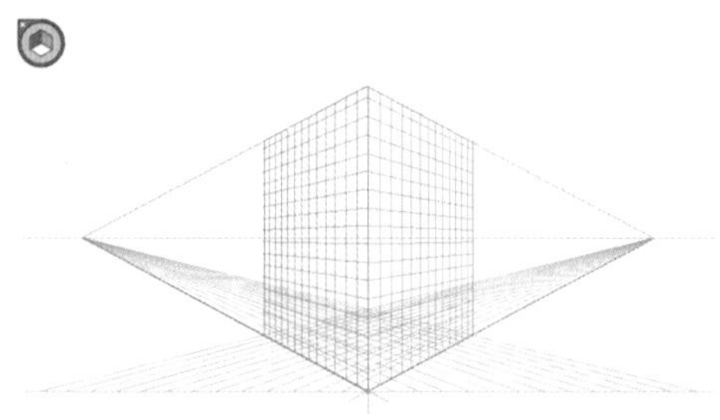

图 9-132

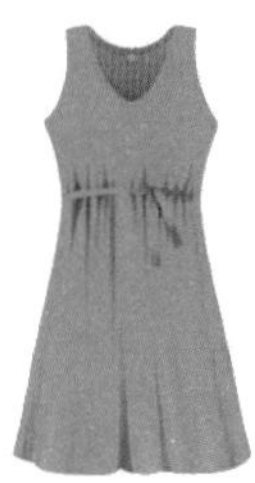

图 9-133

（2）在“平面切换构件”中单击“左侧网格平面”或直接按快捷键<1>，单击工具箱中的“透视选区工具”按钮，选取将要置入透视网格的对象，单击并拖动至左侧透视网格中的适当位置，如图 9-134 所示。

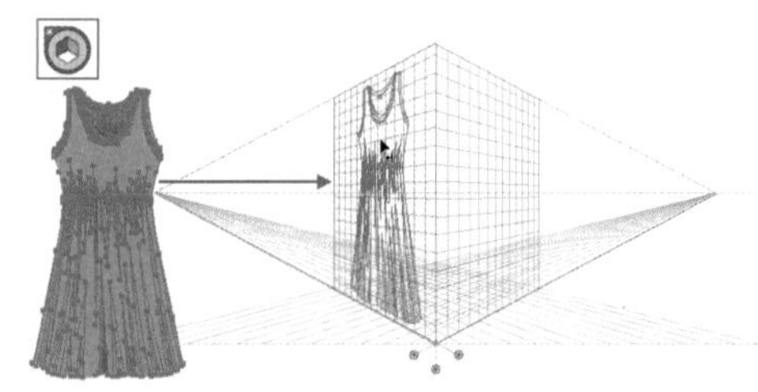

图 9-134

（3）释放鼠标，此时置入透视网格中的对象呈现出与网格相同的透视效果，如图 9-135 所示。

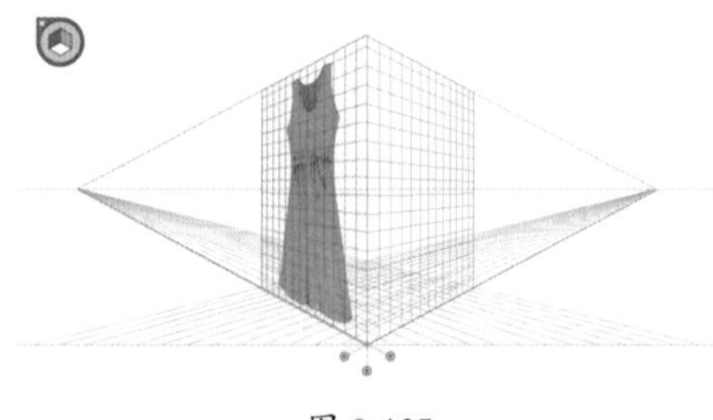

图 9-135

（4）执行“对象 > 透视 > 附加到现用平面”命令，也可以将已经创建的对象置于透视网格的活动平面，如图 9-136 所示。

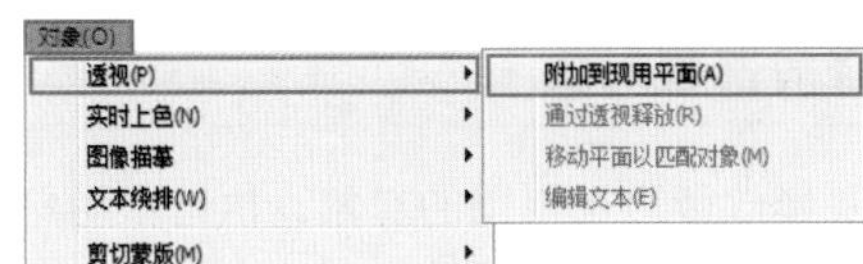

图 9-136

（5）继续使用“透视选区工具”，将光标移动到已置入透视网格对象的一角，单击并向外拖动即可在保持透视效果的状态下放大对象，如图 9-137 和图 9-138 所示。若单击向内拖动会在保持透视效果的状态下缩小对象。

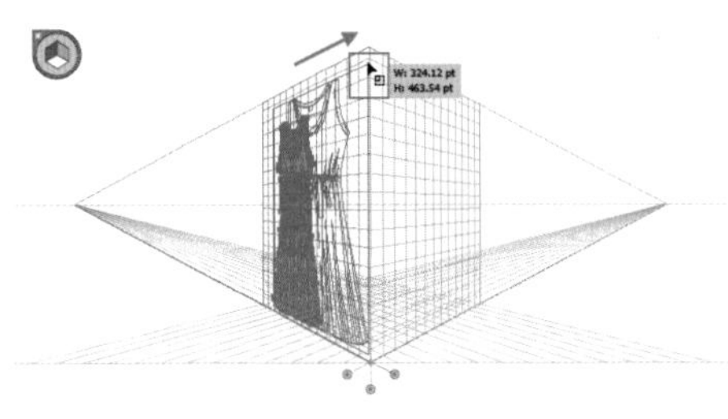

图 9-137

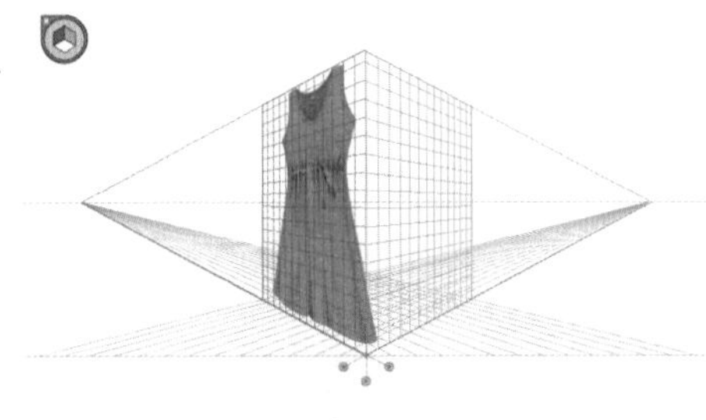

图 9-138

9.4.4　调整透视网格状态

调整透视网格的状态，即其透视的角度和区域，可使用透视网格工具拖动透视网格各个区域的控制手柄进行调整，从而对透视网格的角度和密度进行调整。

（1）单击工具箱中的“透视网格工具”按钮，在画布中显示透视网格，如图 9-139 所示。

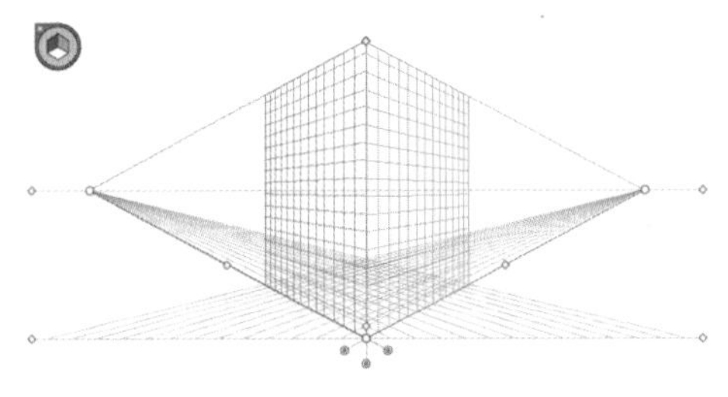

图 9-139

（2）执行“视图 > 透视网格”命令，在子菜单中可以对透视网格进行预设，如图 9-140 和图 9-141 所示。

（3）单击并拖动底部的“水平网格平面控制”手柄，改变平面部分的透视效果，如图 9-142 所示。

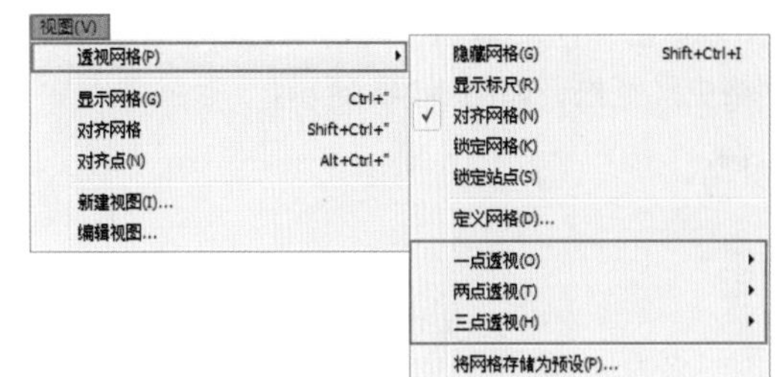

图 9-140

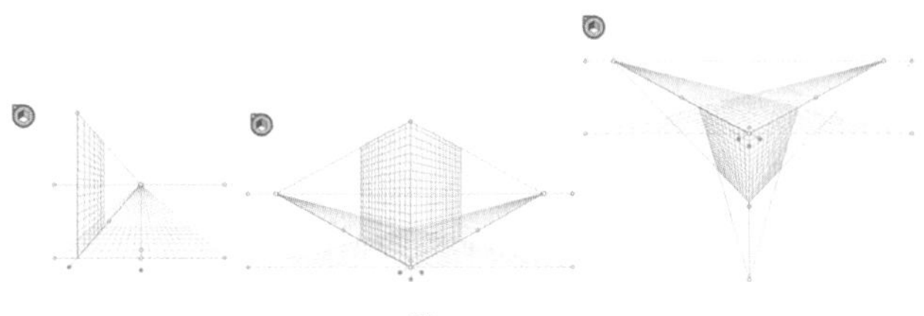

图 9-141

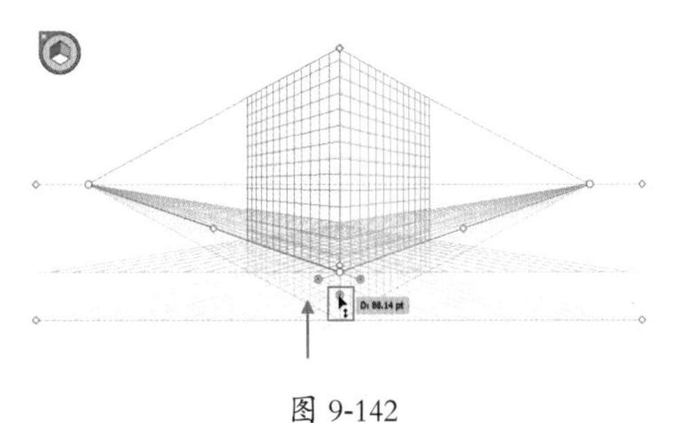

图 9-142

（4）单击并向右拖动“左侧消失点”控制柄，可以调整左侧网格的透视状态，如图 9-143 所示。

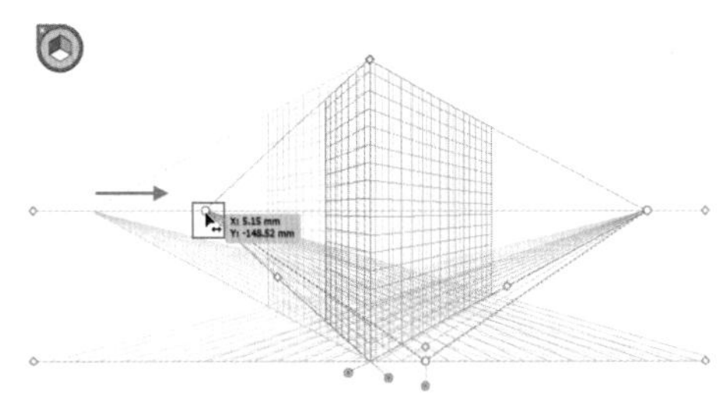

图 9-143

（5）单击并向下拖动“网格单元格大小”控制柄可以使网格更加密集，如图 9-144 所示，

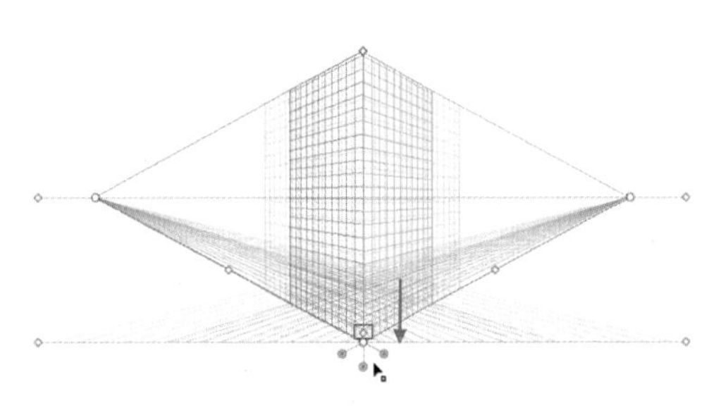

图 9-144

（6）单击并向上拖动“网格单元格大小”控制柄可以使网格更加宽松，如图 9-145 所示。

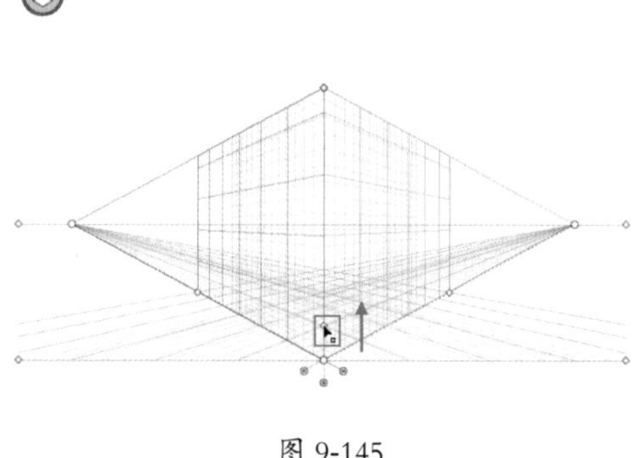

图 9-145

（7）单击并向右拖动底部的“右侧网格平面控制”手柄，调整透视网格透视块面的区域，如图 9-146 所示。效果如图 9-147 所示。

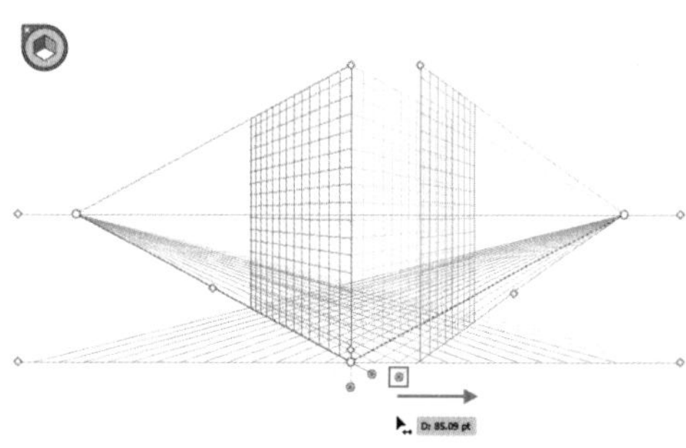

图 9-146

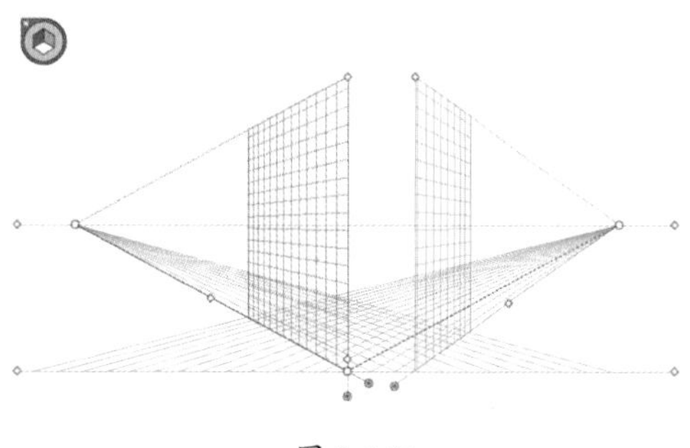

图 9-147

（8）执行“视图 > 透视网格”命令，在子菜单中可以对网格进行显示、隐藏、对齐、锁定等操作，如图 9-148 所示。

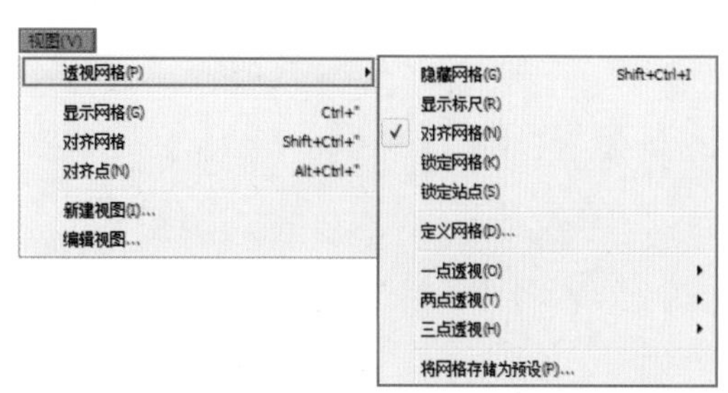

图 9-148

9.4.5 释放透视对象

如果要释放带透视视图的对象，执行“对象 > 透视 > 通过透视释放”命令，如图 9-149 所示。所选对象将从相关的透视平面中释放，并可作为正常图稿使用，如图 9-150 和图 9-151 所示。

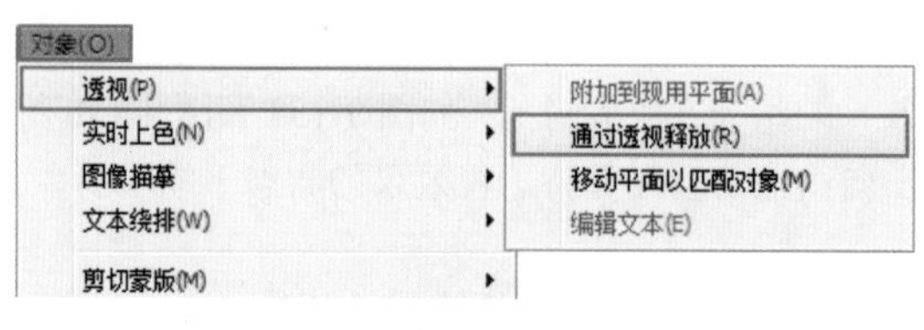

图 9-149

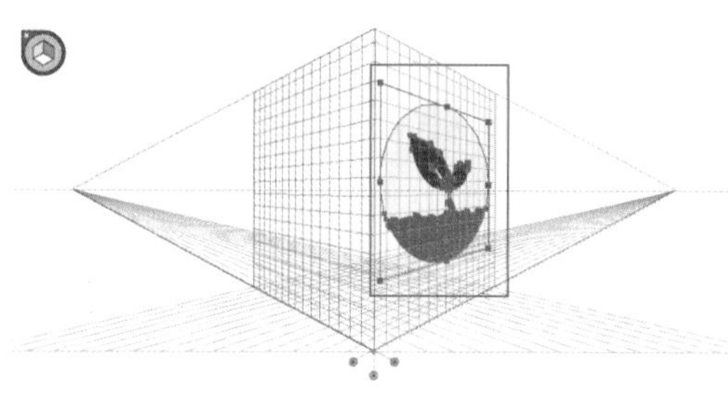

图 9-150

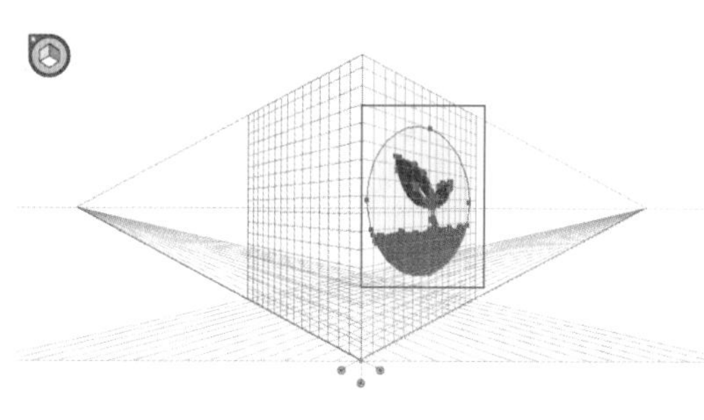

图 9-151

未释放的对象，将其向右移动时整体保持当前透视关系不变的效果，如图 9-152 所示。

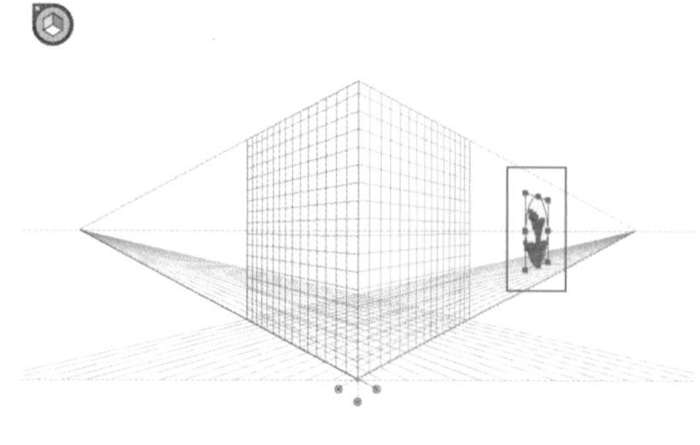

图 9-152

若对其执行“对象 > 透视 > 通过透视释放”命令，完成后再次向右移动可以发现对象不再保持当前透视效果，如图 9-153 所示。

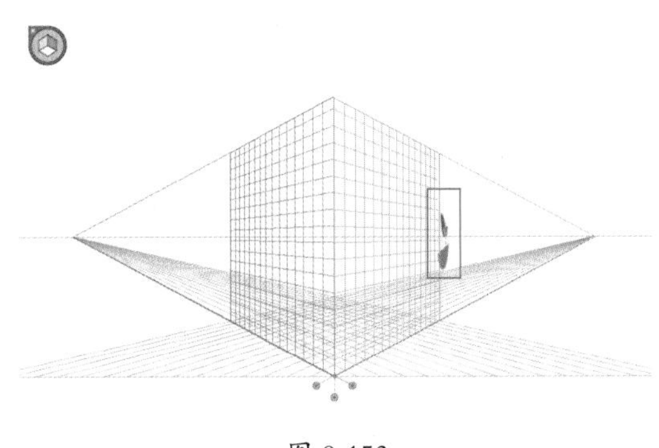

图 9-153

9.5　综合案例：制作中式 LOGO

案例文件	制作中式 LOGO.ai
视频教学	制作中式 LOGO.flv
难易指数	★★★☆☆
技术掌握	掌握“液化工具组”的运用

本案例主要是通过对路径的变形制作八角莲花。主要使用到了“多边形工具”“扭拧和变换”命令等，完成效果如图 9-154 所示。

图 9-154

1. 制作八角莲花

（1）执行“文件 > 新建”命令，新建大小为 A4 的横向文档。执行“文件 > 置入”命令，置入素材 1.jpg，如图 9-155 所示。

图 9-155

（2）选择工具箱中的“多边形工具”，在画板外绘制一个八边形，如图 9-156 所示。使用“直接选择工具”，选择该形状，按住 <Alt> 键进行移动并复制，如图 9-157 所示。

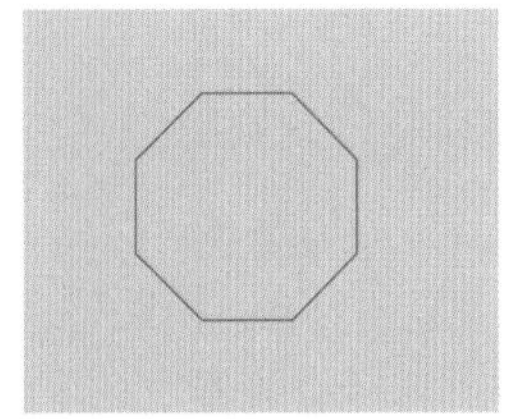

图 9-156

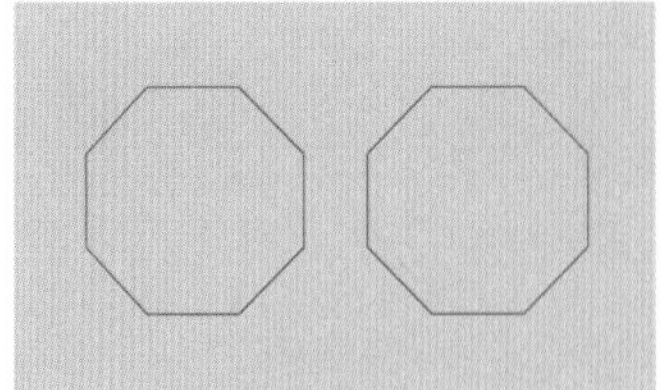

图 9-157

（3）选择一个八边形，执行“效果 > 扭拧和变换 > 膨胀和收缩”命令，在打开的“膨胀和收缩”窗口中设置参数为 15%，如图 9-158 所示。设置完成后单击“确定”按钮，效果如图 9-159 所示。

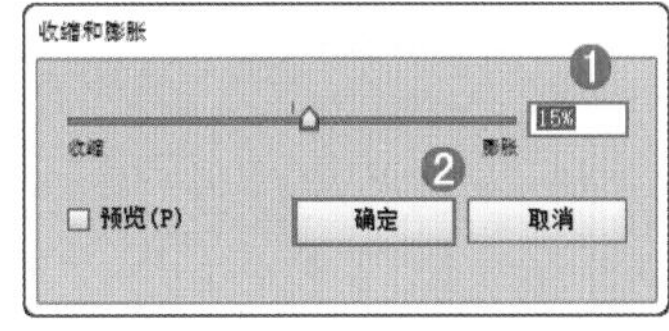

图 9-158

图 9-159

（4）选择另一个八边形，执行“效果 > 扭拧和变换 > 膨胀和收缩”命令，在打开的“膨胀和收缩”窗口中设置参数为－15%，如图 9-160 和图 9-161 所示。

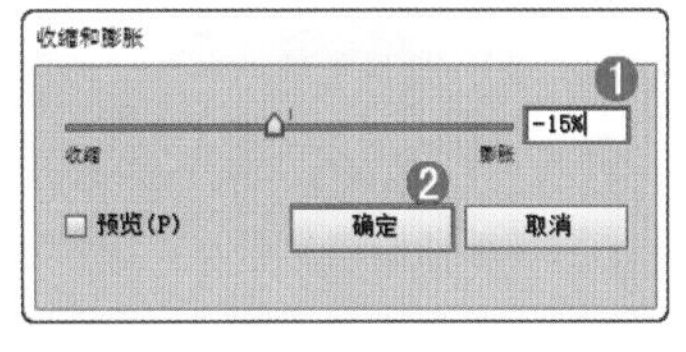

图 9-160

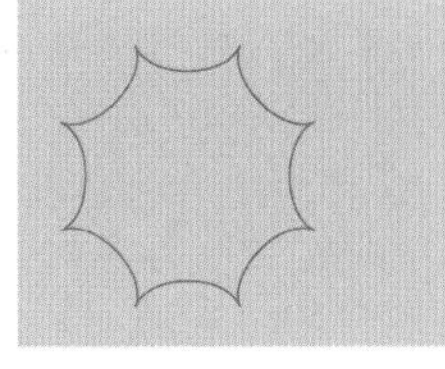

图 9-161

（5）将两个形状重叠摆放，同时选中两个形状，执行“窗口 > 对齐”命令，在打开的“对齐”面板中，单击“水平居中对齐”按钮和“垂直居中对齐”按钮，如图 9-162 和图 9-163 所示。

图 9-162

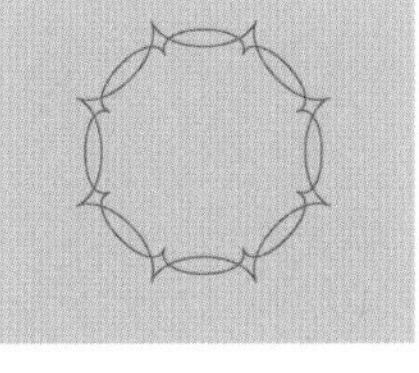

图 9-163

（6）选择尖角的形状，执行“对象 > 变换 > 旋转”命令，在“旋转”面板中设置“角度”为 22.5°，如图 9-164 所示。设置完成后单击“确定”按钮，效果如图 9-165 所示。

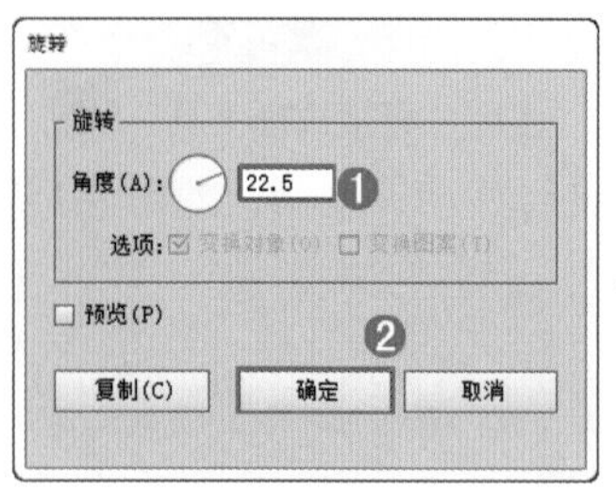

图 9-164

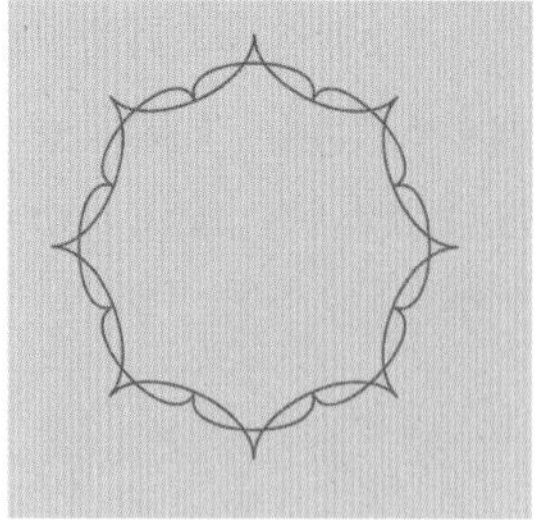

图 9-165

（7）同时选取两个图形对象，执行“对象 > 拓展外观”命令，将其拓展外观。执行“窗口 > 路径查找器”命令，单击“路径查找器”面板中“联集”按钮，如图 9-166 所示。效果如图 9-167 所示。

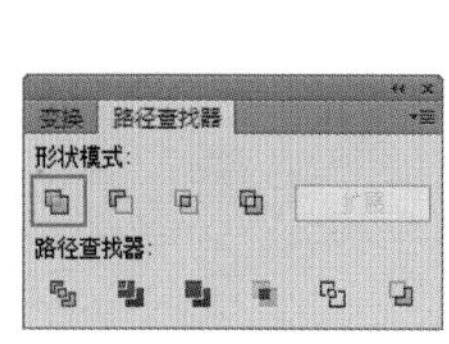

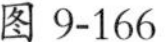

图 9-166

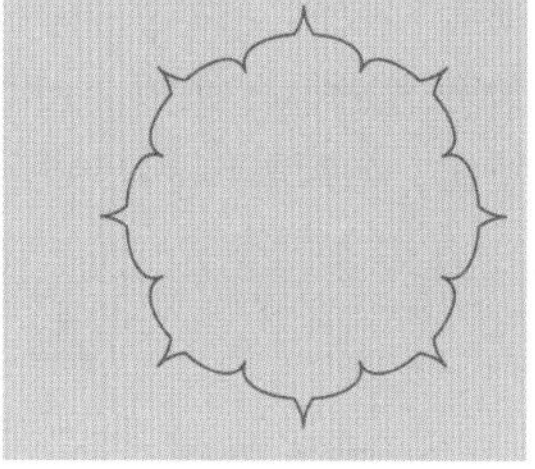

图 9-167

（8）可以发现生成的新图形的尖角过于突兀影响了整体的美观。使用“直接选择工具”，选择距离尖角最近的两个锚点，如图 9-168 所示。单击控制栏中的“将所选锚点转换为平滑”按钮，效果如图 9-169 所示。

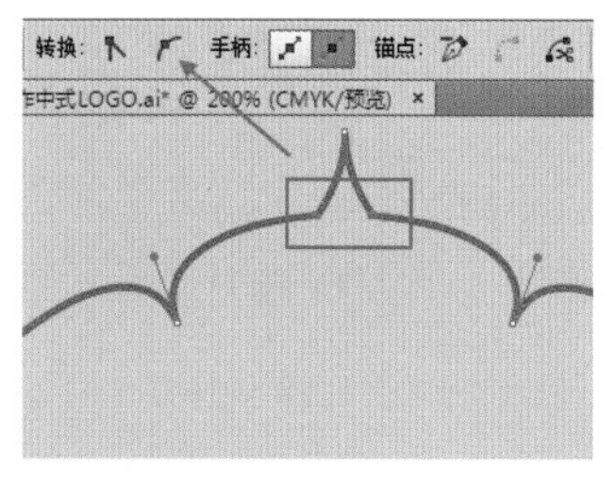

图 9-168

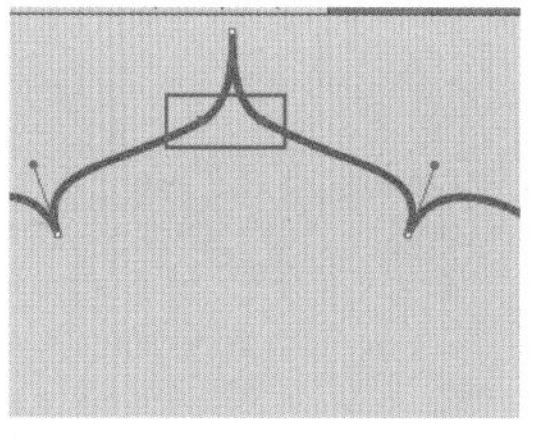

图 9-169

（9）使用同样的方法将这类锚点都转换为平滑锚点，效果如图 9-170 所示。

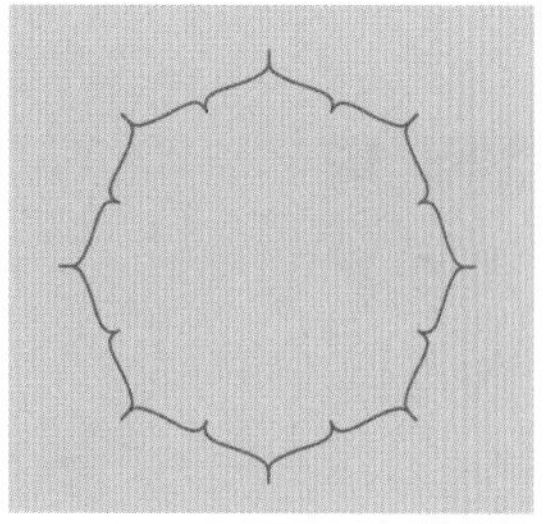

图 9-170

（10）下面将图案尖角部分变得圆滑。单击工具箱中的“椭圆工具”按钮，绘制一个红色描边的正圆，如图 9-171 所示。将两个形状同时选中，单击“路径查找器”面板中的“交集”按钮，效果如图 9-172 所示。

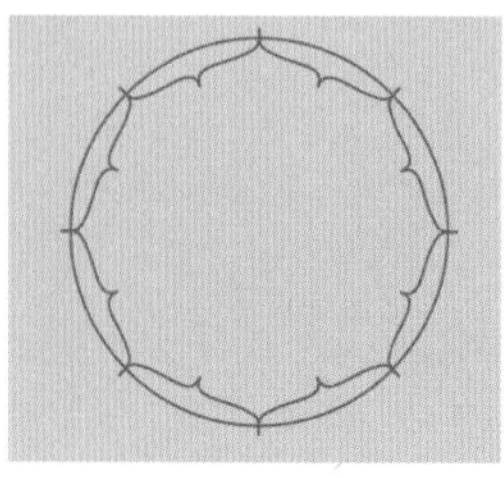

图 9-171

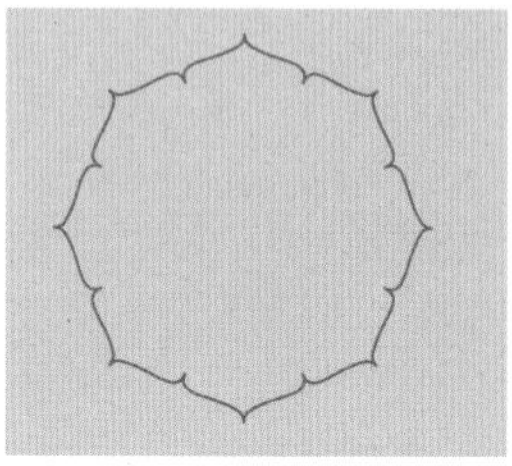

图 9-172

2. 制作剩余部分

（1）选择该形状，使用“复制”快捷键 <Ctrl+C> 将其进行复制，使用“就地粘贴”快捷键 <Ctrl+Shift+V> 将其粘贴在原地。然后按住 <Ctrl+Alt> 键，将其进行放大，如图 9-173 所示。

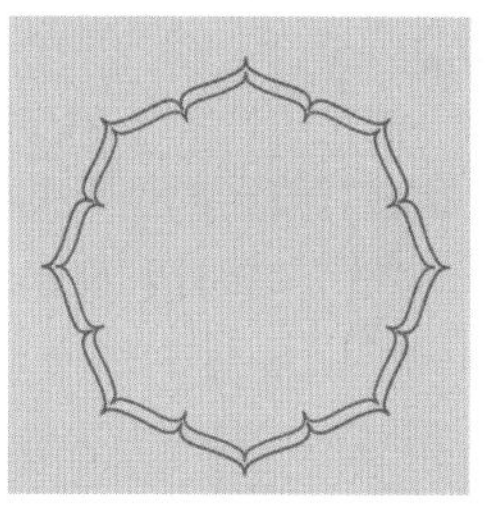

图 9-173

（2）选择稍小的图形，填充一个黄色系渐变，并将“描边”宽度加宽，效果如图 9-174 所示。设置边缘部分的颜色，如图 9-175 所示。

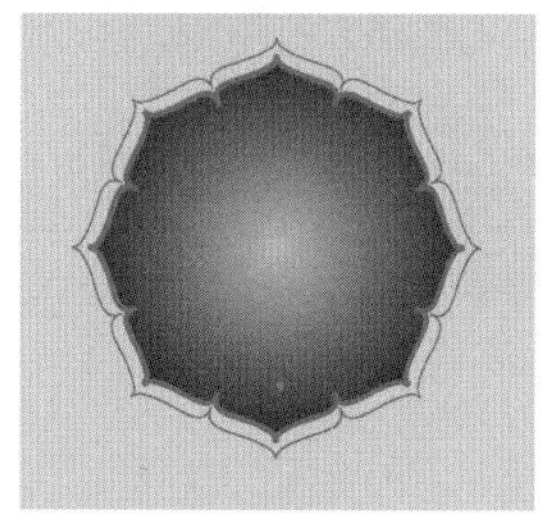

图 9-174

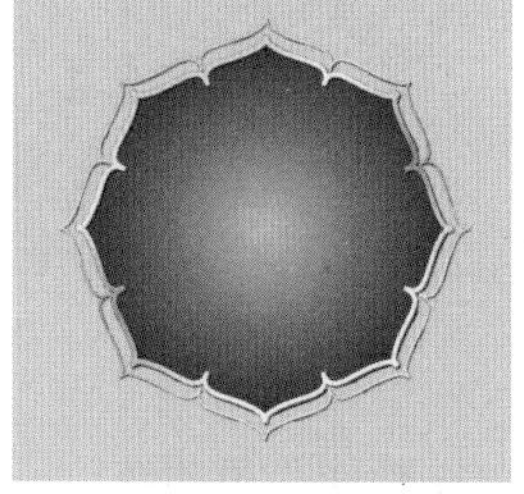

图 9-175

（3）使用“文字工具”键入文字，将其移动至画板中，调整相应位置完成本案例的制作。效果如图 9-176 所示。

图 9-176

第 10 章
画笔与符号

关键词

画笔、符号对象、符号工具

要点导航

认识画笔工具
使用画笔库
应用画笔描边
符号工具组

学习目标

能够使用画笔工具制作多种风格的笔触效果

熟练使用符号工具组制作形态各异的符号

佳作鉴赏

10.1 画笔工具

“画笔工具”用于绘制矢量图形，是一个自由绘画工具。“画笔工具”的画笔笔刷有多种类型，可以通过“画笔库”选择应用不同的笔触效果，也可以自定义画笔并将其存储，以便在绘制图形的过程中应用。图 10-1~ 图 10-4 所示为使用“画笔工具”绘制的作品。

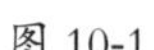

图 10-1

图 10-2

图 10-3

图 10-4

10.1.1 使用“画笔工具”

画笔工具的使用方法非常简单，在真正的绘制之前首先需要在画笔工具控制栏中对画笔描边属性进行设置。

（1）单击“描边”按钮可以对描边的“粗细”“端点”“边角”等参数进行设置；在“变量宽度配置文件”中可以对画笔的宽度配置进行设置，在“画笔定义”中可以对“画笔工具”的笔触样式进行设置，如图 10-5 所示。

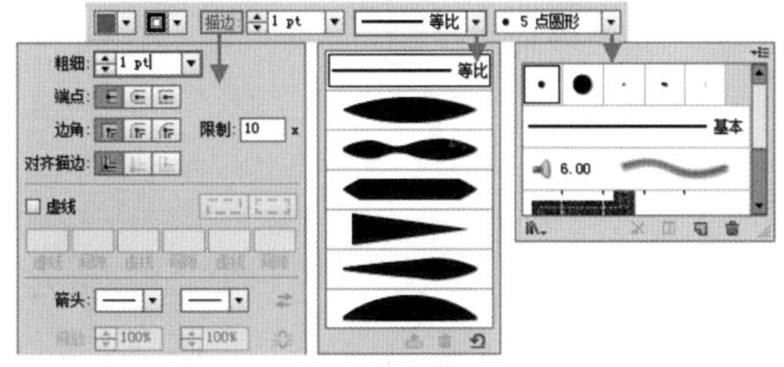

图 10-5

（2）设置完成后在画面中按住鼠标左键并拖动，即可绘制出图形，如图 10-6 和图 10-7 所示。

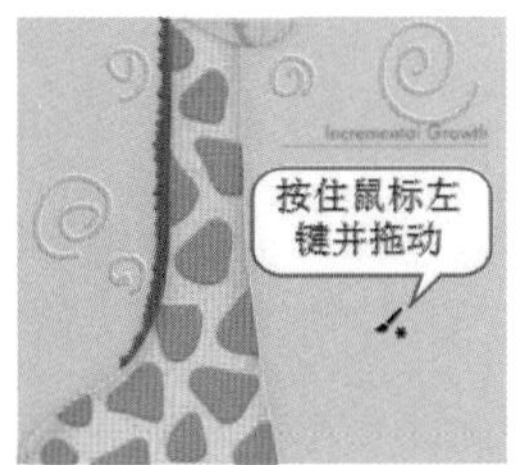

图 10-6

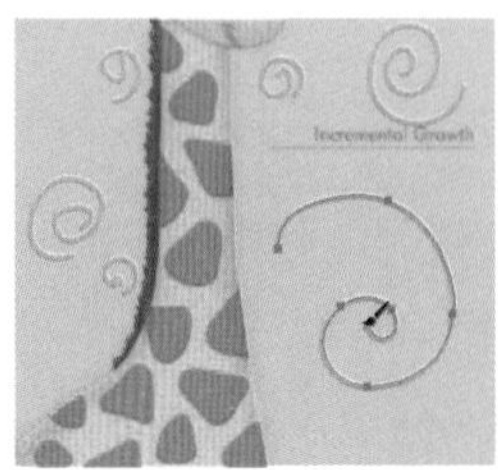

图 10-7

（3）双击工具箱中的“画笔工具”按钮，弹出“画笔工具选项”对话框，此时可以在该对话框中对画笔的参数进行设置，如图 10-8 所示。

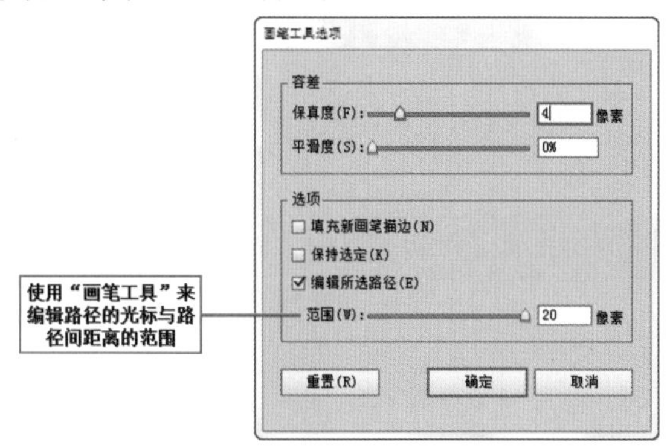

图 10-8

重点参数提醒：

- 保真度：控制向路径中添加新锚点的鼠标移动距离。
- 平滑度：控制使用工具时 Illustrator 应用的平滑量。百分比数值越高，路径越平滑。
- 填充新画笔描边：将填色应用于路径，该选项在绘制封闭路径时最有用。
- 保持选定：确定在绘制路径之后是否保持路径的选中状态。
- 编辑所选路径：确定是否可以使用“画笔工具”更改现有路径。
- 范围：用于设置使用“画笔工具”来编辑路径的光标与路径间距离的范围。此选项仅在选择了“编辑所选路径”选项时可用。
- 重置：通过单击“重置”按钮，将对话框中的参数调整到软件的默认状态。

10.1.2 设置画笔描边

画笔描边并不是只能够应用于“画笔工具”绘制出的路径，同样可以应用在任何绘图工具所创建的路径，从而制作出有趣的画面效果。

（1）选择要应用画笔描边的路径，如图 10-9 所示。单击“画笔”面板中的“画笔库菜单”按钮，在弹出的子菜单中选择要打开的“画笔库”面板，如图 10-10 所示。

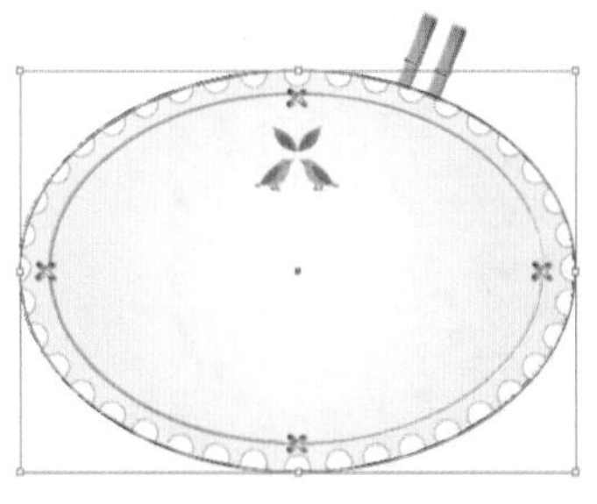

图 10-9

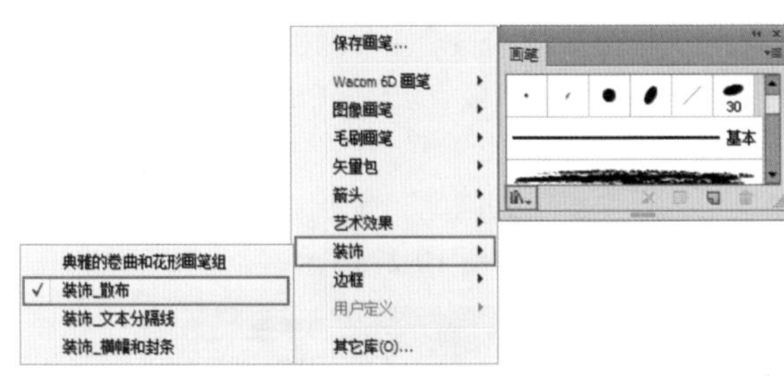

图 10-10

（2）在打开的“画笔库”面板中单击选择画笔样式，此时该画笔样式被应用于所选路径，如图 10-11 所示。也可以直接将画笔样式拖动到所选路径，如图 10-12 所示。

图 10-11

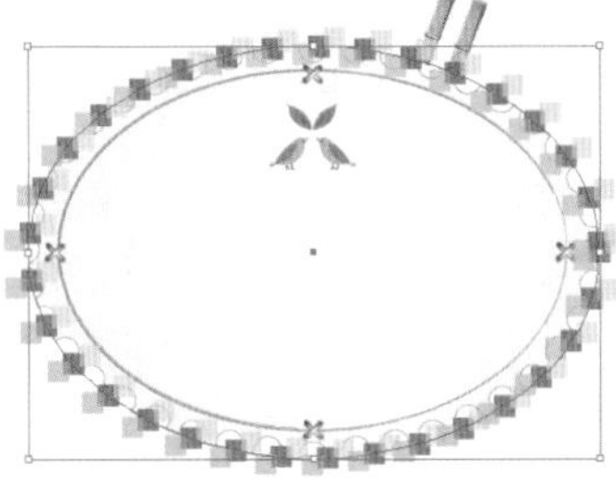

图 10-12

（3）若所选的路径已经应用了画笔描边，则新画笔样式将取代旧画笔样式应用于所选路径，如图 10-13 所示。

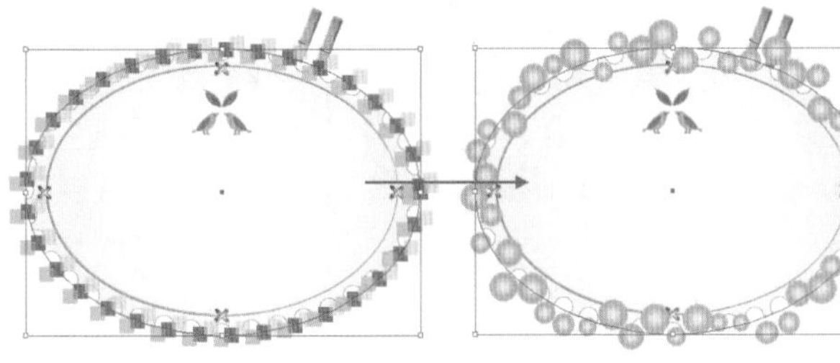

图 10-13

（4）也可以单击工具箱中的“画笔工具”按钮，在控制栏中设置画笔描边。在“画笔定义”中可以对“画笔工具”的画笔样式进行设置，在“变量宽度配置文件”中可以对画笔的宽度配置进行设置，单击“描边”按钮，对描边的“粗细”“边角”等进行设置，如图 10-14 和图 10-15 所示。

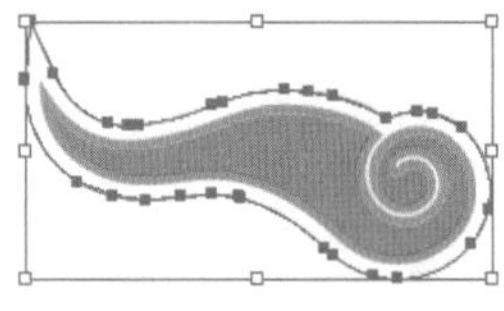

图 10-14

描边 0.5 pt 等比

图 10-15

（5）此时所选路径应用所设置的画笔描边，如图 10-16 所示。并且应用的画笔样式出现在“画笔”面板中，如图 10-17 所示。

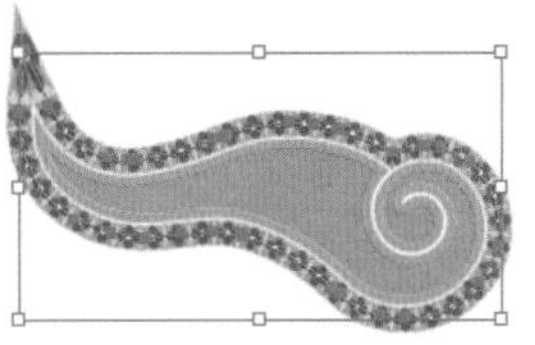

图 10-16

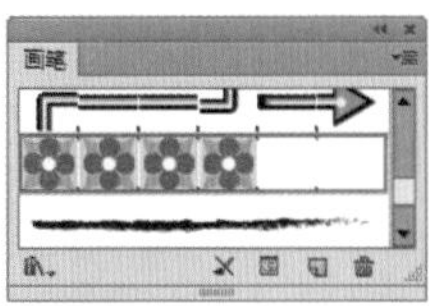

图 10-17

（6）选择要进行清除的画笔描边，在“画笔”面板菜单中执行“删除画笔描边”命令，或者单击“画笔”面板中的“删除画笔”按钮，即可删除画笔描边，如图 10-18 和图 10-19 所示。

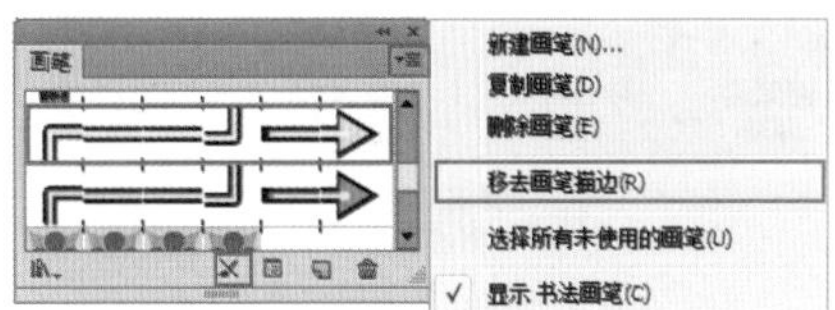

图 10-18

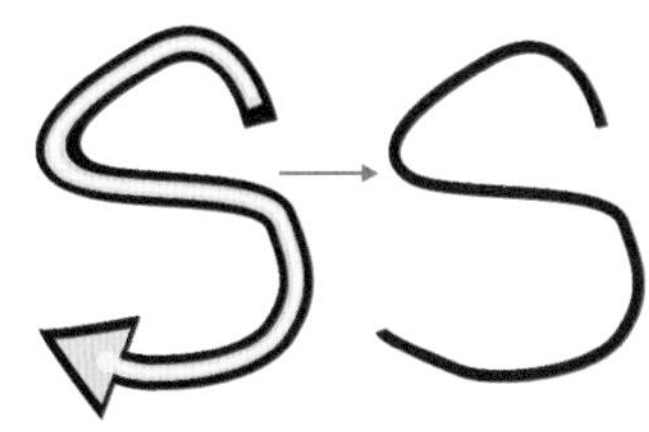

图 10-19

（7）还可以选择要清除的画笔描边，通过选择“画笔”面板或控制栏中的基本画笔来删除画笔描边，如图 10-20 和图 10-21 所示。

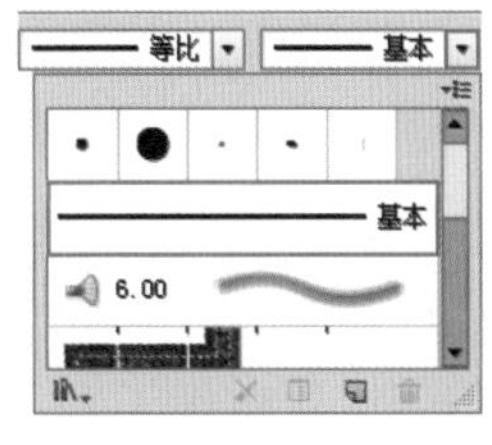

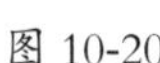

图 10-20

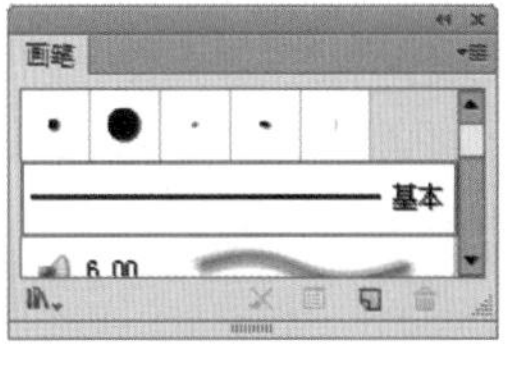

图 10-21

（8）在 Illustrator 中，画笔的描边宽度并不属于路径的范围，不能够直接进行编辑。但是可以将画笔描边转换为轮廓路径再进行编辑。选择应用画笔描边的路径，如图 10-22 所示。执行“对象 > 扩展外观”命令即可实现扩展路径。扩展路径中的组件将被置入一个组中，如图 10-23 所示。

图 10-22

图 10-23

10.1.3 “画笔”面板与“画笔库”

执行“窗口 > 画笔”命令打开“画笔”面板。在该面板中可以对画笔的笔触样式进行选择和设置，如图 10-24 所示。

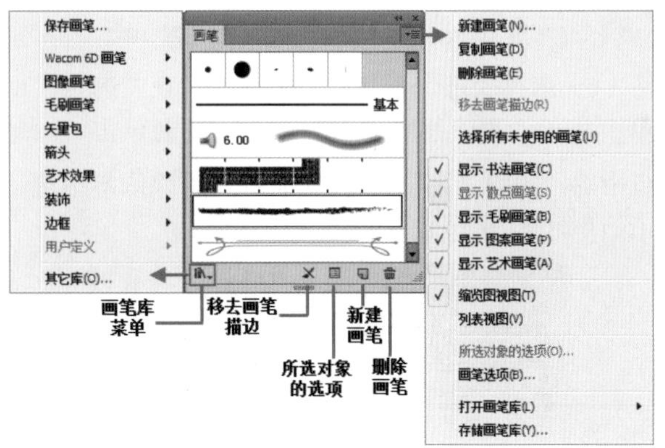

图 10-24

重点参数提醒：

- 画笔库菜单：单击即可显示出画笔库菜单。
- 移去画笔描边：去除画笔描边样式
- 所选对象选项：单击该按钮可以自定义艺术画笔或图案画笔的描边实例，然后设置描边选项。对于艺术画笔，可以设置“描边宽度”“翻转”“着色”和“重叠”选项。对于图案画笔，可以设置“缩放”“翻转”“描摹”和“重叠”选项。
- 新建画笔：单击该按钮弹出“新建画笔”窗口，设置适合的画笔类型即可将当前所选对象定义为新画笔。
- 删除画笔：删除当前所选的画笔预设。

“画笔库”是 Illustrator 预设画笔的合集。在“画笔”面板中单击“画笔库”菜单按钮，也可以执行“窗口 > 画笔库 > 库”命令，在弹出的子菜单中选择即可打开相应的画笔库，如图 10-25 和图 10-26 所示。

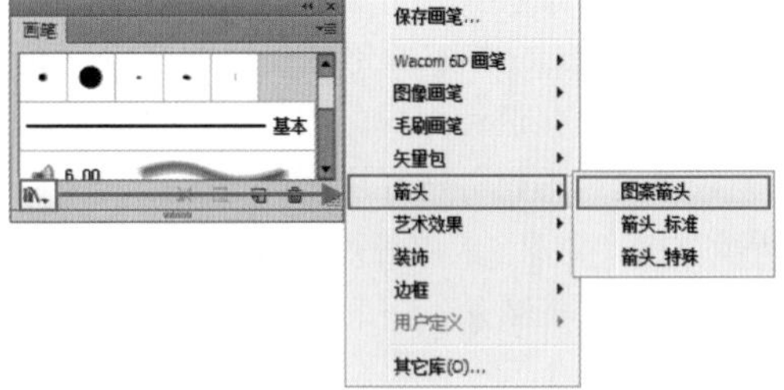

图 10-25

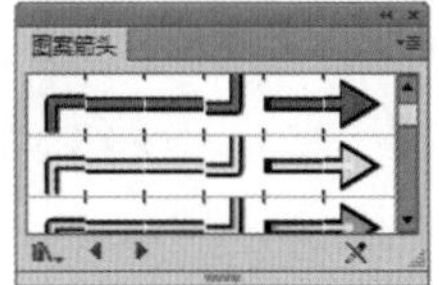

图 10-26

如果要快速地从“画笔库”面板中将多个画笔样式添加到“画笔”面板中，可以按住 <Ctrl>”键，在“画笔库”面板中单击选择要添加的画笔样式，然后在“画笔库”面板菜单中执行“添加到画笔”命令，即可将所选画笔添加到“画笔”面板中，如图 10-27 所示。

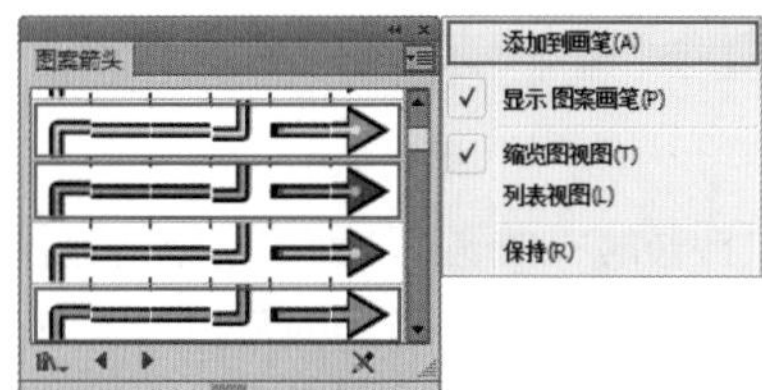

图 10-27

10.1.4 定义新画笔

在 Illustrator 中不仅有多种预设画笔可供使用，还可以自定义新画笔以满足绘图过程中的具体需要。

（1）选取要新建为画笔的图形，如图 10-28 所示。单击“画笔”面板中的“新建画笔”按钮，在弹出“新建画笔”对话框中设置新建画笔的类型，如图 10-29 所示。

图 10-28

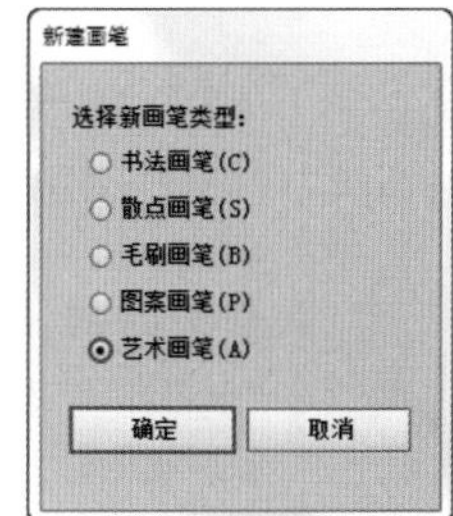

图 10-29

（2）在弹出的画笔选项对话框中对新建画笔的“名称”“宽度”等各项参数进行设置，如图 10-30 所示。设置完成后单击“确定”按钮即可完成自定义画笔的创建，新创建的画笔出现在“画笔”面板中，如图 10-31 所示。

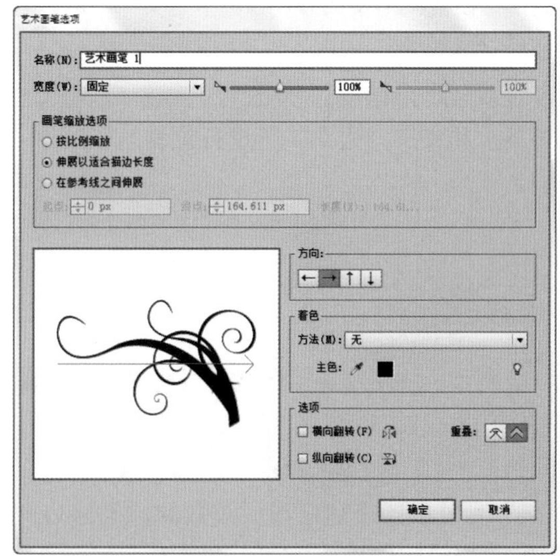

图 10-30

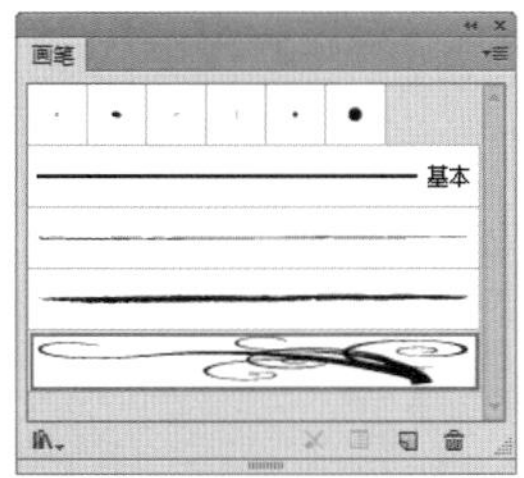

图 10-31

10.1.5　自动边角生成

Illustrator CC 中，应用图案画笔进行描边可以自动实现边角生成，不必进行反复调试，大大减轻了工作量。为满足特定的设计需要，也可以在自动生成的基础上对边角拼贴进行个性化的设置和修改。

（1）选择要应用画笔描边的路径对象。在“画笔”面板中单击选择图案画笔样式，如图 10-32 所示。此时实现自动边角生成，如图 10-33 所示。

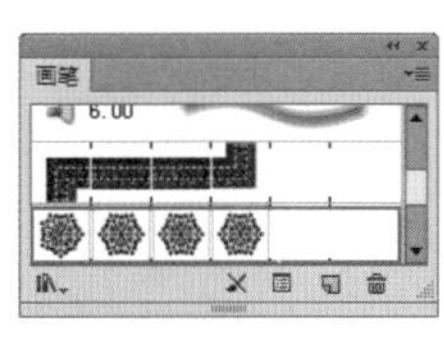

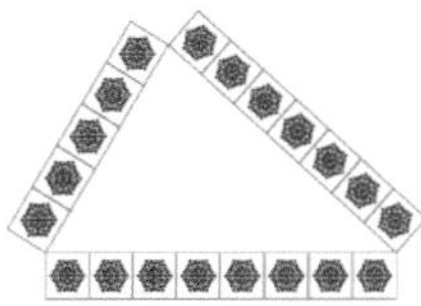

图 10-32　　图 10-33

（2）选择应用画笔描边的对象，在“画笔”面板中双击应用的图案画笔样式，弹出“图案画笔选项”对话框，在该对话框中可以对自动生成的边角拼贴进行重新设置，如图 10-34 所示。

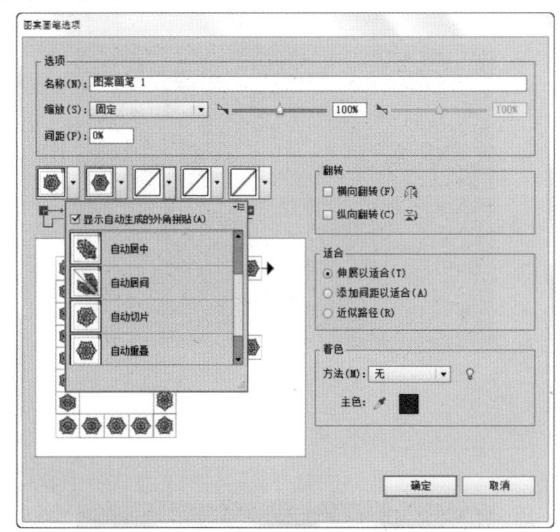

图 10-34

（3）设置完成后，单击“确定”按钮，即可实现对描边边角的修改，如图 10-35 所示。

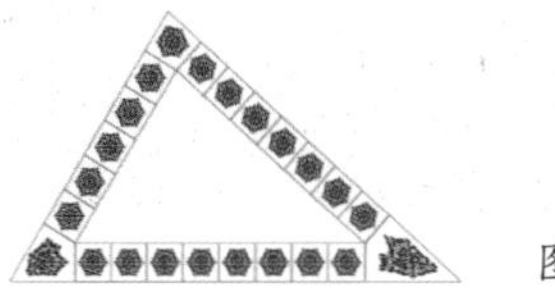

图 10-35

10.1.6　进阶案例：使用“画笔面板”制作缤纷文字

案例文件	使用“画笔面板”制作缤纷文字 .ai
视频教学	使用“画笔面板”制作缤纷文字 .flv
难易指数	★★★☆☆
技术掌握	掌握“画笔面板”的运用

在本案例中，制作的重点在于文字后面的各种装饰。如果使用“画笔工具”进行绘制，不仅麻烦，而且色块的分布不好控制。所以要通过“画笔”面板中定义所需的画笔，然后通过“外观”面板，来制作缤纷的文字效果，案例完成效果如图 10-36 所示。

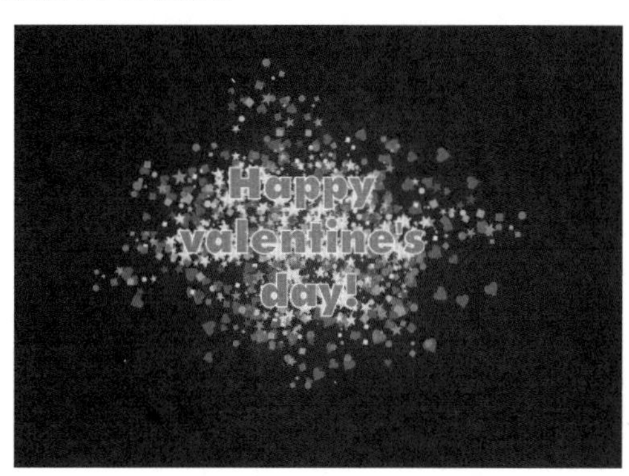

图 10-36

（1）执行“文件 > 新建”命令，新建文档。单击工具箱中的“矩形工具”按钮，绘制一个与页面等大的矩形。执行“窗口 > 渐变”命令，在“渐变”面板中编辑一个紫色系的“径向”渐变，如图 10-37 所示。画面效果如图 10-38 所示。

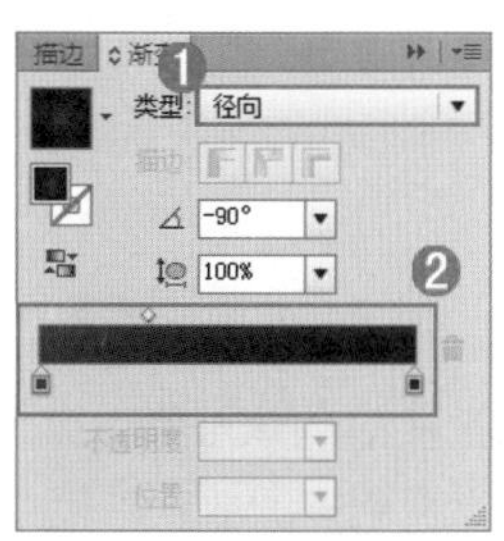

图 10-37　　图 10-38

（2）使用“文字工具”键入文字，如图 10-39 所示。设置文字的“填色”为粉色，“描边”为白色，“描边粗细”为 2pt，选择文字执行“文字 > 创建轮廓”命令，如图 10-40 所示。

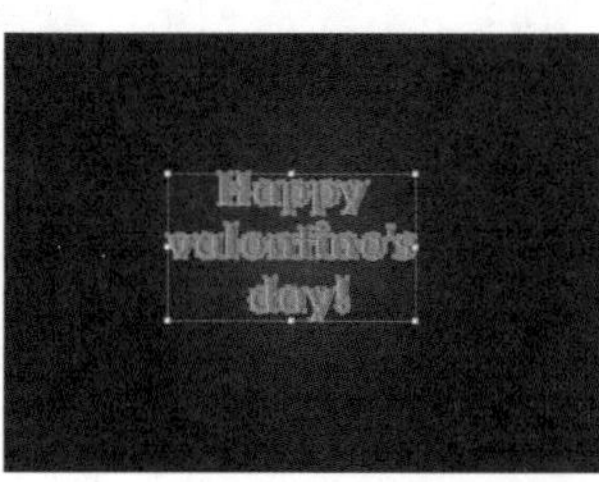

图 10-39　　图 10-40

（3）在文档内绘制蓝色正圆，如图 10-41 所示。选取蓝色正圆，单击“画笔”面板中的“新建画笔”按钮，新建“散点画笔”，在弹出的“新建画笔”窗口中选择新画笔类型为“散点画笔”，如图 10-42 所示。单击“确定”按钮，在弹出的“散点画笔选项”对话框中设置“大小”为 60%、20%，“间距”为 30%、60%，“分布”为 120%，－560%，

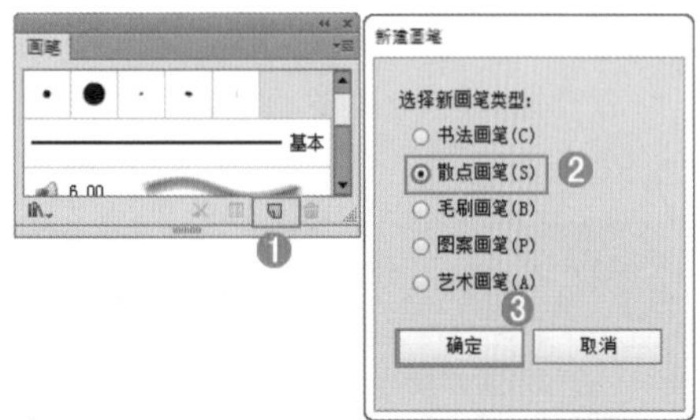

图 10-41

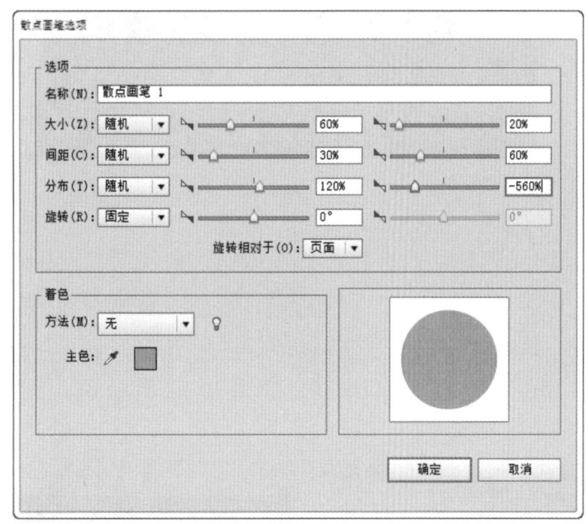

图 10-42

（4）选择文字对象，执行“窗口 > 外观”命令，单击该面板中的“添加新描边”按钮，为该对象添加“描边”，并将“画笔定义”设置为上面创建的散点画笔，如图 10-43 所示。效果如图 10-44 所示。

图 10-43

图 10-44

（5）单击“画笔”面板中的“画笔库菜单”按钮，在弹出的子菜单中选择“装饰 > 装饰 _ 散布”，打开“装饰 _ 散布”画笔库，单击该面板中的“心形”画笔，如图 10-45 所示。该画笔样式出现在“画笔”面板中，如图 10-46 所示。

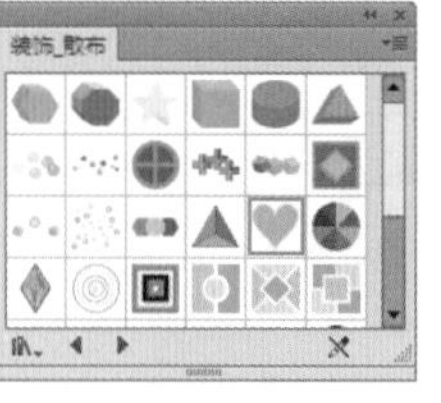

图 10-45

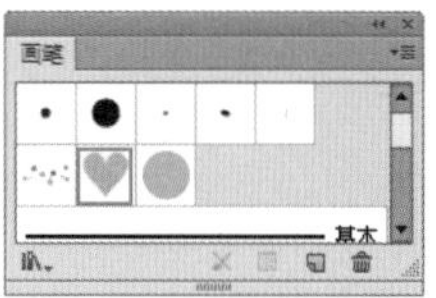

图 10-46

（6）在“画笔”面板中双击“心形”画笔，弹出“散点画笔选项”对话框，在该对话框中对散点画笔的参数进行设置，如图 10-47 所示。在“外观”面板中为文字对象添加新描边，“画笔定义”设置为新建的“心形”散点画笔，效果如图 10-48 所示。

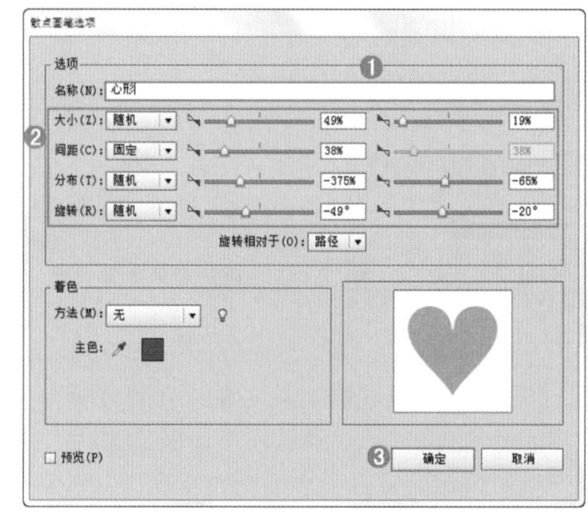

图 10-47

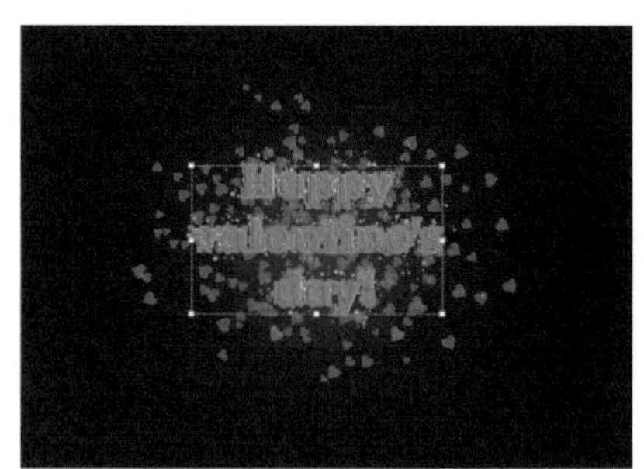

图 10-48

（7）在文档内绘制“填色”为黄色的正方形，如图 10-49 所示。在“画笔”面板中将其新建为“散点画笔”。

图 10-49

（8）在弹出的“散点画笔选项”对话框中对新建散点画笔的参数进行设置，如图 10-50 所示。然后在“外观”面板中为文字对象添加新描边，“画笔定义”设置为新建的散点画笔，效果如图 10-51 所示。

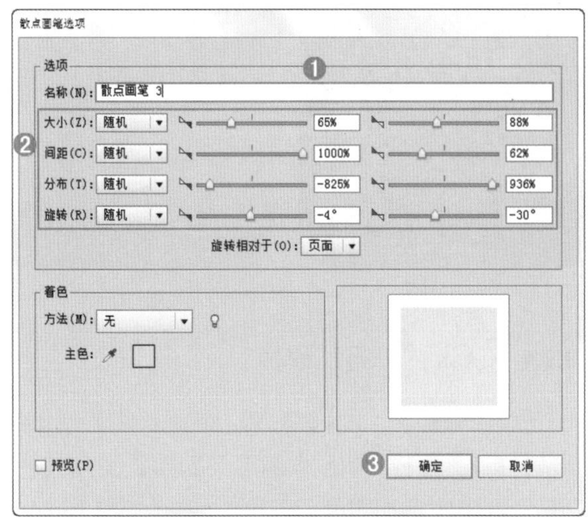

图 10-50

图 10-51

（9）单击“画笔”面板中的“画笔库菜单”按钮，在弹出的子菜单中选择“装饰 > 装饰 _ 散布”，打开“装饰 _ 散布”画笔库，单击该面板中的“五彩纸屑”画笔，如图 10-52 所示。该画笔样式出现在“画笔”面板中，如图 10-53 所示。

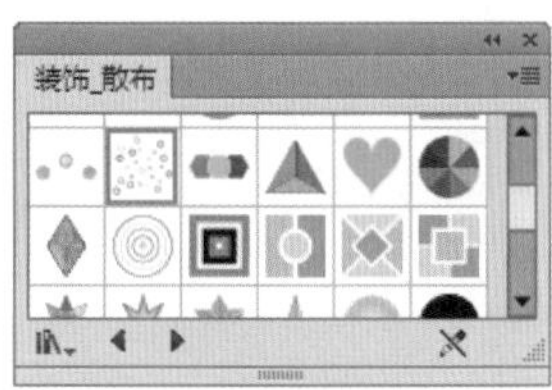

图 10-52

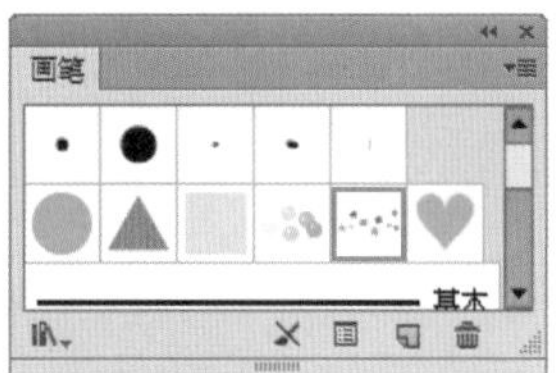

图 10-53

（10）在“画笔”面板中双击“五彩纸屑”画笔，弹出“散点画笔选项”对话框，在该对话框中对散点画笔的参数进行设置，如图 10-54 所示。在“外观”面板中为文字对象添加新描边，“画笔定义”设置为新建的“五彩纸屑”散点画笔，效果如图 10-55 所示。

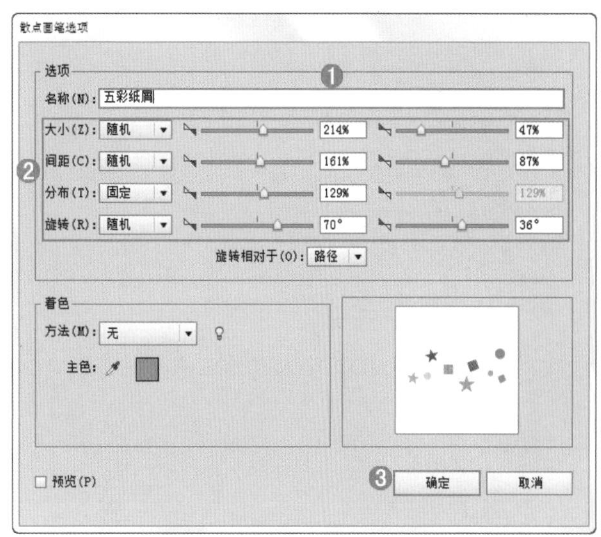

图 10-54

图 10-55

（11）单击“画笔”面板中的“画笔库菜单”按钮，在弹出的子菜单中选择“装饰 > 装饰 _ 散布”，打开“装饰 _ 散布”画笔库，单击该面板中的“3D 几何图形 3”画笔，如图 10-56 所示。该画笔样式出现在“画笔”面板中，如图 10-57 所示。

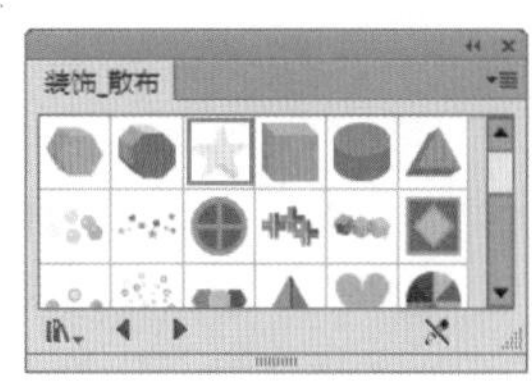

图 10-56

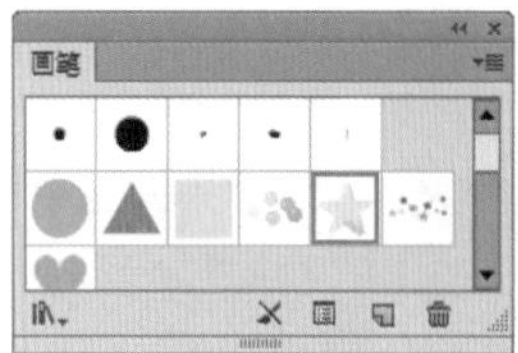

图 10-57

（12）在“画笔”面板中双击“3D 几何图形 3”画笔，弹出“散点画笔选项”对话框，在该对话框中对散点画笔的参数进行设置，如图 10-58 所示。在“外观”面板中为文字对象添加新描边，“画笔定义”设置为新建的“3D 几何图形 3”散点画笔，效果如图 10-59 所示。本案例制作完成。

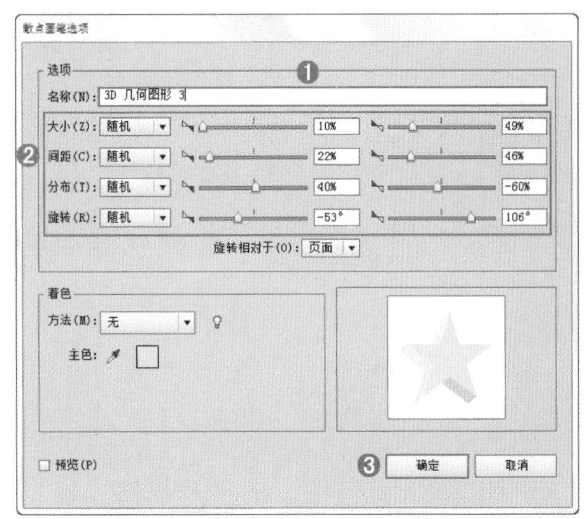

图 10-58

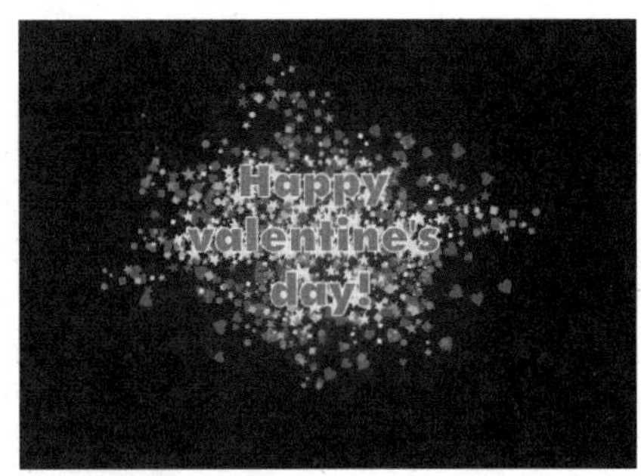

图 10-59

10.2 “符号”面板与“符号库”

“符号”是文档中可重复使用的图稿对象。若需要反复多次在图稿中添加一图形对象，可以将图形创建为符号，以便快速在图稿中添加该对象。每个符号实例都链接到“符号”面板中的符号或符号库。使用符号可节省时间并显著减少文件大小。图 10-60~ 图 10-63 所示为可以使用到符号工具进行制作的作品。

图 10-60

图 10-61

图 10-62

图 10-63

10.2.1 认识“符号”面板

“符号”面板用于载入符号、创建符号、应用符号以及编辑符号。执行“窗口 > 符号”命令，或使用快捷键 <Ctrl+Shift+F11>”可打开“符号”面板。如图 10-64 所示。“符号”面板会列出文档内使用的符号，在该面板中可以对相应的符号进行调整。

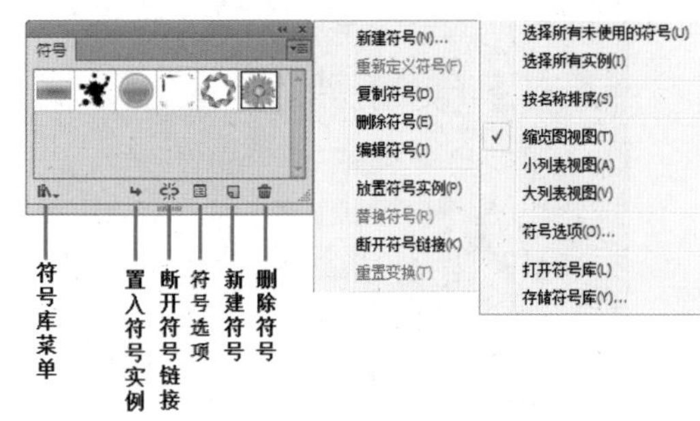

图 10-64

（1）“符号”面板具有三种视图显示方式，分别为“缩览图视图”“小列表视图”“大列表视图”。在“符号”面板菜单中可以对视图显示方式进行切换，如图 10-65 所示。

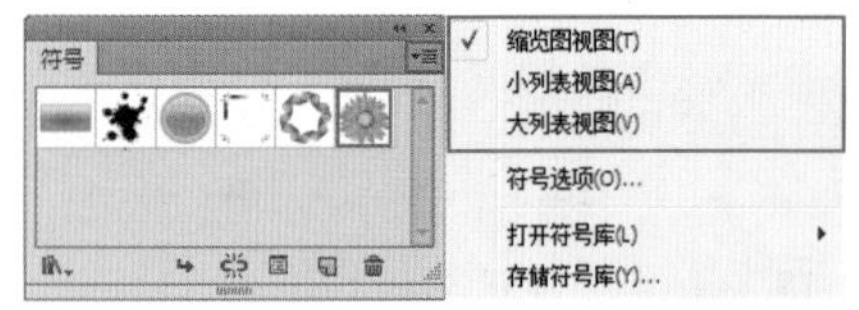

图 10-65

（2）执行“窗口 > 符号”命令，打开“符号”面板。在该面板中选择要置入的符号，单击面板底部的“置入符号实例”按钮，如图 10-66 所示。即可将所选符号置入到文档中，如图 10-67 所示。也可以在“符号”面板中选择符号对象，将其拖动到文档内的适当位置。

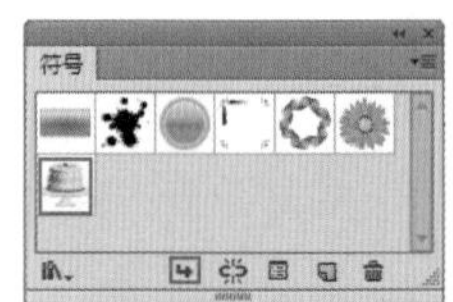

图 10-66

图 10-67

（3）选择要断开链接的符号，单击控制栏中的“断开链接”可以实现对符号断开链接操作，如图 10-68 所示。也可以单击“符号”面板中的“断开符号链接”按钮，来实现断开符号链接，如图 10-69 和图 10-70 所示。

图 10-68

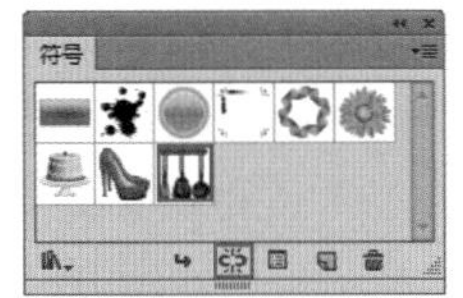

图 10-69

图 10-70

（4）执行“扩展”命令，也可以实现断开符号链接。选择符号对象，执行“对象 > 扩展”命令，此时弹出“扩展”对话框，如图 10-71 所示。在该对话框中设定扩展的对象范围，单击“确定”按钮即可，效果如图 10-72 所示。

图 10-71

图 10-72

10.2.2　使用“符号库”

“符号库”是 Illustrator 中预设符号的集合。单击“符号”面板中的“符号库菜单”按钮，在弹出的子菜单中选择即可打开相应的符号库，如图 10-73 所示。也可以执行“窗口 > 符号库”命令，来打开相应的符号库。图 10-74 所示为符号库中的符号。

图 10-73

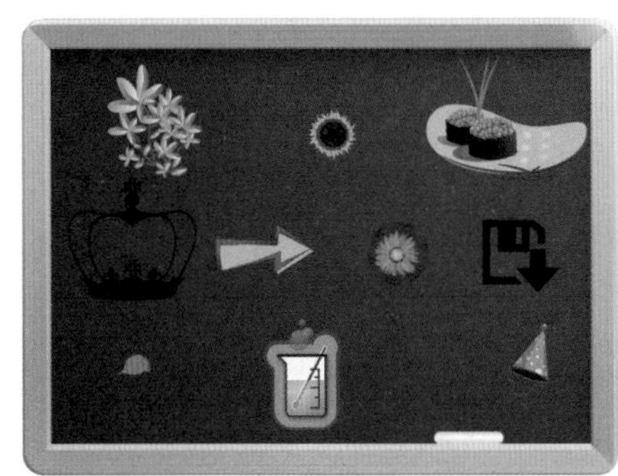

图 10-74

打开的符号库将显示在新的面板中。如图 10-75 所示。在符号库面板中可以直接将符号拖动置入到文档中。若要对符号进行进一步编辑可以在符号库面板中单击选中的符号，该符号出现在“符号”面板中，此时可对其进行进一步编辑。

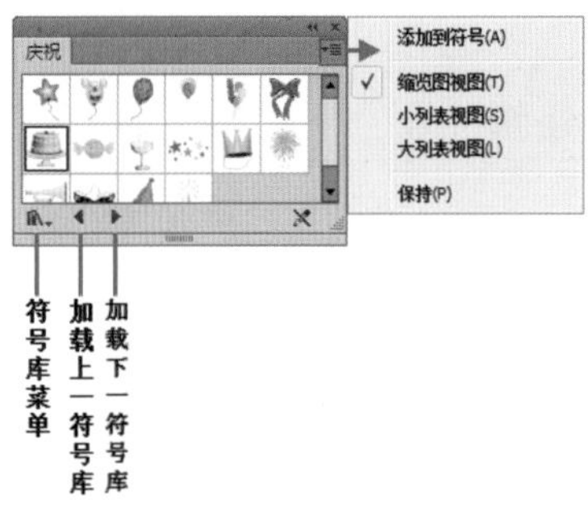

图 10-75

重点参数提醒：

- “符号库菜单”按钮：单击该按钮可以在弹出的菜单选中不同的选项，可以打开其他的符号库。
- “加载上 / 下一个符号库”按钮：单击“加载上 / 下一个符号库”按钮可以在相邻的符号库之间进行切换。
- 单击“符号”面板中的“符号库菜单”按钮，在子菜单中选择打开相应的符号库面板。在符号库面板中选择相应的符号，将其拖动到文档中的适当位置，如图 10-76 所示。即可将该符号置入到文档中，如图 10-77 所示。

图 10-76

图 10-77

小技巧：将其他符号导入符号库面板中

执行“窗口 > 符号库 > 其他库”命令或从“符号”面板菜单中选择“打开符号库 > 其他库”命令。然后选择要从中导入符号的文件，单击“打开”按钮。导入的符号将显示在符号库面板中。

10.2.3 创建新符号

在 Illustrator CC 中还可以创建自定义符号，以满足图稿绘制过程中的具体需要。

（1）首先需要在文档中绘制要创建为符号的图形对象，并将其选取，如图 10-78 所示。单击“符号”面板中的“新建符号”按钮，如图 10-79 所示。

图 10-78

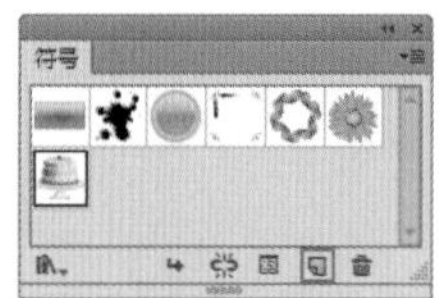

图 10-79

（2）此时弹出“符号选项”对话框，在该对话框中可以对新建符号的各项参数进行设置，如图 10-80 所示。

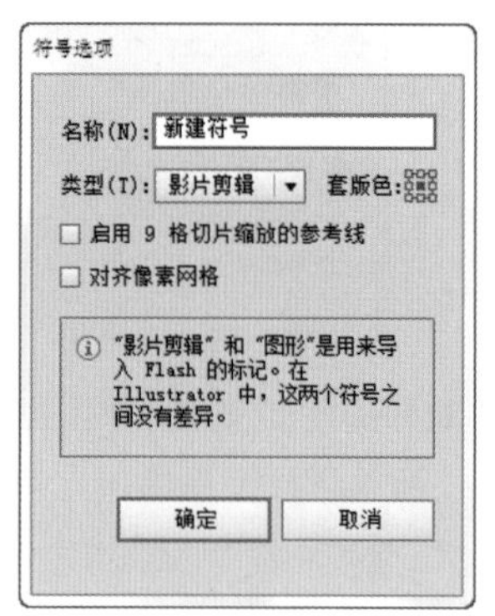

图 10-80

重点参数提醒：

- 名称：设置新符号的名称。
- 类型：选择作为影片剪辑或图形的符号类型。“影片剪辑”在 Flash 和 Illustrator 中是默认的符号类型。
- 套色版：在注册网格上指定要设置符号锚点的位置。锚点位置将影响符号在屏幕坐标中的位置。
- 启用 9 格切片缩放的参考线：如果要在 Flash 中使用 9 格切片缩放可以勾选该选项。
- 对齐像素网格：选择“对齐像素网格”选项可以对符号应用像素对齐属性。

（3）设置完成后单击“确定”按钮，新建的自定义符号就会出现在“符号”面板中，如图 10-81 和图 10-82 所示。

图 10-81

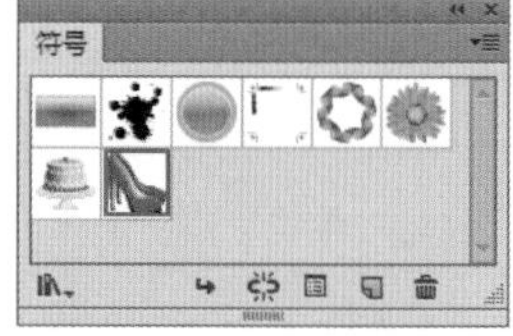

图 10-82

小技巧：将位图作为符号

位图也可以被定义为符号，导入位图素材后，需要在控制栏中单击“嵌入”按钮，然后按照上述创建新符号的方式即可将位图定义为符号使用。

10.3 符号工具组

“符号工具组”用于在文档中置入和调整符号。单击“符号工具组”右下角的扩展箭头，可以在弹出的菜单中选择该组内的工具，如图 10-83 所示。通过使用不同的符号工具并结合“符号”面板可以制作出丰富的图形效果。图 10-84 和图 10-85 所示为佳作欣赏。

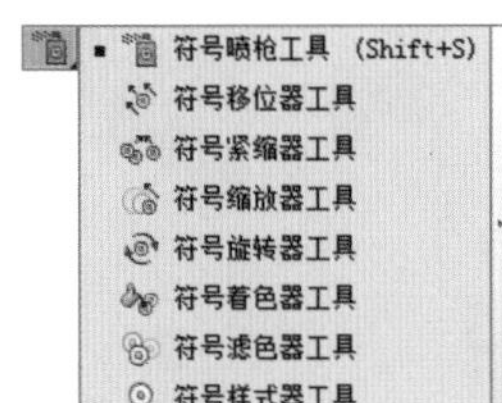

图 10-83

图 10-84

图 10-85

10.3.1　使用“符号喷枪工具”

“符号喷枪工具”用于快捷地置入选定的符号。使用“符号喷枪工具”在文档中单击或拖动鼠标，可以快速置入单个或多个指定符号。在置入过程中，按住鼠标左键的时间越长，置入的符号就越多。

（1）单击工具箱中的“符号喷枪工具”按钮，然后在“画板库”中选择一个符号，如图 10-86 所示。在文档内要进行符号置入的位置单击或拖动鼠标，光标经过的位置将会根据设置置入符号，如图 10-87 所示。

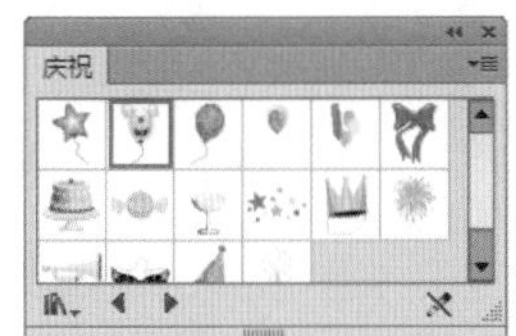

图 10-86

图 10-87

（2）若要在现有符号组中添加符号。选择现有符号组，选择一个符号，单击工具箱中的“符号喷枪工具”按钮，在已有符号组中单击或拖动鼠标添加符号，如图 10-88 和图 10-89 所示。

图 10-88　　图 10-89

（3）若要删除符号时，选择该符号所在符号组按住 <Alt> 键在相应位置单击拖动即可删除符号，如图 10-90 和图 10-91 所示。

图 10-90

图 10-91

10.3.2 使用“符号移位器工具”

（1）“符号移位器工具”用于调整符号的位置。选择要调整的符号组，单击工具箱中的“符号移位器工具”按钮，将光标置入要调整位置的符号上，单击并向希望符号实例移动的方向拖动鼠标，如图 10-92 所示。释放鼠标后可以发现符号的位置发生了变化，如图 10-93 所示。

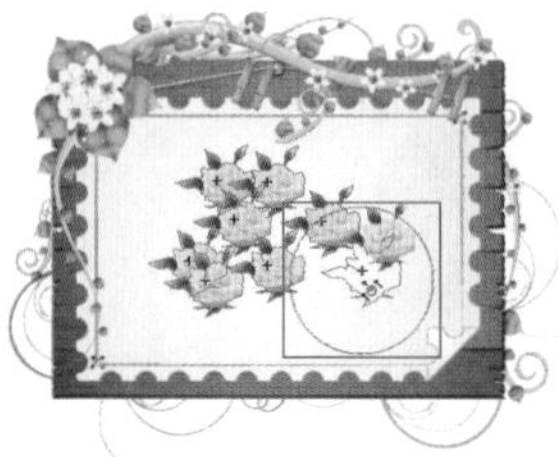

图 10-92

图 10-93

（2）“符号移位器工具”还可以更改符号的堆叠顺序。要向前移动符号实例，需要按住 <Shift> 键单击符号实例，如图 10-94 和图 10-95 所示

图 10-94

图 10-95

（3）若要将符号实例排列顺序后置，需要同时按住 <Alt> 键和 <Shift> 键单击符号实例，如图 10-96 和图 10-97 所示。

图 10-96

图 10-97

10.3.3 使用“符号紧缩器工具”

（1）“符号紧缩器工具”用于改变符号的位置和密度。首先选中要调整的符号组，单击工具箱中的“符号紧缩器工具”按钮，然后在希望距离靠近的符号实例的区域单击或拖动，即可使这部分符号实例靠近，如图 10-98 和图 10-99 所示。

图 10-98

图 10-99

（2）若要使符号间远离，需要按住 <Alt> 键并单击或拖动，如图 10-100 和图 10-101 所示。

图 10-100

图 10-101

10.3.4 使用“符号缩放器工具”

（1）“符号缩放器工具”用于调整指定符号实例的大小。首先选中要调整的符号组，单击工具箱中的“符号缩放器工具”按钮，然后单击或拖动要增大的符号实例即可，如图 10-102 和图 10-103 所示。

图 10-102

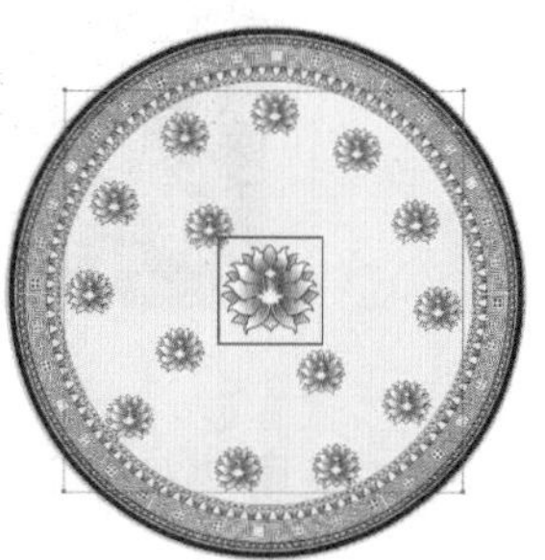

图 10-103

（2）若按住 <Alt> 键，并单击或拖动指定符号实例可以减小符号实例大小，如图 10-104 和图 10-105 所示。

图 10-104

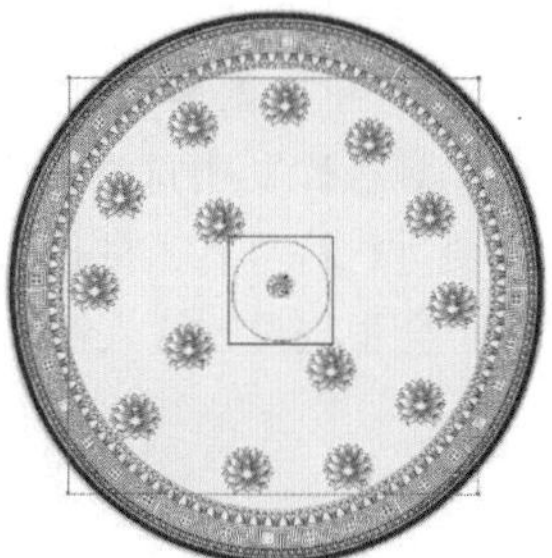

图 10-105

> 小技巧：减去指定符号
>
> 按住 <Shift> 键单击或拖动可以减去指定的符号。

10.3.5　使用“符号旋转器工具”

“符号旋转器工具”用于调整指定符号的中心轴，以实现符号的旋转。单击工具箱中的“符号旋转器工具”按钮，在指定的符号实例上，按住鼠标左键单击拖动，即可对该符号做旋转处理，如图 10-106 和图 10-107 所示。

图 10-106

图 10-107

10.3.6　使用“符号着色器工具”

（1）“符号着色器工具”用于改变符号的颜色，通常与拾色器和“色板”面板等结合使用。保持要调整的实例组的选中状态，在“颜色”面板中选择要用作上色的填充颜色。单击工具箱中的“符号着色器工具”按钮，单击要改变颜色的符号实例，上色量逐渐增加，符号实例的颜色逐渐更改为选定的上色颜色。使用该工具单击改变符号颜色时，单击次数越多，注入符号的颜色越多，如图 10-108 和图 10-109 所示。

图 10-108

图 10-109

（2）若要在上色后恢复符号的原始颜色，可以按住 <Alt> 键，在指定的上色符号上单击即可逐渐绘制原始颜色，如图 10-110 和图 10-111 所示。

图 10-110

图 10-111

10.3.7　使用“符号滤色器工具”

（1）“符号滤色器工具”用于更改符号的透明度。选择要改变透明度的符号实例或符号组，选择工具箱中的“符号滤色器工具”，在符号上单击即可改变符号的不透明度，使其逐渐转换为不透明效果，如图 10-112 和图 10-113 所示。

图 10-112

图 10-113

（2）若要恢复转换为不透明效果符号的原始效果，可以按住 <Alt> 键单击，即可逐渐还原起原始效果，如图 10-114 和图 10-115 所示。

图 10-114

图 10-115

10.3.8　使用“符号样式器工具”

（1）“符号样式器工具”可以将指定的图形样式应用到指定的符号实例中，该工具通常和“图形样式”面板结合使用。保持要调整的实例组的选中状态，如图 10-116 所示。执行“窗口 > 图形样式”命令打开“图形样式”面板，选择一个图形样式，如图 10-117 所示。

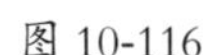
图 10-116

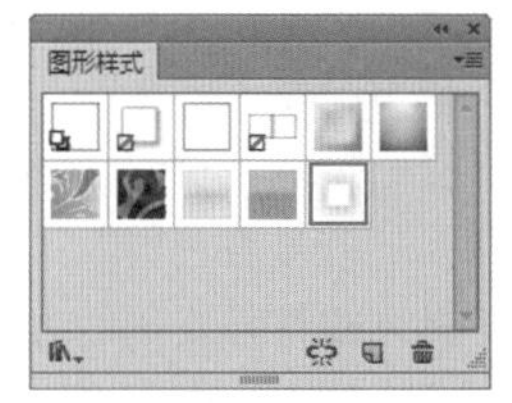

图 10-117

（2）单击工具箱中的“符号样式器工具”按钮，在要进行附加样式的符号实例对象上单击鼠标左键即可在符号中出现样式效果，如图 10-118 所示。

图 10-118

小技巧：降低应用样式的强度

涂抹的同时按住<Alt>键可以降低应用样式的强度。

10.3.9 符号工具选项设置

双击工具箱中的“符号喷枪工具”，弹出“符号工具选项”对话框，在该对话框中可以对“符号工具组”内的工具进行设置，如图 10-119 所示。

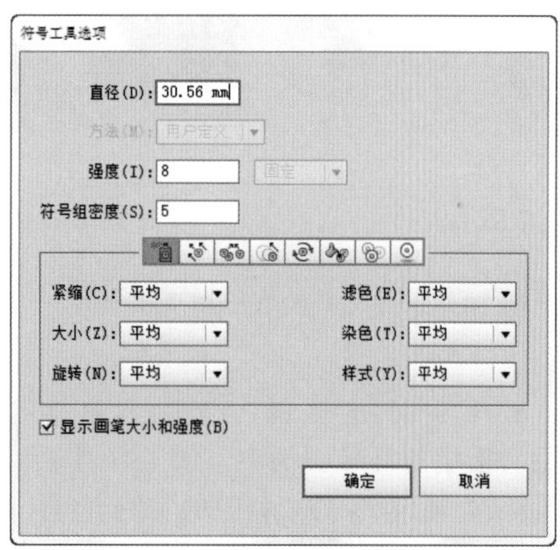

图 10-119

重点参数提醒：

- 直径：指定工具的画笔大小。
- 强度：指定更改的速率，值越高，更改越快。或选择“使用压感笔”以使用输入板或光笔的输入。
- 符号组密度：指定符号组的吸引值，值越高，符号实例堆积密度越大。
- 方法：指定“符号紧缩器”“符号缩放器”“符号旋转器”“符号着色器”“符号滤色器”和“符号样式器”工具调整符号实例的方式。
- 显示画笔大小和强度：使用工具时显示大小。

10.3.10 进阶案例：使用符号制作简约饮品海报

案例文件	使用符号制作简约饮品海报 .ai
视频教学	使用符号制作简约饮品海报 .flv
难易指数	★★★☆☆
技术掌握	掌握“符号工具组”的运用

本案例中，画面中的高脚杯部分是制作的重点。首先需要使用“符号喷枪工具”在画面中键入符号。然后使用剪切蒙版将多余的部分隐藏，案例完成效果如图 10-120 所示。

图 10-120

（1）执行“文件 > 新建”命令，新建文档。绘制矩形，设置其“描边”为黄色，“描边粗细”为 14pt，在“渐变”面板中设置其“填色”为黄橙色系线性渐变，并使用“渐变工具”拖拽填充，如图 10-121 所示。

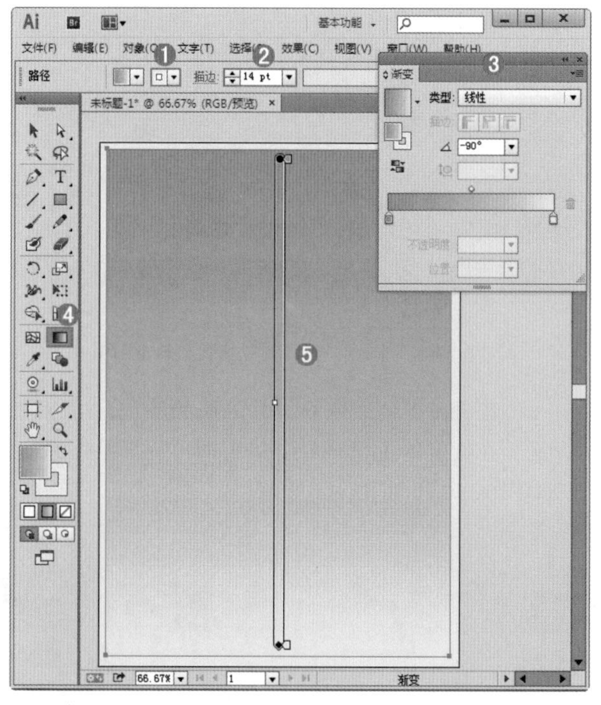

图 10-121

（2）选择工具箱中的“钢笔工具”，设置“填色”为黄色，在文档中绘制路径，如图 10-122 所示。执行“对象 > 变换 > 旋转”命令，设置旋转“角度”为 180°，单击“复制”按钮，如图 10-123 所示。

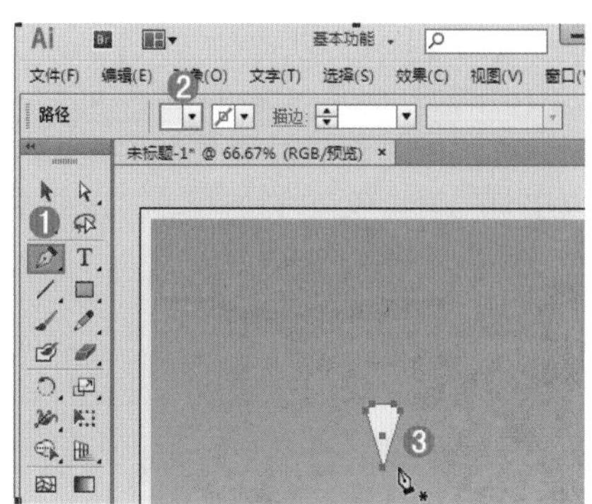

图 10-122

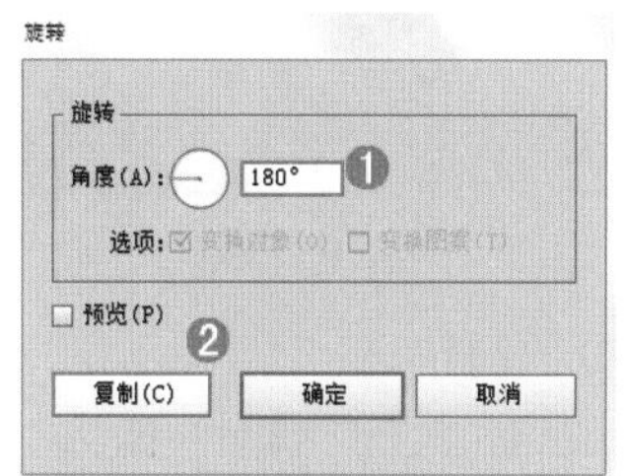

图 10-123

（3）调整复制对象位置，并将二者编组，选择该组，执行“对象 > 变换 > 旋转”命令，设置旋转“角度”为 45°，单击“复制”按钮，如图 10-124 所示。反复使用快捷键 <Ctrl+D> 重复执行变换，效果如图 10-125 所示。

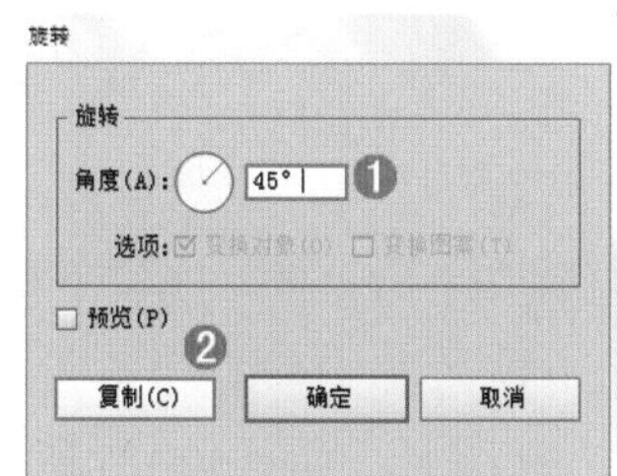

图 10-124

图 10-125

（4）选择工具箱中的“椭圆工具”，设置“描边”为黄色，“描边粗细”为 7pt，在上一步建立的组外侧绘制一个略大于该组的正圆，如图 10-126 所示。此时文档中呈现出一个“橙子”图形，将该图形编组。

图 10-126

（5）单击“符号”面板中的“符号库菜单”按钮，在弹出的子菜单中选择“花朵”。在打开的“花朵”面板中选择“雏菊”，如图 10-127 所示。选择工具箱中的“喷枪符号工具”，在文档内置入符号，如图 10-128 所示。

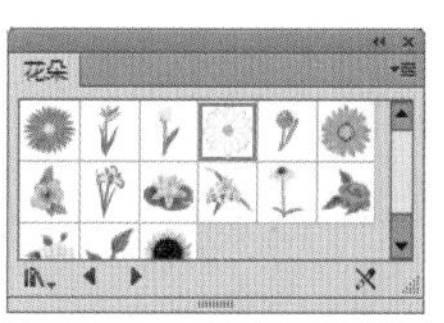

图 10-127

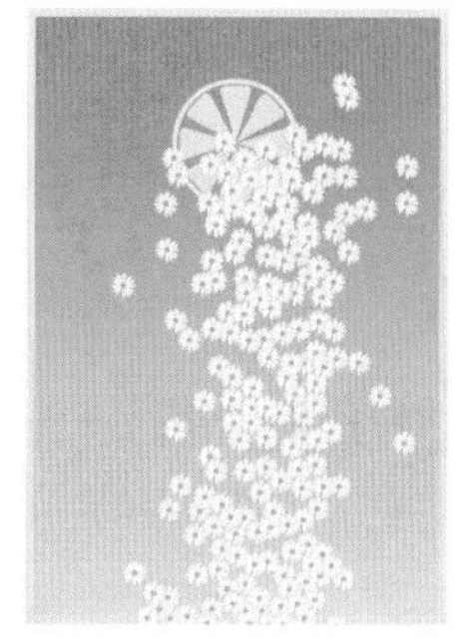

图 10-128

（6）选择工具箱中的“钢笔工具”，在文档内绘制路径，如图 10-129 所示。同时选取绘制的路径和上一步创建的符号组，执行“对象 > 剪切蒙版 > 建立”命令，创建剪切蒙版，如图 10-130 所示。效果如图 10-131 所示。

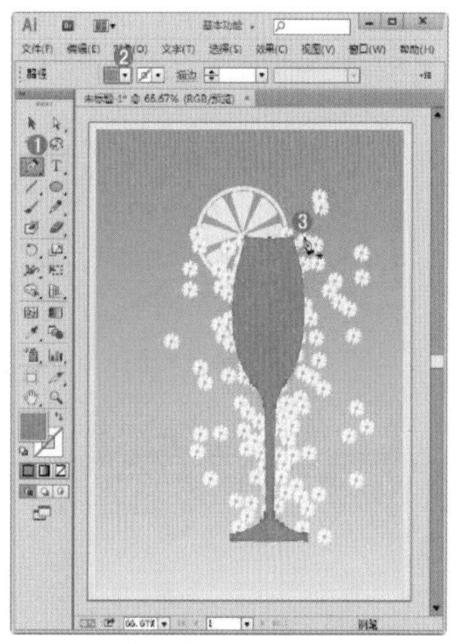

图 10-129

第 10 章

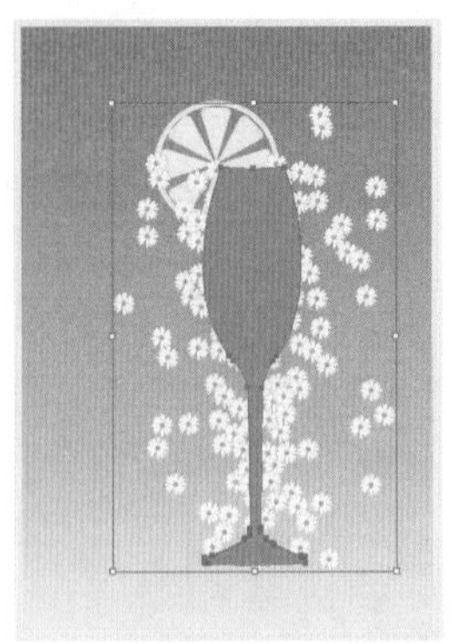

图 10-130

图 10-131

（7）使用工具箱中的“文字工具” 在文档内键入文字，如图 10-132 所示。将“橙子”进行复制和缩放，放置在字母“O”的中央，如图 10-133 所示。

图 10-132

图 10-133

（8）将文字部分选中，执行“文字 > 创建轮廓”命令，将文字部分创建轮廓。然后将文字和“橙子”选中使用快捷键<Ctrl+C>将其进行复制，使用<Ctrl+B>将其贴在后面，然后将其填充为褐色并向右下角轻移，文字的投影效果就制作完成了。效果如图 10-134 所示。

图 10-134

（9）继续在其他文字键入文字，完成本案例的制作。效果如图 10-135 所示。

图 10-135

10.4 综合案例：中式网页设计

案例文件	中式网页设计 .ai
视频教学	中式网页设计 .flv
难易指数	★★★☆☆
技术掌握	“渐变”面板、“画笔工具”和“文字工具”等

本案例为中式网站设计，主要使用到了“渐变”面板、“画笔工具”和“文字工具”等。案例完成效果如图 10-136 所示。

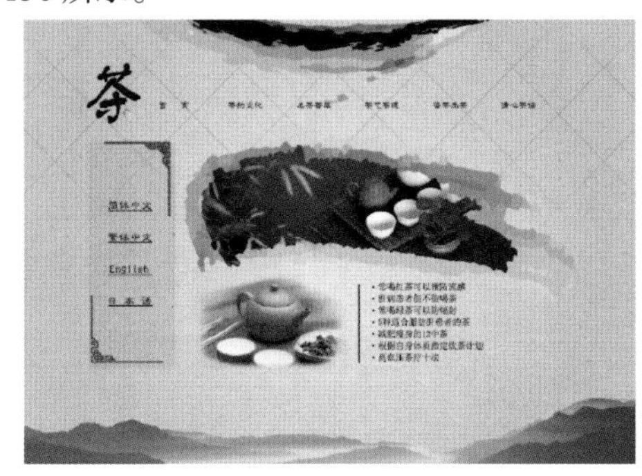

图 10-136

1. 背景部分的制作

（1）新建文档，执行“文件 > 置入”命令，置入素材 1.jpg，如图 10-137 所示。

图 10-137

（2）选择工具箱中的“网格工具” ，在文档中绘制网格，如图 10-138 所示。使用“选择工具” ，按住<Shift>键将网格进行旋转，如图 10-139 所示。

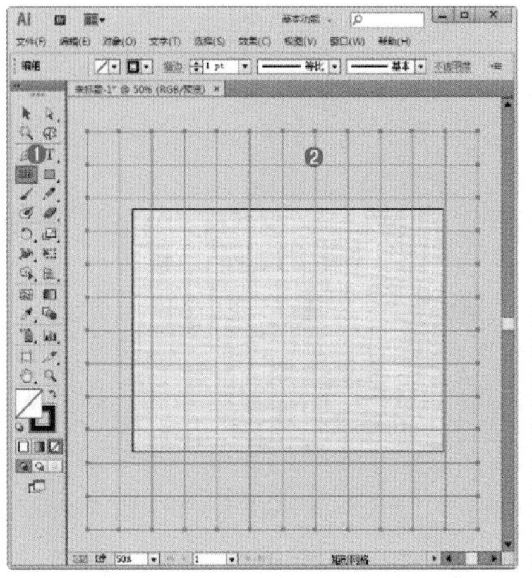

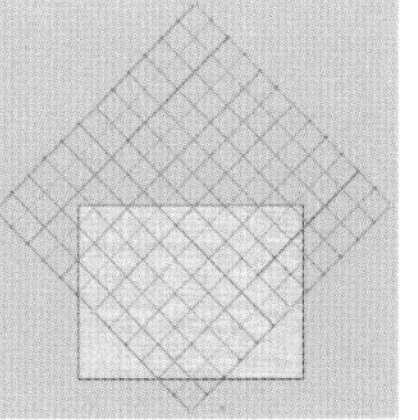

图 10-138

图 10-139

（3）单击工具箱中的“矩形工具”按钮，绘制一个矩形，如图 10-140 所示。将矩形和网格同时选取，执行“对象 > 剪切蒙版 > 建立”命令，创建剪切蒙版，如图 10-141 所示。

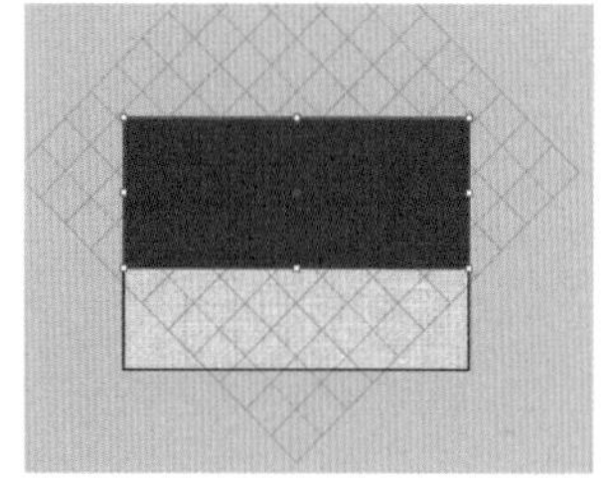
图 10-140

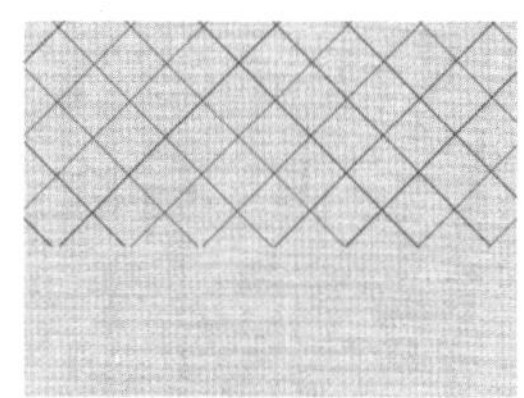
图 10-141

（4）再次绘制一个同样大小的矩形，执行“窗口 > 渐变”命令，在“渐变”面板中编辑一个由透明到黑色的渐变，如图 10-142 所示。然后使用“渐变工具”进行拖拽填充，如图 10-143 所示。

图 10-142

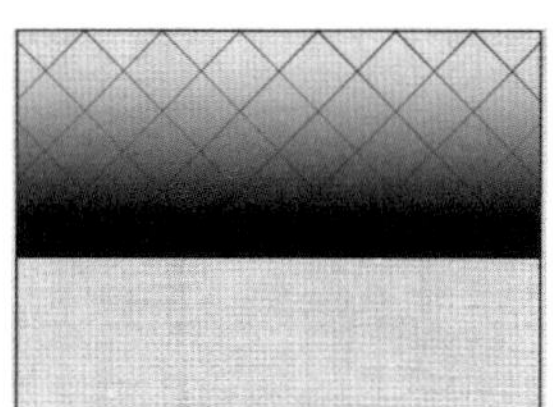
图 10-143

（5）选择该矩形，单击控制栏中的“不透明度”选项，在弹出的面板中单击“制作蒙版”按钮，创建蒙版，如图 10-144 所示。效果如图 10-145 所示。

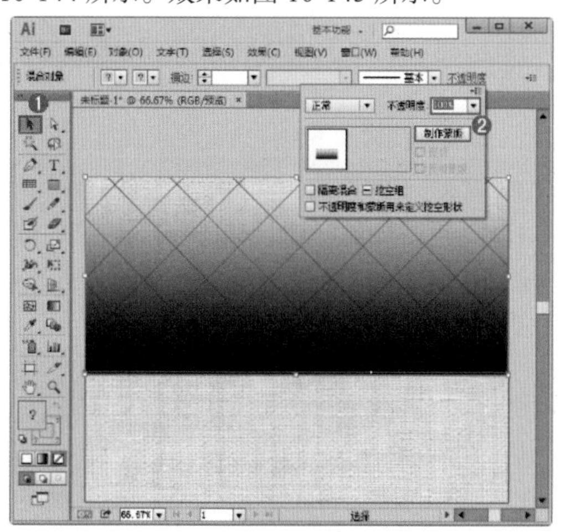
图 10-144

图 10-145

（6）执行“文件 > 置入”命令，置入素材 5.png，如图 10-146 所示。使用“矩形工具”绘制一个和画板大小相当的矩形，在“渐变”面板中设置其填充为灰白色系径向渐变，如图 10-147 所示。

图 10-146

图 10-147

（7）选取该矩形，单击控制栏中的“不透明度”选项，在弹出的面板中设置其“不透明度”为 50%，如图 10-148 所示。效果如图 10-149 所示。

图 10-148

图 10-149

2. 制作前景部分主体部分

（1）选择工具箱中的“钢笔工具”在文档内绘制路径，如图 10-150 所示。在控制栏中对其应用画笔描边，“画笔定义”设置为“水彩描边 3”，然后设置描边宽度为 3pt，画面效果如图 10-151 所示。

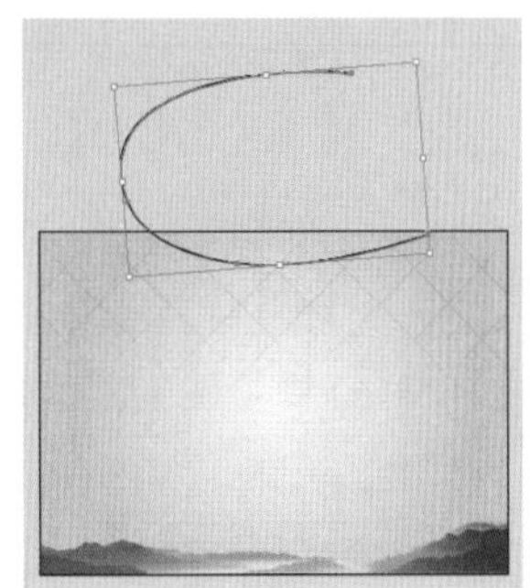

图 10-150

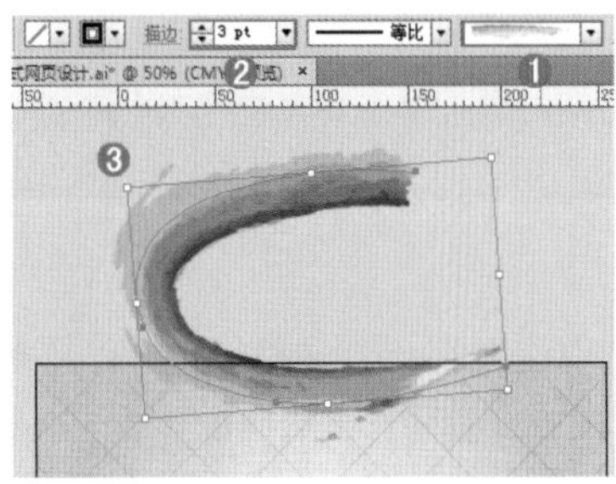

图 10-151

（2）再次使用“钢笔工具”绘制路径，如图 10-152 所示。同上对其应用画笔描边，“画笔定义”设置为“炭笔 - 变化”，如图 10-153 所示。

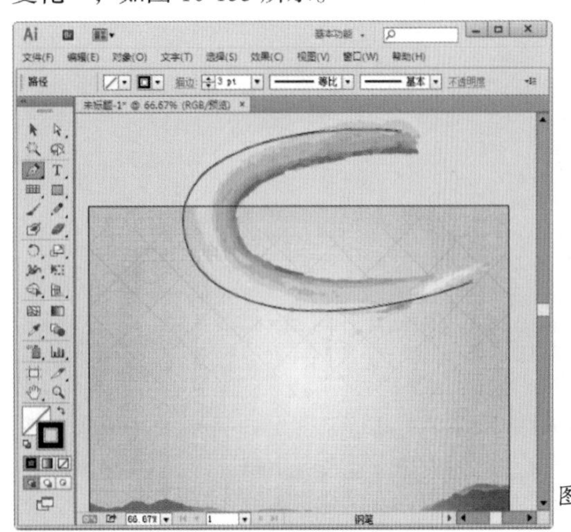

图 10-152

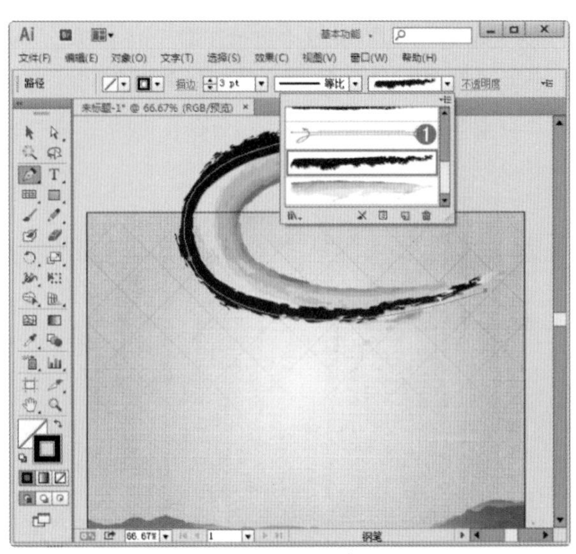

图 10-153

（3）调整两条路径的摆放，然后绘制一个和画板大小相当的无填色无描边矩形，将矩形和组同时选取，执行“对象 > 剪切蒙版 > 建立”命令，创建剪切蒙版。效果如图 10-154 所示。

图 10-154

（4）使用“文字工具”置入网页标题栏的文字，如图 10-155 所示。选择工具箱中的“钢笔工具”，设置其“描边”为黑色，“描边粗细”为 6pt，在文档中绘制路径如图 10-156 所示。

图 10-155

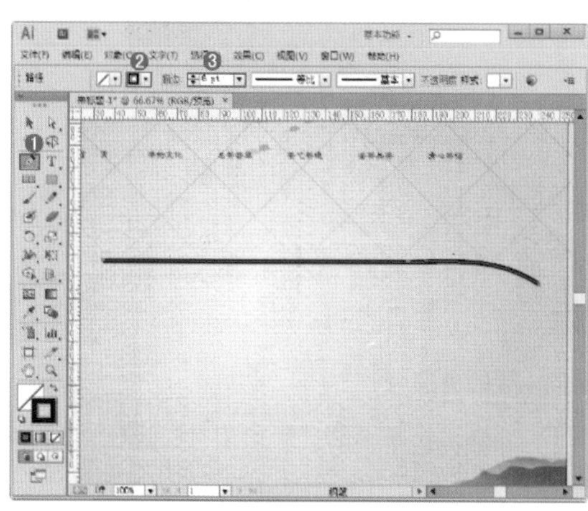

图 10-156

（5）在控制栏中对其应用画笔描边，“画笔定义”设置为“水彩描边 6”，描边和粗细保持不变为黑色 6pt，如图 10-157 所示。执行“对象 > 扩展外观”命令，将画笔描边转换为路径，如图 10-158 所示。

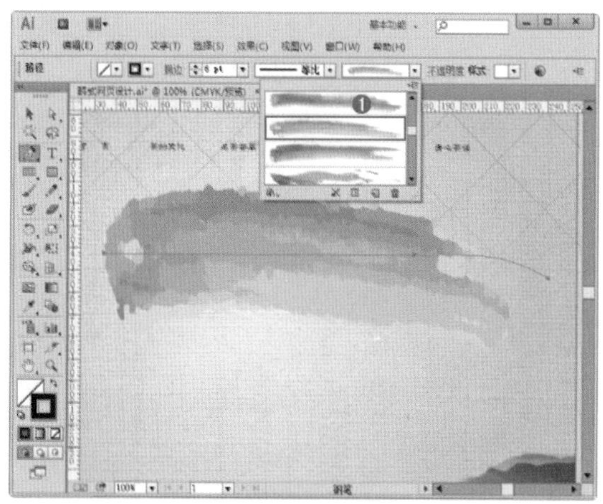

图 10-157

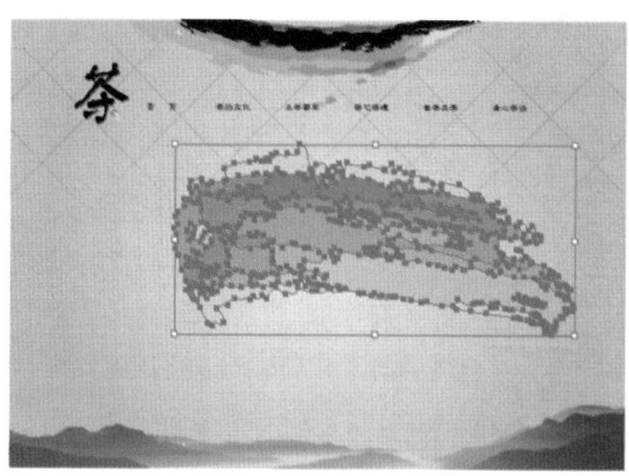

图 10-158

（6）执行“文件 > 置入”命令，置入素材 2.jpg，如图 10-159 所示。执行“取消编组”命令，选取合适的路径，执行“对象 > 排列 > 至于顶层”命令，将其置于顶层，如图 10-160 所示。

（7）选择该路径和素材 2.jpg，执行“对象 > 剪切蒙版 > 建立”命令，创建剪切蒙版，效果如图 10-161 所示。

图 10-159

图 10-160

图 10-161

（8）使用“文字工具” T 在文档内键入文字“茶”。选取文字执行“文字 > 创建轮廓”命令创建轮廓，如图 10-162 所示。使用“直接选择工具”选择“茶”字的一点，按 <Delete> 键将其删除，如图 10-163 所示。

图 10-162

图 10-163

（9）使用工具箱中的“钢笔工具” 在文档中绘制路径，如图 10-164 所示。

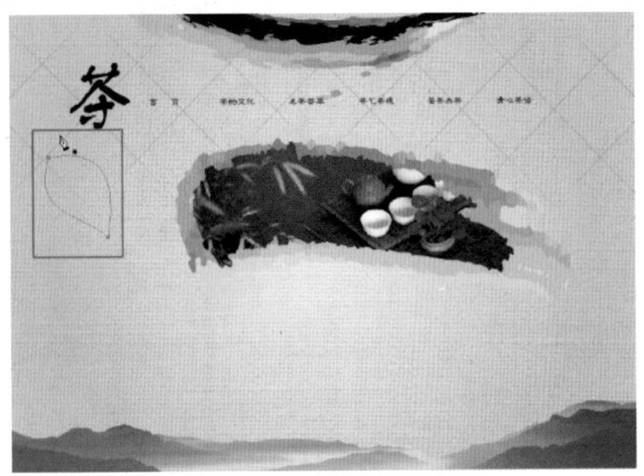

图 10-164

（10）在“渐变”面板中设置其填充为绿色系线性渐变，如图 10-165 所示。再次选择“钢笔工具” ，设置其“填色”为白色，在渐变填充路径内绘制路径，如图 10-166 所示。此时路径呈现出叶子形状，将先后绘制的路径编组。

图 10-165

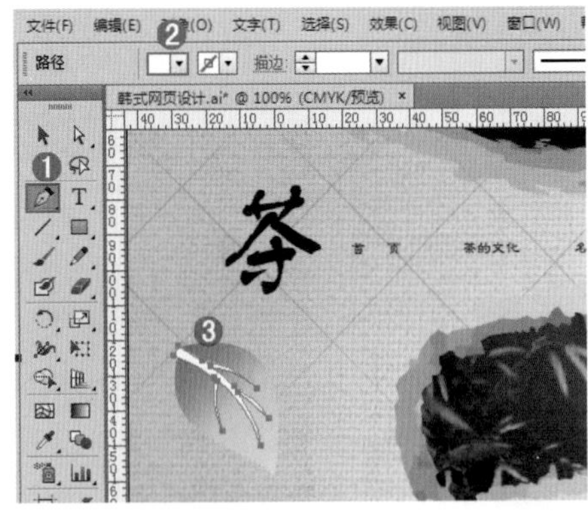

图 10-166

（11）将“叶子”移动到“茶”字删除的点位置，然后将“叶子”形状和“茶”字编组，并将组置于文档内的适当位置，如图 10-167 所示。

图 10-167

3. 制作剩余部分

（1）选择工具箱中的“矩形工具” ，设置其“填色”为灰色，“不透明度”为 20%，在文档内绘制矩形，如图 10-168 所示。执行“文件 > 置入”命令，置入素材“3.png”，如图 10-169 所示。

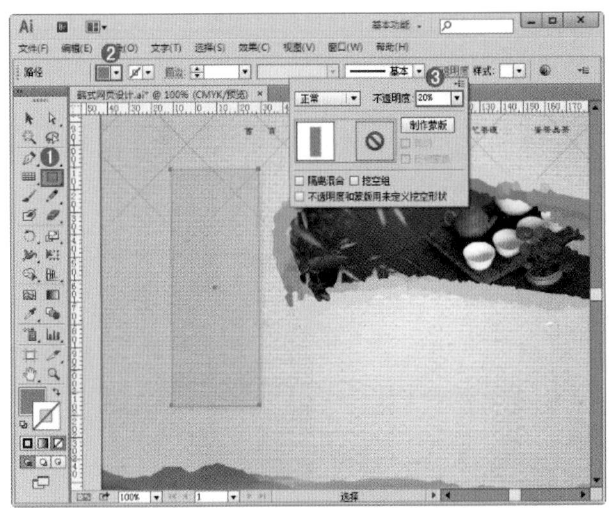

图 10-168

图 10-169

（2）选择该素材，执行“效果 > 风格化 > 投影”命令，在打开的“投影”窗口中设置“模式”为“正常”，“不透明度”为 75%，“X 位移”为 0.5mm，“Y 位移”0.5mm，“颜色”为黑色，参数设置如图 10-170 所示。设置完成后单击“确定”按钮，效果如图 10-171 所示。

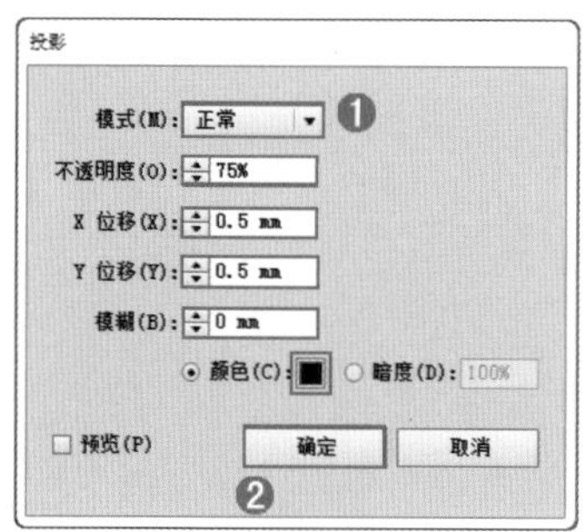

图 10-170

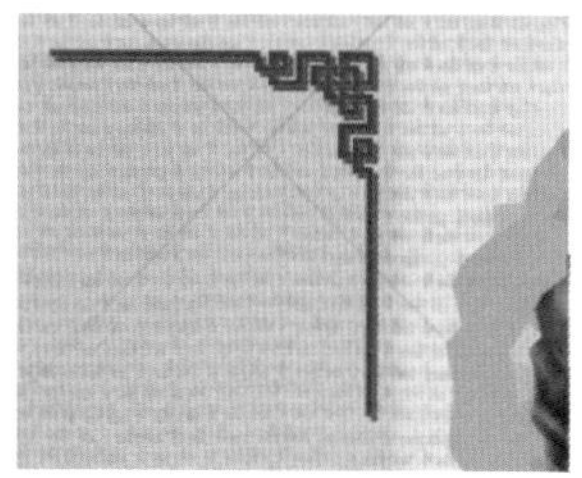

图 10-171

（3）将该素材复制并移动到相应位置，如图 10-172 所示。

图 10-172

（4）使用工具箱中的“矩形工具”在文档内绘制一个“填色”为黑色的矩形，如图 10-173 所示。

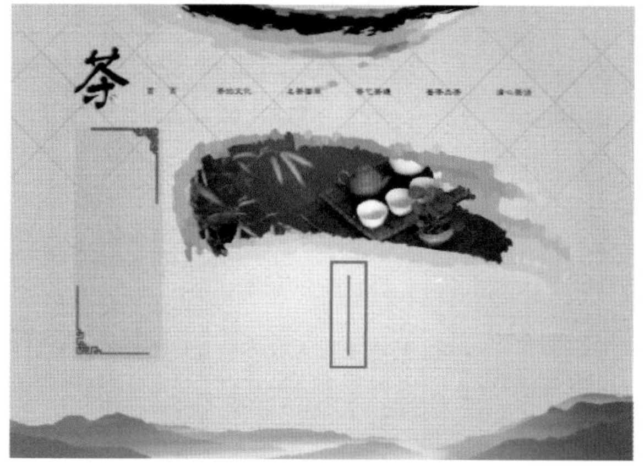

图 10-173

（5）执行“文件 > 置入”命令，置入素材 4.png，如图 10-174 所示。使用“文字工具”在文档内键入文字，如图 10-175 所示。整体制作完成。

图 10-174

图 10-175

第 11 章 文字

关键词

文字、点文字、区域文字、路径文字、字体、字号、间距、对齐、缩进

要点导航

创建多种类型的文本
字符面板
段落面板

学习目标

能够熟练创建出适合版面的文字类型
能够根据版面需求和美观要求编辑字体属性

佳作鉴赏

11.1 创建文字对象

Illustrator CC 的文字工具组中，包括“文字工具”[T]、“区域文字工具”[T]、“路径文字工具”[路径文字工具图标]、“直排文字工具”[↓T]、“直排区域文字工具”[↓T]、“直排路径文字工具”[直排路径文字工具图标]和“修饰文字工具”[修饰文字工具图标]，如图 11-1 所示。

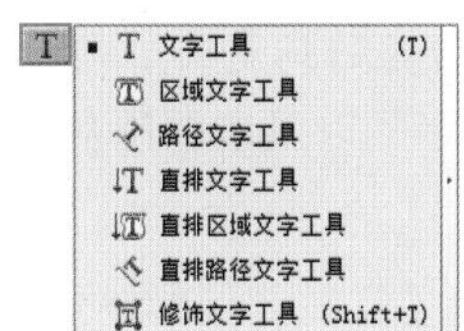

图 11-1

通过使用这些工具可以创建出小段文字、大段文字、在图形中的文字以及沿路径排列的文字等效果。图 11-2~ 图 11-5 所示为可以使用到文字工具制作的作品。

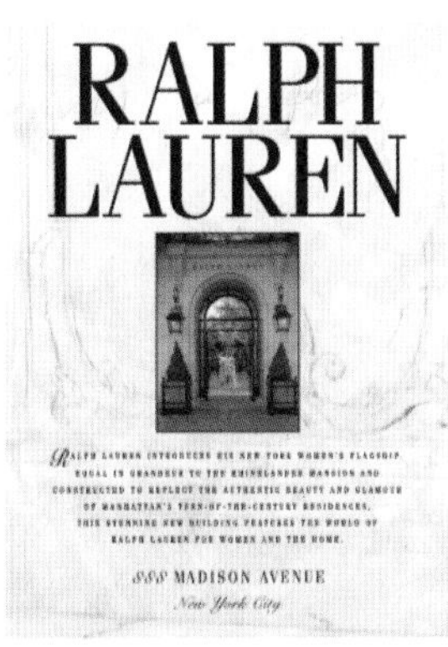

图 11-2

图 11-3

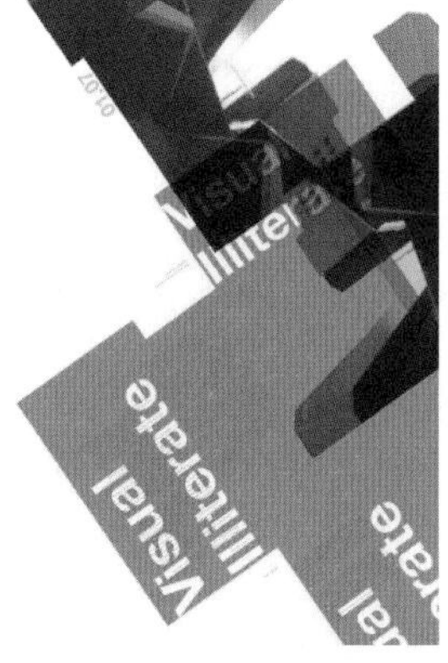

图 11-4

图 11-5

11.1.1 使用“文字工具”创建文本

“文字工具” T 是 Illustrator 中最为常用的创建文本工具，使用该工具可以在页面中单击创建点文本，也可以在页面中按住鼠标左键拖动创建段落文本，如图 11-6 所示。

图 11-6

（1）选择工具箱中的“文字工具” T，也可以直接按快捷键 <T>。此时在文档内单击鼠标左键输入文字即可创建点文本。文字输入完成后使用“选择工具”选择文字对象，或者按 <Esc> 键即可返回图像编辑状态，如图 11-7 所示。点文字适用于较少的文本对象，例如标题、标志名称等，如图 11-8 所示。

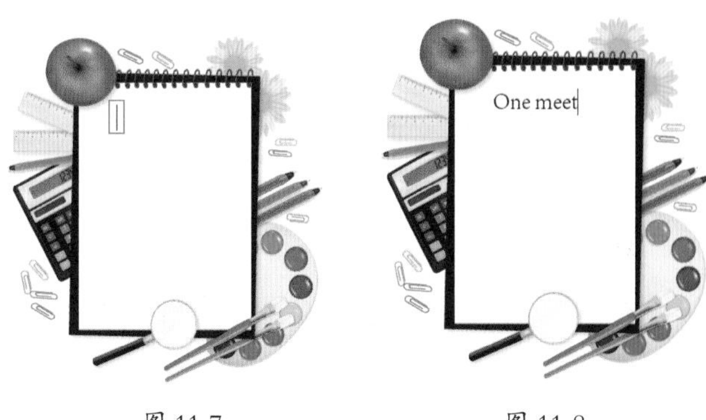

图 11-7　　图 11-8

（2）段落文本则适合于大段文字的输入，例如杂志正文部分等。制作段落文本首先需要使用“文字工具”在文档内按住鼠标左键并拖动创建一个文本框，如图 11-9 所示。在创建的文本框中输入文字，即可创建段落文本。在此过程中，按 <Enter> 键可以另起一行输入文字，如图 11-10 所示。

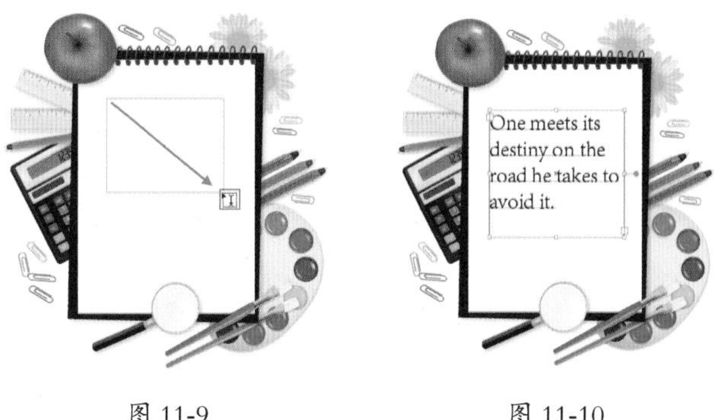

图 11-9　　图 11-10

小技巧：在 Illustrator 中打开文本文档

若要在 Illustrator 中打开文本文档，可以执行“文件 > 打开”命令，在弹出的“打开”对话框中根据适当的路径找到要打开的文本文档，并将其选取，然后单击“打开”按钮。此时弹出“文本导入选项”对话框，如图 11-11 所示，在该对话框中可以对打开的文档的编码、额外空格等项目参数进行设置，设置完成后单击“确定”按钮，即可在 Illustrator 打开文本文档，如图 11-12 所示。

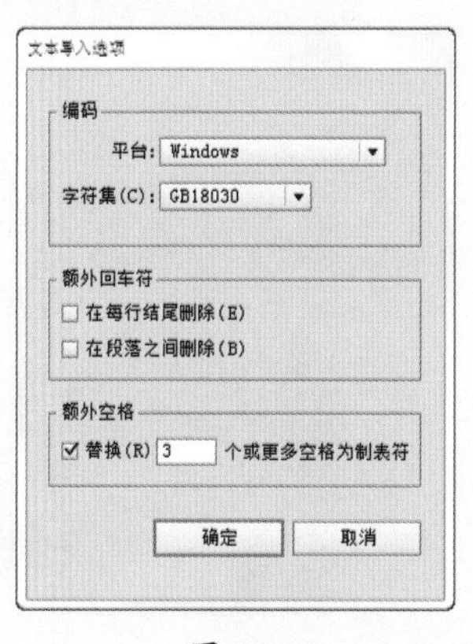

图 11-11

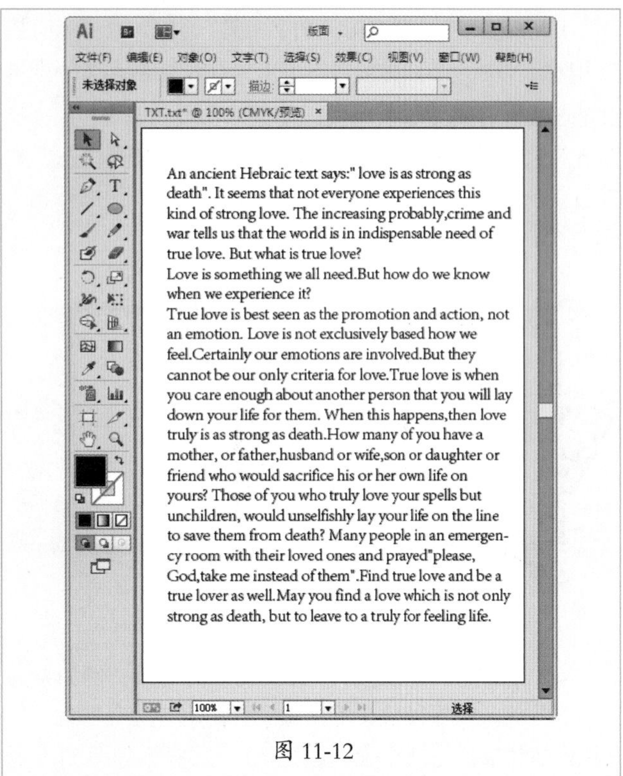

图 11-12

11.1.2 设置文字常见属性

文字输入完成后，选中文字即可在控制栏中看到相应的参数设置。在这里，参数设置主要可以分为两个部分，如图 11-13 所示。第一部分为图形的常规属性设置部分，在这里可以像对普通图形一样进行填充颜色以及轮廓颜色、描边属性和对象不透明度的设置，如图 11-14 所示。

图 11-13

图 11-14

而另外的一部分参数则是文字对象常用的参数设置，例如文字的字体、字号以及段落的对齐方式，如图 11-15 所示。

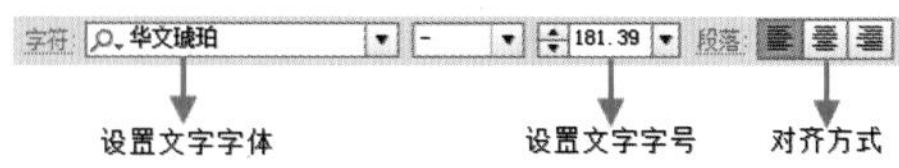

图 11-15

字体是由一组具有相同粗细、宽度和样式的字符（字母、数字和符号）构成的完整集合，通过对相应的字符定义不同的字体，可以表现出不同的风格。在控制栏中可以展开字体列表，改变所选文字的字体如图 11-16~ 图 11-18 所示。

图 11-16

图 11-17

图 11-18

小技巧：快速调用最近使用过的字体

执行“文字 > 最近使用的字体”命令，在弹出的子菜单中可以看到最近使用过的字体列表，在此列表中单击选择即可快速调用所选字体。

字号则是用来改变所选文字对象的大小，如图 11-19 所示。在字号下拉菜单中可以选择预设的文字大小，也可以直接在输入框中输入数字即可，如图 11-20 所示。

图 11-19　　图 11-20

> 小技巧：更改文字大小的小知识
>
> 如果未选择任何文本更改字体大小，那么字体大小则会应用于所创建的新文本。

文字的对齐方式是针对多行文字或段落文字进行设置的，是根据输入字符时光标的位置来设置文本对齐方式。在控制栏中只提供了 3 种常用的文本对齐方式。选择文本以后，单击所需要的对齐按钮，就可以使文本按指定的方式对齐。图 11-21~ 图 11-23 所示分别为“左对齐”“居中对齐”和“右对齐”。

图 11-21

图 11-22

图 11-23

11.1.3 轻松练：使用“文字工具”制作文字海报

（1）执行“文件 > 新建”命令，创建大小为 A4 的纵向文档。执行“文件 > 置入”命令，置入素材“1.jpg”，并随置入素材的大小进行适当调整，如图 11-24 所示。

图 11-24

（2）选择工具箱中的“文字工具” T，在文档内拖动创建一个矩形文本框，如图 11-25 所示。在控制栏中对字体、字体样式、字体大小进行设置，设置完成后在文本框中键入文字，如图 11-26 所示。

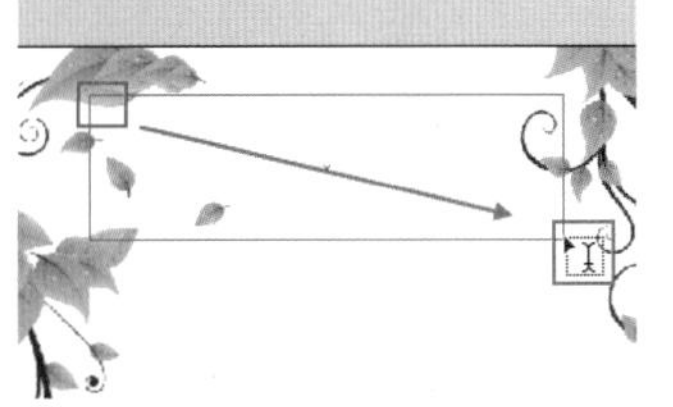

图 11-25

图 11-26

（3）继续在画面中键入文字。完成效果如图 11-27 所示。将文字同时选中，将其进行旋转，完成本案例的制作，如图 11-28 所示。

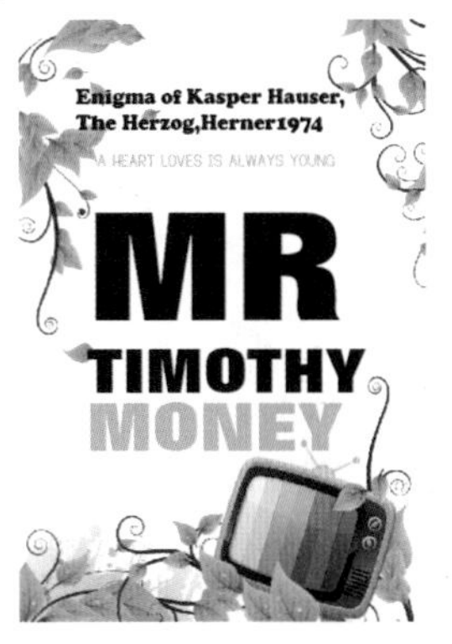

图 11-27

图 11-28

11.1.4 使用“直排文字工具”

与“文字工具” T 不同，“直排文字工具” ↓T 用于创建垂直方向的文字。通过使用该工具在页面中单击或拖动，可以创建垂直方向排列的点文本和区域文本。

（1）选择工具箱中的“直排文字工具” ↓T，在文档中的适当位置单击输入文字即可创建直排点文本，如图 11-29、图 11-30 所示。

图 11-29

图 11-30

（2）若要创建直排区域文本，单击工具箱中的“直排文字工具”[IT]，在文档中拖动创建文本框，如图 11-31 所示。在文本框中输入文字即可创建直排区域文本，如图 11-32 所示。

图 11-31

图 11-32

11.1.5　更改文字方向

Illustrator 中的文字都可以创建出横排和直排两种，而且这两种方向的文字还可以相互转换。将要改变文字方向的文本对象选中，执行“文字 > 文字方向 > 横排”命令，或“文字 > 文字方向 > 直排”命令，即可改变文字的排列方向，如图 11-33、图 11-34 所示。

图 11-33

图 11-34

11.1.6　置入文本文件

在 Illustrator 中进行平面设计时，有时需要应用大量的文字时，可以将文字“置入”到 Illustrator 文档中。在 Illustrator 中运用的文字也可以被导出在其他程序中运用。如果要将文本文档置入到当前的 Illustrator 文档中，需要执行“文件 > 置入”命令。在弹出的“置入”对话框中根据适当的路径找到要置入的文本文档，并将其选取，然后单击“置入”按钮，如图 11-35 所示。在弹出的“文本导入选项”对话框或“Microsoft Word 选项”对话框中对相关选项进行设置，光标形态如图 11-36 所示。

图 11-35

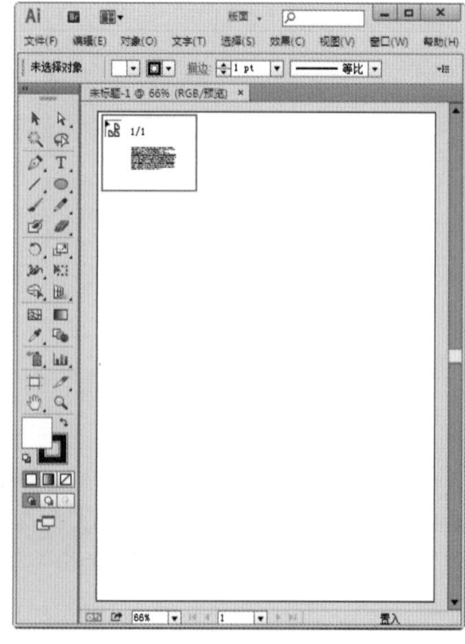

图 11-36

此时在当前 Illustrator 文档的适当位置单击或拖动即可置入文本，如图 11-37 所示。

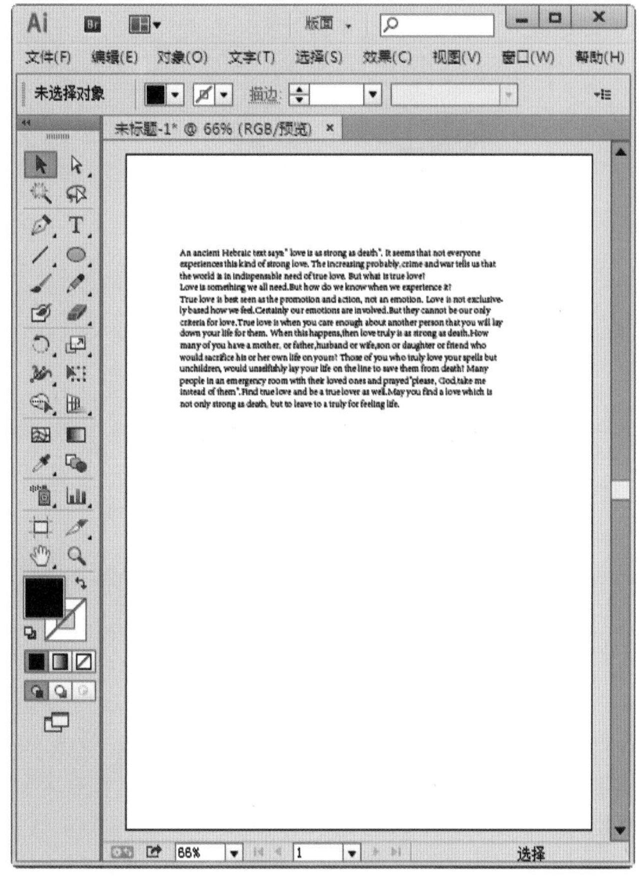

图 11-37

11.2 创建区域文字

“区域文字工具”能够将封闭路径转换为文字容器，并且可以在文字容器内进行文字输入和编辑。使用“区域文字工具”创建文字时，所要创建的区域必须是一个非复合、非蒙版的路径。图 11-38 和图 11-39 所示为可以使用到该工具制作的作品。

图 11-38

图 11-39

11.2.1 使用“区域文字工具”创建文本

使用“区域文字工具”在路径内单击，即可以该路径的形状为限制轮廓创建内部文字。

1、使用“区域文字工具”

（1）选择工具箱中的“椭圆工具”，在文档内绘制一个椭圆，如图 11-40 所示。该椭圆将作为文字区域。选择工具箱中的“区域文字工具”，在绘制路径的任意位置单击，此时路径被转换为文字区域，如图 11-41 所示。

图 11-40

图 11-41

（2）输入文字，文字就显示在绘制的文字区域中，如图 11-42 所示。

图 11-42

（3）若要对文本区域的大小进行调整，可以选择工具箱中的“选择工具”，对文本区域进行调整，如图 11-43 所示。也可以通过改变绘制的作为文字区域的路径形状来实现对文本区域大小的调整。选择工具箱中的“直接选择工具”，单击选择路径上的锚点，对其进行调整以改变路径的形状从而改变文本区域的大小，如图 11-44 所示。

图 11-43

图 11-44

2、设置区域文字选项

选择区域文本对象，双击工具箱中的“区域文字工具”按钮，或执行“文字 > 区域文字选项”命令。弹出“区域文字选项”对话框，在该对话框中可以对区域文本的各项参数进行设置，如图 11-45 所示。

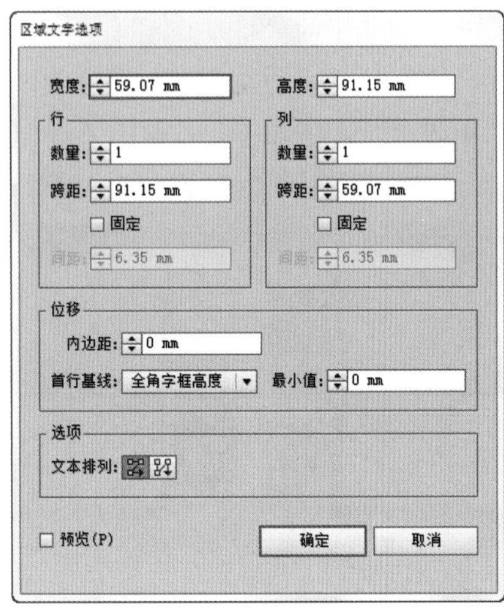

图 11-45

重点参数提醒：

- 宽度和高度：确定对象边框的尺寸。
- 数量：指定希望对象包含的行数和列数。
- 跨距：指定单行高度和单列宽度。
- 固定：确定调整文字区域大小时行高和列宽的变化情况。
- 位移：指定行间距或列间距。
- 内边距：可以控制文本和边框路径之间的边距。
- 首行基线：选择“字母上缘”，字符“d”的高度降到文字对象顶部之下。选择“大写字母高度”，大写字母的顶部触及文字对象的顶部。选择“行距”，以文本的行距值作为文本首行基线和文字对象顶部之间的距离。选择“x 高度”，字符“x”的高度降到文字对象顶部之下。选择“全角字框高度”，亚洲字体中全角字框的顶部触及文字对象的顶部。
- 最小值：指定文本首行基线与文字对象顶部之间的距离。
- 按行或按列：选择“文本排列”选项以确定行间和列间的文本排列方式。

11.2.2 使用“直排区域文字工具”创建文本

在学会了“区域文字工具”的使用方法后，自然就懂了“直排区域文字工具”的使用方法。首先使用“钢笔工具”在文档内绘制一条闭合的扇形路径，单击工具箱中的“直排区域文字工具”按钮，在扇形路径的任意位置单击，如图 11-46 所示。扇形路径被转换为文字容器，此时键入文字即可，可以发现键入的文字在扇形内竖直分布排列，如图 11-47 所示。

图 11-46

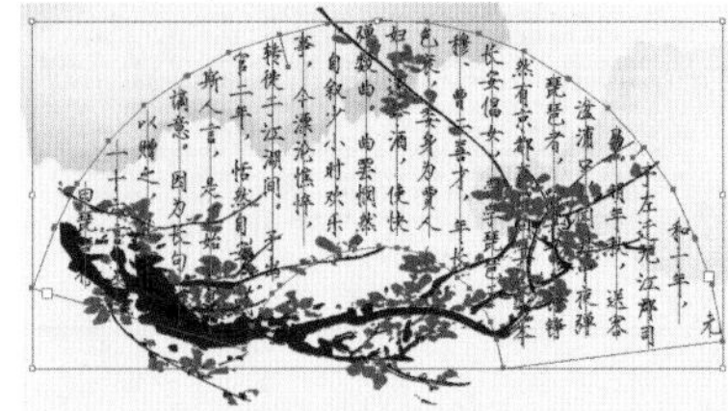

图 11-47

11.2.3 将点文字转换为区域文字

在 Illustrator 中可以实现点文字和区域文字的相互转换。选取区域文字对象，执行“文字 > 转换为点状文字”即可将区域文字转换为点文字，如图 11-48 所示。选取点文字对象，执行“文字 > 转换为区域文字”即可将点文字转换为区域文字，如图 11-49 所示。

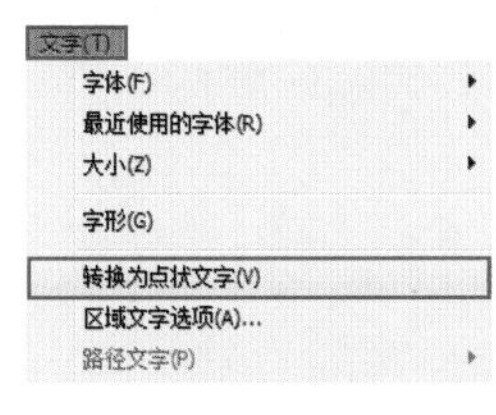

图 11-48

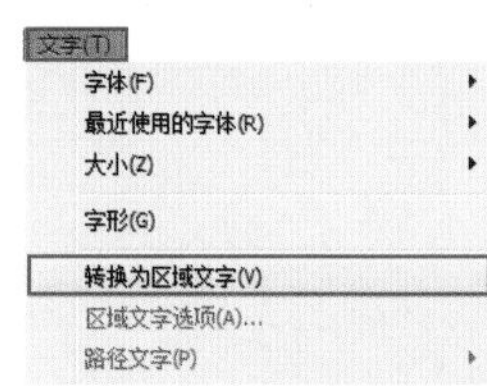

图 11-49

11.2.4 创建文本绕排

创建文本绕排能够实现将文字围绕图形的形状或特定的对象进行排列，其中包括文字对象、导入的图像以及在 Illustrator 中绘制的对象。图 11-50 和图 11-51 所示为可以使用到文本绕排制作的作品。

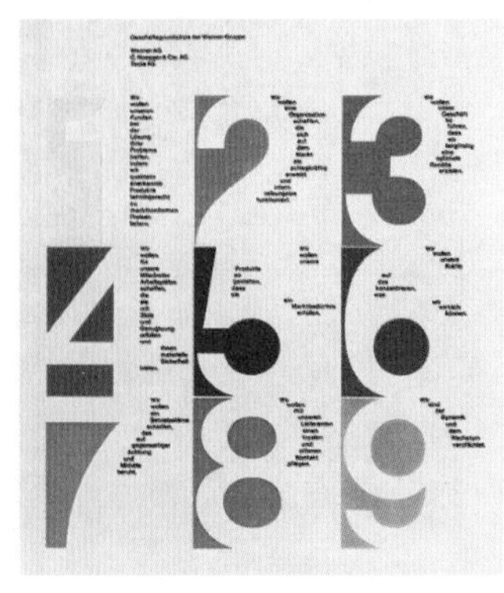

图 11-50

HOW TO WEAR PANT SUITS

图 11-51

（1）首先在文档内绘制一个心形形状，如图 11-52 所示。单击工具箱中的“区域文字工具”按钮，在心形形状的任意位置单击使其转换为文字区域，然后在心形文本框中键入文字，如图 11-53 所示。

图 11-52

图 11-53

（2）同时选择文字和选择需要绕排的对象，执行“对象 > 文本绕排 > 建立”命令，弹出“Adobe Illustrator”对话框，单击“确定”按钮，如图 11-54 所示。效果如图 11-55 所示。

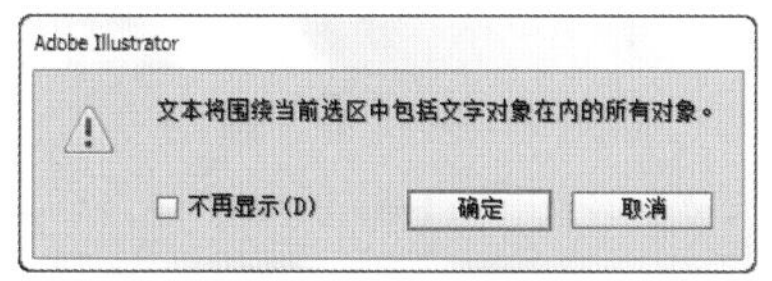

图 11-54

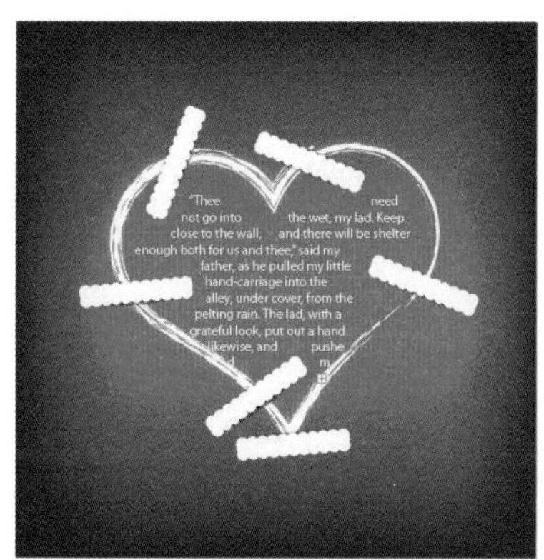

图 11-55

（3）矢量图形的位置可以被任意调整，随着矢量图形位置的变化，文本的排列也会发生变化，如图 11-56 所示。

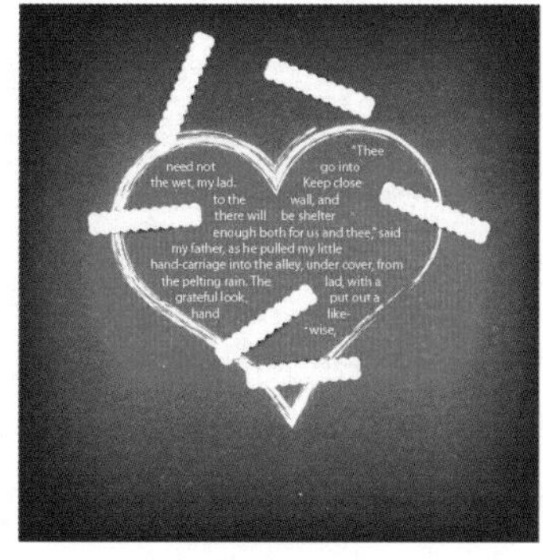

图 11-56

（4）选择绕排对象，如图 11-57 所示，然后执行“对象 > 文本绕排 > 文本绕排选项”命令，在弹出的“文本绕排选项”对话框中可以进行绕排位移大小的设置，单击“确定”按钮即可，如图 11-58 所示。效果如图 11-59 所示。

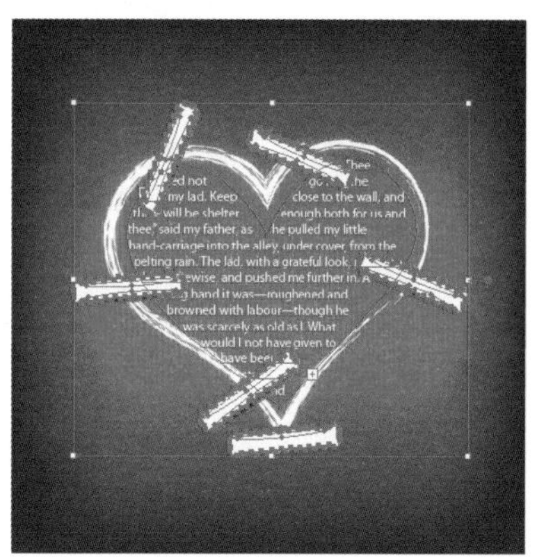

图 11-57

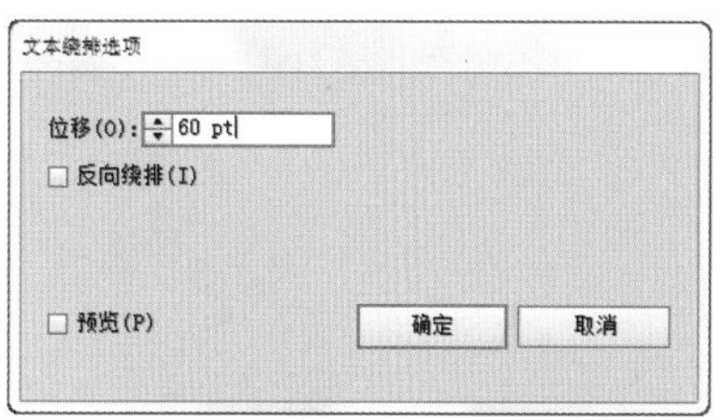

图 11-58

图 11-59

重点参数提醒：

- 位移：指定文本和绕排对象之间的间距大小。可以输入正值或负值。
- 反向绕排：围绕对象反向绕排文本。

11.2.5　进阶案例：文本绕排制作杂志版式

案例文件	文本绕排制作杂志版式 .ai
视频教学	文本绕排制作杂志版式 .flv
难易指数	★★☆☆☆
技术掌握	掌握文本绕排的运用

在对制作进行排版的过程中，对版面中添加相关的图片可以减少大面积文字所带来的压迫感。在本案例中，对

段落文字中添加图片，并制作文本绕排，案例完成效果如图 11-60 所示。

图 11-60

（1）执行“文件 > 新建”命令，新建 A4 纵向文档。执行“文件 > 置入”命令，置入素材“1.jpg”，适当调整置入素材的大小，使之与画板大小相适应，如图 11-61 所示。

图 11-61

（2）选择工具箱中的“文字工具”[T]，在文档内拖动创建矩形文本框，如图 11-62 所示。在控制栏内对字符进行设置，包括字体、字体样式、字体大小等，然后在文本框内键入文字，如图 11-63 所示。

图 11-62

图 11-63

（3）执行“文件 > 置入”命令，置入人物素材“2.png”，如图 11-64 所示。将段落文本和置入的素材“2.png”同时选取，执行“对象 > 文本绕排 > 建立”命令，创建文本绕排，如图 11-65 所示。

图 11-64　　图 11-65

（4）选择工具箱中的“矩形工具”[▭]在文档中绘制一个粉色矩形，如图 11-66 所示。使用“文字工具”[T]在文档内键入文字，如图 11-67 所示。

图 11-66

图 11-67

（5）继续使用“文字工具”[T]在文档内键入文字，如图 11-68 所示。

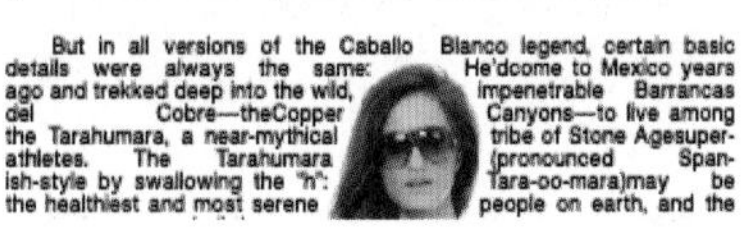

图 11-68

（6）使用“文字工具”[T]在文档内创建段落文本，如图 11-69 所示。执行“文件 > 置入”命令置入素材“3.jpg”，调整置入素材的大小并将其置于文档内的适当位置，如图 11-70 所示。

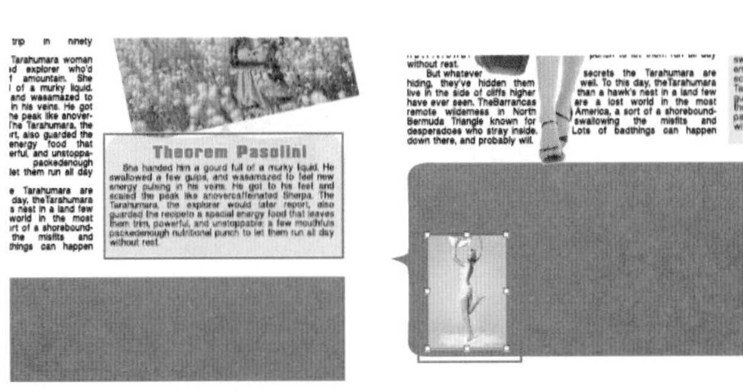

图 11-69　　　　图 11-70

（7）使用“文字工具” T 在文档内创建点文本，如图 11-71 所示。执行“文字 > 创建轮廓”命令，将文字对象转换为图形对象，然后继续创建区域文本，如图 11-72 所示。

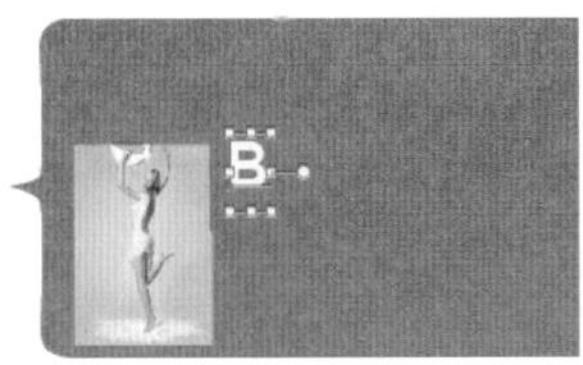

图 11-71

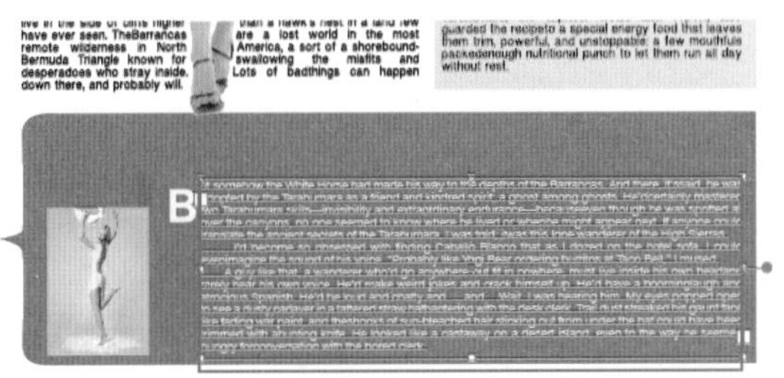

图 11-72

（8）将点文本置于区域文本上层，同时将二者选取，执行“对象 > 文本绕排 > 建立”命令，创建文本绕排，如图 11-73 所示。

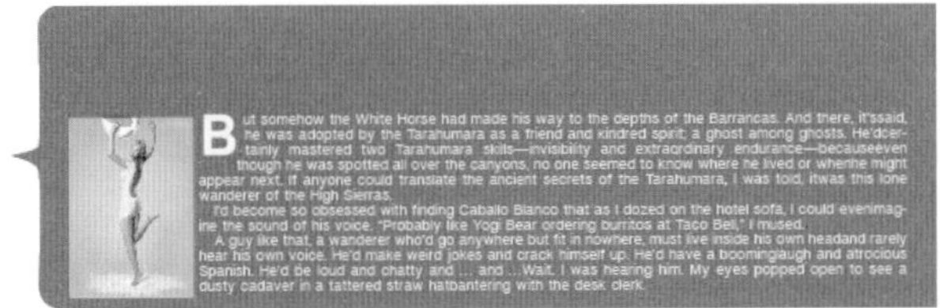

图 11-73

（9）继续使用“文字工具” T 在文档内键入文字，如图 11-74 所示。

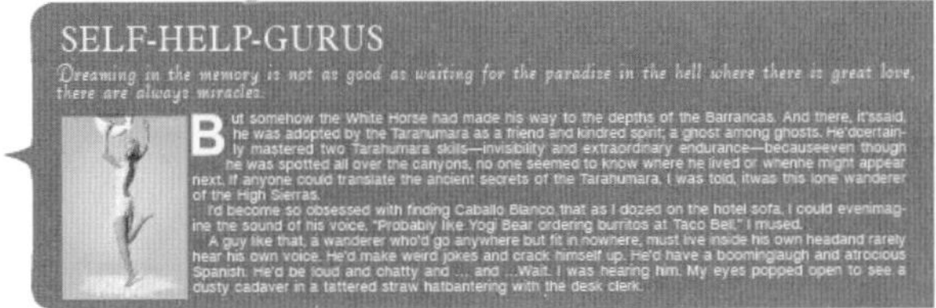

图 11-74

（10）整体制作完成，效果如图 11-75 所示。

图 11-75

11.2.6　串接文字

（1）如果输入的文本超过区域的容许量，则靠近边框区域底部的位置会出现一个内含加号的小方块⊞。选取区域文字对象，单击符号，光标会转换为状，如图 11-76 所示。

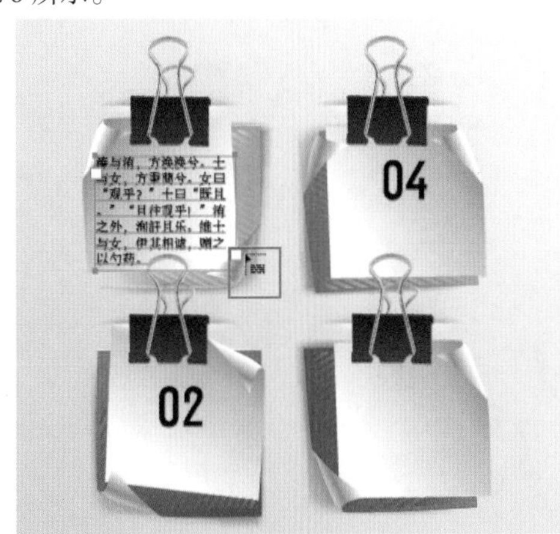

图 11-76

（2）此时在文档的适当位置单击鼠标左键，即可创建与原文字对象大小、形状完全相同的文本框，用于放置超出文字区域容许量的文字，如图 11-77 所示。若在文档的适当位置单击拖动，则可以创建任意大小的矩形文本框，用来放置超出容许量的文字，如图 11-78 所示。

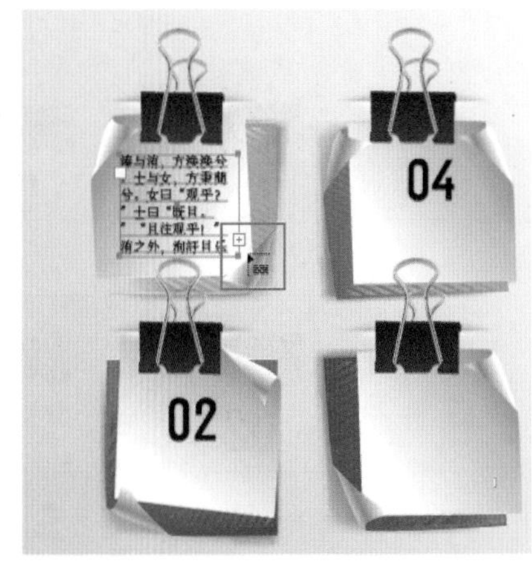

图 11-77

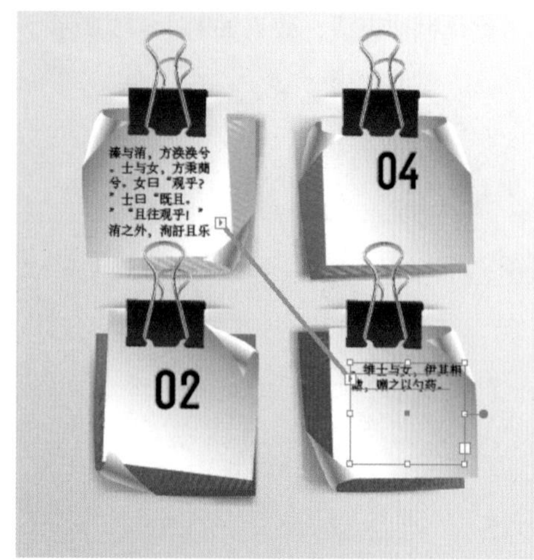

图 11-78

（3）若要将两个现有的区域文字对象串接，需要选取第一个区域文字对象，在其输出连接点处单击，光标呈状，如图 11-79 所示。将光标移动到第二个区域文字对象上，当光标呈状时（图 11-80），单击鼠标左键，即可将两个区域文字对象串接，如图 11-81 所示。

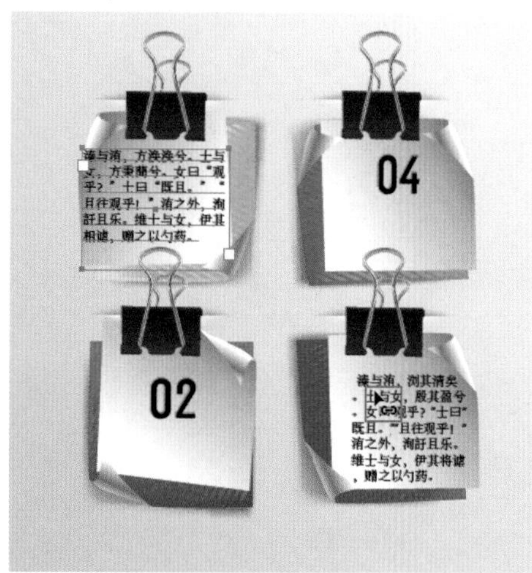

图 11-79

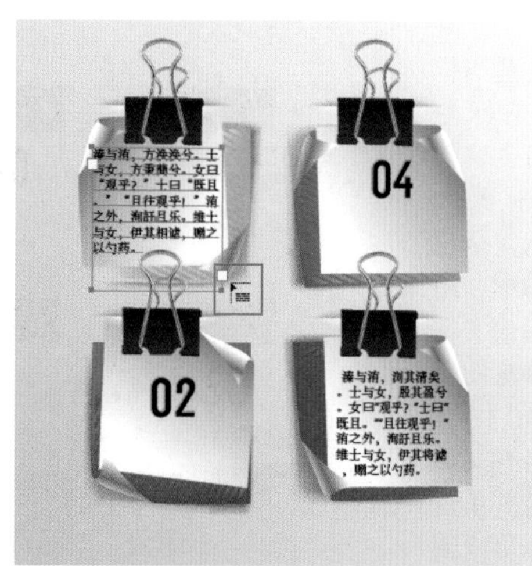

图 11-80

图 11-81

（4）也可以同时选取要串接的文本对象，执行“文字 > 串接文本 > 创建”命令来实现文本对象的串接，如图 11-82~ 图 11-84 所示。

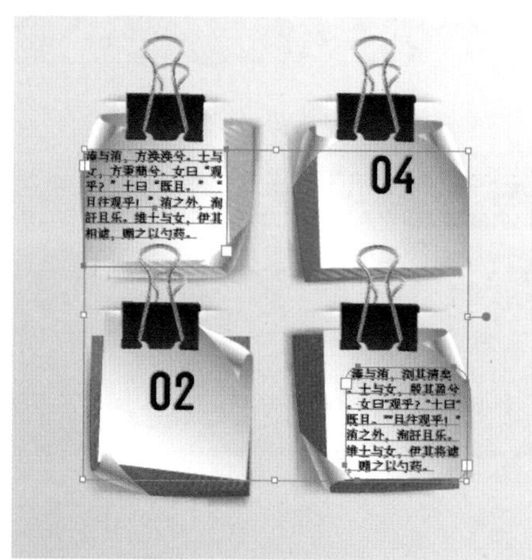

图 11-82

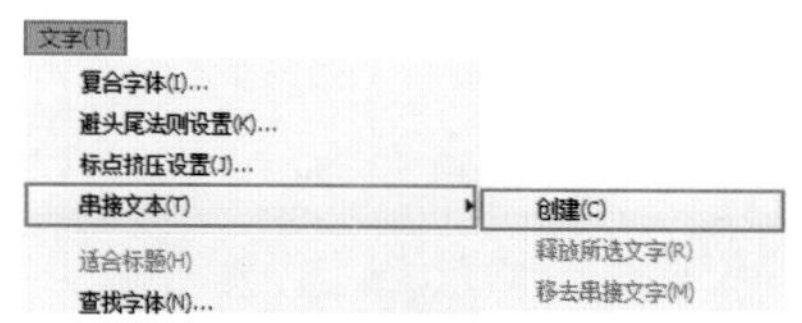

图 11-83

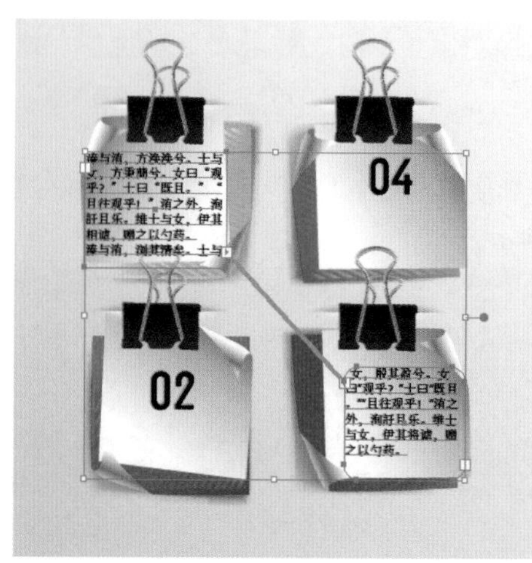

图 11-84

11.2.7　释放或中断串接

要从文本串接中释放文字对象，需要执行“文字 > 串接文本 > 释放所选文字”命令，如图 11-85、图 11-86 所示。

图 11-85

图 11-86

若要中断串接时，单击任意一端串接点，将光标置于串接两个文字区域的直线段上，此时光标呈状，单击即可中断串接，如图 11-87 所示。也可以直接双击任意串接点中断串接，如图 11-88 所示。

图 11-87

图 11-88

> 小技巧：删除所有串线
>
> 若要删除所有串接，执行“文字 > 串接文本 > 移去串接”命令，文本将保留在原位置。

11.2.8　避头尾法则设置

在亚洲文字的排版过程中，依据相关的习惯和要求，一些标点或字符是不能出现在文字行的开始或结尾处的，这种编排方式称为“避头尾”。在 Illustrator 中可以对“避头尾”规则进行设置，对文字行首尾出现的标点和字符进行位置上的调整。

1. 设置避头尾法则类型

在文字段落中应用避头尾设置时，会将避头尾中涉及的符号或字符放置在行尾或行首。选取需要设置避头尾间断的文字，然后从“段落”面板菜单中执行“避头尾法则类型”命令，在子菜单中设置合适的方式即可，如图 11-89 所示。

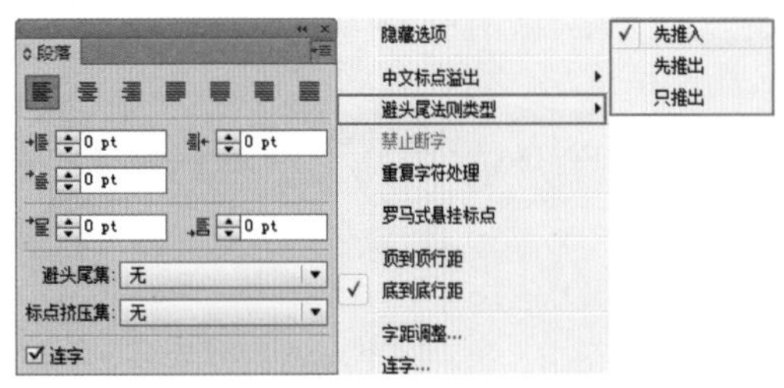

图 11-89

重点参数提醒：

- 先推入：将字符向上移到前一行，以防止禁止的字符出现在一行的结尾或开头。
- 先推出：将字符向下移到下一行，以防止禁止的字符出现在一行的结尾或开头。
- 只推出：总是将字符向下移到下一行，以防止禁止的字符出现在一行的结尾或开头；不会尝试推入。

2. 创建避头尾集

执行“文字 > 避头尾法则设置”命令，弹出“避头尾法则设置”对话框，在这里可以对“不能够位于行首或行尾的字符”以及“不可拆分的字符”进行设置，如图 11-90 所示。

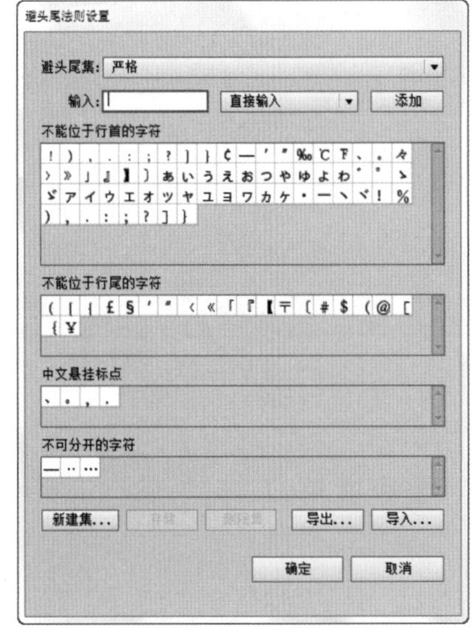

图 11-90

（1）单击“新建集”按钮，输入避头尾集的名称，指定新集将基于的现有集，然后单击“确定”按钮，如图 11-91 所示。若要在某个栏中添加字符，在“输入”框中输入字符并单击“添加”按钮或者指定代码系统（Shift JIS、JIS、Kuten 或 Unicode），输入代码并单击“添加”按钮，如图 11-92 所示。

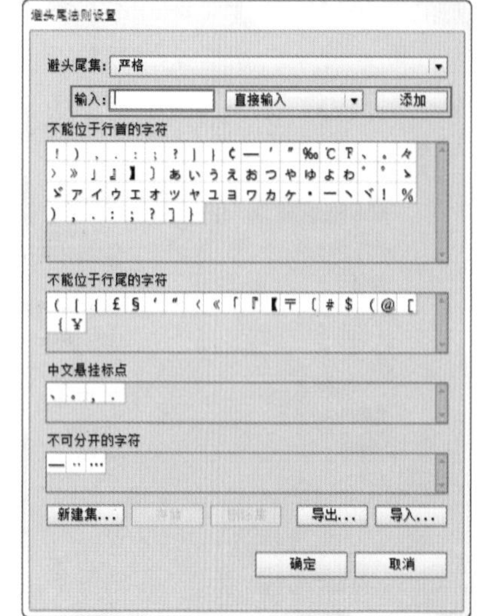

图 11-91　　　　图 11-92

（2）若要删除栏中的字符，选择该字符并单击“删除”按钮，如图 11-93 所示。若要检查当前选定的字符代码，选择 Shift JIS、JIS、Kuten 或 Unicode，并显示代码系统，如图 11-94 所示。

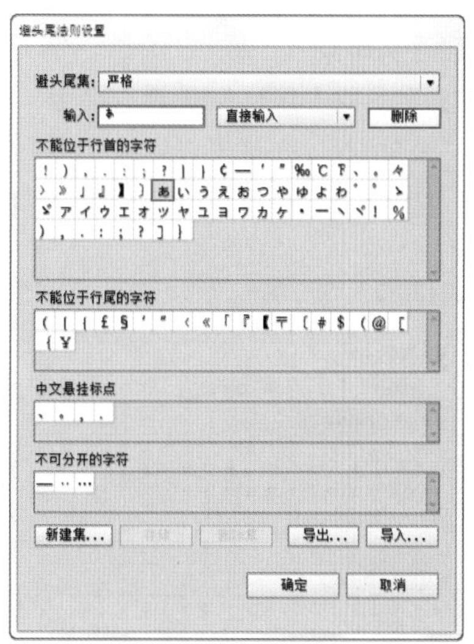

图 11-93

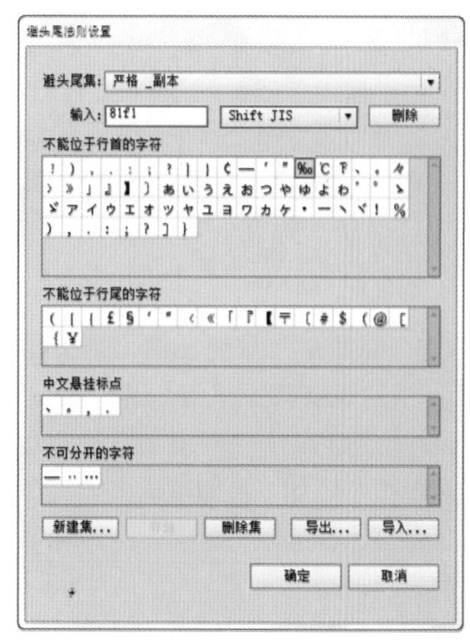

图 11-94

（3）单击“存储”或“确定”按钮以存储设置。如果不想存储设置可以单击“取消”按钮，如图 11-95 所示。

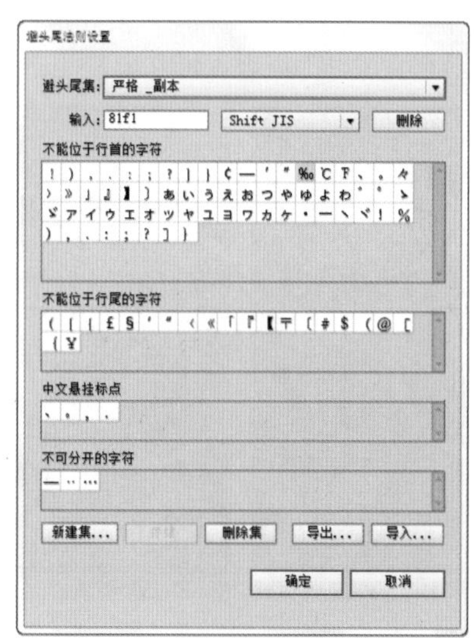

图 11-95

11.3　创建路径文字

利用“路径文字工具”可以创建沿路径排列的文字，有了这个工具就可以制作出类似图形描边的文字排列效果。图 11-96 和图 11-97 所示为可以使用到该工具制作的作品。

图 11-96　　　　图 11-97

11.3.1　创建沿路径排列的文字

在工具箱中选择“路径文字工具”，并将光标移动至路径上并单击可以将普通路径转换为文字路径，当光标转换为可输入路径文字的状态时单击，即可输入文字。输入的文字将以路径形态为约束进行排列。同样，“直排路径文字工具”可以制作直排排列的路径文字。

（1）在文档中绘制一条路径，该路径可以是开放路径也可以是封闭路径，如图 11-98 所示。在工具箱中选择“路径文字工具”，在绘制的路径上单击鼠标左键输入文字，可以发现文字按所绘制的路径排列，如图 11-99 所示。

图 11-98

图 11-99

（2）单击工具箱中的“直排路径文字工具”按钮，在绘制路径上单击鼠标左键，将路径转换为文字路径，然后键入文字即可，可以发现键入的文字沿路径直排分布，如图 11-100、图 11-101 所示。

图 11-100

图 11-101

（3）在 Illustrator 中，可以对路径文字的排列效果进行设置。选取路径文字对象，执行“文字 > 路径文字 > 路径文件选项”命令，弹出“路径文字选项”对话框，在此对话框中也可以为路径文字对象添加效果，如图 11-102 所示。图 11-103 所示为各种效果。

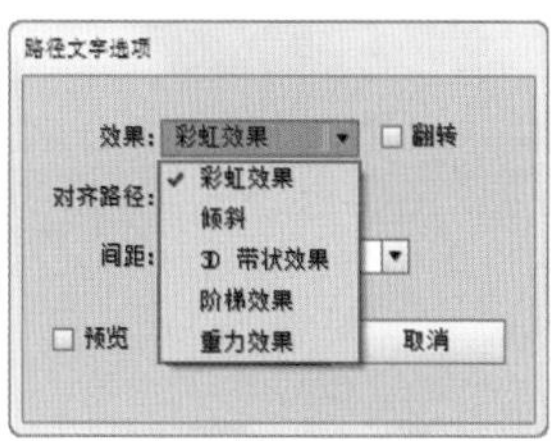

图 11-102

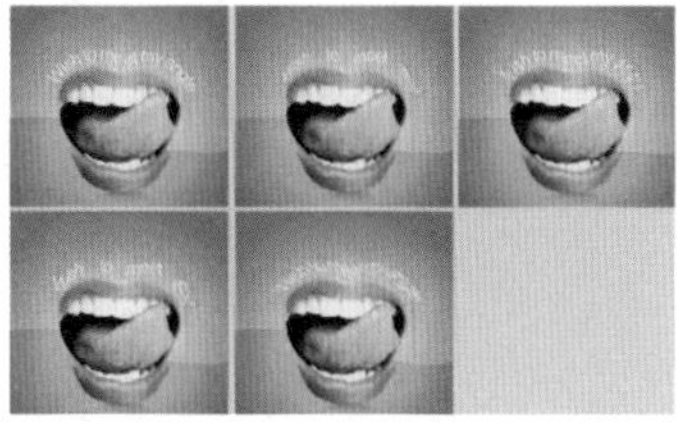

图 11-103

（4）在“路径文字选项”对话框中的“对齐路径”选项中，可以设置字符和路径的对齐方式，如图 11-104 所示。图 11-105 所示为各种对齐方式的效果。

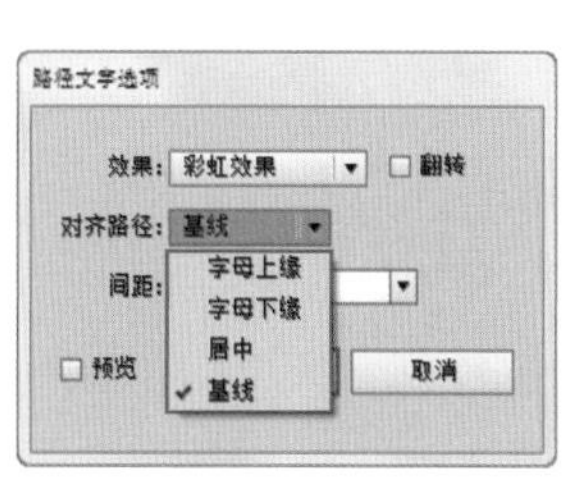

图 11-104

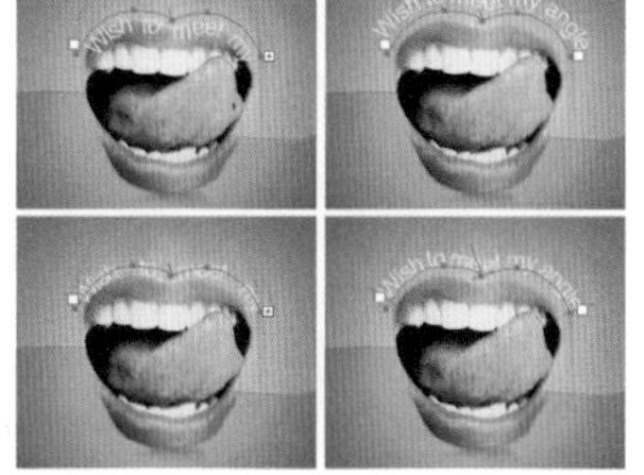

图 11-105

重点参数提醒：

- 字母上缘：沿字体上边缘对齐。
- 字母下缘：沿字体下边缘对齐。
- 中央：沿字体字母上、下边缘间的中心点对齐。
- 基线：沿基线对齐。这是默认设置。

11.3.2　进阶案例：使用“路径文字”制作搞怪海报

案例文件	使用“路径文字”制作搞怪海报 .ai
视频教学	使用“路径文字”制作搞怪海报 .flv
难易指数	★★☆☆☆
技术掌握	掌握路径文字工具的运用

路径文字可以让文字沿着路径排列，在本案例中，使用到了多种文字工具，例如：点文字、段落文字、路径文字等，案例完成效果如图 11-106 所示。

图 11-106

（1）执行“文件 > 新建”命令，新建大小为 A4 的纵向文档。选择工具箱中的“矩形工具”，设置“填色”为蓝色，绘制一个和画板大小相当的矩形，如图 11-107 所示。

图 11-107

（2）选择“文字工具” T 在文档内单击拖动创建矩形文本框，并在控制栏中对字符进行设置，如图 11-108 所示。在文本框内键入文字，如图 11-109 所示。区域文本创建完成。

图 11-108

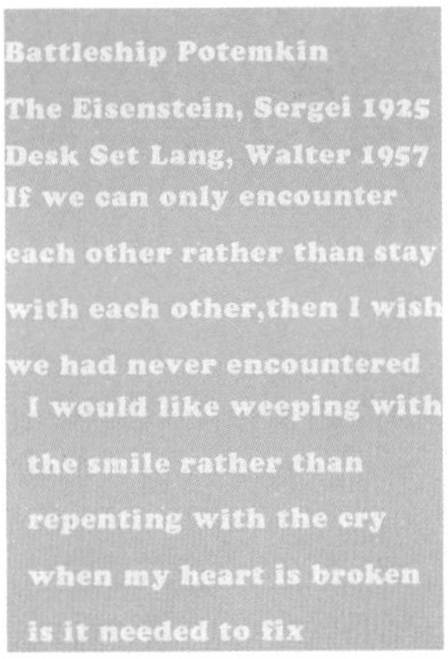

图 11-109

（3）选取区域文本对象，在控制栏中设置其“不透明度”为 10%，如图 11-110 所示。

图 11-110

（4）选择工具箱中的“椭圆工具”，设置“填色”为浅灰色，按住 <Shift> 键在文档内绘制一个正圆，如图 11-111 所示。执行“效果 > 扭曲和变换 > 波纹效果”命令，在弹出的“波纹效果”对话框中设置“大小”为 20mm，“每段的隆起数”为 4，勾选“尖锐”，参数设置如图 11-112 所示。效果如图 11-113 所示。

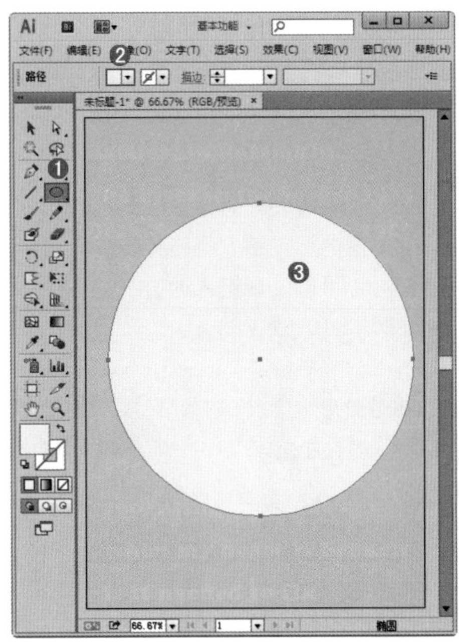

图 11-111

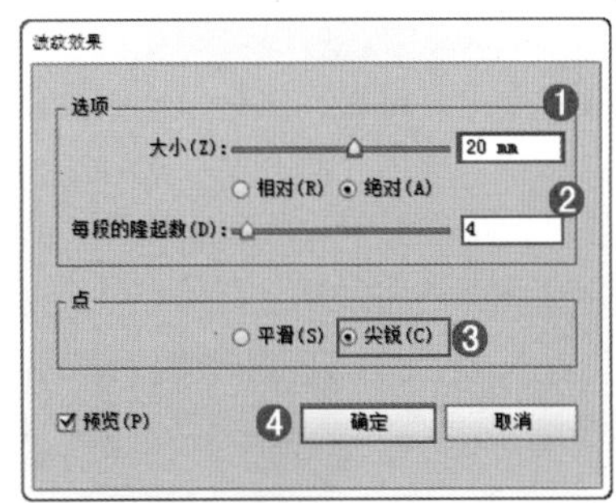

图 11-112

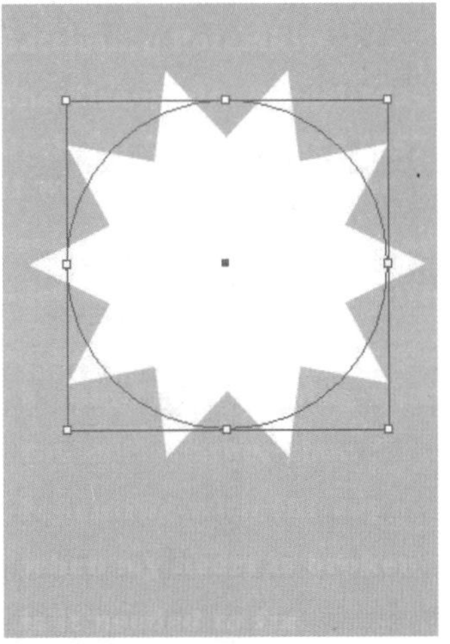
图 11-113

（5）选择椭圆对象执行“对象 > 扩展外观”命令，效果如图 11-114 所示。

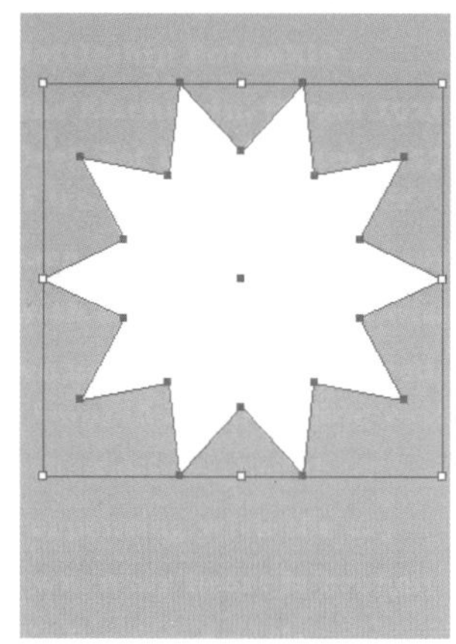

图 11-114

（6）选择工具箱中的“直接选择工具”，对其形状进行调整，如图 11-115 所示。然后在控制栏中将其“不透明度”调整为 40%，效果如图 11-116 所示。

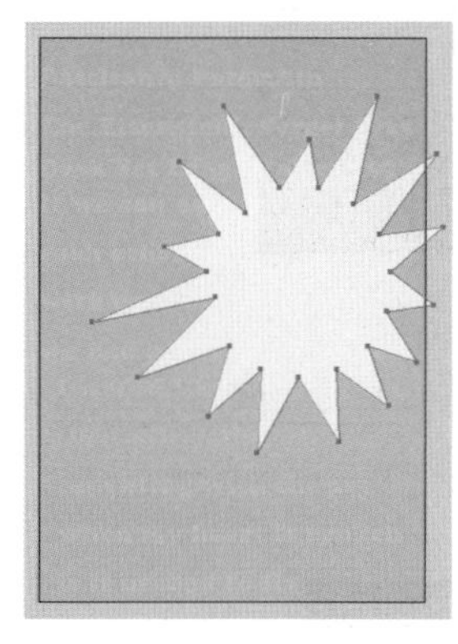

图 11-115

图 11-116

（7）执行“文件 > 置入”命令，置入素材“1.png”，并对置入素材图形的大小进行适当调整，如图 11-117 所示。

图 11-117

（8）使用“钢笔工具”在文档内绘制一条路径，如图 11-118 所示。选择工具箱中的“路径文字工具”，在绘制的路径上单击插入光标，在控制栏中对文字的字体、大小、颜色等进行设置，设置完成后输入文字，如图 11-119 所示。

图 11-118

图 11-119

（9）使用同样的方法，继续创建路径文字对象，如图 11-120 所示。使用“文字工具”在文档内创建点文本，如图 11-121 所示。

图 11-110

图 11-121

（10）使用快捷键 <Ctrl+C> 复制对象，然后使用快捷键 <Ctrl+F> 粘贴在前面，如图 11-122 所示。将复制得到的对象略微缩小，并在“渐变”面板中设置其填充为红黄色系线性渐变，如图 11-123 所示。

图 11-122

图 11-123

（11）继续使用“文字工具”在文档的右上角创建点文本，本案例制作完成，如图 11-124 所示。

图 11-124

11.4 常用的文字操作

使用文字工具在画面中键入文字后也可以对文本部分进行编辑，在 Illustrator 中提供了大量的文字编辑功能，例如单独调整大段文字中的部分字符形态、将字符对象转换为图形、更改文字的大小写等，本节将介绍这些常用的编辑操作，如图 11-125 和图 11-126 所示为可以使用到这些命令制作的作品。

图 11-125

图 11-126

11.4.1 使用“修饰文字工具”更改文字大小

“修饰文字工具”是 Illustrator CC 中新增加的工具。“修饰文字”工具通过对字符进行移动、缩放或旋转，能够实现创造性地处理文本，使文本更加美观。使用“修饰文字工具”编辑文本时，文本的每个字符都被视为独立对象可以被编辑。在文档内建立文本后，在工具箱内选择“修饰文字工具”直接对字符进行修饰即可，如图 11-127、图 11-128 所示。

图 11-127

图 11-128

11.4.2 进阶案例：使用“修饰文字工具”制作文字海报

案例文件	使用“修饰文字工具”制作文字海报 .ai
视频教学	使用“修饰文字工具”制作文字海报 .flv
难易指数	★★☆☆☆
技术掌握	掌握“修饰文字工具”的运用

在没有“修饰文字工具”之前，若要更改文本对象中的单个文字大小是一件很麻烦的事情，在本案例中，首先键入点文字，然后使用“修饰文字工具”调整文字的大小，最后通过“混合模式”来制作混合效果，案例完成效果如图 11-129 所示。

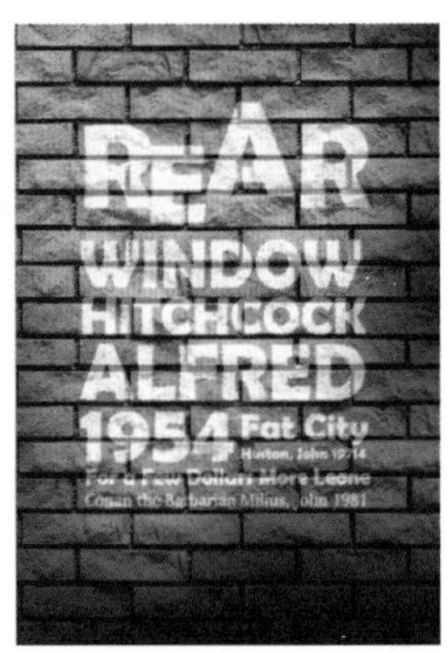

图 11-129

（1）执行“文件 > 新建”命令，新建大小为 A4 的纵向文档。执行“文件 > 置入”命令，置入素材“1.jpg”，如图 11-130 所示。

图 11-130

（2）选择工具箱中的“文字工具”在文档内单击创建点文本，如图 11-131 所示。在控制栏中对文字的大小、字体等进行设置，在文档中键入文字，如图 11-132 所示。

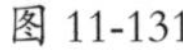

图 11-131

图 11-132

（3）选择工具箱中的“修饰文字工具”，单击选择字符，如图 11-133 所示。对字符进行拖动缩放、移动操作，如图 11-134 所示。

图 11-133

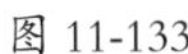

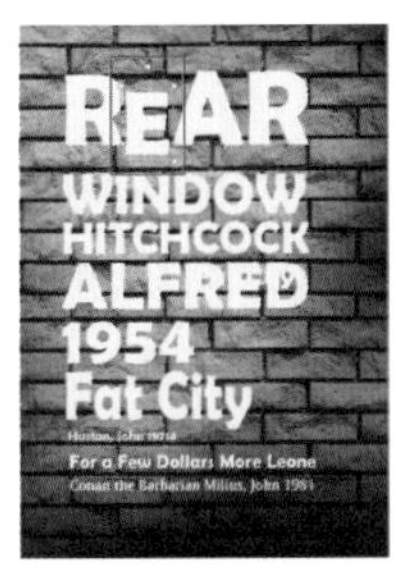

图 11-134

（4）使用同样的方法对字符进行修饰，如图 11-135 所示。继续使用“修饰文字工具”对文本进行修饰，如图 11-136 所示。

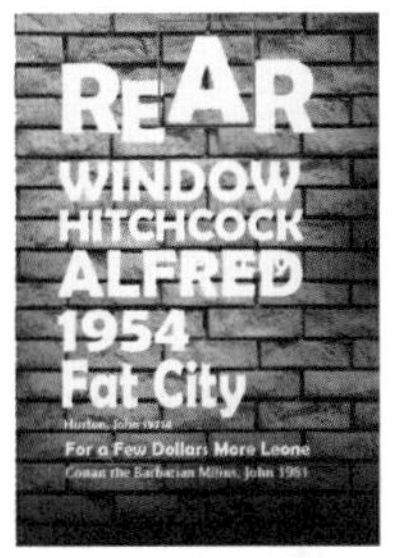

图 11-135

图 11-136

（5）将字符缩小后移动到新的位置，如图 11-137 和图 11-138 所示。

图 11-137

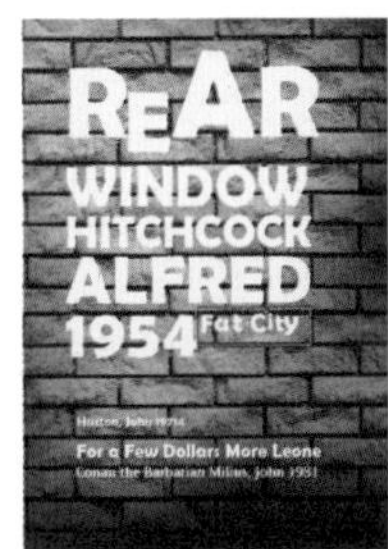

图 11-138

（6）继续使用“修饰文字工具”移动字符的位置，如图 11-139 所示。文本修饰完成，如图 11-140 所示。

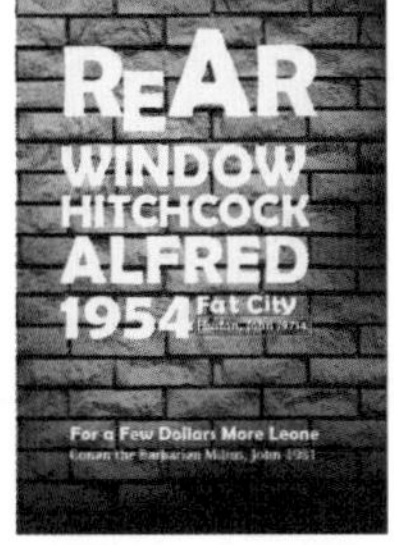

图 11-139

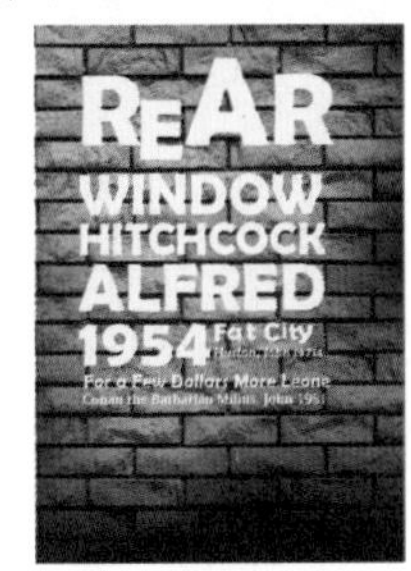

图 11-140

（7）选取文本对象，执行“文字 > 创建轮廓”命令，将文本对象转换为图形对象，并将其编组如图 11-141 所示。单击控制栏中的“不透明度”按钮，在弹出的面板中，将其“混合模式”设置为“叠加”，如图 11-142 所示。

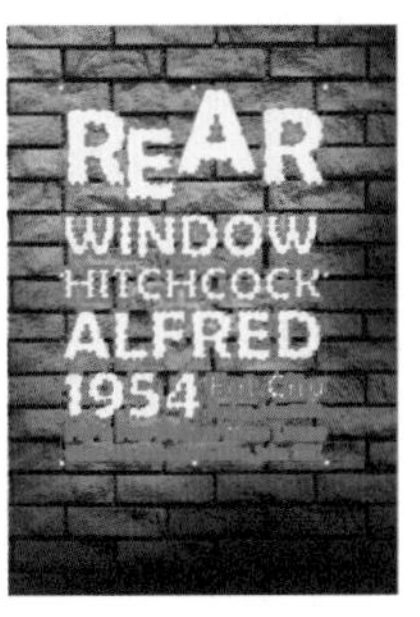

图 11-141

图 11-142

（8）使用快捷键 <Ctrl+C> 复制组，然后使用快捷键 <Ctrl+F> 将复制对象粘贴在前面，选取复制对象，并设置其“混合模式”为“正常”，如图 11-143 所示。选取复制对象，在控制栏中将其“不透明度”设置为 40%，效果如图 11-144 所示。整体制作完成。

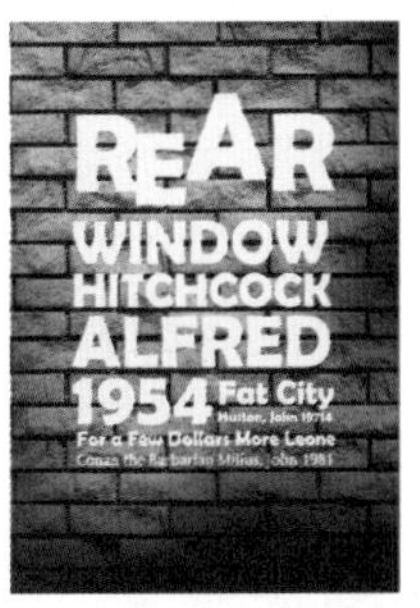

图 11-143

图 11-144

11.4.3　创建文字的轮廓

文字对象从表面上看和普通的图形对象没有太大差异，但实际上它们的内部保存方式是不同的。对文字对象进行编辑时，不能完全使用普通对象的编辑方法。遇到这种情况时，可以将文字对象转换为普通的图形对象。执行“文字 > 创建轮廓”命令或使用快捷键 <Ctrl+Shift+O>，将文字对象转换为图形对象，如图 11-145 所示。将文字对象转换为图形对象后，原本的文字属性会丧失，可以同普通图形对象那样直接对其锚点和路径进行编辑，如图 11-146 所示。

图 11-145

图 11-146

11.4.4 更改字符大小写

在 Illustrator 中，可以通过执行“更改大小写”命令，按照相应的习惯或文档风格，重新调整文档中文字部分的大小写。选取要进行调整的文字对象，执行“文字 > 更改大小写”命令，根据具体需要选择弹出的子菜单中的命令，如图 11-147~ 图 11-149 所示。

图 11-147

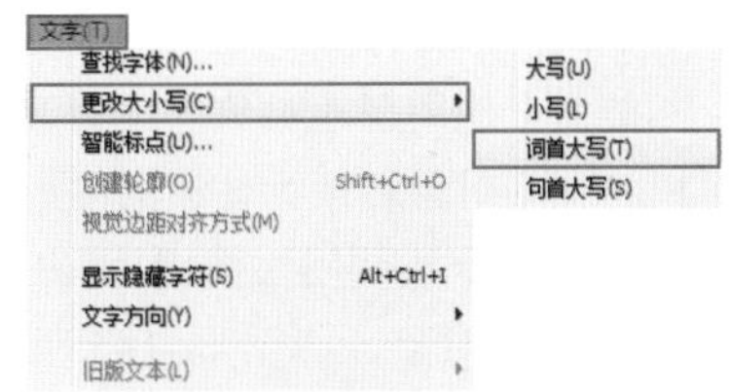

图 11-148

图 11-149

11.4.5 查找 / 替换文本

查找和替换功能在文字编辑过程中发挥着非常重要的作用，便于对长篇幅文字的错误进行查找和修改。选择要进行查找和替换操作的文本对象，执行“编辑 > 查找和替换”命令。弹出“查找和替换”对话框，在该对话框中定义要查找和替换的文字内容，勾选相应的选项如图 11-150 所示，单击“查找”按钮，即可在当前文本中进行查找并标记，如图 11-151 所示。此时单击“替换”按钮即可替换标记的文字，如图 11-152 所示。

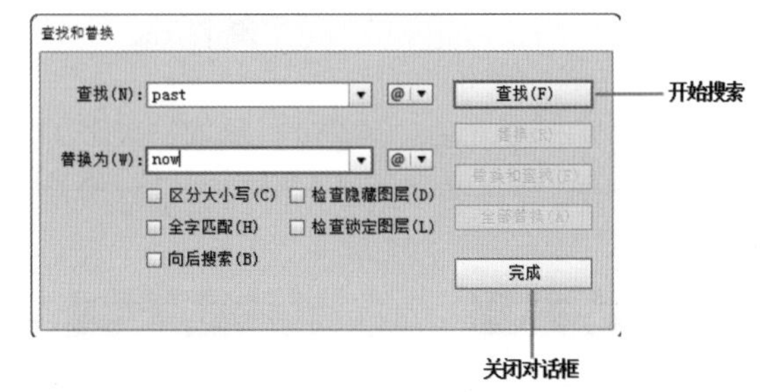

图 11-150

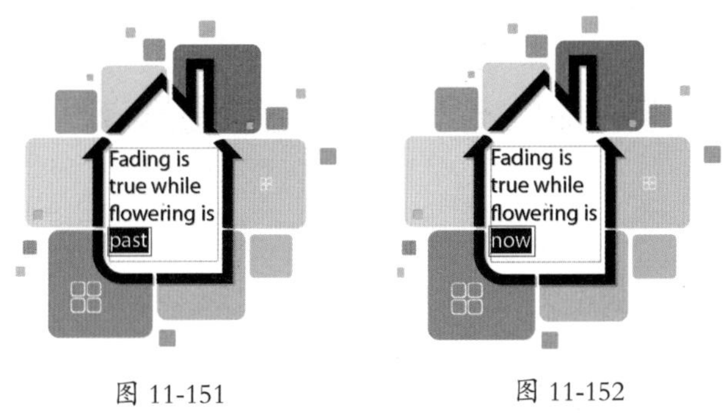

图 11-151　　图 11-152

重点参数提醒：

- 区分大小写：仅搜索大小写与“查找”框中所输入文本的大小写完全匹配的文本字符串。
- 查找全字匹配：只搜索与“查找”框中所输入文本匹配的完整单词。
- 向后搜索：从堆栈顺序的最下方向最上方搜索文件。
- 检查隐藏图层：搜索隐藏图层中的文本。
- 检查锁定图层：搜索锁定图层中的文本。
- 替换：以替换文本字符串，然后单击“查找下一个”查找下一个实例。
- 替换和查找：以替换文本字符串并查找下一个实例。
- 全部替换：以替换文档中文本字符串的所有实例。

小技巧：对文本中的特殊符号进行查找和替换

若要对文本中的特殊符号进行查找和替换操作，单击“插入特殊符号”按钮 @ ▾ 在弹出的菜单中选择要查找和替换的特殊符号，如图 11-153 所示。

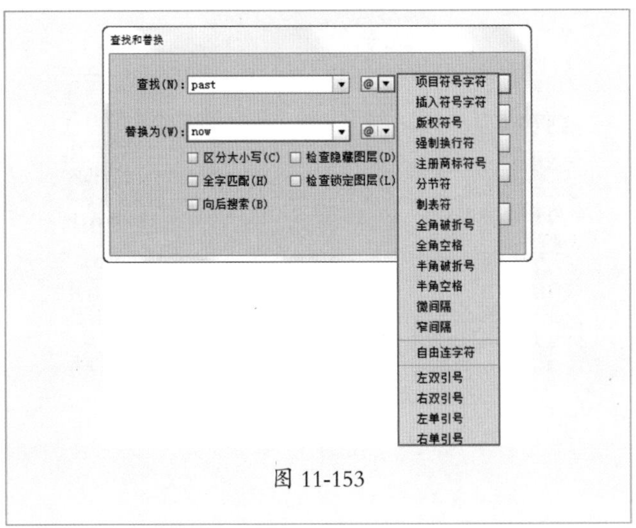

图 11-153

11.4.6　拼写检查

在 Illustrator 中可以通过执行“拼写检查”命令来检查文本中的拼写错误。还可以根据具体需要来编辑自定义词典以便对文本进行拼写检查。

选择要进行拼写检查的文本，执行“编辑 > 拼写检查”命令。弹出“查找和替换”对话框，若要设置用于单词的查找和忽略的选项，单击对话框底部的箭头图标，根据需要设置选项。然后单击“开始”按钮，即可开始进行拼写检查，如图 11-154~ 图 11-157 所示。

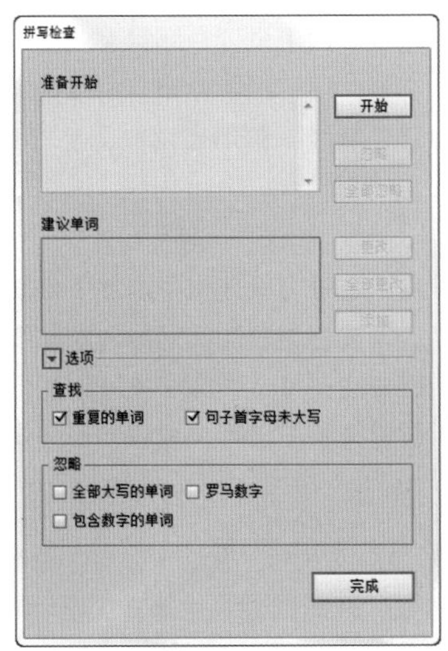

图 11-154

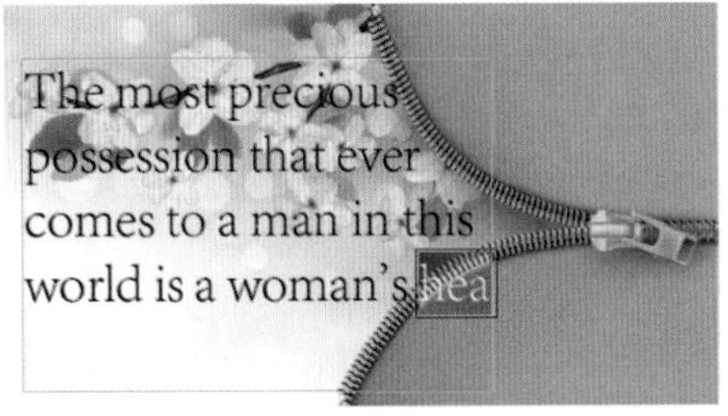

图 11-155

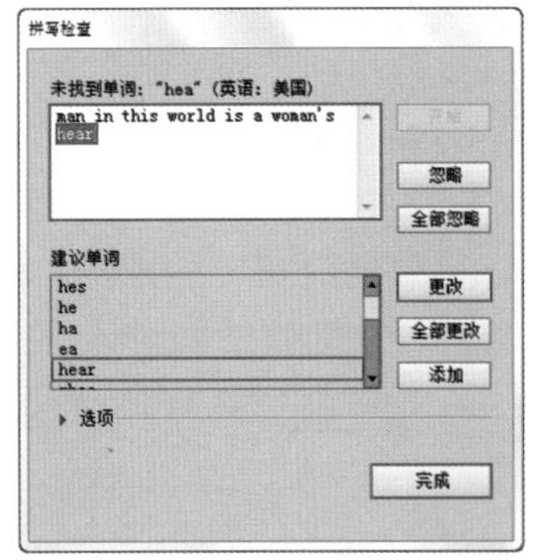

图 11-156

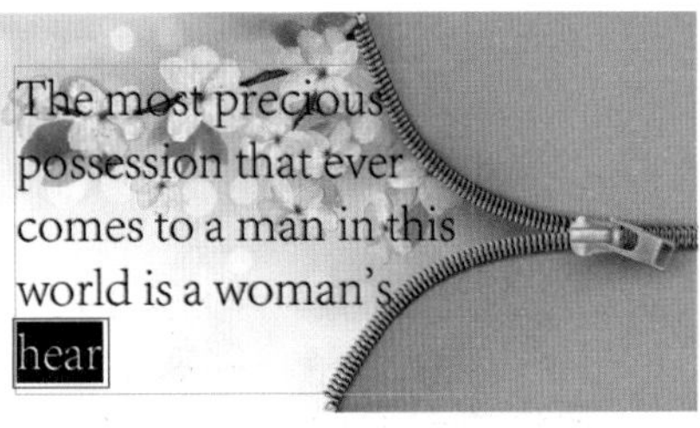

图 11-157

忽略 \ 全部忽略：单击“忽略”或“全部忽略”按钮继续拼写检查，而不更改特定的单词。

建议单词：从“建议单词”列表中选择一个单词，或在顶部的框中键入正确的单词，然后单击“更改”按钮只更改出现拼写错误的单词。

全部更改：单击“全部更改”按钮更改文档中所有出现拼写错误的单词。

添加：单击“添加”按钮，指示 Illustrator 将可接受但未识别出的单词存储到词典中，以便在以后的操作中不再将其判断为拼写错误。

11.4.7　将文本导出到文本文件

选取要导出的文本对象，执行“文件 > 导出”命令，此时弹出“导出”对话框，在该对话框中对导出的路径、“文件名”和“保存类型”进行设置，如图 11-158 所示。单击“导出”按钮，弹出“文本导出选项”对话框，在该对话框中对文本导出的“平台”和“编码”进行设置，单击“导出”按钮，即可将在 Illustrator 文档中的文本对象导出，如图 11-159 所示。

图 11-158

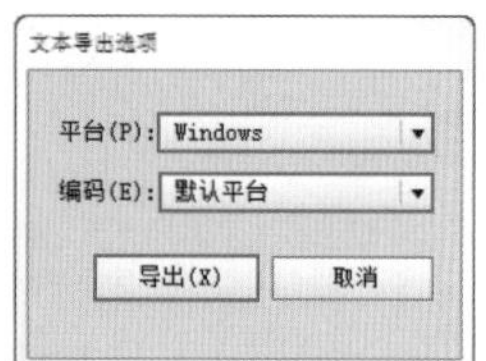

图 11-159

11.5 字符面板

在平面设计中文字除了表达语义外，往往还被用来体现设计者的某种情感。在 Illustrator 中，可以通过“字符”面板来赋予文字更多的美感实现情感表达功能。通过“字符”面板，可以通过设置文字的字体、字号、间距等属性来调整文本的效果。图 11-160 和图 11-161 所示为可以使用到该功能制作的作品。

图 11-160

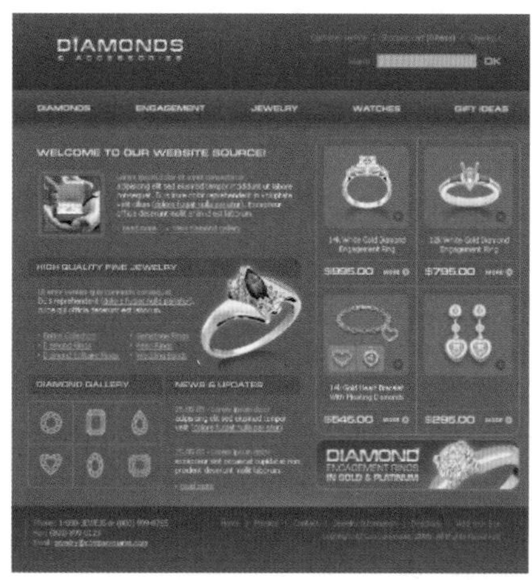

图 11-161

11.5.1 认识“字符”面板

执行“窗口 > 文字 > 字符”命令，打开“字符”面板。在这里除了包含了控制栏中的字体、字号等基本属性，还有很多其他选项，如图 11-162 所示。

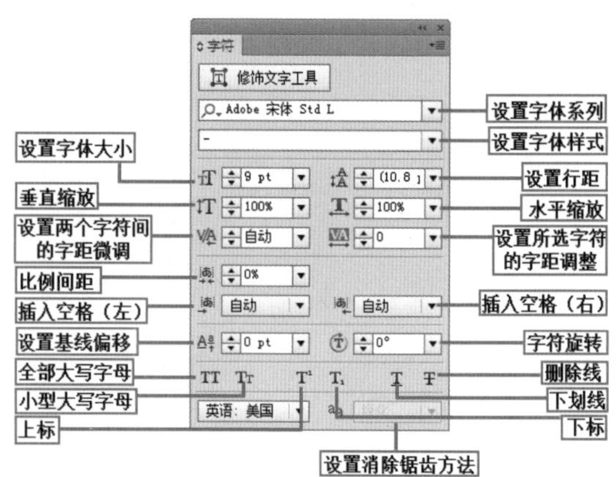

图 11-162

重点参数提醒：

- 设置字体系列：在下拉列表中可以选择文字的字体。
- 设置字体样式：设置所选字体的字体样式。
- 设置字体大小：在下拉列表中可以选择字体大小，也可以输入自定义数字。
- 设置行距：用于设置字符行之间的间距大小。
- 水平缩放：用于设置文字的水平缩放百分比。
- 垂直缩放：用于设置文字的垂直缩放百分比。
- 设置两个字符间的字距微调：设置两个字符间的间距。
- 字距微调：用于设置所选字符的字距调整。
- 比例间距：用于设置日语字符的比例间距。
- 插入空格（左）：用于设置在字符左端插入空格。
- 插入空格（右）：用于设置在字符右端插入空格。
- 设置基线偏移：基线偏移用来设置文字与文字基线之间的距离。
- 字符旋转：用于设置字符的旋转角度。
- 下划线：单击该按钮为所选文字添加下划线。
- 删除线：单击该按钮为所选文字添加删除线。
- 设置消除锯齿方法：可选择文字消除锯齿的方式。
- 语言：用于设置文字的语言类型。

小技巧：显示“字符”面板中的选项

默认情况下，“字符”面板中只显示最常用的选项。要显示所有选项，从选项菜单中选择“显示选项”。

11.5.2 旋转直排文本中的半角字符

在直排文本中，半角字符（如罗马文本或数字）的方向会发生变化。通过执行“字符”面板菜单中的“标准垂直罗马对齐方式”命令，可以调整半角字符的方向，如图 11-163 所示。

图 11-164 所示为没有执行“标准垂直罗马对齐方式”命令时半角字符的方向。图 11-165 所示为执行“标准垂直罗马对齐方式”命令时半角字符的方向。

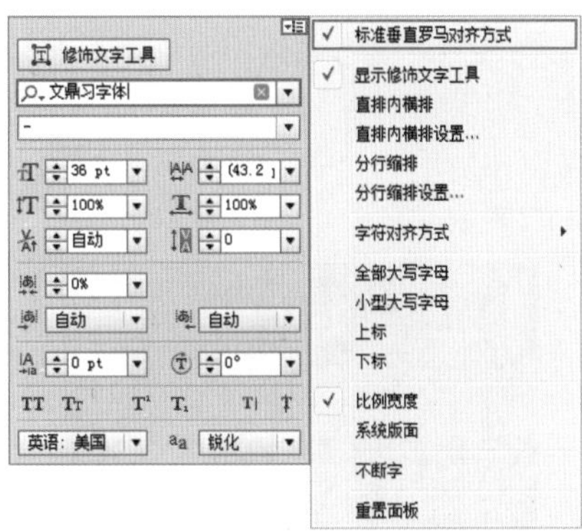

图 11-163

图 11-164

图 11-165

11.5.3　使用“直排内横排”

直排内横排是指一组在直排文字行中进行横排的文字块。使用“直排内横排”可使直排文字中的半角字符（如数字、日期和较短的其他语言文字）更易于阅读。如图 11-166~ 图 11-168 所示。

图 11-166

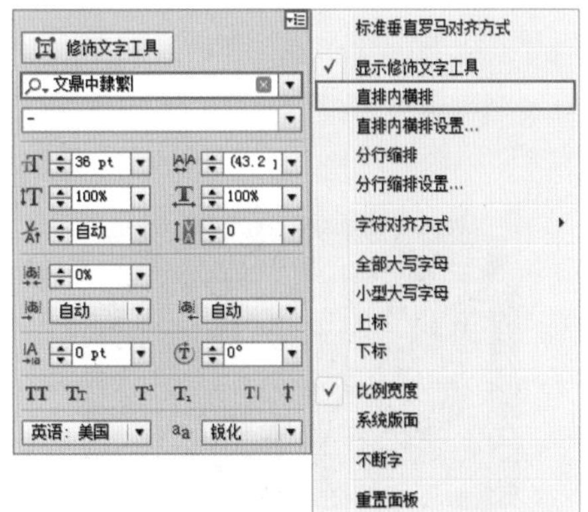

图 11-167

图 11-168

11.6　段落面板

“段落”面板用于设置文本段落的属性，包括对齐方式、缩进方式、间距样式、连字符和换行等属性。单击属性栏中的“段落”按钮或执行“窗口 > 文字 > 段落”命令，可以打开“段落”面板，如图 11-169 所示。

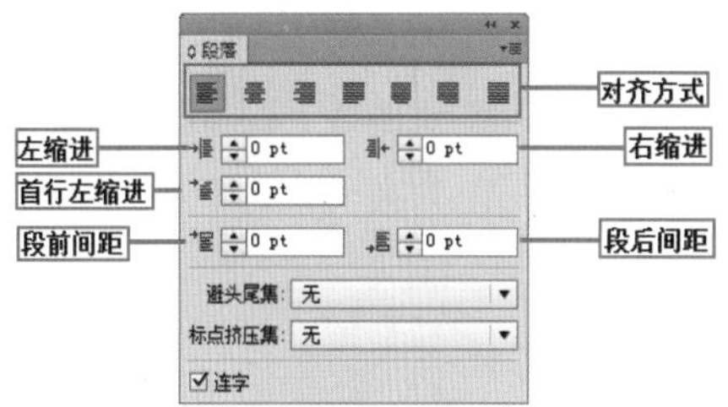

图 11-169

默认情况下，“段落”面板中只显示最常用的选项。在“段落”面板中执行“显示选项”命令能够显示全部选项，如图 11-170、图 11-171 所示。

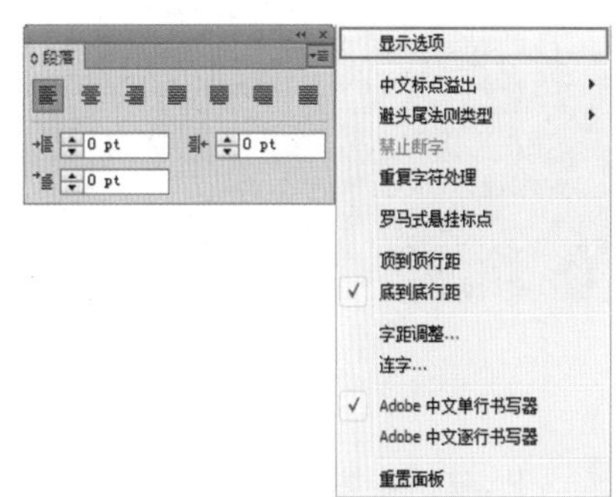

图 11-170

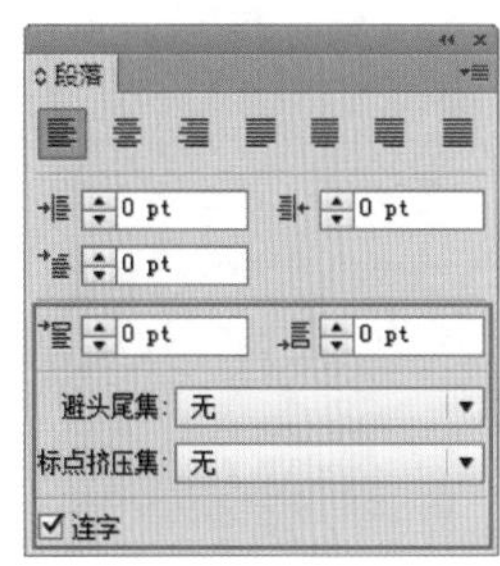

图 11-171

11.6.1 对齐文本

段落对齐是针对文本框架和框架中的文字进行不同的对齐操作。可以在“段落”面板中进行，也可以在“控制”面板中进行，如图 11-172、图 11-173 所示。

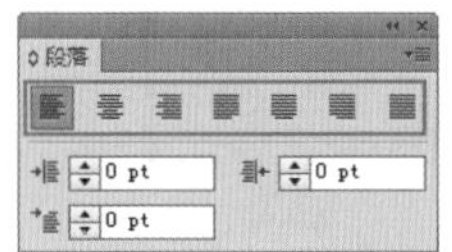

图 11-172　　图 11-173

- 左对齐：单击该按钮时，文字将与文本框架的左侧对齐，并在每一行中放置更多的单词，如图 11-174 所示。

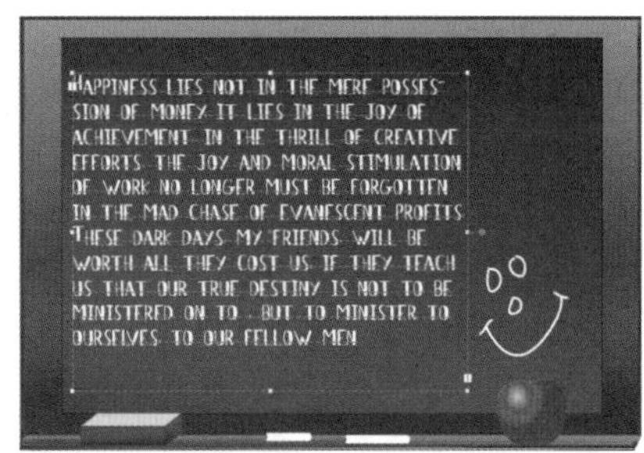

图 11-174

- 居中对齐：单击该按钮时，文字将按照中心线放置和文本框架对齐，将每一行的剩余空间分成两部分，分别放置到文本行的前和后，导致文本行的左右不整齐，如图 11-175 所示。

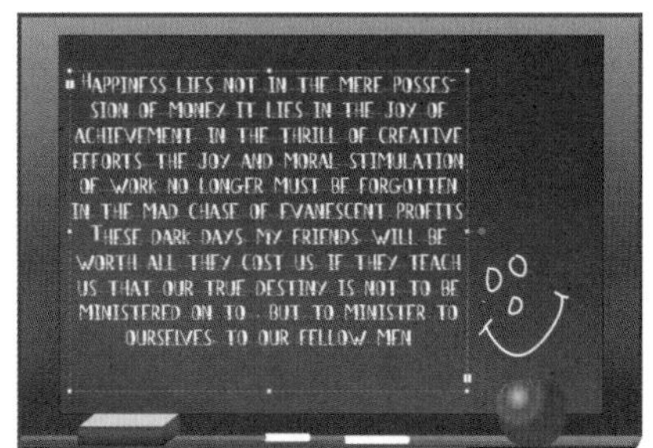

图 11-175

- 右对齐：单击该按钮时，文字将与文本框架的右侧对齐，并在每一行中放置更多的单词，如图 11-176 所示。

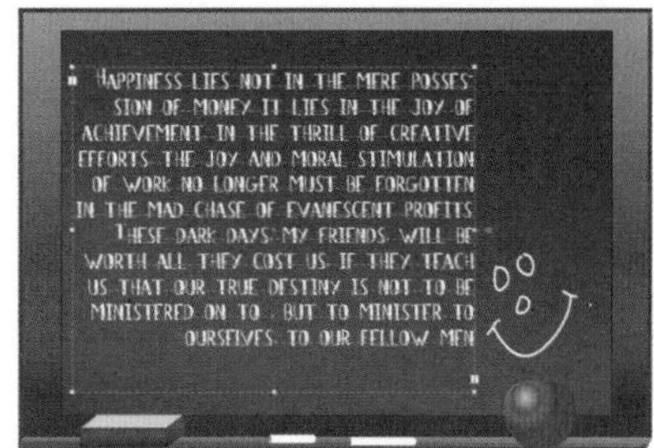

图 11-176

- 双齐末尾齐左：单击该按钮时，将在每行中尽量排入更多的文字，将两端和文本框架对齐，将不能排入的文字放置在最后一行中，并和文本框的左侧对齐，如图 11-177 所示。

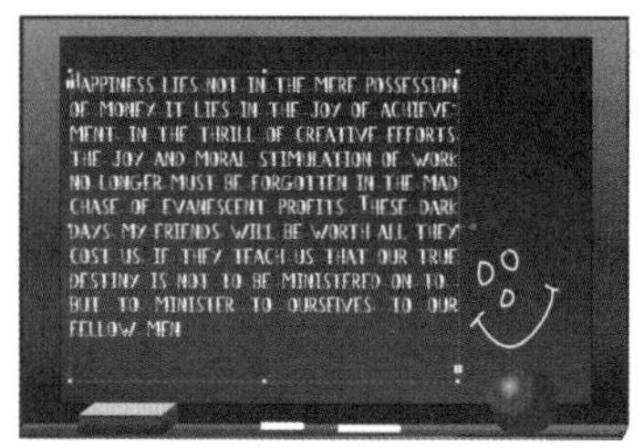

图 11-177

- 双齐末尾居中：单击该按钮时，将在每行中尽量排入更多的文字，将两端和文本框架对齐，将不能排入的文字放置在最后一行中，并和文本框的中心线对齐，如图 11-178 所示。

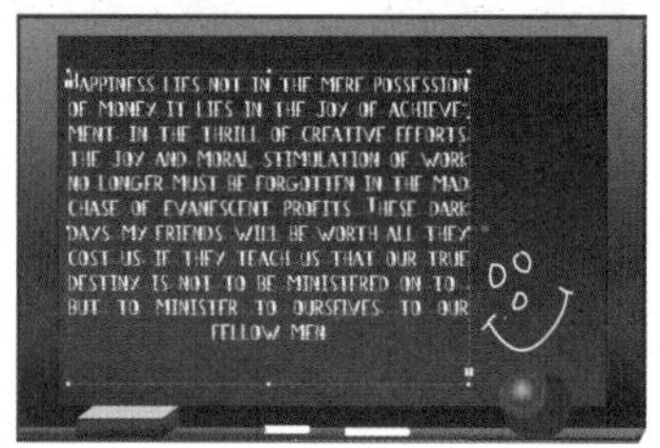

图 11-178

- 双齐末尾齐右：单击该按钮时，将在每行中尽量排入更多的文字，将两端和文本框架对齐，将不能排入的文字放置在最后一行中，并和文本框的右侧对齐，如图 11-179 所示。

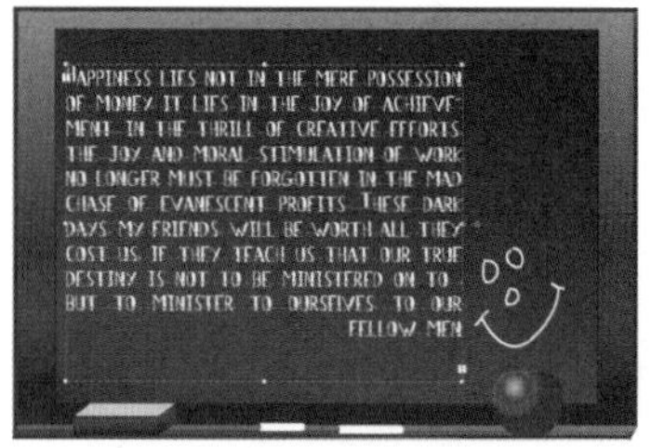

图 11-179

全部强制齐行：单击该按钮时，文本框架中的所有文字将按照文本框架两侧进行对齐，中间通过添加字间距来填充，文字的两侧保持整齐，如图 11-180 所示。

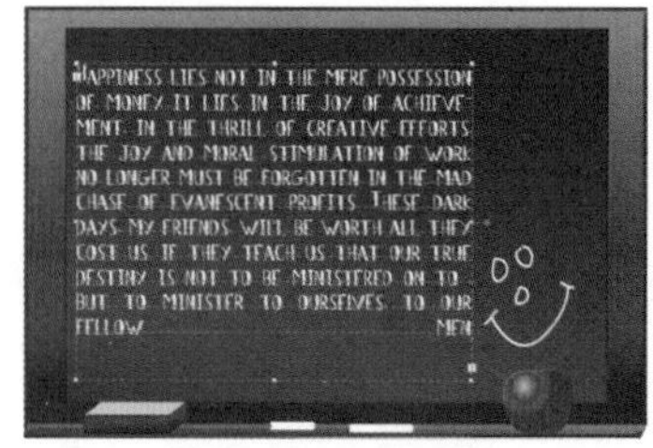

图 11-180

11.6.2　缩进文本

在“段落”面板中可以对文本框架中的某一段文字左、右、行首或行尾的缩进数值进行定义，如图 11-181 所示。

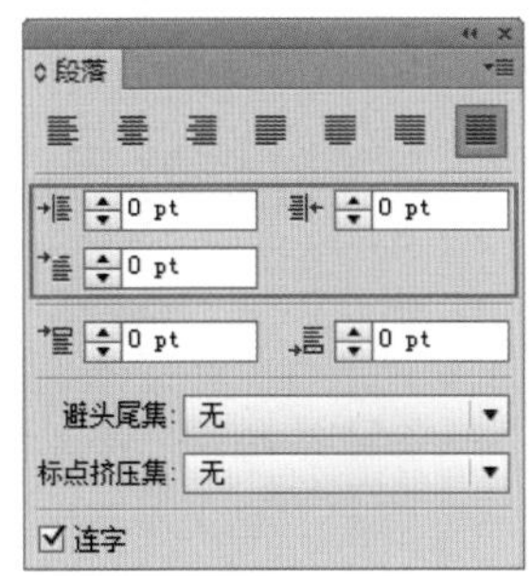

图 11-181

重点参数提醒：

要将整个段落缩进 1pt，在“左缩进”或“左缩进”框中键入一个值；要将段落首行缩进 1pt，在“首行左缩进”框中键入一个值；要创建 1pt 的悬挂缩进，在“左缩进”或“左缩进”框中键入一个正值（如 1pt），然后在“首行左缩进”框中键入一个负值（如 – 1pt）。

- 左缩进 ：文本的左侧边缘向右侧缩进，如图 11-182、图 11-183 所示。

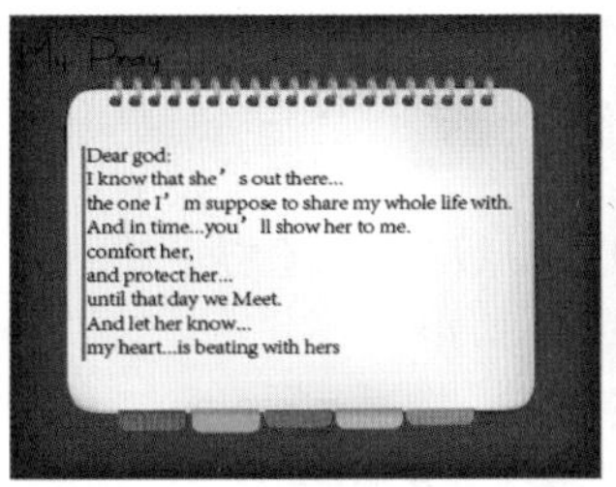

图 11-182　　图 11-183

- 右缩进 ：文本的右侧边缘向左缩进，如图 11-184、图 11-185 所示。

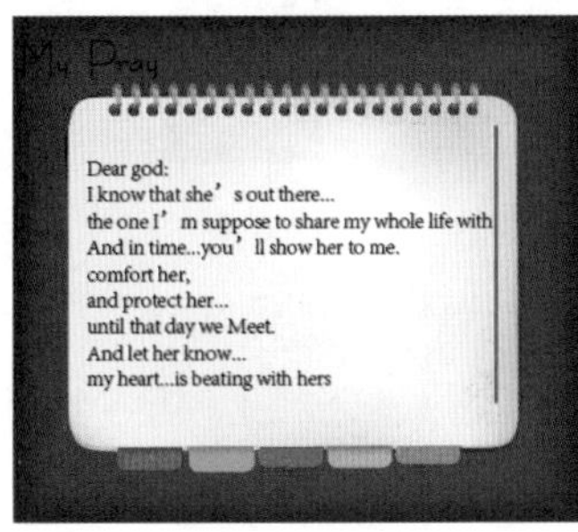

图 11-184

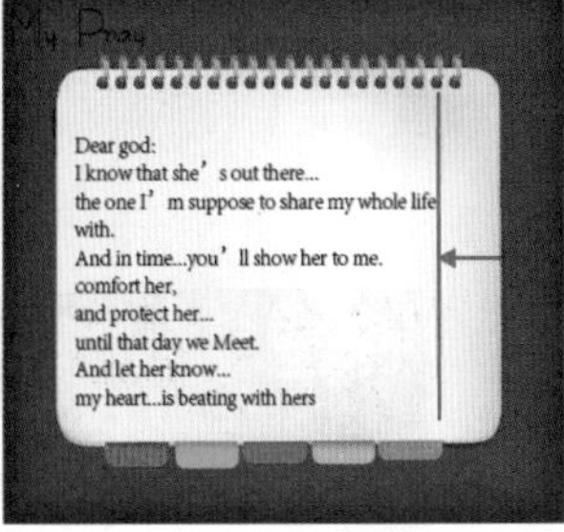

图 11-185

- 首行左缩进 ：文字的第一行向左侧缩进，如图 11-186 所示。

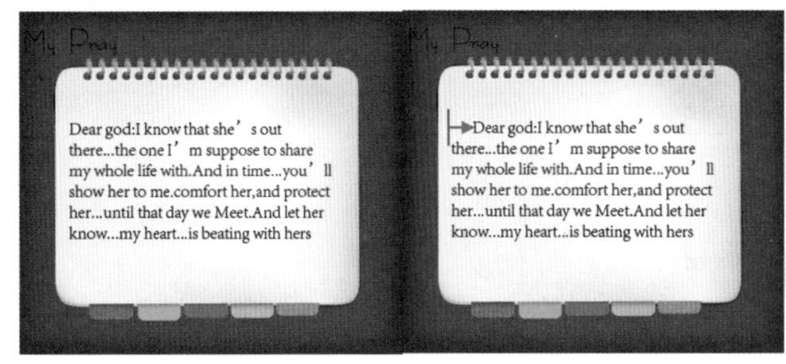

图 11-186

- 在“段落”面板中还可以对文字段落之间的距离进行设置，如图 11-187 所示。

图 11-187

- 段前间距 ：设置段落的前间距，如图 11-188 所示。

图 11-188

- 段后间距 ：设置段落的后间距，如图 11-189、图 11-190 所示。

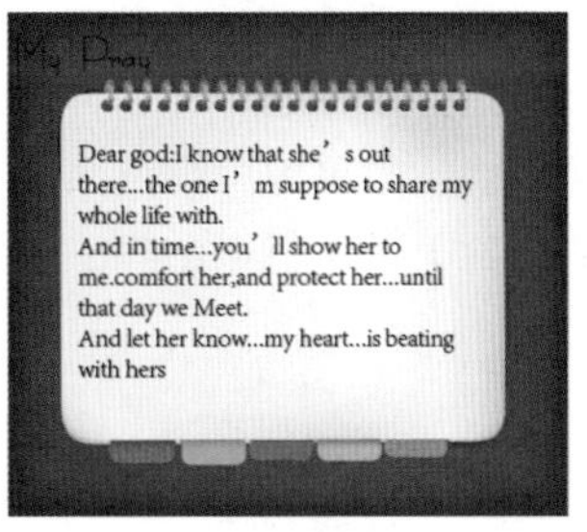

图 11-189

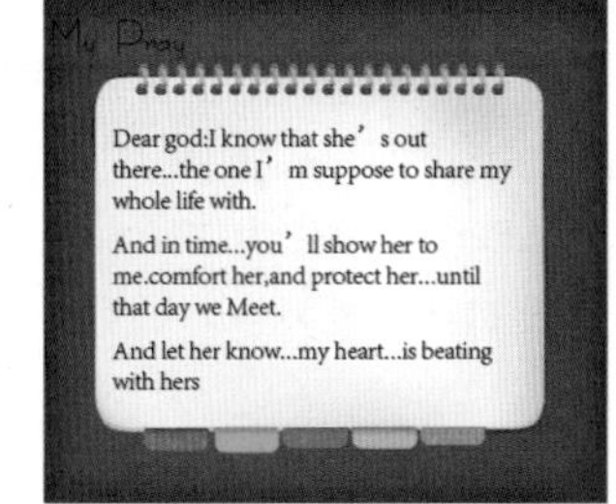

图 11-190

11.6.3　标点挤压设置

为了使文字排列更加整齐，在应用“避头尾”设置时，往往还会对文字段落中的一些符号和符号之间，符号和字符之间的间距进行调整。这种调整可以通过进行标点挤压设置来实现。执行“文字 > 标点挤压设置”命令，也可以在“段落”面板中的“标点挤压集”弹出式菜单中执行“标点挤压设置”，如图 11-191、图 11-192 所示。

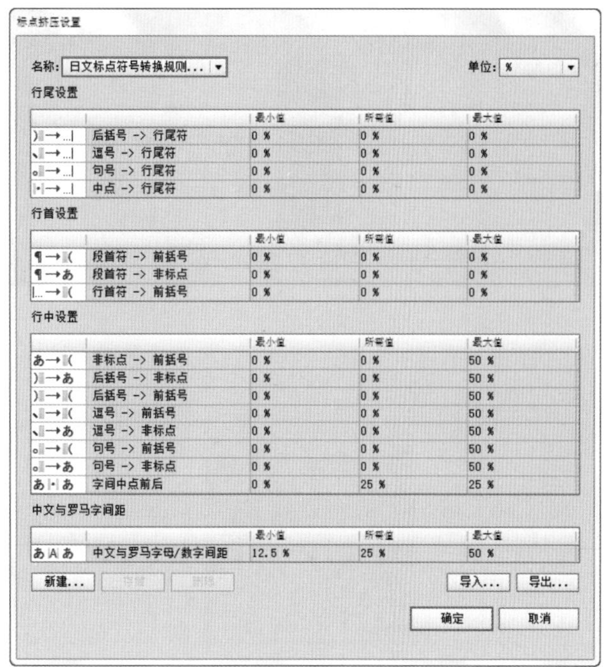

图 11-191

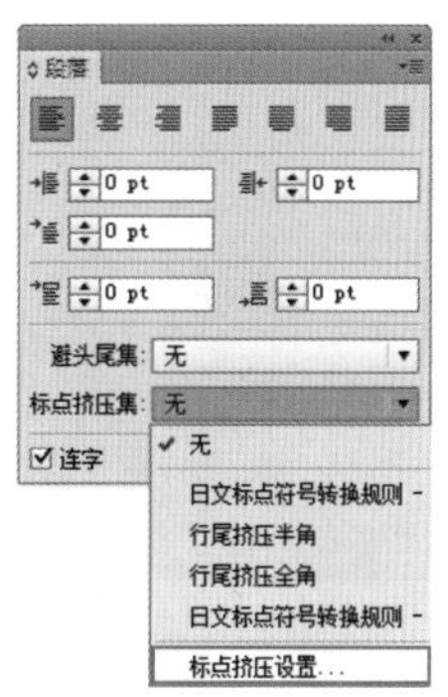

图 11-192

（1）在“标点挤压设置”对话框中，单击“新建”按钮。弹出“新建标点挤压”对话框，在该对话框中输入新标点挤压集的名称，指定新集将基于的现有集，然后单击“确定”按钮即可，如图 11-193 所示。从“单位”弹出菜单中可以设置单位为“%（使用百分比）”或“全角空格”，如图 11-194 所示。

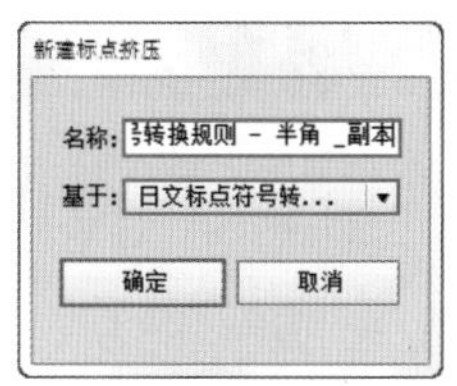

图 11-193

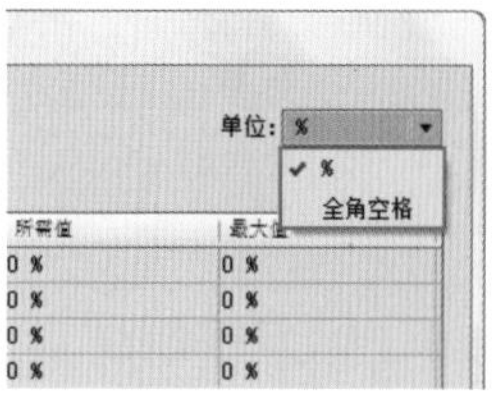

单位: %
✓ %
全角空格
所需值 最大值
0 % 0 %
0 % 0 %
0 % 0 %
0 % 0 %

图 11-194

（2）能够指定各选项的“所需值”“最小值”和“最大值”。“最小值”用于压缩避头尾文本行；“最大值”用于扩展两端对齐的文本行。设置完成后单击“存储”或“确定”按钮以存储设置，如图 11-195 所示。

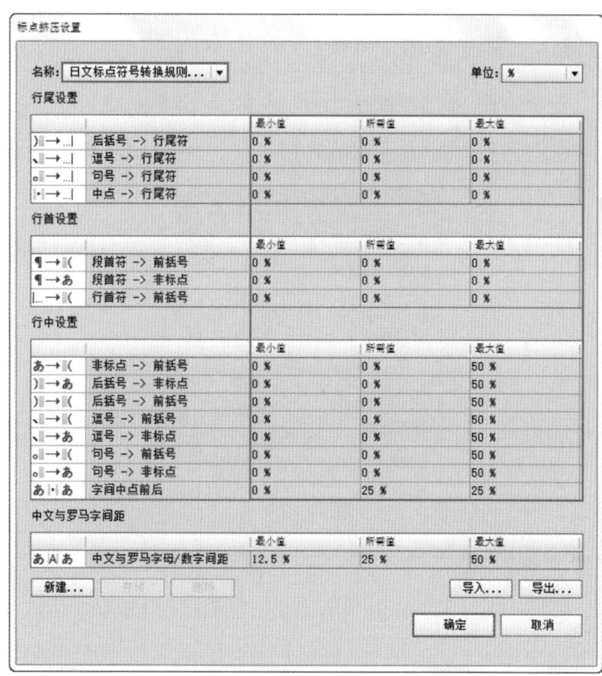

图 11-195

11.7 字符样式 / 段落样式面板

字符和段落的“样式”功能可以将某些设置比较复杂的属性保存为一个样式，在必要时可以将该样式认定到新的对象上，该对象将快速地按照该样式的设定进行认定。在 Illustrator 中提供了两种不同的样式，分别是：字符样式和段落样式。在进行大量文字排版时经常会需要使用到这两个面板，如图 11-196 和图 11-197 所示。

图 11-196

图 11-197

11.7.1　创建字符或段落样式

想要使用字符样式或段落样式，首先需要定义一个样式。如果要在现有文本的基础上创建新样式，选择文本然后执行“窗口 > 文字 > 字符样式或段落样式”命令弹出面板。若要使用默认名称创建样式，在弹出的“字符样式”面板或“段落样式”面板中单击“创建新样式”按钮即可，如图 11-198、图 11-199 所示。

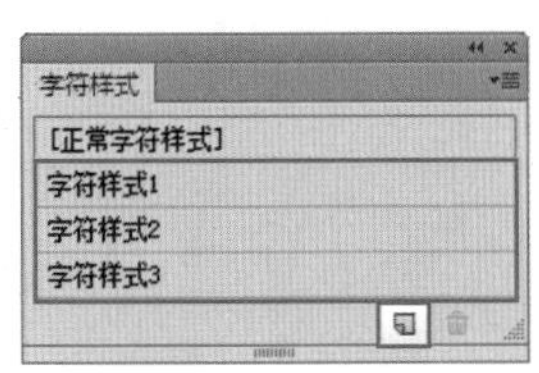

图 11-198

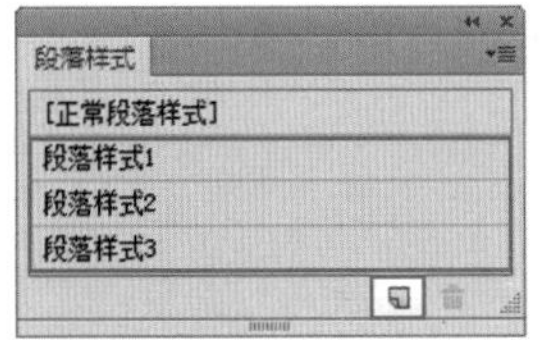

图 11-199

若要使用自定义名称创建样式，在面板菜单中执行“新建样式”命令。在弹出的对话框中键入名称，然后单击“确定”按钮即可创建自定义名称样式，如图 11-200、图 11-201 所示。

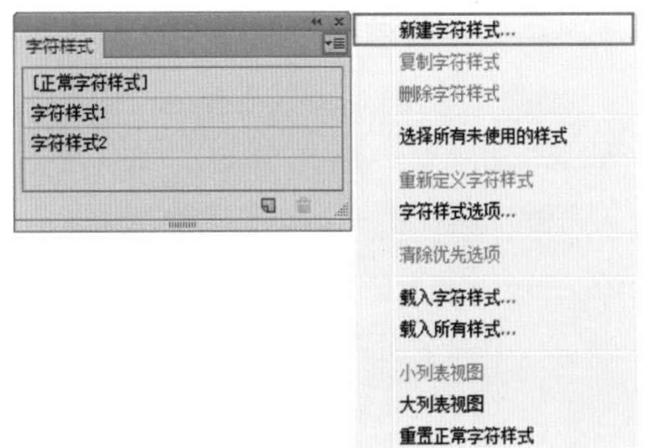

图 11-200

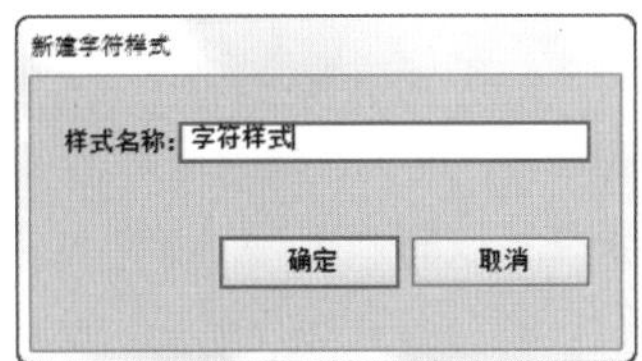

图 11-201

11.7.2　编辑字符或段落样式

若要对字符样式或段落样式进行编辑，需要在相应的面板中选择要进行编辑的样式，然后在面板菜单中执行“字符样式选项”或“段落样式选项”命令，在弹出的对话框中即可对所选样式进行编辑。图 11-202 和图 11-203 所示为编辑字符样式。图 11-204 和图 11-205 所示为编辑段落样式。

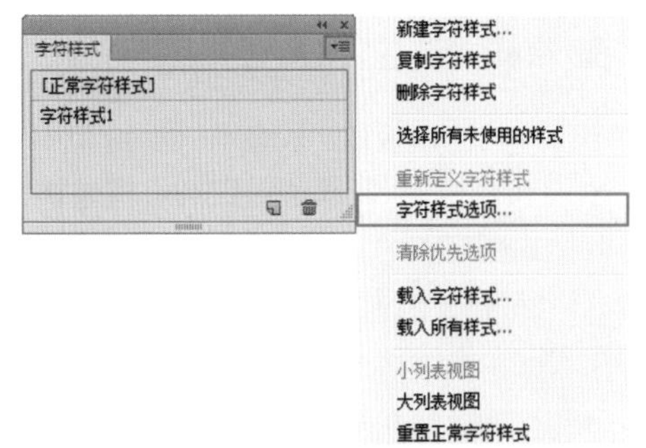

图 11-202

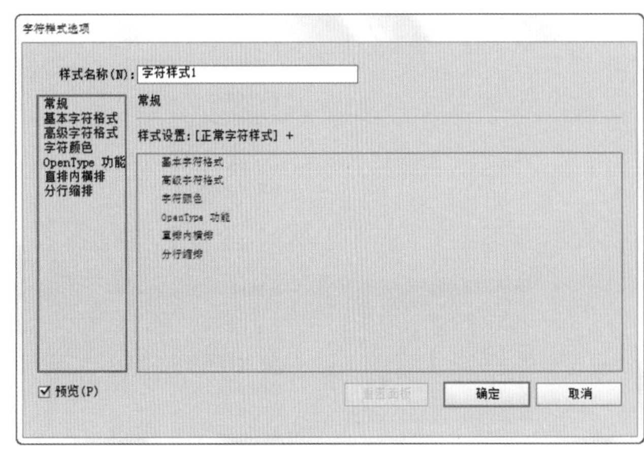

图 11-203

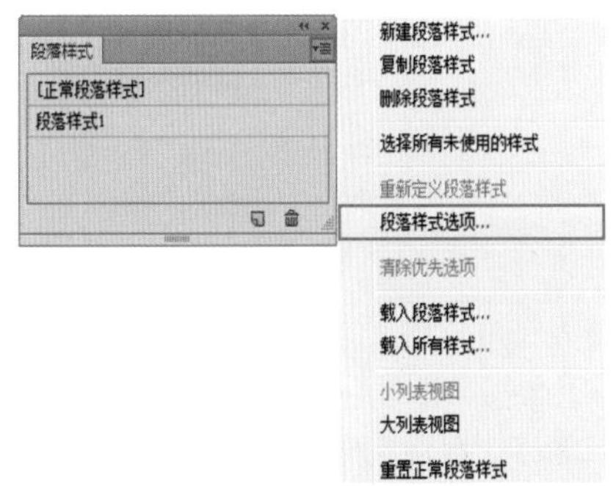

图 11-204

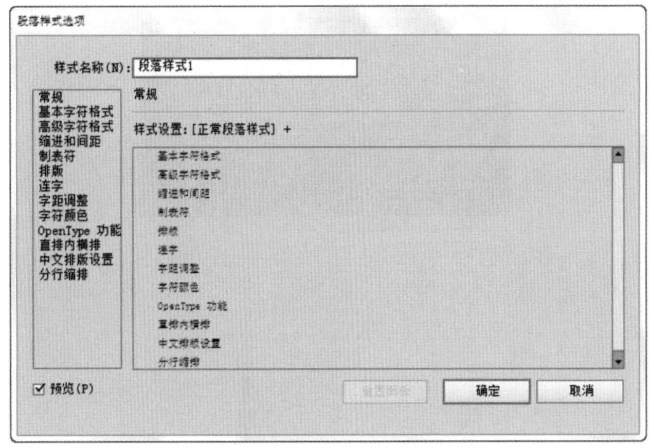

图 11-205

11.7.3　删除样式覆盖

在“字符样式”面板或“段落样式”面板中，样式名称旁边若出现加号（+）表示该样式具有覆盖样式，覆盖样式与当前样式所定义的属性不匹配。此时可以执行面板菜单中的“清除优先选项”命令，来清除覆盖样式并将文本恢复到样式定义的外观。如图 11-206、图 11-207 所示。

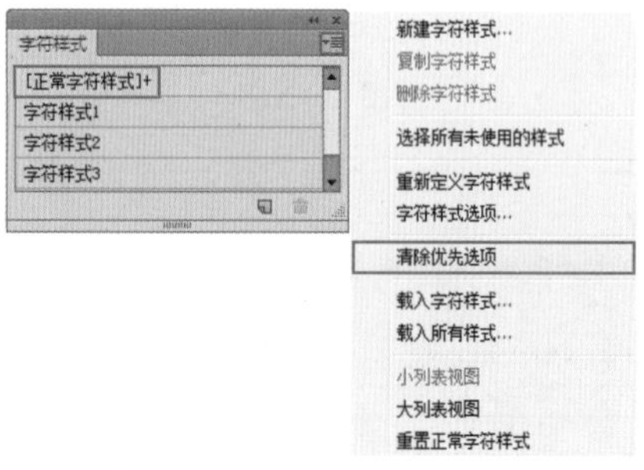

图 11-206

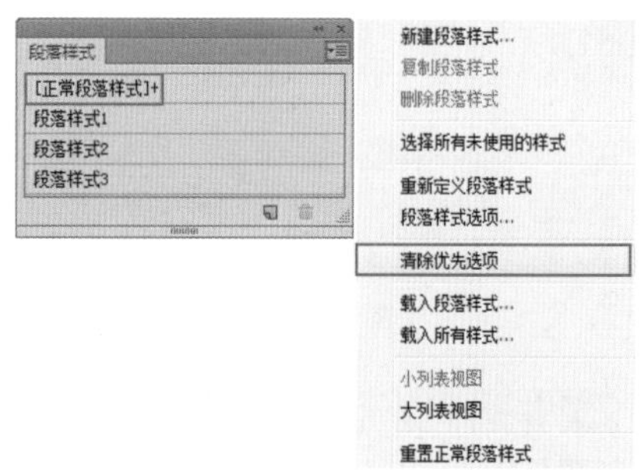

图 11-207

11.8　制表符

使用制表符可以将文本框架中的文本定位到相应的位置上，并按照这些位置的不同属性进行对齐操作。通过“制表符”面板能够快速地制作出一些表格线的表格文字，还可以定义文本框架的缩进和首行缩进等属性。图 11-208 和图 11-209 所示为使用该功能可以制作的作品。

图 11-208

图 11-209

11.8.1　设置“制表符”面板

执行“窗口 > 文字 > 制表符”命令，可以打开“制表符”面板，来设置段落或文字对象的制表位，如图 11-210 所示。

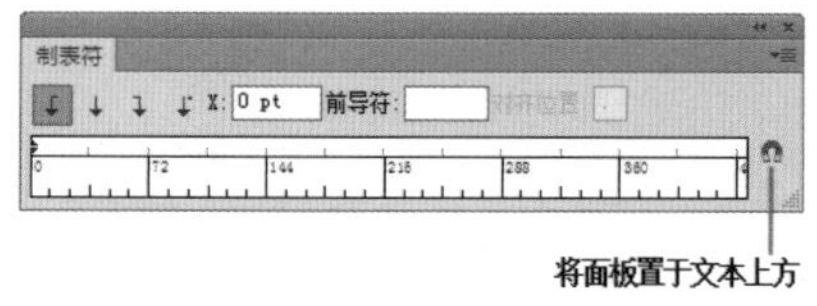

图 11-210

重点参数提醒：

- 左对齐制表符：靠左对齐横排文本，右边距可因长度不同而参差不齐。
- 居中对齐制表符：按制表符标记居中对齐文本。
- 右对齐制表符：靠右对齐横排文本，左边距可因长度不同而参差不齐。
- 小数点对齐制表符：将文本与指定字符对齐放置。在创建数字列时，此选择尤为有用。
- 在 X 框键入一个值，然后按 <Enter> 键。如果选定了 X 值，按上、下箭头键，分别增加或减少制表符的值（增量为 1 点）。
- 前导符：是制表符和后续文本之间的一种重复性字符模式（如一连串的点或虚线）。
- 将面板置于文本上方：单击该按钮，“制表符”面板将移到选定文本对象的正上方，并且零点与左边距对齐。如有必要，可以拖动面板右下角的调整大小按钮以扩展或缩小标尺。

11.8.2　重复制表符

执行“重复制表符”命令可根据制表符与左缩进，或前一个制表符定位点间的距离创建多个制表符。首先在段落中单击以设置一个插入点。然后在“制表符”面板中，从标尺上选择一个制表位。在面板菜单中执行“重复制表符”命令即可，如图 11-211 所示。

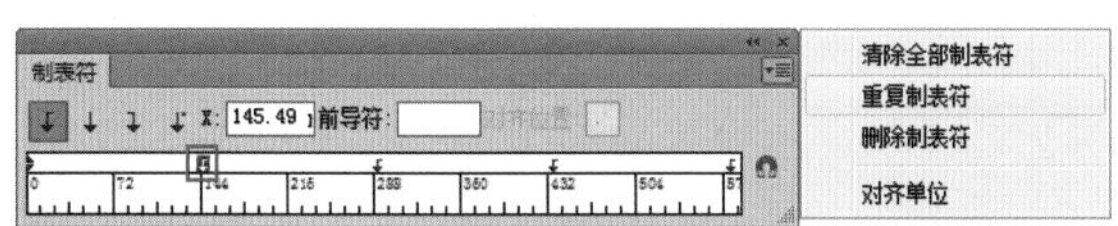

图 11-211

11.8.3　使用“制表符”面板来设置缩进

选取要进行缩进的段落文本，单击“制表符”面板中的“将面板置于文本上方”按钮，将面板置于段落文本的上方，拖动最上方的标记，以缩进首行文本；拖动下方的标记可缩进除第一行之外的所有行；按住 <Ctrl> 键拖动下方的标记可同时移动这两个标记并缩进整个段落，如图 11-212~ 图 11-215 所示。

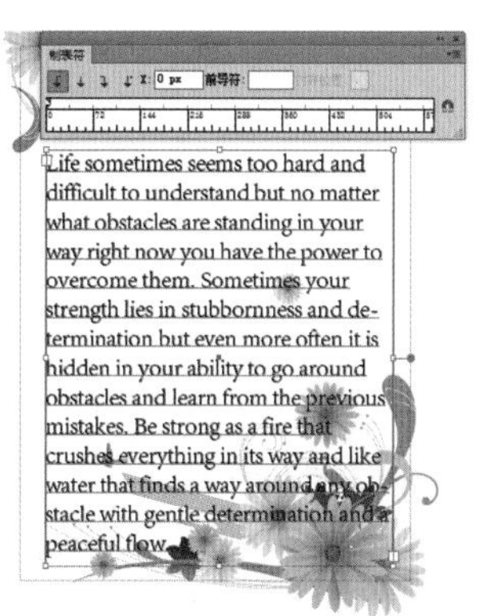

图 11-212

图 11-213

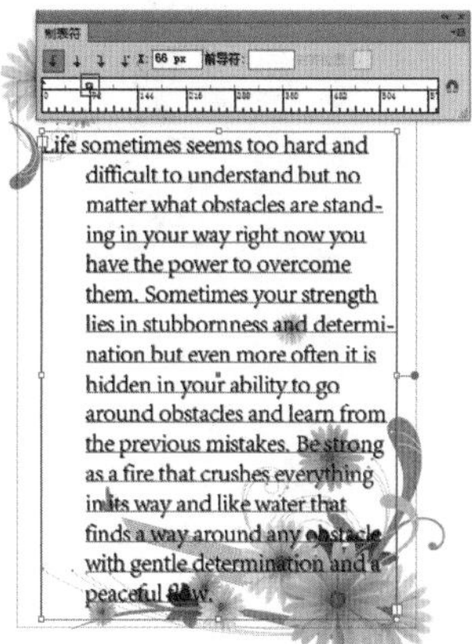

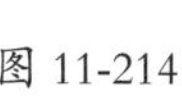

图 11-214

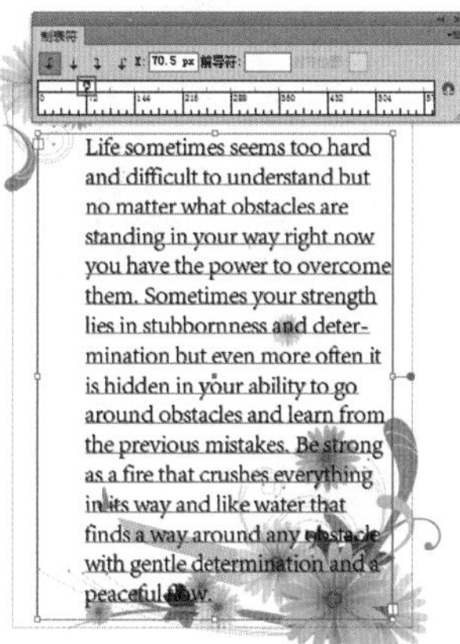

图 11-215

11.9　其他文字编辑功能

Adobe Illustrator 具有强大的文字编辑功能，可以方便地在平面设计中制作多种多样的文字效果。图 11-216~ 图 11-219 所示为包含文字元素的设计作品。

图 11-216

图 11-217

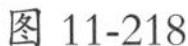

图 11-218

图 11-219

11.9.1　字形

字形是特殊形式的字符。可以使用“字形”面板来查看字体中的字形，并在文档中插入特定的字形。执行“窗口 > 文字 > 字形”命令，打开“字形”面板，如图 11-220 所示。

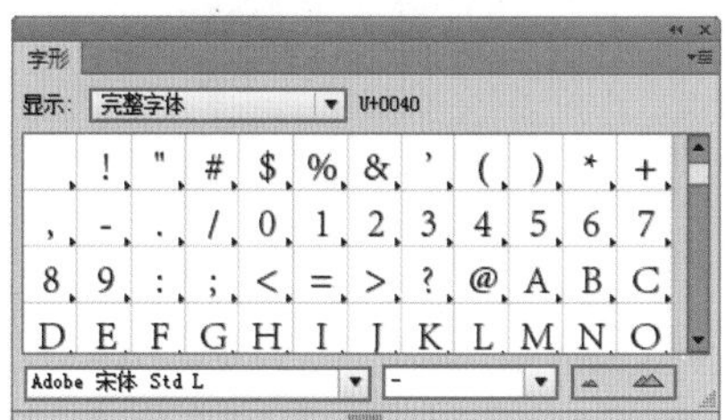

图 11-220

（1）在左下角“字体”下拉列表中可以选择系统的所有字体选项，并在上面的表格中显示出当前字体的所有字符和符号。

（2）在“字体”下拉列表右侧的“字形”下拉列表中，可以选择该字体的变形字体。斜体、粗体、粗斜体等。

（3）通过单击“放大”按钮和“缩小”按钮，可以调整表格中字符的显示尺寸。

（4）因为每个字体中的字符和符号数量都比较多，可以在“显示”下拉列表中选择要使用的字符型选项。

（5）如果在当前文档中选择了任何字符，可通过从面板顶部的“显示”菜单中选择“当前所选字体的替代字”来显示替代字符，如图 11-221 所示。

图 11-221

（6）通过滑动面板右侧的滑块，找要使用的字符或符号，双击即可将该字符或符号输入到插入符的位置上。

11.9.2 进阶案例：中式海报设计

案例文件	中式海报设计.ai
视频教学	中式海报设计.flv
难易指数	★★☆☆☆
技术掌握	“直排文字工具”“直排区域文字工具”“字形”

在本案例中，主要使用了“直排文字工具”和“直排区域文字工具”两种文字工具制作主体文本，并且借助“字形”创建特殊字符。案例完成效果如图 11-222 所示。

图 11-222

（1）执行“文件 > 新建”命令，新建大小为 A4 的纵向文档。执行“文件 > 置入”命令，置入素材“1.jpg”，如图 11-223 所示。

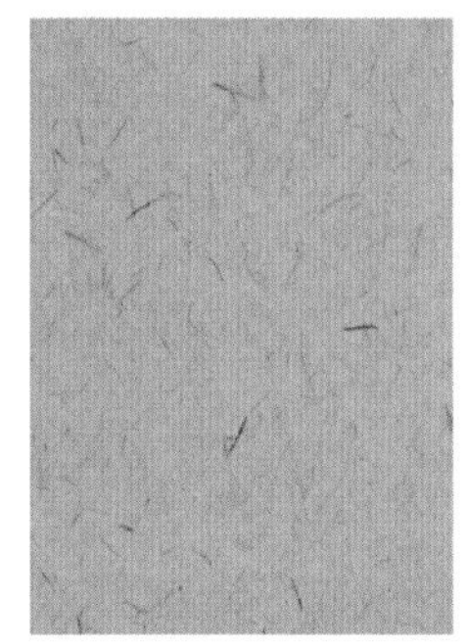

图 11-223

（2）执行“文件 > 置入”命令，置入素材“2.png”，将其置入文档内的适当位置，如图 11-224 所示。选择工具箱中的“文字工具”，在文档内创建点文本，如图 11-225 所示。

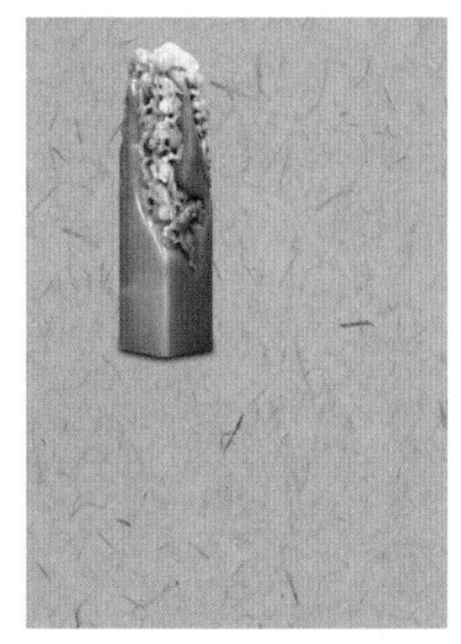

图 11-224　　图 11-225

（3）执行“文件 > 置入”命令，置入素材“2.png”，将其置于文档内的适当位置，如图 11-226 所示。选择工具箱中的“直排文字工具”，在文档内拖动创建矩形文本框以创建直排区域文本，如图 11-227 所示。

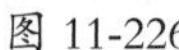

图 11-226　　图 11-227

（4）执行“窗口 > 文字 > 字形”命令，打开“字形”面板，单击插入符号如图 11-228 所示。将光标移动到插入的两个符号之间，在控制栏中对字符进行设置，然后在矩形文本框中键入文字，如图 11-229 所示。

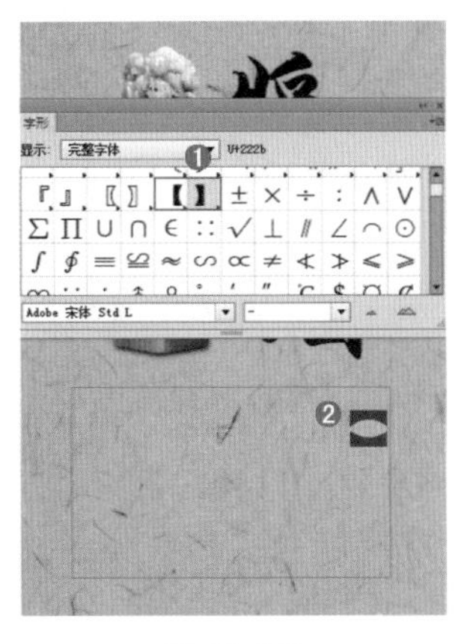

图 11-228

图 11-229

（5）继续键入文字效果如图 11-230 所示。本案例制作完成。

图 11-230

11.9.3　复合字体

可以将日文字体和西文字体中的字符混合起来，制作成一种复合字体。复合字体必须基于日文字体。例如，无法创建包含中文或韩文字体的字体，也无法使用从其他应用程序复制的基于中文或韩文的复合字体。复合字体创建完成后将显示在字体列表的起始处。

1. 创建复合字体

执行“文字 > 复合字体”命令。此时弹出“复合字体”对话框，如图 11-231 所示。在此对话框中可以完成复合字体的创建。

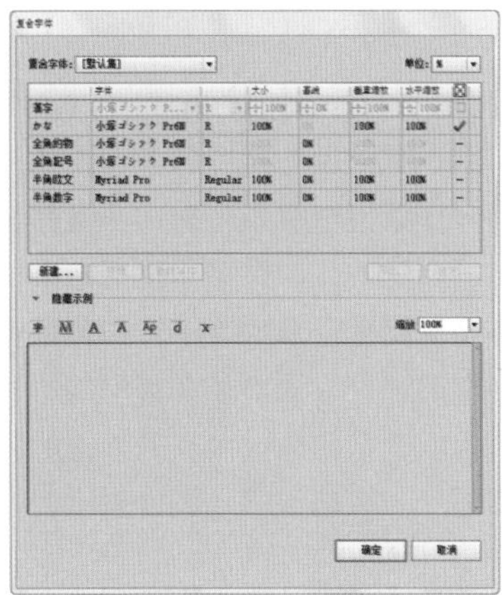

图 11-231

重点参数提醒：

- 新建：单击该按钮，弹出“新建复合字体”对话框，输入复合字体的名称，然后单击“确定”按钮，如图 11-232 所示。

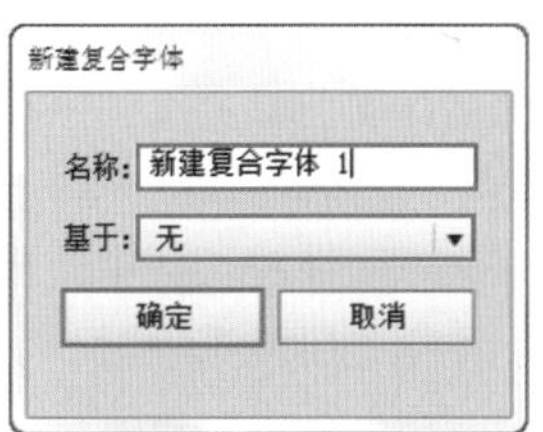

图 11-232

- 复合字体列表：如果此前存储了一些复合字体，则可以从中选择一种复合字体，以将其作为新复合字体的基础。然后选择字符类别。
- 单位：指定字体属性要使用的单位：% 或 Q（级）。
- 显示示例：若要查看复合字体的示例，单击“显示示例”按钮。可使用下列方式更改示例：单击示例右侧的按钮以显示或隐藏代表“表意字框” 字 、“全角字框” M 、“基线” A 、“大写字母高度” A 、“最大上缘/下缘” Ap 、“最大字母上缘” d 和“x 高度” x 的线段。
- 缩放：从“缩放”选项弹出的菜单中，选择一个放大比例。
- 存储：单击“存储”按钮以存储复合字体的设置，然后单击“确定”按钮。

2. 设置复合字体的字体属性

在“复合字体”窗口中可以对复合字体的的属性进行设置，如图 11-233 所示。

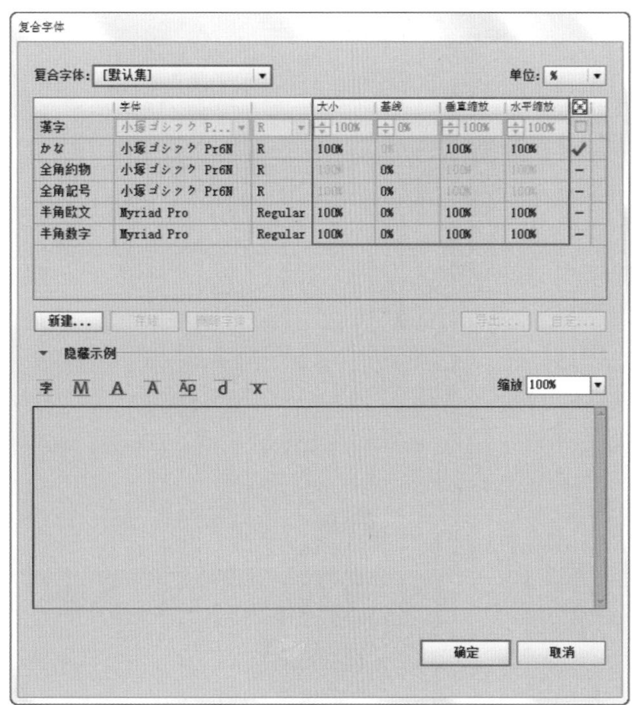

图 11-233

重点参数提醒：

- 大小：字符相对于日文汉字字符的大小。即使使用相同等级的字体大小，不同字体的大小仍可能不同。
- 基线：基线相对于日文汉字字符基线的位置。
- 垂直伸缩和水平伸缩：指字符的缩放程度。可以缩放假名字符、半角假名字符、日文汉字字符、半角罗马字符和数字。
- 从中心缩放：缩放假名字符。选中此选项时，字符会从中心进行缩放。取消选择此选项时，字符会从罗马基线缩放。

11.9.4 查找和替换字体

选择要进行字体查找或替换的文字对象，如图 11-234 所示。执行“文字 > 查找字体”命令。此时弹出“查找字体”对话框。在此对话框中的“文档中的字体”一栏中将显示当前所选文字的字体名称。若要替换当前字体可以在“查找字体”对话框中选择用于替换当前字体的新字体，单击“完成”按钮，即可实现对当前所选文字对象字体的替换，如图 11-235、图 11-236 所示。

图 11-234

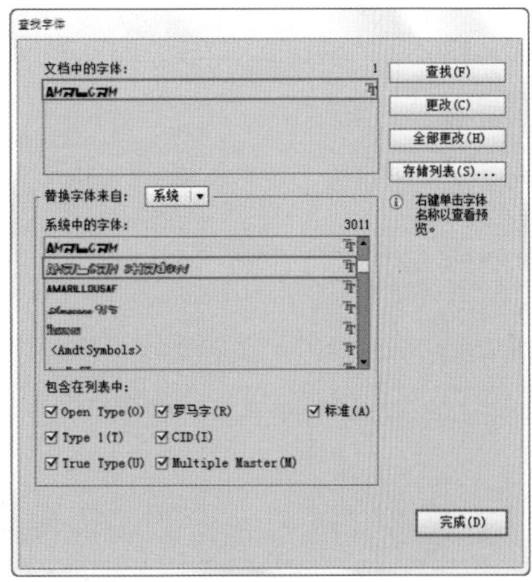

图 11-235

图 11-236

重点参数提醒：

- 替换字体来自：选择“文档”按钮将只列出文档中使用的字体，选择“系统”按钮将列出计算机上的所有字体。
- 更改：单击此按钮只更改当前选定的文字。
- 全部更改：单击此按钮将更改所有使用该字体的文字。

小技巧：替换字体的小知识

在使用“查找字体”命令替换字体时，其他文字属性仍会保持原样。

11.9.5 适合标题

选择工具箱中的文字工具，然后单击要对齐文字区域两端的段落。然后执行“文字 > 适合标题”命令，即可使标题适合文字区域的宽度，如图 11-237~ 图 11-239 所示。

图 11-237

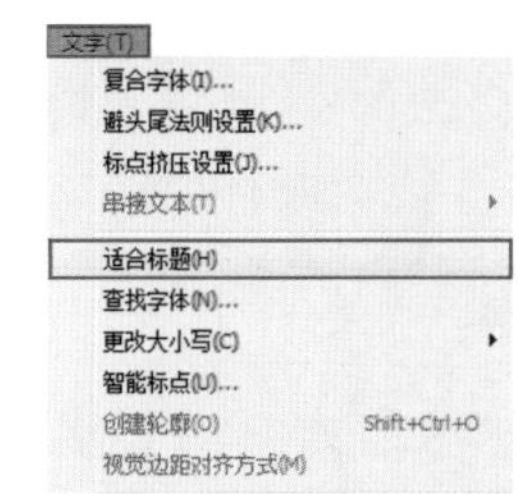

图 11-238

图 11-239

11.9.6 智能标点

智能标点命令可搜索键盘标点字符，并将其替换为相同的印刷体标点字符。此外，如果字体包括连字符和分数符号，可以使用智能标点统一插入连字符和分数符号。如果要替换特定文本中的字符，而不是文档中的所有文本，选择所需的文本对象或字符。执行“文字 > 智能标点”命令。在弹出“智能标点”对话框中，进行相应的设置，如图 11-240 所示。

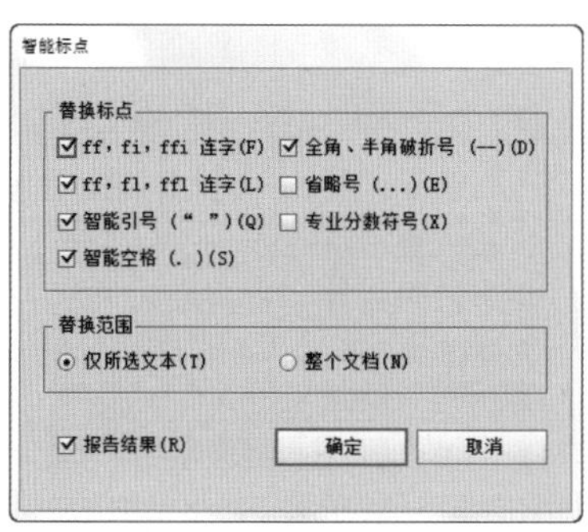

图 11-240

重点参数提醒：

- ff、fi、ffi 连字：将 ff、fi 或 ffi 字母组合转换为连字。
- ff、fl、ffl 连字：将 ff、fl 或 ffl 字母组合转换为连字。
- 智能引号：将键盘上的直引号改为弯引号。
- 智能空格：消除句号后的多个空格。
- 全角、半角破折号：用半角破折号替换两个键盘破折号，用全角破折号替换三个键盘破折号。
- 省略号：用省略点替换三个键盘句点。
- 专业分数符号：用同一种分数字符替换分别用来表示分数的各种字符。
- 替换范围：选择“仅所选文本”选项则仅替换所选文本中的符号。选择“整个文档”选项可替换整个文档中的文本符号。
- 报告结果：选择“报告结果”选项可看到所替换符号数的列表。

11.9.7　视觉边距对齐方式

视觉边距对齐方式是用于控制文字对象中所有段落的标点符号对齐方式。当“视觉边距对齐方式”选项打开时，罗马式标点符号和字母边缘都会溢出文本边缘，使文字看起来严格对齐。要应用此设置，请选择文字对象，然后执行“文字 > 视觉边距对齐方式”命令，如图 11-241、图 11-242 所示。

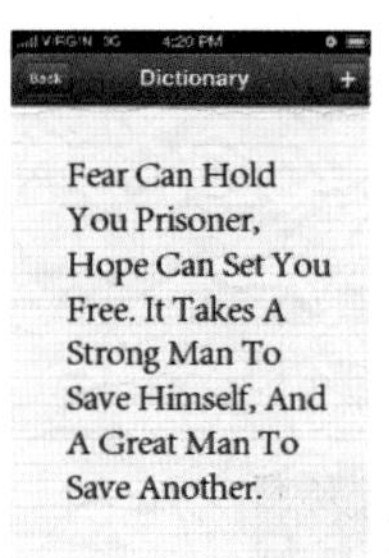

图 11-241

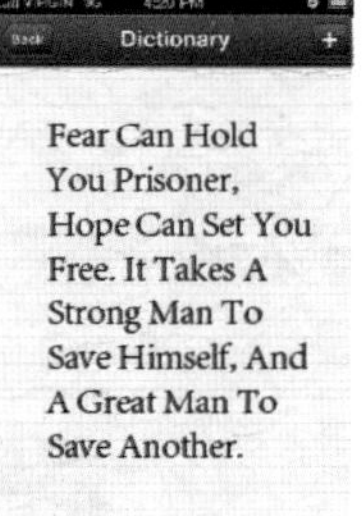

图 11-242

11.9.8　显示或隐藏非打印字符

非打印字符包括硬回车（换行符）、软回车（换行符）、制表符、空格、不间断空格、全角字符（包括空格）、自由连字符和文本结束字符。执行“文字 > 显示隐藏字符”命令，即可显示非打印字符，如图 11-243、图 11-244 所示。选中标记表示非打印字符是可见的。

图 11-243

图 11-244

11.9.9　旧版文本

执行“旧版文本”命令可以更新文档中的所有旧版文本。打开文档后，执行“文字 > 旧版文本 > 更新所有旧版文本”命令可以更新文档中的所有旧版文本。若更新文本而不创建副本，选择文字，然后执行“文字 > 旧版文本 > 更新所选的旧版文本”命令。执行“文字 > 旧版文本 > 显示副本”或“隐藏副本”命令，用于显示或隐藏复制的文本对象。执行“文字 > 旧版文本 > 选择副本”命令，用于选择复制的文本对象。执行“文字 > 旧版文本 > 删除副本”命令，用于删除复制的文本对象。

11.9.10　清理空文字

执行“清理空文字”命令可以删除不用的空文本对象，从而减小文档的大小使输出更为快捷。执行“对象 > 路径 > 清理”命令。在弹出“清理”对话框中，勾选“空文本路径”选项，单击“确定”按钮，如图 11-245 所示，即可清理当前文档内的空文本路径。

图 11-245

11.9.11　OpenType 选项

OpenType 字体是一种适用于 Windows® 和 Macintosh® 计算机的字体文件，因此，可以将文件从一个平台移到另一个平台，而不用担心字体替换或其他导致文本重新排列的问题。它们可能包含一些当前 PostScript 和 TrueType 字体不具备的功能，如花饰字和自由连字。

OpenType 又称 Type2 字体，是由 Microsoft 和 Adobe 公司开发的另外一种字体格式。它也是一种轮廓字体，比 TrueType 更为强大，最明显的一个好处就是可以在把

PostScript 字体嵌入到 TrueType 的软件中。并且还支持多个平台，支持很大的字符集，还有版权保护。可以说它是 Type1 和 TrueType 的超集。OpenType 标准还定义了 OpenType 文件名称的后缀名。包含 TureType 字体的 OpenType 文件后缀名为 .ttf，包含 PostScript 字体的文件后缀名为 .OTF。如果是包含一系列 TrueType 字体的字体包文件，那么后缀名为 .TTC。

OpenType 的主要优点：

（1）增强的跨平台功能。

（2）更好地支持 Unicode 标准定义的国际字符集。

（3）支持高级印刷控制能力。

（4）生成的文件尺寸更小。

（5）支持在字符集中加入数字签名，保证文件的集成功能。

执行“窗口 > 文字 >OpenType”命令，打开“OpenType”面板，来指定如何应用 OpenType 字体中的替代字符，如图 11-246 所示。

图 11-246

重点参数提醒：

- 数字：从弹出式菜单中选择一个选项，“默认数字”为当前字体使用默认样式；“定宽，全高”为使用宽度相同的全高数字；“变宽，全高”为使用宽度不同的全高数字；“变宽，变高”为使用宽度和高度均不同的数字；“定宽，变高”为使用高度不同而固定等宽的数字。
- 位置：在弹出式菜单中选择某一种方法，“默认位置”“上标”“下标”“分子”和“分母”选项。
- OpenType 的特殊特征：“标准连字” fi、“上下文替代字” 、“自由连字” st、“花饰字” A、“文体替代字” aa、“标题替代字” T、“序数字” 1st、“分数字” ½。
- 等比公制字：使用等比公制字字体复合字符。
- 水平或垂直样式字：切换日文平假名字体，平假名字体有不同的水平和垂直字形，如气音、双子音和语音索引等。
- 罗马斜体字：将半角字母与数字更改为斜体。

小技巧：OpenType 的小知识

OpenType 字体提供的功能类型差别较大。每种字体并非能够使用“OpenType”面板中的所有选项。可以使用“字形”面板来查看字体中的字符。

11.10 综合案例：折页内页设计

案例文件	折页内页设计 .ai
视频教学	折页内页设计 .flv
难易指数	★★★☆☆
技术掌握	文字对象的运用

本案例综合本章所学，主要使用到了“文字工具”和“文本绕排”，案例完成效果如图 11-247 所示。

图 11-247

1. 制作背景部分

（1）执行“文件 > 新建”命令，新建大小为 A4 的横向文档，如图 11-248 所示。执行“文件 > 置入”命令，置入素材“1.jpg”，调整大小并将其置于文档内的适当位置，如图 11-249 所示。

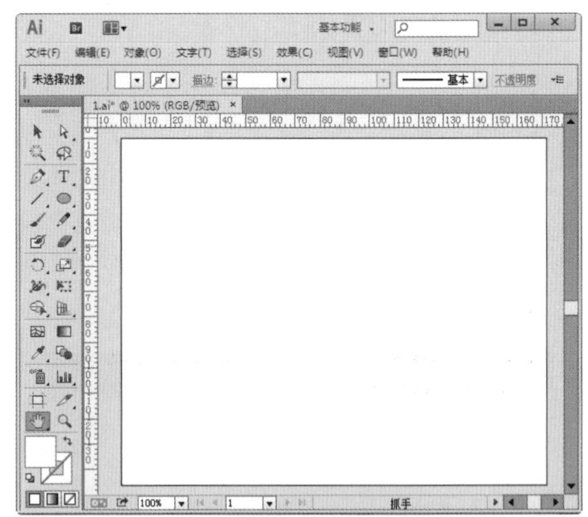

图 11-248

图 11-249

（2）单击工具箱中的“矩形工具”按钮，绘制一个矩形，如图 11-250 所示。将绘制的矩形和置入的素材图片同时选取，执行“对象 > 剪切蒙版 > 建立”命令，建立剪切蒙版，效果如图 11-251 所示。

图 11-250

图 11-251

（3）使用同样的方法将素材“2.jpg”和“3.jpg”导入到文件中，效果如图 11-252 所示。继续将“4.png”导入到文件中，摆放在合适位置，如图 11-253 所示。

图 11-252

图 11-253

2. 制作文字部分

（1）选择工具箱中的“矩形工具”，设置“填色”为深红色，在文档内绘制矩形，如图 11-254 所示。继续使用“矩形工具”，设置“填色”为深粉色，在文档内绘制矩形，如图 11-255 所示。

图 11-254

图 11-255

（2）选择工具箱中的“文字工具”，在文档内单击创建点文本，如图 11-256 所示。在控制栏中对字符进行设置，然后在文档中键入文字，如图 11-257 所示。

图 11-256

图 11-257

（3）继续使用工具箱中的“文字工具” T 在色块中绘制文本框，并在其中键入段落文字，如图 11-258 所示。

图 11-258

（4）选择工具箱中的“椭圆工具”，设置“填色”为土黄色，按住 <Shift> 键在文档内绘制正圆，如图 11-259 所示。为其添加粗细为 3pt 的描边，并在“渐变”面板中填充描边为黄色系线性渐变，如图 11-260 所示。

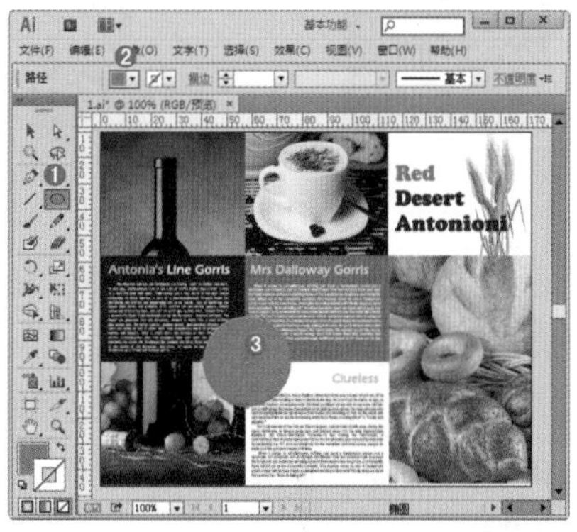

图 11-259

图 11-260

（5）使用工具箱中的“文字工具” T 在文档内键入文字，如图 11-261 所示。

图 11-261

（6）同时选中正圆和三处段落文本，如图 11-262 所示。执行“对象 > 文本绕排 > 建立”命令，建立文本绕排，效果如图 11-263 所示。本案例制作完成。

图 11-262

图 11-263

第 12 章

透明度和混合模式

关键词

不透明度、不透明度蒙版、混合模式

要点导航

设置对象的不透明度

创建与编辑不透明度蒙版

更改对象的混合模式

学习目标

通过设置对象的不透明度和混合模式制作出绚丽的画面效果

熟练利用不透明度蒙版隐藏全部或部分图形内容

佳作鉴赏

12.1 透明度面板

执行“窗口 > 透明度”命令打开“透明度”面板，如图 12-1 所示。在这里主要包括三个大方面的功能：混合模式、不透明度以及不透明度蒙版。首先我们来了解一下透明度面板的组成部分。

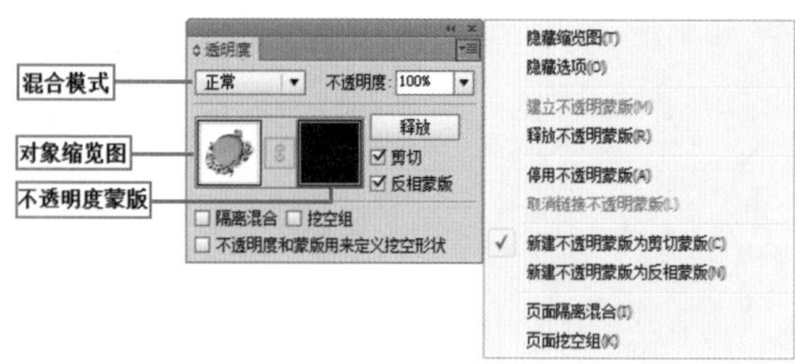

图 12-1

重点参数提醒：

- 混合模式：设置所选对象与下层对象的颜色混合模式。
- 不透明度：通过调整数值控制对象的透明效果，数值越大对象越不透明；数值越小，对象越透明。
- 对象缩览图：显示所选对象缩览图。
- 不透明度蒙版：显示所选对象的不透明度蒙版效果。
- 剪切：将对象建立为当前对象的剪切蒙版。
- 反相蒙版：将当前对象的蒙版颜色反相。
- 隔离混合：勾选该选项可以防止混合模式的应用范围超出组的底部。
- 挖空组：启用该选项后，在透明挖空组中，元素不能透过彼此而显示。
- 不透明度和蒙版用来定义挖空形状：使用该选项可以创建与对象不透明度成比例的挖空效果。在接近 100% 不透明度的蒙版区域中，挖空效果较强；在具有较低不透明度的区域中，挖空效果较弱。

小技巧：显示“透明度”面板的隐藏选项

默认情况下“隔离混合”“挖空组”和“不透明度和蒙版用来定义挖空形状”不会显示在面板中，在面板菜单中执行“显示选项”命令即可显示出。

12.2 调整对象“混合模式”

“混合模式”功能是指采用不同方法将上层图像的像素和下层图像的像素混合，得到一个混合效果。不同的混合模式可以创建出不同的效果，图 12-2~ 图 12-5 所示为制作过程中应用混合模式制作的作品。

图 12-2

图 12-3

图 12-4

图 12-5

12.2.1 设置对象混合模式

为对象设置混合模式的方法很简单，选择需要调整混合模式的对象，打开“透明度”面板，单击面板左侧的“混合模式按钮”在下拉列表中选择一种混合模式，如图 12-6 所示。此时可以发现所选对象应用了混合效果，如图 12-7 所示。

图 12-6

图 12-7

小技巧：设置“隔离混合”

可以将混合模式与已定位的图层或组进行隔离，以使他们下方的对象不受影响。要实现这一操作，在“图层”面板中选择一个组或图层右侧的定位图标。在“透明度”面板中，选择“隔离混合”。如果未显示“隔离混合”选项，可以从“透明度”面板菜单中选择“显示选项”即可，如图 12-8 所示。

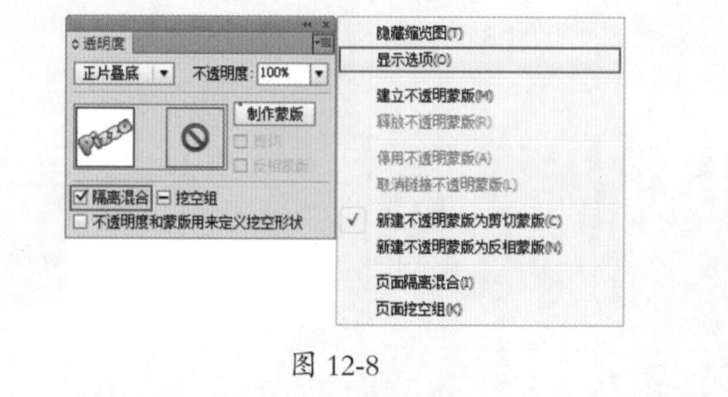

图 12-8

12.2.2 认识各种混合模式

“不透明”面板中提供了多种混合模式，不同的混合模式得到的效果也不相同，下面我们来了解一下各种混合模式的原理，图 12-9 所示为混合模式列表，图 12-10 所示为要设置混合模式的对象。

图 12-9

图 12-10

重点参数提醒：

- 正常：使用混合色对选区上色，而不与基色相互作用。这是默认模式，如图 12-11 所示。

图 12-11

- 变暗：选择基色或混合色中较暗的一个作为结果色。比混合色亮的区域会被结果色所取代，比混合色暗的区域将保持不变，如图 12-12 所示。

图 12-12

- 正片叠底：将基色与混合色相乘，得到的颜色总是比基色和混合色都要暗一些。将任何颜色与黑色相乘都会产生黑色，将任何颜色与白色相乘则颜色保持不变，如图 12-13 所示。

图 12-13

- 颜色加深：加深基色以反映混合色，与白色混合后不产生变化，如图 12-14 所示。

图 12-14

- 变亮：选择基色或混合色中较亮的一个作为结果色。比混合色暗的区域将被结果色所取代，比混合色亮的区域将保持不变，如图 12-15 所示。

图 12-15

- 滤色：将混合色的反相颜色与基色相乘，得到的颜色总是比基色和混合色都要亮一些。用黑色滤色时颜色保持不变，用白色滤色将产生白色，如图 12-16 所示。

图 12-16

- 颜色减淡：加亮基色以反映混合色，与黑色混合则不发生变化，如图 12-17 所示。

图 12-17

- 叠加：将对颜色进行相乘或滤色，具体取决于基色。图案或颜色叠加在现有的图稿上，在与混合色混合以反映原始颜色的亮度和暗度的同时，保留基色的高光和阴影，如图 12-18 所示。

图 12-18

- 柔光：将使颜色变暗或变亮，具体取决于混合色。此效果类似于漫射聚光灯照在图稿上，如图 12-19 所示。

图 12-19

- 强光：对颜色进行相乘或过滤，具体取决于混合色。此效果类似于耀眼的聚光灯照在图稿上。用纯黑色或纯白色上色会产生纯黑色或纯白色，如图 12-20 所示。

图 12-20

- 差值：从基色减去混合色或从混合色减去基色，具体取决于哪一种的亮度值较大。与白色混合将反转基色值，与黑色混合则不发生变化，如图 12-21 所示。

图 12-21

- 排除：创建一种与“差值”模式相似但对比度更低的效果。与白色混合将反转基色分量，与黑色混合则不发生变化，如图 12-22 所示。

图 12-22

- 色相：用基色的亮度和饱和度以及混合色的色相创建结果色，如图 12-23 所示。

图 12-23

- 饱和度：用基色的亮度和色相以及混合色的饱和度创建结果色。在无饱和度（灰度）的区域上用此模式着色不会产生变化，如图 12-24 所示。

图 12-24

- 混色：用基色的亮度以及混合色的色相和饱和度创建结果色。这样可以保留图稿中的灰阶，对于给单色图稿上色以及给彩色图稿染色都会非常有用，如图 12-25 所示。

图 12-25

- 明度：用基色的色相和饱和度以及混合色的亮度创建结果色。此模式创建与“颜色”模式相反的效果，如图 12-26 所示。

图 12-26

12.2.3　进阶案例：混合模式制作折页封面

案例文件	混合模式制作折页封面 .ai
视频教学	混合模式制作折页封面 .flv
难易指数	★★★☆☆
技术掌握	“混合模式”的运用

在 Illustrator 中没有直接对位图进行颜色调整的命令或工具，但是可以通过“混合模式”来为图像进行颜色的调整。在本案例中，通过“混合模式”将图片更改为绿，案例完成效果如图 12-27 所示。

图 12-27

（1）执行“文件 > 新建”命令，新建大小为 A4 的横向文档。执行“文件 > 置入”命令，置入素材“1.jpg”，调整大小并将其置于文档内的适当位置，如图 12-28 所示。

图 12-28

（2）选择工具箱中的“矩形工具”，设置其“填色”为棕色，在文档内绘制矩形，如图 12-29 所示。将“填色”调整为橙色，继续在文档内绘制矩形，如图 12-30 所示。

图 12-29

图 12-30

（3）执行“文件 > 置入”命令，置入素材“2.jpg”，如图 12-31 所示。绘制一个和素材“2.jpg”大小相同的矩形，并将其“填色”设置为绿色，如图 12-32 所示。

图 12-31

图 12-32

（4）执行“窗口 > 透明度”命令打开“透明度”面板，在该面板中将绘制的绿色矩形的“混合模式”调整为“色相”，如图 12-33 所示。效果如图 12-34 所示。

图 12-33

图 12-34

（5）将绿色矩形和“2.jpg”进行编组。绘制一个无填充矩形，将绘制的矩形和编组同时选取，如图 12-35 所示。执行“对象 > 剪切蒙版 > 建立”命令，建立剪切蒙版，效果如图 12-36 所示。

图 12-35

图 12-36

（6）使用“文字工具” T 在文档内键入文字，如图 12-37 所示。添加一些阴影和高光，整体制作完成。效果如图 12-38 所示。

图 12-37

图 12-38

12.2.4 进阶案例：使用混合模式制作欧美风格海报

案例文件	使用混合模式制作欧美风格海报 .ai
视频教学	使用混合模式制作欧美风格海报 .flv
难易指数	★★☆☆☆
技术掌握	“混合模式”的运用

在无彩色的画面中，有彩色会变得更加醒目。在本案例中，利用“混合模式”制作出欧美风格的海报，完成效果如图 12-39 所示。

图 12-39

（1）执行“文件 > 新建”命令，建立大小为 A4 的纵向文档。执行“文件 > 置入”命令，置入素材“1.png”，调整大小将其置于文档内的适当位置，如图 12-40 所示。

图 12-40

（2）选择工具箱中的“椭圆工具”，设置其“填色”为红色，按住 <Shift> 键在文档内绘制一个正圆，如图 12-41 所示。

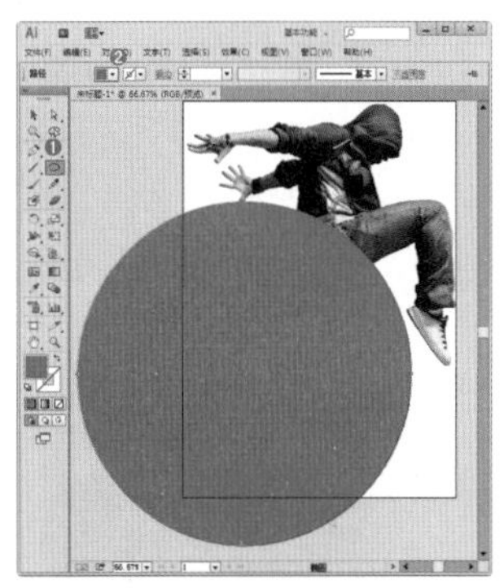

图 12-41

（3）执行“窗口 > 透明度”命令打开“透明度”面板，在该面板中设置正圆的“混合模式”为“正片叠底”，如图 12-42 所示。效果如图 12-43 所示。

图 12-42

图 12-43

（4）绘制一个和画板大小相当的无填充矩形，同时选取矩形和之前绘制的正圆，如图 12-44 所示。执行“对象 > 剪切蒙版 > 建立”命令，建立剪切蒙版，效果如图 12-45 所示。

图 12-44

图 12-45

（5）绘制一个“填色”为黑色的矩形，如图 12-46 所示。在绘制的黑色矩形内键入文字，如图 12-47 所示。

图 12-46

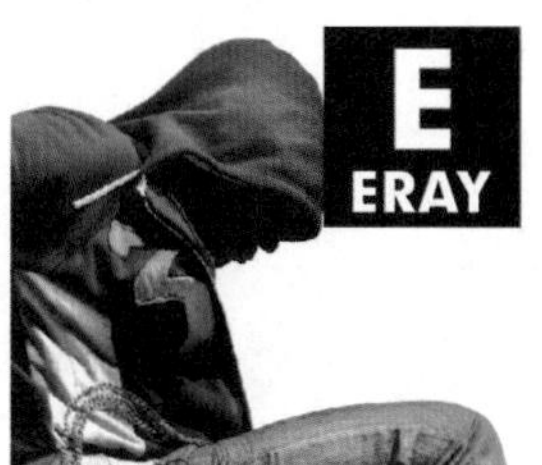

图 12-47

（6）继续使用“文字工具”在文档内键入文字，如图 12-48 所示。整体制作完成。

图 12-48

12.3 设置对象的不透明度

透明度是制图软件中非常常用的概念，降低对象的透明度可以使底层图稿变得可见。透明度的相关功能可以通过“透明度”面板来实现。通过“透明度”面板可以指定对象的不透明度和混合模式、创建不透明蒙版，或者使用透明对象的上层部分来挖空某个对象的一部分。图 12-49 和图 12-50 所示为制作过程中应用不透明效果的作品。

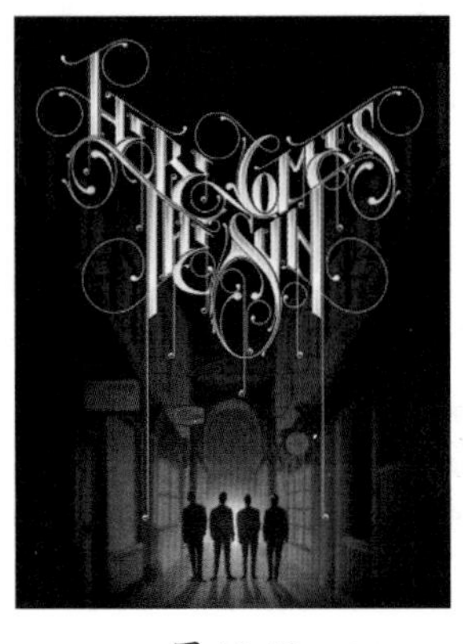

图 12-49

图 12-50

12.3.1 设置对象不透明度

（1）选取要调整透明度的对象，如图 12-51 所示。默认情况下，对象在“透明度”面板中显示的“不透明度”为 100%，也就是完全不透明，如图 12-52 所示。

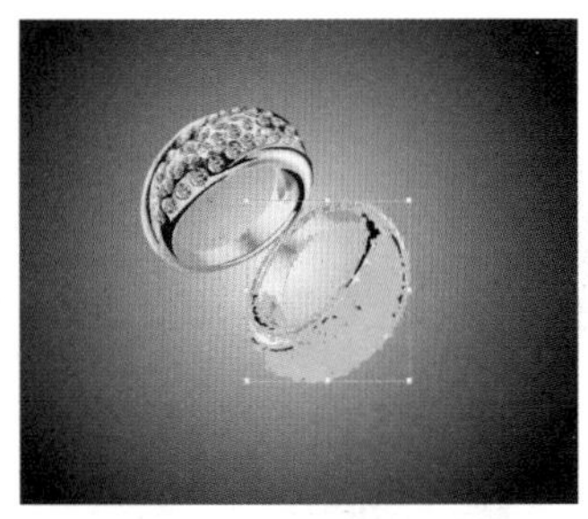

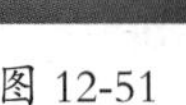

图 12-51

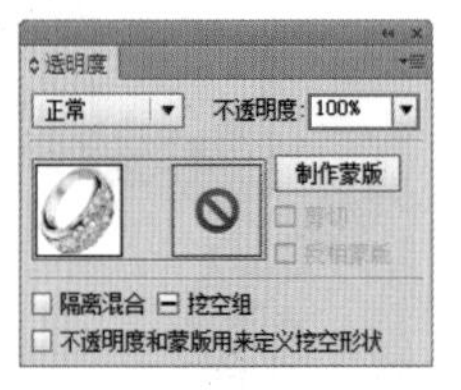

图 12-52

（2）设置“不透明度”数值可以控制对象的不透明度，如图 12-53 和图 12-54 所示，当将其“不透明度”调整为 30% 时，该对象呈现出半透明的倒影效果。

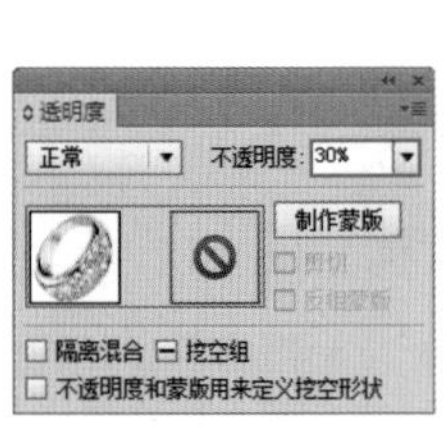

图 12-53

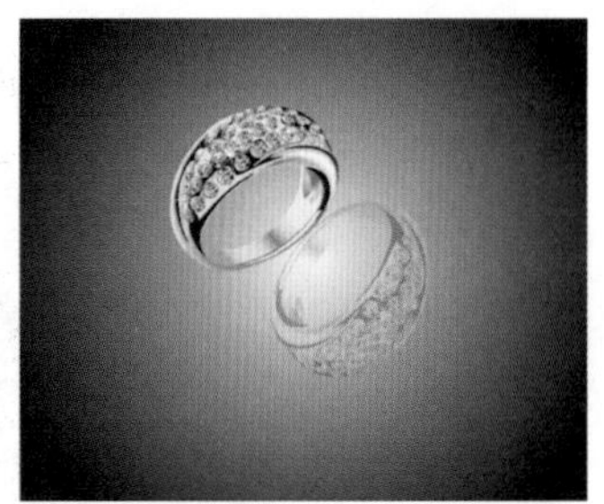

图 12-54

12.3.2 进阶案例：利用不透明度制作清新卡片

案例文件	利用不透明度制作清新卡片 .ai
视频教学	利用不透明度制作清新卡片 .flv
难易指数	★★★☆☆
技术掌握	掌握不透明度的运用

（1）执行“文件 > 新建”命令，新建大小为 A4 的横向文档。选择工具箱中的“椭圆工具”，设置“填色”为紫色，按住 <Shift> 在文档中反复绘制正圆，如图 12-55 所示。

图 12-55

（2）执行“窗口 > 透明度”命令，打开“透明度”面板，在该面板中将绘制的全部正圆的“不透明度”调整为 10%，如图 12-56 所示。此时画面显得缺乏层次感，可以选择一些正圆，将其“不透明度”调整为 50%，如图 12-57 所示，此时画面层次感得到了增强。

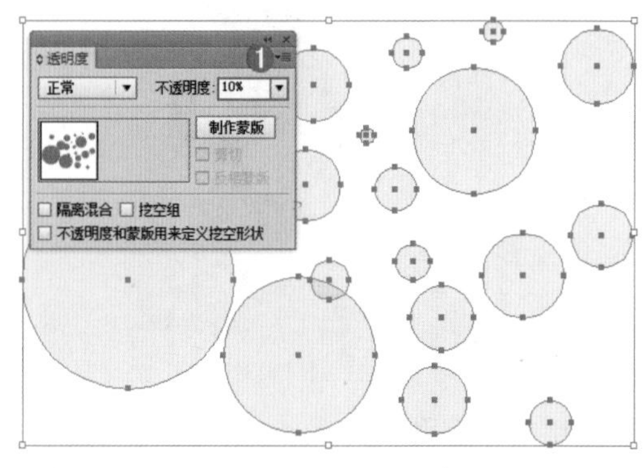

图 12-56

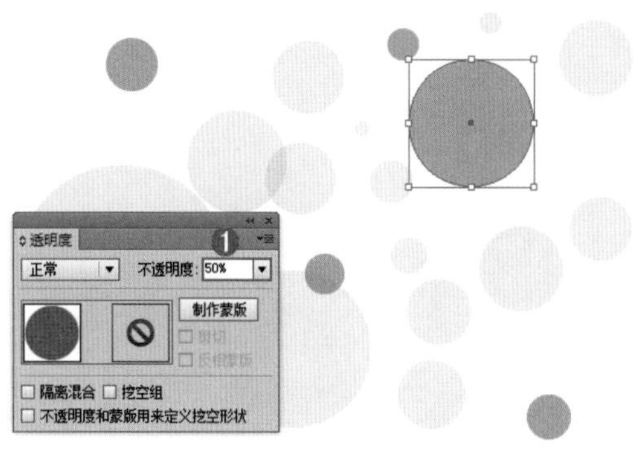

图 12-57

（3）使用同样的方法绘制不同颜色的正圆，如图 12-58 所示。

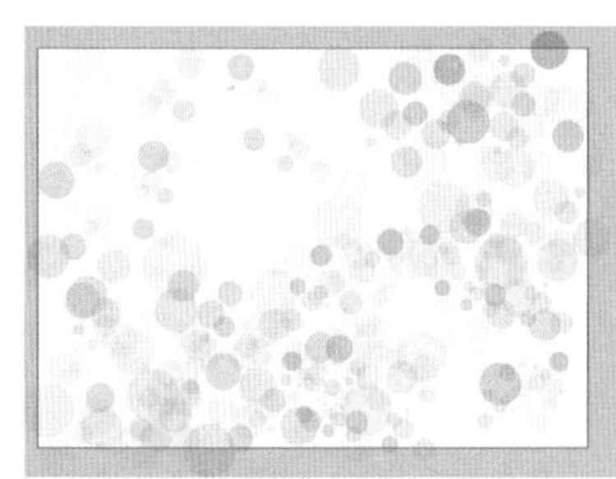

图 12-58

（4）在画板外绘制一个正圆。执行“窗口 > 渐变”命令，在“渐变”面板中设置“类型”为“径向”，编辑一个黄色系渐变，如图 12-59 所示。渐变编辑完成后，使用“渐变工具”进行拖拽填充，效果如图 12-60 所示。

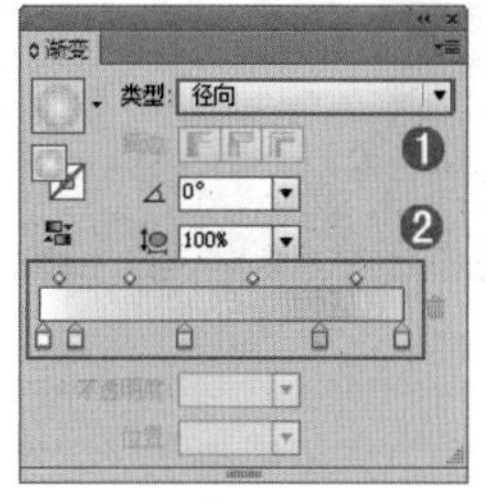

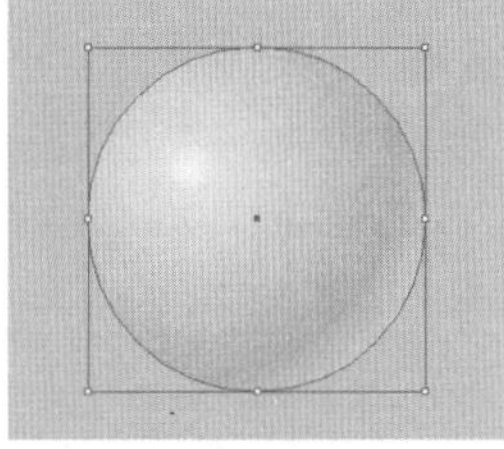

图 12-59　　图 12-60

（5）在该正圆上方继续绘制一个稍小的正圆，然后填充一个黄色系的径向渐变，如图 12-61 所示。

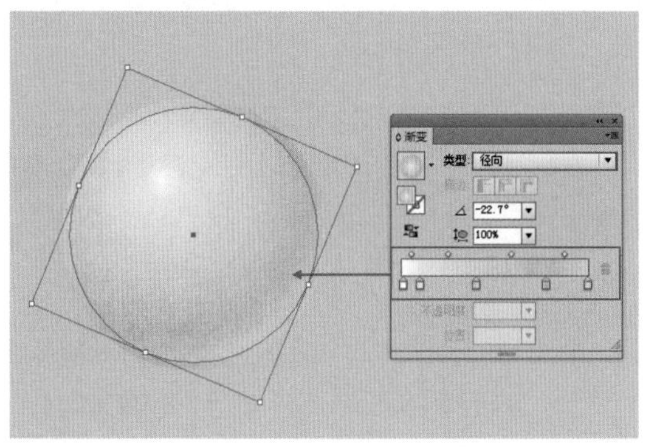

图 12-61

（6）下面制作气泡高光的部分。单击工具箱中的“钢笔工具”，使用“钢笔工具”绘制形状，如图 12-62 所示。执行“窗口 > 透明度”命令，这种该形状的“不透明度”为 13%，效果如图 12-63 所示。

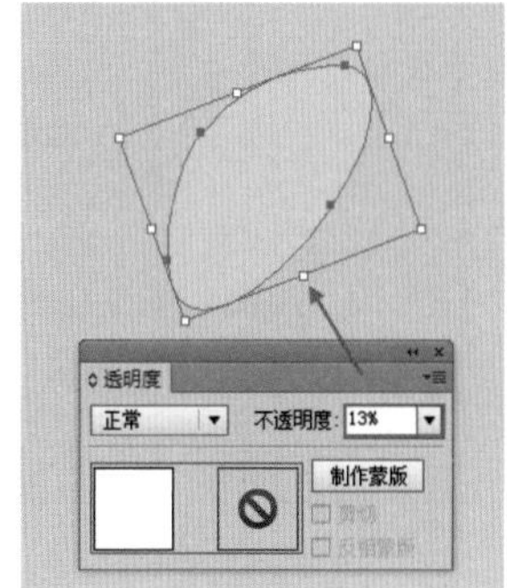

图 12-62　　图 12-63

（7）选择该形状，使用快捷键 <Ctrl+C> 将其复制，使用快捷键 <Ctrl+B> 将其贴在后，然后执行对象 > 路径 > 偏移路径”命令，在“偏移路径”窗口中设置“位移”为 3.5mm，“连接”为“斜接”，“斜接限制”为 4，设置完成后单击“确定”按钮，如图 12-64 所示。效果如图 12-65 所示。然后执行“对象 > 拓展外观”命令，将其进行拓展。

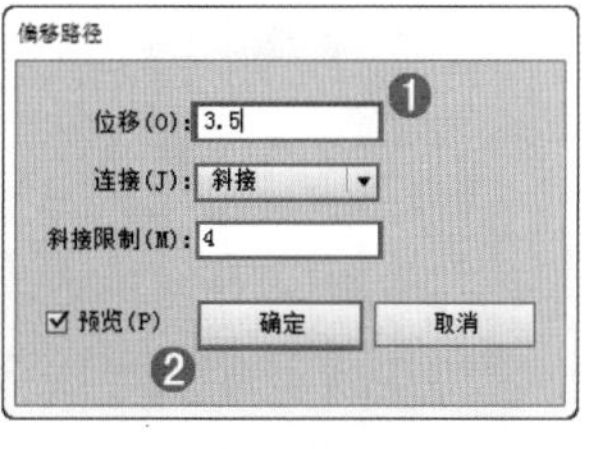

图 12-64　　图 12-65

（8）选中这两个形状。双击工具箱中的“混合工具”按钮，在弹出的对话框中设置“间距”为“指定的步骤”，设置指定的步骤为 10，设置完成后单击“确定”按钮，如图 12-66 所示。执行“对象 > 混合 > 建立”命令建立混合。效果如图 12-67 所示。

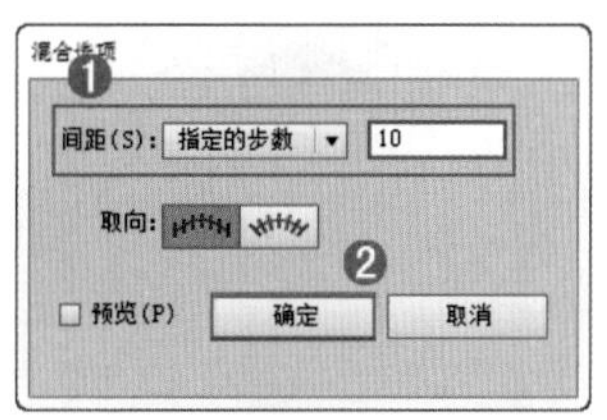

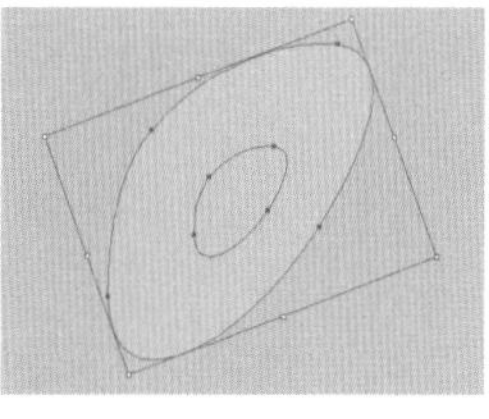

图 12-66　　图 12-67

（9）然后执行“对象 > 拓展”命令，接着执行“对象 > 取消编组”命令，将其取消编组，效果如图 12-68 所示。这种半透明的且边缘羽化的效果就制作完成了。将制作的高光部分移动到气泡的合适位置，效果如图 12-69 所示。

图 12-68　　图 12-69

（10）使用同样的方法制作阴影部分，如图 12-70 所示。

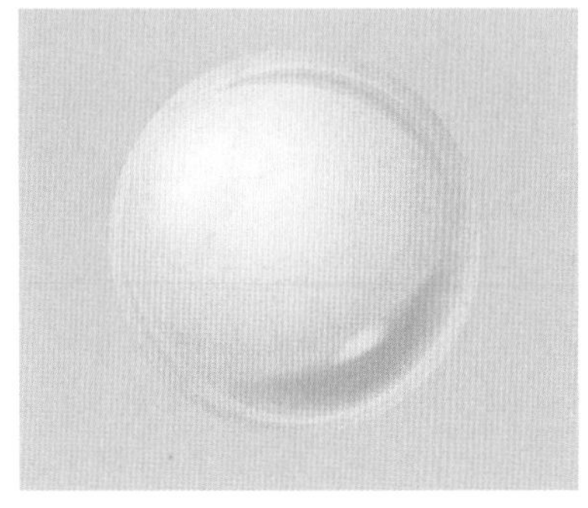

图 12-70

（11）继续使用“钢笔工具”绘制星形，如图 12-71 所示。将绘制的星形复制并移动到合适位置，如图 12-72 所示。

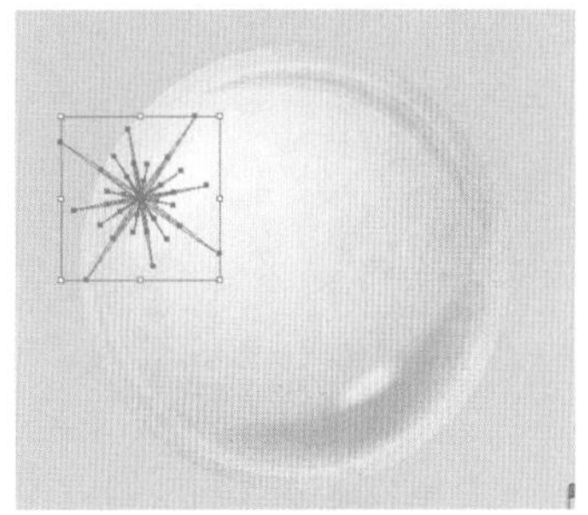

图 12-71

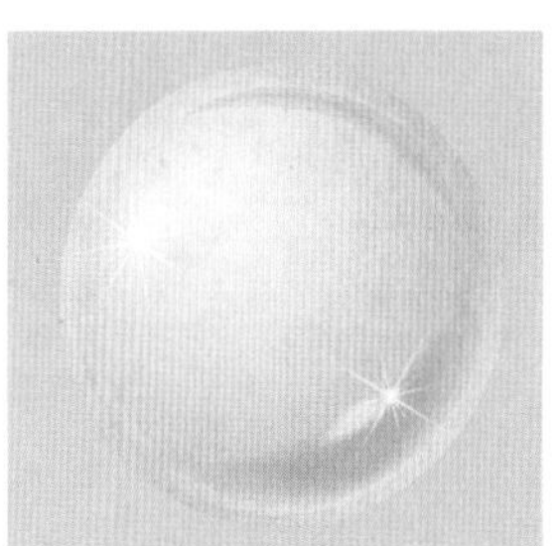

图 12-72

（12）将制作完成的黄色气泡选中，执行“对象 > 群组”命令，将其设置为群组。然后移动到画面中的合适位置，如图 12-73 所示。使用同样的方法制作更多的彩色气泡，并将其摆放在画面的合适位置，如图 12-74 所示。

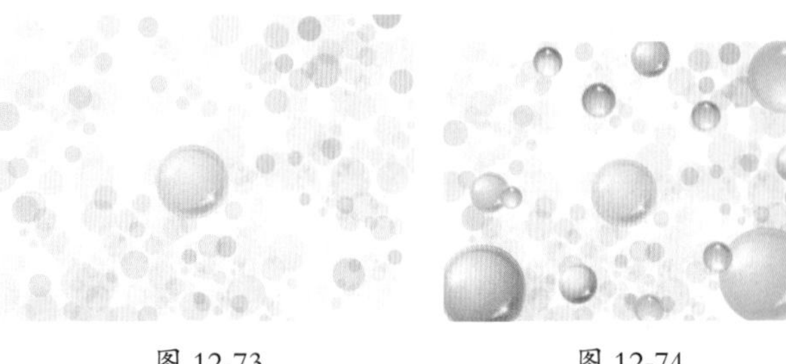

图 12-73　　图 12-74

（13）在画面中键入文字，完成本案例的制作。效果如图 12-75 所示。

图 12-75

12.4　使用不透明度蒙版

蒙版原本是摄影术语，是指用于控制照片不同区域曝光的传统暗房技术。由于蒙版可以遮盖住部分图像，使其避免受到操作的影响。这种隐藏而非删除的编辑方式是一种非常方便的非破坏性编辑方式。而不透明蒙版就是通过黑白关系控制图像的显示或隐藏，图 12-76 和图 12-77 所示为使用该功能可以制作的作品。

图 12-76

图 12-77

12.4.1　创建不透明蒙版

不透明蒙版是“透明度”面板中的重要功能之一。选择要添加不透明蒙版的对象，如图 12-78 所示。执行“窗口 > 透明度”命令打开“透明度”面板，如图 12-79 所示。

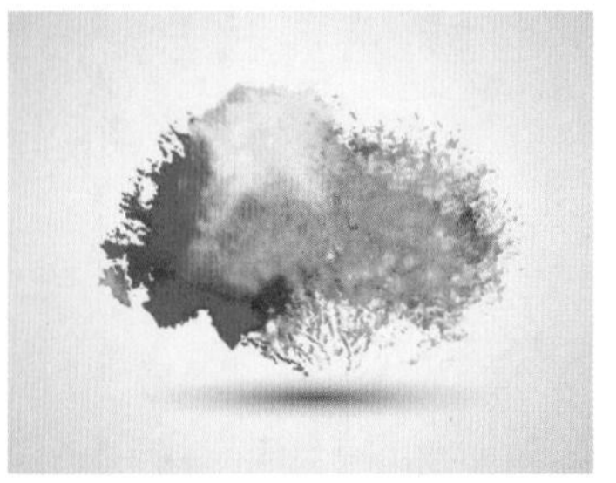

图 12-78

图 12-79

此时可以单击“透明度”面板中的“制作蒙版”按钮，建立不透明蒙版，或是在“透明度”面板菜单中执行“建立不透明蒙版”命令。也可以在“透明度”面板中缩略图右侧双击，创建不透明蒙版，如图 12-80 和图 12-81 所示。

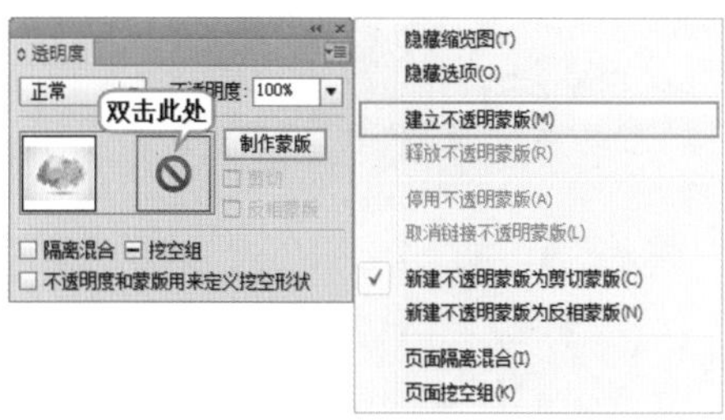

图 12-80

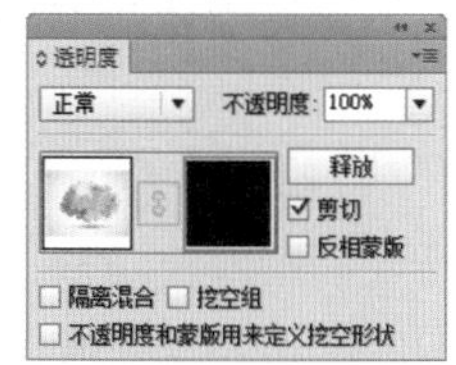

图 12-81

默认情况下，创建蒙版以后对象将被完全遮罩。在“透明度”面板中单击右侧的蒙版图标，进入蒙版的编辑状态。这时可以使用工具箱中任何绘图工具，采用不同的灰度定义蒙版的状态，重新将图形显示出来。在蒙版中白色部分为完全显示，黑色部分为完全隐藏，而灰色则为半透明效果。图 12-82 所示为在蒙版中绘制了一个白色的星形。而画面中则显示了星形中的部分，如图 12-83 所示。

图 12-82

图 12-83

重点参数提醒：

- 剪切：默认情况下，“剪切”选项是被勾选的，此时蒙版为全部不显示，通过编辑蒙版可以将图形显示出来。如果不勾选“剪切”选项，图形将完全被显示，绘制蒙版将把相应的区域隐藏。“剪切”选项会将蒙版背景设置为黑色。因此选定“剪切”选项时，用来创建不透明蒙版的黑色对象将不可见。若要使对象可见，可以使用其他颜色，或取消“剪切”选项。
- 反向蒙版：勾选“反向蒙版”选项时，将对当前的蒙版进行翻转，使原始显示的部分隐藏，隐藏的部分将显示出来。这会使蒙版的不透明度区域产生反相的效果。

12.4.2　制作渐变的半透明蒙版效果

不透明度蒙版结合“渐变”面板可以创建不透明效果。在对象上层绘制黑白渐变遮罩层，如图 12-84 和图 12-85 所示。执行“窗口 > 透明度”命令或使用快捷键 <Ctrl+Shift+F10>，打开“透明度”面板。

图 12-84

图 12-85

将对象和遮罩层同时选取，单击“透明度”面板中的“制作蒙版”按钮，即可实现使用不透明蒙版创建透明度效果，如图 12-86 和图 12-87 所示。

图 12-86

图 12-87

12.4.3　编辑不透明蒙版

（1）默认情况下，蒙版和图形始终保持链接的状态，也就是说图形在移动、缩放时蒙版也会保持同步。如果想单独调整蒙版或对象就需要取消链接。单击“透明度”面板中缩览图之间的链接符号，或者在“透明度”面板菜单中执行“链接不透明蒙版”命令即可，如图 12-88 所示。

图 12-88

（2）若要重新链接蒙版，单击“透明度”面板中链接符号。或者在“透明度”面板菜单中执行“链接不透明蒙版”命令，如图 12-89 所示。

图 12-89

（3）如果要暂时隐藏蒙版效果，可以选择停用蒙版效果，在“透明度”面板菜单中执行“停用不透明蒙版”命令，如图 12-90 所示。若要重新启用不透明蒙版，在“透明度”面板菜单中执行“启用不透明蒙版”命令即可。

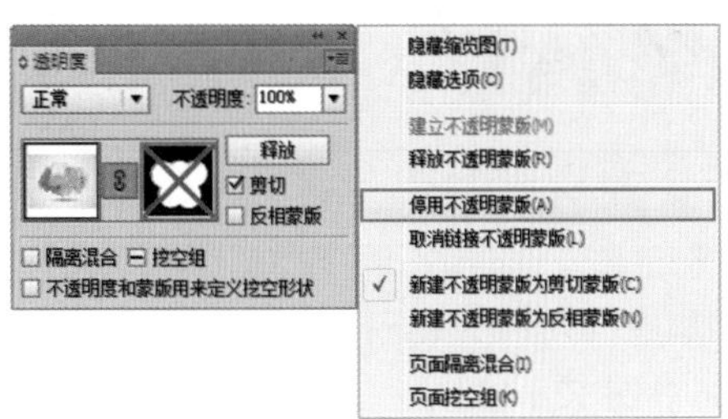

图 12-90

（4）若要永久删除不透明蒙版，可以在“透明度”面板菜单中执行“释放不透明蒙版”命令，蒙版将被删除，但是相应的效果依然保持，如图 12-91 和图 12-92 所示。

图 12-91

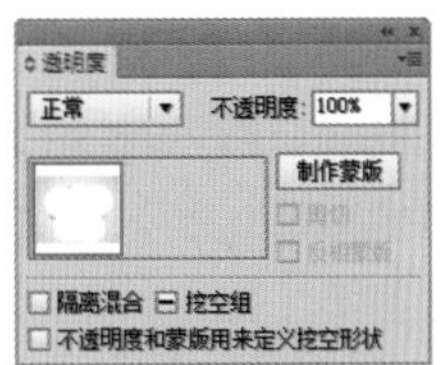

图 12-92

12.4.4 进阶案例：利用不透明度蒙版制作运动鞋海报

案例文件	利用不透明度蒙版制作运动鞋海报 .ai
视频教学	利用不透明度蒙版制作运动鞋海报 .flv
难易指数	★★☆☆☆
技术掌握	掌握不透明蒙版的运用

在本案例中难点在于鞋子倒影效果的制作。倒影效果主要通过将鞋子素材复制旋转到合适位置后，并通过“不透明度蒙版”制作半透明效果，案例完成效果如图 12-93 所示。

图 12-93

（1）新建一个大小为 A4 大小的新文件。执行“文件 > 置入”命令，置入素材“1.ai”，调整置入素材的位置如图 12-94 所示。

图 12-94

（2）执行“文件 > 置入”命令，置入素材“2.png”，调整到合适位置，如图 12-95 所示。选择工具箱中的“椭圆工具”，在文档内绘制椭圆，并旋转合适角度，如图 12-96 所示。

图 12-95

图 12-96

（3）执行“窗口 > 渐变”命令，编辑一个深灰色的线性渐变，如图 12-97 所示。编辑完成后使用“渐变工具”进行拖拽填充，如图 12-98 所示。

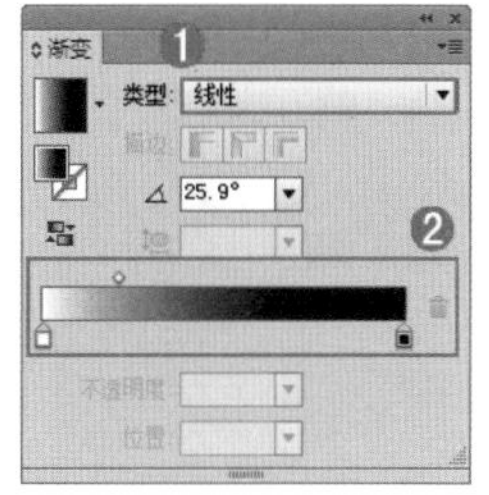

图 12-97

图 12-98

（4）选择该椭圆形状，执行“效果 > 模糊 > 高斯模糊”命令，设置其“半径”为 20 像素，单击“确定”按钮，如图 12-99 所示。将模糊后的椭圆形状移动到鞋子素材的后面，鞋子的阴影就制作完成了。效果如图 12-100 所示。

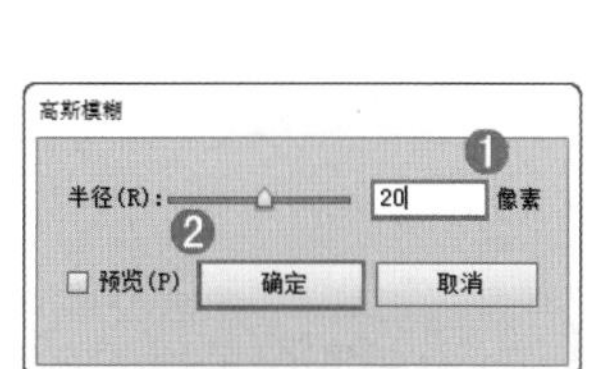

图 12-99

图 12-100

（5）选择鞋子素材，执行“对象 > 变换 > 对称”命令，设置“轴”为“水平”，单击“复制”按钮，如图 12-101 所示。效果如图 12-102 所示。

图 12-101

图 12-102

（6）选择复制得到的鞋子素材，将其旋转并移动到合适位置，如图 12-103 所示。

图 12-103

（7）下面要使用“不透明度蒙版”制作鞋子的投影。绘制一个矩形并填充一个灰色系渐变，然后将其移动到鞋子的上方，如图 12-104 所示。将鞋子和矩形同时选中，执行“窗口 > 不透明度”命令打开“透明度”面板，单击“透明度”面板中的“制作蒙版”按钮，如图 12-105 所示，建立不透明蒙版。

图 12-104

图 12-105

（8）使用“文字工具” T 在文档内键入文字，如图 12-106 所示。整体制作完成。

图 12-106

12.5 综合案例：化妆品网页设计

案例文件	化妆品网页设计 .ai
视频教学	化妆品网页设计 .flv
难易指数	★★★★☆
技术掌握	“文字工具”“渐变”“高斯模糊”

本案例重点在于背景部分的制作，主要使用到了“文字工具”“渐变”“高斯模糊”等，案例完成效果如图 12-107 所示。

图 12-107

1. 制作背景部分

（1）执行“文件 > 新建”命令，新建大小为 A4 的横向文档。执行“文件 > 置入”命令，置入素材“1.jpg”，调整大小并将其置于文档内的适当位置，如图 12-108 所示。

图 12-108

（2）选择置入素材，执行“效果 > 模糊 > 高斯模糊”命令，设置“半径”为 100 像素，单击“确定”按钮，如图 12-109 所示。效果如图 12-110 所示。

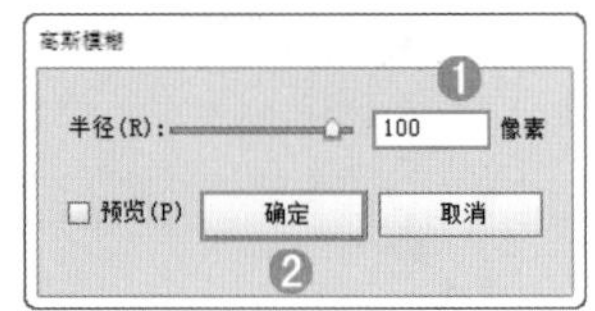

图 12-109

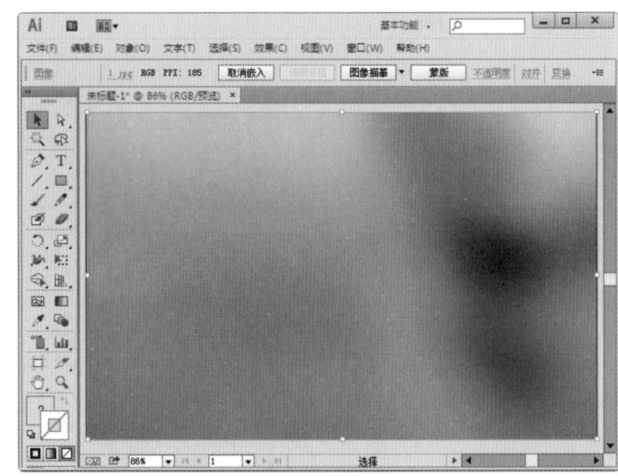

图 12-110

（3）在文档内绘制一个粉色矩形，如图 12-111 所示。选择该矩形执行“效果 > 风格化 > 投影”命令，在“投影”窗口中设置“模式”为“正片叠底”，“不透明度”为 100%，“X 位移”为 0.5mm，“Y 位移”为 0.5mm，“模糊”为 0.5mm，“颜色”为深红色。参数设置如图 12-112 所示。设置完成后，单击“确定”按钮，投影效果如图 12-113 所示。

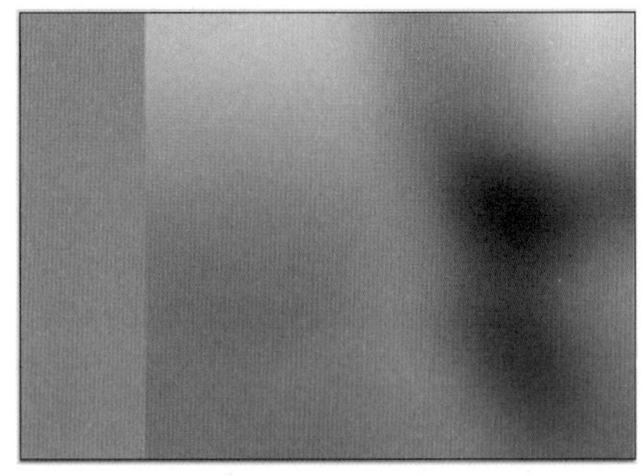

图 12-111

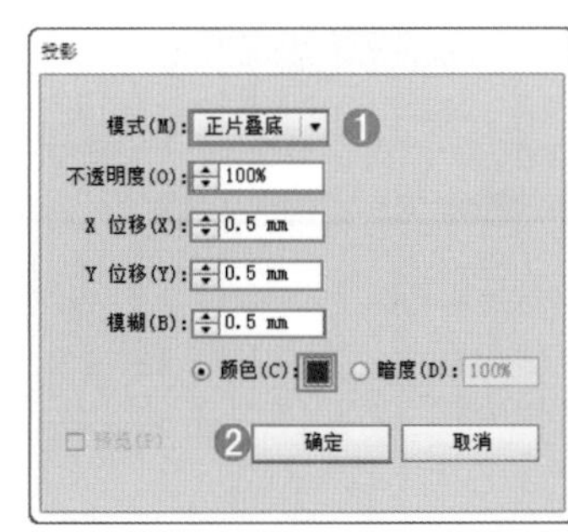

图 12-112

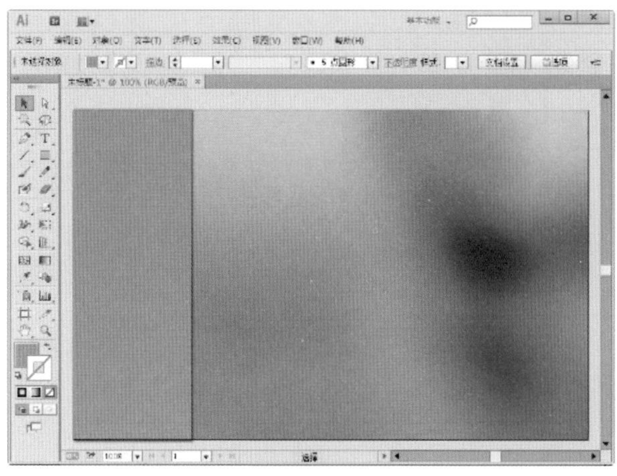

图 12-113

（4）在该矩形的上层绘制一个和其大小相同的矩形，执行“窗口 > 渐变”命令，打开“渐变”面板，设置渐变类型为“线性”，编辑一个由透明到红色的渐变，如图 12-114 所示。渐变编辑完成后，使用“渐变工具”进行拖拽填充，如图 12-115 所示。

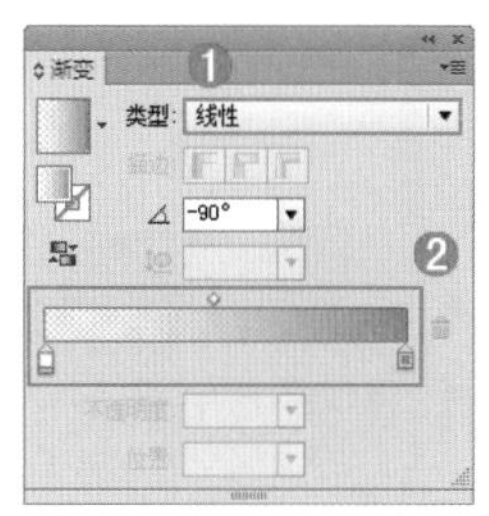

图 12-114

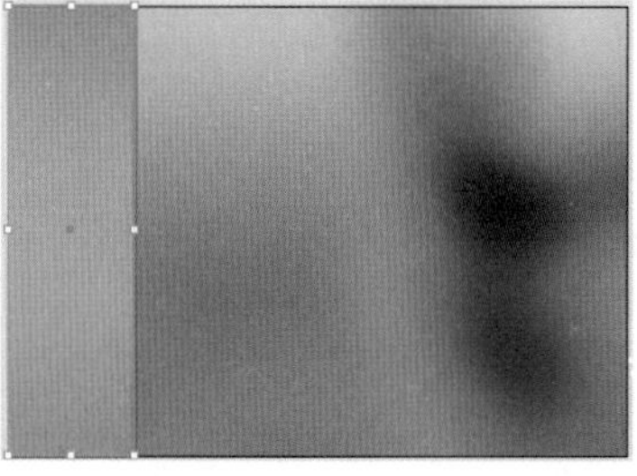

图 12-115

（5）选择该矩形，设置该形状的“混合模式”为“正片叠底”，画面效果如图 12-116 所示。

图 12-116

（6）执行“文件 > 置入”命令，置入素材“2.png”，将其移动至画面的左上角，如图 12-117 所示。

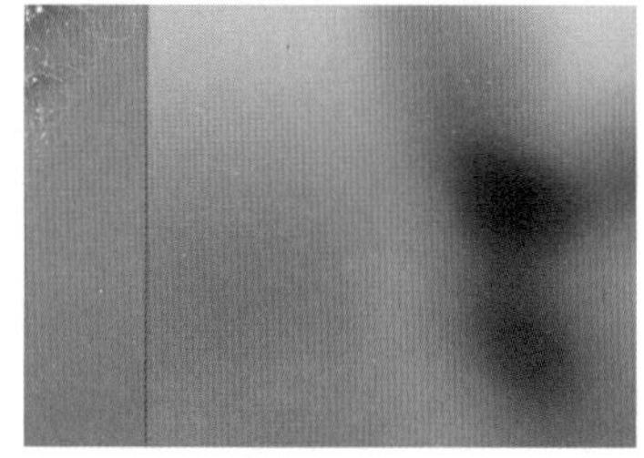

图 12-117

（7）在文档内绘制矩形，继续在“渐变”面板中编辑一个由透明到半透明粉色的“线性”渐变，如图 12-118 所示。渐变效果如图 12-119 所示。

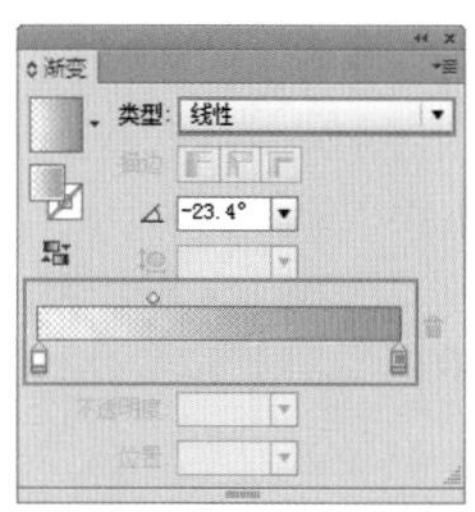

图 12-118

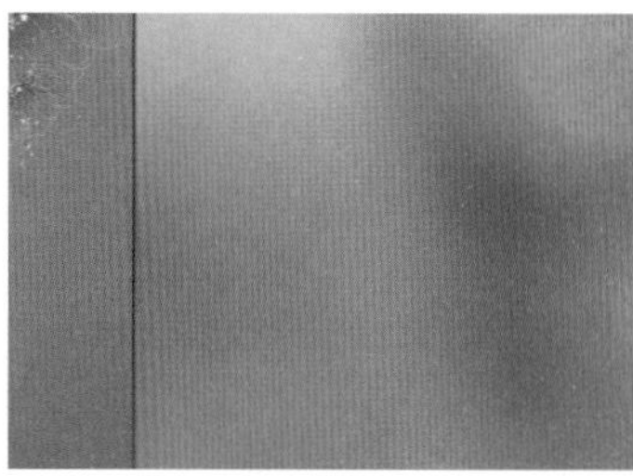

图 12-119

（8）使用“文字工具” T 在文档内键入文字，执行“文字 > 创建轮廓”命令，将文字转换为普通图形，如图 12-120 所示。选择该文字，使用快捷键 <Ctrl+C> 将其进行复制，使用快捷键 <Ctrl+B> 将复制的对象贴在后。然后执行“对象 > 路径 > 偏移路径”命令，在打开的“偏移路径”窗口中，设置“位移”为 0.5mm，“连接”为“圆角”，“斜接限制”为 4，参数设置如图 12-121 所示。

图 12-120

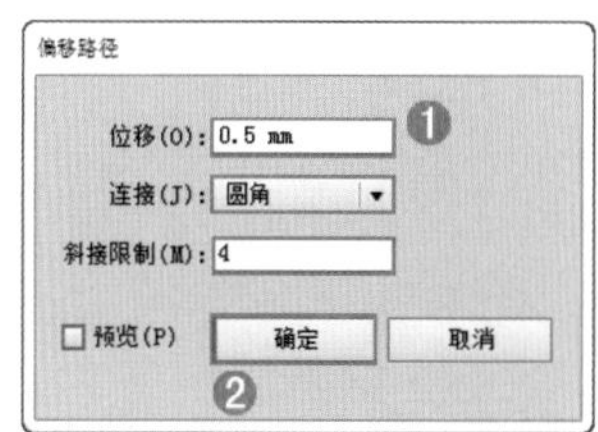

图 12-121

（9）此时效果如图 12-122 所示。将位移路径的文字填充为白色，效果如图 12-123 所示。一个通过位移路径得到的描边就制作完成了。

图 12-122

图 12-123

（10）使用同样的方法继续制作另一层描边，效果如图 12-124 所示。

图 12-124

2. 制作中景部分

（1）选择工具箱中的“椭圆工具”，按住 <Shift> 键在文档内绘制正圆，并在“渐变”面板中设置其填充为粉白色系径向渐变，如图 12-125 所示。选择正圆执行“效果 > 模糊 > 高斯模糊”命令，设置“半径”为 74 像素，单击“确定”按钮，如图 12-126 所示。

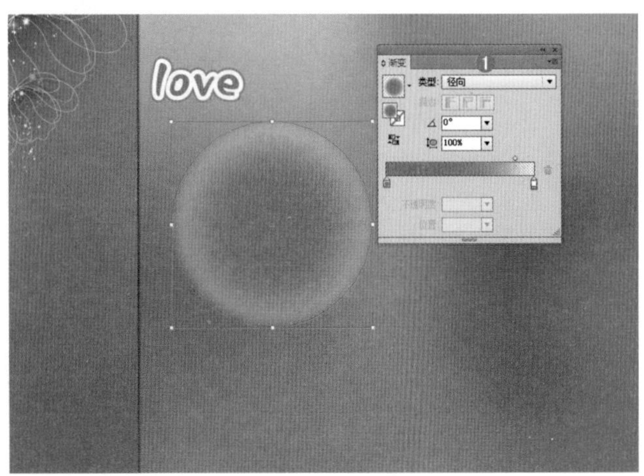

图 12-125

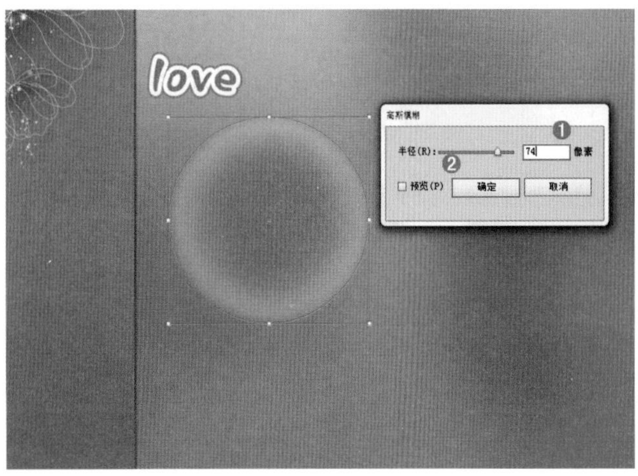

图 12-126

（2）效果如图 12-127 所示。在正圆的上层绘制一个椭圆，并使用“直接选择工具”对路径进行调整，如图 12-128 所示。

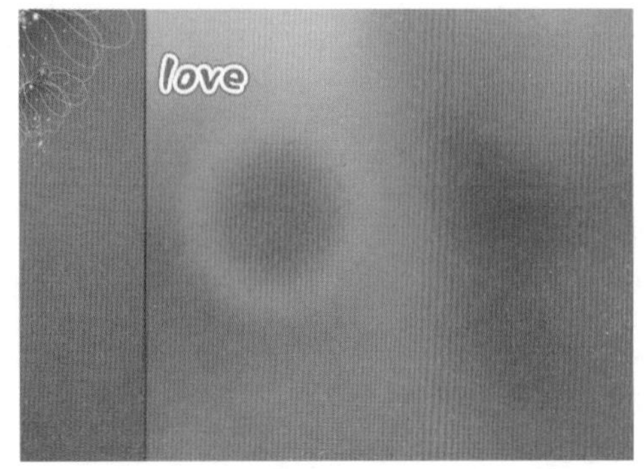

图 12-127

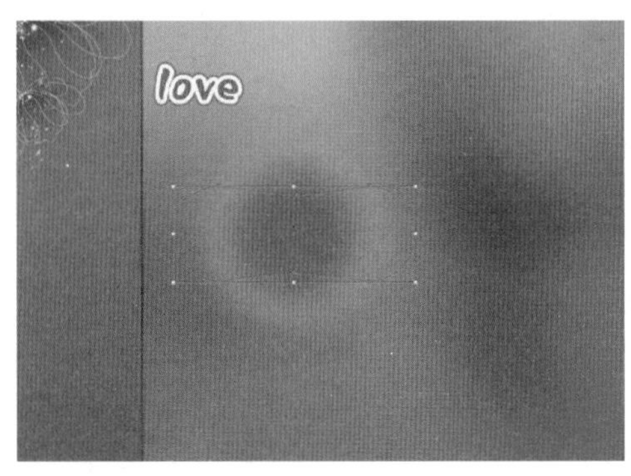

图 12-128

（3）然后在“渐变”面板中设置其填充为白色系径向渐变，如图 12-129 所示。将前面制作的正圆和椭圆编组，并调整组的大小，将其置于文档内的适当位置，如图 12-130 所示。

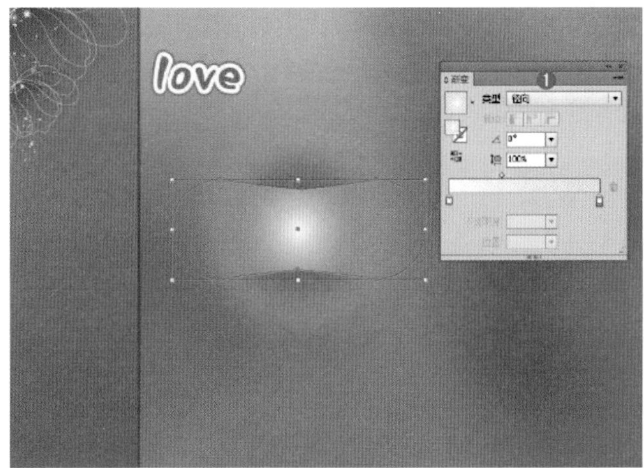

图 12-129

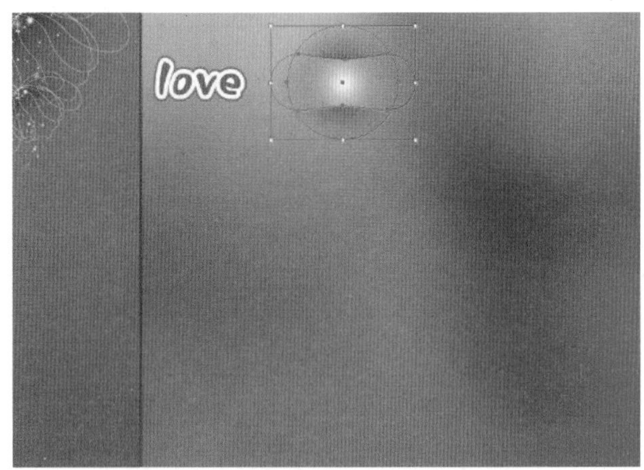

图 12-130

（4）使用“文字工具”在文档内键入文字，如图 12-131 所示。为了让文字虚化，可以在文字上方绘制一个矩形，然后填充一个由白色到透明的“线性”渐变，并降低“不透明度”至 50% 左右，效果如图 12-132 所示。

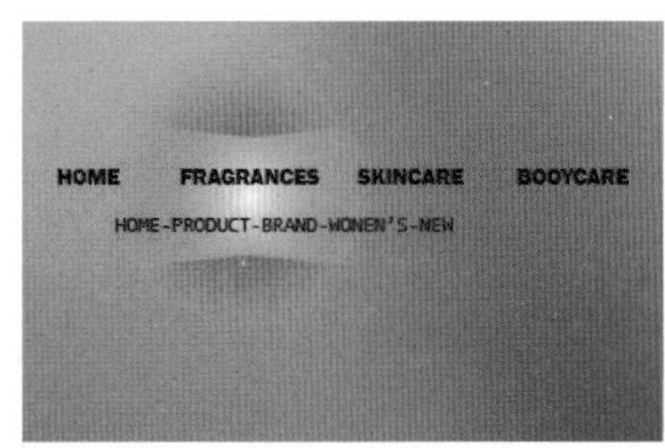

图 12-131

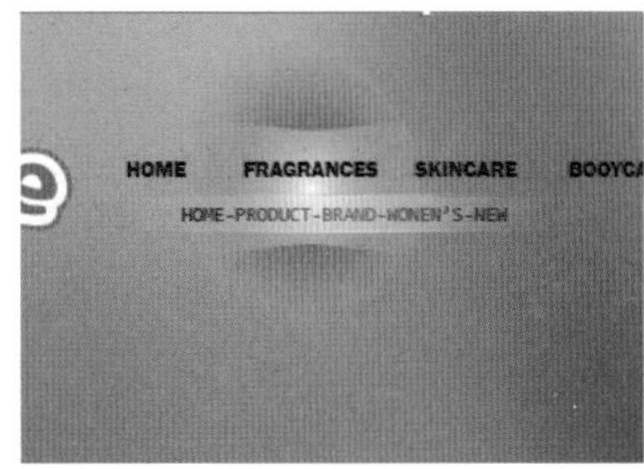

图 12-132

（5）单击工具箱中的“钢笔工具”在文档内绘制路径，如图 12-133 所示。填充一个由半透明白色到透明的“线性”渐变，如图 12-134 所示。

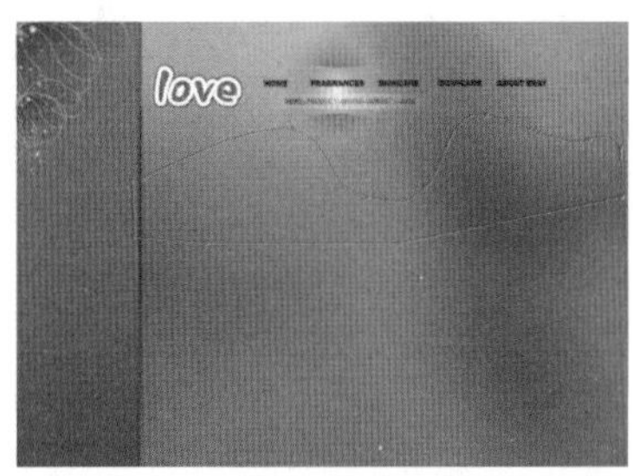

图 12-133

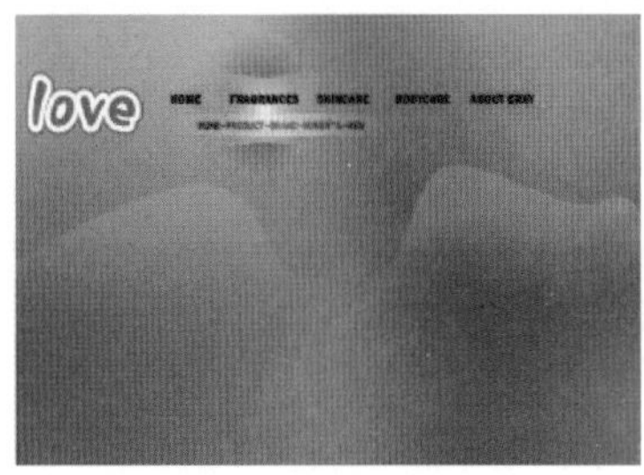

图 12-134

（6）使用同样的方法绘制路径，填充渐变，并将这些路径编组，如图 12-135 所示。

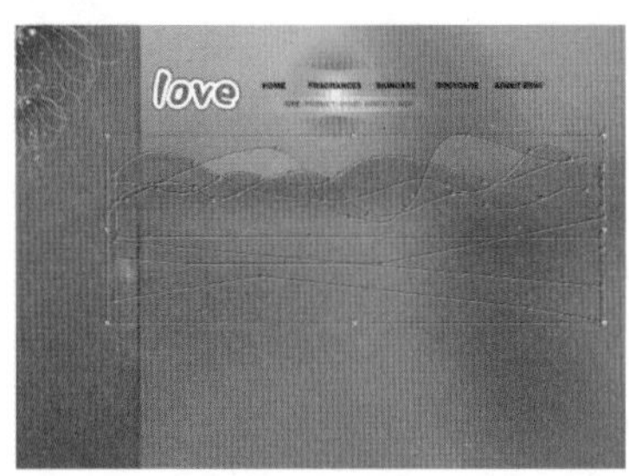

图 12-135

3. 制作前景部分

（1）执行“文件 > 置入”命令，置入素材“3.png”，如图 12-136 所示。在文档内绘制一个椭圆，并将其填充设置为白紫色系径向渐变，如图 12-137 所示。

图 12-136

图 12-137

（2）选取椭圆执行“效果 > 模糊 > 高斯模糊”命令，设置“半径”为 45 像素，单击“确定”按钮，参数设置如图 12-138 所示。然后在“透明度”面板中将其“混合模式”设置为“正片叠底”，如图 12-139 所示。

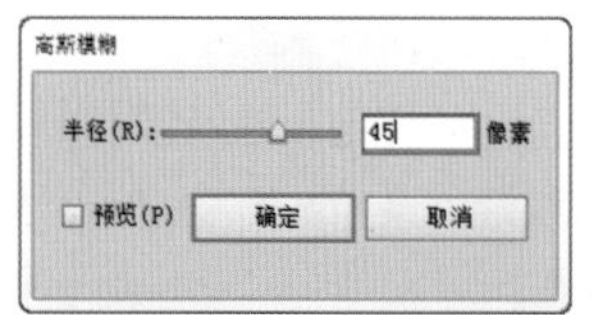

图 12-138

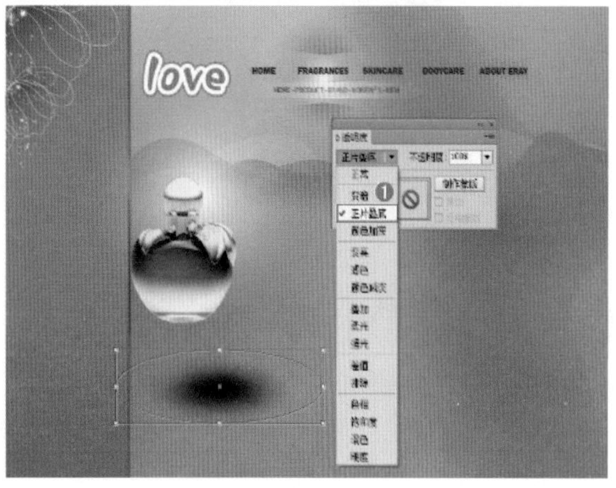

图 12-139

（3）在椭圆上方绘制一个正圆，并将其填充设置为白色系径向渐变，如图 12-140 所示。将置入的素材“3.png”置于正圆的上层，体现出光泽效果，如图 12-141 所示。

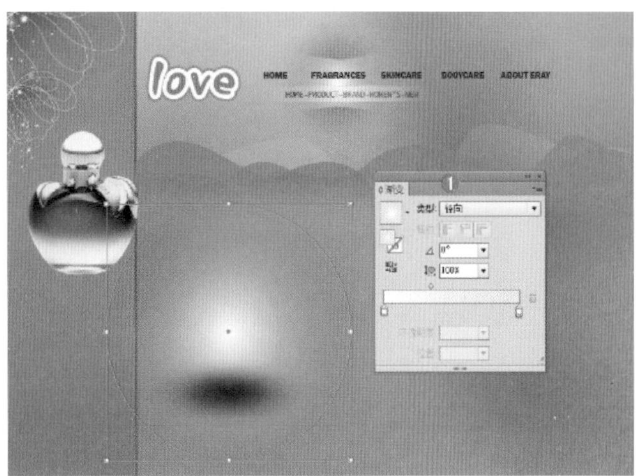

图 12-140

图 12-141

（4）选择工具箱中的“直线段工具”在文档内绘制一条白色直线段，如图 12-142 所示。继续绘制一个正圆，并设置其填充为粉紫色系径向渐变，如图 12-143 所示。

图 12-142

图 12-143

（5）在正圆内绘制一个黑色三角形，如图 12-144 所示。复制黑色三角形，将贴在前面并填充为白色，然后向左轻移。效果如图 12-145 所示。

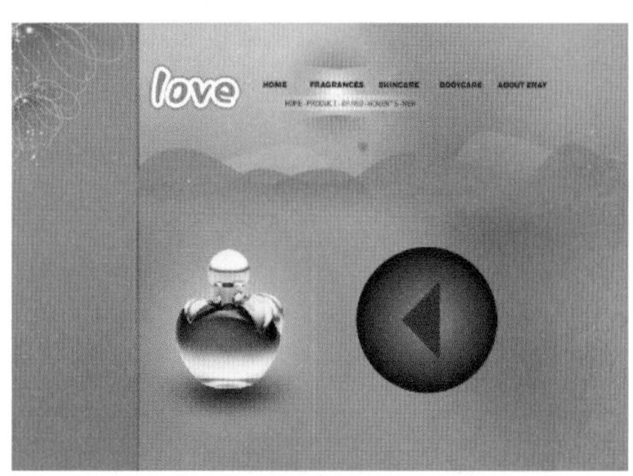

图 12-144

图 12-145

（6）将该按钮进行缩放，并将其移动复制到画面的合适位置，效果如图 12-146 所示。

图 12-146

（7）选择工具箱中的“矩形工具”，按住 <Shift> 键在文档中绘制正方形，并在“透明度”面板中设置其“不透明度”为 40%，如图 12-147 所示。复制正方形，并将复制对象置于适当位置，如图 12-148 所示。

图 12-147

图 12-148

（8）将素材“4.jpg”“5.jpg”“6.jpg”分别置入到绘制的三个正方形位置，如图 12-149 所示。在文档内绘制矩形，并设置其填充为粉色系渐变，如图 12-150 所示。

图 12-149

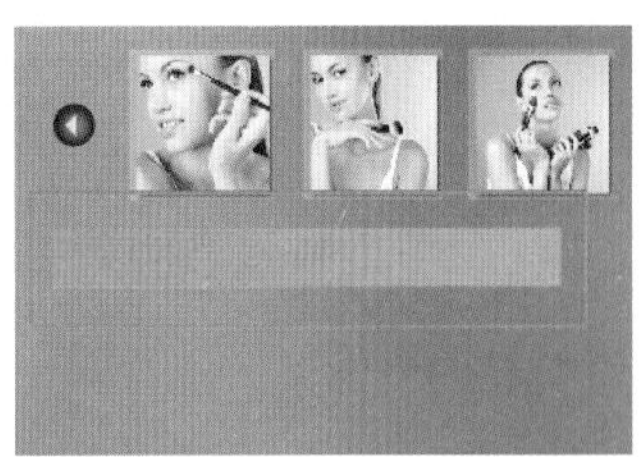

图 12-150

（9）为该矩形填加描边，并填充灰色系渐变。效果如图 12-151 所示。

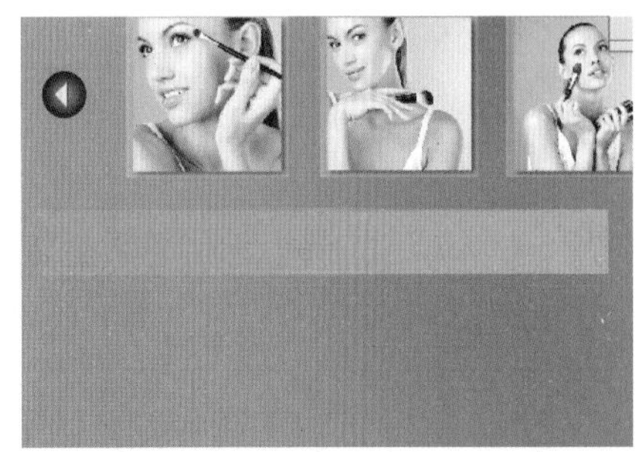

图 12-151

（10）使用“文字工具”在矩形位置键入文字，如图 12-152 所示。继续在文档内的其他位置键入文字，如图 12-153 所示。整体制作完成。

图 12-152

图 12-153

12.6 综合案例：音乐会海报

案例文件	音乐会海报 .ai
视频教学	音乐会海报 .flv
难易指数	★★★☆☆
技术掌握	“文字工具”“不同明度蒙版”“矩形工具”

本案例主要的重点是使用“不透明度蒙版”进行制作，同时使用到了“文字工具”“不同明度蒙版”“矩形工具”等工具。

1. 制作背景部分

（1）新建一个 A4 大小的文件，执行“文件 > 置入”命令，置入素材“1.jpg”，如图 12-154 所示。

图 12-154

（2）由于素材过大可以在蒙版中将多出画板的部分进行隐藏。绘制一个与画板等大的矩形，将该矩形与图片同时选择，执行“对象 > 剪切蒙版 > 建立”命令，建立剪切蒙版。效果如图 12-155 所示。

图 12-155

（3）下面为照片进行“调色”。绘制一个与画板等大的黄色矩形，如图 12-156 所示。执行“窗口 > 透明度”命令，打开“透明度”面板，设置其“混合模式”为“柔光”，如图 12-157 所示。此时照片变为黄色调，效果如图 12-158 所示。

图 12-156

图 12-157

图 12-158

（4）下面制作暗角效果。绘制一个和画板大小相当的矩形，并填充一个半透明白色到黑色的径向渐变，如图 12-159 所示。然后在“透明度”面板中设置“混合模式”为“正片叠底”，如图 12-160 所示。此时画面效果如图 12-161 所示。

图 12-159

图 12-160

图 12-161

2. 制作前景部分

（1）执行“文件 > 置入”命令，置入素材“6.jpg”，如图 12-162 所示。在置入素材上层绘制一个矩形，然后将其旋转，如图 12-163 所示。

图 12-162

图 12-163

（2）同时选取矩形和置入的素材“6.jpg”，执行“对象 > 剪切蒙版 > 建立”命令，建立剪切蒙版，效果如图 12-164 所示。

图 12-164

（3）复制剪切路径，然后将其贴在前面并设置其填色为橙色，如图 12-165 所示。在“透明度”面板中设置其“混合模式”为“正片叠底”，如图 12-166 所示。

图 12-165

图 12-166

（4）再一次复制剪切路径，并为其填充黑白色系线性渐变，如图 12-167 所示。

图 12-167

（5）同时选取置入素材“6.jpg”、橙色矩形和渐变矩形，单击“透明度’面板中的“制作蒙版”按钮，建立“不透明度蒙版”，如图 12-168 所示。将其移动到画面的合适位置，如图 12-169 所示。

图 12-168

图 12-169

（6）使用同样的方法置入图片，建立不透明蒙版对象，如图 12-170 所示。

图 12-170

（7）绘制一个和画板大小相当的矩形，同时选取矩形和制作的不透明蒙版对象，执行“对象 > 剪切蒙版 > 建立”命令创建剪切蒙版，如图 12-171 所示。

图 12-171

（8）使用“文字工具”T在文档内键入文字，如图 12-172 所示。将文字进行旋转并移动到合适位置，效果如图 12-173 所示。

图 12-172

图 12-173

（9）继续在文档内键入文字，如图 12-174 所示。整体制作完成。

图 12-174

第 13 章
图层、剪切蒙版与链接

关键词

图层、蒙版、链接

要点导航

编辑图层

剪切蒙版

使用链接面板

学习目标

能够利用图层面板管理文档中的图形

熟练使用剪切蒙版进行图形的处理

能够使用链接面板替换文档中的位图素材

佳作鉴赏

13.1 图层

在 Illustrator 中，图层是一个特殊的载体，它可以像群组对象一样承载很多个对象在一个图层中，而且每个文件都可以拥有很多个图层。图层和图层直接逐层堆叠而呈现出最终效果。所以图层不仅仅具有群组的特点，而且还具有层级、混合等属性。而“图层”面板则是用于编辑和管理图层的平台。图 13-1~ 图 13-4 所示为可以使用到该功能制作的作品。

图 13-1

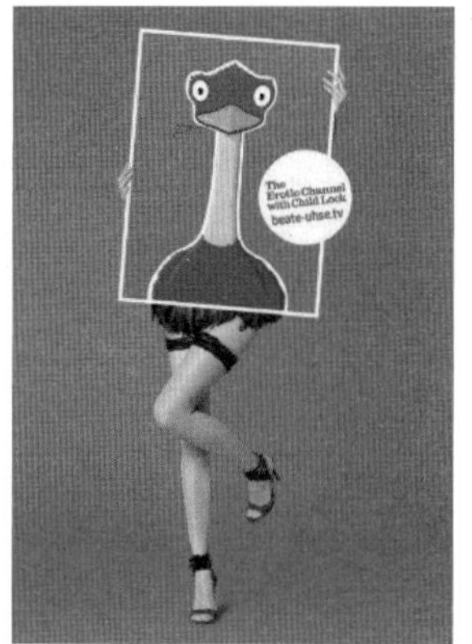

图 13-2

图 13-3

图 13-4

13.1.1　图层面板

“图层”面板常用于排列所绘制图形的各个对象。可在该面板中查看对象状态，也可以对对象及相应图层进行编辑。执行“窗口 > 图层”命令，可以打开“图层”面板，如图 13-5 所示。

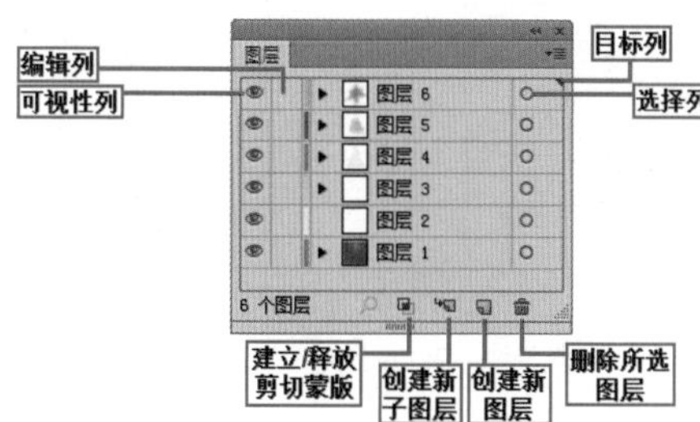

图 13-5

重点参数提醒：

- 可视性列：在这里显示当前图层的显示 / 隐藏状态以及图层的类型。例如：为项目是可见的；为项目是隐藏的；表示当前图层为模板图层；表示当前图层为轮廓图层。
- 编辑列：指示项目是锁定的还是非锁定的。为锁定状态，不可编辑；为非锁定状态，可以进行编辑。
- 目标列：当按钮显示为或时，表示项目已被选择，则表示项目未被应用。单击该按钮可以快速定位当前对象。
- 选择列：指示是否已选定项目。当选定项目时，会显示一个颜色框。如果一个项目（如图层或组）包含一些已选定的对象以及其他一些未选定的对象，则会在父项目旁显示一个较小的选择颜色框。如果父项目中的所有对象均已被选中，则选择颜色框的大小将与选定对象旁的标记大小相同。
- 建立 / 释放剪切蒙版：用于创建图层中的剪切蒙版，图层中位于最顶部的图层将作为蒙版轮廓。
- 创建新子图层：在当前集合图层下创建新的子图层。
- 创建新图层：单击该按钮即可创建新图层，按住 <Alt> 键单击该按钮即可弹出“图层选项”对话框。
- 删除所选图层：单击即可删除所选图层。

13.1.2　选择图层

（1）想要对某个图层进行操作之前需要在“图层”面板选取该图层，在“图层”面板中单击该图层即可选中，如图 13-6 所示。

图 13-6

（2）也可以一次性选择多个图层，如果要选择多个连续的图层可以单击选择第一个图层，然后按住 <Shift> 键单击最后一个图层即可，如图 13-7 所示。要选择多个不连续的图层，需要按住 <Ctrl> 键，然后在“图层”面板中单击选择相应的图层，如图 13-8 所示。

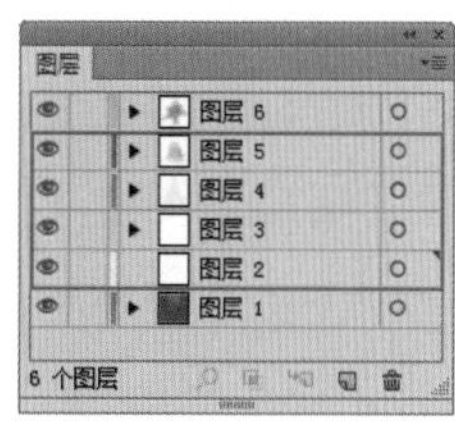

图 13-7

图 13-8

（3）每个图层中都可能包括多个子图层，所以如果想要选择某个子图层则需要展开该图层，找到相应的对象，单击将其选取即可，如图 13-9 所示。若要定位某个图层或子图册则可以在“图层”面板中单击相应图层选项右侧的标记，该对象即可在画面中被选中，如图 13-10 所示。

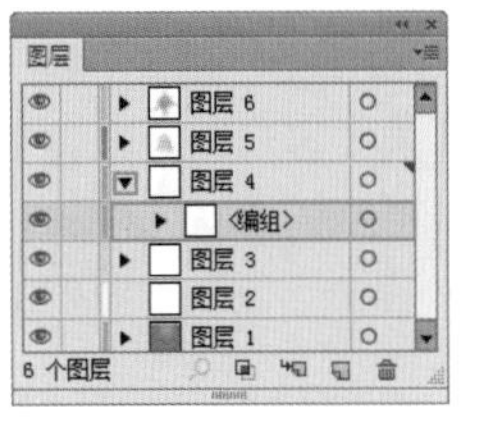

图 13-9

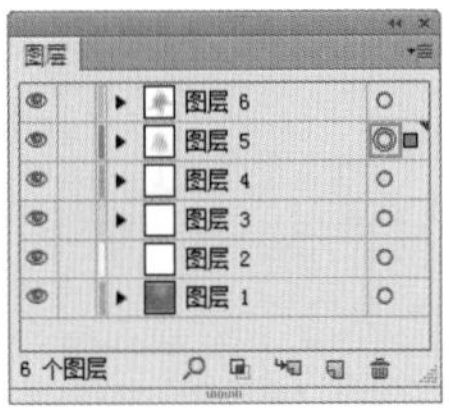

图 13-10

13.1.3 显示与隐藏图层

在 Illustrator 中可以将暂时不需要进行编辑的图层进行隐藏，以便在处理较为复杂的图稿时更为清晰、高效。在“图层”面板中，单击要隐藏的项目旁边的眼睛图标，使其变为 即可隐藏该图层。再次单击 ，使其变为 即可重新显示项目。如果隐藏了图层或组，则图层或组中的所有项目都会被隐藏。将鼠标拖过多个眼睛图标，可一次隐藏多个项目，如图 13-11 和图 13-12 所示。

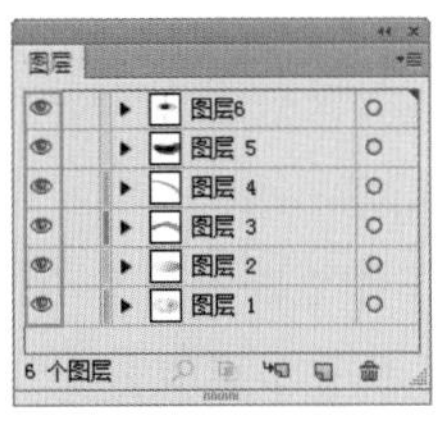

图 13-11

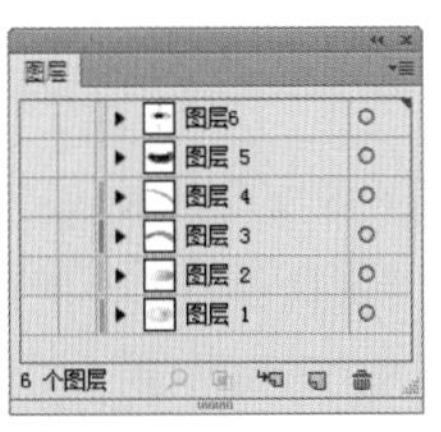

图 13-12

13.1.4 新建图层

（1）在“图层”面板中单击“图层”面板底部的“创建新图层”按钮，如图 13-13 所示。此时在被选中的图层上方会出现一个新建图层，如图 13-14 所示。

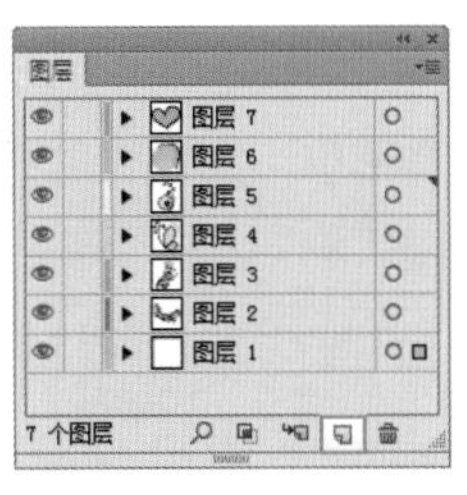

图 13-13

图 13-14

（2）若要在图层内创建新的子图层，需要选择图层，单击“图层”面板底部的“创建子图层”按钮，如图 13-15 所示。此时在所选图层内出现一个新的子图层，如图 13-16 所示。

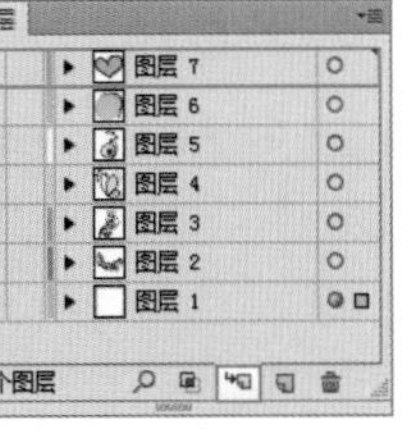

图 13-15

图 13-16

13.1.5 复制图层

选择要复制的图层按住鼠标左键并拖动到“图层”面板底部的“创建新图层”按钮处，如图 13-17 所示。即可实现快速复制，如图 13-18 所示。

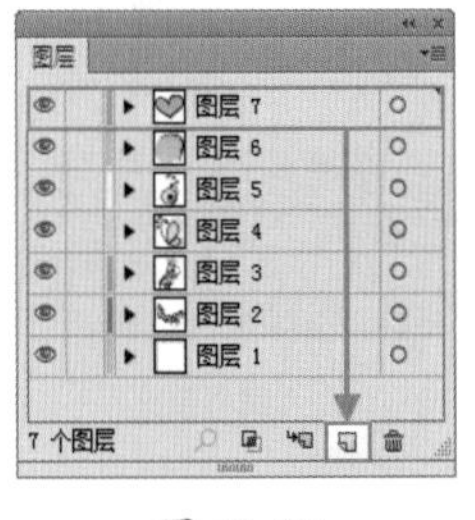

图 13-17

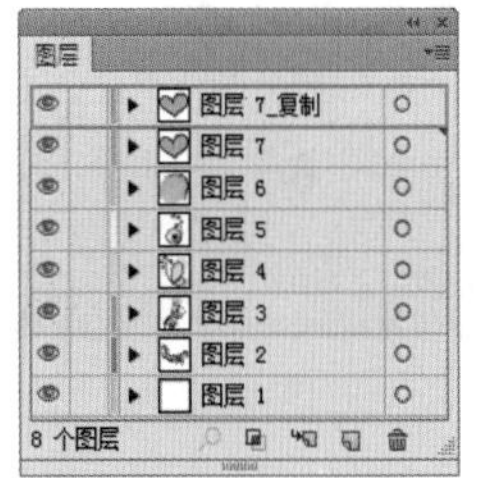

图 13-18

小技巧：复制图层的其他方法

也可以在“图层”面板菜单中执行“复制图层”命令复制图层。

13.1.6 锁定与解锁图层

在处理较为复杂的图稿时，为了避免因为错误操作导致图层发生不必要的变动，可以将暂时不需要编辑的图层锁定。图层锁定后，将不能够对其进行任何编辑操作。

（1）在图层面板的“编辑列”中可以对图层进行锁定与解锁的操作。当编辑列显示为时，该图层处于锁定状态，不可编辑；若“编辑列”显示为 时，则是该图层处于非锁定状态，可以对其进行编辑。单击该区域即可切换图层的锁定状态，如图 13-19 和图 13-20 所示。

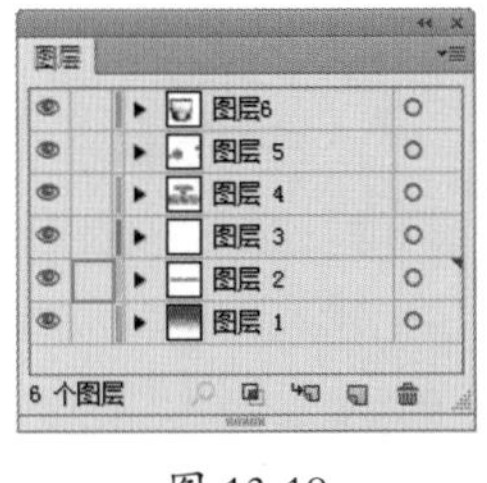

图 13-19

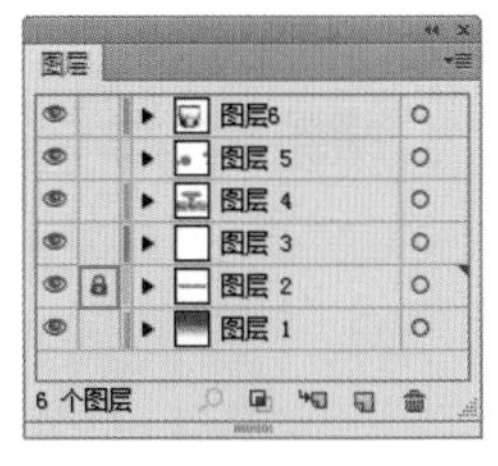

图 13-20

（2）用鼠标指针单击并拖动经过多个编辑列按钮可同时锁定多个项目，如图 13-21 和图 13-22 所示。

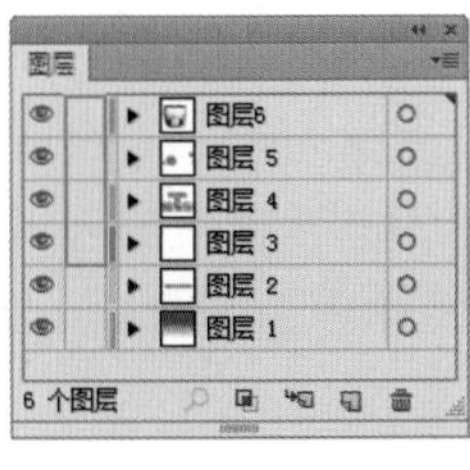

图 13-21

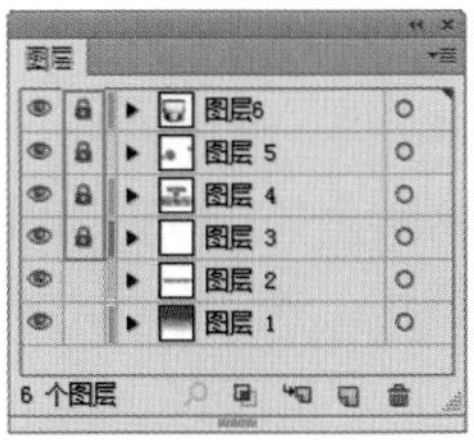

图 13-22

小技巧：锁定图层的小知识

若要锁定除所选对象或组所在图层外的所有图层，需要在“图层”面板菜单中执行“锁定其他图层”。执行“解锁所有图层”命令，可以一次性解锁所有锁定的图层。

13.1.7　调整图层顺序

在“图层”面板的堆栈中可以看到按一定顺序排列的图层，在上方的图层也显示在画面的上层，而在下方的图层则可能会被上层对象所遮挡。而且同一图层中的对象也是按结构进行排序的。若要通过“图层”面板调整图层顺序需要拖动要移动位置的图层，当黑色的插入标记出现在期望位置时释放鼠标，如图 13-23 所示。此时该图层将被移动到黑色插入标记出现的位置，如图 13-24 所示。

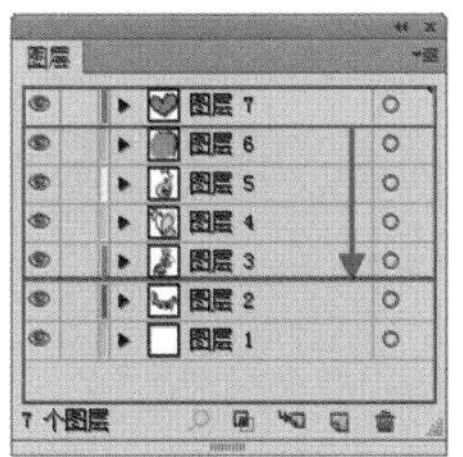

图 13-23

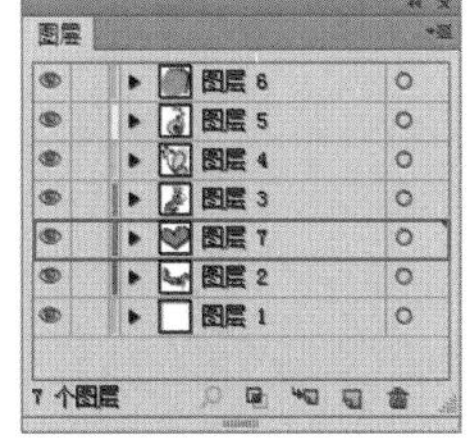

图 13-24

13.1.8　合并图层

在“图层”面板中将要进行合并的图层同时选中，然后在“图层”面板菜单中执行“合并所选图层”命令，如图 13-25 所示。即可将所选图层合并为一个图层，如图 13-26 所示。

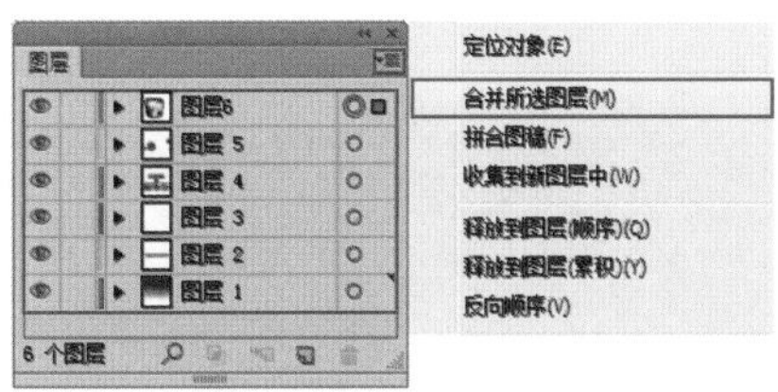

图 13-25

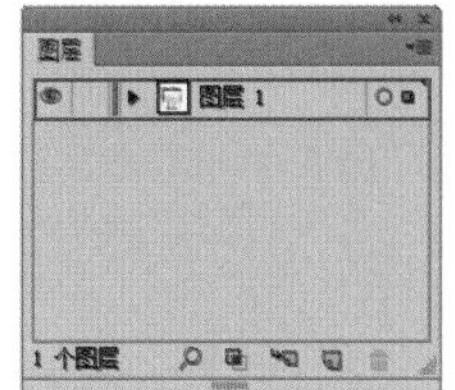

图 13-26

13.1.9　拼合图稿

“拼合图稿”命令用于将当前图稿中的所有图层拼合到指定的图层中。在“图层”面板菜单中执行“拼合图稿”命令，如图 13-27 所示。此时当前图稿中的所有图层都被拼合到所选图层中，如图 13-28 所示。

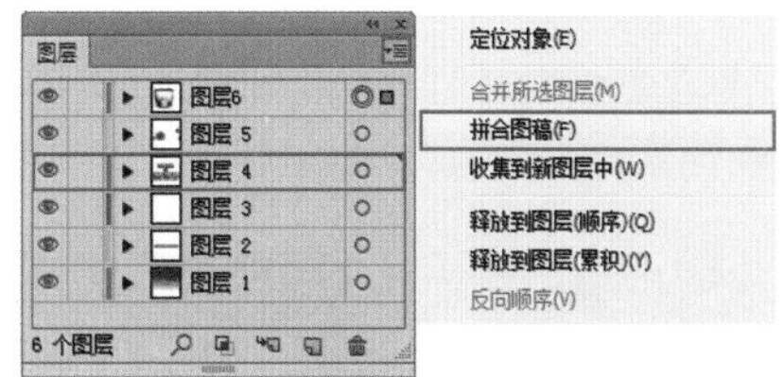

图 13-27

图 13-28

13.1.10　编辑图层属性

在 Illustrator 中图层的属性是可编辑的。在“图层”面板中，选择要进行调整的图层，然后在“图层”面板菜单中执行“图层选项”命令，在弹出“图层选项”对话框中即可该图层的基本属性进行编辑修改，如图 13-29 所示。

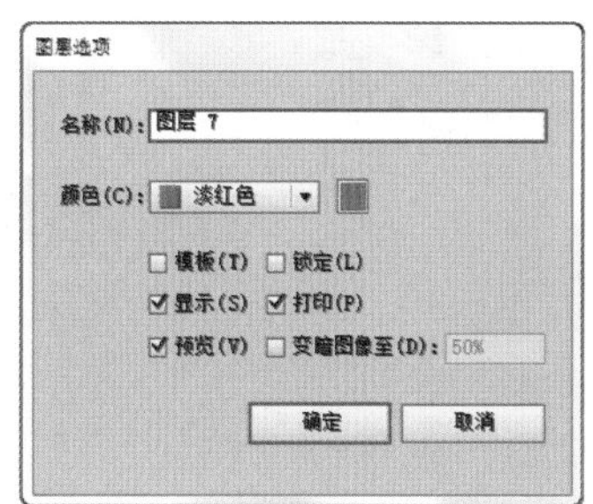

图 13-29

重点参数提醒：

- 名称：指定项目在“图层”面板中显示的名称。
- 颜色：指定图层的颜色设置。可以从菜单中选择颜色，或双击颜色色板以选择颜色。
- 模板：使图层成为模板图层。
- 锁定：禁止对项目进行更改。
- 显示：显示画板图层中包含的所有图稿。
- 打印：使图层中所含的图稿可供打印。
- 预览：以颜色而不是按轮廓来显示图层中包含的图稿。
- 变暗图像：将图层中所包含的链接图像和位图图像的强度降低到指定的百分比。

13.2　剪切蒙版

剪切蒙版以顶层路径形状为基础轮廓创建蒙版遮罩，所以被剪切遮罩的区域为可见对象，而遮罩区域外的对象则不可见。剪切蒙版由两部分构成：剪切路径和被剪切的对象。只有矢量对象可以作为剪切路径，但是位图和矢量对象都可以作为被剪切的对象。要应用剪切蒙版，蒙版遮罩层应位于所有要应用剪切蒙版的对象上方，并将其遮盖。图 13-30~ 图 13-33 所示为可以使用到该功能制作的作品。

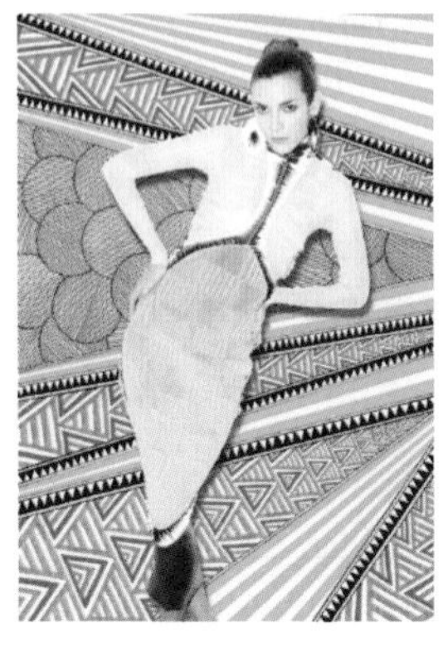

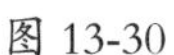

图 13-30

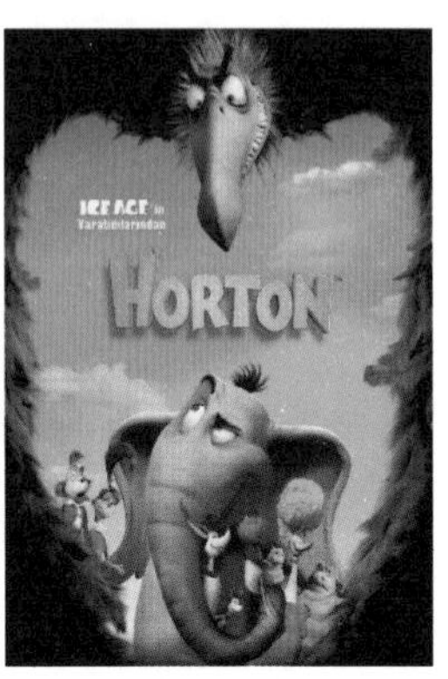

HORTON

图 13-31

CMT
COUNTRY
Made
FRESH

图 13-32

PLUS IS THE
NEW MINUS

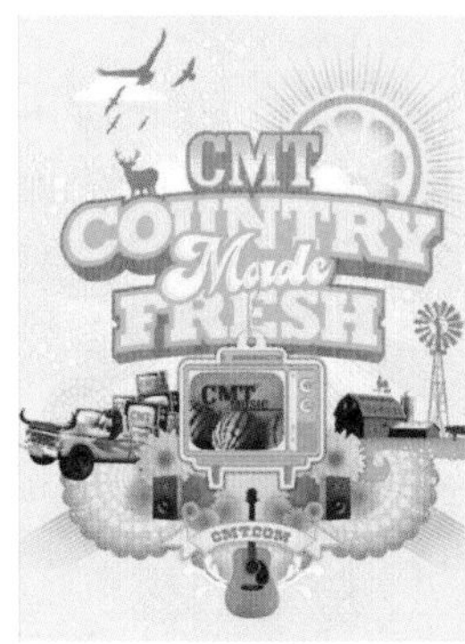

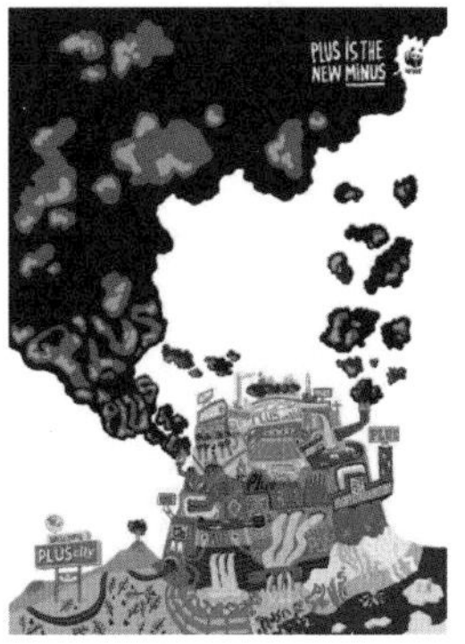

图 13-33

13.2.1　创建剪切蒙版

（1）创建作为剪切路径的矢量对象，这里创建的是一组文字，如图 13-34 所示。然后将需要剪切的对象放在剪切路径的下层，该对象可以是矢量对象，也可以是位图对象，如图 13-35 所示。

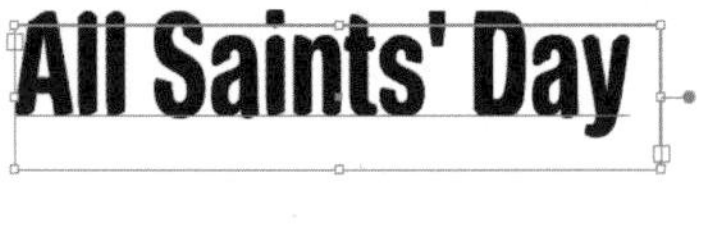
All Saints' Day

图 13-34

All Saints' Day

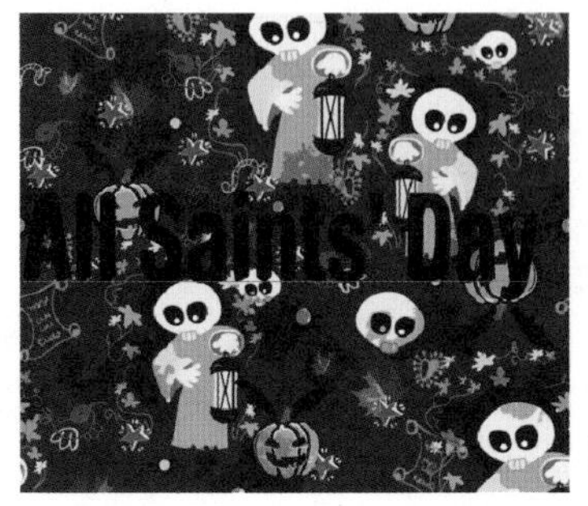

图 13-35

（2）同时选取遮罩对象以及要应用剪切蒙版的对象，执行“对象 > 剪切蒙版 > 建立”命令，如图 13-36 所示。或单击右键执行“建立剪切蒙版”命令，可以看到文字部分的颜色信息消失，位图只显示出文字内部的区域，如图 13-37 所示。

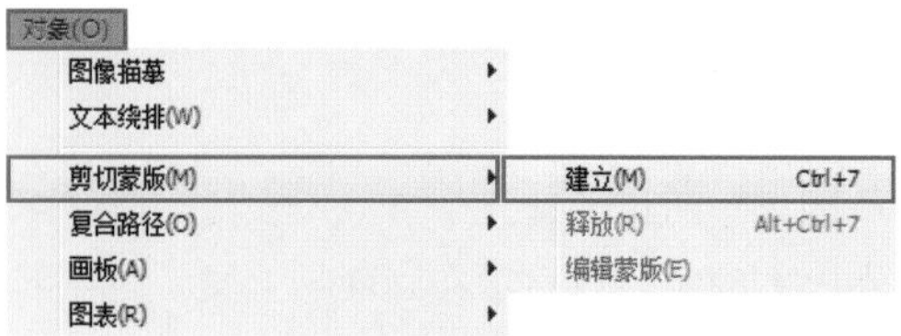
对象(O)
图像描摹
文本绕排(W)
剪切蒙版(M)
复合路径(O)
画板(A)
图表(R)
建立(M) Ctrl+7
释放(R) Alt+Ctrl+7
编辑蒙版(E)

图 13-36

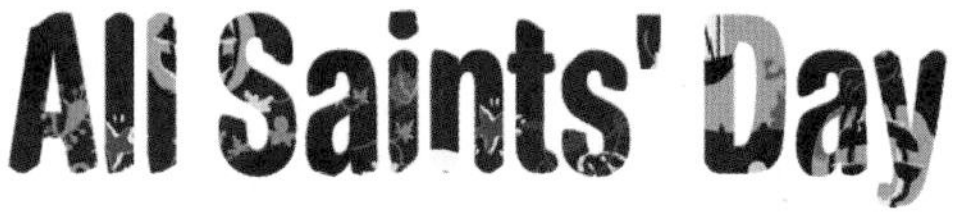
All Saints' Day

图 13-37

> 小技巧：两个或多个对象重叠的区域创建剪切路径
>
> 要从两个或多个对象重叠的区域创建剪切路径，需要先将这些对象进行编组。

13.2.2　编辑剪切蒙版

（1）创建完成的剪切蒙版也可以进行移动、缩放、旋转等的操作，但是选中剪切蒙版直接进行编辑则是针对剪切路径和被剪切内容一同进行的操作，如图 13-38 和图 13-39 所示。

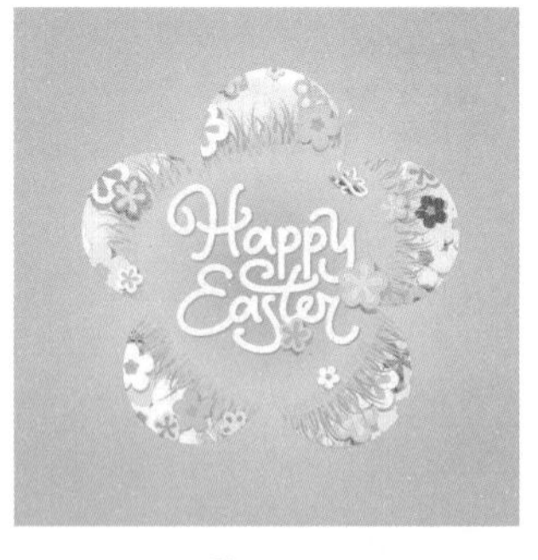

Happy
Easter

图 13-38

Happy
Easter

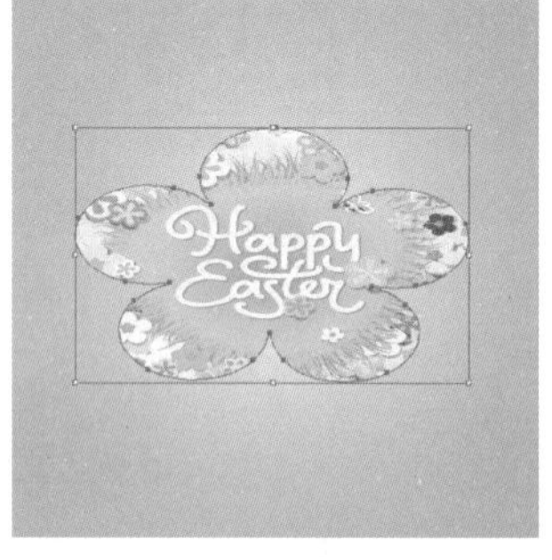

图 13-39

（2）如果想要对被遮盖的内容进行编辑则需要在图层面板中选择剪切路径，也可以选择剪切组合并执行“对象 > 剪切蒙版 > 编辑蒙版”命令，或者选择剪切蒙版并在控制栏中单击“编辑内容”按钮，即对蒙版内容进行编辑，如图 13-40 所示。

图 13-40

13.2.3　释放剪切蒙版

（1）释放剪切蒙版可以使剪切路径以及被剪切的对象断开联系，不再产生剪切效果。想要释放剪切蒙版首先需要选择该剪切蒙版，单击右键执行“释放剪切蒙版”，或者执行“对象 > 剪切蒙版 > 释放”命令即可，如图 13-41 和图 13-42 所示。

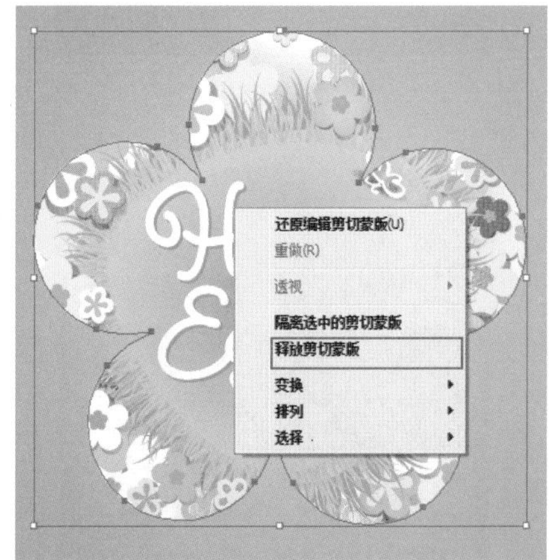

图 13-41

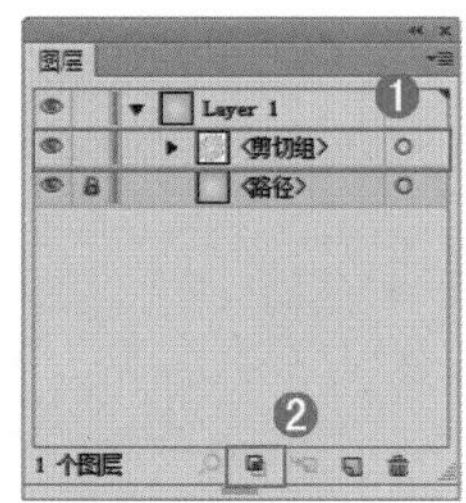

图 13-42

（2）或在图层面板中单击包含剪切蒙版的组或图层，单击面板底部的“建立 / 释放剪切蒙版”按钮，也可完成剪切蒙版的释放，如图 13-43 和图 13-44 所示。

图 13-43

图 13-44

你问我答：被释放的剪切蒙版路径为什么不可见？

由于为剪切蒙版指定的填充或描边值都为“无”，因此被释放的剪切蒙版路径是不可见的。

13.2.4　进阶案例：利用“剪切蒙版”制作欧美风格海报

案例文件	利用“剪切蒙版”制作欧美风格海报 .ai
视频教学	利用“剪切蒙版”制作欧美风格海报 .flv
难易指数	★★★☆☆
技术掌握	“剪切蒙版”的运用

“剪切蒙版”是比较常用的制图方法，在本案例中先利用混合模式制作背景效果，然后利用“剪切蒙版”制作图案拼贴效果，最后利用“外观”面板为图案描边。完成效果如图 13-45 所示。

图 13-45

（1）执行“文件 > 新建”命令，新建大小为 A4 的文档。单击工具箱中的“矩形工具”按钮，绘制一个与画板等大的矩形并填充为黑色，如图 13-46 所示。

图 13-46

（2）执行“文件 > 置入”命令，置入素材“1.jpg”，如图 13-47 所示。可以将人物素材复制一份，放置在画板之外，以便于后面使用。

图 13-47

（3）继续使用“矩形工具”绘制一个与图片大小一样的黑色矩形，如图 13-48 所示。选择该矩形，执行“窗口 > 透明度”命令，在该面板中设置“混合模式”为“色相”，如图 13-49 所示。画面效果如图 13-50 所示。将图片和矩形同时选中，执行“对象 > 编组”命令，将其进行编组。

图 13-48

图 13-49

图 13-50

（4）将多出画板的部分在剪切蒙版中隐藏。使用“矩形工具”绘制一个与画板等大的矩形，如图 13-51 所示。同时选择该矩形与灰色的人像素材，执行“对象 > 剪切蒙版 > 建立”命令，建立剪切蒙版。效果如图 13-52 所示。

（5）选择灰色的人像，在“透明度”面板中设置“不透明度”为 30%，效果如图 13-53 所示。

（6）继续使用“矩形工具”在相应位置绘制矩形形状，如图 13-54 所示。单击工具箱中的“文字工具”按钮 T，在画面的合适位置键入文字，如图 13-55 所示。背景部分制作完成了。

图 13-51

图 13-52

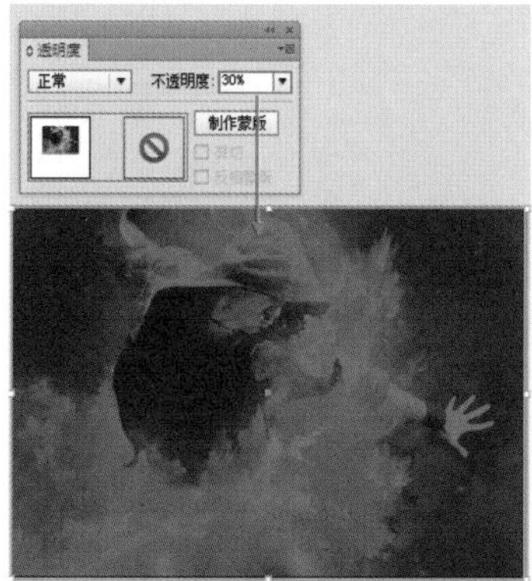

图 13-53

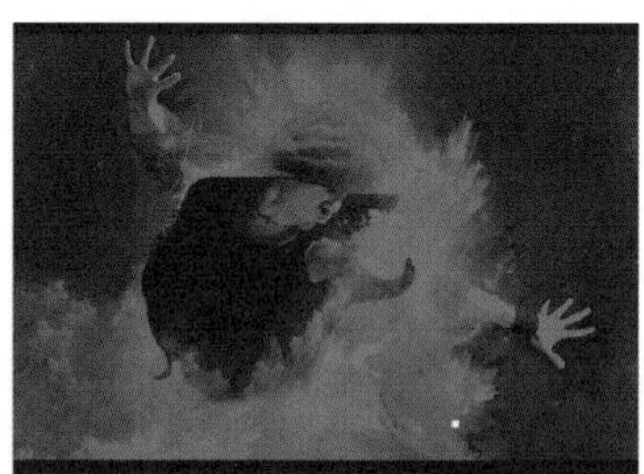

图 13-54

图 13-55

（7）选择在画板外的人像素材，将其移动至画板内部。单击工具箱中的“多边形工具”按钮，在画板中单击，在弹出的“多边形”窗口中设置“半径”为 50mm，“边数”为 3，参数设置如图 13-56 所示。设置完成后，单击“确定”按钮，绘制出一个正三角形。将绘制的三角形放置在合适位置，如图 13-57 所示。

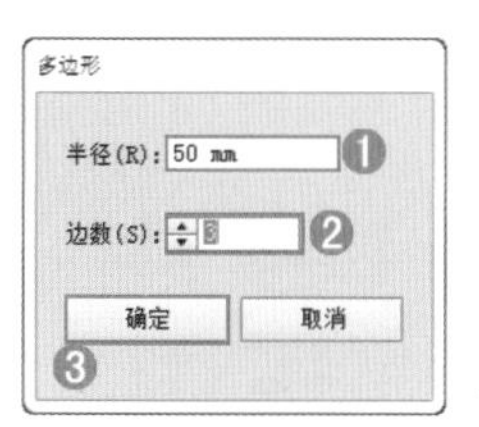

图 13-56

图 13-57

（8）将三角形和彩色人像素材选中，单击鼠标右键在弹出的菜单中执行“建立剪切蒙版”命令，建立剪切蒙版，如图 13-58 所示。设置该三角的“不透明度”为 50%，效果如图 13-59 所示。

图 13-58

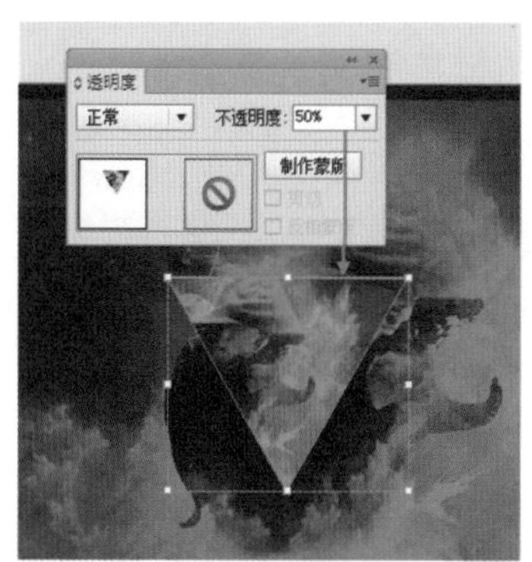

图 13-59

（9）使用同样的方法，继续制作剪切蒙版，效果如图 13-60 所示。

图 13-60

（10）接下来制作前景中的三角形。制作一个稍大的剪切蒙版如图 13-61 所示。

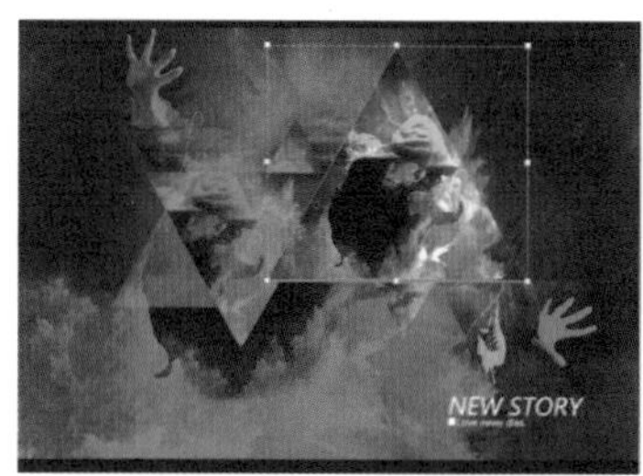

图 13-61

（11）使用“选择工具”按钮进行多次双击，选择该三角形路径，如图 13-62 所示。执行“窗口 > 外观”命令，打开“外观”面板。在打开的“外观”面板中将原有的“填充”和“描边”设置为“无”，继续新建一个白色描边，如图 13-63 所示。

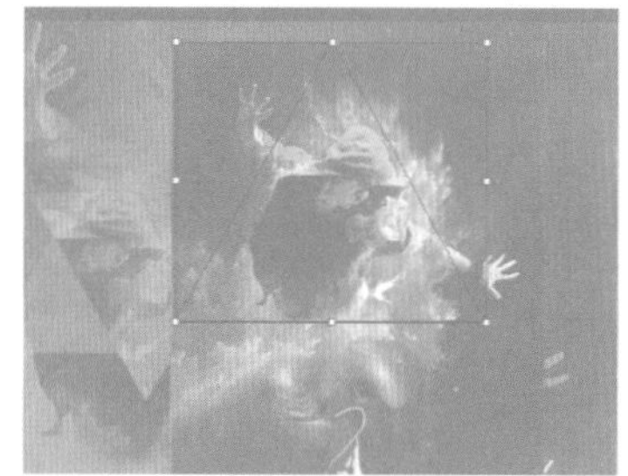

图 13-62

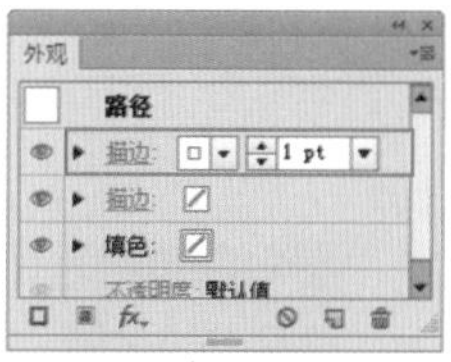

图 13-63

（12）双击画板以外的区域退出隔离选组，描边效果如图 13-64 所示。

图 13-64

（13）使用同样的方法继续制作剪切组合，如图 13-65 所示。整体制作完成。

图 13-65

13.3 使用“链接”面板

向 Illustrator 文件中置入位图素材有两种方式“置入”和“嵌入”。而使用“链接”面板可以查看和管理所有链接的或嵌入的图稿。该面板显示图稿的缩小浏览图，并用图标指示图稿的状态。执行“窗口 > 链接”命令可以打开“链接”面板。在这里可以对链接进行更换、更新甚至可以跳转到原稿上进行编辑，图 13-66 和图 13-67 所示为可以使用到该功能的作品。

图 13-66

图 13-67

13.3.1 在源文件更改时更新链接的图稿

若链接的源文件发生了变化，“链接”面板中将出现标记，此时若需要将链接文件同步更新，可以单击“链接”面板中的“更新链接”按钮，如图 13-68 所示。或在“控制”面板中，单击文件名，然后在弹出的菜单中执行“更新链接”命令，如图 13-69 所示。

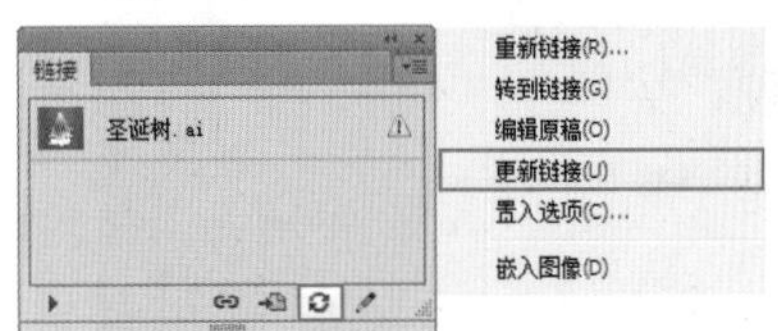

图 13-68

图 13-69

13.3.2 重新链接至缺失的链接图稿

若链接的源文件位置发生了变化，“链接”面板中将出现标记，显示缺失链接图稿。此时可以单击“链接”面板中的“重新链接”按钮，或在“面板”菜单中执行“重新链接”命令，如图 13-70 所示。也可以在“控制”面板中，单击文件名，然后在弹出的菜单中执行“重新链接”命令，如图 13-71 所示。在弹出的“置入”对话框中查找并重新选择源文件，然后单击“置入”按钮。

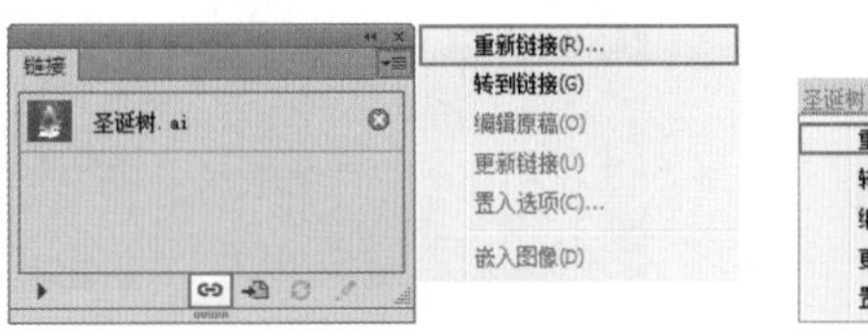

图 13-70　　图 13-71

13.3.3 将链接的图稿转换为嵌入的图稿

若要将链接文件嵌入到当前文档中，可以在“链接”文档中选择要嵌入到文档中的链接文件，在“链接”面板菜单中执行“嵌入图像”命令，如图 13-72 所示。或是在控制栏中单击“嵌入”按钮。

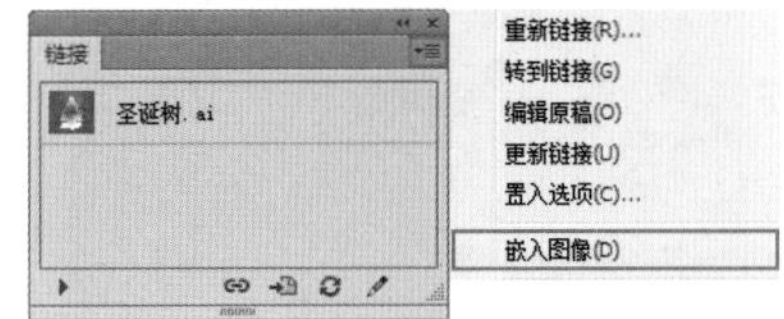

图 13-72

13.3.4 编辑链接图稿的源文件

通过“链接”面板还可以对链接的源文件进行编辑。在“链接”面板中选择要对源文件进行编辑修改的文件，单击面板底部的“编辑原稿”按钮，或是在面板菜单中执行“编辑原稿”命令，如图 13-73 所示。也可以执行“编辑 > 编辑原稿”命令，即可对链接的源文件进行编辑，如图 13-74 所示。

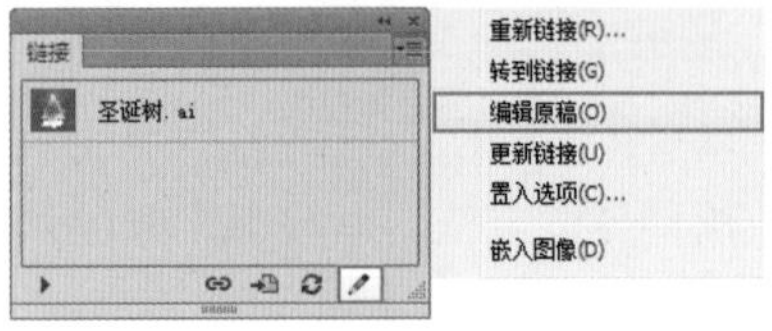

图 13-73

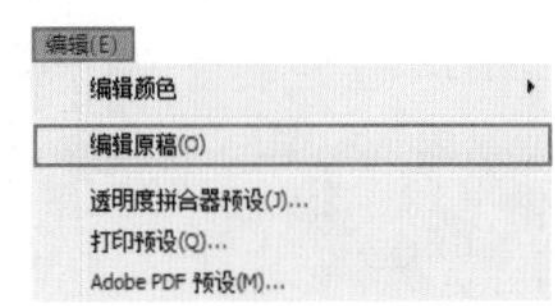

图 13-74

13.4　综合案例：旅行主体宣传单

案例文件	旅行主体宣传单 .ai
视频教学	旅行主体宣传单 .flv
难易指数	★★★★☆
技术掌握	“钢笔工具”“文字工具”“椭圆工具”“剪切蒙版”“网格工具”

本案例重点在于前景部分的制作，这里主要使用到了“钢笔工具”“文字工具”“椭圆工具”“剪切蒙版”“网格工具”，完成效果如图 13-75 所示。

图 13-75

1. 制作页面主体

（1）新建文件，执行“文件 > 置入”命令，置入素材“1.jpg”，如图 13-76 所示。

图 13-76

（2）选择工具箱中的“圆角矩形工具”按钮，设置“填色”为蓝色，“描边”为白色，“描边粗细”为 2pt，在文档内中绘制圆角矩形，如图 13-77 所示。复制该圆角矩形并粘贴在前面适当缩小，然后在“渐变”面板中为其填充蓝白色系径向渐变，如图 13-78 所示。

图 13-77

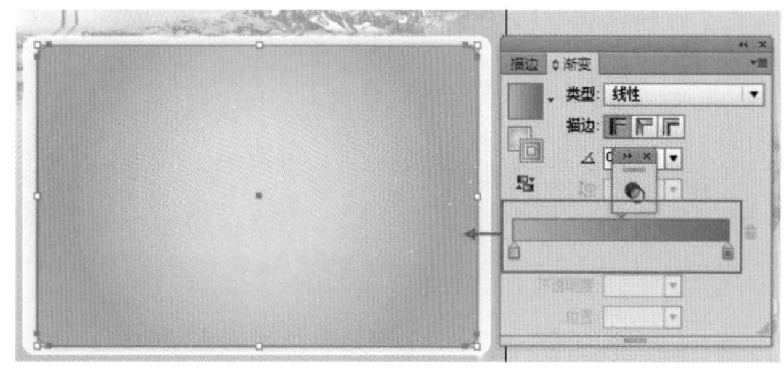

图 13-78

（3）选择该矩形，执行“效果 > 风格化 > 外发光”命令，在弹出的“外发光”对话框中设置“模式”为“正常”，颜色为青色，“不透明度”为 80%，“模糊”为 2mm，单击“确定”按钮，如图 13-79 所示。外发光效果如图 13-80 所示。

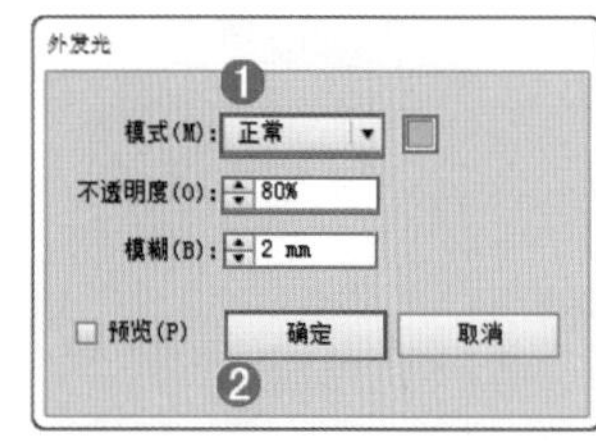

图 13-79

图 13-80

（4）执行“文件 > 置入”命令，置入素材“2.png”，如图 13-81 所示。

图 13-81

（5）选择工具箱中的“钢笔工具”按钮，设置“填色”为青色，在文档中绘制路径，如图 13-82 所示。复制该路径，并将其粘贴在前面，将复制对象的颜色调整为蓝色，并将其位置略微左移，如图 13-83 所示。

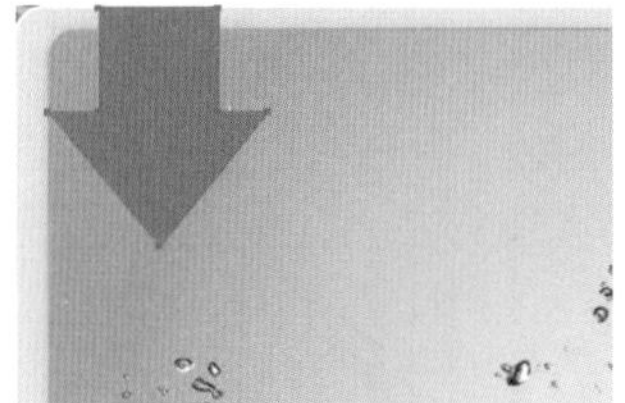

图 13-82

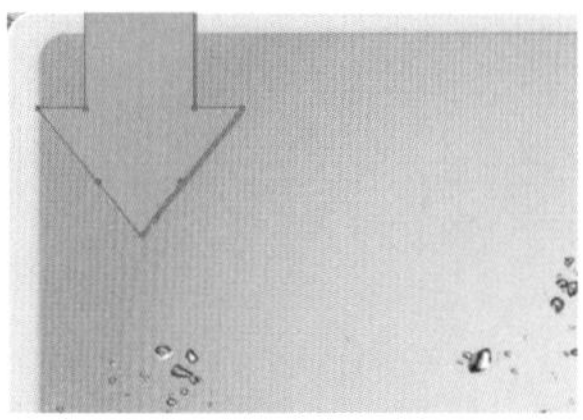

图 13-83

（6）选择工具箱中的“网格工具”按钮为路径对象添加白色渐变网格点，如图 13-84 所示。然后使用“文字工具”键入文字，如图 13-85 所示。

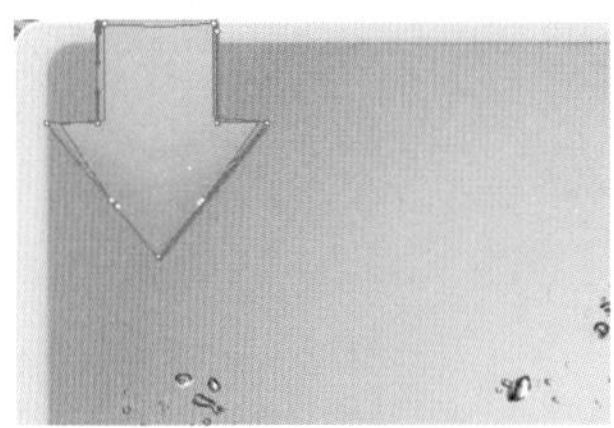

图 13-84

图 13-85

（7）选取文字对象，执行“效果 > 风格化 > 投影”命令，在弹出的“投影”对话框中设置“模式”为“正片叠底”，“不透明度”为 50%，“X 位移”为 0.5mm，“Y 位移”为 0.5mm，“模糊”为 0.5mm，单击“确定”按钮，如图 13-86 所示。效果如图 13-87 所示。

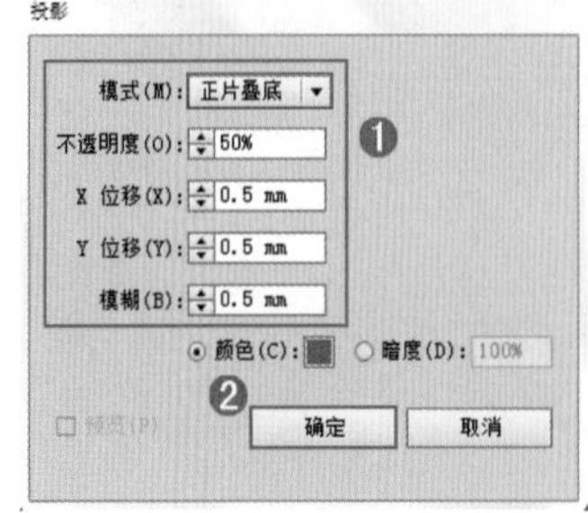

图 13-86

图 13-87

（8）单击工具箱中的“椭圆工具”按钮，设置其“填色”为青色，“描边”为蓝色系线性渐变，“描边粗细”为 7pt，按住 <Shift> 键在文档中绘制正圆，如图 13-88 所示。执行“文件 > 置入”命令，置入素材“3.jpg”，如图 13-89 所示。

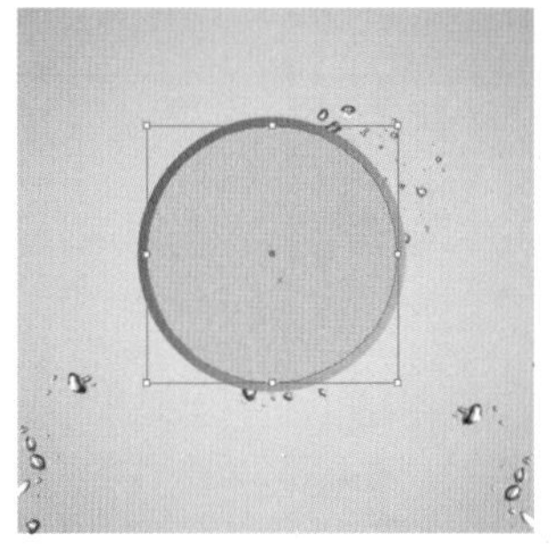

图 13-88

图 13-89

（9）复制绘制的正圆，将其贴在素材“3.jpg”的前面，如图 13-90 所示。同时选取正圆和素材“3.jpg”，执行“对象 > 剪切蒙版 > 建立”命令，建立剪切蒙版，效果如图 13-91 所示。

图 13-90

图 13-91

（10）选择工具箱中的“矩形工具”按钮，设置其“填色”为浅蓝色，在文档内绘制矩形，如图 13-92 所示。使用工具箱中的“褶皱工具”为绘制矩形的左右两端添加褶皱效果，如图 13-93 所示。

图 13-92

图 13-93

（11）制作投影部分。复制带锯齿的矩形，并将复制的对象填充为深灰色，如图 13-94 所示。使用“直接选择工具”将多余部分删除，只保留一小部分，如图 13-95 所示。

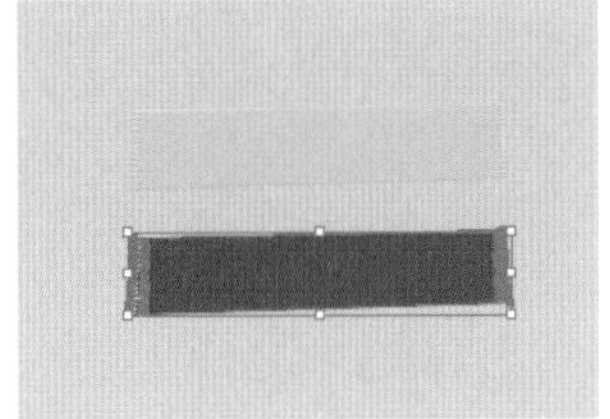
图 13-94

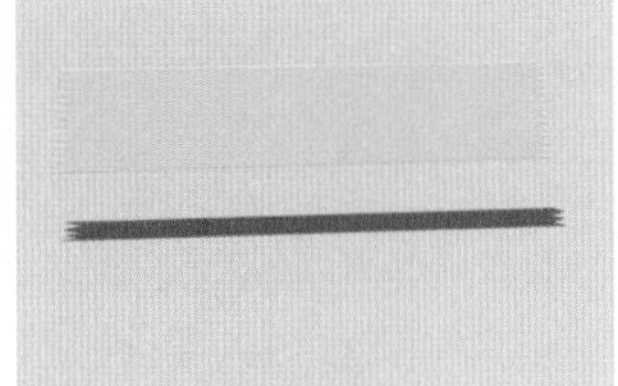
图 13-95

（12）选择该形状，在“透明度”面板中设置其“不透明度”为 15%，并移动到合适位置，呈现出一种阴影效果，如图 13-96 所示。将这两部分选中并编组。移动到画面中的合适位置，设置其“不同明度”为 50% 左右，效果如图 13-97 所示。

图 13-96

图 13-97

（13）使用“钢笔工具”在蓝色矩形对象内绘制路径作为装饰，如图 13-98 所示。使用同样的方法制作其他部分，效果如图 13-99 所示。

图 13-98

图 13-99

（14）选择工具箱中的“圆角矩形工具”按钮，设置“填色”为蓝色，“描边”为白色，“描边粗细”为 2pt，在文档内绘制圆角矩形，如图 13-100 所示。选择该圆角矩形，使用快捷键 <Ctrl+C> 将其进行复制，使用快捷键 <Ctrl+F> 将其贴在前面。

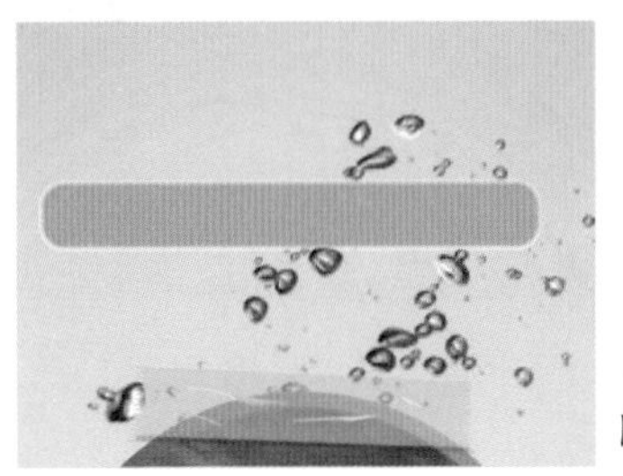
图 13-100

（15）选择工具箱中的“网格工具”按钮，为复制对象添加白色渐变网格点如图 13-101 所示。将复制对象的“不透明度”设置为 50%，如图 13-102 所示。

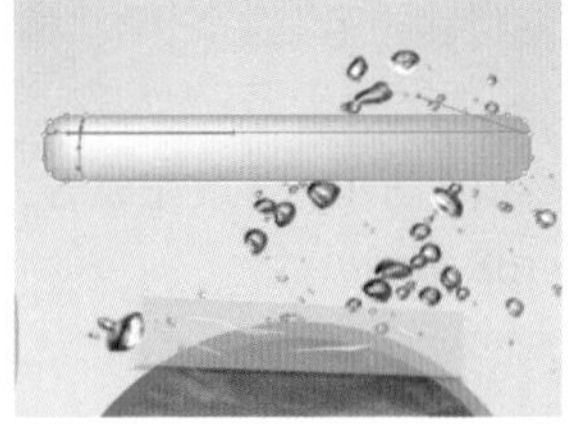
图 13-101

图 13-102

（16）使用“文字工具”在组内键入文字，如图 13-103 所示。

图 13-103

（17）复制组合文字对象，并将复制对象置于文档内的适当位置，如图 13-104 所示。然后在文档内键入文字，并适当绘制符号用于装饰文档，效果如图 13-105 所示。

图 13-104

图 13-105

2. 制作页面内容

（1）使用“钢笔工具”在文档内绘制路径，如图 13-106 所示。选择该形状，将其进行复制，然后将复制的内容贴在前面。执行“对象 > 路径 > 位移路径”命令，在“偏移路径”窗口中设置“位移”为 4mm，“连接”为“斜接”，“斜接限制”为 4，参数设置如图 13-107 所示，设置完成后，单击“确定”按钮，效果如图 13-108 所示。

图 13-106

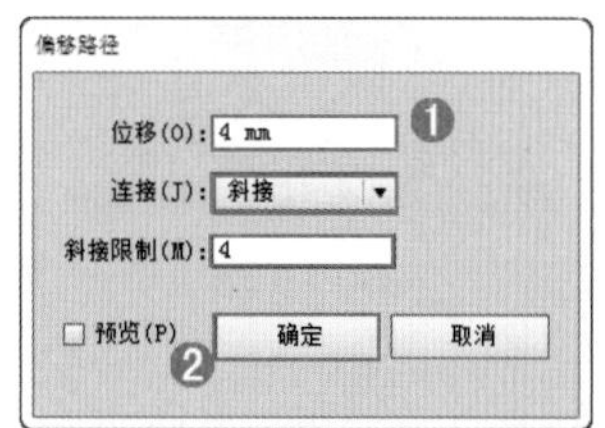

图 13-107

图 13-108

（2）继续执行“对象 > 拓展”命令，将其进行拓展。然后在控制栏中设置其“填充”为“无”，“描边”为虚线，效果如图 13-109 所示。选择“网格工具”按钮，为青色的形状进行填色。效果如图 13-110 所示。

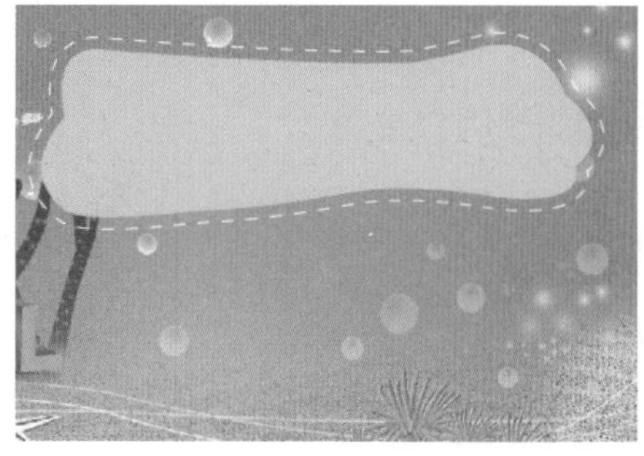

图 13-109

图 13-110

（3）执行“文件 > 置入”命令，置入素材“6.png”，如图 13-111 所示。复制绘制路径，将其置于素材“6.png”上方，同时选取复制路径对象和素材“6.png”，单击鼠标右键在弹出的菜单中执行“建立剪切蒙版”命令，建立剪切蒙版，如图 13-112 所示。

图 13-111

图 13-112

（4）使用“文字工具”在剪切组合内键入文字，如图 13-113 所示。使用同样的方法继续制作另一组相似的模块，如图 13-114 所示。

图 13-113

图 13-114

（5）使用“椭圆工具”，在文档内绘制一个深蓝色椭圆，如图 13-115 所示。使用“文字工具”在椭圆内键入文字，如图 13-116 所示。

图 13-115

图 13-116

（6）在文档内绘制一个白色的圆角矩形，如图 13-117 所示。然后在圆角矩形内键入文字，如图 13-118 所示。将二者编组。

图 13-117

图 13-118

（7）将组置于文档内的适当位置。然后使用“文字工具”在文档内键入文字，如图 13-119 所示。整体制作完成。

图 13-119

第 14 章

效果

关键词

效果、特效、3D、变形、转换为形状、效果画廊、扭曲、模糊、艺术效果、风格化

要点导航

Illustrator 效果

Photoshop 效果

学习目标

能够熟练使用效果菜单中的命令

能够借助效果模拟多种质感

佳作鉴赏

14.1 使用效果

在菜单栏中的“效果”菜单中可以看到 Illustrator 包含的各种效果命令。这些命令可以对某个对象使用以更改其特征。向对象应用一个效果后，该效果会显示在“外观”面板中。从“外观”面板中，可以编辑、移动、复制、删除该效果或将它存储为图形样式的一部分。图 14-1~ 图 14-4 所示为佳作欣赏。

图 14-1

图 14-2

图 14-3

图 14-4

14.1.1 认识“效果”菜单

“效果”菜单上半部分的效果是 Illustrator 矢量效果。在“外观”面板中，只能将这些效果应用于矢量对象，或者某个位图对象的填色或描边。“效果”菜单下半部分的效果是 Photoshop 栅格效果，可以将它们应用于矢量对象或位图对象。如图 14-5 所示。

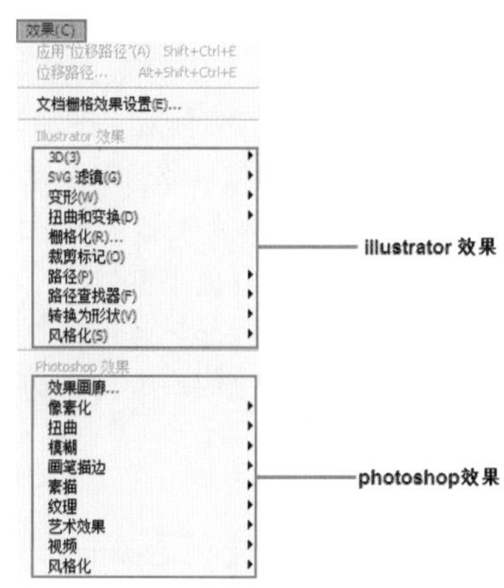

图 14-5

14.1.2 如何使用“效果”命令

（1）“效果”命令的使用非常简单，选取某一对象，如图 14-6 所示。在“效果”菜单中执行一个命令，如图 14-7 所示。然后在弹出的对话框中对相应的参数进行设置，单击“确定”按钮，如图 14-8 所示。即可使所选对象应用相应的效果，如图 14-9 所示。

图 14-6

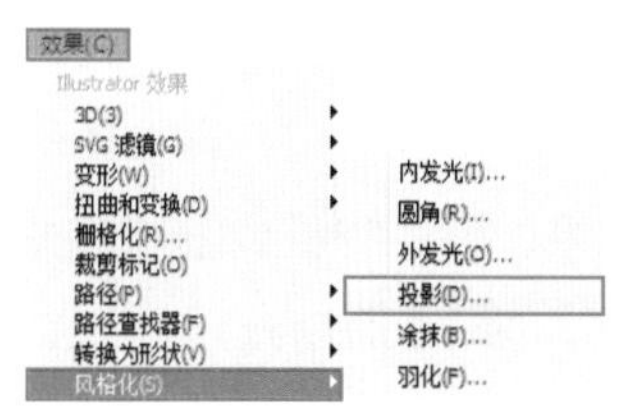

图 14-7

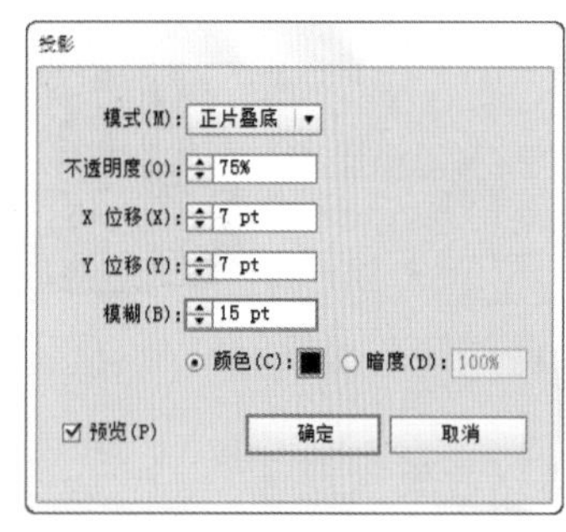

图 14-8

图 14-9

（2）在使用了一个效果后还可以快速地对对象应用上一次效果操作。执行“效果 > 应用 [效果名称]”命令即可，如图 14-10 所示。若要应用上次使用的效果，但要重新对参数进行设置，可以执行“效果 >[效果名称]”命令，如图 14-11 所示。

图 14-10

图 14-11

14.1.3 修改或删除效果

应用过的效果会显示在“外观”面板中，在这里可以进行效果的修改或删除。选择添加效果的对象，若要修改效果，在“外观”面板中单击其名称，在弹出的效果对话框中对相应参数进行修改，如图 14-12 所示。

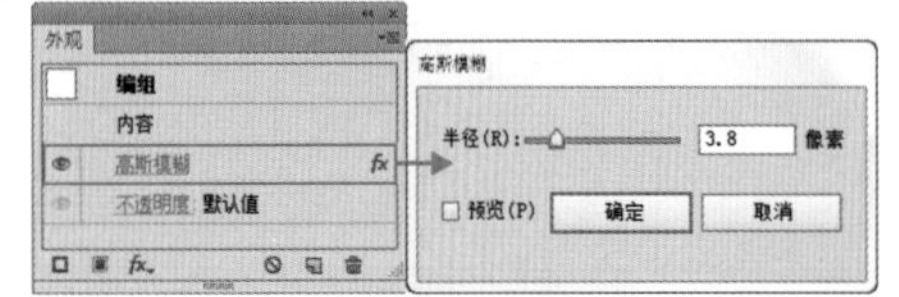

图 14-12

若要删除效果，在“外观”面板中选择要删除的效果，然后单击面板底部的“删除所选项目”按钮即可，如图 14-13 所示。

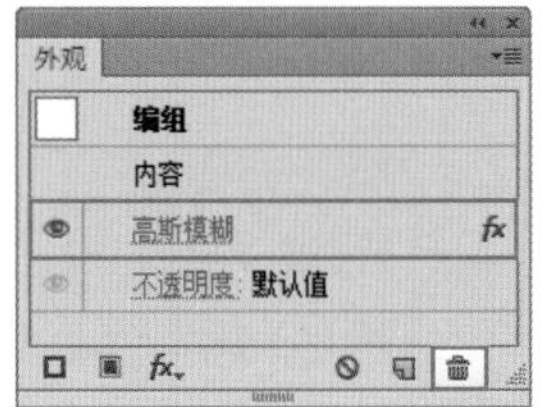

图 14-13

14.1.4 栅格化效果

“效果”菜单中的“栅格化”命令可以创建栅格化外观，而不更改对象的底层结构。执行“效果 > 栅格化”命令，在弹出的“栅格化”窗口中可以对栅格化的相关参数进行设置，如图 14-14 所示。

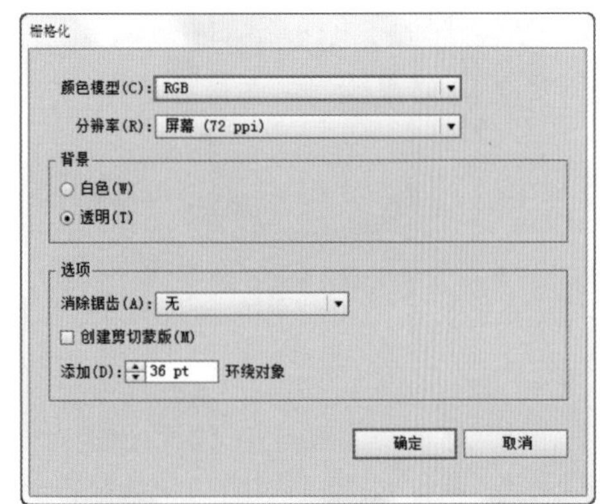

图 14-14

重点参数提醒：

- 颜色模型：用于确定在栅格化过程中所用的颜色模型。可以生成 RGB 或 CMYK 颜色的图像（这取决于文档的颜色模式）、灰度图像或 1 位图像（黑白位图或是黑色和透明色，这取决于所选的背景选项）。
- 分辨率：用于确定栅格化图像中的每英寸像素数 (ppi)。栅格化矢量对象时，执行“使用文档栅格效果分辨率”命令，来使用全局分辨率设置。
- 背景：用于确定矢量图形的透明区域如何转换为像素。选择“白色”选项可用白色像素填充透明区域，选择“透明”选项可使背景透明。如果选择“透明”选项，则会创建一个 Alpha 通道（适用于除 1 位图像以外的所有图像）。如果图稿被导出到 Photoshop 中，则 Alpha 通道将被保留。
- 消除锯齿：应用消除锯齿效果，以改善栅格化图像的锯齿边缘外观。设置文档的栅格化选项时，若取消选择此选项，则保留细小线条和细小文本的尖锐边缘。栅格化矢量对象时，若选择“无”选项，则不会应用消除锯齿效果，而线稿图在栅格化时也将保留其尖锐边缘。选择“优化图稿”选项，可应用最适合无文字图稿的消除锯齿效果。选择“优化文字”选项，可应用最适合文字的消除锯齿效果。
- 创建剪切蒙版：创建一个使栅格化图像的背景显示为透明的蒙版。如果您已为“背景”选择了“透明”选项，则不需要再创建剪切蒙版。
- 添加环绕对象：可以通过指定像素值，为栅格化图像添加边缘填充或边框。结果图像的尺寸等于原始尺寸加上“添加环绕对象”所设置的数值。

14.2 3D 效果

3D 效果是用来模拟三维立体效果的命令，它可以从二维图稿创建三维（3D）对象。并通过高光、阴影、旋转以及其他属性来控制 3D 对象的外观。还可以将图稿贴到 3D 对象中的每个表面上。3D 效果组包括三种效果，分别是“凸出和斜角”效果、“绕转”效果和“旋转”效果，如图 14-15 所示。图 14-16~ 图 14-19 所示为使用 3D 效果组制作的作品。

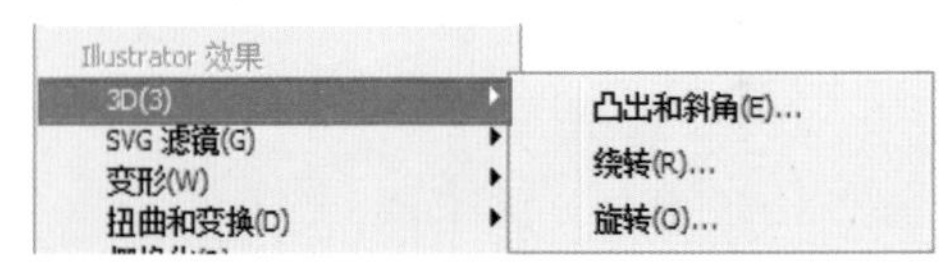

图 14-15

图 14-16

图 14-17

图 14-18

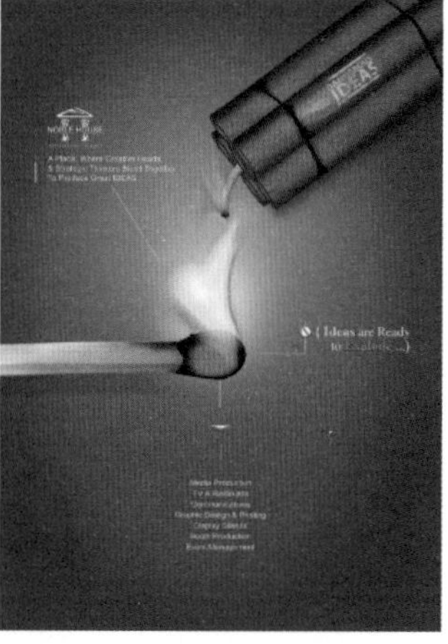

图 14-19

14.2.1 “凸出和斜角”效果

通过使用“凸出和斜角”效果可以沿对象的 Z 轴拉伸，以增加对象的深度，从而将二维图形转化为三维图形。选中要添加效果的对象，如图 14-20 所示。执行“效果 >3D> 凸出和斜角”命令，在弹出“3D 凸出和斜角选项”对话框中，可以对相关参数进行设置，如图 14-21 所示。设置完毕后单击“确定”按钮，对象变为立体效果，如图 14-22 所示。

图 14-20

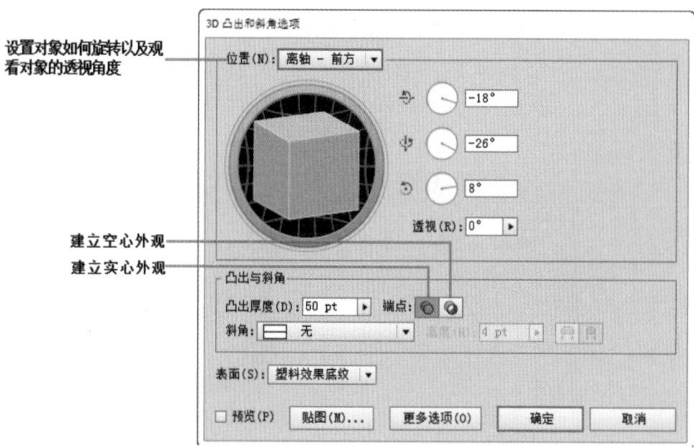

图 14-21

图 14-22

重点参数提醒：

- 位置：在下拉表中提供预设位置选项，也可以通过右侧的三个文本框中进行不同方向的旋转调整，还可以直接使用鼠标拖拽，如图 14-23 所示。

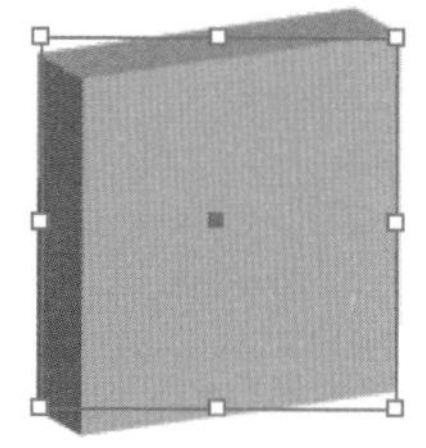
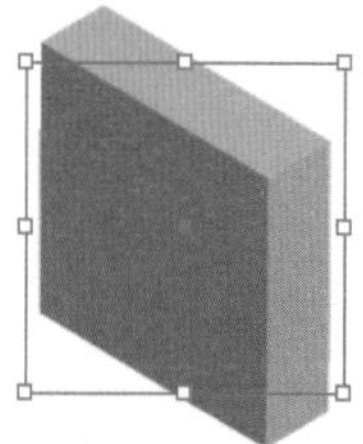

图 14-23

- 透视：通过调整该选项中的参数，调整该对象的透视效果，数值为 0° 时没有任何效果，如图 14-24 所示。角度越大透视效果越明显，如图 14-25 所示。

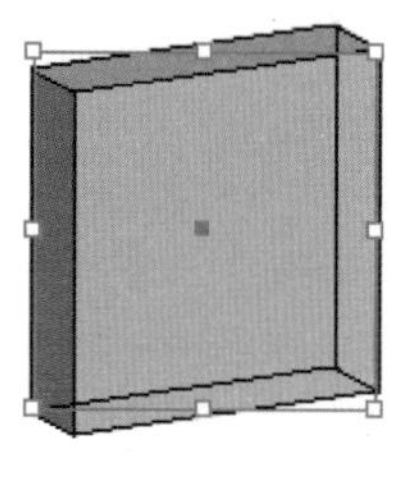

图 14-24

图 14-25

- 凸出厚度：设置对象深度，使用介于 0~2000 之间的值。
- 端点：指定显示的对象是“实心”还是“空心”的，如图 14-26 和图 14-27 所示。

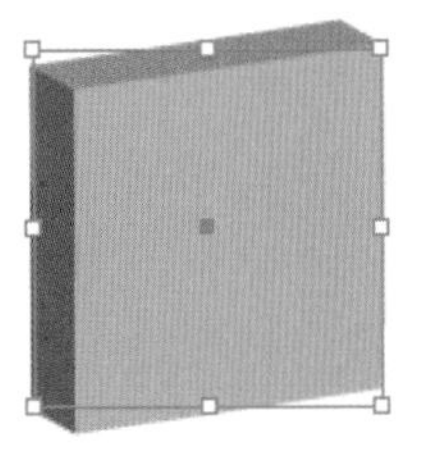
图 14-26

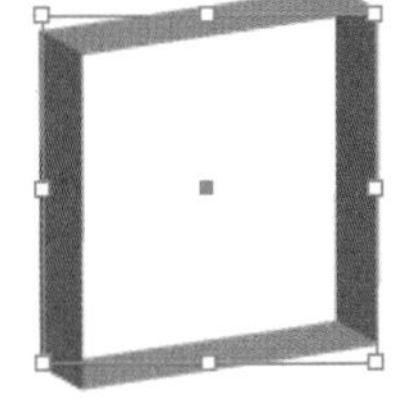
图 14-27

- 斜角：沿对象的深度轴（z 轴）应用所选类型的斜角边缘。
- 高度：设置 1~100 之间的高度值。如果对象的斜角高度太大，则可能导致对象自身相交，产生意料之外的结果。
- 斜角外扩：将斜角添加至对象的原始形状。
- 斜角内缩：自对象的原始形状砍去斜角。
- 表面：表面底纹选项。“线框”选项绘制对象几何形状的轮廓，并使每个表面透明。“无底纹”选项不向对象添加任何新的表面属性，3D 对象具有与原始 2D 对象相同的颜色。“扩散底纹”选项使对象以一种柔和、扩散的方式反射光。“塑料效果底纹”选项使对象以一种闪烁、光亮的材质模式反射光。如图 14-28 所示。

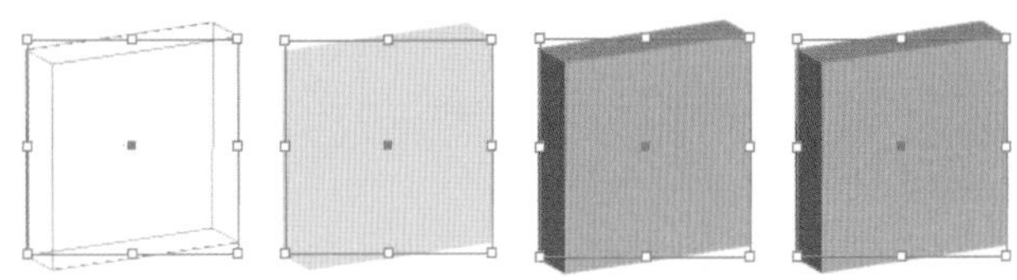
图 14-28

单击“更多选项”以查看完整的选项列表，如图 14-29 所示。

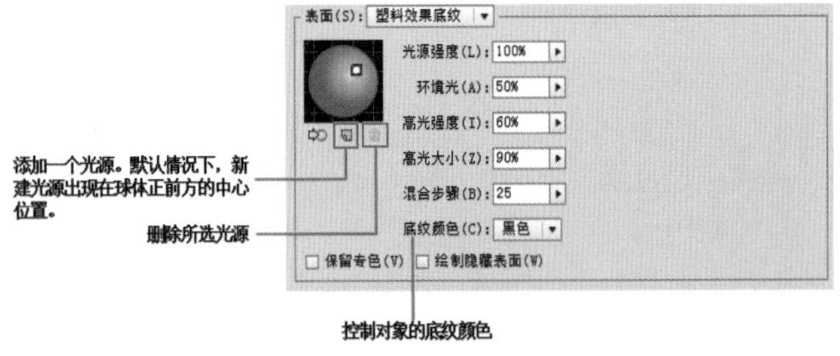

图 14-29

重点参数提醒：

- 光源强度：在 0%~100% 之间控制光源强度。
- 环境光：控制全局光照，统一改变所有对象的表面亮度。取值范围在 0%~100% 之间。
- 高光强度：用来控制对象反射光的多少，取值范围在 0%~100% 之间。较低值产生暗淡的表面，而较高值则产生较为光亮的表面。
- 高光大小：用来控制高光的大小，取值范围由大 (100%) 到小 (0%)。
- 混合步骤：用来控制对象表面所表现出来的底纹的平滑程度。取值范围在 1~256 之间。步骤数越高，所产生的底纹越平滑，路径也越多。
- 光源：定义光源的位置。将光源拖动至球体上的所需位置。
- “后移光源”按钮：将选定光源移到对象后面。
- “前移光源”按钮：将选定光源移到对象前面。
- 保留专色：保留对象中的专色，如果在“底纹颜色”选项中选择了“自定”选项，则无法保留专色。
- 绘制隐藏表面：显示对象的隐藏背面。如果对象透明，或是展开对象并将其拉开时，便能看到对象的背面。
- 贴图：将图稿贴到 3D 对象表面上。由于“贴图”功能是用符号来执行贴图操作，因此可以编辑一个符号实例，然后自动更新所有贴了此符号的表面，如图 14-30 所示。

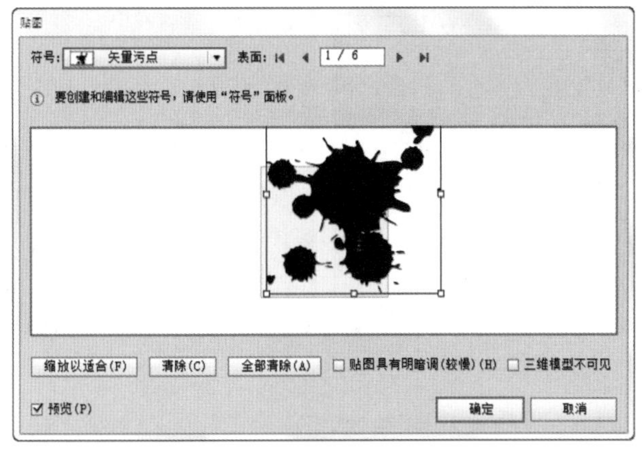

图 14-30

14.2.2 “绕转”效果

选择要添加效果的对象，如图 14-31 所示。执行“效果 >3D> 绕转”命令。在弹出“3D 绕转选项”对话框中可以对相关参数进行设置，如图 14-32 所示。“绕转”效果可以使图形沿自身的 Y 轴绕转做圆周运动，从而创建 3D 对象，如图 14-33 所示。

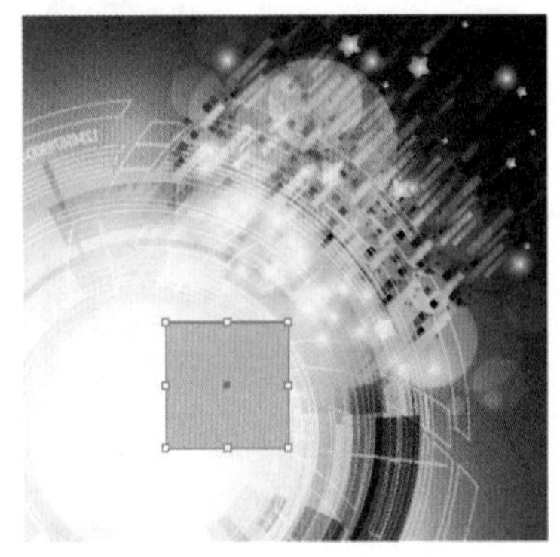
图 14-31

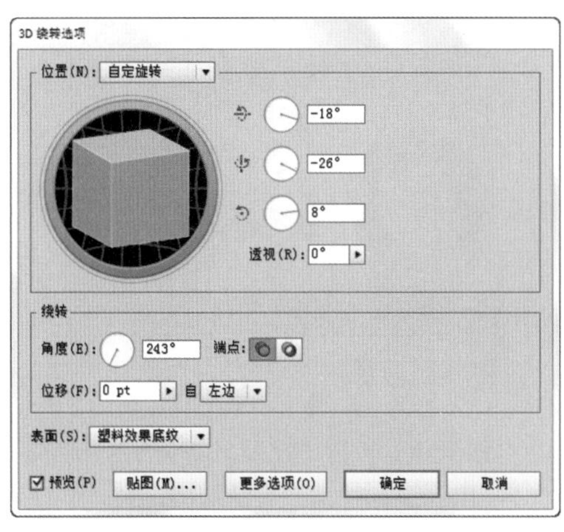

图 14-32

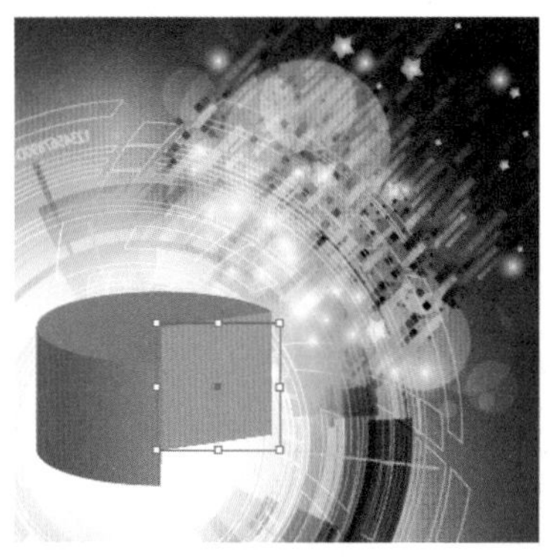

图 14-33

重点参数提醒：

- 角度：设置 0~360° 之间的路径绕转度数。
- 端点：指定显示的对象是实心（打开端点）还是空心（关闭端点）对象。
- 位移：在绕转轴与路径之间添加距离，例如可以创建一个环状对象。可以输入一个介于 0~1000 之间的值。
- 自：设置对象绕之转动的轴，可以是“左边缘”也可以是“右边缘”。

14.2.3 “旋转”效果

选择要添加效果的对象，如图 14-34 所示。执行“效果 >3D>“旋转”命令。在弹出“3D 旋转选项”对话框中，可以对相关参数进行设置，单击“更多选项”以查看完整的选项列表，或单击“较少选项”以隐藏额外的选项，如图 14-35 所示。通过执行“旋转”效果命令，可以使所选的 2D 或 3D 对象进行三维空间的旋转，如图 14-36 所示。

图 14-34

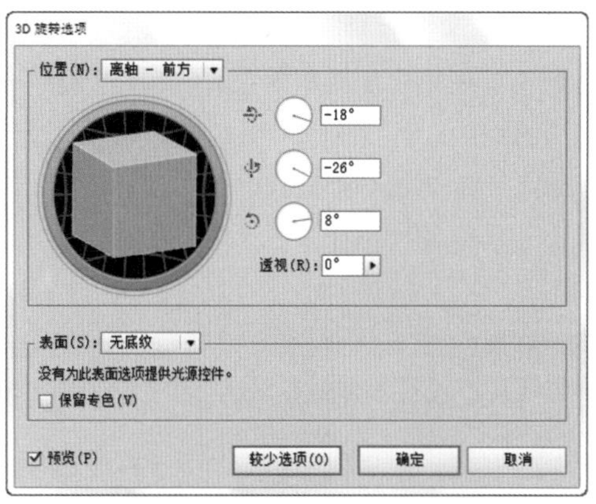

图 14-35

图 14-36

重点参数提醒：

- 位置：设置对象如何旋转以及观看对象的透视角度。
- 透视：要调整透视角度，在“透视”文本框中输入一个介于 0~160 的值。较小的镜头角度类似于长焦照相机镜头；较大的镜头角度类似于广角照相机镜头。
- 表面：创建各种形式的表面，从黯淡、不加底纹的不光滑表面到平滑、光亮，看起来类似塑料的表面。

14.2.4 进阶案例：使用 3D 效果制作 LOGO

案例文件	使用 3D 效果制作 LOGO.ai
视频教学	使用 3D 效果制作 LOGO.flv
难易指数	★★☆☆☆
技术掌握	掌握 3D 效果的运用

3D 效果可以方便快捷地制作出立体效果，在本案例中，将字母“C”进行 3D 处理，制作出立体效果，然后为其添加渐变颜色。案例完成效果如图 14-37 所示。

图 14-37

（1）执行“文件 > 新建”命令，新建大小为 A4 的横向文档。使用工具箱中的“矩形工具”绘制一个和画板大小相当的矩形，然后执行“窗口 > 渐变”命令，在渐变面板中编辑一个灰色系的径向渐变，如图 14-38 所示。渐变编辑完成后使用“渐变工具”进行拖拽填充，如图 14-39 所示。

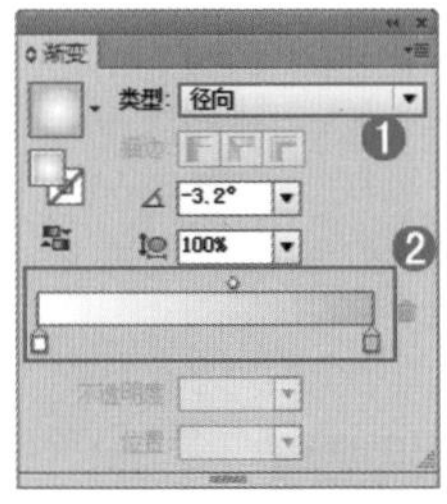

图 14-38

图 14-39

（2）选择工具箱中的“文字工具”，在文档中键入字母“C”，如图 14-40 所示。拖动鼠标，旋转字母，如图 14-41 所示。

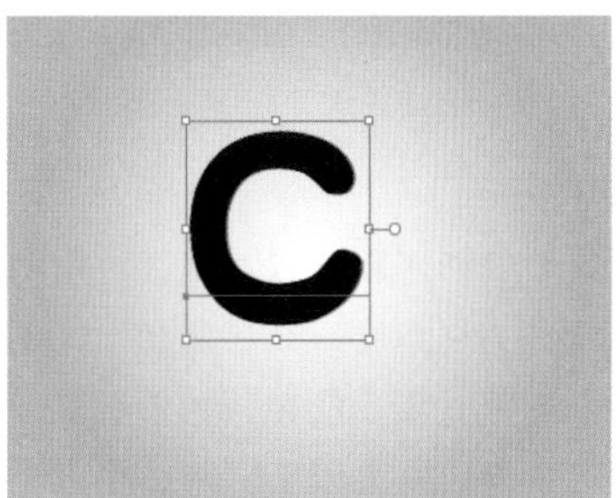

图 14-40

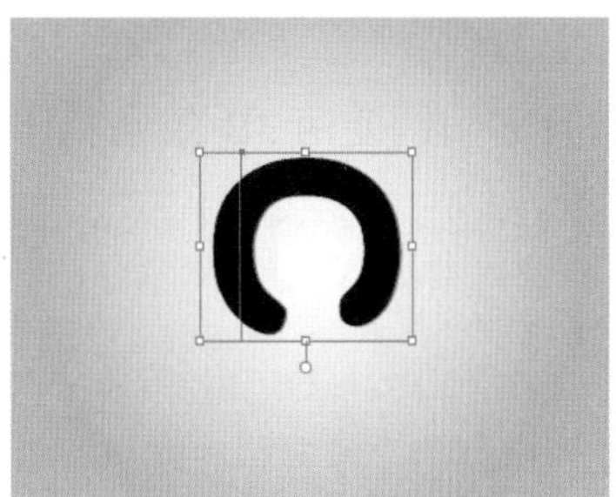

图 14-41

（3）选取键入的字母，执行“对象 > 扩展”命令将其扩展，如图 14-42 所示。然后在“渐变”中设置其填充为红黑色系线性渐变，如图 14-43 所示。

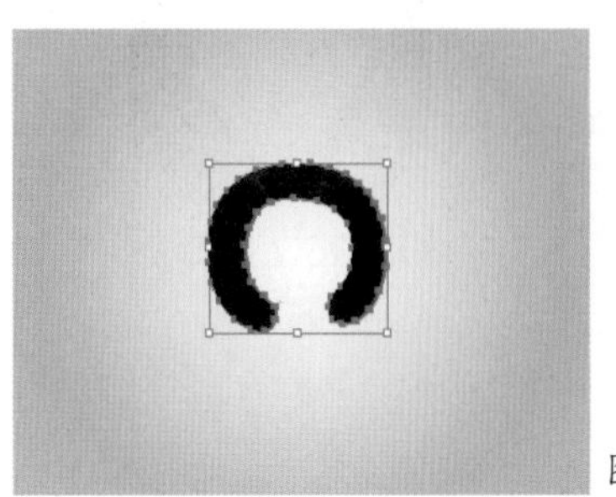

图 14-42

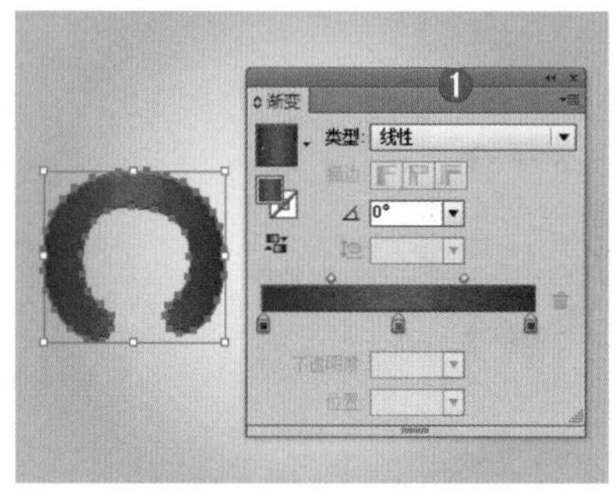

图 14-43

（4）选取对象，执行“效果 >3D> 凸出和斜角”命令，在弹出的“凸出和斜角选项”对话框中设置“位置”为“自定旋转”，“制动绕 X 轴旋转”为 16°，“制动绕 Y 轴旋转”为 1°，“制动绕 Z 轴旋转”为 – 3°，“凸出厚度”为 50pt，“端点”为“实心外观”，如图 14-44 所示。所选对象完成 3D 变换，效果如图 14-45 所示。

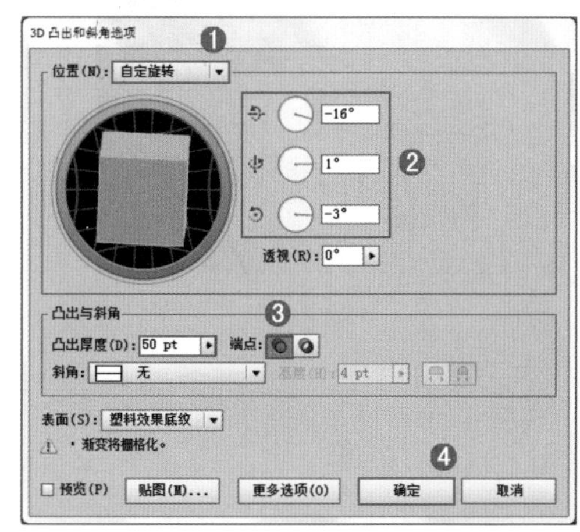

图 14-44

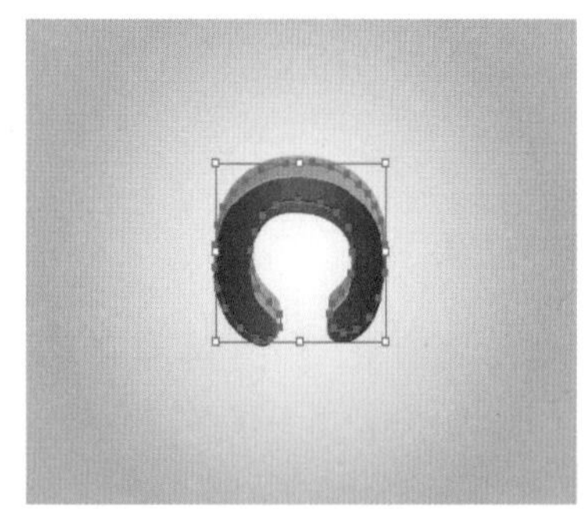

图 14-45

（5）选取的 3D 对象，执行“对象 > 扩展”命令将其扩展，如图 14-46 所示。然后在“渐变”面板中将其填充设置为红黑色系线性渐变，如图 14-47 所示。

（6）使用工具箱中的“椭圆工具”在文档内绘制一个椭圆，在“渐变”面板中设置其“填充”为由白色到棕色的渐变。并使用“渐变工具”对填充进行调整，如图 14-48 所示。然后继续绘制两个小一些的椭圆，并填充较深的白棕色系径向渐变，如图 14-49 所示。

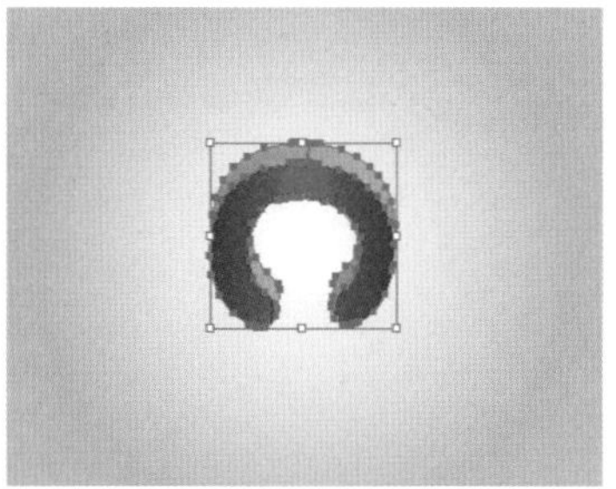

图 14-46

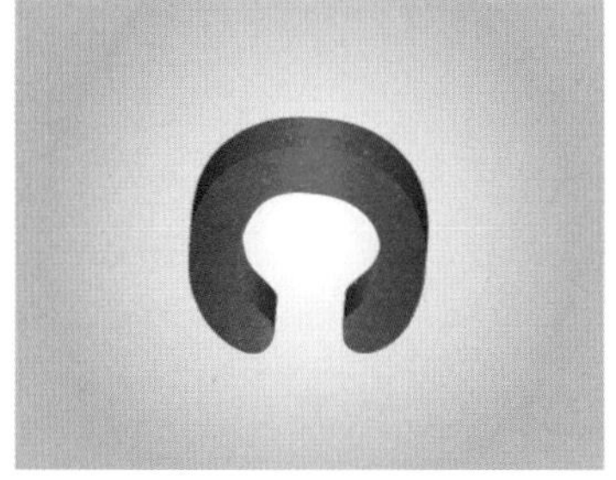

图 14-47

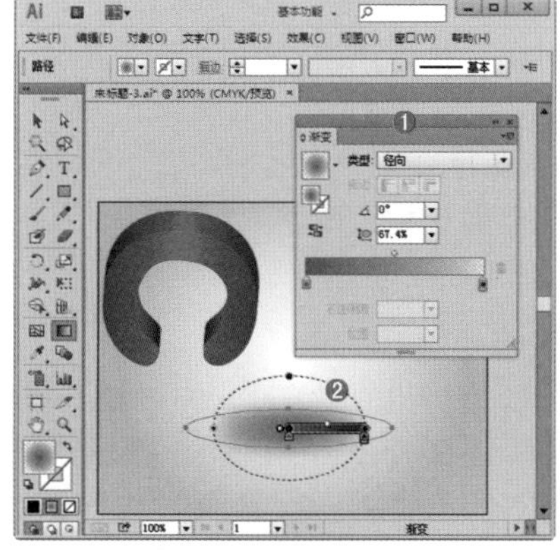

图 14-48

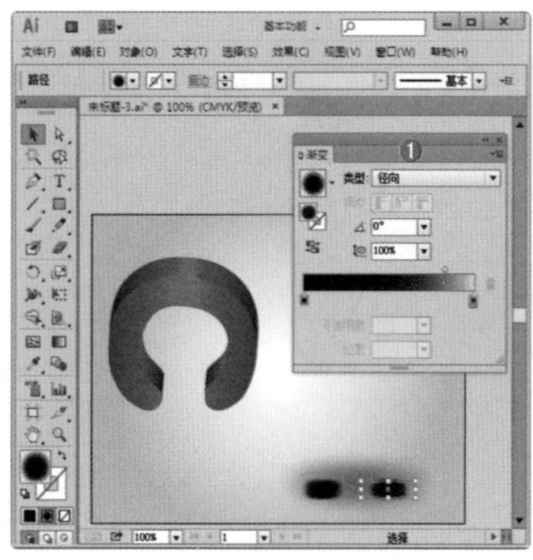

图 14-49

（7）调整 3D 对象的位置，使其呈现出阴影效果，如图 14-50 所示。选择工具箱中的“文字工具” T 在文档内键入文字，如图 14-51 所示。整体制作完成。

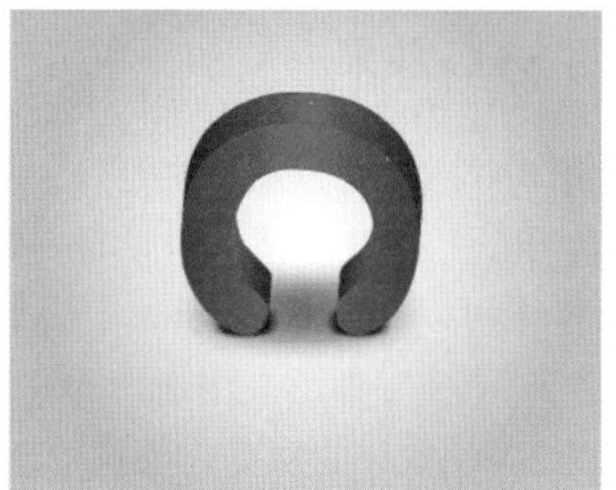

图 14-50

图 14-51

14.3　SVG 滤镜

在“效果”菜单中可以看到 Illustrator 提供的一系列 SVG 滤镜，如图 14-52 所示。执行这些命令即可为图像应用效果，除此之外还可以通过编辑 XML 代码生成自定效果。图 14-53 和图 14-54 所示为使用该命令可以制作的作品。

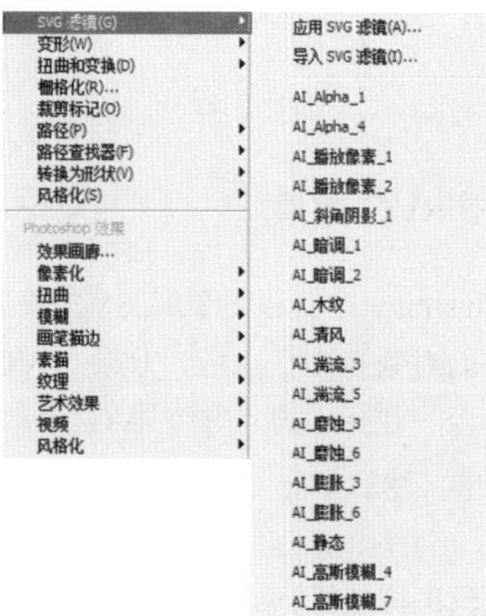

图 14-52

图 14-53

图 14-54

14.3.1 使用 SVG 效果

选取要应用SVG效果的对象，执行“效果>SVG效果”命令，会弹出“应用 SVG 滤镜”对话框，如图 14-55 所示。在该对话框中可以选取 Illustrator 中提供的默认 SVG 效果，单击“确定”按钮，即可应用选中的 SVG 滤镜效果。图 14-56 所示为 SVG 效果的预览效果。

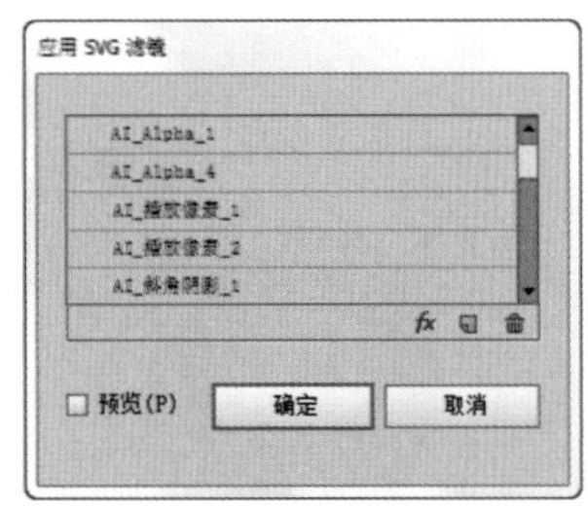

图 14-55

图 14-56

14.3.2 编辑 SVG 效果

可以对 Illustrator 中提供的默认 SVG 效果进行编辑。将要添加效果的对象选中，执行“效果>SVG效果>应用SVG效果”命令，在弹出的“应用 SVG 滤镜对话框”中选择一种默认效果，然后单击“编辑 SVG 效果”按钮 fx，如图 14-57 所示。此时弹出“编辑 SVG 效果”对话框，在该对话框中对代码进行编辑，如图 14-58 所示。完成后按下“确定”按钮即可回到“应用 SVG 效果”对话框，在该对话框中再次单击“确定”按钮，即可应用编辑后的 SVG 滤镜效果。

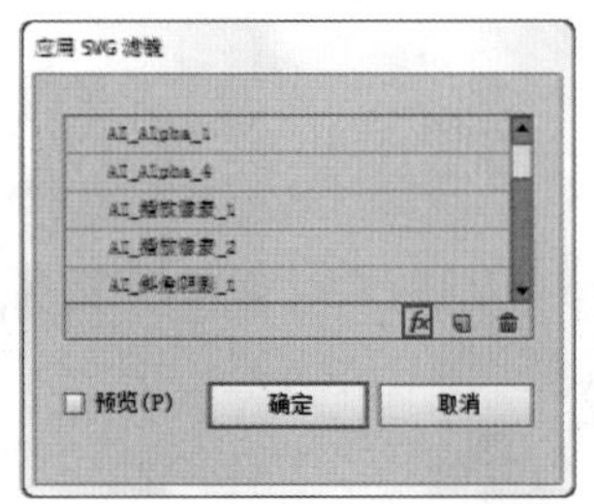

图 14-57

图 14-58

14.3.3 自定义 SVG 效果

也可以自定义添加SVG滤镜效果。选取要应用效果的对象，执行“效果>SVG效果>应用SVG效果”命令，此时弹出“应用SVG效果”对话框，单击该对话框中的“新建SVG效果”按钮，如图 14-59 所示。在弹出的“编辑 SVG 滤镜”对话框中输入新代码，如图 14-60 所示。然后单击“确定”按钮即可创建自定义 SVG 滤镜效果，然后返回“应用 SVG 滤镜”对话框，再次单击“确定”按钮，即可应用自定义 SVG 滤镜效果。

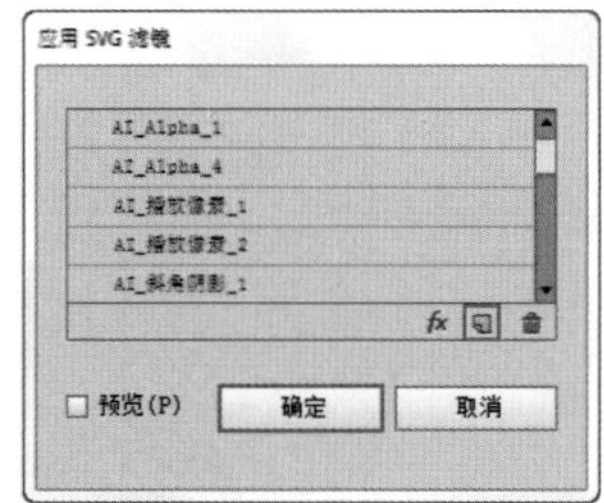

图 14-59

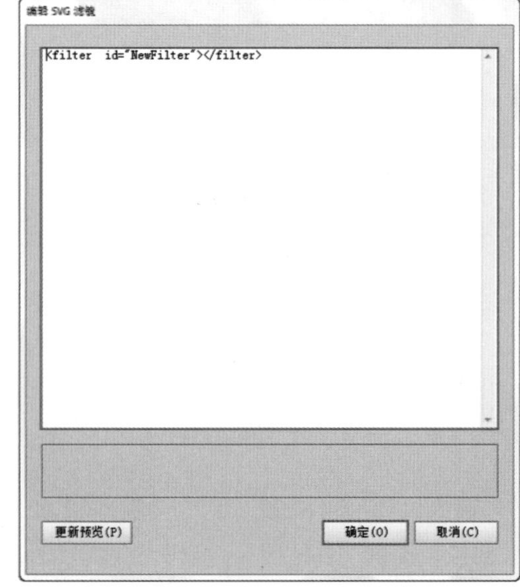

图 14-60

14.4　变形

“变形”效果组能够快捷地改变对象的形状，但不会永久地改变对象的基本几何形状。这种变形的效果是实时的，可以随时修改和删除。Illustrator 中提供了 15 中变形效果，如图 14-61 所示。图 14-62 和图 14-63 所示为可以使用到“变形”效果组制作的作品。

图 14-61

图 14-62　　图 14-63

选取要进行变形的对象，如图 14-64 所示。执行“效果 > 变形”命令，在弹出的子菜单中选择对应的选项，此时弹出“变形选项”对话框，在该对话框中对变形的相关参数进行设置，并且单击“确定”，即可实现变形，如图 14-65 所示。

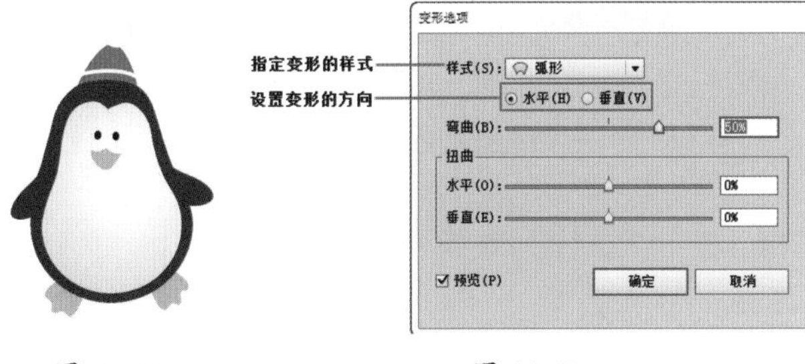

图 14-64　　图 14-65

重点参数提醒：

- 样式：在该下拉表中选择不同的选项，定义不同的变形样式。图 14-66 所示为“样式”下拉列表，图 14-67 所示为不同的样式效果。

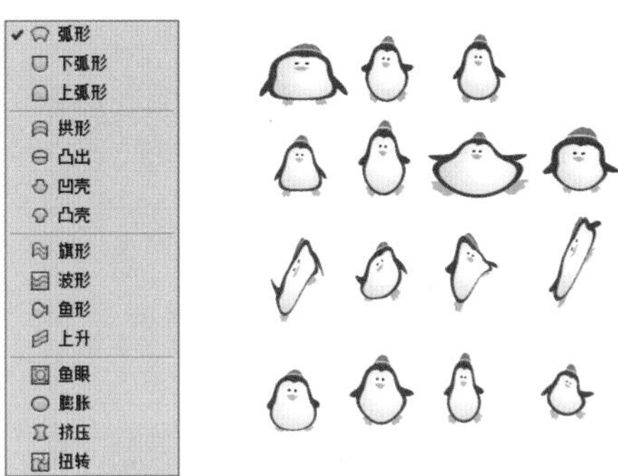

图 14-66　　图 14-67

- 水平和垂直：选中“水平”或“垂直”选项时，将定义对象变形的方向是水平还是垂直，如图 14-68 和图 14-69 所示。

图 14-68　　图 14-69

- 弯曲：调整该选项中的参数，定义扭曲的程度，绝对值越大，弯曲的程度越大。正值向左，负值向右。
- 水平：调整该选项中的参数，定义对象扭曲时在水平方向上单独进行扭曲的效果，如图 14-70 和图 14-71 所示。

图 14-70　　图 14-71

- 垂直：调整该选项中的参数，定义对象扭曲时在垂直方向上单独进行扭曲的效果，如图 14-72 和图 14-73 所示。

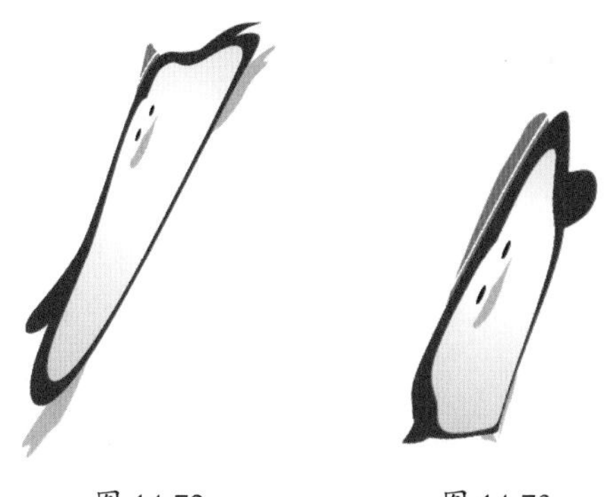

图 14-72　　图 14-73

第 14 章

14.4.1　扭曲和变换

通过“扭曲和变换”效果组可以实现对图形对象做变形或扭曲的编辑调整。这种调整效果是实时的，可以随时修改和删除。执行“效果 > 扭曲和变换”命令可以打开“扭曲和变换”效果组，这一效果组包括 7 种效果。图 14-74~图 14-77 所示为佳作欣赏。

图 14-74

图 14-75

图 14-76

图 14-77

14.4.2　“变换”效果

通过“变换”效果，可以实现缩放对象、调整对象位置或镜像对象。选取要进行变换的对象，如图 14-78 所示。执行“效果 > 扭曲和变换 > 变换”命令，在弹出“变换效果”对话框中对参数进行相应的设置，单击“确定”按钮，如图 14-79 所示。即可实现相应的变换，如图 14-80 所示。

图 14-78

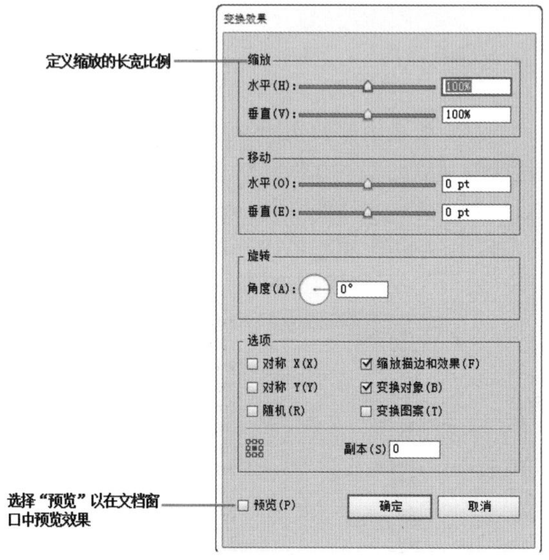

图 14-79

图 14-80

重点参数提醒：

- 缩放：在选项区域中分别调整“水平”和“垂直”文本框中的参数，定义缩放比例。如果不进行调整，则保持 100% 的参数。
- 移动：在选项区域中分别调整“水平”和“垂直”文本框中的参数，定义移动的距离。如果不进行调整，则保持 0mm 的参数。
- 角度：在文本框中设置相应的数值，定义旋转的角度。也可以拖拽控制柄进行旋转。
- 对称 x、y：勾选该选项时，可以对对象进行镜像处理。
- 定位器：在选项区域中，可以变换中心点。
- 随机：勾选该选项时，将对调整的参数进行随机变换，而且每一个对象的随机数值并不相同。

14.4.3　“扭拧”效果

通过“扭拧”效果可以对图形对象进行弯曲扭曲变形。选取将要进行变形的对象，如图 14-81 所示。执行“效果 > 扭曲和变换 > 扭拧”命令，在弹出的“扭拧”对话框中对参数进行相应的设置，单击“确定”按钮，如图 14-82 所示。所选对象即可实现相应的变换，如图 14-83 所示。

图 14-81

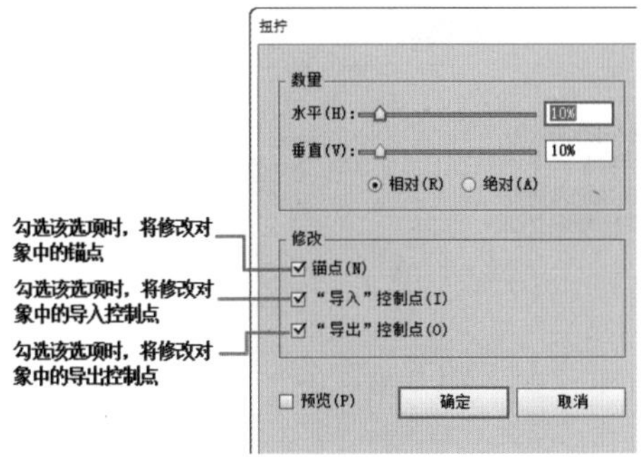

图 14-82

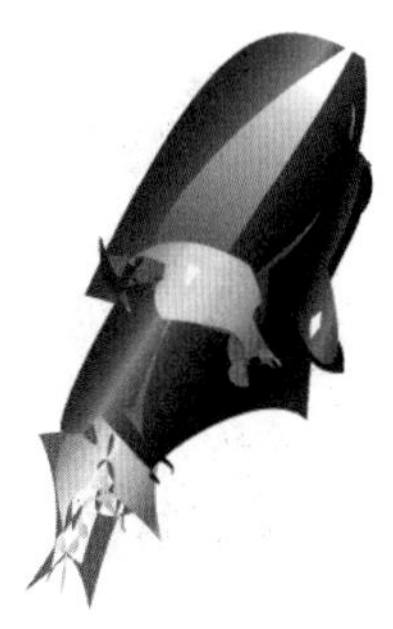

图 14-83

重点参数提醒：

- 水平：在文本框中输入相应的数值，可以定义对象在水平方向的扭拧幅度。
- 垂直：在文本框中输入相应的数值，可以定义对象在垂直方向的扭拧幅度。
- 相对：勾选该选项时，将定义调整的幅度为原水平的百分比。
- 绝对：勾选该选项时，将定义调整的幅度为具体的尺寸。
- 预览：选择“预览”选项以在文档窗口中预览效果。

14.4.4　“扭转”效果

“扭转”效果可以对图形对象进行一定角度的旋转，且中心的旋转程度比边缘的旋转程度大。选中要进行变形的对象，如图 14-84 所示。执行“效果 > 扭曲和变换 > 扭转”命令，在弹出的“扭转”对话框中输入扭转角度数值，输入一个正值将顺时针扭转，输入一个负值将逆时针扭转。然后单击“确定”按钮，如图 14-85 所示。所选对象即可实现相应的变换，如图 14-86 所示。

图 14-84　　图 14-85　　图 14-86

重点参数提醒：

- 角度：在文本框中输入相应的数值，定义对象扭转的角度。
- 相对：勾选该选项时，将在执行该效果前查看到相应的变换。
- 预览：选择“预览”选项以在文档窗口中预览效果。

14.4.5　“收缩和膨胀”效果

“收缩和膨胀”效果以对象中心点为基点，对图形对象进行收缩或膨胀的变形调整。选取要进行变形的对象，如图 14-87 所示。执行“效果 > 扭曲和变换 > 收缩和膨胀”命令，在弹出的“收缩和膨胀”对话框中进行相应的设置，然后单击“确定”按钮，如图 14-88 所示。所选对象即可实现相应的变换，如图 14-89 所示。

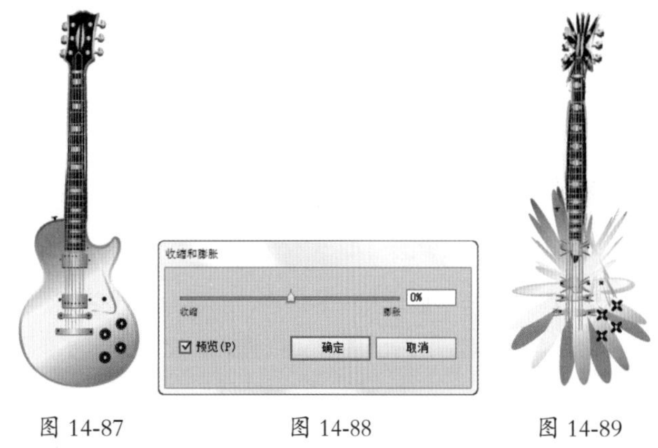

图 14-87　　图 14-88　　图 14-89

重点参数提醒：

- 收缩 / 膨胀：在文本框输入相应的数值，对对象的膨胀或收缩进行控制，正值为膨胀，负值为收缩。
- 预览：选择“预览”选项以在文档窗口中预览效果。

14.4.6　“波纹效果”

“波纹效果”用于对路径边缘进行波纹化的扭曲。应用此效果时路径内侧和外侧会分别生成波纹或锯齿。选取将要进行变形的对象，如图 14-90 所示。执行“效果 > 扭曲和变换 > 波纹效果”命令，在弹出的“波纹效果”对话框中对参数进行相应的设置，单击“确定”按钮，如图 14-91 所示。所选对象即可实现相应的变换，如图 14-92 所示。

图 14-90

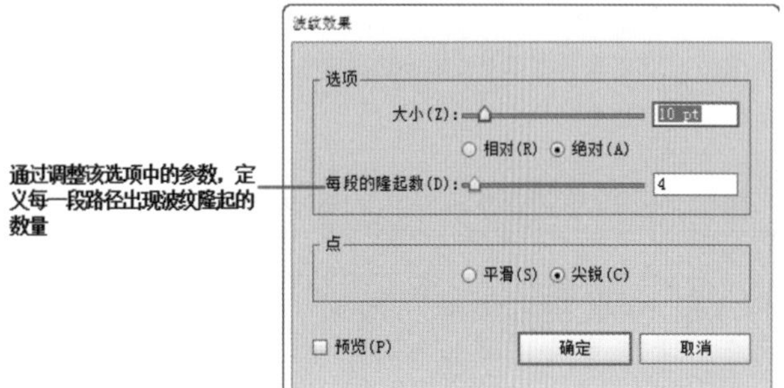

图 14-91

图 14-92

重点参数提醒：

- 角度：在文本框中输入相应的数值，定义波纹效果的尺寸。
- 相对：勾选该选项时，将定义调整的幅度为原水平的百分比。
- 绝对：勾选该选项时，将定义调整的幅度为具体的尺寸。
- 平滑：勾选该选项时，将使波纹的效果比较平滑。
- 尖锐：勾选该选项时，将使波纹的效果比较尖锐。
- 预览：选择“预览”选项以在文档窗口中预览效果。

14.4.7 “粗糙化”效果

通过“粗糙化”效果可以通过对路径的变形使图形整体变得粗糙。选取将要进行变形的对象，如图 14-93 所示。执行“效果 > 扭曲和变换 > 粗糙化”命令，在弹出“粗糙化”对话框中对参数进行相应的设置，单击“确定”按钮，如图 14-94 所示。所选对象即可实现相应的变换，如图 14-95 所示。

图 14-93

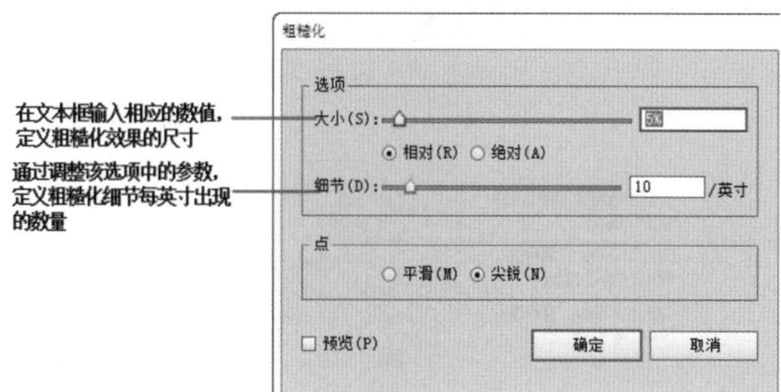

图 14-94

图 14-95

重点参数提醒：

- 相对：勾选该选项时，将定义调整的幅度为原水平的百分比。
- 绝对：勾选该选项时，将定义调整的幅度为具体的尺寸。
- 平滑：勾选该选项时，将使粗糙化的效果比较平滑。
- 尖锐：勾选该选项时，将使粗糙化的效果比较尖锐。
- 预览：选择“预览”选项以在文档窗口中预览效果。

14.4.8 “自由扭曲”效果

通过“自由扭曲”效果可以实现对图形对象的任意变形。选取将要进行变形的对象，如图 14-96 所示。执行“效果 > 扭曲和变换 > 自由扭曲”命令，此时弹出“自由扭曲”对话框，在该对话框中可以通过拖动四个角落任意控制点的方式来改变矢量对象的形状。变形调整完成后，单击“确定”按钮，如图 14-97 所示。所选对象即可实现相应的变形，如图 14-98 所示。

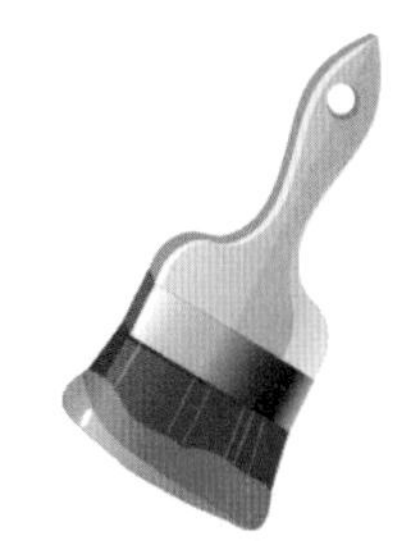

图 14-96

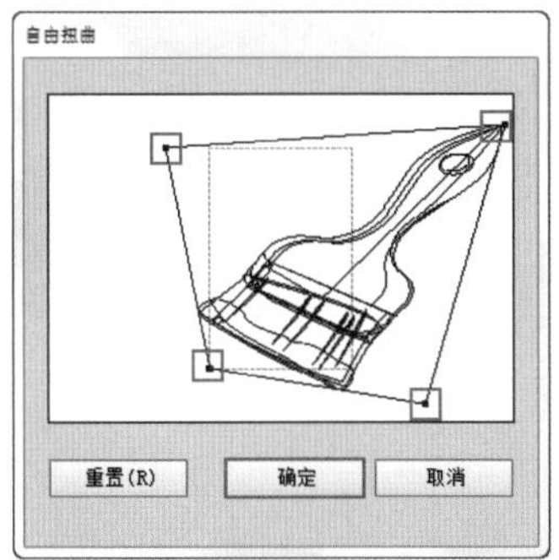

图 14-97

图 14-98

14.4.9　栅格化效果

通过“效果”菜单中的“栅格化”命令可以创建栅格化外观，并且不会更改对象的底层结构。执行“效果 > 栅格化”命令，在弹出的“栅格化”窗口中可以对栅格化选项进行设置，如图 14-99 所示。

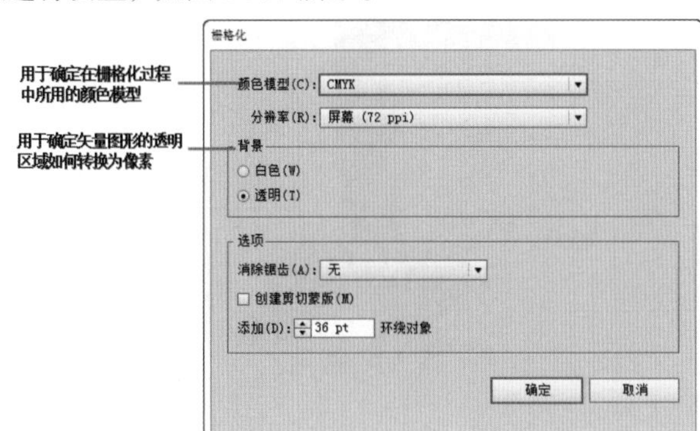

图 14-99

重点参数提醒：

- 颜色模型：在该选项的下拉列表中，可以生成 RGB 或 CMYK 颜色的图像（这取决于文档的颜色模式）、灰度图像或 1 位图像（黑白位图或是黑色和透明色，这取决于所选的背景选项）。
- 分辨率：用于确定栅格化图像中的每英寸像素数 (ppi)。栅格化矢量对象时，执行“使用文档栅格效果分辨率”命令，来使用全局分辨率设置。
- 背景：选择“白色”选项可用白色像素填充透明区域，选择“透明”选项可使背景透明。如果选择“透明”选项，则会创建一个 Alpha 通道（适用于除 1 位图像以外的所有图像）。如果图稿被导出到 Photoshop 中，则 Alpha 通道将被保留。
- 消除锯齿：应用消除锯齿效果，以改善栅格化图像的锯齿边缘外观。设置文档的栅格化选项时，若取消选择此选项，则保留细小线条和细小文本的尖锐边缘。栅格化矢量对象时，若选择“无”选项，则不会应用消除锯齿效果，而线稿图在栅格化时也将保留其尖锐边缘。选择“优化图稿”选项，可应用最适合无文字图稿的消除锯齿效果。选择“优化文字”选项，可应用最适合文字的消除锯齿效果。
- 创建剪切蒙版：创建一个使栅格化图像的背景显示为透明的蒙版。如果您已为“背景”选择了“透明”选项，则不需要再创建剪切蒙版。
- 添加环绕对象：可以通过指定像素值，为栅格化图像添加边缘填充或边框。结果图像的尺寸等于原始尺寸加上“添加环绕对象”所设置的数值。

14.4.10　裁剪标记

裁剪标记在打印输出的过程中具有非常重要的作用，能够指示所需的打印纸张剪切位置。若要为对象添加“裁剪标记”，选取该对象，如图 14-100 所示。然后执行“效果 > 裁切标记”命令，此时将会依据所选对象的大小创建合适的裁剪标记，如图 14-101 所示。

图 14-100

图 14-101

若要删除可编辑的裁切标记，需要在“外观”面板中选择“裁切标记”，然后单击“外观”面板中的“删除所选项目”按钮即可删除裁剪标记。

14.4.11 进阶案例：使用“扭曲和变换”命令制作喷溅效果海报

案例文件	使用“扭曲和变换”命令制作喷溅效果海报 .ai
视频教学	使用“扭曲和变换”命令制作喷溅效果海报 .flv
难易指数	★★★☆☆
技术掌握	掌握“扭曲和变换”的运用

使用“扭拧和变换”命令经常能够做出意想不到的图形效果，在本案例中将使用该命令制作不规则的图形，完成喷溅效果海报的制作，案例完成效果如图 14-102 所示。

图 14-102

（1）先制作一个放射状背景，如图 14-103 所示。

图 14-103

（2）选择工具箱中的“椭圆工具”在文档中绘制一个绿色的椭圆，如图 14-104 所示。选择该圆形，执行“对象 > 路径 > 添加锚点”命令，为其增加锚点，如图 14-105 所示。

图 14-104

图 14-105

（3）选择该形状，执行“效果 > 扭曲和变换 > 扭拧”命令，在弹出的“扭拧”对话框中对变换的参数进行设置，然后单击“确定”按钮，如图 14-106 所示。设置“水平”为 22%，“垂直”为 10%，勾选“相对”选项，单击“确定”按钮，参数设置如图 14-107 所示。

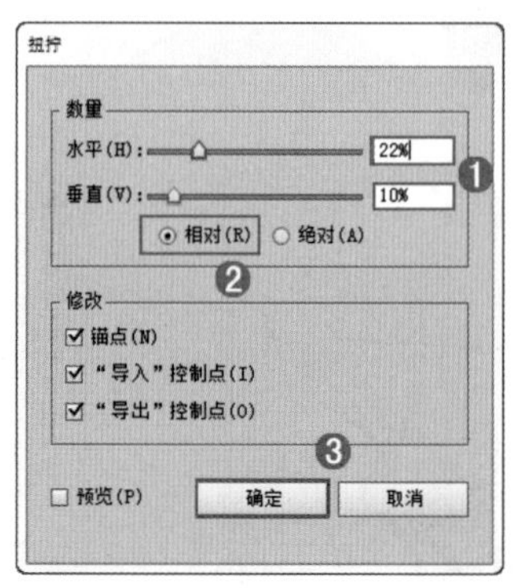

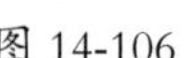

图 14-106

图 14-107

（4）使用“矩形工具”绘制矩形，如图 14-108 所示。

图 14-108

（5）继续使用“扭拧”命令制作两处变形图案，并将其拓展，如图 14-109 所示。

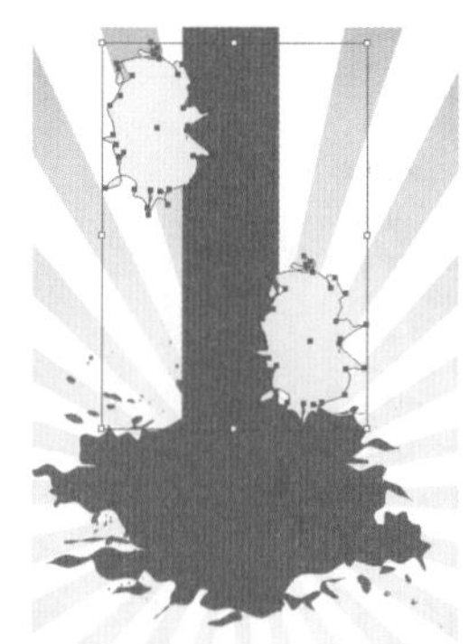

图 14-109

（6）同时选取矩形和两个“扭拧”图形，执行“窗口 > 路径查找器”命令，打开“路径查找器”面板，按住单击“减去顶层”按钮，创建复合形状，如图 14-110 所示。效果如图 14-111 所示。

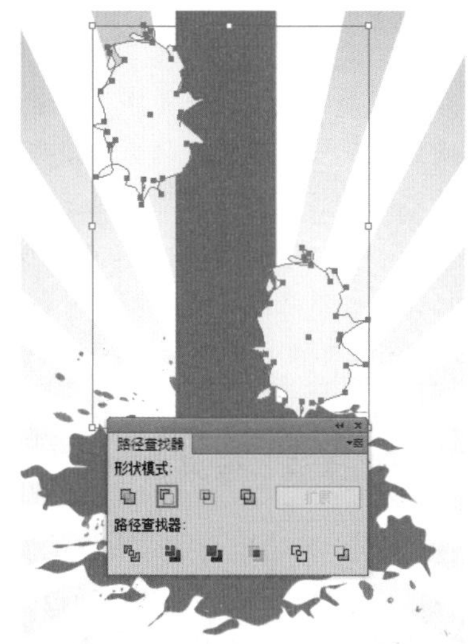

图 14-110

图 14-111

（7）选择工具箱中的“文字工具” T 在文档中键入文字，如图 14-112 所示。整体制作完成。

图 14-112

14.5 路径

“路径”效果组可以对相应的路径进行各种不同的变换处理。执行“效果 > 路径”命令可以打开“路径”效果组的子菜单，这一效果组包含三种效果“位移路径”“轮廓化路径”和“轮廓化描边”，如图 14-113 所示。图 14-114 和图 14-115 所示为制作过程中使用该效果组的作品。

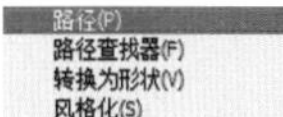

图 14-13

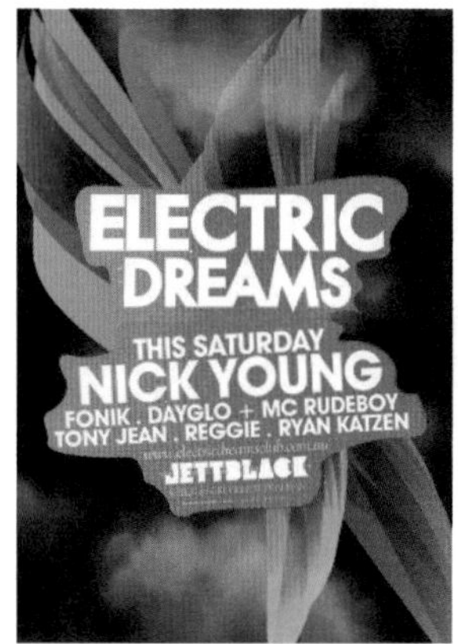

图 14-114　　图 14-115

14.5.1　“位移路径”效果

通过“位移路径”效果可以实现增粗路径的描边宽度和路径的轮廓化。选取要添加效果的对象，如图 14-116 所示。执行“效果 > 路径 > 位移路径”命令弹出“位移路径”对话框，如图 14-117 所示。在该对话框中设置效果的参数，单击“确定”按钮即可为所选对象添加对应效果，如图 14-118 所示。

图 14-116

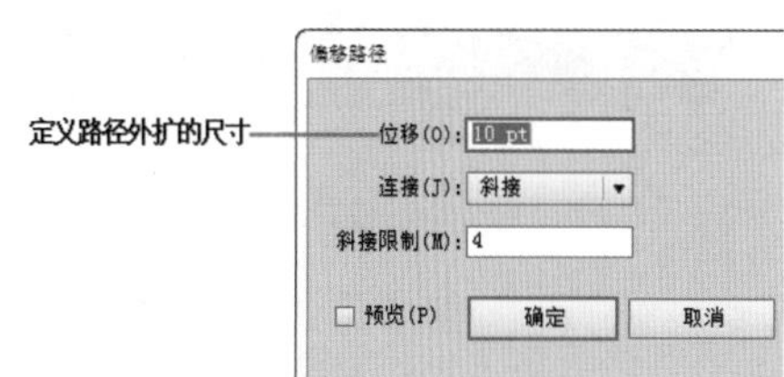

图 14-117

图 14-118

重点参数提醒：

- 连接：在该选项的下拉列表中选中不同的选项，定义路径转换后的拐角和包头方式。包括斜接、圆角、斜角。
- 斜接限制：当在“连接”下拉列表中选择“斜接”选项时，可以在文本框中输入相应的数值，过小的数值可以限制尖锐角的显示。
- 预览：选择“预览”选项以在文档窗口中预览效果。

14.5.2 “轮廓化对象”效果

通过“轮廓化对象”效果可以实现所选对象的轮廓化效果。以文字对象为例，文字对象是不能够被填充渐变的，若要对其填充渐变需要将其扩展，但扩展后的文字不再具有文本属性，若对文字使用“轮廓化效果”，不但可以实现为其填充渐变，还能够保持其文本属性。选取文字对象，执行“效果 > 路径 > 轮廓化对象”命令，所选文字对象被轮廓化，此时可以在“渐变”面板中为其设置渐变填充，如图 14-119 和图 14-120 所示。

图 14-119

图 14-120

此时文字对象依然保持其文本属性，可以更改字体、字号等属性，如图 14-121 所示。

图 14-121

小技巧：对齐文字前需要将其轮廓化对象

要根据实际字形的边框而不是字体度量值来对齐文本时，可以使用“效果 > 路径 > 轮廓化对象”命令对文本对象应用轮廓化对象实时效果。通过从“对齐”面板弹出式菜单中选择“使用预览边界”来设置“对齐”面板，以使用预览边界。应用这些设置后，即可获得与轮廓化文本完全相同的对齐结果，同时还可以灵活处理文本。

14.5.3 “轮廓化描边”效果

同文字对象相同，描边也不能被直接添加渐变。通过对描边对象执行“效果 > 路径 > 轮廓化描边”命令，可以实现对描边添加渐变，如图 14-122 和图 14-123 所示。

图 14-122

图 14-123

14.5.4 进阶案例：利用“位移路径”制作可爱质感文字

案例文件	利用“位移路径”制作可爱质感文字 .ai
视频教学	利用“位移路径”制作可爱质感文字 .flv
难易指数	★★★☆☆
技术掌握	“文字工具”“渐变工具”“路径偏移”

本案例主要是文字部分的制作，通过“位移路径”到制作宽描边效果，主要使用到了“文字工具”“渐变工具”“路径偏移”面板等。图 14-124 所示为案例完成效果。

图 14-124

（1）执行“文件 > 新建”命令，新建大小为 A4 的横向文档。执行“文件 > 置入”命令，置入素材“1.jpg”，如图 14-125 所示。

图 14-125

（2）使用工具箱中的“文字工具”T 在文档中键入文字，如图 14-126 所示。选取文字对象执行“文字 > 创建轮廓”命令，如图 14-127 所示。可以将文字复制并移动到画板外部，以便后面的使用。

图 14-126　　图 14-127

（3）执行“效果 > 路径 > 位移路径”命令，在弹出的“偏移路径”对话框中设置“位移”为 3.5mm，“连接”为“圆角”，“斜接限制”为 4，参数如图 14-128 所示。偏移效果如图 14-129 所示。

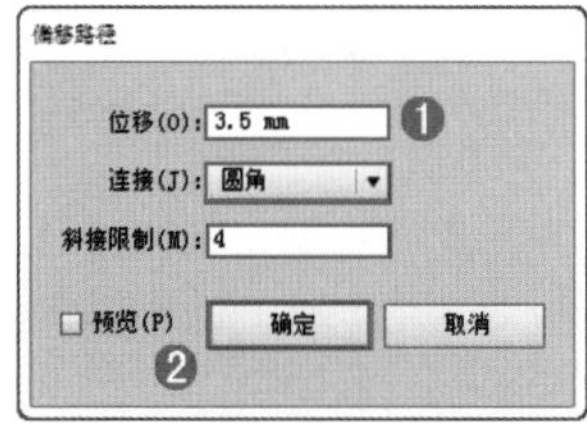

图 14-128

图 14-129

（4）执行“窗口 > 渐变”命令，在“渐变”面板中编辑一个灰色系渐变，如图 14-130 所示。渐变编辑完成后，使用“渐变工具”，进行拖拽填充，如图 14-131 所示。

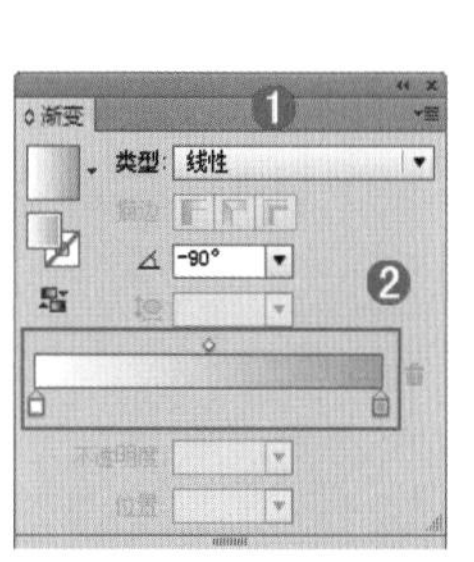

图 14-130　　图 14-131

（5）下面为文字添加投影。选择该文字，执行“效果 > 风格化 > 投影”命令，在“投影”窗口中，设置“模式”为“正片叠底”，“不透明度”为 75%，“X 位移”为 2.5mm，“Y 位移”为 2.5mm，“模糊”为 2mm，“颜色”为黑色，参数设置如图 14-132 所示。投影效果如图 14-133 所示。

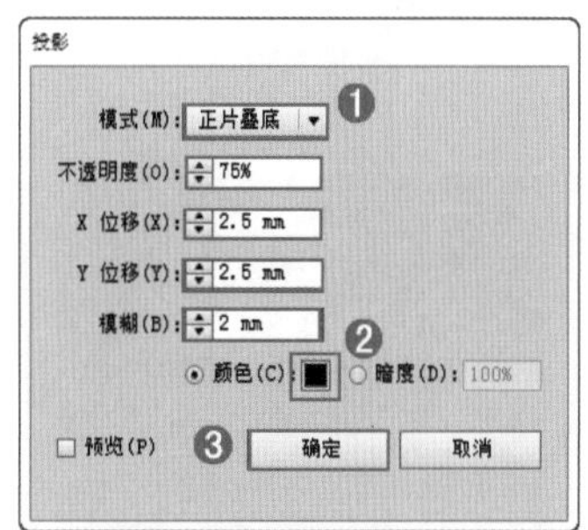

图 14-132

图 14-133

（6）将复制在画板外的文字移动到画面中的合适位置，并变成为淡粉色系的线性渐变，如图 14-134 所示。

图 14-134

（7）选择粉红色渐变，使用快捷键 <Ctrl+C> 将其复制，使用快捷键 <Ctrl+F> 将其贴在前面，并填充一个稍浅的粉色，如图 14-135 所示。

图 14-135

（8）使用工具箱中的“钢笔工具”在文字上层绘制路径，如图 14-136 所示。并通过“路径查找器”创建复合图形，如图 14-137 所示。

图 14-136

图 14-137

（9）执行“窗口 > 透明度”命令，打开“透明度”面板，在该面板中设置其“不透明度”为 20%，如图 14-138 所示。文字的高光部分制作完成，效果如图 14-139 所示。本案例制作完成。

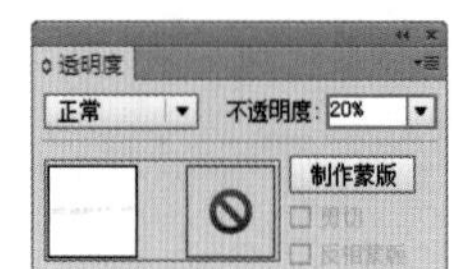

图 14-138

图 14-139

14.6 路径查找器

效果组中的“路径查找器”和之前介绍过的“路径查找器”面板有所不同。效果组中的“路径查找器”效果可应用于任何对象、组和图层的组合。选择“路径查找器”效果创建了最终的形状组合之后，便不能再编辑原始对象，图 14-140 所示为路径查找器命令。图 14-141 和图 14-142 所示为佳作欣赏。

图 14-140

使用“路径查找器”效果组之前首先将要使用的对象编组到一起，然后选择该组。执行“效果 > 路径查找器”命令，在弹出的子菜单中选择一个路径查找器效果。如图 14-143 所示。

- 相加：描摹所有对象的轮廓，就像它们是单独的、已合并的对象一样。此选项产生的结果形状会采用顶层对象的上色属性，如图 14-144 所示。

图 14-141

图 14-142

图 14-143

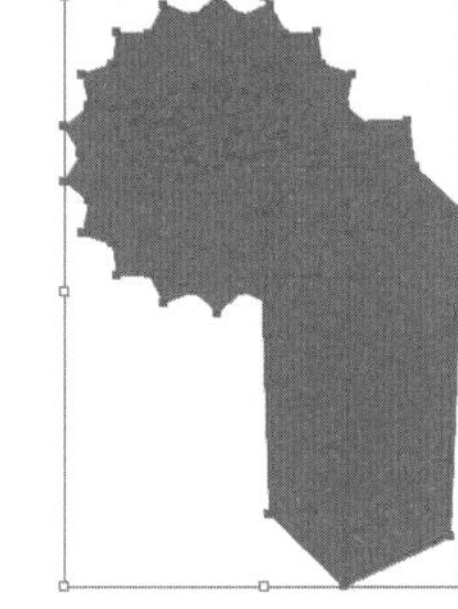

图 14-144

- 交集：描摹被所有对象重叠的区域轮廓，如图 14-145 所示。

图 14-145

- 差集：描摹对象所有未被重叠的区域，并使重叠区域透明。若有偶数个对象重叠，则重叠处会变成透明；而有奇数个对象重叠时，重叠的地方则会填充颜色。将对象选中的状态，如图 14-146 所示。

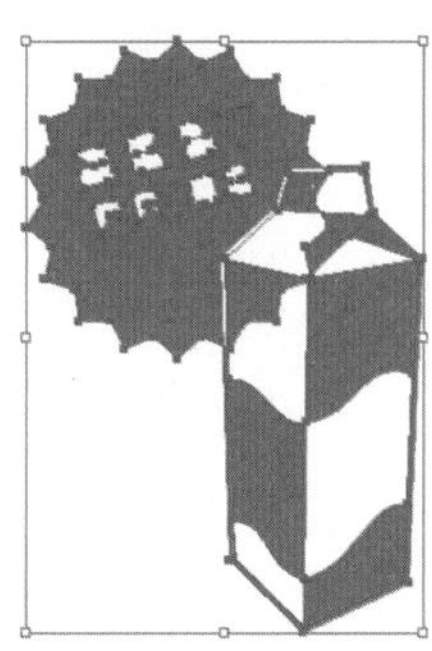

图 14-146

相减：从最后面的对象中减去最前面的对象。应用此命令，您可以通过调整堆栈顺序来删除插图中的某些区域，如图 14-147 所示。

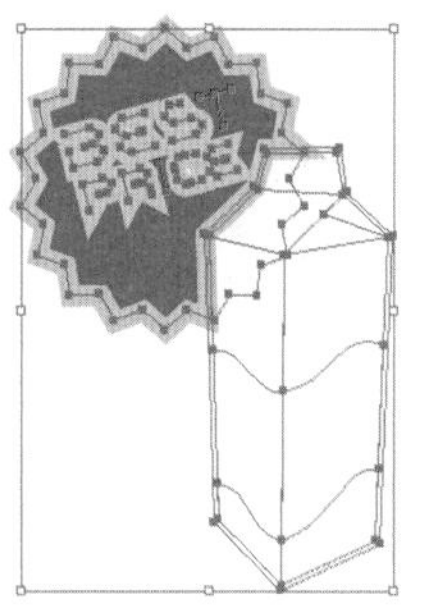

图 14-147

- 减去后方对象：从最前面的对象中减去后面的对象。应用此命令，您可以通过调整堆栈顺序来删除插图中的某些区域，如图 14-148 所示。

图 14-148

- 分割：将一份图稿分割为作为其构成成分的填充表面（表面是未被线段分割的区域），如图 14-149 所示。

图 14-149

- 修边：用位于上方的对象修整位于下方的对象，如图 14-150 所示。

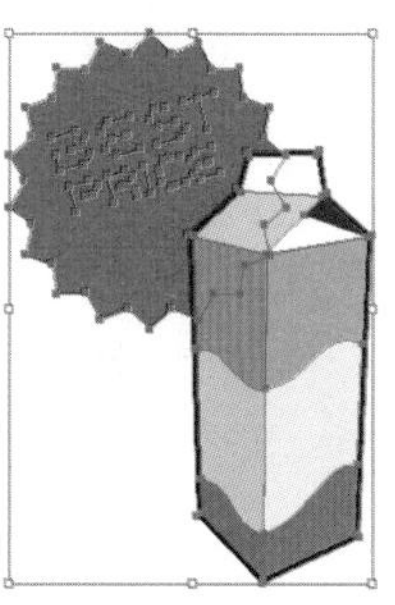

图 14-150

- 合并：删除已填充对象被隐藏的部分。它会删除所有描边，且会合并具有相同颜色的相邻或重叠的对象，如图 14-151 所示。

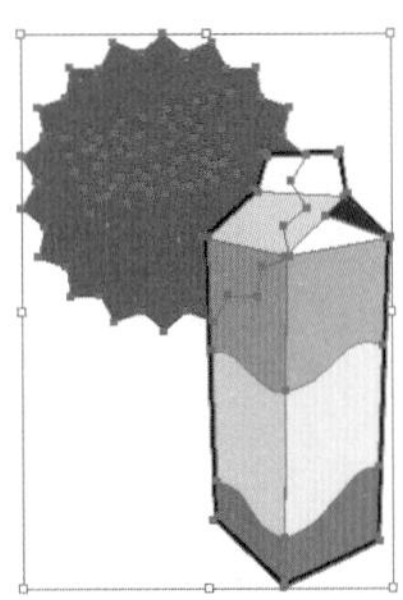

图 14-151

- 裁剪：将图稿分割为作为其构成成分的填充表面，然后删除图稿中所有落在最上方对象边界之外的部分。这还会删除所有描边，如图 14-152 所示。

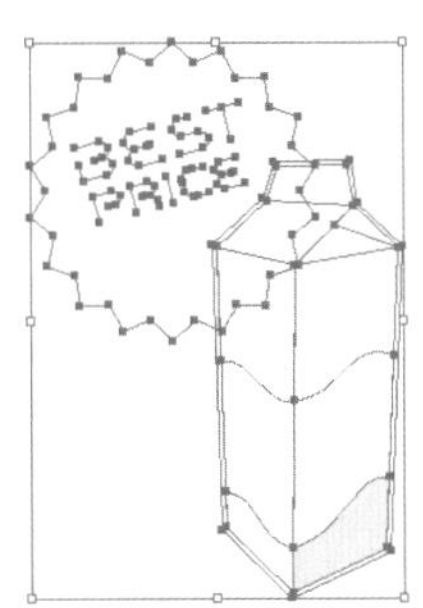

图 14-152

- 轮廓：将对象分割为其组件线段或边缘。准备需要对叠印对象进行陷印的图稿时，此命令非常有用，如图 14-153 所示。

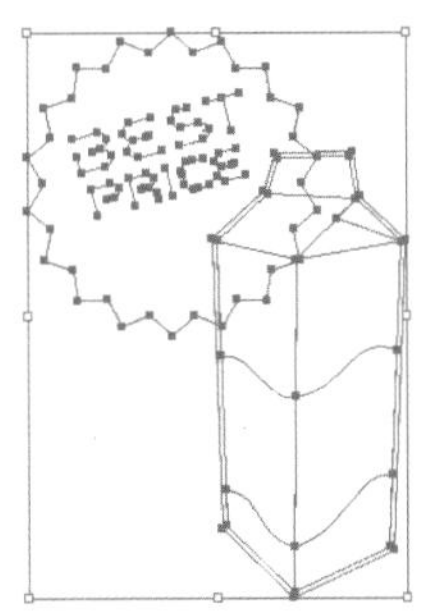

图 14-153

实色混合：通过选择每个颜色组件的最高值来组合颜色。例如，如果颜色 1 为 20% 青色、66% 洋红色、40% 黄色和 0% 黑色；而颜色 2 为 40% 青色、20% 洋红色、30% 黄色和 10% 黑色，则产生的实色混合色为 40% 青色、66% 洋红色、40% 黄色和 10% 黑色，如图 14-154 所示。

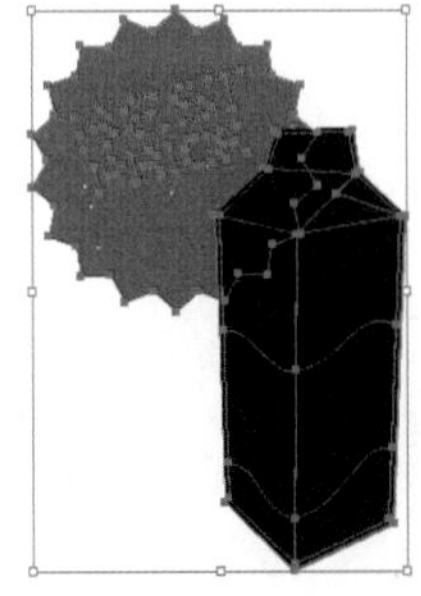

图 14-154

- 透明混合：使底层颜色透过重叠的图稿可见，然后将图像划分为其构成部分的表面。您可以指定在重叠颜色中的可视性百分比，如图 14-155 和图 14-156 所示。

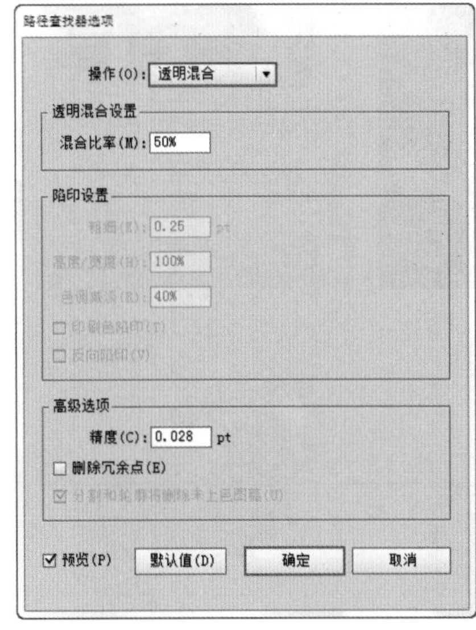

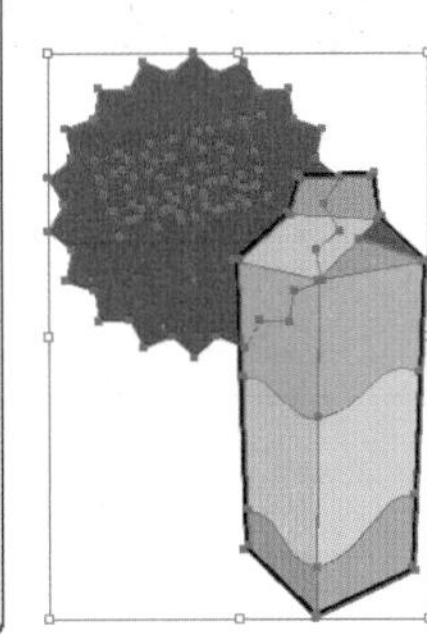

图 14-155　图 14-156

- 陷印：“陷印”命令通过识别较浅色的图稿并将其陷印到较深色的图稿中，为简单对象创建陷印。可以从“路径查找器”面板中应用“陷印”命令，或者将其作为效果进行应用。使用“陷印”效果的好处是可以随时修改陷印设置。在从单独的印版打印的颜色互相重叠或彼此相连处，印刷套不准会导致最终输出中的各颜色之间出现间隙。为补偿图稿中各颜色之间的潜在间隙，印刷商使用一种称为陷印的技术，在两个相邻颜色之间创建一个小重叠区域（称为陷印）。可用独立的专用陷印程序自动创建陷印，也可以用 Illustrator 手动创建陷印，如图 14-157 和图 14-158 所示。

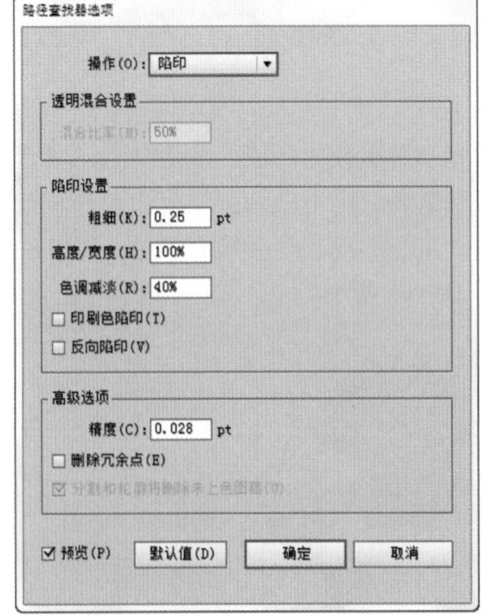

图 14-157　图 14-158

14.7　转换为形状

通过“转换为形状”效果组可以将矢量对象转换为特定的形状。该效果组包括“矩形”“圆角矩形”“椭圆”三种效果，如图 14-159 所示。图 14-160 和图 14-161 所示为在制作过程中使用该效果组的作品。

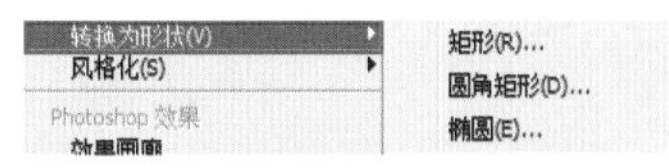

图 14-159

图 14-160

图 14-161

14.7.1　“矩形”效果

通过“矩形”效果，可以将所选对象转换为矩形。选取将要应用效果的对象，如图 14-162 所示。执行“效果 > 转换为形状 > 矩形”命令，在弹出的“形状选项”对话框中对效果参数进行设置，如图 14-163 所示。单击“确定”按钮，即可将所选对象转换为矩形，如图 14-164 所示。

图 14-162

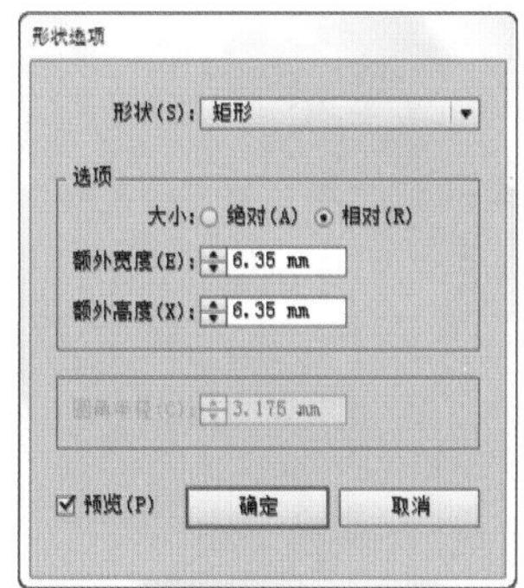

图 14-163

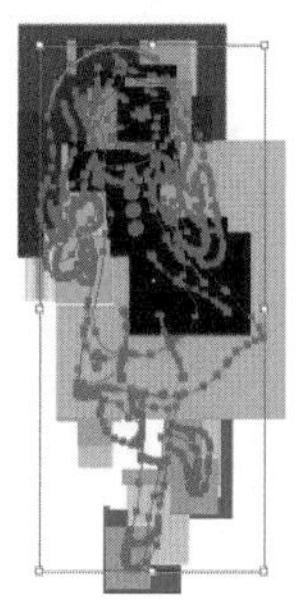

图 14-164

重点参数提醒：

- 绝对：在选中该选项时，在“宽度”和“高度”文本框输入相应的数值，定义转换的矩形的绝对尺寸。
- 相对：在选中该选项时，在“额外宽度”和“额外高度”文本框输入相应的数值，定义该对象添加或减少的尺寸。

14.7.2　“圆角矩形”效果

通过“圆角矩形”效果，可以将所选对象转换为圆角矩形。选取将要应用效果的对象，如图 14-165 所示。执行“效果 > 转换为形状 > 圆角矩形”命令，在弹出的“形状选项”对话框中对效果参数进行设置，如图 14-166 所示。单击“确定”按钮，即可将所选对象转换为圆角矩形，如图 14-167 所示。

图 14-165

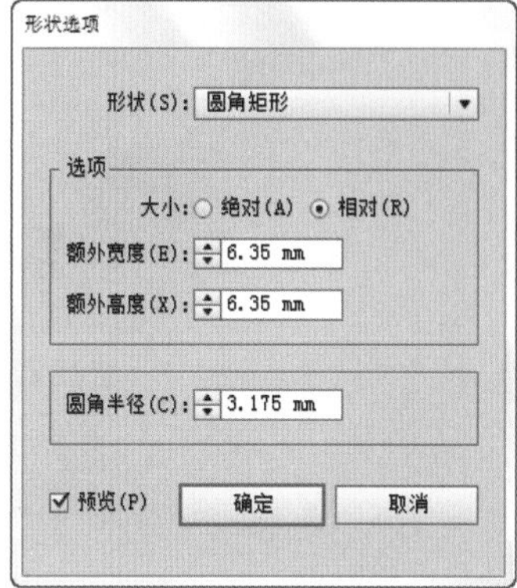

图 14-166

图 14-167

重点参数提醒：

- 绝对：在选中该选项时，在“宽度”和“高度”文本框输入相应的数值，定义转换的圆角矩形对象的绝对尺寸。
- 相对：在选中该选项时，在“额外宽度”和“额外高度”文本框输入相应的数值，定义该对象添加或减少的尺寸。
- 圆角半径：在该文本框输入相应的数值，定义圆角半径的尺寸。

14.7.3　“椭圆”效果

通过“椭圆”效果，可以将所选对象转换为椭圆。选取将要应用效果的对象，如图 14-168 所示。执行“效果 > 转换为形状 > 椭圆”命令，在弹出的“形状选项”对话框中对效果参数进行设置，如图 14-169 所示。单击“确定”按钮，即可将所选对象转换为椭圆，如图 14-170 所示。

图 14-168

图 14-169

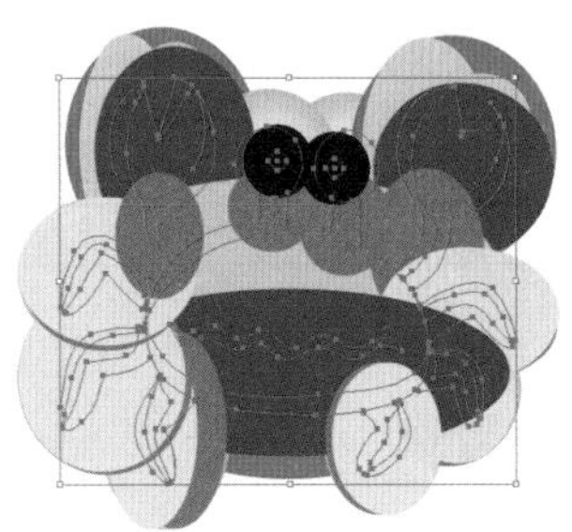

图 14-170

重点参数提醒：

- 绝对：在选中该选项时，在“宽度”和“高度”文本框输入相应的数值，定义转换的椭圆形对象的绝对尺寸。
- 相对：在选中该选项时，在“额外宽度”和“额外高度”文本框输入相应的数值，定义该对象添加或减少的尺寸。

14.7.4 “风格化”效果组

通过“风格化”效果组可以实现为对象添加阴影、羽化、圆角、内发光等特效。执行“效果 > 风格化”命令，可以打开“风格化”效果组子菜单，该效果组中包含 7 种效果。图 14-171~ 图 14-174 所示为在制作过程中使用该效果组的作品。

图 14-171

图 14-172

图 14-173

图 14-174

14.7.5 “内发光”效果

通过“内发光”效果，可以实现依据所选图形的边缘形状在其内部创建自然的发光效果。选取要添加效果的对象，如图 14-175 所示。执行“效果 > 风格化 > 内发光”命令，此时弹出“内发光”对话框，在该对话框中对效果的参数进行设置，如图 14-176 所示。单击“确定”按钮，即可为所选对象添加“内发光”效果，如图 14-177 所示。

图 14-175

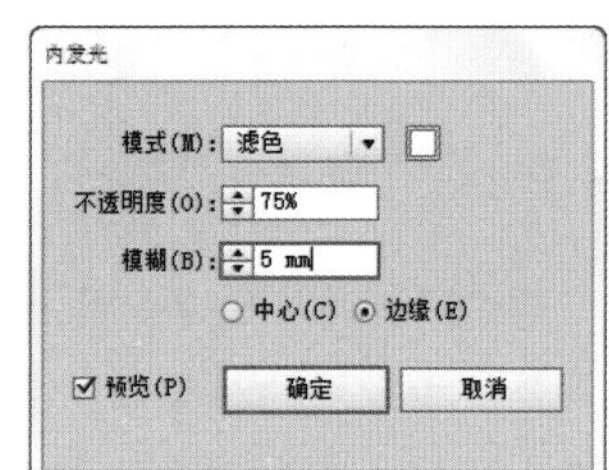

图 14-176

图 14-177

重点参数提醒：

- 模式：指定发光的混合模式。
- 不透明度：指定所需发光的不透明度百分比。
- 模糊：指定要进行模糊处理之处到选区中心或选区边缘的距离。
- 中心：（仅适用于内发光）应用从选区中心向外发散的发光效果。
- 边缘：（仅适用于内发光）应用从选区内部边缘向外发散的发光效果。

14.7.6 “圆角”效果

通过“圆角”效果，可以实现将矢量对象中路径间相连的尖角转换为相对平滑的圆角。选取要添加效果的对象，如图 14-178 所示。执行“效果 > 风格化 > 圆角”命令，此时弹出“圆角”对话框，在该对话框中对效果的参数进行设置，如图 14-179 所示。单击“确定”按钮，即可为所选对象添加“圆角”效果，如图 14-180 所示。

图 14-178

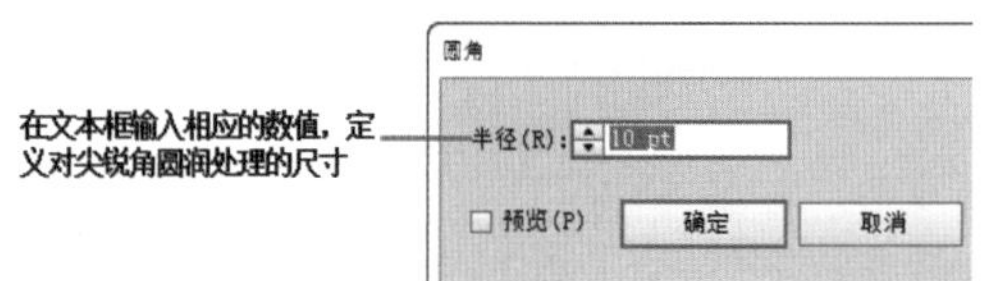

图 14-179

图 14-180

14.7.7 “外发光”效果

通过“外发光”效果，可以实现依据所选图形的边缘形状为其添加自然的外发光。选取要添加效果的对象，如图 14-181 所示。执行“效果 > 风格化 > 外发光”命令，此时弹出“外发光”对话框，在该对话框中对效果的参数进行设置，如图 14-182 所示。单击“确定”按钮，即可为所选对象添加“外发光”效果，如图 14-183 所示。

图 14-181

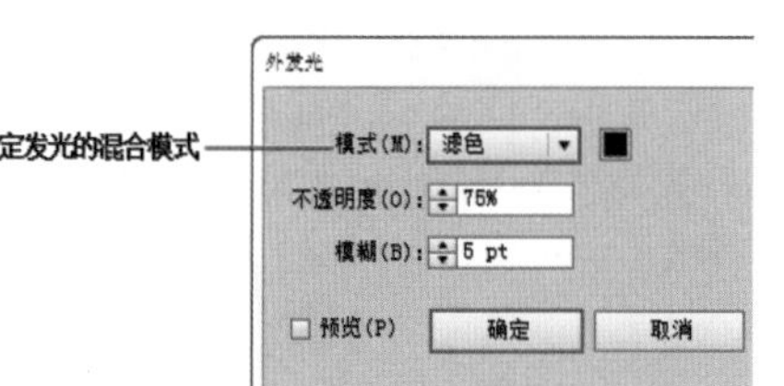

图 14-182

图 14-183

重点参数提醒：

- 不透明度：指定所需发光的不透明度百分比。
- 模糊：指定要进行模糊处理之处到选区中心或选区边缘的距离。

14.7.8 “投影”效果

通过“投影”效果，可以实现依据所选图形的边缘形状为其添加不同模糊程度的投影。选取要添加效果的对象，如图 14-184 所示。执行“效果 > 风格化 > 投影”命令，此时弹出“投影”对话框，在该对话框中对效果的参数进行设置，如图 14-185 所示。单击“确定”按钮，即可为所选对象添加“投影”效果，如图 14-186 所示。

图 14-184

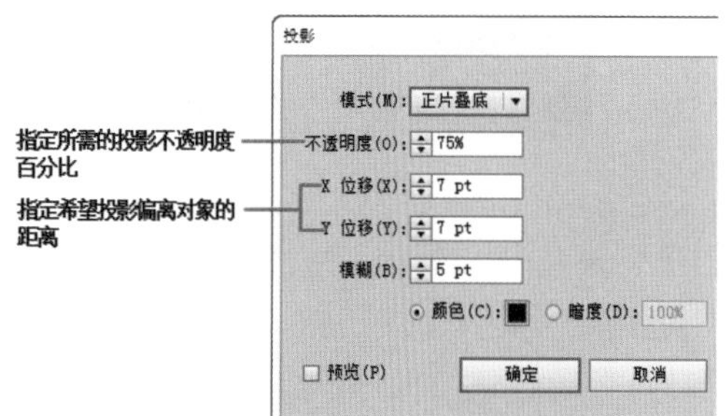

图 14-185

图 14-186

重点参数提醒：

- 模式：指定投影的混合模式。
- 模糊：指定要进行模糊处理之处距离阴影边缘的距离。Illustrator 会创建一个透明栅格对象来模拟模糊效果。
- 颜色：指定阴影的颜色。
- 暗度：指定希望为投影添加的黑色深度百分比。在 CMYK 文档中，如果将此值定为 100%，并与包含除黑色以外的其他填色或描边的所选对象一起使用，则会生成一种混合色黑影。如果将此值定为 100%，并与仅包含黑色填色或描边颜色的所选对象一起使用，会创建一种 100% 的纯黑阴影。如果将此值定为 0%，会创建一种与所选对象颜色相同的投影。

14.7.9 进价案例：利用“投影”制作地产招贴

案例文件	利用“投影”制作地产招贴 .ai
视频教学	利用“投影”制作地产招贴 .flv
难易指数	★★★☆☆
技术掌握	掌握“投影”效果的运用

地产类的招贴设计通常给人大气、华丽的感觉，在本案例中将利用同色系的色块进行堆叠，然后为其添加“投影”效果制作出层次感，最后键入相应的说明文字，案例完成效果如图 14-187 所示。

图 14-187

（1）新建文件。执行“文件 > 置入”命令，置入素材“1.jpg”，调整大小并将其置于文档中的适当位置，如图 14-188 所示。

图 14-188

（2）使用工具箱中的“矩形工具”绘制矩形，然后执行“窗口 > 渐变”命令，在“渐变”面板中编辑一个蓝色系的“径向”渐变，如图 14-189 所示。渐变编辑完成后，使用“渐变”工具进行拖拽填充，并将该矩形移动到合适位置，如图 14-190 所示。

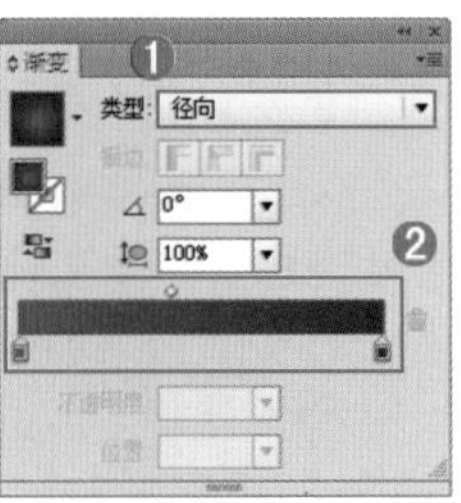

图 14-189　　图 14-190

（3）使用同样的方法绘制三处填充为蓝色系渐变的矩形，如图 14-191 所示。

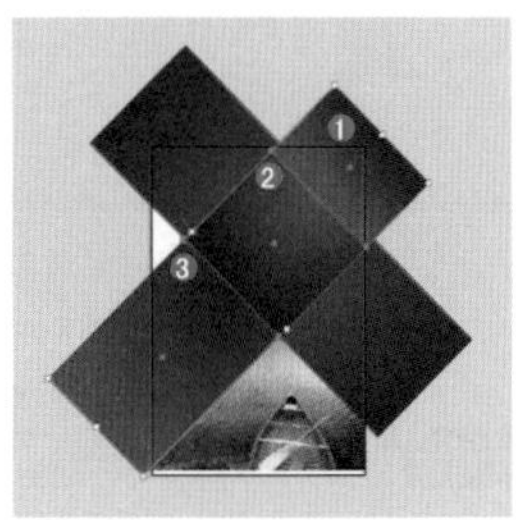

图 14-191

（4）选择中间部分的矩形，执行“效果 > 风格化 > 投影”命令，在“投影”面板中设置“模式”为“正片叠底”，“不透明度”为 75%，“X 位移”为 2.5mm，“Y 位移”为 2.5mm，“模糊”为 1mm，“颜色”为黑色，参数设置如图 14-192 所示。效果如图 14-193 所示。

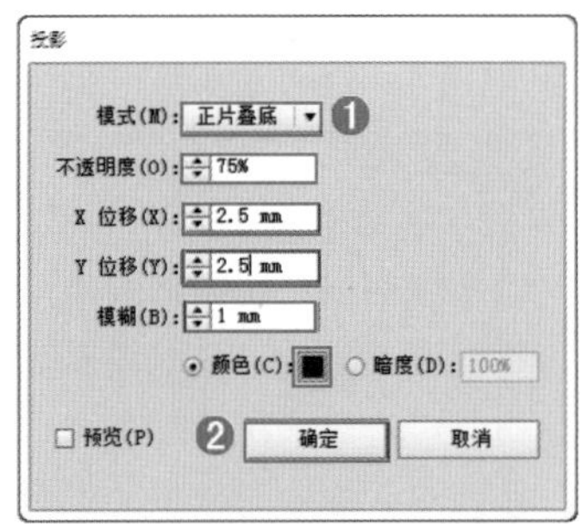

图 14-192　　图 14-193

（5）使用同样的方法继续制作两个渐变矩形并添加投影效果，如图 14-194 所示。制作完成后，将制作完成的矩形全部选中，执行“对象 > 编组”命令，将其进行编组。

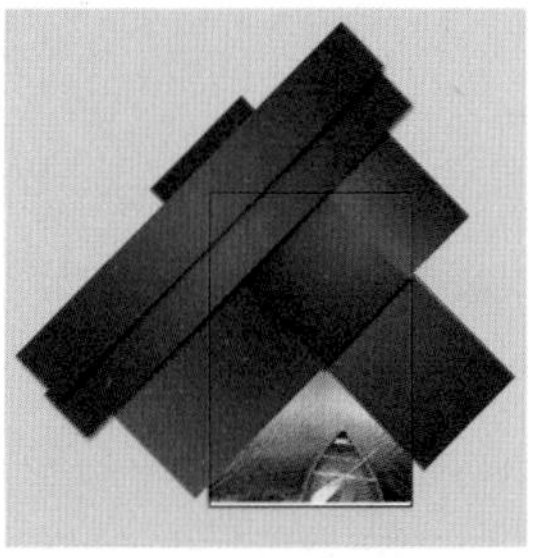

图 14-194

（6）使用“矩形工具”绘制一个与画板等大的矩形，如图 14-195 所示。然后同时选择该矩形与蓝色矩形组，执行“对象 > 剪切蒙版 > 建立”命令，建立剪切蒙版。效果如图 14-196 所示。

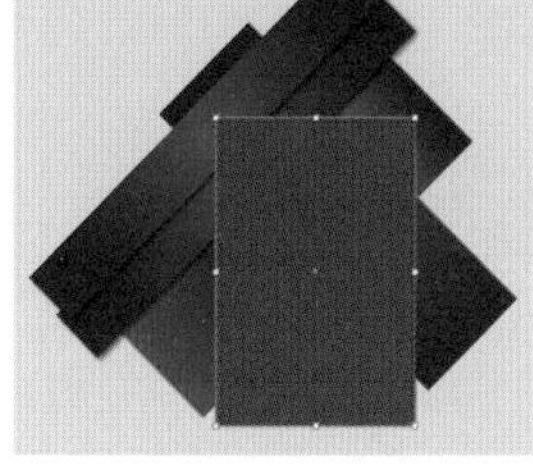

图 14-195

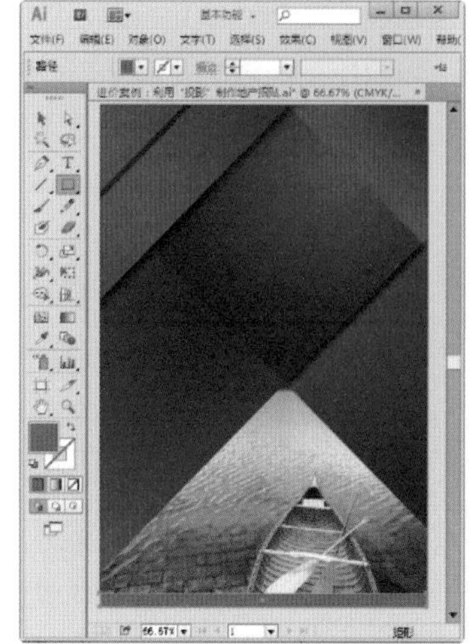

图 14-196

（7）选择工具箱中的“文字工具” T 在文档内键入文字，本案例制作完成，效果如图 14-197 所示。

图 14-197

14.7.10 “涂抹”效果

通过“涂抹”效果，可以实现依据所选图形的边缘形状为其添加画笔涂抹的效果。选取要添加效果的对象，如图 14-198 所示。执行“效果 > 风格化 > 涂抹”命令，此时弹出“涂抹”对话框，在该对话框中对效果的参数进行设置，如图 14-199 所示。单击“确定”按钮，即可为所选对象添加“涂抹”效果，如图 14-200 所示。

图 14-198

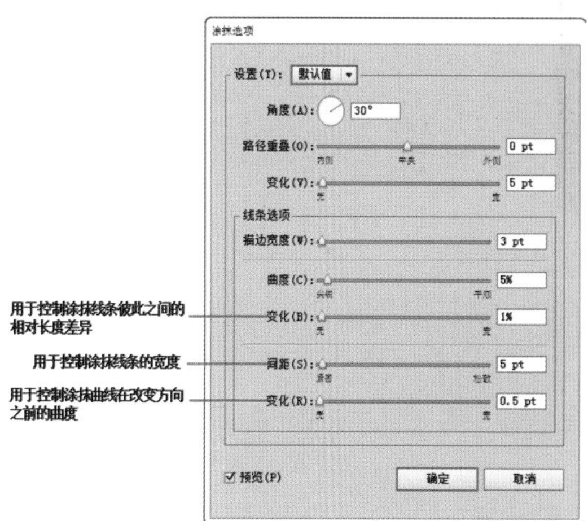

图 14-199

图 14-200

重点参数提醒：

- 设置：使用预设的涂抹效果，从“设置”菜单中选择一种。要创建一个自定涂抹效果，从任意一种预设开始，在此基础上调整“涂抹”选项。
- 角度：用于控制涂抹线条的方向。您可以单击角度图标中的任意点，围绕角度图标拖移角度线，或在框中输入一个介于 - 179~180 之间的值。
- 路径重叠：用于控制涂抹线条在路径边界内部距路径边界的量或在路径边界外距路径边界的量。负值将涂抹线条控制在路径边界内部，正值则将涂抹线条延伸至路径边界外部。
- 变化：用于控制涂抹曲线彼此之间的相对曲度差异大小。
- 间距：用于控制涂抹线条之间的折叠间距量。
- 变化：用于控制涂抹线条之间的折叠间距差异量。

14.7.11 “羽化”效果

通过“羽化”效果，可以实现依据所选图形的边缘形状为其添加不同程度的虚化效果，使图形边缘变得柔和。选取要添加效果的对象，如图 14-201 所示。执行“效果 > 风格化 > 羽化”命令，此时弹出“羽化”对话框，在该对话框中对效果的参数进行设置，如图 14-202 所示。单击“确定”按钮，即可为所选对象添加“羽化”效果，如图 14-203 所示。

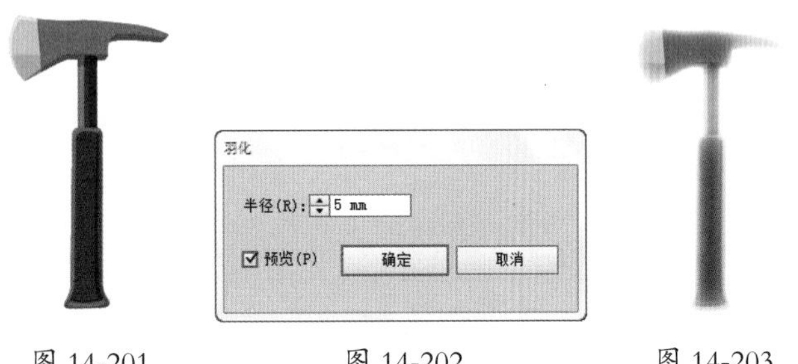

图 14-201　　图 14-202　　图 14-203

重点参数提醒：

- 羽化半径：设置希望对象从不透明渐隐到透明的中间距离。

14.8 效果画廊

“效果画廊”与 Photoshop 的“滤镜库”非常相似，是一个集合了大部分常用效果的对话框。在效果画廊中，可以对图像应用效果。选中要添加效果的对象，执行“效果 > 效果画廊”命令，在弹出对话框中，进行相应的设置，单击“确定”按钮，如图 14-204 所示。

图 14-204

重点参数提醒：

- 效果预览窗口：用来预览效果的效果。
- 缩放预览窗口：单击[-]按钮，可以缩小显示比例；单击[+]按钮，可以放大预览窗口的显示比例。另外，还可以在缩放列表中选择预设的缩放比例。
- 显示 / 隐藏效果缩略图[^]：单击该按钮，可以隐藏效果缩略图，以增大预览窗口。
- 效果列表：在该列表中可以选择一个效果。这些效果是按名称汉语拼音的先后顺序排列的。
- 参数设置面板：单击效果组中的一个效果，可以将该效果应用于图像，同时在参数设置面板中会显示该效果的参数选项。
- 当前使用的效果：显示当前使用的效果。
- 效果组：效果库中共包含 6 组效果，单击效果组前面的▶图标，可以展开该效果组。
- “新建效果图层”按钮：单击该按钮，可以新建一个效果图层，在该图层中可以应用一个效果。
- “删除效果图层”按钮：选择一个效果图层以后，单击该按钮可以将其删除。

小技巧：Illustrator CC 中的“Photoshop 效果”

Illustrator CC 中的效果除了包含“Illustrator 效果”还包含“Photoshop 效果”。“Photoshop 效果”与 Adobe Photoshop 中的效果非常相似，而且“效果画廊”与 Photoshop 中的“效果库”也大致相同。

14.9 “像素化”效果组

“像素化”效果组主要用于将图像分块或将图像平面化，即将图像中颜色值相似的像素块组成块单元格，并使其平面化。该效果组基于栅格效果。

14.9.1 “彩色半调”效果

“彩色半调”效果可以在将通道扩大许多倍后，在通道中将图像划分为多个矩形，然后用圆形替换每个矩形。圆形的大小与矩形的亮度成比例。选取要添加效果的对象，如图 14-205 所示。执行“效果 > 像素化 > 彩色半调”命令，此时弹出“彩色半调”对话框，在该对话框中对效果的参数进行设置，如图 14-206 所示。单击“确定”按钮，即可为所选对象添加“彩色半调”效果，如图 14-207 所示。

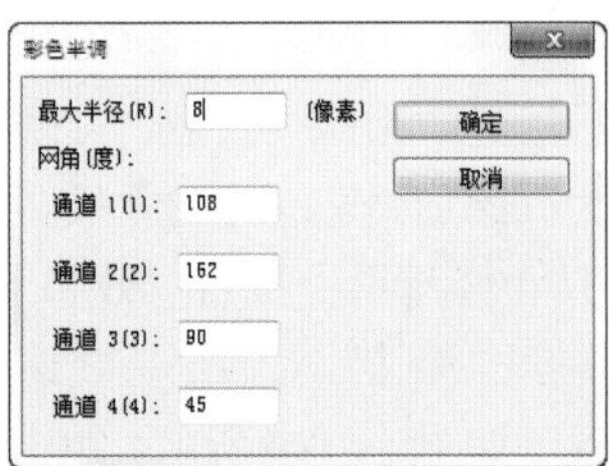

图 14-205　　图 14-206

图 14-207

重点参数提醒：

- 最大半径：在文本框中输入相应的数值，系统默认该度量单位是“像素”，取值范围是 4~127 之间。
- 网角（度）：在文本框中输入相应的数值，设定图像每一种原色通道网屏角度。所谓通道即 CMYK（4 个）通道或 RGB 通道（3 个）。
- 默认：对调整的设置不满意，单击即可恢复原默认值。

小技巧：“彩色半调”效果的参数设置

若要使用效果，半调网点的最大半径输入一个以像素为单位的值（介于 4~127 之间），再为一个或多个通道输入一个网屏角度值。对于灰度图像，只使用通道 1；对于 RGB 图像，使用通道 1、2 和 3，分别对应于红色通道、绿色通道与蓝色通道；对于 CMYK 图像，使用全部四个通道，分别对应于青色通道、洋红色通道、黄色通道以及黑色通道。

14.9.2　“晶格化”效果

“晶格化”效果是以图像的颜色为依据，将其转换为多边形色块组成的图像。选取要添加效果的对象，如图 14-208 所示。执行“效果 > 像素化 > 晶格化”命令，此时弹出“晶格化”对话框，在该对话框中对效果的参数进行设置，如图 14-209 所示。单击“确定”按钮，即可为所选对象添加“晶格化”效果，如图 14-210 所示。

图 14-208

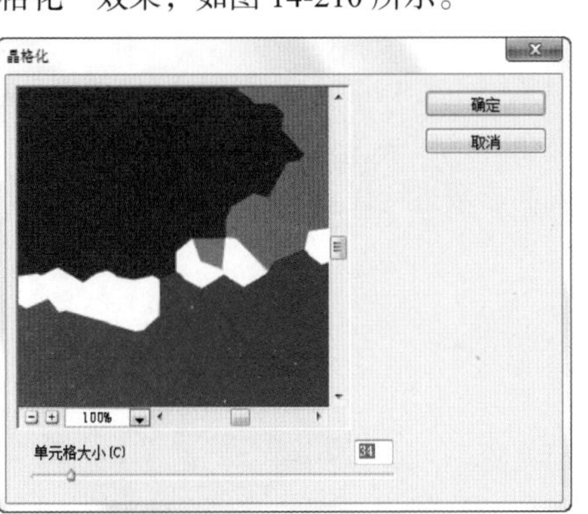

图 14-209

图 14-210

重点参数提醒：

- 单元格大小：用来设置每个多边形色块的大小。

14.9.3　“点状化”效果

“点状化”效果可以转换图像为点状化绘画效果。选取要添加效果的对象，如图 14-211 所示。执行“效果 > 像素化 > 点状化”命令，此时弹出“点状化”对话框，在该对话框中对效果的参数进行设置，如图 14-212 所示。单击“确定”按钮，即可为所选对象添加“点状化”效果，如图 14-213 所示。

图 14-211

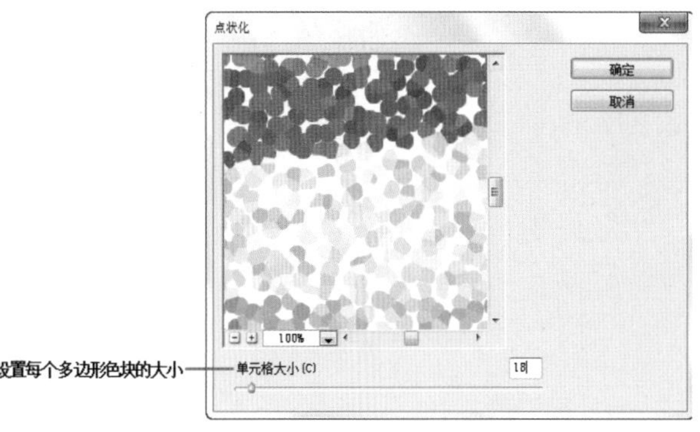

图 14-212

图 14-213

14.9.4 “铜版雕刻”效果

“铜版雕刻”效果可以将图像转换为金属版印效果。选取要添加效果的对象，如图 14-214 所示。执行“效果 > 像素化 > 铜版雕刻”命令，此时弹出“铜版雕刻”对话框，在该对话框中对效果的参数进行设置，如图 14-215 所示。单击“确定”按钮，即可为所选对象添加“铜版雕刻”效果，如图 14-216 所示。

图 14-214

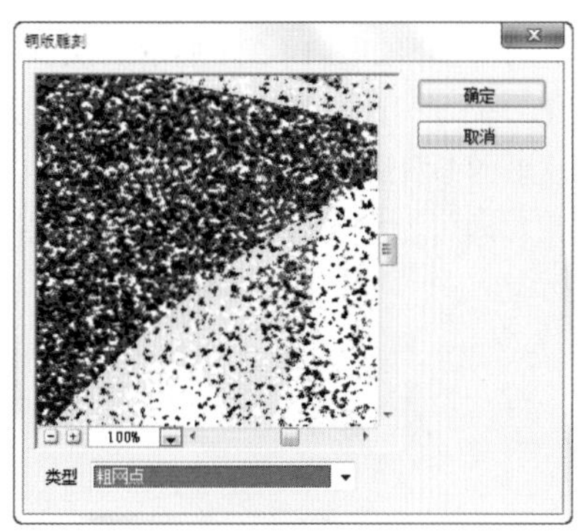

图 14-215

图 14-216

重点参数提醒：

- 类型：分别为精细点、中等点、粒状点、粗网点、短线中长直线、长线短描边、中长描边和长边。

14.10 “扭曲”效果组

“扭曲”效果组基于栅格效果，通过对图像进行扭曲和几何变形创建“扩散亮光”“海洋波纹”和“玻璃”效果。

14.10.1 扩散亮光效果

“扩散亮光”效果可以将图像渲染成像是透过一个柔和的扩散滤镜来观看的。此效果将透明的白杂色添加到图像，并从选区的中心向外渐隐亮光。选取要添加效果的对象，如图 14-217 所示。执行“效果 > 像素化 > 扩散亮光”命令，此时弹出“扩散亮光”对话框，在该对话框中对效果的参数进行设置，如图 14-218 所示。

图 14-217

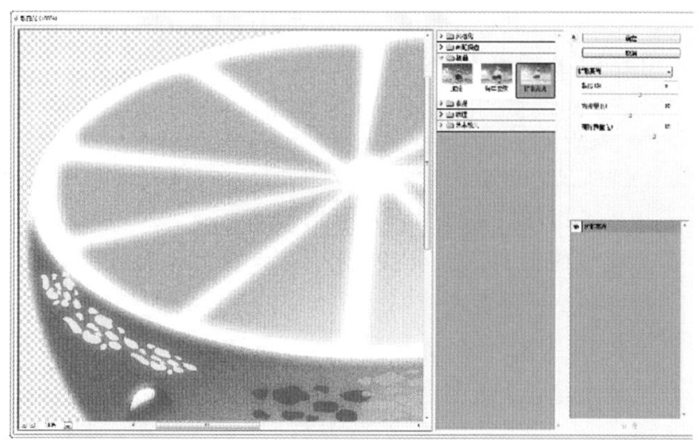

图 14-218

重点参数提醒：

- 粒度：用于设置在图像中添加的颗粒的数量。
- 发光量：用于设置在图像中生成的亮光的强度。
- 清除数量：用于限制图像中受到“扩散亮光”效果影响的范围。数值越高，“扩散亮光”效果影响的范围就越小。

14.10.2 “海洋波纹”效果

“海洋波纹”效果通过模拟海洋波纹的纹理形态扭曲变形图像，使图像看上去像是在水中。选取要添加效果的对象，如图 14-219 所示。执行“效果 > 像素化 > 海洋波纹”命令，此时弹出“海洋波纹”对话框，在该对话框中对效果的参数进行设置，如图 14-220 所示。

图 14-219

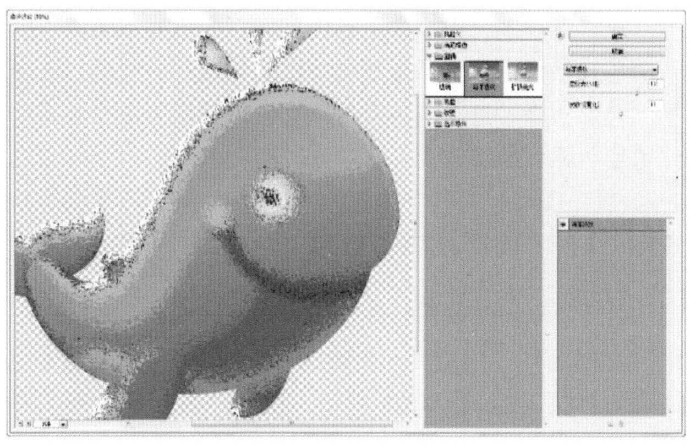
图 14-220

重点参数提醒：

- 波纹大小：用来设置生成的波纹的大小。
- 波纹幅度：用来设置波纹的变形幅度。

14.10.3 “玻璃”效果

添加“玻璃”效果可以使图像显得像是透过不同类型的玻璃来观看的。选取要添加效果的对象，如图 14-221 所示。执行“效果 > 像素化 > 玻璃”命令，此时弹出“玻璃”对话框，在该对话框中对效果的参数进行设置，如图 14-222 所示。

图 14-221

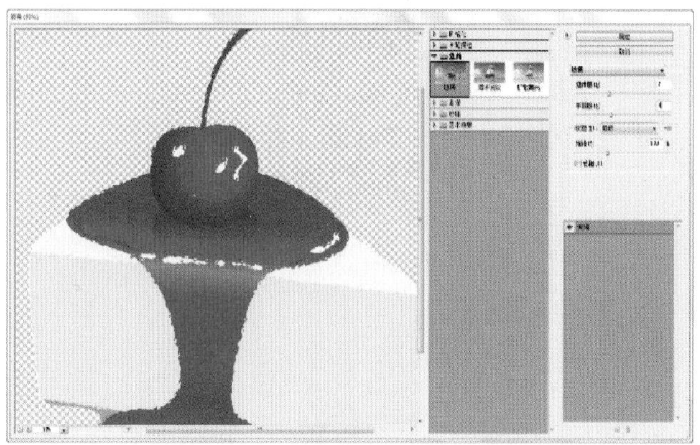
图 14-222

重点参数提醒：

- 扭曲度：用于设置玻璃的扭曲程度。
- 平滑度：用于设置玻璃质感扭曲效果的平滑程度。
- 纹理：用于选择扭曲时产生的纹理类型，包含“块状”“画布”“磨砂”和“小镜头”4 种类型。
- 缩放：用于设置所应用纹理的大小。
- 反相：勾选该选项，可以反转纹理效果。

14.11 “模糊”效果组

“模糊”效果组主要用来修饰边缘过于清晰或者对比度过于强烈的图像或选区，通过将图像中所定义线条和阴影区域的硬边的邻近像素平均，而产生平滑的过渡效果，使选取或图像变得更加柔和。该效果组包括三种效果，基于栅格效果。

14.11.1 “径向模糊”效果

“径向模糊”效果可以模拟对相机进行缩放或旋转而产生的柔和模糊效果。选取要添加效果的对象，如图 14-223 所示。执行“效果 > 模糊 > 径向模糊”命令，此时弹出“径向模糊”对话框，在该对话框中对效果的参数进行设置，如图 14-224 所示。单击“确定”按钮，即可为所选对象添加“径向模糊”效果，如图 14-225 所示。

图 14-223

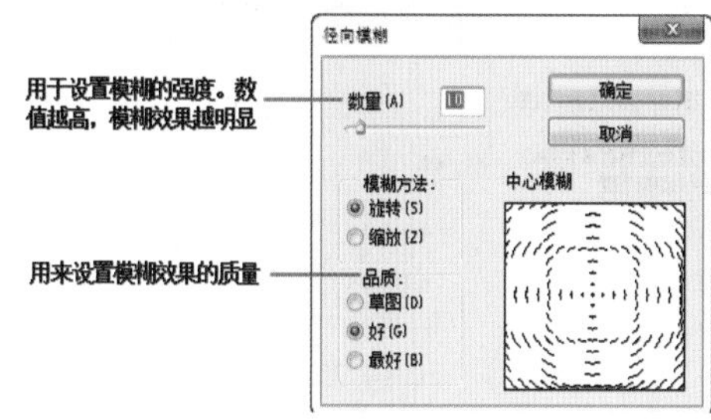

图 14-224

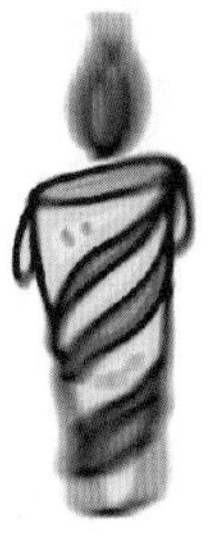
图 14-225

第 14 章

重点参数提醒：

- 模糊方法：勾选“旋转”选项时，图像可以沿同心圆环线产生旋转的模糊效果；勾选“缩放”选项时，可以从中心向外产生反射模糊效果。
- 中心模糊：将光标放置在设置框中，使用鼠标左键拖拽可以定位模糊的原点，原点位置不同，模糊中心也不同。
- 品质："草图"的处理速度较快，但会产生颗粒效果；"好"和"最好"的处理速度较慢，但是生成的效果比较平滑。

14.11.2 “特殊模糊”效果

“特殊模糊”效果能够精确地模糊图像，使得图像的细节颜色呈现更加平滑的效果。选取要添加效果的对象，如图 14-226 所示。执行“效果 > 模糊 > 特殊模糊”命令，此时弹出“特殊模糊”对话框，在该对话框中对效果的参数进行设置，如图 14-227 所示。单击“确定”按钮，即可为所选对象添加“特殊模糊”效果，如图 14-228 所示。

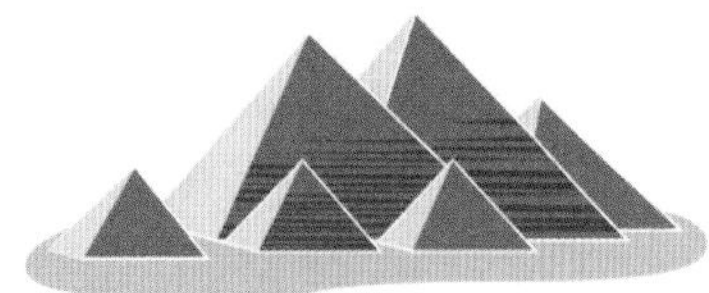

图 14-226

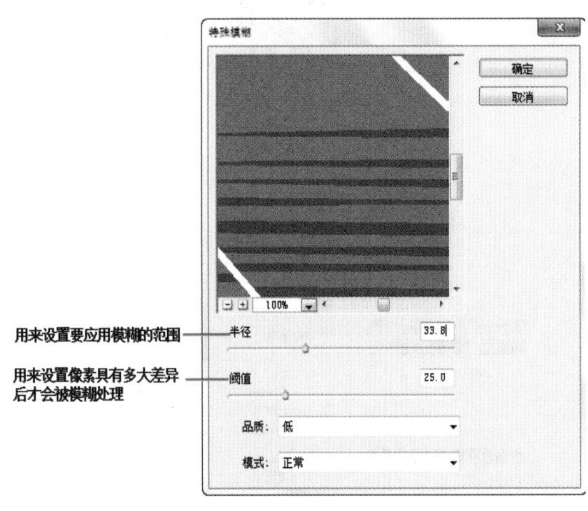

图 14-227

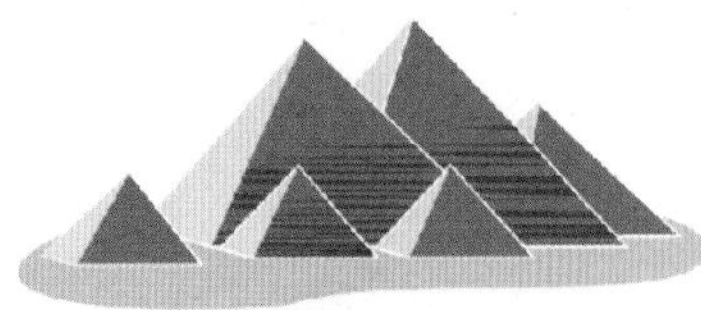

图 14-228

重点参数提醒：

- 品质：设置模糊效果的质量，包含“低”“中等”和“高”3种。
- 模式：选择“正常”选项，不会在图像中添加任何特殊效果；选择“仅限边缘”选项，将以黑色显示图像，以白色描绘出图像边缘像素亮度值变化强烈的区域；选择“叠加边缘”选项，将以白色描绘出图像边缘像素亮度值变化强烈的区域。

14.11.3 “高斯模糊”效果

“高斯模糊”效果将移去高频出现的细节，并产生一种朦胧的效果，使图像呈现出一种雾化效果。选取要添加效果的对象，如图 14-229 所示。执行“效果 > 模糊 > 高斯模糊”命令，此时弹出“高斯模糊”对话框，在该对话框中对效果的参数进行设置，如图 14-230 所示。单击“确定”按钮，即可为所选对象添加“高斯模糊”效果，如图 14-231 所示。

图 14-229

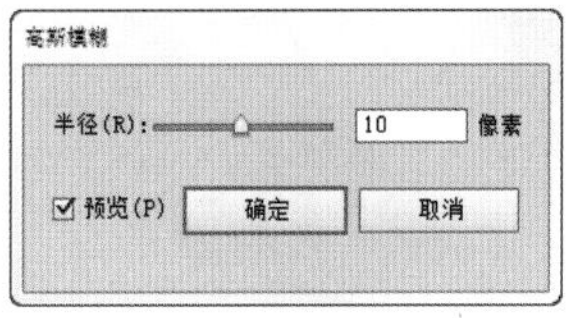

图 14-230

图 14-231

14.12 “画笔描边”效果组

使用“画笔描边”效果组可以使图像更具艺术气息。通过使用不同的画笔和油墨笔触使图像产生绘画式精美艺术的外观。该效果组包含八种效果，基于栅格效果。

14.12.1 “喷溅”效果

“喷溅”效果通过模拟笔墨喷溅的效果，使图像看起来像是采用喷溅作画的方式完成。选取要添加效果的对象，如图 14-232 所示。执行“效果 > 画笔描边 > 喷溅”命令，此时弹出“喷溅”对话框，在该对话框中对效果的参数进行设置，如图 14-233 所示。

图 14-232

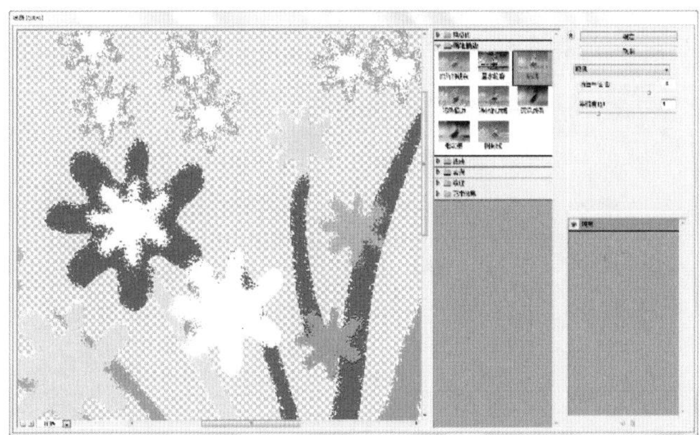

图 14-233

重点参数提醒：

- 喷色半径：用于处理不同颜色的区域。数值越高，颜色越分散。
- 平滑度：用于设置喷射效果的平滑程度。

14.12.2　“喷色描边”效果

应用“喷色描边”效果使用图像的主导色，用成角的、喷溅的颜色线条重新绘画图像，可以使图像产生辐射状的斜纹飞溅效果。选取要添加效果的对象，如图 14-234 所示。执行“效果 > 画笔描边 > 喷色描边”命令，此时弹出“喷色描边”对话框，在该对话框中对效果的参数进行设置，如图 14-235 所示。

图 14-234

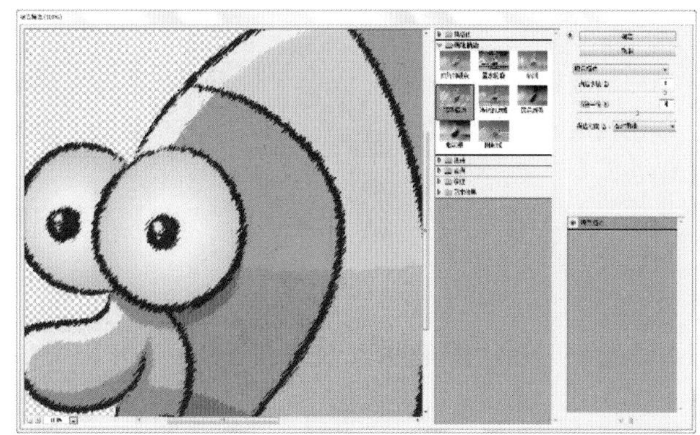

图 14-235

重点参数提醒：

- 描边长度：用于设置笔触的长度。
- 喷色半径：用于控制喷色的范围。
- 描边方向：用于设置笔触的方向。

14.12.3　“墨水轮廓”效果

以钢笔画的风格，用纤细的线条在原细节上重绘图像。“墨水轮廓”效果可以在原来的细节上用更精确的细线条重新绘制图像，使图像的轮廓被突出和强调。选取要添加效果的对象，如图 14-236 所示。执行“效果 > 画笔描边 > 墨水轮廓”命令，此时弹出“墨水轮廓”对话框，在该对话框中对效果的参数进行设置，如图 14-237 所示。

图 14-236

图 14-237

重点参数提醒：

- 描边长度：用于设置图像中生成的线条的长度。
- 深色强度：用于设置线条阴影的强度。数值越高，图像越暗。
- 光照强度：用于设置线条高光的强度。数值越高，图像越亮。

14.12.4 “强化的边缘”效果

“强化的边缘”效果可以强化图像不同颜色之间的边界，使图像更加强调轮廓。选取要添加效果的对象，如图 14-238 所示。执行“效果 > 画笔描边 > 强化的边缘”命令，此时弹出“强化的边缘”对话框，在该对话框中对效果的参数进行设置，如图 14-239 所示。

图 14-238

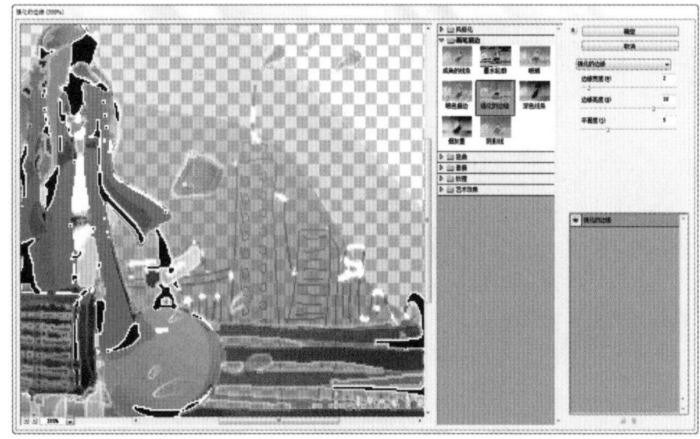

图 14-239

重点参数提醒：

- 边缘宽度：用来设置需要强化的边缘的宽度。
- 边缘亮度：用来设置需要强化的边缘的亮度。数值越高，强化效果就类似于白色粉笔；数值越低，强化效果就类似于黑色油墨。
- 平滑度：用于设置边缘的平滑程度。数值越高，图像效果越柔和。

14.12.5 “成角的线条”效果

“成角的线条”效果可以使用对角方向的线条描绘图像，产生倾斜笔锋的效果。选取要添加效果的对象，如图 14-240 所示。执行“效果 > 画笔描边 > 成角的线条”命令，此时弹出“成角的线条”对话框，在该对话框中对效果的参数进行设置，如图 14-241 所示。

图 14-240

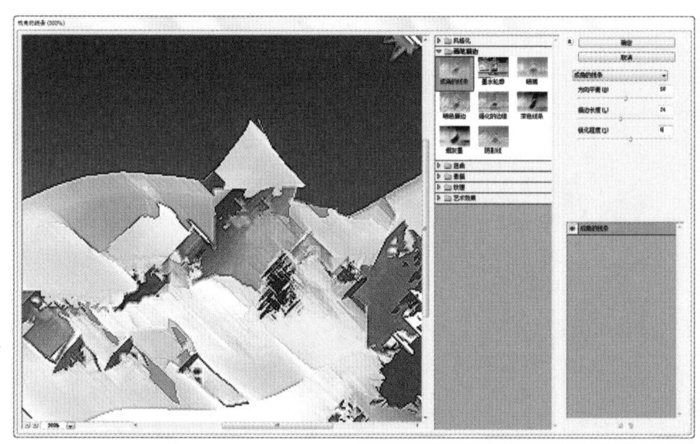

图 14-241

重点参数提醒：

- 方向平衡：用于设置对角线的倾斜角度，取值范围为 0~100。
- 描边长度：用于设置对角线的长度，取值范围为 3~50。
- 锐化程度：用于设置对角线的清晰程度，取值范围为 0~10。

14.12.6 “深色线条”效果

“深色线条”效果使用短线条绘制图像中接近黑色的暗区；用长的白色线条绘制图像中的亮区，使图像产生很强烈的黑色阴影效果。选取要添加效果的对象，如图 14-242 所示。执行“效果 > 画笔描边 > 深色线条”命令，此时弹出“深色线条”对话框，在该对话框中对效果的参数进行设置，如图 14-243 所示。

图 14-242

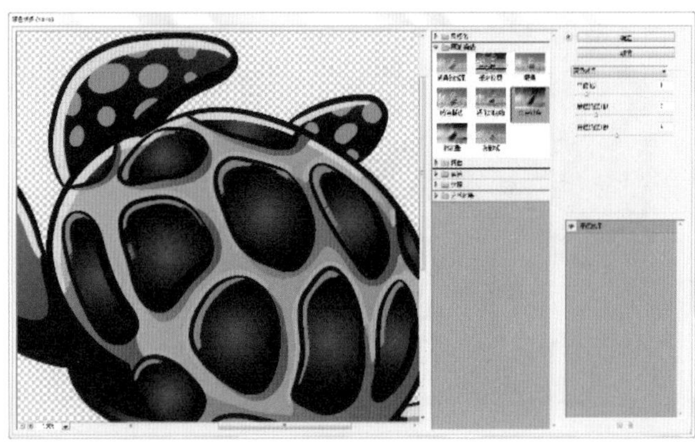

图 14-243

重点参数提醒：

- 平衡：用于控制绘制的黑白色调的比例。
- 黑色 / 白色强度：用于设置绘制的黑色调和白色调的强度。

14.12.7　“烟灰墨”效果

以日本画的风格绘画图像，看起来像是用蘸满黑色油墨的湿画笔在宣纸上绘画。其效果是非常黑的柔化模糊边缘。“烟灰墨”效果可以使图像产生浓重的墨汁渲染效果，好像在宣纸上作画。使图像整体更具艺术性。选取要添加效果的对象，如图 14-244 所示。执行“效果 > 画笔描边 > 烟灰墨”命令，此时弹出“烟灰墨”对话框，在该对话框中对效果的参数进行设置，如图 14-245 所示。

图 14-244

图 14-245

重点参数提醒：

- 描边宽度 / 压力：用于设置笔触的宽度和压力。
- 对比度：用于设置图像效果的对比度。

14.12.8　“阴影线”效果

“阴影线”效果可以使图像产生用交叉网格线描绘或雕刻的网状阴影艺术效果。原稿图像的细节和特征会被保留，彩色区域的边缘变粗糙。选取要添加效果的对象，如图 14-246 所示。执行“效果 > 画笔描边 > 阴影线”命令，此时弹出“阴影线”对话框，在该对话框中对效果的参数进行设置，如图 14-247 所示。

图 14-246

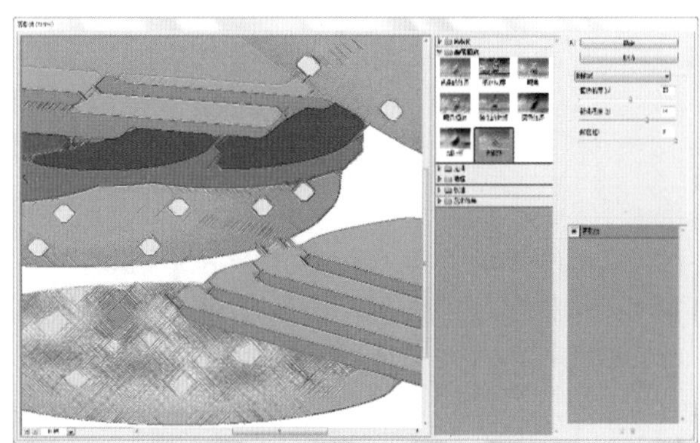

图 14-247

重点参数提醒：

- 描边长度：用于设置线条的长度。
- 锐化程度：用于设置线条的清晰程度。
- 强度：用于设置线条的数量和强度。

14.13　“素描”效果组

“素描”效果组主要用于给图像增加纹理，模拟素描、速写等艺术效果，也可以在图像中加入底纹，从而产生三维效果。该效果组中包含 14 种效果，基于栅格效果。

14.13.1　“便条纸”效果

“便条纸”效果可以使图像沿边缘线产生凹陷，形成类似浮雕的效果。选取要添加效果的对象，如图 14-248

所示。执行“效果 > 素描 > 便条纸”命令，此时弹出“便条纸”对话框，在该对话框中对效果的参数进行设置，如图 14-249 所示。

图 14-248

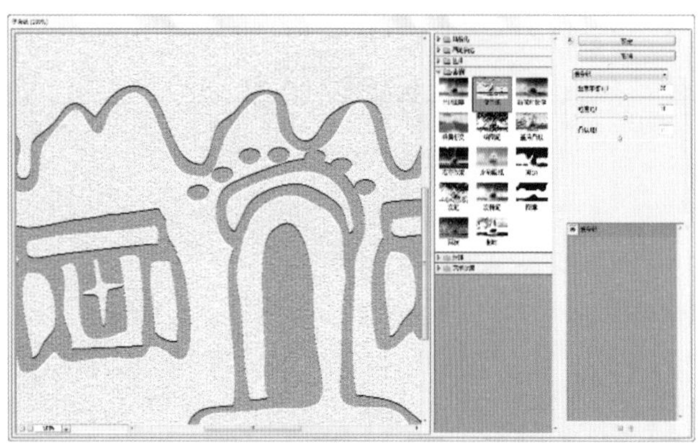

图 14-249

重点参数提醒：

- 图像平衡：用来调整高光区域与阴影区域面积的大小。
- 粒度：用来设置图像中生成颗粒的数量。
- 凸现：用来设置颗粒的凹凸程度。

14.13.2 “半调图案”效果

“半调图案”效果可以将图像处理成前景色和背景色组成的带有网状图案的作品。选取要添加效果的对象，如图 14-250 所示。执行“效果 > 素描 > 半调图案”命令，此时弹出“半调图案”对话框，在该对话框中对效果的参数进行设置，如图 14-251 所示。

图 14-250

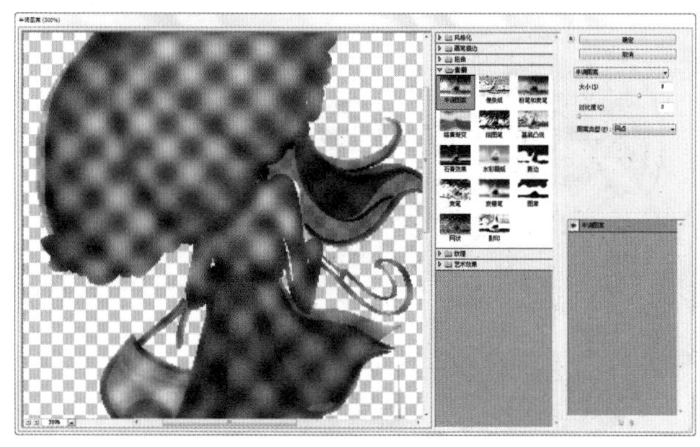

图 14-251

重点参数提醒：

- 大小：用来设置网格图案的大小。
- 对比度：用来设置前景色与图像的对比度。
- 图案类型：用来设置生成的图案的类型，包含“圆形”、“网点”和“直线”3 种类型，如图 14-252 所示。

图 14-252

14.13.3 “图章”效果

“图章”效果可以简化图像，使图像产生用橡皮或木质图章盖印的效果。选取要添加效果的对象，如图 14-253 所示。执行“效果 > 素描 > 图章”命令，此时弹出“图章”对话框，在该对话框中对效果的参数进行设置，如图 14-254 所示。

图 14-253

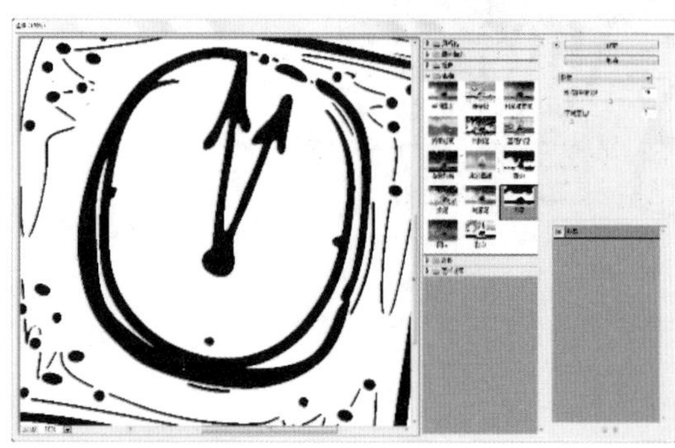

图 14-254

重点参数提醒：

- 明 / 暗平衡：用来设置前景色和背景色之间的混合程度。
- 平滑度：用来设置图章效果的平衡程度。

14.13.4　“基底凸现”效果

“基底凸现”效果可以根据图像的轮廓，使之产生一种浅浮雕效果。选取要添加效果的对象，如图 14-255 所示。执行“效果 > 素描 > 基底凸现”命令，此时弹出“基底凸现”对话框，在该对话框中对效果的参数进行设置，如图 14-256 所示。

重点参数提醒：

- 细节：用来设置图像细节的保留程度。
- 平滑度：用来设置凸现效果的光滑度。
- 光照：用来设置凸现效果的光照方向。

图 14-255

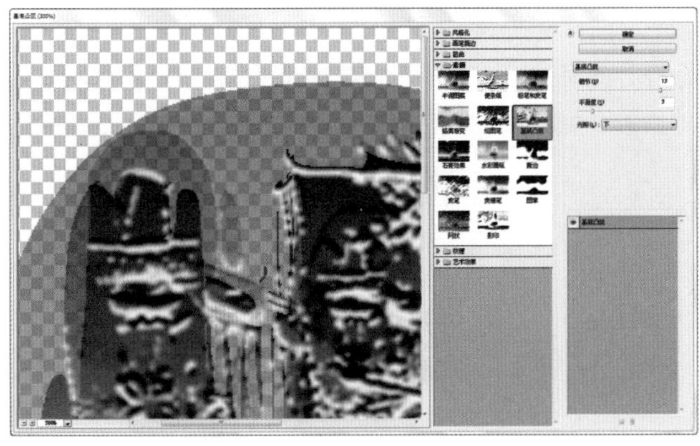

图 14-256

14.13.5　“影印”效果

“影印”效果可以将图像转换为暗色影印效果。选取要添加效果的对象，如图 14-257 所示。执行“效果 > 素描 > 影印”命令，此时弹出“影印”对话框，在该对话框中对效果的参数进行设置，如图 14-258 所示。

图 14-257

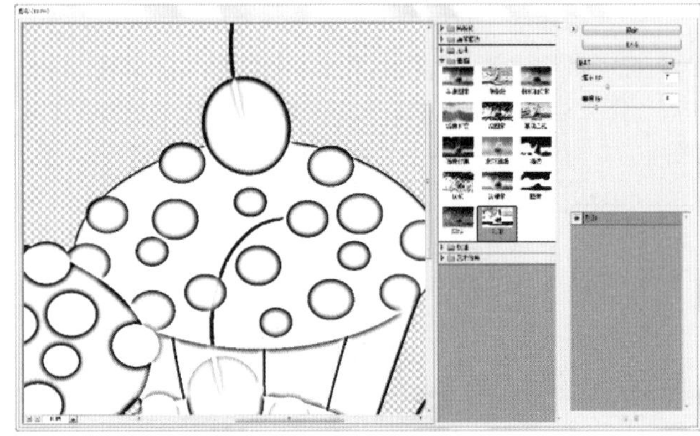

图 14-258

重点参数提醒：

- 细节：用来控制图像细节的保留程度。
- 暗度：用来控制图像暗部区域的深度。

14.13.6　“撕边”效果

“撕边”效果可以使用前景色和背景色为图像着色，并且使整个图像呈现出喷溅分裂的效果。选取要添加效果的对象，如图 14-259 所示。执行“效果 > 素描 > 撕边”命令，此时弹出“撕边”对话框，在该对话框中对效果的参数进行设置，如图 14-260 所示。

图 14-259

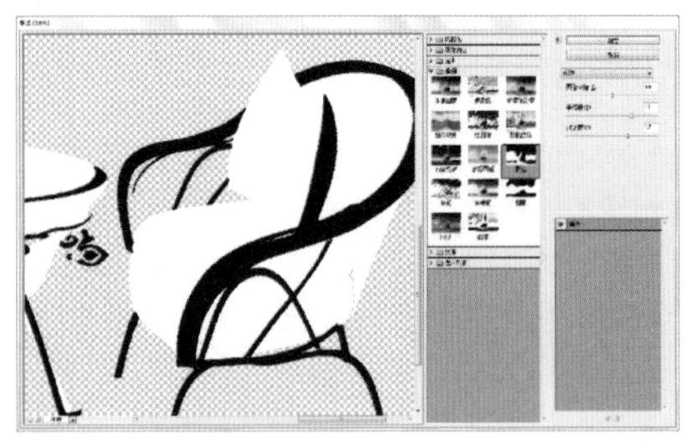

图 14-260

重点参数提醒：

- 图像平衡：用来设置前景色和背景色的混合比例。数值越大，前景色所占的比例越大。
- 平滑度：用来设置图像边缘的平滑程度。
- 对比度：用来设置图像的对比程度。

14.13.7 “水彩画纸”效果

“水彩画纸”效果可以使图像产生在浸染画布上作画的粗糙、扩散效果。选取要添加效果的对象，如图 14-261 所示。执行“效果 > 素描 > 水彩画纸”命令，此时弹出“水彩画纸”对话框，在该对话框中对效果的参数进行设置，如图 14-262 所示。

图 14-261

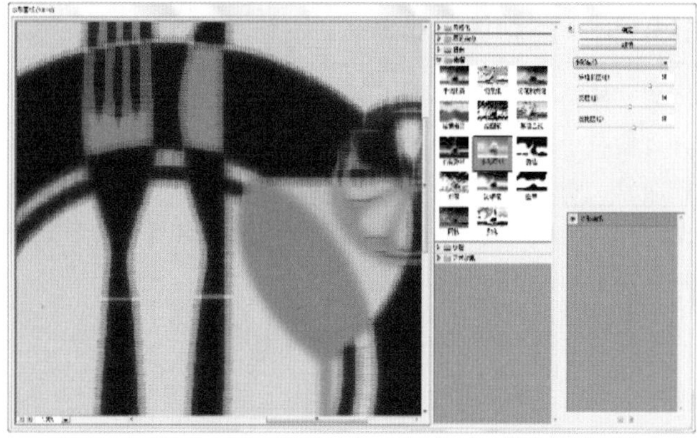

图 14-262

重点参数提醒：

- 纤维长度：用来控制在图像中生成的纤维的长度。
- 亮度 / 对比度：用来控制图像的亮度和对比度。

14.13.8 “炭笔”效果

“炭笔”效果可以将图像处理成类似炭笔涂抹的效果。即边缘采用粗线条绘画，中间调用对角线条素描。选取要添加效果的对象，如图 14-263 所示。执行“效果 > 素描 > 炭笔”命令，此时弹出“炭笔”对话框，在该对话框中对效果的参数进行设置，如图 14-264 所示。

图 14-263

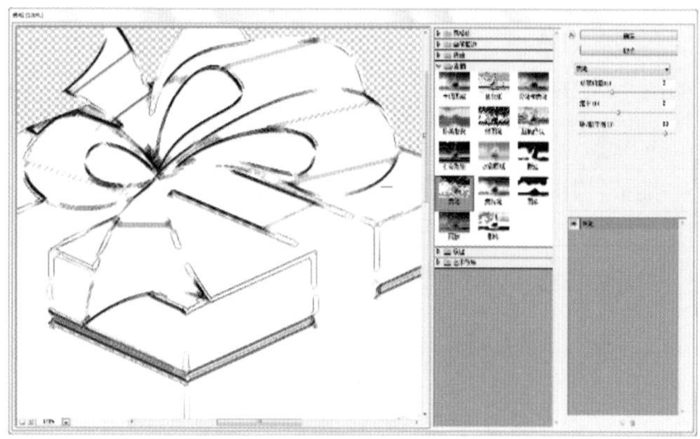

图 14-264

重点参数提醒：

- 炭笔粗细：用来控制炭笔笔触的粗细程度。
- 细节：用来控制图像细节的保留程度。
- 明 / 暗平衡：用来设置前景色和背景色之间的混合程度。

14.13.9 “炭精笔”效果

“炭精笔”效果用于模拟炭精笔绘画的效果。图像中的明亮区域由背景色代替，阴暗部分由前景色代替。选取要添加效果的对象，如图 14-265 所示。执行“效果 > 素描 > 炭精笔”命令，此时弹出“炭精笔”对话框，在该对话框中对效果的参数进行设置，如图 14-266 所示。

图 14-265

图 14-266

重点参数提醒：

- 前景 / 背景色阶：用来控制前景色和背景色之间的平衡关系。
- 纹理：用来选择生产纹理的类型，包括“砖形”“粗麻布”“画布”和“砂岩”4 种，如图 14-267 所示。

图 14-267

- 缩放：用来设置纹理的缩放比例。
- 凸现：用来设置纹理的凹凸程度。
- 光照：用来控制光照的方向。
- 反相：勾选该选项以后，可以反转纹理的凹凸方向。

14.13.10　“石膏效果”

“石膏效果”能够使图像产生石膏雕塑的效果。应用这一效果时使用前景色和主背景色为图像上色，较暗区域上升，较亮区域下沉。选取要添加效果的对象，如图 14-268 所示。执行“效果 > 素描 > 石膏效果”命令，此时弹出“石膏效果”对话框，在该对话框中对效果的参数进行设置，如图 14-269 所示。

图 14-268

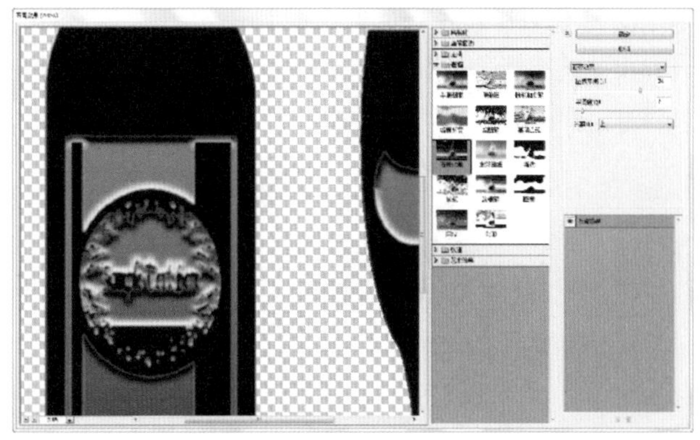

图 14-269

14.13.11　“粉笔和炭笔”效果

“粉笔和炭笔”效果能够使图像显示前景色、背景色和中间灰 3 色，从而产生一种粉笔和炭笔涂抹的效果。选取要添加效果的对象，如图 14-270 所示。执行“效果 > 素描 > 粉笔和炭笔”命令，此时弹出“粉笔和炭笔”对话框，在该对话框中对效果的参数进行设置，如图 14-271 所示。

图 14-270

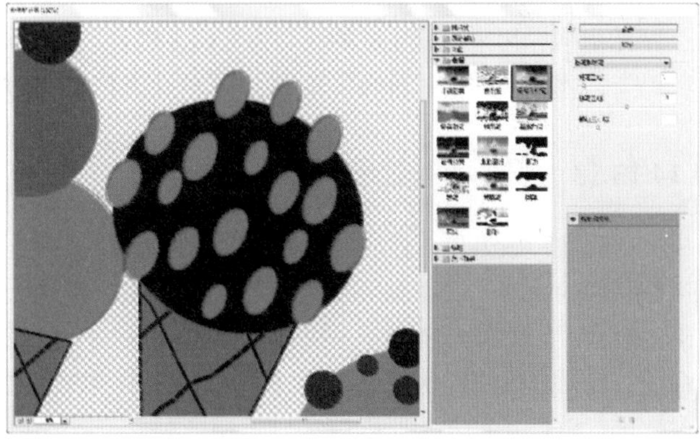

图 14-271

重点参数提醒：

- 炭笔区：用来设置炭笔涂抹的区域大小。
- 粉笔区：用来设置粉笔涂抹的区域大小。
- 描边压力：用来设置画笔的笔触大小。

14.13.12　“绘图笔”效果

“绘图笔”效果用油墨线条来显示图像中的细节，从而模拟铅笔素描的效果。选取要添加效果的对象，如

图 14-272 所示。执行“效果 > 素描 > 绘图笔”命令，此时弹出“绘图笔”对话框，在该对话框中对效果的参数进行设置，如图 14-273 所示。

图 14-272

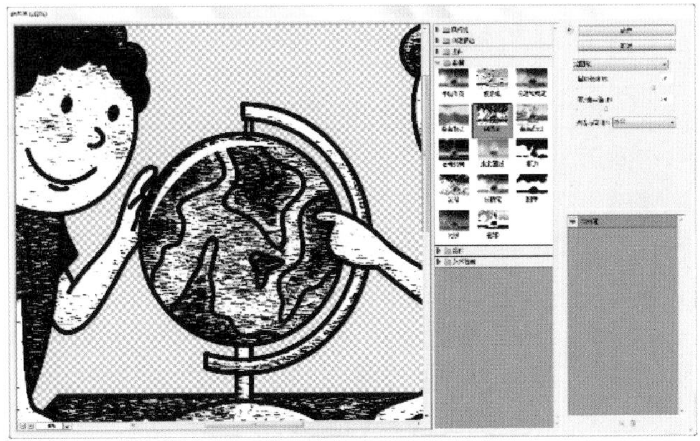

图 14-273

重点参数提醒：

- 描边长度：用来设置笔触的描边长度，即生成的线条的长度。
- 明 / 暗平衡：用来调节图像的亮部与暗部的平衡。
- 描边方向：用来设置生成的线条的方向，包含“右对角线”“水平”“左对角线”和“垂直”4 个方向。

14.13.13 “网状”效果

“网状”效果使图像产生一种网纹覆盖效果，在阴影区域呈现为块状，在高光区域呈现为颗粒。选取要添加效果的对象，如图 14-274 所示。执行“效果 > 素描 > 网状”命令，此时弹出“网状”对话框，在该对话框中对效果的参数进行设置，如图 14-275 所示。

图 14-274

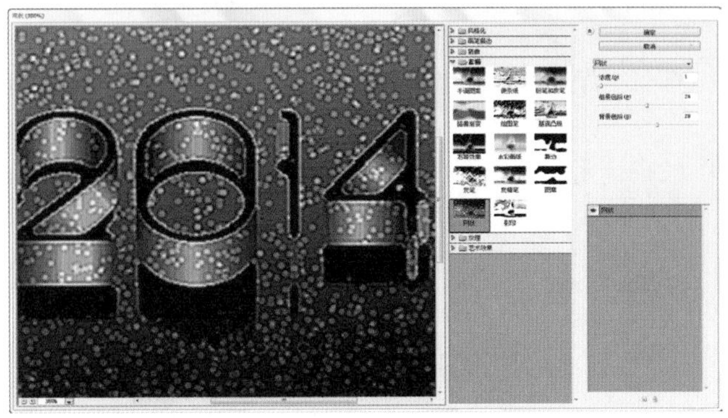

图 14-275

重点参数提醒：

- 浓度：用来设置网眼的密度。数值越大，网眼越密集。
- 前景 / 背景色阶：用来控制前景色和背景色的色阶。

14.13.14 “铬黄”效果

“铬黄”效果能够模拟被磨光的铬金属表面效果，使图像呈现出金属质感。选取要添加效果的对象，如图 14-276 所示。执行“效果 > 素描 > 铬黄”命令，此时弹出“铬黄”对话框，在该对话框中对效果的参数进行设置，如图 14-277 所示。

图 14-276

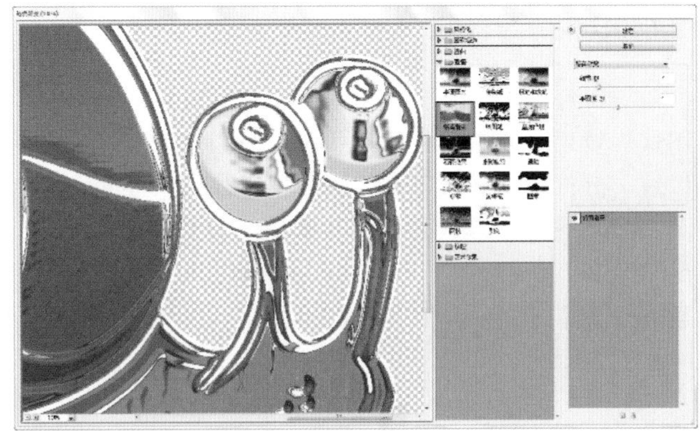

图 14-277

14.14 “纹理”效果组

“纹理”效果组能够赋予图像深度感和材质感。该效果组包含 6 种效果，分别是“拼缀图”“染色玻璃”“纹理化”“颗粒”“马赛克拼贴”和“龟裂缝”滤镜，如图 14-278 所示。

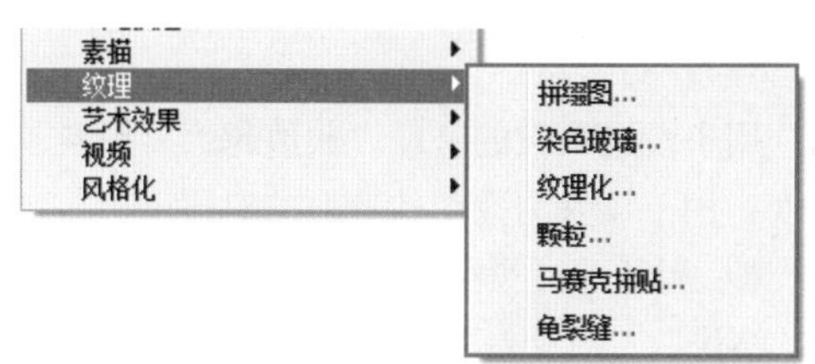

图 14-278

14.14.1 “拼缀图”效果

“拼缀图”效果可以将图像分解为由若干方形图块组成的效果，图块的颜色由该区域的主色决定。选取要添加效果的对象，如图 14-279 所示。执行“效果 > 纹理 > 拼缀图”命令，此时弹出“拼缀图”对话框，在该对话框中对效果的参数进行设置，如图 14-280 所示。

图 14-279

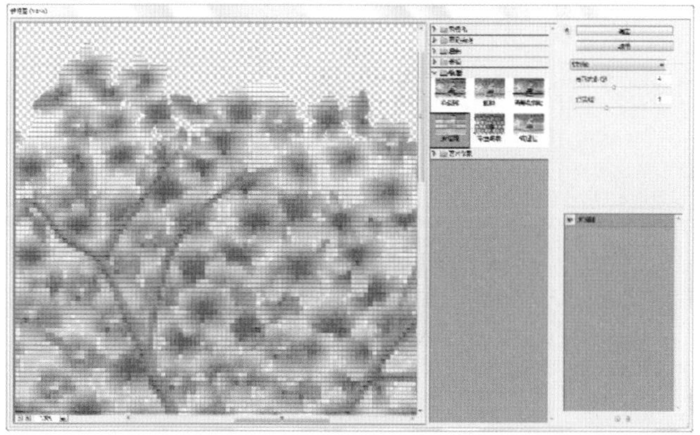

图 14-280

重点参数提醒：

- 方形大小：用来设置方形色块的大小。
- 凸现：用来设置色块的凹凸程度。

14.14.2 “染色玻璃”效果

“染色玻璃”效果能够将图像转换为由不规则的彩色玻璃格子组成的图像，格子的颜色由该处像素颜色的平均值来填充。选取要添加效果的对象，如图 14-281 所示。执行“效果 > 纹理 > 染色玻璃”命令，此时弹出“染色玻璃”对话框，在该对话框中对效果的参数进行设置，如图 14-282 所示。

图 14-281

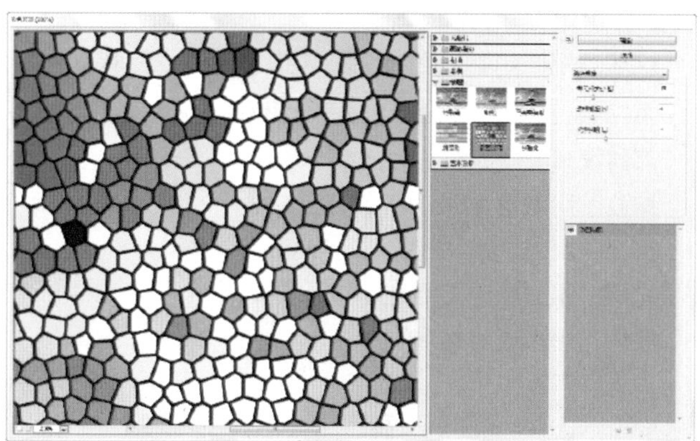

图 14-282

重点参数提醒：

- 单元格大小：用来设置每个玻璃小色块的大小。
- 边框粗细：用来控制每个玻璃小色块的边界的粗细程度。
- 光照强度：用来设置光照的强度。

14.14.3 “纹理化”效果

“纹理化”效果可以使用选定的纹理代替图像表面纹理，产生相应的纹理材质效果。选取要添加效果的对象，如图 14-283 所示。执行“效果 > 纹理 > 纹理化”命令，此时弹出“纹理化”对话框，在该对话框中对效果的参数进行设置，如图 14-284 所示。

图 14-283

图 14-284

重点参数提醒：

- 纹理：用来选择纹理的类型，包括“砖形”“粗麻布”“画布”和“砂岩”4 种（单击右侧▼≡图标，可以载入外部的纹理），如图 14-285 所示。
- 缩放：用来设置纹理的尺寸大小。
- 凸现：用来设置纹理的凹凸程度。
- 光照：用来设置光照的方向。
- 反相：用来反转光照的方向。

图 14-285

14.14.4 “颗粒”效果

“颗粒”效果用不同状态的颗粒来改变图像的表面纹理，使图像产生颗粒纹理。选取要添加效果的对象，如图 14-286 所示。执行“效果 > 纹理 > 颗粒”命令，此时弹出“颗粒”对话框，在该对话框中对效果的参数进行设置，如图 14-287 所示。

图 14-286

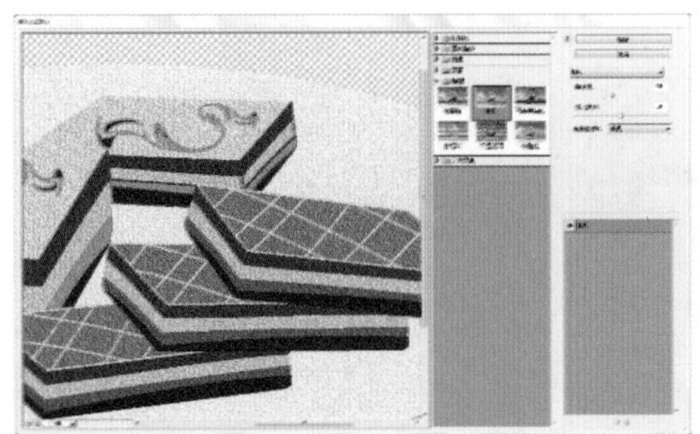

图 14-287

重点参数提醒：

- 强度：用于设置颗粒的密度。数值越大，颗粒越多。
- 对比度：用于设置图像中的颗粒的对比度。
- 颗粒类型：用于选择颗粒的类型，包括“常规”“柔和”“喷洒”“结块”“强反差”“扩大”“点刻”“水平”“垂直”和“斑点”，如图 14-288 所示。

图 14-288

14.14.5 “马赛克拼贴”效果

“马赛克拼贴”效果可以将图像转换为小片或块组成的马赛克拼贴效果。选取要添加效果的对象，如图 14-289 所示。执行“效果 > 纹理 > 马赛克拼贴”命令，此时弹出“马赛克拼贴”对话框，在该对话框中对效果的参数进行设置，如图 14-290 所示。

图 14-289

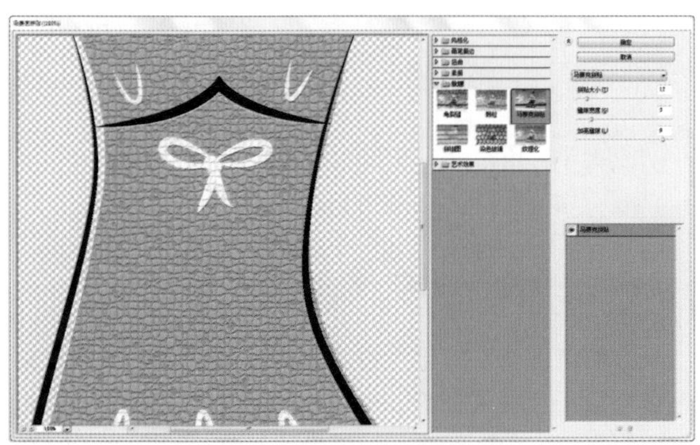

图 14-290

重点参数提醒：

- 拼贴大小：用来设置马赛克拼贴碎片的大小。
- 缝隙宽度：用来设置马赛克拼贴之间的缝隙宽度。
- 加亮缝隙：用来设置马赛克拼贴缝隙的亮度。

14.14.6　“龟裂缝”效果

“龟裂缝”效果可以将图像的纹理效果转换为类似浮雕和石制品的裂变效果。选取要添加效果的对象，如图 14-291 所示。执行“效果 > 纹理 > 龟裂缝”命令，此时弹出“龟裂缝”对话框，在该对话框中对效果的参数进行设置，如图 14-292 所示。

图 14-291

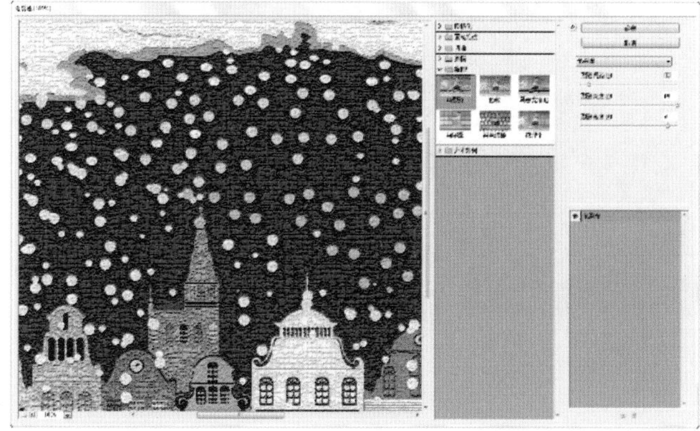

图 14-292

重点参数提醒：

- 裂缝间距：用于设置生成的裂缝的间隔。
- 裂缝深度：用于设置生成的裂缝的深度。
- 裂缝亮度：用于设置生成的裂缝的亮度。

14.15　“艺术效果”效果组

“艺术效果”效果组主要基于栅格效果，主要用于将摄影图像转换为传统介质上的绘画效果。这一效果组中包含 15 种效果。

14.15.1　“塑料包装”效果

“塑料包装”效果可以使图像表面产生一种质感很强的塑料包装物效果。选取要添加效果的对象，如图 14-293 所示。执行“效果 > 艺术效果 > 塑料包装”命令，此时弹出“塑料包装”对话框，在该对话框中对效果的参数进行设置，如图 14-294 所示。

图 14-293

图 14-294

重点参数提醒：

- 高光强度：用来设置图像中高光区域的亮度。
- 细节：用来调节作用于图像细节的精细程度。数值越大，塑料包装效果越明显。
- 平滑度：用来设置塑料包装效果的光滑程度。

14.15.2　“壁画”效果

“壁画”效果能够使图像产生一种岩壁绘画的效果。选取要添加效果的对象，如图 14-295 所示。执行“效果 > 艺术效果 > 壁画”命令，此时弹出“壁画”对话框，在该对话框中对效果的参数进行设置，如图 14-296 所示。

图 14-295

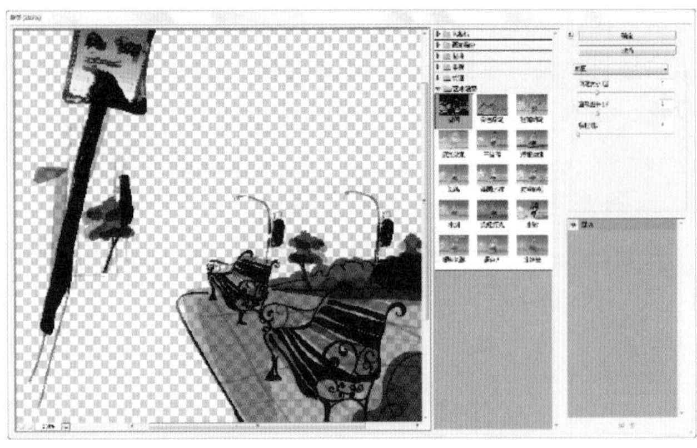

图 14-296

重点参数提醒：

- 画笔大小：用来设置画笔笔触的大小。
- 画笔细节：用来设置画笔刻画图像的细腻程度。
- 纹理：用于设置添加的纹理的数量。

14.15.3 “干画笔”效果

“干画笔”效果可以模拟干刷技术描绘图像的边缘。选取要添加效果的对象，如图 14-297 所示。执行“效果 > 艺术效果 > 干画笔”命令，此时弹出“干画笔”对话框，在该对话框中对效果的参数进行设置，如图 14-298 所示。

图 14-297

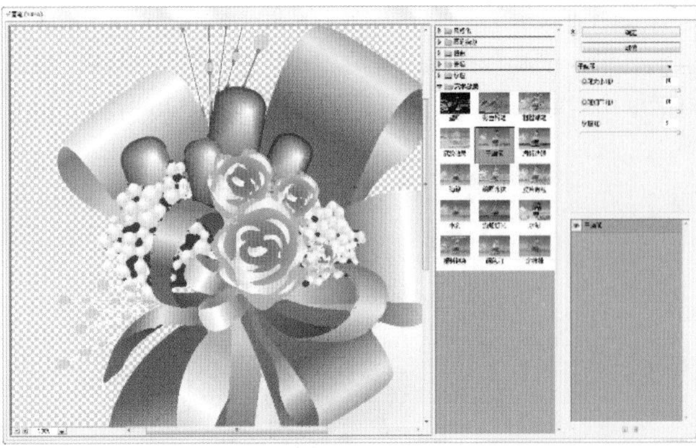

图 14-298

重点参数提醒：

- 画笔大小：用来设置干画笔的笔触大小。
- 画笔细节：用来设置绘制图像的细腻程度。
- 纹理：用来设置画笔纹理的清晰程度。

14.15.4 “底纹”效果

“底纹”效果可以将图像的纹理转换为水浸纹理效果。选取要添加效果的对象，如图 14-299 所示。执行“效果 > 艺术效果 > 底纹效果”命令，此时弹出“底纹”效果对话框，在该对话框中对效果的参数进行设置，如图 14-300 所示。

图 14-299

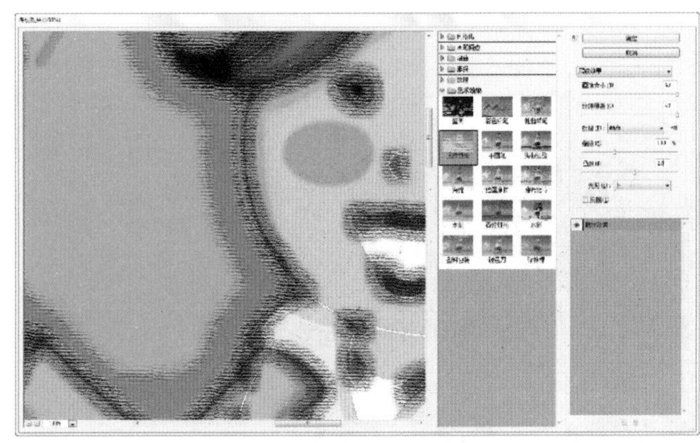

图 14-300

重点参数提醒：

- 画笔大小：用来设置底纹纹理的大小。
- 纹理覆盖：用来设置笔触的细腻程度。

14.15.5 “彩色铅笔”效果

“彩色铅笔”效果可以将图像转换为应用彩色铅笔绘制的效果。选取要添加效果的对象，如图 14-301 所示。执行“效果 > 艺术效果 > 彩色铅笔”命令，此时弹出“彩色铅笔”对话框，在该对话框中对效果的参数进行设置，如图 14-302 所示。

图 14-301

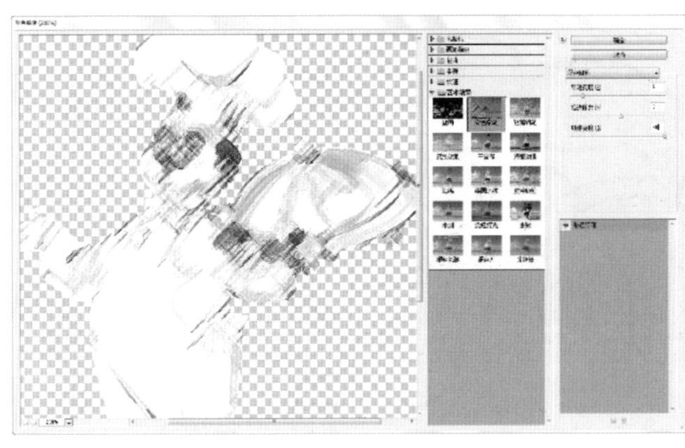

图 14-302

重点参数提醒：

- 铅笔宽度：用来设置铅笔笔触的宽度。数值越大，铅笔线条越粗糙。
- 描边压力：用来设置铅笔的压力。数值越高，线条越粗糙。
- 纸张亮度：用来设置背景色在图像中的明暗程度。数值越大，背景色就越明显。

14.15.6　“木刻”效果

“木刻”效果可以利用版画和雕刻原理来处理图像，使图像好像是由粗糙剪切的彩纸组成。选取要添加效果的对象，如图 14-303 所示。执行“效果 > 艺术效果 > 木刻”命令，此时弹出“木刻”对话框，在该对话框中对效果的参数进行设置，如图 14-304 所示。

图 14-303

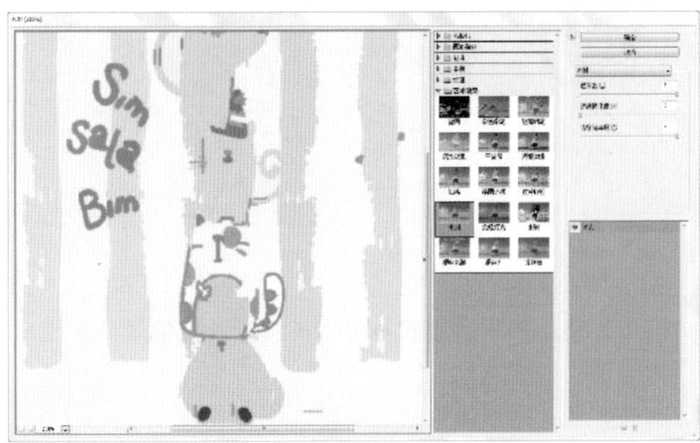

图 14-304

重点参数提醒：

- 色阶数：用来设置图像中的色彩层次。数值越大，图像的色彩层次越丰富。
- 边缘简化度：用来设置图像边缘的简化程度。数值越小，边缘越明显。
- 边缘逼真度：用来设置图像中所产生痕迹的精确度。数值越小，图像中的痕迹越明显。

14.15.7　“水彩”效果

“水彩”效果可以将简化图像中的细节，使图像产生水彩画效果。选取要添加效果的对象，如图 14-305 所示。执行“效果 > 艺术效果 > 水彩”命令，此时弹出“水彩”对话框，在该对话框中对效果的参数进行设置，如图 14-306 所示。

图 14-305

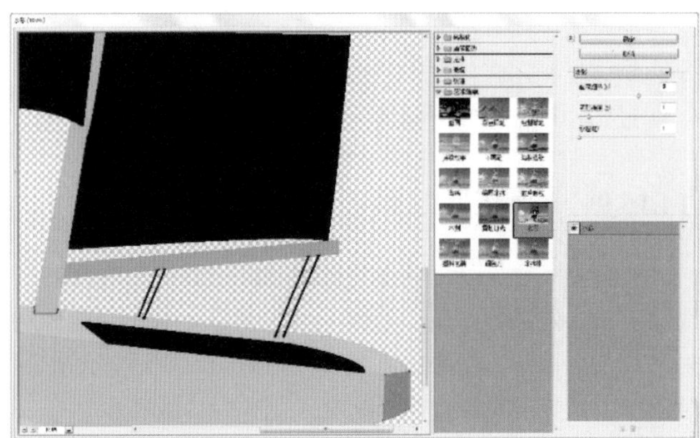

图 14-306

重点参数提醒：

- 画笔细节：用来设置画笔在图像中刻画的细腻程度。
- 阴影强度：用来设置画笔在图像中绘制暗部区域的范围。
- 纹理：用来调节水彩的材质肌理。

14.15.8　“海报边缘”效果

“海报边缘”效果通过在图像的边缘添加黑色的描边，使图像更具美感产生海报的效果。选取要添加效果的对象，

第
14
章

如图 14-307 所示。执行“效果 > 艺术效果 > 海报边缘”命令，此时弹出“海报边缘”对话框，在该对话框中对效果的参数进行设置，如图 14-308 所示。

图 14-307

图 14-308

重点参数提醒：

- 边缘厚度：用来控制图像中黑色边缘的宽度。
- 边缘强度：用来控制图像边缘的绘制强度。
- 海报化：用于控制图像的渲染效果。

14.15.9 “海绵”效果

“海绵”效果可以创建类似湿海绵浸染的水渍效果。选取要添加效果的对象，如图 14-309 所示。执行“效果 > 艺术效果 > 海绵”命令，此时弹出“海绵”对话框，在该对话框中对效果的参数进行设置，如图 14-310 所示。

图 14-309

重点参数提醒：

- 清晰度：用来设置海绵的清晰程度。
- 平滑度：用来设置图像的柔化程度。

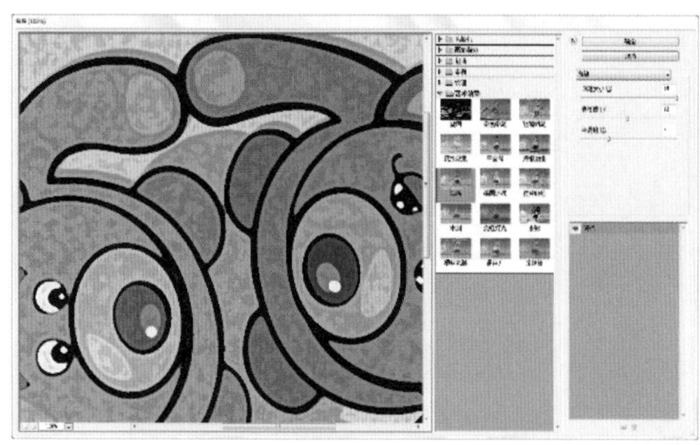

图 14-310

14.15.10 “涂抹棒”效果

“涂抹棒”效果可以使图像产生一种条状涂抹、浸染的效果。选取要添加效果的对象，如图 14-311 所示。执行“效果 > 艺术效果 > 涂抹棒”命令，此时弹出“涂抹棒”对话框，在该对话框中对效果的参数进行设置，如图 14-312 所示。

图 14-311

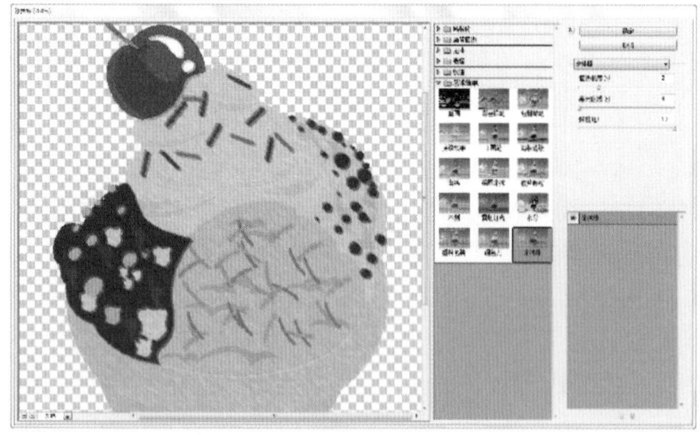

图 14-312

重点参数提醒：

- 描边长度：用来设置画笔笔触的长度。数值越大，生成的线条的长度越长。
- 高光区域：用来设置图像高光区域的大小。
- 强度：用来设置图像的明暗对比程度。

14.15.11　“粗糙蜡笔”效果

“粗糙蜡笔”效果可以产生类似彩色蜡笔绘画的效果，使图像表面产生一种不平整、浮雕感的纹理。选取要添加效果的对象，如图 14-313 所示。执行“效果 > 艺术效果 > 粗糙蜡笔”命令，此时弹出“粗糙蜡笔”对话框，在该对话框中对效果的参数进行设置，如图 14-314 所示。

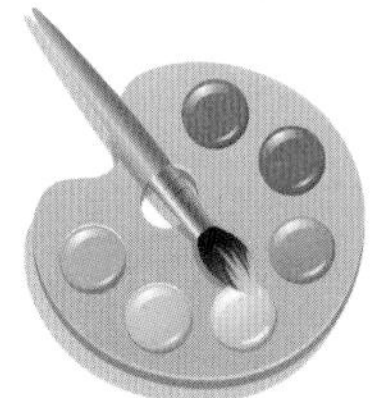

图 14-313

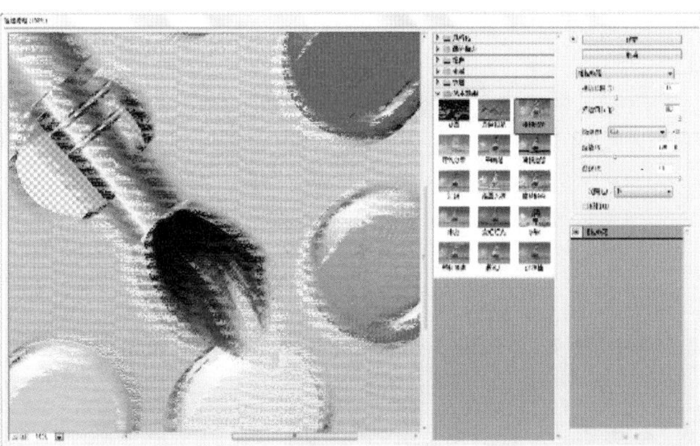

图 14-314

重点参数提醒：

- 描边长度：用来设置蜡笔笔触的长度。
- 描边细节：用来设置在图像中刻画的细腻程度。
- 纹理：选择应用于图像中的纹理类型，包含“砖形”“粗麻布”“画布”和“砂岩”4 种类型，如图 14-315 所示。单击右侧图标，可以载入外部的纹理。
- 缩放：用来设置纹理的缩放程度。
- 凸现：用来设置纹理的凸起程度。
- 光照：用来设置光照的方向。

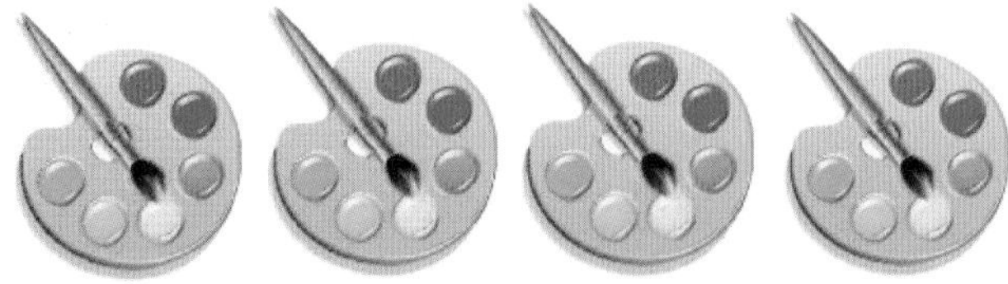

图 14-315

14.15.12　“绘画涂抹”效果

“绘画涂抹”效果可以使图像产生类似画笔涂抹的模糊效果，使图像整体像是一幅普通油画。选取要添加效果的对象。执行“效果 > 艺术效果 > 绘画涂抹”命令，此时弹出“绘画涂抹”对话框，在该对话框中对效果的参数进行设置，如图 14-316 所示。

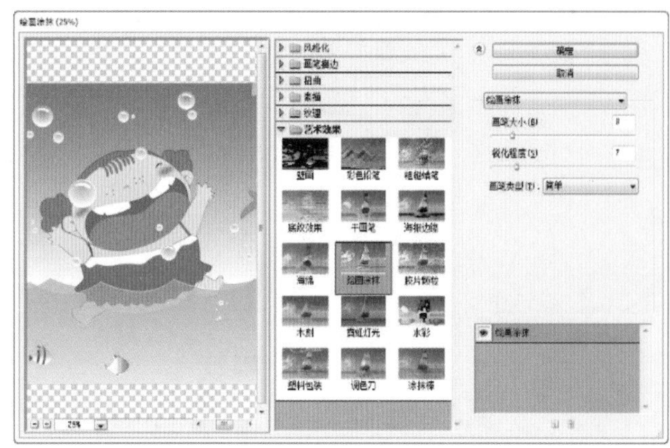

图 14-316

重点参数提醒：

- 锐化程度：用来设置画笔涂抹的锐化程度。数值越大，绘画效果越明显。
- 画笔类型：用来设置绘画涂抹的画笔类型，包含“简单”“未处理光照”“未处理深色”“宽锐化”“宽模糊”和“火花”6 种类型，如图 14-317 所示。

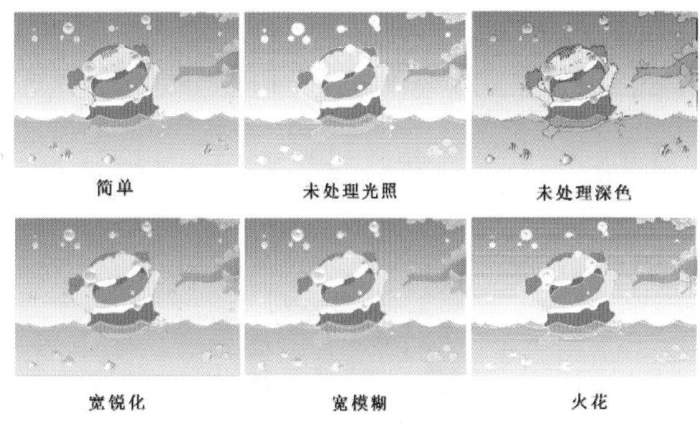

图 14-317

14.15.13　“胶片颗粒”效果

“胶片颗粒”效果能够使图像产生类似布满颗粒状杂色效果。选取要添加效果的对象，如图 14-318 所示。执行“效果 > 艺术效果 > 胶片颗粒”命令，此时弹出“胶片颗粒”对话框，在该对话框中对效果的参数进行设置，如图 14-319 所示。

重点参数提醒：

- 颗粒：用来设置颗粒的密度。数值越大，颗粒越多。
- 高光区域：用来控制整个图像的高光范围。
- 强度：用来设置颗粒的强度。数值越高，图像的阴影部分显示为颗粒的区域越多；数值越低，将在整个图像上显示颗粒。

图 14-318

图 14-319

14.15.14 “调色刀”效果

“调色刀”效果能够使图像中相近的颜色相互融合，产生一种类似写意画的效果。选取要添加效果的对象，如图 14-320 所示。执行“效果 > 艺术效果 > 调色刀”命令，此时弹出“调色刀”对话框，在该对话框中对效果的参数进行设置，如图 14-321 所示。

图 14-320

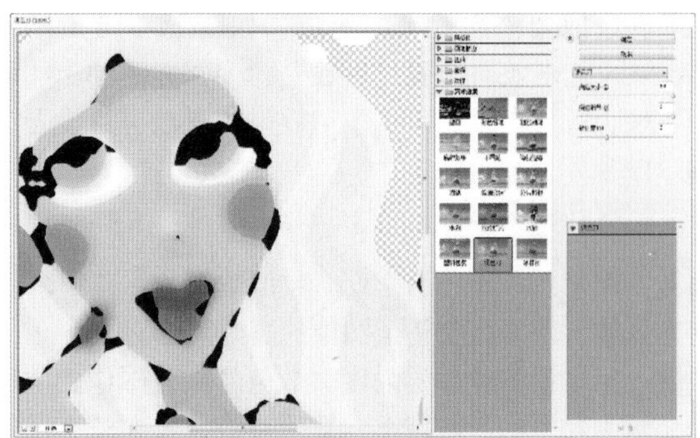

图 14-321

重点参数提醒：

- 描边大小：用来设置调色刀的笔触大小。
- 描边细节：用来设置图像的细腻程度。
- 软化度：用来设置图像边缘的柔和程度。数值越大，图像边缘就越柔和。

14.15.15 “霓虹灯光”效果

“霓虹灯光”效果能够使图像产生一种霓虹灯照射的效果，且灯照的颜色是可设定的。选取要添加效果的对象，如图 14-322 所示。执行“效果 > 艺术效果 > 霓虹灯光”命令，此时弹出“霓虹灯光”对话框，在该对话框中对效果的参数进行设置，如图 14-323 所示。

图 14-322

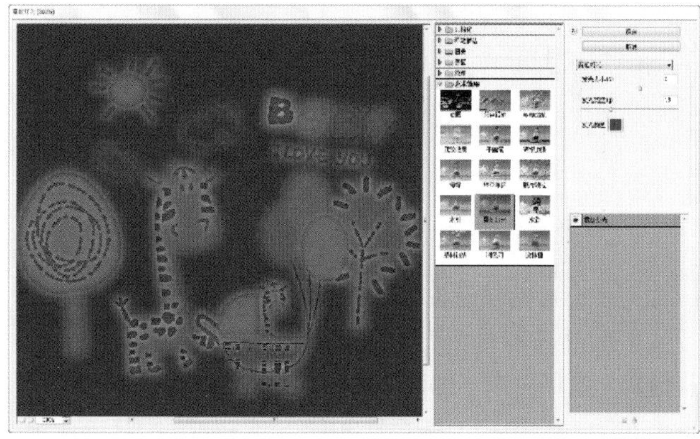

图 14-323

重点参数提醒：

- 发光大小：用来设置霓虹灯的照射范围。数值越大，照射的范围越广。
- 发光亮度：用来设置灯光的亮度。
- 发光颜色：用来设置灯光的颜色。单击右侧的颜色图标，可以在弹出的“拾色器”对话框中设置灯光的颜色。

14.15.16 进阶案例：利用“艺术效果”制作超真实质感卡片

案例文件	利用“艺术效果”制作超真实质感卡片 .ai
视频教学	利用“艺术效果”制作超真实质感卡片 .flv
难易指数	★★★☆☆
技术掌握	掌握“艺术效果”的运用

在本案例中，主要针对本节所学习的艺术效果来制作超具质感的卡片。先使用“胶片颗粒”命令，制作卡片的背景，在使用“纹理化”命令制作前景中的图案。案例完成效果如图 14-324 所示。

图 14-324

（1）新建文件，使用“矩形工具”绘制一个与画板等大的矩形，执行“窗口 > 渐变”命令，编辑一个浅灰色的“径向”渐变，如图 14-325 所示。渐变编辑完成后，使用“渐变工具”进行拖拽填充，效果如图 14-326 所示。

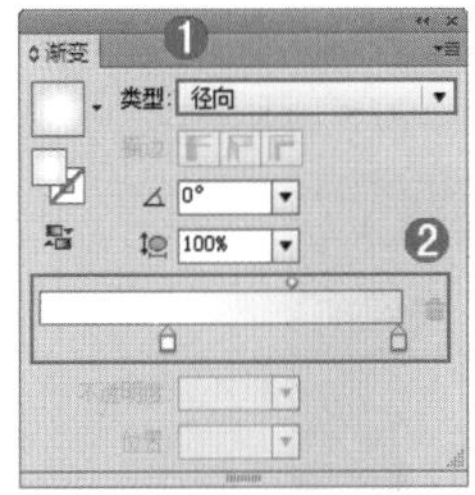

图 14-325

图 14-326

（2）继续使用“矩形工具”在画板中绘制一个矩形形状并填充黑色系的线性渐变，如图 14-327 所示。

图 14-327

（3）选择该矩形，执行“效果 > 艺术效果 > 胶片颗粒”命令，在弹出的“胶片颗粒”对话框中对效果参数进行设置，“颗粒”为 2，“高光区域”为 7，“强度”为 8，然后单击“确定”按钮。参数设置如图 14-328 所示。效果如图 14-329 所示。

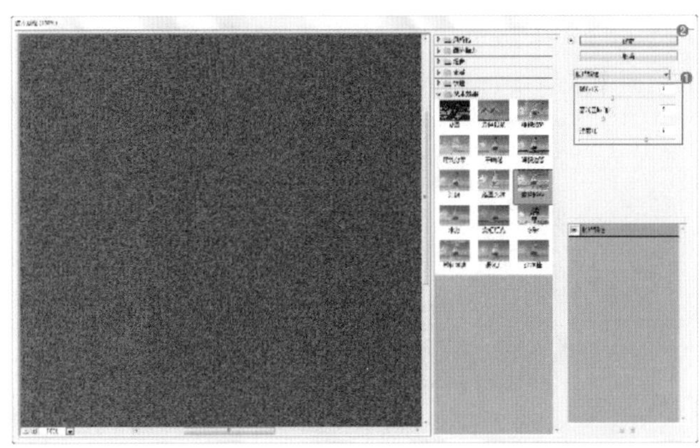

图 14-328

图 14-329

（4）再次绘制一个与卡片面积相等的矩形，然后填充一个浅灰色的径向渐变，如图 14-330 所示。然后在“透明度”面板中设置其“混合模式”为“正片叠底”，如图 14-331 所示。

图 14-330

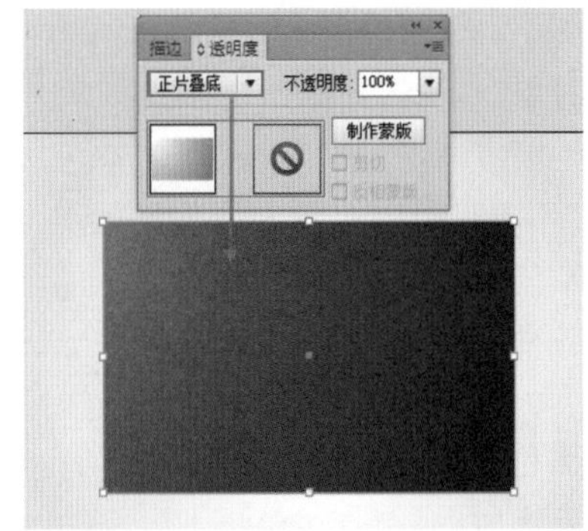

图 14-331

（5）选择工具箱中的“椭圆工具” 按住 <Shift> 键，在文档中绘制一个正圆，如图 14-332 所示。

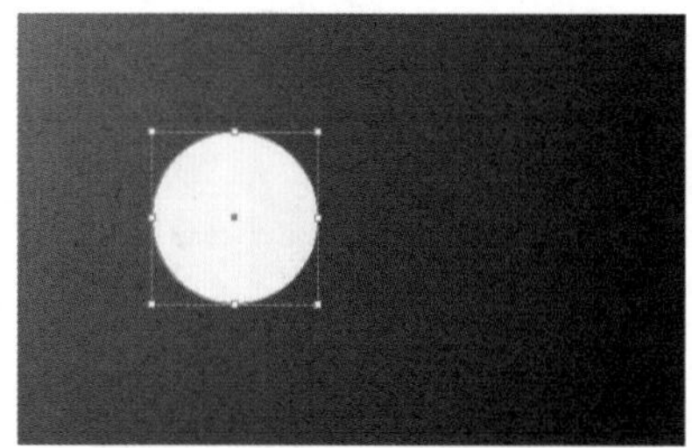

图 14-332

（6）选取绘制的正圆，执行“效果 > 纹理 > 纹理化”命令，在“纹理化”窗口中设置“纹理”为“砖形”，“缩放”为 80%，“凸现”为 3，“光照”为“上”，参数如图 14-333 所示。效果如图 14-334 所示。

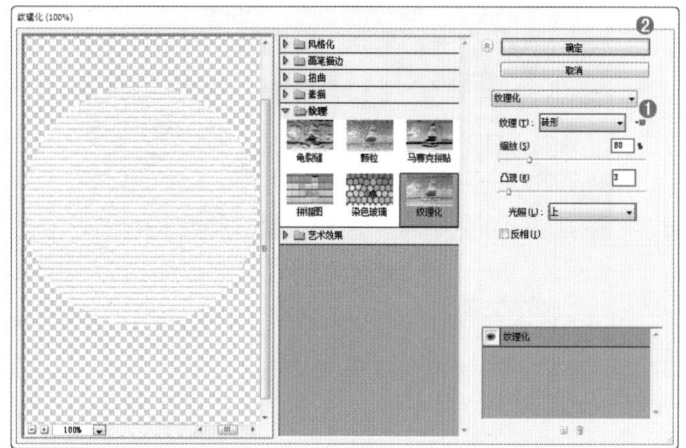

图 14-333

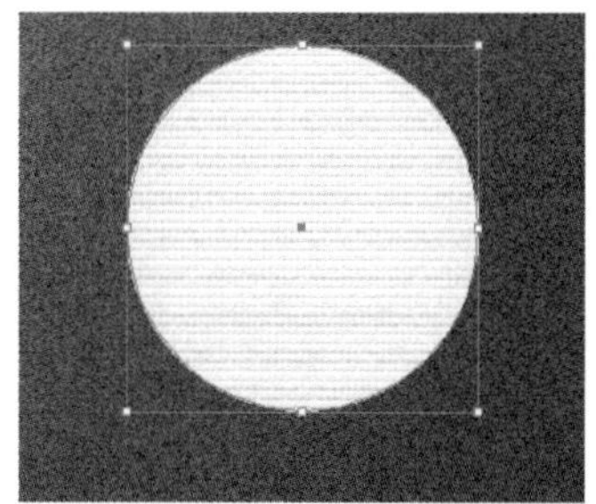

图 14-334

（7）执行“效果 > 风格化 > 投影”命令，在弹出的“投影”对话框中设置“模式”为“正片叠底”，“不透明度”为 75%，“X 位移”为 1mm，“Y 位移”为 1mm，“模糊”为 0.6mm，“颜色”为黑色，参数设置如图 14-335 所示。效果如图 14-336 所示。

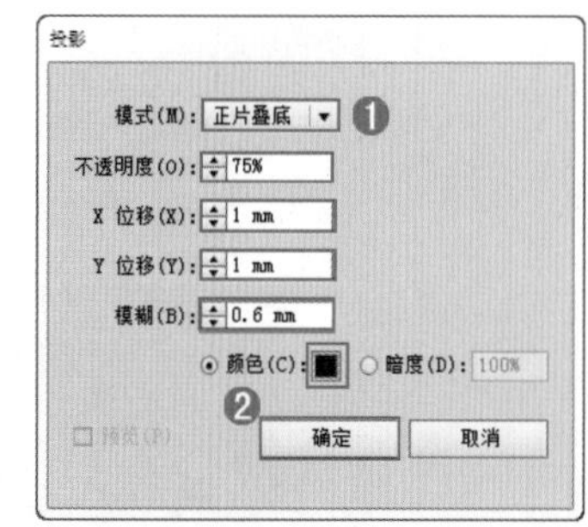

图 14-335

图 14-336

（8）使用同样的方法制作一个粉色的、带有“纹理化”效果的正圆，如图 14-337 所示。

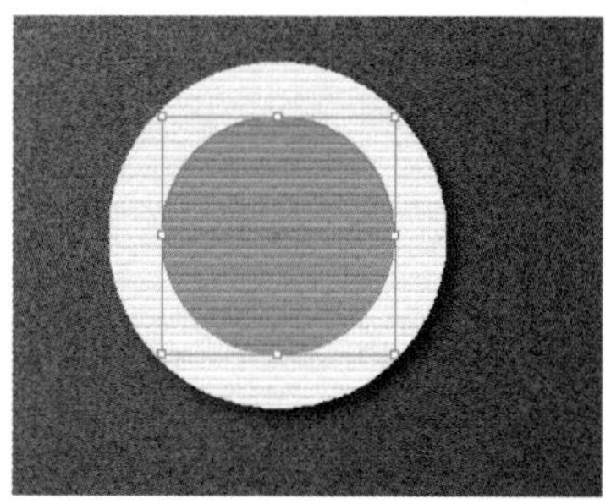

图 14-337

（9）绘制一个黑色描边的无填充正圆，并在“描边”面板中将其描边设置为虚线，如图 14-338 所示。

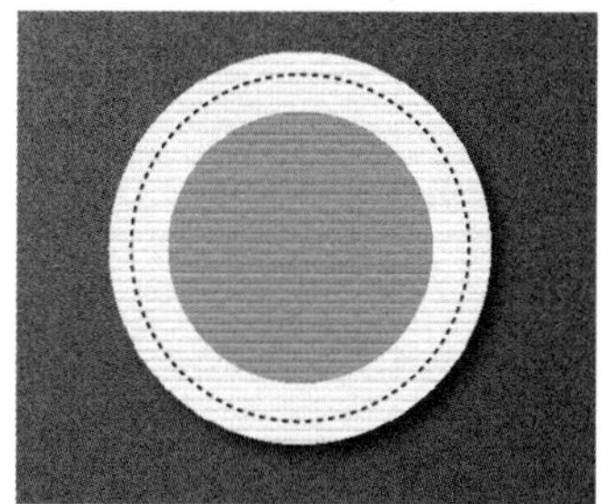

图 14-338

（10）下面制作锯齿状的描边效果。在相应位置绘制“填充”为“无”，“描边”为紫色的正圆，如图 14-339 所示。选择该正圆，执行“效果 > 扭曲和变换 > 波纹”效果，在弹出的“波纹效果”对话框中设置“大小”为 0.3mm，选择“绝对”，“每段隆起数”为 100，选择“尖锐”，单击“确定”按钮。参数设置如图 14-340 所示。效果如图 14-341 所示。

图 14-339

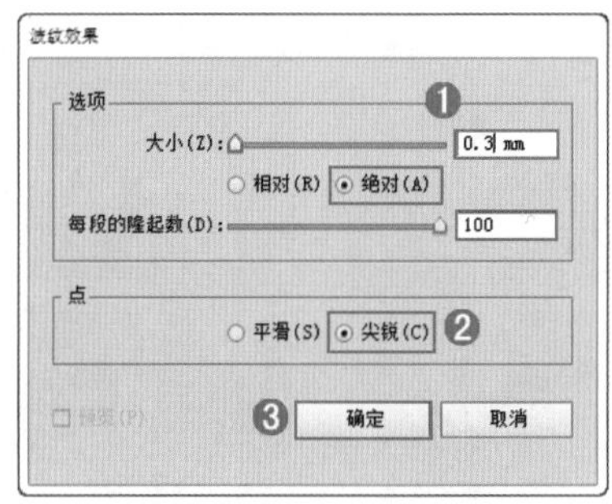

图 14-340

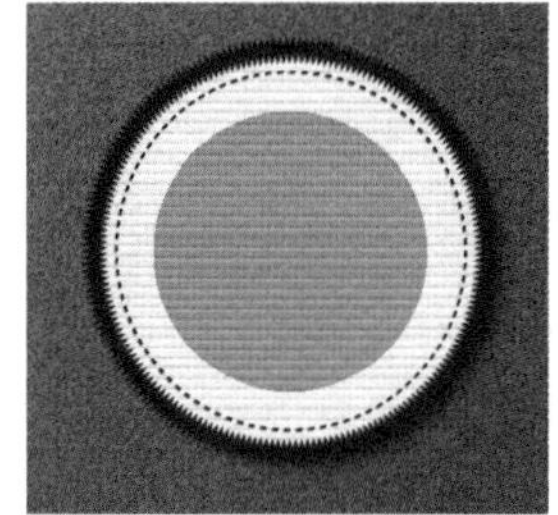

图 14-341

（11）选择刚刚制作好的锯齿状描边，执行“编辑 > 复制”命令，将其进行复制，继续执行“编辑 > 贴在前面”命令，将其贴在前面。然后在控制栏中将“描边宽度”改小，将“描边颜色”设置为淡粉色，效果如图 14-342 所示。使用同样的方法制作其他的锯齿状描边效果。如图 14-343 所示。

图 14-342

图 14-343

（12）选择内侧的锯齿状描边效果，执行“对象 > 编组”命令，将其进行编组。然后执行“效果 > 风格化 > 投影”命令，在弹出的“投影”对话框中设置“模式”为“正片叠底”，“不透明度”为 100%，“X 位移”为 0.3mm，“Y 位移”为 0.3mm，“模糊”为 0.3mm，“颜色”为深红色，参数设置如图 14-344 所示。效果如图 14-345 所示。

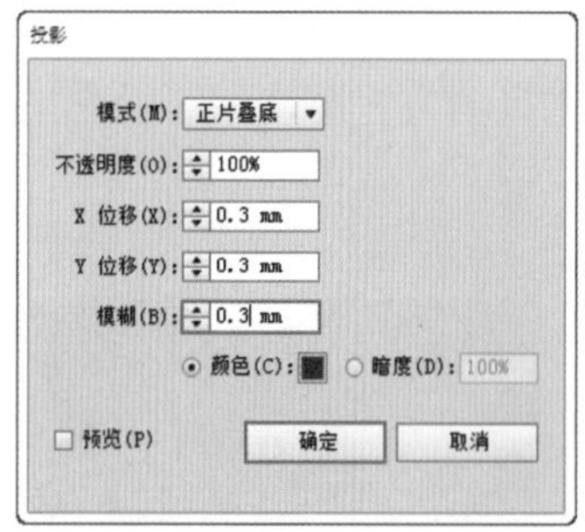

图 14-344

图 14-345

（13）使用“钢笔工具”绘制开放路径，如图 14-346 所示。路径绘制完成后将其编组并制作锯齿效果，如图 14-347 所示。

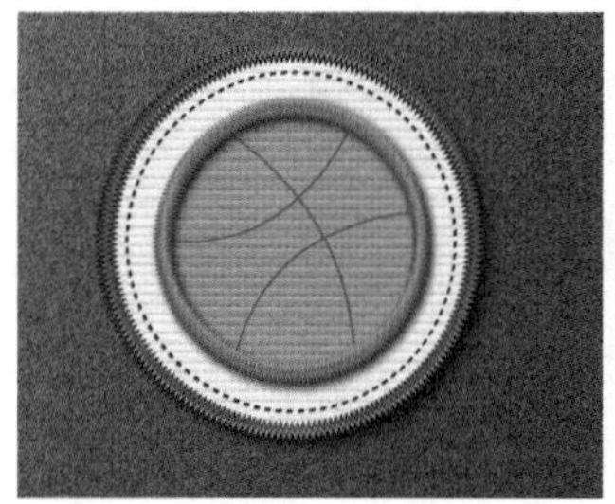

图 14-346

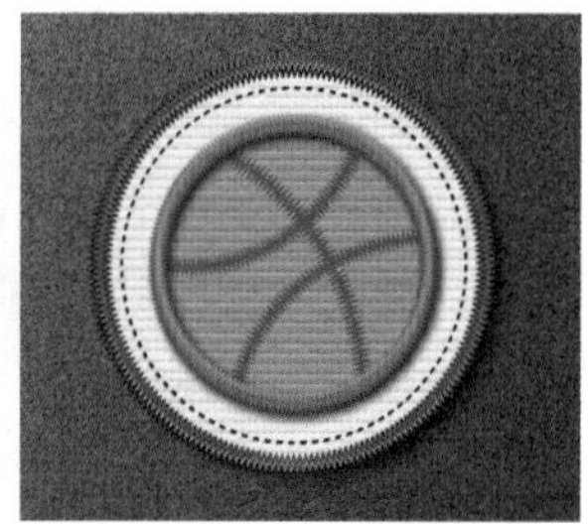

图 14-347

（14）然后将其复制，换颜色制作出重叠效果，如图 14-348 所示。选择工具箱中的“文字工具”在文档内键入文字，如图 14-349 所示，并在文字间绘制一条和文字颜色相同的直线段用于装饰。

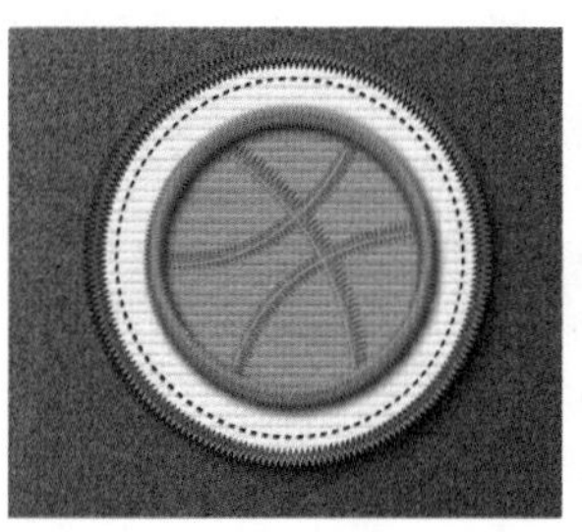

图 14-348

图 14-349

（15）将卡片部分选中，进行编组。然后使用“椭圆工具”绘制一个细长的椭圆，并填充一个由黑色到透明度的径向渐变，并将其移动到卡片的后面，如图 14-350 所示。选中该椭圆，执行“窗口 > 模糊 > 高斯模糊”命令，在“高斯模糊”对话框中设置“半径”为 8.5 像素，如图 14-351 所示。

图 14-350

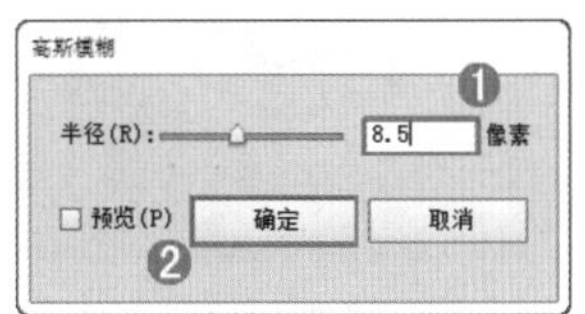

图 14-351

（16）投影的模糊效果如图 14-352 所示。本案例制作完成。

图 14-352

14.16“视频”效果组

“视频”效果组基于栅格效果，用于编辑调整视频生成的图像或删除不必要的行频，也可以用于转换其颜色模式。这一效果组中包含两种效果。

14.16.1 “NTSC 颜色”效果

“NTSC 颜色”效果可以将色域限制在电视机重现可接受的范围内，以防止过饱和颜色渗到电视扫描行中。图 14-353 和图 14-354 所示为普通效果和“NTSC 颜色”效果。

图 14-353

图 14-354

14.16.2 “逐行”效果

“逐行”效果通过去掉视频图像中的基数或偶数交错行的方法，使图像平滑、清晰。通过消除图像中的异常交错线来光滑影视图像。此滤镜多用于在视频输出时消除混杂信号的干扰。选取要添加“逐行”效果的视频图像，如图 14-355 所示。执行“效果 > 视频 > 逐行”命令，弹出“逐行”对话框，如图 14-356 所示。在此对话框中对效果的参数进行设置，单击“确定”按钮即可。效果如图 14-357 所示。

图 14-355

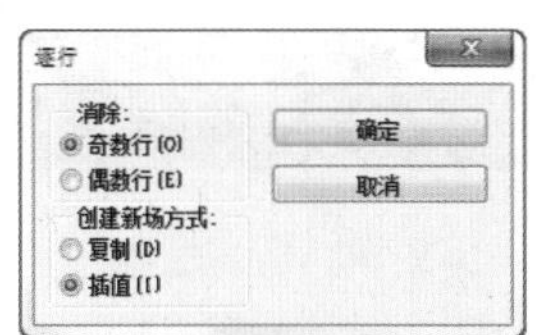

图 14-356

图 14-357

重点参数提醒：

- 消除：用来控制消除逐行的方式，包括“奇数场”和“偶数场”两种。
- 创建新场方式：用来设置消除场以后用何种方式来填充空白区域。选择“复制”选项，可以复制被删除部分周围的像素来填充空白区域；选择“插值”选项，可以利用被删除部分周围的像素，通过插值的方法进行填充。

14.17 “风格化”效果组

“风格化”效果组主要用于增强图像边缘的亮度。该效果组中包含“照亮边缘”一种效果，该效果组基于栅格效果。“照亮边缘”效果可以描绘图像的轮廓，调整轮廓的亮度、宽度等，还可以勾画颜色的边缘，加强过渡像素，从而在图像上生成轮廓发光效果。选中要添加效果的对象，如图 14-358 所示。执行“效果 > 风格化 > 照亮边缘”命令，在弹出“照亮边缘”对话框中，进行相应的设置，如图 14-359 所示。

图 14-358

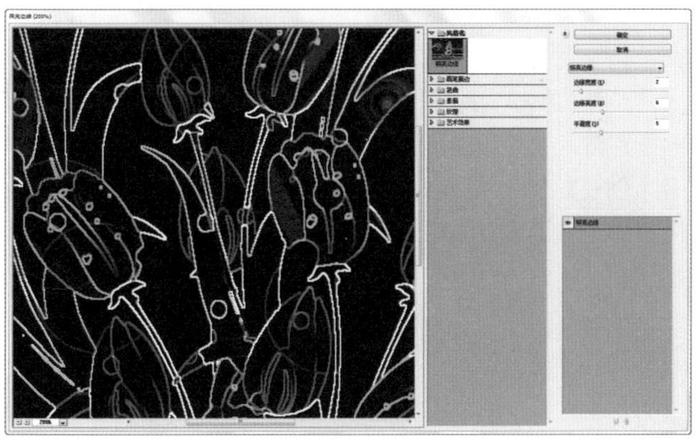

图 14-359

重点参数提醒：

- 边缘宽度 / 亮度：用来设置发光边缘线条的宽度和亮度。
- 平滑度：用来设置边缘线条的光滑程度。

14.18 综合案例：促销网页设计

案例文件	促销网页设计 .ai
视频教学	促销网页设计 .flv
难易指数	★★★★☆
技术掌握	“剪切蒙版”“文字工具”“矩形工具”“画笔工具”

本案例在制作过程中，为了使内容丰富在填色上多选择使用渐变进行填充，还使用到了“剪切蒙版”“文字工具”“矩形工具”“画笔工具”等，案例完成效果如图 14-360 所示。

图 14-360

1. 制作网页页眉部分

（1）执行“文件 > 新建”命令，新建大小为 A4 的横向文档。使用工具箱中的“矩形工具” 在文档内绘制一个矩形，然后执行“窗口 > 渐变”命令打开“渐变”面板，在“渐变”面板中设置其填充为黄白色系径向渐变，如图 14-361 和图 14-362 所示。

图 14-361

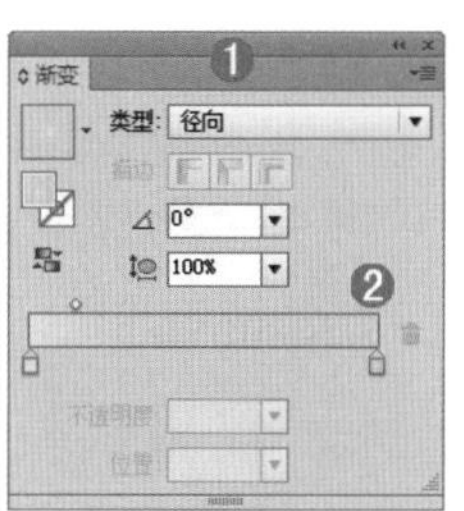

图 14-362

（2）选中该矩形，执行“编辑 > 复制”命令，将该矩形复制，然后执行“编辑 > 贴在前面”命令，将其贴在前面，然后将该矩形填充为填充为黄色，然后使用“直接选择工具” 对绘制的矩形进行调整，如图 14-363 所示。单击工具箱中的“钢笔工具” ，在相应位置绘制黄色色块，如图 14-364 所示。

图 14-363　　　　图 14-364

（3）将素材“1.ai”中的装饰图案复制到本文件中，并复制移动到合适位置，如图 14-365 所示。

图 14-365

（4）使用“钢笔工具”绘制多边形，并填充红色系的径向渐变，如图 14-366 所示。

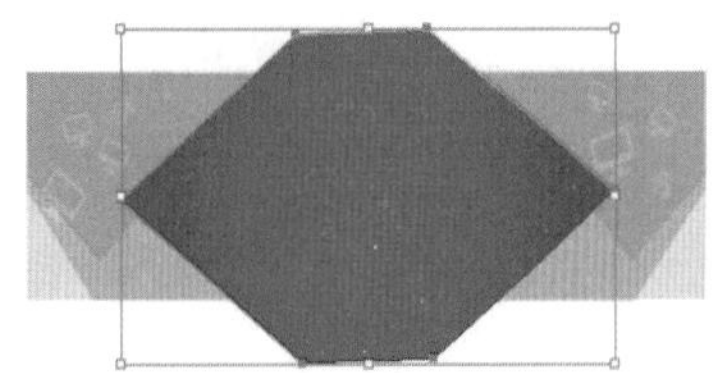

图 14-366

（5）为了使画面内容丰富，继续使用“直线工具”绘制大面积的网纹，如图 14-367 所示。绘制完成后将其进行编组。选择红色多边形，将其复制到网纹的前面如图 14-368 所示。

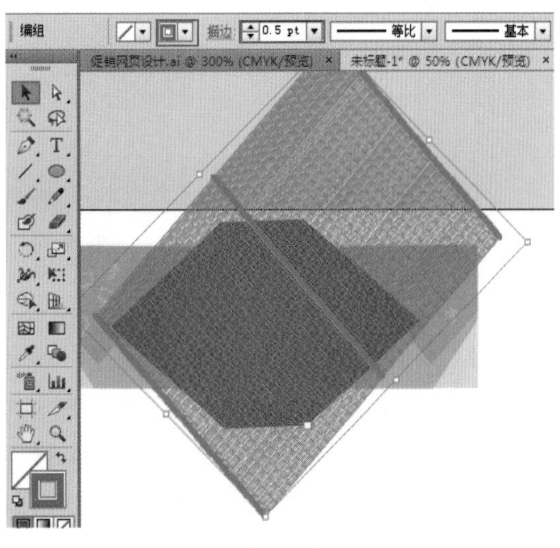

图 14-367

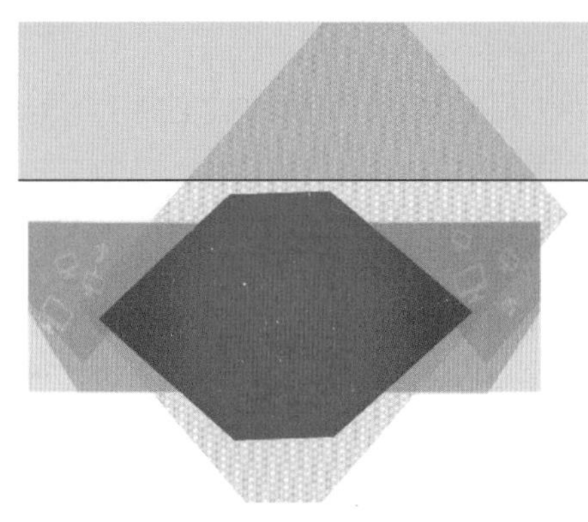

图 14-368

（6）将红色多边形与网纹组选中，执行“对象 > 剪切蒙版 > 建立”命令，建立剪切蒙版，效果如图 14-369 所示。继续使用“剪切蒙版”将多边形多余部分隐藏，效果如图 14-370 所示。

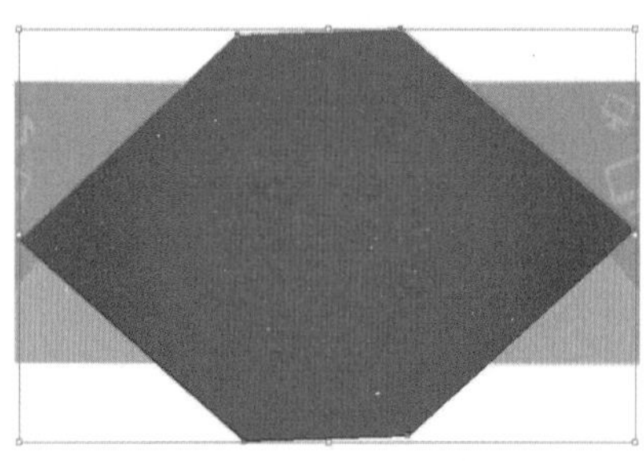

图 14-369

图 14-370

（7）单击工具箱中的“文字工具”按钮 T，在相应的位置键入文字，如图 14-371 所示。选择该文字，执行“文字 > 创建轮廓”命令，将其转换为形状。然后填充一个黄色系的线性渐变，如图 14-372 所示。

图 14-371

图 14-372

（8）下面制作文字的投影部分。选择该文字，执行“编辑 > 复制”命令，将其复制。继续执行“编辑 > 贴在后面”命令，将其贴在后面。然后执行“效果 > 扭曲和变换 > 自由变换”命令，在“自由扭曲”面板中将文字变形，如图 14-373 所示。效果如图 14-374 所示。

图 14-373

图 14-374

（9）选变形的文字填充为深灰色，并在“不透明度”面板中设置其“混合模式”为“正片叠底”，“不透明度”为 30%，效果如图 14-375 所示。

图 14-375

（10）单击工具箱中的“圆角矩形工具”按钮，绘制一个“填充”为黄色、“描边”为金色系渐变的圆角矩形，如图 14-376 所示。在该矩形的上方键入文字，如图 14-377 所示。

图 14-376　　图 14-377

2. 制作中间部分

（1）使用“矩形工具”绘制矩形，如图 14-378 所示。

图 14-378

（2）下面制作矩形上方的锯齿状边缘。使用“钢笔工具”绘制一个三角形，如图 14-379 所示。按住 <Shift+Alt> 将该矩形向右复制并移动，如图 14-380 所示。

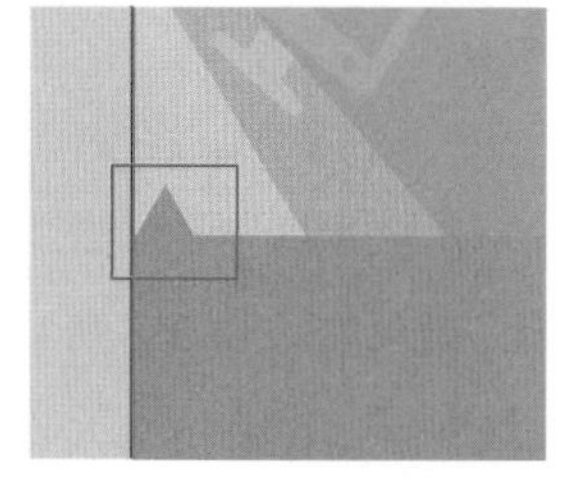

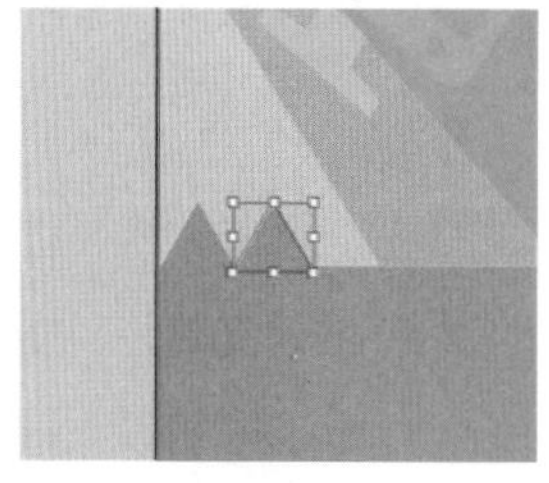

图 14-379　　图 14-380

（3）使用快捷键 <Ctrl+D> 重复上一步操作，复制该三角形，将这一排三角形同时选中，进行编组，如图 14-381 所示。将素材“1.ai”中的装饰素材复制并移动到合适位置，如图 14-382 所示。

图 14-381

图 14-382

（4）使用“矩形工具”绘制红色矩形，并在红色矩形的上方键入相应文字，如图 14-383 所示。

图 14-383

（5）下面装饰这些红色矩形。使用“钢笔工具”绘制一个三角形，并设置其“填充”为黄色系半透明的线性渐变，“描边”为黄色，如图 14-384 所示。将该形状复制，使用“直接选择工具”更改形状并移动到合适位置，如图 14-385 所示。

图 14-384

图 14-385

（6）继续复制并调整该形状，效果如图 14-386 所示。

图 14-386

（7）下面制作光斑效果。使用“椭圆工具”绘制正圆形状。并填充为半透明的黄色系径向渐变，如图 14-387 所示。选择该正圆，执行“效果 > 风格化 > 外发光”命令，在“外发光”窗口中设置“模式”为“滤色”，颜色为淡黄色，“不透明度”为 75%，“模糊”为 2mm，单击“确定”按钮。参数设置如图 14-388 所示。外发光效果如图 14-389 所示。

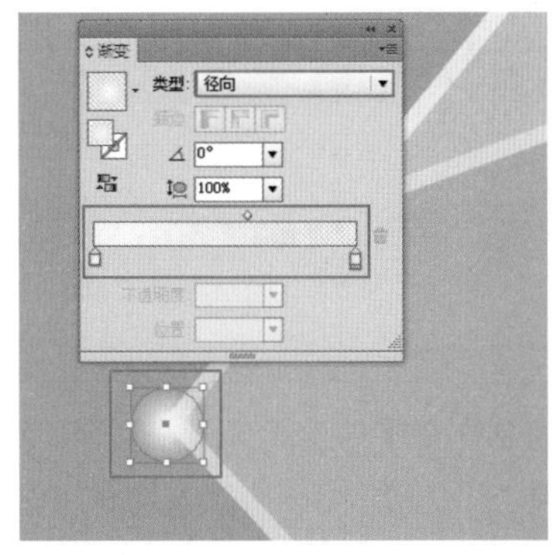

图 14-387

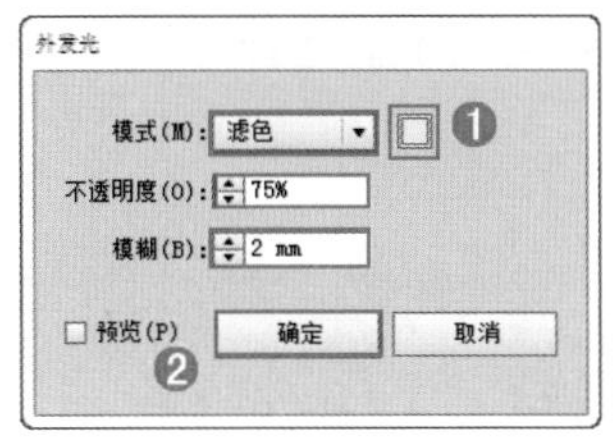

图 14-388

图 14-389

（8）将制作完成的光斑效果按住 <Alt> 键移并动复到适当位置，如图 14-390 所示。

图 14-390

3. 制作主体部分

（1）绘制一个白色矩形，如图 14-391 所示。使用“直线工具”绘制一个红色直线，如图 14-392 所示。

图 14-391

图 14-392

（2）使用“钢笔工具”绘制四边形，并填充红色系渐变，如图 14-393 所示。继续绘制，如图 14-394 所示。

图 14-393

图 14-394

（3）绘制红色矩形，在上方键入相应文字，如图 14-395 所示。将素材“2.png”置入到文件中，放置在合适位置，如图 14-396 所示。

图 14-395

图 14-396

（4）设置“填充”为红色，单击工具箱中的“画笔工具”按钮，执行“窗口 > 画笔库 > 矢量包 > 颓废画笔矢量包”命令，选择“颓废画笔矢量包 01”画笔，在相应位置进行绘画。如图 14-397 所示。

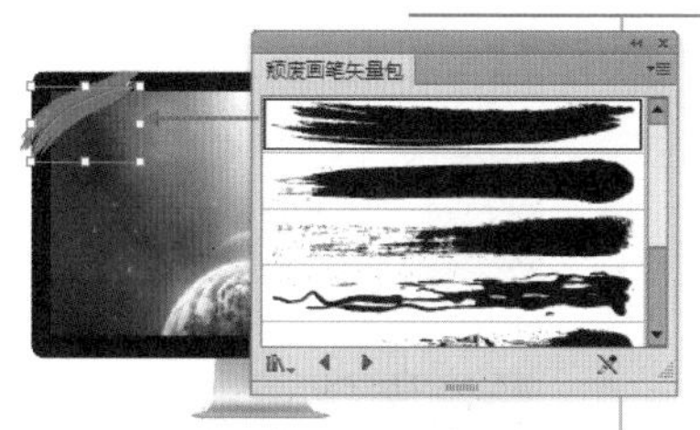

图 14-397

（5）使用“椭圆工具”绘制圆形，填充一个由黑色到半透明的渐变，应移动到电脑素材的后面，如图 14-398 所示。选择该圆形，执行“效果 > 模糊 > 高斯模糊”命令，在“高斯模糊”窗口中设置“半径”为 9 像素，单击“确定”按钮。参数设置如图 14-399 所示。效果如图 14-400 所示。

图 14-398

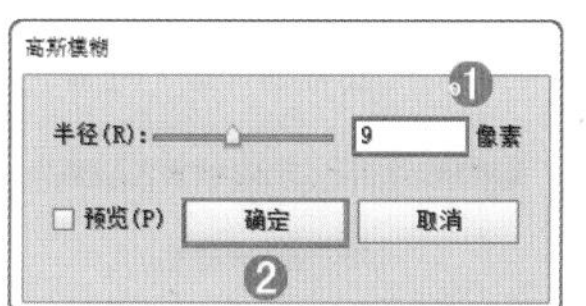

图 14-399

图 14-400

（6）选择电脑素材，执行“对象 > 变换 > 对称”命令，在弹出的“镜像”窗口中，设置“轴”为“水平”，单击“复制”按钮。将复制的对象移动到相应位置，如图 14-401 和 14-402 所示。

图 14-401

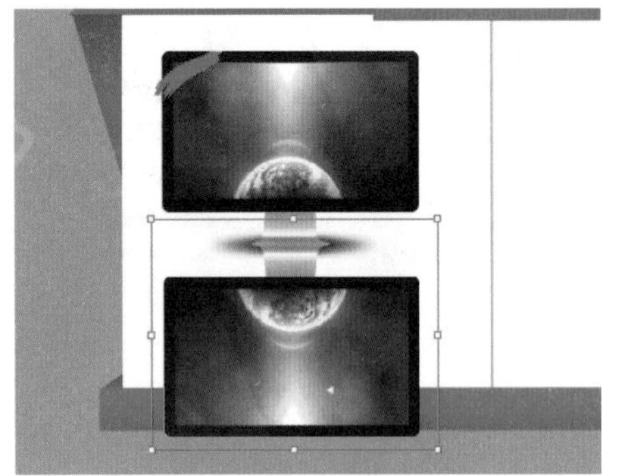

图 14-402

（7）接下来将使用“不透明度蒙版”制作投影效果。绘制一个矩形并填充一个由透明到黑色的线性渐变，如图 14-403 所示。将该矩形与复制得到的电脑素材同时选中，单击“不透明度”面板中的“制作蒙版”按钮，建立“不透明度蒙版”，效果如图 14-404 所示。

图 14-403

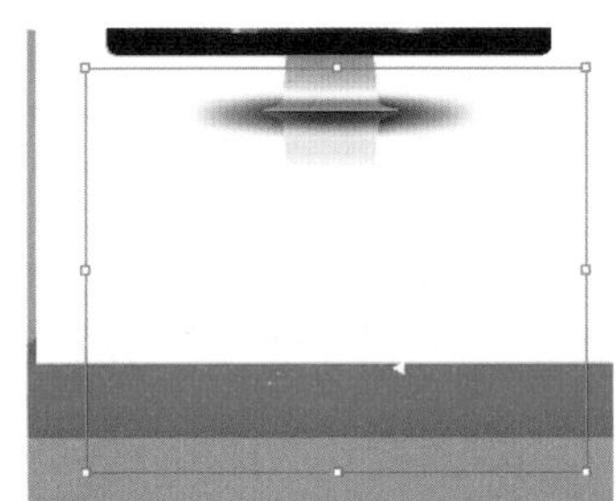

图 14-404

（8）使用文字工具在相应位置键入文字，如图 14-405 所示。

图 14-405

（9）接下来制作按钮，使用“圆角矩形”绘制一个红色的圆角矩形，如图 14-406 所示。使用“钢笔工具”绘制一个三角形，如图 14-407 所示。

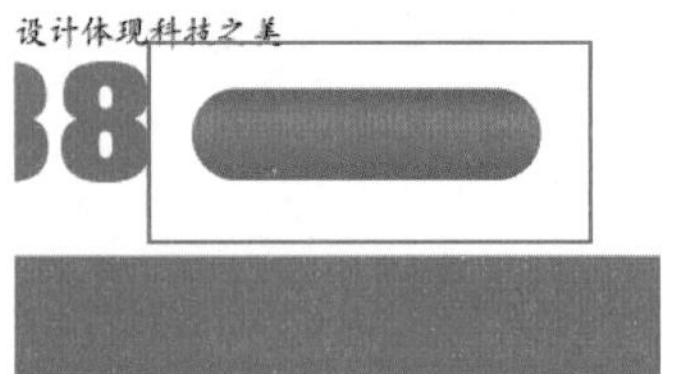

图 14-406

图 14-407

（10）在按钮上方键入相应文字，如图 14-408 所示。使用同样的方法制作另一侧，本案例制作完成。效果如图 14-409 所示。

图 14-408

图 14-409

第 15 章
外观的使用

关键词

外观、外观面板

要点导航

外观面板

编辑对象外观

学习目标

能够熟练使用外观面板管理图形外观

能够利用外观面板为图形制作特殊效果

佳作鉴赏

15.1 “外观”面板

“外观”面板可以说是对象的填充、描边、图形样式以及效果的管理器，在“外观”面板中可以为对象编辑外观属性也可以添加效果。除此之外，在之前的学习中只学习了如何为对象添加一个描边和填充属性，而在“外观”面板中可以对对象进行多次填充和描边，并通过不同的设置将所有的描边都显示出来，使画面效果更加丰富。图 15-1 和图 15-2 所示为使用外观功能可以制作的作品。

图 15-1

图 15-2

15.1.1　认识“外观”面板

执行“窗口 > 外观”命令打开“外观”面板，在这里可以查看和调整对象、组或图层的外观属性。面板对象的各种效果按其在图稿中的应用顺序从上到下排列，如图 15-3 所示。

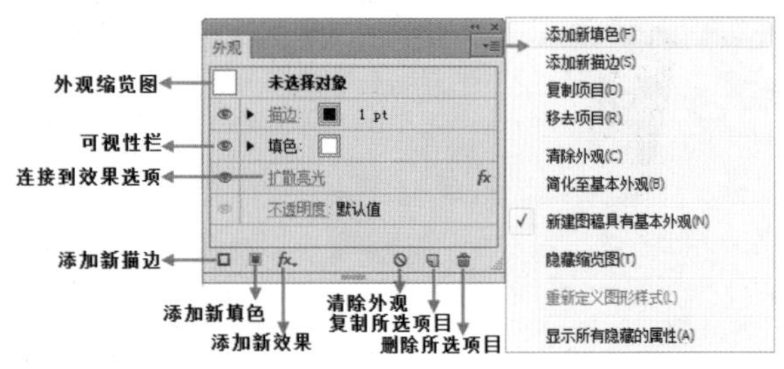

图 15-3

15.1.2　轻松练：使用“外观”面板为对象添加效果

“外观”面板的使用方法并不复杂，但是在外观面板中，用户可以为一个对象添加多个填色或描边，还可以为填充或描边添加效果，更改不透明度等操作。接下来在一个小案例中学习如何使用“外观”面板为文字添加描边和“涂抹”效果。

1. 打开素材“1.ai”，如图 15-4 所示。单击选择文字部分，执行“窗口 > 外观”命令，打开“外观”面板。

图 15-4

2. 单击“外观”面板底部的“添加新填色”按钮▣，新建一个填色。新建的填色会在原有填色的下一层，如图 15-5 所示。在这里选择“外观”面板中上一层填色，如图 15-6 所示。

图 15-5　　图 15-6

3. 单击“填色”的倒三角按钮，在出现的色板中选择一个鲜艳的红色，如图 15-7 所示。此时画面中的文字效果如图 15-8 所示。

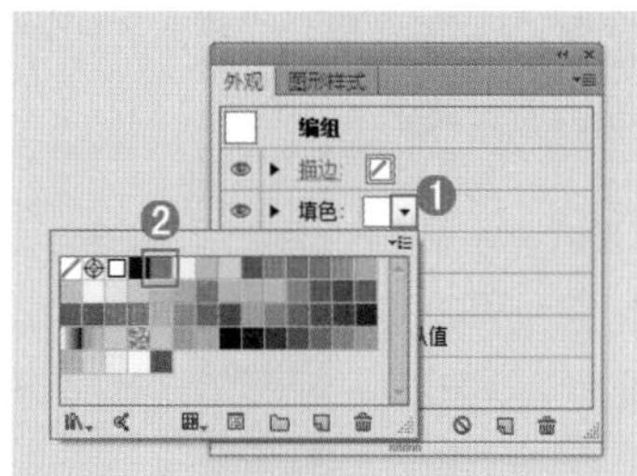

图 15-7

图 15-8

4. 接下来为文字添加“涂抹”效果，在选择文字的状态下，单击“外观”面板底部的“添加新效果”按钮 fx，执行“风格化 > 涂抹”命令，如图 15-9 所示。在弹出的“涂抹选项”窗口中，设置“角度”为 30°，“路径重叠”与“变化”都为 0mm，“描边宽度”为 0.2mm，“曲度”为 2%，“变化”为 1%，“间距”为 0.8mm，“变化”为 0.4mm，参数设置如图 15-10 所示。

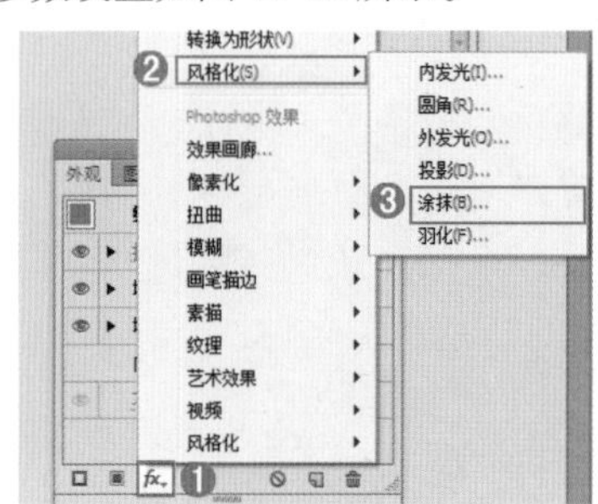

图 15-9

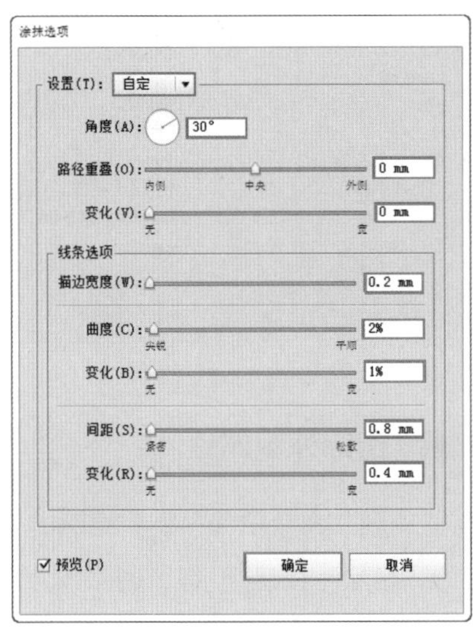

图 15-10

5. 设置完成后，单击“确定”按钮，文字效果如图 15-11 所示。

图 15-11

6. 继续选中文字，在“外观”面板中设置“描边”为红色，描边宽度为 1pt，如图 15-12 所示。画面效果如图 15-13 所示。

图 15-12

图 15-13

7. 在“外观”面板中不仅能更改添加效果，还可以更改“不透明度”和“混合模式”。单击“填色”前的三角按钮，若该对象没有更改“不透明度”，该选项显示为“默认值”，如图 15-14 所示。若要更改不透明度和混合模式，单击“不透明度”，就可以在弹出的“透明度”面板中进行设置了，如图 15-15 所示。

图 15-14

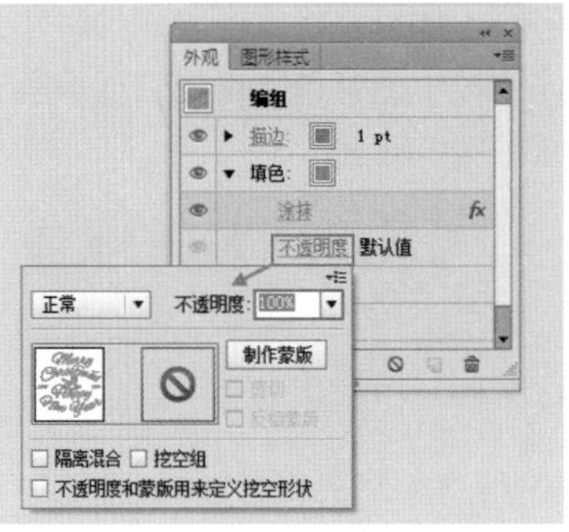

图 15-15

15.2 编辑对象外观

外观面板的操作与图层面板非常相似，调整外观的顺序可以影响到画面效果，而且外观也可以进行复制、删除、隐藏等操作。图 15-16 和图 15-17 所示为可以使用到该功能制作的作品。

图 15-16

图 15-17

15.2.1 调整外观属性的层次

调整外观属性的层次很简单，在“外观”面板中选择一个外观并按住鼠标左键向上或向下拖动外观属性，当鼠标拖移外观属性的轮廓出现在所需位置时，松开鼠标按键即可，如图 15-18 和图 15-19 所示。

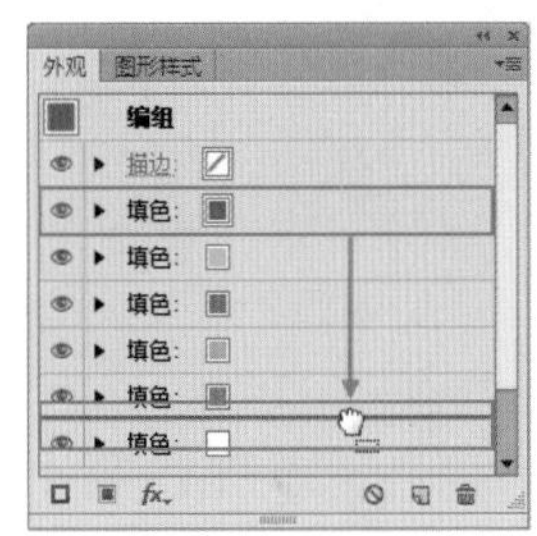

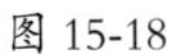

图 15-18

图 15-19

15.2.2 隐藏外观属性

每个外观属性前都有一个“可视性”按钮，单击“外观”面板中的“可视性”按钮即可切换外观的显示与隐藏。如果要将所有隐藏的属性重新显示出来，可以单击该面板中的菜单，选择“显示所有隐藏的属性”选项，如图 15-20 所示。

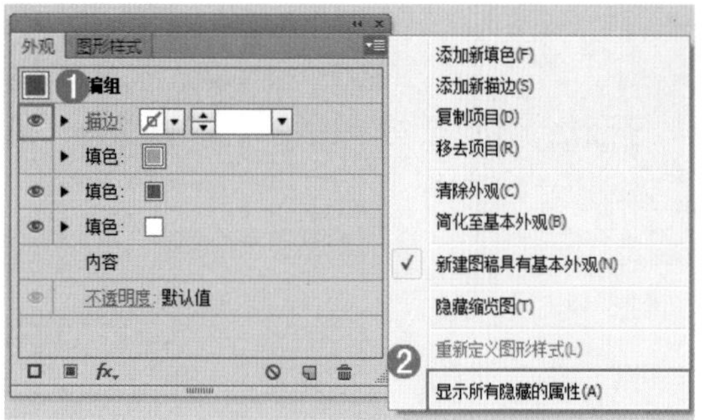

图 15-20

15.2.3 复制外观属性

复制外观属性可以使对象的外观产生变化，而且可以更改复制出的外观属性。在“外观”面板中有三种复制属性的方法。

方法一：首先需要选中要复制属性的对象，在“外观”面板中选择一种属性选项，然后单击面板中的“复制所选项目”按钮，即可复制当前属性，如图 15-21 所示。

图 15-21

方法二：也可以直接将需要复制的外观属性拖动到面板中的“复制所选项目”按钮上，如图 15-22 所示。

图 15-22

方法三：单击“菜单”按钮，在面板菜单中执行“复制项目”命令，如图 15-23 所示。

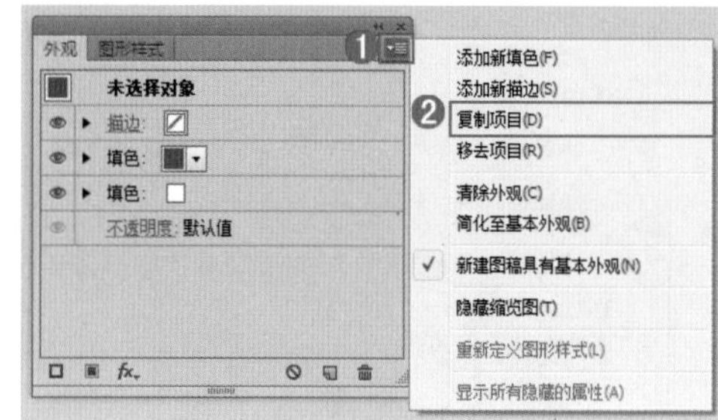

图 15-23

15.2.4 删除 / 清除外观属性

（1）在“外观”面板中选择需要删除的属性然后单击面板底部的“删除”按钮即可删除该外观。或从面板菜单中执行“移去项目”命令，也可以将该属性拖到删除图标上，如图 15-24 所示。

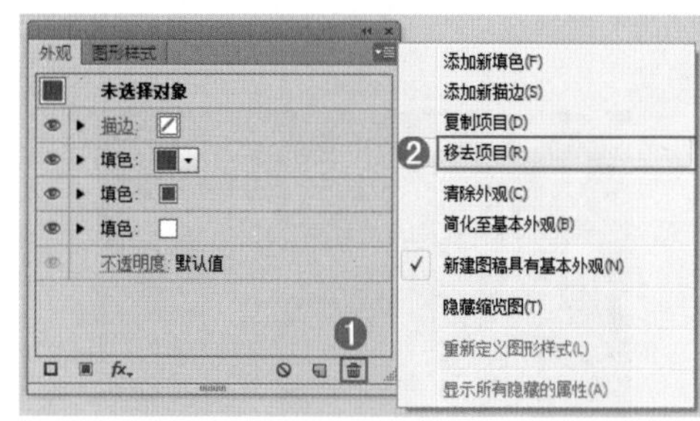

图 15-24

（2）若要清除对象所有外观属性，执行“外观”面板中的“清除外观”按钮，或从面板菜单中执行“清除外观”命令，如图 15-25 所示。

图 15-25

15.2.5 添加多个填充或描边

通过“外观”面板可以为同一对象添加多个填充或描边。选择要添加多个填充或描边的对象，执行“窗口 > 外观”命令，打开“外观”面板。单击“外观”面板底部的“添加新填色”按钮或“添加新描边”按钮即可为所选对象添加多个填充或描边。图 15-26 和图 15-27 所示为为所选对象添加多个描边。（“外观”面板的详细使用方法在后面的学习将会讲解。）

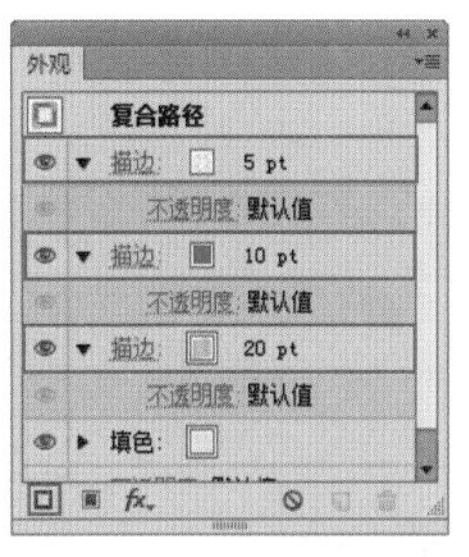

图 15-26

图 15-27

15.3　综合案例：使用“外观”面板制作吊牌

案例文件	使用“外观”面板制作吊牌 .ai
视频教学	使用“外观”面板制作吊牌 .flv
难易指数	★★★★☆
技术掌握	“外观”面板“圆角矩形工具”“文字工具”“椭圆工具”

在本案例中，主要的制作部分为吊牌主体部分。使用“圆角矩形工具”绘制吊牌的主体形状，然后在“外观”面板中添加多个“填色”和“描边”在制作高光、投影部分。案例完成效果如图 15-28 所示。

图 15-28

1. 制作吊牌主体形状

（1）创建一个新的空白文件。单击工具箱中的“矩形工具”按钮，绘制一个与画板等大的正方形并填充一个灰色系的径向渐变，如图 15-29 所示。

图 15-29

（2）单击工具箱中的“圆角矩形工具”按钮，绘制一个圆角矩形，如图 15-30 所示。单击工具中的“椭圆工具”按钮，使用该工具在相应的位置绘制两个正圆，如图 15-31 所示。

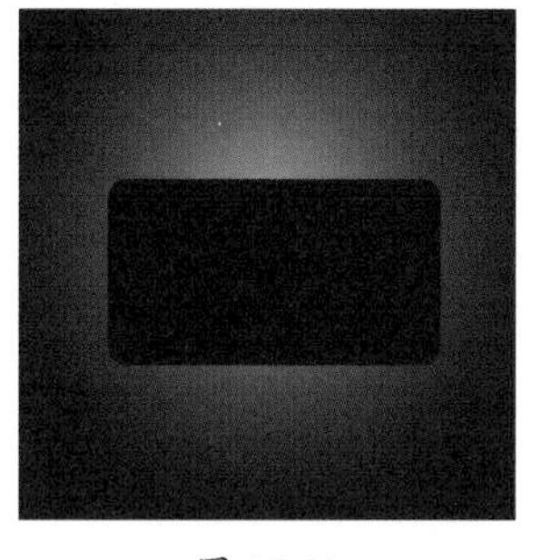

图 15-30

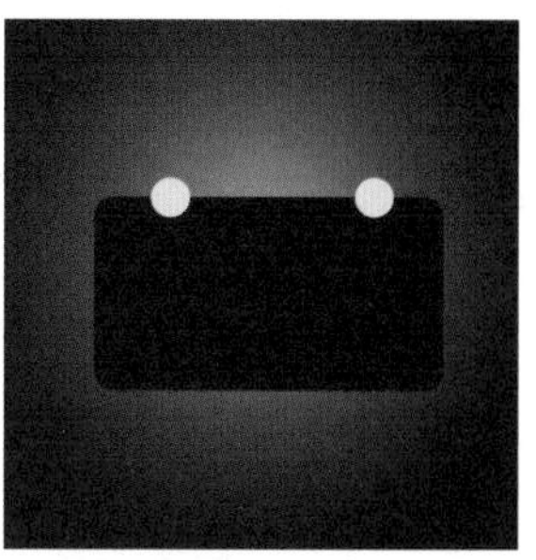

图 15-31

（3）将圆角矩形和两正圆选中，执行“窗口 > 路径查找器”命令，单击“联集”按钮，画面效果如图 15-32 所示。

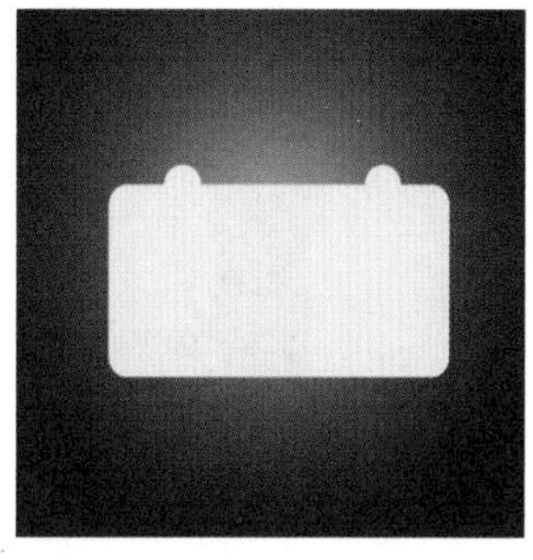

图 15-32

（4）执行“窗口 > 外观”命令，打开“外观”面板。选中刚刚制作完成的吊牌轮廓，在“外观”面板中将“填色”设置为灰色，如图 15-33 所示。

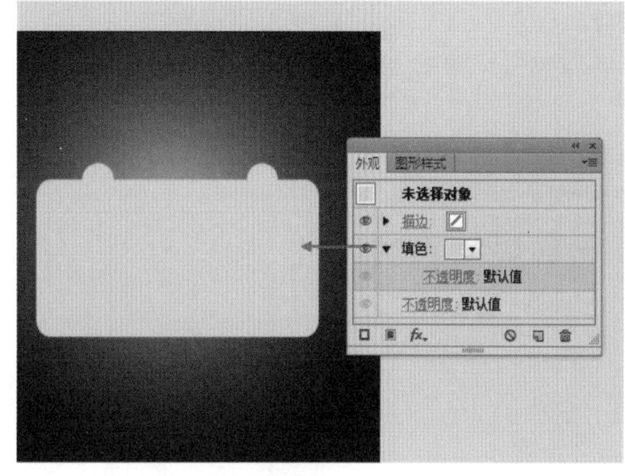

图 15-33

（5）接下来制作吊牌的高光部分。选中吊牌形状，单击“外观”面板中的“添加新填色”按钮，添加一个新的填色，并将“填色”设置为白色，如图 15-34 所示。因为新建的白色填色在灰色填色下，所以在画面中看不出什么变化。

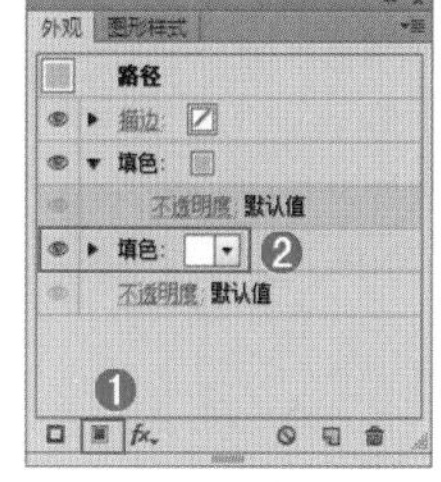

图 15-34

第 15 章

（6）在“外观”面板中选择白色填色，单击“添加新效果”按钮，执行“扭曲和变换＞变换”命令，在“变换效果”窗口中设置“缩放”选项中的“水平”和“垂直”均为100%，“移动”选项中的“水平”为0mm，“垂直”为－1mm，参数设置如图15-35所示。设置完成后单击“确定”按钮，效果如图15-36所示。

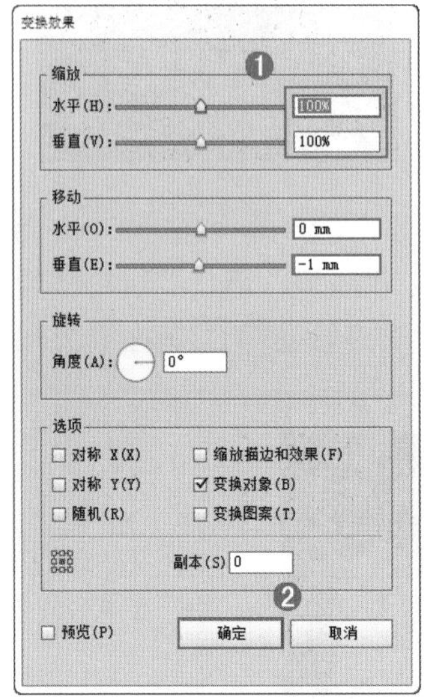

图 15-35

图 15-36

（7）接下来制作投影部分。选择吊牌，单击“添加新填色”按钮添加一个新填色。然后单击“添加新效果”按钮，执行“扭曲和变换＞变换”命令，在“变换效果”窗口中设置“缩放”选项中的“水平”为95%，“垂直”均为75%，“移动”选项中的“水平”为0mm，“垂直”为10mm，“角度”为355°，参数设置如图15-37所示。设置完成后单击“确定”按钮，效果如图15-38所示。

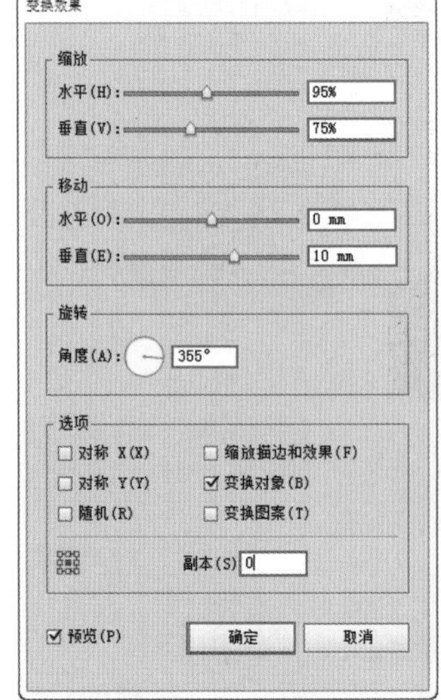

图 15-37

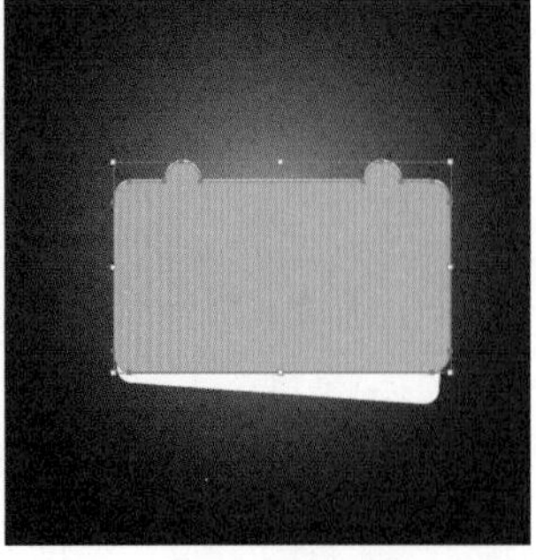

图 15-38

（8）接下来为投影部分添加渐变。执行“窗口＞渐变”命令，在“渐变”面板中编辑一个由白色到深灰色的渐变，如图15-39所示。然后使用“渐变工具”进行拖拽填充，效果如图15-40所示。

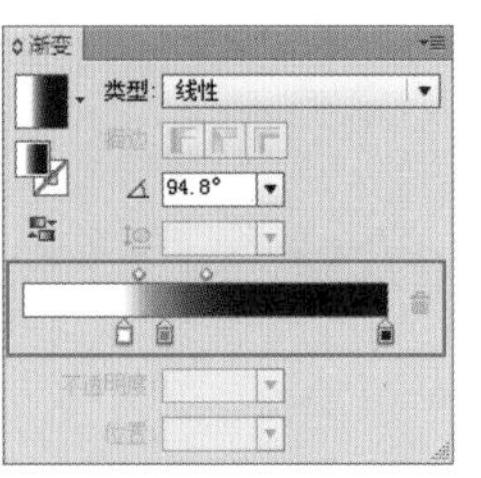

图 15-39

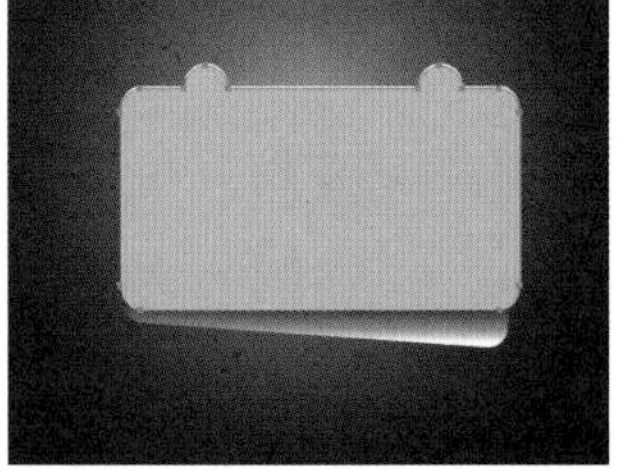

图 15-40

（9）为了让投影更加真实，可以设置混合为“正片叠底”，效果如图15-41所示。

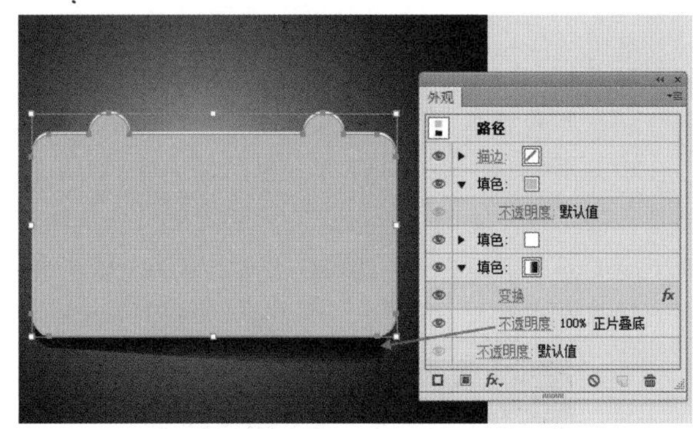

图 15-41

（10）下面制作吊牌的顶面。使用“圆角矩形工具”在相应位置绘制一个青色的圆角矩形，如图15-42所示。选择该圆角矩形，执行“效果＞风格化＞内发光”命令，在弹出的“内发光”窗口中设置“模式”为“正常”，颜色为稍深的青色，“不透明度”为80%，“模糊”为3mm，选择“边缘”选项，参数设置如图15-43所示。设置完成后单击“确定”按钮，效果如图15-44所示。吊牌的主体部分制作完成。

图 15-42

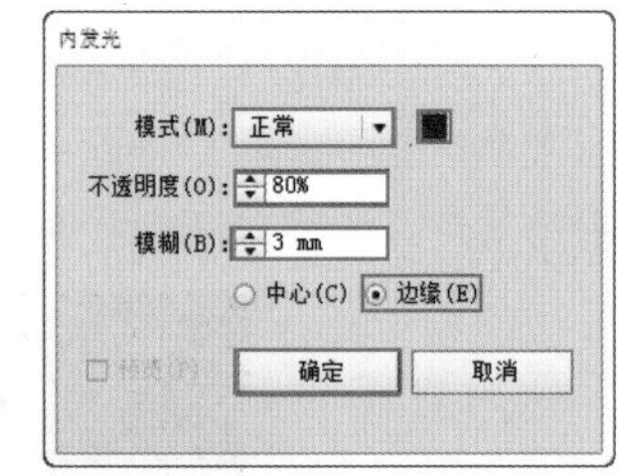

图 15-43

图 15-44

2．制作吊牌的文字部分

（1）单击工具箱中的“文字工具”按钮T，设置合适的字体和字号在相应位置进入文字。如图 15-45 所示。选择文字，在“外观”面板中制作出高光、投影，和内发光的效果，完成效果如图 15-46 所示。

图 15-45

图 15-46

（2）接下来制作吊牌上的高光。绘制一个与蓝色圆角矩形等大的圆角矩形，并填充一个由白色到灰色的线性渐变，如图 15-47 所示。选择该圆角矩形，执行“窗口 > 透明度”命令，在弹出的“透明度”面板中设置“混合模式”为“滤色”，“不透明度”为 25%，效果如图 15-48 所示。

图 15-47

图 15-48

（3）单击工具箱中的“钢笔工具”按钮，在相应位置绘制白色形状，如图 15-49 所示。选择白色形状和半透明的圆角矩形，执行“对象 > 剪切蒙版 > 建立”命令建立剪切蒙版，高光部分制作完成，效果如图 15-50 所示。

图 15-49

图 15-50

（4）接下来制作吊环部分。使用“椭圆工具”绘制一个正圆，如图 15-51 所示。选择该正圆及吊牌部分，在“路径查找器”中单击“剪切顶层形状”按钮，效果如图 15-52 所示。使用同样的方式制作另一侧吊环部分，如图 15-53 所示。

图 15-51

图 15-52

图 15-53

（5）将素材“1.png”导入到文件中，并摆放到合适位置，完成本案例的制作，效果如图 15-54 所示。

图 15-54

第 15 章

第 16 章 图形样式的使用

关键词

样式、样式库

要点导航

图形样式库

学习目标

掌握样式库面板的使用方法

能够使用样式制作特殊效果

佳作鉴赏

16.1 认识“图形样式”面板

在 Illustrator 中图形样式是一组可反复使用的外观属性。图形样式不仅可以应用于图形，还可以应用于组和图层。而且软件本身就带有多种类型的预设图形样式，只需要通过简单的选取并应用图形样式即可让画面变得更加丰富。图 16-1 和图 16-2 所示为可以使用到该功能制作的作品。

图 16-1

图 16-2

执行“窗口 > 图形样式”命令打开“图形样式”面板，在这里可以为对象赋予图形样式，也可以用来创建、命名和应用外观属性集，如图 16-3 所示。

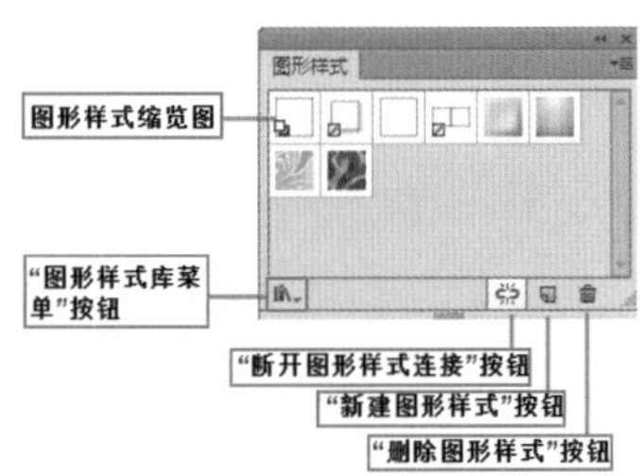

图 16-3

重点参数提醒：

- 图形样式缩览图：用来显示各种样式的缩览图，应用后的图形样式将显示在该区域。
- “图形样式库菜单”按钮：单击该按钮，可在弹出的菜单中选择提供的图形样式库，以打开相应的图形样式面板，还可以存储图形样式。
- “断开图形样式连接”按钮：断开图形样式连接后，对象仍保持图形样式的外观，但是对图形样式的更改不会影响对象外观。
- “新建图形样式”按钮：用来新建图形样式。
- “删除图形样式”按钮：用来删除选中的样式。

16.2 图形样式的编辑与使用

在图形样式面板中不仅能够为图形赋予样式，还能够对已有的样式进行创建、编辑以及删除。图 16-4 和图 16-5 所示为可以使用到该功能制作的作品。

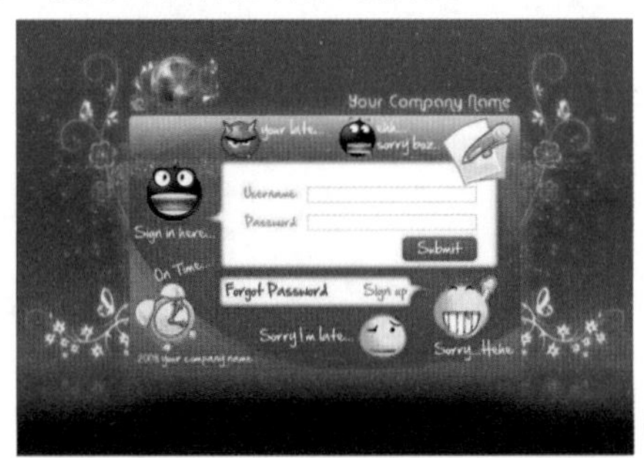

图 16-4

图 16-5

16.2.1 断开图形样式链接

当对一个对象添加了图形样式之后，该对象和图像样式之间就建立了链接关系，当对该对象的外观进行设置时，同时会影响到相应的样式，这时就需要将图形样式和外观进行断开链接。断开样式链接的方法很简单，选择相应的对象，单击“图形样式”面板中的“断开图形样式链接”按钮，或在“面板”菜单中执行“断开图形样式链接”命令，即可断开链接，如图 16-6 所示。

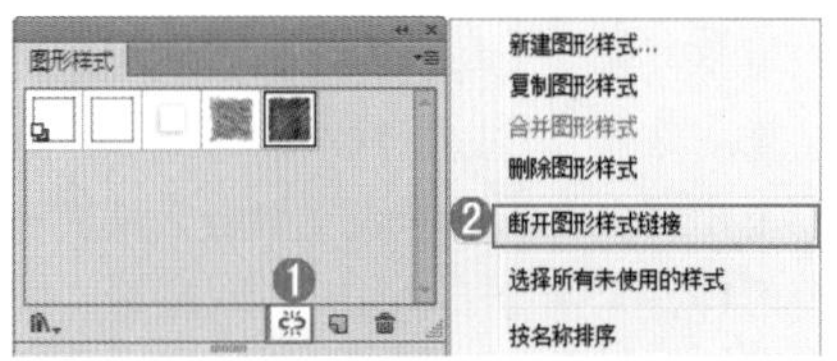

图 16-6

16.2.2 新建图形样式

若要将一个图形的“外观”设置保存为一个可供随时调用的“样式”时，可以使用以下几种方法。

方法一：选择带有需要定义为图形样式的对象，然后单击“图形样式”面板中的“新建图形样式”按钮，即可在“图形样式”面板中看到自定义的图形样式，如图 16-7 所示。

图 16-7

方法二：在上面的三种方法中，虽然可以快速地自定义图形样式，但是却无法将其进行命名。若想在编辑过程中将其命名，可以单击“面板”菜单按钮，执行“新建图形样式”命令，如图 16-8 所示。然后在弹出的“图形样式选项”中进行操作，如图 16-9 所示。

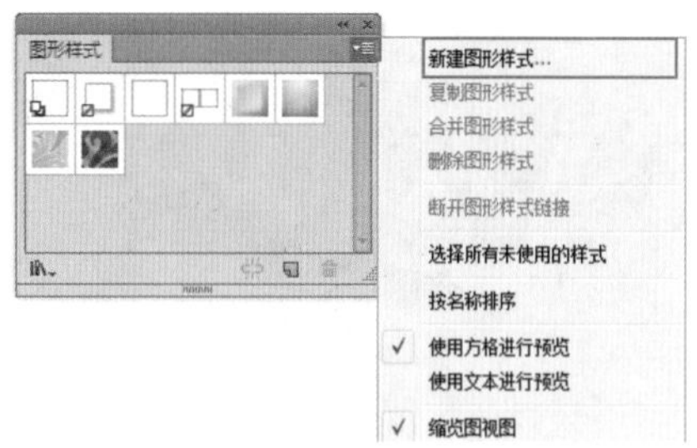

图 16-8

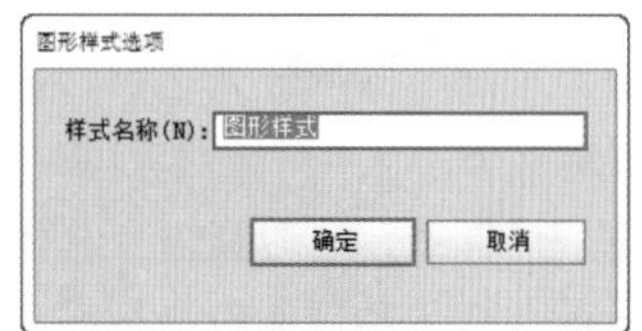

图 16-9

16.2.3 轻松练：复制图形样式

当我们想要创建一个与已有图形样式相似的样式时，就可以通过复制该样式并进行修改的方式操作。想要复制样式，首先需要调出“图形样式”面板，从面板菜单中执行“复制图形样式”命令，如图 16-10 所示。即可将图形样式进行复制，如图 16-11 所示。

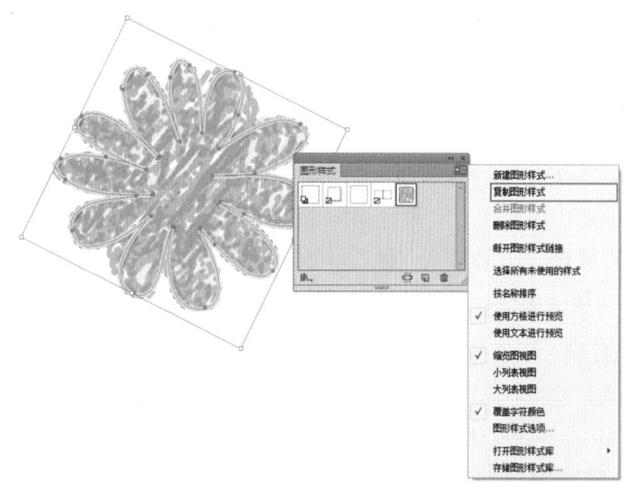

图 16-10

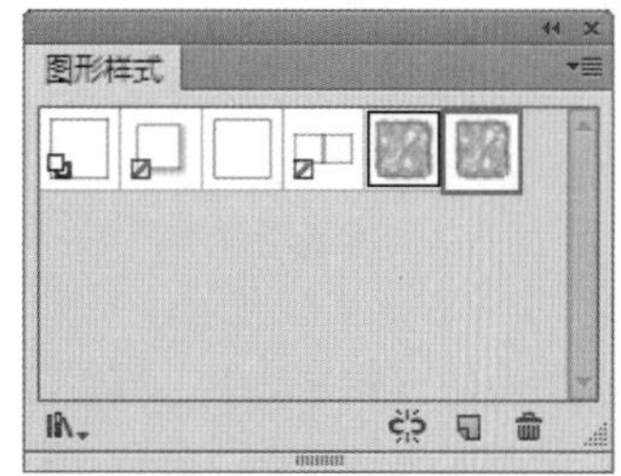

图 16-11

16.2.4 轻松练：合并图形样式

（1）在“图形样式”面板中可以基于现有图形样式来创建图形样式。按住 <Ctrl> 键单击以选择要合并的所有图形样式，然后从面板菜单中选择“合并图形样式”，如图 16-12 所示。

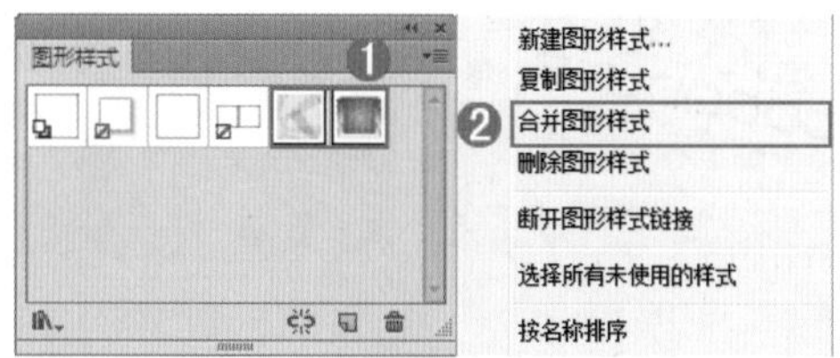

图 16-12

（2）新建的图形样式将包含所选图形样式的全部属性，并将被添加到面板中图形样式列表的末尾，如图 16-13 所示。

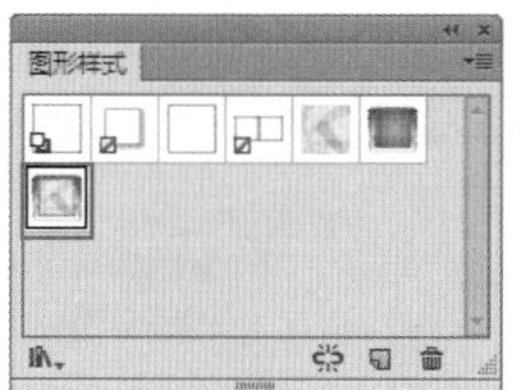

图 16-13

16.2.5 轻松练：删除图形样式

（1）在“样式”面板中选中需要删除的图像样式，单击“删除图形样式”按钮，在弹出的对话框中单击“是”，即可删除该样式，如图 16-14 所示。

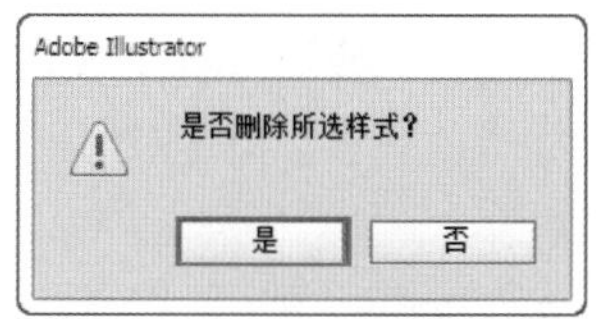

图 16-14

（2）在“图形样式”窗口中可以将未使用的样式删除。在面板菜单中执行“选择所有未使用的样式”命令，如图 16-15 所示。然后“图形样式”面板中的未使用过的图形样式就会被选中，如图 16-16 所示。

图 16-15

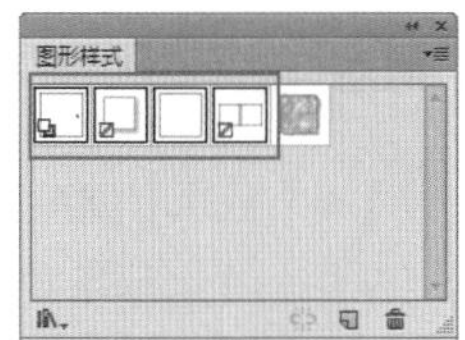

图 16-16

（3）然后单击“删除图形样式”按钮，在弹出的对话框中单击“是”按钮，即可将未使用过的图形样式删除，如图 16-17 所示。

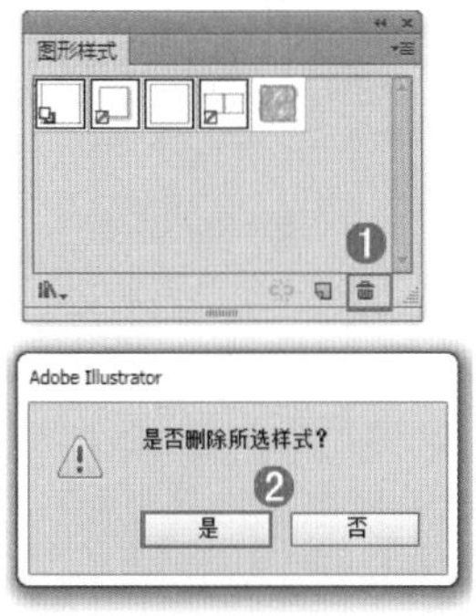

图 16-17

16.2.6　更改面板显示方式

用户可以根据自身的使用习惯来更改“图形样式”面板中的视图大小。

1. 执行“窗口 > 图形样式”命令，打开“图形样式”窗口，单击面板菜单按钮，可以看到默认的视图方式为“使用方格进行预览”和“缩览图视图”，如图 16-18 所示。

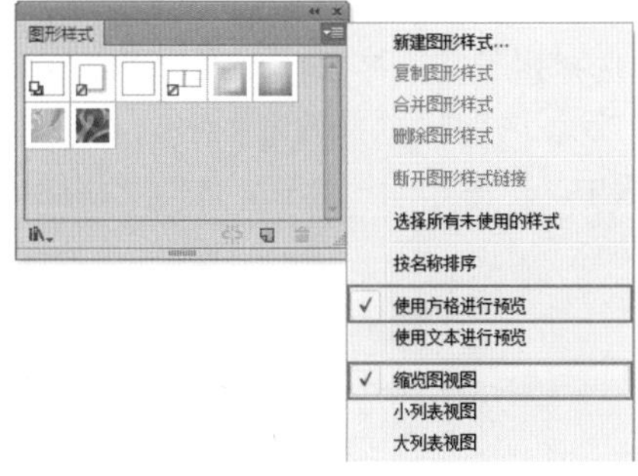

图 16-18

2. 在“使用方格进行预览”的状态下，执行“小列表视图”或“大列表视图”命令，“图形样式”面板如图 16-19 和图 16-20 所示。

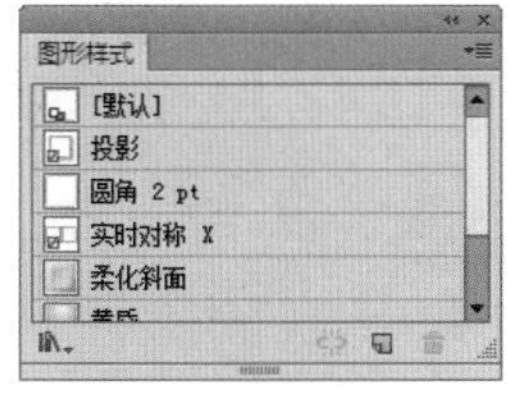

图 16-19

图 16-20

3. 图形样式的应用范围很广泛，在设计中还会针对文字添加图形样式，在图形样式面板中，可以使用文本进行预览。执行“使用文本进行预览”命令，可在字母“T”上查看样式。此视图为应用于文本的样式提供更准确地直观描述，如图 16-21 所示。

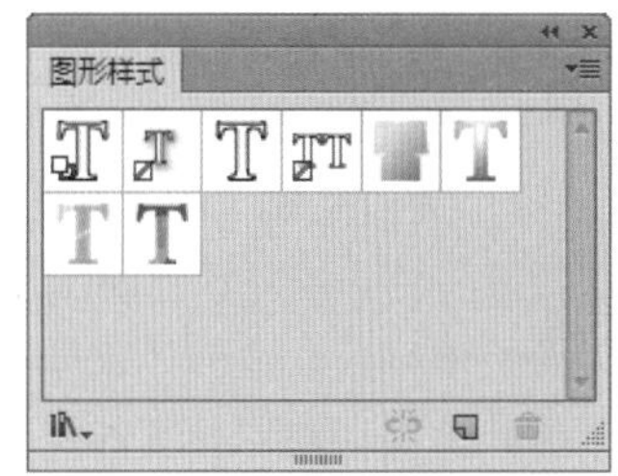

图 16-21

16.3　样式库面板

打开“图形样式”面板时可以看到面板中只有很少量的内置样式，其实在 Illustrator 中包含很多非常精彩的图形样式，它们都在“样式库”中。图形样式库是一组预设的图形样式集合。当打开一个图形样式库时，会出现在一个新的面板中，如图 16-22 和图 16-23 所示。

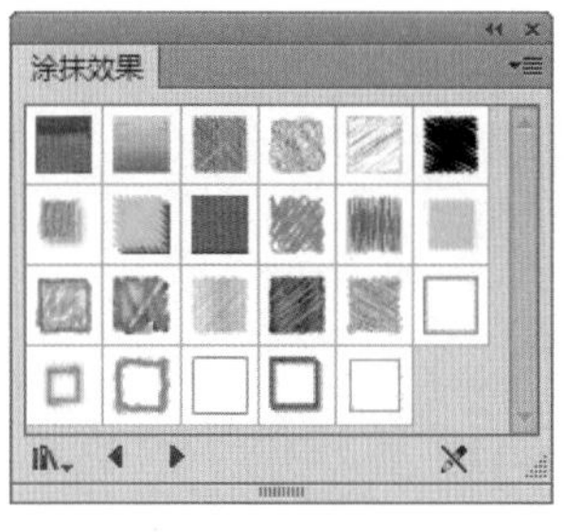

图 16-22

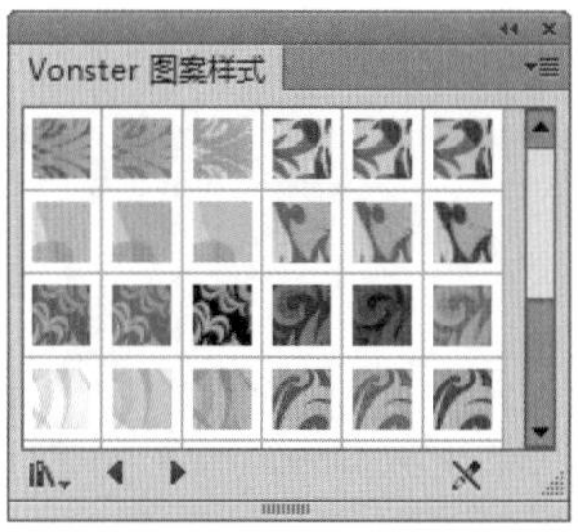

图 16-23

16.3.1　使用样式库

（1）在“图形样式”面板中单击“图形样式库菜单”按钮，如图 16-24 所示。在菜单中选择某个命令即可打开相应的样式库面板，如图 16-25 所示。或执行“窗口 > 图形样式库”命令，在弹出的菜单中选择不同的选项，调出不同的样式库面板。

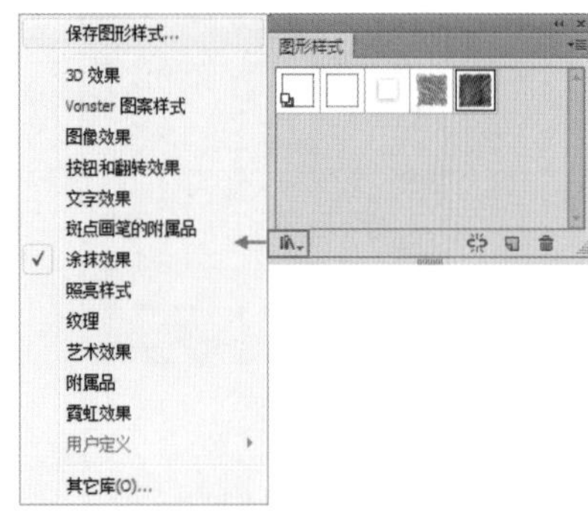

图 16-24

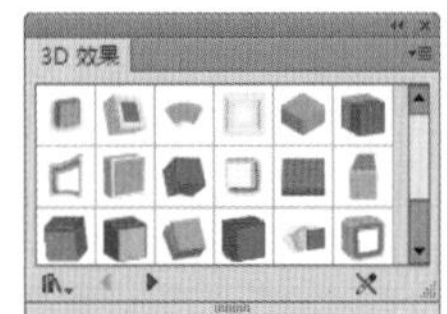

图 16-25

（2）接下来可以为对象赋予样式库中的样式了，首先选中要选择需要赋予样式的对象，如图 16-26 所示。然后在“样式库”面板中单击合适的样式即可，如图 16-27 所示。此时所选对象上便会出现相应的样式，如图 16-28 所示。

图 16-26

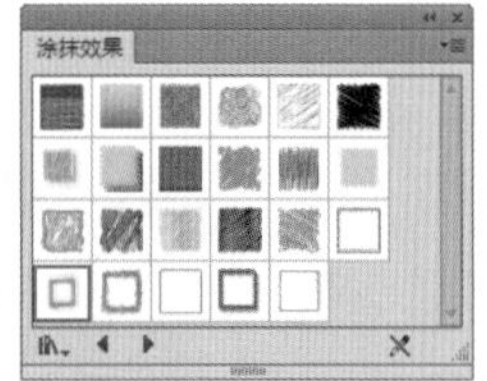

图 16-27

图 16-28

16.3.2 轻松练：使用样式库中的样式为女孩换新装

（1）打开素材“1.ai”，如图 16-29 所示。可以看到女孩的裙子颜色过于单调。接下来将为女孩“换新装”。

图 16-29

（2）使用“直接选择”工具，选择女孩裙子为其填充颜色，如图 16-30 所示。继续选中裙子的主体部分，执行“编辑 > 复制”命令，将其复制，继续执行“编辑 > 贴在前面”命令，将其贴在前面。

图 16-30

（3）选择裙子的主体部分，执行“窗口 > 图形样式库 > 涂抹”命令，打开“涂抹效果”面板，如图 16-31 所示。选择该面板中的“涂抹 11”样式，此时女孩的裙子效果如图 16-32 所示。

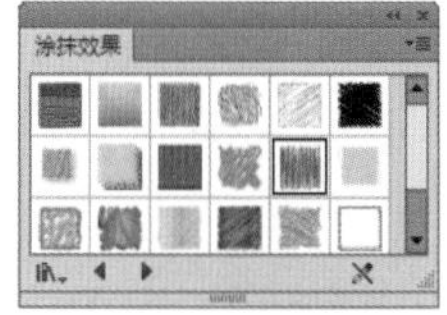

图 16-31

图 16-32

16.3.3　导入外部图形样式

在 Illustrator 中不仅可以使用自带的样式库，还可以调入其他文件中的图形样式进行使用。执行“窗口 > 图形样式库 > 其他库”或从“图形样式”面板菜单中选择“打开图形样式库 > 其他库”命令。选择要从中导入图形样式的文件，单击“打开”按钮。图形样式将出现在一个图形样式库面板（不是“图形样式”面板）中，如图 16-33 和图 16-34 所示。

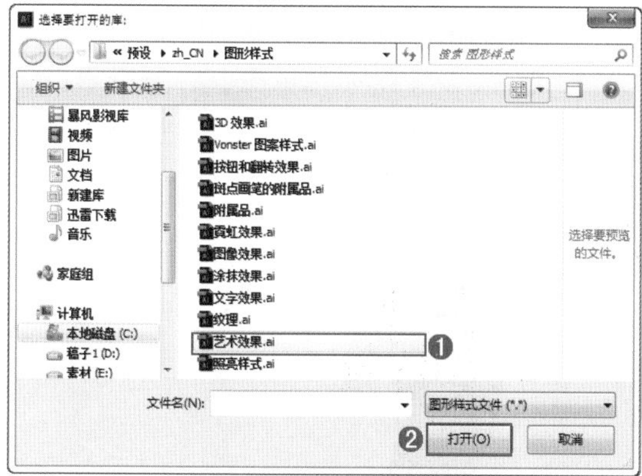

图 16-33

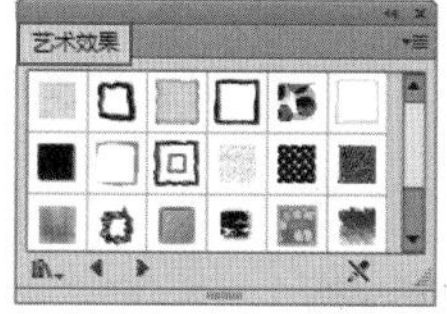

图 16-34

16.3.4　保存图形样式库

自定义样式后，该样式只能出现在当前文档中，关闭该文档后，相应的自定义样式也会消失。若要将该样式永久地保存，可以将该样式保存为样式库。在“图形样式”面板菜单中执行“存储图形样式库”命令，在弹出“将图形样式存储为库”对话框选中相应文件夹，并定义文件夹，然后单击“保存”按钮，如图 16-35 所示。

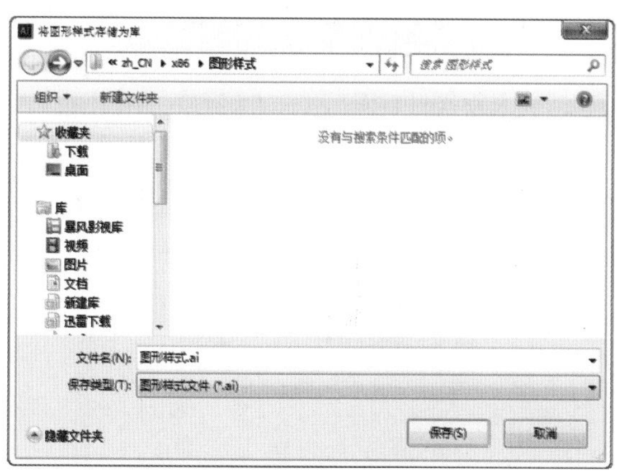

图 16-35

16.4　综合案例：使用“图形样式”制作活动网页

案例文件	使用“图形样式”制作活动网页 .ai
视频教学	使用“图形样式”制作活动网页 .flv
难易指数	★★★★☆
技术掌握	“外观”面板“图形样式”“文字工具”“椭圆工具”“文字工具”

在本案例中，主要针对“图形样式”进行训练。在案例制作中，分为两部分。第一部分是制作主体，先制作背景，然后制作人物及人物的投影，最后制作主体文字和分割线。第二部分制作前景，先制作前景的形状，然后为其添加装饰及文字。案例完成效果如图 16-36 所示。

图 16-36

1. 制作主体部分

（1）执行“文件 > 新建”命令，新建一个“宽度”为 1024 像素，“高度”768 像素的文件如图 16-37 所示。

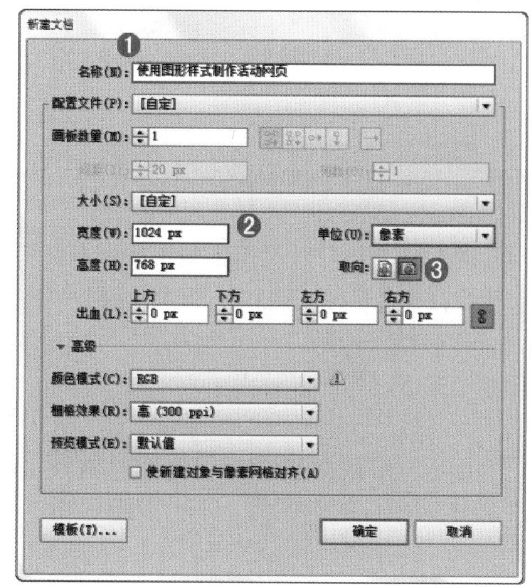

图 16-37

（2）单击工具箱中的“矩形工具”按钮，绘制一个与画板等大的淡粉色矩形，如图 16-38 所示。打开素材“1.ai”，将背景花纹选中，然后将其复制到本文件中，如图 16-39 所示。

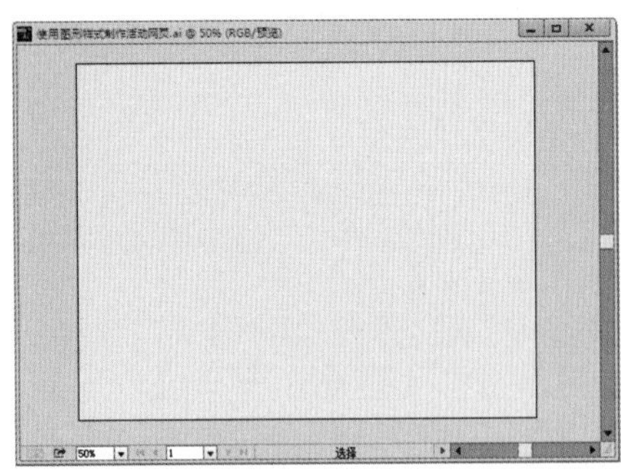

图 16-38

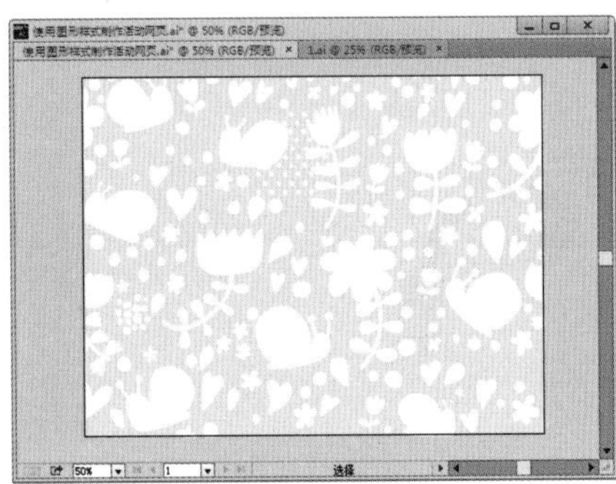

图 16-39

（3）选中花纹，在控制栏中设置“不透明度”为 40%，效果如图 16-40 所示。

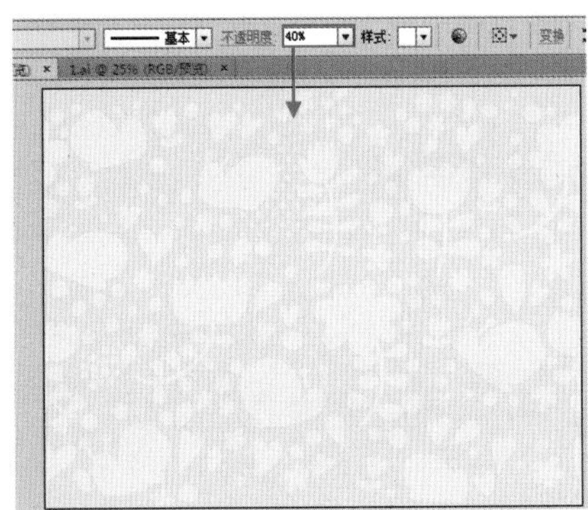

图 16-40

（4）将素材“1.ai”文件中的城市剪影素材复制到本文件中，摆放在合适位置，然后在控制栏中设置“不透明度”为 40%，如图 16-41 所示。将人物素材导入到文件中放置在合适位置。如图 16-42 所示。

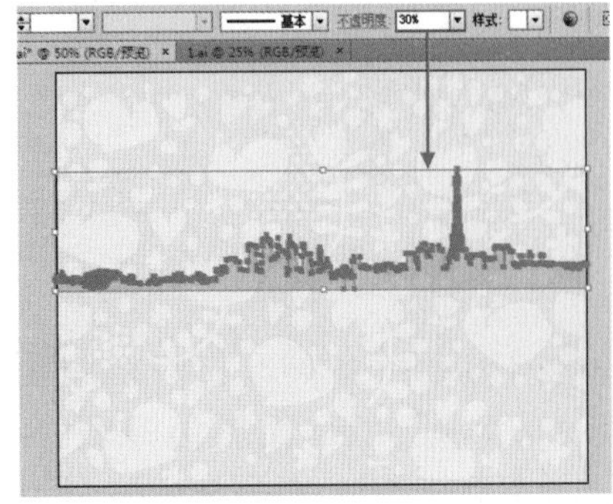

图 16-41

图 16-42

（5）接下来制作人物投影部分。使用“钢笔工具”绘制人物的剪影，如图 16-43 所示。选择人物剪影，执行“窗口 > 图像样式库 > 涂抹效果”命令，打开“涂抹效果”面板，单击“涂抹 6”效果，此时效果如图 16-44 所示。

图 16-43

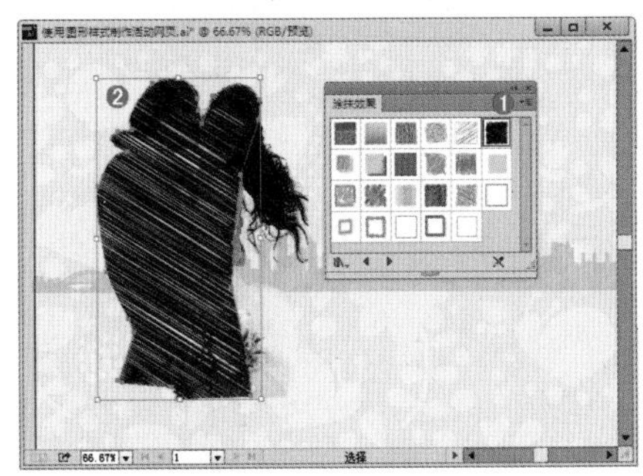

图 16-44

（6）人物剪影被添加了“涂抹”效果，接下来更改其颜色，让其复合整个画面的色调。选择人物剪影，执行“窗口 > 外观”命令，打开“外观”面板。在“外观”面板中更改“填色”为粉色，如图 16-45 所示。将人物剪影效果移动到人物素材后面，并向左轻移，制作出投影效果，如图 16-46 所示。

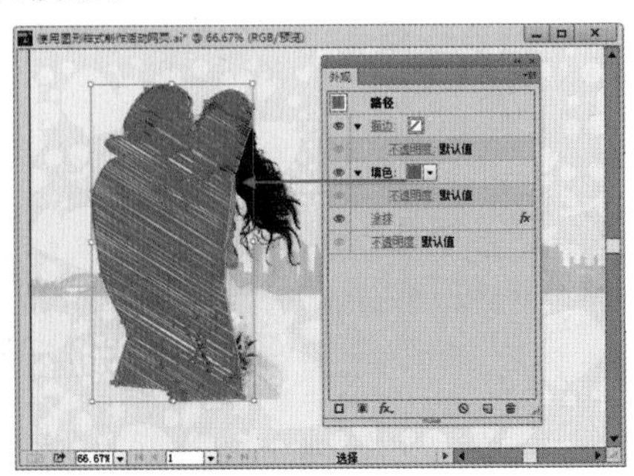

图 16-45

图 16-46

（7）设置“剪影”的不透明度为 40%，画面效果如图 16-47 所示。

图 16-47

（8）接下来制作主体文字部分。单击工具箱中的“文字工具”按钮 T，在画板以为区域键入文字，如图 16-48 所示。选择文字，使用快捷键 <Ctrl+Shift+O> 将其创建轮廓。

图 16-48

（9）选择文字，使用快捷键 <Ctrl+C> 将其进行复制，此时不要进行其他复制、移动等操作。继续单击“涂抹效果”面板中的“涂抹 6”效果，然后将其更改为粉色，不透明度为 40%，效果如图 16-49 所示。此时使用“贴在前面”快捷键 <Ctrl+F> 将其贴在前面，然后将文字更改为粉色，如图 16-50 所示。

（10）选择粉色的文字，执行“窗口 > 图形样式库 > 霓虹效果”命令，在“霓虹效果”面板中，单击“深洋红色霓虹”效果，文字效果如图 16-51 所示。将文字向左轻移，露出上一步做的涂抹效果。将文字选中，并移动到画面中合适位置，如图 16-52 所示。

图 16-49

图 16-50

图 16-51

图 16-52

（11）继续在画面中键入文字，如图 16-53 所示。

图 16-53

（12）接下来制作版面的分割线部分。使用“钢笔工具”绘制形状，如图 16-54 所示。将该图层的“不透明度”设置为 70%，如图 16-55 所示。

图 16-54

图 16-55

（13）选中该形状，执行“对象 > 变换 > 对称”命令，在“镜像”窗口中，设置“轴”为“垂直”，单击“复制”按钮，如图 16-56 所示。然后将复制得到的形状调整位置，更改颜色。效果如图 16-57 所示。

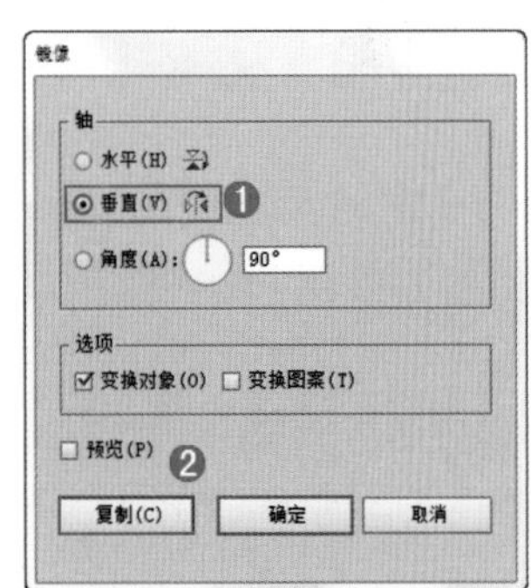

图 16-56

图 16-57

（14）继续使用“钢笔工具”绘制形状，效果如图 16-58 所示。

图 16-58

（15）接下来为黄色的形状，添加圆点装饰。单击工具箱中的“椭圆工具”按钮，在画面中单击鼠标左键，在弹出的“椭圆”窗口中设置“宽度”和“高度”为 8pt。单击“确定”按钮，正圆绘制完成，如图 16-59 所示。将该形状复制移动到合适位置，如图 16-60 所示。

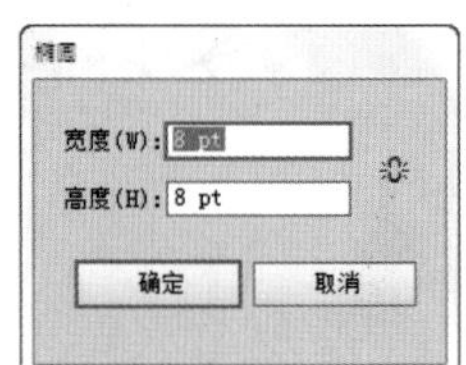

图 16-59

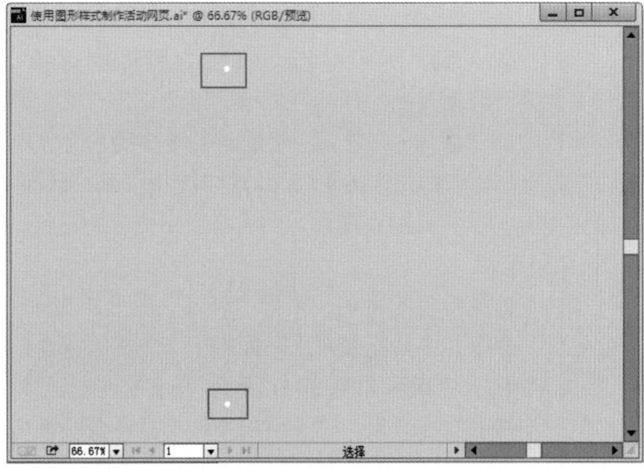

图 16-60

（16）将这两个正圆选中，双击工具箱中的“混合工具”按钮，在弹出的“混合选项”窗口中设置“间距”为“指定的步骤”，“步骤”为 20，单击“确定”按钮，完成设置。选中刚刚绘制的两个正圆。使用快捷键 <Ctrl+Alt+B> 建立混合，效果如图 16-61 和图 16-62 所示。

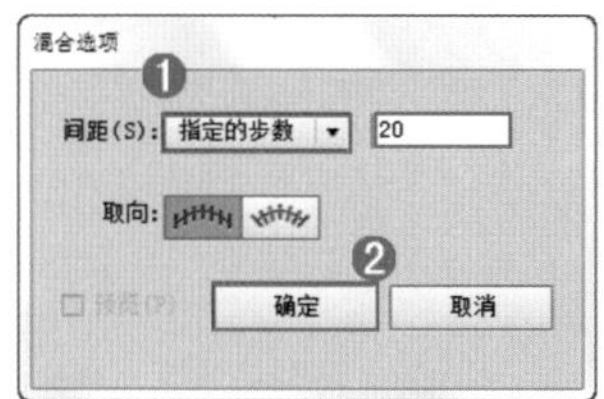

图 16-61

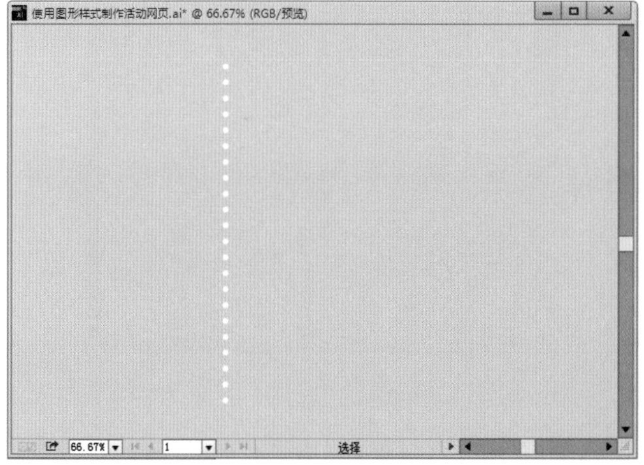

图 16-62

（17）选中刚刚建立的混合对象，执行“对象 > 拓展”命令将其拓展，然后将这一排圆点选中使用快捷键 <Ctrl+G> 将其编组。将其选中，按住 <Alt+Shift> 键将其平移并复制，如图 16-63 和图 16-64 所示。将二者选中，双击“混合工具”按钮，在弹出的“混合选项”窗口中设置“间距”为“指定的步骤”，“步骤”为 60，单击“确定”按钮，完成设置。选中刚刚绘制的两个正圆。使用快捷键 <Ctrl+Alt+B> 建立混合，效果如图 16-65 所示。圆点装饰制作完成后，可以将其复制一份放置在一旁，在后面的制作中还会使用到。

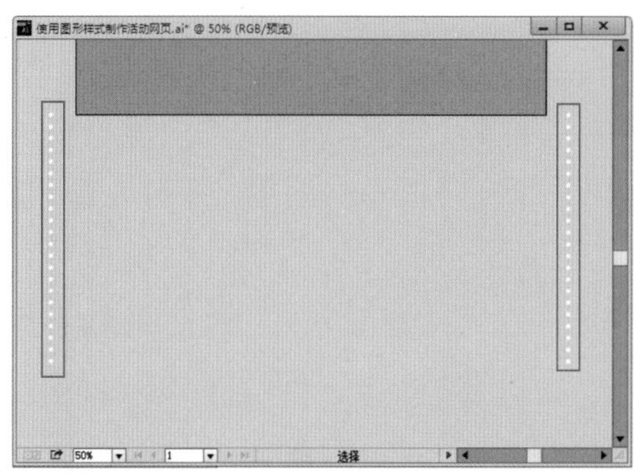

图 16-63

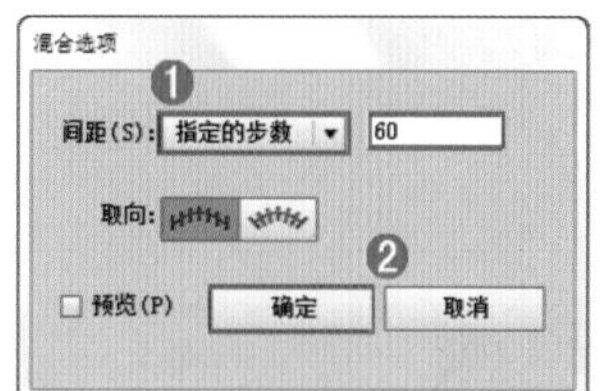

图 16-64

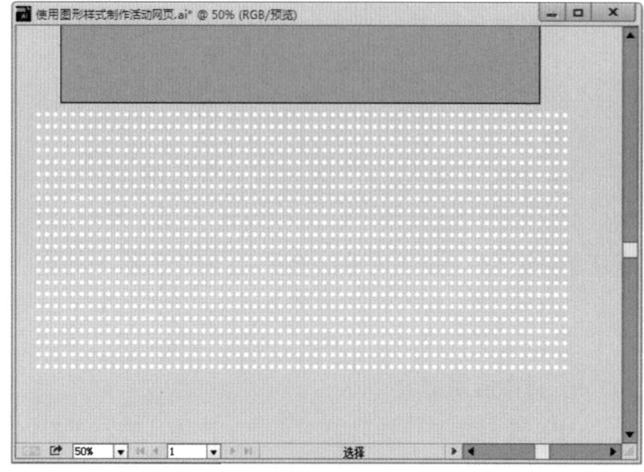

图 16-65

（18）将画面中黄色的形状复制一份，移动到圆点的上方。如图 16-66 所示。将二者选中，使用快捷键 <Ctrl+7> 建立剪切蒙版，然后将圆点素材移动到合适位置，如图 16-67 所示。

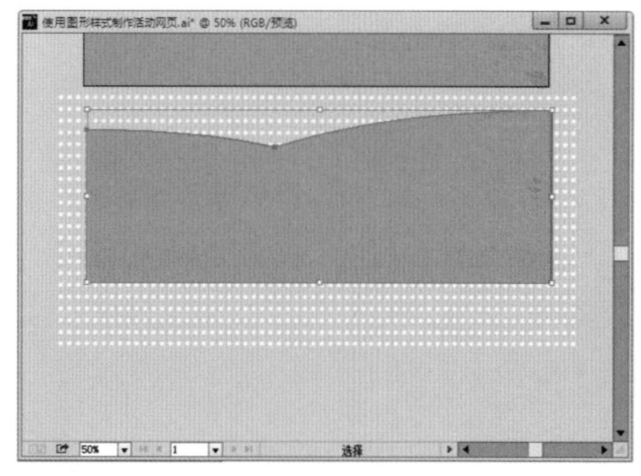

图 16-66

图 16-67

（19）选中圆点装饰，设置其“不透明度”为 10%，如图 16-68 所示。

图 16-68

2．制作前景部分

（1）接下来制作前景中的图案。使用“椭圆工具”绘制相互堆叠的椭圆，如图 16-69 所示。执行“窗口 > 路径查找器”命令，调出“路径查找器”面板，然后单击“联集”按钮，将这些圆形合并成一个形状，如图 16-70 所示。

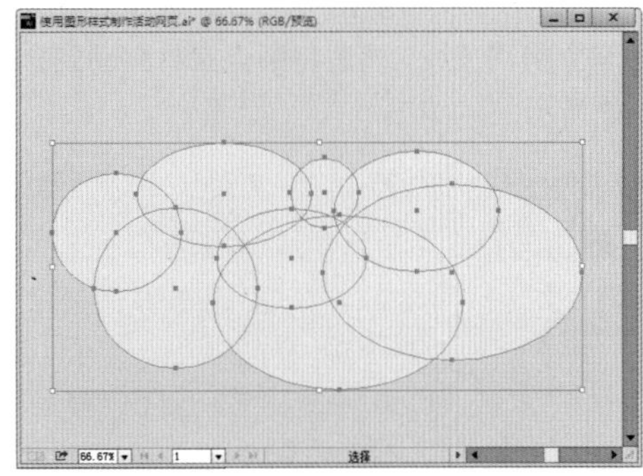

图 16-69

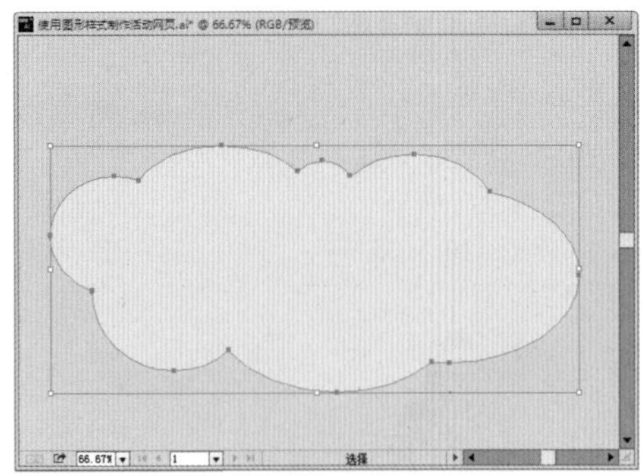

图 16-70

（2）选择这个形状，使用复制快捷键 <Ctrl+C> 将其复制，此时不要进行移动、复制等的操作。然后将之前复制得到的圆点素材移动到这个形状上方，如图 16-71 所示。然后使用贴在前面快捷键 <Ctrl+F> 将其贴在前面，如图 16-72 所示。在后面还有“贴在前面”的操作，所以不要进行其他“复制”的操作。

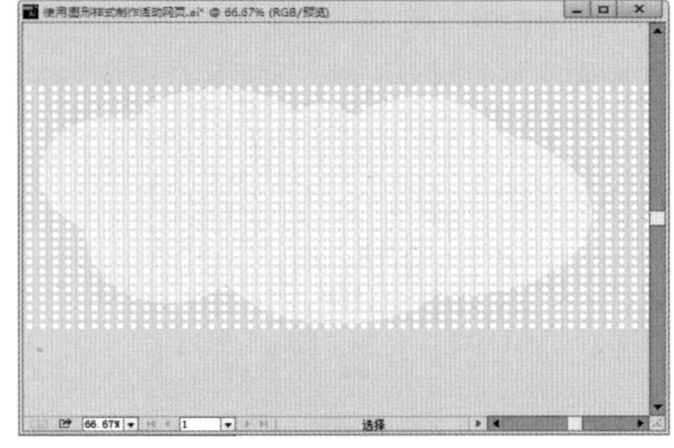

图 16-71

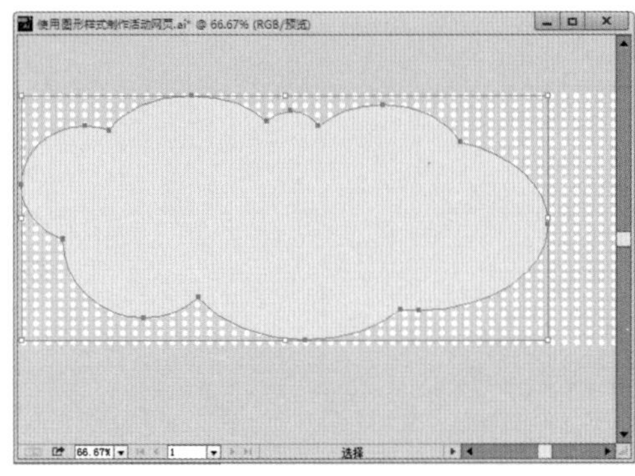

图 16-72

（3）将复制得到的形状和圆点装饰选中，建立剪切蒙版。效果如图 16-73 所示。设置该形状的“不透明度”为 50%，效果如图 16-74 所示。

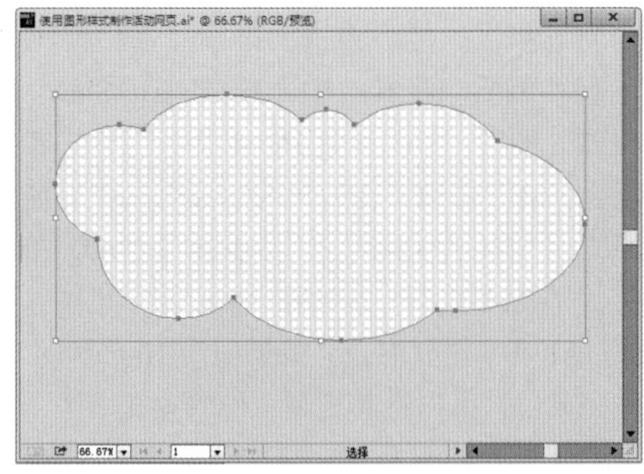

图 16-73

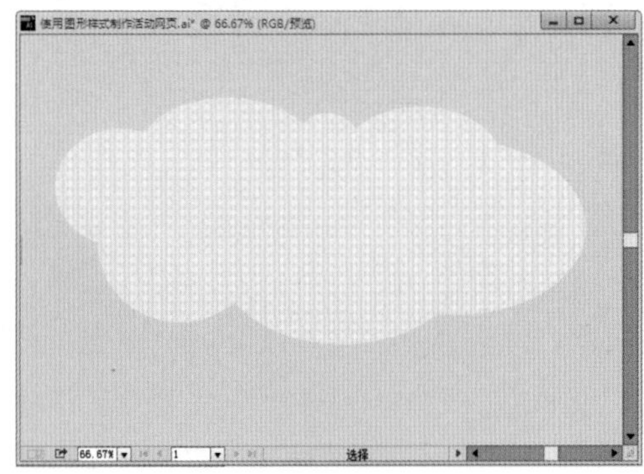

图 16-74

（4）继续使用贴在前面快捷键 <Ctrl+F> 将之前复制的形状进行粘贴，如图 16-75 所示。选中该形状，为其添加“深洋红色霓虹”效果，画面效果如图 16-76 所示。

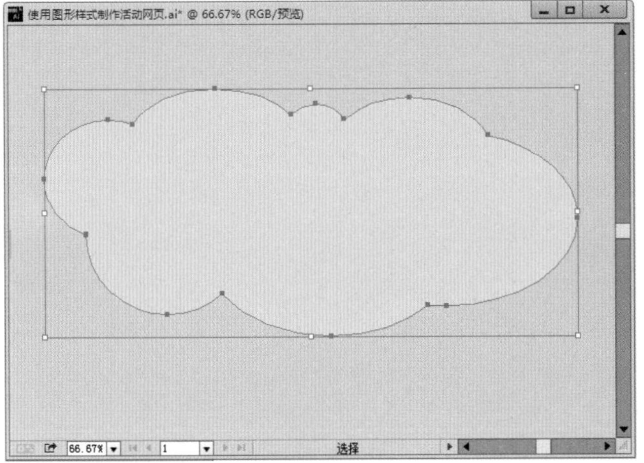

图 16-75

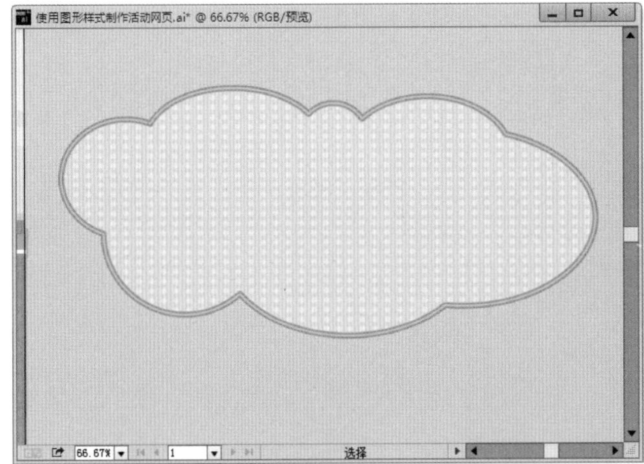

图 16-76

（5）将素材“1.ai”中的卡通人物复制到本文件中，摆放到合适位置，如图 16-77 所示。

图 16-77

（6）使用“文字工具”在画面中键入文字，如图 16-78 所示。为其添加“深洋红色霓虹”效果，效果如图 16-79 所示。

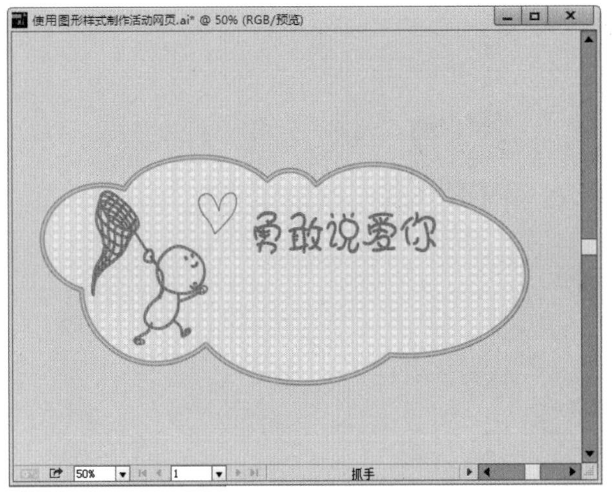

图 16-78

图 16-79

（7）继续在画面中键入文字。然后将其移动到画面中的合适位置，如图 16-80 所示。

图 16-80

（8）使用“钢笔工具”绘制一条路径，如图 16-81 所示。单击工具箱中的“路径文字”工具按钮，键入路径文字，如图 16-82 所示。本案例制作完成。

图 16-81

图 16-82

第 17 章 图表

关键词

图表、堆积柱形图、条形图、堆积条形图、折线图、面积图、散点图、饼图、雷达图

要点导航

创建图表

图表工具

学习目标

学会各种图表工具的使用方法

掌握“图表数据”窗口的使用方法

掌握将不同图表类型互换的方法

佳作鉴赏

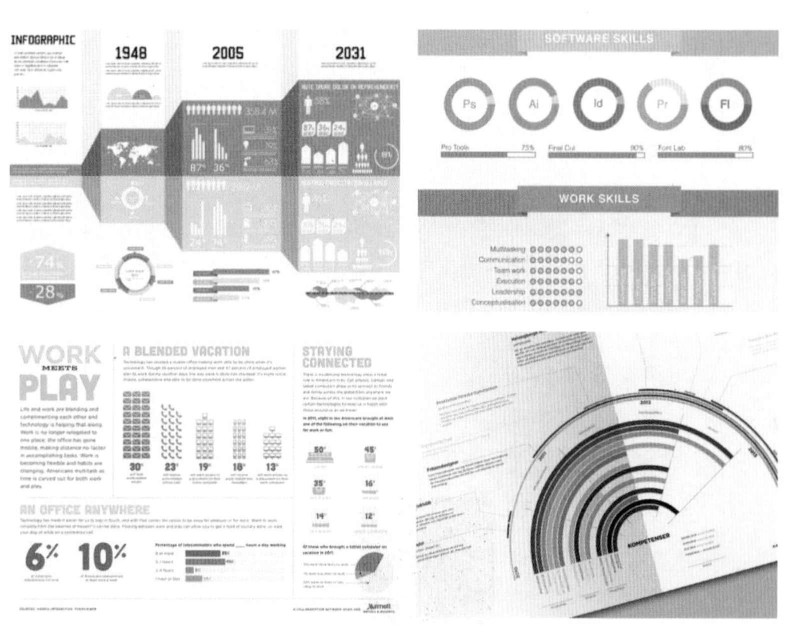

17.1 创建图表

“图表”是一种可视的信息交流统计方式。在Illustrator中提供了多种用于创建图表的工具，使用这些工具可以精确而美观地创建出柱形图、堆积柱形图、条形图、堆积条形图、折线图、面积图、散点图、饼图、雷达图，如图17-1所示。图17-2和图17-3所示为可以使用到该工具制作的作品。

图 17-1

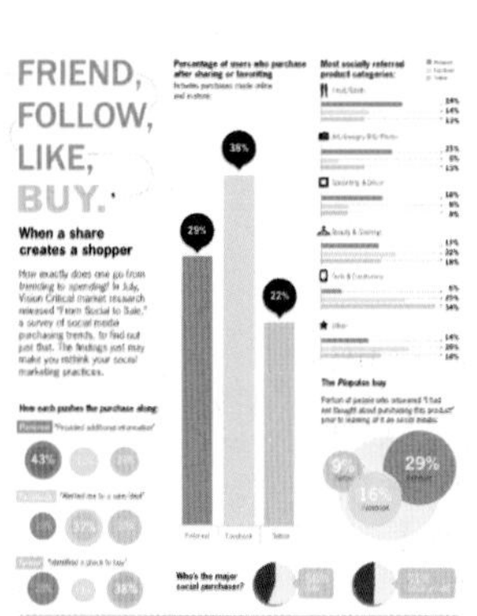

图 17-2

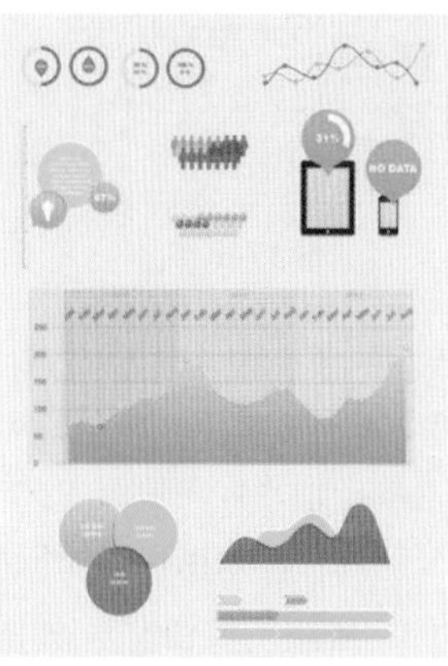

图 17-3

17.1.1 轻松练：尝试创建柱形图表

创建图表的方法大同小异，以创建柱形图为例，来学习如何创建图表。柱形图工具创建的图表可用垂直柱形来比较数值。

（1）单击工具箱中的“柱形图工具”按钮，在画板中拖动绘制出一个矩形，如图 17-4 所示。松开鼠标后，绘画中会生成一个还未定义的柱形图和“图表数据”对话框，如图 17-5 所示。

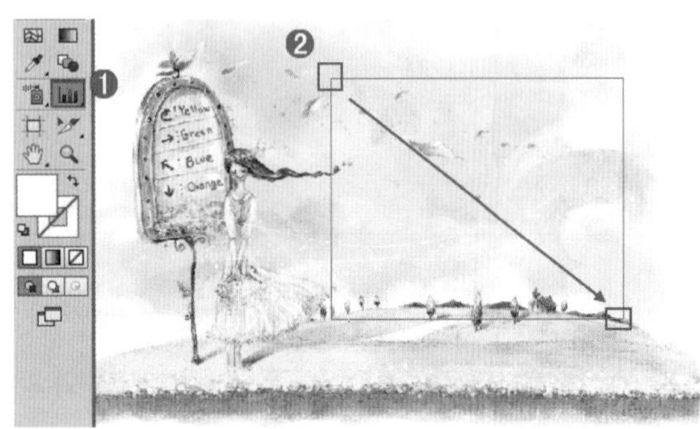

图 17-4

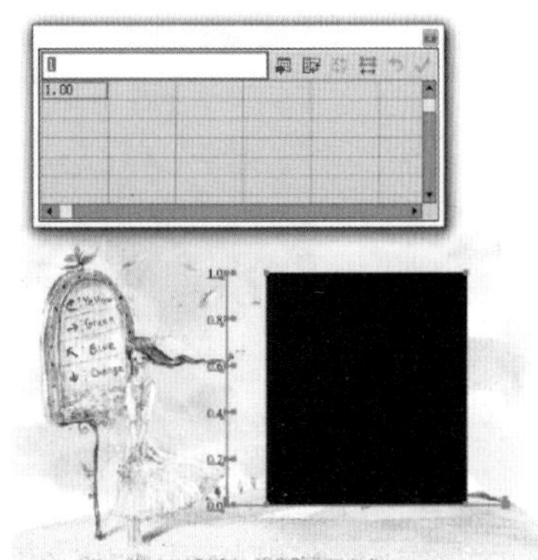

图 17-5

（2）也可以在选择“柱形图工具”后，在画板中单击，接着会弹出“图表”对话框，在该对话框中通过设置“宽度”和“高度”的数值来控制图表的大小，如图 17-6 所示。

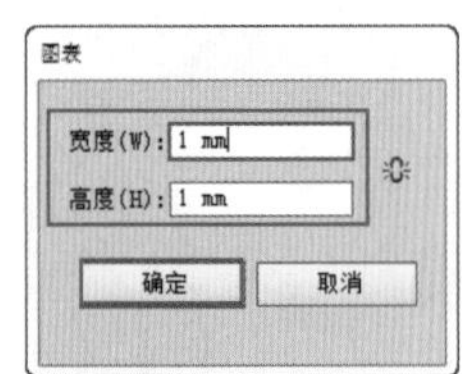

图 17-6

（3）在该对话框的图表中，按照实际的情况将相应的数据输入到表格中，并且要输入相应的行名称和列名称。只要在相应的单元上单击，并且在顶部的文本框中输入相应名称或数据即可完成操作。数据输入完成后，单击“图表数据”对话框中的“应用”按钮，如图 17-7 所示。图表效果如图 17-8 所示。

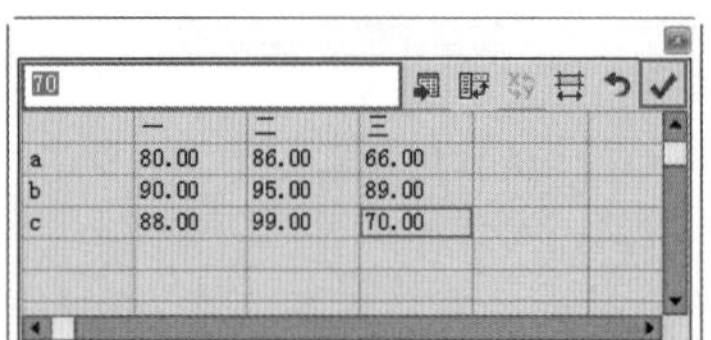

	一	二	三
a	80.00	86.00	66.00
b	90.00	95.00	89.00
c	88.00	99.00	70.00

图 17-7

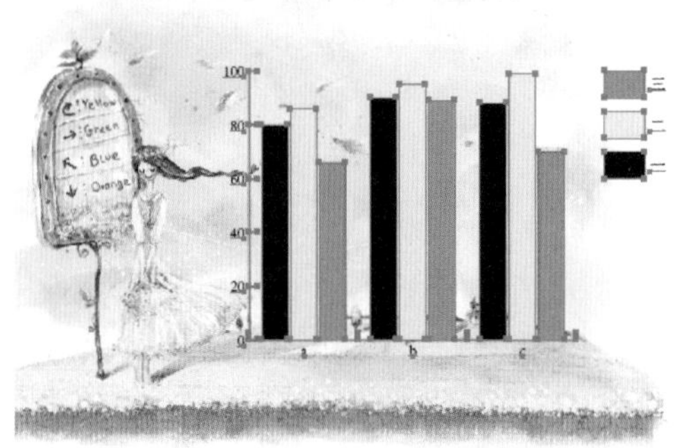

图 17-8

（4）单击工具箱中的“直接选择工具”按钮，在画板中同时选中黑色的数值轴及图例，调出“颜色”面板，设置一个颜色。然后使用同样的方法在其他数值轴和图例上填充其他颜色，如图 17-9 所示。

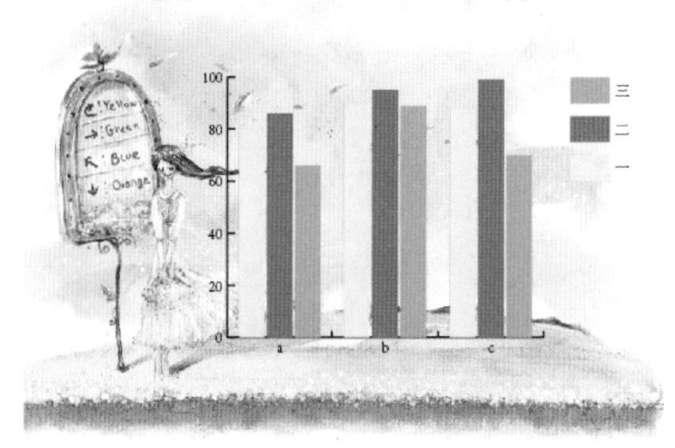

图 17-9

17.1.2 设置图表数据

使用图表工具时会自动显示“图表数据”窗口，当然图表创建完成后也可以执行“对象 > 图表 > 数据”命令，重新打开该窗口并进行参数的调整。下面我们来详细了解一下这个窗口的主要参数设置区域，如图 17-10 所示。

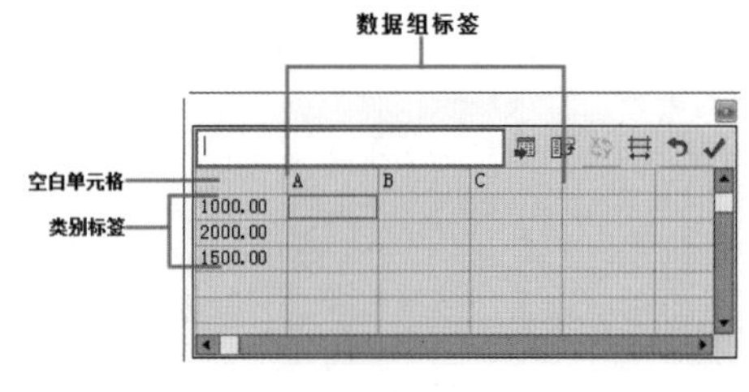

图 17-10

重点参数提醒：

- 数据组标签：数据组标签是指单元格的顶行。在数据组标签中输入不同数据组的标签，这些标签将在图例中显示。
- 空白单元格：将该单元格设置为空白，可以使绘制的图表自动生成图表图例。选择该单元格，将该单元格的数据删除，空白单元格设置完成。
- 类别标签：在单元格的左列中输入用于类别标签。类别通常为时间单位，如日、月或年。这些标签沿图表的水平轴或垂直轴显示，只有雷达图例外，它的每个标签都产生单独的轴。

小技巧：关于数据组标签的小知识

在单元格的顶行中输入用于不同数据组的标签。这些标签将在图例中显示。如果不希望 Illustrator 生成图例，则不要输入数据组标签。要创建只包含数字的标签，请用直式双引号将数字引起来。例如，输入 "2004" 以将年份 2004 用作标签。

接下来了解一下窗口右侧的功能按钮，如图 17-11 所示。

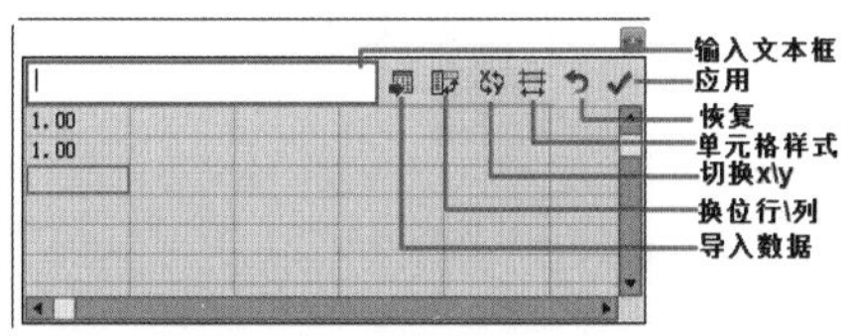

图 17-11

重点参数提醒：

- 导入数据：单击该按钮可从弹出的“导入图表数据”对话框中导入制表文本文件中的图形数据。
- 换位行 \ 列：可以互换行 \ 列之间的数据。
- 切换 x\y：要切换散点图的 x 轴和 y 轴，单击“切换 X/Y”按钮。
- 单元格样式：单击该按钮可以在“单元格样式”对话框中通过设置“小数位数”和“列宽度”的数值来设定单元格的样式。
- 恢复：可将图表数据恢复到初始状态。
- 应用：单击“应用”按钮或者按住 <Enter> 键，以重新生成图表。

17.1.3　轻松练：修改图表数据

当一个图表制作完成后，不仅可以更改图表的类型，还可针对数据进行修改。

（1）选择需要修改数据的图表，然后执行“对象 > 图表 > 数据”命令，即可打开“图表数据”窗口，如图 17-12 所示。

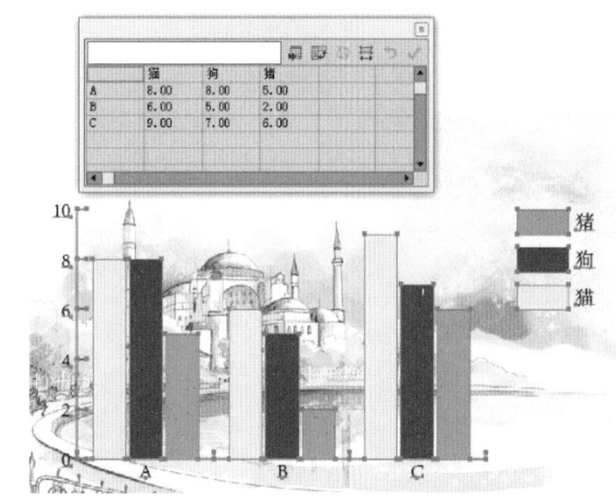

图 17-12

（2）在打开的“图表数据”窗口中选择需要更改的参数并进行更改，更改完成后单击“应用”按钮，如图 17-13 所示。此时的图表效果如图 17-14 所示。

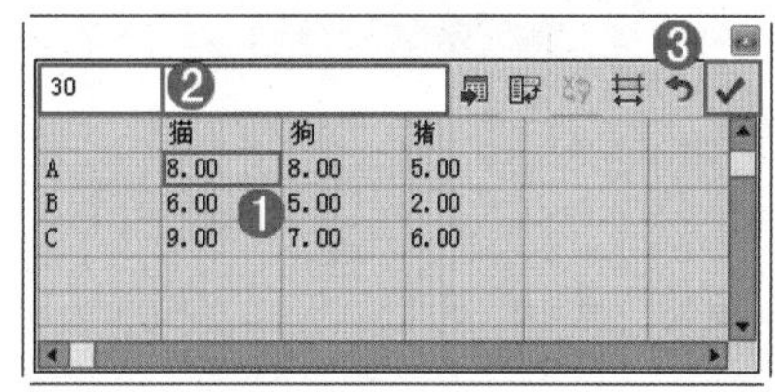

图 17-13

图 17-14

17.2　认识各种图表工具

在 Adobe Illustrator 的工具箱中有一个图表工具组，长按工具箱中的“柱形图工具”按钮，可以看到其他隐藏工具。在这里可以创建九种不同类型的图表并自定义这些图表以满足需要，如图 17-15 所示。

图 17-15

17.2.1 柱形图

“柱形图工具” 常用于显示一段时间内的数据变化或显示各项之间的比较情况，可以较为清晰的表现出数据。图 17-16 和图 17-17 所示为使用该工具可以制作的图表。

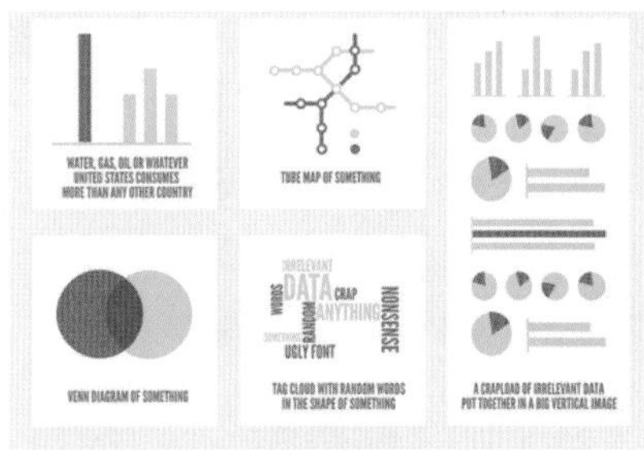

图 17-16

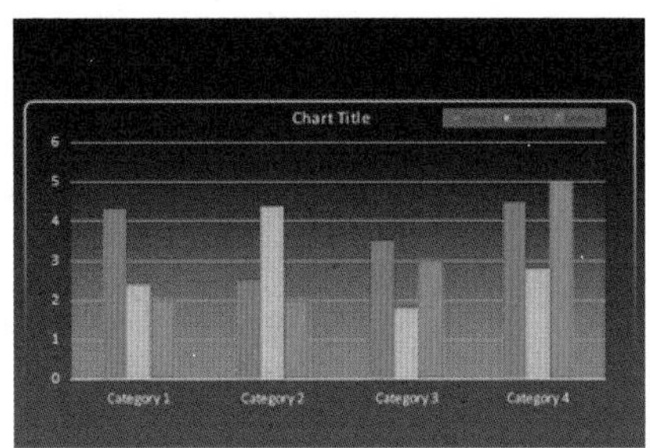

图 17-17

单击工具箱中的“柱形图工具” ，在画板中拖动绘制出一个矩形，如图 17-18 所示。松开鼠标时，弹出“图表数据”对话框，在该对话框的图表中，输入相应的数据。然后单击“图表数据”对话框中的“应用”按钮 ，如图 17-19 所示。其他图表工具的创建方法与之相同，下面不做过多讲解。

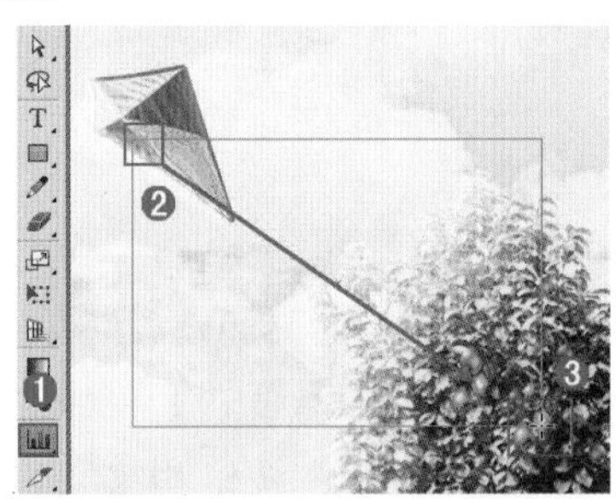

图 17-18

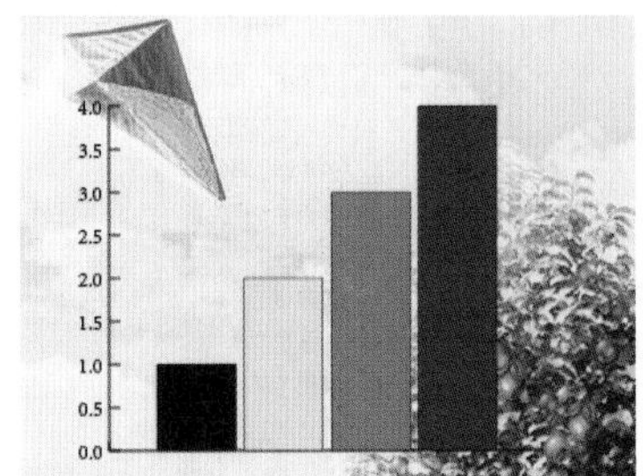

图 17-19

17.2.2 堆积柱形图

堆积柱形图工具 创建的图表与柱形图类似，但是它将各个柱形堆积起来，而不是互相并列。这种图表类型可用于表示部分和总体的关系。图 17-20 和图 17-21 所示为使用该工具可以制作的图表。

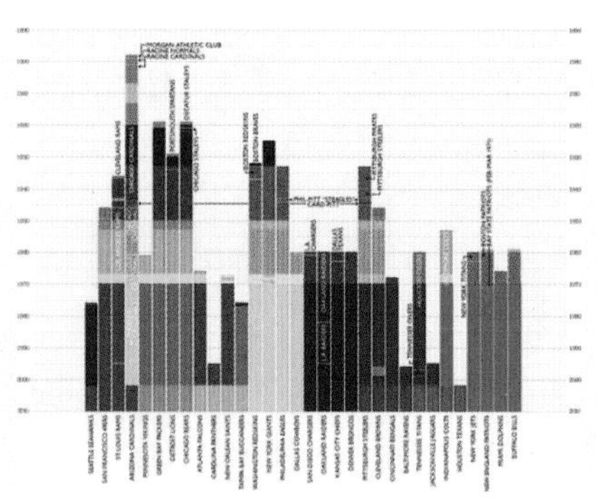

图 17-20

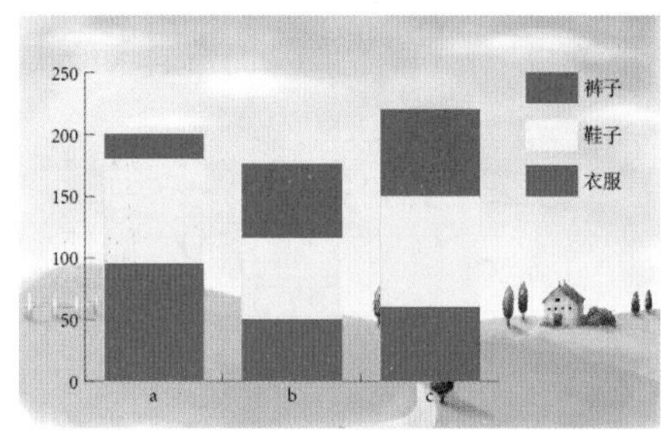

图 17-21

17.2.3 条形图

条形图工具 创建的图表与柱形图类似，但是水平放置条形而不是垂直放置柱形。图 17-22 和图 17-23 所示为使用该工具可以制作的图表。

图 17-22

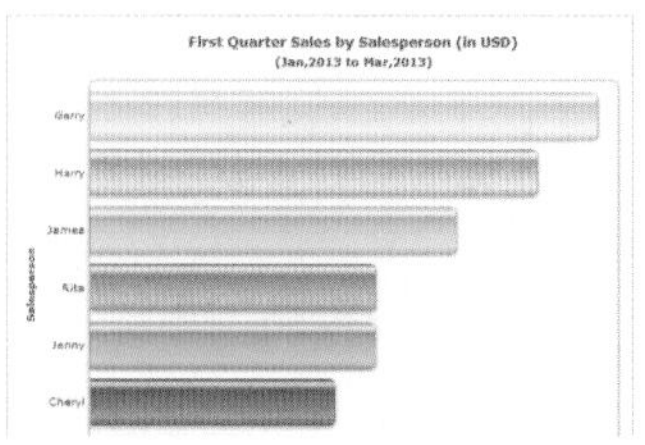

图 17-23

17.2.4　堆积条形图

堆积条形图工具创建的图表与堆积柱形图类似，但是条形是水平堆积而不是垂直堆积。图 17-24 和图 17-25 所示为使用该工具可以制作的图表。

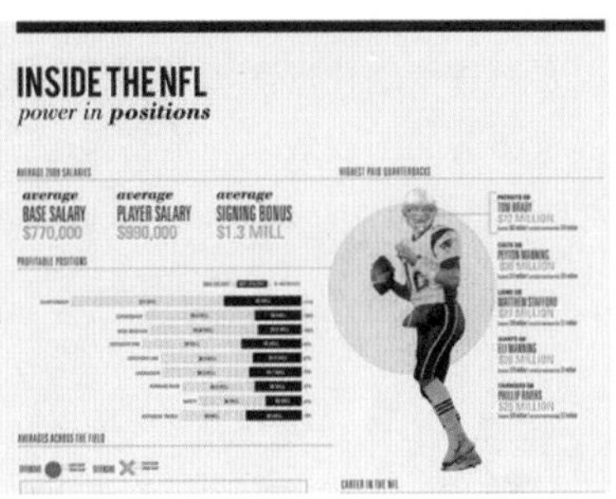

图 17-24

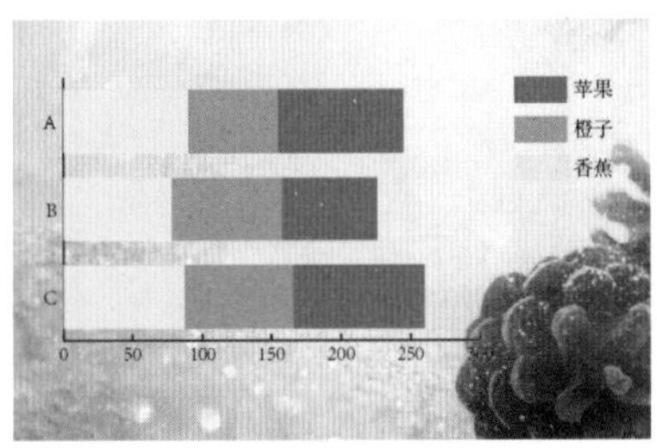

图 17-25

17.2.5　折线图

折线图工具创建的图表使用点来表示一组或多组数值，并且对每组中的点都采用不同的线段来连接。这种图表类型通常用于表示在一段时间内一个或多个主题的趋势。图 17-26 和图 17-27 所示为使用该工具可以制作的图表。

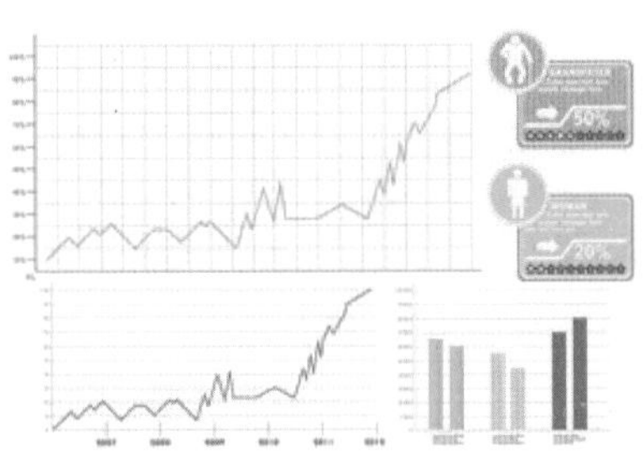

图 17-26

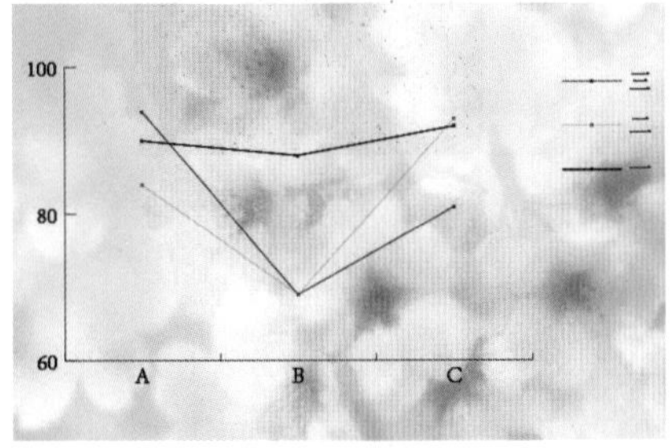

图 17-27

17.2.6　面积图

面积图工具创建的图表与折线图类似，但是它强调数值的整体和变化情况。图 17-28 和图 17-29 所示为使用该工具可以制作的图表。

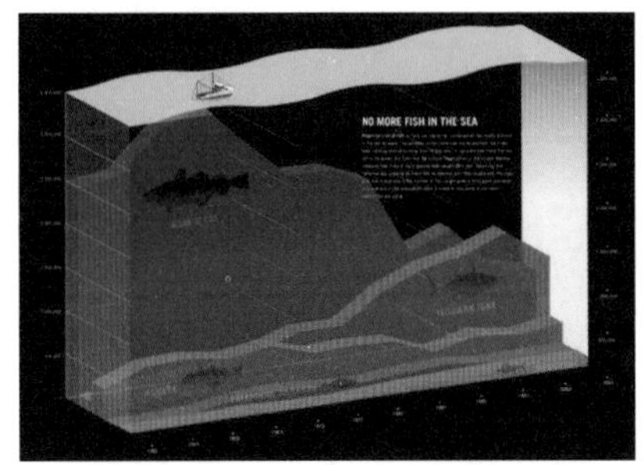

图 17-28

图 17-29

17.2.7　散点图

散点图工具创建的图表沿 x 轴和 y 轴将数据点作为成对的坐标组进行绘制。散点图可用于识别数据中的图案或趋势。它们还可表示变量是否相互影响。图 17-30 和图 17-31 所示为使用该工具可以制作的图表。

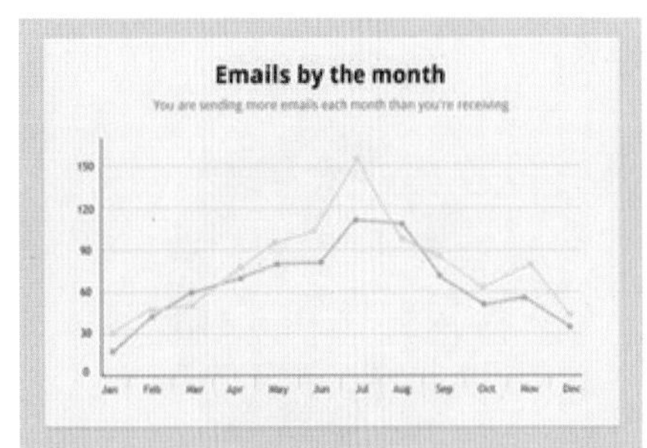

图 17-30

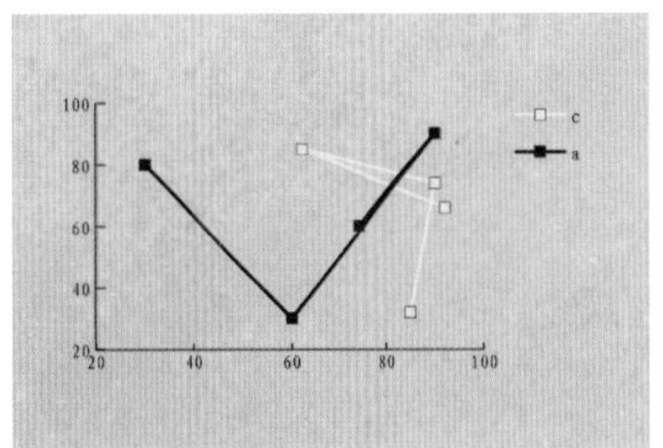

图 17-31

17.2.8 饼图

饼图工具可创建圆形图表，它的楔形表示所比较的数值的相对比例。图 17-32 和图 17-33 所示为使用该工具可以制作的图表。

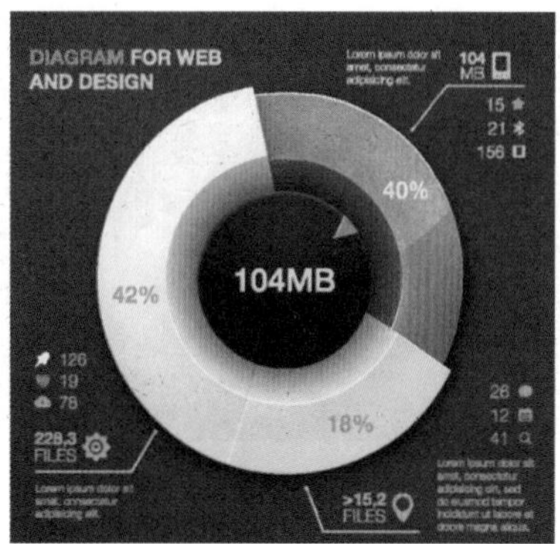

图 17-32

图 17-33

17.2.9 雷达图

雷达图工具创建的图表可在某一特定时间点或特定类别上比较数值组，并以圆形格式表示。这种图表类型也称为网状图。图 17-34 和图 17-35 所示为使用该工具可以制作的图表。

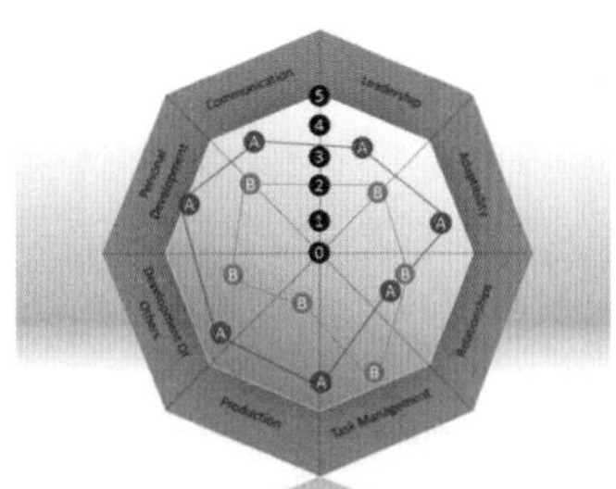

图 17-34

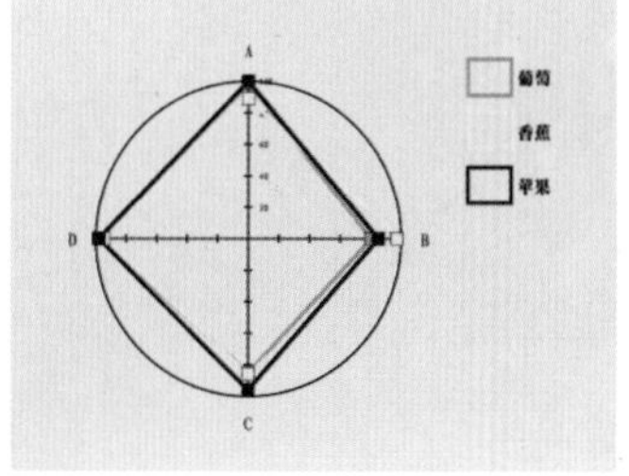

图 17-35

17.2.10 进阶案例：通过绘制柱状图制作金融杂志内页

案例文件	通过绘制柱状图制作金融杂志内页 .ai
视频教学	通过绘制柱状图制作金融杂志内页 .flv
难易指数	★★☆☆☆
技术掌握	柱形图工具、直接选择工具

本案例主要通过使用柱形图工具制作图表部分，并借助蒙版制作带有图案的图表效果，丰富金融杂志内页的内容。完成效果如图 17-36 所示。

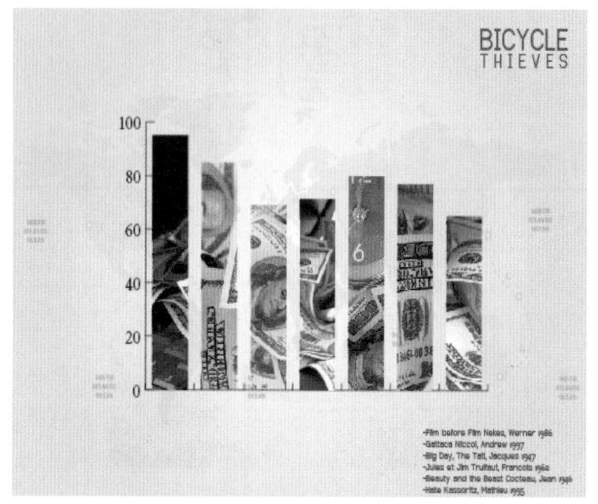

图 17-36

1. 新建文件，将背景素材“1.jpg”导入到文件中，如图 17-37 所示。单击工具箱中的“柱形图工具”按钮，在画面中的相应位置进行绘制，如图 17-38 所示。

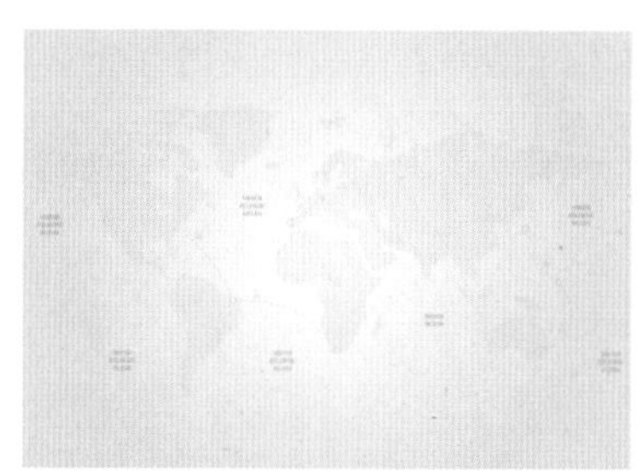

图 17-37

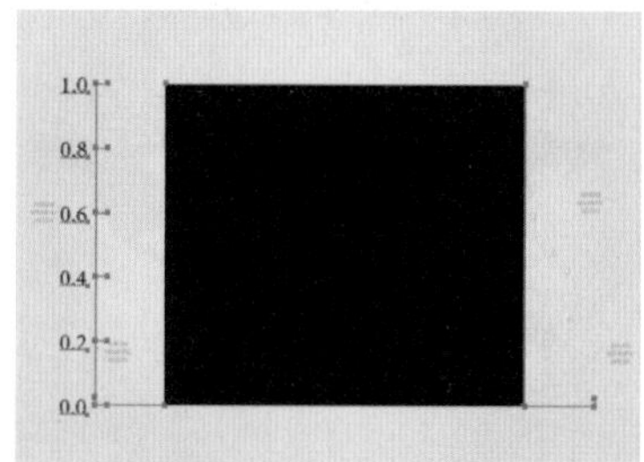

图 17-38

2. 在“图表数据”窗口中输入相应的数值，数值输入完成后单击“应用”按钮。如图 17-39 所示。柱形图绘制完成，如图 17-40 所示。

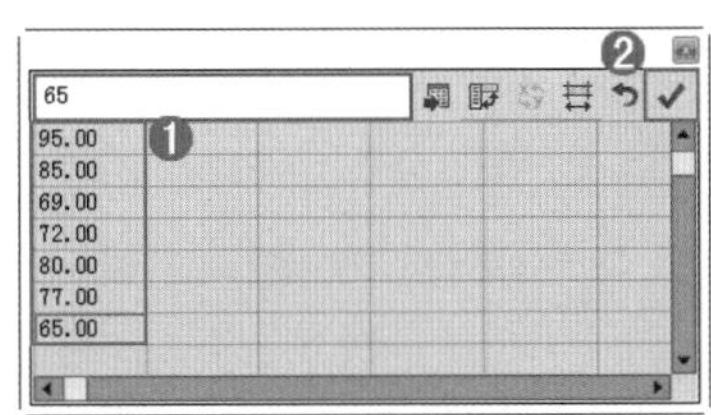

图 17-39

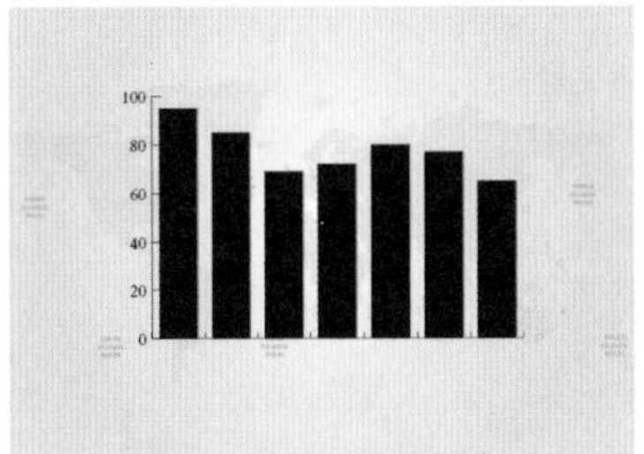

图 17-40

3. 选择该柱形图，执行“对象 > 取消编组”命令，将其进行取消编组。将素材“2.jpg”导入到文件并放置在合适位置，如图 17-41 所示。

图 17-41

4. 将钞票图片放置到图表的后面，如图 17-42 所示。选择图片和左侧第一个矩形，执行“对象 > 剪切蒙版 > 建立”命令，建立剪切蒙版，如图 17-43 所示。

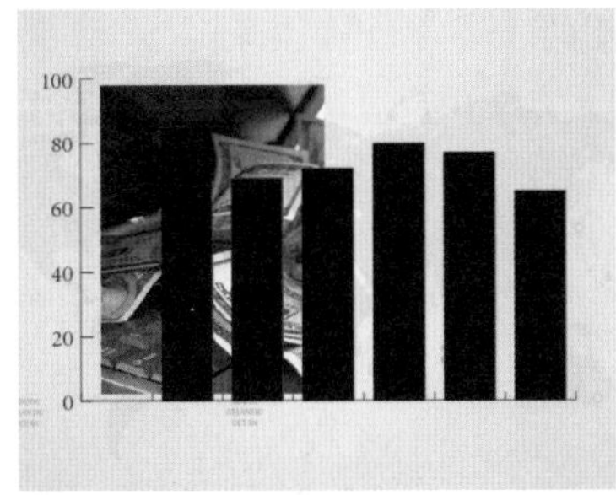

图 17-42

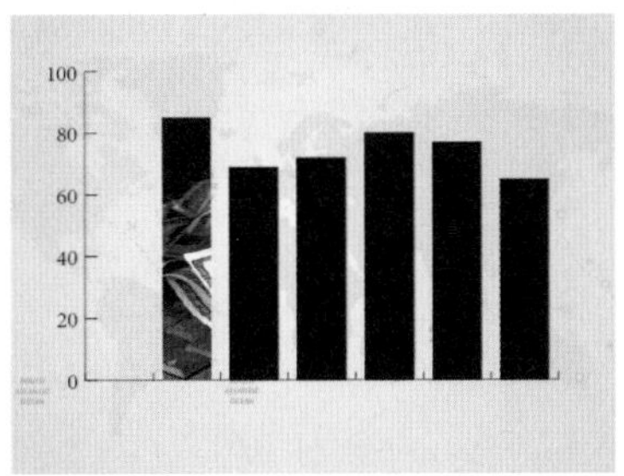

图 17-43

5. 使用同样的方法为其他柱形部分建立剪切蒙版，效果如图 17-44 所示。最后在相应的位置键入文字，完成本案例的制作，效果如图 17-45 所示。

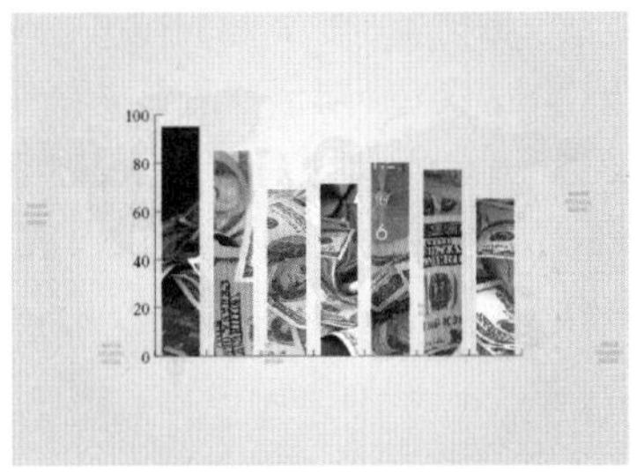

图 17-44

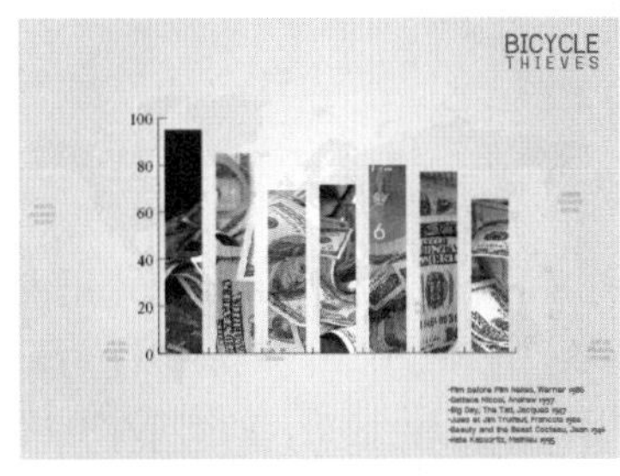

图 17-45

17.3　编辑图表

作为一款多元化的软件，在创建图表后，Illustrator 为用户提供了多种的编辑方法。其中包括改变图表轴的外观和位置、添加投影、移动图例、组合显示不同的图表类型等。图 17-46 和图 17-47 所示为带有漂亮图表的作品。

图 17-46

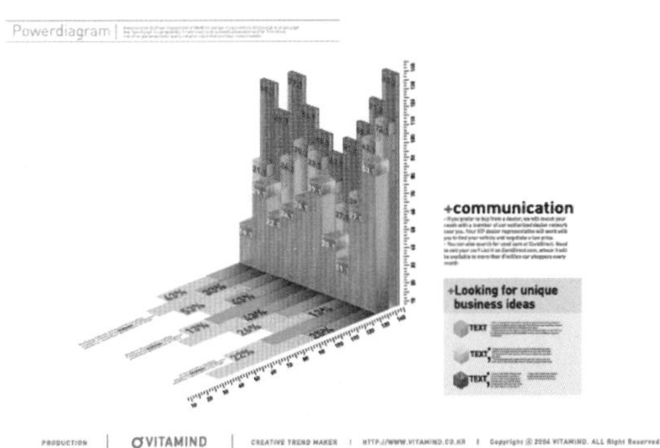

图 17-47

17.3.1 在“图表类型”中设置图表选项

“图表类型”对话框用于设置各类型图表的相关属性，包括图表的类型、数值轴、样式和相应尺寸等。

（1）打开“图表类型”对话框的方法有两种。执行“对象 > 图表 > 类型”命令，即可打开“图表类型”对话框，如图 17-48 所示。也可以双击工具箱中的图表工具打开“图表类型”对话框，如图 17-49 所示。

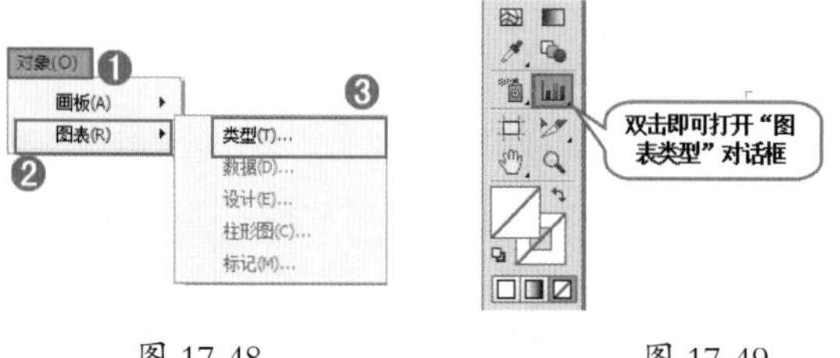

图 17-48　　图 17-49

（2）在打开的“图表类型”对话框中提供了多个选项。单击“图表选项”按钮，在下拉列表中有“图表选项”“数值轴”和“类比轴”三个选项，如图 17-50 所示。

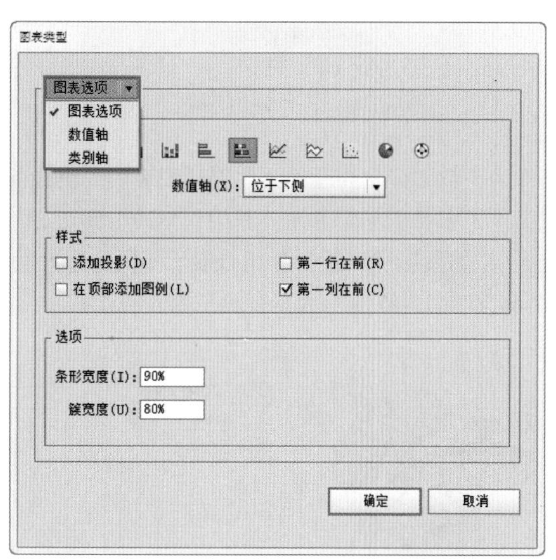

图 17-50

（3）在下拉列表中选择不同的选项，就会显示相对应的参数面板，如图 17-51 所示。

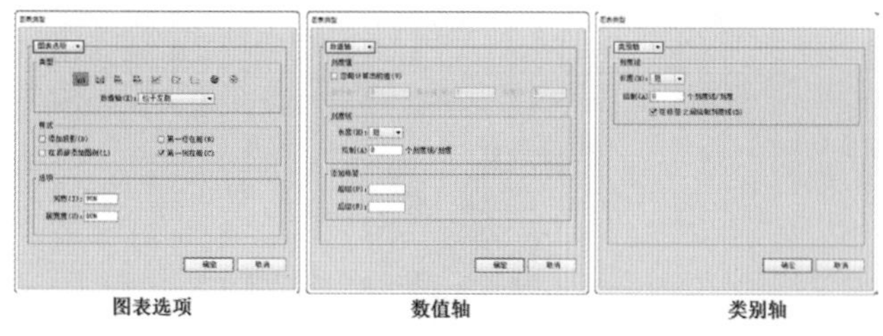

图 17-51

（4）在“图表选项”中可以针对图表的“类型”“样式”和“选项”进行设置，如图 17-52 所示。

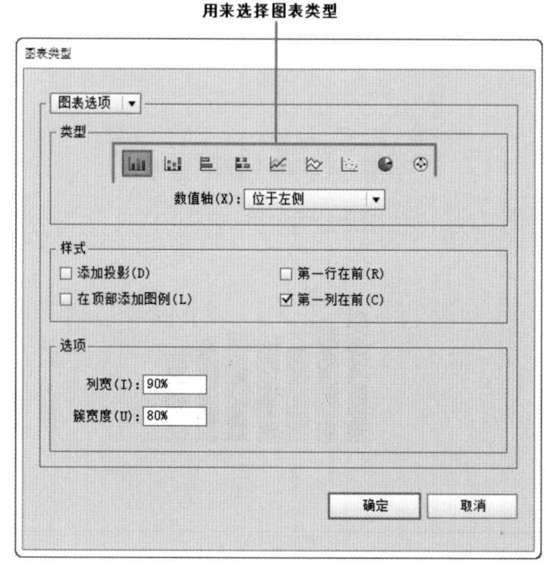

图 17-52

重点参数提醒：

- 数值轴：确定数值轴（此轴表示测量单位）出现的位置。
- 在顶部添加图例：在图表顶部而不是图表右侧水平显示图例。
- 第一行在前：“群集宽度”大于 100% 时，可以控制图表中数据的类别或群集重叠的方式。使用柱形或条形图时此选项最有帮助。
- 第一列在前：在顶部的“图表数据”窗口中放置与数据第一列相对应的柱形、条形或线段。该选项还确定“列宽度”大于 100% 时，柱形和堆积柱形图中哪一列位于顶部；以及“条宽度”大于 100% 时，条形和堆积条形图中哪一列位于顶部。
- 选项：设置不同的图表类型的参数。不同的图表类型，参数也不相同。

（5）为了方便用户更改图表类型，在 Illustrator 中，不同类型的图表是可以相互转换的。更改图表类型的方法也是很简单的。选择图表，在“图表类型”对话框中单击相应的按钮即可切换图表类型，例如在这里单击“柱形图”按钮，继续单击“确定”按钮即可将图表类型切换为柱形图，如图 17-53~ 图 17-55 所示。

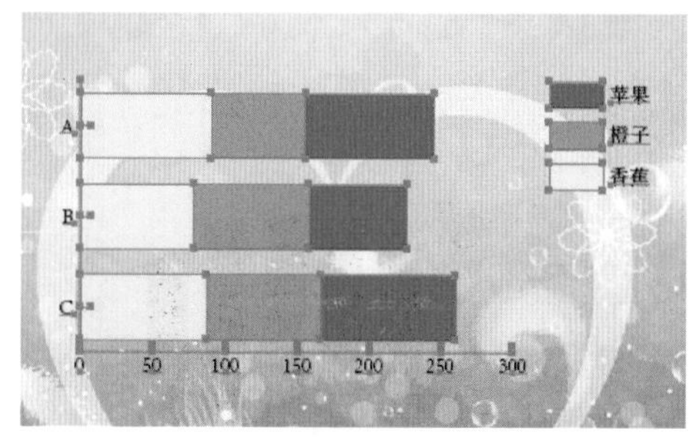

图 17-53

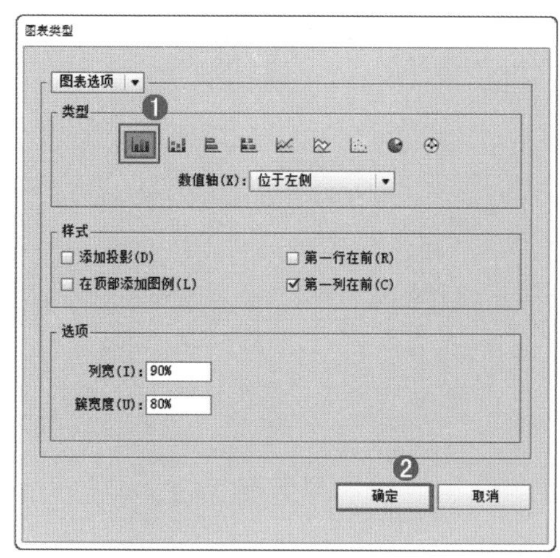

图 17-54

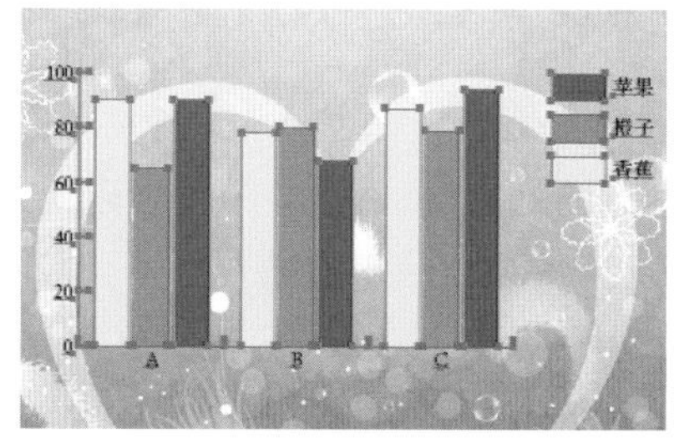

图 17-55

（6）选择图表，如图 17-56 所示。在“图表类型”对话框中勾选“添加投影”选项。然后单击“确定”，如图 17-57 所示。此时画面效果如图 17-58 所示。

图 17-56

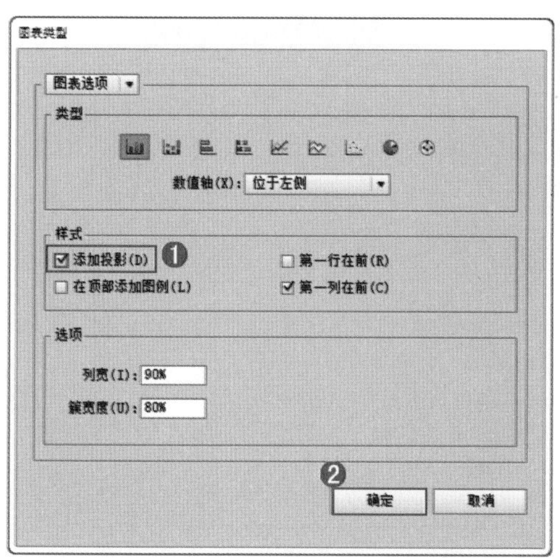

图 17-57

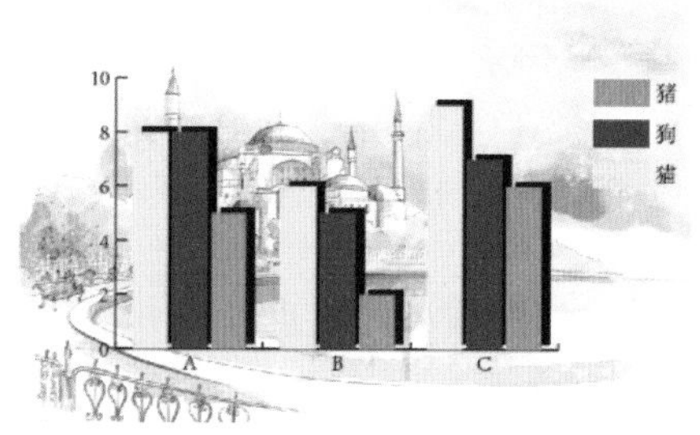

图 17-58

17.3.2　在“图表类型”中设置数值轴

除了饼图之外，所有的图表都有显示图表的测量单位的数值轴。可以选择在图表的一侧显示数值轴或者两侧都显示数值轴。条形、堆积条形、柱形、堆积柱形、折线和面积图也有在图表中定义数据类别的类别轴。可以控制每个轴上显示多少个刻度线，改变刻度线的长度，并将前缀和后缀添加到轴上的数字。

首先使用“选择工具”选择图表。然后执行“对象 > 图表 > 类型”命令或者双击“工具”面板中的图表工具。要更改数值轴的位置，选择“数值轴”菜单中的选项，如图 17-59 所示。

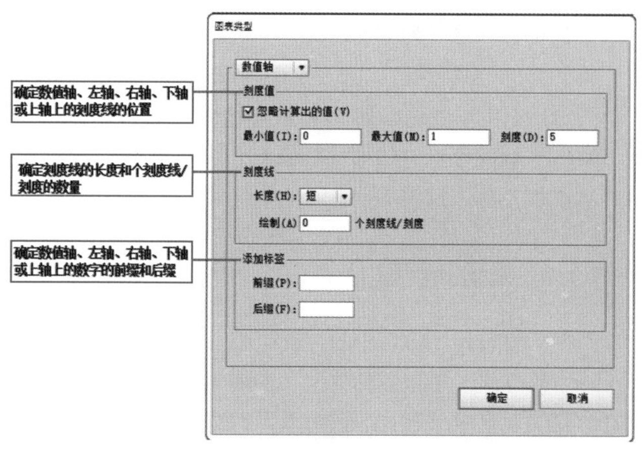

图 17-59

重点参数提醒：

- 忽略计算出的值：当勾选该选项时，“最小值”“最大值”和“刻度”选项被激活。

　①最小值：表示坐标轴的起始值，也就是图表圆点的坐标值。它不能大于“最大值”选项的数值。

　②最大值：选项中的数值表现的是坐标轴的最大刻度值。

　③刻度：选项中的数值用来决定将坐标轴上下分为多少部分。

- 刻度线：确定刻度线的长度和个刻度线 / 刻度的数量。

　①“无”选项：表示不使用刻度标记。

　②“短”选项：表示使用短的刻度标记。

　③“全宽”选项：刻度线贯穿整个图表。

- 添加标签：确定数值轴、左轴、右轴、下轴或上轴上的数字的前缀和后缀。

  ①“前缀”选项：指在数值前加符号。

  ②“后缀”选项：指在数值后加符号。

17.3.3 调整列宽或小数精度

调整列宽不会影响图表中列的宽度。这种方法只可用来在列中查看更多或更少的数字。由于默认值为 2 位小数，在单元格中输入的数字 4 在“图表数据”窗口框中显示为 4.00；在单元格中输入的数字 1.55823 显示为 1.56。通过单击“单元格样式”按钮，然后弹出“单元格样式”对话框，对其进行相应的设置，如图 17-60 所示。

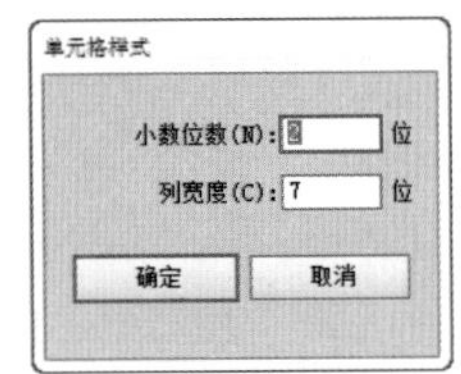

图 17-60

重点参数提醒：

- 小数位数：在“列宽度”文本框中输入数值，可以定义单元格的位数宽度，设置完毕后单击“确定”按钮即可。
- 列宽度：在“小数位数”文本框中输入数值，可以定义数值小数的位置，如果没有输入小数部分，软件将会自动添加相应位数的小数。

17.3.4 设置列类型

在“图表列”窗口中的“列类型”选项中可以定义不同的缩放方式。单击“列类型”的倒三角按钮，在下拉列表中有“垂直缩放”“一致缩放”“重复堆叠”和“局部缩放”，如图 17-61 所示。

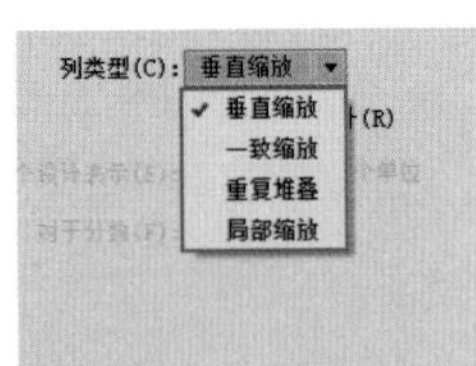

图 17-61

重点参数提醒：

- 垂直缩放：当选中该选项时，设计在垂直方向进行伸展或压缩，它的宽度没有改变，如图 17-62 所示。
- 一致缩放：当选择该选项时，设计在水平和垂直方向同时缩放，设计的水平间距不是为不同宽度而调整的。重复设计堆积设计以填充柱形，可以指定每个设计所表示的值，以及是否要截断或缩放表示分数字的设计。图 17-63 所示为“一致缩放”的缩放效果。

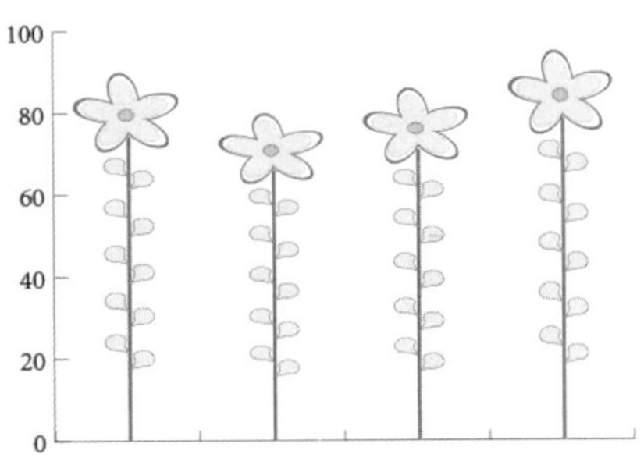

图 17-62

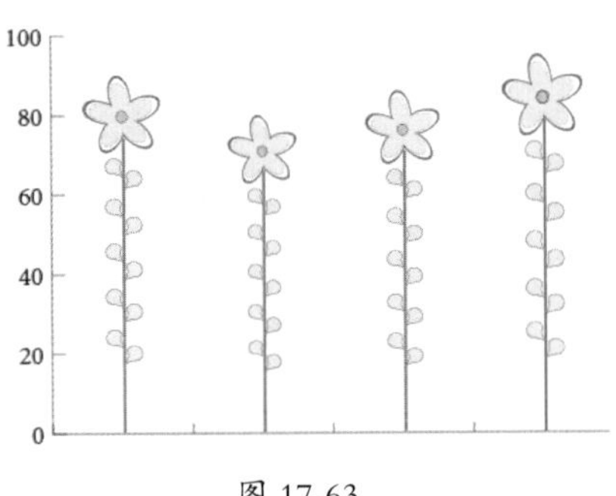

图 17-63

- 重复堆叠：当选中该选项时，应用堆积设计以填充柱形。可以指定每个设计所表示的值，以及是否要截断或缩放表示分数字的设计，图 17-64 和图 17-65 所示为“重复堆叠”缩放效果。

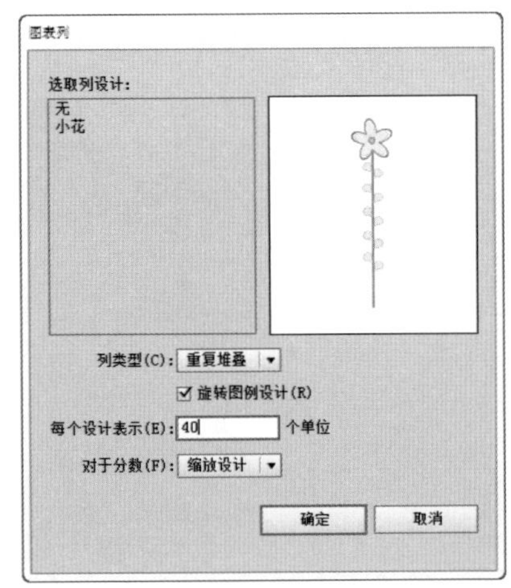

图 17-64

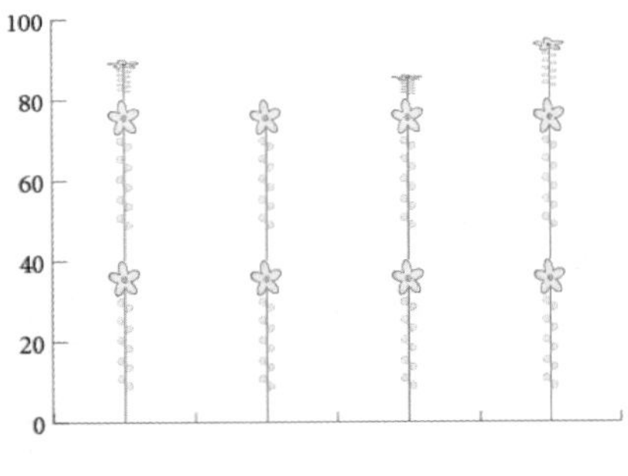

图 17-65

- 局部缩放：“局部缩放”与“垂直缩放”类似，但是可以在此设计中指定伸展或压缩的位置，如图 17-66 所示。

图 17-66

17.3.5　轻松练：组合不同的图表

在 Illustrator 中，可以在一个图表中组合显示不同的图表类型。例如，可以让一组数据显示为柱形图，而其他数据组显示为折线图。除了散点图之外，可以将任何类型的图表与其他图表组合。散点图不能与其他任何图表类型组合。

（1）选择绘制好的柱形图，单击工具箱中的“编组选择工具”按钮。然后单击要更改图表类型的数据的图例。在不移动图例的“编组选择工具”指针的情况下，再次单击。选定用图例编组的所有柱形，如图 17-67 所示。

图 17-67

小技巧：取消选择图表中的对象

若要取消选择选定的组的部分，使用“直接选择工具”，并在按住<Shift>键的同时单击对象，即可取消对象。

（2）执行“对象 > 图表 > 类型”命令或者双击“工具”面板中的图表工具。然后弹出“图表类型”对话框中，在对话框中选择“折线图”。单击“确定”按钮，如图 17-68 所示。此时画面效果如图 17-69 所示。

图 17-68

图 17-69

17.3.6　轻松练：使用自定义图表图案

Illustrator 默认的图表工具虽然已经有了很多种类，但是制作出的图表往往都比较“古板”。当我们想要将一些非常有趣的图案应用到图表中时，就可以使用图表的“设计”功能。图 17-70 和图 17-71 所示为一些形式有趣的图表。

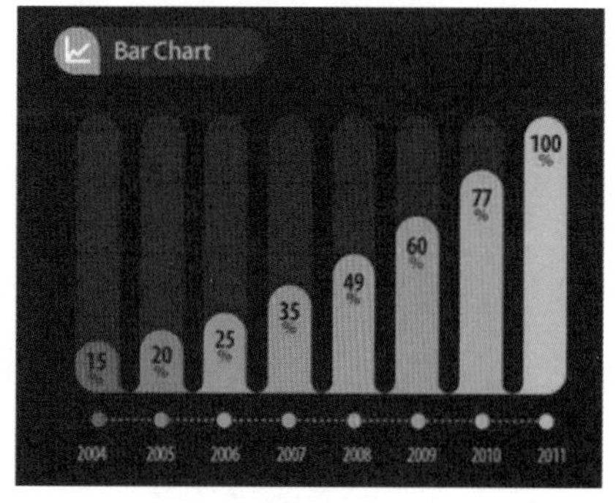

图 17-70

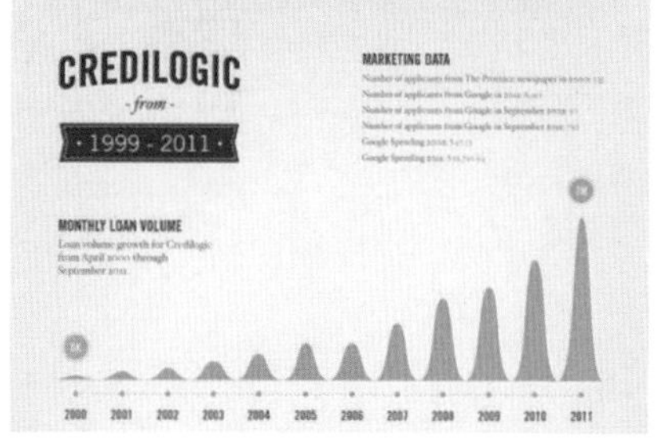

图 17-71

（1）在画板中选择需要作为图表元素的图形对象，如图 17-72 所示。执行“对象 > 图表 > 设计”命令，在弹出的“图表设计”窗口中单击“新建设计”按钮，如图 17-73 所示。

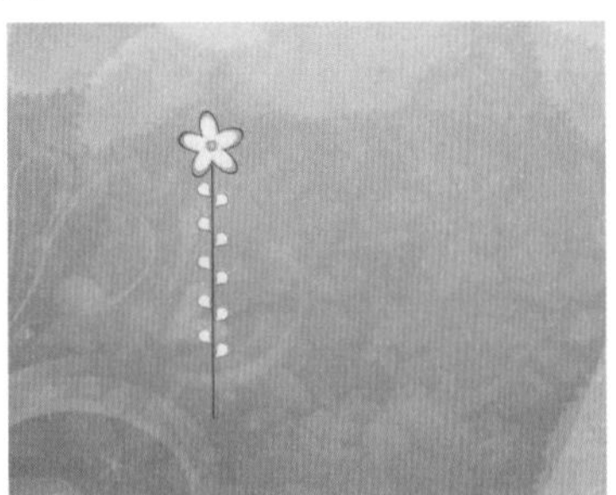

图 17-72

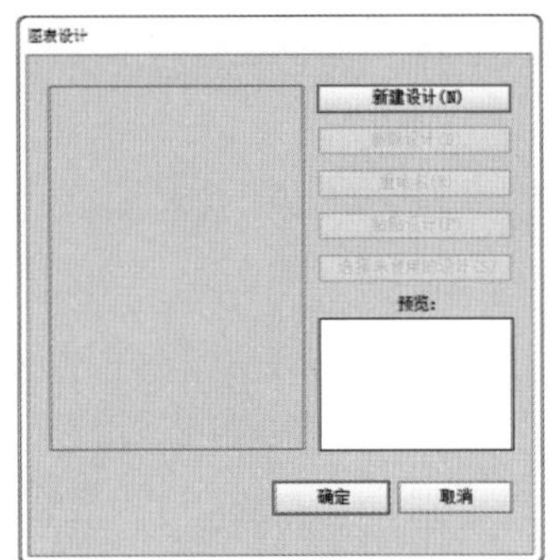

图 17-73

（2）接下来将图表设计重新命名，单击“图表设计”窗口右侧的“重命名”按钮，在弹出的对话框中设置“名称”为“小花”，然后单击“确定”按钮，如图 17-74 所示。单击“确定”按钮，完成设置，如图 17-75 所示。

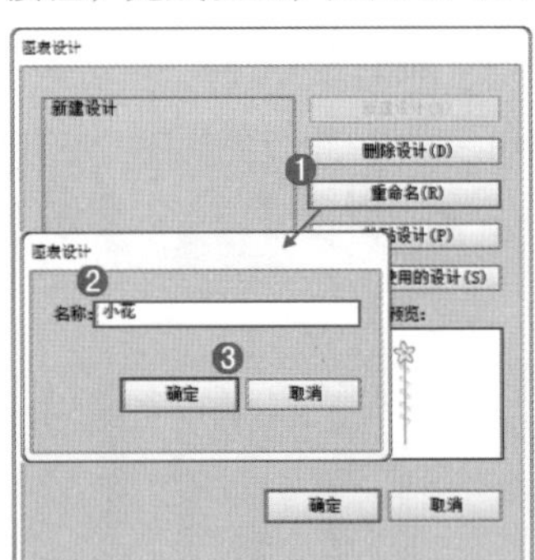

图 17-74

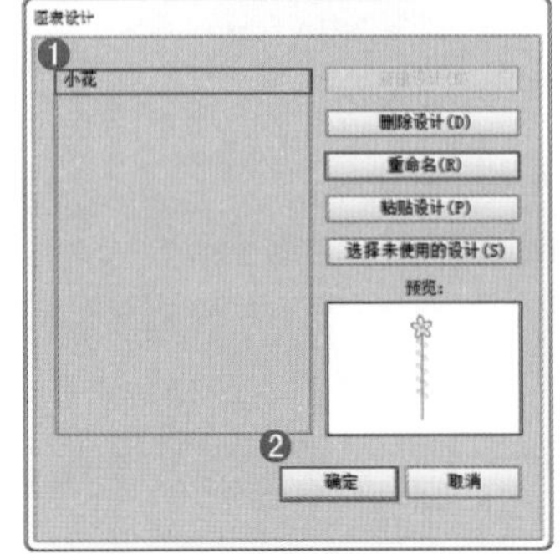

图 17-75

（3）绘制一个柱形图，如图 17-76 所示。选择该柱形图，执行“对象 > 图表 > 柱形图”命令，在“图表列”窗口的“选取列设计”选项中选择“小花”选项，继续单击“确定”按钮，如图 17-77 所示。

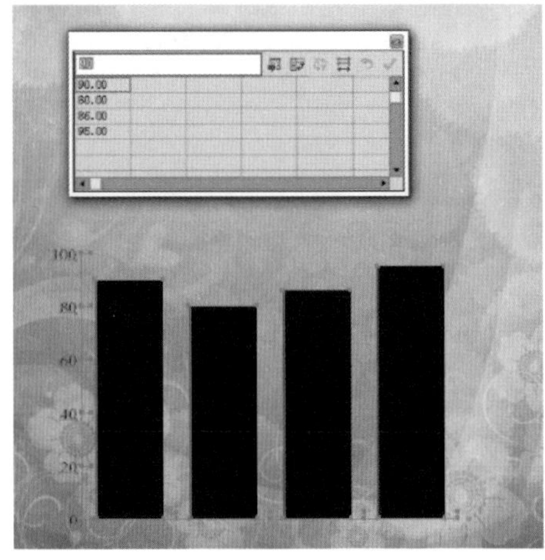

图 17-76

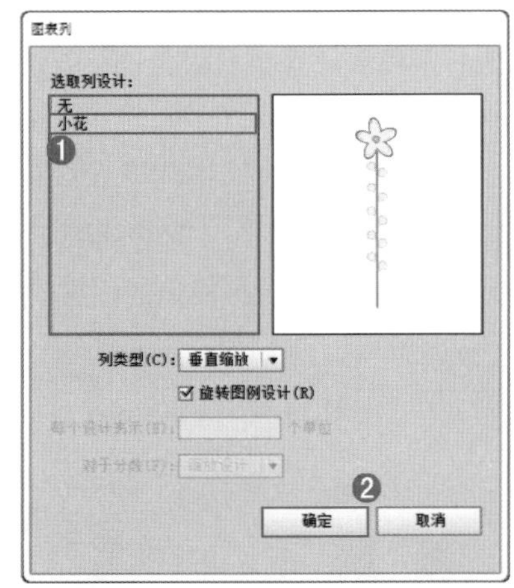

图 17-77

（4）此时图表中的柱形部分就被花朵所替代了，效果如图 17-78 所示。

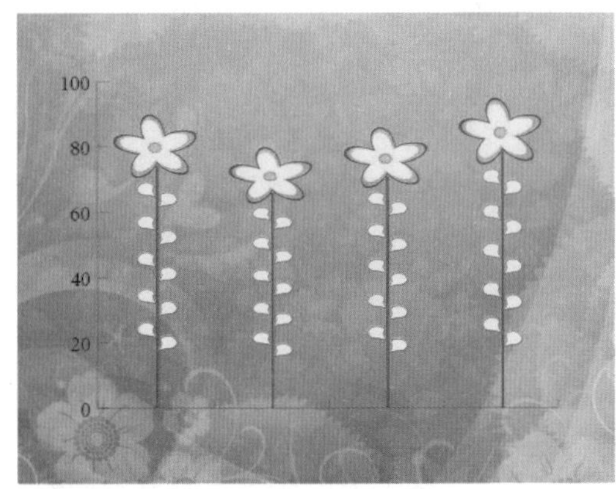

图 17-78

17.4　综合案例：为版式中添加柱形图和饼图

案例文件	为版式中添加柱形图和饼图 .ai
视频教学	为版式中添加柱形图和饼图 .flv
难易指数	★★★☆☆
技术掌握	“矩形工具”“柱形图工具”“饼图工具”“文字工具”

本案例中的制作重点在于图表部分的制作，通过“柱形图工具”“饼图工具”来制作图表，然后为其进行换色以及添加效果的操作。案例完成效果如图 17-79 所示。

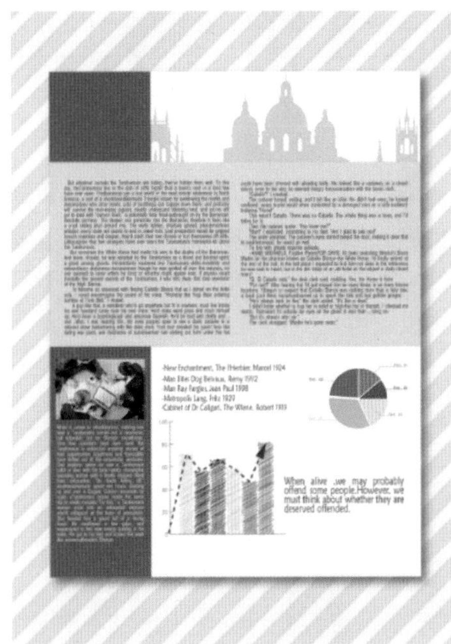

图 17-79

1. 制作背景部分

（1）新建一个 A4 大小的文件，使用“矩形工具”绘制一个页面等大的白色矩形，如图 17-80 所示。继续使用“矩形工具”绘制一个细长的矩形并旋转，如图 17-81 所示。

图 17-80

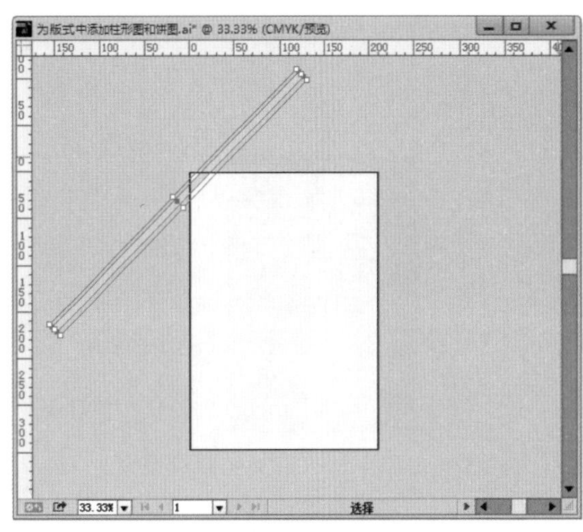

图 17-81

（2）选择该矩形，按住 <Alt> 键复制并移动该矩形，如图 17-82 所示。使用快捷键 <Ctrl+D> 大面积复制矩形，如图 17-83 所示。可以将倾斜的矩形全选后进行编组。

图 17-82

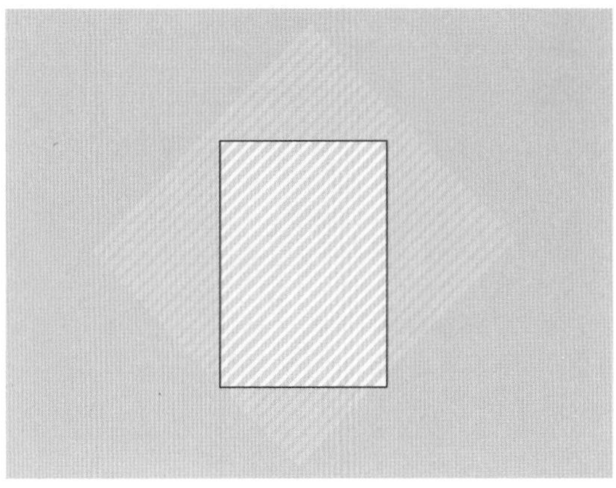

图 17-83

（3）继续使用“矩形工具”绘制一个与页面等大的矩形，如图 17-84 和图 17-85 所示。将该矩形和矩形组选中，执行“对象 > 剪切蒙版 > 建立”命令，建立剪切蒙版。背景部分制作完成。

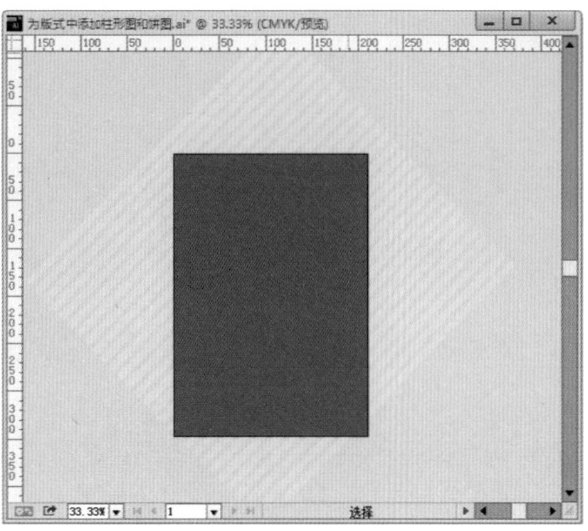

图 17-84

图 17-85

2. 制作版式部分

（1）使用“矩形工具”在相应的位置绘制一个白色矩形。选中该白色矩形，执行“效果 > 风格化 > 投影”命令，在弹出的“投影”对话框中设置“模式”为“正片叠底”，“不透明度”为 75%，“X 位移”为 2.5mm，“Y 位移”2.5mm，“模糊”为 1.8mm，设置“颜色”为黑色，设置完成后单击“确定”按钮，如图 17-86 和图 17-87 所示。画面效果如图 17-88 所示。

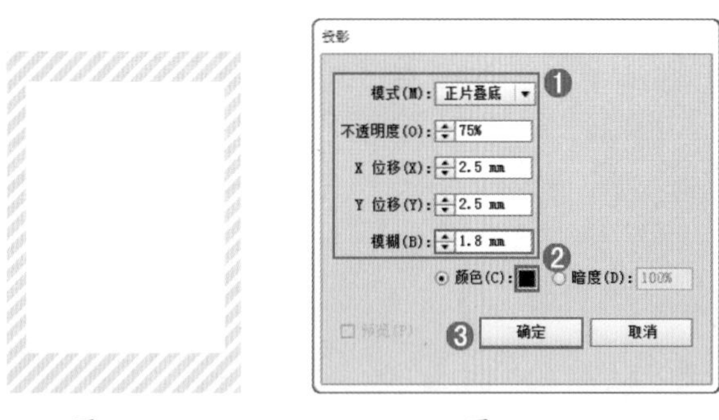

图 17-86　　图 17-87

图 17-88

（2）使用“矩形工具”绘制一个青色的矩形，如图 17-89 所示。继续将素材“1.png”和“2.jpg”导入到文件中放置在合适位置，如图 17-90 所示。

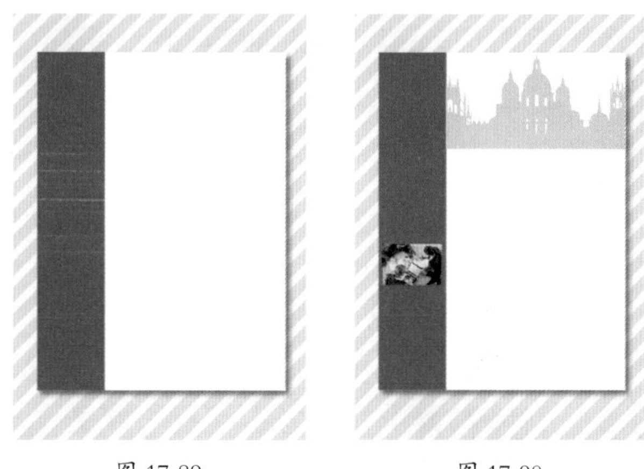

图 17-89　　图 17-90

（3）继续使用“矩形工具”绘制一个淡青色的矩形，如图 17-91 所示。单击工具箱中的“文字工具”按钮 T，设置合适的字体、字号，在画面的相应位置键入文字，如图 17-92 所示。

图 17-91

图 17-92

3. 制作图表部分

（1）单击工具箱中的“柱形图工具”按钮，在相应的位置绘制柱形图，如图 17-93 所示。接下来在“图表数据”窗口中输入相应的数值，单击“应用”按钮，柱形图效果如图 17-94 所示。

图 17-93

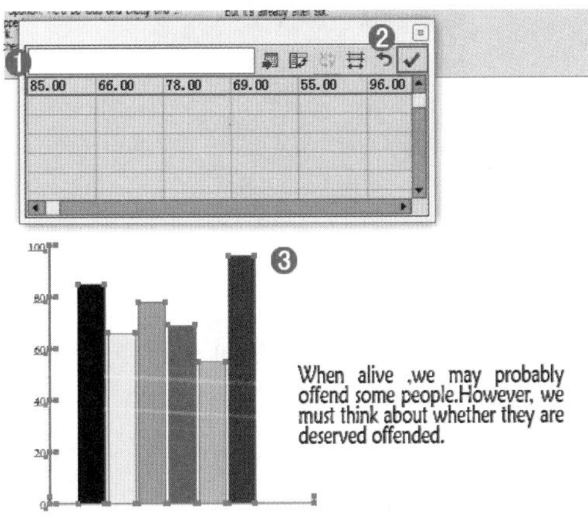

图 17-94

（2）选择该柱形图，执行“对象 > 取消编组”命令，将该柱形图取消编组。

（3）此时，灰色的柱形图颜色不太美观，接下来为其填充其他颜色。使用“直接选择工具”选择左侧第一个矩形，将其填充为绿色，如图 17-95 所示。使用同样的方法更改其他矩形的颜色，如图 17-96 所示。

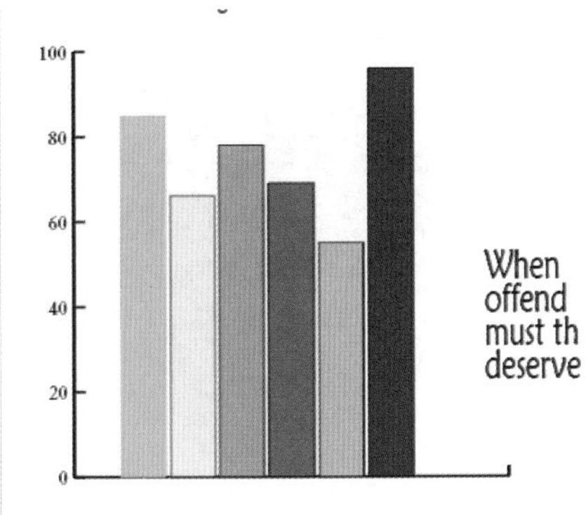

图 17-95

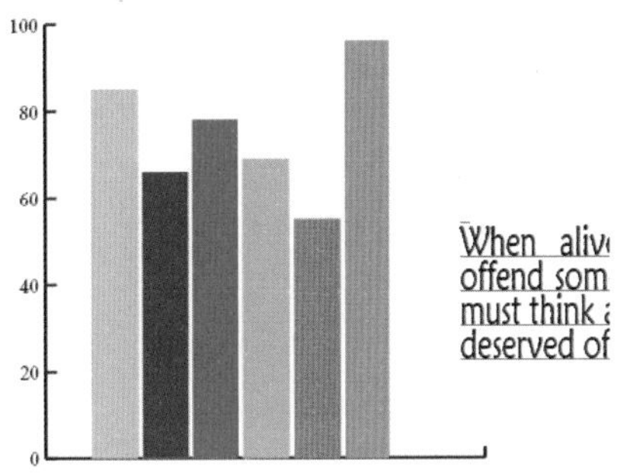

图 17-96

（4）选择绿色的矩形，执行“效果 > 风格化 > 涂抹”命令，在弹出的“涂抹选项”窗口中设置“角度”为 30°，“变化”为 0.5mm，“描边宽度”为 0.25mm，“曲度”为 2%，“变化”为 1%，“间距”为 0.8mm，“变化”为 0.4mm，参数设置如图 17-97 所示。参数设置完成后，单击“确定”按钮，此时矩形效果如图 17-98 所示。

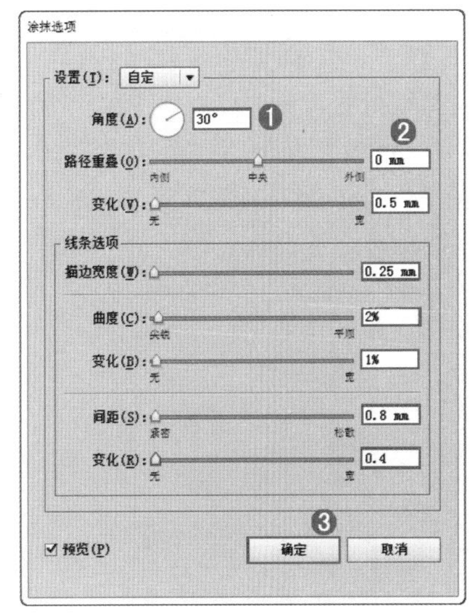

图 17-97

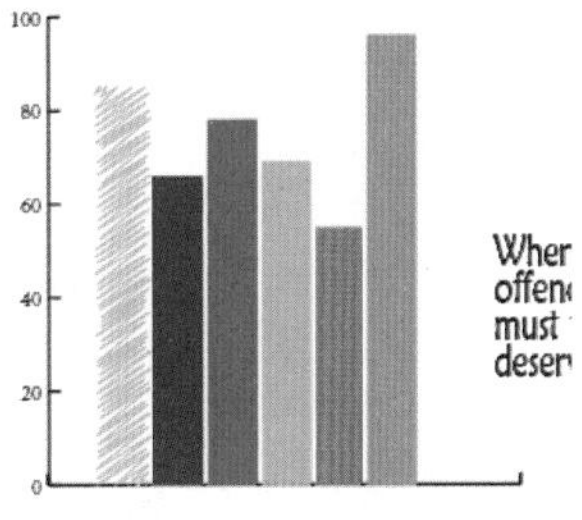

图 17-98

（5）使用同样的方式为剩余的彩色矩形添加“涂抹”效果，参数设置同上。完成效果如图 17-99 所示。下面制作柱状图上的折线图。单击工具箱中的“钢笔工具”按钮，在控制栏中设置“填充”为“无”，描边为青色，“描边宽度”为 2pt，设置完成后在相应位置绘制折线，如图 17-100 所示。

图 17-99

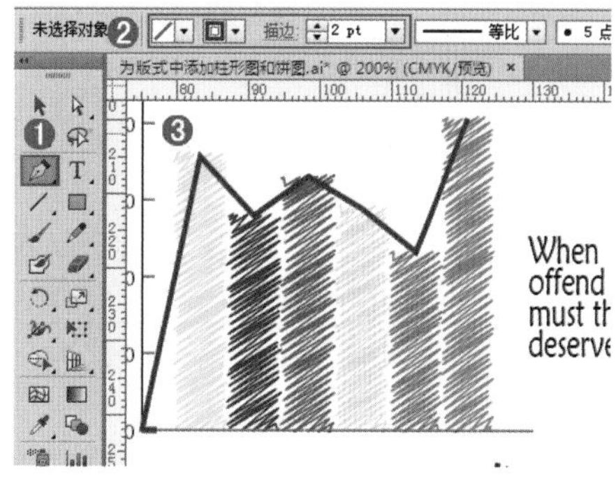

图 17-100

（6）选择该折线，单击控制栏中的“描边”，在下拉面板中设置“虚线”为 5pt，“间隙”为 0pt，“虚线”为 0pt，“箭头”为右侧，箭头样式为“箭头 9”，单击“将箭头提示放置于路径终点处”按钮，参数设置如图 17-101 所示。此时折线效果如图 17-102 所示。

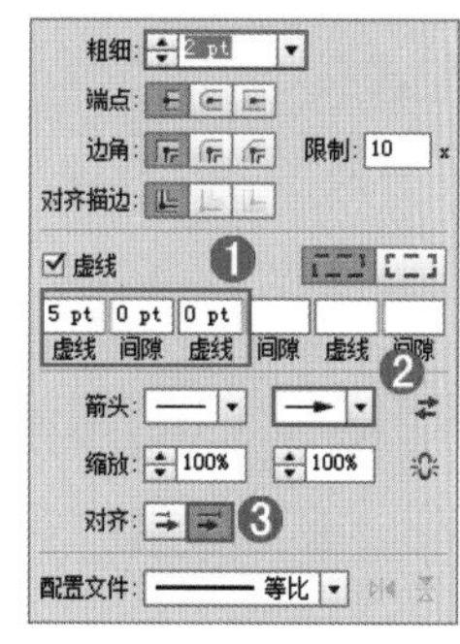

图 17-101

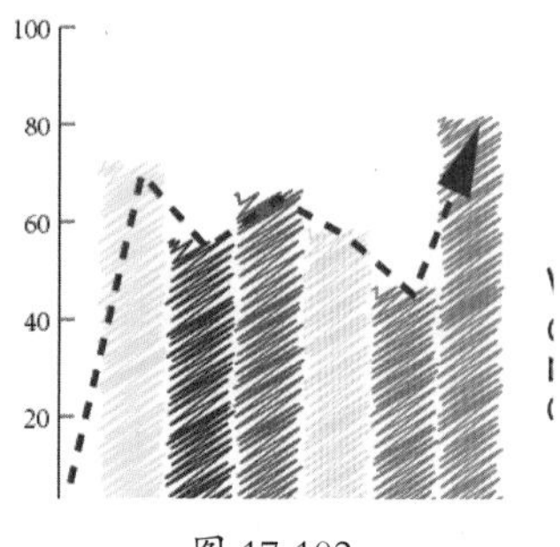

图 17-102

（7）接下来制作饼形图，单击工具箱中的“饼图工具”按钮，在相应位置绘制一个饼形图，参数设置如图 17-103 所示。绘制完成后，将饼形图取消编组。然后将其填充为其他颜色。效果如图 17-104 所示。

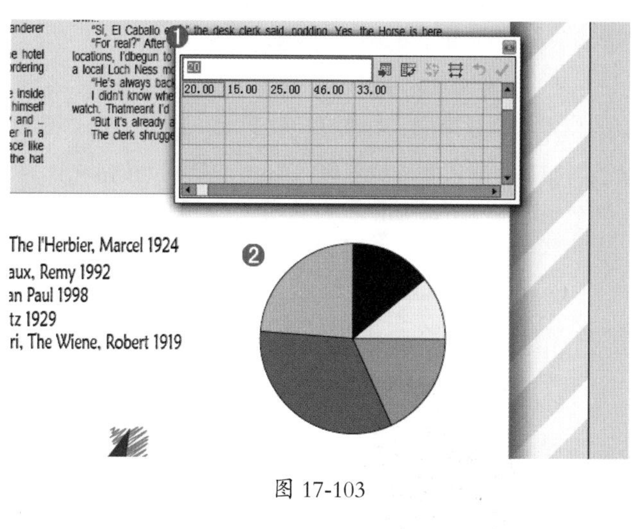

图 17-103

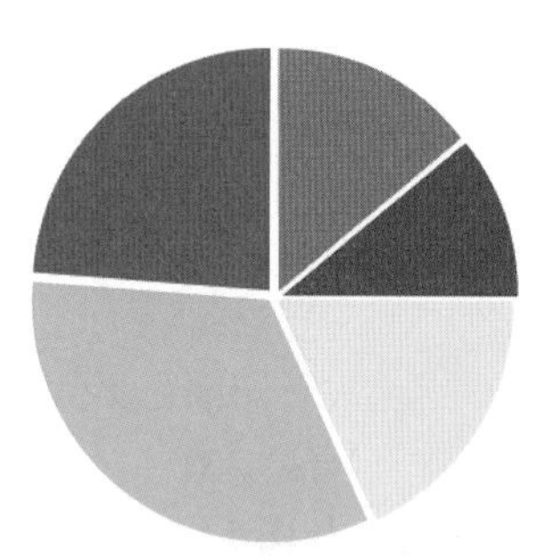

图 17-104

（8）将饼形图中的各个色块进行轻移，让中间留出缝隙，如图 17-105 所示。接下来使用“钢笔工具”绘制折线并添加相应文字，如图 17-106 所示。

图 17-105

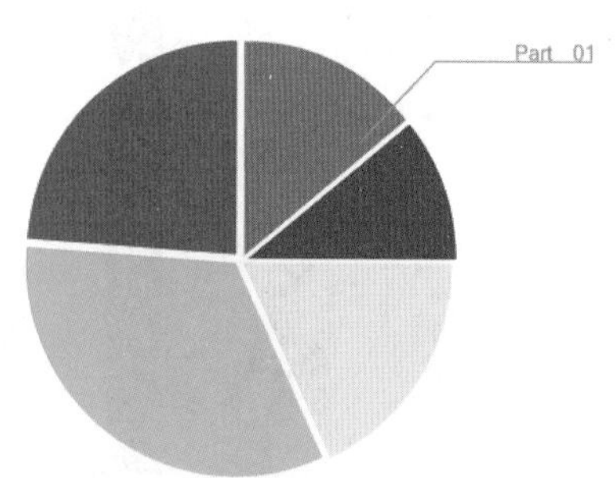

图 17-106

（9）继续绘制折线，添加文字，效果如图 17-107 所示。

本案例制作完成，效果如图 17-108 所示。

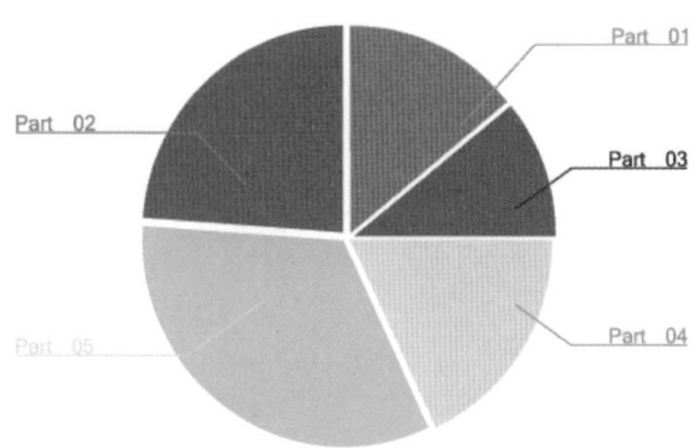

图 17-107

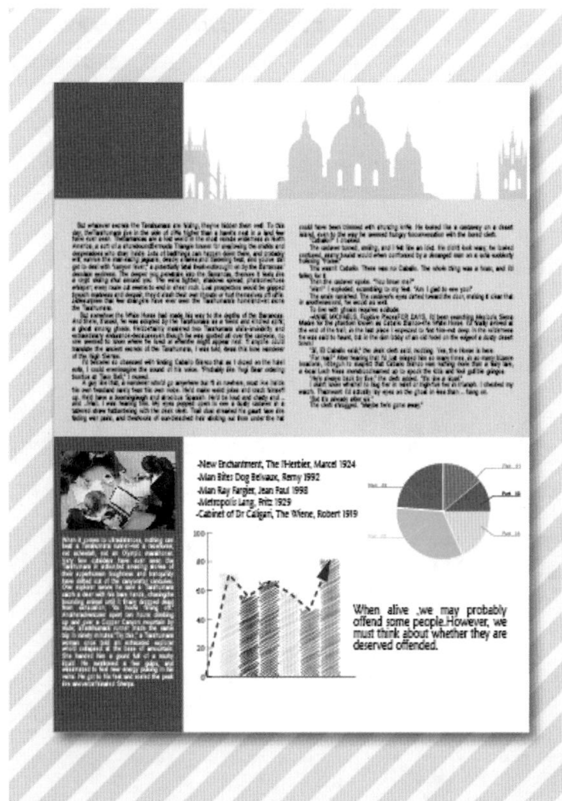

图 17-108

第 18 章 网页图形对象

关键词

网页、Web、安全色、切片、CSS 属性

要点导航

存储为 Web 和设备所用格式的切片工具

Web 安全色

切片及切片工具的使用

学习目标

能够利用 Web 安全色进行网页设计

能够为网站页面进行合理的切片以及输出

佳作鉴赏

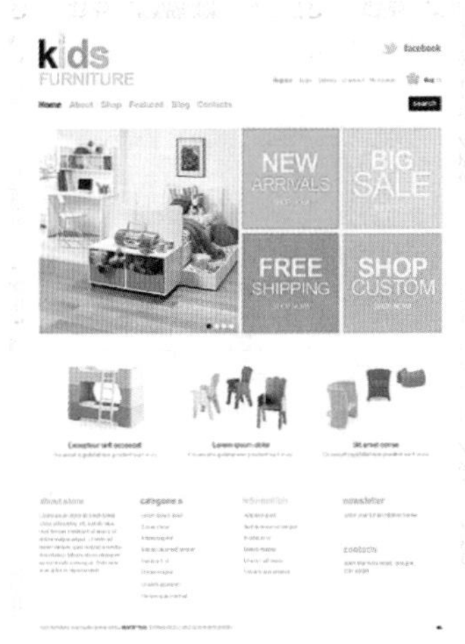

18.1 网页对象与 Web 安全色

由于网页会在不同的操作系统下或在不同的显示器中浏览，而不同操作系统的颜色都有一些细微的差别，不同的浏览器对颜色的编码显示也不同，确保制作出的网页颜色能够在所有显示器中显示相同的效果是非常重要的，所以在制作网页时就需要使用“Web 安全色”。Web 安全色是指能在不同操作系统和不同浏览器之中同时正常显示的 216 种颜色，与平台无关。如果在“颜色”面板、拾色器或执行“编辑 > 编辑颜色 > 重新着色图稿”命令，在对话框中出现一个警告方块，这就说明该颜色不是安全色，如图 18-1 所示。

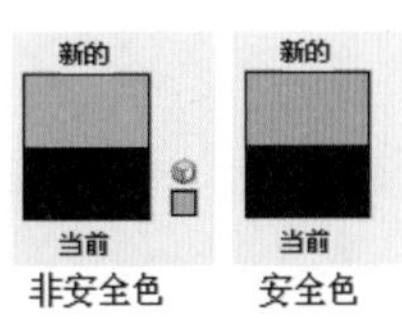

图 18-1

1. 将非安全色转化为安全色

在“拾色器”中选择颜色时，在所选颜色右侧出现警告图标，就说明当前选择的颜色不是 Web 安全色，如图 18-2 所示。单击该图标，即可将当前颜色替换为与其最接近的 Web 安全色，如图 18-3 所示。

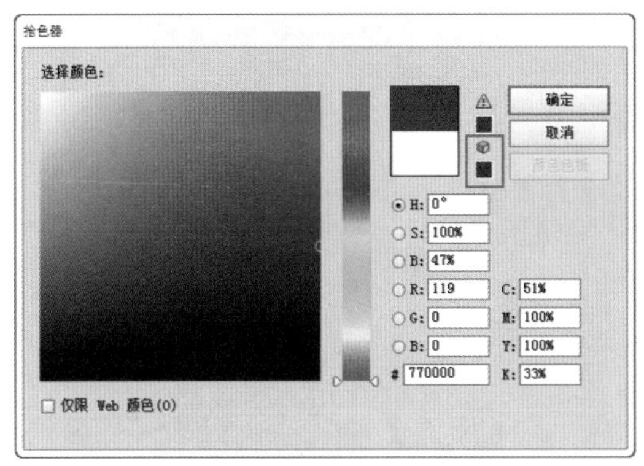

图 18-2

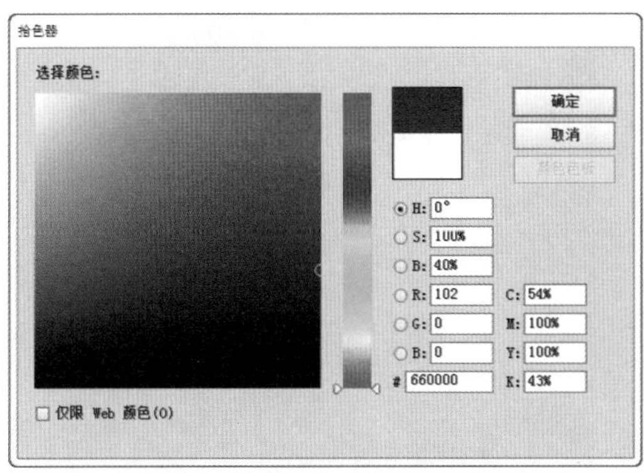

图 18-3

2. 轻松练：在安全色状态下工作

（1）在“拾色器”中选择颜色时，可以勾选底部“仅限 Web 颜色”选项，勾选之后可以始终在 Wed 安全色下工作，如图 18-4 所示。

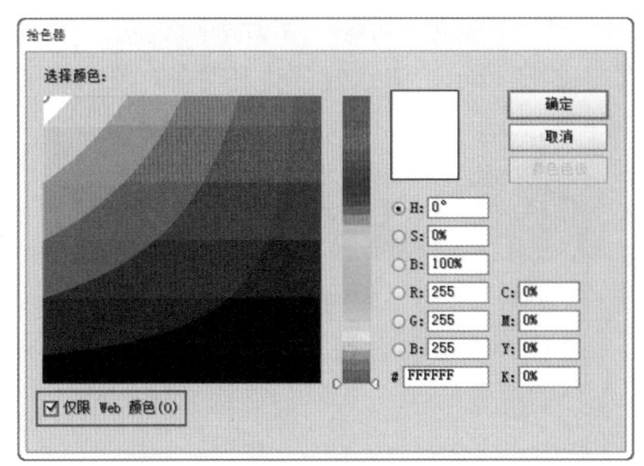

图 18-4

（2）在使用“颜色”面板设置颜色时，可以在其菜单中执行“Web 安全 RGB”命令，颜色面板会自动切换为 Web 安全色模式，并且可选颜色数量明显减少，如图 18-5、图 18-6 所示。

图 18-5

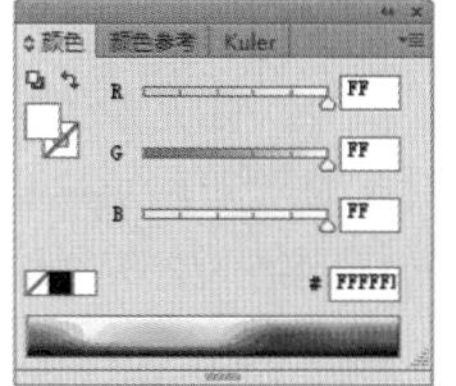

图 18-6

18.2 切片及切片工具的使用

“切片”功能是制作网站页面时使用比较频繁的功能。使用“切片”功能可以将一个较大尺寸的图形分割为多个图像文件，但是在浏览器中进行浏览时，不会被浏览者察觉。图 18-7 和图 18-8 所示为原图以及划分切片后的网页。

图 18-7

图 18-8

使用“切片工具”绘制切片，可以将一个较大文件分割成若干个小的图形文件，这样就可以加快图像下载的速度，而且在某些情况下可以保护图像的知识产权。使用“切片选择工具”编辑这些切片，该工具允许移动切片及调整它们大小。图 18-9 所示为“切片工具”和“切片选择工具”。

图 18-9

18.2.1 轻松练：创建切片

在一幅完整的网页设计作品制作完成后，需要使用“切片工具”对网页进行切片，然后将分割后的小图形文件上传于网络。在下来的学习中将学习绘制切片的多种方法。

（1）单击工具箱中的“切片工具”按钮，将光标移动到需要切片的位置然后在图像中按住鼠标左键并拖拽鼠标创建一个矩形框，释放鼠标左键以后就可以创建一个用户切片，而用户切片以外的部分将生成自动切片，如图 18-10 和图 18-11 所示。

图 18-10

图 18-11

> 小技巧：“切片工具”与“矩形选框工具”的相似之处
>
> “切片工具”与“矩形选框工具”有很多相似之处，例如使用“切片工具”创建切片时，按住 <Shift> 键可以创建正方形切片；按住 <Alt> 键可以从中心向外创建矩形切片；按住 <Shift+Alt> 组合键，可以从中心向外创建正方形切片。

（2）在手动绘制切片时，两个切片衔接的部分会出现重叠，这样就为导出添加了麻烦。为了避免这种情况的发生可以利用参考线快速、精准地创建切片。首先需要创建参考线，如图 18-12 所示。然后执行“对象 > 切片 > 从参考线建立”命令，此时切片效果如图 18-13 所示。

图 18-12

图 18-13

（3）还可以根据画面中所选的对象创建切片。首先在画面中选择一个合适的对象，如图 18-14 所示。执行“对象 > 切片 > 建立”或“对象 > 切片 > 所选对象创建”命令，如图 18-15 所示。切片会自动出现在对象的周围，如图 18-16 所示。

图 18-14

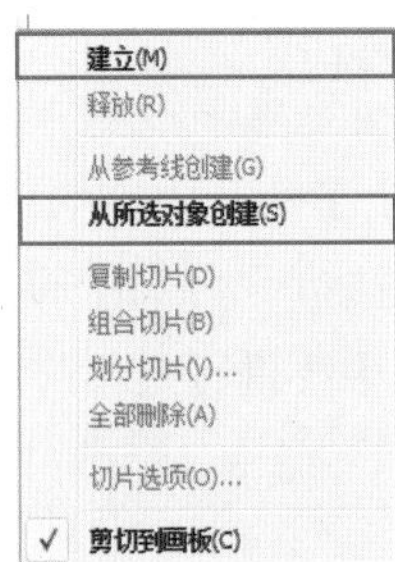

图 18-15

图 18-16

18.2.2　精确划分切片

划分切片命令可以沿水平方向、垂直方向或同时沿这两个方向划分切片。不论原始切片是用户切片还是自动切片，划分后的切片总是用户切片。单击工具箱中的“切片选择工具”按钮，在图像中单击鼠标，将整个图像切片选中，执行“对象 > 切片 > 划分切片”命令，然后弹出“划分切片”对话框，进行相应的设置。单击“确定”按钮，如图 18-17 所示。

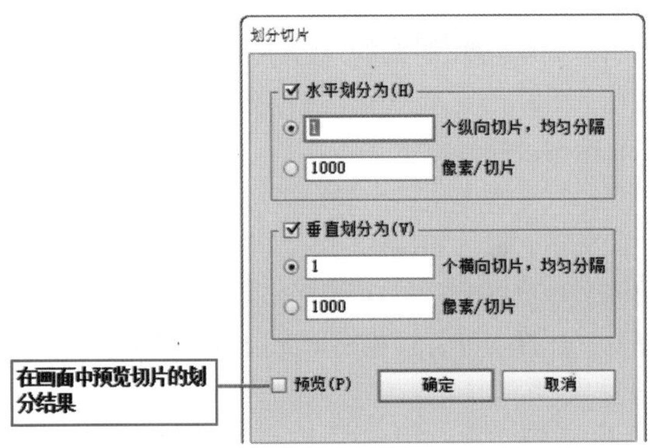

图 18-17

重点参数提醒：

- 水平划分为：勾选该选项后，可在水平方向上划分切片。
- 垂直划分为：勾选该选项后，可在垂直方向上划分切片。

18.2.3　轻松练：选择、调整与缩放切片

在切片绘制过程中，需要选择、调整与缩放切片，这时就会用到“切片选择工具”，该工具的使用方法与“选择工具”的使用方法极为相似。

（1）首先绘制切片，然后单击工具箱中的“切片选择工具”按钮，在需要选择的切片上单击即可选中切片，如图 18-18 所示。

图 18-18

（2）若要更改切片的大小，可以在选择“切片选择工具”的状态下，拖拽角点即可调整切片的大小，如图 18-19 和图 18-20 所示。

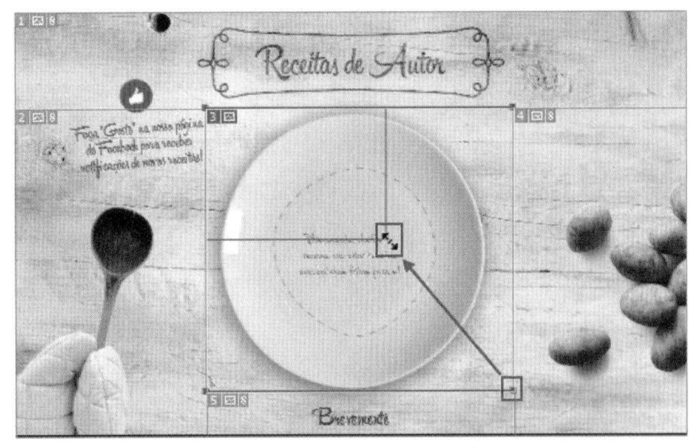

图 18-19

图 18-20

（3）若要移动切片的位置，需要选择该切片，然后按住鼠标左键拖动到相应位置即可移动切片。如图 18-21 和图 18-22 所示。

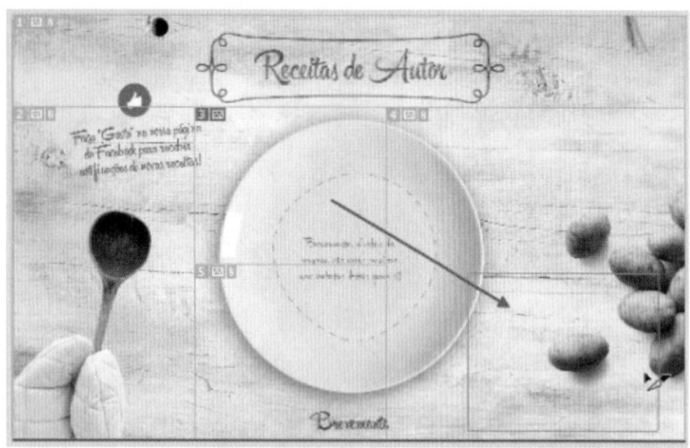

图 18-21

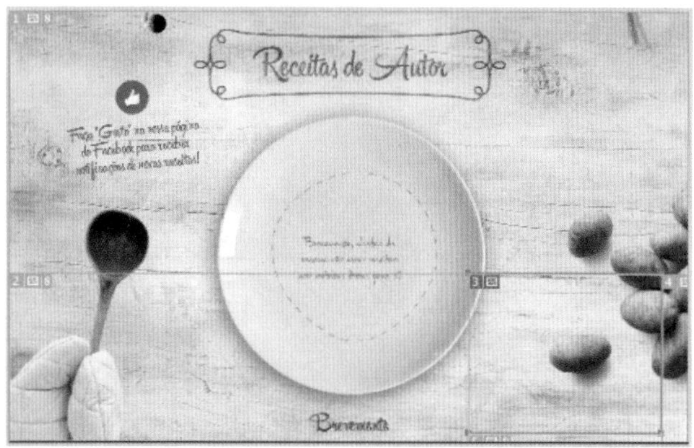

图 18-22

18.2.4 删除切片

删除切片很简单，首先需要使用“切片选择工具”选择一个或多个切片以后，然后按 <Delete> 键删除切片。若要释放切片，选择该切片，然后执行“对象 > 切片 > 释放”命令。若要删除所有切片，执行“对象 > 切片 > 全部删除”命令，如图 18-23 所示。

图 18-23

> 小提示：根据建立切片的方法删除切片的方法
>
> 如果切片是执行“对象 > 切片 > 建立”命令创建的，则会同时删除相应的图像。如果要保留对应的图像，则使用释放切片而不要删除切片。

18.2.5 定义切片选项

切片的选项确定了切片内容如何在生成的网页中显示、如何发挥作用。单击工具箱中的“切片选择工具”按钮，在图像中选中要进行定义的切片，然后执行“对象 > 切片 > 切片选项”命令，弹出“切片选项”对话框，如图 18-24 所示。

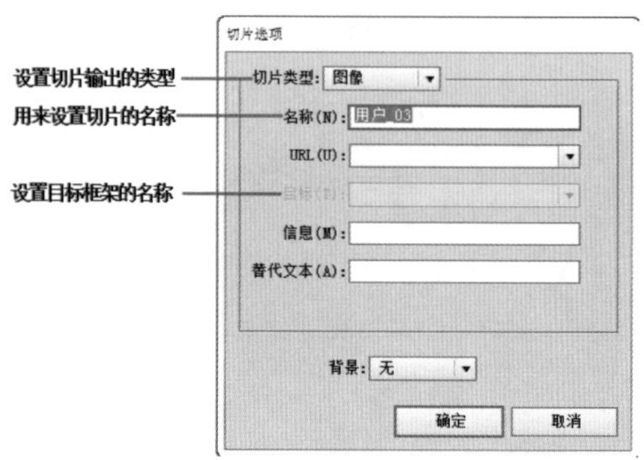

图 18-24

重点参数提醒：

- 切片类型：在与 HTML 文件一起导出时，切片数据在 Web 中的显示方式如图 18-25 所示。选择“图像”选项时，切片包含图像数据；选择“无图像”选项时，可以在切片中输入 HTML 文本，但无法导出图像，也无法在 Web 中浏览；选择“HTML 文本”选项时，切片导出时将作为嵌套表写入到 HTML 文件中。

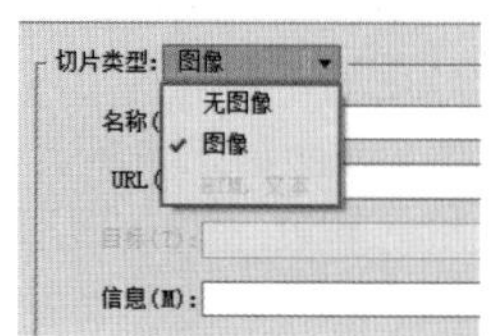

图 18-25

- URL：设置切片链接的 Web 地址（只能用于“图像”切片），在浏览器中单击切片图像时，即可链接到这里设置的网址和目标框架。
- 信息：设置哪些信息出现在浏览器中。
- 替代文本：输入相应的字符，将出现在非图像浏览器中的该切片位置上。
- 背景：选择一种背景色来填充透明区域或整个区域。

18.2.6 轻松练：组合切片

在 Illustrator 中不仅可以划分切片，还可以将多个切片组合为一个。选择需要组合的切片，单击工具箱中的“切片选择工具”按钮，按住 <Shift> 键加选多个切片，然后执行“对象 > 切片 > 组合切片”命令，所选的切片即可组合为一个切片，如图 18-26 和图 18-27 所示。

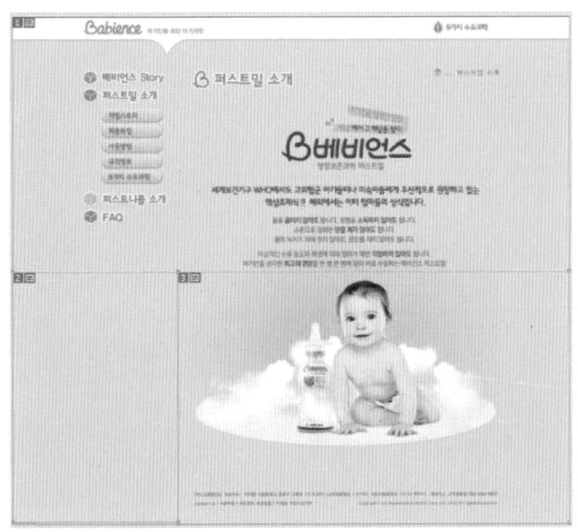
图 18-26

图 18-27

18.2.7　显示或隐藏切片

和标尺、网格一样，切片也是可以显示和隐藏的。执行“视图 > 隐藏切片”命令，即可隐藏切片，如图 18-28 和图 18-29 所示。若要显示切片可以执行“视图 > 显示切片”命令，即可显示刚刚隐藏的切片。

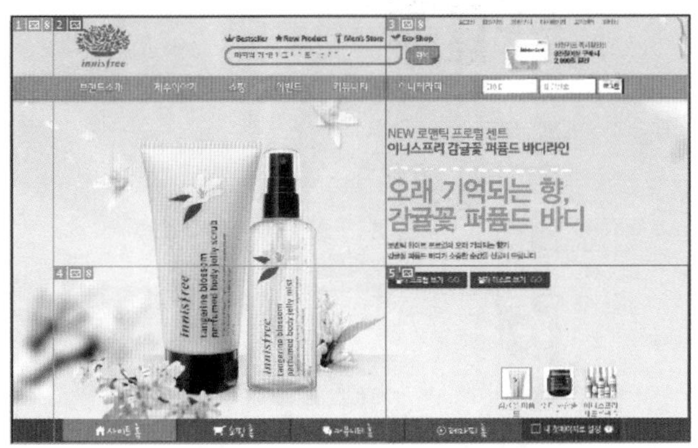
图 18-28

图 18-29

18.2.8　锁定切片

在编辑切片过程中，为了防止意外更改切片的大小或移动切片，可以将切片进行锁定。执行“视图 > 锁定切片”命令，即可将切片进行锁定。当切片锁定以后，在使用“切片工具”或“选择切片工具”的状态下，光标在画面中的状态为⊘，即表示切片为锁定状态，这两种工具不可用，如图 18-30 所示。

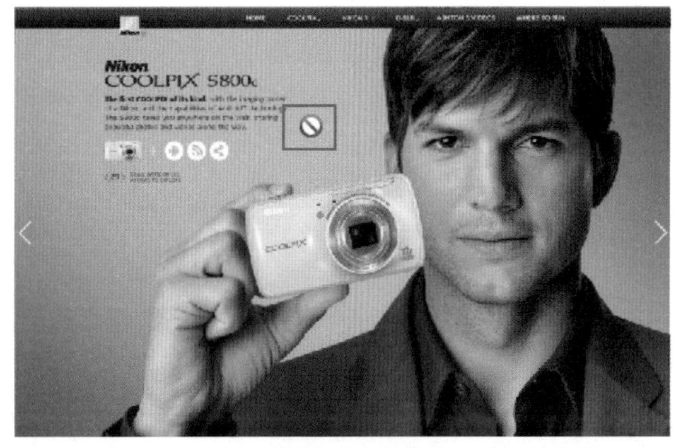
图 18-30

18.2.9　存储选中的切片

使用“存储选中切片”命令可以导出和优化选中的切片图像。该命令会将选中的切片存储为单独的文件并生成显示切片所需的 HTML 或 CSS 代码。首先需要使用“切片选择工具”选中需要存储的切片，然后执行“文件 > 存储选中切片”命令如图 18-31 所示，此时弹出“将优化结果存储为”对话框，在该对话框中对文件名称、存储位置进行设置，单击“保存”按钮，如图 18-32 所示。即可存储选中的切片，如图 18-33 所示。

第 18 章

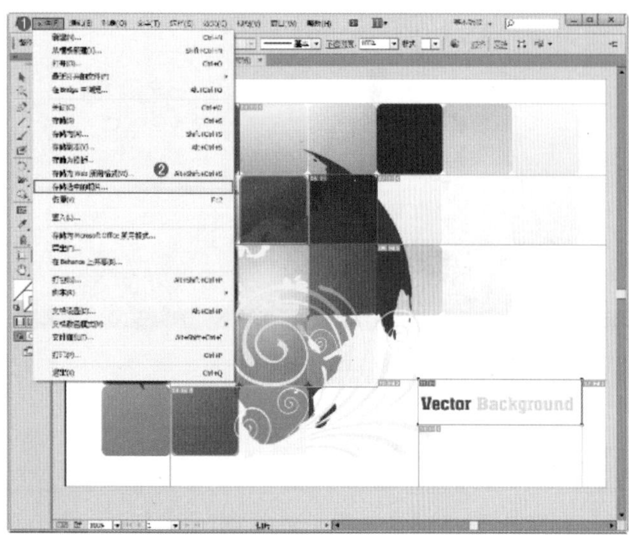

图 18-31

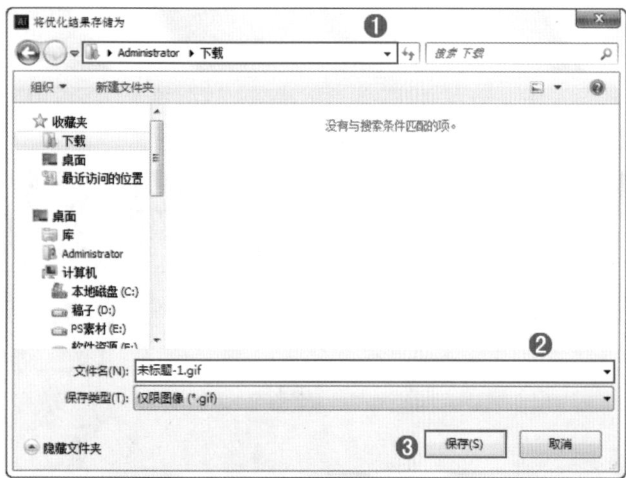

图 18-32

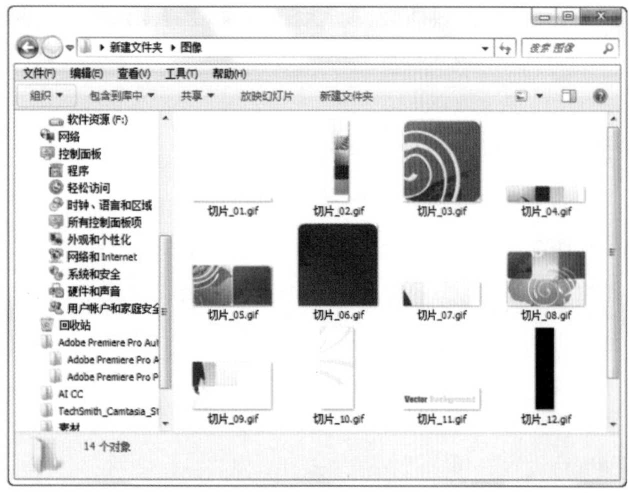

图 18-33

18.3 在 Illustrator CC 中提取 CSS

Illustrator 应用面及其广泛，不仅仅涉及平面、插画等方面，很多网页设计也会使用到 Illustrator。在最新版本的 Illustrator CC 中，用户可以将图形输出为 CSS 代码，方便网页设计的应用。图 18-34~ 图 18-36 所示为网页设计作品赏析。

图 18-34

图 18-35

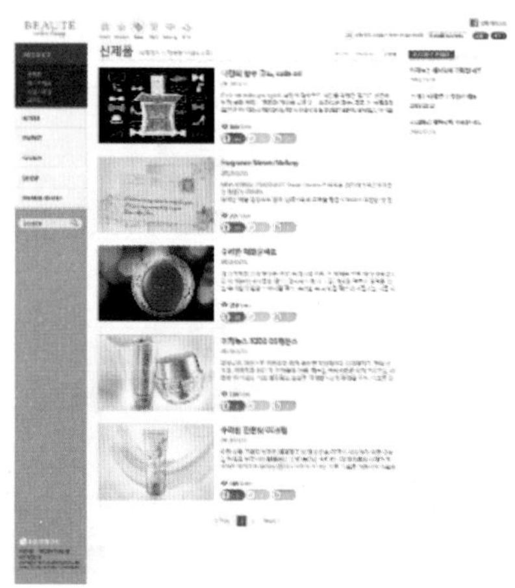

图 18-36

18.3.1　认识 CSS 属性面板

CSS 是英语 Cascading Style Sheets（层叠样式表单）的缩写，它是一种用来表现 HTML 或 XML 等文件样式的计算机语言。执行“窗口 >CSS 属性”命令，即可打开“CSS 属性”窗口，如图 18-37 所示。

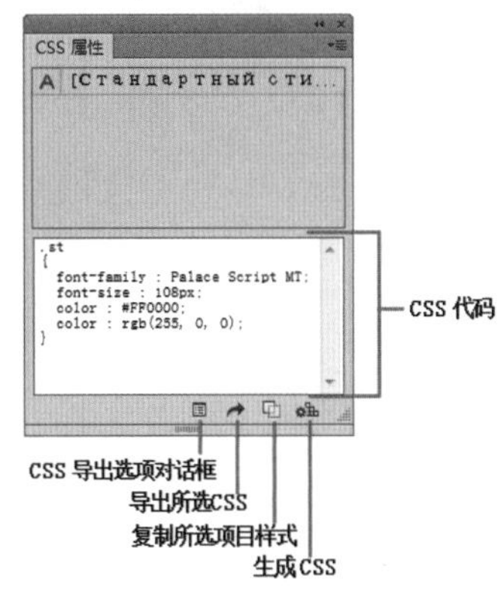

图 18-37

重点参数提醒：

- “CSS 导出选项对话框”按钮：单击该按钮可以打开“CSS 导出选项”对话框，如图 18-38 所示。

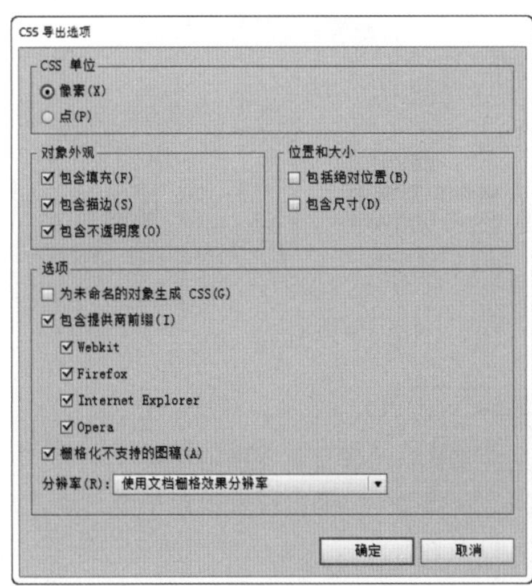

图 18-38

- “导出所选 CSS”按钮：将选定的 CSS 导出到文件。
- “复制所选项目样式”按钮：将所选样式复制到剪贴板。
- “生成 CSS”按钮：选择画面中的相应对象，单击该按钮即可在“SCC 属性”面板的下方看到生成的 CSS。

18.3.2　轻松练：提取 CSS

（1）打开素材“1.ai”，使用“直接选择”工具选择画面中的文字，如图 18-39 所示。继续执行“窗口 >CSS 属性”命令，在打开的“CSS 属性”窗口中单击“生成 CSS”按钮，如图 18-40 所示。

图 18-39

图 18-40

（2）继续单击“导出所选 CSS”按钮，在打开的“导出 CSS”窗口中选择一个合适的位置，设置一个合适的名称，单击“保存”按钮，如图 18-41 所示。在“CSS 导出选项”窗口中单击“确定”按钮，如图 18-42 所示。

图 18-41

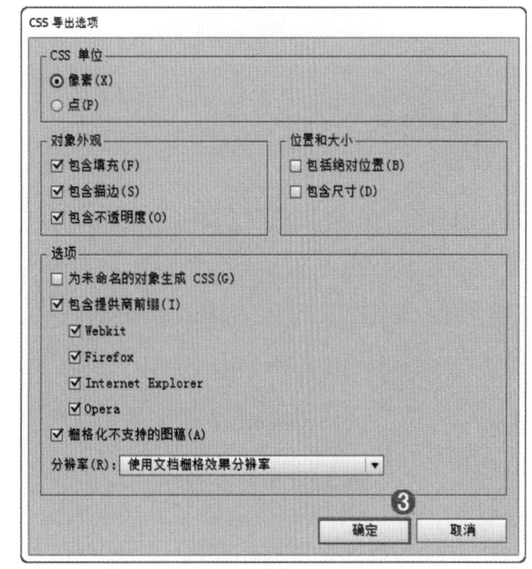

图 18-42

（3）找到刚刚生成的 CSS 文件，双击该文件将其打开，即可看见导出的 CSS 代码，如图 18-43 所示。

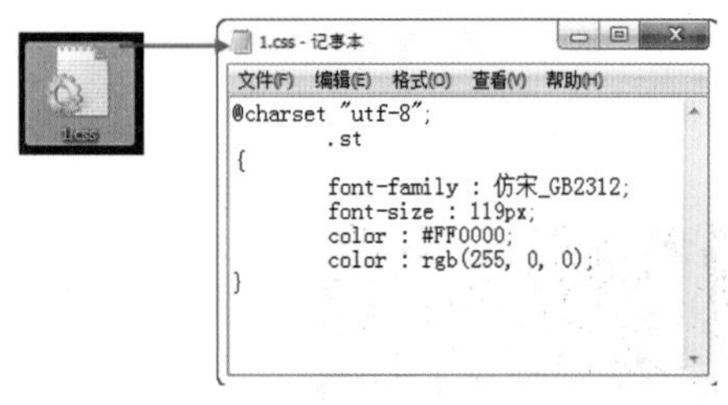

图 18-43

18.4 网页对象的输出

当要对网页图像以“切片”的形式输出时，必须要使用“存储为 Web 和设备所用格式”命令，否则将只能按照整个图像进行保存。

18.4.1 轻松练：切片的储存与输出

为包含切片的文件执行“文件 > 存储为 Web 和设备所用格式”命令，弹出“存储为 Web 和设备所用格式”对话框，在这里设置文件格式以及参数，然后单击“存储”按钮，在弹出的“将优化结果存储为”对话框中，选择保存文件的设置，接着单击“存储”按钮，如图 18-44 所示。

图 18-44

重点参数提醒：

- 应用工具栏

①抓手工具：使用该工具拖动视图，可在 Web 预览窗口中查看指定区域。

②切片选择工具：用来选择图像中的切片。

③缩放工具：用于缩放视图比例。

④吸管工具：从图像中取样颜色并反映到右侧的“颜色表”中。

⑤吸管颜色：用于显示吸管工具区域的颜色。单击该按钮可以在弹出的“拾色器”对话框中设定特定颜色。

⑥切换切片可见性：用于显示或隐藏预览窗口中的切片。

- 图像预览框及预览方式：用于预览对象，并以不同的预览方式查看对象，包括“原稿”“优化”和“双联”三种模式，如图 18-45 所示。
- “在默认浏览器中预览”按钮：用于下拉列表中选择提供的优化格式，并设置下方的相关选项优化图稿。

图 18-45

18.4.2 Web 图形格式

不同的图形类型需要存储为不同的文件格式，以便以最佳方式显示，并创建适用于 Web 的文件大小。可供选择的 Web 图形的优化格式包括 GIF 格式、JPEG 格式、PNG-8 格式、PNG-24 格式和 WBMP 格式。

1. 保存为 GIF 格式

GIF 是用于压缩具有单调颜色和清晰细节的图像的标准格式，它是一种无损的压缩格式。GIF 文件支持 8 位颜色，因此它可以显示多达 256 种颜色。图 18-46 所示是 GIF 格式的设置选项。

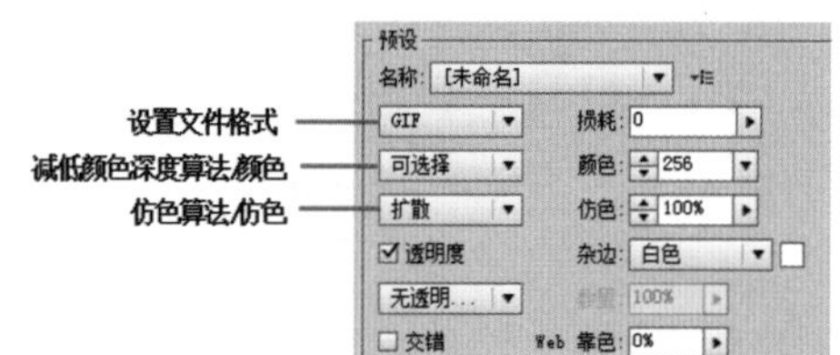

图 18-46

重点参数提醒：

- 设置文件格式：设置优化图像的格式。
- 减低颜色深度算法 / 颜色：设置用于生成颜色查找表的方法，以及在颜色查找表中使用的颜色数量，图 18-47 和图 18-48 所示分别为设置“颜色”为 8 和 128 时的优化效果。
- 仿色算法 / 仿色：“仿色”是指通过模拟计算机的颜色来显示提供的颜色的方法。较高的仿色百分比可以使图像生成更多的颜色和细节，但是会增加文件的大小。
- 透明度 / 杂边：设置图像中的透明像素的优化方式。
- 交错：当正在下载图像文件时，在浏览器中显示图像的低分辨率版本。
- Web 靠色：设置将颜色转换为最接近 Web 面板等效颜色的容差级别。数值越高，转换的颜色越多。图 18-49 和图 18-50 所示是设置“Web 靠色”为 100% 和 20% 时的图像效果。

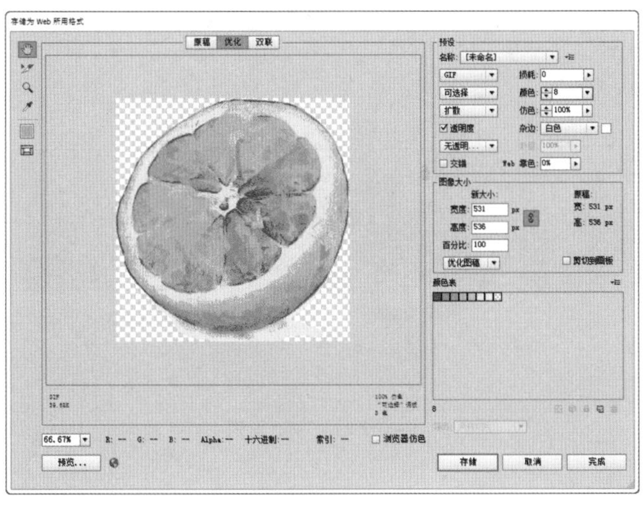

图 18-47

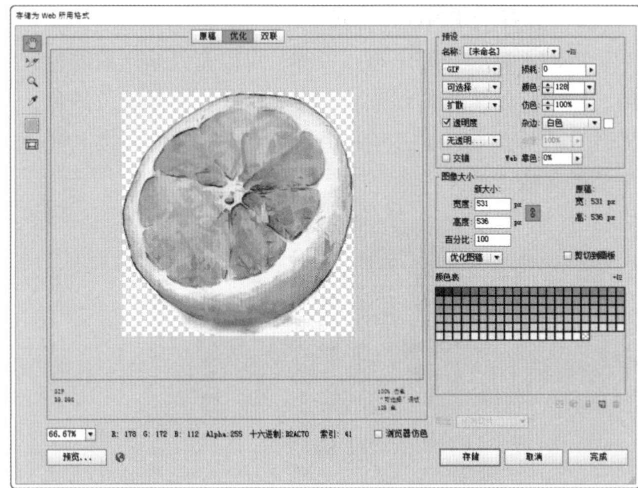

图 18-49

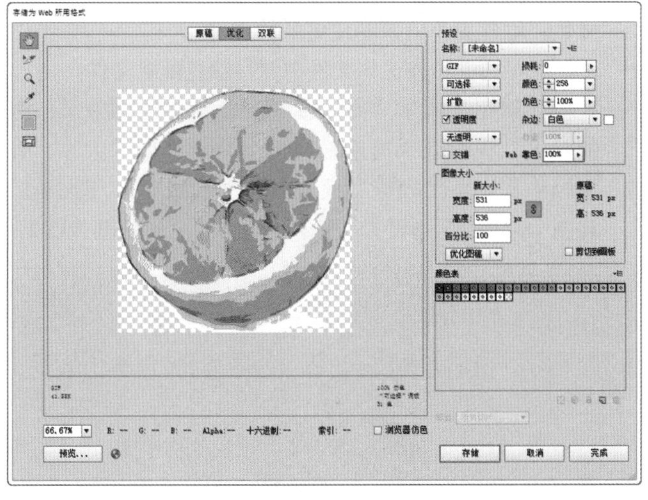

图 18-48

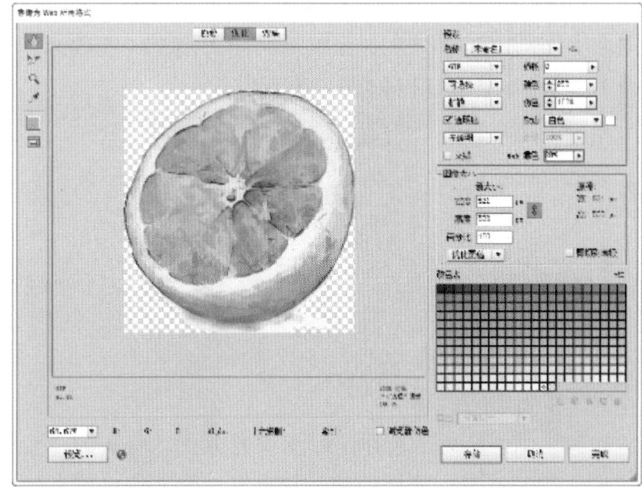

图 18-50

- 损耗：扔掉一些数据来减小文件的大小，通常可以将文件减小 5%~40%，设置 5~10 的“损耗”值不会对图像产生太大的影响。如果设置的“损耗”值大于 10，文件虽然会变小，但是图像的质量会下降。图 18-51 和图 18-52 所示是设置“损耗”值为 100 时与 10 时的图像效果。

图 18-52

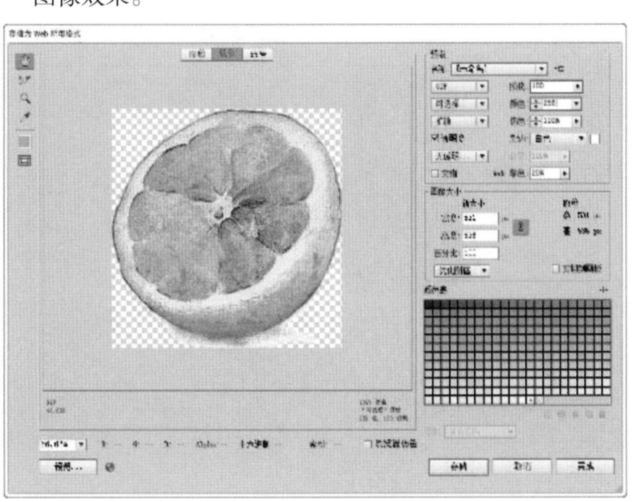

图 18-51

2. 保存为 PNG-8 格式

PNG-8 格式与 GIF 格式一样，可以有效地压缩纯色区域，同时保留清晰的细节。PNG-8 格式也支持 8 位颜色，因此它可以显示多达 256 种颜色，图 18-53 所示是 PNG-8 格式的参数选项。

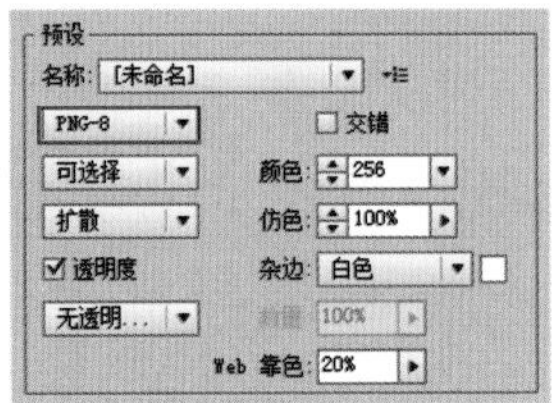

图 18-53

3. 保存为 JPEG 格式

JPEG 格式是用于压缩连续色调图像的标准格式。将图像优化为 JPEG 格式的过程中，会丢失图像的一些数据。图 18-54 所示是 JPEG 格式的参数选项。

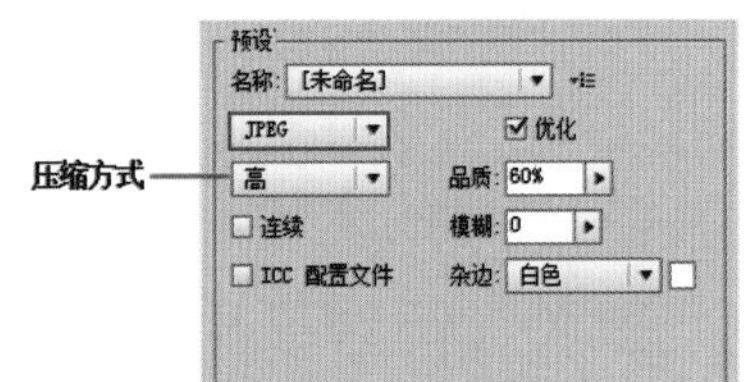

图 18-54

重点参数提醒：

- 压缩方式 / 品质：选择压缩图像的方式。后面的“品质”数值越高，图像的细节越丰富，但文件也越大。图 18-55 和图 18-56 所示是分别设置“品质”数值为 0 和 100 时的图像效果。

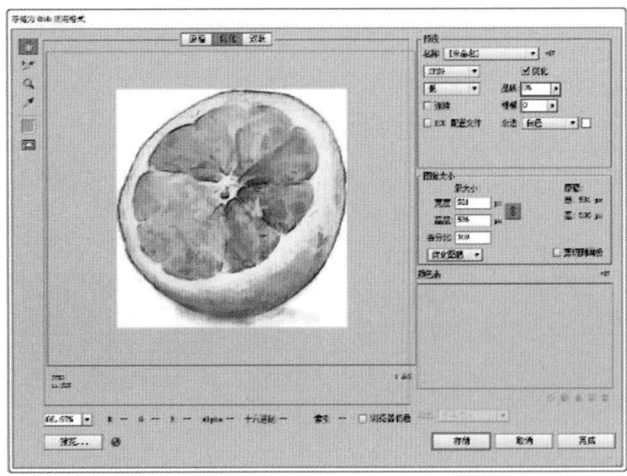

图 18-55

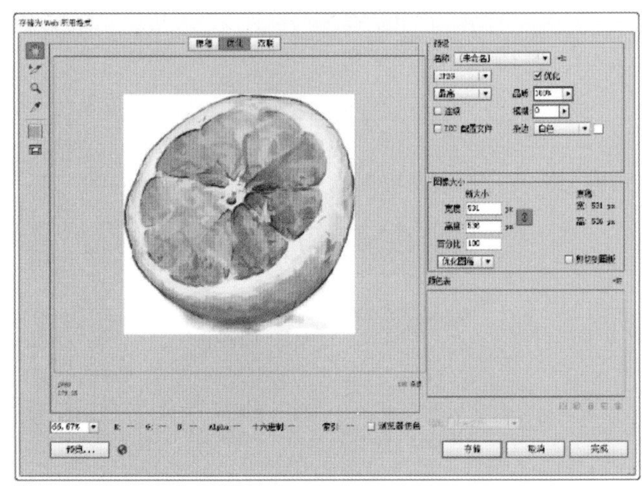

图 18-56

- 连续：在 Web 浏览器中以渐进的方式显示图像。
- 优化：创建更小但兼容性更低的文件。
- ICC 配置文件：在优化文件中储存颜色配置文件。
- 模糊：创建类似于“高斯模糊”滤镜的图像效果。数值越大，模糊效果越明显，但会减小图像的大小，在实际工作中，“模糊”值最好不要超过 0.5。图 18-57 和图 18-58 所示是设置“模糊”为 0.5 和 2 时的图像效果。

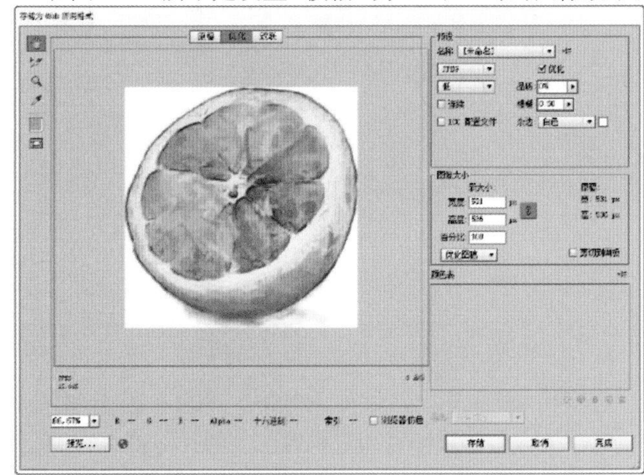

图 18-57

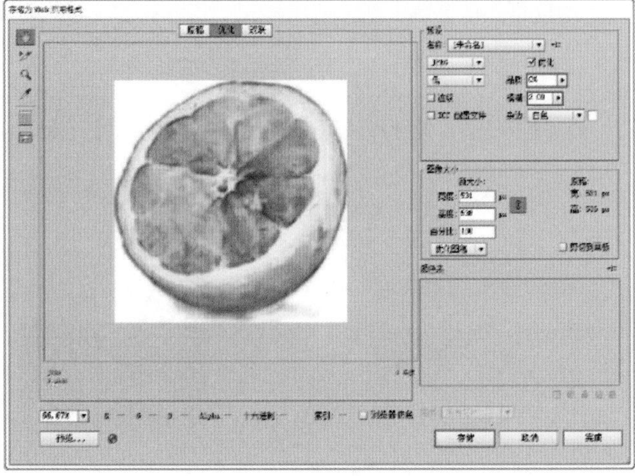

图 18-58

- 杂边：为原始图像的透明像素设置一个填充颜色。

4．保存为 PNG-24 格式

PNG-24 格式可以在图像中保留多达 256 个透明度级别，适合于压缩连续色调图像，但它所生成的文件比 JPEG 格式生成的文件要大得多，如图 18-59 所示。

图 18-59

第 19 章
自动化处理

关键词

自动化、动作、批处理

要点导航

动作面板

批量处理

学习目标

能够对文件使用已有动作

能够创建并记录一系列动作

能够快速处理一批文件

佳作鉴赏

19.1 任务自动化

在实际操作中，对大量的图形文件进行相同方式的处理是一件比较麻烦的事情。而在 Adobe Illustrator 中应用“动作”功能和“批处理”功能就可以轻松解决这一难题。Illustrator 中提供的自动处理功能，可以将一连串的 Adobe Illustrator 命令组合成一个新的命令群，然后执行进一步操作。

19.1.1 认识“动作”面板

“动作”面板主要用于记录、播放、编辑和删除各个动作。执行“窗口 > 动作”菜单命令，打开“动作”面板，如图 19-1 所示。

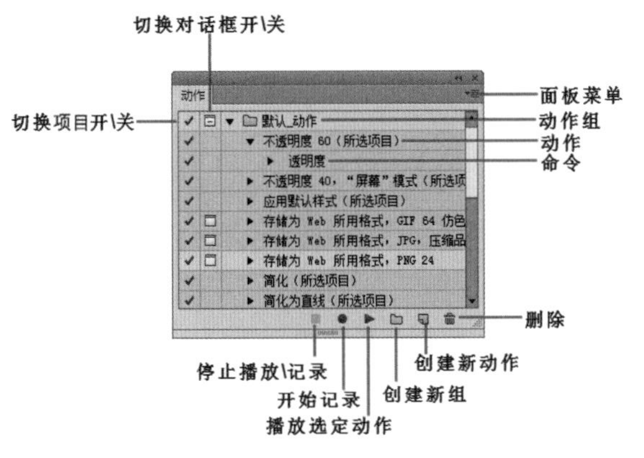

图 19-1

重点参数提醒：

- 切换项目开 / 关：如果动作组、动作和命令前显示有该图标，代表该动作组、动作和命令可以执行；如果没有该图标，代表不可以被执行。
- 切换对话框开 / 关：如果命令前显示该图标，表示动作执行到该命令时会暂停，并打开相应命令的对话框，此时可以修改命令的参数，单击“确定”按钮可以继续执行后面的动作；如果动作组和动作前出现该图标，并显示为红色，则表示该动作中有部分命令设置了暂停。
- 动作组 / 动作 / 命令：动作组是一系列动作的集合，而动作是一系列操作命令的集合。
- “停止播放 / 记录”按钮：用来停止播放动作和停止记录动作。
- “开始记录”按钮：单击该按钮，可以开始录制动作。
- “播放选定动作”按钮：选择一个动作后，单击该按钮可以播放该动作。
- “创建新组”按钮：单击该按钮，可以创建一个新的动作组，以保存新建的动作。
- “创建新动作”按钮：单击该按钮，可以创建一个新的动作。
- “删除”按钮：选择动作组、动作和命令后单击该按钮，可以将其删除。

19.1.2 轻松练：对文件播放动作

在 Illustrator 中提供了一些预设的动作，用户可以使用这些动作制作一些比较简单的效果。在播放动作时，可以在活动文档中执行动作记录的命令，也可以排除动作中的特定命令或只播放单个命令。如果动作包括模态控制，可以在对话框中指定值或在动作暂停时使用工具。如果需要，可以选择要对其播放动作的对象或打开文件。

（1）打开素材“1.ai”，如图 19-2 所示。选择素材中的前景图案，执行“窗口 > 动作”命令，打开“动作”窗口，在“动作”窗口中单击“默认 _ 动作”前的倒三角按钮，将该动作组显示出来，如图 19-3 所示。

图 19-2

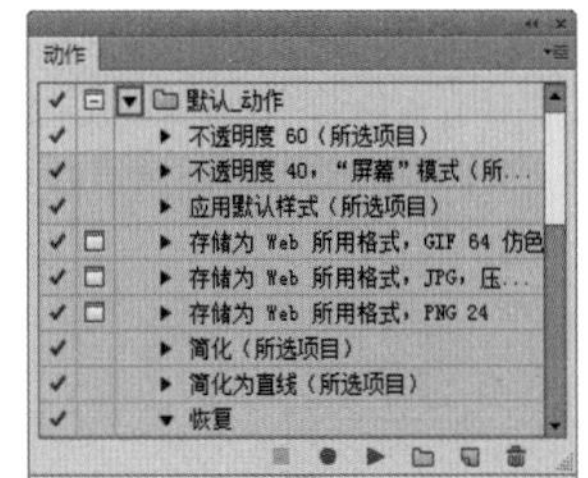

图 19-3

（2）选择“不透明度 60（所选项目）”动作，继续单击“播放选定的动作”按钮，如图 19-4 所示。即可播放动作，此时选定的内容的不透明度被更改为 60%，如图 19-5 所示。

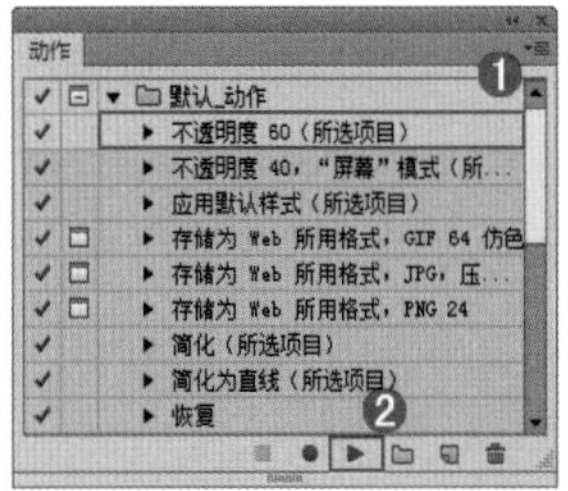

图 19-4

图 19-5

（3）若要播放一组动作，选择该组的名称，然后在“动作”面板中单击“播放”按钮，如图 19-6 所示。或从面板菜单中选择“播放”命令，如图 19-7 所示。

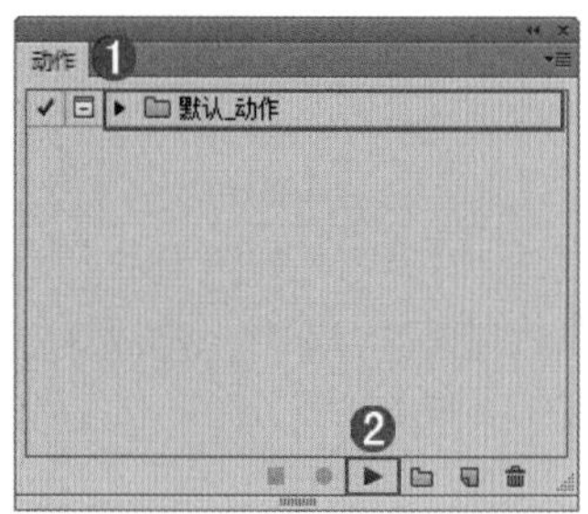

图 19-6

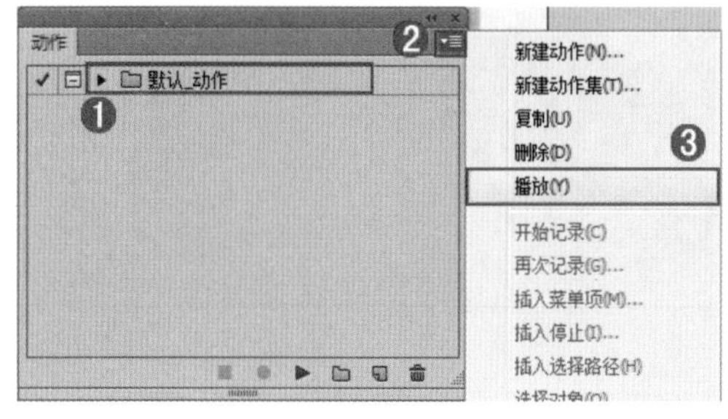

图 19-7

（4）若要播放单个命令，选择该命令，然后按住 <Ctrl> 键，并单击“动作”面板中的“播放”按钮，也可以按住 <Ctrl> 键，并双击该命令。

（5）若要播放动作组中的某几个动作，可以在“切换项目开\关”中进行选择，例如在“默认 _ 动作”动作组中，只选择了“不透明度 60（所选项目）”动作和“水平镜像”动作，如图 19-8 所示。然后单击“播放选定的动作”按钮▶，画面效果如图 19-9 所示。此时可以发现所选对象只被更改了不透明度和位置，并没有其他改变。

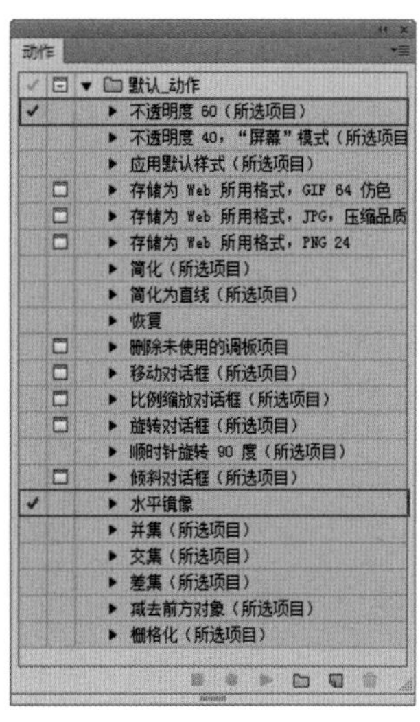

图 19-8

图 19-9

（6）在“动作”面板的菜单中执行“回放选项”命令，打开“回放选项”对话框，如图 19-10 所示。在该对话框中可以设置动作的播放速度，也可以将其暂停，以便对动作进行调试。

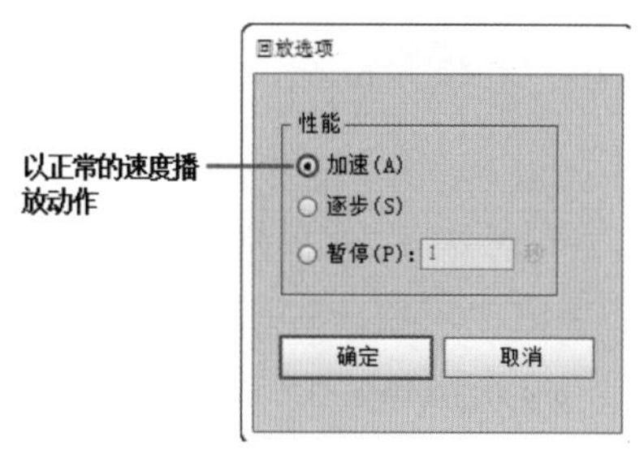

图 19-10

重点参数提醒：

- 逐步：显示每个命令的处理结果，然后再执行动作中的下一个命令。
- 暂停：选择该选项，并在后面设置时间以后，可以指定播放动作时各个命令的间隔时间。

小技巧：加速播放动作

在加速播放动作时，计算机屏幕可能不会在动作执行的过程中更新（即不出现应用动作的过程，而直接显示结果）。

19.1.3 创建新的动作

在 Illustrator 中虽然提供了较多的动作选项，但是在实际应用中使用到的并不是非常多。通常用户会根据自身的需要自定义一些动作。

（1）在“动作”面板中，单击“创建新动作”按钮，或从“动作”面板菜单中选择“新建动作”。输入一个动作名称，选择一个动作集等相应设置。单击“记录”按钮，如图 19-11 所示。

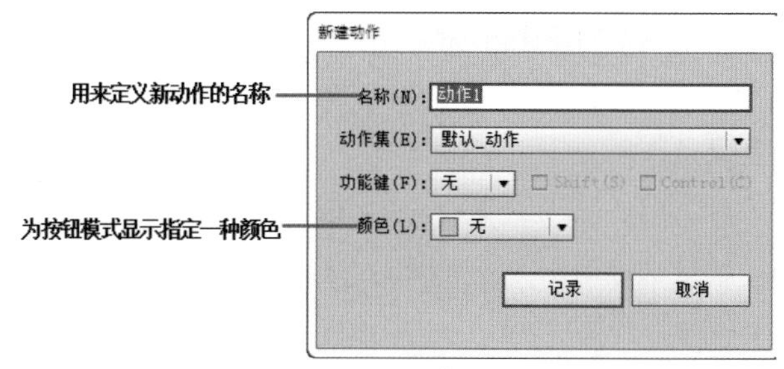

图 19-11

重点参数提醒：

- 功能键：为该动作指定一个键盘快捷键。可以选择功能键、<Ctrl> 键和 <Shift> 键的任意组合（例如，<Ctrl+Shift+F3>），但有如下例外：在 Windows 中，不能使用 <F1> 键，也不能将 <F4> 或 <F6> 键与 <Ctrl> 键一起使用。
- “记录”按钮：单击该按钮开始记录动作，此时“动作”面板中的“开始记录”按钮变为红色，如图 19-12 所示。

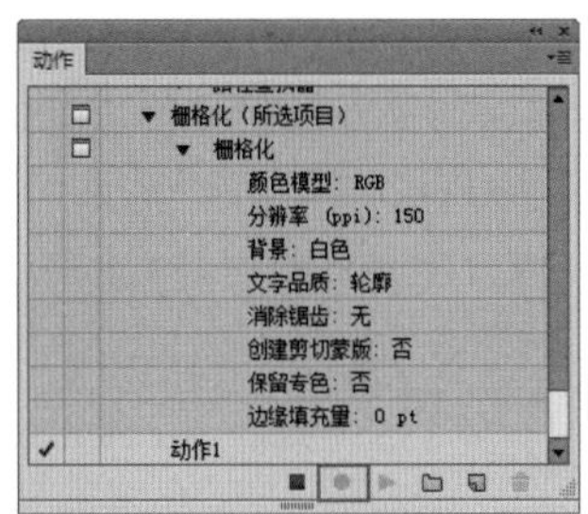

图 19-12

小技巧：如何记录无法记录的任务

执行要记录的操作和命令，并不是动作中的所有任务都可以直接记录，可以用“动作”面板菜单中的命令插入大多数无法记录的任务。

（2）下面可以对文档进行一系列的操作，而这些操作都会被记录到“动作”面板中。记录完成后在“动作”面板中单击“停止播放 / 记录”按钮■，停止记录，如图 19-13 所示。到这里新的动作就记录完成了，下面可以选择新建的动作，然后单击“播放”按钮▶，即可对打开的文档执行动作，如图 19-14 所示。

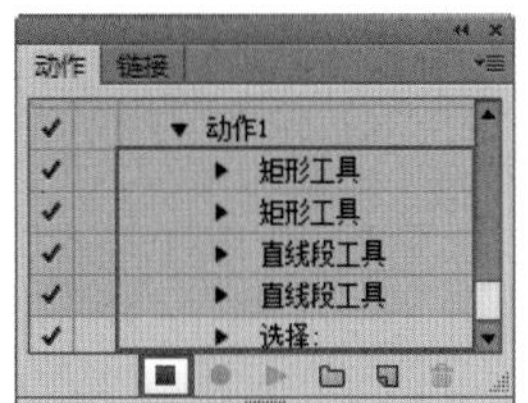

图 19-13

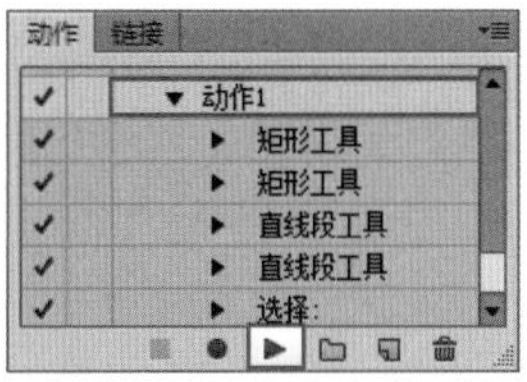

图 19-14

小技巧：如何在同一动作中继续开始记录

若要在同一动作中继续开始记录，从“动作”面板菜单中选择“开始记录”。

19.2　批量处理

批处理命令用来对文件夹和子文件夹播放动作。也可以用“批处理”命令为带有不同数据组的数据驱动图形合成一个模板。

19.2.1　详解“批处理”窗口

在“动作”面板中单击“动作菜单”按钮，执行“批处理”命令，如图 19-15 所示。此时弹出“批处理”对话框，如图 19-16 所示。

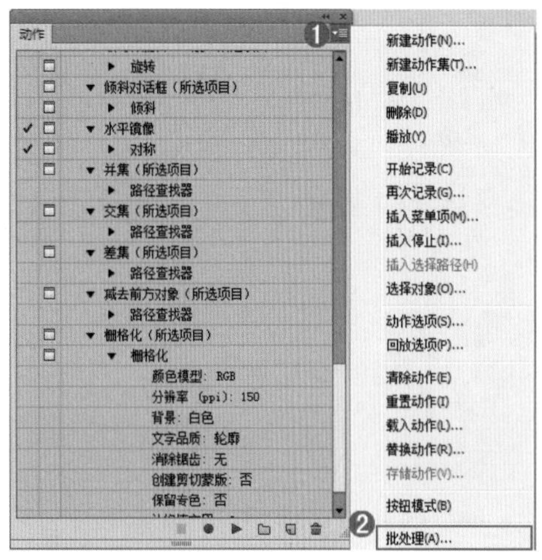

图 19-15

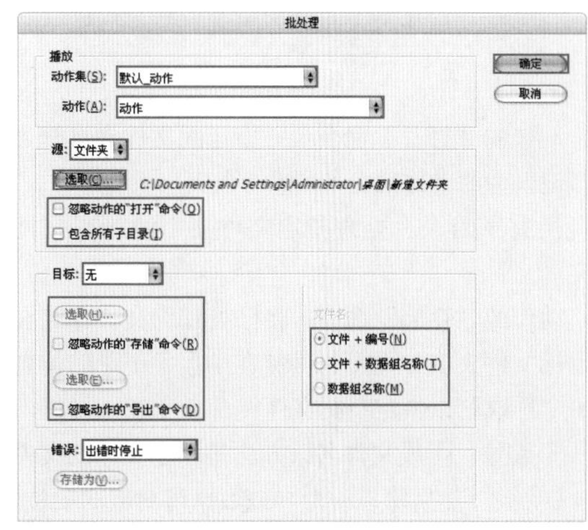

图 19-16

重点参数提醒：

- “源”选项：在该选项中有两个选项可以选择，分别是“文件夹”和“数据组”。当设置“源”为“文件夹”时，此时选项如图 19-17 所示。如果为“源”选择“数据组”，可以设置一个在忽略“存储”和“导出”命令时生成文件名的选项，如图 19-18 所示。

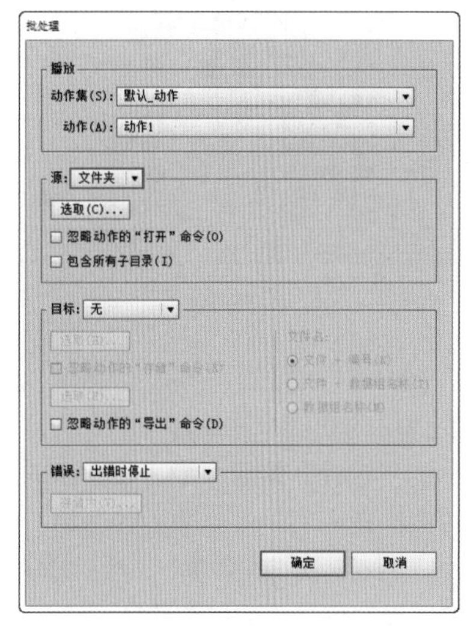

图 19-17

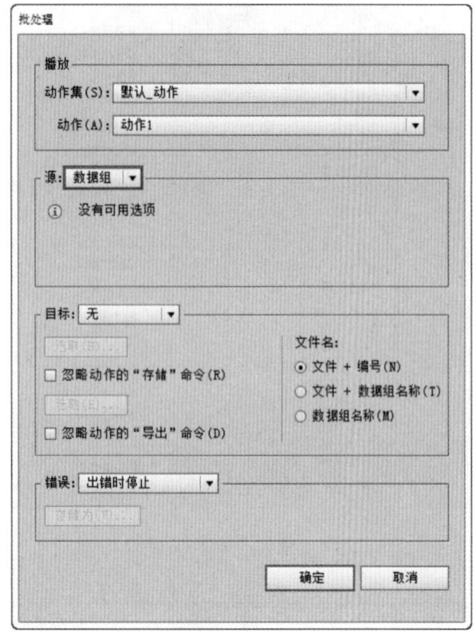

图 19-18

- 忽略动作的“打开”命令：从指定的文件夹打开文件，忽略记录为原动作部分的所有“打开”命令。
- 包含所有子目录：处理指定文件夹中的所有文件和文件夹。
- 忽略动作的“存储”命令：将已处理的文件存储在指定的目标文件夹中，而不是存储在动作中记录的位置上。单击“选取”以指定目标文件夹。
- 文件 + 编号：生成文件名，方法是取原文档的文件名，去掉扩展名，然后缀以一个与该数据组对应的三位数字。
- 文件 + 数据组名称：生成文件名，方法是取原文档的文件名，去掉扩展名，然后缀以下划线加该数据组的名称。
- 数据组名称：取数据组的名称生成文件名。

19.2.2 对多个文件进行批处理操作

（1）在“动作”面板中单击“动作菜单”按钮，执行“批处理”命令，如图 19-19 所示。

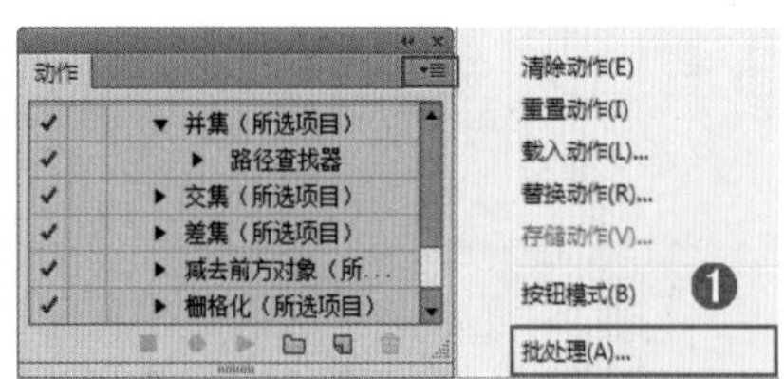

图 19-19

（2）此时弹出“批处理”对话框，在“播放”选项组下选择需要使用的动作，并设置“源”为“文件夹”，接着单击下面的“选择”按钮，最后在弹出的对话框中选择需要处理的文件夹。

（3）设置“目标”为“文件夹”，然后单击下面的“选择”按钮，接着设置好文件的保存路径。

（4）在“批处理”对话框中单击“确定”按钮，软件会自动处理文件夹中的文档，并将其保存到设置好的文件夹中，如图 19-20 所示。

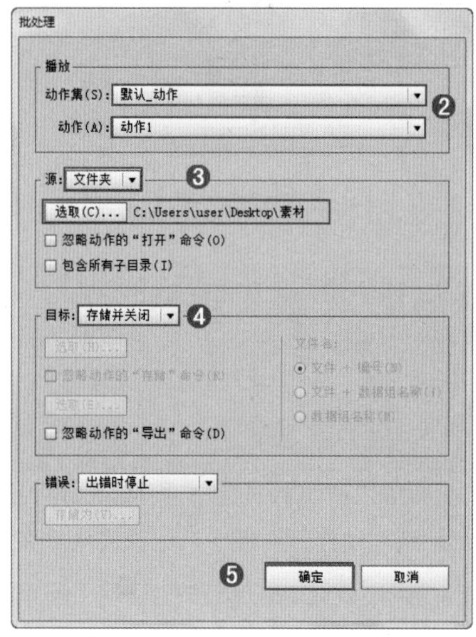

图 19-20

第 20 章
综合练习

关键词

新建、打开、储存、置入、导出、关闭、打印、恢复、画板、参考线、标尺

要点导航

新建文件
储存文件
置入与导出文件
画板工具
辅助工具

学习目标

能够熟练的创建新文件，并对文件进行置入素材等操作

能够将文件存储并导出为合适的格式

能够灵活的使用辅助工具进行制图操作

熟练使用快捷键进行还原和重做

20.1 现代感名片设计

案例文件	20.1 现代感名片设计 .ai
视频教学	20.1 现代感名片设计 .flv
难易指数	★★★★☆
技术掌握	“矩形工具”“椭圆工具”“渐变工具”“文字工具”“剪切蒙版”“混合模式”

1. 制作背景

（1）新建一个 200mm × 200mm 大小的文件。

（2）制作一个渐变背景。单击工具箱中的“矩形工具”按钮，绘制一个与画板等大的矩形。执行“窗口 > 渐变”命令，在弹出的“渐变”窗口中设置“类型”为“径向”，编辑一个由白色到灰色的渐变，如图 20-1 所示。渐变编辑完成后，背景效果如图 20-2 所示。

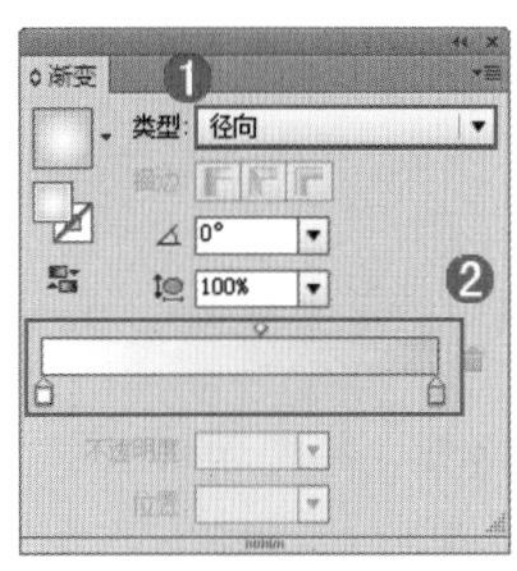

图 20-1

图 20-2

（3）制作条形装饰。将“填充”设置为浅灰色，使用“矩形工具”绘制一个细长的矩形，将其旋转移动到相应位置，然后在控制栏中设置该矩形的“不透明度”为 80%，如图 20-3 所示。将矩形不断的复制，调整大小以及不透明度效果，如图 20-4 所示。在绘制完成后将这些矩形全选，执行“对象 > 编组”命令，将其编组。

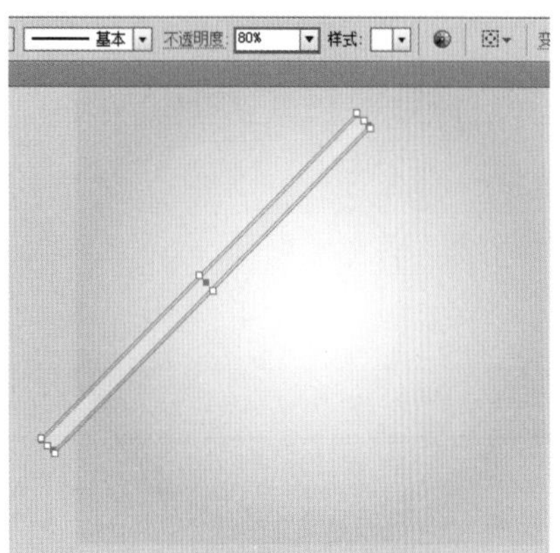

图 20-3

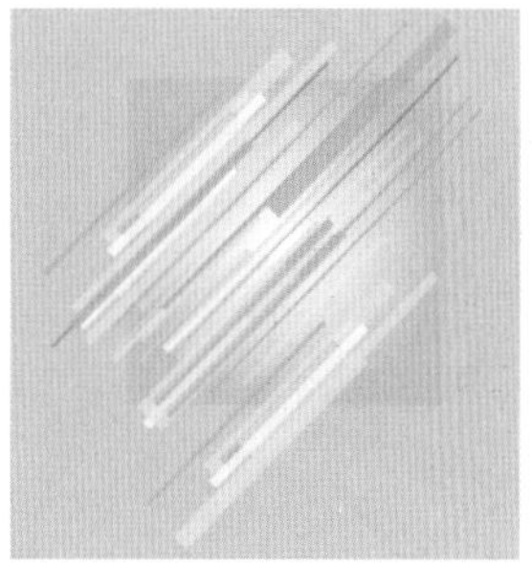

图 20-4

（4）使用剪切蒙版将超出画板的部分隐藏。使用“矩形工具”绘制一个与画面等大的矩形，颜色不限，如图 20-5 所示。将条形组和矩形加选，使用快捷键 <Ctrl+7> 建立剪切蒙版，效果如图 20-6 所示。

图 20-5

图 20-6

2. 制作名片正面图

（1）单击工具箱中的“矩形工具”按钮，在画板中单击一下，然后在弹出的“矩形”窗口中设置“宽度”为 90mm，“高度”为 54mm，参数设置如图 20-7 所示。矩形绘制完成后，在“渐变”面板编辑一个由黑色到深褐色的渐变进行填充，效果如图 20-8 所示。

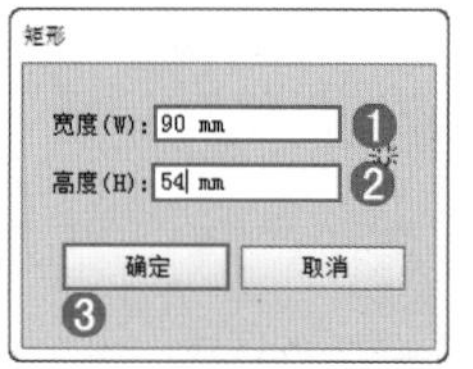

图 20-7

图 20-8

（2）制作正圆装饰。单击工具箱中的“椭圆工具”按钮，在控制栏中设置“填充”为“无”，设置“描边”为黄色，设置“描边宽度”为 16pt，设置完成后，在相应位置绘制正圆，如图 20-9 所示。选择该正圆，执行“对象 > 扩展”命令，将该正圆进行扩展，圆环制作完成，如图 20-10 所示。

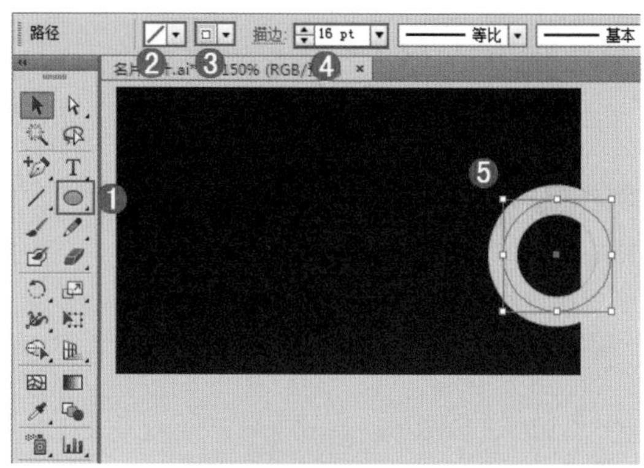

图 20-9

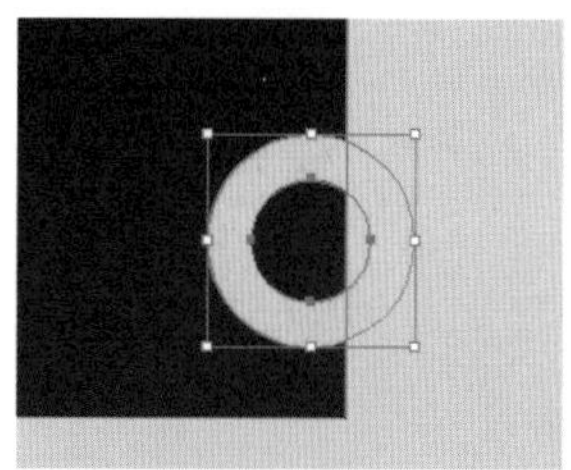

图 20-10

（3）执行“窗口 > 透明度”命令，在打开的“透明度”窗口中，设置“混合模式”为“叠加”，“不透明度”为 80%，此时圆环效果如图 20-11 所示。将这个圆环进行复制、缩放并移动到相应位置，如图 20-12 所示。

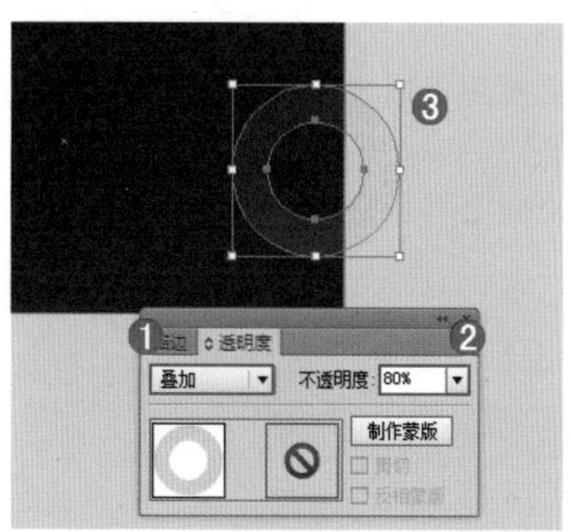

图 20-11

图 20-12

（4）单击工具箱中的“文字工具”按钮 T，在控制栏中设置合适的字体，设置字号为 13pt，设置完成后在工作区键入点文字，如图 20-13 所示。将部分文字更改为黄色，如图 20-14 所示。

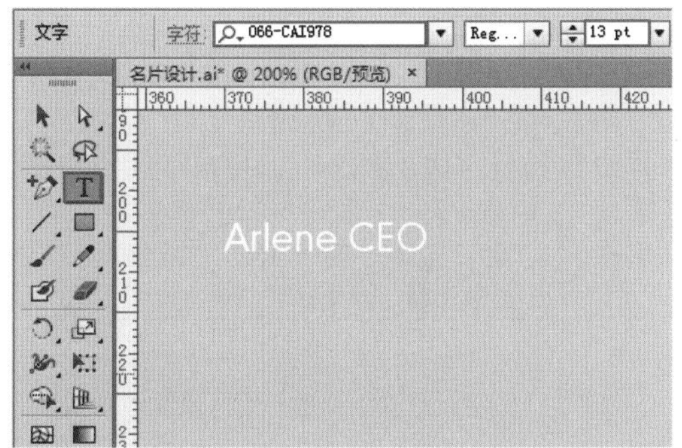

图 20-13

图 20-14

（5）继续键入文字，如图 20-15 所示。

图 20-15

（6）制作彩色装饰。使用“钢笔工具”绘制形状并填充一个黄色系渐变，如图 20-16 所示。选择该图形按住 <Alt+Shift> 键将其复制并移动到文字的下方，如图 20-17 所示。

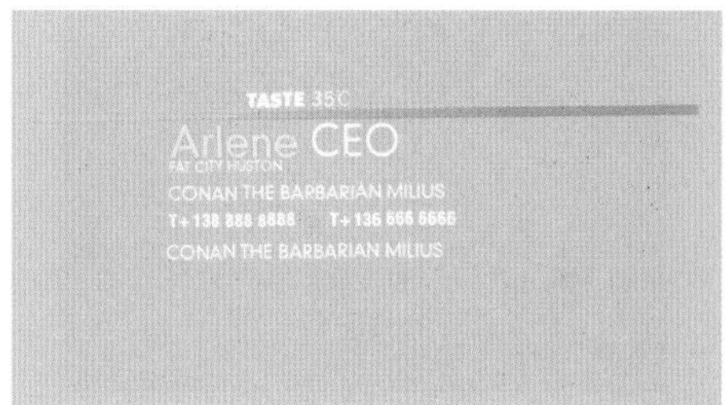

图 20-16

图 20-17

（7）选择复制得到的形状，执行“窗口 > 变换”命令，在打开的“变换”窗口中，设置“参考点”为正中，角度为 – 180°，如图 20-18 所示。画面效果如图 20-19 所示。

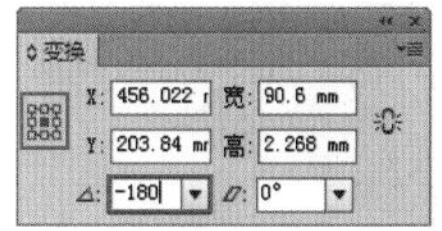

图 20-18

图 20-19

（8）将文字和装饰进行编组。将其移动至名片的相应位置，如图 20-20 所示。为名片添加剪切蒙版，将超过蒙版的内容隐藏，如图 20-21 所示。

图 20-20

图 20-21

（9）使用同样的方法制作名片的背面，效果如图 20-22 所示。将制作完成的平面图移动至画板处，如图 20-23 所示。

图 20-22

图 20-23

（10）将名片的正面和背面选中，执行“效果 > 风格化 > 投影”命令，在弹出的“投影”窗口中设置“模式”为“正片叠底”，“不透明度”为 75%，“X 位移”为 2.5mm，“Y 位移”为 2.5mm，“模糊”为 2mm，颜色为黑色，设置完成后单击“确定”按钮，如图 20-24 所示，画面效果如图 20-25 所示。本案例制作完成。

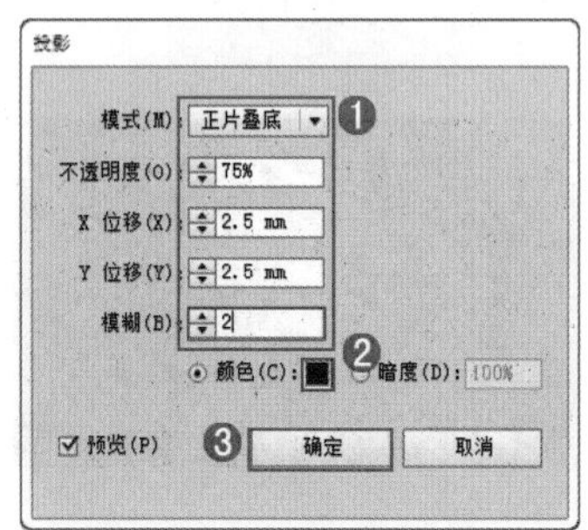

图 20-24

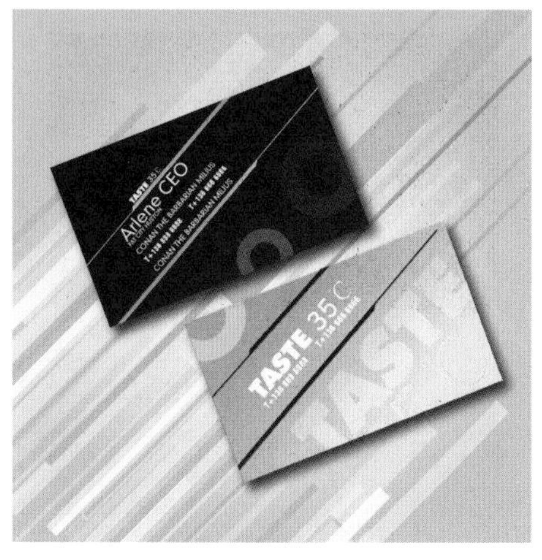

图 20-25

20.2 圣诞主题网页设计

案例文件	20.2 圣诞主题网页设计 .ai
视频教学	20.2 圣诞主题网页设计 .flv
难易指数	★★★★☆
技术掌握	“文字工具”“矩形工具”“圆角矩形工具”“自由变形工具”“模糊”命令、“置入”命令

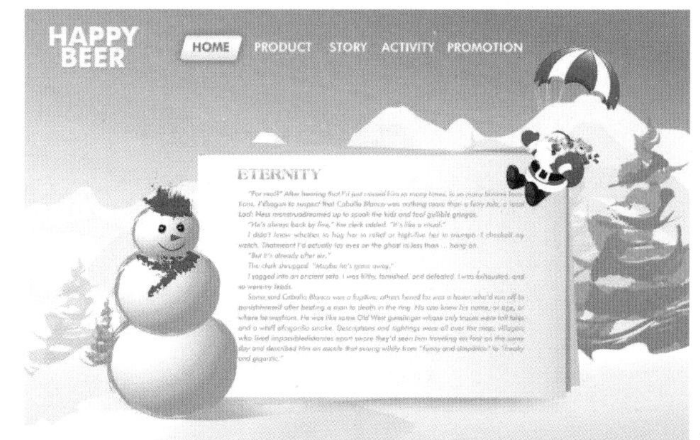

1. 制作网页导航栏

（1）执行“文件 > 新建”命令，在“新建文档”窗口中设置“宽度”为 900pt，“高度”为 600pt，设置“取向”为横向，参数设置如图 20-26 所示。设置完成后单击“确定”按钮。

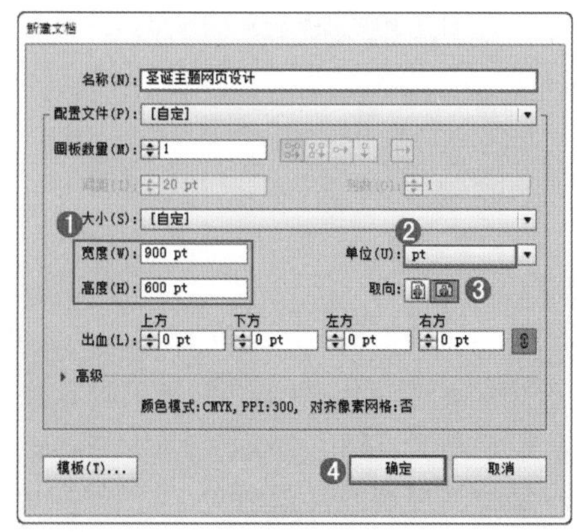

图 20-26

（2）文件新建完成后，执行“文件 > 置入”命令，将背景素材“1.jpg”置入到文件中，放置在画板的中心位置，如图 20-27 所示。

图 20-27

（3）单击工具箱中的“文字工具”按钮T，设置“填充”为灰色，设置合适的字体，字号为 45pt，设置完成后，在画面左上角键入文字，如图 20-28 所示。选择刚刚键入的文字，使用快捷键 <Ctrl+C>，将文字进行复制，使用快捷键 <Ctrl+F> 将文字贴在前面。将贴在前的文字更改为白色，并向左上轻移，效果如图 20-29 所示。

图 20-28

图 20-29

（4）执行“窗口 > 渐变”命令，在“渐变”窗口中编辑一个青色系渐变，设置“描边”为青色，如图 20-30 所示。继续双击工具箱中的“圆角矩形工具”按钮，在弹出的“圆角矩形”窗口中设置“宽度”为 33mm，“高度”为 15mm，“圆角半径”为 3mm，如图 20-31 所示。单击“确定”按钮即可绘制一个圆角矩形，如图 20-32 所示。

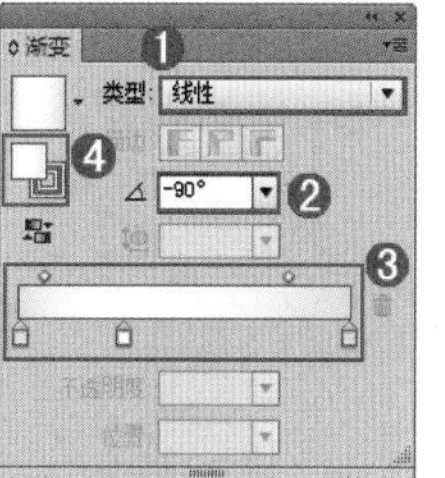

图 20-30

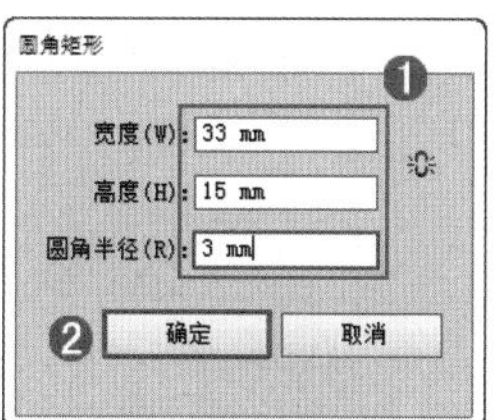

图 20-31

图 20-32

（5）选择该圆角矩形，单击工具箱中的“自由变换工具”按钮，在显示的工具选项中继续单击“自由变换”按钮，将圆角矩形自由变换，如图 20-33 所示。选择该形状，执行“效果 > 风格化 > 外发光”命令，在“外发光”窗口中设置“模式”为“正常”，颜色为青色，“不透明度”为 90%，“模糊”为 2.5mm，设置完成后单击“确定”按钮，参数设置如图 20-34 所示。

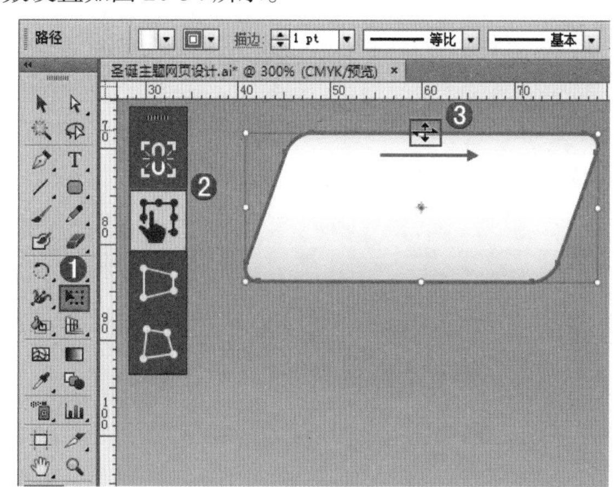

图 20-33

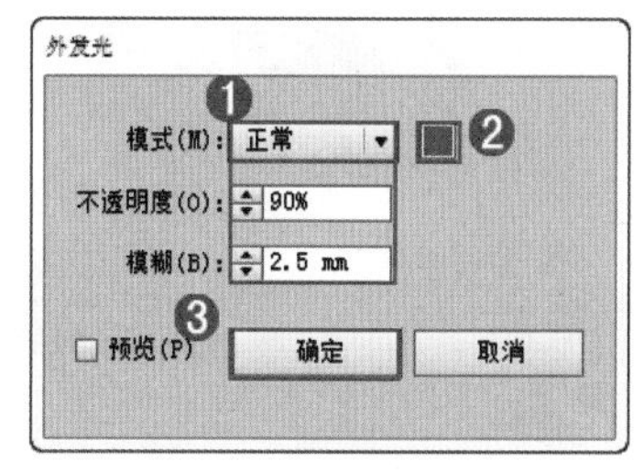

图 20-34

（6）外发光效果，如图 20-35 所示。按钮制作完成后，在相应位置键入文字，如图 20-36 所示。导航栏制作完成。

图 20-35

图 20-36

2. 制作页面中心部分

（1）单击工具箱中的“矩形工具”按钮，将“填充”设置为青色，在画面中心位置绘制一个矩形，绘制完成后将矩形适当旋转，画面效果如图 20-37 所示。继续绘制两个矩形，进行适当旋转，并将最上层的矩形填充到淡青色的渐变，如图 20-38 所示。

图 20-37

图 20-38

（2）制作投影部分。单击工具箱中的“椭圆工具”按钮，编辑一个灰色到透明的“径向”渐变，在画面相应位置绘制一个椭圆形状，如图 20-39 所示。选择该椭圆形状，执行“效果 > 模糊 > 高斯模糊”命令，在“高斯模糊”窗口中设置“半径”为 45 像素，设置完成后单击“确定”按钮，如图 20-40 所示。效果如图 20-41 所示。

图 20-39

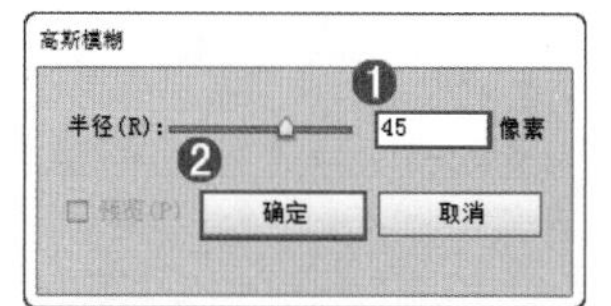

图 20-40

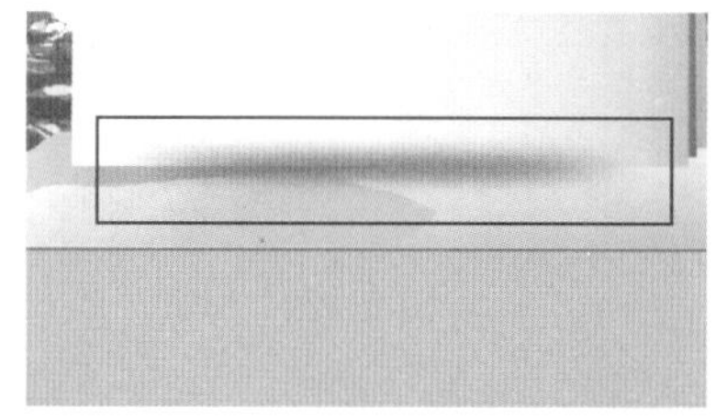

图 20-41

（3）将模糊后的椭圆形状向后移动，移动到矩形的后面，投影效果制作完成。效果如图 20-42 所示。

图 20-42

（4）使用文字工具在画面相应位置键入文字，如图 20-43 所示。选择该文字，执行“文字 > 创建轮廓”命令，将其转换为形状，并填充一个青色系渐变，如图 20-44 所示。

图 20-43

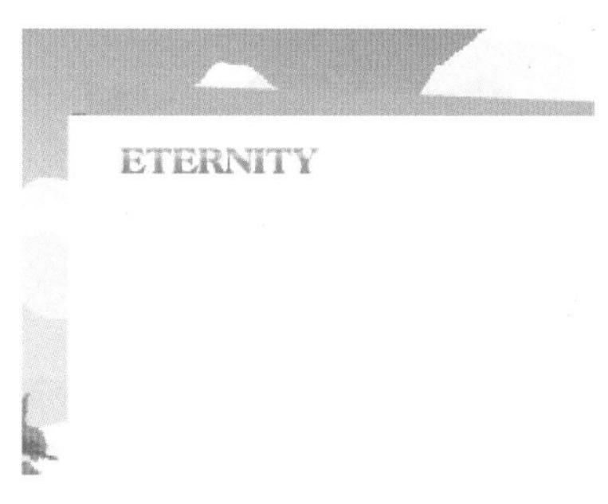

图 20-44

（5）继续制作段落位置。单击工具箱中的“文字工具”按钮，在控制栏中设置“填充”为青色，设置合适的字体，字号为 12pt，设置完成后在画面的相应位置绘制文本框，如图 20-45 所示。文本框绘制完成后，键入相应的段落文字，如图 20-46 所示。

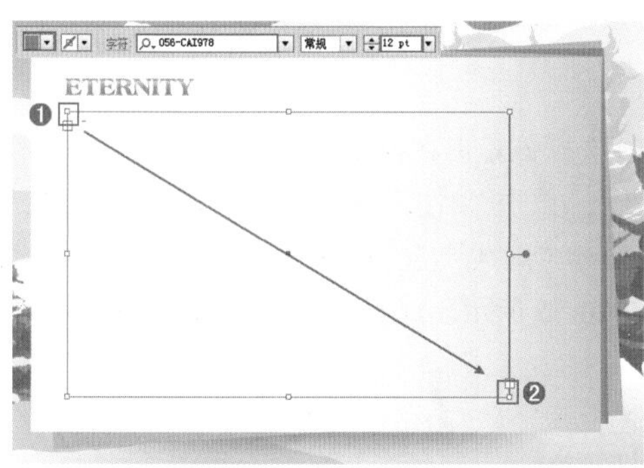

图 20-45

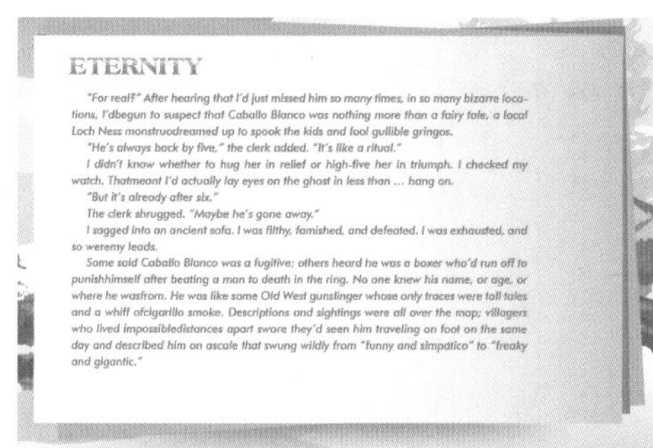

图 20-46

（6）将前景中的装饰素材置入到文件中，完成本案例的制作，效果如图 20-47 所示。

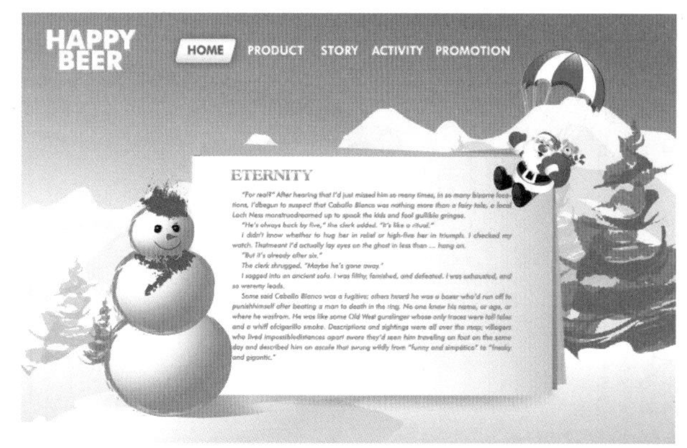

图 20-47

20.3 汽车画册版面设计

案例文件	20.3 汽车画册版面设计 .ai
视频教学	20.3 汽车画册版面设计 .flv
难易指数	★★★★☆
技术掌握	“文字工具”“矩形工具”“椭圆工具”“钢笔工具”

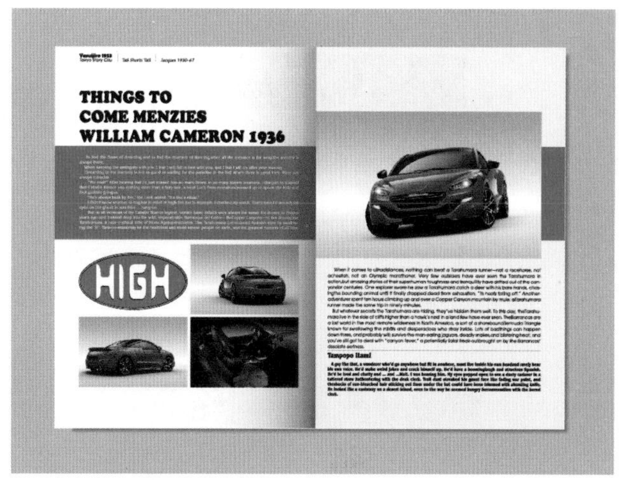

1. 制作版面布局

（1）新建一个“宽度”为 420mm，“高度”为 297mm 的文件，如图 20-48 所示。

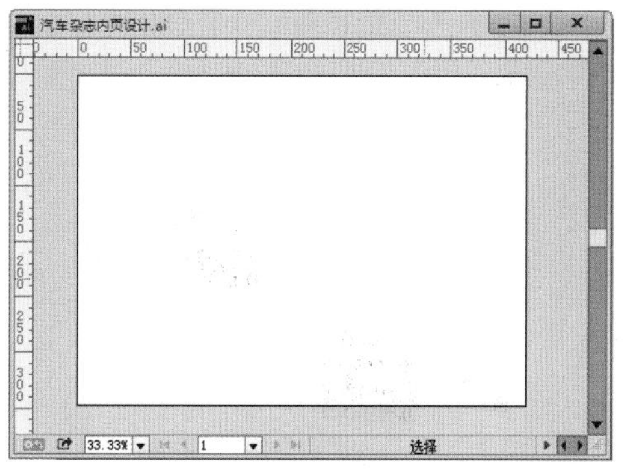

图 20-48

（2）单击工具箱中的“矩形工具”按钮，将“填充”设置为白色，“描边”为“无”。绘制一个页面等大的矩形，如图 20-49 所示。

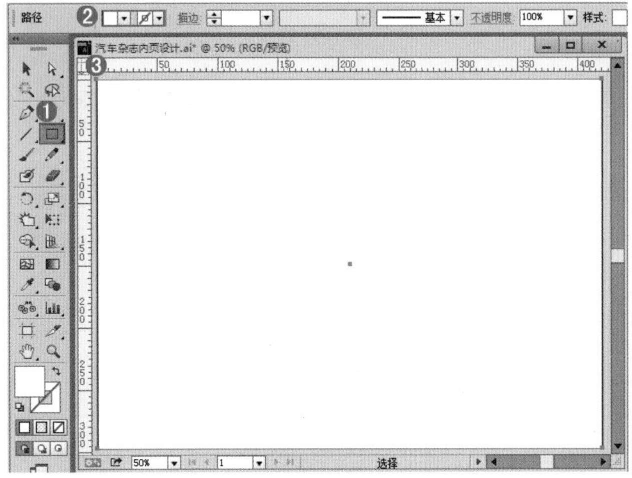

图 20-49

（3）将填充设置为红色，绘制红色矩形，如图 20-50 所示。执行“文件 > 置入”命令，将汽车素材“1.jpg”置入到文件中，放置到画面合适位置，如图 20-51 所示。

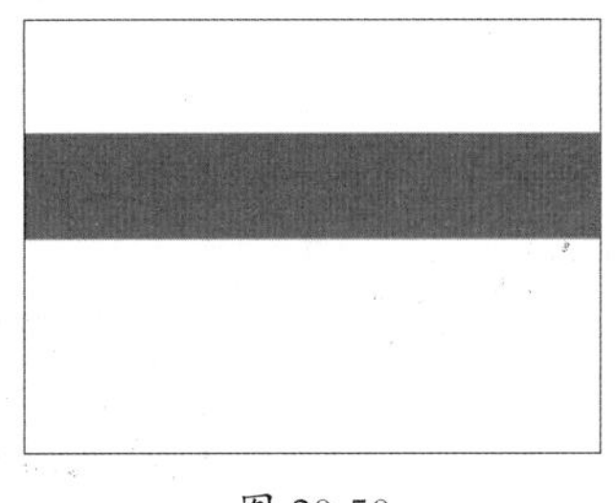

图 20-50

图 20-51

（4）使用同样的方法将其他汽车素材置入到文件中，放置在画面合适位置，如图 20-52 所示。

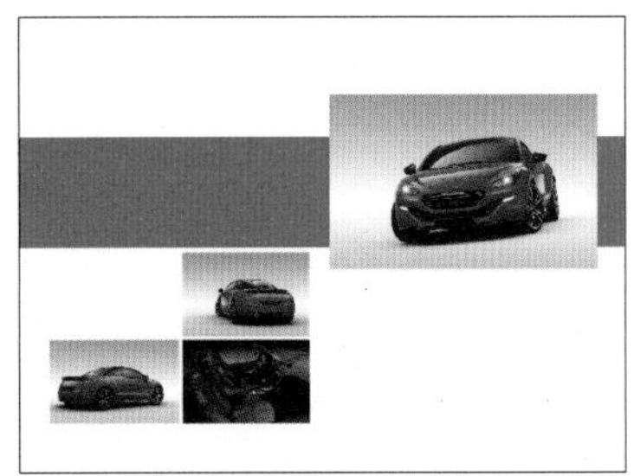

图 20-52

（5）接下来制作标志部分。单击工具箱中的“椭圆工具”按钮，将“填充”设置为红色，“描边”为黑色，“描边宽度”为 1pt，设置完成后在画板以外的区域绘制一个椭圆形状，如图 20-53 所示。选择该形状，使用快捷键 <Ctrl+C> 将形状进行复制，使用快捷键 <Ctrl+Shift+V> 将其就地粘贴。然后执行“效果 > 路径 > 位移路径”命令，在“偏移路径”窗口中设置“位移”路径为 1mm，“连接”为“圆角”，设置完成后单击“确定”按钮，如图 20-54 所示。

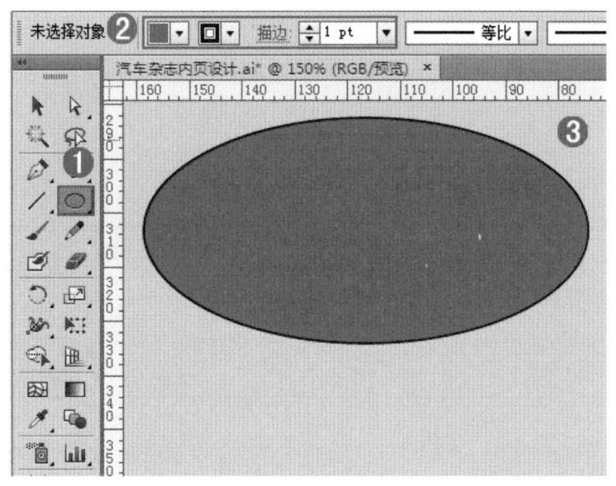

图 20-53

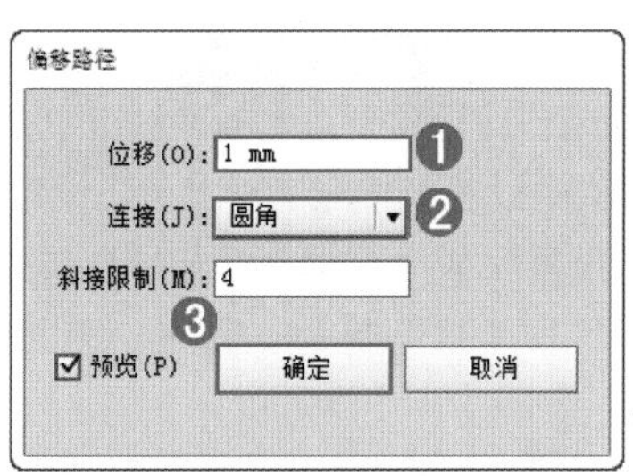

图 20-54

（6）选择该矩形在控制栏中设置该椭圆的填充为无，描边为黑色，单击“描边”选项，在下拉面板中设置“粗细”为 1pt，勾选“虚线”选项，在“虚线”中设置 1pt，参数设置如图 20-55 所示。此时画面效果如图 20-56 所示。

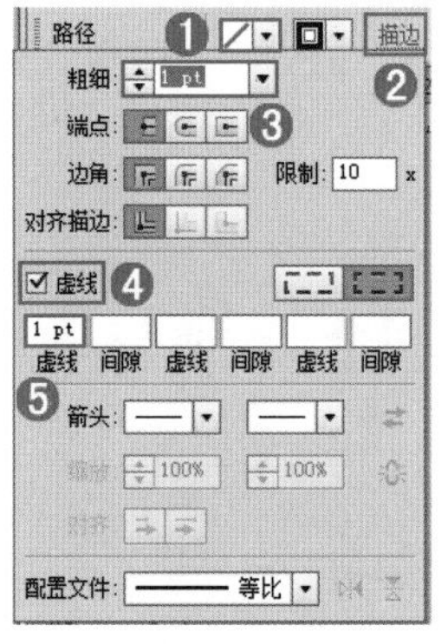

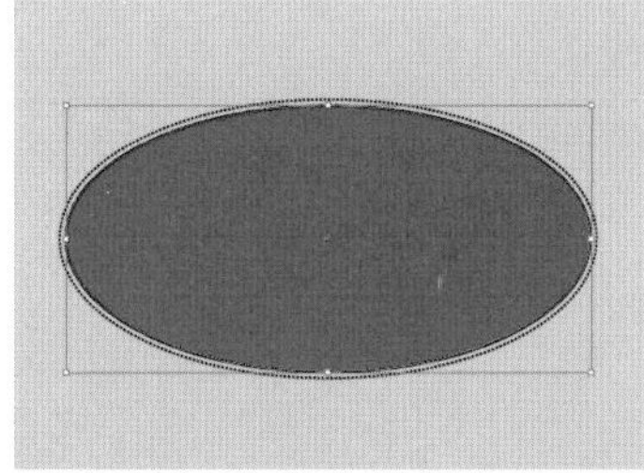

图 20-55　　图 20-56

（7）继续使用同样的方法制作外侧的描边，如图 20-57 所示。

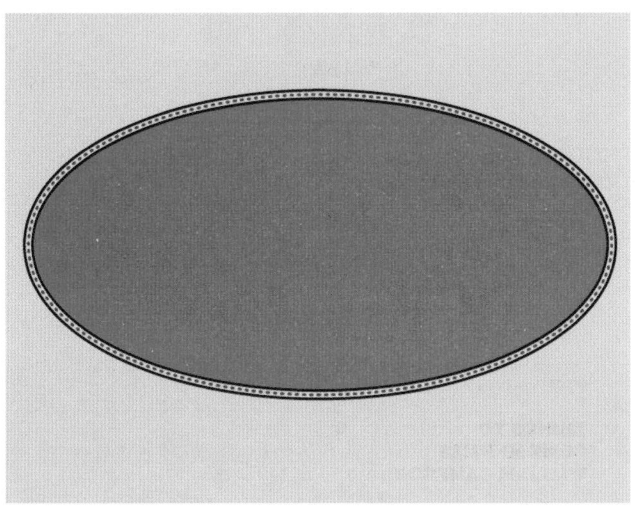

图 20-57

（8）单击工具箱中的“文字工具”按钮T，在控制栏中设置合适的字体和字号，在画面键入相应位置，如图 20-58 所示。选择该文字，将其复制后贴在前面，然后将文字更改为白色，将其向左上轻移，效果如图 20-59 所示。

图 20-58

图 20-59

（9）将制作完成的标志选中，执行“对象 > 编组”命令，将其进行编组。然后将其移动到画面的相应位置，如图 20-60 所示。

图 20-60

2. 制作文字部分

（1）单击工具箱中的“文字工具”按钮，在控制栏中设置“填充”为黑色，选中合适字体，字号为 36pt，设置完成后，在画面单击并键入文字，如图 20-61 所示。

图 20-61

（2）单击工具箱中的“文字工具”按钮，在控制栏中设置“填充”为白色，设置合适的字体，设置文字大小为 9pt，设置完成后在相应位置绘制文本框并键入相应的文字，如图 20-62 所示。

图 20-62

（3）使用同样方法键入其他文字，如图 20-63 所示。

图 20-63

第 20 章

（4）下面制作分割线部分。以页面左上角的分割线为例，单击工具箱中的“钢笔工具”按钮，在选项栏中设置“描边”为黑色，“描边宽度”为 0.5pt，然后在画面绘制一条线段，如图 20-64 所示。选择该线段，执行“对象 > 扩展”命令，将该线段进行扩展，如图 20-65 所示。

图 20-64

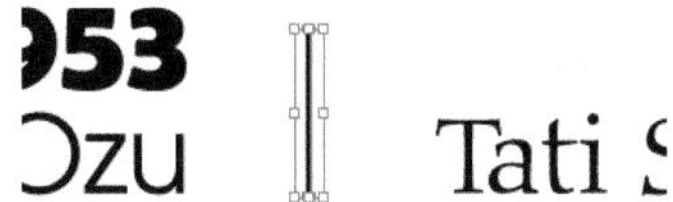

图 20-65

（5）使用同样方法制作其余部分的分割线，效果如图 20-66 所示。

图 20-66

（6）最后制作立体效果。执行“窗口 > 渐变”命令，在“渐变”面板中设置“类型”为“线性”，编辑一个由透明到半透明黑色的渐变，如图 20-67 所示。渐变编辑完成后，使用“矩形工具”在画面中绘制一个矩形，如图 20-68 所示。

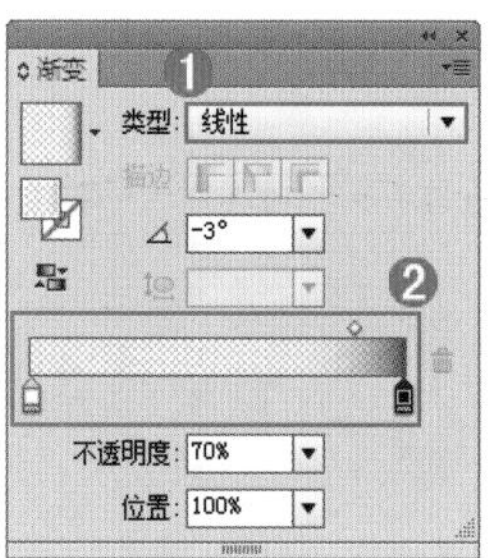

图 20-67

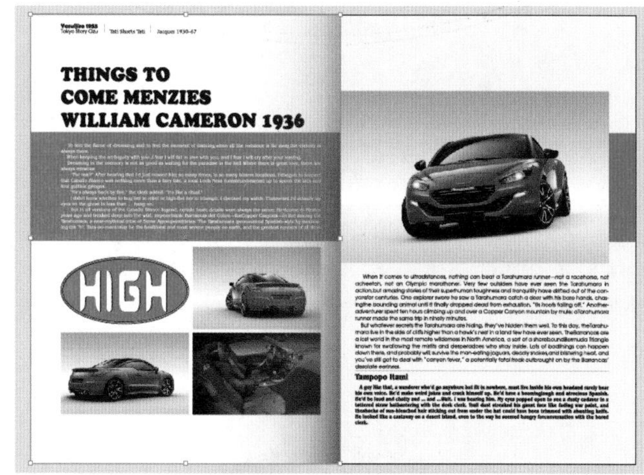

图 20-68

（7）选择该矩形，执行“窗口 > 透明度”命令，在“透明度”窗口中设置“混合模式”为“正片叠底”，画面效果如图 20-69 所示。本案例完成。

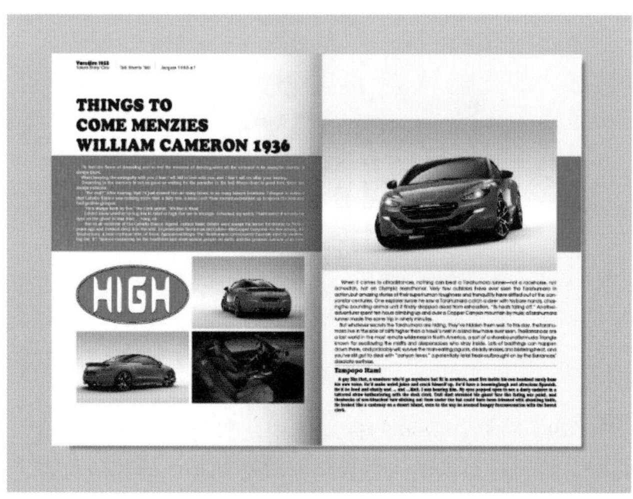

图 20-69

20.4　几何感三折页设计

案例文件	20.4 几何感三折页设计 .ai
视频教学	20.4 几何感三折页设计 .flv
难易指数	★★★★★
技术掌握	“矩形工具”“文字工具”“变形工具”“渐变工具”

1. 折页版面背景设计

（1）新建一个宽度为 300mm、高度为 210mm 的文件。单击工具箱中的“矩形工具”按钮，在画布中单击一下，接着在弹出的“矩形”窗口中设置“宽度”为 95mm，“高度”为 210mm，设置完成后单击“确定”按钮，如图 20-70 所示。完成矩形的绘制。将绘制的矩形填充为绿色，如图 20-71 所示。

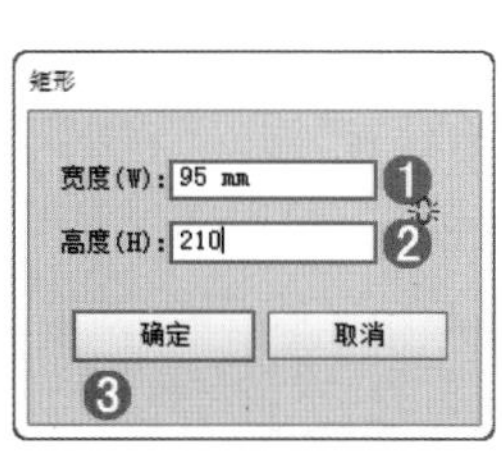

图 20-70

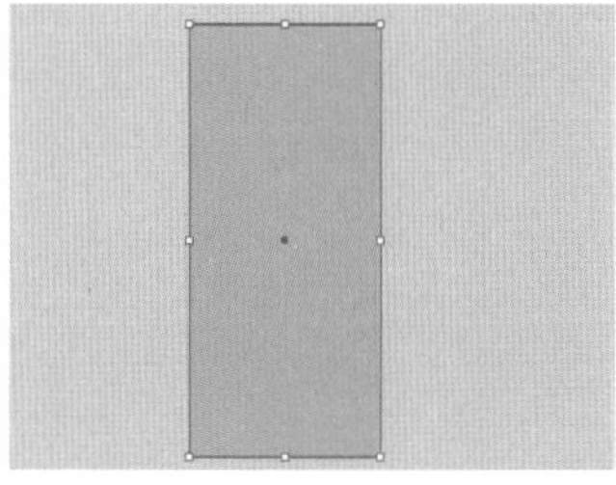

图 20-71

（2）选择该矩形，按住 <Alt+Shift> 键将其复制并向右平移，如图 20-72 所示。使用“重复上一步操作”命令，再次复制一个矩形，矩形复制完成后，将中间的矩形填充为蓝色，如图 20-73 所示。

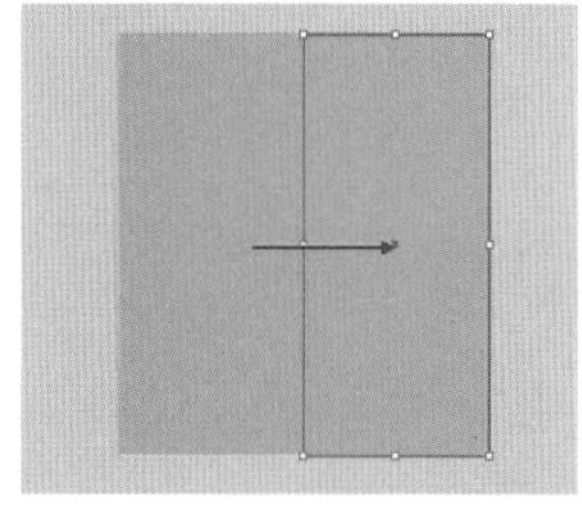

图 20-72

图 20-73

（3）单击工具箱中的“直线工具”按钮，在画面中绘制三条直线，如图 20-74 所示。选择这三条直线，执行“视图 > 参考线 > 建立参考线”命令，将这三条直线转换为参考线，如图 20-75 所示。

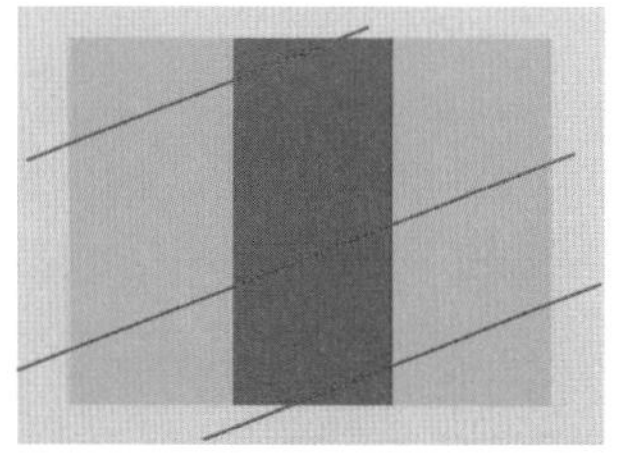

图 20-74　　图 20-75

2. 制作折页平面效果

（1）首先编辑左侧页面部分。单击工具箱中的“钢笔工具”按钮，参照参考线的位置绘制白色的四边形，如图 20-76 所示。执行“文件 > 置入”命令，将位图素材“1.jpg”置入到文件中，放置到画面合适位置，如图 20-77 所示。

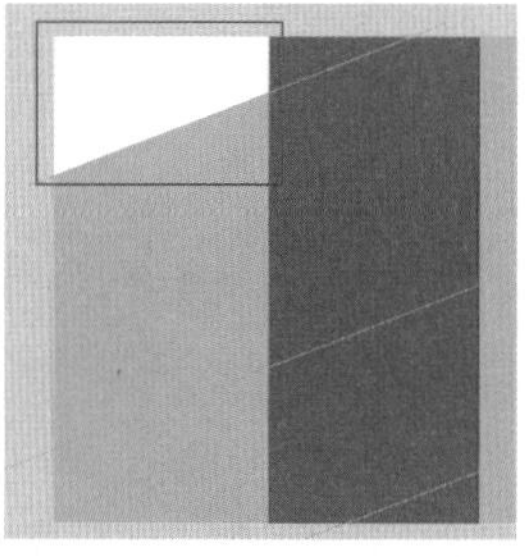

图 20-76

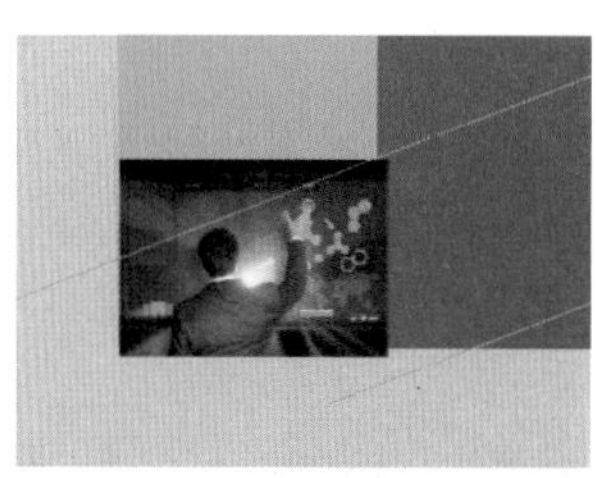

图 20-77

（2）使用“钢笔工具”在图像上方绘制四边形，如图 20-78 所示。将这个四边形和图像同时选中，使用快捷键 <Ctrl+7> 创建剪切蒙版，效果如图 20-79 所示。

图 20-78

图 20-79

（3）单击工具箱中的“文字工具”按钮，在选项栏中设置合适字体及字号，在相应位置键入点文字，如图 20-80 所示。继续在画面中键入点文字，如图 20-81 所示。

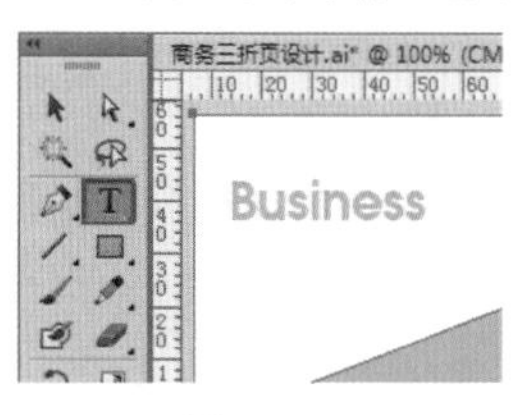

图 20-80

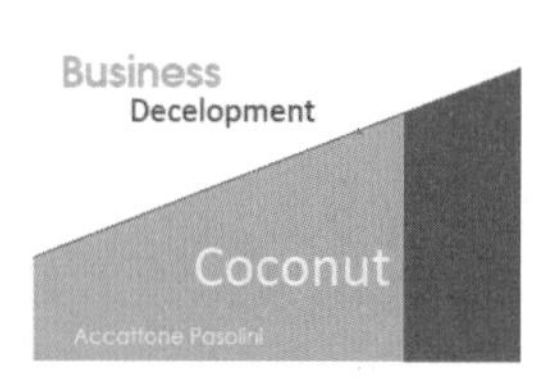

图 20-81

（4）继续使用文字工具在选项栏中设置合适的字体和字号，在相应位置绘制段落文本框如图 20-82 所示。文本框绘制完成了，在文本框中键入相应的文字，如图 20-83 所示。

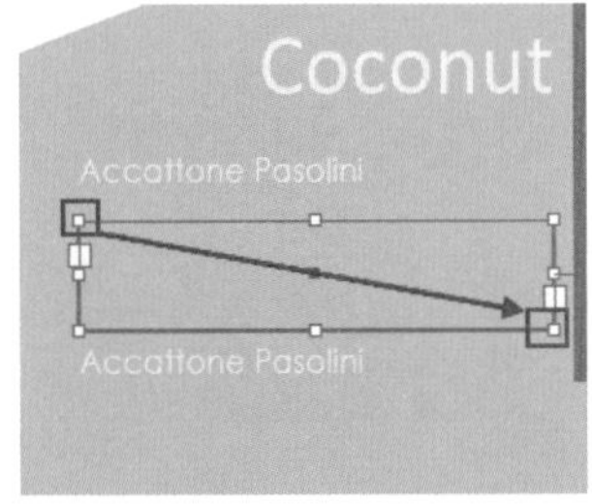

图 20-82

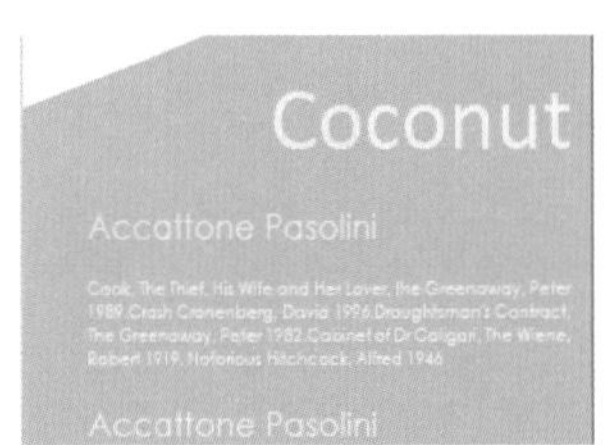

图 20-83

（5）使用同样的方法继续键入段落文字，完成折页左侧部分的制作，如图 20-84 所示。使用同样的方法制作折页的中部和右侧，完成折页平面图的制作，效果如图 20-85 所示。在制作完成后，将文字全选后，执行“文字 > 创建轮廓”命令将文字创建轮廓。

图 20-84

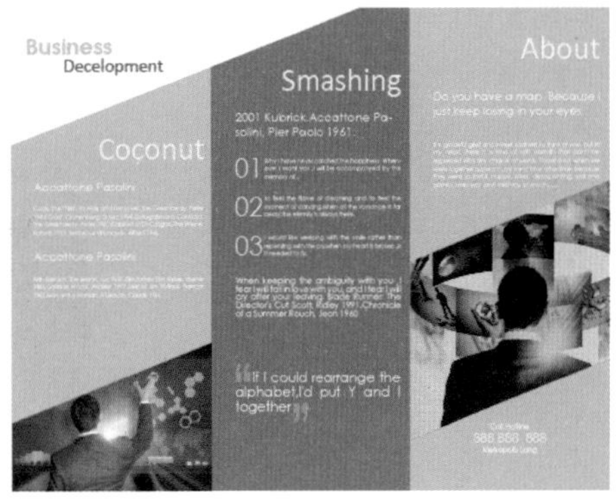

图 20-85

3. 折页的展示效果

（1）折页的平面图制作完成后，将折页的左侧页面、中间页面和右侧页面分别群组。

（2）执行“窗口 > 渐变”命令，在“渐变”面板中编辑一个灰色系的“径向”渐变，如图 20-86 所示。渐变编辑完成后，使用“矩形工具”绘制一个与画板等大的矩形作为背景，如图 20-87 所示。

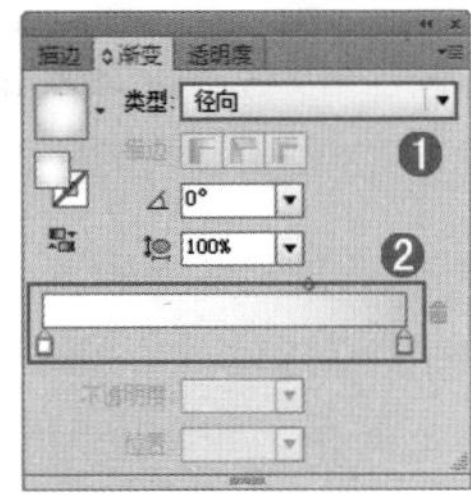

图 20-86

图 20-87

（3）接下来制作折页的立体效果。选择折页的左侧，单击工具箱中的“自由变换工具”按钮，在显示的工具选项中单击“自由变换”按钮，继续使用“自由变换”工具将右上角的角点向下移动，如图 20-88 所示。继续调整其他角点，制作出立体效果，如图 20-89 所示。制作完成后，将折页的立体图移动至画布的重心位置。

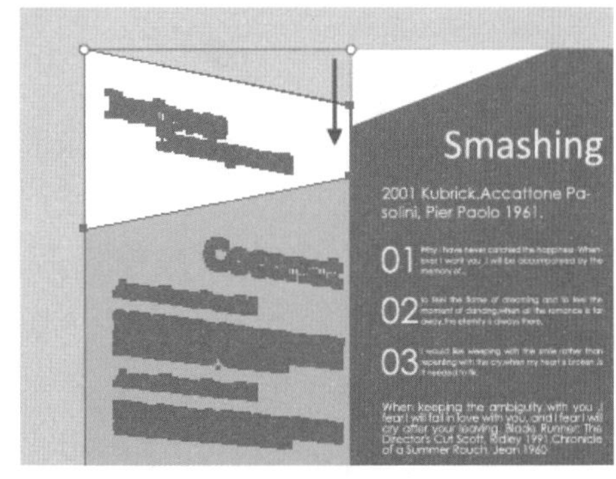

图 20-88

图 20-89

（4）为了增加折页的真实感，可以增加阴影效果。使用“钢笔工具”绘制形状并填充一个由灰色到透明的渐变，如图 20-90 所示。选择该形状，执行“窗口 > 透明度”命令，在“透明度”面板中设置“混合模式”为“正片叠底”，“不透明度”为 80%，如图 20-91 所示。此时画面效果如图 20-92 所示。

图 20-90

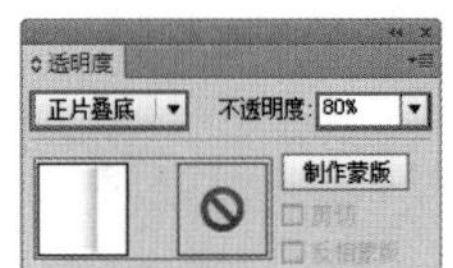

图 20-91

图 20-92

（5）选中折页对象，单击“图层样式”面板中的投影样式按钮，如图 20-93 所示。此时折页出现投影效果，产生了一定的立体感。最终效果如图 20-94 所示。

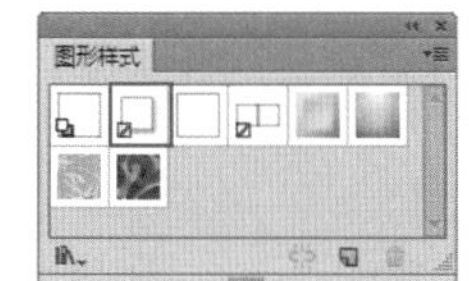

图 20-93

图 20-94

20.5　卡通主题书籍封面设计

案例文件	20.5 卡通主题书籍封面设计 .ai
视频教学	20.5 卡通主题书籍封面设计 .flv
难易指数	★★★★★
技术掌握	“文字工具”“自由变换工具”“渐变工具”

1. 制作书籍封面标题部分

（1）新建一个 A4 大小的竖版文件。

（2）打开素材“1.ai”，选择背景素材使用快捷键 <Ctrl+C> 将其进行复制，如图 20-95 所示。回到本案例制作的文件中，使用快捷键 <Ctrl+V> 将素材复制到该文件中，如图 20-96 所示。

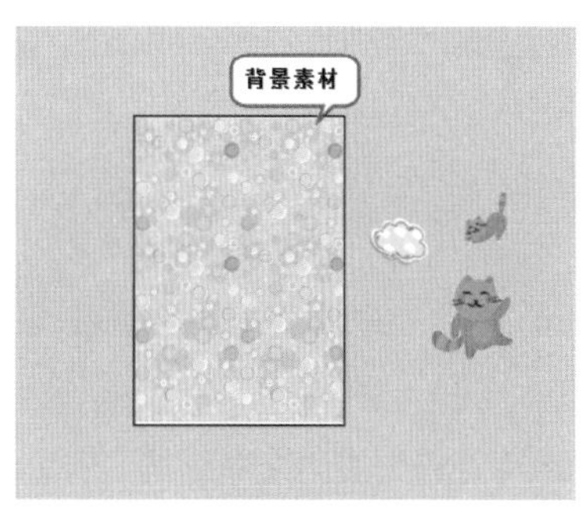

图 20-95

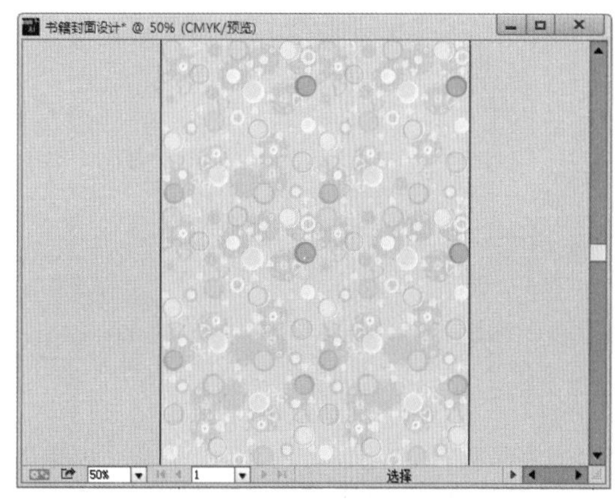

图 20-96

小技巧：使用“宽度工具”更改描边的形状

背景部分由大量重复的圆形构成，以其中一个为例。可以使用“椭圆工具”绘制一个描边稍宽的正圆，如图 20-97 所示。使用“宽度工具”更改描边的形状，如图 20-98 所示。一个圆点就制作完成了，如图 20-99 所示。

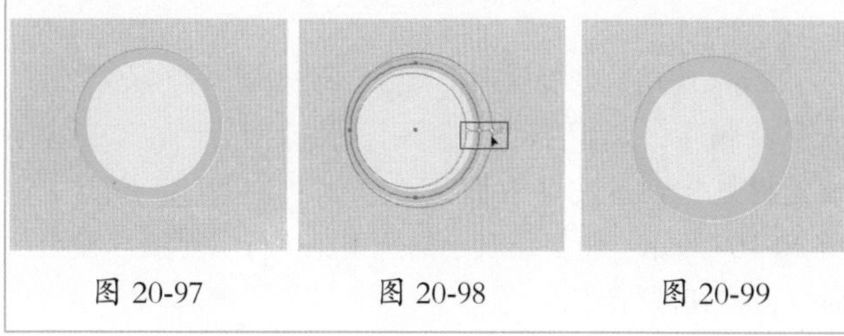

图 20-97　图 20-98　图 20-99

（3）选择背景，使用快捷键 <Ctrl+C> 将其进行复制，使用快捷键 <Ctrl+V> 再将其进行粘贴。然后将粘贴的背景移动至画板以外，如图 20-100 所示。接下来制作书籍的“平面图”和“立体图”的操作都可以在画板以外的部分进行编辑。

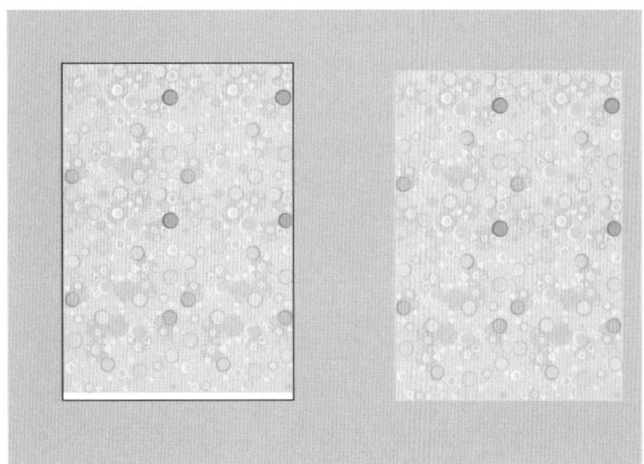

图 20-100

（4）单击工具箱中的“文字工具”按钮T，在控制栏中选择一个合适的字体，键入点文字，如图 20-101 所示。选择该文字，执行“文字 > 创建轮廓”命令，将文字创建轮廓。

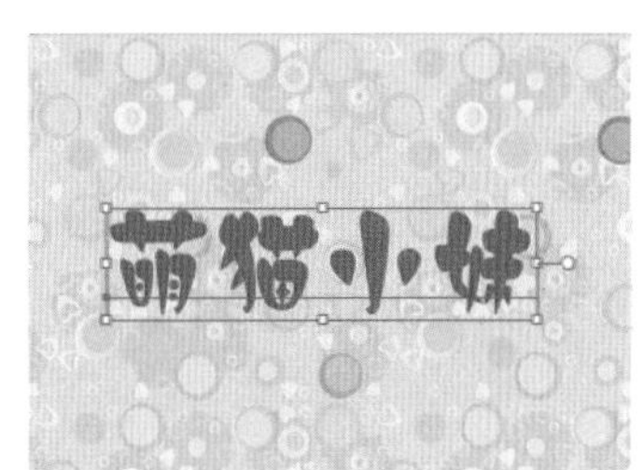

图 20-101

（5）选择创建轮廓的文字，执行“对象 > 取消编组”命令将文字取消编组。将取消编组的文字移动到合适的位置，如图 20-102 所示。

图 20-102

（6）使用“选择工具”，将“猫”字中的“田”选中并删除，如图 20-103 所示。将素材“1.ai”中的小猫素材复制到本文件中移动到“猫”字的合适位置，如图 20-104 所示。将文字及小猫选中，执行“对象 > 编组”命令，将其进行编组。

图 20-103

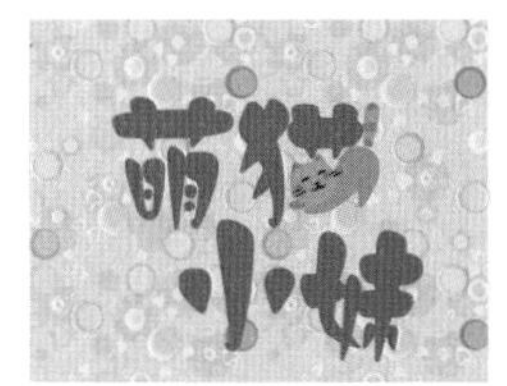

图 20-104

（7）下面制作文字的描边。单击工具箱中的“钢笔工具”按钮，在绘制路径时先在控制栏中设置“填充”为“无”，“描边”为无。然后沿着文字的边缘绘制文字的轮廓，如图 20-105 所示。路径绘制完成后，将其“填充”为白色，“描边”为粉色，如图 20-106 所示。

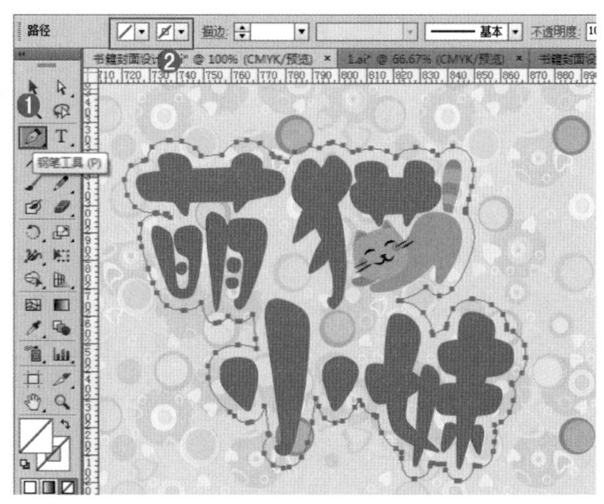

图 20-105

图 20-106

（8）选择该形状，执行“对象 > 排列 > 后移一层”命令，将该形状移动至文字后面，效果如图 20-107 所示。选中文字部分，使用快捷键 <Ctrl+C> 将其进行复制，然后使用快捷键 <Ctrl+F> 将其进行粘贴，然后将粘贴的内容填充为稍深的粉色，如图 20-108 所示。

图 20-107

图 20-108

（9）将“猫”字下方的小猫删除，如图 20-109 所示。选择深粉色的文字，执行“效果 > 风格化 > 涂抹”命令，在弹出的“涂抹选项”窗口中设置“角度”为 30°，“描边宽度”为 0.35mm，“间距”为 0.55mm，“变化”为 0.2mm。参数设置如图 20-110 所示。设置完成后，效果如图 20-111 所示。

图 20-109

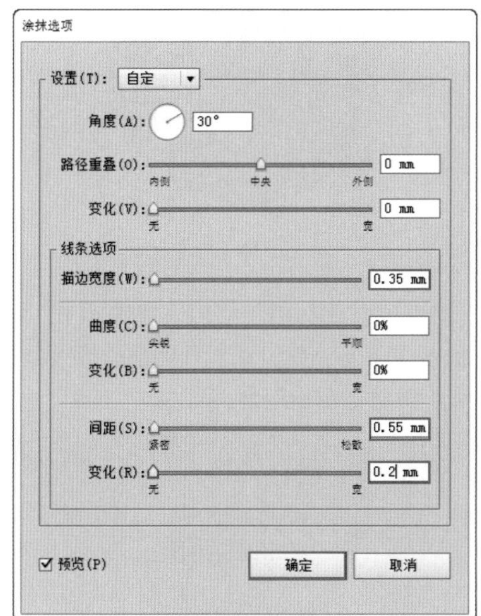

图 20-110

图 20-111

（10）继续使用“钢笔工具”绘制形状，为文字添加高光效果，如图 20-112 所示。执行“文件 > 置入”命令，将素材“2.png”导入到文件中，添加文字将其旋转后摆放至合适位置，效果如图 20-113 所示。

图 20-112

图 20-113

2. 书籍封面板式设计

（1）使用“椭圆工具”绘制一个粉色的椭圆，如图 20-114 所示。单击工具箱中的“圆角矩形工具”按钮，在相应的位置绘制一个白色的圆角矩形，如图 20-115 所示。

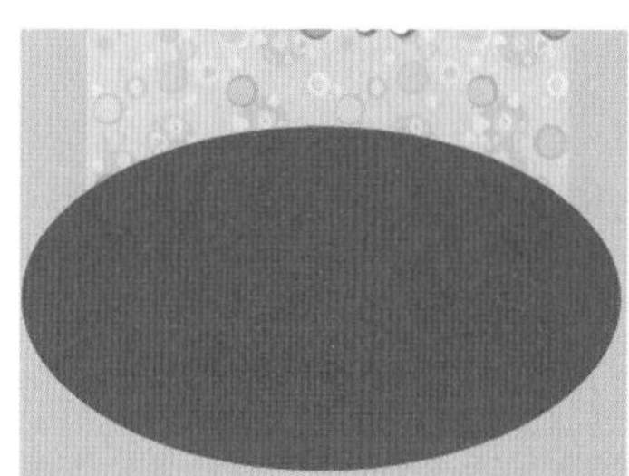

图 20-114

图 20-115

（2）单击工具箱中的“直排文字工具”按钮，在白色圆角矩形的上方键入相应的直排文字，如图 20-116 所示。继续在画面键入相应的文字，如图 20-117 所示。

图 20-116

图 20-117

（3）制作图形部分。使用“椭圆工具”绘制一个粉色的正圆，如图 20-118 所示。

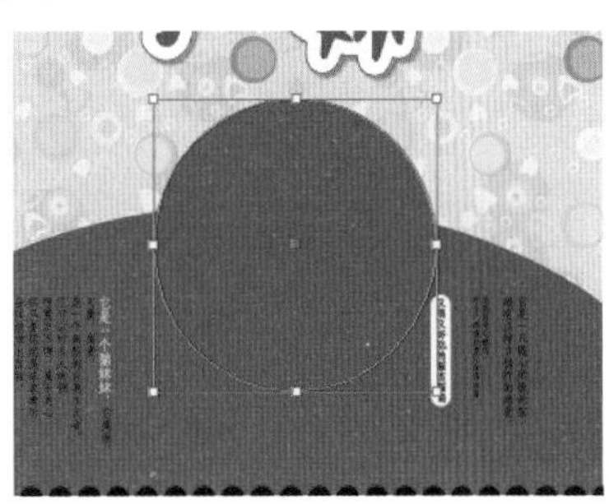

图 20-118

（4）在书籍封面附近使用“矩形工具”绘制一个矩形，如图 20-119 所示。继续使用“椭圆工具”绘制正圆，如图 20-120 所示。

图 20-119　　图 20-120

（5）将素材“1.ai”中另一只小猫素材复制、粘贴在本文件中，并将其摆放在合适位置，如图 20-121 所示。通过剪切蒙版将多余部分隐藏。使用“椭圆工具”在小猫的上方绘制一个正圆，如图 20-122 所示。

图 20-121

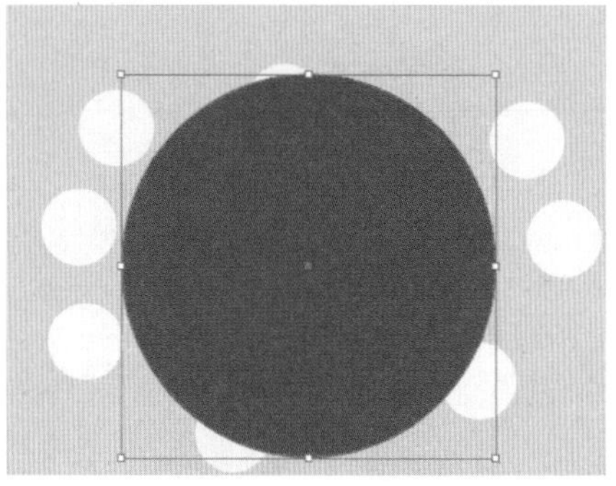

图 20-122

（6）将这一部分选中，使用快捷键 <Ctrl+7> 创建剪切蒙版，如图 20-123 所示。将制作完成的效果移动到画布的相应位置，效果如图 20-124 所示。

图 20-123

图 20-124

（7）制作圆点装饰。使用“椭圆工具”绘制一个正圆，如图 20-125 所示。选择该圆形按住 <Shift+Alt> 键将其向右移动并复制，如图 20-126 所示。使用快捷键 <Ctrl+D> 重复上一步操作命令将正圆进行复制，效果如图 20-127 所示。

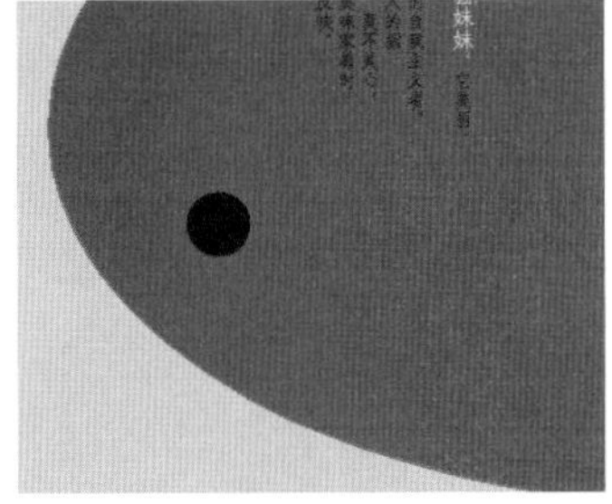

图 20-125

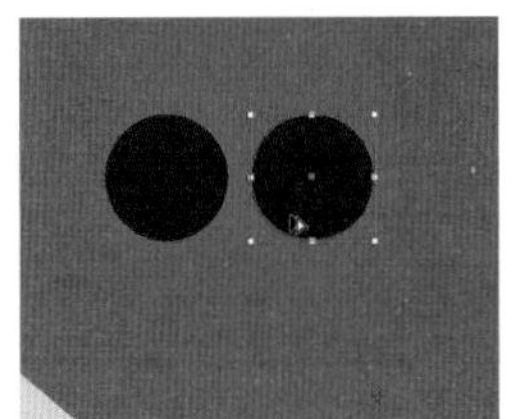

图 20-126

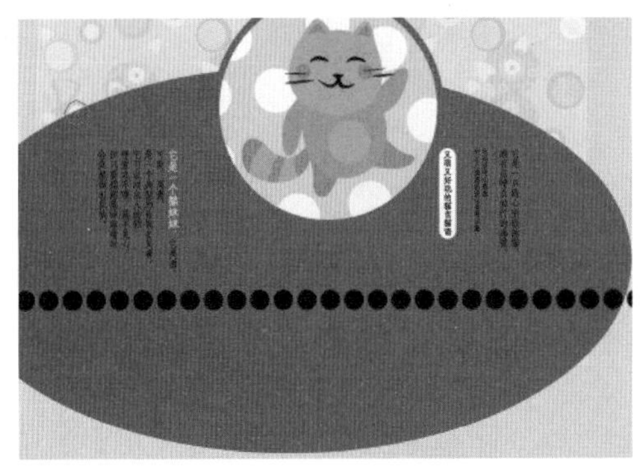

图 20-127

（8）使用“矩形工具”绘制一个与背景素材等大的矩形，然后将平面内容全选，使用快捷键 <Ctrl+7> 创建剪切蒙版。使用同样的方法制作书脊部分，效果如图 20-128 所示。

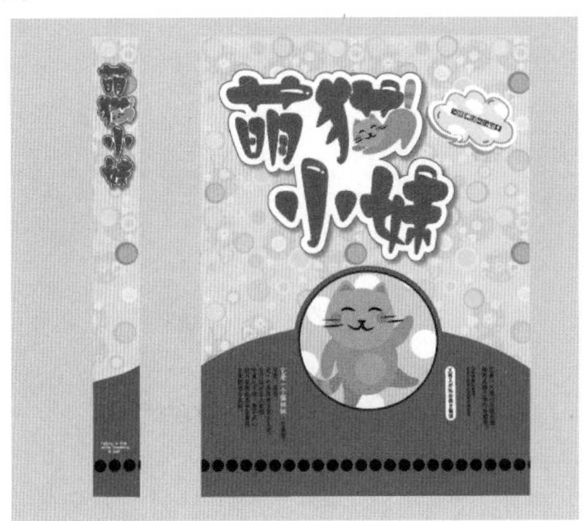

图 20-128

3. 制作书籍展示效果

（1）在进行变形操作之前，需要将文字创建轮廓。将制作的“封面”和“书脊”部分选中，执行“文字 > 创建轮廓”命令，将文字创建轮廓。

（2）先选择“封面”部分，继续单击工具箱中的“自由变换工具”按钮，在显示的工具选项中单击“自由扭曲”按钮，然后调整“封面”部分的角点制作出透视效果，如图 20-129 所示。继续调整“书脊”部分，效果如图 20-130 所示。

图 20-129

图 20-130

（3）制作书页部分。使用“钢笔工具”绘制形状，如图 20-131 所示。继续使用“钢笔工具”绘制出书的背面和封面的厚度，如图 20-132 所示。

图 20-131

第 20 章

图 20-132

（4）继续使用“钢笔工具”绘制直线，制作出书页的效果如图 20-133 所示。此时书的立体效果就制作完成了。将立体效果移动到画板中，如图 20-134 所示。

图 20-133

图 20-134

（5）制作书脊的暗部效果。执行“窗口 > 渐变”命令，在“渐变”面板中编辑一个灰色系的线性渐变，如图 20-135 所示。渐变编辑完成后，使用“钢笔工具”绘制形状，如图 20-136 所示。

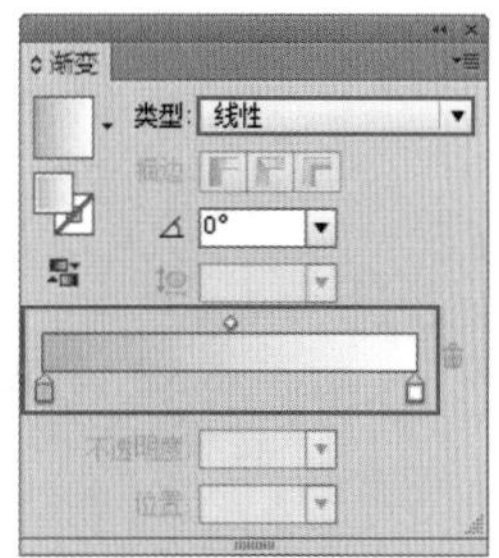

图 20-135

图 20-136

（6）选择该形状，执行“创建 > 透明度”命令，在弹出的“透明度”面板中设置“混合模式”为“正片叠底”，“不透明度”为 80%，参数设置如图 20-137 所示。画面效果如图 20-138 所示。

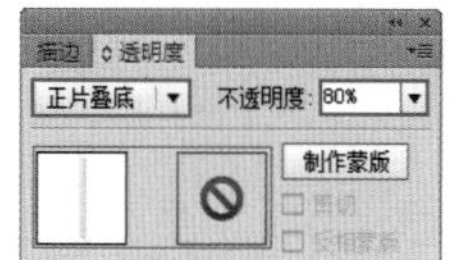

图 20-137

图 20-138

（7）此时书籍的立体效果就制作完成了。为了方便操作可以将书籍的立体效果全选，然后使用快捷键 <Ctrl+G> 将其进行编组。选择书籍，按住 <Alt> 键将其向右下移动并复制，效果如图 20-139 所示。

图 20-139

（8）制作投影效果。使用“钢笔工具”绘制形状并填充一个由透明到半透明的灰色系渐变，如图 20-140 所示。将该形状移动至书的后面，然后将该形状的“混合模式”设置为“正片叠底”，效果如图 20-141 所示。投影部分制作完成。

图 20-140

图 20-141

（9）最后在画板的右下角键入相应的文字，本案例制作完成，效果如图 20-142 所示。

图 20-142

20.6　果味饮料包装设计

案例文件	20.6 果味饮料包装设计 .ai
视频教学	20.6 果味饮料包装设计 .flv
难易指数	★★★★★
技术掌握	“钢笔工具”“矩形工具”“网格工具”“置入命令”

1. 制作瓶子的外形

（1）新建一个 200mm × 200mm 的文件。

（2）绘制瓶子的外形。单击工具箱中的“钢笔工具”按钮，在画板中绘制形状，如图 20-143 所示。选中“瓶子”，单击工具箱中的“网格工具”按钮，在瓶子的相应位置单击添加网格点，并设置其颜色为灰色，如图 20-144 所示。

图 20-143

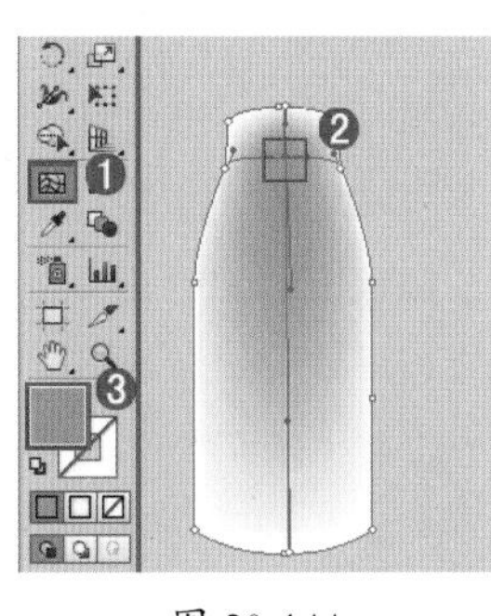

图 20-144

第 20 章

（3）继续添加网格点，不断的调整网格点的位置和颜色，制作出立体的效果。瓶身部分效果如图 20-145 所示。

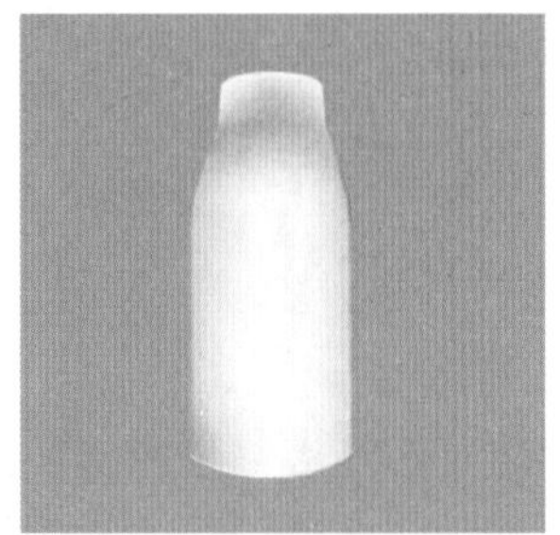

图 20-145

（4）制作瓶盖与瓶身衔接的部分。单击工具箱中的“椭圆形状工具”按钮，使用该工具绘制一个比瓶口稍大的椭圆，如图 20-146 所示。选择该椭圆，按住 <Shift+Alt> 键将该圆向下垂直移动并复制，如图 20-147 所示。

图 20-146

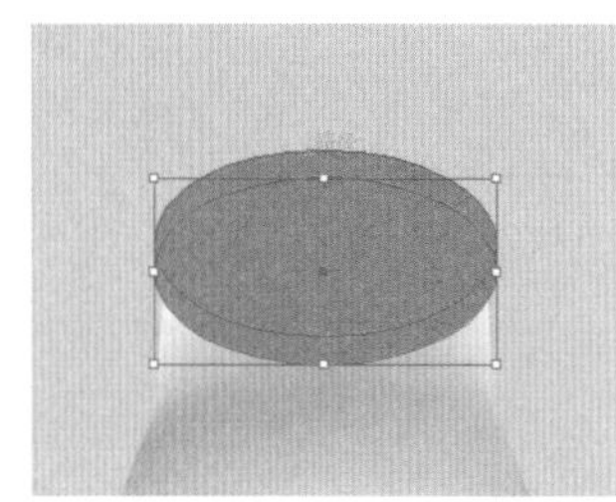

图 20-147

（5）将两个椭圆同时选中，执行“窗口 > 路径查找器”命令，在“路径查找器”窗口中单击“减去顶层”按钮，得到形状如图 20-148 所示。将该形状进行复制，在下面制作瓶盖的时候需要使用。将得到的形状移动到瓶口的上方，并使用“网格工具”为其填充颜色，制作出有高光的效果，如图 20-149 所示。

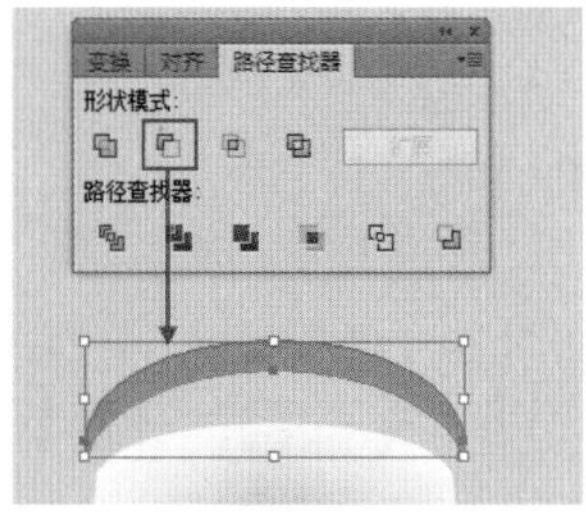

图 20-148

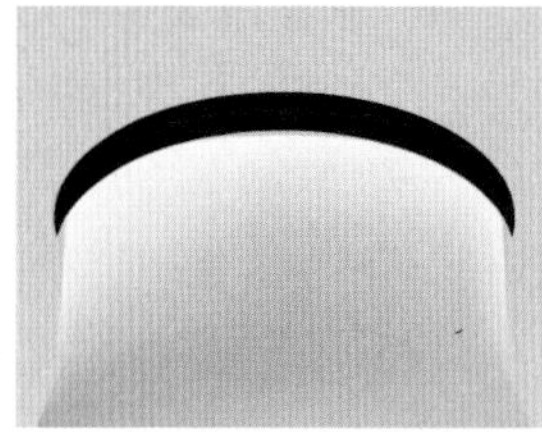

图 20-149

（6）制作瓶盖部分。使用“椭圆工具”绘制一个白色椭圆，将上一步中复制的对象移动到白色椭圆的上方，如图 20-150 所示。将两个形状同时选中，单击“路径查找器”按钮下的“分割”按钮，将其进行分割。选中分割后的形状，使用快捷键 <Ctrl+Shift+G> 将其进行解组。然后将多余部分删除，如图 20-151 所示。

（7）使用“网格工具”为瓶盖填充颜色，如图 20-152 所示。瓶子的外形制作完成，效果如图 20-153 所示。

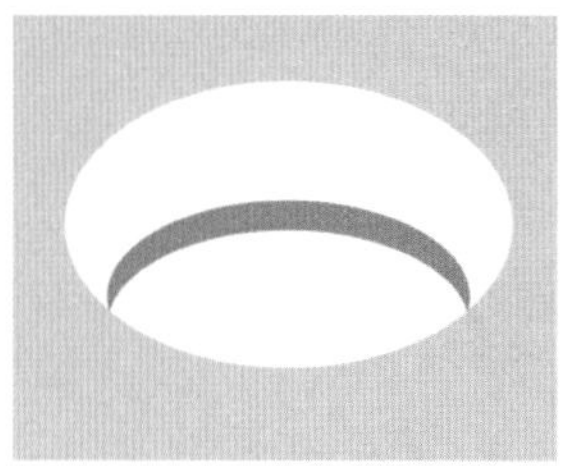

图 20-150

图 20-151

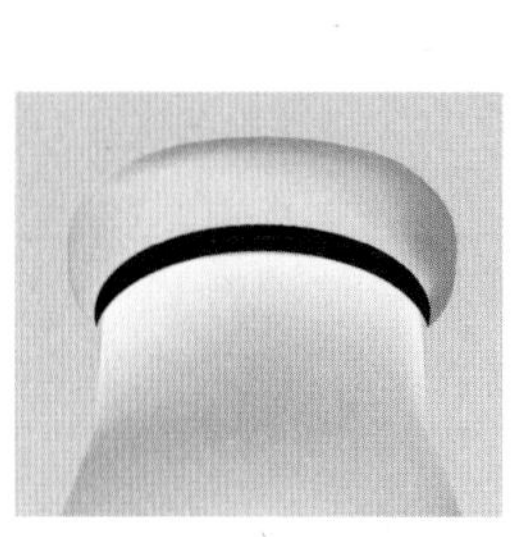

图 20-152

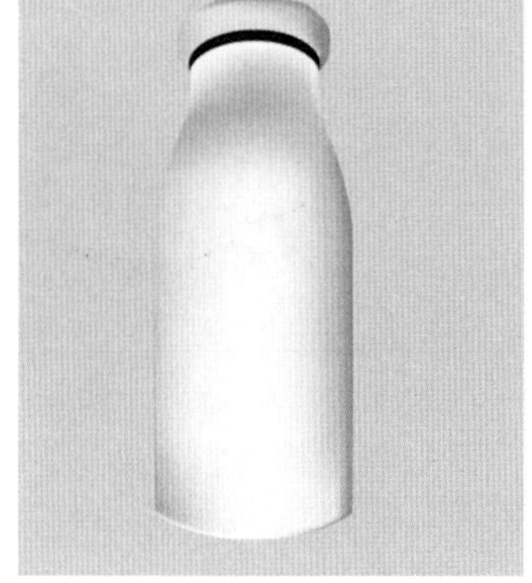

图 20-153

2. 图案的制作

（1）制作包装上的菱形装饰。将填充设置为绿色，继续单击工具箱中的“圆角矩形工具”按钮，然后在画面中单击在弹出的“圆角矩形”窗口中设置“宽度”为 35mm，“高度”为 35mm，“圆角半径”为 3mm，如图 20-154 所示。参数设置完成后，单击“确定”按钮，圆角矩形效果如图 20-155 所示。

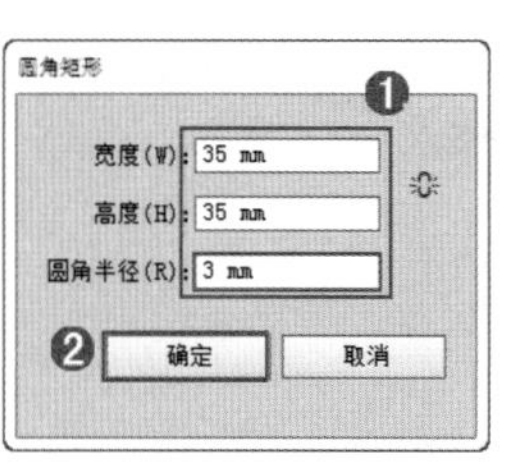

图 20-154

图 20-155

（2）单击工具箱中的“自由变换工具”按钮，在显示的工具中单击“自由变换”按钮，使用该工具将该圆角矩形进行变形操作，如图 20-156 所示。将制作完成的菱形进行旋转，如图 20-157 所示。

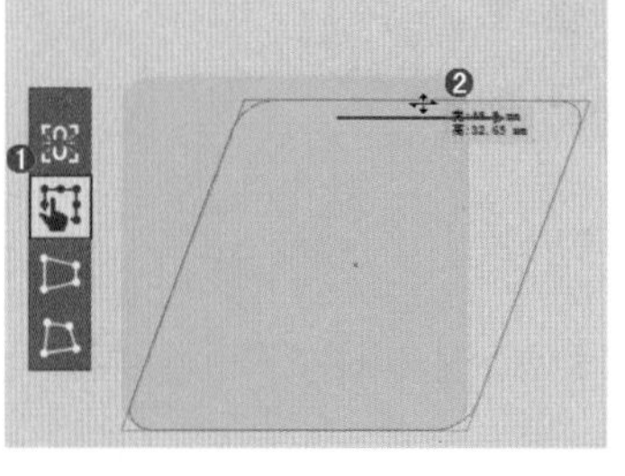

图 20-156

图 20-157

（3）将该菱形进行复制、粘贴，并在控制栏中设置“不透明度”为70%，如图20-158所示。继续将菱形不断的复制、缩放、调整不透明度，效果如图20-159所示。

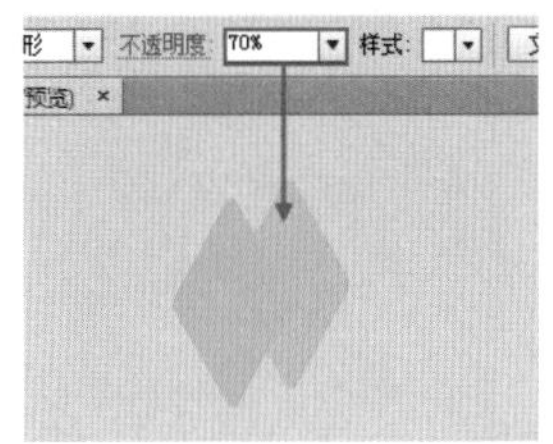

图 20-158

图 20-159

（4）菱形装饰制作完成后，将菱形全选并使用<Ctrl+G>键将其进行编组。选择菱形组，执行“对象>封套扭曲>用变形建立”，在“变形选项”窗口中设置“样式”为“下弧形”，勾选“水平”，设置“弯曲”为－55%，参数设置如图20-160所示。参数设置完成后画面效果如图20-161所示。

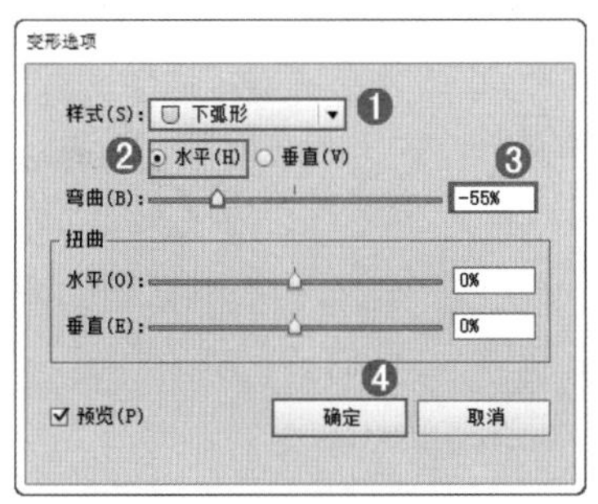

图 20-160

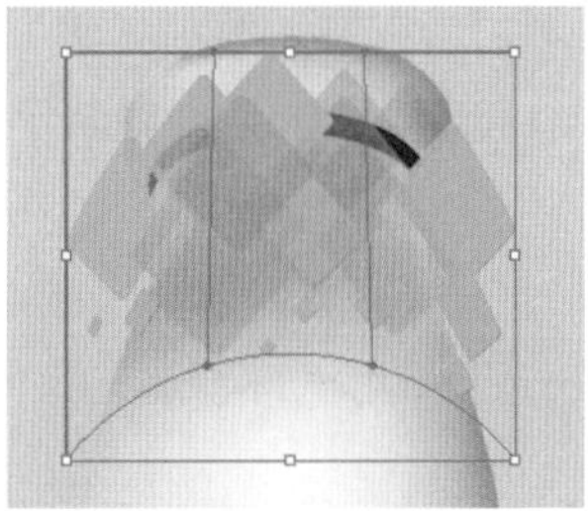

图 20-161

（5）使用同样的方法制作瓶子下方的菱形装饰，此处的菱形装饰不需要进行封套扭曲。效果如图20-162所示。

图 20-162

（6）使用剪切蒙版将多余的菱形装饰进行隐藏。使用“钢笔工具”绘制瓶子的形状，如图20-163所示。将刚刚绘制的瓶子形状与菱形装饰同时选中，使用快捷键<Ctrl+7>建立剪切蒙版，画面效果如图20-164所示。

图 20-163

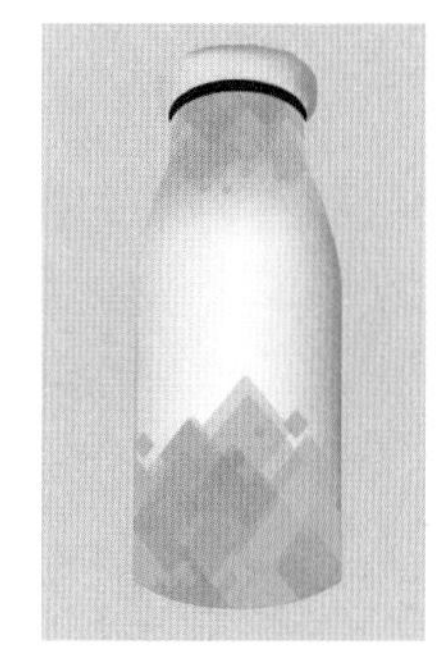

图 20-164

3. 制作瓶身上的文字

（1）首先开始制作饮料包装上的LOGO部分。使用“钢笔工具”绘制一个白色三角形，如图20-165所示。单击工具箱中的“直接选择工具”按钮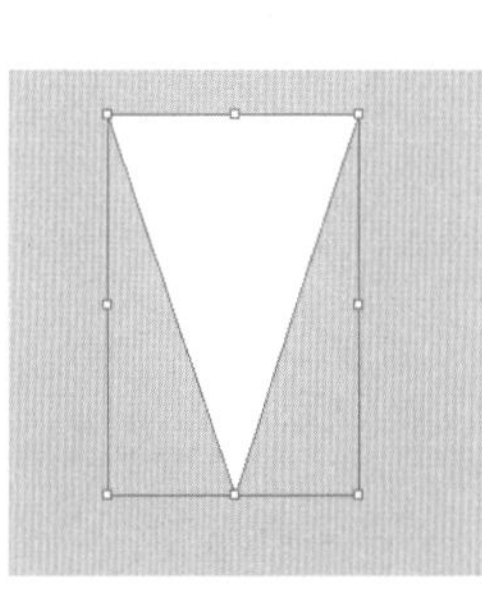，使用该工具单击选择三角形的左上侧锚点，然后单击控制栏中的“将所选锚点转换为平滑”按钮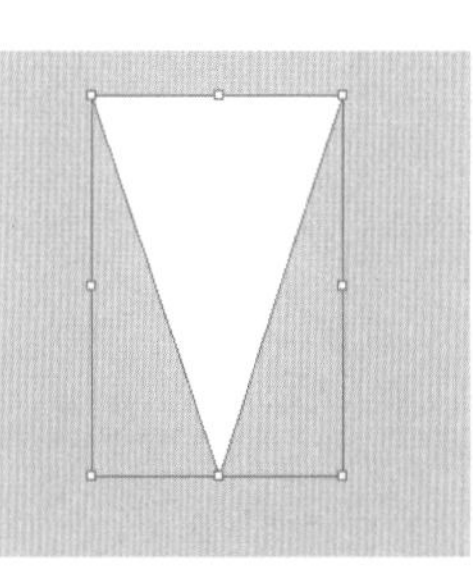，将其转换为平滑锚点，如图20-166所示。

图 20-165

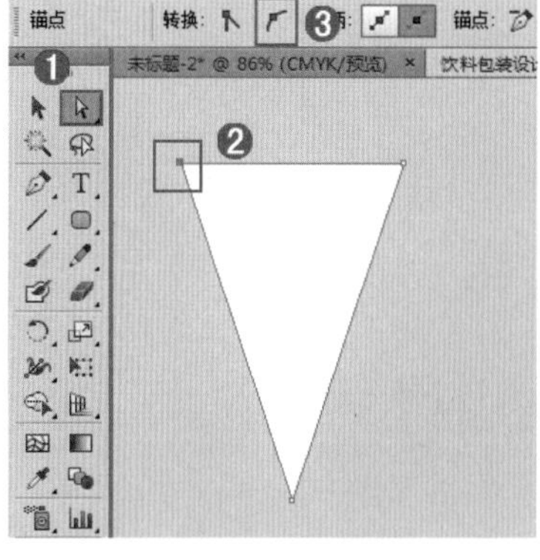

图 20-166

（2）此时锚点效果如图20-167所示。使用同样的方法修改另一侧锚点，效果如图20-168所示。

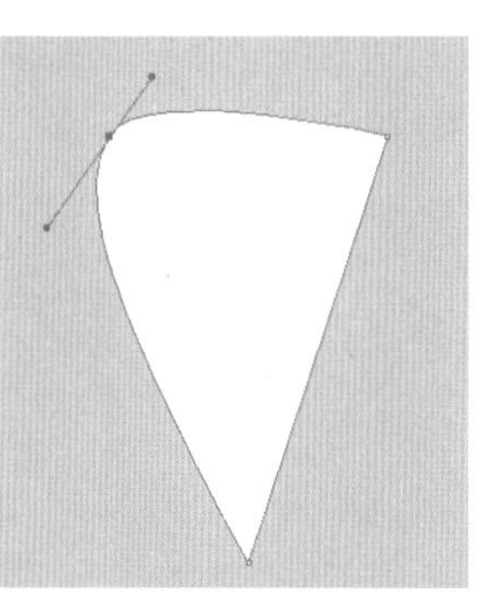

图 20-167

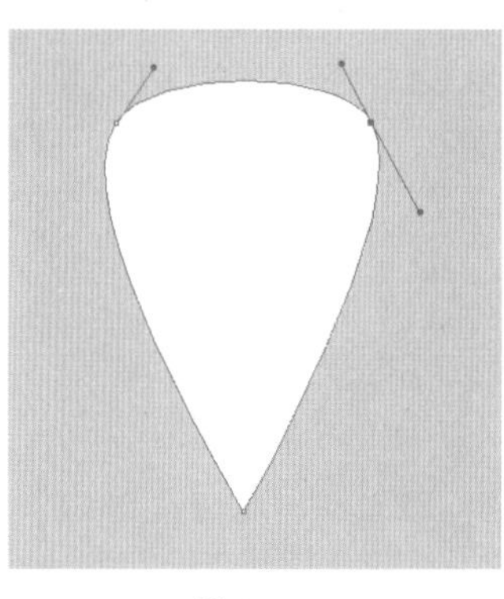

图 20-168

（3）选择该形状，单击鼠标右键，在弹出的快捷菜单中执行“变换 > 对称”命令，在弹出的“镜像”窗口中勾选“水平”选项，单击“复制”按钮，如图 20-169 所示。画面效果如图 20-170 所示。选择复制得到了形状，按住 <Shift> 键将其向下移动到相应位置，如图 20-171 所示。

图 20-169

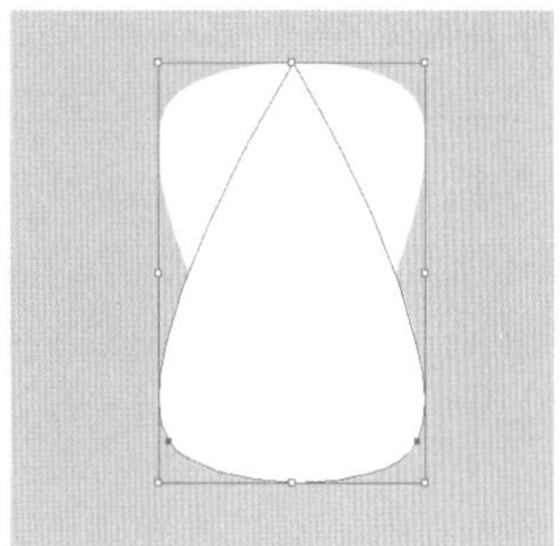

图 20-170

图 20-171

（4）将这两个形状同时选中，进行编组。单击鼠标右键，在弹出的快捷菜单中执行“变换 > 旋转”命令，在弹出的“旋转”窗口中设置“角度”为 60°，单击“复制”按钮，如图 20-172 所示。效果如图 20-173 所示。

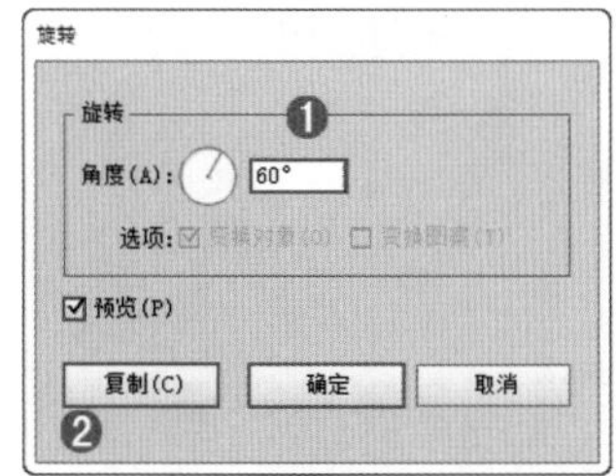

图 20-172

图 20-173

（5）使用“重复上一步操作”快捷键 <Ctrl+D> 重复上一步的操作，效果如图 20-174 所示。使用“椭圆工具”在相应的位置绘制一个无填充、“描边”为白色的正圆。绘制完成后在将其拓展，“橘子”就制作完成了。效果如图 20-175 所示。

图 20-174

图 20-175

（6）单击工具箱中的“文字工具”按钮 T，在相应的位置键入点文字，饮料 LOGO 就制作完成了，如图 20-176 所示。将制作完成的 LOGO 进行群组并使用“封套扭曲”将其变形后移动到瓶子上的相应位置，如图 20-177 所示。

图 20-176

图 20-177

（7）使用同样的方式制作瓶身上的文字部分，效果如图 20-178 所示。此时瓶子的外观与图案就制作完成了，为了方便后面的操作可以将瓶子进行全选后将其进行编组。

图 20-178

3. 制作饮料效果图

（1）执行“文件 > 置入”命令，将水果素材“1.png”置入到文件中。此时水果素材在瓶子的上方，选择水果素材执行“对象 > 排列 > 后移一层”命令，将其移动至瓶子的后面，效果如图 20-179 所示。继续将水果素材“2.png”置入到文件中，如图 20-180 所示。

图 20-179

图 20-180

（2）下面为前景中的水果添加投影。使用“钢笔工具”绘制形状，如图 20-181 所示。执行“效果 > 模糊 > 高斯模糊”命令，在弹出的“高斯模糊”窗口中，设置“半径”为 32 像素，单击“确定”按钮。参数设置如图 20-182 所示。

图 20-181

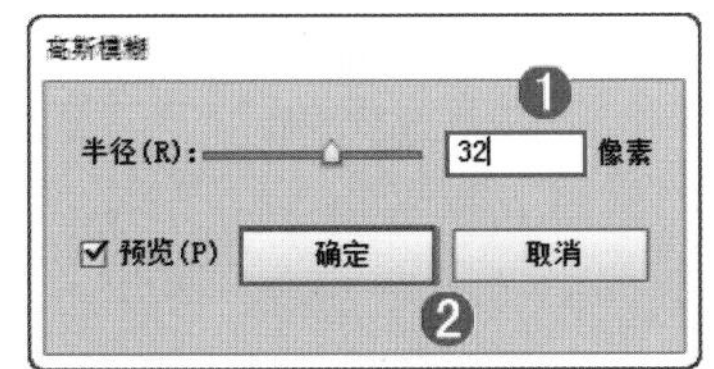

图 20-182

（3）此时模糊效果如图 20-183 所示。将其移动至水果素材的下方，投影部分制作完成。置入背景素材“3.jpg”，放置在画面中合适位置，本案例制作完成，效果如图 20-184 所示。

图 20-183

图 20-184